给水排水设计手册
第三版

第12册
器材与装置

中国市政工程华北设计研究总院
中国城镇供水排水协会设备材料工作委员会 主编

中国建筑工业出版社

图书在版编目(CIP)数据

给水排水设计手册 第12册 器材与装置/中国市政工程华北设计研究总院，中国城镇供水排水协会设备材料工作委员会主编. —3版. —北京：中国建筑工业出版社，2011.10 (2022.9重印)

ISBN 978-7-112-13479-3

Ⅰ.①给… Ⅱ.①中…②中… Ⅲ.①给水设备-设计-技术手册②排水设备-设计-技术手册 Ⅳ.①TU991.02-62

中国版本图书馆CIP数据核字（2011）第167969号

本书为《给水排水设计手册》(第三版) 第12册，汇编了近年来给水排水工程常用的器材与装置。主要内容包括：水处理设备，水处理器材，膜分离水处理设备，滤料、活性炭、水处理药剂，加药与消毒设备，过程检测与控制仪表，常用水质检测仪器，金属管材，非金属管材，复合管材，阀门，加压供水设备，卫浴设备，冷却塔，加热设备，水景喷泉设备，消防设备与器材，防腐、止水材料，其他设备、材料。本书可供给水排水专业设计人员使用，也可供相关专业技术人员及大专院校师生参考。

* * *

责任编辑：于 莉 田启铭
责任设计：董建平
责任校对：赵 颖 姜小莲

给水排水设计手册
第三版
第12册
器材与装置
中国市政工程华北设计研究总院
中国城镇供水排水协会设备材料工作委员会 主编

*

中国建筑工业出版社出版、发行(北京西郊百万庄)
各地新华书店、建筑书店经销
北京红光制版公司制版
天津翔远印刷有限公司印刷

*

开本：787×1092毫米 1/16 印张：53¼ 插页：8 字数：1355千字
2012年2月第三版 2022年9月第十九次印刷
定价：**168.00**元
ISBN 978-7-112-13479-3
(21250)

《给水排水设计手册》第三版编委会

《器材与装置》第三版编写组

主　　编： 徐扬纲　张可欣

参编单位： 郑州自来水投资控股有限公司

哈希公司

新兴铸管股份有限公司

宁波水表股份有限公司

圣戈班管道系统有限公司

成　　员：（按章节顺序排序）

尹卫红　姚学同　池万清　盛谨文　李　勇

孟广祯　展　辉　张军峰　濮立安　何明清

李会爽　姜　渝　崔耀华　杨明镜　卢平生

张　慧　崔景立　刘　剑　黄智鹦　肖睿书

金　鹏　张爱华　杨玉思　赵红梅　吴文君

陈方亮　苑克兴　刘小云　刘继武　吕　晖

徐扬纲　熊　敏　张　垚　杨俊武　李霄翔

张海宇　罗定元　何进源　胡士佑

顾　　问： 姜文源

主　　审： 朱开东　施东文

序

给水排水勘察设计是城市基础设施建设重要的前期性工作，广泛涉及到项目规划、技术经济论证、水源选择、给水处理技术、污水处理技术、管网及输配、防洪减灾、固废处理等诸多内容。广大工程设计工作者，肩负着保障人民群众身体健康和环境生存质量的重任，担当着将最新科研成果转化成实际工程应用技术的重要角色。

改革开放以来，特别是近 10 年来，我国给水排水等基础设施建设事业蓬勃发展，国外先进水处理技术和工艺的引进，大批面向工程应用的科研成果在实际中的推广，使得给水排水设计从设计内容到设计理念都已发生了重大变化；此间，大量的给水排水工程标准、规范进行了全面或局部的修订，在深度和广度方面拓展了给水排水设计规范的内容。同时，我国给水排水工程设计也面临着新的形势和要求，一方面，水源污染问题十分突出，而饮用水卫生标准又大幅度提升，给水处理技术作为饮用水安全的最后屏障，在相当长的时间内必须应对极其严峻的挑战；另一方面，公众对水环境质量不断提高的期望以及水环境保护及污水排放标准的日益严格，又对排水和污水处理技术提出了更高的要求。在这些背景下，原有的《给水排水设计手册》无论是设计方法还是设计内容，都需要一定程度的补充、调整与更新。为此，住房和城乡建设部与中国建筑工业出版社组织各主编单位进行了《给水排水设计手册》第三版的修订工作，以更好地满足广大工程设计者的需求。

《给水排水设计手册》第三版修订过程中，保持了整套手册原有的依据工程设计内容而划分的框架结构，重点更新书中的设计理念和设计内容，首次融入“水体污染控制与治理”科技重大专项研究成果，对已经在工程实践中有应用实例的新工艺、新技术在科学筛选的基础上，兼收并蓄，从而为今后给水排水工程设计提供先进适用和较为全面的设计资料和设计指导。相信新修订的《给水排水设计手册》，将在给水排水工程勘察、设计、施工、管理、教学、科研等各个方面发挥重要作用，成为行业内具有权威性的大型工具书。

住房和城乡建设部副部长 [signature] 博士

第 三 版 前 言

《给水排水设计手册》系由原城乡建设环境保护部设计局与中国建筑工业出版社共同策划并组织各大设计研究院编写。1986 年、2000 年分别出版了第一版和第二版，并曾于 1988 年获得全国科技图书一等奖。

《给水排水设计手册》自出版以来，深受广大读者欢迎，在给水排水工程勘察、设计、施工、管理、教学、科研等各个方面发挥了重要作用，成为行业内最具指导性和权威性的设计手册。

随着我国基础设施建设的蓬勃发展，国外先进水处理技术和工艺的引进，大批面向工程应用的科研成果在实际中的推广，使得给水排水设计从设计内容到设计理念都已发生了重大变化；与此同时，大量的给水排水工程标准、规范进行了全面或局部的修订，在深度和广度方面拓展了给水排水设计规范中新的内容。由于这套手册第二版自出版至今已经 10 多年了，其知识内容已显陈旧、设计理念已显落后。为了使这套给水排水经典设计手册满足现今的给水排水工程建设和设计工作的需要，中国建筑工业出版社组织各主编单位进行《给水排水设计手册》第三版的修订工作。

第三版修订的基本原则是：整套手册保持原有的依据工程设计内容而划分的框架结构，更新书中的设计理念和设计内容，遴选收录了已在工程实践中有应用实例的新工艺、新技术，融入“水体污染控制与治理”科技重大专项研究成果，为现今工程设计提供权威的和全面的设计资料和设计指导。

为了《给水排水设计手册》第三版修订工作的顺利进行，在编委会领导下，各册由主编单位负责具体修编工作。各册的主编单位为：第 1 册《常用资料》为中国市政工程西南设计研究院；第 2 册《建筑给水排水》为中国核电工程有限公司；第 3 册《城镇给水》为上海市政工程设计研究总院（集团）有限公司；第 4 册《工业给水处理》为华东建筑设计研究院；第 5 册《城镇排水》、第 6 册《工业排水》为北京市市政工程设计研究总院；第 7 册《城镇防洪》为中国市政工程东北设计研究院；第 8 册《电气与自控》为中国市政工程中南设计研究院；第 9 册《专用机械》、第 10 册《技术经济》为上海市政工程设计研究总院（集团）有限公司；第 11 册《常用设备》为中国市政工程西北设计研究院；第 12 册《器材与装置》为中国市政工程华北设计研究总院和中国城镇供水排水协会设备材料工作委员会。在各主编单位的大力支持下，修订编写任务圆满完成。在修订过程中，还得到了国内有关科研、设计、大专院校和企业界的大力支持与协助，在此一并致以衷心感谢。

《给水排水设计手册》第三版编委会

编 者 的 话

本手册以国家标准和部颁标准中相关给水排水工程常用的器材、装置（设备）、仪器仪表等为基础，经广大设计单位及技术人员推荐，对生产厂商应具备的相关资质、产品质量及其在工程建设中的应用业绩进行调查研究后予以编入。其设计原理、工艺流程、计算方法等因为在其他分册中有专门叙述，均不予列入。

根据原建设部、国家环境保护总局、科技部于2000年5月29日联合颁布的《城市污水处理及污染防治技术政策》的相关精神，为鼓励生产厂商“积极开发应用新工艺、新材料和新设备”，特把一些自主研发并经运行实践证明：使用安全、工艺先进、设计新颖的产品，列专版予以推荐。

鉴于近年来水处理器材、装置等发展较快，相关标准仍在陆续制定和修订，选用时请尽量根据本手册所附“生产厂商通信地址”取得联系。本手册编著者名单如下：

编写组成员名单

<table>
<tr><th rowspan="2">章节</th><th rowspan="2">名　称</th><th colspan="3">编　著　者</th></tr>
<tr><th>姓　名</th><th>单　位　名　称</th><th>单　位　地　址</th></tr>
<tr><td rowspan="2">1</td><td rowspan="2">水处理设备</td><td>尹卫红</td><td rowspan="2">河南省城市规划设计
研究总院有限公司</td><td rowspan="2">郑州市市民新村北街2号
（450000）</td></tr>
<tr><td>姚学同</td></tr>
<tr><td rowspan="3">2</td><td rowspan="3">水处理器材</td><td>池万清</td><td rowspan="2">浙江联池水务
设备有限公司</td><td rowspan="2">杭州市下城区文晖路8号
现代置业大厦东楼（310004）</td></tr>
<tr><td>盛谨文</td></tr>
<tr><td>李　勇</td><td>郑州自来水投资
控股有限公司</td><td>郑州市中原中路67号
（450007）</td></tr>
<tr><td rowspan="2">3</td><td rowspan="2">膜分离水
处理设备</td><td>孟广祯</td><td rowspan="2">北京坎普尔环保
技术有限公司</td><td rowspan="2">北京市顺义区空港工业区A区
天柱西路12号</td></tr>
<tr><td>展　辉</td></tr>
<tr><td rowspan="2">4</td><td rowspan="2">滤料、活性炭、
水处理药剂</td><td>张军峰</td><td rowspan="2">郑州自来水投资
控股有限公司</td><td rowspan="2">郑州市中原中路67号
（450007）</td></tr>
<tr><td>濮立安</td></tr>
<tr><td rowspan="3">5</td><td rowspan="3">加药与消毒
设备</td><td>何明清</td><td rowspan="2">第二炮兵工程
设计研究院</td><td rowspan="2">北京市东城区
安德里北街18号（100011）</td></tr>
<tr><td>李会爽</td></tr>
<tr><td>姜　渝</td><td>上海费波自控
技术有限公司</td><td>上海市钦州北路1199号
88幢2楼
（200233）</td></tr>
<tr><td rowspan="2">6</td><td rowspan="2">过程检测与
控制仪表</td><td>崔耀华</td><td rowspan="2">河南省计量
科学研究院</td><td rowspan="2">郑州市花园路21号
（450008）</td></tr>
<tr><td>杨明镜</td></tr>
</table>

续表

章节	名　称	编　著　者		
		姓　名	单　位　名　称	单　位　地　址
7	常用水质检测仪器	卢平生	中国市政工程华北设计研究总院	天津市河西区气象台南路99号191号（300074）
		张　慧		
8	金属管材	崔景立	机械工业第六设计研究院	郑州市中原中路（450007）
		刘　剑	河南省城市规划设计研究总院有限公司	郑州市市民新村北街2号（450000）
9	非金属管材	黄智鹦	深圳市华蓝设计有限公司	广西南宁市华东路39号（530011）
		肖睿书	广西华蓝设计（集团）有限公司	
10	复合管材	金　鹏	中国建筑东北设计研究院有限公司	沈阳市和平区光荣街65号（110006）
		张爱华		
11	阀门	杨玉思	长安大学环境科学与工程学院	陕西省西安市南二环路中段（710061）
		赵红梅		
12	加压供水设备	吴文君	郑州水业科技发展股份有限公司	郑州市西环路1号（450013）
		陈方亮		
13	卫浴设备	苑克兴	中国建材咸阳陶瓷研究设计院	陕西省咸阳市渭阳西路35号（712000）
		刘小云		
		刘继武	咸阳天誉建材检验有限公司	
14	冷却塔	吕　晖	中建国际（深圳）设计顾问有限公司	上海市徐汇区康健路138号（200235）
		徐扬纲	中国市政工程华北设计研究总院	天津市河西区气象台南路99号（300074）
15	加热设备	熊　敏	中国建筑金属结构协会给水排水设计分会	北京市海淀区紫竹院南路18号318室（100048）
		张　垚	郑州自来水投资控股有限公司	郑州市中原中路67号（450007）
16	水景喷泉设备	杨俊武	郑州自来水投资控股有限公司	郑州市中原中路67号（450007）
		李霄翔		
17	消防设备与器材	张海宇	中建国际（深圳）设计顾问有限公司	上海市杨浦区四平路1758号（200433）
		罗定元	上海世纪都城建筑设计研究院有限公司	上海市静安区武定路327号1号楼2504室（200041）

续表

<table>
<tr><th rowspan="2">章节</th><th rowspan="2">名 称</th><th colspan="3">编 著 者</th></tr>
<tr><th>姓 名</th><th>单 位 名 称</th><th>单 位 地 址</th></tr>
<tr><td rowspan="2">18</td><td rowspan="2">防腐、止水材料</td><td>何进源</td><td>中国工程建设标准化协会防腐蚀专业委员会</td><td>北京樱花东路7号</td></tr>
<tr><td>徐扬纲</td><td>中国市政工程华北设计研究总院</td><td>天津市河西区气象台南路99号
(300074)</td></tr>
<tr><td rowspan="2">19</td><td rowspan="2">其他设备与材料</td><td>胡士佑</td><td>湖南省建筑设计院</td><td>长沙市人民中路65号
(410011)</td></tr>
<tr><td>张 慧</td><td>中国市政工程华北设计研究总院</td><td>天津市河西区气象台南路99号
(300074)</td></tr>
</table>

此外在编写过程中，得到了郑州自来水投资控股有限公司副总经理李勇、中建国际（深圳）设计顾问有限公司资深总工程师姜文源以及中国建筑金属结构协会、中国膜工业学会、中国工程建设标准化协会防腐蚀专业委员会、全国化工给排水设计技术中心站等的大力支持，在此一并致谢。因水平所限加之时间仓促，内容不当之处，敬请读者批评指正。

编者著

目　　录

1 水处理设备

水处理设备常用有过滤设备、除铁除锰设备、除氟设备、成套净化设备、高效快速澄清与高效沉淀池、污泥脱水装置、污水生物处理设备、旋转式滗水器、排泥与沉砂设备、固液分离机、隔油池、高效油水分离器、离子交换设备、自吸式螺旋曝气机、转碟曝气机、氧化还原树脂除氧器、光催化水处理器、管道静态混合器、气浮装置、光谱感应水处理器、YHRS系列全自动软化设备、MSC型成套含煤废水处理设备等。

1.1 过滤设备

在水处理工艺中，过滤设备主要用于去除给水或污水中的悬浮物。常用有ZW型重力式无阀滤池、GXQ、GXJ型高效快速纤维球过滤器、GXNSⅢ型高效纤维束过滤器、HY型核桃壳过滤器、DE型滤池、GHT型活性炭过滤器、SIL型高效压力过滤器、硅藻土过滤器、纤维转盘滤池、RoDisc转盘过滤装置、高效纤维束滤池、图微克连续洗砂过滤器、滤元高速过滤器气浮滤池等。

1.1.1 ZW型重力式无阀滤池

1. 适用范围：ZW型重力式无阀滤池主要是利用虹吸原理进行定期自动冲洗，无需反冲洗水泵及部分阀门。它适用于地表水净化、地下水除铁除锰、循环水旁过滤等水处理工艺。

2. 性能规格及外形尺寸：ZW型重力式无阀滤池性能规格及外形尺寸见图1-1、表1-1。

ZW型重力式无阀滤池性能规格及外形尺寸　　表1-1

型号	产水量(m^3/h)	滤池个数	组体形式	单体外形尺寸（mm）		单体运行质量（kg）	主要生产厂商
				方形	圆形		
				长度×宽度×高度	直径×高度		
ZW-F-20	20	2	方形一体组合	2000×1100×4500	—	15450	江苏一环集团有限公司、重庆市亚太水工业科技有限公司
ZW-F-30	30			2000×1630×4500	—	22170	
ZW-F-40	40			2150×2000×4500	—	28970	
ZW-F-50	50			2700×2000×4500	—	35300	
ZW-F-60	60			2600×2500×4500	—	42860	
ZW-F-80	80			3000×2900×4500	—	57010	
ZW-F-100	100	2	方形两体组合	2100×2600×4500	—	37560	
ZW-F-125	125			2260×3000×4550	—	46230	
ZW-F-150	150			2720×3000×4550	—	54600	
ZW-F-175	175			3160×3000×4550	—	63200	

续表

型　号	产水量 (m^3/h)	滤池个数	组体形式	单体外形尺寸（mm）		单体运行重量 (kg)	主要生产厂商
				方形	圆形		
				长度×宽度×高度	直径×高度		
ZW-Y-200	200	2	圆形两体组合	—	3600×4800	70450	江苏一环集团有限公司、重庆市亚太水工业科技有限公司
ZW-Y-240	240			—	4000×5000	184490	
ZW-Y-320	320			—	4600×5200	113540	
ZW-Y-400	400			—	5200×5500	147490	
ZW-Y-500	500			—	5800×5600	184490	
ZW-Y-300	300	3	圆形三体组合	—	3650×4500	62180	
ZW-Y-360	360			—	4000×4500	74980	
ZW-Y-480	480			—	4600×4600	100460	
ZW-Y-600	600			—	5200×4800	137870	
ZW-Y-750	750			—	5800×4800	173190	

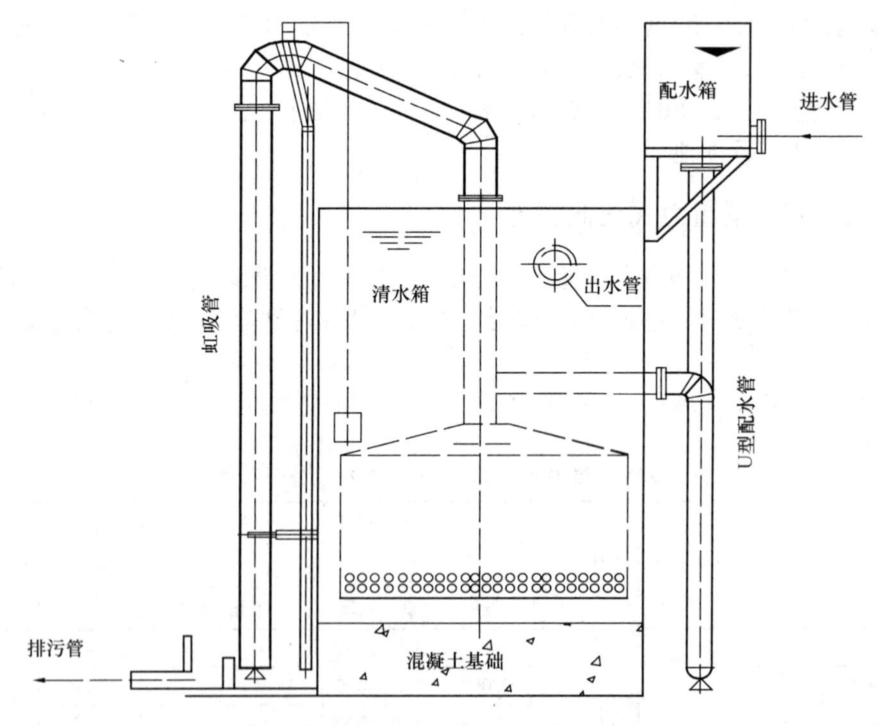

图 1-1　ZW 型重力式无阀滤池外形示意

1.1.2　GXQ、GXJ 型高效快速纤维球过滤器

1. 适用范围：GXQ、GXJ 型高效快速纤维球过滤器主要用于对原水水质中悬浮物的去除。适用于生活及各类工业高标准水质要求的给水处理，也可作为各种污废水回用时的深度处理。

2. 性能规格及外形尺寸：GXQ、GXJ 型高效快速纤维球过滤器性能规格及外形尺寸见图 1-2、表 1-2。

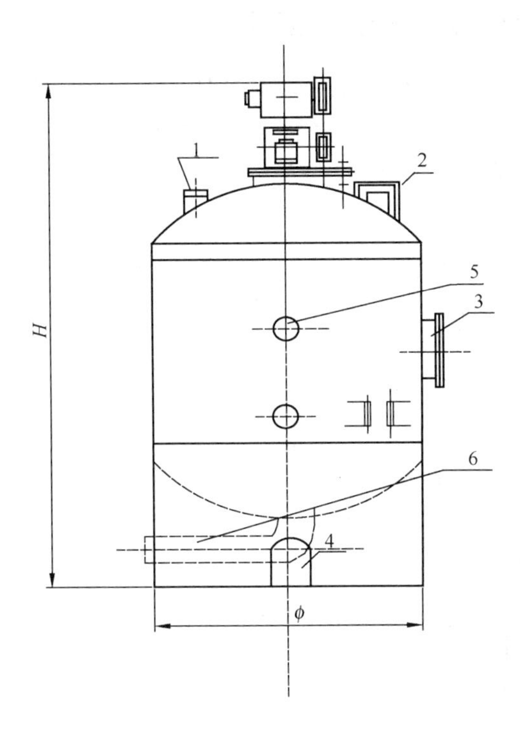

图 1-2 GXQ、GXJ 型高效快速纤维球过滤器外形尺寸

1—过滤进水、反冲出水管；2—放气管；3—人孔；4—检修孔；5—视镜；6—过滤出水、反冲进水管

GXQ、GXJ 型高效快速纤维球过滤器性能规格及外形尺寸 **表 1-2**

型号	处理水量 (m^3/h)	外形尺寸 直径 ϕ×高度 H (mm)	过滤面积 (m^2)	进水管径 DN (mm)	出水管径 DN (mm)	反冲洗气管径 DN (mm)	排气管径 DN (mm)	搅拌器功率 (kW)	主要生产厂商
GXQ-600	8	600×3000	0.283	50	50	40	25	—	江苏一环集团有限公司
GXQ-800	15	800×3130	0.502			50		—	
GXJ-800		800×3715		65	65			4	
GXQ-1000	20	1000×3280	0.785	80	80	65		—	
GXJ-1000		1000×3966						4	
GXQ-1200	30	1200×3450	1.131	100	100	80		—	
GXJ-1200		1200×3970						4	
GXQ-1600	60	1600×3680	2.011	125	125	100		—	
GXJ-1600		1600×4370						5.5	
GXQ-2000	90	2000×4150	3.141	150	150	125	32	—	
GXJ-2000		2000×4960						11	
GXQ-2400	130	2400×4350	4.524	200	200	150		—	
GXJ-2400		2400×4960						18.5	
GXQ-2600	160	2600×4440	5.309	200	200	150		—	
GXJ-2600		2600×5100						18.5	
GXQ-2800	180	2800×4540	6.158	250	250	150		—	
GXJ-2800		2800×5128						22	
GXQ-3000	210	3000×4840	7.069	300	300	200		—	
GXJ-3000		3000×5630						22	

1.1.3 GXNSⅢ型高效纤维束过滤器

1. 适用范围：GXNSⅢ型高效纤维束过滤器适用于电力、石油、化工、冶金、造纸、纺织、食品、饮料、自来水、游泳池等各种工业用水和生活用水及其废水的过滤处理。

2. 性能规格及外形尺寸：GXNSⅢ型高效纤维束过滤器性能规格及外形尺寸见图1-3、表1-3。

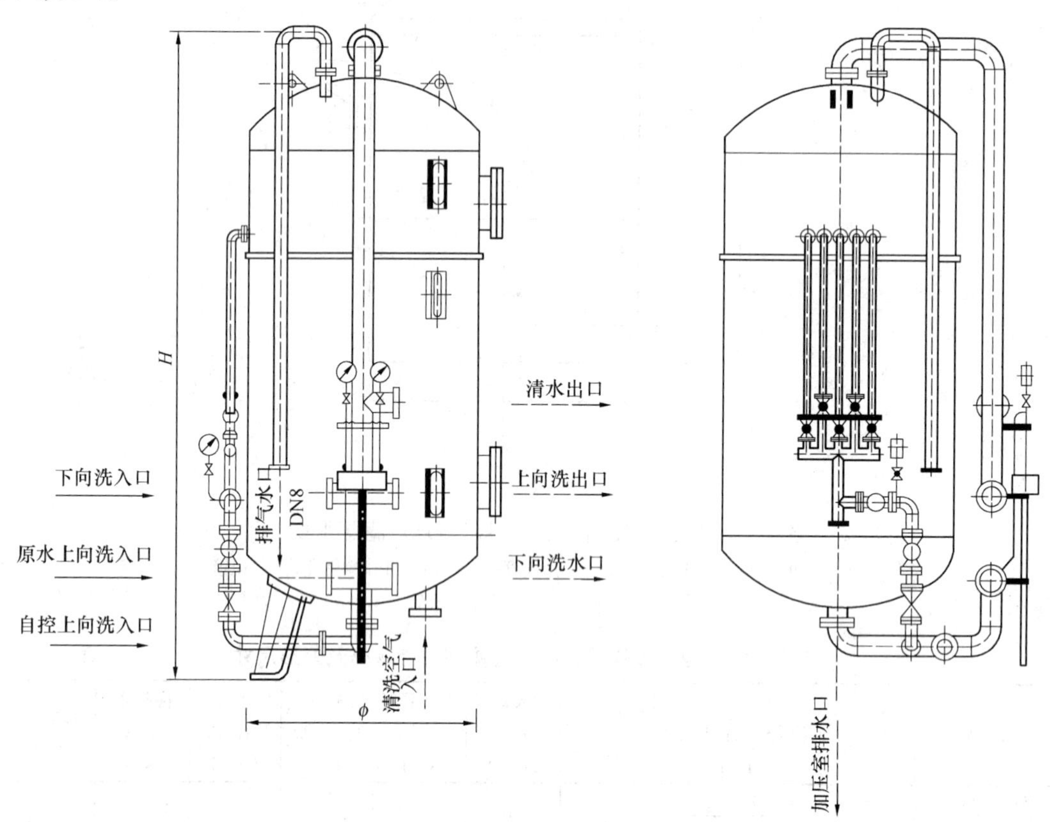

图1-3　GXNSⅢ型高效纤维束过滤器外形尺寸

GXNSⅢ型高效纤维束过滤器性能规格及外形尺寸　　表1-3

型号	处理水量 (m^3/h)	滤层厚度 (mm)	滤速 (m/h)	工作压力 (MPa)	外形尺寸 直径 ϕ×高度 H (mm)	主要生产厂商
GXNS-Ⅲ30	2.1	1200	30	0.25～0.6	378×2330	上海凡清环境工程有限公司
GXNS-Ⅲ50	6.0				490×2590	
GXNS-Ⅲ80	15				700×3028	
GXNS-Ⅲ100	24				985×4318	
GXNS-Ⅲ150	53				1450×4630	
GXNS-Ⅲ200	94				1800×4968	
GXNS-Ⅲ250	147				2000×5468	
GXNS-Ⅲ300	210				2400×5799	

1.1.4 HY型核桃壳过滤器

1. 适用范围：HY型核桃壳过滤器适用于油田和其他含油污水处理。

2. 性能规格及外形尺寸：HY型核桃壳过滤器性能规格及外形尺寸见图1-4、表1-4。

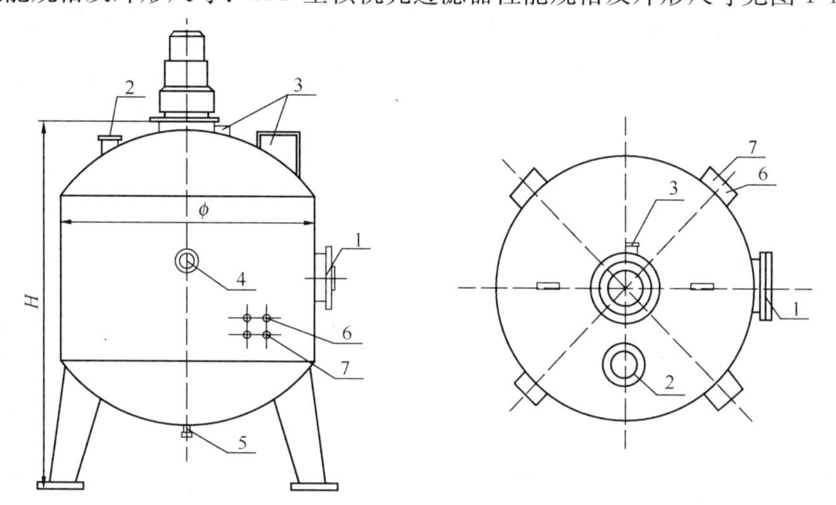

图1-4 HY型核桃壳过滤器外形尺寸

1—人孔；2—进水、反冲出水；3—放气孔；4—观察孔；5—出水、反冲进水；6—滤后压力表；7—滤前压力表

HY型核桃壳过滤器性能规格及外形尺寸 表1-4

型号	处理水量 (m^3/h)	外形尺寸 直径 ϕ×高度 H (mm)	过滤面积 (m^2)	配泵扬程 (m)	功率（kW）	搅拌器功率 (kW)	主要生产厂商
HY-800	10	800×2725	0.5	35	4	4	江苏一环集团有限公司
HY-1000	20	1000×2980	0.79	38	5.5		
HY-1200	30	1200×2976	1.13	35	7.5		
HY-1600	50	1600×3310	2.01	45	15	5.5	
HY-2000	80	2000×3750	3.14	38	18.5	11	
HY-2400	110	2400×3960	4.52	45	22	20	
HY-2600	130	2600×4328	5.306	38	37	22	
HY-2800	150	2800×4100	6.154	38	37	30	
HY-3000	180	3000×4630	7.065	32	30	30	

1.1.5 DE型滤池

1. 特性：DE型滤池系采用带密集型过滤孔道的过滤材料为过滤媒介，滤速高、出水水质好，并且采用模块化滤芯、标准化设计，可根据滤池的处理量灵活设置处理单元，能耗低、处理水量大、占地面积小、运行可靠、维护简单方便，是一种高效新型滤池。

2. 性能规格及外形尺寸：DE型滤池性能规格及外形尺寸见图1-5、表1-5。

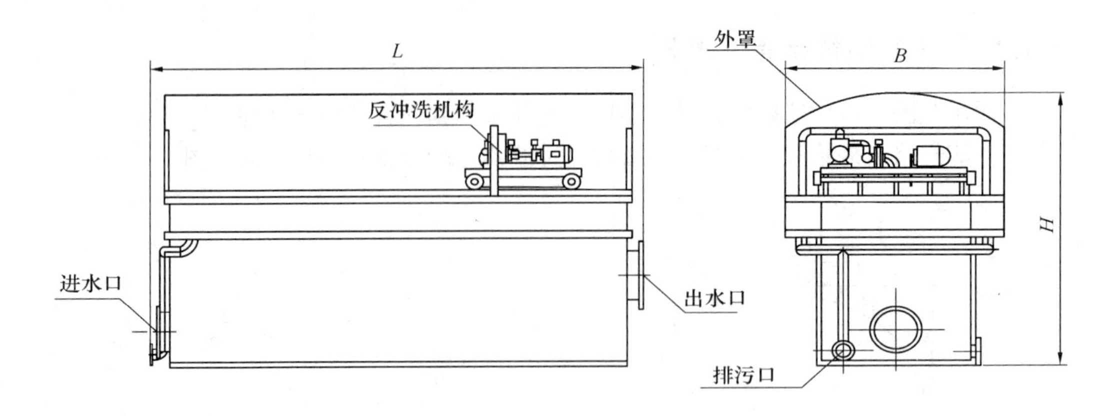

图 1-5　DE 型滤池外形尺寸

DE 型滤池性能规格及外形尺寸　　表 1-5

型号	处理水量 (m^3/d)	单体外形尺寸 $L \times B \times H$ (mm)	进水直径 DN (mm)	出水直径 DN (mm)	排污直径 DN (mm)	装机功率 (kW)	主要生产厂商
DE-0.5A	5000	5500×1200×2700	300	300	65	1.0	浙江德安科技股份有限公司
DE-1.0A	10000	5500×1900×2700	400	400	80	2.0	
DE-1.5A	15000	5500×2500×2700	500	500	100	2.7	

1.1.6　GHT 型活性炭过滤器

1. 适用范围：CHT 型活性炭过滤器能有效地除臭、去色、脱氯，去除有机合成洗涤剂、重金属、病毒及部分放射性物质。它适用于给水工程，如饮用水的净化，酿酒、饮食等行业用水的深度处理等；以及排水工程，如各种污废水经过预处理后的进一步净化处理。该设备易于管理和运行。因该设备可移动位置，因此适用于临时性给水。

2. 性能规格及外形尺寸：CHT 型活性炭过滤器性能规格及外形尺寸见图 1-6、表 1-6。

GHT 型活性炭过滤器性能规格及外形尺寸　　表 1-6

型　号	处理水量 (m^3/h)	罐体直径 (mm)	滤料层高度 (mm)	最大工作压力 P (MPa)	试验压力 (MPa)	主要生产厂商
GHT-800	6	800	1600	0.4	1.25P 且不小于 P+0.1	江苏一环集团有限公司
GHT-1000	7.9	1000				
GHT-1200	14	1200				
GHT-1600	20	1600				
GHT-2000	25	2000	1800			
GHT-2400	45	2400	2000			
GHT-3000	71	3000				

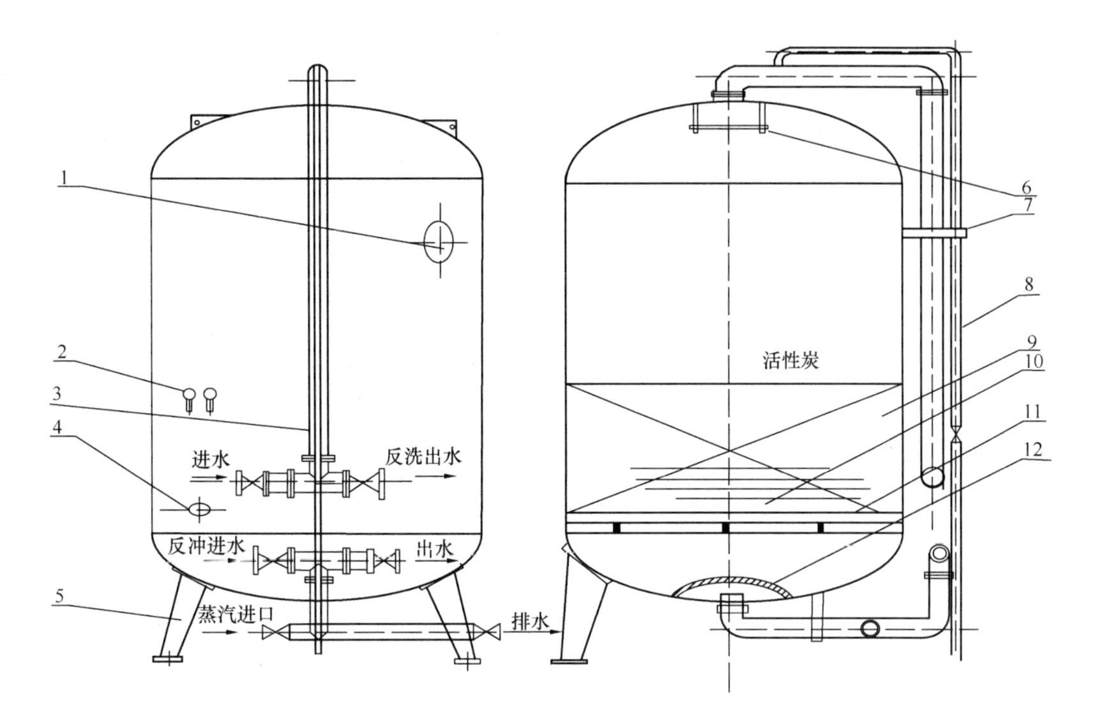

图 1-6 GHT 型活性炭过滤器外形示意

1—人孔；2—滤前后压力表；3—反冲洗压力表；4—卸料孔；5—支撑脚；6—进水挡板；
7—抱箍；8—放气管；9—活性炭；10—承托层；11—滤板及压板；
12—出水挡板

1.1.7 SIL 型高效压力过滤器

1. 适用范围：SIL 型高效压力过滤器采用多层滤料，适用于对 SS≤70mg/L 原水的净化处理。常用于城镇居民、工矿企事业单位的生活饮用水及工业的给水处理，也可用于污废水的回用的深度处理。

2. 性能规格及外形尺寸：SIL 型高效压力过滤器性能规格及外形尺寸见图 1-7、表 1-7。

SIL 型高效压力过滤器性能规格及外形尺寸 **表 1-7**

型 号	处理水量 (m^3/h)	滤 速 (m/h)	冲洗强度 [L/(s·m^2)]	外形尺寸 内径 ϕ×高度 H (mm)	主要生产厂商
SIL-1300	20	16	18	1300×2718	江苏一环集团有限公司
SIL-1600	30			1600×2918	
SIL-1800	40			1800×3018	
SIL-2200	60			2200×3174	
SIL-2600	80			2600×3378	

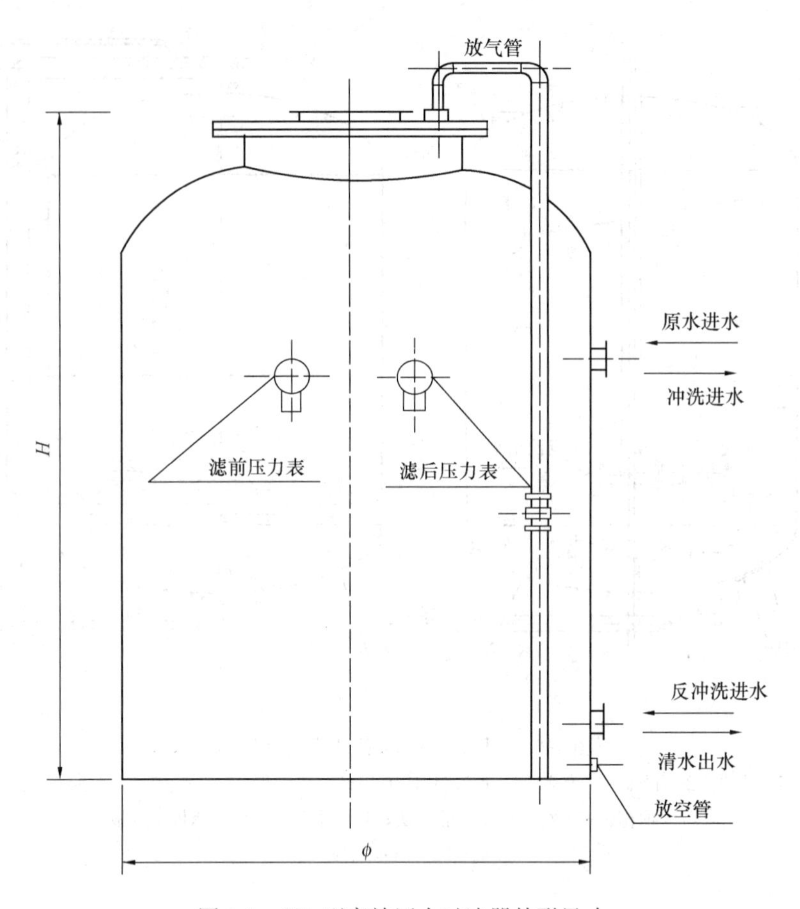

图 1-7　SIL 型高效压力过滤器外形尺寸

1.1.8　硅藻土过滤器

1. 适用范围：硅藻土过滤器采用硅藻土作为滤料进行过滤，硅藻体的孔隙度达 90%～92%，能够有效降低过滤阻力，过滤细小的杂质，此外硅藻土还有独特的离子选择性和杀灭抗氯病原体的特性，主要应用于啤酒饮料、医药行业，净水、调味料、糖类等过滤。

2. 性能规格及外形尺寸：硅藻土过滤器性能规格及外形尺寸见表 1-8。

硅藻土过滤器性能规格及外形尺寸　　**表 1-8**

型号	外形尺寸 内径×高度 (mm)	过滤面积 (m^2)	过滤负荷 [m^3/(m^2·h)]	处理量 (m^3/h)	进出水口直径 (mm)	挂膜厚度 (kg/m^2)	硅藻土填充量 (kg/m^3)	主要生产厂商
PCT50	550×1800	5	3.5～5.0	17～25	75	0.5～1.0	0.5～1.0	北京恒动环境技术有限公司
PCT100	750×1900	10	3.5～5.0	35～50	100	0.5～1.0	0.5～1.0	
PCT150	850×2000	15	3.5～5.0	52～75	125	0.5～1.0	0.5～1.0	
PCT200	1000×2050	20	3.5～5.0	70～100	125	0.5～1.0	0.5～1.0	
PCT250	1100×2100	25	3.5～5.0	87～125	150	0.5～1.0	0.5～1.0	
PCT300	1200×2150	30	3.5～5.0	105～150	150	0.5～1.0	0.5～1.0	
PCT350	1300×2180	35	3.5～5.0	122～175	200	0.5～1.0	0.5～1.0	
PCT400	1400×2200	40	3.5～5.0	140～200	200	0.5～1.0	0.5～1.0	

1.1.9 纤维转盘滤池

1. 适用范围：纤维转盘滤池适用于污水的深度处理和中水回用。一般设置于常规的二级污水处理系统之后，用于去除悬浮固体，结合投加药剂可去除部分磷、COD 等污染物。可使出水从一级 B 提高到一级 A 标准。

2. 性能规格及外形尺寸：纤维转盘滤池性能规格及外形尺寸见图 1-8、表 1-9。

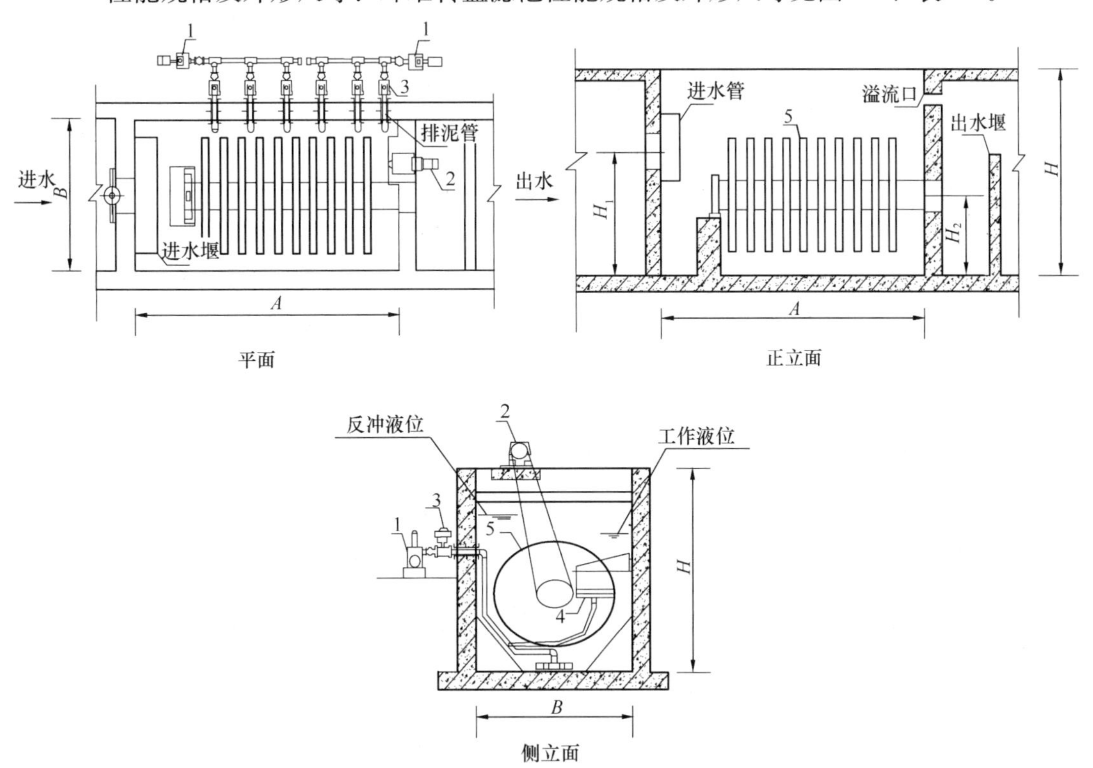

图 1-8 纤维转盘滤池外形尺寸

1—反抽吸水泵；2—驱动装置；3—电动球阀；4—抽吸装置；5—滤盘

纤维转盘滤池性能规格及外形尺寸 表 1-9

滤盘直径(m)	外形尺寸(mm)					装机功率(kW)	适用范围	主要生产厂商
	A	B	H	H_1	H_2			
2.0	2000	2600	3500	2100	1260	2.83	适用于 3 万 m^3/d 以下的小型污水处理厂	浦华控股有限公司、北京绿华环保设备有限公司
	2300					2.83		
	2600					2.87		
	3200					2.91		
	4000					2.95		
	4400					5.39		
	5000					5.43		
	5600					5.47		
	6200					5.51		
	6800					7.79		
	7400					7.83		

续表

<table>
<tr><th rowspan="2">滤盘直径
(m)</th><th colspan="5">外形尺寸(mm)</th><th rowspan="2">装机功率
(kW)</th><th rowspan="2">适用范围</th><th rowspan="2">主要生产厂商</th></tr>
<tr><th>A</th><th>B</th><th>H</th><th>H_1</th><th>H_2</th></tr>
<tr><td rowspan="7">3.0</td><td>4600</td><td rowspan="7">4000</td><td rowspan="7">4700</td><td rowspan="7">2900</td><td rowspan="7">1760</td><td>5.69</td><td rowspan="7">适用于3万m^3/d以上的污水处理厂</td><td rowspan="7">浦华控股有限公司、北京绿华环保设备有限公司</td></tr>
<tr><td>5300</td><td>5.78</td></tr>
<tr><td>6000</td><td>5.87</td></tr>
<tr><td>6700</td><td>8.16</td></tr>
<tr><td>7400</td><td>8.25</td></tr>
<tr><td>8100</td><td>8.34</td></tr>
<tr><td>8800</td><td>10.63</td></tr>
<tr><td rowspan="7">2.5</td><td>4600</td><td rowspan="7">3500</td><td rowspan="7">4200</td><td rowspan="7">2900</td><td rowspan="7">1510</td><td>5.69</td><td rowspan="7">适用3万m^3/d以上的污水处理厂</td><td rowspan="32">浦华控股有限公司、北京绿华环保设备有限公司</td></tr>
<tr><td>5300</td><td>5.78</td></tr>
<tr><td>6000</td><td>5.87</td></tr>
<tr><td>6700</td><td>8.16</td></tr>
<tr><td>7400</td><td>8.25</td></tr>
<tr><td>8100</td><td>8.34</td></tr>
<tr><td>8800</td><td>10.63</td></tr>
<tr><td rowspan="11">2.0</td><td>2000</td><td rowspan="11">3300</td><td rowspan="11">3500</td><td rowspan="11">2100</td><td rowspan="11">1260</td><td>4.95</td><td rowspan="11">适用于3万m^3/d以下寒冷地区的小型污水处理厂</td></tr>
<tr><td>2300</td><td></td></tr>
<tr><td>2600</td><td>7.15</td></tr>
<tr><td>3200</td><td>9.35</td></tr>
<tr><td>4000</td><td>11.55</td></tr>
<tr><td>4400</td><td>13.95</td></tr>
<tr><td>5000</td><td>16.15</td></tr>
<tr><td>5600</td><td>18.35</td></tr>
<tr><td>6200</td><td>20.55</td></tr>
<tr><td>6800</td><td>22.75</td></tr>
<tr><td>7400</td><td>24.95</td></tr>
<tr><td rowspan="7">3.0</td><td>4600</td><td rowspan="7">4500</td><td rowspan="7">4700</td><td rowspan="7">2900</td><td rowspan="7">1760</td><td>11.75</td><td rowspan="7">适用于3万m^3/d以上寒冷地区的污水处理厂</td></tr>
<tr><td>5300</td><td>13.95</td></tr>
<tr><td>6000</td><td>16.15</td></tr>
<tr><td>6700</td><td>18.35</td></tr>
<tr><td>7400</td><td>20.55</td></tr>
<tr><td>8100</td><td>22.75</td></tr>
<tr><td>8800</td><td>24.95</td></tr>
<tr><td rowspan="7">2.5</td><td>4600</td><td rowspan="7">4000</td><td rowspan="7">4200</td><td rowspan="7">2900</td><td rowspan="7">1510</td><td>11.75</td><td rowspan="7">适用于3万m^3/d以上寒冷地区的污水处理厂</td></tr>
<tr><td>5300</td><td>13.95</td></tr>
<tr><td>6000</td><td>16.15</td></tr>
<tr><td>6700</td><td>18.35</td></tr>
<tr><td>7400</td><td>20.55</td></tr>
<tr><td>8100</td><td>22.75</td></tr>
<tr><td>8800</td><td>24.95</td></tr>
</table>

1.1.10 RoDisc 转盘过滤装置

1. 适用范围：RoDisc 转盘过滤装置适用于污水的深度处理和中水回用。

2. 性能规格：RoDisc 转盘过滤装置性能规格见表 1-10。

RoDisc 转盘过滤装置性能规格 **表 1-10**

滤盘直径(m)	转盘数量(片)	处理能力(m^3/h)	滤速(m/h)	主要生产厂商
2.2	5	210	15	宜兴华都琥珀环保机械制造有限公司
	10	420		
	15	630		
	20	840		
	25	1050		
	30	1260		

3. 外形与安装尺寸：RoDisc 转盘过滤装置外形与安装尺寸见图 1-9。

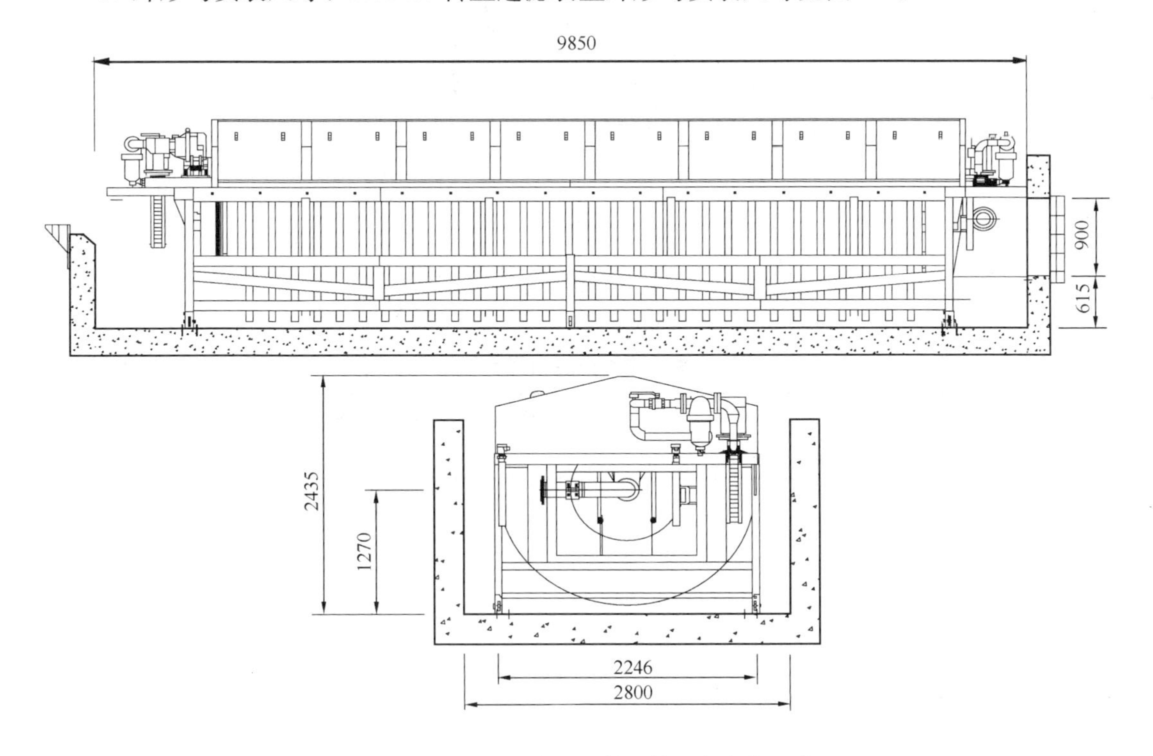

图 1-9 RoDisc 转盘过滤装置外形与安装尺寸

1.1.11 高效纤维束滤池

1. 适用范围：高效纤维束滤池适用于污水的深度处理和中水回用，宜设置于常规的二级污水处理系统之后，主要去除悬浮固体，结合投加药剂可去除部分磷、COD 等污染物。可使出水从一级 B 提高到一级 A 标准。

2. 性能规格及外形尺寸：高效纤维束滤池性能规格及外形尺寸见图 1-10、表 1-11。

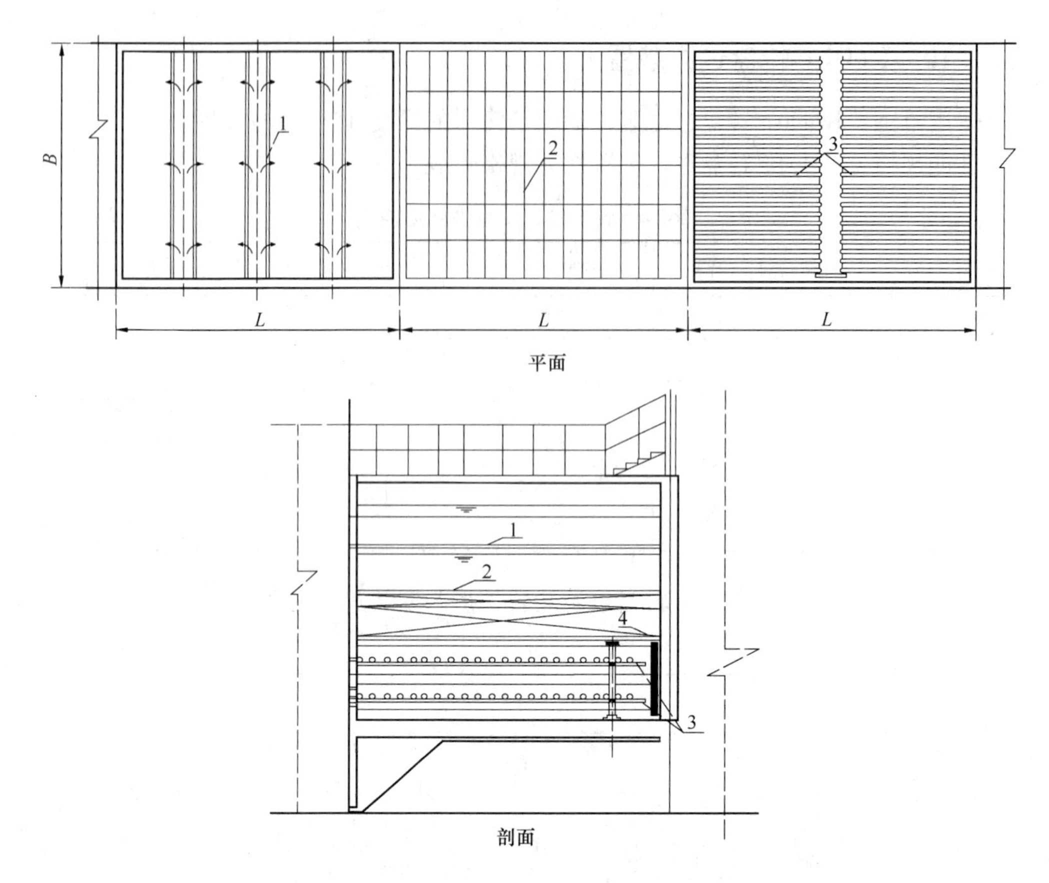

图 1-10 高效纤维束滤池外形尺寸

1—排水槽；2—纤维密度调节装置；3—布水布气管；4—滤板

高效纤维束滤池性能规格及外形尺寸 **表 1-11**

设计水量 (m^3/h)	单池过滤面积 (m^2)	外形尺寸 长度 L×宽度 B(m)	滤池个数	总过滤面积 (m^2)	平均滤速 (m/h)	强制滤速 (m/h)	主要生产厂商
667	14	4.0×3.5	3	42	15.9	23.8	上海凡清环境工程有限公司
956	14	4.0×3.5	4	56	17.1	22.8	
1250	18	4.0×4.5	4	72	17.4	23.1	
1542	18	4.0×4.5	5	80	17.1	21.4	
1512	20	4.0×5.0	5	100	18.1	22.7	
2333	20	4.0×5.0	6	120	19.4	23.3	
2875	20	4.0×5.0	8	160	18.0	20.5	
3375	24	4.0×6.0	8	192	17.6	20.1	
4333	30	5.0×6.0	8	240	18.1	20.6	
5416	30	5.0×6.0	10	300	18.1	20.1	
6500	32	5.0×6.4	10	320	20.3	22.6	
8125	32	5.0×6.4	12	584	21.2	23.1	
10833	32	5.0×6.4	16	512	21.2	22.6	

1.1.12 SDT 型动态流砂过滤器

1. 适用范围

SDT 型动态流砂过滤器是一种集混凝、澄清、过滤为一体的高效过滤器，它不需停机反冲洗；适用于饮用水、工业用水及市政污水的三级处理领域。

2. 性能规格及外形尺寸：SDT 型动态流砂过滤器性能规格及外形尺寸见图 1-11、表 1-12。

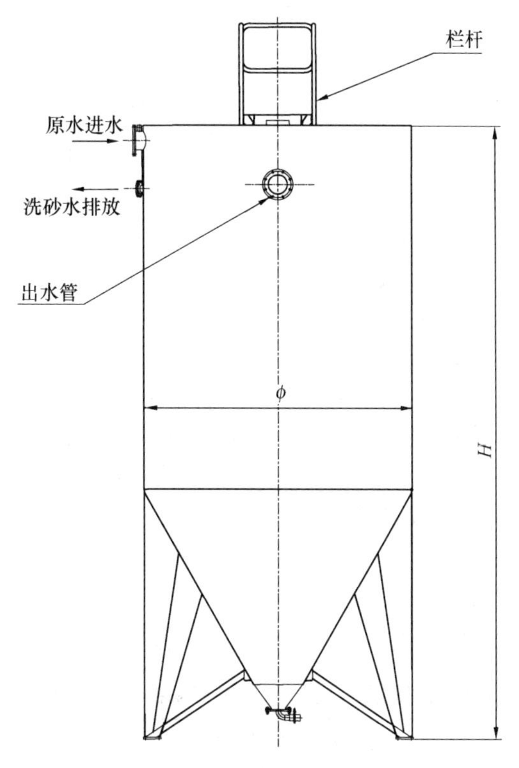

图 1-11 SDT 型动态流砂过滤器外形尺寸

SDT 型动态流砂过滤器性能规格及外形尺寸 **表 1-12**

型号	过滤面积 (m^2)	处理水量 (m^3/d)	滤速 (m/h)	外形尺寸 外径 ϕ×高度 H (mm)	主要生产厂商
SDT-0.7	0.7	118～126	7.0～7.5	950×4000	天津诚信环球节能环保科技有限公司
SDT-1.5	1.5	252～270		1435×5450	
SDT-3.0	3.0	504～540		1915×5800	
SDT-5.0	5.0	840～900		2550×6125	
SDT-7.0	7.0	1176～1260		3000×6755	

1.1.13 图微克连续洗砂过滤器

1. 适用范围：图微克连续洗砂过滤器是一种集混凝、澄清、过滤为一体的高效过滤器，过滤和反洗同时进行，无需停机反冲洗；耐油污能力强，适用于饮用水、工业用水和污水的深度处理。

2. 性能规格及外形尺寸：图微克连续洗砂过滤器性能规格及外形尺寸见表 1-13。

图微克连续洗砂过滤器性能规格及外形尺寸　　表 1-13

型号	原水处理量(m^3/h)	污水处理量(m^3/h)	单池外形尺寸长度×宽度(mm)	进口外径(mm)	溢流口外径(mm)	出口外径(mm)	排污口外径(mm)	主要生产厂商
S-75	11.25	7.5	1300×1350	104	104	104	54	北京华彦邦科技有限责任公司
S-150	22.5	15	2300×1350	154	104	104	54	
S-300	45	30	4300×1350	204	104	154	54	
S-450	67.5	45	6300×1350	254	154	154	70	
S-600	90	60	8300×1350	304	154	204	70	
T-900	135	90	6300×2700	2×254	154	2×154	2×70	
T-1200	180	120	8300×2700	2×304	154	2×204	2×70	

1.1.14　滤元高速过滤器

1. 适用范围：滤元高速过滤器是在原普通砂滤器的基础上开发的一种高效新型过滤设备。其占地面积小；过滤介质高度为 40～60cm；滤速高达 30～40m/h，是传统石英砂过滤器的 3～4 倍。适用于工业循环水处理、工业工艺用水制备、工业废水处理、公共和小型集成式生活污水处理、温室、农业灌溉等广阔领域。

2. 性能规格及外形尺寸

GLY 系列滤元高速过滤器性能规格及外形尺寸见表 1-14 和图 1-12。

GLY 系列滤元高速过滤器性能规格及外形尺寸　　表 1-14

型号	过滤单元数	空间尺寸(m)	过滤面积(m^2)	粗过滤处理量(m^3/h)	精过滤处理量(m^3/h)	反冲洗水量(m^3/h)	设备质量(kg)	滤料质量(kg)	最大运行质量(kg)
GLYⅠ-01	1	0.3×1.5	0.07	2～3	1.5～2.5	2.5～3.8	52	42	140
GLYⅠ-02	1	0.5×1.5	0.20	5.5～8	5～7	6.9～10.8	130	120	340
GLYⅠ-03	1	0.75×1.5	0.44	14～18	10～12	15.4～24.2	170	264	570
GLYⅠ-04	1	0.9×1.5	0.63	18～26	15～20	22.3～35	298	320	1124
GLYⅠ-05	1	1.2×1.8	1.13	32～45	25～35	40～50	586	890	1886
GLYⅠ-06	1	1.5×1.8	1.77	56～70	45～50	50～70	773	1283	2396
GLYⅡ-02	2	2.6×1.22×1.8	2.26	65～90	55～75	40～50	1172	1780	3794
GLYⅡ-03	3	3.9×1.22×1.8	3.39	95～135	85～110	40～50	1758	2670	5691
GLYⅡ-04	4	5.2×1.22×1.8	4.52	130～180	110～150	40～50	2344	3560	7688
GLYⅡ-05	5	6.9×1.22×1.8	5.65	160～230	140～190	40～50	2930	4450	9997

续表

型号	过滤单元数	空间尺寸（m）	过滤面积（m^2）	粗过滤处理量（m^3/h）	精过滤处理量（m^3/h）	反冲洗水量（m^3/h）	设备质量（kg）	滤料质量（kg）	最大运行质量（kg）
GLYⅡ-06	6	8.2×1.22×1.8	6.78	190～275	170～220	40～50	3516	5340	11742
GLYⅡ-07	7	9.5×1.22×1.8	7.92	225～320	200～255	40～50	4102	6230	13279
GLYⅡ-08	8	10.9×1.22×1.8	9.04	255～365	230～290	40～50	4688	7120	15160
GLYⅢ-02	2	3.2×1.52×1.8	3.54	115～140	88～100	50～70	1546	2476	4813
GLYⅢ-03	3	4.8×1.52×1.8	5.31	170～210	135～150	50～70	2319	3850	7220
GLYⅢ-04	4	6.4×1.52×1.8	7.08	225～280	180～200	50～70	3092	5133	9626
GLYⅢ-05	5	8.4×1.52×1.8	8.85	280～350	225～250	50～70	3865	6417	12033
GLYⅢ-06	6	10×1.52×1.8	10.62	335～420	265～300	50～70	4638	7699	14439
GLYⅢ-07	7	11.6×1.52×1.8	12.39	395～490	315～350	50～70	5411	8983	16846
GLYⅢ-08	8	13.3×1.52×1.8	14.16	450～560	360～400	50～70	6184	10266	19252

注：1. 本表空间尺寸，Ⅰ型表示直径×高，Ⅱ型、Ⅲ型表示长×宽×高；
2. GLYⅡ型、Ⅲ型一般为单台独立循环反洗；
3. 以上型号均为标准型号，若无法满足用户现场工况，可根据实际要求进行单独设计。

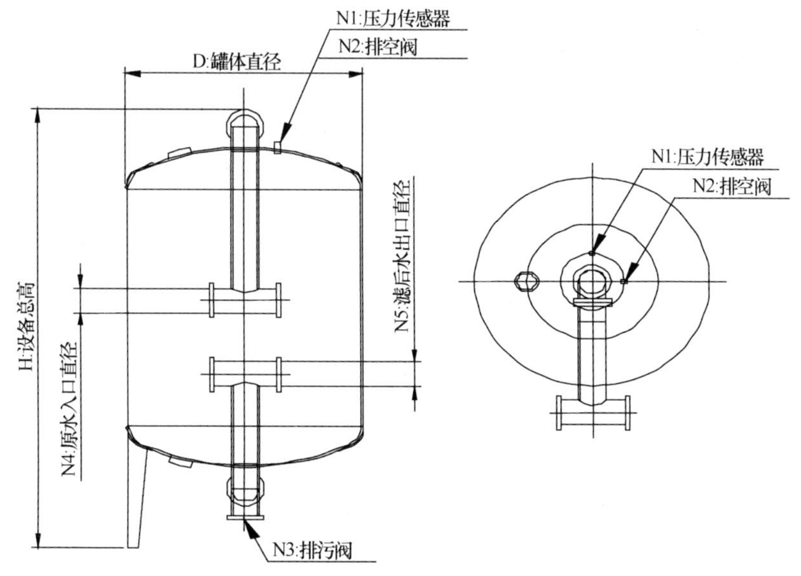

图 1-12 GLY 系列滤元高速过滤器外形尺寸

1.1.15　气浮滤池

1. 适用范围：气浮滤池适用于生活和工业用水的大中小型水厂的过滤工艺。

2. 性能规格及外形尺寸：气浮滤池性能规格及外形尺寸见表 1-15。

气浮滤池性能规格及外形尺寸　　**表 1-15**

型号	处理水量 (m^3/h)	单池外形尺寸 直径×高度 (mm)	进口外径 (mm)	出口外径 (mm)	主要生产厂商
JQ-R-2	3～6	200×2550	40	50	甘肃金桥水科技集团
JQ-R-3	7～12	300×2580	70	80	
JQ-R-4	13～19	400×2680	80	100	
JQ-R-5	20～30	500×3000	100	125	
JQ-R-6	31～42	600×3000	125	150	
JQ-R-8	59～75	800×3280	150	200	
JQ-R-9	76～95	900×3330	200	250	
JQ-R-10	96～118	1000×3380	200	250	

1.2　除 铁 除 锰 设 备

除铁除锰设备常用有 CTM 型压力式除铁锰过滤器、ZF 型压力式地下水除铁装置、SYZ-C-FM 型除铁锰生活饮用水处理器等。

1.2.1　CTM 型重力式除铁除锰过滤器

1. 适用范围：CTM 型压力式除铁除锰过滤器是采用活性生物膜接触氧化法研制而成，适用于中小型处理工程中除铁、除锰工艺。

2. 结构示意：CTM 型压力式除铁除锰过滤器结构示意见图 1-13。

3. 性能规格及外形尺寸：CTM 型压力式除铁除锰过滤器性能规格及外形尺寸见表 1-16。

CTM 型压力式除铁除锰过滤器性能规格及外形尺寸　　**表 1-16**

型号	处理水量 (m^3/d)	进水阀门直径 *DN*(mm)	出水阀门直径 *DN*(mm)	反冲洗水阀门直径 (mm)	筒体直径 (mm)	设备高度 (mm)	主要生产厂商
CTM-P-3	3	32	100	100	800	3260	
CTM-P-5	5	50	100	125	1000	3300	
CTM-P-10	10	50	125	125	1200	3510	
CTM-P-15	15	80	150	150	1600	3780	
CTM-P-25	25	100	250	250	2000	4075	
CTM-P-35	35	100	300	300	2400	4275	
CTM-P-50	50	125	350	350	3000	4475	

续表

型号	处理水量 (m^3/d)	进水阀门直径 *DN*(mm)	出水阀门直径 *DN*(mm)	反冲洗水阀门直径 (mm)	筒体直径 (mm)	设备高度 (mm)	主要生产厂商
CTM-P-60	60	125	350	350	3200	4500	江苏一环集团有限公司
CTM-G-3	3	32	50	80	800	4000	
CTM-G-5	5	50	50	100	1000	4000	
CTM-G-10	10	50	50	125	1200	4600	
CTM-G-15	15	80	80	150	1600	4600	
CTM-G-25	25	100	100	250	2000	4800	
CTM-G-35	35	100	100	300	2400	4800	
CTM-G-50	50	125	125	350	3000	5000	
CTM-G-60	60	125	125	350	3200	5000	

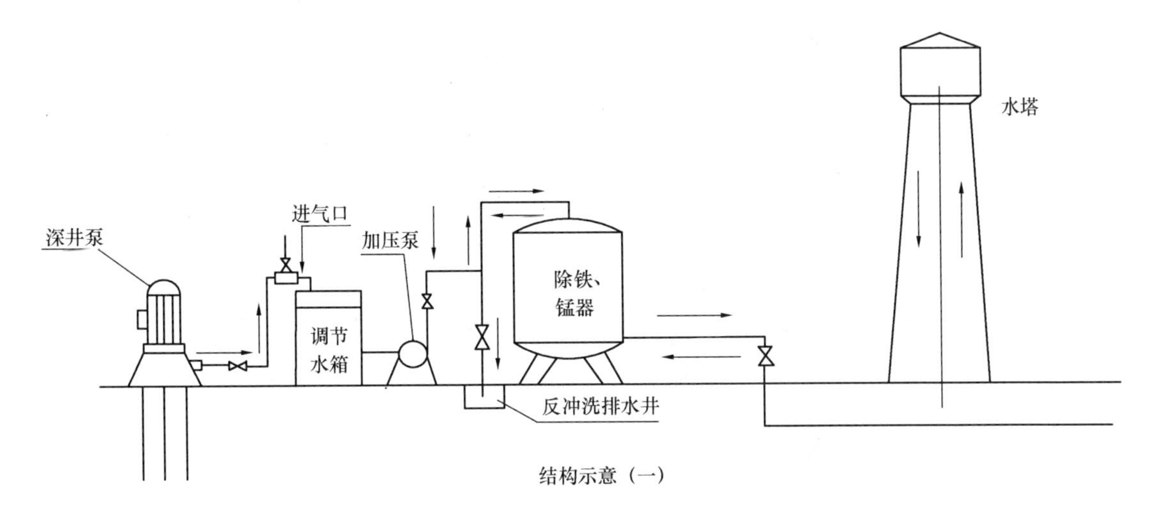

结构示意（一）

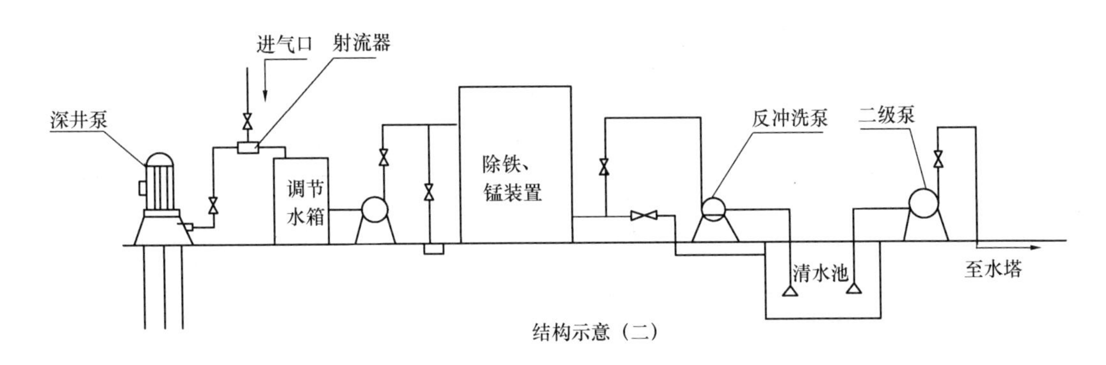

结构示意（二）

图 1-13 CTM 型压力式除铁锰过滤器结构示意

1.2.2 ZF 型压力式地下水除铁装置

1. 适用范围：ZF 型压力式地下水除铁装置为一井一塔给水系统配水的地下水除铁装

置。采用接触氧化法除铁工艺流程。可根据井的出水量不同，设置若干套除铁装置进行并联工作，均不影响处理效果。

2. 结构示意：ZF 型压力式地下水除铁装置结构示意见图 1-14。

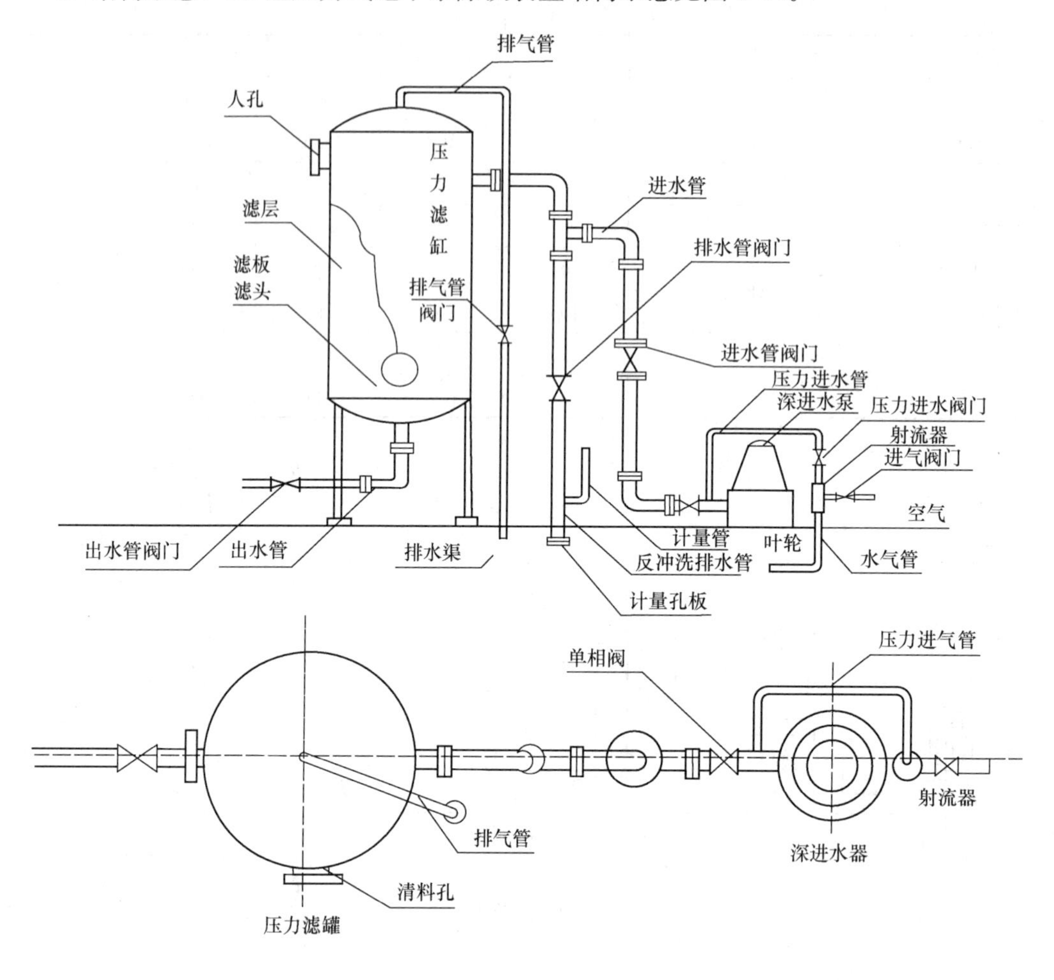

图 1-14　ZF 型压力式地下水除铁装置结构示意

3. 性能规格及外形尺寸：ZF 型压力式地下水除铁装置性能规格及外形尺寸见表 1-17。

ZF 型压力式地下水除铁装置性能规格及外形尺寸　表 1-17

型号	处理水量 (m^3/d)	单体外形尺寸 长度×宽度×高度 (mm)	设备净重 (kg)	滤料 (m^3)	主要生产厂商
ZF-12	7～12	1300×1200×3200	870	1.36	台州中昌水处理设备有限公司
ZF-16	9～16	1530×1400×3000	1200	1.85	
ZF-20	12～20	1730×1600×3100	1400	2.40	
ZF-30	18～30	2150×2000×3200	1900	3.77	
ZF-40	24～40	2450×2300×3880	2600	4.98	
ZF-50	30～50	2840×2500×3920	3700	6.16	

1.2.3 SYZ-C-FM 型除铁除锰生活饮用水处理器

1. 适用范围：SYZ-C-FM 型除铁除锰生活饮用水处理器适用于以江河、湖泊、水库、溪水等地表水为生活饮用水、工业用水水源的中、小自然村、乡镇、工矿企业和各种规模的自来水厂。

2. 性能规格及外形尺寸：SYZ-C-FM 型除铁除锰生活饮用水处理器性能规格及外形尺寸见表 1-18。

SYZ-C-FM 除铁除锰生活饮用水处理器性能规格及外形尺寸　　表 1-18

型号	处理水量 (m^3/h)	运行阻力 (m)	需用压力 (MPa)	设备外形尺寸 高度×直径(m)		设备净重 (kg)	主要生产厂商
				一级	二级		
FM-5	5	0.3	12	2.45×0.80	2.45×0.80	1200	重庆市亚太水工业科技有限公司
FM-10	10			2.60×1.12	2.60×1.12	2000	
FM-15	15			2.95×1.38	2.95×1.38	3000	
FM-20	20			3.10×1.58	3.10×1.58	3800	
FM-25	25			3.30×1.78	3.30×1.78	4500	
FM-30	30			3.50×1.95	3.50×1.95	5500	
FM-40	40			3.70×2.25	3.70×2.25	7500	
FM-50	50			4.10×2.50	4.10×2.50	9000	
FM-60	60			4.40×2.60	4.40×2.60	10000	
FM-80	80			5.00×3.10	5.00×3.10	14000	
FM-100	100			5.50×3.26	5.50×3.26	17500	

1.3 除 氟 设 备

除氟设备常用有 ZF-1 型除氟设备、CF 型饮用水除氟设备等。

1.3.1 ZF-1 型除氟设备

1. 适用范围：ZF-1 型除氟设备适用于高氟地区城乡居民的生活饮用水除氟处理以及城镇、乡村、厂矿、学校、部队、企事业单位等高氟、高浊、高铁的水质净化处理。

2. 结构示意：ZF-1 型除氟设备结构示意见图 1-15。

3. 性能规格及外形尺寸：ZF-1 型除氟设备性能规格及外形尺寸见表 1-19。

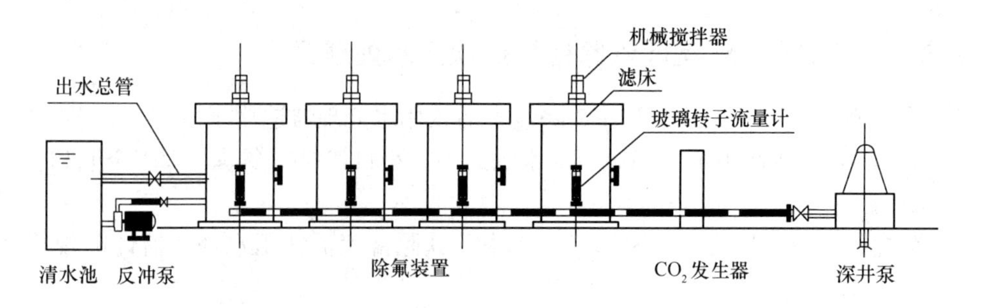

图 1-15　ZF-1 型除氟设备结构示意

ZF-1 型除氟设备性能规格及外形尺寸　　**表 1-19**

型号	处理水量 (m^3/h)	单体外形尺寸 长度×宽度×高度 (mm)	滤料质量 (t)	设备净重 (kg)	主要生产厂商
ZF-1-5	4～5	4200×2000×2500	0.5	2800	台州中昌水处理设备有限公司
ZF-1-10	7～10	5900×2200×2500	1	3500	
ZF-1-20	14～20	7200×2800×2700	2	4900	
ZF-1-30	21～30	7300×3300×2700	2.9	6700	
ZF-1-40	28～40	8800×4000×2800	3.8	8500	
ZF-1-60	42～60	10300×4700×2900	5.6	13500	
ZF-1-80	56～80	11300×5100×3000	7.5	17000	
ZF-1-120	85～120	12400×5300×3000	9.5	19500	
ZF-1-160	110～160	14500×6000×3000	14	27500	
ZF-1-200	140～200	16500×6800×3100	19	37000	
ZF-1-240	170～240	18100×7500×3200	23	45000	
ZF-1-320	230～320	20000×8200×3200	28	58000	
ZF-1-400	280～400	22400×9000×3300	38	75000	

1.3.2　CF 型饮用水除氟设备

1. 适用范围：CF 型饮用水除氟设备适用于集中式降除以地下水为水源的饮用水中超标氟离子的专用设备。也可用于含氟工业废水及含砷饮用水的处理。

2. 结构示意：CF 型饮用水除氟设备结构示意见图 1-16。

3. 性能规格及外形尺寸：CF 型饮用水除氟设备性能规格及外形尺寸见表 1-20。

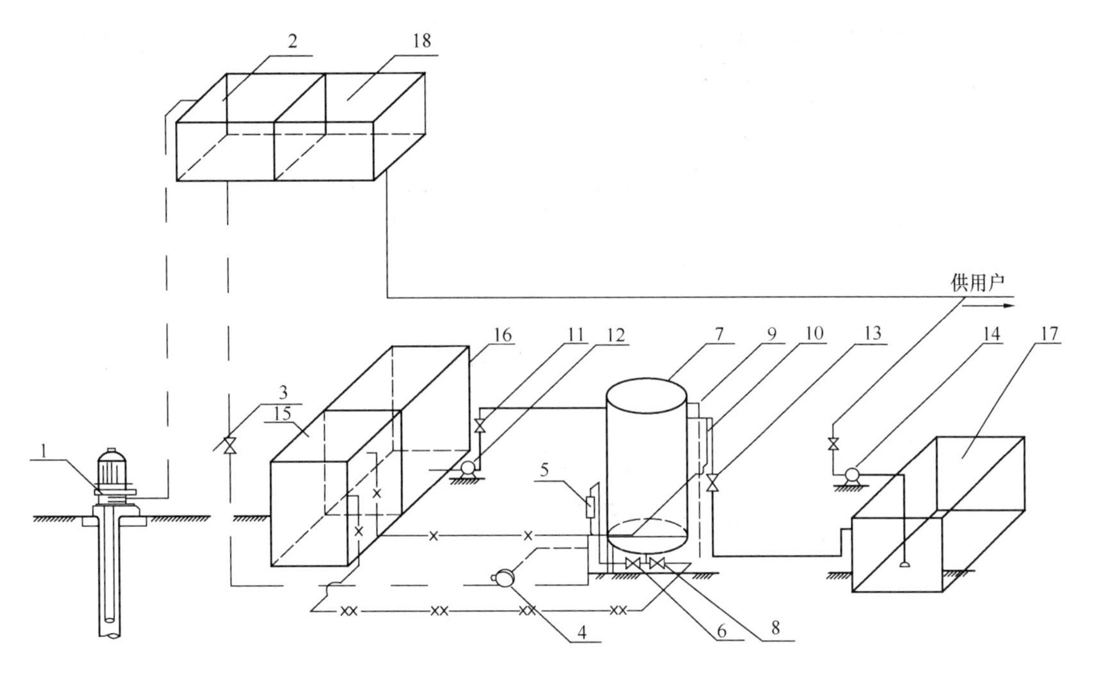

图 1-16 CF 型饮用水除氟设备结构示意

1—深井泵；2—高氟水恒压水箱；3—原水总阀；4—CO_2 发生器；5—转子流量计；6—原水阀；7—除氟缸；8—放空阀；9—冲洗出水管（溢流管）；10—初滤液排放阀；11—再生液阀；12—再生液泵；13—低氟水出水阀；14—低氟水供水泵；15—废液槽；16—再生液槽；17—低氟水池；18—高低水箱（塔）

CF 型饮用水除氟设备性能规格及外形尺寸 **表 1-20**

型号	处理水量 (m^3/h)	单体外形尺寸 直径×高度 (mm)	滤料体积 (m^3)	运行质量 (kg)	基础尺寸 直径×高度 (mm)	主要生产厂商
CF-2	2	600×3200	0.43	1100	800×200	江苏一环集团有限公司
CF-5.5	5.5	1000×3600	1.18	2900	1200×200	
CF-10	10	1400×3800	2.31	6500	1600×200	
CF-18	18	1800×4000	3.82	11000	2000×200	
CF-30	30	2400×4400	6.80	19800	2600×200	
CF-40	40	2700×4800	8.59	26700	2900×250	
CF-50	50	3000×5300	10.60	35800	3200×300	

1.4 成套净水设备

成套净水设备常用有高效节能净水成套设备、JS 型一体化净水器、SYZ-C-SL 型低浊度生活饮用水处理器、SYZ-C-CD 型高浊度生活饮用水处理器、叠片式自清洗过滤器等。

1.4.1 高效节能净水成套装置

1. 适用范围：高效节能净水成套装置是集反应、沉淀、过滤为一体的重力式净水设备。它适用于以江河、湖泊、水库、井水为水源的城镇、乡村、厂矿、学校、部队、企事业等单位的生活饮用水和工业用水的除浊净化处理，亦适用于工业废水与中水回用处理。

2. 结构示意：高效节能净水成套装置结构示意见图 1-17。

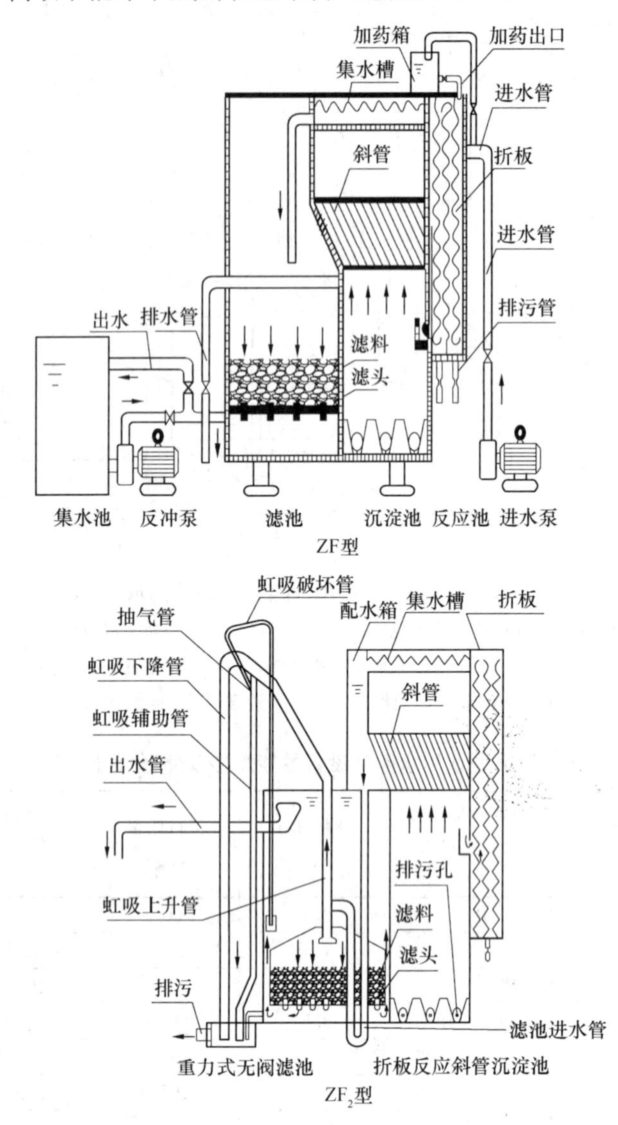

图 1-17　高效节能净水成套装置结构示意

3. 性能规格及外形尺寸：高效节能净水成套装置性能规格及外形尺寸见表 1-21。

高效节能净水成套装置性能规格及外形尺寸　表 1-21

型号	处理水量 (m^3/h)	单体外形尺寸 长度×宽度×高度 (mm)	进水压力 >(MPa)	设备净质量 (t)	组合形式	主要生产厂商
ZF-5	4～5	1900×1000×4000	0.1	3	—	台州中昌水处理设备有限公司、浙江联池水务设备有限公司
ZF-10	8～10	3100×1200×4000		5	—	
ZF-20	16～20	3340×2200×4000		8.8	—	
ZF-30	24～30	4600×2400×4000		12.5	—	

续表

型号	处理水量 (m^3/h)	单体外形尺寸 长度×宽度×高度 (mm)	进水压力 >(MPa)	设备净质量 (t)	组合形式	主要生产厂商
ZF-40	32～40	5600×2600×4000	0.1	16	—	台州中昌水处理设备有限公司、浙江联池水务设备有限公司
ZF-50	40～50	6500×2800×4000		18.2	—	
ZF-60	48～60	7300×3000×4000		22	—	
ZF-100	80～100	9000×4200×4000		38.5	—	
ZF-160	130～160	9600×6000×4200		46	—	
ZF-200	160～200	10700×6600×4500		58	—	
ZF-400	320～400	14500×9800×4800		120	—	
ZF_2-40	30～40	6000×2400×6850		29	单格滤池	
ZF_2-60	50～60	7400×2900×6850		33	单格滤池	
ZF_2-80	70～80	6100×4700×6850		42	双格滤池	
ZF_2-120	100～120	7400×5800×6850		55	双格滤池	
ZF_2-160	130～160	8500×6700×6850		69	双格滤池	
ZF_2-200	160～200	12700×5300×6850		87	四格滤池	
ZF_2-240	200～240	14200×5800×6850		105	四格滤池	
ZF_2-320	260～320	16200×6900×7150		142	六格滤池	
ZF_2-400	320～400	15150×9000×7450		180	六格滤池	

1.4.2 JS型一体化净水器

1. 适用范围：JS型一体化净水器适用于以江河、湖泊等地表水为水源的生活饮用水、工业用水的浊度净化，也可用于生活污水、工业废水的深度回用处理。

2. 结构示意：JS-P型一体化净水器结构示意见图1-18。

3. 性能规格及外形尺寸：JS-P型一体化净水器性能规格及外形尺寸见表1-22。

JS-P型一体化净水器性能规格及外形尺寸　　表1-22

型号		处理水量 (m^3/h)	单体外形尺寸(mm) 圆形 直径×高度	方形 长度×宽度×高度	进水管径 (mm)	出水管径 (mm)	排泥管径 (mm)	冲洗管径 (mm)	主要生产厂商
压力型	JS-P-50	2.1	1000×2800	—	25	50	25	50	江苏一环集团有限公司
	JS-P-100	4.2	1200×2800	—	50	80	40	80	
	JS-P-200	8.3	1600×3040	—	50	80	40	80	
	JS-P-300	12.5	1800×3050	—	50	100	40	100	
	JS-P-500	21	2400×3260	—	75	150	50	150	
	JS-P-1000	42	2600×3860	—	100	150	100	100	
	JS-P-1500	62.5	—	2800×6000×2700	125	200	125	150	
	JS-P-2400	100	—	3000×6900×2700	150	200	125	150	

续表

型号		处理水量 (m^3/h)	单体外形尺寸(mm)		进水管径 (mm)	出水管径 (mm)	排泥管径 (mm)	冲洗管径 (mm)	主要生产厂商
			圆形	方形					
			直径×高度	长度×宽度×高度					
重力型	JS-G-200	10	—	2100×1800×2900	65	80	50	—	江苏一环集团有限公司
	JS-G-500	21	—	2600×2200×2900	80	100	50	—	
	JS-G-750	31	—	3200×2500×2900	100	125	50	—	
	JS-G-1000	42	—	4000×2650×2900	100	125	50	—	
	JS-G-1200	50	—	4800×2650×2900	125	150	50	—	
	JS-G-1500	62.5	—	5500×2800×4800	125	150	80	—	
	JS-G-2000	83	—	6000×3000×4800	150	200	80	—	
	JS-G-2400	100	—	7200×3200×4800	200	200	100	—	
	JS-G-3600	150	—	6000×3400×4800 5400×3400×3000	250	250	100	—	
	JS-G-5000	210	—	8000×3400×4800 5200×5000×3000	250	300	150	—	
	JS-G-6000	250	—	8800×3600×4800 5600×5500×3000	300	300	150	—	

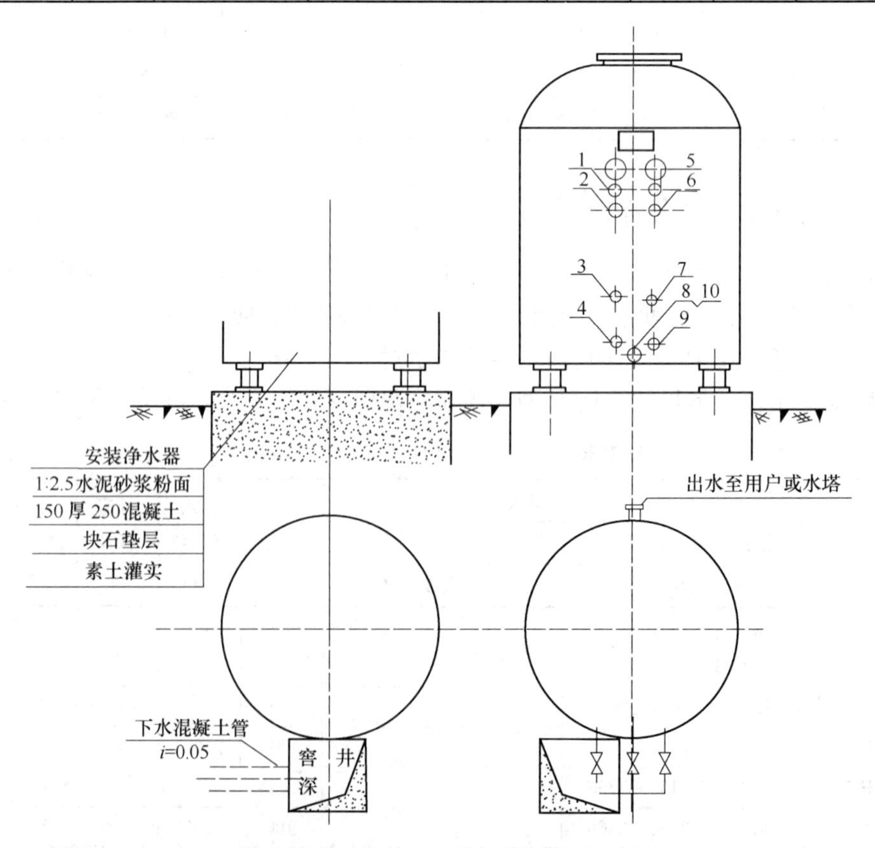

图 1-18　JS-P 型一体化净水器结构示意

1—滤前压力表；2—反应区取样龙头；3—沉淀区取样龙头；4—反冲出水阀；5—滤后压力表；6—清水取样龙头；7—污泥室取样龙头；8—原水进水管；9—排泥管；10—清水出水

1.4.3 SYZ-C-SL 型低浊度生活饮用水处理器

1. 适用范围：SYZ-C-SL 型低浊度生活饮用水处理器适用于以江河、湖泊等地表水为水源的中、小自然村、乡镇、工矿企业和各种规模自来水厂的浊度净化处理。

2. 性能规格及外形尺寸：SYZ-C-SL 型低浊度生活饮用水处理器性能规格及外形尺寸见表 1-23。

SYZ-C-SL 型低浊度生活饮用水处理器性能规格及外形尺寸　　表 1-23

型号	处理水量 (m^3/h)	运行阻力 (kPa)	需用压力 (MPa)	外形尺寸 高度×直径 (m)	进水管管径 (mm)	出水管管径 (mm)	反冲洗管管径 (mm)	设备净质量 (kg)	主要生产厂商
SL-5	5			2.45×0.80	50	50	50	1200	
SL-10	10			2.60×1.12	65	65	65	2000	
SL-15	15			2.95×1.38	80	80	80	3000	
SL-20	20			3.10×1.58	100	100	150	3800	
SL-25	25			3.30×1.78	100	100	200	4500	
SL-30	30	3	12	3.50×1.95	100	100	200	5500	重庆市亚太水工业科技有限公司
SL-40	40			3.70×2.25	125	125	200	7500	
SL-50	50			4.10×2.50	150	150	250	9000	
SL-60	60			4.40×2.60	150	150	250	10000	
SL-80	80			5.00×3.10	200	200	300	14000	
SL-100	100			5.50×3.26	250	250	350	17500	

1.4.4 SYZ-C-CD 型高浊度生活饮用水处理器

1. 适用范围：SYZ-C-CD 型高浊度生活饮用水处理器适用于以江河、湖泊、水库、溪水等地表水为水源的中、小自然村、乡镇、工矿企业和各种规模的自来水厂的浊度净化处理。

2. 性能规格及外形尺寸：SYZ-C-CD 型高浊度生活饮用水处理器性能规格及外形尺寸见表 1-24。

SYZ-C-CD 型高浊度生活饮用水处理器性能规格及外形尺寸　　表 1-24

型号	处理水量 (m^3/h)	运行阻力 (kPa)	需用压力 (MPa)	设备外形尺寸 高度×直径 (m)		进水管管径 (mm)	出水管管径 (mm)	反冲洗管管径 (mm)	设备净质量 (kg)	主要生产厂商
				一级	二级					
SH-5	5			2.95×1.38	2.45×0.80	50	50	50	1200	
SH-10	10			3.10×1.58	2.60×1.12	65	65	65	2000	
SH-15	15	3	12	3.30×1.78	2.95×1.38	80	80	80	3000	重庆市亚太水工业科技有限公司
SH-20	20			3.50×1.95	3.10×1.58	100	100	150	3800	
SH-25	25			3.60×2.10	3.30×1.78	100	100	200	4500	

续表

型号	处理水量 (m³/h)	运行阻力 (kPa)	需用压力 (MPa)	设备外形尺寸 高度×直径（m）		进水管管径 (mm)	出水管管径 (mm)	反冲洗管管径 (mm)	设备净质量 (kg)	主要生产厂商
				一级	二级					
SH-30	30	3	12	3.70×2.25	3.50×1.95	100	100	200	5500	重庆市亚太水工业科技有限公司
SH-40	40			4.10×2.50	3.70×2.25	125	125	200	7500	
SH-50	50			4.40×2.60	4.10×2.50	150	150	250	9000	
SH-60	60			5.00×3.10	4.40×2.60	150	150	250	10000	
SH-80	80			5.50×3.26	5.00×3.10	200	200	300	14000	
SH-100	100			5.50×3.45	5.50×3.26	250	250	350	17500	

1.4.5 叠片式自清洗过滤器

1. 适用范围：叠片式自清洗过滤器适用于灌溉、废水处理、污水再生、市政供水、自来水厂、大型发电厂、化工企业及海鲜养殖等领域的水质处理。

2. 性能规格：叠片式自清洗过滤器性能规格见表 1-25。

叠片式自清洗过滤器性能规格 表 1-25

过滤精度 (μm)	反冲洗压力 ≥(MPa)	最大工作压力 (10^5Pa)	建议反冲洗压差 (10^5Pa)	系统压力损失 (10^5Pa)	反冲洗流量 (m³/h)	反冲洗时间 (s)	过滤单元的设计流量 (m³/h)	主要生产厂商
130～200	0.28	10	初始压差 0.3～0.5	0.08～0.8	8～11/单个滤芯	10～20	10(20μm)、20(50μm)、30(100μm)	北京华彦邦科技有限公司
100	0.3							
55～70	0.45							
20～40	0.55							

1.5 高效快速澄清与高效沉淀池

高效快速澄清与高效沉淀池常用有高效快速澄清池、JQ 型澄清池、DA 型高效沉淀池等。

1.5.1 高效快速澄清池

1. 适用范围：高效快速澄清池适用于电厂酸碱废水、锅炉废水及锅炉酸洗废水处理系统和市政高浊度供水处理以及污水处理厂高浓度含泥砂水的澄清分离处理。尤其在用于砂石冲洗和打磨水处理时，可起到循环利用的效果。

2. 性能规格及外形尺寸：高效快速澄清池性能规格及外形尺寸见图 1-19、表 1-26。

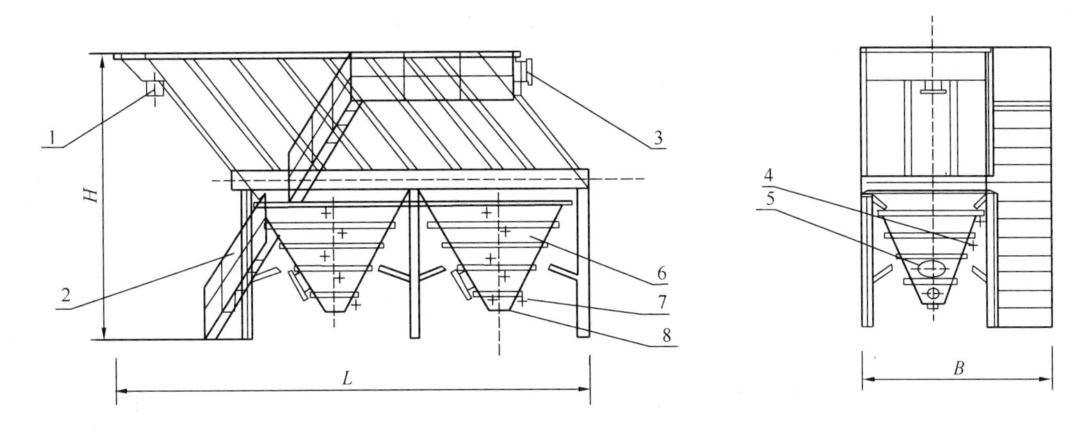

图 1-19 高效快速澄清池外形尺寸

1—出水口；2—平台及扶梯；3—进水口；4—采样口；5—手孔；6—贮泥斗；7—污泥循环管；8—排泥放空管

高效快速澄清池性能规格及外形尺寸 **表 1-26**

型号	处理水量 (m^3/h)	单体外形尺寸 长度×宽度×高度（m）	设备净质量 (t)	主要生产厂商
MGS-50	50～60	4.2×1.64×3.6	28	江苏一环集团有限公司
MGS-100	100～120	5.25×1.84×4.65	40	
MGS-160	160～200	7.2×2.5×4.95	70	
MGS-300	300～350	8.2×2.7×4.95	105	

1.5.2 JQ 型澄清池

1. 适用范围：JQ 型澄清池适用于净化处理生活和工业用水的各种规模水厂的澄清工艺。

2. 性能规格：JQ 型澄清池性能规格见表 1-27。

JQ 型澄清池性能规格 **表 1-27**

型号	处理水量 (m^3/h)	进水含沙量 ≤（kg/m^3）	出水浊度 (NTU)	总停留时间 (h)	负 荷 [$m^3/(m^2 \cdot h)$]	主要生产厂商
JQ-1	500	80	10～20	2～2.5	2.88	甘肃金桥水科技集团
JQ-2	600					
JQ-3	800					

1.5.3 DA 型高效沉淀池

1. 适用范围：DA 型高效沉淀池适用于净化处理生活和工业用水的各种规模水厂的反应、沉淀工艺。

2. 性能规格及外形尺寸：DA 型高效沉淀池性能规格及外形尺寸见表 1-28。

DA 型高效沉淀池性能规格及外形尺寸 表 1-28

型号	处理水量 (m^3/h)	单体外形尺寸 长度×宽度×高度 (mm)	絮凝池直径 (mm)	澄清池直径 (mm)	进、出水水管 (mm)	主要生产厂商
DA-20	20	2700×1750×7000	800	1600	80	浙江德安科技股份有限公司
DA-50	50	4100×2550×7500	1400	2400	150	
DA-100	100	5300×3350×7500	1800	3200	200	

1.6 污泥脱水机和干化装置

污泥脱水机和干化装置常用有活动式螺杆脱水机、螺压式污泥脱水机、中低温带式干化装置等。

1.6.1 活动式螺杆脱水机

1. 适用范围：活动式螺杆脱水机是一种新型的脱水机，主体由多重固定环、游动环和螺旋过滤部构成，将污泥的浓缩和压榨脱水工作在同一筒内完成，以独特微妙的滤体模式取代了传统的滤布和离心的过滤方式。它适用于各种规模的供水厂和污水处理厂的污泥脱水。

2. 性能规格及外形尺寸：活动式螺杆脱水机性能规格及外形尺寸见图 1-20、表 1-29。

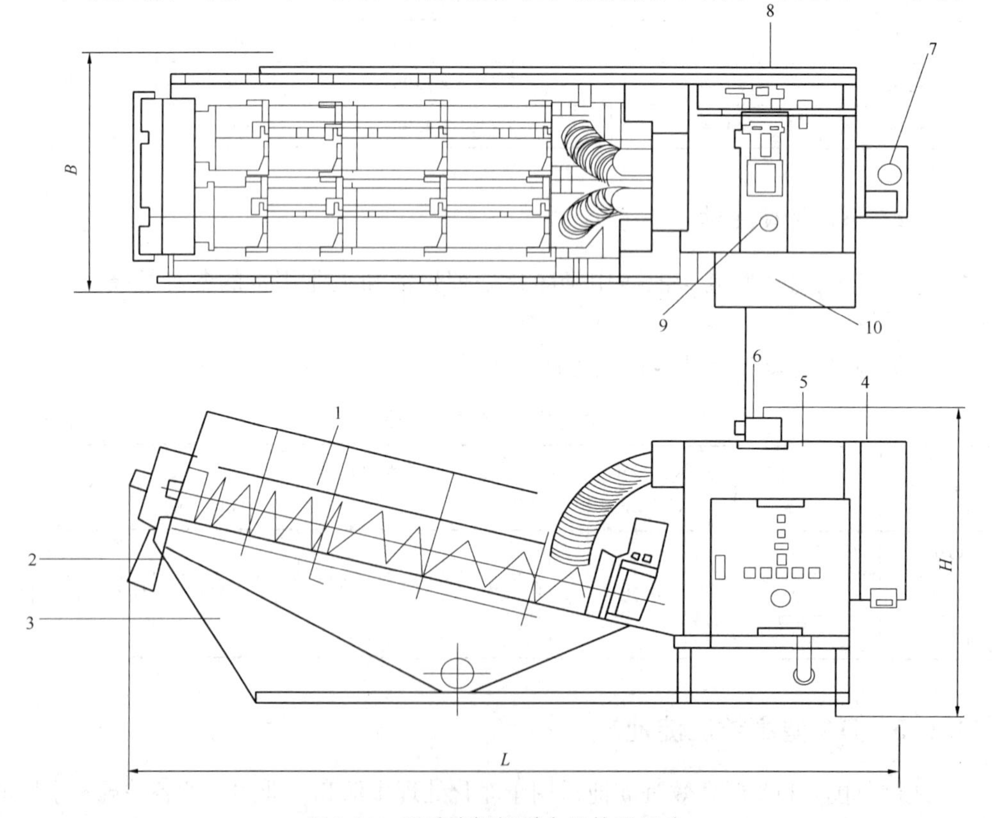

图 1-20 活动式螺杆脱水机外形尺寸

1—螺杆脱水机主体；2—泥饼排出板；3—台架；4—计量槽；5—絮凝混合槽；6—絮凝混合槽搅拌机；7—水位调整管；8—供水电磁阀；9—自动运转电极；10—综合操作盘

活动式螺杆脱水机性能规格及外形尺寸 **表 1-29**

型号	标准处理量(kg 干泥/h)		螺杆轴规格(根-ϕmm)	单体外形尺寸 长度 L×宽度 B×高度 H(mm)	设备净重(kg)	总功率(kW)	主要生产厂商
	2～4g/L 污泥	6～35g/L 污泥					
DA-101TS	3	5	1-100	1765×756×1045	190	0.2	浙江德安科技股份有限公司
DA-131TS	6	10	1-130	1919×756×1045	205	0.2	
DA-132TS	12	20	2-100	2019×910×1045	275	0.3	
DA-202TS	18	30	2-200	2500×935×1275	470	0.8	
DA-301TS	30	50	1-300	3205×985×1500	840	0.8	
DA-302TS	60	100	1-300	3405×1230×1500	1370	1.2	
DA-303TS	90	150	3-300	3555×1590×1520	1840	1.95	

1.6.2 螺压式污泥脱水机

1. 适用范围：螺压式污泥脱水机适用于市政和工业污泥脱水处理工程。
2. 性能规格及外形尺寸：螺压式污泥脱水机性能规格及外形尺寸见图 1-21、表 1-30。

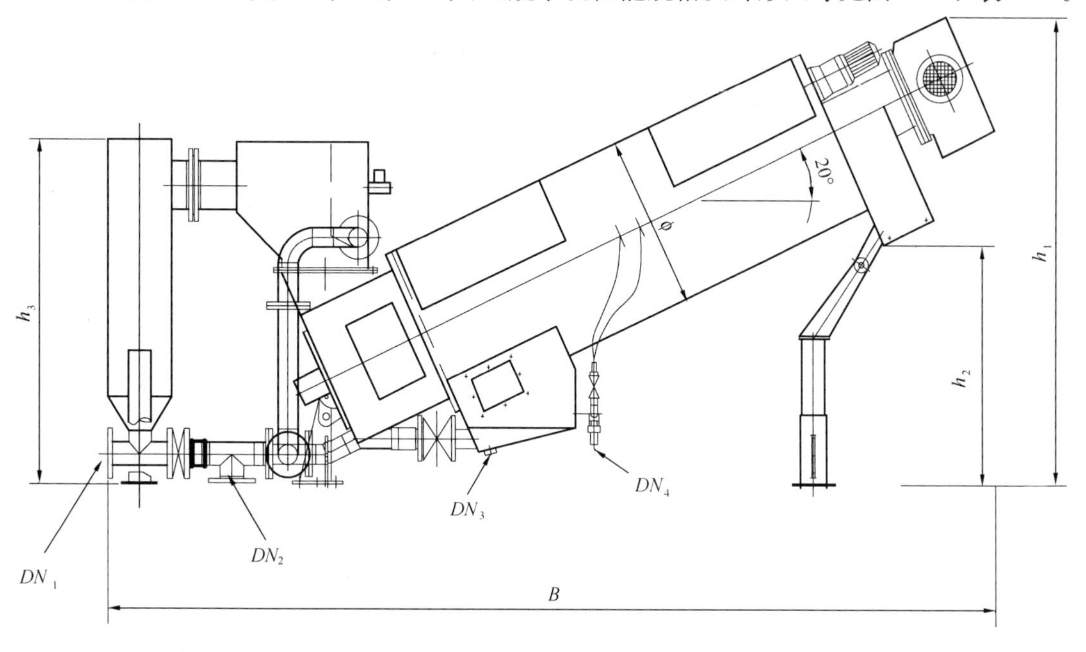

图 1-21 螺压式污泥脱水机外形尺寸

螺压式污泥脱水机性能规格及外形尺寸 **表 1-30**

型号	处理量(m^3/h)	电机功率(kW)	外形尺寸(mm)					DN_1(mm)	DN_2(mm)	DN_3(mm)	DN_4(mm)	主要生产厂商
			h_1	h_2	h_3	B	ϕ					
ROS3.1	2～5	3	2070	1056	1520	4138	758	100	100	40	32	宜兴华都琥珀环保机械制造有限公司
ROS3.2	5～10	4.4	2455	1488	1655	4935	907	100	100	40	32	
ROS3.3	10～20	8.8	2455	1488	1655	5000	907	100	100	40	32	

1.6.3 中低温带式干化装置

1. 适用范围：中低温带式干化装置适用于城市污水处理厂脱水后含水率80%左右的污泥。

2. 性能规格及外形尺寸：中低温带式干化装置性能规格及外形尺寸见图1-22、表1-31。

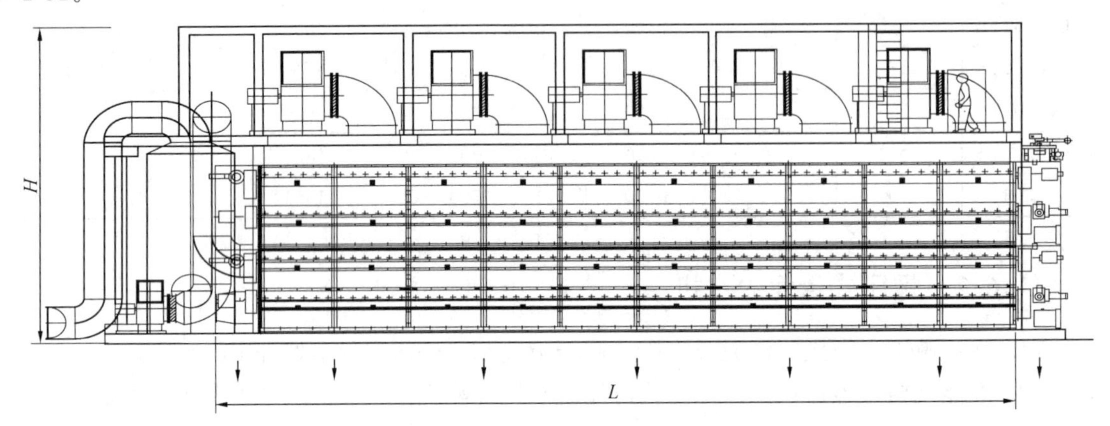

图1-22 中低温带式干化装置外形尺寸

中低温带式干化装置主要性能规格及外形尺寸 表1-31

型号	干化线数量（条）	处理量（t/d）	蒸发量（kgH_2O/h）	外形尺寸 长度L×宽度B×高度H（m）	主机功率（kW）	主要生产厂商
5-2	1	35～55	1100～1800	23×9.8×7.3	1×2.25+2×0.55	宜兴华都琥珀环保机械制造有限公司
5-3	1	55～75	1800～2430	23×9.8×8.2	1×2.25+3×0.55	
5-4	1	75～100	2430～3240	23×9.8×9.9	2×2.25+4×0.55	
5-4	2	150～200	4860～6480	23×19.6×9.9	4×2.25+8×0.55	
5-4	3	225～300	7290～9720	23×29.4×9.9	6×2.25+12×0.55	
5-4	4	300～400	9720～12960	23×39.2×9.9	8×2.25+16×0.55	

1.7 污水生物处理设备

污水生物处理设备常用有A/A/O型污水生物处理装置、DCW型污水处理设备、地埋式一体化生活污水处理设备、DMY型一体化污水处理装置、WSZ型污水处理设备、HYS型高效一体化中水处理设备、FMBR型膜生物反应器、BFBR型高效好氧生物流化反应器、HAF型复合厌氧反应器、FC型多功能废水处理设备、DFBR型节能型滴滤生物反应污水处理设备、CCB型地埋式一体化导流曝气生物滤池等。

1.7.1 A/A/O型污水生物处理装置

1. 适用范围：A/A/O型污水生物处理装置采用生物法能够有效地去除水中有机物和

磷、氮元素，适用于各种规模的城镇污水处理厂和以脱磷脱氮为目的的污水处理厂的升级改造工程。

2. 性能规格及外形尺寸：A/A/O 型污水生物处理装置性能规格及外形尺寸见表 1-32。

A/A/O 型污水生物处理装置性能规格及外形尺寸 **表 1-32**

型号	处理水量(m^3/d)	单体外形尺寸 长度×宽度×高度(m)	占地面积(m^2)	装机容量(kW)	主要生产厂商
A/A/O-24	24	4.7×1.8×2.1	35	8	江苏一环集团有限公司
A/A/O-50	50	7.55×2×2.3	50	8	
A/A/O-72	72	10.5×2×2.3	70	11	
A/A/O-120	120	立机 9.0×2.4×2.6 沉淀 2×2×3.1	110	17	

注：该装置以进水 BOD 200～250mg/L，出水 20mg/L 计算设计，如水质变化时体积也会有变化。

1.7.2 DCW 型污水处理设备

1. 适用范围：DCW 型污水处理设备适用于宾馆、饭店、疗养院、医院、学校，商场、居住小区、村镇、船舶码头、车站、机场、工厂、矿山、旅游点、风景区等生活污水处理或与生活污水类似的各种工业有机污水的处理。

2. 性能规格及外形尺寸：DCW 型污水处理设备性能规格及外形尺寸见表 1-33。

DCW 型污水处理设备性能规格及外形尺寸 **表 1-33**

型号	处理水量(m^3/d)	单体外形尺寸 长度×宽度×高度 (mm)	风机功率(kW)	水泵功率(kW)	主要生产厂商
DCW-F-0.5	0.5	4200×1200×1500	0.55	1.1	江苏一环集团有限公司
DCW-F-1	1	5000×1200×1900	0.55	1.1	
DCW-F-3	3	6900×1800×2400	1.5	1.1	
DCW-F-5	5	8300×2000×2700	1.5	1.1	
DCW-F-10	10	7000×2000×2600	4	1.1	
DCW-F-20	20	10000×2400×2700	4×2(台)	2.2	
DCW-F-30	30	10000×3000×3000	5.5×2(台)	2.2	

注：表中为进水 BOD 150～400mg/L，出水 BOD 20～30mg/L 条件下设备数据。

1.7.3 地埋式一体化生活污水处理设备

1. 适用范围：地埋式一体化生活污水处理设备适用于宾馆、饭店、公寓、小区、商店、学校、医院和高速公路配套设施等较小规模的污水处理设施。

2. 性能规格及外形尺寸：地埋式一体化生活污水处理设备性能规格及外形尺寸见图 1-23、表 1-34。

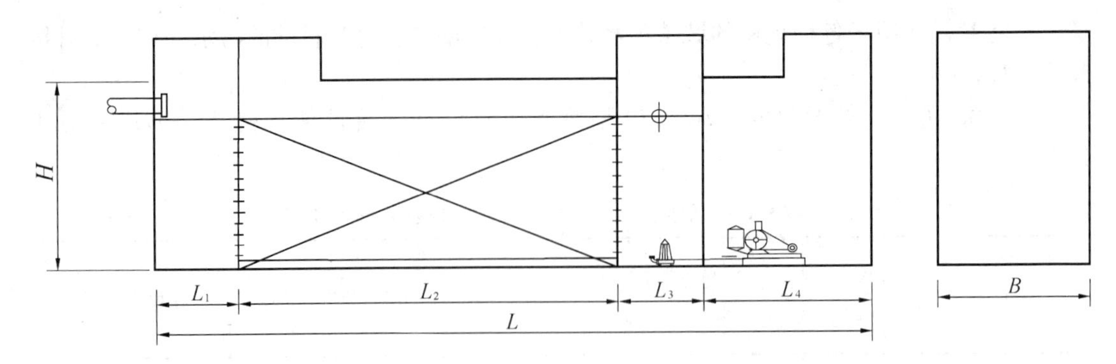

图 1-23　埋地式一体化生活污水处理设备外形尺寸

地埋式一体化生活污水处理设备性能规格及外形尺寸　　表 1-34

处理水量 (m^3/h)	外形尺寸(mm)							主要生产厂商
	L_1	L_2	L_3	L_4	L	B	H	
3	500	3000	500	2000	6000	3000	3000	北京晓清环保工程有限公司
5	500	5000	500	2000	8000	3000	3000	
8	500	8000	500	2000	11000	3000	3000	
10	500	10000	500	2000	13000	3000	3000	

1.7.4　DMY 型一体化污水处理装置

1. 适用范围：DMY 型一体化污水处理装置主要适用于生活污水和医院废水以及生化性较好的或需要生化处理的工业废水处理。

2. 性能规格：DMY 型一体化污水处理装置性能规格见表 1-35。

DMY 型一体化污水处理装置性能规格　　表 1-35

处理水量 (m^3/h)	处理件数	占地面积 (m^2)	配套风机数量(台)	配套风机功率 (kW)	配套水泵		主要生产厂商
					数量(台)	功率(kW)	
1.0	1	4.5	2	2.2	2	1.1	余姚市浙东给排水机械设备厂
2.0	1	6.5					
3.0	1	11.0					
4.0	1	14.5					
7.0	1	29.5		3.3			
10	1	29.5		5.5			
20	2	54.0		5.5			
30	3	75.0		7.5			

1.7.5　WSZ 型污水处理设备

1. 适用范围：WSZ 型污水处理设备适用于宾馆、饭店、疗养所、医院、学校、商场、居住小区、村镇、船舶码头、车站、机场、工厂、矿山、旅游景点、风景区等生活污水处理。

2. 性能规格：WSZ 型污水处理设备性能规格见表 1-36。

WSZ 型污水处理设备性能规格 **表 1-36**

型号	处理水量 (m^3/h)	处理件数	占地面积 (m^2)	配套风机功率 (kW)	配套水泵 (kW)	初沉池 (m^3)	接触氧化池 (m^3)	消毒池 (m^3)	主要生产厂商
WSZ-1	1	1	8	0.4	1.1	1.8	6	0.6	无锡浩润环保科技有限公司
WSZ-3	3	1	14	0.75	1.1	5.5	17.5	1.8	
WSZ-5	5	1	20	1.5	1.1	9	29	2.8	
WSZ-7.5	7.5	1	30	2.2	1.1	14	43.5	4	
WSZ-10	10	2	50	4	1.1	18	54	5.5	
WSZ-15	15	2	65	3.7	2.2	27	78	8	
WSZ-20	20	2	75	5.5	2.2	36	103	10	
WSZ-30	30	3	115	5.5×2	2.2	50	160	15	
WSZ-40	40	4	155	5.5×2	3	82	210	20	
WSZ-50	50	5	185	7.5×2	3	100	250	25	
WSZ-60	60	5	220	7.5×2	3	75	270	30	

1.7.6 HYS 型高效一体化中水处理设备

1. 适用范围：HYS 型高效一体化中水处理设备适用于洗浴废水和以低浓度生活污水为原水的污水处理工程，经处理后可回用于冲厕、城市绿化、车辆冲洗等。

2. 性能规格及外形尺寸：HYS 型高效一体化中水处理设备性能规格及外形尺寸见图 1-24、表 1-37。

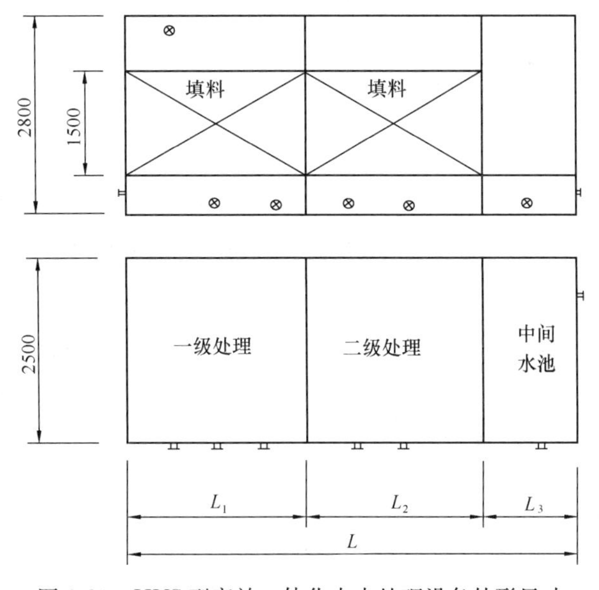

图 1-24 HYS 型高效一体化中水处理设备外形尺寸

HYS 型高效一体化中水处理设备性能规格及外形尺寸 表 1-37

处理水量 (m^3/h)	外形尺寸(mm)				主要生产厂商
	L	L_1	L_2	L_3	
3	2400	960	960	480	北京晓清环保工程有限公司
5	4000	1600	1600	800	
7.5	6000	2400	2400	1200	
15	12000	4800	4800	2400	

1.7.7 FMBR 型膜生物反应器

1. 适用范围：FMBR 型膜生物反应器是将膜分离与污水生物处理技术有机结合的污水处理工艺，适用于宾馆、饭店、公寓、小区、商店、学校、医院等小型污水处理，处理水水质可以满足污水处理厂一级排放标准和回用标准。

2. 性能规格及外形尺寸：FMBR 型膜生物反应器设备性能规格及外形尺寸见图 1-25、表 1-38。

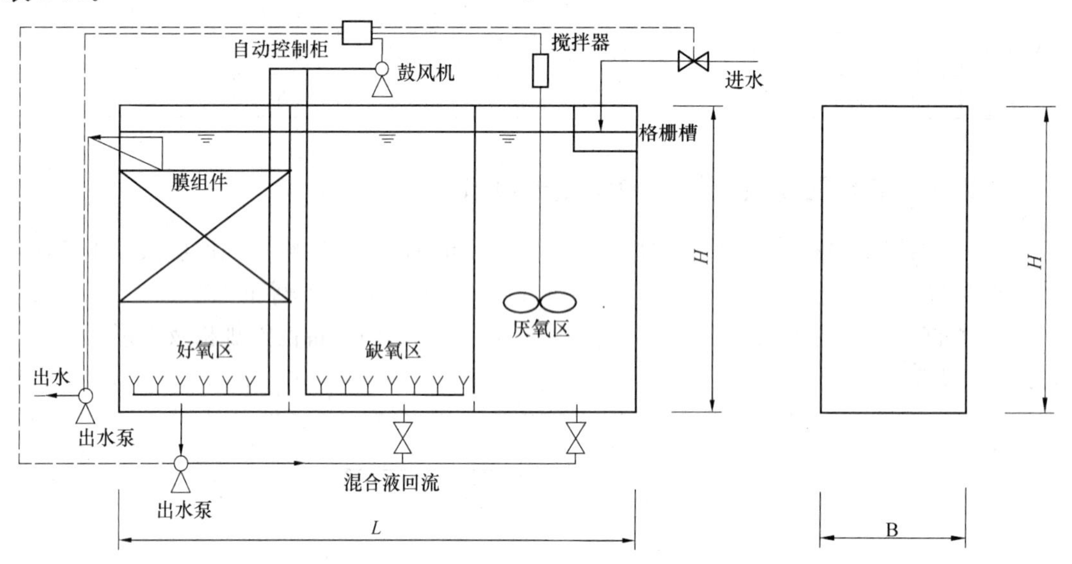

图 1-25 FMBR 型膜生物反应器设备外形尺寸

FMBR 型膜生物反应器设备性能规格及外形尺寸 表 1-38

型号	处理水量 (m^3/d)	主体外形尺寸 长度 L×宽度 B×高度 H (m)	占地面积 (m^2)	膜元件数 (片)	参考气量 (m^3/min)	主要生产厂商
FMBR-B-50-4	50	2.6×1.6×2.5	8	170	1	江苏一环集团有限公司
FMBR-B-50-6	50	3.7×1.6×2.5	12	170	1	
FMBR-B-50-8	50	5.1×1.6×2.5	15	170	1	
FMBR-B-100-4	100	5.1×1.6×2.5	15	340	2	
FMBR-B-100-6	100	7.4×1.6×2.5	20	340	2	

续表

型号	处理水量 (m^3/d)	主体外形尺寸 长度 L×宽度 B×高度 H (m)	占地面积 (m^2)	膜元件数 (片)	参考气量 (m^3/min)	主要生产厂商
FMBR-B-100-8	100	10.2×1.6×2.5	25	340	2	江苏一环集团有限公司
FMBR-B-200-4	200	7.0×2.3×2.5	25	680	4	
FMBR-B-200-6	200	10.5×2.3×2.5	30	680	4	
FMBR-B-200-8	200	13.8×2.3×2.5	40	680	4	
FMBR-B-500-4	500	14.2×2.3×3.0	40	1700	10	
FMBR-B-500-6	500	22.5×2.3×3.0	70	1700	10	
FMBR-B-800-4	800	22.7×2.3×3.0	70	2720	15	
FMBR-B-1000-4	1000	28.2×2.3×3.0	80	3400	18	

1.7.8 BFBR 型高效好氧生物流化反应器

1. 适用范围：BFBR 型高效好氧生物流化反应器是一种高效的三相流化床反应器。适用于城市生活污水处理，处理水水质可以达到污水处理厂一级 B 排放标准。

2. 性能规格及外形尺寸：BFBR 型高效好氧生物流化反应器设备性能规格及外形尺寸见图 1-26、表 1-39。

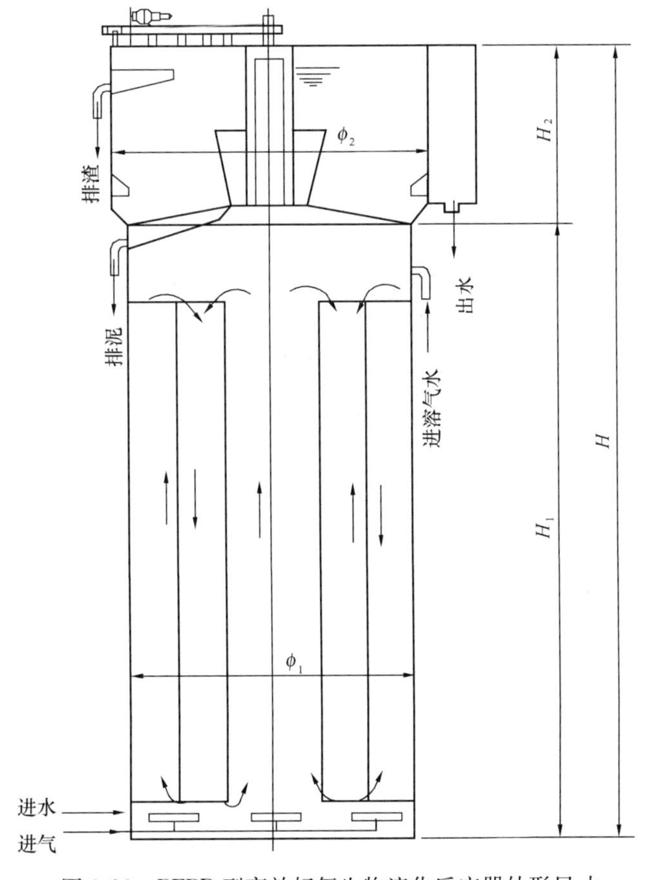

图 1-26 BFBR 型高效好氧生物流化反应器外形尺寸

BFBR 型高效好氧生物流化反应器设备性能规格及外形尺寸 表 1-39

型号	单台处理水量 (m^3/d)	反应区高度 H_1(m)	气浮区高度 H_2(m)	总高度 H(m)	反应区直径 ϕ_1(m)	气浮区直径 ϕ_2(m)	主要生产厂商
BFBR-500	500	7.2	2	9.5	2.8	3.0	江苏一环集团有限公司
BFBR-600	600	7.2	2	9.5	3.1	3.3	
BFBR-800	800	7.2	2	9.5	3.5	3.8	
BFBR-1000	1000	7.2	2	9.5	3.9	4.2	
BFBR-1200	1200	7.2	2	9.5	4.3	4.6	
BFBR-1500	1500	7.2	2	9.5	4.8	5.1	
BFBR-1800	1800	7.2	2	9.5	5.3	5.5	
BFBR-2000	2000	7.2	2	9.5	5.5	5.7	
BFBR-2300	2300	7.2	2	9.5	5.8	6.0	
BFBR-2500	2500	7.2	2	9.5	6.1	6.3	
BFBR-2800	2800	7.2	2	9.5	6.4	6.6	
BFBR-3000（气浮或沉淀）	3000	7.2	—	7.5	6.8	—	
		9.2	—	9.5	6.0	—	

1.7.9 HAF 型复合厌氧反应器

1. 适用范围：HAF 型复合厌氧反应器适用于制药、化工、医院、屠宰、造纸、印染、皮革等行业的高浓度有机废水处理，同时可根据不同行业的废水特点及水质条件与其他工艺进行优化组合，以达到处理效果。

2. 性能规格：HAF 型复合厌氧反应器性能规格见表 1-40。

HAF 型复合厌氧反应器性能规格 表 1-40

项目	进水悬浮物 ≤(mg/L)	运行温度 (℃)	有机负荷 [kgCOD/(m^3·d)]	水力停留时间 (h)	污泥浓度 (mg/L)	主要生产厂商
数值	500	14～40	4～30	4～48	50000～100000	北京晓清环保工程有限公司

1.7.10 FC 型多功能废水处理设备

1. 适用范围：FC 型多功能废水处理设备适用于炼油、印染、孵化、造纸、电镀、皮革、化工、食品加工等行业较高的 COD_{Cr}、BOD_5、色度、含油废水的处理。

2. 性能规格及外形尺寸：FC 型多功能废水处理设备性能规格及外形尺寸见图 1-27、表 1-41。

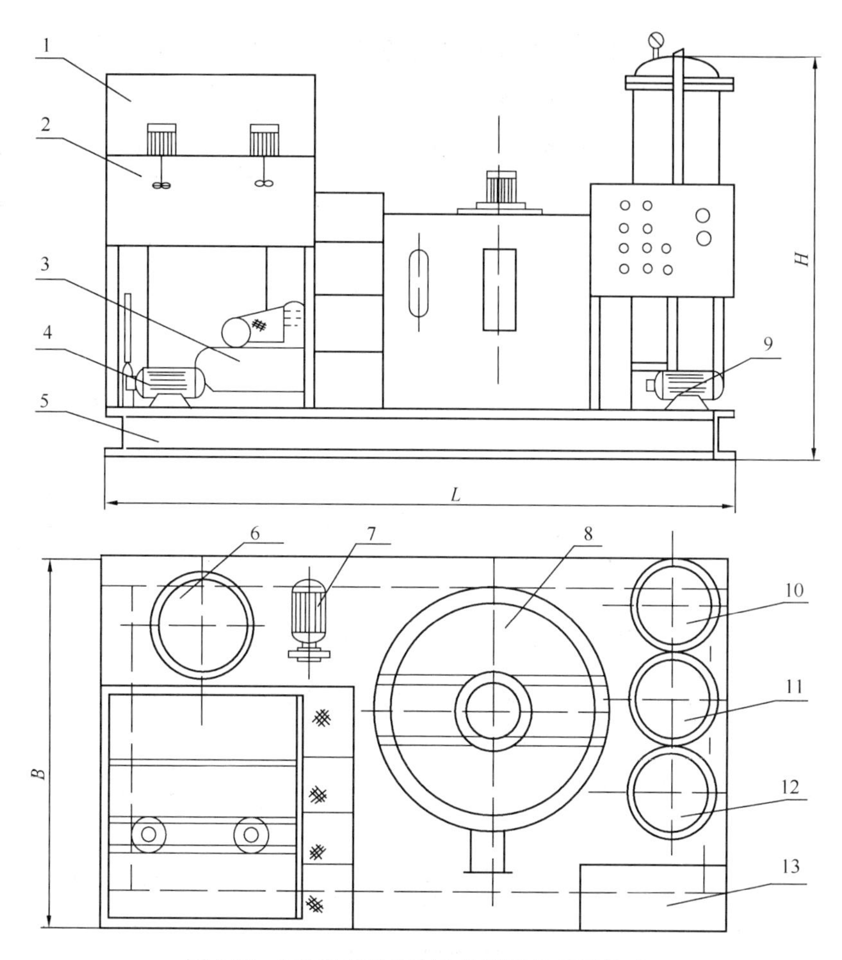

图 1-27 FC 型多功能废水处理设备外形尺寸

1—溶药箱；2—反应槽；3—空气压缩机；4—污水泵；5—机架；6—砂滤器；7—水泵；8—气浮池；9—溶气泵；10—吸附塔Ⅱ；11—吸附塔Ⅰ；12—溶气罐；13—电控柜

FC 型多功能废水处理设备性能规格及外形尺寸 **表 1-41**

型号	外形尺寸 长度 L×宽度 B×高度 H (mm)	处理水量 (m^3/h)	配套电机功率 (kW)	主要生产厂商
FC-1	1500×2510×2000	1	3	江苏一环集团有限公司
FC-3	1960×3640×2300	3	6.7	
FC-5	4200×2200×2850	5	8	
FC-10	6000×3000×3100	10	10	
FC-15	7500×3500×3400	15	10	
FC-20	8300×4000×3500	20	15	
FC-25	9500×4500×3500	25	15	
FC-30	10400×4500×3500	30	15	
FC-40	12000×4800×3500	40	20	
FC-50	14000×5000×3500	50	20	

1.7.11 DFBR 型滴滤生物反应污水处理设备

1. 适用范围：DFBR 型滴滤生物反应污水处理设备采用滴滤床生物膜法，适用于中小型生活污水的处理以及与生活污水相类似的各种有机污水的处理。

2. 性能规格：DFBR 型滴滤生物反应污水处理设备性能规格见表 1-42。

DFBR 型滴滤生物反应污水处理设备性能规格 表 1-42

型号	处理水量 (m^3/h)	水解反应器容积 (m^3)	DFBR 反应器占地面积 (m^2)	二沉池表面负荷 [m^3/(m^2·h)]	生态模块占地面积 (m^2)	消毒池容积 (m^3)	配套水泵		占地面积 (m^2)	主要生产厂商
							功率 (kW)	数量 (台)		
DFBR-1	1	2.1	10	1.0	50	0.6	0.25	2	100	湖南清和环保技术有限公司
DFBR-3	3	7.6	25	1.0	150	1.8	0.55	3	280	
DFBR-5	5	11	35	1.0	200	3.0	1	3	350	
DFBR-10	10	26	75	1.0	370	5.5	1.5	3	580	
DFBR-20	20	53	125	1.0	740	10.5	3	3	1050	
DFBR-30	30	75	195	1.0	1030	15	4	3	1450	
DFBR-40	40	100	260	1.0	1370	20	5.5	3	1900	
DFBR-50	50	125	350	1.0	1720	26	7.5	3	2400	

1.7.12 CCB 型地埋式一体化导流曝气生物滤池

1. 适用范围：CCB 型地埋式一体化导流曝气生物滤池适用于生活污水、医院污水和化工、屠宰、食品、亚麻、酒精、制药等工业废水处理。

2. 性能规格及外形尺寸：CCB 型地埋式一体化导流曝气生物滤池性能规格及外形尺寸见图 1-28、表 1-43。

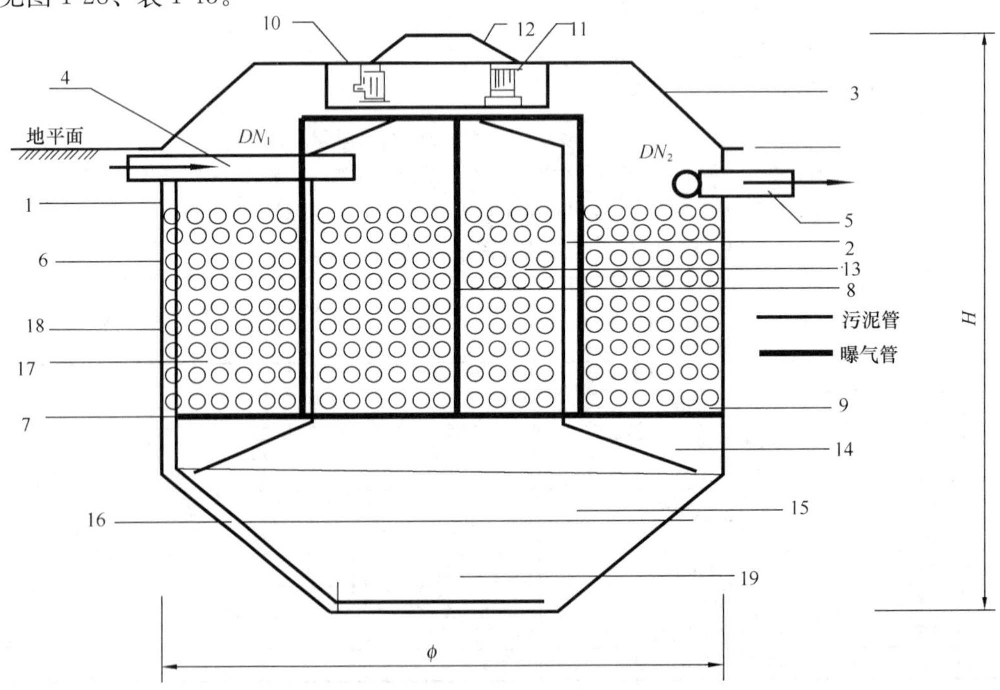

图 1-28 CCB 型地埋式一体化导流曝气生物滤池外形尺寸

1—外罐体；2—内罐体；3 顶盖；4—进水管；5—出水管；6—轻质生物载体；7—斜管沉淀器；8—气浮池；9—曝气装置；10—排泥泵；11—曝气机；12—防雨罩；13—对流接触氧化区；14—导流板；15—导流沉降回流区；16—排泥管；17—曝气生物过滤区；18—轻质载体；19—导流沉降区底部

CCB型地埋式一体化导流曝气生物滤池性能规格及外形尺寸　　表1-43

型号	污水处理量(m^3/h)	外形尺寸直径ϕ×高度H(mm)	进水管径DN_1(mm)	出水管径DN_2(mm)	曝气机型号	曝气机功率(kW)	曝气机运行时间(约h/d)	主要生产厂商
CCB-D-0.1	0.1	1750 × 2100	32	40	CCB-D-0.4	0.4	0.4	贵州长城环保科技有限公司
CCB-D-0.3	0.3	1750 × 2800	32	40	CCB-D-0.4	0.4	0.4	
CCB-D-0.5	0.5	1750 × 3550	32	40	CCB-D-0.4	0.4	0.4	
CCB-D-1	1.0	3100×3000	32	75	CCB-D-0.75	0.75	0.75	
CCB-D-1.5	1.5	3100×3000	32	75	CCB-D-0.75	0.75	0.75	
CCB-D-2	2.0	3100×4000	32	110	CCB-D-1.1	1.1	1.1	
CCB-D-2.5	2.5	4200×3000	32	110	CCB-D-1.1	1.1	1.1	
CCB-D-3	3.0	4200×3500	32	110	CCB-D-1.5	1.5	1.5	
CCB-D-4	4.0	4200×4000	32	160	CCB-D-1.5	1.5	1.5	
CCB-D-5	5.0	4200×4500	32	160	CCB-D-2.2	2.2	2.2	
CCB-D-6	6.0	4200×5000	32	160	CCB-D-2.2	2.2	2.2	
CCB-D-7	7.0	4400×5000	32	160	CCB-D-2.2	2.2	2.2	
CCB-D-8	8.0	4700×5000	32	200	CCB-D-3.0	3.0	3.0	
CCB-D-10	10.0	5000×5000	32	200	CCB-D-3.0	3.0	3.0	
CCB-D-12	12.0	5300×5000	32	250	CCB-D-3.7	3.7	3.7	
CCB-D-14	14.0	5700×5000	32	250	CCB-D-3.7	3.7	3.7	
CCB-D-16	16.0	6100×5000	32	300	CCB-D-4.8	4.8	4.8	
CCB-D-20	20.0	6800×5000	32	350	CCB-D-5.7	5.7	5.7	

1.8 旋转式滗水器

1. 适用范围：旋转式滗水器适用于各种大中型城市生活污水处理及各类工业污水处理。

2. 性能规格及外形尺寸：旋转式滗水器性能规格及外形尺寸见表1-44。

旋转式滗水器性能规格及外形尺寸　　表1-44

滗水量(m^3/h)	滗水堰长度(mm)	驱动功率(kW)	滗水深度(m)	主要生产厂商
50～100	1000	0.37	0.3～03.5	宜兴泉溪环保有限公司
100～200	2000	0.55		
200～300	3000			
300～400	4000	0.75		
400～500	5000			
500～600	6000	1.1		
600～700	7000			
700～800	8000			

续表

滗水量（m^3/h）	滗水堰长度（mm）	驱动功率（kW）	滗水深度（m）	主要生产厂商
800～900	9000	1.5	0.3～3.5	宜兴泉溪环保有限公司
900～1000	10000			
1000～1100	11000	2.2		
1100～1200	12000			
1200～1300	13000	3.0		
1300～1400	14000			
1400～1500	15000			
1500～1600	16000			
1600～1700	17000			
1700～1800	18000			
1800～1900	19000			
1900～2000	20000			

1.9　排泥与沉砂设备

排泥与沉砂设备常用有中心传动刮吸机、中心传动单管吸泥机、SGJ 型双钢丝绳牵引式刮泥机、非金属链条刮泥机、XCS 型旋流沉砂池除砂机等。

1.9.1　中心传动刮吸泥机

1. 适用范围：中心传动刮吸泥机适用于池径较小的给水排水工程中辐流式沉淀池的排泥。

2. 性能规格及外形尺寸：中心传动刮吸泥机性能规格及外形尺寸见图 1-29、表 1-45。

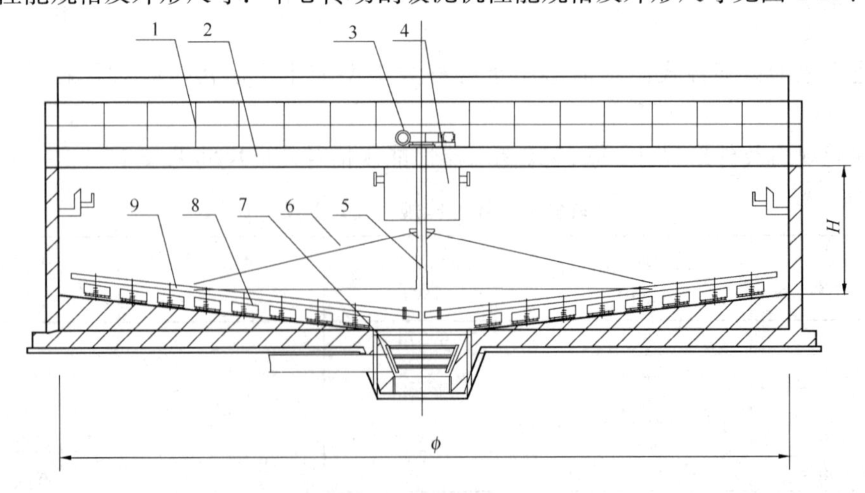

图 1-29　中心传动刮泥机外形尺寸

1—栏杆；2—工作桥；3—传动装置；4—稳流筒；5—传动轴；6—拉杆；7—小刮板；8—刮泥板；9—刮臂

中心传动刮吸泥机性能规格及外形尺寸 表 1-45

池径 ϕ (m)	初沉池周边线速度 (m/min)	二沉池周边线速度 (m/min)	电机功率 (kW)	池边水深 H (m)	主要生产厂商
4	2～3	1.5～2.5	0.37	3～4.4	宜兴泉溪环保有限公司
5					
6			0.55		
7					
8					
9					
10					
12			0.75		
14					
16					

1.9.2 中心传动单管吸泥机

1. 适用范围：中心传动单管吸泥机适用于池径较大的给水排水工程中的周边进水、周边出水辐流式沉淀池的排泥。

2. 性能规格及外形尺寸：中心传动单管吸泥机性能规格及外形尺寸见图 1-30、表 1-46。

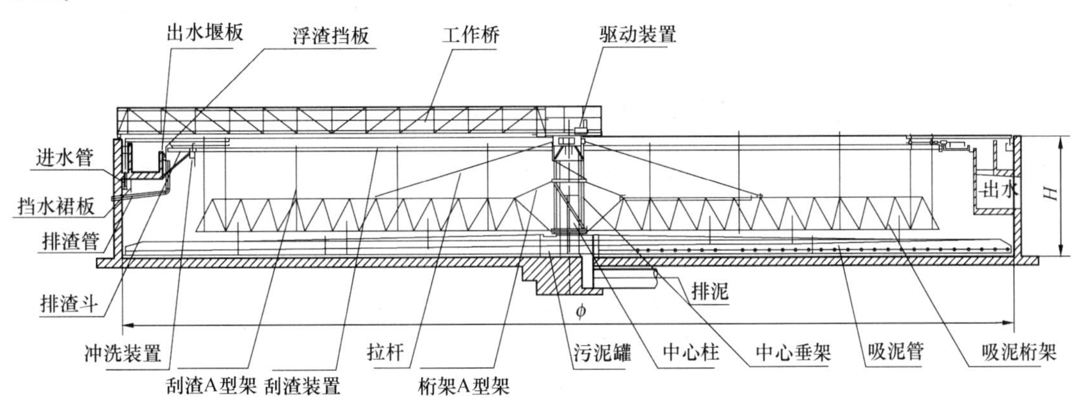

图 1-30 中心传动单管吸泥机外形尺寸

中心传动单管吸泥机性能规格及外形尺寸 表 1-46

池径 ϕ (m)	周边线速度 ≤(m/min)	电机功率 (kW)	池边水深 H(m)	池底坡度 (%)	主要生产厂商
24	3	0.37	4～6	0.5	余姚市浙东给排水机械设备厂、西门子(天津)水技术工程有限公司
28					
32					
34		0.55			
36					
40					
45					

1.9.3　SGJ 型双钢丝绳牵引式刮泥机

1. 适用范围：SGJ 型双钢丝绳牵引式刮泥机是一种用于斜管（板）沉淀池、平流沉淀池、浮沉池的机械排泥设备，适用于矿山、冶金、石油、化工、造纸、城市给排水等水处理工程。

2. 性能规格：SGJ 型双钢丝绳牵引式刮泥机性能规格及外形尺寸见表 1-47。

SGJ 型双钢丝绳牵引式刮泥机性能规格及外形尺寸　　**表 1-47**

型号	跨度（m）	沉淀池净宽度（m）	沉淀池深（m）	处理量（m^3/h）	行走功率（kW）	主要生产厂商
SGJ-3	3	3.28	5.5	6.3	0.75	余姚市浙东给排水机械设备厂
SGJ-4	4	4.28	5.5	8.71	0.75	
SGJ-5	5	5.28	5.8	11.1	0.75	
SGJ-6	6	6.28	5.8	15.1	1.1	

1.9.4　非金属链条刮泥机

1. 适用范围：非金属链条刮泥机适用于矩形沉淀池及沉淀池排泥渠的排泥。

2. 性能规格及外形尺寸：非金属链条刮泥机性能规格及外形尺寸见表 1-48。

非金属链条刮泥机性能规格及外形尺寸　　**表 1-48**

池长（m）	初沉池刮板运行速度（m/min）	二沉池刮板运行速度（m/min）	排泥渠刮板运行速度（m/min）	电机功率（kW）	池边水深（m）	主要生产厂商
<45m	0.6	0.3	1.2	0.37	3～4.5	西门子（天津）水技术工程有限公司
>45m				0.55		

1.9.5　XCS 型旋流沉砂池除砂机

1. 适用范围：XCS 型旋流沉砂池除砂机适用于给水排水工艺中去除水中直径 0.2mm 以上的砂及粘在砂上的有机物质。

2. 性能规格：XCS 型旋流沉砂池除砂机性能规格见表 1-49。

XCS 型旋流沉砂池除砂机性能规格　　**表 1-49**

型号	处理水量（m^3/h）	叶轮转速（r/min）	功率（kW）	排沙量（L/h）	主要生产厂商
XCS180	180	12～20	1.1	7.8	宜兴泉溪环保有限公司
XCS360	360			9.5	
XCS720	720				
XCS1080	1080				
XCS1980	1980	12～20	1.5	11	
XCS3170	3170				
XCS4750	4750				
XCS6300	6300				
XCS7200	7200				
XCS9000	9000			15	
XCS12600	12600				
XCS14400	14400				

3. 外形尺寸：XCS 型旋流沉砂池除砂机外形尺寸图 1-31、表 1-50。

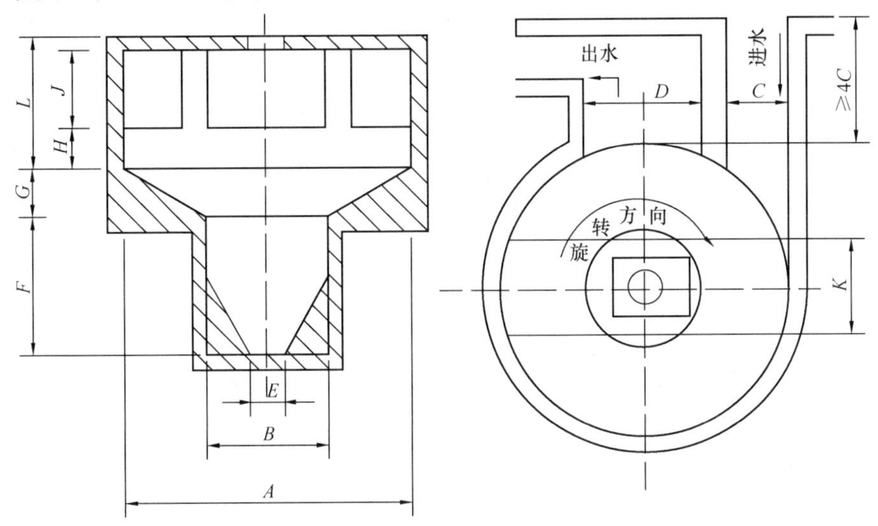

图 1-31 XCS 型旋流沉砂池除砂机外形尺寸

XCS 型旋流沉砂池除砂机外形尺寸（mm） **表 1-50**

<table>
<tr><th rowspan="2">型 号</th><th colspan="11">外 形 尺 寸</th></tr>
<tr><th>A</th><th>B</th><th>C</th><th>D</th><th>E</th><th>F</th><th>G</th><th>H</th><th>J</th><th>K</th><th>L</th></tr>
<tr><td>XCS180</td><td>1830</td><td rowspan="4">1000</td><td>305</td><td>610</td><td rowspan="4">300</td><td>1400</td><td>300</td><td>300</td><td>300</td><td rowspan="12">1200</td><td>1100</td></tr>
<tr><td>XCS360</td><td>2130</td><td>380</td><td>760</td><td>1400</td><td>300</td><td>300</td><td>300</td><td>1100</td></tr>
<tr><td>XCS720</td><td>2430</td><td>450</td><td>900</td><td>1550</td><td>400</td><td>300</td><td>400</td><td>1150</td></tr>
<tr><td>XCS1080</td><td>3050</td><td>610</td><td>1200</td><td>1550</td><td>450</td><td>300</td><td>450</td><td>1350</td></tr>
<tr><td>XCS1980</td><td>3650</td><td rowspan="8">1500</td><td>750</td><td>1500</td><td rowspan="8">400</td><td>1700</td><td>600</td><td>510</td><td>580</td><td>1450</td></tr>
<tr><td>XCS3170</td><td>4870</td><td>1000</td><td>2000</td><td>2200</td><td>1000</td><td>510</td><td>600</td><td>1850</td></tr>
<tr><td>XCS4750</td><td>5480</td><td>1100</td><td>2200</td><td>2200</td><td>1000</td><td>610</td><td>630</td><td>1850</td></tr>
<tr><td>XCS6300</td><td>5800</td><td>1200</td><td>2400</td><td>2500</td><td>1300</td><td rowspan="5">760</td><td>700</td><td>1950</td></tr>
<tr><td>XCS7200</td><td>6100</td><td>1200</td><td>2400</td><td>2500</td><td>1300</td><td>750</td><td>1950</td></tr>
<tr><td>XCS9000</td><td>7315</td><td>1875</td><td>3350</td><td>2515</td><td>1300</td><td>1675</td><td>2845</td></tr>
<tr><td>XCS12600</td><td>8535</td><td>1980</td><td>3950</td><td>2895</td><td>1525</td><td>1980</td><td>3200</td></tr>
<tr><td>XCS14400</td><td>8645</td><td>2130</td><td>4279</td><td>3050</td><td>1625</td><td>2135</td><td>3430</td></tr>
</table>

1.10 固 液 分 离 机

固液分离机常用有转鼓格栅机、回转式固液分离机等。

1.10.1 转鼓格栅机

1. 适用范围：转鼓格栅机适用于城镇污水及工业废水处理。
2. 性能规格及外形尺寸：转鼓格栅机性能规格及外形尺寸见图 1-32、表 1-51。

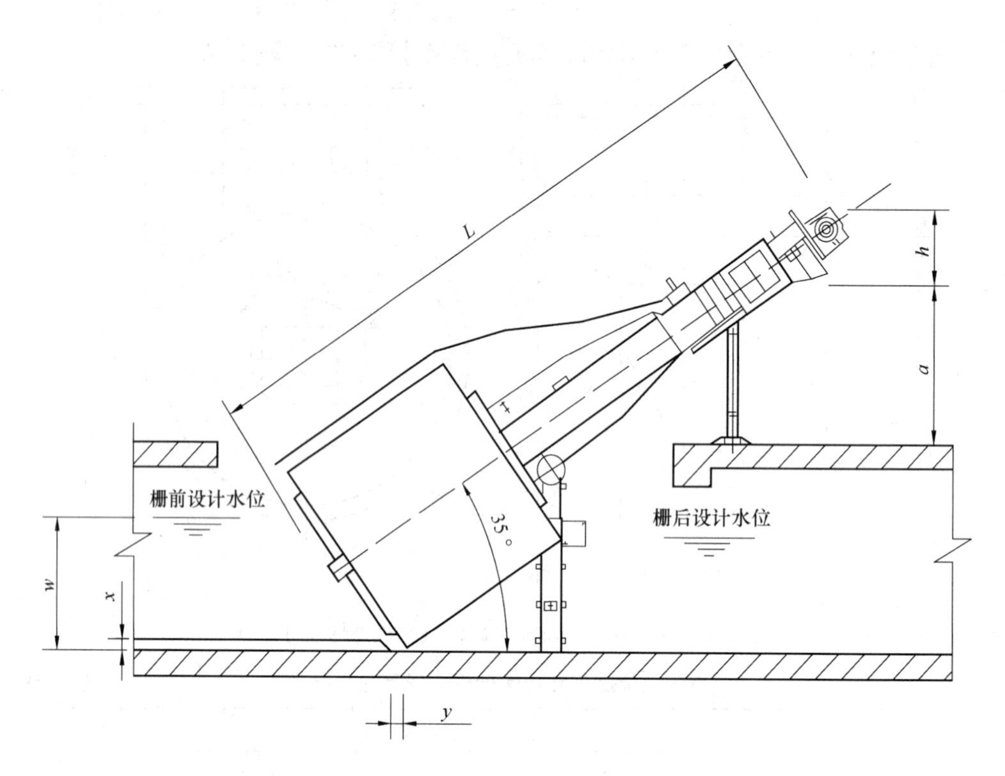

图 1-32　转鼓格栅机外形尺寸

转鼓格栅机性能规格及外形尺寸　　**表 1-51**

型号	Q_m(L/s)		W (mm)	沟渠宽度 (mm)	电机功率 (kW)	y (mm)	x (mm)	h (mm)	主要生产厂商
	栅缝 6mm	栅缝 10mm							
Ro1/600	82	91	340	620	1.1	500	50	700	宜兴华都琥珀环保机械制造有限公司
Ro1/780	136	150	395	800	1.1	600	50	740	
Ro1/1000	218	239	515	1020	1.1	700	70	740	
Ro1/1200	312	343	620	1220	1.5	800	80	740	
Ro1/1400	474	526	780	1440	1.5	900	80	804	
Ro1/1600	696	767	920	1640	1.5	1000	80	804	
Ro1/1800	937	1031	1040	1840	1.5	1100	80	804	
Ro1/2000	—	1317	1190	2040	2.2	1200	100	959	
Ro1/2200	—	1581	1290	2240	2.2	1300	100	959	
Ro1/2400	—	2015	1400	2440	2.2	1400	100	959	
Ro1/2600	—	2417	1490	2640	2.2	1600	100	959	

注：图中 L 和 a 的数值根据排料高度确定。

1.10.2　回转式固液分离机

1. 适用范围：回转式固液分离机适用于各种泵站的前处理，用来拦截、清除漂浮物，从而保护水泵正常送水，同时也减少后续设备的处理负荷。

2. 性能规格及外形尺寸：回转式固液分离机性能规格及外形尺寸见图 1-33、表 1-52。

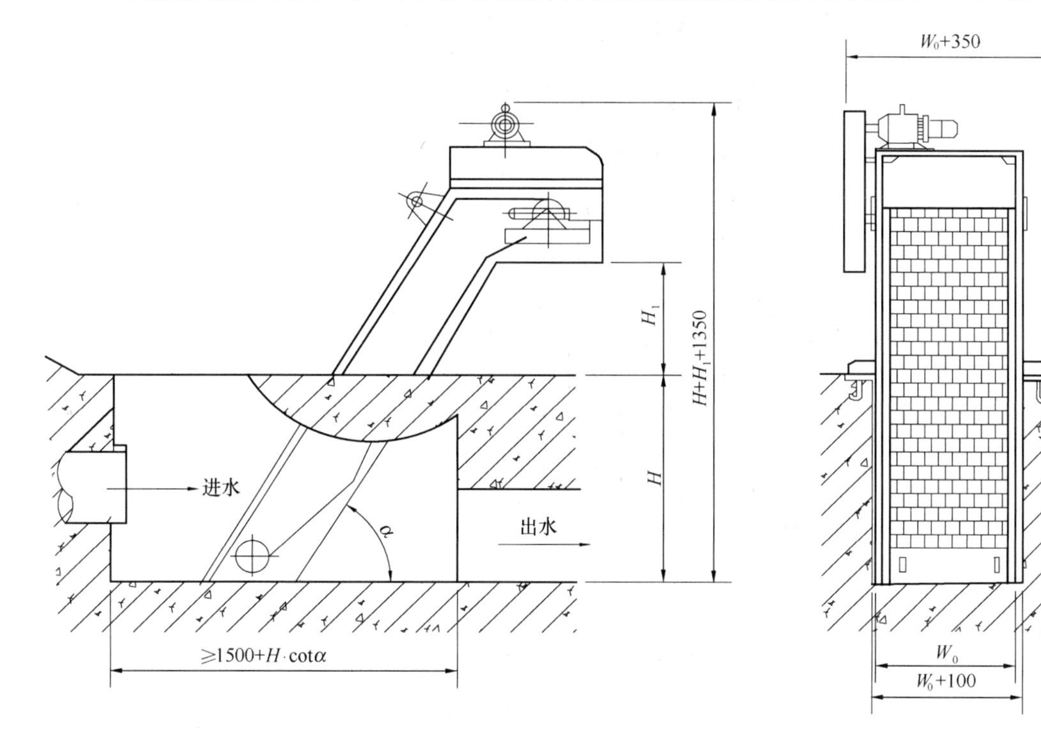

图 1-33 回转式固液分离机外形尺寸

回转式固液分离机性能规格及外形尺寸 **表 1-52**

设备宽度 W (mm)	设备总宽度 (mm)	安装角度 α(°)	沟宽度 W_0 (mm)	电机功率 (kW)	主要生产厂商
300	650	60～80	400	0.37～0.75	宜兴泉溪环保有限公司
400	750		500		
500	850		600		
600	950		700	0.55～1.1	
700	1050		800		
800	1150		900		
900	1250		1000	0.75～1.5	
1000	1350		1100		
1100	1450		1200	1.1～2.2	
1200	1550		1300		
1250	1600		1350		
1500	1850		1600	1.5～3	
1600	1950		1700		
1800	2150		1900		

注：图中 H 和 H_1 的数值根据设计要求确定。

1.11 隔 油 池

1. 适用范围：隔油池适用于宾馆、饭店、食品加工厂等其他含油废水的处理。

2. 性能规格及外形尺寸：隔油池性能规格及外形尺寸见图 1-34、表 1-53。

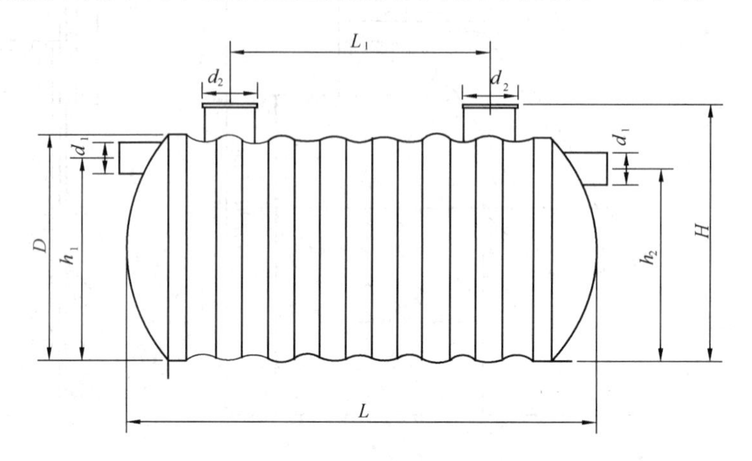

图 1-34 隔油池外形尺寸

隔油池性能规格及外形尺寸　　表 1-53

容积(m^3)	外形尺寸(mm)								主要生产厂商
	L	D	h_1	h_2	d_1	d_2	L_1	H	
1	1650	850	700	650	100	400	900	800	无锡浩润环保科技有限公司
1.5	1850	850	700	650	100	400	900	800	
2	2100	1200	1050	1000	160	400	900	1400	
3	2500	1200	1050	1000	160	400	1300	1400	
4	2500	1450	1300	1250	160	500	1300	1650	
6	2850	1650	1500	1450	200	500	1600	1850	
8	3800	1650	1500	1450	200	500	2000	1850	
10	3400	2000	1850	1800	200	500	1600	2200	
13	4200	2000	1850	1800	200	500	2400	2200	
15	4800	2000	1850	1800	200	500	3000	2200	
18	5600	2000	1850	1800	200	500	3600	2200	

1.12 高效油水分离器

1. 适用范围：高效油水分离器适用于不含表面活性剂的油水混合体系的分离，也适用于密度小且不溶于水的有机物与水混合体系的分离。

2. 性能规格及外形尺寸：高效油水分离器性能规格及外形尺寸见表 1-54。

高效油水分离器性能规格及外形尺寸 表 1-54

型号	处理水量 (m^3/h)	主体外形尺寸 长度×宽度×高度 (mm)	进出水管管径 *DN* (mm)	进自来水管管径 *DN* (mm)	水泵功率 (kW)	主要生产厂商
YSF-0.5	0.5	1500×700×1800	25	25	1.1	江苏一环集团有限公司
YSF-1	1	1600×800×1800	32	32	1.1	
YSF-2	2	1800×900×1850	40	40	1.5	
YSF-5	5	2200×1200×2150	50	50	2.2	
YSF-10	10	3000×1700×2550	65	50	5.5	
YSF-20	20	4500×1900×2550	80	65	7.5	
YSF-30	30	5200×2100×2650	100	65	15	
YSF-50	50	6200×3000×2650	150	65	22	
YSF-100	1000	8200×3600×3300	200	65	45	

注：进水含油量 1000mg/L，出水含油量小于 10mg/L，排油方式可采用自动或手动，加热方式为电加热或蒸汽加热，工作压力 0.1～0.2MPa，工作温度 20～40℃，进水悬浮物含量小于 150mg/L。

1.13 离子交换设备

离子交换设备常用有 HYNJ 型一级钠离子交换器、HSZJ 型顺流再生离子交换器、双室浮床离子交换器等。

1.13.1 HYNJ 型一级钠离子交换器

1. 适用范围：HYNJ 型一级钠离子交换器是水软化处理设备，适用于除去水中的钙、镁等离子，可作为低压锅炉的补给水，也可用于其他要求软化的供水场合。

2. 性能规格及外形尺寸：HYNJ 型一级钠离子交换器性能规格及外形尺寸见图 1-35、表 1-55。

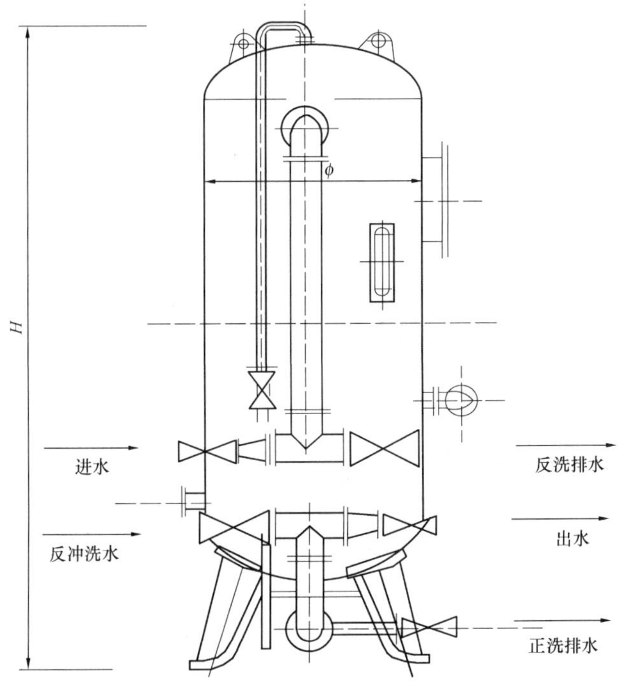

图 1-35 HYNJ 型一级钠离子交换器外形尺寸

HYNJ 型一级钠离子交换器性能规格及外形尺寸　　表 1-55

型号	处理水量（t/h）	树脂高度（mm）	树脂体积（m^3）	石英砂体积（m^3）	设备质量（kg）	运行荷载（kg）	设备尺寸 高度 H×直径 ϕ（mm）	主要生产厂商
HYNJ-1000	15	1600	1.25	0.52	1280	5586	4536×1000	江苏一环集团有限公司
HYNJ-1250	25	1600	1.97	0.77	1712	8401	4701×1250	
HYNJ-1600	40	1600	3.22	1.30	2209	13065	4803×1600	
HYNJ-1800	50	1600	4.1	1.90	2954	17594	4990×1800	
HYNJ-2000	65	1600	5.02	2.44	3287	21302	5040×2000	
HYNJ-2200	75	1600	6.1	2.60	4184	25814	5107×2200	
HYNJ-2500	100	1600	7.86	3.21	5542	33303	5282×2500	
HYNJ-2800	125	1600	10	4.37	6385	43217	5459×2800	
HYNJ-3000	140	1600	11.3	5.59	7351	49449	5544×3000	
HYNJ-3200	160	1600	12.9	5.85	7804	55454	5594×3200	

1.13.2　HSZJ 型顺流再生离子交换器

1. 适用范围：HSZJ 型顺流再生离子交换器是适用于纯水处理。其运行和再生时液流通过交换剂的方向一致。

2. 性能规格及外形尺寸：HSZJ 型顺流再生离子交换器性能规格及外形尺寸见图 1-36、表 1-56。

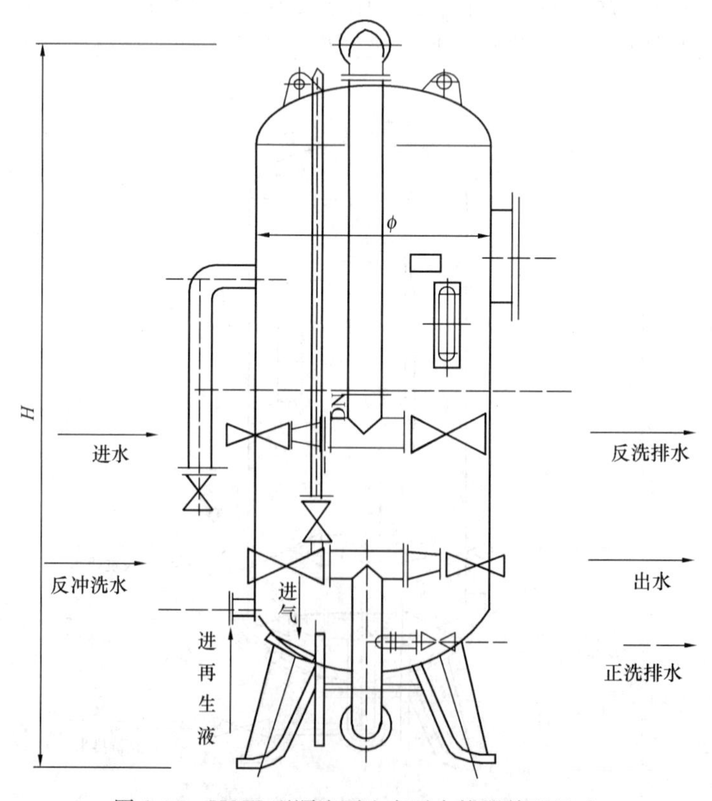

图 1-36　HSZJ 型顺流再生离子交换器外形尺寸

HSZJ 型顺流再生离子交换器性能规格及外形尺寸　　表 1-56

型号	处理水量(t/h)	树脂高度(mm)	树脂体积(m^3)	设备质量(kg)	运行荷载(kg)	设备尺寸高度 $H\times$ 直径 ϕ(mm)	主要生产厂商
HSZJ-1000	15	1600	1.26	1550	4097	4096×1000	江苏一环集团有限公司
HSZJ-1250	25	1600	1.96	2158	6240	4336×1250	
HSZJ-1600	40	1600	3.20	2571	10096	4807×1600	
HSZJ-1800	50	1600	4.07	3481	12483	4665×1800	
HSZJ-2000	65	1600	5.02	3970	15735	5034×2000	
HSZJ-2200	75	1600	6.08	5000	18946	5110×2200	
HSZJ-2500	100	1600	7.85	6714	25208	5285×2500	
HSZJ-2800	125	1600	9.85	7801	31641	5462×2800	
HSZJ-3000	140	1600	11.3	9156	37002	5547×3000	
HSZJ-3200	160	1600	12.86	9896	42105	5597×3200	

1.13.3 双室浮床离子交换器

1. 适用范围：双室浮床离子交换器适用于纯水处理，当原水含盐量低于 500mg/L 时，通过阳浮床和阴浮床后，可使其含盐量降低至 10mg/L 以下；当原水含盐量高于 500mg/L 时，可采用弱酸、弱碱树脂串联运行，原水含盐量更高时还可以与反渗透等其他方法联合使用。如果对出水水质要求更高时，可以设二级除盐设备来实现。

2. 性能规格及外形尺寸：双室浮床离子交换器性能规格及外形尺寸见图 1-37、表 1-57。

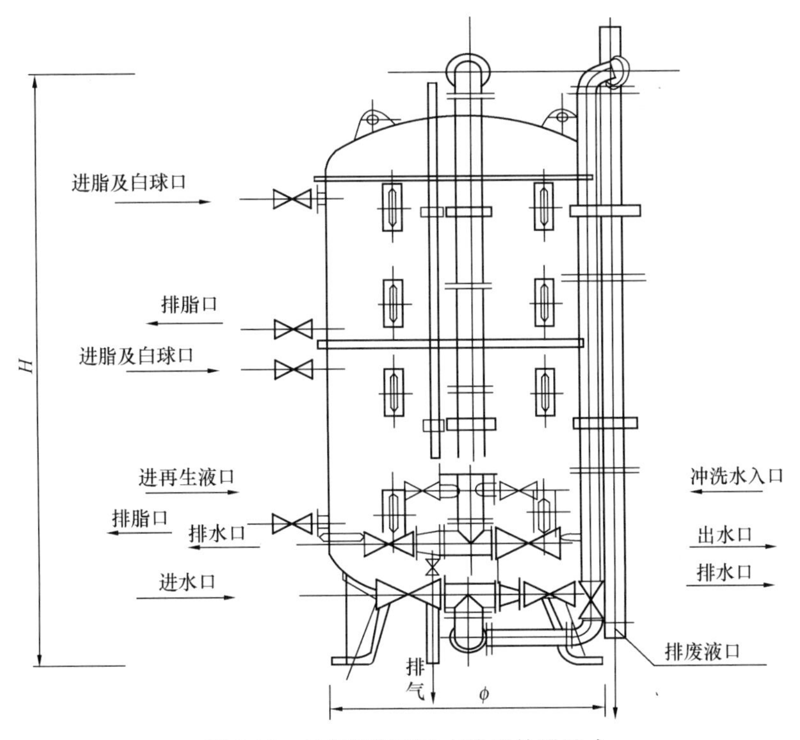

图 1-37　双室浮床离子交换器外形尺寸

双室浮床离子交换器性能规格及外形尺寸 表 1-57

型号	树脂厚度（mm）	填料体积（m^3）	树脂体积（m^3）	处理水量（t/h）	设备质量（kg）	运行载荷（kg）	设备尺寸 高度 $H\times$ 直径 ϕ(mm)	主要生产厂商
HSFJ-1600	1000、1500	0.4×2	2.01、3.01	80	4020	17300	6503×1600	江苏一环集团有限公司
HSFJ-2000	1000、1500	0.63×2	3.14、4.17	125	6110	30290	6168×2000	
HSFJ-2500	1000、1500	0.98×2	4.91、7.36	195	9930	48420	6565×2500	
HSFJ-2800	1000、1500	1.23×2	6.15、9.23	245	12190	51270	6719×2800	
HSFJ-3000	1000、1500	1.41×2	7.07、10.60	282	13860	56680	6825×3000	

1.14 自吸式螺旋曝气机

1. 适用范围：自吸式螺旋曝气机适用于污水处理厂生化处理段生物池的曝气，具有为生物池提供曝气、混合搅拌及维持渠道流速三种功能。

2. 性能规格及外形尺寸：自吸式螺旋曝气机性能规格及外形尺寸见图 1-38、表 1-58。

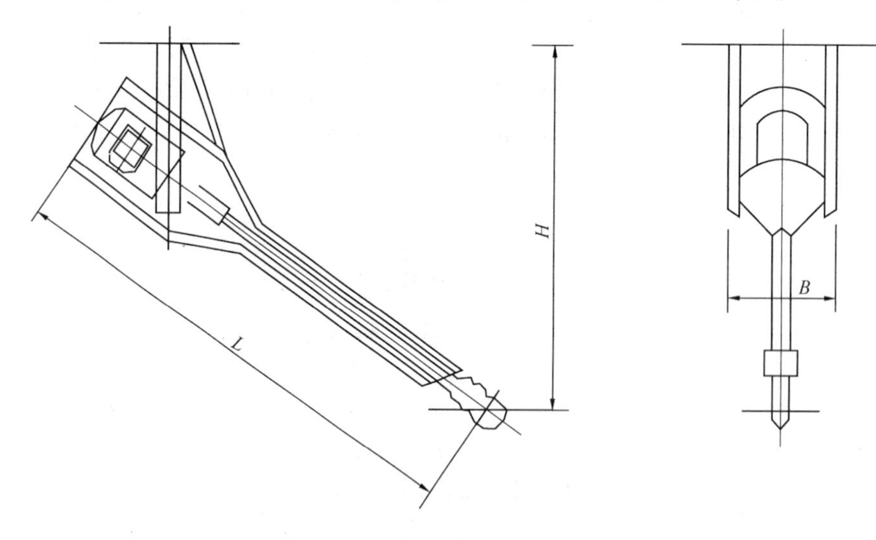

图 1-38 自吸式螺旋曝气机外形尺寸

自吸式螺旋曝气机性能规格及外形尺寸 表 1-58

型号	电机功率（kW）	送气量（m^3/min）	供氧量（kgO_2/h）	循环水路搅拌水量（m^3）	矩形水路搅拌水量（m^3）	水深（m）	外形尺寸（mm）			设备质量（kg）	主要生产厂商
							L	*B*	*H*		
SP515	1.5	0.97	2.70	225	84	2.5	1951	440	1634	65	日立环保技术（宜兴）有限公司
SP522	2.2	1.42	3.96	330	123	3	1951	440	1634	80	
SP537	3.7	2.39	6.66	555	208	3.5	1951	440	1634	90	
SP555	5.5	3.56	9.90	825	309	4	2046	555	1634	125	

续表

型号	电机功率(kW)	送气量(m^3/min)	供氧量(kgO_2/h)	循环水路搅拌水量(m^3)	矩形水路搅拌水量(m^3)	水深(m)	外形尺寸(mm)			设备质量(kg)	主要生产厂商
							L	B	H		
SP575	7.5	4.86	13.50	1125	421	4.5	2530	555	1837	150	日立环保技术(宜兴)有限公司
SP5110	11	7.12	19.80	1650	618	5	2530	555	1837	185	
SC537	3.7	1.68	6.66	555	208	4	1951	440	1634	90	
SC555	5.5	2.50	9.90	825	309	5	2046	555	1634	125	
SC575	7.5	3.42	13.50	1125	421	5	2530	555	1837	150	
SC5110	11	4.98	19.80	1650	842	5	2530	555	1837	185	
SC5150	15	5.50	27.00	2250	1236	5	2530	555	1837	195	
SC5220	22	8.00	39.60	3300	225	5	2530	625	1837	245	

1.15 转碟曝气机

1. 适用范围：转碟曝气机适用于污水处理厂生化处理段氧化沟的曝气，具有为各种类型的氧化沟进行曝气、混合搅拌及维持渠道流速的功能。

2. 性能规格及外形尺寸：转碟曝气机性能规格及外形尺寸见表1-59。

转碟曝气机性能规格及外形尺寸 **表1-59**

型号	转碟直径(mm)	浸没水深(mm)	经济浸没水深(mm)	最大供氧量(kgO_2/h)	转碟转速(r/min)	经济转碟转速(r/min)	最大动力效率[kgO_2/(kW·h)]	主要生产厂商
BP-1400	1400	230～530	500	1.45	30～60	50	2.5	西门子(天津)水技术工程有限公司

1.16 氧化还原树脂除氧器

1. 适用范围：氧化还原树脂除氧器包括06B、06C和09型，主要适用于不同工业除氧。其中06C和09型适合于食品工业水除氧或与食品有关的蒸汽锅炉给水除氧等领域，06C还适用于自来水除氧，用于热水锅炉给水除氧、钢铁工业水、电子工业工艺水除氧。

2. 性能规格及外形尺寸：氧化还原树脂除氧器性能规格及外形尺寸见表1-60。

氧化还原树脂除氧器性能规格及外形尺寸 **表1-60**

型　号	处理水量(m^3/h)	外形尺寸 直径×高度(mm)	设备质量(t)	主要生产厂商
06B	1	250×1400	0.25	常州新区南极新技术开发有限公司
	3	250×1400	0.26	
	5	300×1650	0.43	

续表

型 号	处理水量 (m^3/h)	外形尺寸 直径×高度(mm)	设备质量 (t)	主要生产厂商
06B	10	400×1650	0.88	常州新区南极新技术开发有限公司
	15	500×1750	1.06	
	20	500×1750	1.24	
	30	750×1850	2.37	
	40	800×1850	2.51	
	50	900×1850	2.81	
	60	1000×1850	3.14	
	80	1200×1850	5.04	
	100	1300×2400	5.78	
06C	5	500×1750	0.38	
	10	750×1850	0.92	
	15	900×1850	1.31	
	20	1000×1850	1.64	
	30	1300×2200	2.8	
	40	1400×2400	4	
	50	1500×2400	4.05	
	60	1600×2400	5.2	
	80	2000×2400	8.01	
	100	2200×2400	9.8	
09	1	250×1400	0.10	
	3	250×1400	0.12	
	5	300×1650	0.18	
	10	400×1650	0.27	
	15	500×1750	0.53	
	20	500×1750	0.71	
	30	750×1850	1.26	
	40	800×1850	1.4	
	50	900×1850	1.7	
	60	1000×1850	2.04	
	80	1200×1850	2.79	
	100	1300×2400	3.92	

1.17 光催化水处理器

光催化水处理器具有杀菌、阻垢、自洁、在线检测、多种控制等功能，适用于冷却、泳池、景观等循环水体进行处理的高效净化、消毒杀菌设备。它对水体中各种藻类、微生物、病毒及有机物质等杀灭分解具有非常明显的效果。光催化水处理器常用有 DW-W 型冷却循环水处理器、DW-W4F 型光催化景观水处理器、DW-W 型光催化泳池水处理器。

1.17.1 DW-W 型光催化冷却循环水处理器

1. 适用范围：DW-W 型光催化冷却循环水处理器采用光催化水处理器，适用于冷却塔循环水中的细菌和有机物质进行多次的杀灭和分解，使循环水通过水处理设备一次，出水都近乎无菌。

2. 连接方式：DW-W 型光催化冷却循环水处理器连接方式有以下两种：

(1)在冷却塔集水盘的蓄水池旁开孔取水见图 1-39。

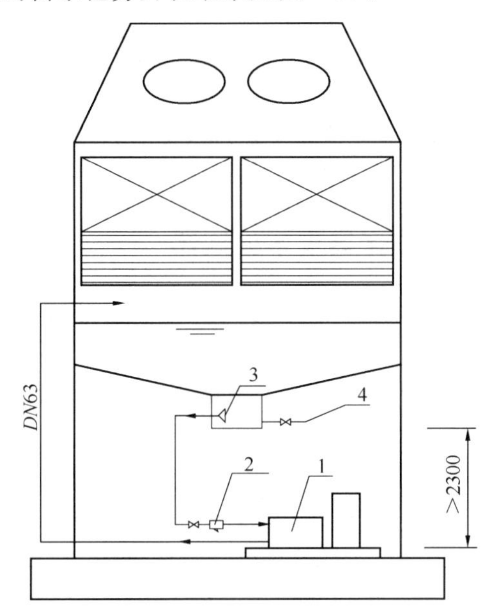

图 1-39 在冷却塔集水盘的蓄水池旁开孔取水

1—水处理系统；2—管道过滤器；3—取水过滤器；4—排污管

(2)在冷却塔平衡管开孔取水见图 1-40。

3. 性能规格及外形尺寸：DW-W 型光催化冷却循环水处理器性能规格及外形尺寸见表 1-61。

DW-W 型光催化冷却循环水处理器性能规格及外形尺寸　　表 1-61

型号	外形尺寸 长度×宽度 ×高度（mm）	使用电源	最大功率 （kW）	处理量 ≤(m³/h)	水头损失 ≤(MPa)	接口直径 *DN*(mm)	整机 质量 （kg）	主要生产 厂商
DW-W040	2200×1000 ×1350	单相 220V±10%， 50Hz	3.2	40	0.1	63	300	佛山市顺德区都围科技环保工程有限公司
DW-W1040N	2200×1000 ×1350	三相五线 380V±10%， 50Hz	3.3	40	0.2	63	200	

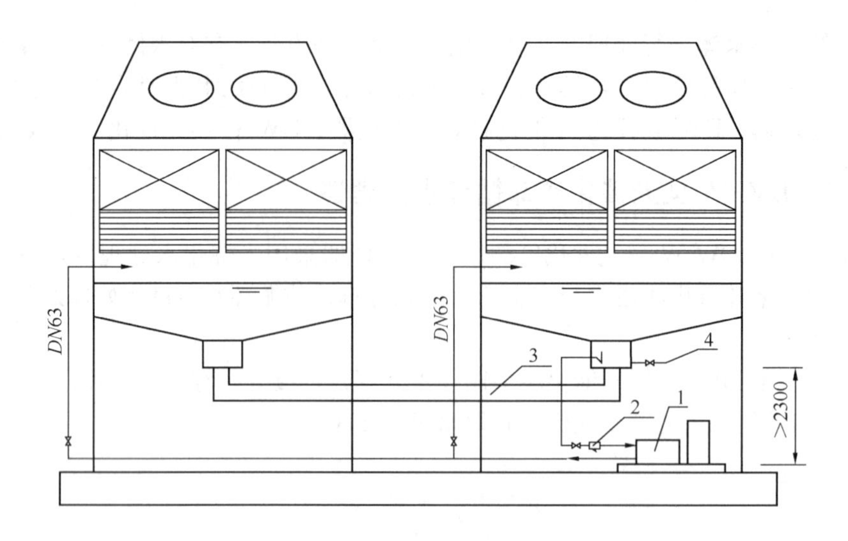

图1-40　在冷却塔平衡管开孔取水

1—水处理系统；2—管道过滤器；3—平衡管；4—排污管

1.17.2　DW-W4F型光催化景观水处理器

1. 适用范围：DW-W4F型光催化景观水处理器适用于杀灭和分解景观水体中水的细菌和有机物质。

2. 性能规格及外形尺寸：DW-W4F型光催化景观水处理器性能规格及外形尺寸见表1-62。

DW-W4F型光催化景观水处理器性能规格及外形尺寸　　表1-62

型号	外形尺寸 长度×宽度×高度(mm)	使用电源	最大功率(kW)	处理水量≤(m^3/h)	水头损失≤(MPa)	接口直径*DN*(mm)	整机质量(kg)	主要生产厂商
DW-W4F005	830×830×900	单相220V±10%，50Hz	0.5	5	0.05	50	100	佛山市顺德区都围科技环保工程有限公司
DW-W4F010	900×900×1200	单相220V±10%，50Hz	0.6	10	0.08	50	120	

注：设备使用环境为温度：－10～40℃，湿度：＜90%。

1.17.3　DW-W型光催化泳池水处理器

1. 适用范围：DW-W型光催化泳池水处理器适用于杀灭和分解游泳池循环水中的细菌和有机物质。

2. 进水水质的要求：DW-W型光催化泳池水处理器进水水质的要求见表1-63。

DW-W型光催化泳池水处理器进水水质的要求　　表1-63

浊度≤(NTU)	pH	悬浮固体≤(mg/L)	总硬度＋总碱度(以碳酸钙计)≤(mg/L)	水温(℃)
5	3～12	10	500	10～40

3. 使用环境：

(1) 室内使用，避免阳光直射和水淋设备，通风良好。

(2) 环境温度：1～40℃，湿度：10%～90%。

(3) 设备安装空间：长度×宽度×高度(m)＝3×3×2.6。

(4) 设备的安装地面：安装面高于周边地面0.15m以上，设备底部与地面紧密连接，防止产生振动和噪声，建议设备外四周设200mm宽的排水沟。

(5) 设备周边附近无震动和强电磁干扰。

4. 性能规格及外形尺寸：DW-W型光催化泳池水处理器性能规格及外形尺寸见表1-64。

DW-W型光催化泳池水处理器性能规格及外形尺寸 **表1-64**

型号	外形尺寸 长度×宽度×高度(mm)	使用电源	最大功率(kW)	处理水量≤(m^3/h)	水头损失≤(MPa)	接口直径 *DN*(mm)	整机质量(kg)	主要生产厂商
DW-W30200	1900×2500×2200	三相五线380V±10%，50Hz	6.5	200～250	0.15	200	500	佛山市顺德区都围科技环保工程有限公司
DW-W30100	1400×2500×2000	三相五线380V±10%，50Hz	3.5	100～120	0.10	160	350	

1.18 管道静态混合器

1. 适用范围：管道静态混合器适用于絮凝反应池进水处的一种用来混合原水和药剂的专用设备。

2. 性能规格及外形尺寸：管道静态混合器的性能规格及外形尺寸见图1-41、表1-65。

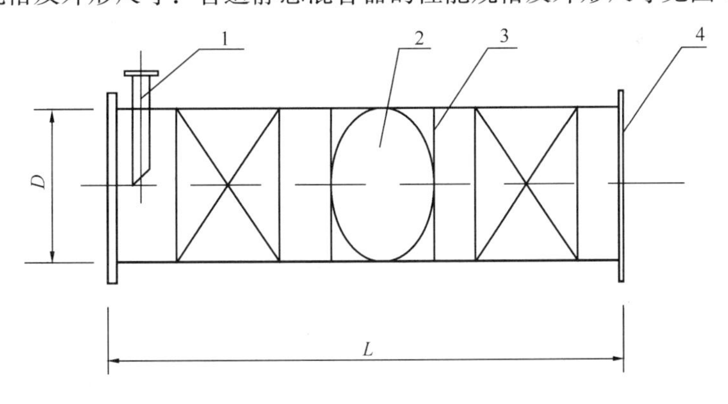

图1-41 管道静态混合器外形尺寸

1—加药管；2—筒体；3—叶片；4—法兰

管道静态混合器的性能规格及外形尺寸 **表1-65**

型号	节数	口径 *D*(mm) 400	500	600	700	800	900	1000	1200	1400	1600	主要生产厂商
		长度 *L*(mm)										
交叉型	2	1400	1700	2000	2200	2500	2750	3000	3550	4100	4600	浙江金剑环保设备有限公司
	3	2000	2400	2800	3200	3600	4000	4400	5200	6000	6800	
	4	2500	3100	3600	4100	4700	5200	5800	6800	7900	9000	

续表

型号	节数	口径 D(mm)										主要生产厂商
		400	500	600	700	800	900	1000	1200	1400	1600	
		长度 L(mm)										
螺旋型	2	—	—	—	1900	2100	2300	2500	2900	3350	3700	浙江金剑环保设备有限公司
	3	—	—	—	2700	3000	3300	3600	4200	4800	5400	
	4	—	—	—	3500	3900	4300	4700	5500	6700	7100	

注：当水流速度在1.0～2.0m/s时，交叉型的水头损失小于0.8m；螺旋型的水头损失小于0.5m。

1.19　气　浮　装　置

气浮装置常用有QFQ(C)型浅层气浮装置、QF型组合式高效气浮装置等。

1.19.1　QFQ(C)型浅层气浮装置

1. 适用范围：QFQ(C)型浅层气浮装置适用于炼油、造纸、纺织、印染、电镀、金属加工、食品等行业的废水处理工程。

2. 结构示意：QFQ(C)型浅层气浮装置结构示意见图1-42。

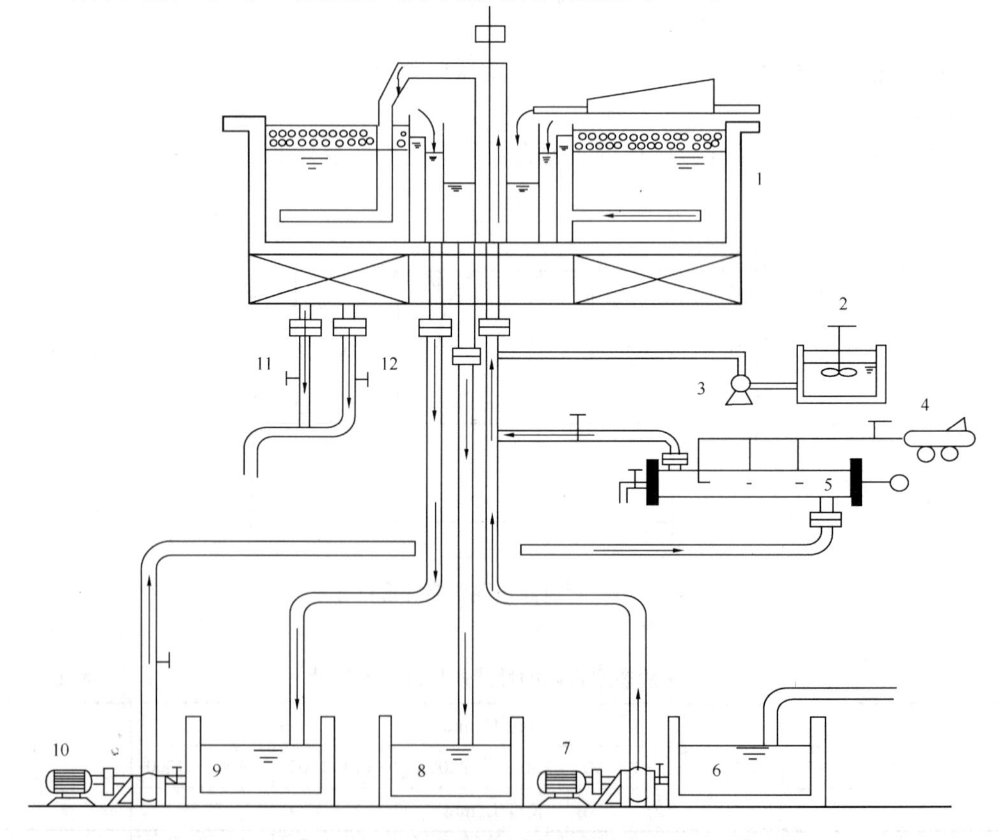

图1-42　QFQ(C)型浅层气浮装置结构示意

1—气浮池；2—溶药罐；3—加药泵；4—空压机；5—溶气罐；6—原水池；7—原水泵；8—浮渣池；9—清水池；10—溶气水泵；11—沉淀排出口；12—排空口

3. 性能规格及外形尺寸：QFQ(C)型浅层气浮装置性能规格及外形尺寸见表1-66。

QFQ(C)型浅层气浮装置性能规格及外形尺寸 **表1-66**

型号	池径(mm)	池高度(mm)	水深(mm)	处理水量(m^3/h)	主要生产厂商
QFQ-15	2300	850	600	15	江苏一环集团有限公司
QFQ-35	3200	850	600	35	
QFQ-65	4100	900	650	65	
QFQ-95	4800	900	650	95	
QFQ-130	5500	950	650	130	
QFQ-180	6300	950	650	180	
QFQ-210	6600	950	650	210	
QFQ-250	7400	950	650	250	
QFQ-330	8600	950	650	330	
QFQ-480	10200	950	650	480	
QFQ-540	10400	950	650	540	
QFQ-600	11300	950	650	600	
QFQ-730	12100	960	660	730	
QFQ-850	13200	985	685	850	
QFQ-1000	14300	985	685	1000	
QFQ-1200	15300	985	685	1200	
QFQ-1350	16400	985	685	1350	
QFQ-1500	17500	985	685	1500	

1.19.2 QF型组合式高效气浮装置

1. 适用范围：QF型组合式高效气浮装置适用于炼油、造纸、纺织、印染、电镀、金属加工、食品等行业的废水处理。

2. 性能规格及外形尺寸：QF型组合式高效气浮装置性能规格及外形尺寸见图1-43、表1-67。

QF型组合式高效气浮装置性能规格及外形尺寸 **表1-67**

处理量(m^3/h)	外形尺寸(mm)								直径(mm)			主要生产厂商
	a	b	c	d	H	h	ϕ_1	e	出水口	进水口	排渣口	
5	3000	1600	1920	100	2680	2280	1500	1900	150	150	150	江苏一环集团有限公司
10	3300	1900	1900	100	2680	2295	1800	2200	150	200	200	

续表

处理量（m^3/h）	外形尺寸(mm)								直径(mm)			主要生产厂商
	a	b	c	d	H	h	ϕ_1	e	出水口	进水口	排渣口	
15	3500	2500	1860	100	2680	2295	2400	2800	150	200	200	江苏一环集团有限公司
20	3800	2800	1860	100	2740	2310	2700	3100	200	225	200	
25	3900	3000	1830	100	2740	2310	2900	3300	200	225	200	
30	4300	3200	1830	100	2740	2310	3150	3550	225	225	200	
40	5200	3000	1830	100	3100	2310	3200	3600	250	250	200	
50	6200	3000	1830	100	3100	2310	4200	4600	250	150	125	
60	7100	3000	1830	100	3100	2310	5000	5400	250	150	125	
80	8600	3000	1830	100	3100	2310	6600	7000	300	200	125	
100	10600	3000	1830	100	3100	2310	8300	8700	300	200	125	

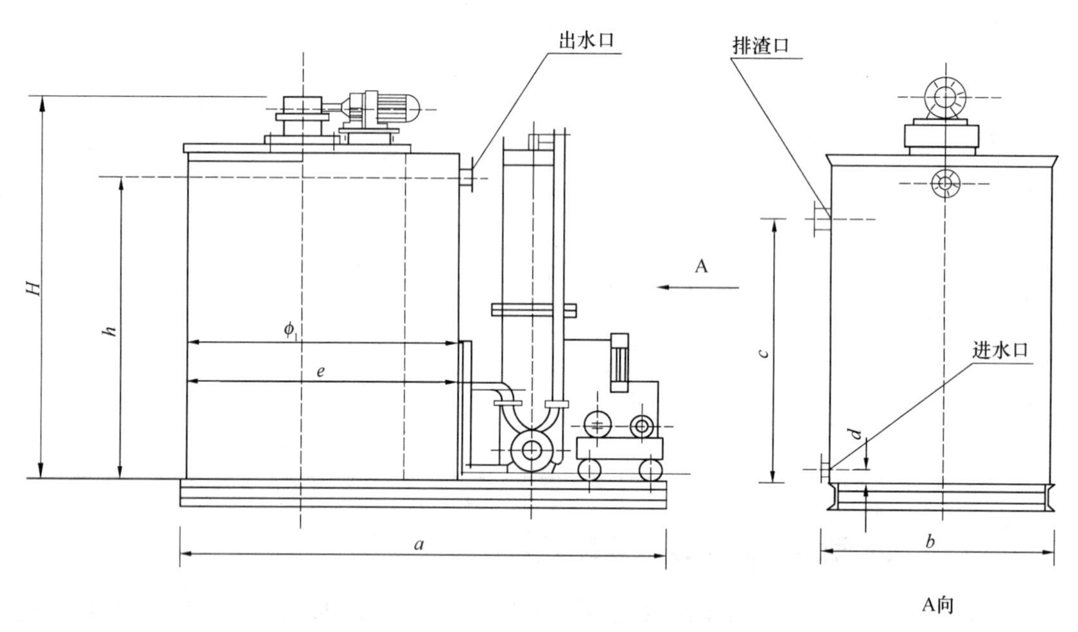

图 1-43　QF 型组合式高效气浮装置外形尺寸

1.20　循环冷却水净元广谱感应水处理器

1. 适用范围：净元广谱感应水处理器适用于钢铁、有色冶金、炼油、石化化工、火电、造纸、轻工、制药、空调制冷等行业的循环冷却水防垢、抑菌、缓蚀，可节省大量药剂；安装简单，只需将信号线缠在管道外壁即可。适用于高硬度、高浊度水质。

2. 性能规格及外形尺寸：净元广谱感应水处理器性能规格及外形尺寸见表 1-68。

净元广谱感应水处理器性能规格及外形尺寸　　表1-68

<table>
<tr><th>主机型号</th><th>公称直径(mm)</th><th>经济性功率(W)</th><th>加强性功率(W)</th><th>经济型尺寸
长度×宽度×高度
(mm)</th><th>加强型尺寸
长度×宽度×高度
(mm)</th><th>主要生产厂商</th></tr>
<tr><td>14</td><td>50</td><td>8</td><td rowspan="3">—</td><td rowspan="3">166×86×57</td><td rowspan="3">—</td><td rowspan="18">北京华彦邦科技有限责任公司</td></tr>
<tr><td>16</td><td>60</td><td>9</td></tr>
<tr><td>18</td><td>80</td><td>12</td></tr>
<tr><td>20</td><td>100</td><td>15</td><td>12</td><td rowspan="3">166×125×75</td><td rowspan="4">325×260×125</td></tr>
<tr><td>22</td><td>125</td><td>18</td><td>13</td></tr>
<tr><td>24</td><td>150</td><td>25</td><td>14</td></tr>
<tr><td>26</td><td>200</td><td>28</td><td>15</td><td rowspan="8">363×316×156</td></tr>
<tr><td>28</td><td>250</td><td>32</td><td>20</td><td rowspan="5">390×310×165</td></tr>
<tr><td>30</td><td>300</td><td>35</td><td>23</td></tr>
<tr><td>32</td><td>350</td><td>41</td><td>25</td></tr>
<tr><td>34</td><td>400</td><td>45</td><td>30</td></tr>
<tr><td>36</td><td>500</td><td>50</td><td>42</td></tr>
<tr><td>38</td><td>600</td><td>64</td><td>50</td><td rowspan="2">410×370×217</td></tr>
<tr><td>40</td><td>700</td><td>70</td><td>100</td></tr>
<tr><td>42</td><td>900</td><td rowspan="4">—</td><td>130</td><td rowspan="4">—</td><td>500×500×300</td></tr>
<tr><td>44</td><td>1000</td><td>160</td><td rowspan="2">600×650×400</td></tr>
<tr><td>46</td><td>1200</td><td>200</td></tr>
<tr><td>48</td><td>1500</td><td>220</td><td>800×1000×600</td></tr>
</table>

1.21 YHRS系列全自动软化设备

1. 适用范围：YHRS系列全自动软化设备广泛适用于锅炉供水、供热、空调系统等工业及民用软化水处理。

2. 性能规格及外形尺寸：YHRS系列全自动软化设备性能规格及外形尺寸见表1-69。

YHRS系列全自动软化设备性能规格及外形尺寸　　表1-69

<table>
<tr><th>型　号</th><th>产水量(m^3/h)</th><th>外形尺寸
直径×高度
(mm)</th><th>入口管径(mm)</th><th>盐箱尺寸
直径×高度
(mm)</th><th>主要生产厂商</th></tr>
<tr><td>YHRS-1T</td><td>1</td><td>200×1200</td><td>20</td><td>350×750</td><td rowspan="9">江苏一环集团有限公司</td></tr>
<tr><td>YHRS-2T</td><td>2</td><td>300×1600</td><td>20</td><td>430×820</td></tr>
<tr><td>YHRS-6T</td><td>6</td><td>500×1750</td><td>40</td><td>530×970</td></tr>
<tr><td>YHRS-10T</td><td>10</td><td>600×1800</td><td>40</td><td>660×1000</td></tr>
<tr><td>YHRS-20E2</td><td>20</td><td>600×1800</td><td>50</td><td>660×1000</td></tr>
<tr><td>YHRS-30E3</td><td>30</td><td>600×1800</td><td>70</td><td>660×1000</td></tr>
<tr><td>YHRS-40E2</td><td>40</td><td>900×2200</td><td>80</td><td>760×1220</td></tr>
<tr><td>YHRS-60E3</td><td>60</td><td>900×2200</td><td>100</td><td>760×1220</td></tr>
<tr><td>YHRS-90E3</td><td>90</td><td>1200×2400</td><td>100</td><td>1080×1150</td></tr>
</table>

1.22 MSC型成套含煤废水处理设备

1. 适用范围：MSC型成套含煤废水处理设备适用于快速净化含有大量悬浮物的工业废水。

2. 性能规格及外形尺寸：MSC型成套含煤废水处理设备性能规格及外形尺寸见表1-70。

MSC型成套含煤废水处理设备性能规格及外形尺寸 **表1-70**

型号	产水量 (m^3/h)	外形尺寸 长度×宽度×高度 (mm)	管道混合器 直径×长度 (mm)	真空引水器 直径×长度 (mm)	主要生产厂商
MSC-5	5	3800×2400×3000	80×640	500×1000	江苏一环集团有限公司
MSC-10	10	4800×2700×3000	100×695	500×1000	
MSC-15	15	7000×3000×3000	100×695	600×1000	

2 水处理器材

2.1 沉淀分离器材

2.1.1 蜂窝斜管

1. 分类、适用范围：根据蜂窝斜管材质的不同分为乙丙共聚、聚丙烯、聚氯乙烯塑料斜管和不锈钢斜管。塑料材质斜管广泛应用于常规的水处理净化中，不锈钢斜管除能满足塑料斜管的使用范围外，还适用于一些有特殊要求的水处理工程，如原水温度较高的水处理，对蜂窝斜管的使用寿命有高要求的工程等。

2. 性能规格及外形尺寸：蜂窝斜管性能规格及外形尺寸见图 2-1、表 2-1。

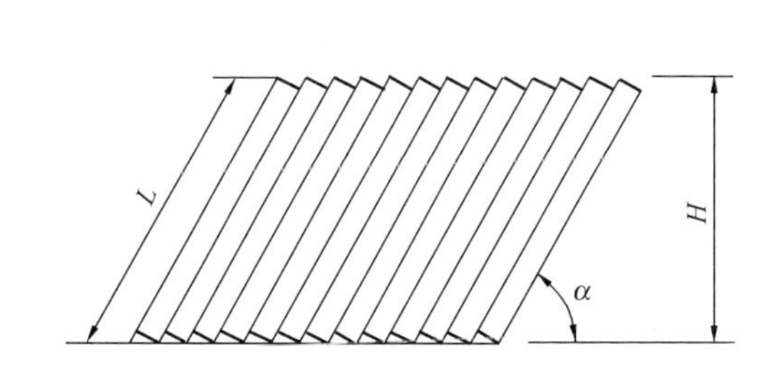

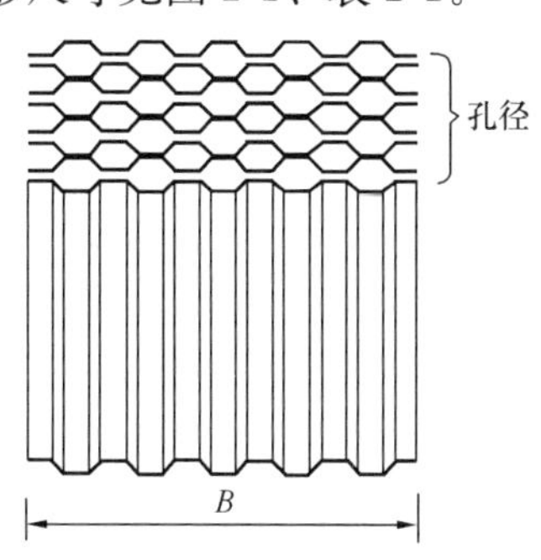

图 2-1 蜂窝斜管外形尺寸

蜂窝斜管性能规格及外形尺寸 **表 2-1**

材质	内切圆直径(mm)	壁厚度(mm)	倾角 α (°)	质量(kg/m²)	块体尺寸 $L\times B\times H$(mm)	相对密度	抗拉强度≥(MPa)	耐温(℃)	直角撕裂强度(MPa)	外观色泽	主要生产厂商
聚丙烯，乙丙共聚塑料	25	0.40	60	34	1000×1000×866	0.91～0.95	29	－20～80	16.5	白色半透明体	浙江联池水务设备有限公司、台州中昌水处理设备有限公司、玉环县净水设备厂、杭州玉泉水处理设备有限公司设备、浙江金剑环保设备有限公司
		0.45		38	1000×500×866						
		0.50		42	特殊尺寸可定制						
	30	0.45		34	1000×1000×866						
		0.50		38	1000×500×866						
		0.60		45	特殊尺寸可定制						
	35	0.45		28	1000×1000×866						
		0.50		31	1000×500×866						
		0.60		37	特殊尺寸可定制						
	50	0.50		21	1000×1000×866						
		0.60		26	1000×500×866						
		0.80		34	特殊尺寸可定制						

续表

材质	内切圆直径(mm)	壁厚度(mm)	倾角α(°)	质量(kg/m²)	块体尺寸 L×B×H(mm)	相对密度	抗拉强度≥(MPa)	耐温(℃)	直角撕裂强度(MPa)	外观色泽	主要生产厂商
聚丙烯，乙丙共聚塑料	80	0.50	60	13	1000×1000×866 1000×500×866 特殊尺寸可定制	0.91～0.95	29	−20～80	16.5	白色半透明体	浙江联池水务设备有限公司、台州中昌水处理设备有限公司、浙江金剑环保设备有限公司、玉环县净水设备厂、杭州玉泉水处理设备有限公司设备
		0.60		17							
		0.80		22							
聚氯乙烯斜管	25	0.3～0.5	60	31～62	1000×1000×866 1000×500×866 特殊尺寸可定制	1.35～1.45	29			蓝色	浙江联池水务设备有限公司、浙江金剑环保设备有限公司、玉环县净水设备厂、杭州玉泉水处理设备有限公司设备
	30	0.4～0.5		37～53							
	35	0.4～0.6		31～53							
	40	0.4～0.6	60	28～48							
	50	0.5～0.6		28～37							
	80	0.5～0.6		19～25							
不锈钢斜管	40	0.31	60	140	1000×1000×866 1000×500×866	7.93	650			双面抛光镜面板	浙江联池水务设备有限公司
	50	0.31		110							
	60	0.31		94							

2.1.2　侧向流斜板

1. 适用范围：侧向流斜板安装于沉淀池(气浮池或侧向流浮沉池)中。侧向流斜板沉淀池示意见图2-2。

2. 性能规格及外形尺寸：侧向流斜板性能规格及外形尺寸见表2-2。

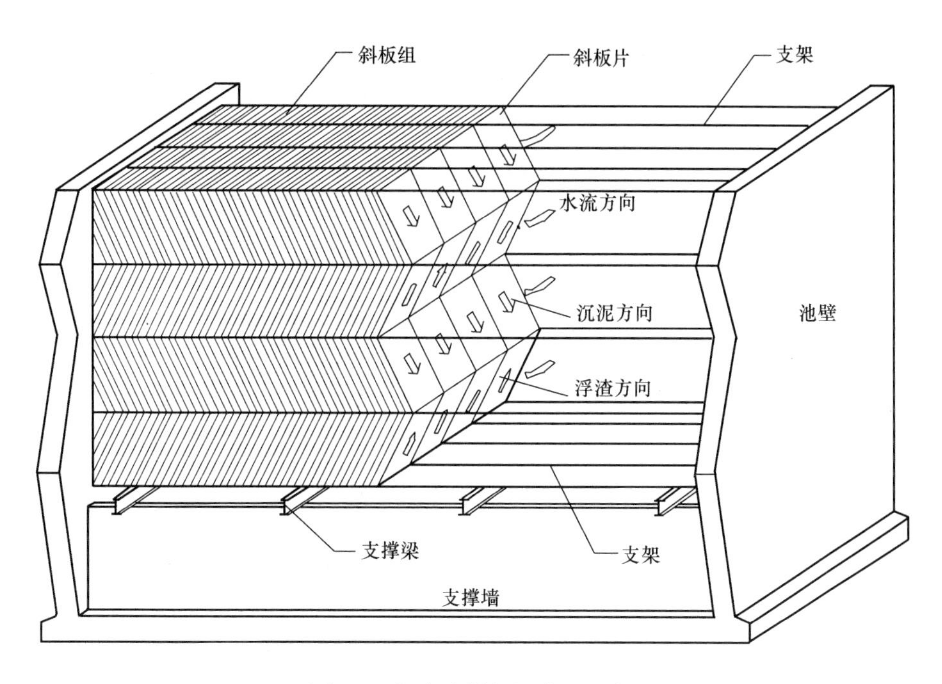

图 2-2 侧向流斜板沉淀池示意

侧向流斜板性能规格及外形尺寸 表 2-2

材质	斜板尺寸 长度×宽度 (mm)	斜板厚度 (mm)	板间距 (mm)	安装倾 角(°)	垂直层数	水平组数	主要生产厂商
ABS	1200×1000	1.2~1.5	60~100	60	3~5	4~6	浙江联池水务设备有限公司、台州中昌水处理设备有限公司
	1000×1000	1.2~1.5	600~100	60	3~5	4~6	
PVC	1200×1000	1.0~1.2	60~100	60	3~5	4~6	
	1000×1000	1.0~1.2	60~100	60	3~5	4~6	
PP	1200×1000	1.2~1.5	60~100	60	3~5	4~6	
	1000×1000	1.2~1.5	60~100	60	3~5	4~6	

2.1.3 侧向流波形斜板沉淀器

侧向流波形斜板沉淀器性能规格及外形尺寸见图 2-3、表 2-3。

侧向流波形斜板沉淀器性能规格及外形尺寸 表 2-3

材质	斜波长 (mm)	板波长 (mm)	斜板间距 (mm)	板间倾度 α (°)	外形尺寸 $L\times B\times H$ (mm)	设计水平 流速 (mm/s)	容积负荷 $[m^3/(m^2\cdot h)]$	水力停 留时间 (min)	主要生产 厂商
ABS	500	100	60	55~60	2000×1300×1100	5~20	10	5~7	杭州玉泉水处理设备有限公司、台州中昌水处理设备有限公司
PVC	500	100	60	55~60	2000×1300×1100				

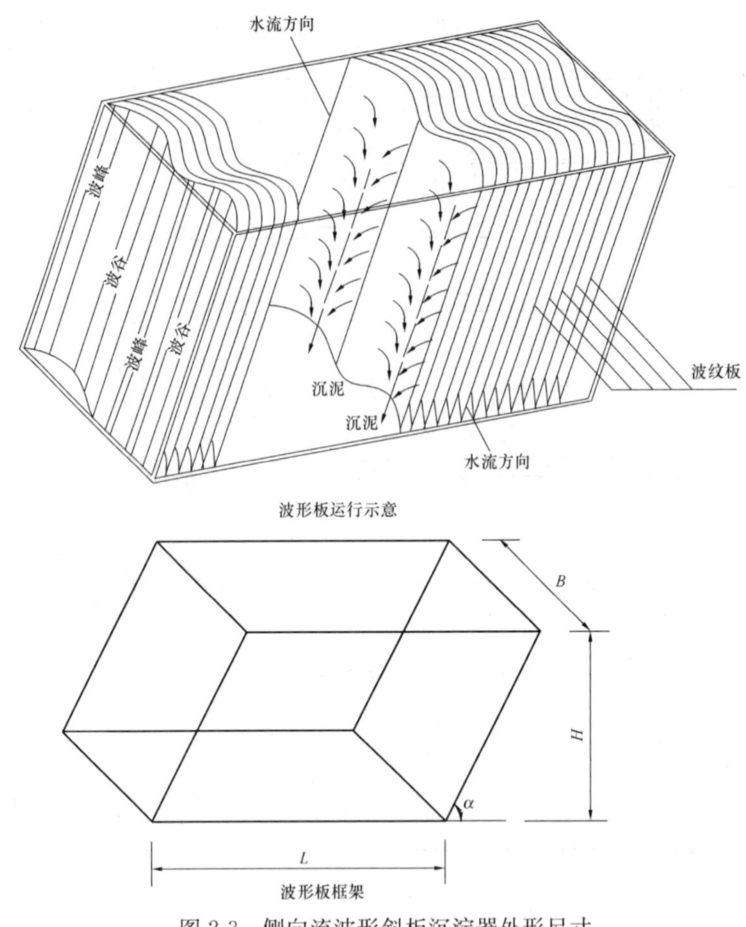

图 2-3 侧向流波形斜板沉淀器外形尺寸

2.2 絮凝集水器材

2.2.1 栅条反应器

1. 分类、适用范围：栅条是安装在网格反应池竖井内的一种反应器，由多条平行的栅条固定在框架上构成。单根栅条的断面有矩形、三角、梯形等形状。栅条材质可为ABS、(PVC-U)、不锈钢。

2. 性能规格及外形尺寸：栅条反应器性能规格及外形尺寸见图 2-4、表 2-4。

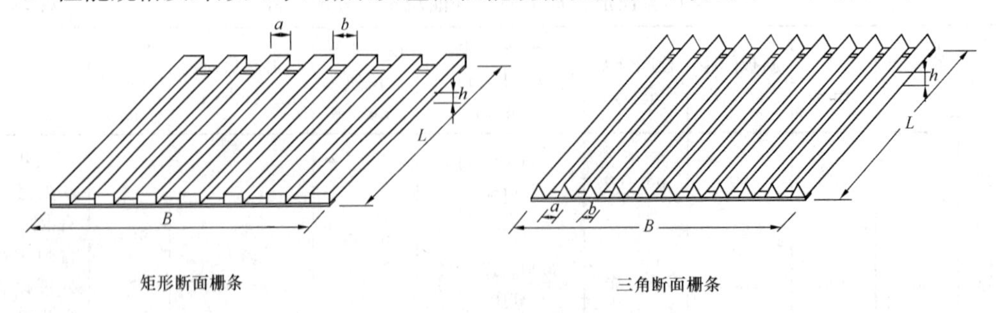

图 2-4 栅条反应器外形尺寸

栅条反应器性能规格及外形尺寸　　表 2-4

材质		竖井流速（m/s）	栅孔流速（m/s）		外形尺寸（mm）					主要生产厂商
			前段栅条	中段栅条	条宽 *a*	条间距 *b*	栅条高 *h*	栅条长度 *L*	栅条宽度 *B*	
矩形断面栅条	ABS	0.10～0.14	0.25～0.30	0.20～0.25	40～100	30～100	15、20、30	500～2000	500～2000	浙江联池水务设备有限公司、台州中昌水处理设备有限公司、厦门飞华环保器材有限公司
	PVC-U				40～100	30～100	15、20、30	500～2000	500～2000	
	不锈钢				40、50、60、80、100	30～100	25	500～3000	500～3000	
三角断面栅条	不锈钢				40～100	30～100	40～100	500～3000	500～3000	台州中昌水处理设备有限公司

2.2.2 网格反应器

1. 分类、适用范围：网格反应器是安装在反应池竖井内的一种反应器。根据外形分为平面网格和斗式立体网格。

2. 性能规格及外形尺寸：网格反应器性能规格及外形尺寸见图 2-5、表 2-5。

网格反应器性能规格及外形尺寸　　表 2-5

材　质		竖井流速（m/s）	网格孔流速（m/s）		外形尺寸（mm）					主要生产厂商
			前段网格	中段网格	条宽 *a*	孔距 *b*	板厚 *h*	网格长度 *L*	网格宽度 *B*	
平面网格板	ABS	0.10～0.14	0.25～0.30	0.20～0.25	40～100	40～100	15、20、30	500～2000	500～2000	浙江联池水务设备有限公司、台州中昌水处理设备有限公司、厦门飞华环保器材有限公司
	PVC-U				40～100	30～100	15、20、30	500～2000	500～2000	
	不锈钢				40、50、60、80、100	30～100	25	500～3000	500～3000	
斗式立体网格板	ABS、PVC-U、不锈钢	0.10～0.14	0.25～0.30	0.20～0.25	40～100（网格片水平投影尺寸宽度）	40～100	网格高度（网格片垂直投影尺寸）40、50	500～2000	500～2000	浙江联池水务设备有限公司

注：斗式立体网格板计算同平面网格，条宽为网格片的水平投影宽度。

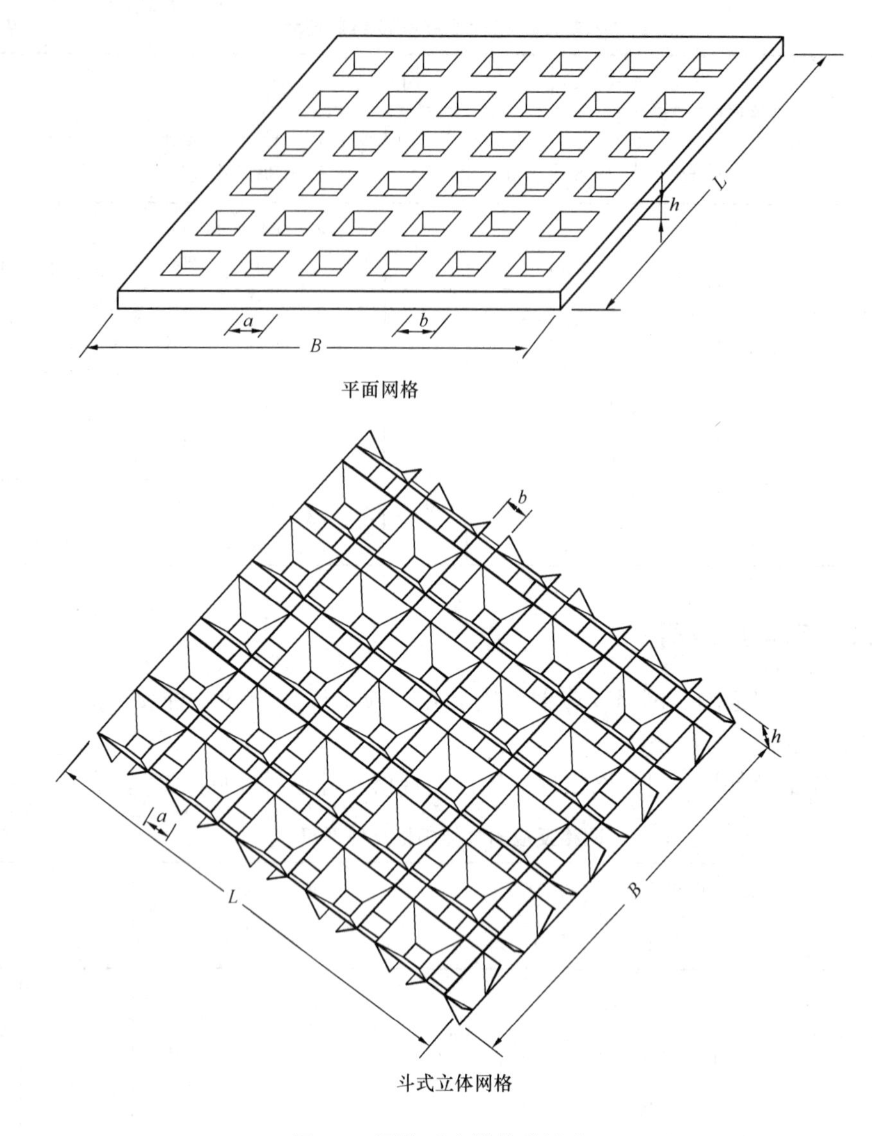

图 2-5 网格反应器外形尺寸

2.2.3 不锈钢折板反应器

1. 分类、适用范围：不锈钢折板反应器安装于折板反应池中。不锈钢折板反应器分为箱笼式多通道折板反应器和框架式单通道折板反应器。箱笼式多通道折板反应器适合安装于设计为多个竖井的折板反应池。在每个竖井内水流经过由多片折板构成几何尺寸相同的并联的水流通道，经扩张收缩为絮凝提供合适的水力条件。箱笼式多通道折板反应池剖面示意见图 2-6。框架式单通道折板反应器安装于设计为一个通道的折板反应池，全部水流经过两块折板之间的一条缩放通道由上往下再由下往上往复流动。框架式单通道折板反应池剖面示意见图 2-7。

2. 性能规格及外形尺寸：不锈钢折板反应器性能规格及外形尺寸见表 2-6。箱笼式多通道折板反应器外形尺寸见图 2-8。框架式单通道折板反应器外形尺寸见图 2-9。

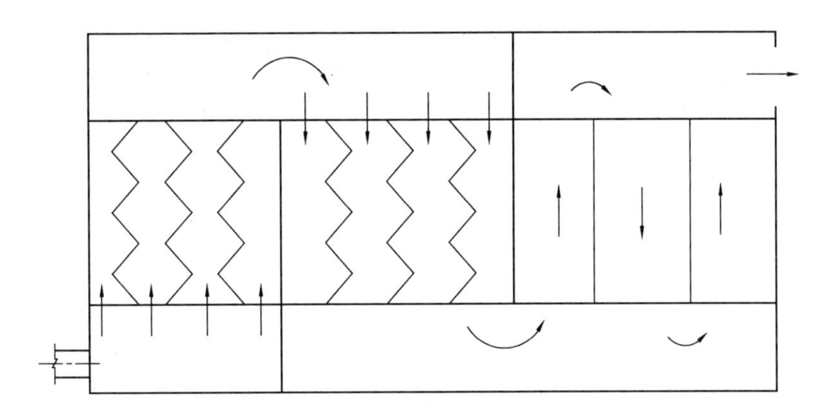

图 2-6 箱笼式多通道折板反应池剖面示意

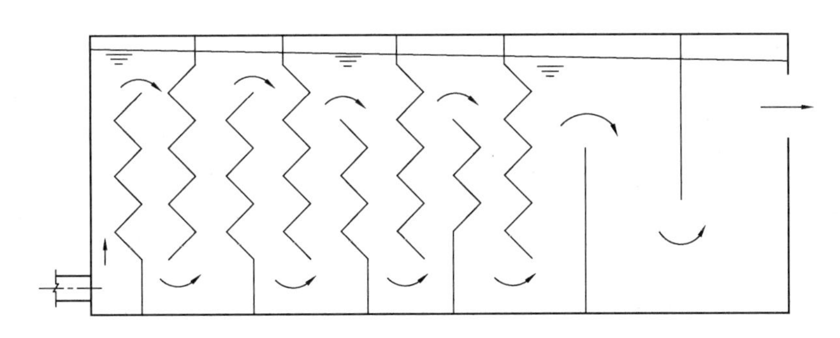

图 2-7 框架式单通道折板反应池剖面示意

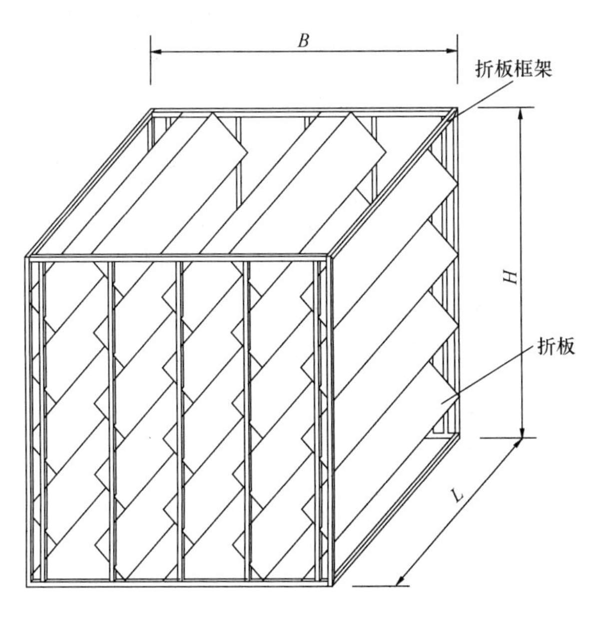

图 2-8 箱笼式多通道折板反应器外形尺寸

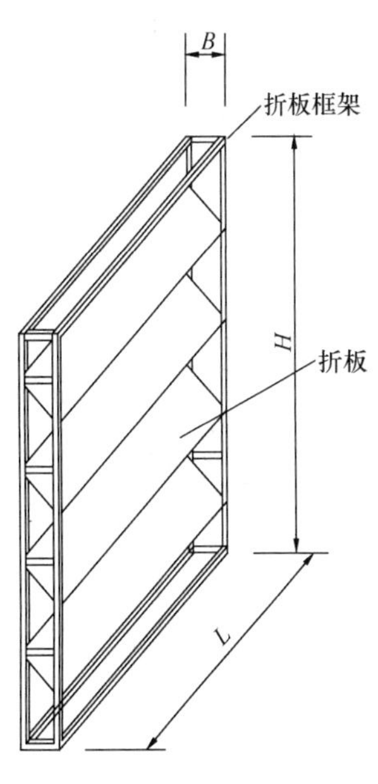

图 2-9 框架式单通道折板反应器外形尺寸

不锈钢折板反应器性能规格及外形尺寸　　表 2-6

类型	材质	折板片宽度（mm）	折板片长度（mm）	板间夹角（°）	折板厚度（mm）	箱体（mm）			特点说明	主要生产厂商
						长度 L	宽度 B	高度 H		
箱笼式多通道折板反应器	不锈钢	100～600	1000～2500	90、120	0.8～2.0	1000～2500	1000～3000	1000～2500	安装于竖井式反应池内，可以方便的安装检修，可整体吊装；美观卫生，折板维护工作量很少，使用寿命很长，残余价值高	浙江联池水务设备有限公司、台州中昌水处理设备有限公司、杭州玉泉水处理设备有限公司
框架式单通道折板反应器	不锈钢	250～600	1000～2800	90、120	1.2～3.0	1000～2500	200～450	1000～3500	安装于单通道折板反应池内，可以方便的安装检修，可整体吊装；美观卫生、使用寿命很长，折板维护工作量很少，残余价值高	浙江联池水务设备有限公司、台州中昌水处理设备有限公司、杭州玉泉水处理设备有限公司

注：箱体外形尺寸也可根据设计要求确定。

2.2.4　不锈钢集水槽

1. 分类、适用范围：不锈钢集水槽安装于平流沉淀池、斜管沉淀池、辐流式沉淀池等各类沉淀池及浓缩池中，用于收集沉淀（澄清）后清水或污水浓缩后的上清液。根据集水口形式分为三角堰式、集水孔式和矩形堰口式；根据集水堰(孔)口位置分为可调式和固定式。

2. 性能规格及外形尺寸：不锈钢集水槽性能规格及外形尺寸见图 2-10、表 2-7。

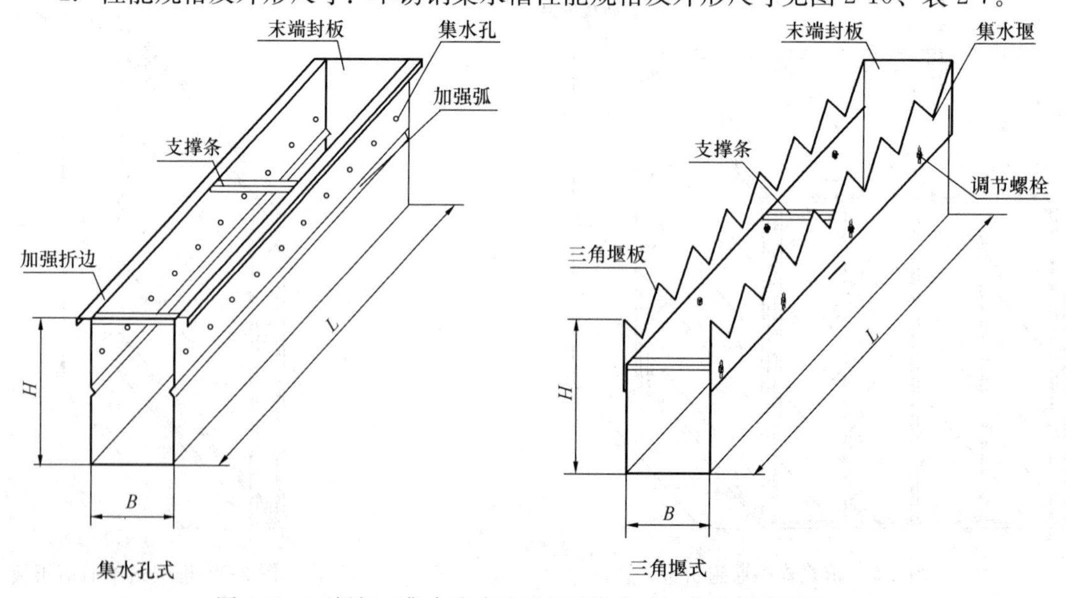

图 2-10　不锈钢（集水孔式及可调三角堰式）集水槽外形尺寸

不锈钢集水槽性能规格及外形尺寸 表 2-7

<table>
<tr><th colspan="2" rowspan="2">类型</th><th colspan="3">外形尺寸（mm）</th><th>壁厚度</th><th>集水孔径</th><th>堰口宽度</th><th rowspan="2">材 质</th><th rowspan="2">主要生产厂</th></tr>
<tr><th>$L\leqslant$</th><th>B</th><th>H</th><th>（mm）</th><th>ϕ（mm）</th><th>（mm）</th></tr>
<tr><td colspan="2">集孔式集水槽</td><td>30000</td><td>150～800</td><td>300～1000</td><td>3～5</td><td>20、25、32、40</td><td></td><td>304、316不锈钢</td><td rowspan="3">浙江联池水务设备有限公司、厦门飞华环保器材有限公司</td></tr>
<tr><td rowspan="2">三角堰式、矩形堰式集水槽</td><td>可调式</td><td>30000</td><td>200～800</td><td>300～1000
上下可调40</td><td>3～6</td><td rowspan="2"></td><td rowspan="2">100、200</td><td>304、316不锈钢</td></tr>
<tr><td>固定式</td><td>30000</td><td>200～800</td><td>300～1000
上下可调40</td><td>3～6</td><td>304、316不锈钢</td></tr>
</table>

注：槽体外形尺寸也可根据设计要求确定。

2.3 滤池配水器材

2.3.1 滤头

1. 分类、适用范围：滤头分为长柄滤头和短柄滤头。长柄滤头适用于采用气水反冲洗的普通快滤池、V型滤池及其他池型；短柄滤头适用于单独用水冲洗的虹吸滤池、重力式无阀滤池、普通快滤池、双阀滤池、移动罩滤池以及滤罐、离子交换滤床等。

2. 性能规格及外形尺寸：短柄、长柄、V型、FHQS型、QS型滤头性能规格及外形尺寸见图2-11、表2-8，可调节式长柄滤头性能规格及外形尺寸见图2-12、表2-9。

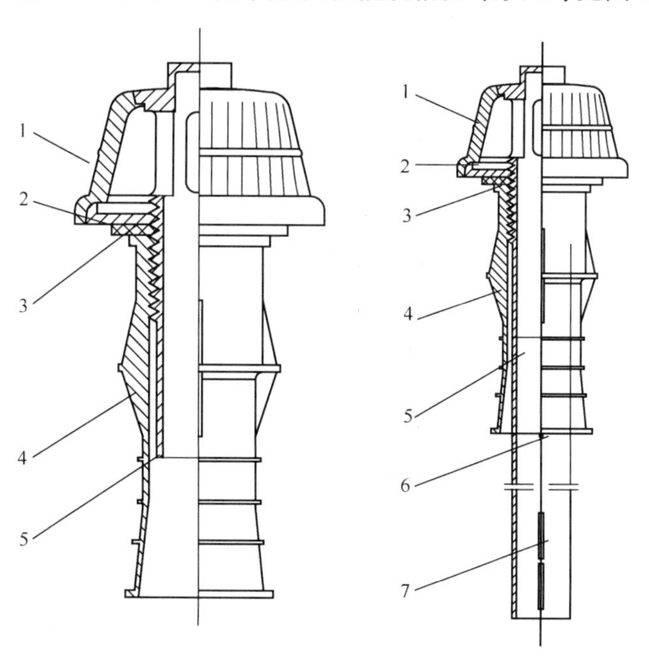

图2-11 短柄、长柄、V型、FHQS型、QS型滤头
1—滤帽；2—滤帽座；3—密封圈；4—预埋套管；5—滤杆；6—排气孔；7—进气长条缝

短柄、长柄、V型、FHQS型、QS型滤头性能规格及外形尺寸 表2-8

型号	滤帽形式	材质	总长度（mm）	缝隙宽度（mm）	缝隙面积（cm²/个）	主要生产厂商
LC-Q1（长柄）	蘑菇形	ABS	335	0.25	2.5	浙江联池水务设备有限公司
LC-Q2（长柄）			292	0.28	2.8	
LC-D（短柄）			150	0.30	3.0	
QS-1（长柄）			292	0.25	2.5	杭州玉泉水处理设备有限公司
QS-2（短柄）			146			
V型	圆柱形		284	0.25	1.8	
HL-1（长柄）	蘑菇形		292	0.25	2.5	玉环县净水设备厂
HL-I（短柄）			146			
HL-2（长柄）			292			
HL-II（短柄）			146			
FHQS-Ⅰ	圆柱形	PP	304	0.40	3.0	厦门飞华环保器材有限公司
QS-I	半球形	ABS	400	0.25	2.5	台州中昌水处理设备有限公司、浙江金剑环保设备有限公司
QS-II	柱形		335	0.25	2.52	
QS-Ⅲ	半球形		255	0.25	2.5	
QS-Ⅳ、Ⅴ			92	0.25	2.5	
QS-Ⅵ	柱形		92	0.25	1.8	
QS-Ⅶ	半球形		246	0.25	2.8	
QS-Ⅷ			250～270	0.25	2.5	
QS-Ⅸ	柱形		324	0.25	1.8	
QS-Ⅹ			292	0.25	1.8	
QS-Ⅺ	半球形		108	0.25	2.5	
QS-Ⅻ			50	0.25	2.5	

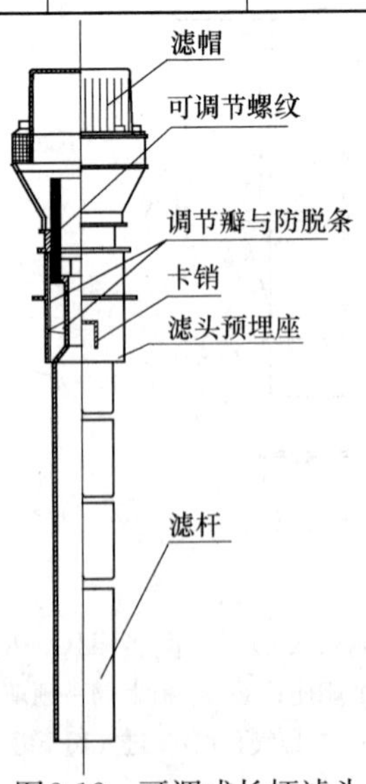

图2-12 可调式长柄滤头

可调式长柄滤头性能规格及外形尺寸 表 2-9

型　号	缝隙条数	缝隙高度(mm)	缝隙宽度(mm)	缝隙面积(mm^2)	滤帽形式	滤杆长度(mm)	可调高度(mm)	预埋座长度(mm)	主要生产厂商
QSK-Ⅰ	36	34	0.5	6.12	柱状	380	65	150	台州中昌水处理设备有限公司
QSK-Ⅱ	36	34	0.4	4.90	柱状				
QSK-Ⅲ	36	34	0.3	3.67	柱状				

2.3.2 滤板

1. 分类、适用范围：滤板按材质分为混凝土滤板、玻璃钢滤板、塑料滤板、不锈钢滤板。按施工方式分为块状安装滤板和整体浇筑混凝土滤板。滤头与滤板装配见图 2-13。整体浇筑的混凝土滤板底模塑料板是特制高强度食品级塑料一次成形的楞型板，以确保浇筑时模板的强度；凸起处开有带颈套的圆孔用以固定长柄滤头的预埋座。配套使用可调式长柄滤头。采用塑料模板的整体浇筑滤板设计参照《气水冲洗滤池整体浇筑滤板及可调式滤头技术规程》CECS 178。整体浇筑滤板及模板外形尺寸见图 2-14。

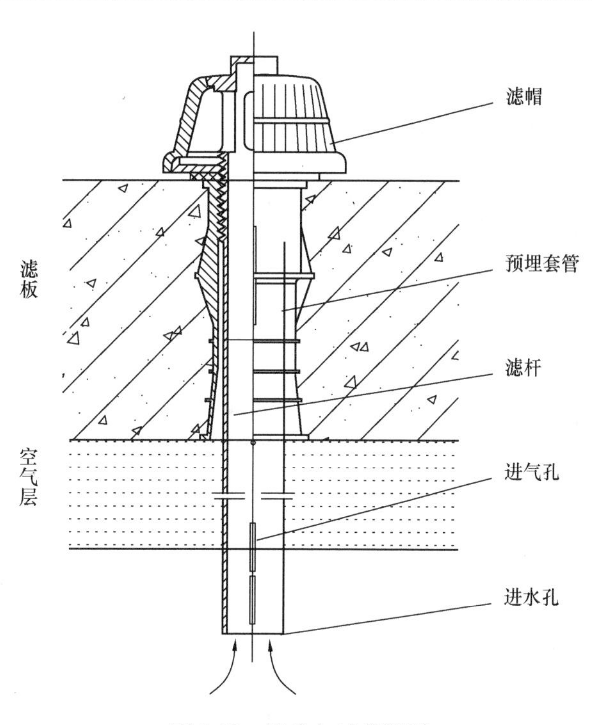

图 2-13　滤头与滤板装配

2. 性能规格及外形尺寸：块状安装滤板性能规格及外形尺寸见图 2-14、图 2-15、表 2-10。

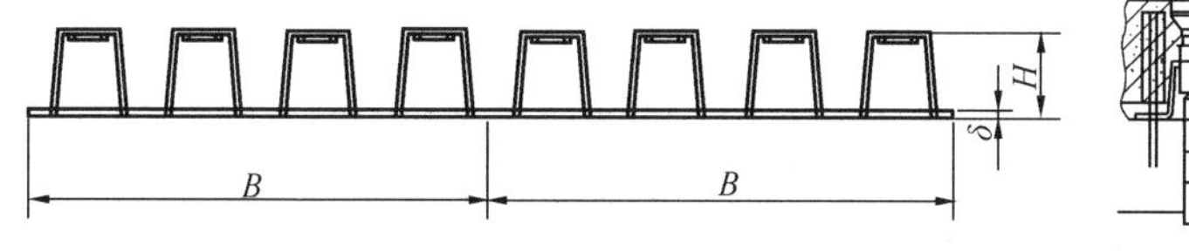

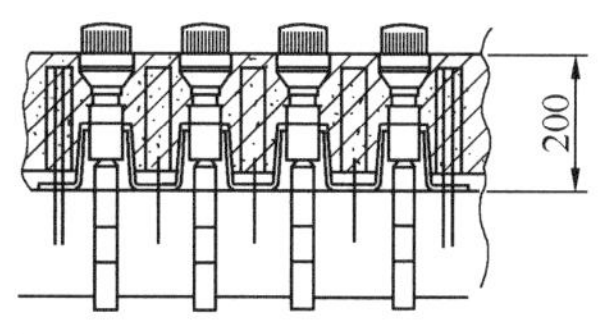

图 2-14　整体浇筑滤板及模板外形尺寸

滤板性能规格及外形尺寸 表 2-10

类型	外形尺寸（mm）			材质性能	主要生产厂商
	$L\times B\times\delta$	$L\times B\times H$	$L\times B\times H\times\delta$		
玻璃钢滤板	1000×1000×（32～38）			抗拉强度：290MPa；弯曲强度：190MPa 冲击强度：230MPa	杭州玉泉水处理设备有限公司

续表

<table>
<tr><th colspan="2" rowspan="2">类型</th><th colspan="3">外形尺寸（mm）</th><th rowspan="2">材质性能</th><th rowspan="2">主要生产厂商</th></tr>
<tr><th>$L\times B\times\delta$</th><th>$L\times B\times H$</th><th>$L\times B\times H\times\delta$</th></tr>
<tr><td colspan="2" rowspan="3">混凝土滤板</td><td>—</td><td>975×975×100</td><td></td><td rowspan="3">混凝土强度等级试验按国家标准《混凝土强度检验评定标准》GB/T 50107 的规定执行</td><td rowspan="3">浙江联池水务设备有限公司、浙江金剑环保设备有限公司、杭州玉泉水处理有限公司</td></tr>
<tr><td>—</td><td>980×980×100</td><td></td></tr>
<tr><td>—</td><td>1140×975×100</td><td></td></tr>
<tr><td rowspan="3">整体浇注塑料模板</td><td>A 型</td><td></td><td></td><td>1138×617×100×5</td><td rowspan="3">详见中国工程建设标准化协会标准《气水冲洗滤池整体浇筑滤板及可调式滤头技术规程》CECS 178</td><td rowspan="3">台州中昌水处理设备有限公司</td></tr>
<tr><td>B 型</td><td></td><td></td><td>963×467×80×5</td></tr>
<tr><td>C 型</td><td></td><td></td><td>964×950×40×4</td></tr>
</table>

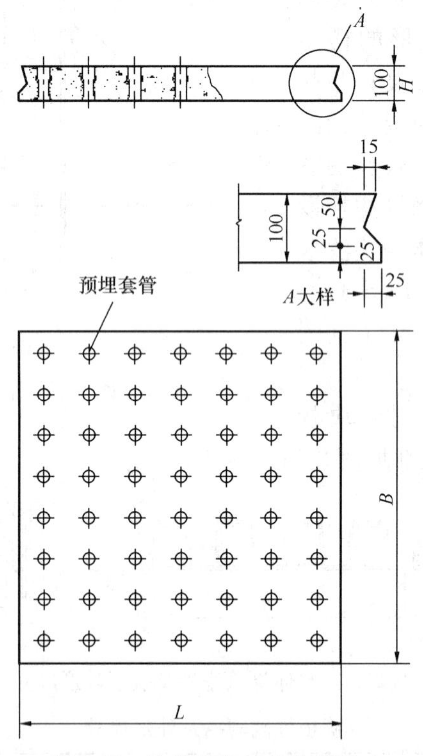

图 2-15　块装安装滤板外形尺寸

2.3.3　全塑复合反冲洗滤砖

1. 特性：全塑复合反冲洗滤砖采用侧道底部配水，综合了过滤衬板、滤头和水流通道的三方面用途和特点。其运行示意见图 2-16。

2. 性能规格及外形尺寸：全塑复合反冲洗滤砖性能规格及外形尺寸见图 2-17、表 2-11。

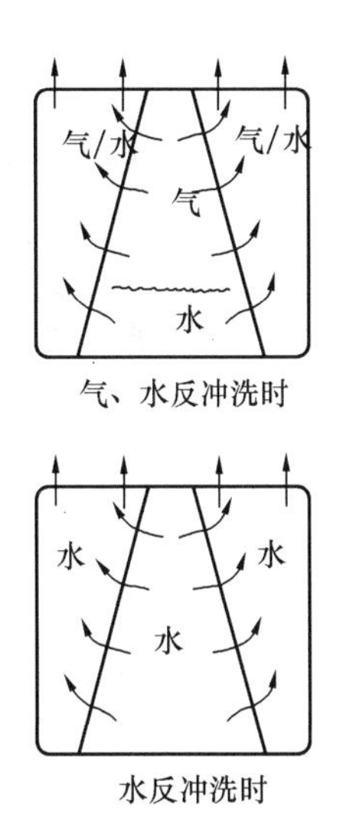

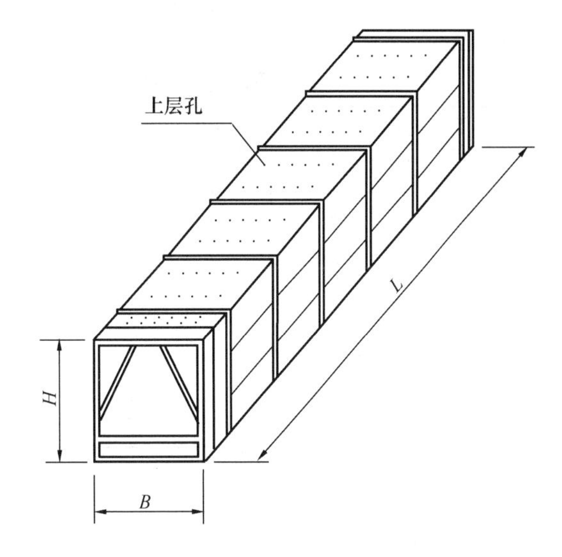

图 2-16　全塑复合反冲洗滤砖运行示意　　图 2-17　全塑复合反冲洗滤砖外形尺寸

全塑复合反冲洗滤砖性能规格及外形尺寸　　表 2-11

<table>
<tr><th rowspan="3">型号</th><th rowspan="3">外形尺寸
L×B×H
(mm)</th><th colspan="6">配水孔参数</th><th rowspan="3">技术性能</th><th rowspan="3">主要生产厂商</th></tr>
<tr><th colspan="2">面层开孔</th><th colspan="4">内层开孔</th></tr>
<tr><th>孔径 ϕ (mm)</th><th>开孔率 (%)</th><th>大孔 ϕ (mm)</th><th>中孔 ϕ (mm)</th><th>小孔 ϕ (mm)</th><th>开孔率 (%)</th></tr>
<tr><td rowspan="4">ZS-GⅠ</td><td rowspan="4">950×270
×315</td><td>4.5</td><td>0.82</td><td>22</td><td>5.5</td><td>3.5</td><td rowspan="4">1.03</td><td rowspan="6">材质：高密度聚乙烯：耐温：-20～80℃；水、气同时反冲洗时：水反冲洗强度为4～8L/(s·m²)；气反冲洗强度为15～20L/(s·m²)；单独水反冲洗时：12～18L/(s·m²)；正向承载力≥0.06MPa；反向承载力≥0.05MPa；开孔比可根据设计要求调整</td><td rowspan="6">台州中昌水处理设备有限公司</td></tr>
<tr><td>5.0</td><td>1.01</td><td>22</td><td>5.5</td><td>3.5</td></tr>
<tr><td>5.5</td><td>1.22</td><td>22</td><td>5.5</td><td>3.5</td></tr>
<tr><td>6.0</td><td>1.45</td><td>22</td><td>5.5</td><td>3.5</td></tr>
<tr><td rowspan="2">ZS-GⅡ</td><td rowspan="2">944×267
×378</td><td>5.5</td><td>1.30</td><td>22</td><td>5.5</td><td>3.5</td><td rowspan="2">1.00</td></tr>
<tr><td>6.0</td><td>1.55</td><td>22</td><td>5.5</td><td>3.5</td></tr>
<tr><td>FL-A</td><td>910×289
×315</td><td>4～5.5
(138个)</td><td></td><td></td><td></td><td></td><td></td><td rowspan="2">材质：高密度聚乙烯：耐温：-20～80℃；水、气同时反冲洗时：水反冲洗强度为3～4L/(s·m²)；气反冲洗强度为13～15L/(s·m²)；机械强度：正向压力P≥0.15MPa；开孔比可根据设计要求调整</td><td rowspan="2">厦门飞华环保器材有限公司</td></tr>
<tr><td>FL-B</td><td>904×294
×395</td><td>4～5.5
(138个)</td><td></td><td></td><td></td><td></td><td></td></tr>
</table>

2.3.4 配水配气横管（U 型滤管）

1. 特性：配水配气横管（U 型滤管）应用于翻板阀滤池或其他气水反冲洗滤池中，作为滤池配水配气系统。配水配气横管（U 型滤管）运行示意见图 2-18。

2. 性能规格及外形尺寸：配水配气横管（U 型滤管）性能规格及外形尺寸见图 2-

19、表2-12。

配水配气横管（U型滤管）性能规格及外形尺寸　　表2-12

<table>
<tr><th rowspan="2">型号</th><th>外形尺寸（mm）</th><th colspan="2">开孔比（%）</th><th colspan="2">孔径（mm）</th><th rowspan="2">技术性能</th><th rowspan="2">主要生产厂商</th></tr>
<tr><th>B×H×L×δ</th><th>气孔</th><th>水孔</th><th>气孔</th><th>水孔</th></tr>
<tr><td>LC-UⅠ</td><td>136×170×（2000～5000）×5</td><td>0.12</td><td>0.9～1.3</td><td>3～3.5</td><td>15～17</td><td rowspan="3">材质：高密度聚乙烯（HDPE）
相对密度：0.91～0.97；
耐温性能：-20～80℃；
耐冲击强度：24～30MPa；长度及开孔可根据设计要求调整</td><td rowspan="2">浙江联池水务设备有限公司</td></tr>
<tr><td>LC-UⅡ</td><td>165×181×（2000～5000）×5</td><td>0.12</td><td>0.9～1.3</td><td>3～3.5</td><td>15～17</td></tr>
<tr><td>FH-U</td><td>165×181×（2000～5000）×5</td><td>≤0.12</td><td>0.8～1.2</td><td></td><td></td><td>厦门飞华环保器材有限公司</td></tr>
</table>

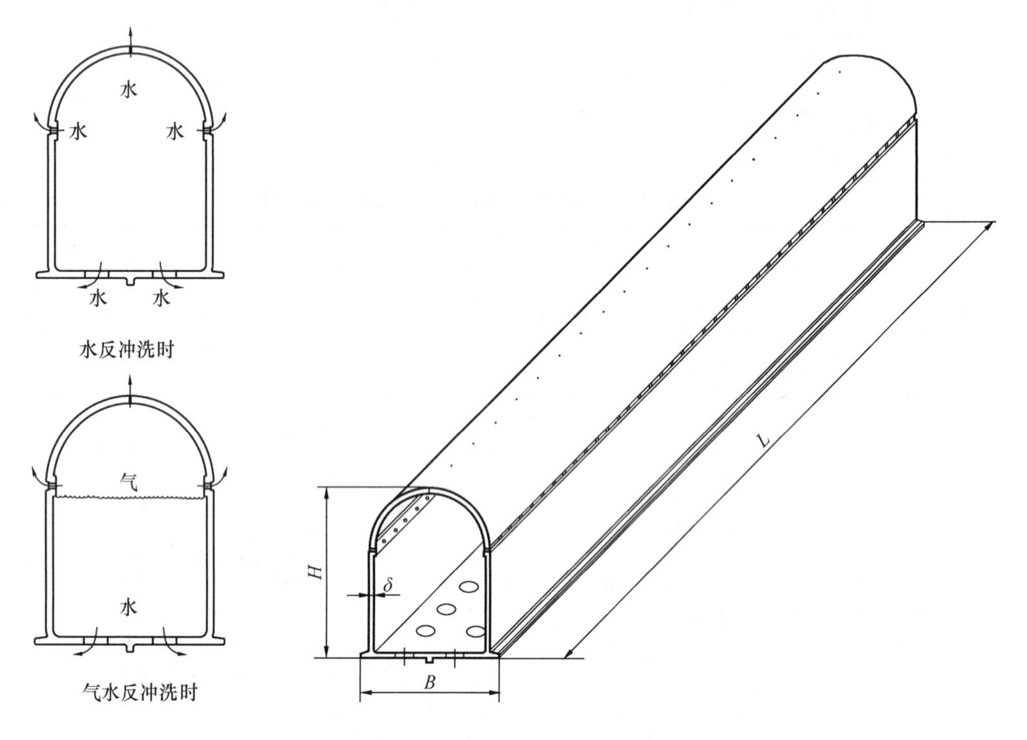

图2-18　配水配气横管（U型滤管）运行示意

图2-19　配水配气横管（U型滤管）外形尺寸

2.4 曝 气 器

曝气器分有管式微孔曝气器、盘式橡胶膜微孔曝气器、单孔膜曝气器等，适用于城市污水、工业废水好氧生物处理的曝气供氧及混合。

2.4.1 管式微孔曝气器

1. 组成：管式微孔曝气器由支撑管、管式膜片、空气释放器和连接件组成。管式微孔曝气器运行示意见图2-20。

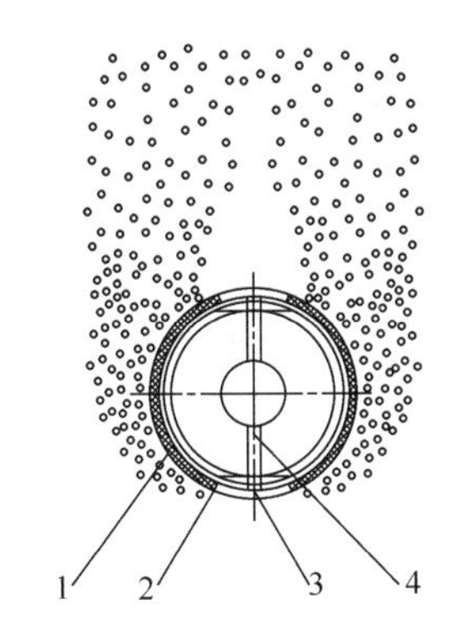

图 2-20 管式微孔曝气器运行示意
1—膜片开孔区；2—支撑管；3—膜片无孔区；4—空气释放器

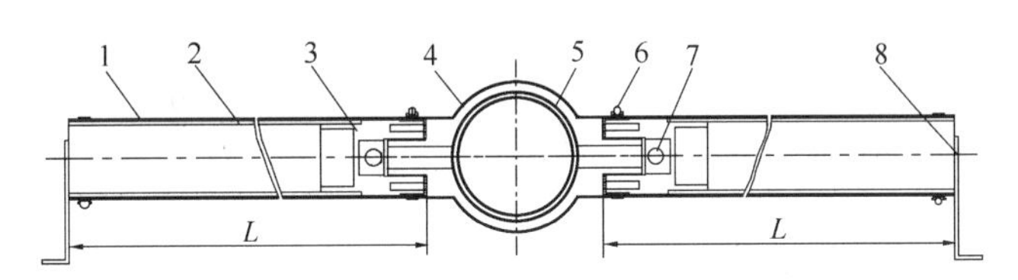

图 2-21 管式微孔曝气器外形与安装尺寸
1—管式橡胶膜片；2—支撑管；3—空气释放器；4—接头；5—进气管；6—不锈钢卡箍；7—进气孔；8—安装支架

2. 性能规格及外形与安装尺寸：管式微孔曝气器性能规格及外形与安装尺寸见图 2-21、表 2-13。

管式微孔曝气器性能规格及外形与安装尺寸 **表 2-13**

型号	管径 ϕ (mm)	长度 L (mm)	水深 (m)	供气量 [m³/(h·个)]	服务面积 (m²/个)	充氧能力	氧利用率 (%)	理论动力效率 [kgO_2/(kW·h)]	阻力损失 ≤ (Pa)	材质	主要生产厂商
LC63/1000	63	1060	4～6	2～12	1.5	0.59 kgO_2/h	30～35	6.5～7.68	5000	膜片：三元乙丙(EPDM)硅橡胶；支撑管：ABS、PVC-U	浙江联池水务设备有限公司
LC63/750	63	810	4～6	1.5～9	1.1	0.45 kgO_2/h	30～35	6.5～7.68	5000		
LC63/500	63	560	4～6	1～6	0.75	0.30 kgO_2/h	30～35	6.5～7.68	5000		
BZ·GJ69×2	69×2	350～1000		8	1.1～2.0	0.30 kgO_2/h	29.94	8.41	5000	膜片：三元乙丙（EP-DM)；支撑管：ABS、PVC-U	玉环县净水设备厂

2.4.2 盘式橡胶膜微孔曝气器

1. 特性：盘式橡胶膜微孔曝气器顶部为一张开满微小孔缝圆盘形橡胶膜片。空气通过具有弹性的橡胶膜时，其上孔缝张开；当停止供气时弹性恢复，其上孔缝闭合；在水中产生直径小于 3mm 气泡的高效充氧器。

2. 性能规格及外形尺寸：盘式橡胶膜微孔曝气器性能规格见表 2-14，其外形尺寸见图 2-22。

盘式橡胶膜微孔曝气器性能规格　　表 2-14

型号	规格 ϕ (mm)	供气量 [m³/(h·个)]	服务面积 (m²/个)	充氧能力 (kgO_2/h)	氧利用率 (%)	理论动力效率 [kgO_2/(kW·h)]	阻力损失 ≤(Pa)	材质	主要生产厂商
BZ·PJ	215 260 300	1.5～3.0	0.35～0.8	≥0.13	≥20	≥4.5	3500	膜片：三元乙丙（EPDM）；底板、底座扣环：ABS	玉环县净水设备厂、浙江联池水务设备有限公司、宜兴泉溪环保有限公司
HD270	220	1～6			25～35	8	3000	三元乙丙(EPDM)	台州中昌水处理设备有限公司

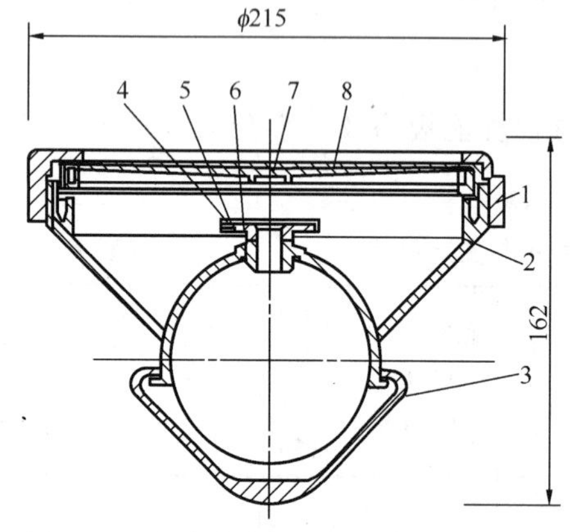

图 2-22　盘式橡胶膜微孔曝气器外形尺寸
1—压盖；2—曝气底座；3—卡座；4—止回膜架；5—止回膜片；6—密封圈；7—布气盘；8—曝气盘

2.4.3　单孔膜曝气器

1. 特性：单孔膜曝气器是应用于装载陶粒滤料等颗粒状填料的曝气生物滤池中的一种中微孔曝气器。

2. 性能规格及外形尺寸：单孔膜曝气器性能规格见表 2-15，其外形尺寸见图 2-23。

单孔膜曝气器性能规格　　表 2-15

规格 (mm)	配套管径 (mm)	上下管夹尺寸 (mm)	单孔直径 (mm)	供气量 [m³/(h·个)]	安装密度 (个/m²)	氧利用率 (%)	阻力损失 ≤(Pa)	材质	主要生产厂
*DN*20	25	38×46	1.0	0～0.45	36～49	25	2500	膜片：三元乙丙(EPDM)；夹片：ABS；配管：不锈钢、ABS	浙江联池水务设备有限公司
*DN*25	32	46×52	1.5	0～0.5	36～49	25	2500		
*DN*20	25	43×43	1.0	0.2～0.45	36～49	22	3000		台州中昌水处理设备有限公司

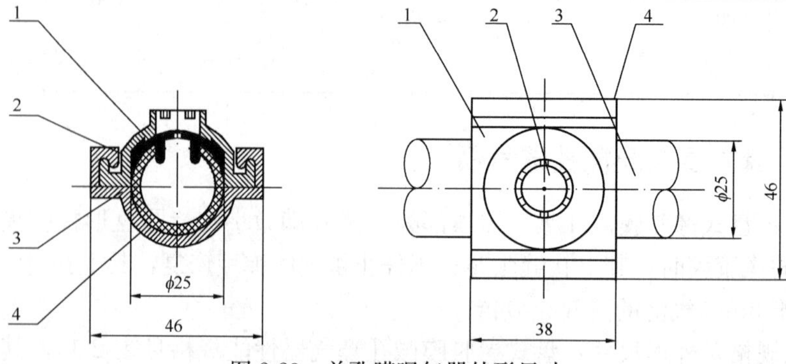

图 2-23　单孔膜曝气器外形尺寸
1—上夹片；2—橡胶膜片；3—曝气支管；4—下夹片

2.5 填　料

填料分有塔器用填料和佩格萨斯载体。

2.5.1 塔器用填料

1. 特性：除气塔、反应塔内塔器用填料按形状分有多面空心球、阶梯环填料、鲍尔环填料等。塔器用填料应用于海水淡化、纯水、废水处理中，具有气速高、叶片多、阻力小、全湿比表面积大、耐高温、耐腐蚀、表面亲水性能好、最小喷淋密度低等优点。

2. 性能规格及外形尺寸：塔器用填料性能规格及外形尺寸见表 2-16。

塔器用填料性能规格及外形尺寸　　表 2-16

填料名称	规格 ϕ (mm)	外形尺寸(mm)			比表面积 (m^2/m^3)	孔隙率 (m^3/m^3)	堆积系数 (个/m^3)	堆积质量 (kg/m^3)	主要生产厂商
		外径 ϕ	高度	厚度					
多面空心球	25	25			500	0.81	85000	210	巩义市丁东水处理滤料厂
	38	38			300	0.86	25000	100	
	50	50			220	0.9	11500	85	
阶梯环填料	16	16	8	1.2	327	0.884	322106	105	
	25	25	12.5	1.4	228	0.9	81500	97.8	
	38	38	38	1.4	132.5	0.91	27200	57.5	
	50	50	25	1.5	114.2	0.927	10704	54.8	
	76	76	38	2.8	76.7	0.93	3014	63	
鲍尔环填料	16	16	16	1.2	194	0.911	111840	141	
	25	25	25	1.2	155	0.87	53500	101	
	38	38	38	1.4	112	0.89	15800	98	
	50	50	50	1.5	73.2	0.901	6500	74.8	
	76	76	76	2.6	67	0.92	1972	72	

2.5.2 佩格萨斯载体

佩格萨斯载体性能见表 2-17。

佩格萨斯载体性能　　表 2-17

特　　性	工 艺 特 性	主要生产厂商
佩格萨斯载体是硝化菌等聚乙烯乙二醇等高分子材料包埋成型的，成品为边长 3mm 的立方体。载体在硝化菌容易繁殖的环境下驯化，硝化菌就会在载体表面内侧繁殖起来。佩格萨斯载体在生物曝气池中始终保持稳定的硝化菌量，以达到高效硝化的效果。 由于将活性的硝化菌包埋在佩格萨斯载体内部并使其繁殖，佩格萨斯载体与其他载体比较，有以下特点： 1. 容易驯化，受抑制硝化因素的影响较小； 2. 因包埋有稳定的硝化菌量，硝化能力强（硝化效率可达 95%～99%），投加量少； 3. 因投加量少，氧溶解效率下降小； 4. 一次投加，使用寿命长	投加佩格蓬斯载体，提高氨氮硝化效率，从而有利污水脱氮，在较短时间内完成污水处理对脱氮的更高要求： 1. 可在传统活性污泥法及 A/O，A^2/O 等工艺中直接投加，应用灵活； 2. 容积负荷高，停留时间短，占地少； 3. 与传统脱氮工艺相比，硝化菌与活性污泥共存易受水温、药剂、BOD 等影响的问题少，运行管理方便； 4. 硝化效率高，脱氮效果好； 5. 投加载体简单易行，很适宜原有污水处理厂的升级改造。无需扩建反应池即可使出水总氮达到一级 A 排放标准	日立环保技术(宜兴)有限公司

3 膜分离水处理设备

近年来膜分离技术在生活饮用水处理、直饮水深度处理、工业给水处理、工业废水处理及回用、城市污水处理及回用、海水淡化等水处理领域得到了广泛的应用。较为广泛应用的水处理膜技术包括反渗透（RO)、纳滤（NF)、超滤（UF)、微滤（MF)、膜生物反应器（MBR)、电除盐（ED、EDI)、扩散渗析（DD）等。与膜法水处理相关产品还有膜系统的各种预处理装置、反渗透专用压力容器和高压泵等。

3.1 反渗透（纳滤）膜组件与装置

利用反渗透和纳滤膜的分离特性，可以有效地去除水中的溶解性固体、胶体、有机物、细菌、微生物等杂质。具有应用范围广、能耗低、无污染、工艺先进、操作维护简便等优点。反渗透膜和纳滤膜之间没有严格的界限，一般认为反渗透对氯化钠的截留率一般大于 98%，最高可达 99.75%；纳滤对氯化钠的截留率一般小于 90%，对硫酸镁的截留率一般大于 50%。

3.1.1 反渗透膜组件

反渗透（纳滤）膜组件性能规格见表 3-1。

反渗透膜组件性能规格 表 3-1

<table>
<tr><th rowspan="3">类别</th><th rowspan="3">型号</th><th colspan="2">平均产水量</th><th rowspan="3">脱盐率（%）</th><th rowspan="3">运行压力</th><th rowspan="3">适用范围</th><th colspan="2" rowspan="2">有效膜面积</th><th colspan="4">测试条件</th><th rowspan="3">主要生产厂商</th></tr>
<tr><th rowspan="2">(m³/d)</th><th rowspan="2">GPD</th><th colspan="2">测试压力</th><th rowspan="2">测试液浓度 NaCl (mg/L)</th><th rowspan="2">回收率（%）</th></tr>
<tr><th>(m²)</th><th>(ft²)</th><th>(MPa)</th><th>(psi)</th></tr>
<tr><td rowspan="8">工业通用膜组件</td><td>LP21-8040</td><td>36.3</td><td>9600</td><td>99.5</td><td rowspan="3">低压</td><td rowspan="3">苦咸水或高浓度苦咸水</td><td>33.9</td><td>365</td><td rowspan="3">1.55</td><td rowspan="3">225</td><td rowspan="3">2000</td><td rowspan="3">15</td><td rowspan="8">北京时代沃顿科技有限公司</td></tr>
<tr><td>LP22-8040</td><td>39.7</td><td>10500</td><td>99.5</td><td>37.0</td><td>400</td></tr>
<tr><td>LP21-4040</td><td>9.1</td><td>2400</td><td>99.5</td><td>7.9</td><td>85</td></tr>
<tr><td>XLP11-4040</td><td>7.6</td><td>2000</td><td>98.0</td><td>极低压</td><td>对脱盐率要求不高的低含盐量水源的处理</td><td>7.9</td><td>85</td><td>0.69</td><td>100</td><td>500</td><td>15</td></tr>
<tr><td>ULP21-8040</td><td>41.6</td><td>11000</td><td>99.0</td><td rowspan="4">超低压</td><td rowspan="4">较低盐度进水</td><td>33.9</td><td>365</td><td rowspan="4">1.03</td><td rowspan="4">150</td><td rowspan="4">1500</td><td rowspan="4">15</td></tr>
<tr><td>ULP12-8040</td><td>49.9</td><td>13200</td><td>98.0</td><td>37.0</td><td>400</td></tr>
<tr><td>ULP22-8040</td><td>45.7</td><td>12100</td><td>99.0</td><td>37.0</td><td>400</td></tr>
<tr><td>ULP32-8040</td><td>39.7</td><td>10500</td><td>99.5</td><td>37.0</td><td>400</td></tr>
</table>

续表

类别	型号	平均产水量		脱盐率（%）	运行压力	适用范围	有效膜面积		测试条件				主要生产厂商
									测试压力		测试液浓度 NaCl (mg/L)	回收率（%）	
		(m^3/d)	GPD				(m^2)	(ft^2)	(MPa)	(psi)			
工业通用膜组件	ULP11-4040	10.6	2700	98.0	超低压	较低盐度进水	7.9	85	1.03	150	1500	15	北京时代沃顿科技有限公司
	ULP21-4040	9.1	2400	99.0			7.9	85	1.03	150	1500	8	
	ULP31-4040	7.2	1900	99.4			7.9	85					
	ULP11-4021	3.78	1000	98.0		商用纯水机、医院、实验室纯水装置	3.3	36					
	ULP21-4021	3.6	950	99.0			3.3	36					
	ULP31-4021	3.2	850	99.4			3.3	36					
	ULP21-2521	1.13	300	99.0			1.1	12				15	
	ULP21-2540	2.84	750	99.0			2.6	28					
海水淡化膜组件	SW21-8040	18.9	5000	99.7	高压	海水或亚海水	30.6	330	5.5	800	32800	8	
	SW22-8040	22.7	6000	99.7			35.2	380					
	SW21-4040	5.3	1400	99.5			7.4	80					
	SW11-2540	1.89	500	99.2		军舰、远洋船舶、实验室等小型海水淡化或高浓度苦咸水脱盐系统	2.6	28				4	
	SW11-4021	2.8	750	99.2			3.1	33					
	SW11-2521	0.76	200	99.2			1.1	12					
抗污染膜组件	FR11-8040	36.3	9600	99.5	低压	含少量污染物（有机物、胶体）的水源	33.9	365	1.55	225	2000	15	
	FR11-4040	8.3	2200	99.5			7.9	85					
抗氧化膜组件	HOR21-8040	33.9	9000	99.2	低压	进水含氧化性物质或高微生物污染的水源	33.9	365	1.55	225	2000	15	
	HOR21-4040	7.9	2200	99.2			7.9	85					
	HOR-2012	0.19	50	97.5			0.46	5.0	0.41	60	250	15	

3.1.2 反渗透装置

将反渗透膜与专用压力容器、管道、机架、仪表及自动控制有机地结合在一起组成的设备称为反渗透装置。常用的有 GRT、YHRO 系列反渗透装置。

3.1.2.1 GRT 系列反渗透装置

GRT 系列反渗透装置被广泛应用于锅炉给水、工业纯水、苦咸水海水淡化、饮用纯水、污水处理回用及特种分离等过程。

1. 进水水质要求：GRT 系列反渗透装置进水要求见表 3-2。

GRT 系列反渗透装置进水水质要求 表 3-2

项目	指标	项目	指标
浊度＜（NTU）	1	铁＜（mg/L）	0.1
SDI＜	5	锰＜（mg/L）	0.05
pH 值	4～11	游离余氯＜（mg/L）	0.1
水温（℃）	5～45	化学耗氧量 COD_{Cr}≤（mg/L）	10①

① 在 COD 大于 10mg/L 时需要超滤或微滤膜预处理。

2. 性能规格：GRT 系列反渗透装置性能规格见表 3-3。

GRT 系列反渗透装置性能规格 表 3-3

型号	标准产水量①（m^3/h）	脱盐率≥（%）	回收率（%）	主要生产厂商
一级反渗透装置				
GRT-RO-50	50	97	60～80	北京格兰特膜分离设备有限公司
GRT-RO-100	100			
GRT-RO-150	150			
GRT-RO-200	200			
GRT-RO-250	250			
GRT-RO-300	300			
GRT-RO-350	350			
GRT-RO-400	400			
GRT-RO-450	450			
GRT-RO-500	500			
二级反渗透装置				
GRT-DRO-50	50	97	85～95	北京格兰特膜分离设备有限公司
GRT-DRO-100	100			
GRT-DRO-150	150			
GRT-DRO-200	200			
GRT-DRO-250	250			
GRT-DRO-300	300			
GRT-DRO-350	350			
GRT-DRO-400	400			
GRT-DRO-450	450			
GRT-DRO-500	500			

① 在 25℃，0.1MPa 条件下过滤纯水时的产水量。

3.1.2.2 YHRO 系列反渗透装置

1. 进水水质标准：YHRO 系列反渗透装置进水水质标准见表 3-4。

YHRO 系列反渗透装置进水水质标准 **表 3-4**

项目	指标	项目	指标
浊度<（NTU）	1	铁<（mg/L）	0.1
SDI<	5	锰<（mg/L）	0.05
pH 值	4～11	化学耗氧量 COD_{Cr}<（mg/L）	1.5
游离余氯<（mg/L）	0.1		
水温（℃）	5～45	朗格利尔指数<（mg/L）	0.5

2. 性能与适用范围：YHRO 系列反渗透装置性能与适用范围见表 3-5。

YHRO 系列反渗透装置性能与适用范围 **表 3-5**

性能	适用范围	主要生产厂商
1. 多介质过滤器超滤、微滤、杀菌加药装置等预处理系统，保护反渗透膜不受损坏；2. 低压卷式复合反渗透膜，产水水质优良，运行成本低廉，使用寿命长；3. 高效率、品质优良的高压泵，减少能耗，降低运行噪声；4. 在线产品水、浓水流量计可随时监测产品水量及系统回收率；5. 水电导仪 pH 表可随时监测水质情况；6. 配置循环清洗系统，以备膜污染后清洗之用；7. 先进的膜保护系统，在设备关机时，淡化水可自动将膜表面污染物冲洗干净，延长膜寿命；8. 标准程序自动控制系统保证系统出水水质稳定，延长设备使用寿命；9. 整体化程度高，易于扩展、增加膜数量即可增加处理量	1. 发电厂、化工厂及大、中型工矿企业锅炉补给水；2. 太阳能光伏行业；3. 电子工业生产工艺用纯水；4. 太阳能光伏行业生产工艺用纯水；5. 制药、医院、实验室用高纯球；6. 食品工业用纯水；7. 苦咸水、海水淡化；8. 高氟地区饮用水；9. 汽车、家电产品用纯水	江苏一环集团有限公司

3.2 超滤（微滤）膜组件与装置

超滤（微滤）膜组件与装置是以超滤膜为过滤介质，膜两侧的压力差为驱动力的溶液分离装置，它广泛应用于食品加工、饮料工业、医药工业、生物制剂、印染废水、食品工业废水处理、资源回收、环境工程等。超滤和微滤之间没有严格的区分，一般认为超滤的过滤孔径为 0.002～0.1μm，而微滤的过滤孔径为 0.1～1.0μm。

3.2.1 超滤（微滤）膜组件

超滤（微滤）膜的结构型式可分为中空纤维式、板式、管式和卷式等。超滤（微滤）膜组件分有内压式膜组件、外压式膜组件、浸没式膜组件，其性能规格见表 3-6。

超滤（微滤）膜组件性能规格 **表 3-6**

类别	型号	膜面积（m^2）	产水量［L/（m^2·h）］	产水浊度<（NTU）	最大进水压力（MPa）	截留分子量或过滤孔径		膜材质	主要生产厂商
						（Dalton）	（μm）		
内压膜组件	SVU-1030-B	23	221～299（标准产水量①）	0.1	0.5	45000		PS	北京坎普尔环保技术有限公司
	SVU-1060-B	50							
	SVU-1080-B	68							

续表

类别	型号	膜面积（m^2）	产水量［$L/(m^2 \cdot h)$］	产水浊度<（NTU）	最大进水压力（MPa）	截留分子量或过滤孔径（Dalton）	截留分子量或过滤孔径（μm）	膜材质	主要生产厂商
内压膜组件	SVU-1030-C SVU-1060-C SVU-1080-C	19 40 54	221～299 （标准产水量①）	0.1	0.5	45000		PS	北京坎普尔环保技术有限公司
	SVU-1030-D SVU-1060-D SVU-1080-D	13 28 38							
	SVU-0420-B SVU-0430-B SVU-0440-B	2.5 3.9 5.4							
	SVU-0420-C SVU-0430-C SVU-0440-C	2.2 3.5 4.8							
	LH3-0650-V LH3-1060-V	10 40	60～160 （设计产水量②）	0.1	0.3	50000		PVC	海南立昇净水科技实业有限公司
外压膜组件	UOF4 MOF4B	36 36	176～194 194～222 （标准产水量①）	0.2	0.2		0.03 0.2	PVDF	天津膜天膜科技有限公司
	SVF-1030-A SVF-1060-A SVF-1080-A SVF-0420-A SVF-0430-A SVF-0440-A	36 75 100 3.5 5.5 7.6	277～302 （标准产水量①）	0.1	0.5		0.075	PVDF	北京坎普尔环保技术有限公司
浸没式膜组件	SVS-0660-C SVS-0680-C	40 55	21～80 （设计产水量②）	0.1	0.5		0.075	c-PVDF	
	LJ1E-1100-V160 LJ1E-1500-V160 LJ1E-2000-V160	18 25 35	10～70 （设计产水量②）	0.1	0.5	50000		PVC	海南立昇净水科技实业有限公司
	LJ1E-1100-F180 LJ1E-1500-F180 LJ1E-2000-F180	18 25 34	10～70 （设计产水量②）	0.1	0.5	150000		PVDF	

① 在25℃，0.1MPa条件下过滤纯水时的过滤通量；

② 设计产水量根据进水水质及设计条件而定。

3.2.2 超滤(微滤)装置

将超滤(微滤)膜与专用压力容器、管道、机架、仪表及自动控制有机地结合在一起组成的设备称为超滤(微滤)装置。常用的有 GRT-SVU、GRT-SVF、GRT-SVS、MT-CMF、YHMUF 系列超滤(微滤)装置。

3.2.2.1 GRT-SVU 系列超滤装置

GRT-SVU 系列超滤装置中超滤膜的过滤精度为 45000Dalton，可去除水中的几乎全部悬浮物和胶体，大大超越多介质的过滤效果。GRT-SVU 系列超滤装置性能规格见表 3-7。

GRT-SVU 系列超滤装置性能规格 表 3-7

型号	标准产水量①（m^3/h）	产水 < SDI_{15}	产水浊度 <（NTU）	回收率 ≥（%）	过滤精度（Dalton）	主要生产厂商
GRT-SVU-50	50	1	0.1	90	45000	北京格兰特膜分离设备有限公司
GRT-SVU-100	100					
GRT-SVU-150	150					
GRT-SVU-200	200					
GRT-SVU-250	250					
GRT-SVU-300	300					
GRT-SVU-350	350	1	0.1	90	45000	北京格兰特膜分离设备有限公司
GRT-SVU-400	400					
GRT-SVU-450	450					
GRT-SVU-500	500					

① 在 25℃，0.1MPa 条件下过滤纯水时的产水量。

3.2.2.2 GRT-SVF 系列超滤装置

GRT-SVF 系列超滤装置中超滤膜有较高的过滤通量，而且可接受较高的污染程度，因此是一种较有优势的膜结构型式。GRT-SVF 系列超滤装置性能规格见表 3-8。

GRT-SVF 系列超滤装置性能规格 表 3-8

型号	标准产水量①（m^3/h）	产水 SDI_{15} <	产水浊度<（NTU）	回收率 ≥（%）	过滤精度（μm）	主要生产厂商
GRT-SVF-50	50	2	0.1	90	0.075	北京格兰特膜分离设备有限公司
GRT-SVF-100	100					
GRT-SVF-150	150					
GRT-SVF-200	200					
GRT-SVF-250	250					
GRT-SVF-300	300					
GRT-SVF-350	350					
GRT-SVF-400	400					
GRT-SVF-450	450					
GRT-SVF-500	500					

① 在 25℃，0.1MPa 条件下过滤纯水时的产水量。

3.2.2.3 GRT-SVS 系列超滤装置

GRT-SVS 系列超滤装置由帘柱式超滤膜组件和独特的顶部集水、底部曝气及不锈钢管路系统构成。GRT-SVS 系列超滤装置中的膜组件适用于污染较严重、通量较低的膜过滤。GRT-SVS 系列超滤装置性能规格见表 3-9。

GRT-SVS 系列超滤装置性能规格　　表 3-9

型号	标准产水量① (m^3/h)	产水 SDI_{15} <	产水浊度 < (NTU)	回收率≥ (%)	过滤精度 (μm)	主要生产厂商
GRT-SVS-50	50	2	0.1	90	0.075	北京格兰特膜分离设备有限公司
GRT-SVS-100	100					
GRT-SVS-150	150					
GRT-SVS-200	200					
GRT-SVS-250	250					
GRT-SVS-300	300					
GRT-SVS-350	350					
GRT-SVS-400	400					
GRT-SVS-450	450					
GRT-SVS-500	500					

① 在 25℃，0.1MPa 条件下过滤纯水时的产水量。

3.2.2.4 MT-CMF 系列超滤(微滤)装置

MT-CMF 系列超滤(微滤)装置以中空纤维超滤(微滤)膜组件为中心处理单元，配以特殊设计的管路、阀门、自清洗单元、加药单元和自控单元等，形成一闭路连续操作系统，原水在一定压力下透过超滤(微滤)膜过滤，达到物理分离净化的目的。MT-CMF 系列超滤(微滤)装置性能规格见表 3-10。

MT-CMF 系列超滤(微滤)装置性能规格　　表 3-10

型号	标准产水量① (m^3/h)	产水 SDI_{15} <	产水浊度 < (NTU)	回收率 ≥ (%)	过滤精度 (μm)	主要生产厂商
MT-CMF50	100～120	3	0.1	96	0.03、0.2	天津膜天膜科技有限公司
MT-CMF50	200～240					

① 在 25℃，0.1MPa 条件下过滤纯水时的产水量。

3.2.2.5 YHMUF 系列超滤(微滤)装置

YHMUF 系列超滤(微滤)装置性能与适用范围见表 3-11。

YHMUF 系列超滤(微滤)装置性能与适用范围　　表 3-11

性　　能	适用范围	主要生产厂商
1. 胶体去除率＞99.0%，出水浊度＜0.1NTU，悬浮物去除率100%，出水SDI＜1；2. 系统运行压力小于0.2MPa，工作压力低，无相态变化，高效节能；3. 在常温下操作，最高温度小于45℃，适于对热敏性物质的分离；4. 具有良好的耐酸碱性，pH值2～11.5；5. 良好的耐氧化性，最大可耐受5000mg/L的Cl_2；6. 设备结构紧凑，占地面积小，运行稳定可靠	1. 反渗透给水的预处理；2. 大中型饮用水厂深度处理；3. 市政及工业废水处理；4. 循环排污水回用净化处理；5. 矿泉水的后处理，饮用水、井水的脱菌处理；6. 化工工艺的分离和回收，蛋白提取分离；7. 口服液、生物制品的除菌、澄清、纯化分离；8. 高纯水终端处理	江苏一环集团有限公司

3.3 膜生物反应器(MBR)

膜生物反应器(MBR)是高效膜分离技术与活性污泥法相结合的新型污水处理技术。其技术优势表现在：出水经过了膜过滤，水质变得更好；膜过滤将所有的微生物体截留在生物反应器中，使得生物反应器的效率大大提高，进而使一些难降解物得到降解，也使得污水处理占地面积减小。膜生物反应器(MBR)可用于市政污水和有机物含量较高的工业废水处理。

3.3.1 MBR 膜元件

对于平板膜来说，有一对膜片和支撑框架组成的膜单元称为膜元件。对于帘式中空纤维膜来说，由膜丝、支撑杆、集水装置组成的膜单元称为膜元件。常用的有 SINAP、PEIER、RF 系列 MBR 膜元件，其性能规格见表 3-12。

SINAP、PEIER、RF 系列 MBR 膜元件性能规格　　表 3-12

型　号	有效膜面积(m^2)	质量(kg)	膜孔径(μm)	膜材质	产水量[L/(片·d)]	悬浮物SS≤(mg/L)	出水浊度≤(NTU)	主要生产厂商
SINAP-150	1.50	5.5	0.1	PVDF	600～900	5.0	1.0	上海斯纳普膜分离科技有限公司
SINAP-80	0.80	3.2			320～480			
SINAP-25	0.25	0.8			100～150			
SINAP-10	0.10	0.4			40～60			
PEIER-25	0.25	0.6	0.1～0.3	PVDF+PET	100～135	5.0	1.0	江苏蓝天沛尔膜业有限公司
PEIER-100	1.0	1.21			400～550			
PEIER-150	1.5	1.56			600～825			
PEIER-175	1.75	1.7			600～825			
RF-Ⅰ	5.4	4.0	0.3	增强聚偏氟乙烯(PVDF)	97～151	5.0	1.0	北京碧水源科技股份有限公司
RF-Ⅱ	10.9	6.2			196～305			
RF-Ⅲ	27.6	14.4			497～772			

注：SINAP 系列膜元件产水量指进水为市政污水、抽吸压 10kPa、温度 25℃时膜的初始过滤通量；PEIER 系列膜元件产水量指进水为市政污水、抽吸压 10kPa、温度 10℃时膜的初始过滤通量。

3.3.2　MBR 膜组件

常用的有 SVM、SINAP、PEIER、RF 系列 MBR 膜组件。SVM 系列膜组件又称为 SVM 系列膜元件，结合了帘式膜填充度高、曝气均匀和柱式膜集成简单、更换方便的优点。SINAP、PEIER 系列平板膜，由膜元件、框架和曝气系统组合在一起称为膜组件。RF 系列膜组件又称为 RF 系列膜元件。其性能规格见表 3-13。

SVM、SINAP、PEIER、RF 系列 MBR 膜组件性能规格　　**表 3-13**

型　号	膜面积 (m^2)	产水量 [$L/(m^2 \cdot h)$]	产水浊度≤ (NTU)	悬浮物 SS≤ (mg/L)	过滤孔径 (μm)	膜材质	主要生产厂商
SVM-0660 SVM-0680	22 30	11～34（设计产水量①）	1.0	5	0.075	c-PVDF	北京坎普尔环保技术有限公司
SINAP150-160 SINAP150-150 SINAP150-100 SINAP80-100 SINAP80-60 SINAP80-50	240 225 150 80 48 40	17～25②	1.0	5	0.1	PVDF	上海斯纳普膜分离科技有限公司
PEIER25-N(N 分别为 10、20、50) PEIER100-100 PEIER150-100 PEIER150-150 PEIER175-100	2.5、5、12.5 100 150 225 175	14～23③	1.0	5	0.1～0.3	PVDF＋PET	江苏蓝天沛尔膜业有限公司
RF-Ⅰ RF-Ⅱ RF-Ⅲ	5.4 10.9 27.6	18～28	1.0	5	0.3	增强聚偏氟乙烯（PVDF）	北京碧水源科技股份有限公司

① 设计产水量根据进水水质及设计条件而定；
② 产水量指进水为市政污水、抽吸压 10kPa、温度 25℃时膜的初始过滤通量；
③ 产水量指进水为市政污水、抽吸压 10kPa、温度 10℃时膜的初始过滤通量。

3.3.3　MBR 装置

MBR 装置由膜组件、顶部集水、底部曝气和管路系统构成。具有对污染物去除效率高、脱氮效果好、出水水质稳定、剩余污泥产量低、设备紧凑、占地面积少、自动化程度高、操作简单等优点。主要应用领域包括：市政污水，小区、别墅生活污水，酒店废水，制药，洗涤废水，钢铁乳化油废水，景区厕所污水等的处理回用，医院废水无害化处理和垃圾渗滤液处理。常用的有 GRT-SVM、MOTIMO、MBRU 系列 MBR 装置，其性能规格见表 3-14。

GRT-SVM、MOTIMO、MBRU 系列 MBR 装置性能规格　　表 3-14

型　　号	产水量 (m^3/d)	产水 SDI_{15} <	产水浊度 < (NTU)	回收率 ≥ (%)	过滤精度 (μm)	主要生产厂商
GRT-SVM-200	200	3	1.0	90	0.075	北京格兰特膜分离设备有限公司
GRT-SVM-500	500					
GRT-SVM-1000	1000					
GRT-SVM-2000	2000					
GRT-SVM-5000	5000					
GRT-SVM-10000	10000					
GRT-SVM-20000	20000					
GRT-SVM-25000	25000					
GRT-SVM-30000	30000					
MOTIMO-MBR10	24～79	3	1.0	96	0.2	天津膜天膜科技有限公司
MOTIMO-MBR20	96～168					
MOTIMO-MBR30	144～240					
MOTIMO-MBR40	192～336					
MBRU2.5-R-Ⅲ-330-A	330	3	1.0	99	0.3	北京碧水源科技股份有限公司
MBRU2.5-R-Ⅲ-500-A	500					
MBRU2.5-R-Ⅲ-1000-A	1000					
MBRU2-R-Ⅱ-50-A	50					
MBRU2-R-Ⅱ-100-A	100					
MBRU2-R-Ⅱ-150-A	150					
MBRU2-R-Ⅱ-200-A	200					
MBRU2-R-Ⅰ-5-A	5					
MBRU2-R-Ⅰ-10-A	10					
MBRU2-R-Ⅰ-15-A	15					
MBRU2-R-Ⅰ-20-A	20					
MBRU2-R-Ⅰ-25-A	25					
MBRU2-R-Ⅰ-30-A	30					
MBRU2-R-Ⅰ-40-A	40					

3.4　电除盐 EDI 膜组件与装置

电除盐 EDI 技术是将电渗析与混床相结合的新技术，其特点是无需酸碱再生，出水连续稳定，操作简单，易实现全自动化控制等。

3.4.1　电除盐 EDI 膜组件

电除盐 EDI 膜组件常用的有 CPS 系列电除盐 EDI 膜组件，主要用于实验室超纯水，半导体及电子工业、生物及制药用纯净水，锅炉补给水深度脱盐，发电厂、石化及化工用纯水。

1. 性能规格：CPS 系列电除盐 EDI 膜组件运行结果取决于各种各样的运行条件，现只列出在较为典型的运行条件下，其性能规格见表 3-15。

CPS 系列电除盐 EDI 膜组件性能规格　　表 3-15

型　　号	外形尺寸 长度×宽度×高度(mm)	电压 (V)DC	电流 (A)DC	标准产水量① (m^3/h)	浓水流量 (m^3/h)	主要生产厂商
Canpure™-500S	616×266×231	10～30	0.5～6	0.4～0.7	0.08～0.13	北京坎普尔环保技术有限公司
Canpure™-1000S	616×266×259	12～50		0.9～1.2	0.13～0.18	
Canpure™-2000S	616×266×342	20～90		1.0～2.0	0.14～0.26	
Canpure™-3600S	616×266×454	30～150		2.0～3.5	0.24～0.41	

① 在 25℃，0.1MPa 条件下过滤纯水时的产水量。

2. 外形与安装尺寸：CPS系列电除盐EDI膜组件外形与安装尺寸见图3-1，组件的背后铝压紧板上设有两个固定螺孔，用于将EDI组件定位在机架上，但系统运输时应将组件单独包装运输。

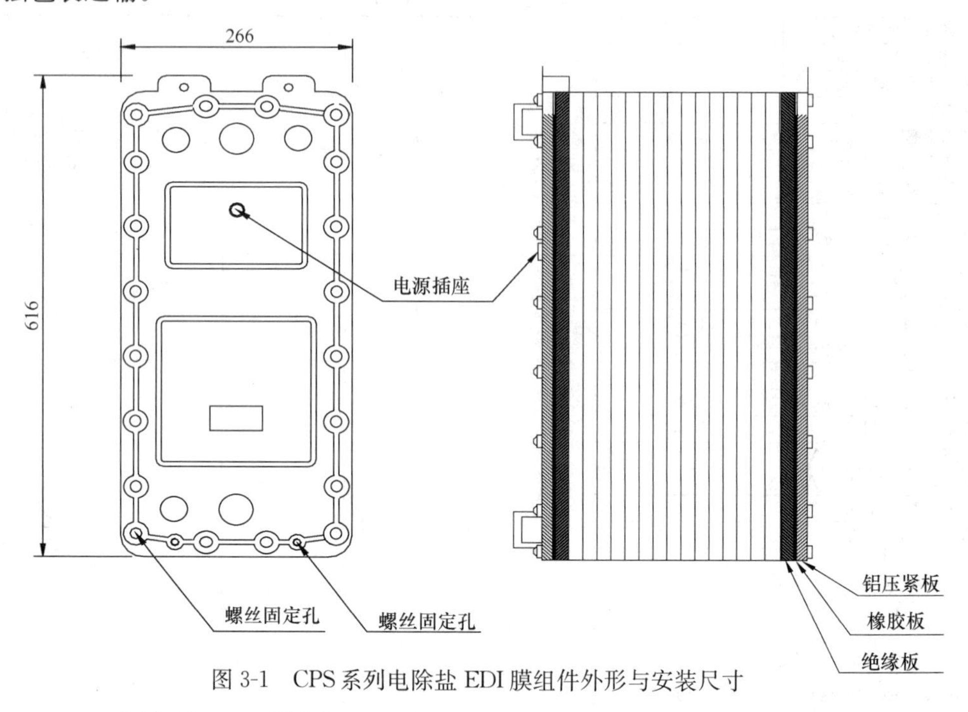

图3-1　CPS系列电除盐EDI膜组件外形与安装尺寸

3.4.2　电除盐EDI装置

将EDI组件、电源、控制系统、仪表结合在一起组成的设备称为电除盐EDI装置。电除盐EDI装置在对水质要求较高的行业中具有广泛的应用市场。在电子工业、科研实验室、检验分析行业常用EDI装置制取18MΩ·cm以上的超纯水，在精细化工、发电、电镀行业常用EDI装置制取15MΩ·cm以上的高纯水，在医院和制药行业常用EDI装置制取5MΩ·cm以上的纯化水，在食品饮料行业应用EDI装置制取0.5MΩ·cm以上的初纯水等。电除盐EDI装置常用的有GRT-EDI系列电除盐EDI装置，其性能规格见表3-16。

GRT-EDI系列电除盐EDI装置性能规格　　　　**表3-16**

型　　号	标准产水量① (m^3/h)	产水电阻率≥ (MΩ·cm)	回收率 (%)	主要生产厂商
GRT-EDI-50	50	10	90～95	北京格兰特膜分离设备有限公司
GRT-EDI-100	100			
GRT-EDI-150	150			
GRT-EDI-200	200			
GRT-EDI-250	250			
GRT-EDI-300	300			
GRT-EDI-350	350			
GRT-EDI-400	400			
GRT-EDI-450	450			
GRT-EDI-500	500			

① 在25℃，0.1MPa条件下过滤纯水时的产水量。

3.5 扩 散 渗 析 器

扩散渗析器采用的是渗析原理，是以浓差做推动力，主要用于酸与金属盐类混合液的分离、提纯。它操作简便、节省能源和资源、无二次污染，在化工分离，特别是废酸回收利用过程中发挥着重要的作用。常用的有 HKY-500 型扩散渗析器，其性能规格见表 3-17。

HKY-500 型扩散渗析器性能规格 **表 3-17**

型 号	膜尺寸 宽度×长度 (mm)	膜数量 (张)	质量 (kg)	日处理量 (t)	酸回收率 >(%)	金属离子 截留率> (%)	主要生产厂商
HKY-500	800×1600	400	3000	6	80	90	山东天维膜技术有限公司

3.6 高 压 泵

高压泵在膜分离水处理设备中是一个重要的组成部件，它主要应用于水处理超滤系统、反渗透系统、增压系统、高压冲洗系统中。常用的有 HP、VMHP 系列高压泵，其性能参数见表 3-18。

HP、VMHP 系列高压泵性能参数 **表 3-18**

<table>
<tr><th>型 号</th><th>额定流量
(m³/h)</th><th>额定扬程
(m)</th><th>流量范围
(m³/h)</th><th>配用功率
(kW)</th><th>主要生产厂商</th></tr>
<tr><td>HP32-17</td><td rowspan="13">32</td><td>240</td><td rowspan="13">16～40</td><td rowspan="3">37</td><td rowspan="18">杭州南方泵业股份有限公司</td></tr>
<tr><td>HP32-18</td><td>255</td></tr>
<tr><td>HP32-19</td><td>270</td></tr>
<tr><td>HP32-10×2</td><td>276</td><td>18.5×2①</td></tr>
<tr><td>HP32-11×2</td><td>305</td><td rowspan="2">22×2①</td></tr>
<tr><td>HP32-12×2</td><td>334</td></tr>
<tr><td>HP32-13×2</td><td>363</td><td rowspan="4">30×2①</td></tr>
<tr><td>HP32-14×2</td><td>392</td></tr>
<tr><td>HP32-15×2</td><td>422</td></tr>
<tr><td>HP32-16×2</td><td>452</td></tr>
<tr><td>HP32-17×2</td><td>482</td><td rowspan="3">37×2①</td></tr>
<tr><td>HP32-18×2</td><td>512</td></tr>
<tr><td>HP32-19×2</td><td>542</td></tr>
<tr><td>HP42-14</td><td rowspan="5">42</td><td>289</td><td rowspan="5">25～55</td><td rowspan="2">55</td></tr>
<tr><td>HP42-15</td><td>310</td></tr>
<tr><td>HP42-8×2</td><td>324</td><td>30×2①</td></tr>
<tr><td>HP42-9×2</td><td>366</td><td rowspan="2">37×2①</td></tr>
<tr><td>HP42-10×2</td><td>408</td></tr>
</table>

续表

型　号	额定流量 (m^3/h)	额定扬程 (m)	流量范围 (m^3/h)	配用功率 (kW)	主要生产厂商
HP42-11×2	42	450	25～55	45×2①	杭州南方泵业股份有限公司
HP42-12×2		494			
HP42-13×2		536		55×2①	
HP42-14×2		578			
HP42-15×2	42	620	25～55	55×2①	
VMHP20-18×2	20	626	5～22	30×2①	
VMHP42-15×2	42	620	20～45	52×2①	

① 表示泵台数。

4 滤料、活性炭、水处理药剂

4.1 滤　　料

滤料分有陶瓷滤料、石英砂滤料、无烟煤滤料、磁铁矿滤料、锰砂滤料、果壳滤料、卵石与砾石垫层滤料、纤维球滤料、沸石滤料、其他材质滤料、BW系列吸附置换净水滤料等。

4.1.1 陶瓷滤料

陶瓷滤料性能规格见表4-1。

陶瓷滤料性能规格 **表4-1**

名称	粒径(mm)	物理化学特性	主要用途	主要生产厂商
球型轻质多孔生物滤料	3～5、 4～6、 6～8、 8～10	堆积密度：0.7～1.0g/cm^3； 表观密度：1.4～1.8g/cm^3； 比表面积：>4×10^{4}cm^2/g； 破碎率：≤0.05%； 磨损率：≤3%； 盐酸可溶率：≤2%； 灼烧减量：≤0.1%； 粒内孔隙率：>30%； 堆积孔隙率：>42%； 筒压强度：>6MPa	适用于采用曝气生物滤池工艺的城镇污水处理、污水处理厂脱氮提标改造、污水深度处理、工业废水处理工程［详见中国工程建设协会标准《曝气生物滤池工程技术规程》(附条文说明)］CECS265	马鞍山市华骐环保科技发展有限公司
轻质陶粒滤料	0.5～1.0、 0.5～1.2、 0.8～1.8、 1.0～2.0、 2.0～4.0、 4.0～8.0	密度：2.4～2.6g/cm^3； 孔隙率：55%～65%； 磨损破碎率：<2%； 不均匀系数：K_{80}=1.84； 均匀系数：K_{60}=1.47	适用于城镇和工业水处理，也适用于冶金、石油、化工、纺织工业废水的生化(除油、除铁、除锰等处理)	巩义市丁东水处理滤料厂

4.1.2 石英砂滤料

石英砂滤料性能规格见表4-2。

石英砂滤料性能规格　　表 4-2

<table>
<tr><th rowspan="2">名　称</th><th rowspan="2">粒径
(mm)</th><th colspan="4">粒径级配</th><th rowspan="2">物理化学性能</th><th rowspan="2">主要用途</th><th rowspan="2">主要生产厂商</th></tr>
<tr><th>D_{10}
(mm)</th><th>D_{80}
(mm)</th><th>K_{80}
(D_{80}/D_{10})</th><th>K_{60}</th></tr>
<tr><td rowspan="4">均质滤料</td><td>符合国际标准</td><td>0.90~1.00</td><td>1.20~1.5</td><td>1.35~1.50</td><td>1.30~1.60</td><td rowspan="4">破碎率：＜0.3%；
磨损率：＜0.011%；
密度：＞2.65g/cm³；
含泥量：＜0.12%；
灼烧减量：＜0.30%；
盐酸可溶率：0.20%；
无可见泥土、云母和有机杂质；浸出液无有毒物质</td><td rowspan="4">用于V型滤池和特殊要求过滤工艺</td><td rowspan="5">福州诚中砂石有限公司</td></tr>
<tr><td>0.80~1.20</td><td>0.80~0.90</td><td>1.08~1.30</td><td>1.35~1.45</td><td>1.20~1.35</td></tr>
<tr><td>0.95~1.35</td><td>0.90~1.00</td><td>1.20~1.60</td><td>1.35~1.60</td><td>1.30~1.50</td></tr>
<tr><td>任意规格</td><td colspan="4">可按设计生产加工</td></tr>
<tr><td>普通滤料</td><td>0.5~1.2</td><td>0.6~0.7</td><td>1.08~1.26</td><td>≤1.8</td><td>≤1.6</td><td>破碎率：＜0.3%；
密度：＞2.65g/cm³；
含泥量：＜0.12%；
灼烧减量：＜0.30%；
盐酸可溶率：＜0.20%</td><td rowspan="3">用于常规工艺普通滤池</td></tr>
<tr><td>均粒滤料</td><td>0.8~1.0</td><td>—</td><td>—</td><td>—</td><td>—</td><td rowspan="2">SiO_2：＞98%；
密度：2.65g/cm³；
磨损率：＜0.5%；
灼烧减量：＜0.5%；
含泥量：＜0.2%；
轻物质含量：＜0.2%；
盐酸可溶率：＜1%</td><td rowspan="2">福建省晋江市榕霞水工业设备有限公司</td></tr>
<tr><td>均质滤料</td><td>0.95~1.35、0.8~1.2</td><td>—</td><td>—</td><td>—</td><td>—</td></tr>
<tr><td rowspan="4">常规滤料</td><td>0.5~1.0</td><td>—</td><td>—</td><td>1.38~1.6</td><td>—</td><td rowspan="12">SiO_2：＞98.8%；
密度：＞2.64g/cm³；
破碎率：0.78%；
磨损率：0.36%；
含泥量：0.22%；
轻物质含量：0.01%；
灼烧减量：0.3%；
盐酸可溶率：0.5%</td><td rowspan="4">适用于普通快滤池、重力无阀滤池、虹吸滤池的水处理过滤工艺</td><td rowspan="12">湖南省岳阳市洞庭滤料砂石有限公司</td></tr>
<tr><td>0.5~1.2</td><td>—</td><td>—</td><td>1.6~1.8</td><td>—</td></tr>
<tr><td>0.6~1.3</td><td>—</td><td>—</td><td>1.6~1.8</td><td>—</td></tr>
<tr><td>1~2</td><td>—</td><td>—</td><td>1.42~1.8</td><td>—</td></tr>
<tr><td rowspan="4">均质滤料</td><td>0.8~1.2</td><td>—</td><td>—</td><td>1.2~1.4</td><td>—</td><td rowspan="8">适用于采用V型滤池等对石油、冶金、铸造、热电、污水等水处理工艺</td></tr>
<tr><td>0.8~1.5</td><td>—</td><td>—</td><td>1.2~1.4</td><td>—</td></tr>
<tr><td>0.95~1.35</td><td>—</td><td>—</td><td>1.2~1.4</td><td>—</td></tr>
<tr><td>1.6~2</td><td>—</td><td>—</td><td>1.46</td><td>—</td></tr>
<tr><td rowspan="4">均粒滤料</td><td>0.4~0.8</td><td>—</td><td>—</td><td>1.1~1.2</td><td>—</td></tr>
<tr><td>0.71~1.18</td><td>—</td><td>—</td><td>1.1~1.25</td><td>—</td></tr>
<tr><td>1.0~1.8</td><td>—</td><td>—</td><td>1.1~1.2</td><td>—</td></tr>
<tr><td>0.7~2</td><td>—</td><td>—</td><td>—</td><td>—</td></tr>
</table>

续表

<table>
<tr><th rowspan="2">名 称</th><th rowspan="2">粒径（mm）</th><th colspan="4">粒径级配</th><th rowspan="2">物理化学性能</th><th rowspan="2">主要用途</th><th rowspan="2">主要生产厂商</th></tr>
<tr><th>D_{10}（mm）</th><th>D_{80}（mm）</th><th>K_{80}（D_{80}/D_{10}）</th><th>K_{60}</th></tr>
<tr><td>石英砂滤料</td><td>各种粒径与规格</td><td colspan="4" rowspan="3">按照设计要求与用户需求级配提供</td><td>SiO_2： ≥99%；
密度： 2.66g/cm^3；
堆密度： 1.75g/cm^3；
破碎率： <0.35%；
磨损率： <0.3%；
盐酸可溶率： 0.2%；
孔隙率： 45%</td><td rowspan="3">适用于采用V型滤池等对石油、冶金、铸造、热电、污水等水处理工艺</td><td>福建滨海石英砂有限公司、巩义市丁东水处理滤料厂</td></tr>
<tr><td rowspan="2">石英砂滤料</td><td rowspan="2">0.5～0.8、
0.5～1.2、
0.8～1.2、
1～2、
2～4、
4～8
0.5～1.0、
0.5～1.2、
0.6～1.0、
0.6～1.2、
0.8～1.0、
0.8～1.2、
0.95～1.35、
0.9～1.6
其他规格</td><td>SiO_2： 99%；
密度： 2.66g/cm^3；
堆密度： 1.75g/cm^3；
破碎率： 0.03%；
磨损率： 0.35%；
盐酸可溶率： 0.02%；
孔隙率： 43%</td><td>福建滨海石英砂有限公司</td></tr>
<tr><td>破碎率： 0.23%；
磨损率： 0.12%；
密度： 2.65g/cm^3；
含泥量： 0.09%；
灼烧减量： 0.23%；
盐酸可溶率： 0.17%；
SiO_2： 97.51%</td><td>厦门鲁滨砂业有限公司、北海市蓝泉石英砂滤料有限公司</td></tr>
</table>

4.1.3 无烟煤滤料

无烟煤滤料性能规格见表4-3。

无烟煤滤料性能规格 **表4-3**

<table>
<tr><th>粒径范围（mm）</th><th>物理化学特性</th><th>主要用途</th><th>主要生产厂商</th></tr>
<tr><td>0.8～1.6、
0.8～2.0、
1.0～1.5、
1.0～1.6、
1.0～2.0、
1.11～1.76、
1.2～1.6、
2.0～3.0、
2.5～3.0、
2.5～4.0</td><td>密度： 1.57g/cm^3；
堆密度： 0.947g/cm^3；
破碎率： ≤1%；
磨损率： ≤0.35%；
化学成分： C≥97%；
S≤0.05%；
盐酸可溶率： ≤0.98%；
不均匀系数： K_{80}≤2；
孔隙率： 53%；
含矸率： 6%～8%</td><td>用于饮用水处理和工业水处理</td><td>巩义市丁东水处理滤料厂</td></tr>
</table>

4.1.4 磁铁矿滤料

磁铁矿滤料性能规格见表 4-4。

磁铁矿滤料性能规格 表 4-4

粒径范围（mm）	粒径级配	物理化学特性	主要用途	主要生产厂商
0.25～0.3、 0.25～0.8、 0.5～0.9、 0.5～1.5、 1.2～2.0、 2.0～4.0、 6.0～8.0、 8.0～16.0	可按设计要求和用户需求生产	铁含量：Fe^{3+} 44.5%； Fe^{2+} 23.8%； Fe_2O_3 4.4%； 密度：4.6g/cm^3； 破损率：0.05%； 莫氏硬度：6 度； 孔隙率：47%	用于工业水处理和饮用水处理	巩义市丁东水处理滤料厂

4.1.5 锰砂滤料

锰砂滤料性能规格见表 4-5。

锰砂滤料性能规格 表 4-5

粒径（mm）	粒径级配	物理化学特性	主要生产厂商
同石英砂	同石英砂，可按设计和用户需求提供	MnO_2：30%～52%； 密度：3.4g/cm^3； 堆密度：1.85～2.5g/cm^3； 破碎率：≤1.0%； 磨损率：≤1.0%； 含泥量：≤2.5%	北海市蓝泉石英砂滤料有限公司、巩义市丁东水处理滤料厂

4.1.6 果壳滤料

果壳滤料性能规格表见 4-6。

果壳滤料性能规格 表 4-6

名　　称	粒径（mm）	物理化学特性	主要用途	主要生产厂商
果壳（核桃壳）滤料	0.5～0.8、 0.8～1.25、 1.2～1.6、 1.6～2 可根据设计和用户要求生产	密度：1.26g/cm^3； 堆密度：0.85g/cm^3； 滤速：20～25m/h； 除油率：90%～96%； 悬浮物去除率：95%～98%； 孔隙率：48%	适用于炼化企业的水处理，对含油污水处理效果显著	巩义市丁东水处理滤料厂

4.1.7 卵石与砾石垫层滤料

卵石与砾石垫层滤料性能规格见表4-7。

卵石与砾石垫层滤料性能规格　　表4-7

粒径（mm）	外观质量要求	物理化学特性	主要生产厂商
2～4、4～8、8～16、16～32	外观光滑呈球状，有纯色和杂色两种	密度：2.66g/cm^3；堆密度：1.85g/cm^3；盐酸可溶率：≤0.2%；SiO_2 含量：≥98%	福建省平潭县石英砂开采加工有限公司、北海市蓝泉石英砂滤料有限公司、巩义市丁东水处理滤料厂
2～4、4～8、8～16、16～25、25～32、32～64	呈圆形，无裂纹，天然河卵石，经人工洗选	堆密度：1.85t/m^3；SiO_2 含量：≥98%；盐酸可溶率：≤0.3%；抗压强度：103.4MPa	湖南省岳阳市洞庭滤料砂石有限公司、襄阳市奇翔净水滤料有限公司
2～4、4～8、8～16、16～32、32～64、也可根据设计与用户需求生产加工	天然、光滑、均匀、人工洗选	密度：2.66g/cm^3；盐酸可溶率：0.33%；含泥量：0.06%	厦门鲁滨砂业有限公司、福建滨海石英砂有限公司

4.1.8 纤维球滤料

纤维球滤料性能规格见表4-8。

纤维球滤料性能规格　　表4-8

名　称	粒径（mm）	物理化学特性	主要用途	主要生产厂商
纤维球滤料	15～25、25～30 也可根据设计与用户需求生产加工	密度：1.38g/cm^3；堆密度：70～85kg/cm^3；滤速：20～85m/h；比表面积：3000m^2/m^3；孔隙率：96%；载污量：6～10kg/m^3	适用于各种水质的深度处理和精细过滤	巩义市丁东水处理滤料厂
改性纤维球滤料	25、30、40、50、80	密度：1.38g/cm^3；堆密度：80～100g/cm^3；滤速：20～35m/h；比表面积：3000m^2/m^3；截污量：6～10kg/m^3；孔隙率：96%	广泛用于电厂过滤器、游泳池净水器、精密过滤器及纯水设备	

4.1.9 沸石滤料

沸石滤料性能规格见表 4-9。

沸石滤料性能规格 **表 4-9**

粒 径	外 观	物理化学特性	主要用途和使用条件	主要生产厂商
根据用户需要加工成不同范围	白色或灰墨色	钠离子交换能力：≥800g/cm³； 磨损率：≤1.0%； 水分：≤1.5%； 密度：1.2～1.4g/cm³	对氨氮等有机物有良好的去除作用，主要用于饮用水处理、锅炉水处理	巩义市丁东水处理滤料厂

4.1.10 其他材质滤料

其他材质性能规格见表 4-10。

其他材质滤料性能规格 **表 4-10**

名称	粒径（mm）	物理化学特性	主要用途	主要生产厂商
活性氧化铝	1～2、 2～4、 也可根据设计与用户需求生产加工	氧化铝含量：92%； 氧化钠含量：≤1.0%； 静态吸附容量：（RH=60）≥16.8%； 吸水率：≥50%； 孔容积：≥0.38%； 比表面积：≥300%； 容重：0.7～0.8g/cm³； 磨损率：≤0.6%	可用于饮用水及工业装置的除氟、脱砷、污水脱色、除臭等	巩义市丁东水处理滤料厂
新型高效瓷砂滤料	1～1.5、 1.5～2、 也可根据设计与用户需求生产加工	二氧化硅含量：60%～70%； 三氧化铝含量：24%～26%； 三氧化铁含量：≤0.1%； 稀土元素含量：1.2%； 抗压强度：230kg/cm³； 耐温度：−80～1200℃； 密度：2.4g/cm³； 耐酸碱度：98%； 莫氏硬度：>7 度	—	
焦炭滤料	1～2、 2～4、 也可根据设计与用户需求生产加工	含泥量：≤1%； 磨损率：≤0.26%； 破损率：≤0.54%	适用于生活用水和工业水处理装置中	
石榴石滤料	可根据设计与用户需求生产加工	密度：3.5～4.3g/cm³； 堆密度：2.5g/cm³； 石榴石含量：>85%； SiO_2：36.6%； Al_2O_3：20.29%； Fe_2O_3：29.8%； 孔隙率：47%	适用于生活饮用水处理	

4.1.11 BW系列吸附置换净水滤料

BW系列吸附置换净水滤料性能规格见表4-11。

BW系列吸附置换净水滤料性能规格 **表4-11**

型号	去除物质	能量（每1kg滤料一个周期去除总量，以mg计）	去除率（%）			最高滤速（m/h）	再生材料	再生液浓度（%）	再生时间（h）	滤料高度≥（m）	主要生产厂商
			Ⅰ级过滤	Ⅱ级过滤	Ⅲ级过滤						
BW-1	氰	1200	100	—	—	5～6	明矾	5	24	1.2	北京洁源净江水处理技术开发有限公司
BW-2	铁	5000	100	—	—	15～18	盐酸	3	10	1.2	
BW-3	锰	2000	100	—	—	15～18	氢氧化钠	2.5～4	10	1.2	
BW-4	总硬度	42000	100	—	—	6～8	大粒盐	8	10	1.2	
BW-5	氯化物	1000	60	84	96	6～8	碳酸钠	4	10	1.2	
	硝酸根	3000	80	90	100	10～15	氢氧化钠	2.5～4	10	1.2	
	碳酸根	6000	100	—	—	10	盐酸	3	10	1.2	
	碳酸氢根	6000	100	—	—	10	盐酸	3	10	1.2	
BW-6	六价铬等重金属离子	600～6000	60～90	80～95	90～98	6～15	—	2～5	10	1.2	
BW-7	砷	240	100	—	—	8	氢氧化钠	2.5～4	10	1.2	
BW-8	汞	320	100	—	—	8	氢氧化钠	2.5～4	10	1.2	
BW-9	铅	900	100	—	—	10	氢氧化钠	2.5～4	10	1.2	
BW-10	氨、氮	3000	99	—	—	8	大粒盐	8	10	1.2	
BW-11	游离氯	400	90	—	—	6～15	氢氧化钠	2.5～4	10	1.2	
BW-18	挥发酚	5000	90	98	—	6～15	氢氧化钠	2.5～4	10	1.2	
BW-20	铁锰综合	6000	100	100	—	12～15	氢氧化钠	2～4	10	1.2	

4.2 活 性 炭

活性炭分有颗粒状活性炭、柱状活性炭、粉状活性炭。

4.2.1 颗粒状活性炭

颗粒状活性炭性能规格见表4-12。

颗粒状活性炭性能规格　　表 4-12

型　号	规　　格	性　　能	主要用途和使用条件	包装方式	主要生产厂商
破碎活性炭	MP-8×20、8×30、12×40、20×50、30×60	碘值：　900～1050mg/g； 亚甲蓝值：120～180mg/g； 灼烧残渣：　≤5%； pH 值：　8～11	用于食品、制糖、药品、酿酒、味精等工业、生活用水的脱氯与深度净化处理	包装袋装	神华宁夏煤业集团有限责任公司太西炭基工业公司
椰壳活性炭	粒度(10～28 目)：≥90%； 耐磨强度：　≥90%； 干燥减重：　≤10%	碘值：　900～1000mg/g； 堆密度：0.35～0.45g/cm³； 灼烧残渣：　≤3.5%； pH 值：　5～7	适用于电力、化工等高级纯净水生产的理想材料		巩义市丁东水处理滤料厂

4.2.2　柱状活性炭

柱状活性炭性能规格见表 4-13。

柱状活性炭性能规格　　表 4-13

型　号	规　　格	性　　能	主要用途和使用条件	包装方式	主要生产厂商
载体炭	MP-8×20、8×30、12×40、20×50、30×60	碘值：　900～1050mg/g； 亚甲蓝值：　120～180mg/g； 灼烧残渣：　≤5%； pH 值：　8～11	饮用水净化或脱硫等	包装袋装	神华宁夏煤业集团有限责任公司太西炭基工业公司
煤质柱状炭	粒径：0.4～3mm； 长度：0.4～6mm； 强度：>80%～95%； 水分：≤3%	碘值：700～1300mg/g； 亚甲蓝值：100～150mg/g； 真密度：2～2.2g/cm³； 堆密度：0.35～0.55g/cm³； 比表面积：590～1500m²/g； 总孔容积：0.7～1cm³/g	主要用于饮用水、纯净水、制酒、饮料、工业污水的净化、脱色、脱氯、除臭；也可用于炼油行业的脱硫醇等		巩义市丁东水处理滤料厂

4.2.3　粉状活性炭

粉状活性炭性能规格见表 4-14。

粉状活性炭性能规格　　表 4-14

型　号	规　　格	性　　能	主要用途和使用条件	包装方式	主要生产厂商
粉末炭	MP-8×20、8×30、12×40、20×50、30×60	碘值：　～1050mg/g； 亚甲蓝值：　120～180mg/g； 灼烧残渣：　≤5%； pH 值：　8～11	用于食品、制糖、药品、酿酒、味精等工业和生活用水的脱氯与深度净化处理	塑料编织袋	神华宁夏煤业集团有限责任公司太西炭基工业公司
粉状炭	粒度通过 100 目≥90%	比表面积： 1000～1200m²/g； 碘值：　≥900mg/g； 吸附值：　≥10mL/g； pH 值：　5～7； 水分：　≤10%； 堆密度：　0.08～0.45g/cm³	用于制糖、制药、食品加工、脱色去味、水质深度净化等		巩义市丁东水处理滤料厂

4.3 水处理药剂

水处理药剂分有常用普通水处理药剂、常用无机高分子混凝剂。

4.3.1 常用普通水处理药剂

常用普通水处理药剂性能规格见表4-15。

常用普通水处理药剂性能规格 表4-15

名称	分子式	外观	主要质量控制指标	用途	包装方式	符合现行标准号	主要产地
工业用液氯	Cl_2	黄绿色液体	氯含量(按体积计)：≥99.5%	消毒剂	钢瓶装	GB 5138	北京、上海、天津、青岛、大连等地
漂白粉(高效漂白精)	$Ca(OCl)_2$	白色粉末	有效氯含量：≥60%	消毒剂	袋装、铁桶装	GB/T 10666	上海、北京等地
硫酸铝	$Al_2(SO_4)_3 \cdot xH_2O$	无色或白色六角形鳞片或针状结晶和粉末	Al_2O_3含量：≥15.6%；其他金属氧化物(以Fe_2O_3计)：≤1.0%；水不溶物：≤0.15%	混凝剂	50kg袋装	HG 2227	天津、上海等地
硫酸亚铁(绿矾)	$FeSO_4 \cdot 7H_2O$	淡蓝绿色结晶	$FeSO_4 \cdot 7H_2O$含量：95%～96%	混凝剂	70、80、125kg袋装	GB 10531	上海、天津、南京、北京等地
三氯化铁	$FeCl_3$或$FeCl_3 \cdot 6H_2O$	黄褐色晶体或结晶块	$FeCl_3$含量：37%～96%；$FeCl_2$含量：0.4%～4%；水不溶物：0.4%～4%	混凝剂	50kg桶装	GB/T 1621	上海、天津、重庆、株洲等地
硅酸钠	$Na_2O \cdot nSiO_2$	无色透明或淡黄色，青灰色黏稠液体，固体状态呈玻璃状	相对密度：35～52波美度(20℃)；水不溶物：≤0.2%～0.8%	助凝剂	液体：250kg桶装固体：80kg袋装	GB/T 4209	上海、天津、青岛、重庆、贵阳、兰州等地
高锰酸钾	$KMnO_4$	深紫色有金属光泽的粒状或针状结晶	$KMnO_4$含量：≥99.3%；水不溶物：≤0.2%	消毒剂	50kg铁桶装	GB/T 1608	北京、天津、重庆、广州、上海等地
次氯酸钠	NaClO	无色或淡黄色液体	有效氯含量：13%次氯酸钠≥13%；10%次氯酸钠≥10%	消毒剂	25kg坛装	HG/T 2498	北京、天津、上海、西安、哈尔滨等地

4.3.2 常用无机高分子絮凝剂

常用无机高分子絮凝剂性能规格见表 4-16。

常用无机高分子絮凝剂性能规格 **表 4-16**

<table>
<tr><th>名称</th><th>规格</th><th>外观</th><th>含量（%）</th><th>盐基度（%）</th><th>pH</th><th>水不溶物（%）</th><th colspan="5">其他成分含量（%）</th><th>主要用途和使用条件</th><th>主要生产厂商</th></tr>
<tr><td rowspan="5">聚合氯化铝</td><td rowspan="2">袋装一级</td><td rowspan="2">浅黄色固体</td><td rowspan="2">≥29～32（Al_2O_3）</td><td rowspan="2">50～85</td><td rowspan="2">3.5～5</td><td rowspan="2">≤0.5～1.5</td><td>Pb</td><td>As</td><td>Fe</td><td colspan="2">Hg</td><td rowspan="3">用于饮用水、工业用水和污水处理领域</td><td rowspan="5">巩义市丁东水处理滤料厂</td></tr>
<tr><td>≤0.0003</td><td>≤0.00005</td><td>≤0.00003</td><td colspan="2">≤0.00002</td></tr>
<tr><td>袋装二级</td><td>浅黄色固体</td><td>≥29～30（Al_2O_3）</td><td>60～85</td><td>3.5～5</td><td>≤1.5～3</td><td>≤0.0003</td><td>≤0.00005</td><td>≤0.00003</td><td colspan="2">≤0.00002</td></tr>
<tr><td rowspan="2">袋装一级</td><td rowspan="2">浅黄色颗粒或片状固体</td><td rowspan="2">≥29（Al_2O_3）</td><td rowspan="2">60～85</td><td rowspan="2">3.5～5</td><td rowspan="2">0.5～1.5</td><td>Pb</td><td>As</td><td>Hg</td><td>Mn</td><td>Cr</td><td rowspan="2">用于饮用水、工业废水、城市污水及含毒性重金属和含氟污水的处理</td></tr>
<tr><td>≤0.0005</td><td>≤0.0005</td><td>≤0.0001</td><td>≤0.0003</td><td>≤0.0003</td></tr>
<tr><td rowspan="4">聚合氯化铝</td><td>罐装</td><td>浅黄色液体</td><td>10.0～14.0（Al_2O_3）</td><td>40～90</td><td>3.5～5.0</td><td>≤0.1</td><td colspan="5" rowspan="2">符合《生活饮用水用聚氯化铝》GB 15892 的规定</td><td rowspan="2">主要用于低温、低浊低碱度原水净化和高有机污染等难处理的饮用水处理</td><td rowspan="5">深圳市中润水工业科技发展有限公司</td></tr>
<tr><td>袋装</td><td>浅黄色粉末</td><td>≥30.0（Al_2O_3）</td><td>75～90</td><td>3.5～5.0</td><td>≤0.1</td></tr>
<tr><td>罐装</td><td>无色透明液体</td><td>10.0～18.0（Al_2O_3）</td><td>35～55</td><td>3.5～5.0</td><td>0</td><td colspan="5" rowspan="2">符合《水处理剂　聚氯化铝》GB/T 22627 的规定</td><td rowspan="2">主要用于造纸施胶、食品行业、钻井勘探等行业的水处理</td></tr>
<tr><td>袋装</td><td>白色粉末</td><td>≥28.0（Al_2O_3）</td><td>35～55</td><td>3.5～5.0</td><td>0</td></tr>
<tr><td>复合聚合硫酸铁</td><td>固体袋装液体罐装</td><td>淡黄色无定形粉状固体或棕红色液体</td><td>≥9～11（铁含量）</td><td>8～12</td><td>2.0～3.0</td><td>≤0.2</td><td colspan="5">符合《水处理剂　聚合硫酸铁》GB 14591 的规定</td><td>特别适用于冶金、化工、造纸、电力等水处理和浊度大、污染严重的原水净化处理</td></tr>
</table>

5 加药与消毒设备

加药消毒设备常用有溶药及加药设备、加氯消毒设备、紫外线消毒设备、臭氧消毒设备等。

5.1 溶药及加药设备

溶药及加药设备常用有一体式溶药制备及投加设备、连续溶药制备投加设备、加药计量泵、粉料储存投加设备、絮凝（混凝）剂投加专用检测控制仪表等。

5.1.1 一体式溶药制备及投加设备

一体式溶药制备及投加设备常用有FP-DOS型一体式溶药制备投加装置和JY型加药装置。

5.1.1.1 FP-DOS型一体式溶药制备投加装置

1. 特性：FP-DOS型一体式溶药制备投加装置溶药罐材质为PE、最高液体温度60℃。当原料为固体粉料时，可选择搅拌机对粉料进行溶解搅拌制成溶液。溶药罐可选择安装高、低液位开关，当向溶药罐输液或计量泵投加时，可精确控制溶药罐的液位。

2. 适用范围：FP-DOS型一体式溶药制备投加装置适用于中小型给水排水过程及其他水处理过程的各种化学药品的溶液制备及定量投加。

3. 组成：FP-DOS型一体式溶药制备投加装置由溶药罐、计量泵、搅拌机（选项）、液位开关（选项）、吸液底阀、进水口（选项）、投料口、排污口、安装固定件及控制箱（选项）组成。

4. 性能规格：FP-DOS型一体式溶药制备投加装置性能规格见表5-1。

FP-DOS型一体式溶药制备投加装置性能规格 表5-1

型号	容积(L)	搅拌机①			计量泵投加量范围	主要生产厂商
		电压(V)	功率(W)	转速(r/min)		
FP-DOS 0040	40	220	10	1250	1. LMI电磁计量泵： 流量：0.79～95L/h； 压力：0.21～1.7MPa； 2. G系列机械隔膜计量泵： 流量：2.25～1183L/h； 压力：0.35～1.2MPa； 根据投加量要求在上述范围内可选	上海费波自控技术有限公司
FP-DOS 0120	120	220	25	1250		
FP-DOS 0200	200	220	40	1300		
FP-DOS 0500	500	220	90	1300		
FP-DOS 1000	1000	380	250	1420		
FP-DOS 2000	2000	380	370	1420		
FP-DOS 3000	3000	380	750	1420		

① 对密度或黏度较大的药液制备，可选择低速搅拌机。

5. 外形尺寸：FP-DOS型一体式溶药制备投加装置外形尺寸见表5-2、图5-1。

FP-DOS型一体式溶药制备投加装置外形尺寸　　表5-2

型　号	外形尺寸（mm）			
	D	H	H_1	加药口直径
FP-DOS 0040	360	425	根据所选计量泵不同确定其高度	70
FP-DOS 0120	510	740		70
FP-DOS 0200	580	930		130
FP-DOS 0500	800	1115		130
FP-DOS 1000	1000	1420		130
FP-DOS 2000	1308	1645		400
FP-DOS 3000	1585	1910		400

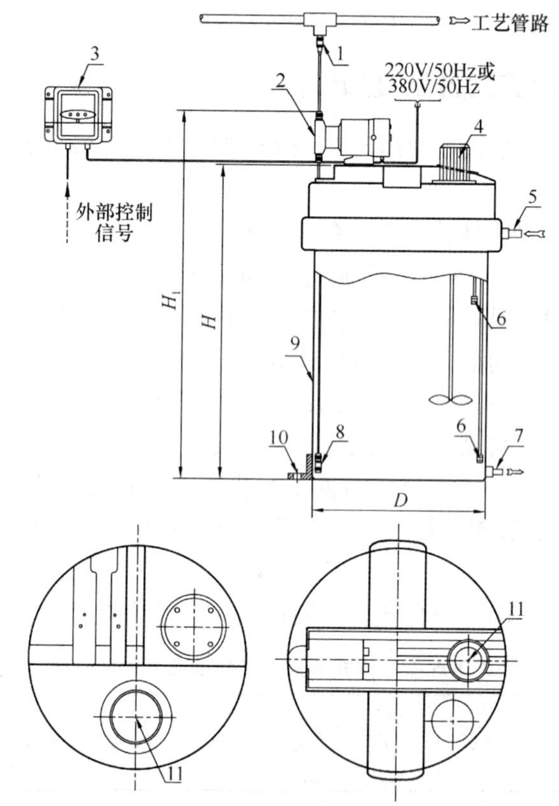

图5-1　FP-DOS型一体式溶药制备投加装置外形尺寸

1—注射阀；2—计量泵；3—控制箱；4—搅拌机；5—进水口；6—高、低液位开关（选项）；7—排污口；8—底阀；9—药桶；10—固定件；11—加药口

5.1.1.2　JY型加药装置

1. 型号意义说明：

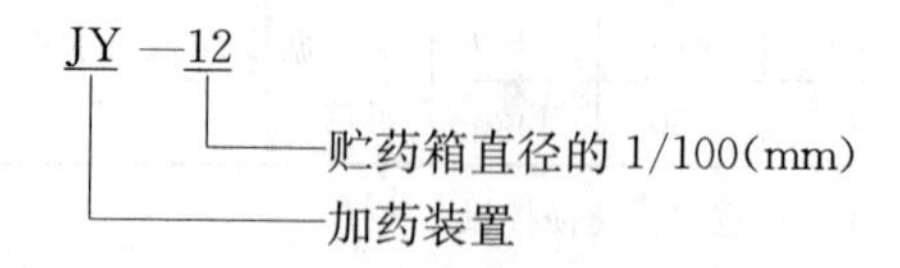

2. 适用范围：JY型加药装置适用于给水排水处理过程中，对各类固体颗粒、液体及胶体，进行溶解、稀释及按比例定量投加。

3. 组成：JY型加药装置主要由搅拌机、溶液罐、二级过滤装置、配比浓度药液贮存罐、计量泵及电控柜、机座架等部件组成。

4. 性能规格及外形尺寸：JY型加药装置性能规格及外形尺寸见表5-3、图5-2。

JY型加药装置性能规格及外形尺寸 **表5-3**

型号	溶药罐有效容积（m^3）	贮药罐有效容积（m^3）	配套电机总功率（kW）	设备运行质量（kg）	搅拌机				计量泵				外形尺寸长度×宽度×高度（mm）	主要生产厂商
					型号	转速（r/min）	功率（kW）	叶片入水深度（mm）	类型	流量（L/h）	功率（W）	工作压力（kPa）		
JY-12	0.4	1.0	1.1～1.87	3800	JB-76可搬式	300	0.37	700～850	隔膜式或柱塞式	根据设计	根据设计	根据设计	1910×1210×2580	江苏一环集团有限公司

注：表中数据为JY-12型加药装置，可根据用户实际情况提供其他规格产品。

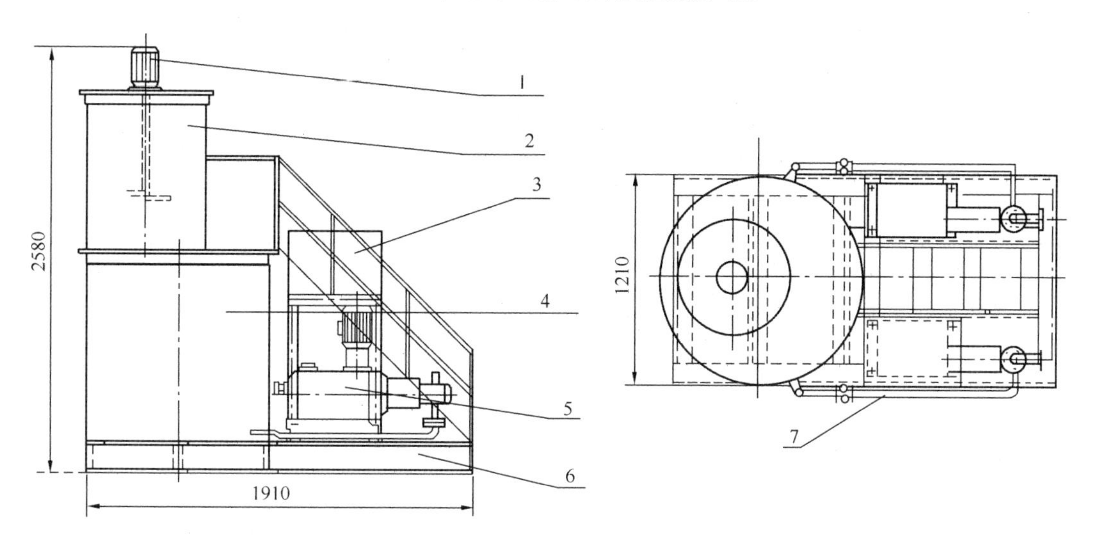

图5-2 JY型加药装置外形尺寸

1—可搬式搅拌机；2—溶液罐；3—电控柜；4—配比浓度贮存罐；
5—耐蚀计量泵；6—机座架；7—过滤装置

5.1.2 连续溶药制备及投加设备

连续溶药制备及投加设备常用有JY型溶液自动制备装置和9T-LD型全自动连续加药装置。

5.1.2.1 JY型溶液自动制备装置

1. 适用范围：JY型溶液自动制备装置适用于给水排水处理、废水处理、污泥脱水，原则上适用于任何一种粉状原药剂的药剂溶液连续配制；其典型应用是PAM溶液、PAC

溶液、石灰水溶液等连续制备。同时，该溶药应装置满足《水处理用加药装置》HJ/T 369—2007 环境保护产品技术要求。

2. 组成：JY 型溶液自动制备装置，主要由粉料投加机、溶液箱、电控箱、进水组合及液位开关等组成。

3. 性能规格：JY 型溶液自动制备装置性能规格见表 5-4。

JY 型溶液自动制备装置性能规格　　**表 5-4**

型　号	溶液连续制备能力(L/h) 熟化时间		粉料投加量(kg/h)	进水流量(m^3/h)	溶液箱		功率<(kW)	主要生产厂商
	30min	60min			容积(L)	箱体材料		
JY1000S	1000	500	1～4	0.5～1.5	1250	304SS	1.1	重庆永泰水处理系统工程有限公司
JY1500S	1500	750	3～10	0.6～2.0	1700	304SS		
JY2500S	2500	1250	6～20	1.0～4.0	2700	304SS		
JY4000S	4000	2000	6～20	1.5～6.5	4250	304SS		
JY1000S	1000	500	1～4	0.5～1.5	1250	PVC		
JY1500S	1500	750	3～10	0.6～2.0	1700	PVC		
JY2500S	2500	1250	6～20	1.0～4.0	2700	PVC		
JY4000S	4000	2000	6～20	1.5～6.5	4250	PVC		
JY6500S	6500	3250	6～20	2.6～10.0	6720	PVC		

注：表中粉料投加量以堆积密度为 0.7 的粉料换算获得；不同粉料的堆积密度会导致投加量变化，实际使用时须重新标定。实际投加量＝表中投加量×实际堆积密度/0.7。

4. 外形尺寸：JY 型溶液自动制备装置外形尺寸见表 5-5、图 5-3。

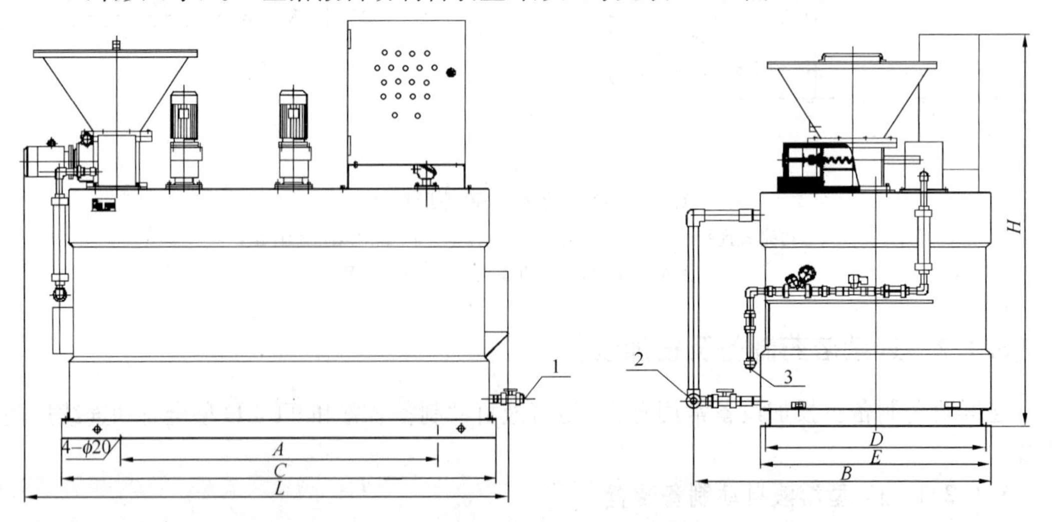

图 5-3　JY 型溶液自动制备装置外形尺寸

1—出药口；2—排污口；3—进水口

JY 型溶液自动制备装置外形尺寸 **表 5-5**

型 号	外形尺寸（mm）							接口管径 ϕ（mm）			质量（kg）
	A	*B*	*C*	*D*	*E*	*H*	*L*	进水	出药	排污	
JY1000S	1360	1175	1260	860	900	1560	2080	25	25	50	370
JY1500S	1360	1235	1860	920	960	1740	2080	25	25	50	410
JY2500S	1560	1435	2060	1120	1160	1950	2280	32	32	50	500
JY4000S	2560	1500	3060	1160	1200	1970	3280	50	40	50	620
JY6500S	3000	1750	3500	1410	1450	2270	3750	50	40	63	750

5.1.2.2 9T-LD 型全自动连续加药装置

1. 适用范围：9T-LD 型全自动连续加药装置适用于水厂、污水处理厂、化工厂等行业药剂投加工序的颗粒直径＜0.2mm 的水溶性药剂（混凝剂与酸、碱、消毒剂等）的投加。

2. 组成：9T-LD 型全自动连续加药装置主要由磁力泵、流量计、变频器、控制器等元器件组成，为一体化柜式安装。

3. 性能规格及外形尺寸：9T-LD 型全自动连续加药装置性能规格及外形尺寸见表 5-6、图 5-4。

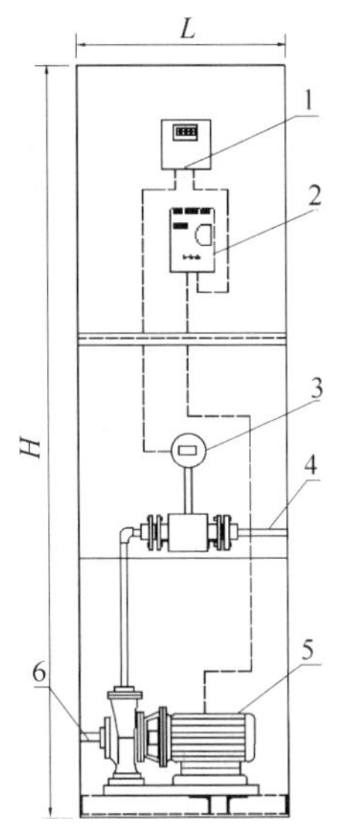

图 5-4 9T-LD 型全自动连续加药装置外形尺寸
1—控制器；2—变频器；3—流量计；4—出口；5—磁力泵；6—进口

9T-LD 型全自动连续加药装置性能规格及外形尺寸 **表 5-6**

型号	最大投加量（L/h）	外形尺寸 宽度 *L*×深度×高度 *H*（mm）	接口管径 *DN*（mm）		扬程（m）	流体介质要求		工作电源		设备总功率（kW）	主要生产厂商
			进口	出口		温度（℃）	粒径＜（mm）	电压（V）	频率（Hz）		
9T-LD-500	500	400×250×1400	25	15	8					0.2	
9T-LD-1000	1000	400×250×1400	25	15	8					0.3	
9T-LD-1500	1500	400×250×1400	25	20	8					0.3	
9T-LD-2000	2000	400×250×1400	25	20	20	−7～52	0.2	220	50	0.45	珠海九通水务有限公司
9T-LD-3000	3000	500×350×1400	25	25	20					0.45	
9T-LD-4000	4000	500×350×1400	25	25	23					0.75	
9T-LD-5000	5000	500×350×1400	25	25	23					0.75	

5.1.3 加药计量泵

1. 适用范围：加药计量泵适用于给水排水过程及其他水处理过程各种液体化学品的定量投加。

2. 组成：典型的计量泵加药系统由药液过滤器、校正柱、计量泵、脉动阻尼器、泄压阀、背压阀等基本部件组成。加药计量泵典型配置见图 5-5。

3. 分类：加药计量泵常用有电机驱动机械隔膜计量泵、电机驱动液压隔膜计量泵等。

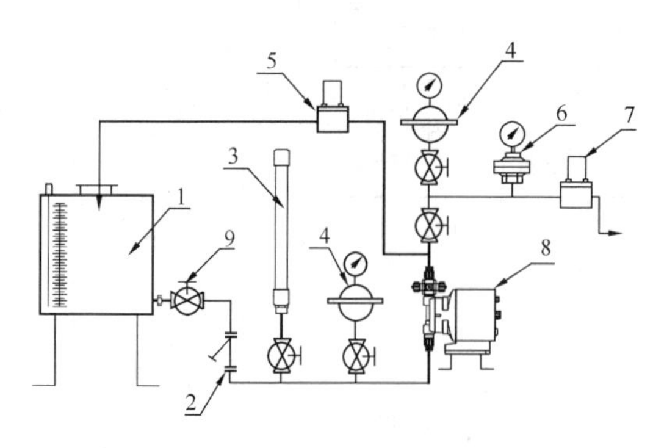

图 5-5　加药计量泵典型系统配置

1—溶液箱；2—过滤器；3—计量泵校正柱；4—脉动阻尼器；5—泄压阀；6—压力表；7—背压阀；8—计量泵；9—截止阀

5.1.3.1　电机驱动机械隔膜计量泵

1. 组成：电机驱动机械隔膜计量泵由电机、过流泵头及隔膜、进出口单向阀、冲程调节机构、变速箱体等组成。

2. 型式：电机驱动机械隔膜计量泵分有 G、A、B、BS、BSS 系列电机驱动机械隔膜计量泵。

（1）G 系列电机驱动机械隔膜计量泵：

1）特性：G 系列电机驱动机械隔膜计量泵过流介质温度范围对金属泵头为 −10～50℃、塑料泵头为 10～50℃；最大吸程 3mH_2O、最大入口压力 0.1MPa、稳态精度为额定流量的±2%；冲程可在 10%～100%范围调节，隔膜材质 PTFE 具有极好的耐腐蚀性，泵头材质可选 PVC、PVDF、PP、316SS 等，以适应不同化学介质的腐蚀性。为适应不同的化学品性能及应用环境，泵头结构可提供双隔膜带破裂检测型、高黏度介质型、浆料介质型、次氯酸钠专用型等多种选择；根据自动化控制要求除手动控制功能外，可提供接受外部 4～20mA 控制信号的电动冲程调节及（或）变频调节控制流量输出。

2）性能规格：G 系列 GB、GM 型电机驱动机械隔膜计量泵性能规格见表 5-7。

G 系列 GB、GM 型电机驱动机械隔膜计量泵性能规格　　表 5-7

<table>
<tr><th>型　号</th><th>流量①
(L/h)</th><th>出口压力
(MPa)</th><th>电机功率
(kW)</th><th>主要生
产厂商</th><th>型　号</th><th>流量①
(L/h)</th><th>出口压力
(MPa)</th><th>电机功率
(kW)</th><th>主要生
产厂商</th></tr>
<tr><td>GM0002</td><td>2.25</td><td rowspan="4">1.2</td><td rowspan="9">0.25</td><td rowspan="12">汉胜工业设备（上海）有限公司</td><td>GB0080</td><td>82</td><td rowspan="5">1.0</td><td rowspan="9">0.55
0.75②</td><td rowspan="12">汉胜工业设备（上海）有限公司</td></tr>
<tr><td>GM0005</td><td>4.5</td><td>GB0180</td><td>167</td></tr>
<tr><td>GM0010</td><td>9</td><td>GB0250</td><td>237</td></tr>
<tr><td>GM0025</td><td>25</td><td>GB0350</td><td>334</td></tr>
<tr><td>GM0050</td><td>50</td><td>1.0</td><td>GB0450</td><td>416</td></tr>
<tr><td>GM0090</td><td>85</td><td rowspan="4">0.7</td><td>GB0500</td><td>464</td><td rowspan="2">0.7</td></tr>
<tr><td>GM0120</td><td>115</td><td>GB0600</td><td>583</td></tr>
<tr><td>GM0170</td><td>170</td><td>GB0700</td><td>656</td><td rowspan="3">0.35</td></tr>
<tr><td>GM0240</td><td>235</td><td>GB1000</td><td>946</td></tr>
<tr><td>GM0330</td><td>315</td><td rowspan="3">0.5</td><td rowspan="3">0.25
0.37②</td><td>GB1200</td><td>1200</td><td rowspan="3">0.75</td></tr>
<tr><td>GM0400</td><td>400</td><td>GB1500</td><td>1500</td><td rowspan="2">0.3</td></tr>
<tr><td>GM0500</td><td>500</td><td>GB1800</td><td>1800</td></tr>
</table>

① 为在出口压力最大时的流量；

② 推荐在变频应用时。

3）外形尺寸：G 系列 GB 型电机驱动机械隔膜计量泵外形尺寸见表 5-8、图 5-6；G 系列 GM 型电机驱动机械隔膜计量泵外形尺寸见表 5-9、图 5-7。

G 系列 GB 型电机驱动机械隔膜计量泵外形尺寸 表 5-8

型号	泵头结构	进液及出液口管径				外形尺寸（mm）				
		N_1		N_2		A_1	A_2	B	C	D
		NPT	mm	NPT	mm					
GB0080～GB0450	塑料	1/2″F	15	1/2″F	15	125	125	2	63	333
	高黏度	1/2″F	—	1/2″F	—	125	154	2	63	333
	金属	1/2″F	—	1/2″F	—	130	130	8	63	333
GB0500～GB0600	塑料	1″F	25	1″F	25	144	144	21	72	351
	高黏度	1″F	—	1″F	—	144	185	21	72	351
	金属	1″M	—	1″M	—	181	181	58	76	360
GB0700～GB1200	塑料	1-1/2″F	—	1″F	—	188	182	65	94	370
	高黏度	1-1/2″F	—	1″F	—	188	223	65	94	370
	金属	1-1/2″M	—	1″M	—	200	188	77	98	383
GB1500	塑料	1-1/2″F	—	1-1/2″F	—	188	188	65	94	370
	高黏度	1-1/2″F	—	1-1/2″F	—	188	232	65	94	370
	金属	1-1/2″M	—	1-1/2″M	—	200	200	77	98	383
GB1800	塑料	1-1/2″F	—	1-1/2″F	—	211	211	88	94	370
	金属	1-1/2″M	—	1-1/2″M	—	205	205	82	98	383

注：表中 NPT 为美制管螺纹标准，F 为内螺纹，M 为外螺纹。

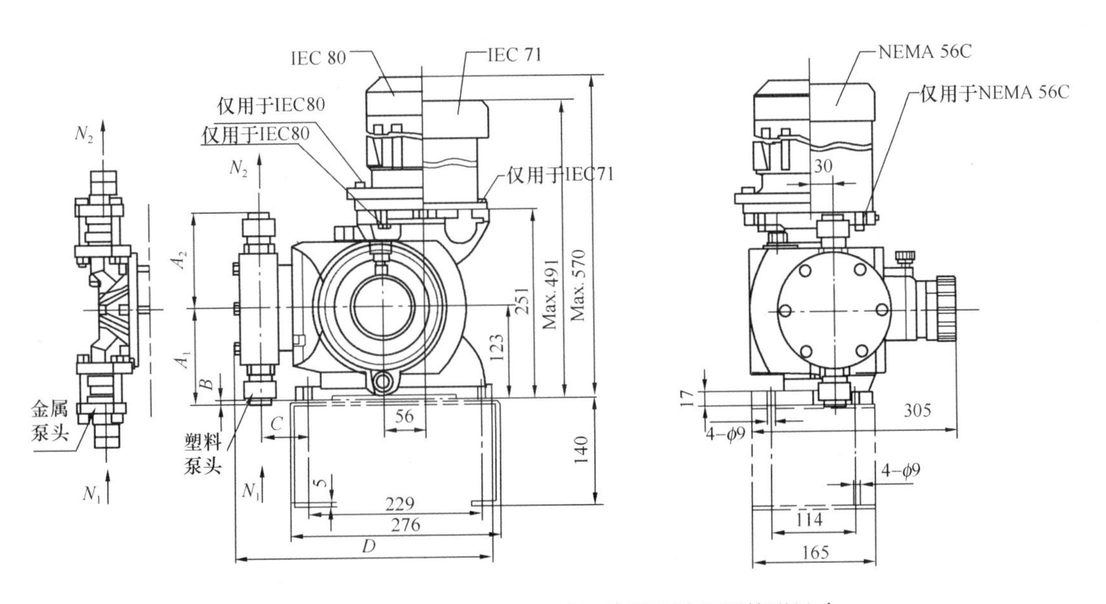

图 5-6 G 系列 GB 型电机驱动机械隔膜计量泵外形尺寸

G 系列 GM 型电机驱动机械隔膜计量泵外形尺寸　　表 5-9

型　号	泵头结构	进液及出液口管径				外形尺寸（mm）				
		N_1		N_2		A_1	A_2	B	C	D
		NPT	mm	NPT	mm					
GM0002～GM0010	塑料		6×12		6×12	108	108	9.5	104	250
		1/4″M		1/4″M		72	72	−26.5	104	250
	高黏度		15×23		9×12	84	105	−14.5	104	250
	金属	1/2″F		1/2″F		102	102	3.5	104	250
GM0025～GM0050	塑料		6×12		6×12	108	108	9.5	104	250
		1/4″M		1/4″M		72	72	−26.5	104	250
	高黏度		15×23		9×12	86	108	−12.5	104	250
	金属	1/2″F		1/2″F		102	102	3.5	104	250
GM0090～GM0500	塑料	1/2″F		1/2″F		127	127	28.5	148	320
			15		15	127	127	28.5	148	320
	高黏度		15		15	127	154	28.5	148	320
	金属	1/2″F		1/2″F		131	131	32.5	148	315

注：表中 NPT 为美制管螺纹标准，F 为内螺纹，M 为外螺纹。

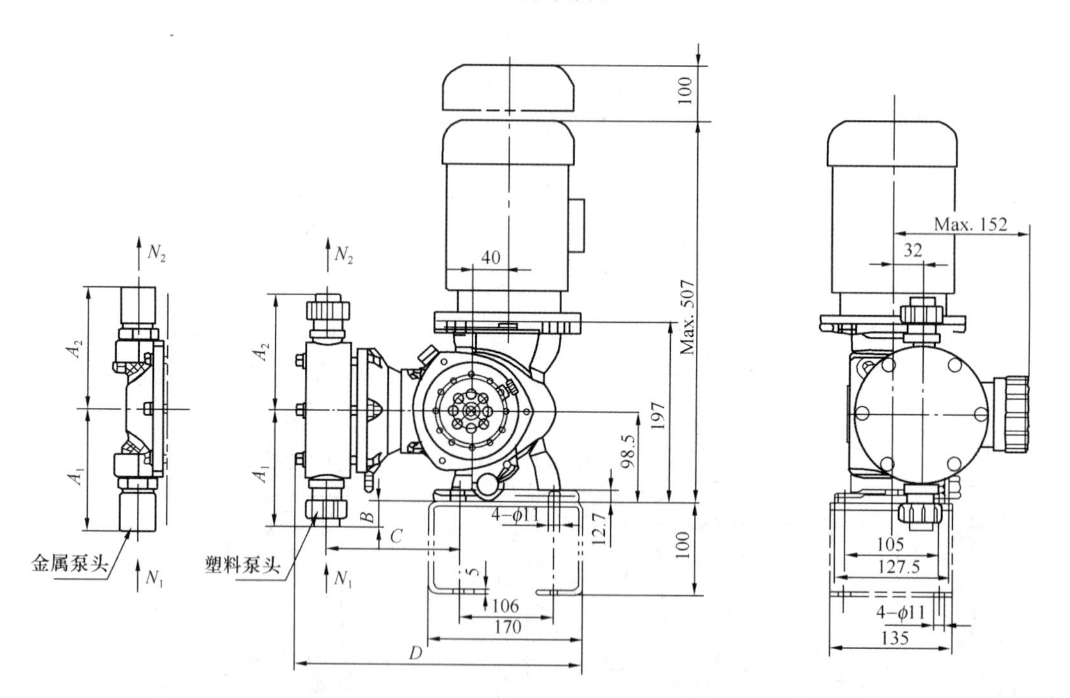

图 5-7　G 系列 GM 型电机驱动机械隔膜计量泵外形尺寸

（2）A、B、BS、BSS 系列电机驱动机械隔膜计量泵：

1）特性：A 系列为固定偏心凸轮驱动，行程调节是按回程位置的变化而设定，可在 0%～100%范围内任意无级调节；B 系列为可调偏心套驱动，行程由调节偏心距决定，在 0%～100%范围内、任意无级调节；BS 型泵其结构同 B 型泵，为双头泵，同一动力箱带动前后两个泵头，其输出流量加倍或同时投加两种药液，而功率增加微小，双头并联可减少管道脉冲影响；BSS型其基本结构同B型泵，为4头泵，两个动力箱带动前后4个泵头，其输出流量加倍或同时投加四种药液，而功率增加微小，双头并联可减少管道脉冲影响。另外可通过变频器或冲程调节控制器接收4～20mA标准信号，控制改变投药量大小；泵头及隔膜采用聚四氟乙烯材料；行程调节分辨率为1%。

2）性能规格：A、B、BS、BSS系列电机驱动机械隔膜计量泵性能规格见表5-10。

A、B、BS、BSS系列电机驱动机械隔膜计量泵性能规格　　表5-10

系　列	型　号	流量（L/h）	冲程频率（次/min）	工作压力（MPa）	吸程（m）	功率（W）	电压（V）	质量（kg）	直径 *DN*（mm）	主要生产厂商
A	A40	40	47	0.3	3	370	380	20	15	厦门飞华环保器材有限公司
	A80	80	94	0.3	3	370	380	20	15	
	A176	176	47	0.3	3	370	380	30	25	
	A265	265	70	0.3	3	370	380	30	25	
	A353	353	94	0.3	3	370	380	30	25	
B-530	B176	176	47	0.3	3	370	380	40	25	
	B265	265	70	0.3	3	370	380	40	25	
	B353	353	94	0.3	3	370	380	40	25	
	B530	530	140	0.3	3	370	380	40	25	
B-1500	B500	500	47	0.3	3	750	380	85	40	
	B750	750	70	0.3	3	750	380	85	40	
	B1000	1000	94	0.3	3	750	380	85	40	
	B1500	1500	140	0.3	3	750	380	85	40	
BS-530	BS352	352	47	0.3	3	370	380	46	40	
	BS706	706	94	0.3	3	370	380	46	40	
	BS530	530	70	0.3	3	370	380	46	40	
	BS1060	1060	140	0.3	3	370	380	46	40	
BS-1500	BS1000	1000	47	0.3	3	750	380	90	40	
	BS1500	1500	70	0.3	3	750	380	90	40	
	BS2000	2000	94	0.3	3	750	380	90	40	
BSS-1500	BSS3000	3000	140	0.3	3	750	380	90	40	
	BSS4000	4000	94	0.3	3	3000	380	180	40	
	BSS6000	6000	140	0.3	3	3000	380	180	40	

3）外形尺寸：A、B、BS、BSS系列电机驱动机械隔膜计量泵外形尺寸见图5-8。

5.1.3.2 电机驱动液压隔膜计量泵

1. 组成：电机驱动液压隔膜计量泵由电机、过流泵头及隔膜、进出口单向阀、冲程调节机构、液压缸及内置压力释放阀、变速箱体等组成。

2. 特性：电机驱动液压隔膜计量泵过流介质温度范围对金属泵头为-7～93℃、塑料

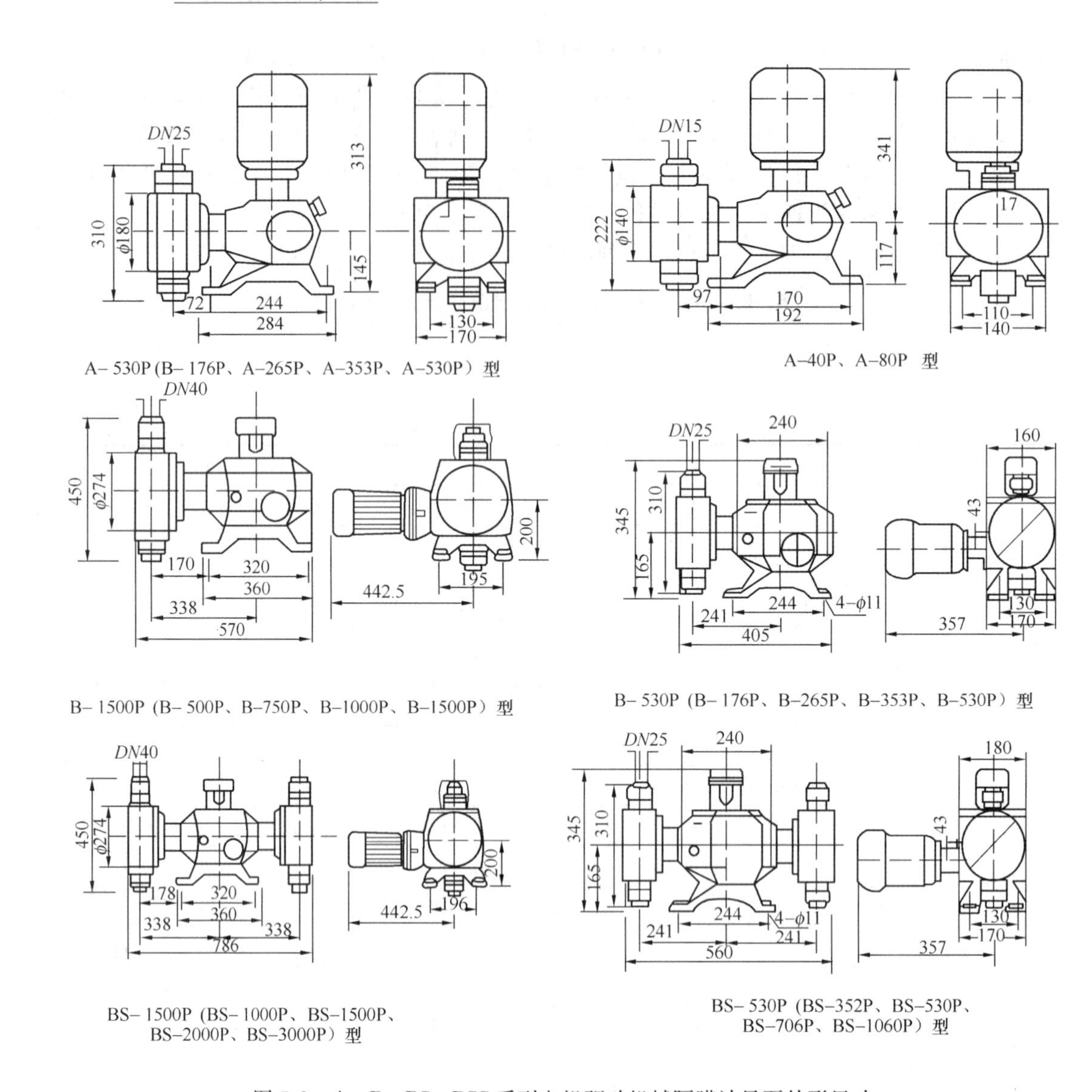

图 5-8　A、B、BS、BSS 系列电机驱动机械隔膜计量泵外形尺寸

泵头为 10～50℃；稳态精度为额定流量的±1%；冲程可在 10%～100%范围调节，隔膜材质 PTFE 具有极好的耐腐蚀性，泵头材质可选 PVC、PVDF（或氟塑料衬里）、316SS、20 号合金、HC 合金等，以适应不同化学介质腐蚀性。为适应不同的化学品性能及应用环境，泵头结构可提供双隔膜带破裂检测型、高黏度介质型等多种选择；根据自动化控制要求除手动控制功能外，可提供接受外部 4～20mA 控制信号的电动冲程调节或及变频调节控制流量输出。

3. 型式：电机驱动液压隔膜计量泵分有 mRoy、MILROYAL 系列电机驱动液压隔膜计量泵。

（1）mRoy 系列电机驱动液压隔膜计量泵：

1）性能规格：mRoy 系列 mRoyA、mRoyB/D、mRoyP 型电机驱动液压隔膜计量泵性能规格见表 5-11～表 5-13。

mRoyA 型电机驱动液压隔膜计量泵性能规格 表 5-11

型号	最大黏度(cp)	金属泵头流量 (L/h) —1425r/min				塑料泵头流量		电机(kW)	主要生产厂商
		0.7MPa	1.4MPa	2.0MPa	2.4MPa	0.7MPa	1.0MPa		
RA002	1760	2.3	2.2	2.1	2.0	—	—	0.25	汉胜工业设备(上海)有限公司
RA008	310	7.9	7.7	7.3	7.2	—	—		
RA005	1760	5.0	4.7	4.5	4.4	—	—		
RA020	150	19	19	18	17	18	18		
RA040	75	39	38	36	36	36	35		
RA060	40	61	60	58	57	57	57		
RA090	35	94	91	—	—	—	—		
RA120	30	116	112	—	—	—	—		

mRoyB/D 型电机驱动液压隔膜计量泵性能规格 表 5-12

型号	最大黏度(cp)	金属泵头流量 (L/h) —1425r/min						塑料泵头流量		电机(kW)	主要生产厂商
		0.7MPa	1.7MPa	2.4MPa	2.8MPa	6.7MPa	10.3MPa	0.7MPa	1.0MPa		
RB020	102	22	22	21	21	19	18	22.0	21.7	0.75(标准配置) 1.1(变频调速时选择)	汉胜工业设备(上海)有限公司
RB030	74	30	29	28	28	22	22	29.8	29.5		
RB040	44	42	40	40	40	38	36	41.8	41.5		
RB050	38	55	54	53	53	49	47	54.8	54.5		
RB070	169	66	64	62	61	50	—	66	65		
RB090	114	96	94	92	91	80	—	96	95		
RB120	88	125	122	120	119	105	—	125	124		
RB180	58	179	171	166	160	—	—	179	176		
RB270	34	267	259	254	248	—	—	267	264		
RB330	26	329	318	310	303	—	—	329	326		
RD170	100	170	152	142	—	—	—	170	163		
RD260	80	264	246	236	—	—	—	264	258		
RD360	58	358	340	—	—	—	—	358	352		
RD530	34	534	516	—	—	—	—	534	528		
RD660	26	659	639	—	—	—	—	659	651		

mRoyP 型电机驱动液压隔膜计量泵性能规格　　**表 5-13**

型号	最大黏度 (cp)	金属泵头流量（L/h）—1425r/min				电机 (kW)	主要生产厂商
		0.7MPa	1.4MPa	2.0MPa	2.4MPa		
RP001	12200	1.6	1.6	1.5	1.5	0.25	汉胜工业设备（上海）有限公司
RP002	7500	2.3	2.2	2.1	2.0		
RP008	2000	7.9	7.7	7.3	7.2		
RP005	5000	5.0	4.7	4.5	4.4		
RP011	2500	11.0	10.7	10.3	10.0		
RP015	1250	17.6	17.0	16.7	16.0		
RP020	600	21.9	21.1	20.7	19.9		
RP035	1000	34.6	33.9	32.1	31.1		
RP050	500	55.0	54.4	52.2	50.9		
RP070	300	68.4	67.6	64.9	63.3		

2）外形尺寸：mRoy 系列电机驱动液压隔膜计量泵外形尺寸见图 5-9、表 5-14。

mRoy 系列电机驱动液压隔膜计量泵外形尺寸（mm）　　**表 5-14**

系列	*A*	*B*	*C*	*D*（max）
RA、RP	302	152	267	609
RB、RD	476	192	343	650

（2）MILROYAL 系列电机驱动液压隔膜计量泵：

1）性能规格：MILROYAL 系列电机驱动液压隔膜计量泵性能规格见表 5-15。

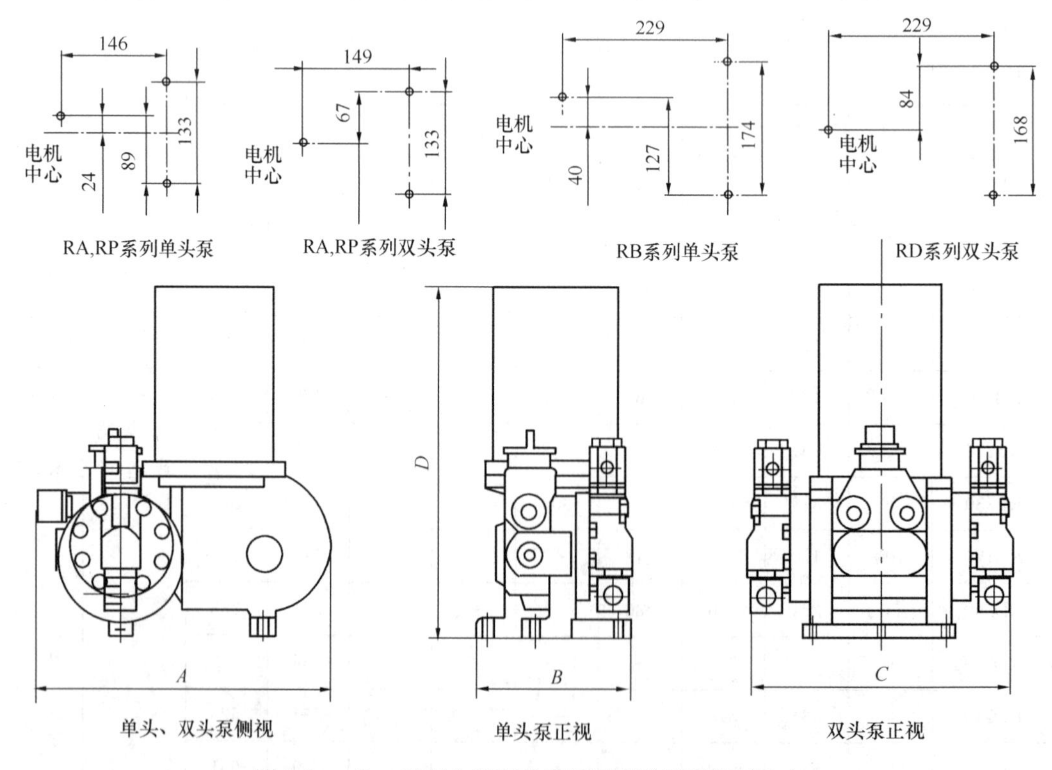

图 5-9　mRoy 系列电机驱动液压隔膜计量泵外形尺寸

MILROYAL 系列电机驱动液压隔膜计量泵性能规格 表 5-15

型号	变速比代号	电机功率(kW)														主要生产厂商
		0.25		0.37		0.55		0.75		1.1		1.5		2.2		
		金属泵头流量与压力[①]														
		(L/h)	(MPa)	(L/h)	(MPa)	(L/h)	(MPa)	(L/h)	(MPa)	(L/h)	(MPa)	(L/h)	(MPa)	(L/h)	(MPa)	
MBH-07	8K	5	25	5	25	—	—	—	—	—	—	—	—	—	—	汉胜工业设备(上海)有限公司
	8J	8	12.3	7	24.4	7	25	—	—	—	—	—	—	—	—	
	8H	12	8.4	10	18.4	9	25	—	—	—	—	—	—	—	—	
	8G	15	5.8	13	14.4	11	25	—	—	—	—	—	—	—	—	
	8F	19	4.4	17	11.2	15	22.3	14	25	—	—	—	—	—	—	
	8M	25	3.3	23	8.4	20	16.8	18	20.7	—	—	—	—	—	—	
MBH-09	8K	11	12.9	10	20.7	9	25	—	—	—	—	—	—	—	—	
	8J	16	7.2	15	13.6	14	20.5	12	25	—	—	—	—	—	—	
	8H	22	4.8	21	10.1	20	15.1	18	22.8	17	25	—	—	—	—	
	8G	27	3.7	25	8.4	24	12.7	22	20.4	20	25	—	—	—	—	
	8F	34	2.8	33	6.7	32	10.1	29	17.9	25	25	25	25	—	—	
	8M	45	2.1	43	5.0	42	7.6	38	13.5	33	20.3	33	23	32	25	
MBH-10	8K	15	12.6	13	21.2	13	22.4	—	—	—	—	—	—	—	—	
	8J	23	5.7	21	11.4	19	20.4	18	22.4	—	—	—	—	—	—	
	8H	32	3.8	30	8.9	28	15.9	25	21.8	24	22.4	—	—	—	—	
	8G	38	2.5	37	6.9	33	13.3	32	18.1	29	22.4	—	—	—	—	
	8F	48	1.8	47	5.2	43	11	42	14.6	38	22	37	22.4	36	24	
	8M	64	1.4	62	3.9	57	8.3	55	11	50	16.6	49	18	47	24	

续表

型号	变速比代号	电机功率(kW)														主要生产厂商
		0.25		0.37		0.55		0.75		1.1		1.5		2.2		
		金属泵头流量与压力[①]														
		(L/h)	(MPa)	(L/h)	(MPa)	(L/h)	(MPa)	(L/h)	(MPa)	(L/h)	(MPa)	(L/h)	(MPa)	(L/h)	(MPa)	
MBH-16	8K	43	4.1	42	6.6	41	8.6	—	—	—	—	—	—	—	—	汉胜工业设备(上海)有限公司
	8J	59	2.3	58	4.4	57	6.4	55	8.6	—	—	—	—	—	—	
	8H	82	1.5	81	3.1	79	4.8	77	7.2	75	8.6	—	—	—	—	
	8G	98	1.2	97	2.6	95	4.0	93	6.4	89	8.6	—	—	—	—	
	8F	123	0.8	123	2.2	121	3.1	118	5.7	114	8.5	113	8.6	—	—	
	8M	163	0.6	162	1.6	160	2.4	156	4.3	151	6.4	149	7.1	145	8.6	
MBH-20	8K	66	2.6	64	4.1	63	5.3	—	—	—	—	—	—	—	—	
	8J	95	1.4	93	2.7	92	4.1	90	5.3	—	—	—	—	—	—	
	8H	126	0.9	126	2.0	124	3.0	122	4.6	120	5.3	—	—	—	—	
	8G	152	0.7	151	1.7	150	2.5	148	4.1	144	5.3	—	—	—	—	
	8F	193	0.5	193	1.3	192	2.0	188	3.6	184	5.0	183	5.3	—	—	
	8M	255	0.4	255	0.9	254	1.5	250	2.7	244	4.1	243	4.4	235	5.3	
MBH-24	8K	108	1.6	106	2.6	105	3.4	—	—	—	—	—	—	—	—	
	8J	152	0.8	151	1.7	150	2.6	148	3.4	—	—	—	—	—	—	
	8H	205	0.6	205	1.3	204	1.9	202	2.9	200	3.4	—	—	—	—	
	8G	243	0.4	243	1.1	243	1.6	240	2.5	237	3.4	—	—	—	—	
	8F	306	0.3	306	0.8	306	1.3	303	2.3	300	3.4	298	3.4	—	—	
	8M	405	0.2	405	0.6	405	0.9	402	1.7	398	2.5	395	2.8	383	3.4	

续表

型号	变速比代号	电机功率(kW)														主要生产厂商
		0.25		0.37		0.55		0.75		1.1		1.5		2.2		
		金属泵头流量与压力①														
		(L/h)	(MPa)	(L/h)	(MPa)	(L/h)	(MPa)	(L/h)	(MPa)	(L/h)	(MPa)	(L/h)	(MPa)	(L/h)	(MPa)	
MBH-32	8K	164	1.1	164	1.7	163	2.1	—	—	—	—	—	—	—	—	汉胜工业设备(上海)有限公司
	8J	237	0.5	237	1.1	236	1.6	235	2.1	—	—	—	—	—	—	
	8H	318	0.3	318	0.7	318	1.2	318	1.8	316	2.1	—	—	—	—	
	8G	—	—	378	0.6	378	0.9	378	1.6	376	2.1	—	—	—	—	
	8F	—	—	477	0.5	477	0.7	477	1.4	473	2.1	—	—	—	—	
	8M	—	—	632	0.4	632	0.5	632	1.0	626	1.7	618	2.1	—	—	
MBH-40	8K	262	0.6	262	1.1	262	1.1	—	—	—	—	—	—	—	—	
	8J	375	0.3	375	0.6	375	1.1	375	1.1	—	—	—	—	—	—	
	8H	—	—	508	0.4	508	0.7	508	1.1	508	1.1	—	—	—	—	
	8G	—	—	603	0.4	603	0.6	603	0.9	603	1.1	—	—	—	—	
	8F	—	—	—	—	757	0.4	757	0.8	757	1.1	—	—	—	—	
	8M	—	—	—	—	1003	0.3	1003	0.6	1003	0.9	1000	1.1	—	—	
MBH-56	8K	—	—	536	0.5	536	0.7	—	—	—	—	—	—	—	—	
	8J	—	—	—	—	763	0.4	763	0.7	—	—	—	—	—	—	
	8H	—	—	—	—	1041	0.3	1041	0.5	1041	0.7	—	—	—	—	
	8G	—	—	—	—	—	—	1233	0.4	1233	0.7	—	—	—	—	
	8F	—	—	—	—	—	—	1578	0.4	1578	0.6	1578	0.7	—	—	
	8M	—	—	—	—	—	—	2090	0.3	2090	0.4	2090	0.5	2080	0.7	
MBH-64	8K	—	—	682	0.3	682	0.5	—	—	—	—	—	—	—	—	
	8J	—	—	—	—	972	0.3	972	0.5	—	—	—	—	—	—	
	8H	—	—	—	—	—	—	1322	0.4	1322	0.5	—	—	—	—	
	8G	—	—	—	—	—	—	1571	0.3	1571	0.5	—	—	—	—	
	8F	—	—	—	—	—	—	1974	0.3	1974	0.5	1974	0.5	—	—	
	8M	—	—	—	—	—	—	2616	0.2	2616	0.4	2616	0.4	2603	0.5	

①塑料泵头最大工作压力不高于1.0MPa。

2）外形尺寸：MILROYAL系列电机驱动液压隔膜计量泵外形尺寸见表5-16、图5-10。

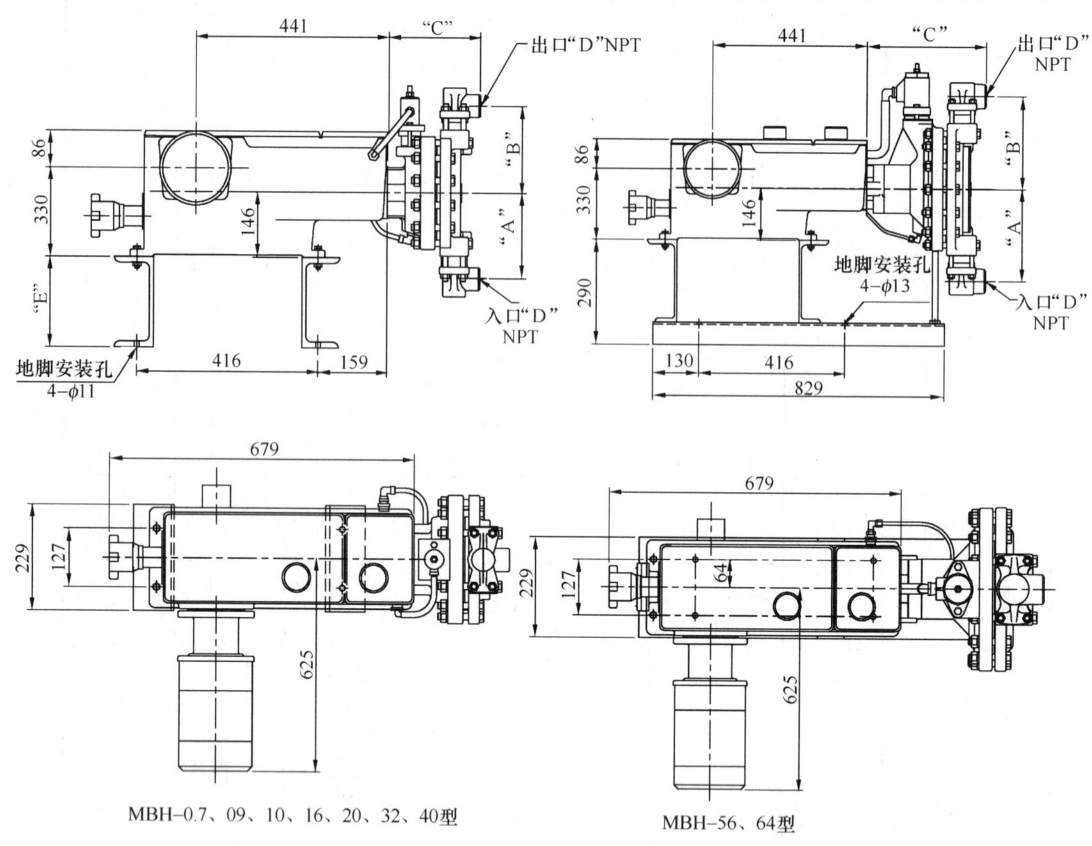

图5-10　MILROYAL系列电机驱动液压隔膜计量泵外形尺寸

MILROYAL系列电机驱动液压隔膜计量泵泵头端外形尺寸　　**表5-16**

泵头类型	型号	A（mm）	B（mm）	C（mm）	D（in）	E（mm）
金属泵头	MBH071	121	121	102	1/2	100
	MBH091	121	121	102	1/2	100
	MBH101	121	121	102	1/2	100
	MBH161	122	122	156	1/2	200
	MBH201	133	133	156	1/2	200
	MBH241	179	179	210	1	200
	MBH321	192	192	210	1	200
	MBH401	192	192	210	1	200
	MBH561	257	257	330	1～1/2	290
	MBH641	257	257	330	1～1/2	290
塑料泵头	MBH162	165	165	176	1/2	200
	MBH202	165	165	176	1/2	200
	MBH242	243	243	222	1	200
	MBH322	243	243	222	1	200
	MBH402	243	243	222	1	200
	MBH562	406	330	337	1～1/2	290
	MBH642	406	330	337	1～1/2	290

5.1.4　粉料储存投加设备

粉料储存投加设备常用有XPCC系列料仓、PF系列粉料投加机、DDS400/DM与

ZFP500/DM系列喂料计量输送机。

5.1.4.1 XPCC系列料仓

1. 适用范围：XPCC系列料仓用于给水排水处理、污泥脱水、烟气脱硫等工艺的粉料大量储存。XPCC-Z型适用于槽罐车直接进料仓储形式；XPCC-F型适用于真空吸料仓储形式，其适用介质为粉末活性炭、石灰、碳酸钠、淀粉、面粉、滑石粉等。

2. 组成：XPCC系列料仓由料斗、筒体、收尘器、安全阀、料位计、振动器、人孔、爬梯、栏杆、降温设备、称重系统（视现场要求）等组成。

3. 性能规格及外形尺寸：XPCC系列料仓性能规格及外形尺寸见表5-17、图5-11。

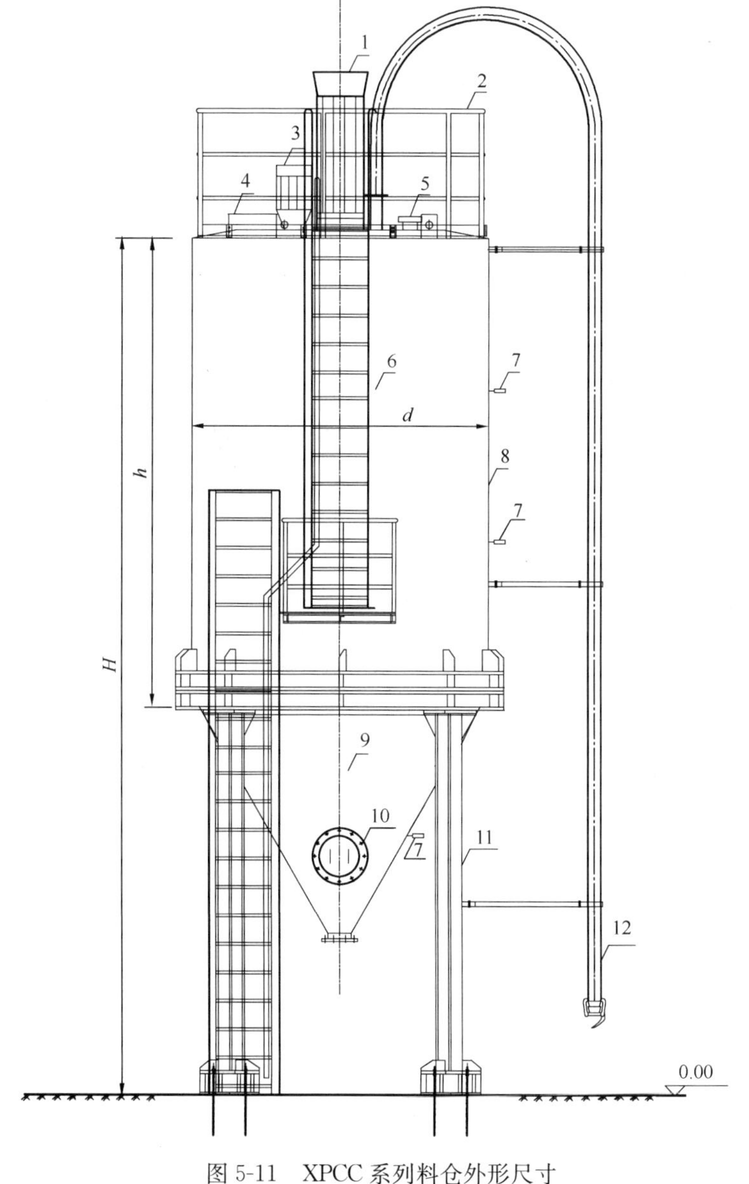

图5-11 XPCC系列料仓外形尺寸

1—收尘器；2—护栏；3—真空吸料机（F型）；4—人孔；5—安全阀；6—爬梯；7—料位计；8—筒体；9—锥体；10—检修孔；11—支墩；12—进料管

XPCC系列料仓性能规格及外形尺寸　　表5-17

设备型号	料仓直径 d (mm)	直筒高度 h (mm)	总高度 H (mm)	材质	有效容积 (m^3)	粉料堆积密度 (kg/L)	主要生产厂商
XPCC-Z30	2800	6500	11600	Q235	30	0.6	上海轩浦净化科技有限公司
XPCC-Z60	3800	6600	12700	Q235	60	0.6	
XPCC-Z105	4500	7500	14600	Q235	105	0.5	
XPCC-Z150	5500	7800	15900	Q235	150	0.5	
XPCC-Z200	6500	7800	16900	Q235	200	0.5	
XPCC-F1.8	1000	3000	4500	Q235	1.8	1.5	
XPCC-F10	2000	4500	6500	Q235	10	1.5	
XPCC-F25	2800	5500	10600	Q235	25	0.6	
XPCC-F30	3500	4500	10600	Q235	30	0.6	

注：1. 总高度根据粉料选择投加方式不同有所变化，本表基本型材质为碳钢；
2. 振打器根据粉料种类、粉料湿度情况配置；
3. 降温设备根据粉料种类及自然环境气温配置；
4. 称重系统根据现场要求配置。

5.1.4.2　PF系列粉料投加机

1. 适用范围：PF系列粉料投加机用于给水排水处理、污泥脱水，原则上适用于各种粉状物料的计量输送投加。PFP型专用于高分子聚合物粉料的输送；PFS型可适用于活性炭、石灰、PAC、染料、肥皂粉、淀粉、面粉、滑石粉、糖等更广泛的物料输送投加。

2. 组成：PF系列粉料投加机由料斗、机械式无级调速机构、螺旋输送器、物位开关、导管加热器等组成。

3. 性能规格：PF系列粉料投加机性能规格见表5-18。

PF系列粉料投加机性能规格　　表5-18

型　号	输送器代码	输送量（kg/h）		功　率 (W)	主体材质	料斗容积 (L)	主要生产厂商
		最大	最小				
PFS	11	1	4	180	304SS	70	重庆永泰水处理系统工程有限公司、上海轩浦净化科技有限公司
	12	3	12				
	13	8	32	250			
	14	25	100	370			
	15	80	320				
PFP	21	1	4	180	PPN	60	
	22	3	10				
	23	6	20				
	24	15	50	250			

注：1. 表中投加量：PFS型基于PAC粉料测量，PFP型基于PAM粉料测量；
2. 产品出厂时，提供输送量标定曲线，用户必须使用实际投加粉料重新标定；
3. PFS型产品可配置震动器。

4. 外形尺寸：PF系列粉料投加机外形尺寸见图5-12。

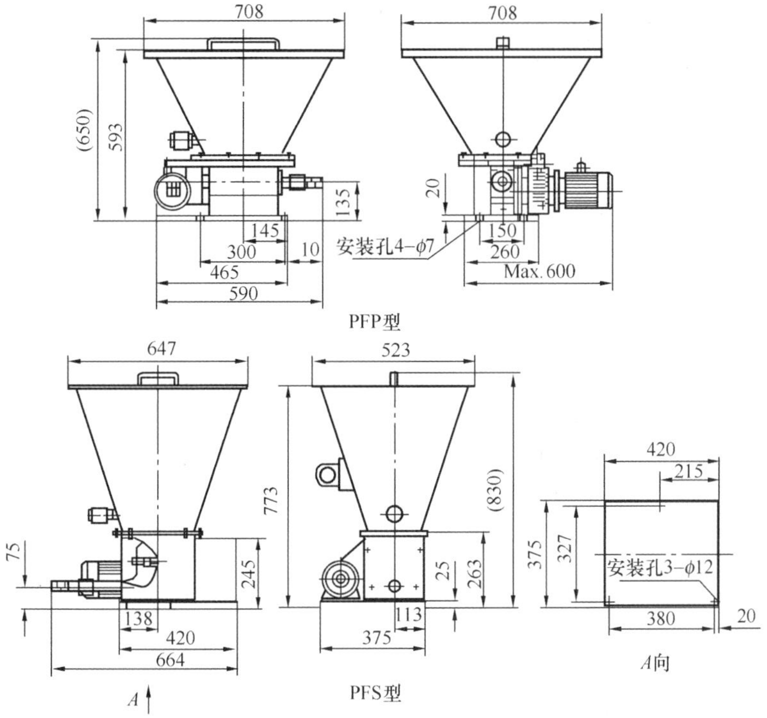

图5-12 PF系列粉料投加机外形尺寸

5.1.4.3 DDS400/DM与ZFP500/DM系列喂料计量输送机

1. 适用范围：DDS400/DM与ZFP500/DM系列喂料计量输送机用于给水排水处理、污泥脱水、烟气脱硫等工艺的粉料喂料计量输送。DDS400/DM系列喂料计量输送机与料仓配套使用，粉料下滑流畅密度均匀，螺旋计量准确；ZFP500/DM系列喂料计量输送机适用于吨袋喂料计量输送，吨袋可回收再利用，其适用介质为粉末活性炭、石灰、碳酸钠、淀粉、面粉、滑石粉等。

2. 组成：DDS400/DM系列喂料计量输送机由柔性刮刀、破拱喂料机、计量螺旋输送机、防堵探测器等组成。ZFP500/DM系列喂料计量输送机由伸缩支架、液压伸缩器、破碎喂料机、计量螺旋、输送螺旋、吨袋托盘、防堵探测器、料位计等组成。

3. 性能规格及外形尺寸：DDS400/DM与ZFP500/DM系列喂料计量输送机性能规格及外形尺寸见表5-19、图5-13、图5-14。

DDS400/DM与ZFP500/DM系列喂料计量输送机性能规格及外形尺寸　　表5-19

粉料种类	输出量 Q (L/h)	螺旋长度 L (mm)	倾斜角度 α (°)	堆积密度 ρ (kg/L)	计量螺旋规格	防湿投加器规格	主要生产厂商
粉末活性炭	4000	4000	15	0.3	DDMR120	×	上海轩浦净化科技有限公司
	3000	4000	15	0.3	DDMR120	×	
	1500	4000	15	0.3	DDMR100	×	
	800	4000	15	0.3	DDMR100	×	
	4000	2500	0	0.3	DDMR120	×	
	3000	2500	0	0.3	DDMR120	×	
	1500	2500	0	0.3	DDMR100	×	
	800	2500	0	0.3	DDMR100	×	

续表

粉料种类	输出量 Q (L/h)	螺旋长度 L (mm)	倾斜角度 α (°)	堆积密度 ρ (kg/L)	计量螺旋规格	防湿投加器规格	主要生产厂商
$CaO/Ca(OH)_2$	1000	4000	15	0.46	DDMR100	ID120	上海轩浦净化科技有限公司
	800	4000	15	0.46	DDMR100	ID120	
	500	4000	15	0.46	DDMR70	ID80	
	200	4000	15	0.46	DDMR40	ID80	
	1000	2500	0	0.46	DDMR100	ID120	
	800	2500	0	0.46	DDMR100	ID120	
	500	2500	0	0.46	DDMR70	ID80	
	200	2500	0	0.46	DDMR40	ID80	
$KMnO_4$	200	4000	15	1.3	DDMR40	ID80	
	140	4000	15	1.3	DDMR40	ID80	
	70	4000	15	1.3	DDMR40	ID80	
	30	4000	15	1.3	DDMR40	ID80	
	200	2500	0	1.3	DDMR40	ID80	
	140	2500	0	1.3	DDMR40	ID80	
	70	2500	0	1.3	DDMR40	ID80	
	30	2500	0	1.3	DDMR40	ID80	

注：1. “×”代表无或不匹配；
2. 产品出厂时提供输送量曲线，用户须使用实际投加粉料重新标定。

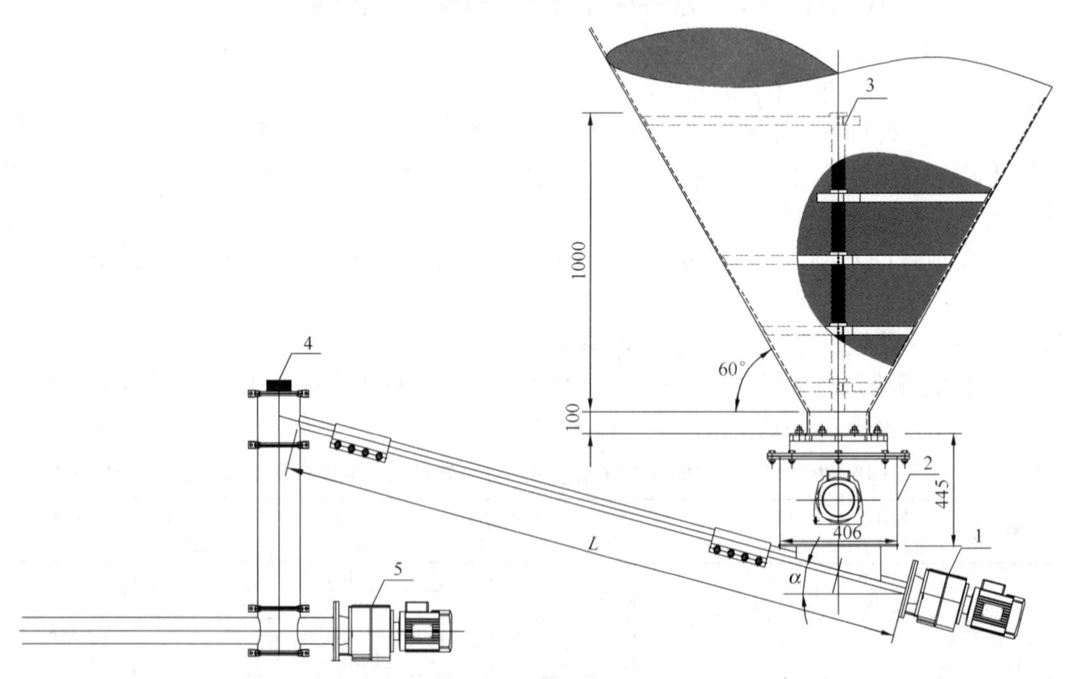

图 5-13　DDS400/DM 系列喂料计量输送机外形尺寸

1—计量输送机；2—破拱喂料机；3—柔性刮刀；
4—防堵探测器；5—防湿投加器

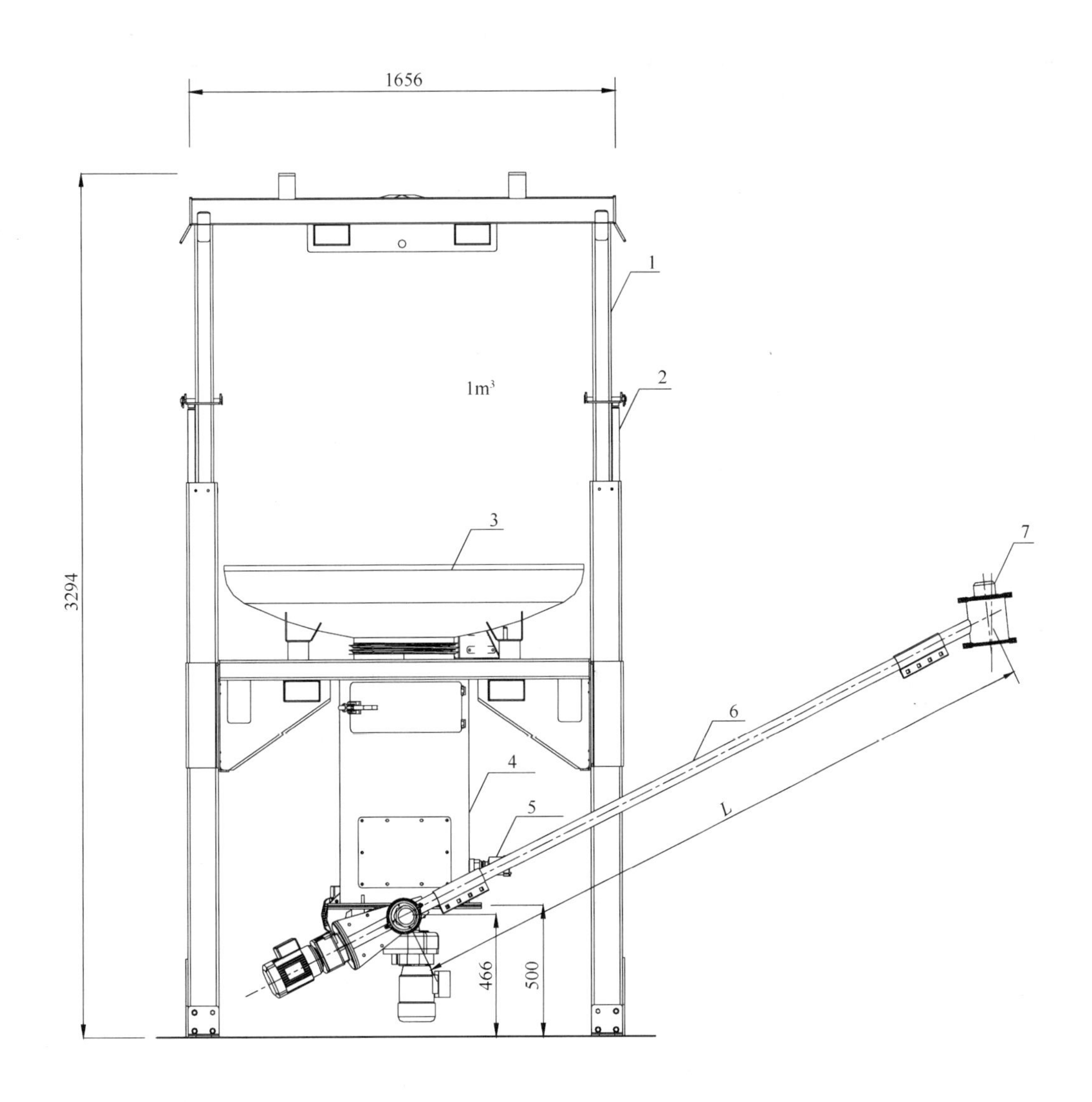

图 5-14 ZFP500/DM 系列喂料计量输送机外形尺寸
1—伸缩支架；2—液压伸缩器；3—吨袋托盘；4—破拱喂料机；
5—料位计；6—输送螺旋；7—防堵探测

5.1.5 絮凝（混凝）剂投加专用检测控制仪表

絮凝（混凝）剂投加专用检测控制仪表常用有游动电流检测仪，简称 SCD 仪。

游动电流检测仪（SCD 仪）

1. 适用范围：SCD 仪广泛用于给水厂及废水、污水处理过程的絮凝剂投加量检测及控制过程。

2. 组成：SCD 仪的检测控制系统由取样泵、样水分离器、SCD 仪组成。该仪表通常用来控制加药计量泵的投加量。

3. 性能规格：SCD 仪性能规格见表 5-20。

SCD 仪性能规格　　　　**表 5-20**

型号	供电 (V)	供电 (Hz)	输出信号 (mA)	显示 (SC)	系统精度± (%)	响应时间< (s)	控制功能①	探头清洗	水样流量 (L/min)	工作温度 (℃)	防护等级	主要生产厂商
SC5200	220	50	4～20 检测与控制、2 路	−100～100（过程点设置）	1	5	自带专用 PID	手动、自动可选	标准：2～4 大流量：4～20	0～50	NEMA4X、316SS 外壳	上海费波自控技术有限公司
SC4200			4～20 检测 1 路	−100～100			外配 PID					

① 可选择 RS-485 通信口及开关量输出。

4. 外形尺寸：SCD 仪外形尺寸见图 5-15。

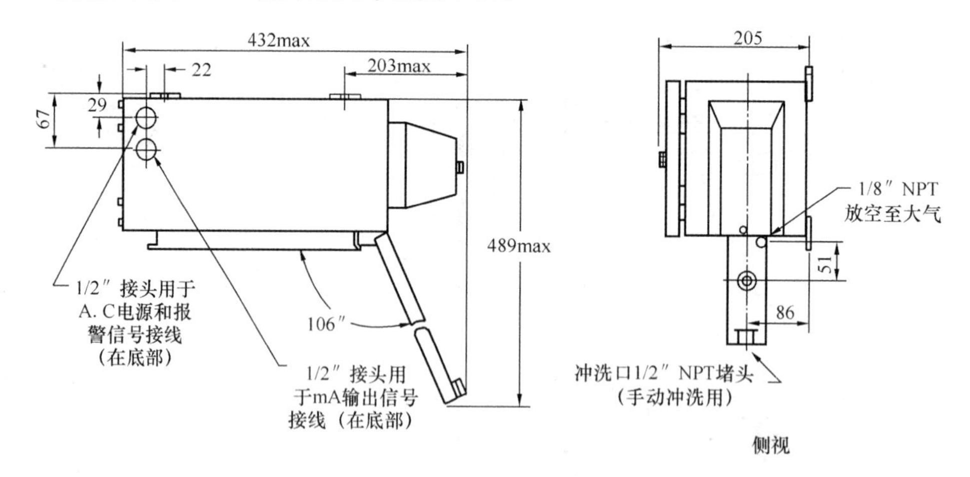

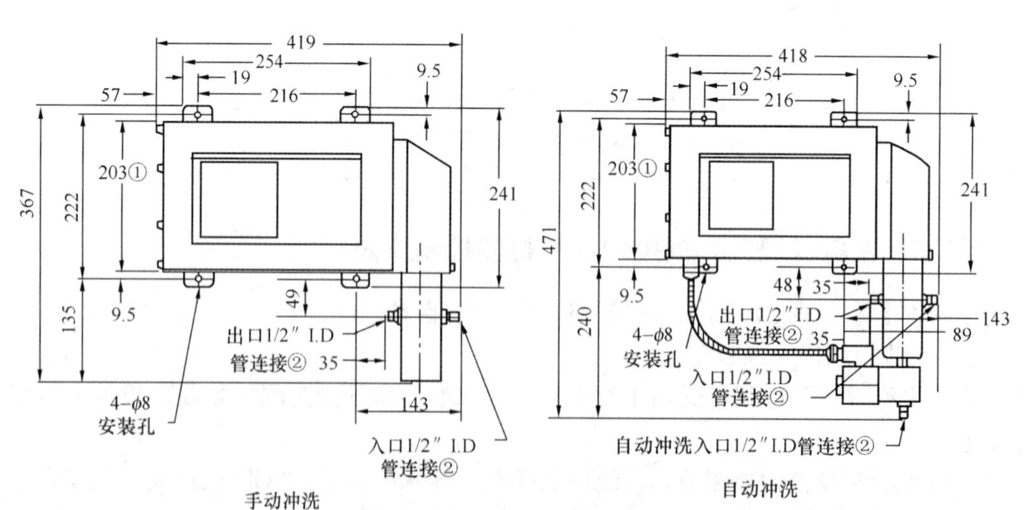

图 5-15　SCD 仪外形尺寸

① 提供足够空间拆卸侧板，进行端子接线；

② 1″I. D. 管接头在大流量探头上用。

5.2 加氯消毒设备

1. 适用范围：加氯消毒设备适用于给水排水过程及其他水处理过程的预氧化和消毒杀菌，并可用于多种气态化学品（如氯气、氨气、二氧化硫、二氧化碳）的定量投加。

2. 型式分类：加氯消毒设备按氯气输送及投加方式分有全负压加氯机、负压加氯机、正压加氯机；按气体流量调节控制方式分有差压调节式加氯机、音速流调节式加氯机；按安装方式分有小绿瓶直接安装式加氯机、墙挂式加氯机、落地柜式加氯机。

3. 组成：加氯消毒设备常由真空加氯机、气源系统附件、漏氯吸收装置等组成氯气投加系统；还有二氧化氯发生器。

5.2.1 真空加氯机

真空加氯机常用有 NXT3000 系列真空加氯机、FX4400/4000 系列柜式真空加氯机。

5.2.1.1 NXT3000 系列真空加氯机

1. 组成：NXT3000 系列真空加氯机系模块化结构，由真空调节器、气体流量计和（或）自动控制阀（自动控制型）、水射器等组成。

2. 特性：NXT3000 系列真空加氯机系音速流调节原理；气源放空开关、高低真空开关、真空表、真空调节器扼装及墙挂式安装可选。

3. 性能规格：NXT3000 系列真空加氯机性能规格见表 5-21。

NXT3000 系列真空加氯机性能规格 表 5-21

气体投加量（kg/h）				量程调节比	精度（%）	环境温度（℃）	水射器工作水压（kPa）	主要生产厂商
氯气 Cl_2	氨气 NH_3	二氧化硫 SO_2	二氧化碳 CO_2					
0.02	0.01	0.019	0.016	手动：20∶1 自动：10∶1	±4	0～54	最小水压：>28； 最大水压：≤2070； 最大背压：≤1380	水环纯水务（上海）有限公司
0.06	0.03	0.057	0.047					
0.20	0.10	0.19	0.156					
0.50	0.25	0.475	0.39					
1.00	0.50	0.95	0.78					
2.00	1.00	1.90	1.56					
4.00	2.00	3.80	3.12					
6.00	3.00	5.70	4.68					
10.00	5.00	9.50	7.80					

4. 典型应用流程及配置：NXT3000 系列真空加氯机典型应用流程及配置：

（1）小氯瓶应用流程及配置见图 5-16。

（2）带真空开关自动控制流程及配置见图 5-17。

（3）单真空调节器、分体墙挂式流程及配置见图 5-18。

（4）双真空调节器（自动切换）流程及配置见图 5-19。

5. 外形与安装尺寸：NXT3000 系列真空加氯机外形与安装尺寸：

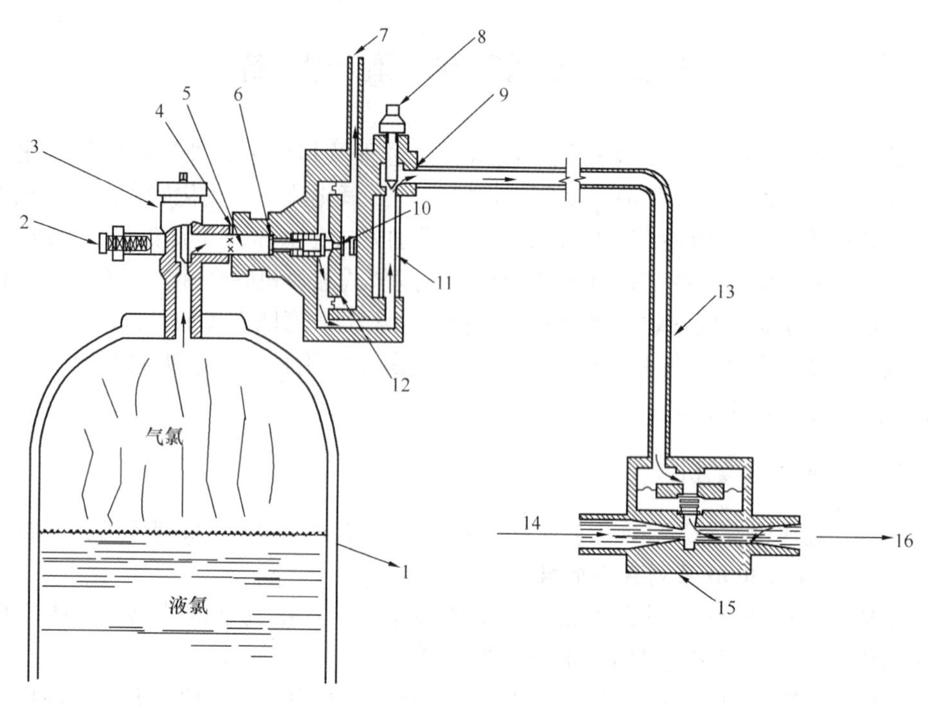

图 5-16　小氯瓶应用流程及配置

1—立式氯瓶；2—轭钳；3—氯瓶角阀；4—铅垫；5—入口过滤器；6—入口阀；7—放空口；8—流量阀；9—出口连接；10—放空阀；11—流量指示；12—真空调节器膜片组件；13—负压管；14—压力水；15—水射器及单向阀组件；16—水射器出液

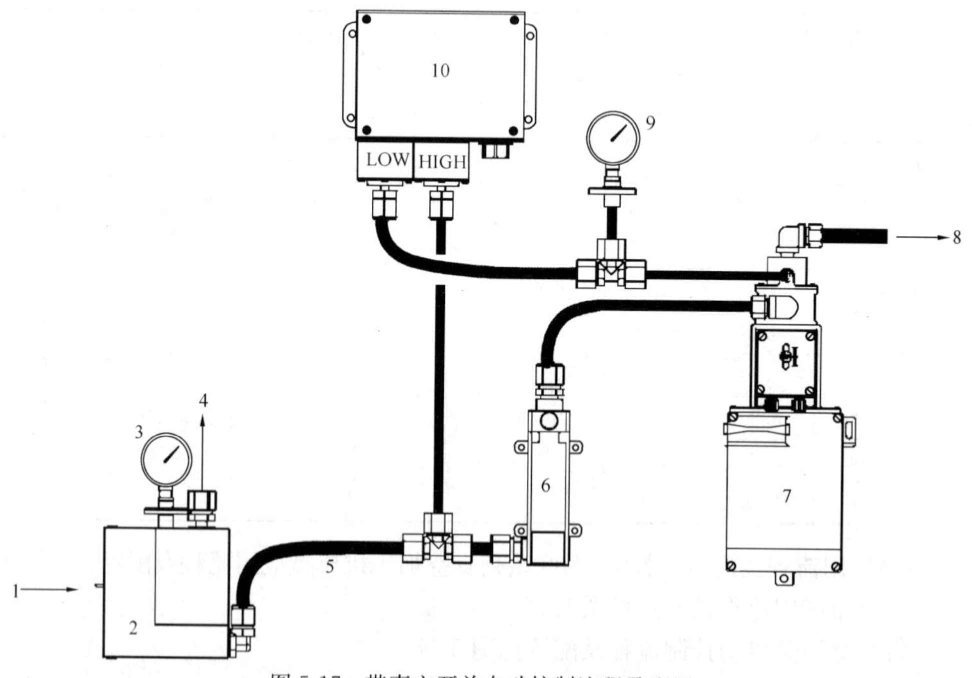

图 5-17　带真空开关自动控制流程及配置

1—压力气源；2—真空调节器；3—压力表（选择件）；4—放空；5—负压气体；6—流量计组件；7—70CV2000 自动控制阀；8—至水射器负压气体；9—真空表（选择件）；10—高低真空开关

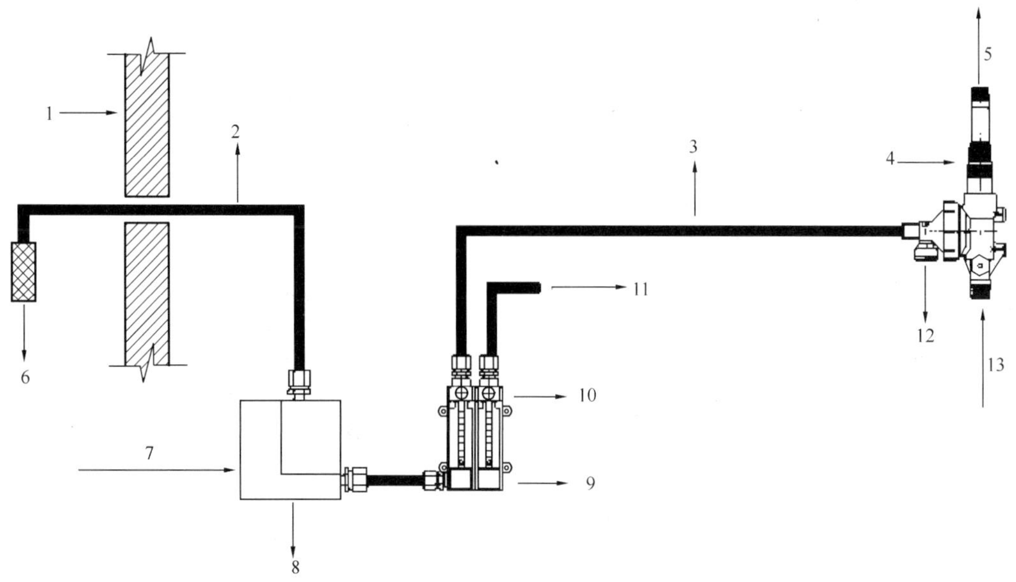

图 5-18 单真空调节器、分体墙挂式流程及配置
（最多可并联 5 只流量计组件）

1—室外；2—放空管；3—真空管；4—水射器；5—溶液出口；
6—防虫网；7—压力气源；8—真空调节器；9—流量计组件；
10—手动比例阀；11—至第二个水射器；12—排污口；13—压力水

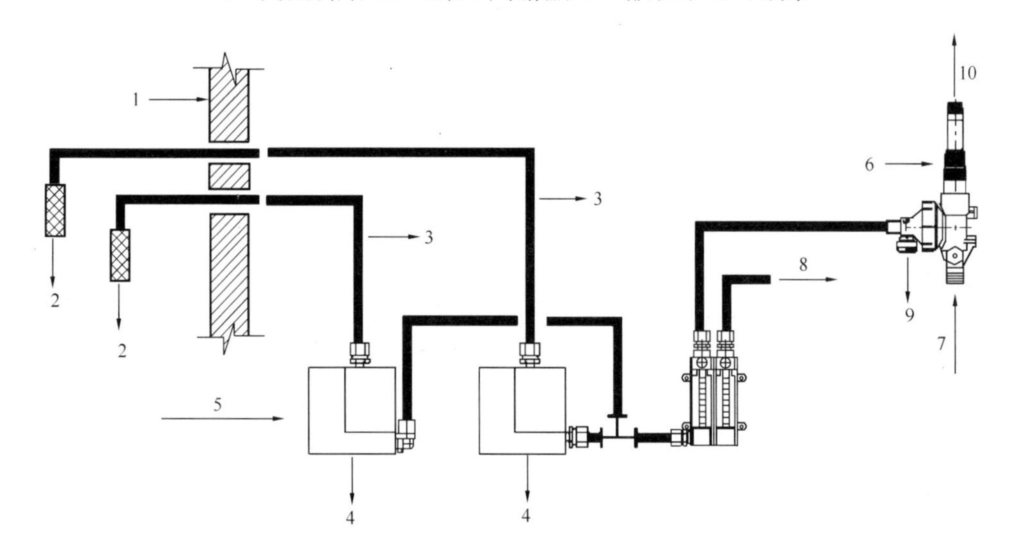

图 5-19 双真空调节器（自动切换）流程及配置

1—室外；2—防虫网；3—放空管；4—真空调节器；5—压力气源；6—水射器；7—压力水；
8—至第二个水射器；9—排污口；10—溶液出口

（1）小氯瓶直接轭装式真空调节器外形与安装尺寸见图 5-20。

（2）墙挂式真空调节器外形与安装尺寸见图 5-21。

（3）MA3000 型流量计组件外形与安装尺寸见图 5-22。

（4）EJ17 型水射器外形与安装尺寸见图 5-23。

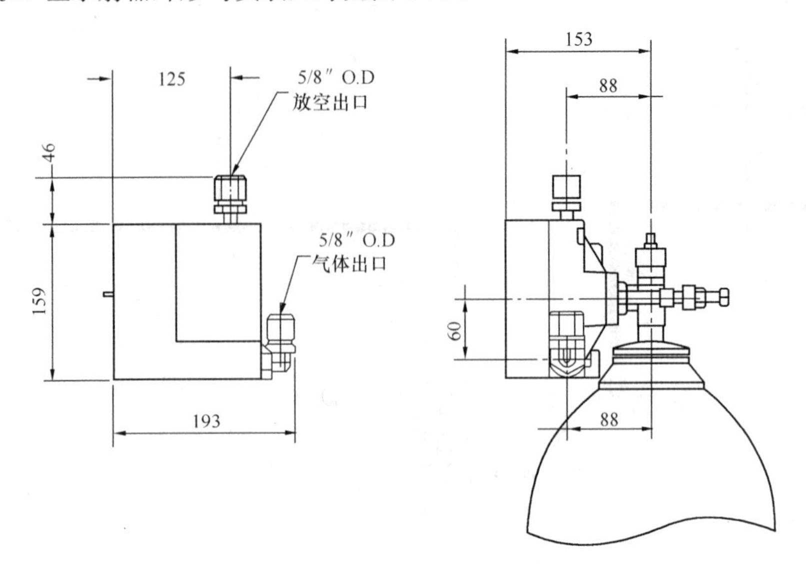

图 5-20　小氯瓶直接轭装式真空调节器外形与安装尺寸

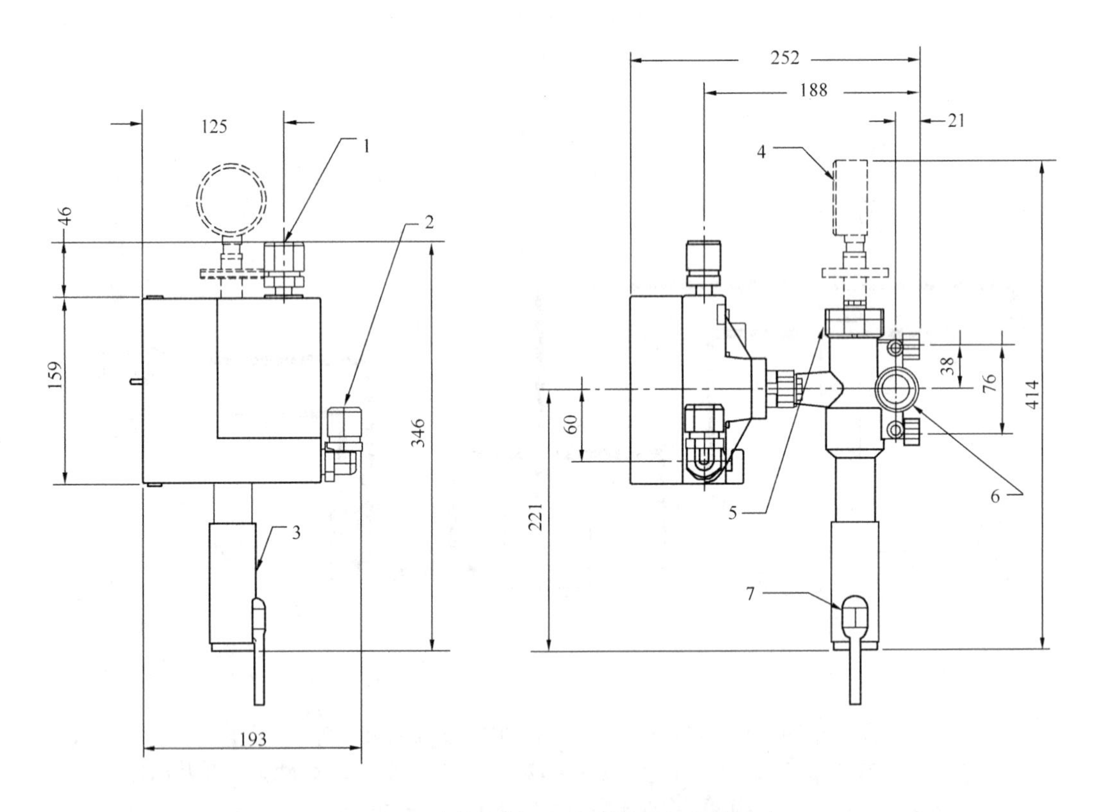

图 5-21　墙挂式真空调节器外形与安装尺寸

1—5/8″O. D放空出口；2—5/8″O. D气体出口；3—集液管；4—气压表（选择件）Φ51；5—过滤器盖；6—3/4″NPT 气体出口（两侧）；7—电加热器（240V/25W）

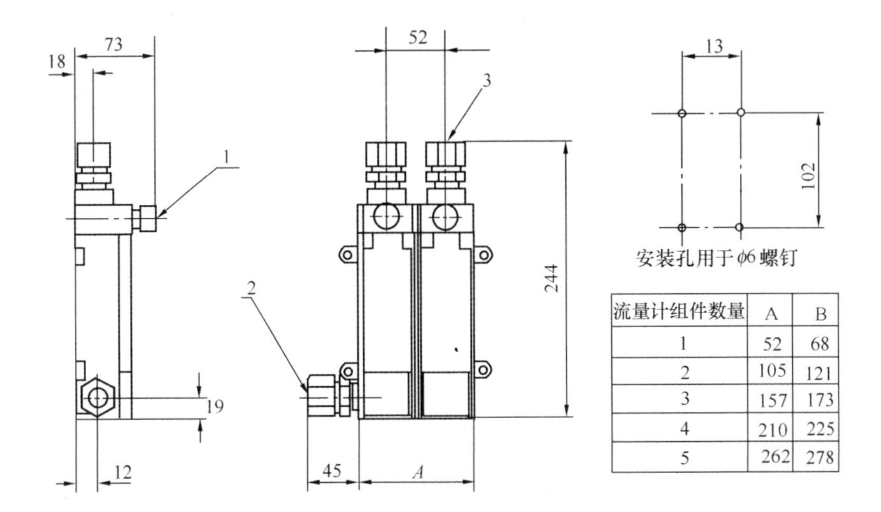

流量计组件数量	A	B
1	52	68
2	105	121
3	157	173
4	210	225
5	262	278

图 5-22 MA3000 型流量计组件外形与安装尺寸

1—手动调节阀；2—气体入口 1/2″NPT-5/8″O. D；3—气体出口 1/2″NPT-5/8″O. D

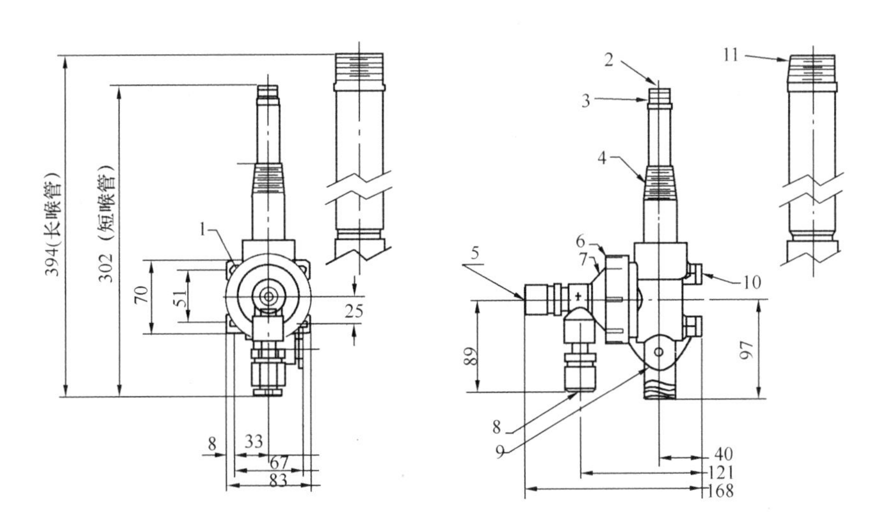

图 5-23 EJ17 型水射器外形与安装尺寸

1—4—ϕ8 安装孔；2—溶液出口；3—¾″NPT 或 1″软管连接；4—1″NPT 管路连接；5—气体入口⅝″O、D 管；6—换向螺母；7—溢流腔；8—排污阀⅝″O、D 管连接；9—1″NPT 接头；10—安装脚；11—2″软管连接

5.2.1.2 FX4400/4000 系列柜式真空加氯机

1. 组成：FX4400/4000 系列柜式真空加氯机由真空调节器、加氯机柜、水射器等组成。

2. 分类：FX4400 型为音速调节式柜式真空加氯机、FX4000 型为差压调节式柜式真空加氯机。

3. 特性：FX4400/4000 系列柜式真空加氯机真空调节器为墙挂式安装，气源放空开关、高低真空开关可选。

4. 性能规格：FX4400/4000 系列柜式真空加氯机性能规格见表 5-22。

FX4400/4000 系列柜式真空加氯机性能规格　　表 5-22

手动型	分体自动型	控制一体自动型	投加量(kg/h)	配套水射器	量程调节比	精度(%)	环境温度(℃)	主要生产厂商
FX4001C3	FX4041C37	FX4041C3	0.2，0.5	EJ17C	手动：20：1 自动：10：1	±4	−7～52	水环纯水务(上海)有限公司
			1.0，2.0					
FX4002C3	FX4042C37	FX4042C3	4.0					
FX4003C3	FX4043C37	FX4043C3	10					
FX4400C1	FX4400C4	FX4400C5	20，40	2″音速流水射器				
			60					
FX4005C3	FX4045C37	FX4045C3	75，120	EJ6000C				
			150					
FX4006C3	FX4046C37	FX4046C3	200	EJ8000C				

注：1. 分体自动型可另选择控制器分体安装或由其他外部控制设备控制；
2. 如果投加其他气体，在上述表格投加量值乘以下述系数：氨气（NH_3）为 0.5、二氧化硫（SO_2）为 0.95、二氧化碳（CO_2）为 0.78。

5. 真空调节器功能件配置：

（1）VR3000 型标准配置：墙挂式集液歧管、微孔过滤器、电加热器 25W。（可选择无集液歧管的扼式安装）。

（2）VR3000 型选配件：气源放空开关、气压表、低温报警开关。

（3）VR8000、VR10000 型标准配置：集液管、过滤器、电加热器 25W、气压表。

6. 外形与安装尺寸：

（1）VR3000 型真空调节器（max. 60kg/h Cl_2）外形与安装尺寸见图 5-24。

（2）VR8000 型真空调节器（max. 150kg/h Cl_2）外形与安装尺寸见图 5-25。

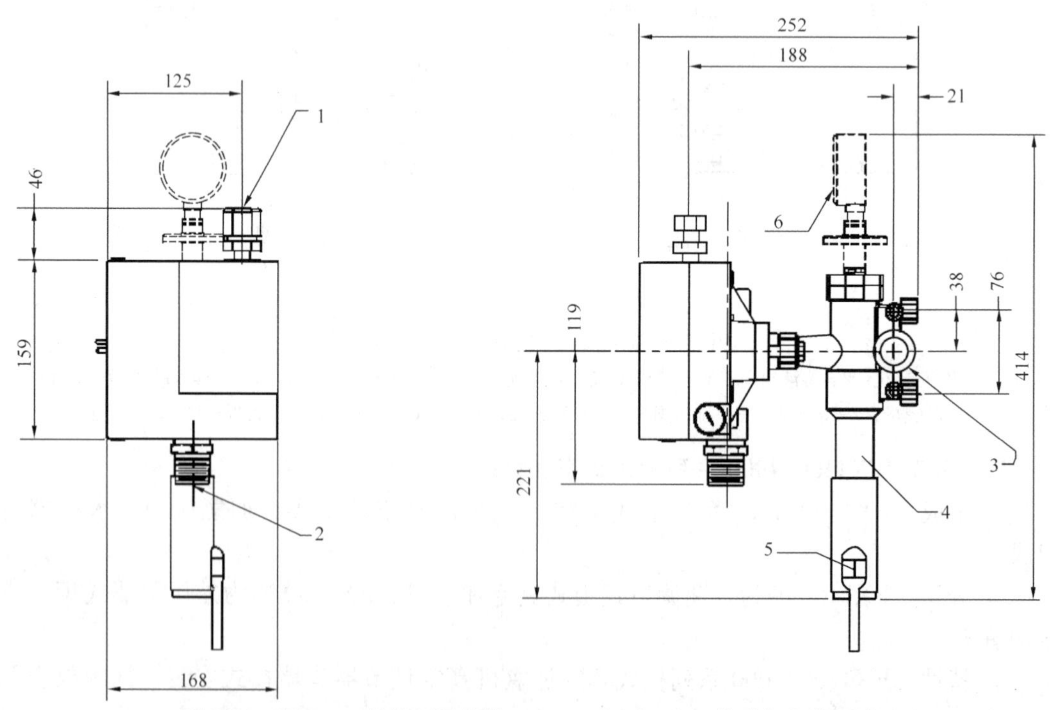

图 5-24　VR3000 型真空调节器（max. 60kg/h Cl_2）外形与安装尺寸
1—5/8″O. D 放空出口；2—1″NPT 气体出口；3—3/4″NPT 气体入口（两侧）；4—集液管；5—电加热器（240V/25W）；6—气压表（选择件）φ51

(3) VR10000 型真空调节器（max. 200kg/h Cl_2）外形与安装尺寸见图 5-26。

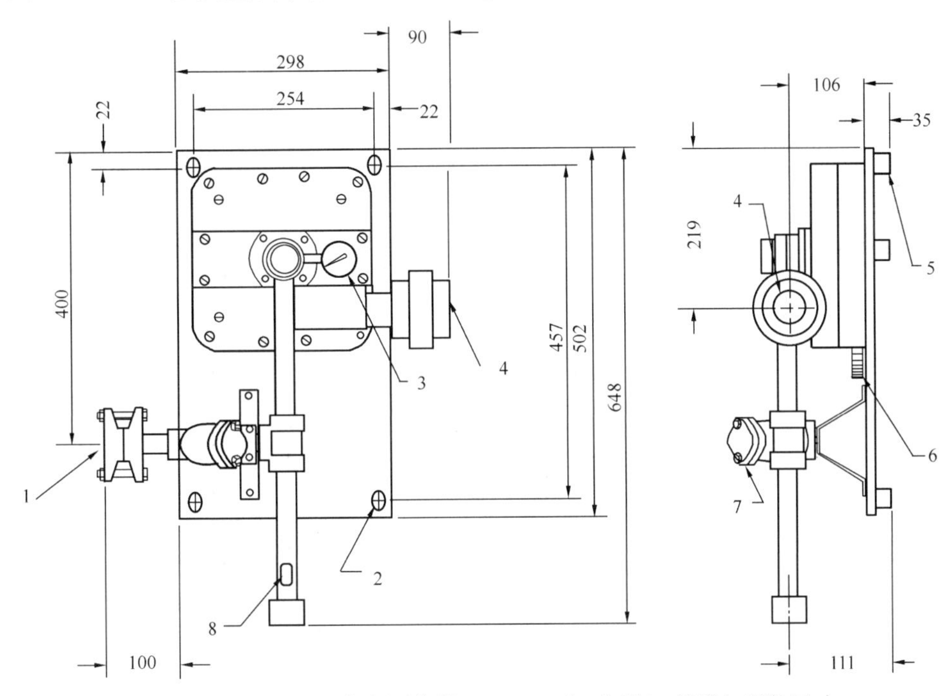

图 5-25 VR8000 型真空调节器（max. 150kg/hCl_2）外形与安装尺寸

1—进气口¾″NPT；2—4—ϕ16 腰型安装孔；3—压力表（0～300psi）；4—出气口 1-½″NPT；5—支柱；6—放空口 1/2″软管；7—过滤器；8—加热器

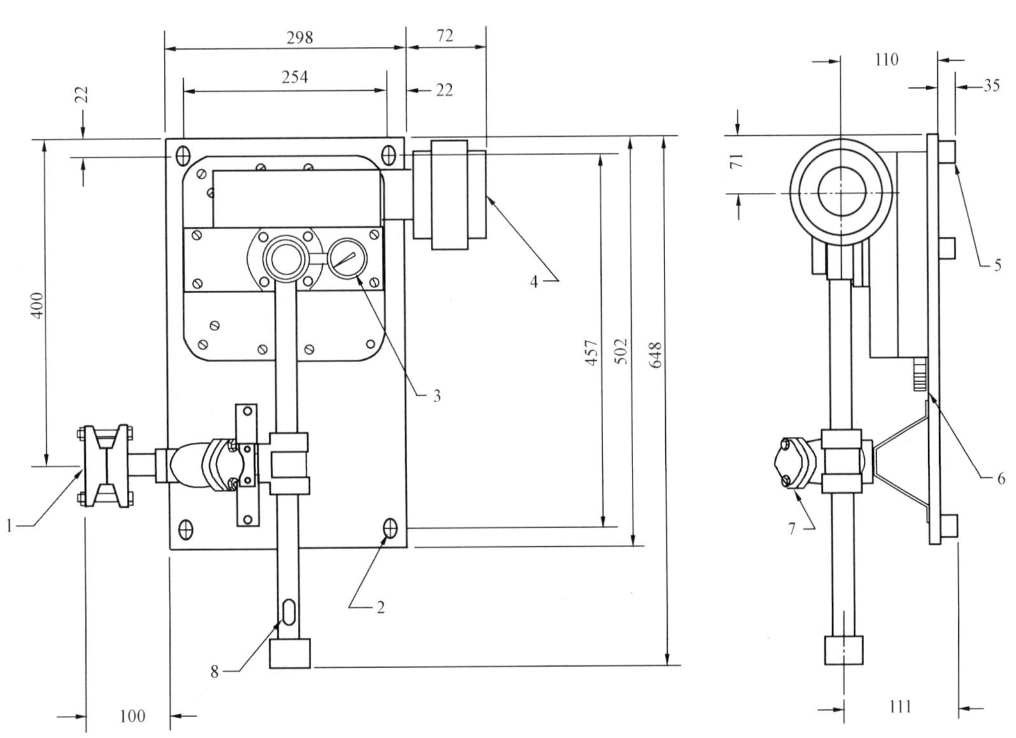

图 5-26 VR10000 型真空调节器（max. 200kg/hCl_2）外形与安装尺寸

1—进气口 3/4″NPT；2—4-Φ16 腰型安装孔；3—压力表（0～300psi）；4—出气口 1-1/2″NPT；5—支柱；6—放空口 1/2″软管；7—过滤器；8—加热器

（4）FX4400/4000系列加氯机柜外形与安装尺寸见图5-27。

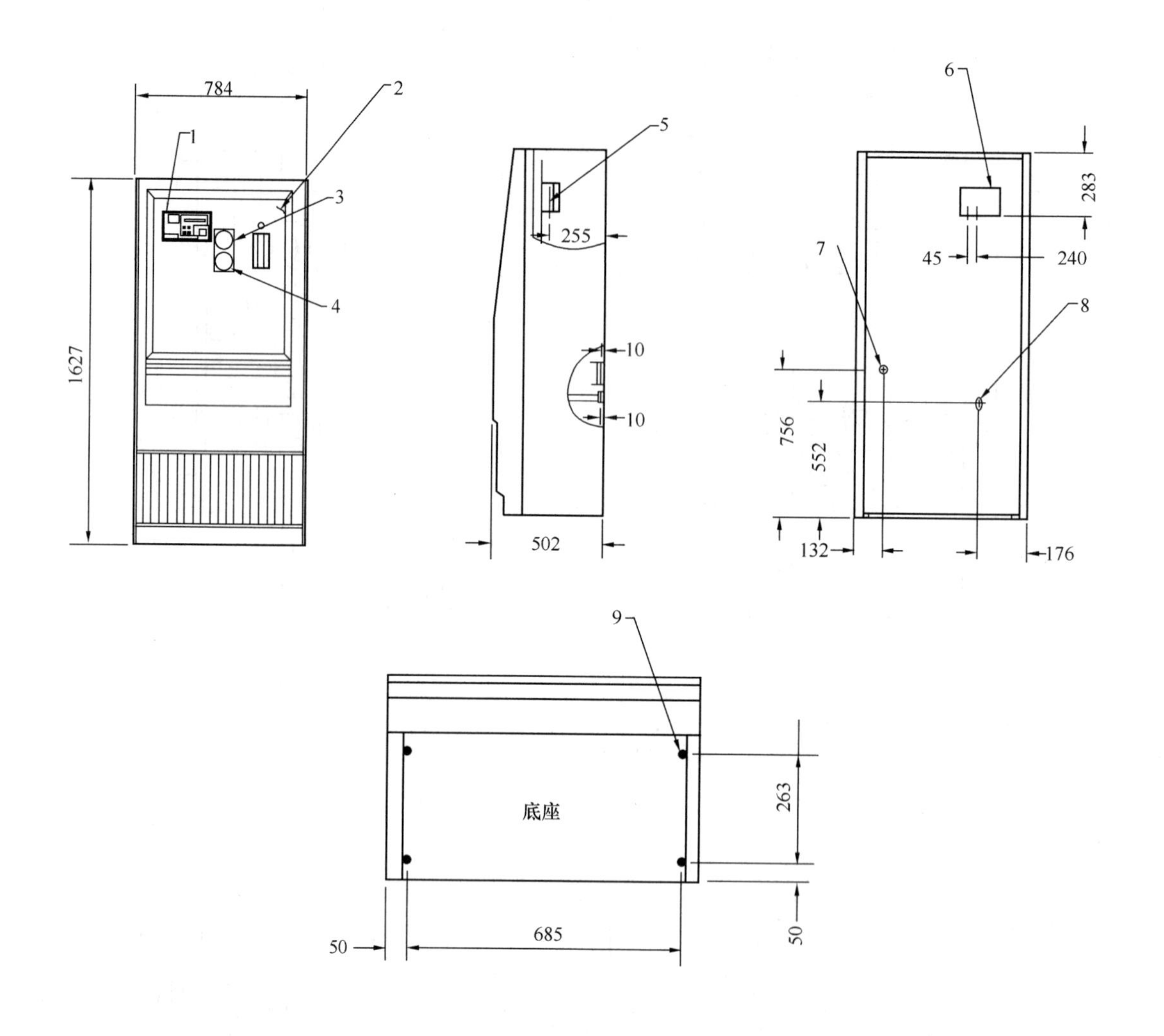

图5-27 FX4400/4000系列加氯机柜外形与安装尺寸

1—控制器（选择件）；2—前面板；3—真空表；4—压力表（仅用于内置真空调节器时）；5—接线孔1/2″；6—用户接线盒（电源/信号）；7—出气孔；8—进气孔；9—4-ϕ10安装式

（5）音速流加氯机水射器（20～60kg/h）外形与安装尺寸见图5-28。

（6）EJ6000/8000型水射器外形与安装尺寸见图5-29、表5-23，水射器典型管路配置见图5-30。

EJ6000/8000型水射器外形与安装尺寸（mm） **表5-23**

型号	连接法兰	*A*	*B*	*C*	*D*	*E*	材质
EJ6000	3″ANSI 150LB	520	240	380	180	150	本体：PVC、螺栓：不锈钢
EJ8000	4″ANSI 150LB	570	255	420	175	150	

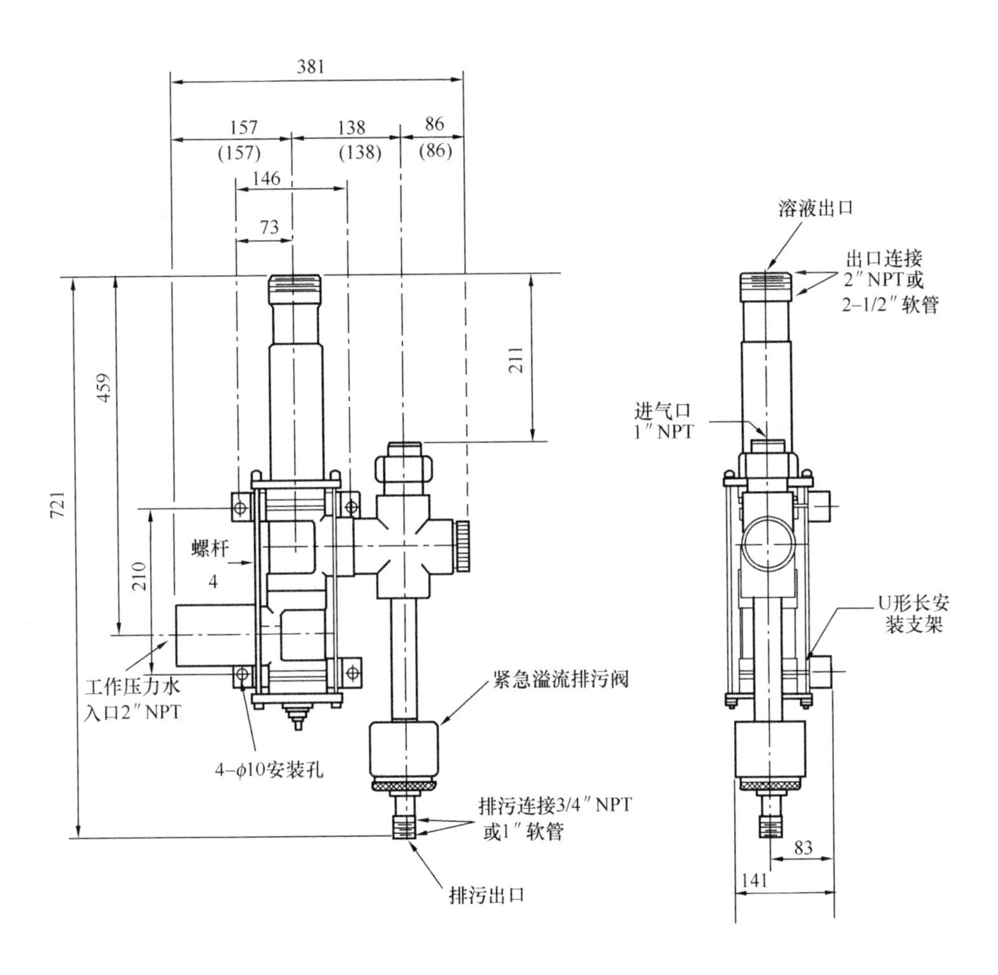

图 5-28 音速流加氯机水射器（20～60kg/h）外形与安装尺寸

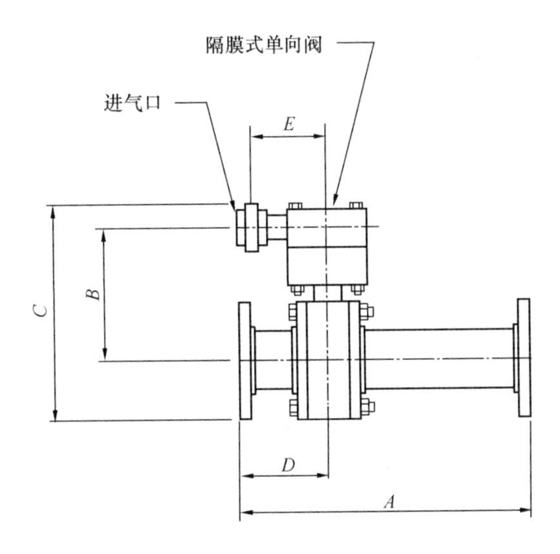

图 5-29 EJ6000/8000 型水射器外形与安装尺寸

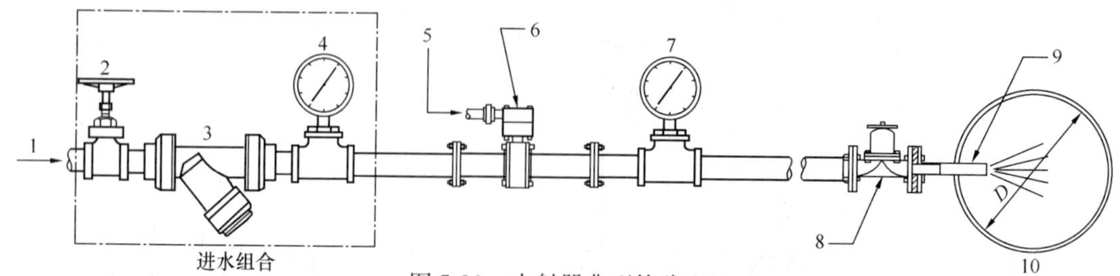

图 5-30　水射器典型管路配置

1—工作压力水；2—截止阀；3—Y 型过滤器；4—水压表；5—负压气体入口；6—水射器；7—塑料隔膜压力表（材质 PVC、PTFE）；8—球阀或衬胶隔膜阀；9—法兰式扩散器；10—管线

5.2.2　氯气消毒设备气源系统关键附件

5.2.2.1　液氯正压管路系统附件

1. 适用范围：液氯正压管路系统附件用于从液氯钢瓶抽取氯气的场合，确保从氯瓶至真空调节器连接管路输气过程氯气输送的安全性和质量保障。

2. 典型配置：液氯正压管路系统附件根据加氯量和正压管路系统技术要求，进行选型和组合配置，其典型组合配置如下：

（1）加氯系统（≤60kg/h）典型正压管路配置：气态氯气正压管路与切换系统配置见图 5-31。

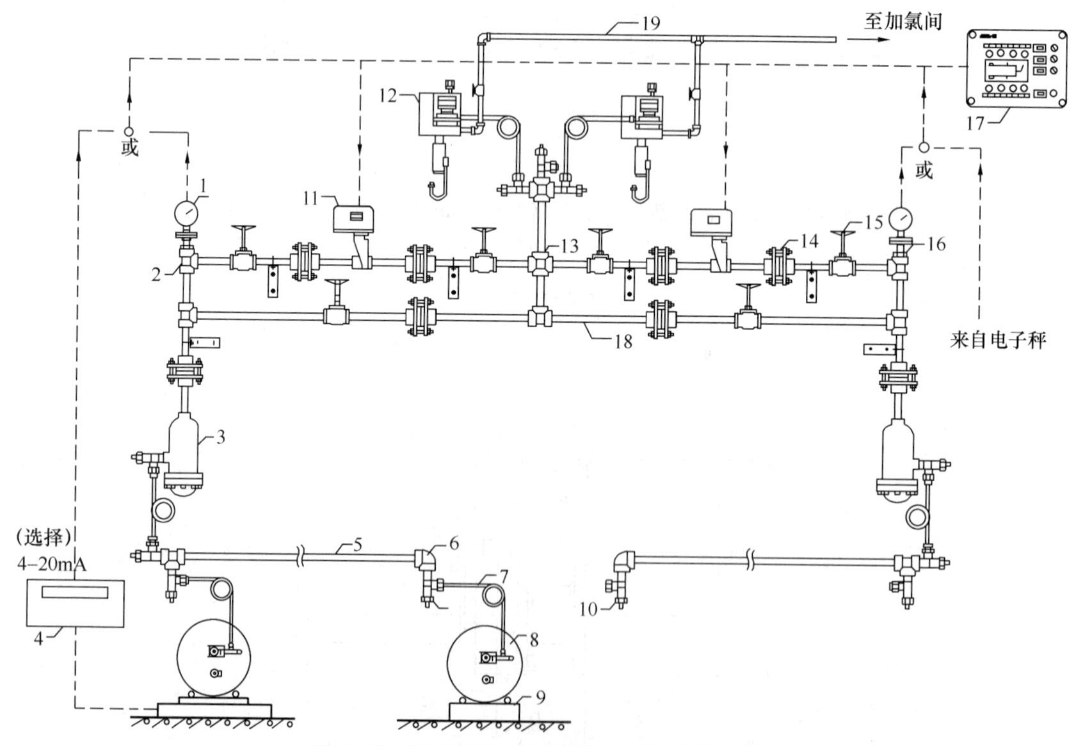

图 5-31　气态氯气正压管路与切换系统配置

1—钽膜片开关压力表；2—氯三通；3—缓冲过滤罐；4—氯瓶电子秤；5—汇流排（歧管）；6—弯头；7—柔性铜管；8—轭钳；9—氯瓶托架；10—氯气角阀；11—电动球阀；12—真空调节器；13—氯四通；14—活套法兰；15—截止阀；16—表座；17—切换控制箱；18—管螺纹短管；19—负压 PVC 管路

注：所有气瓶必须具有相同温度，正压管路温度必须大于或等于气瓶温度。

（2）加氯系统（max. 200kg/h）典型正压管路配置：液态氯气正压管路与切换系统配置见图5-32。

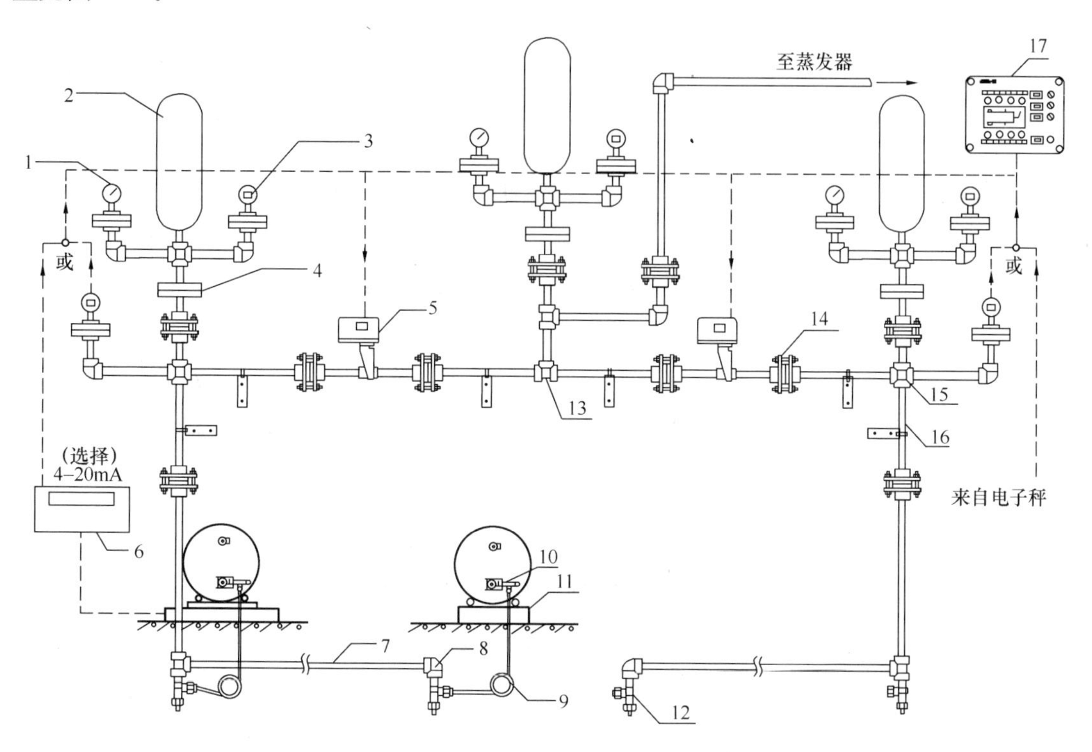

图5-32 液态氯气正压管路与切换系统配置

1—隔膜压力表；2—膨胀室；3—压力开关；4—防爆膜；5—电动球阀；6—氯瓶电子秤；7—汇流排（歧管）；8—弯头；9—柔性铜管；10—轭钳；11—氯瓶托架；12—氯气角阀；13—氯三通；14—活套法兰；15—氯四通；16—管螺纹短管；17—切换控制箱

（3）液态氯气多氯瓶并联正压管路配置：液态氯气多氯瓶并联正压管路应用配置见图5-33。

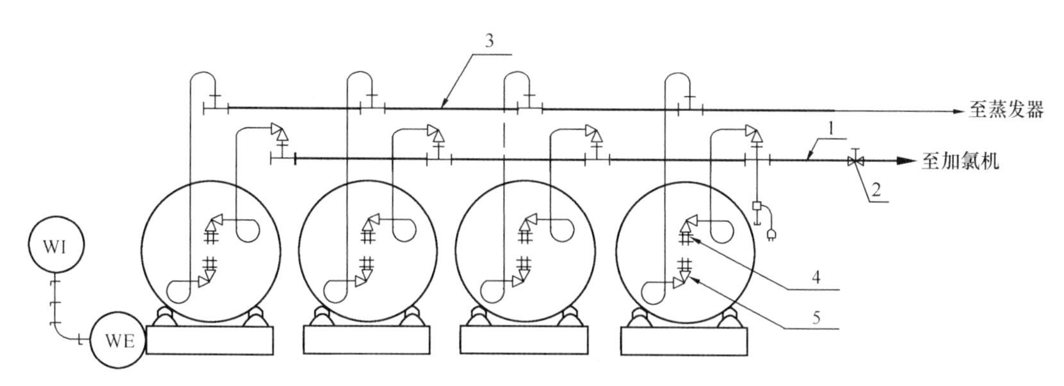

图5-33 液态氯气多氯瓶并联正压管路配置

1—气态压力平衡汇流排；2—排气阀（选择件）；3—液态汇流排；4—氯瓶上气阀；5—氯瓶下气阀

3. 性能规格及外形与安装尺寸：

（1）吨级氯瓶托架性能规格见表5-24、外形与安装尺寸见图5-34。

吨级氯瓶托架性能规格　　**表 5-24**

名　称	形　式	用　途	材　质	主要生产厂商
吨级氯瓶托架	固定式	储存区	本体为碳钢，外涂防腐漆	上海费波技术有限公司
	可调式	加氯系统		

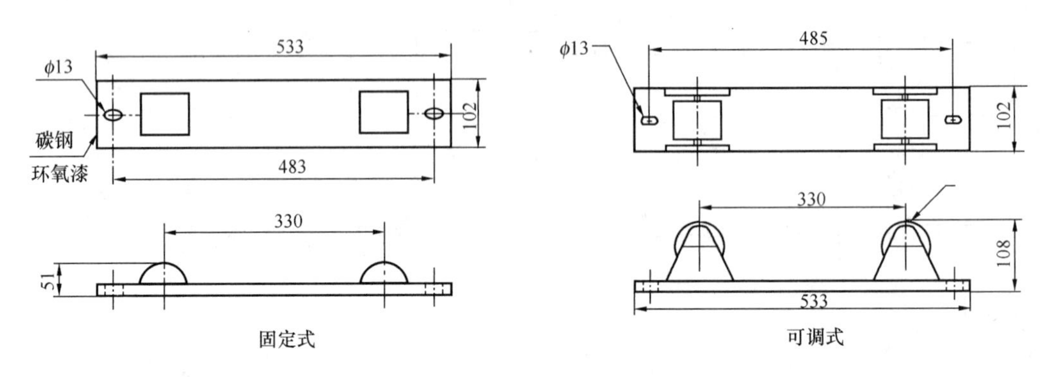

图 5-34　吨级氯瓶托架外形与安装尺寸

（2）氯瓶管路专用连接件及阀门性能规格与外形尺寸见表 5-25、图 5-35。

氯瓶管路专用连接及阀门性能规格与外形尺寸　　**表 5-25**

名　称	规　格	长度 L（m）	工作压力（MPa）	材　质	主要生产厂商
柔性铜管	G3/4″-ϕ10×1.5	1.5	2.0	外径 ϕ10 紫铜管、外部镀锌	上海费波自控技术有限公司
	G3/4″-ϕ10×2	2			
	G3/4″-ϕ10×3	3			
轭钳（带隔离阀）	G3/4″	—		黄铜、碳钢	
氯角阀	G3/4″	—		黄铜	

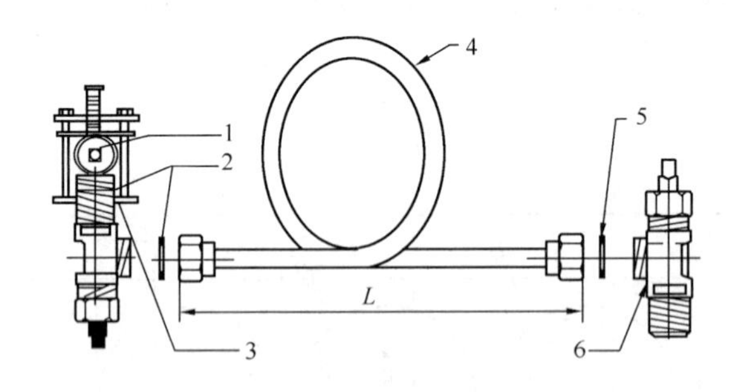

图 5-35　氯瓶管路专用连接件及阀门外形尺寸
1—氯瓶角阀；2—垫片；3—轭钳（带隔离阀）；
4—柔性铜管；5—垫片；6—氯角阀

（3）氯气正压管路连接常用管件性能规格与外形尺寸见表 5-26。

根据美国氯气研究所（Chlorine Institute）（简称 C. I）的标准，输送干氯气（液态或气态）的碳钢管材及管接头要满足 ANSI B16. 11、ASTM A 105、API Class 3000LB 要求。

氯气正压管路连接常用管件性能规格与外形尺寸　　表 5-26

<table>
<tr><th>名称</th><th>图示</th><th colspan="6">外形尺寸</th><th>主要生产厂商</th></tr>
<tr><td rowspan="3">直通</td><td rowspan="3"> 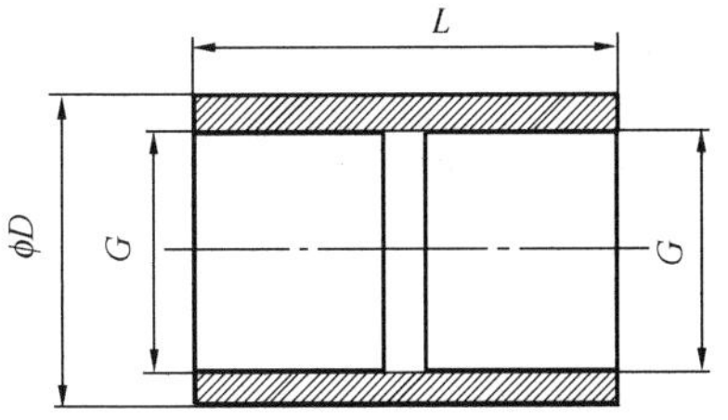</td><td>公称直径(mm)</td><td>G(NPT)</td><td colspan="2">φD(mm)</td><td colspan="2">L(mm)</td><td rowspan="12">上海费波自控技术有限公司</td></tr>
<tr><td>20</td><td>3/4″</td><td colspan="2">40</td><td colspan="2">49</td></tr>
<tr><td>25</td><td>1″</td><td colspan="2">45.5</td><td colspan="2">50</td></tr>
<tr><td rowspan="3">弯头</td><td rowspan="3"> 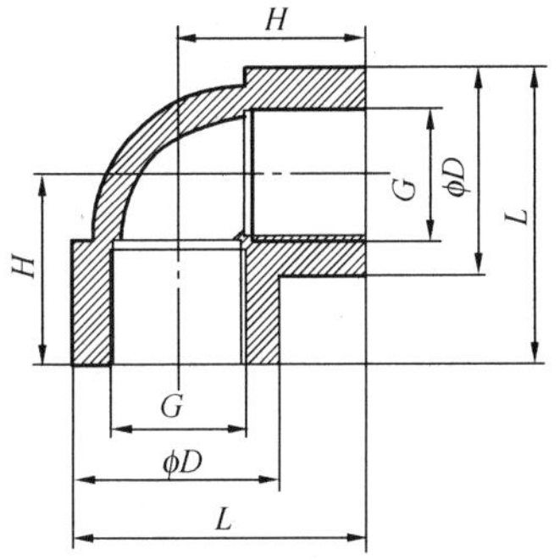</td><td>公称直径(mm)</td><td>G(NPT)</td><td>φD(mm)</td><td>H(mm)</td><td colspan="2">L(mm)</td></tr>
<tr><td>20</td><td>3/4″</td><td>47</td><td>38.5</td><td colspan="2">60</td></tr>
<tr><td>25</td><td>1″</td><td>57</td><td>44.5</td><td colspan="2">70</td></tr>
<tr><td rowspan="3">三通</td><td rowspan="3"> 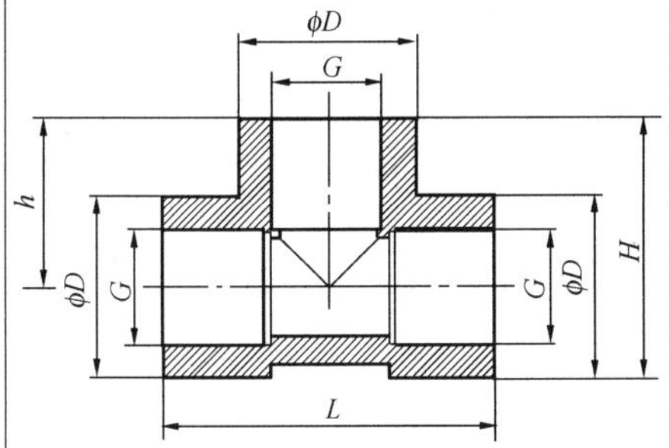</td><td>公称直径(mm)</td><td>G(NPT)</td><td>φD(mm)</td><td>H(mm)</td><td>L(mm)</td><td>h(mm)</td></tr>
<tr><td>20</td><td>3/4″</td><td>47</td><td>63</td><td>77</td><td>39.5</td></tr>
<tr><td>25</td><td>1″</td><td>57</td><td>73</td><td>87</td><td>45</td></tr>
<tr><td rowspan="3">四通</td><td rowspan="3"> 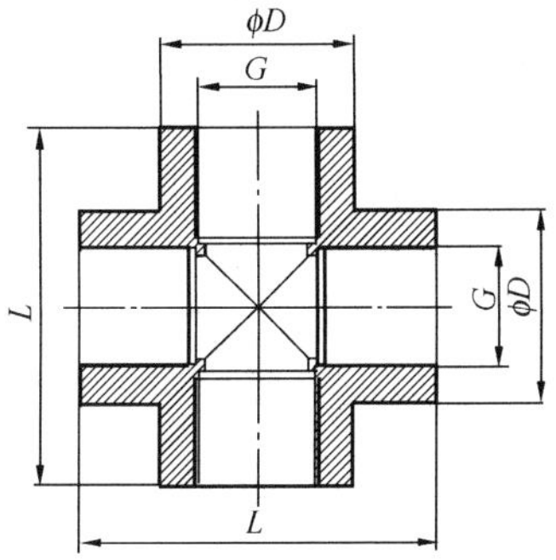</td><td>公称直径(mm)</td><td>G(NPT)</td><td colspan="2">φD(mm)</td><td colspan="2">L(mm)</td></tr>
<tr><td>20</td><td>3/4″</td><td colspan="2">46</td><td colspan="2">77</td></tr>
<tr><td>25</td><td>1″</td><td colspan="2">56</td><td colspan="2">88.5</td></tr>
</table>

注：表中 NPT 为美制管螺纹标准。

（4）氯气正压管路常用管材规格和标准见表 5-27。

氯气正压管路常用管材规格和标准 **表 5-27**

公称直径（mm）	外径（mm）	执行标准
20	27	1.《结构用无缝钢管》GB/T 8162；
25	34	2.《输送流体用无缝钢管》GB/T 8163①

① 钢号 10 号或 20 号（美标为 Sch80 B 级、S 型、ASTMA-106）

（5）氯气正压管路连接常用法兰规格及外形尺寸见表 5-28。

氯气正压管路连接常用法兰规格及外形尺寸 **表 5-28**

公称直径（mm）	G（NPT）	ϕD（mm）	ϕd（mm）	L（mm）	工作压力（MPa）	材质	主要生产厂商
20	3/4″	105	75	81.5	2.0	碳钢化学发黑	上海费波自控技术有限公司
25	1″	105	75	81.5	2.0		

注：表中 NPT 为美制管螺纹标准。

（6）氯气过滤器：氯气过滤器适用于过滤氯气中杂质及管路中产生的氧化皮，按应用分有液相过滤器和气相过滤器两种，其中气相过滤器兼有集液功能。

1）Y 形液相氯气过滤器性能规格及外形尺寸见表 5-29、图 5-36。

2）D120 型气相氯气过滤器性能规格及外形尺寸见表 5-30、图 5-37。

Y 形液相氯气过滤器性能规格及外形尺寸 **表 5-29**

型 号	工作压力（MPa）	材 质		口径（NPTF）	宽度（mm）	B（mm）	C（mm）	D（mm）	主要生产厂商
		本体	滤网（目）						
R-6786	4.0	碳钢	40	3/4″	90	55	110	110	上海费波自控技术有限公司
R-2154				1″	100	65	130	120	

注：表中 NPTF 为美制管螺纹标准，内螺纹。

D120 型气相氯气过滤器性能规格及外形尺寸 **表 5-30**

本体材质	滤芯材质	工作压力（MPa）	进出连接（NPTF）	主要生产厂商
碳钢	玻璃棉	2.1	3/4″	上海费波自控技术有限公司

注：表中 NPTF 为美制管螺纹标准，内螺纹。

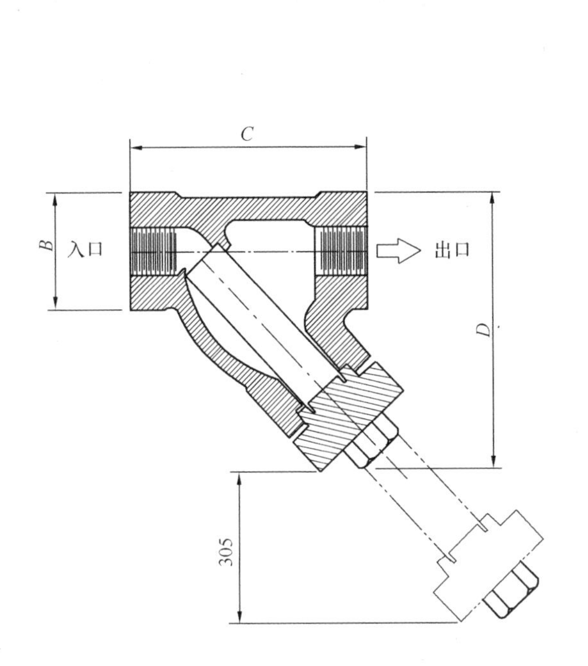

图 5-36 Y形液相氯气过滤器外形尺寸

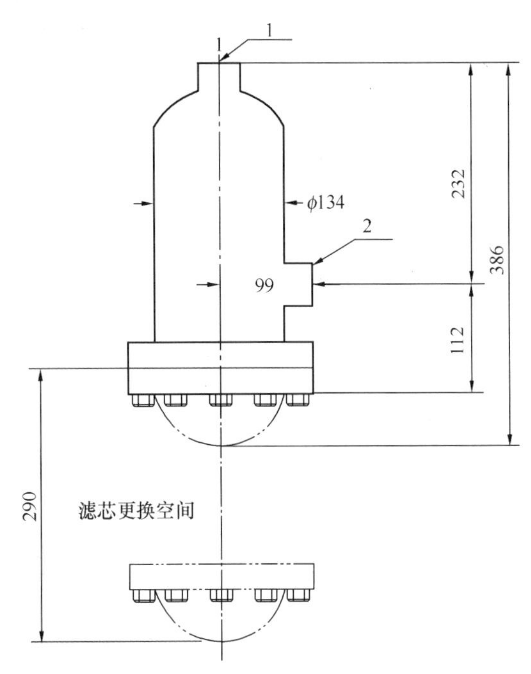

图 5-37 D120 型气相氯气过滤器外形尺寸
1—出气口¾″NPTF；2—进气口¾″NPTF

（7）QH1041 型气源切换装置：

QH1041 型气源切换装置适用于两组气瓶出口正压气相或液相气源的自动切换，实现连续不间断供气；由一个切换控制器、两只电动氯气专用球阀、两只氯气用压力开关或电接点钽隔膜压力表组成。根据用于气态或液态气源的不同，其系统配置时会有所不同。其性能规格见表 5-31、外形与安装尺寸见图 5-38。

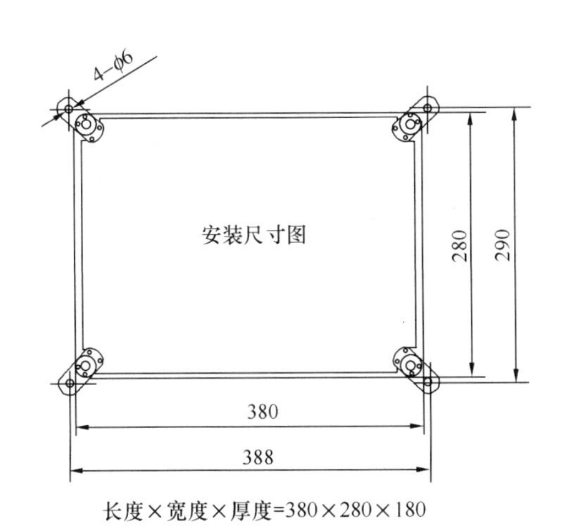

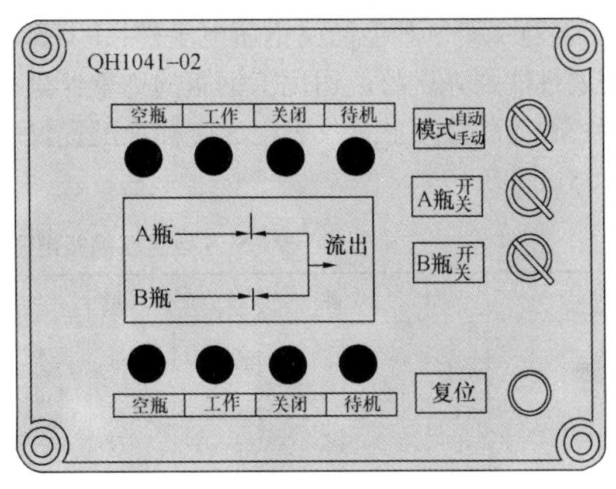

图 5-38 QH1041 型切换控制器
外形与安装尺寸

QH1041型气源切换装置性能规格　　表 5-31

性能	供电			显示	输出	主要生产厂商
	(V)	(Hz)	(VA)			
控制器通过程序化逻辑对电动球阀进行自动切换控制，也可在手动状态进行手动切换。并具有外部远程强制关闭阀门的功能，防止两个电动球阀同时启动	240	50	200	灯光闪烁	A组或B组空瓶、电动阀开或关状态、故障或控制信号	上海费波自控技术有限公司

(8) 71V11A系列减压截止阀：71V11A系列减压截止阀适用于调节气源下游侧气压，防止气体二次液化或当蒸发器出现故障时自动截止，防止液态气体进入真空调节器。常用类型分有手动减压截止阀、气动减压截止阀、电动减压截止阀。其性能规格见表5-32、外形与安装尺寸见图5-39。

71V11A系列减压截止阀性能规格　　表 5-32

型号	气体	减压气量(kg/h)	上游侧气压(MPa)	下游侧气压(kPa)	控制气压(kPa)	供电电源	触点输出	主要生产厂商
71P11A01	氯气、二氧化硫	20	2.1	103～310	用于气动减压截止阀，必须大于被控气体压力：35kPa	240V±10% 0.7A 50Hz 150VA	仅用于电动减压截止阀；阀位指示、报警状态指示SPDT 240V、15A	上海费波自控技术有限公司、水环纯水务(上海)有限公司
71P11A02		160						
71P11A03		240						
71P11A04	氨气	10						
71P11A05		80						
71P11A06		120						

注：1. 型号01手动、02-气动/液动、03-电动；
2. 安装管路是软管情况可选择安装支架，支架设计用于墙挂或2″管安装；
3. 选择附件：气动压力调节器，3位电磁阀、安装支架。

(9) 9T-SCS型防腐钢瓶电子秤：9T-SCS型防腐钢瓶电子秤采用防腐喷塑涂装工艺，防腐性能强，广泛应用化工钢瓶的称重计量；由钢结构秤台、钢瓶支架、高精度称重传感器、智能化称重显示仪表组成，标准配置仪表为PT650F型；其性能规格与外形尺寸见表5-33、图5-40。

9T-SCS型防腐钢瓶电子秤性能规格与外形尺寸　　表 5-33

型号	最大称重(t)	电源		仪表工作环境		传感器工作温度(℃)	准确等级	外形尺寸(mm)				质量(kg)	主要生产厂商
		(V)	(Hz)	温度(℃)	相对湿度<(%)			L	W	H_1	H_2		
9T-SCS-1	1	220，−15%～10%	50	−10～40	95	−20～60	Ⅲ	1200	800	250	200	200	珠海九通水务有限公司
9T-SCS-2	2												

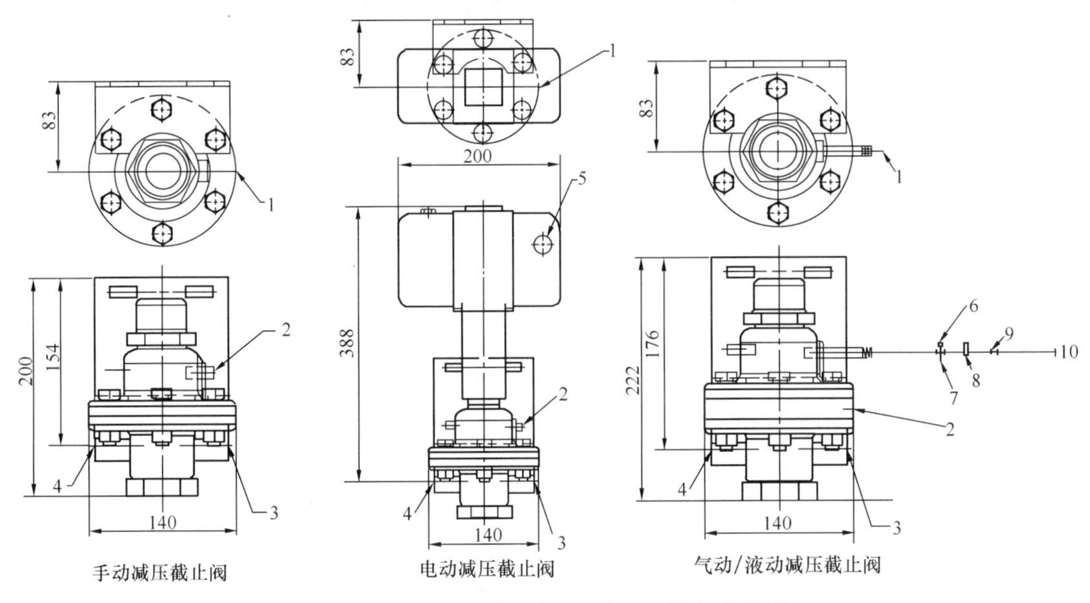

图 5-39 71V11A 系列减压截止阀外形与安装尺寸

1—管路连接；2—1/4″NPT 放空连接；3—3/4″NPT 出气连接；4—3/4″NPT 进气连接；5—1/2″（两侧）电气连接；6—用于自动截止的电磁阀（额外配置）；7—排空；8—气体调压过滤器；9—截止阀；10—气源管线

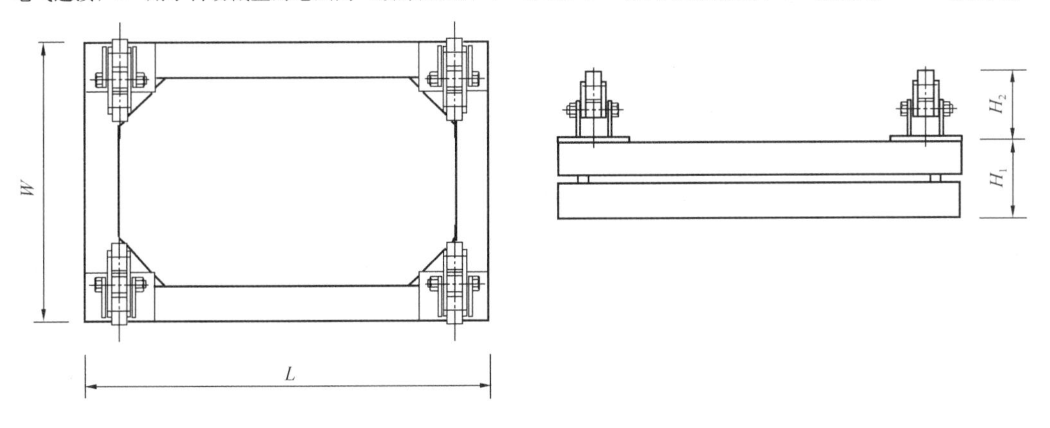

图 5-40 9T-SCS 型防腐钢瓶电子秤外形尺寸

5.2.2.2 液氯自恒温汽化装置

1. 适用范围：液氯自恒温汽化装置为液氯、液氨等钢瓶提供热能，加速液氯液氨等的气化，适用于使用液态气体钢瓶的场合。

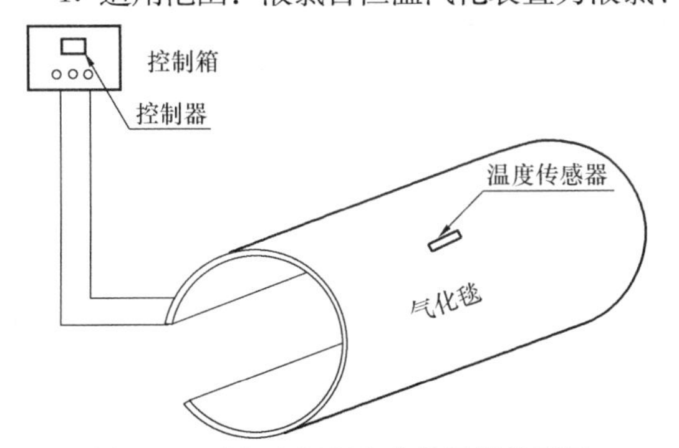

图 5-41 液氯自恒温汽化装置结构配置

2. 型式及组成：液氯自恒温汽化装置用强磁铁吸附在氯瓶表面，主要由控制器、温度传感器、气化毯等组成。

3. 性能规格及外形尺寸：液氯自恒温汽化装置可在氯瓶表面形成恒温层，液氯气化量不受外部环境干扰，实现对气化量的恒定控制。该装置性能规格及外形尺寸见表 5-34、其结构配置见图 5-41。

液氯自恒温汽化装置性能规格及外形尺寸 表 5-34

型号	氯瓶规格(kg)	外形尺寸(mm)		气化毯功率(kW)	设定温度(℃)	极限温度(℃)	精度等级	供电		主要生产厂商
		长度 H	宽度 B					(V)	(Hz)	
9T-CVD-500	500	1450	900	0.8	36	43	Ⅲ	220	50	珠海九通水务有限公司
9T-CVD-1000	1000	1900	900	1.0	36	43	Ⅲ	220	50	

5.2.3 泄氯吸收装置

泄氯吸收装置常用有9T-CA型全自动泄氯吸收装置。

9T-CA型全自动泄氯吸收装置：

1. 适用范围：9T-CA型全自动泄氯吸收装置适用于使用液氯的场合，可以迅速吸收泄漏的氯气。

2. 组成：9T-CA型全自动泄氯吸收装置由溶液箱、吸收塔、防腐液下泵、离心风机、布风系统、漏氯报警仪、PLC控制柜及浮球液位计等设备组成。

3. 特性：氯气被吸收液吸收，反应后的液体又流回储液再生箱，经过再生后吸收液又可与氯气反应，循环使用，吸收液无需更换。

4. 性能规格：9T-CA型全自动泄氯吸收装置性能规格见表5-35。

9T-CA型全自动泄氯吸收装置性能规格 表 5-35

规格型号	吸收能力(kg)	适用库房(m^3)	风机风量(m^3/h)	风机功率(kW)	液下泵流量(m^3/h)	液下泵功率(kW)	主要生产厂商
9T-CA5/500	500	50～250	5465	5.5	30	5.5	珠海九通水务有限公司
9T-CA5/1000	1000	250～500	9580	7.5	50	7.5	
9T-CA5/准 2000	1000	500～700	12300	7.5	50	7.5	
9T-CA5/2000	2000	700～1200	19160	15	100	15	
9T-CA5/3000	3000	1200～1800	24600	15	100	15	
9T-CA5/4000	4000	1800～2500	28740	22.5	150	22.5	
9T-CA5/5000	5000	2500～3200	36900	22.5	150	22.5	

5. 外形尺寸：9T-CA型全自动泄氯吸收装置外形尺寸见表5-36、图5-42。

9T-CA型全自动泄氯吸收装置外形尺寸 表 5-36

型号	溶液再生箱长度 L(mm)	溶液再生箱宽度 W(mm)	溶液再生箱高度 H_1(mm)	吸收塔高度 H_2(mm)	吸收塔数量(个)
9T-CA5/500	2200	2200	1600	3400	1
9T-CA5/1000	3100	3100	1600	3400	1
	4000	2200	1600	3400	1

续表

型　　号	溶液再生箱长度 L (mm)	溶液再生箱宽度 W (mm)	溶液再生箱高度 H_1 (mm)	吸收塔高度 H_2 (mm)	吸收塔数量（个）
9T-CA5/准 2000	4000	2200	1600	3400	1
9T-CA5/2000	6000	2200	1600	3400	2
9T-CA5/3000	6000	2200	1600	3400	2
9T-CA5/4000	6000	2200	1600	3400	3
9T-CA5/5000	6000	2200	1600	3400	3

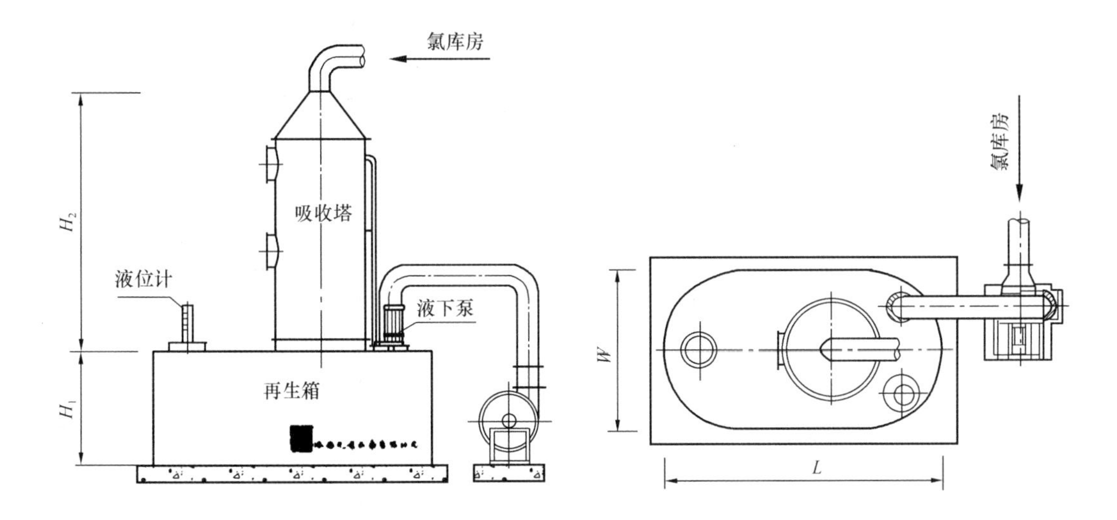

图 5-42　9T-CA 型全自动泄氯吸收装置外形尺寸

5.2.4　二氧化氯发生器

1. 适用范围：二氧化氯发生器适用于给水厂、污水处理厂、游泳池、医院污水、工业循环水、工业废水的预氧化及杀菌消毒，也可用于造纸、食品、饮料等工业。

2. 分类：根据二氧化氯发生器使用的原料及反应原理的不同分为复合二氧化氯（或称混合）发生器（反应生成物为氯气同二氧化氯的混合物）及纯二氧化氯发生器（反应生成物中二氧化氯的含量在 95%以上）。

5.2.4.1　复合二氧化氯发生器

复合二氧化氯发生器常用有 XF1000、XF2000、XF3000 系列二氧化氯发生器，JY 系列二氧化氯发生器，HSD 系列复合二氧化氯发生器，2001F 系列二氧化氯发生器，2001A 系列二氧化氯发生器，LZ 系列复合二氧化氯发生器。

1. XF 系列二氧化氯发生器：

（1）组成：XF 系列二氧化氯发生器分有 XF1000、XF2000、XF3000 型。由原料溶液制备及贮存系统，原料溶液投加计量系统，化学反应系统，加热系统，混合投加系统，自动控制、操作及显示系统，安全保护、监测及报警系统，投加计量泵在线标定系统（选项），残液分离及后处理系统（选项）等组成。

（2）特性：XF 系列二氧化氯发生器特性有：

1）多级反应工艺，高 ClO_2 转换率。

2）ClO_2 浓度安全限控制报警；确保 ClO_2 浓度处于本质安全限内，防止爆炸事故。

3）防爆塞启动报警信号远传；确保及时处理设备故障，避免次生事故。

4）残液自动分离排放处理功能（可选），杜绝氯酸盐二次污染。

5）氯化钠（NaCl）结晶堵塞监控；确保及时反洗及保障连续正常运行。

6）计量泵出口原料缺失监测报警；确保有效反应。

7）原料投加泵在线标定：确保运行的精确性和可靠性，有效保证转化率。

8）手动、远程启动、流量比例、残余量负反馈、复合环路等控制方式可选。

（3）性能规格：XF 系列二氧化氯发生器性能规格见表 5-37。

XF 系列二氧化氯发生器性能规格　　　　表 5-37

型号	有效氯产量（kg/h）	电压（V）	功耗（kW）	ClO_2/Cl_2 比值≥（%）	ClO_2 转换率≥（%）	氯酸钠耗率≤	电气防护等级	调节范围（%）	水射器进水口径（mm）	水射器出水口径③（mm）	主要生产厂商
XF1010	0.10	220	0.4	90	60	0.7	IP65	10～100	25①	25①	上海信波环保科技有限公司
XF1020	0.20		0.4								
XF1030	0.30		0.6								
XF1050	0.50		0.8								
XF1070	0.70	220或380									
XF1100	1.00		1.0								
XF1200	2.00		1.5						32①	40①	
XF1300	3.00		2.0								
XF2020	2.00		1.5								
XF2030	3.00		2.0								
XF2050	5.00		3.0						50②	50②	
XF2070	7.00		5.0								
XF2100	10.0								50②	65②	
XF3100	10.0	380	5.0						50②	65②	
XF3150	15.0		7.5						65②	80②	
XF3200	20.0		9.9						65②	80②	

① 进出水口为 R 管螺纹连接。

② 进出水口为法兰连接可适配 ANSI 150LB 及 DIN PN16 法兰。

③ 出水口管线较长时，可再放大出口管线管径。

（4）化学原料：

1）氯酸钠：（符合《工业氯化钠》GB/T 1618 的规定：工业一级品，含量≥99%）。

2）盐酸：（符合《工业用合成盐酸》GB 320 的规定：工业一级品，浓度≥31%）。

（5）外形与安装尺寸：XF 系列二氧化氯发生器外形与安装尺寸见表 5-38、图 5-43。

XF 系列二氧化氯发生器外形与安装尺寸（mm） 表 5-38

型 号	H_1	H_2	L_1	L_2	W_1	W_2			L_3
						手动型	分体型	自动型	
XF1000	1315	1095	520	820	435	555	555	620	480
XF2000	1595	1350	615	945	520	640	640	705	568
XF3000	1880	1500	720	1030	586	840	840	905	674

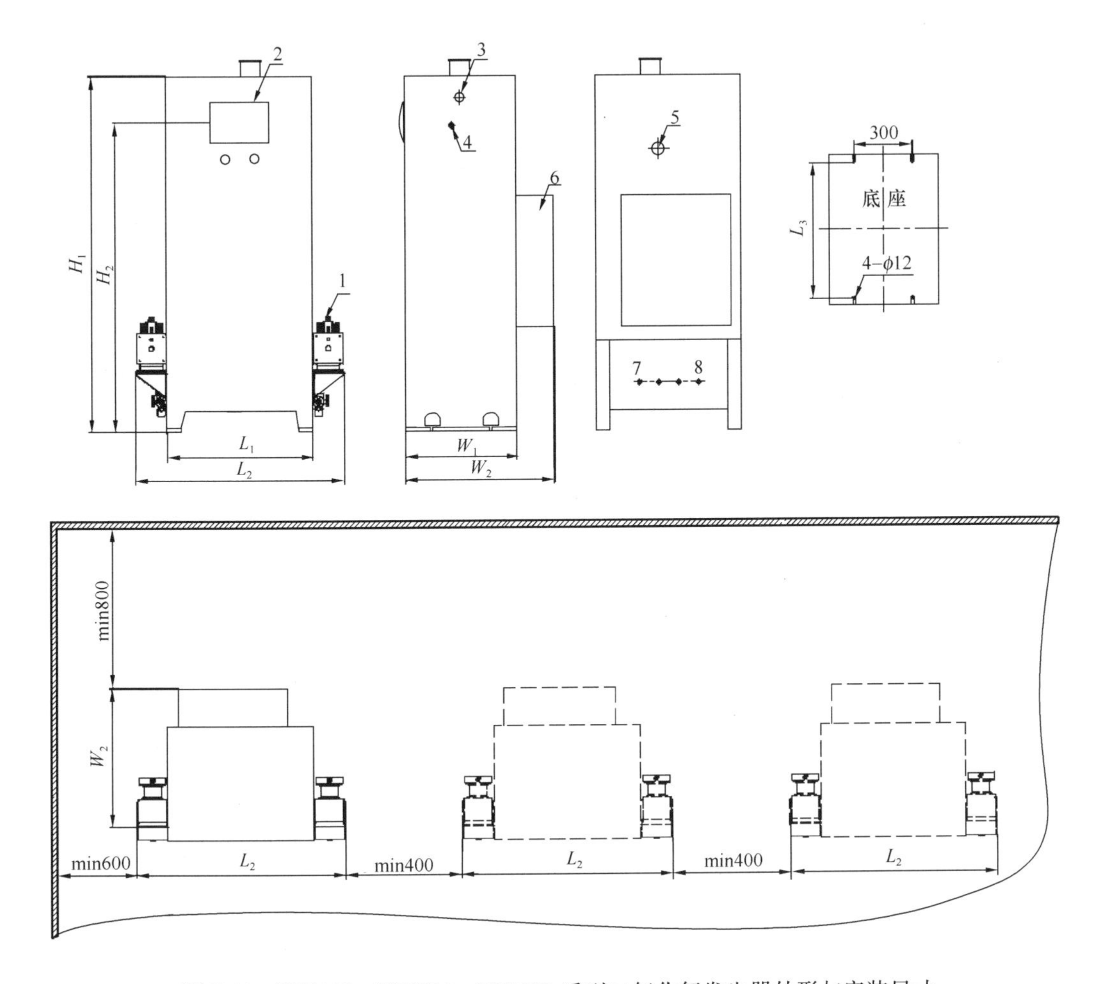

图 5-43 XF1000、XF2000、XF3000 系列二氧化氯发生器外形与安装尺寸

1—计量泵；2—显示屏（一体式）；3—进气口；4—进药口；5—出液口；6—控制箱；7—反应器排污口；8—溢流排防

2. JY 系列二氧化氯发生器：

(1) 组成：JY 系列二氧化氯发生器由供料系统、反应系统、反冲洗系统、控制系统、真空吸收系统、安全系统、残液自动处理系统组成。

(2) 特性：JY 系列二氧化氯发生器特性有：

1) 采用 KZQ-200 标准型控制器，CPU 模块化控制。

2) 反应器可随时、自动的进行反冲洗工作，防止反应器内有结晶或杂质的出现。

3）水压报警系统，当动力水欠压时，设备自动停机。

4）原料液位自动保护装置，两个原料罐分别配置液位传感器。

（3）性能规格及外形尺寸：JY 系列二氧化氯发生器性能规格及外形尺寸见表 5-39。

JY 系列二氧化氯发生器性能规格及外形尺寸 **表 5-39**

型号	有效氯产量(g/h)	设备质量(kg)	设备尺寸 长度×宽度×高度(mm)	动力水		配电功率(kW)	主要生产厂商
				管径(mm)	压力≥(MPa)		
JY-100	100	70	500×400×1035	25	0.25	0.45	北京洁源净江水处理技术开发有限公司
JY-200	200	72	500×400×1035	25	0.25	0.45	
JY-300	300	80	550×450×1180	25	0.25	0.45	
JY-500	500	85	550×450×1180	25	0.25	0.55	
JY-800	800	90	650×550×1350	32	0.25	0.65	
JY-1000	1000	96	650×550×1350	32	0.30	0.65	
JY-2000	2000	110	650×550×1450	32	0.30	0.75	
JY-3000	3000	135	960×620×1460	40	0.30	2.0	
JY-4000	4000	142	960×620×1460	50	0.40	2.5	
JY-5000	5000	182	1250×650×1580	50	0.40	3.0	
JY-7000	7000	190	1250×650×1580	75	0.40	3.4	
JY-10000	10000	210	1300×650×1680	75	0.40	4.0	
JY-20000	20000	225	1300×650×1780	90	0.40	4.5	
JY-25000	25000	255	1300×650×1850	90	0.40	4.5	

（4）化学原料：

1）氯酸钠：（符合《工业氯化钠》GB/T 1618 的规定：工业一级品，含量≥99%）。

2）盐酸：（符合《工业用合成盐酸》GB 320 的规定：工业一级品，浓度≥31%）。

3. HSD 系列复合二氧化氯发生器

（1）组成：HSD 系列二氧化氯发生器主要由原料制备储存系统、供药计量系统、反应系统、恒温加热系统、混合吸收系统、自动化控制系统及安全防护系统组成。

（2）特性：HSD 系列二氧化氯发生器特性有：

1）可根据水量或处理后出水的余氯值的变化自动定比调节发生量，也可根据流量和余氯值组成复合环控制。

2）水射器将反应形成的二氧化氯和氯气抽出，反应器微负压运行、安全可靠。

3）引入空气稀释二氧化氯，多级升温推移流反应器，原料转化率高，消除爆炸隐患。

4）反应系统采用特种复合材料、耐温、耐酸、耐强氧化、耐腐蚀、寿命长。

（3）性能规格及外形尺寸：HSD 系列二氧化氯发生器性能规格及外形尺寸见表 5-40。

HSD系列二氧化氯发生器性能规格及外形尺寸 表5-40

型 号	有效氯产量(g/h)	动力水量(L/h)	功率(kW)	进水出药管径(mm)	外形尺寸长度×宽度×高度(mm)	质量(kg)	主要生产厂商
HSD-100	100	1000	1.0	20	580×450×1100	100	青岛金海晟环保设备有限公司
HSD-200	200	1000	1.0	20	580×450×1100	100	
HSD-500	500	1000	2.0	20	580×450×1100	120	
HSD-1K	1000	2000	3.0	25	650×550×1200	200	
HSD-2K	2000	4000	4.0	32	650×550×1200	200	
HSD-5K	5000	10000	4.5	40	750×650×1400	250	
HSD-10K	10000	20000	4.5	50	900×700×1700	280	
HSD-20K	20000	20000	9.0	65	1200×800×1900	350	
HSD-40K	40000	50000	9.0	80	1500×1000×2100	450	

（4）化学原料：氯酸钠、盐酸分别符合《工业氯化钠》GB/T 1618和《工业用合成盐酸》GB 320的规定。

4. 2001F系列二氧化氯发生器：

（1）特性：2001F系列二氧化氯发生器特性有：

1）控制系统采用分体式设计。

2）一套PLC控制多台发生器，运行与备用设备可进行切换。

3）控制柜采用内外喷塑处理，柜内可增设：增压泵、卸酸泵等。

4）可在触摸屏上显示液位高度，并实现高低液位报警。

5）自动化程度高，可实现远程集中监控和故障诊断。

（2）性能规格及外形尺寸：2001F系列二氧化氯发生器性能规格及外形尺寸见表5-41，2001F系列二氧化氯发生器性能规格及外形尺寸见表5-42。

2001F系列二氧化氯发生器性能规格及外形尺寸 表5-41

型号	有效氯产量(g/h)	功率(kW)	动力水		主机尺寸长度×宽度×高度(mm)	设备质量(kg)	主要生产厂商
			管径(mm)	压力≥(MPa)			
2001F-5000	5000	1.5	40	0.30	800×540×1250	150	深圳欧泰华环保技术有限公司
2001F-7000	7000	2.0	50	0.40	970×660×1420	180	
2001F-10000	10000	2.0	50	0.40	970×660×1420	190	
2001F-20000	20000	3.0	50	0.40	1000×750×1520	245	

2001F 系列二氧化氯发生器性能规格及外形尺寸　表 5-42

型　号	有效氯产量(g/h)	功率(kW)	动　力　水		主机尺寸(mm)长度×宽度×高度(mm)	设备质量(kg)	主要生产厂商
			管径(mm)	压力≥(MPa)			
2001F-20000	20000	6.0	65	0.30	800×540×1250×4 台	600	深圳欧泰华环保技术有限公司
2001F-28000	28000	8.0	65	0.40	970×660×1420×4 台	760	
2001F-40000	40000	8.0	65	0.40	970×660×1420×4 台	760	
2001F-80000	80000	12.0	80	0.40	1000×750×1520×4 台	980	

5. 2001A 系列二氧化氯发生器：

（1）特性：2001A 系列二氧化氯发生器特性有：

1）外观专利设计（专利号：362025）。

2）主机上使用工业通用的三色报警灯，设备工作状态一目了然。

3）西门子 PLC 控制系统：可根据设定的温度、余氯含量及计量泵频率进行自动控制；可根据水压、液位的设定参数实行报警和自动停机。

4）彩色触摸屏中文显示。

5）密码保护：只有经授权的操作人员才能对设备进行操作和参数修改。

6）RS-485 通信接口。

（2）性能规格及外形尺寸：2001A 系列二氧化氯发生器性能规格及外形尺寸见表 5-43。

2001A 系列二氧化氯发生器性能规格及外形尺寸　表 5-43

型　号	有效氯产量(g/h)	功率(kW)	动　力　水		主机尺寸长度×宽度×高度(mm)	设备质量(kg)	主要生产厂商
			管径(mm)	压力≥(MPa)			
2001B-1000	1000	1.0	32	0.25	750×520×1270	100	深圳欧泰华环保技术有限公司
2001B-2000	2000	1.0	32	0.25	750×520×1270	112	
2001A-3000	3000	1.5	40	0.30	800×600×1285	160	
2001A-4000	4000	1.5	40	0.30	800×600×1285	160	
2001A-5000	5000	1.5	40	0.30	800×600×1285	160	
2001A-5000	7000	2.0	50	0.40	970×660×1420	210	
2001A-10000	10000	2.0	50	0.40	970×660×1420	210	

6. LZ 系列复合二氧化氯发生器：

（1）组成：LZ 系列复合二氧化氯发生器为电解食盐水发生器，其本体由内箱、外箱、盐箱组成，内箱放置阳极、外箱放置阴极，另外配有中性极。盐箱内饱和盐水被耐腐磁力泵强制循环到内箱，在电解槽内电解。

（2）特性：LZ 系列复合二氧化氯发生器特性有：

1）装有水密封进气装置，确保消毒气体不泄漏。

2）盐箱内盐的溶化及盐水到内箱的循环，由磁力泵强制完成，可确保内箱盐水饱和。

3）外箱碱液排放、电解槽温度及电解电流控制可实现自动化；并可实现远程监控和计算机接口等功能。

（3）性能规格及外形尺寸：LZ 系列复合二氧化氯发生器性能规格及外形尺寸见表 5-44。

LZ 系列复合二氧化氯发生器性能规格及外形尺寸　　表 5-44

型号	有效氯产量（g/h）	电流（A）	电压（V）	发生器外形尺寸（mm）			电源箱外形尺寸（mm）			主要生产厂商
				长度 *L*	宽度 *B*	高度 *H*	高度 *H*	长度 *L*	宽度 *B*	
LZ-50	50	50	220	700	750	800	800	450	600	北京朗泽环境技术开发有限公司
LZ-100	100	100	220	750	800	850	850	450	600	
LZ-200	200	200	220	800	900	1000	1000	450	600	
LZ-300	300	300	380	900	900	1100	1100	550	650	
LZ-400	400	400	380	950	1200	1100	1100	550	650	
LZ-500	500	500	380	950	1200	1100	1100	550	650	
LZ-600	600	600	380	1000	1200	1100	1100	700	700	
LZ-800	800	800	380	1200	1200	1100	1100	700	700	

（4）安装基本要求：LZ 系列复合二氧化氯发生器安装基本要求：

1）发生器和电源宜分室放置。

2）发生器间应有 0.25～0.4MPa 的压力水、地漏、室内通风良好。

3）电源间应有和所选设备相适应的电源。

5.2.4.2 纯二氧化氯发生器

纯二氧化氯发生器分有 SRM-LSH 系列二氧化氯发生器和 HSB 系列二氧化氯发生器。

1. SRM-LSH 系列二氧化氯发生器：

（1）组成：SRM-LSH 系列二氧化氯发生器由玻璃钢或 PVC 外壳、计量泵、加压泵、二氧化氯自动分析仪、PLC、水射器组成。

（2）特性：SRM-LSH 系列二氧化氯发生器特性有：

1）二氧化氯转化率达 92%以上、纯度达 95%以上。

2）反应系统的温度、压力、摩尔比，通过 PLC 自动控制。出厂水二氧化氯残余量反馈控制，调整计量泵的投料量。

3）系统负压状态将二氧化氯浓度控制在 5%以下，确保发生器运行安全。

4）放空、排液、冲水三套安全装置防止意外停电所引发的安全事故。

5）气液分离、气体投加：避免副产物亚氯酸盐、氯酸盐、硫酸盐的二次污染。

（3）性能规格及外形尺寸：SRM-LSH 系列二氧化氯发生器性能规格及外形尺寸见表 5-45。

SRM-LSH 系列二氧化氯发生器性能规格及外形尺寸　　表 5-45

型号	二氧化氯产量（g/h）	二氧化氯浓度＜（%）	外形尺寸 高度×宽度×厚度（m）	二氧化氯气体真空度（－MPa）	水射器工作压力＞（MPa）	二氧化氯出口管径（mm）	设备质量（kg）	主要生产厂商
SRM-LSH-PL1000	1000	5.0	1.6×0.9×0.6	0.0013	0.3	30	150	深圳市斯瑞曼精细化工有限公司
SRM-LSH-PL3000	3000	5.0	1.6×0.9×0.6	0.0013	0.3	30	200	
SRM-LSH-PL5000	5000	5.0	1.8×1.0×0.7	0.0013	0.4	50	200	
SRM-LSH-PL8000	8000	5.0	1.8×1.0×0.7	0.0013	0.4	50	250	
SRM-LSH-PL10000	10000	5.0	1.8×1.0×0.7	0.0013	0.4	50	300	

(4) 化学原料：氯酸钠、硫酸、双氧水。

2. HSB系列二氧化氯发生器

(1) 组成：HSB系列二氧化氯发生器主要由储药系统、供药计量系统、反应系统、混合吸收系统、自控系统及安全防护系统组成。

(2) 特性：HSB系列二氧化氯发生器特性有：

1) 采用亚氯酸钠与盐酸反应工艺。

2) 二氧化氯平均产率在95%以上。

3) 可实现流量比例、二氧化氯残余量负反馈、复合环路自动调节控制投加量。

4) 具有缺药、缺水自动报警功能，并能实现自动停机。

(3) 性能规格及外形尺寸：HSB系列二氧化氯发生器性能规格及外形尺寸见表5-46。

HSB系列二氧化氯发生器性能规格及外形尺寸 **表5-46**

型号	二氧化氯产量(g/h)	动力水量(L/h)	功率(kW)	进水出药管径(mm)	外形尺寸 长度×宽度×高度(mm)	设备质量(kg)	主要生产厂商
HSD-100	50	300	0.2	20	600×300×1000	50	青岛金海晟环保设备有限公司
HSD-100	100	300	0.2	20	600×300×1000	60	
HSD-200	200	300	0.2	20	600×300×1000	80	
HSD-500	500	400	0.4	20	650×450×1300	120	
HSD-800	800	1000	0.4	25	650×450×1400	150	
HSD-1K	1000	2000	0.4	25	650×450×1400	160	
HSD-2K	2000	4000	0.4	32	650×500×1400	180	
HSD-5K	5000	10000	0.5	40	800×550×1700	190	
HSD-10K	10000	20000	0.5	50	800×650×1700	220	
HSD-20K	20000	20000	0.8	65	1000×750×1900	260	
HSD-40K	40000	50000	1.0	80	1200×850×2100	300	

5.2.5 次氯酸钠发生器

1. 适应范围：次氯酸钠发生器为现场电解低浓度氯化钠溶液、生产次氯酸钠消毒剂的设备。适用于医院含菌污水的消毒杀菌处理，电镀含氰废水和有机废水的氧化处理，游泳池、中小型供水设施、二次供水和循环水等的消毒灭菌。

2. 分类：次氯酸钠发生器按运转方式分为连续式运转和间歇式运转两类。常用的连续运转次氯酸钠发生器有Clor Tec中型CT系列现场次氯酸钠发生器和HL系列次氯酸钠发生器。

5.2.5.1 Clor Tec中型CT系列现场次氯酸钠发生器

1. 组成：Clor Tec中型CT系列现场次氯酸钠发生器由电解槽、安装机架、电源/整流器、控制面板/可编程控制器（PLC）、水软化装置、盐水罐、盐水比例调配泵、产品储存罐、计量泵、超声波液位控制计、氢气稀释风机、本质安全型的多重安全系统和选装配的水冷却装置和加热装置组成。

2. 性能规格：Clor Tec 中型 CT 系列现场次氯酸钠发生器性能规格见表 5-47。

Clor Tec 中型 CT 系列现场次氯酸钠发生器性能规格　　表 5-47

型　号	电解槽配置	产量(kg/d)	流量(L/h)	水(L/d)	盐(kg/d)	电耗(kW·h/d)	电源电压(V)	线路容量	主要生产厂商
CT-75	1×75	34	177	4258	102	150	15	20	水环纯水务（上海）有限公司
CT-100	1×100	45	237	5676	136	200	20	30	
CT-150	2×75	68	355	8516	204	300	30	40	
CT-200	2×100	91	473	11355	272	400	40	60	
CT-225	3×75	102	532	12774	306	450	45	70	
CT-300	3×100	136	710	17033	408	600	60	90	

3. 外形及安装尺寸：Clor Tec 中型 CT 系列现场次氯酸钠发生器外形与安装尺寸见图 5-44。

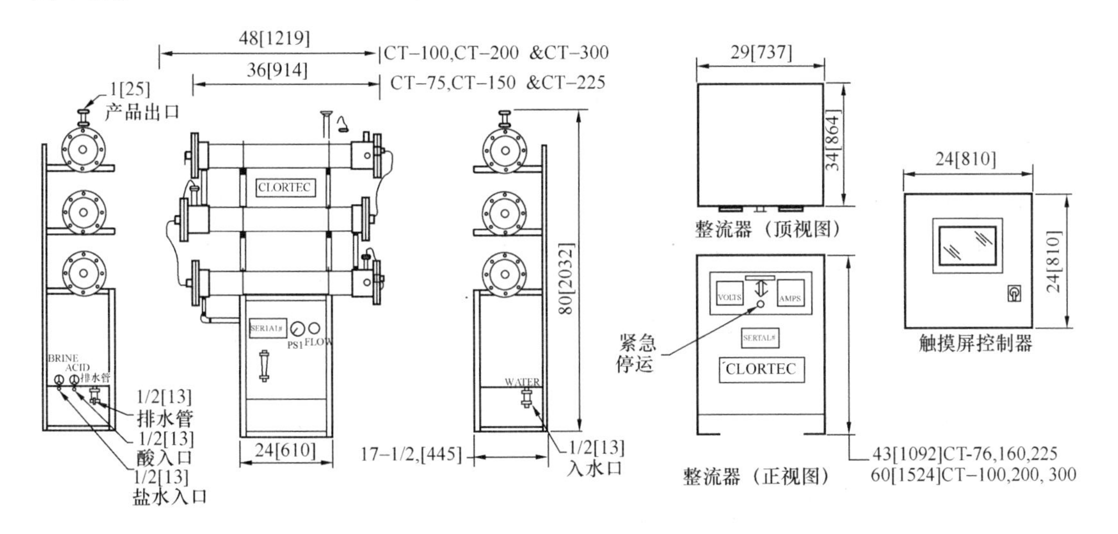

图 5-44　Clor Tec 中型 CT 系列现场次氯酸钠发生器外形与安装尺寸

5.2.5.2　HL 系列次氯酸钠发生器

1. 组成：HL 系列次氯酸钠发生器整套设备由电解电源和发生器本体组成，发生器本体由溶盐箱、电解槽、储液箱（次氯酸钠溶液储存箱）、盐水投加系统及冷却系统等组成。HL-100、HL-200、HL-300 三种规格发生器本体为一体化设计；其他规格为分体设备。

2. 性能规格及外形尺寸：HL 系列次氯酸钠发生器性能规格及外形尺寸见表 5-48。

HL 系列次氯酸钠发生器性能规格 表 5-48

型号	产氯量(g/h)	电源电压(V)	盐水浓度(%)	外形尺寸长度×宽度×高度(mm)		电源箱外形尺寸			主要生产厂商
				发生器	盐水箱	长度	宽度	高度	
HL-100	100	220	3～4	1150×750×1100		450	600	750	北京朗泽环境技术开发有限公司
HL-200	200	220	3～4	1400×850×1200		450	600	750	
HL-300	300	380	3～4	1700×850×1200		450	600	750	
HL-400	400	380	3～4	1100×850×1200	1000×750×1000	550	650	950	
HL-500	500	380	3～4	1500×850×1200	1200×750×1000	550	650	950	
HL-600	600	380	3～4	1600×850×1200	1300×750×1000	550	650	950	
HL-800	800	380	3～4	1750×850×1300	1400×750×1000	700	700	1300	
HL-1000	1000	380	3～4	1900×850×1300	1500×750×1100	700	700	1300	

5.3 紫外线消毒设备

1. 适应范围：紫外线消毒设备适用于小型供水工程饮用水、饮用净水及饮料的消毒；医药、电子、纯水制备、二次供水、游泳水、工业循环冷却水、回用水的消毒杀菌；城镇污水、工业废水、再生利用水的消毒净化；水箱中水的杀菌消毒。

2. 分类：紫外线消毒设备根据紫外灯类型分为低压灯系统、低压高强灯系统和中压灯系统紫外线消毒设备。

5.3.1 低压灯系统紫外线消毒设备

低压灯系统紫外线消毒设备常用有 ZSY-SAF-XUV-4×40、RZ-UV2-LB、SZX-BL 型低压灯系统紫外线消毒设备。

5.3.1.1 ZSY-SAF-XUV-4×40 型低压灯系统紫外线消毒设备

1. 组成：ZSY-SAF-XUV-4×40 型低压灯系统紫外线消毒设备由不锈钢筒体、紫外线消毒灯管、石英玻璃套管、镇流器、时控开关、时间累计器和紫外线强度在线监测仪组成。

2. 性能规格：ZSY-SAF-XUV-4×40 型低压灯系统紫外线消毒设备性能规格见表 5-49。

ZSY-SAF-XUV-4×40 型低压灯系统紫外线消毒设备性能规格 表 5-49

型号	处理水量(m^3/h)	灯管总功率(W)	过流面积(m^2)	水头损失(mm)	工作电压(V)	工作压力(MPa)	进、出水管径(mm)	主要生产厂商
ZSY-SAF-XUV-4×40	9～16	160	0.0177	10	220	0.6	100	郑州水业科技发展股份有限公司

3. 外形与安装尺寸：ZSY-SAF-XUV-4×40 型低压灯系统紫外线消毒设备外形与安装尺寸见表 5-50、图 5-45。

ZSY-SAF-XUV-4×40 型低压灯系统紫外线消毒设备外形与安装尺寸（mm） 表 5-50

型号	外形尺寸			基础尺寸			安装尺寸				配套控制柜		
	L	B	H	L_j	B_j	H_j	L_1	B_1	H_1	H_2	L_2	B_2	H_3
ZSY-SAF-XUV-4×40	900	300	650	450	200	350	550	160	410	160	500	230	110

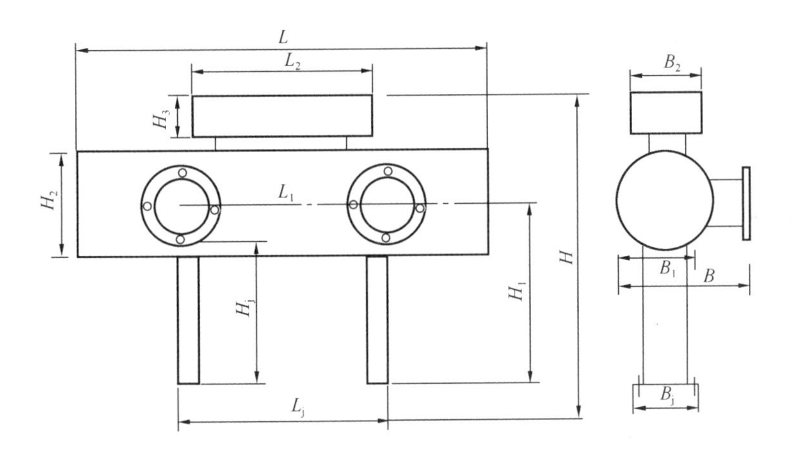

图 5-45 ZSY-SAF-XUV-4×40 型低压灯系统紫外线消毒设备外形尺寸

5.3.1.2 RZ-UV2-LB 型低压灯系统紫外线消毒设备

1. 组成：RZ-UV2-LB 型低压灯系统紫外线消毒设备由电控箱、紫外线反应器、紫外线强度检测仪和底座组成。

2. 性能规格：RZ-UV2-LB 型低压灯系统紫外线消毒设备性能规格见表 5-51。

RZ-UV2-LB 型低压灯系统紫外线消毒设备性能规格 表 5-51

<table>
<tr><th rowspan="3">型号</th><th colspan="2">流量</th><th rowspan="3">额定功率（W）</th><th rowspan="3">灯管数量（支）</th><th colspan="2" rowspan="2">进、出水管径</th><th rowspan="3">玻管（mm）</th><th rowspan="3">灯管类型</th><th rowspan="3">灯管寿命（h）</th><th rowspan="3">设备承压（MPa）</th><th rowspan="3">杀菌率（%）</th><th rowspan="3">机箱</th><th rowspan="3">电源（V/Hz）</th><th rowspan="3">主要生产厂商</th></tr>
<tr><th rowspan="2">(GPM)</th><th rowspan="2">(m^3/h)</th></tr>
<tr><th>(mm)</th><th>(in)</th></tr>
<tr><td>RZ-UV2-LB3</td><td>3</td><td>0.68</td><td>15</td><td>1</td><td>—</td><td>G1/2A</td><td>390（单端）</td><td rowspan="4">标准型</td><td rowspan="5">9000</td><td rowspan="5">0.8</td><td rowspan="5">99.9</td><td rowspan="5">配底座式机箱</td><td rowspan="5">单相 220/50</td><td rowspan="5">重庆瑞朗电器有限公司</td></tr>
<tr><td>RZ-UV2-LB6</td><td>6</td><td>1.36</td><td>25</td><td>1</td><td>—</td><td>G3/4A</td><td>610（单端）</td></tr>
<tr><td>RZ-UV2-LB9</td><td>9</td><td>2</td><td>32</td><td>1</td><td>—</td><td>G3/4A</td><td>750（单端）</td></tr>
<tr><td>RZ-UV2-LB12</td><td>12</td><td>2.73</td><td>40</td><td>1</td><td>—</td><td>G1A</td><td>850（单端）</td></tr>
<tr><td>RZ-UV2-LB27</td><td>27</td><td>6</td><td>80</td><td>2</td><td>32</td><td>—</td><td>850（单端）</td><td>高输出型</td></tr>
</table>

3. 外形与安装尺寸：RZ-UV2-LB 型低压灯系统紫外线消毒设备外形与安装尺寸见表 5-52、图 5-46、图 5-47。

RZ-UV2-LB 型低压灯系统紫外线消毒设备外形与安装尺寸　　表 5-52

型　号	外形与安装尺寸										机箱尺寸 长度×宽度×高度 (mm)
	L (mm)	L_1 (mm)	L_2 (mm)	W (mm)	W_1 (mm)	H (mm)	D (mm)	G (in)	K (in)	地脚孔 ϕ (mm)	
RZ-UV2-LB3	435	190	310	100	86	160	63	G1/2A	G3/8A	6	250×70×65
RZ-UV2-LB6	655	190	510	100	86	160	63	G3/4A	G3/8A	6	
RZ-UV2-LB9	795	190	650	100	86	160	63	G3/4A	G3/8A	6	
RZ-UV2-LB12	895	190	740	100	86	160	63	G1A	G3/8A	6	
RZ-UV2-LB27	895	300	730	125	111	270	89	DN32	G3/8A	6	500×95×75

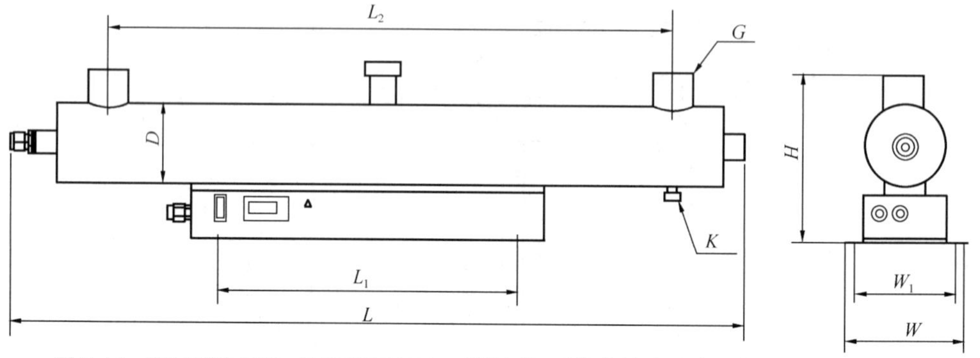

图 5-46　RZ-UV2-LB3～RZ-UV2-LB12 型低压灯系统紫外线消毒设备外形与安装尺寸

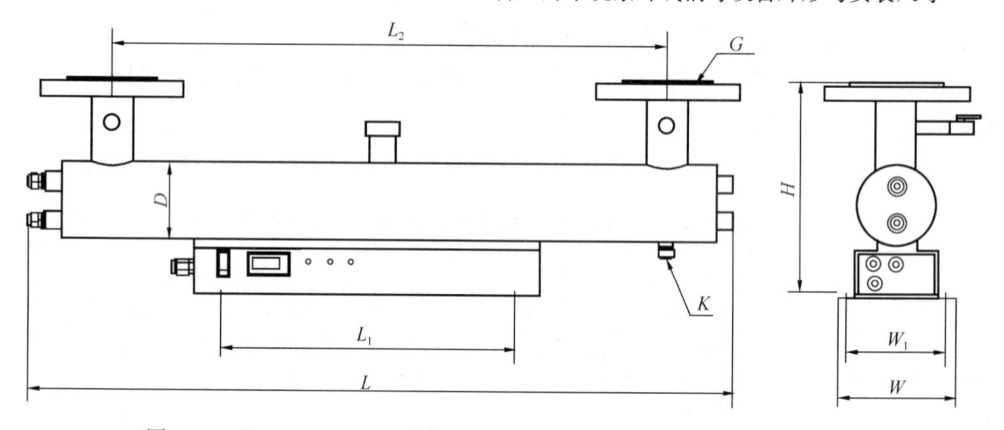

图 5-47　RZ-UV2-LB27 型低压灯系统紫外线消毒设备外形与安装尺寸

5.3.1.3　SZX-BL 型低压灯系统紫外线消毒设备

SZX-BL 型低压灯系统紫外线消毒设备性能规格见表 5-53。

SZX-BL 型低压灯系统紫外线消毒设备性能规格　　表 5-53

设备型号	处理水量 (m^3/h)	灯管总功率 (W)	工作电压 (V)	工作压力 ≤(MPa)	进、出水管径 (mm)	主要生产厂商
SZX-BL-1	1～2.0	30	220	0.4	20	北京朗泽环境技术开发有限公司
SZX-BL-3	2.5～4.0	90	220	0.4	32	
SZX-BL-4	4.5～6.0	120	220	0.4	40	
SZX-BL-5	6.5～8.5	150	220	0.4	50	
SZX-BL-7	9.0～14	210	220	0.4	65	
SZX-BL-9	15～20	270	220	0.4	80	
SZX-BL-11	21～25	330	220	0.4	80	

5.3.2　低压高强灯系统紫外线消毒设备

低压高强灯系统紫外线消毒设备常用有NLQ、ZSY-SAF-XUV、RZ-UV2-L和BRZ-UV2-LB型低压高强灯系统紫外线消毒设备。

5.3.2.1　NLQ型低压高强灯系统紫外线消毒设备

1. 组成：NLQ型低压高强灯系统紫外线消毒设备由紫外C消毒模块、电子镇流器模块、电源及自动控制中心、自动清洗系统、水位控制系统、辅助设备（设备维护吊车）组成。

2. 性能规格及外形与安装尺寸：NLQ型低压高强灯系统紫外线消毒设备性能规格及外形与安装尺寸见表5-54、图5-48。

NLQ型低压高强灯系统紫外线消毒设备性能规格及外形与安装尺寸　　表5-54

型号	处理水量（m^2/d）	过流面积（m^2）	灯管总功率（kW）	工作电压（V）	水头损失（mm）	出水标准	配套控制柜（mm） 外形尺寸 L_2	外形尺寸 B_2	外形尺寸 H_3	基础尺寸 L_K	基础尺寸 B_K	基础尺寸 H_K	主要生产厂商
NLQ-10K	10000	0.24	7.68	380	400	一级B	1000	600	1500	1000	600	200	福建新大陆环保科技有限公司
NLQ-50K	50000	1.08	34.56	380	400	一级B	2000	600	2000	2000	600	200	
NLQ-100K	100000	2.16	69.12	380	400	一级B	4000	600	2000	4000	600	200	

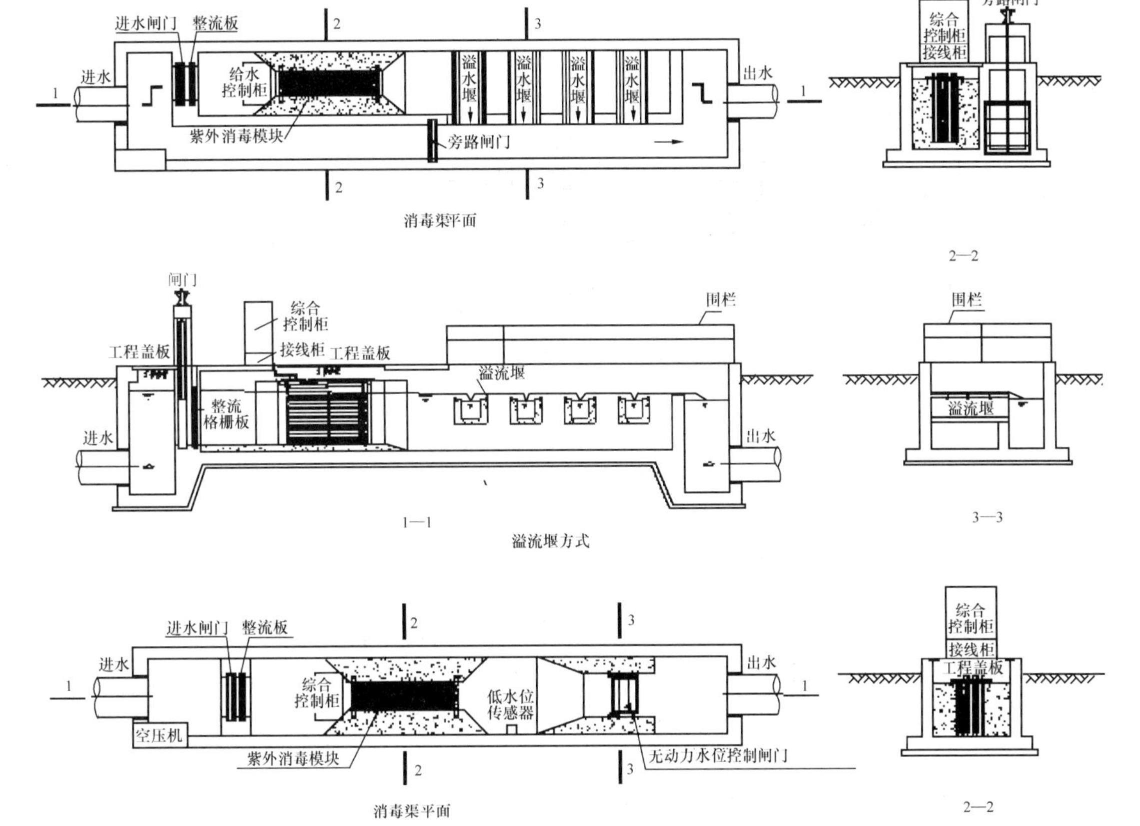

图5-48　NLQ型低压高强灯系统紫外线消毒设备外形与安装尺寸（一）

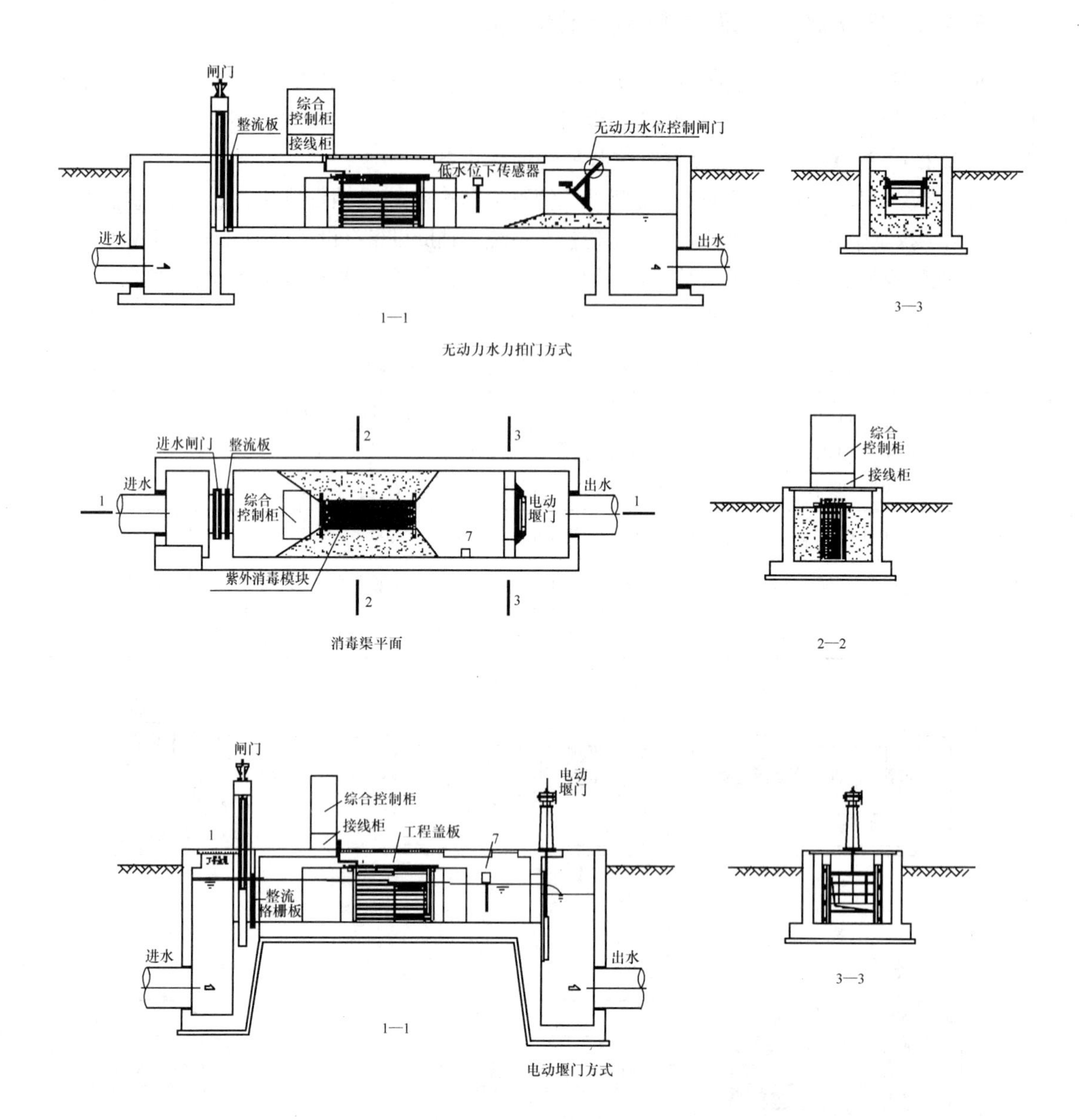

图 5-48 NLQ 型低压高强灯系统紫外线消毒设备外形与安装尺寸（二）

5.3.2.2 ZSY-SAF-XUV 型低压高强灯系统紫外线消毒设备

1. 组成：ZSY-SAF-XUV-4×40 型低压高强灯系统紫外线消毒设备由不锈钢筒体、紫外线消毒灯管、石英玻璃套管、镇流器、时控开关、时间累计器和紫外线强度在线监测仪组成。

2. 性能规格：ZSY-SAF-XUV 型低压高强灯系统紫外线消毒设备性能规格见表 5-55。

ZSY-SAF-XUV 型低压高强灯系统紫外线消毒设备性能规格　表 5-55

型号	处理水量（m^3/h）	灯管总功率（W）	过流面积（m^2）	水头损失（mm）	工作电压（V）	工作压力≤（MPa）	进、出水管径（mm）	主要生产厂商
ZSY-SAF-XUV-1×75	4～8	75	0.0079	10	220	0.6	80	郑州水业科技发展股份有限公司
ZSY-SAF-XUV-3×75	17～23	225	0.0177	10			100	
ZSY-SAF-XUV-4×75	24～30	300	0.0177	11			100	
ZSY-SAF-XUV-5×75	31～37	375	0.0177	11			150	
ZSY-SAF-XUV-6×75	38～45	450	0.0314	11			150	
ZSY-SAF-XUV-8×75	45～60	600	0.0491	12			150	
ZSY-SAF-XUV-10×75	60～75	750	0.0707	12			150	
ZSY-SAF-XUV-3×145	30～43	435	—	—			100	
ZSY-SAF-XUV-4×145	45～58	580	0.0314	12			150	
ZSY-SAF-XUV-5×145	60～72	725	0.0314	12			150	
ZSY-SAF-XUV-6×145	72～85	870	0.0491	13			200	
ZSY-SAF-XUV-7×145	85～100	1015	0.0491	13			200	
ZSY-SAF-XUV-8×145	100～115	1160	0.0491	13			200	
ZSY-SAF-XUV-9×145	115～130	1305	0.0707	13			250	
ZSY-SAF-XUV-10×145	130～145	1450	0.0707	14			250	
ZSY-SAF-XUV-11×145	145～160	1595	0.0707	14			250	

3. 外形与安装尺寸：ZSY-SAF-XUV 型低压高强灯系统紫外线消毒设备外形与安装尺寸见表 5-56、图 5-49。

ZSY-SAF-XUV 型低压高强灯系统紫外线消毒设备外形与安装尺寸（mm）　表 5-56

型号	外形尺寸			基础尺寸			安装尺寸				配套控制柜		
	L	B	H	L_j	B_j	H_j	L_1	B_1	H_1	H_2	L_2	B_2	H_3
ZSY-SAF-XUV-1×75	900	300	650	450	200	350	550	160	410	160	500	230	110
ZSY-SAF-XUV-3×75	900	300	650	450	200	350	550	160	410	160	500	230	110
ZSY-SAF-XUV-4×75	900	300	660	450	200	350	550	180	410	180	500	230	110
ZSY-SAF-XUV-5×75	900	400	700	450	200	350	550	180	450	180	500	230	110
ZSY-SAF-XUV-6×75	900	400	720	450	200	350	550	220	450	220	500	230	110
ZSY-SAF-XUV-8×75	900	400	720	450	200	350	550	260	460	260	750	230	110
ZSY-SAF-XUV-10×75	900	400	720	450	200	350	550	320	460	320	750	230	110
ZSY-SAF-XUV-4×145	1600	400	720	1250	210	350	1150	230	410	230	750	230	110
ZSY-SAF-XUV-5×145	1600	400	740	1250	210	350	1150	250	410	250	750	230	110
ZSY-SAF-XUV-6×145	1600	400	740	1250	210	350	1150	270	420	270	750	230	110
ZSY-SAF-XUV-7×145	1600	400	740	1250	210	350	1150	280	420	280	750	230	110
ZSY-SAF-XUV-8×145	1600	400	740	1250	210	350	1150	300	450	300	750	230	110
ZSY-SAF-XUV-9×145	1600	400	740	1250	210	350	1150	320	450	320	750	230	110
ZSY-SAF-XUV-10×145	1600	400	740	1250	210	350	1150	340	480	340	750	230	110
ZSY-SAF-XUV-11×145	1600	400	740	1250	210	350	1150	360	480	360	750	230	110

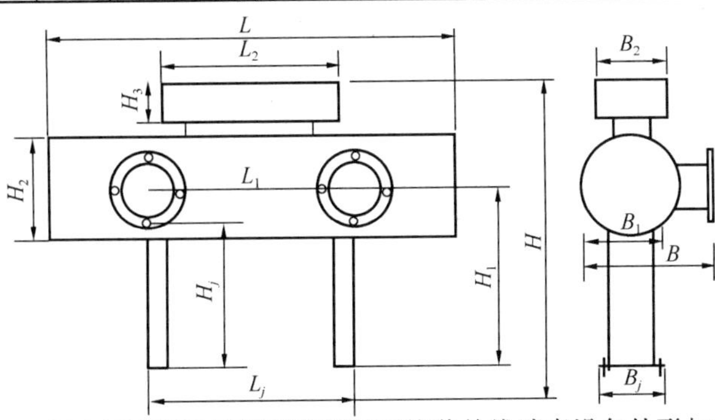

图 5-49　ZSY-SAF-XUV 型低压高强灯系统紫外线消毒设备外形与安装尺寸

5.3.2.3　RZ-UV2-LB 型低压高强灯系统紫外线消毒设备

1. 组成：RZ-UV2-LB 型低压高强灯系统紫外线消毒设备由电控箱、紫外线反应器、紫外线强度检测仪和底座组成。

2. 性能规格：RZ-UV2-LB 型低压高强灯系统紫外线消毒设备性能规格见表 5-57。

RZ-UV2-LB 型低压高强灯系统紫外线消毒设备性能规格　　表 5-57

型　　号	流量 (GPM)	流量 (m^3/h)	额定功率 (W)	灯管数量 (支)	进、出水管径 (mm)	进、出水管径 (in)	玻管 (mm)	灯管类型	灯管寿命 (h)	设备承压 (MPa)	杀菌率 (%)	机箱	电源 (V/Hz)	主要生产厂商
RZ-UV2-LB22	22	5	75	1	—	G11/2A	850 (单端)	高输出型	9000	0.8	99.9	配底座式机箱	单相 220/50	重庆瑞朗电器有限公司
RZ-UV2-LB40	40	9	150	2	*DN*40	—								
RZ-UV2-LB53	53	12	225	3	*DN*50	—	900 (双端)							
RZ-UV2-LB66	66	15	225	3	*DN*65	—								
RZ-UV2-LB88	88	20	300	4	*DN*65	—								

3. 外形与安装尺寸：RZ-UV2-LB 型低压高强灯系统紫外线消毒设备外形与安装尺寸见表 5-58、图5-50、图 5-51。

RZ-UV2-LB 型低压高强灯系统紫外线消毒设备外形与安装尺寸　　表 5-58

型　　号	L (mm)	L_1 (mm)	L_2 (mm)	W (mm)	W_1 (mm)	H (mm)	D (mm)	G (mm)	G (in)	K (in)	地脚孔径 ϕ (mm)	机箱尺寸 长度×宽度×高度 (mm)
RZ-UV2-LB22	895	300	730	125	111	185	63		G11/2A	G3/8A	6	500×95×75
RZ-UV2-LB40	895	300	725	125	111	270	89	*DN*40		G3/8A	6	
RZ-UV2-LB53	980	300	750	155	141	311	127	*DN*50		G3/4	6	500×125×85
RZ-UV2-LB66	980	300	730	155	141	311	127	*DN*65		G3/4	6	
RZ-UV2-LB88	980	300	730	155	141	311	127	*DN*65		G3/4	6	

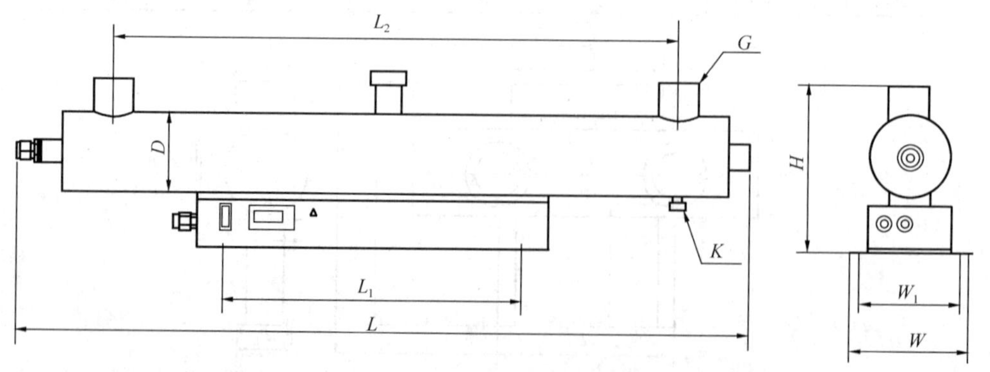

图 5-50　RZ-UV2-LB 型低压高强灯系统紫外线消毒设备外形与安装尺寸

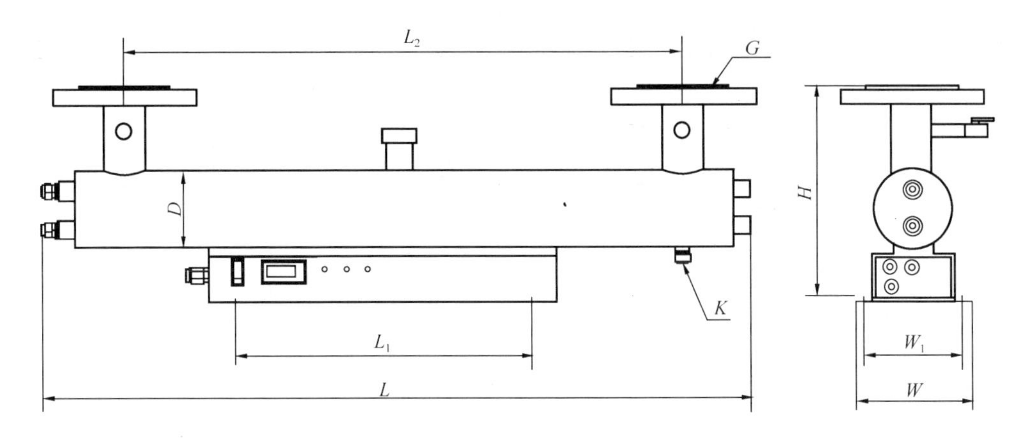

图 5-51 RZ-UV2-LB40～RZ-UV2-LB88 型低压高强灯系统紫外线消毒设备外形与安装尺寸

5.3.2.4 RZ-UV2-LA 型低压高强灯系统紫外线消毒设备

1. 组成：RZ-UV2-LA 型低压高强灯系统紫外线消毒设备由电控箱、紫外线反应器、紫外线强度检测仪和底座组成。

2. 性能规格：RZ-UV2-LA 型低压高强灯系统紫外线消毒设备性能规格见表 5-59。

RZ-UV2-LA 型低压高强灯系统紫外线消毒设备性能规格 **表 5-59**

<table>
<tr><th rowspan="2">型号</th><th>流量</th><th>流量</th><th rowspan="2">额定功率(W)</th><th rowspan="2">灯管数量(支)</th><th rowspan="2">进、出水管径(mm)</th><th rowspan="2">玻管(mm)</th><th rowspan="2">灯管类型</th><th rowspan="2">灯管寿命(h)</th><th rowspan="2">设备承压(MPa)</th><th rowspan="2">杀菌率(%)</th><th rowspan="2">机箱</th><th rowspan="2">电源(V/Hz)</th><th rowspan="2">主要生产厂商</th></tr>
<tr><th>(GPM)</th><th>(m³/h)</th></tr>
<tr><td>RZ-UV2-LA30</td><td>132</td><td>30</td><td>375</td><td>5</td><td>80</td><td rowspan="2">850（单端）</td><td rowspan="8">高输出型</td><td rowspan="8">9000</td><td rowspan="10">0.8</td><td rowspan="10">99.9</td><td rowspan="10">配挂墙式室内型电控箱</td><td rowspan="10">单相 220/50</td><td rowspan="10">重庆瑞朗电器有限公司</td></tr>
<tr><td>RZ-UV2-LA35</td><td>154</td><td>35</td><td>450</td><td>6</td><td>100</td></tr>
<tr><td>RZ-UV2-LA40</td><td>176</td><td>40</td><td>525</td><td>7</td><td>100</td><td rowspan="6">900（双端）</td></tr>
<tr><td>RZ-UV2-LA45</td><td>198</td><td>45</td><td>600</td><td>8</td><td>100</td></tr>
<tr><td>RZ-UV2-LA50</td><td>220</td><td>50</td><td>675</td><td>9</td><td>125</td></tr>
<tr><td>RZ-UV2-LA60</td><td>264</td><td>60</td><td>825</td><td>11</td><td>150</td></tr>
<tr><td>RZ-UV2-LA80</td><td>352</td><td>80</td><td>975</td><td>13</td><td>150</td></tr>
<tr><td>RZ-UV2-LA100</td><td>440</td><td>100</td><td>1125</td><td>15</td><td>150</td></tr>
<tr><td>RZ-UV2-LA125</td><td>550</td><td>125</td><td>1500</td><td>20</td><td>150</td><td rowspan="2">1700（双端）</td><td rowspan="2">低压汞齐</td><td rowspan="2">13000</td></tr>
<tr><td>RZ-UV2-LA150</td><td>660</td><td>150</td><td>1950</td><td>26</td><td>200</td></tr>
</table>

3. 外形与安装尺寸：RZ-UV2-LA 型低压高强灯系统紫外线消毒设备外形与安装尺寸见表 5-60、图 5-52。

RZ-UV2-LA 型低压高强灯系统紫外线消毒设备外形与安装尺寸 **表 5-60**

<table>
<tr><th rowspan="2">型号</th><th colspan="7">外形与安装尺寸</th><th rowspan="2">机箱尺寸
长度×宽度×高度
(mm)</th></tr>
<tr><th>L (mm)</th><th>L₁ (mm)</th><th>H₁ (mm)</th><th>H₂ (mm)</th><th>D (mm)</th><th>G (mm)</th><th>K (in)</th></tr>
<tr><td>RZ-UV2-LA30</td><td>980</td><td>655</td><td>180</td><td>105</td><td>ϕ159</td><td>DN80</td><td>G1</td><td rowspan="4">600×400×200</td></tr>
<tr><td>RZ-UV2-LA35</td><td>980</td><td>635</td><td>180</td><td>105</td><td>ϕ159</td><td>DN100</td><td>G1</td></tr>
<tr><td>RZ-UV2-LA40</td><td>980</td><td>635</td><td>184</td><td>110</td><td>ϕ168</td><td>DN100</td><td>G1</td></tr>
<tr><td>RZ-UV2-LA45</td><td>980</td><td>635</td><td>184</td><td>110</td><td>ϕ168</td><td>DN100</td><td>G1</td></tr>
</table>

续表

型　号	外形与安装尺寸							机箱尺寸 长度×宽度×高度 (mm)
	L (mm)	L_1 (mm)	H_1 (mm)	H_2 (mm)	D (mm)	G (mm)	K (in)	
RZ-UV2-LA50	980	610	210	135	ϕ219	*DN*125	G1	800×600×200
RZ-UV2-LA60	980	590	210	135	ϕ219	*DN*150	G1	
RZ-UV2-LA80	980	590	210	135	ϕ219	*DN*150	G1	
RZ-UV2-LA100	980	585	237	162	ϕ273	*DN*150	G1	
RZ-UV2-LA125	980	585	237	162	ϕ273	*DN*150	G1	1000×800×200
RZ-UV2-LA150	980	525	237	162	ϕ273	*DN*200	G1	

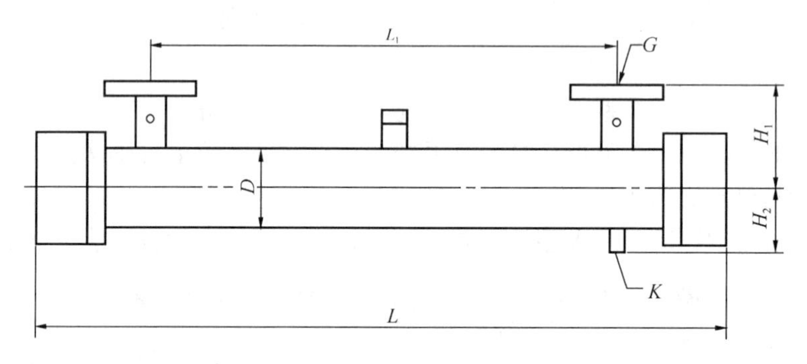

图 5-52　RZ-UV2-LA 型低压高强灯系统紫外线消毒设备外形与安装尺寸

5.4 臭 氧 消 毒 设 备

1. 适用范围：臭氧消毒设备适用于生活饮用水、再生水、污水处理，也适用于化工氧化、造纸漂白及食品工业消毒杀菌等。

2. 组成：臭氧消毒设备由气源装置、应用反应及尾气处理装置、臭氧发生室、臭氧电源、冷却装置、控制装置、监测仪表等组成。

3. 分类：臭氧消毒设备按臭氧发生单元的结构形式分为管式和板式臭氧发生器；按介质阻挡放电的频率分为工频（50、60Hz）、中频（100～1000Hz）和高频（>1000Hz）臭氧发生器；按供气气源分为空气型和氧气型；按冷却方式分为水冷却和空气冷却；按臭氧产量分为小型（5～100g/h）、中型（>100～1000g/h）和大型（>1kg/h）臭氧发生器。

5.4.1 小型臭氧发生器

小型臭氧发生器常用有 NLO、HD、A、B、C 型小型臭氧发生器。

5.4.1.1 NLO 型小型臭氧发生器

1. 组成：NLO 型小型臭氧发生器由高频高压电源系统、气源（空气，液氧、氧气）制备系统、臭氧发生器、冷却水系统、氮气投加系统（针对气源为氧气的臭氧发生器）、臭氧投加与破坏系统、配套设备和管道系统、PLC 控制系统组成。

2. 性能规格及外形尺寸：NLO型小型臭氧发生器性能规格及外形尺寸见表5-61、图5-53。

NLO型小型臭氧发生器性能规格及外形尺寸 表5-61

型号	气源	额定产量(g/h)	臭氧浓度(g/m³)	气体流量(Nm³/h)		气体露点(℃)	进气压力(绝对,kPa)	输入电源(V/Hz)	额定功率(kW)	冷却水温(℃)	冷却水量(m³/h)	外形尺寸 长度×宽度×高度(mm)	质量(kg)	主要生产厂商
				100g/m³	25g/m³									
NLO-10	氧气	10	0～270	0.1	—	−60	100～200	380/50	0.2	10～30	0.1	500×350×200	35	福建新大陆环保科技有限公司
NLO-50	氧气	50	0～270	0.5	—	−60	100～200	380/50	0.5	10～30	0.1	500×400×500	65	
NLO-100	氧气	100	0～270	1.0	—	−60	100～200	380/50	1.0	10～30	0.2	600×800×1500	75	
NLO-10	空气	10	0～50	—	0.4	−60	100～200	380/50	0.3	10～30	0.1	500×250×200	45	
NLO-50	空气	50	0～50	—	2	−60	100～200	380/50	0.9	10～30	0.1	600×800×1500	105	
NLO-100	空气	100	0～50	—	4	−60	100～200	380/50	1.8	10～30	0.2	600×800×1500	175	

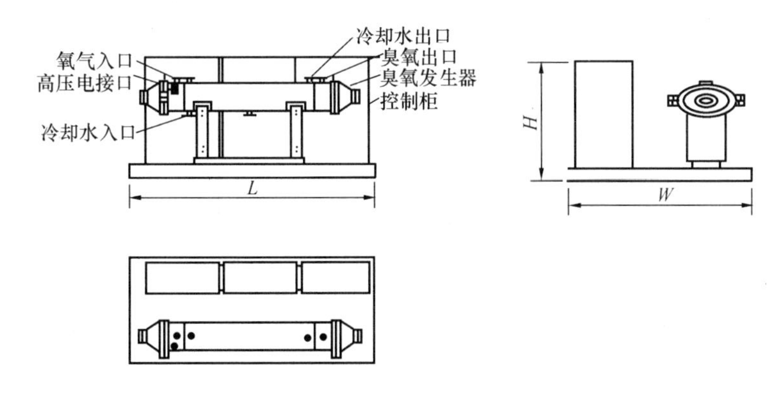

图5-53 NLO型小型臭氧发生器外形尺寸

5.4.1.2 HD型小型臭氧发生器

1. 组成：HD型小型臭氧发生器由臭氧发生器（含臭氧发生器、分子筛制氧机）和气水混合单元（含增压泵、水射器、水封罐、尾气分解器）组成。

2. 性能规格及外形尺寸：

(1) HD小型型臭氧发生器性能规格及外形尺寸见表5-62、图5-54、图5-55。

HD型小型臭氧发生器性能规格及外形尺寸 表5-62

型号	主机功率(kW)	臭氧产量(g/h)	臭氧浓度 > (mg/L)	冷却水量(L/min)	设备供电(V/Hz/A)	外形尺寸 $L\times W\times H$ (mm)	质量(kg)	露点 < (℃)	主要生产厂商
HD-10	0.45	10	70	2/3或0.68	220/50/5	500×500×520	50	−60	北京恒动环境技术有限公司
HD-20	0.75	20	70	1	220/50/6	500×500×620	61		
HD-40	1.65	40	80	1.5	3-380/50/10	520×630×1330	105		
HD-80	3.0	80	80	3	3-380/50/16	700×720×1400	220		

（2）HD 型臭氧发生器配套、汽水混合单元设备性能规格及外形尺寸见表 5-63、图 5-56、图 5-57。

HD 型小型臭氧发生器配套汽水混合单元设备性能规格及外形尺寸　　表 5-63

型　号	带标配汽水混合系统的总功率（kW）	设备供电	外形尺寸 $L \times W \times H$（mm）	质量（kg）	主要生产厂商
HD-10	1.2	380V/50Hz/7.5A	520×520×980	85	北京恒动环境技术有限公司
HD-20	1.5	380V/50Hz/10A		96	
HD-40	0.9	3-380V/50Hz	450×450×1170	45	
HD-80	1.1				

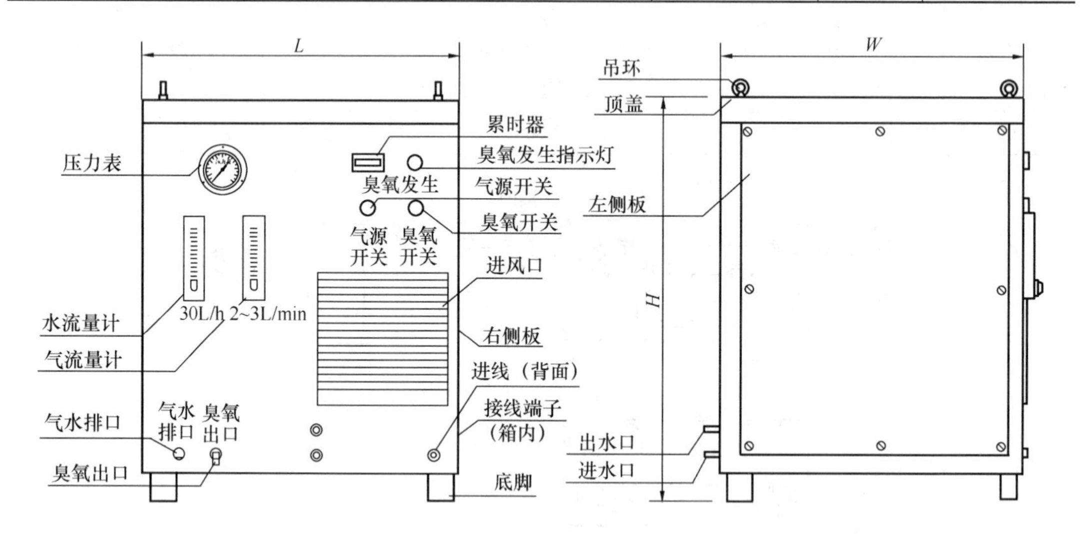

图 5-54　HD-10、HD-20 型小型臭氧发生器外形尺寸

5.4.1.3　A、B、C 型小型臭氧发生器

1. 组成：A、B、C 型小型臭氧发生器由主机控制系统、RTPF 型臭氧发生器核芯元件、气源适配系统、自带冷却内循环系统四个部分组成。

2. 性能规格及外形尺寸：A、B、C 型小型臭氧发生器性能规格及外形尺寸见表5-64、图 5-58。

A、B、C 型小型臭氧发生器性能规格及外形尺寸　　表 5-64

型号	气　源	臭氧产量（g/h）	臭氧浓度（mg/L）	臭氧压力（MPa）	氧气流量（m^3/h）	气体露点（℃）	电源电压（V/Hz）	工作压力（MPa）	冷却水温度（℃）	冷却水量（m^3/h）	额定功率≤［(kW·h)/kg O_3］	外形尺寸 $L \times W \times H$（mm）	主要生产厂家商
A	氧气、空气	3～11	≥40	0.1～0.15	0.1	低于－17	220/50 或 380/50	0.1～0.7	内部设定符合核心元件冷却需要	内置自循环系统	8	250×380×510	仁新节能环保设备（上海）有限公司
B	氧气、空气	20～100	40～80		0.3～1.2							450×700×1080	
C	氧气	50～150	常规 80～150 极限 330		0.4～1.8							600×810×1600	

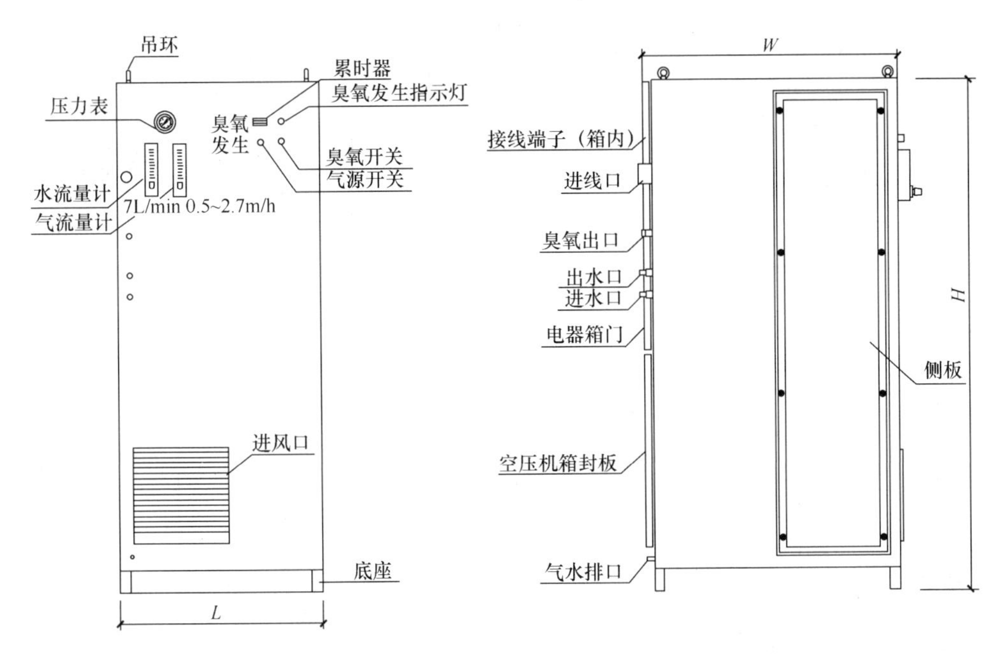

图 5-55 HD-40、HD-80 型小型臭氧发生器外形尺寸

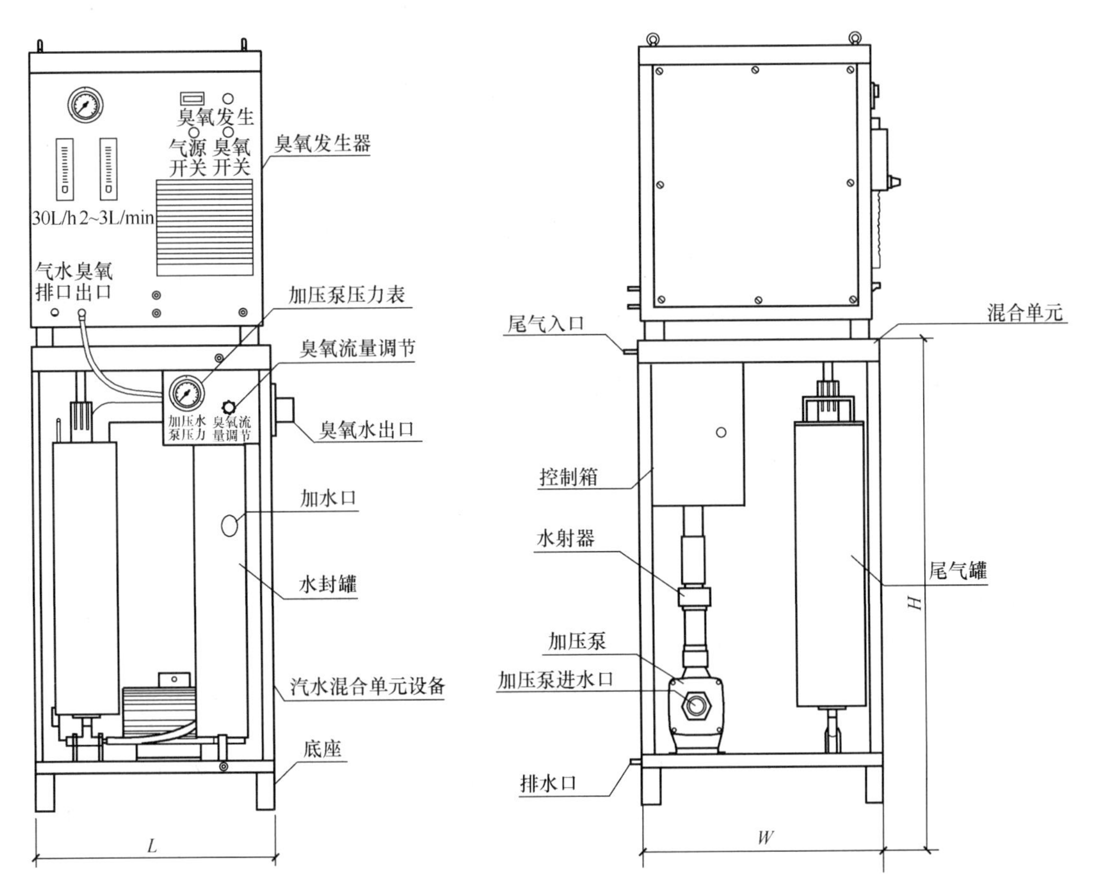

图 5-56 HD-10、HD-20 型小型臭氧发生器配套汽水混合单元设备外形尺寸

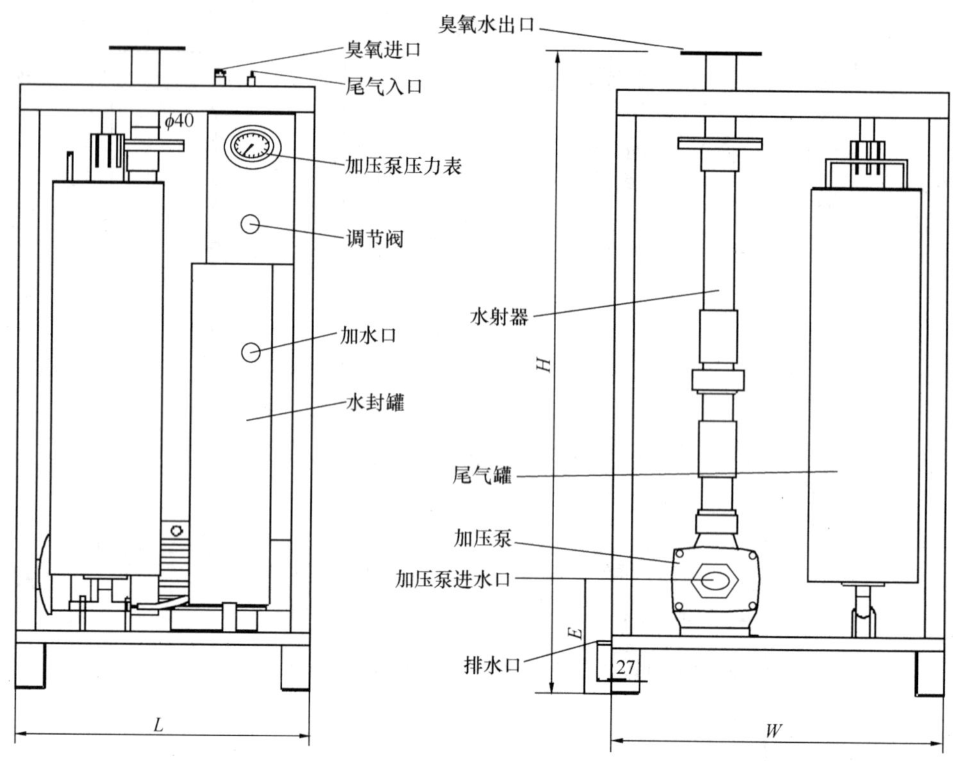

图 5-57　HD-40、HD-80 型小型臭氧发生器配套汽水混合单元设备外形尺寸

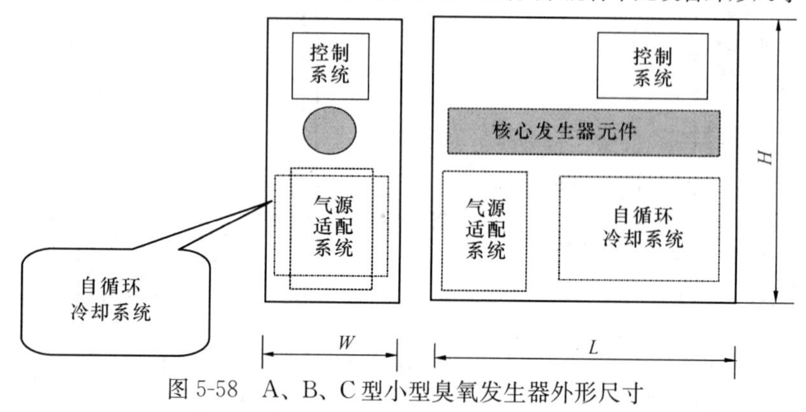

图 5-58　A、B、C 型小型臭氧发生器外形尺寸

5.4.2　中型臭氧发生器

常用的中型臭氧发生器有 NLO、HD、D、CF-G-2、QHWZK 型中型臭氧发生器。

5.4.2.1　NLO 型中型臭氧发生器

1. 组成：NLO 型中型臭氧发生器分有 NLO-400（氧气）、NLO-A-400（空气）、NLO-A-500（空气）、NLO-A-1k（空气）和 NLO-500（氧气）、NLO-1k（氧气）型。由高频高压电源系统、气源（空气、液氧、氧气）制备系统、臭氧发生器、冷却水系统、氮气投加系统（针对气源为氧气的臭氧发生器）、臭氧投加与破坏系统、配套设备和管道系统、PLC 控制系统组成。

2. 性能规格及外形尺寸：

(1) NLO-400（氧气）、NLO-A-400（空气）、NLO-A-500（空气）、NLO-A-1k（空气）型

中型臭氧发生器性能规格及外形尺寸见表5-65。

NLO-400（氧气）、NLO-A-400（空气）、NLO-A-500（空气）、NLO-A-1k（空气）型中型臭氧发生器性能规格及外形尺寸　表5-65

型号	气源	额定产量(g/h)	臭氧浓度(g/m^3)	气体流量(Nm^3/h)		气体露点(℃)	进气压力(绝对，kPa)	输入电源(V/Hz)	额定功率(kW)	冷却水温(℃)	冷却水量(m^3/h)	外形尺寸长度×宽度×高度(mm)	质量(kg)	主要生产厂商
				$150g/m^3$	$30g/m^3$									
NLO-400	氧气	400	0～270	3.4	—	−70	100～200	380/50	3.6	10～30	0.8	600×800×1500	400	福建新大陆环保科技有限公司
NLO-A-400	空气	400	0～50	—	14	−55	100～200	380/50	7.2	10～30	1.5	340×1500×2400	590	
NLO-A-500	空气	500	0～50	—	17	−55	100～200	380/50	9.0	10～30	1.9	400×1500×2400	650	
NLO-A-1k	空气	1000	0～50	—	36	−55	100～200	380/50	18	10～30	3.9	440×1600×2400	800	

（2）NLO-500（氧气）、NLO-1k（氧气）型中型臭氧发生器性能规格及外形尺寸见表5-66。

NLO-500（氧气）、NLO-1k（氧气）型中型臭氧发生器性能规格及外形尺寸　表5-66

型号	气源	额定产量(kg/h)		臭氧浓度(g/m^3)	气体流量(Nm^3/h)		气体露点(℃)	进气压力(绝对)(kPa)	输入电源(V/Hz)	工作电压(kV)	工作频率(kHz)	额定功率(kW)	冷却水温(℃)	冷却水量(m^3/h)	发生器尺寸长度×宽度×高度(mm)	质量(kg)	主要生产厂商
		$100g/m^3$	$150g/m^3$		$100g/m^3$	$150g/m^3$											
NLO-500	氧气	0.6	500	0～270	6.5	3.5	−60	100～200	380/50	2～4	1～4	4.2	10～30	0.9	800×2000×1500	500	福建新大陆环保科技有限公司
NLO-1k	氧气	1.2	1000	0～270	8.5	5.6	−60	100～200	380/50	2～4	1～4	8.5	10～30	1.8	400×1500×2400	750	

5.4.2.2 HD型中型臭氧发生器

1. 组成：HD型中型臭氧发生器由臭氧发生器（含臭氧发生器、分子筛制氧机）和气水混合单元（含增压泵、水射器、水封罐、尾气分解器）组成。

2. 性能规格及外形尺寸：

（1）HD型中型臭氧发生器性能规格及外形尺寸见表5-67、表5-68、图5-59、图5-60。

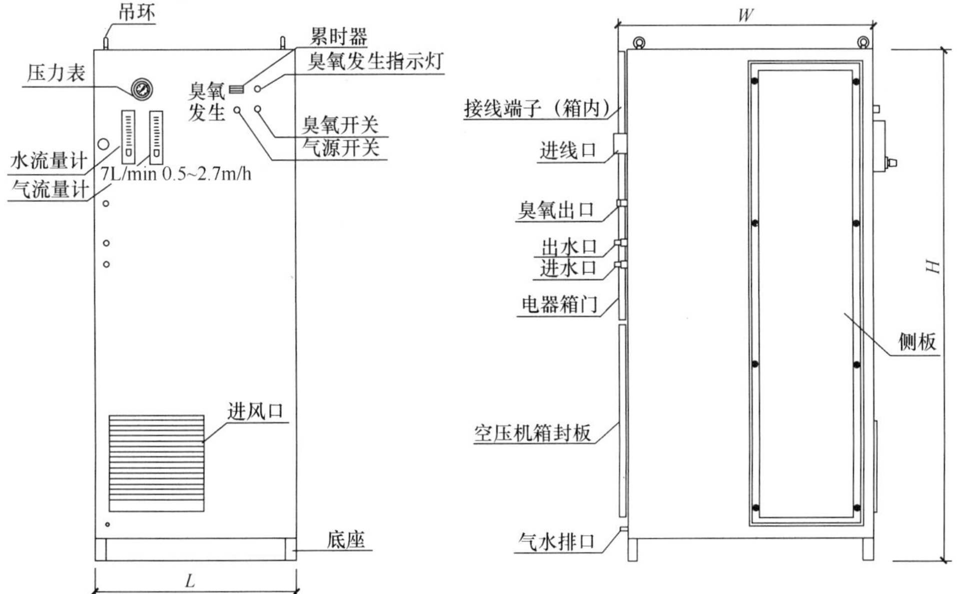

图5-59　HD-150、HD-200型中型臭氧发生器外形尺寸

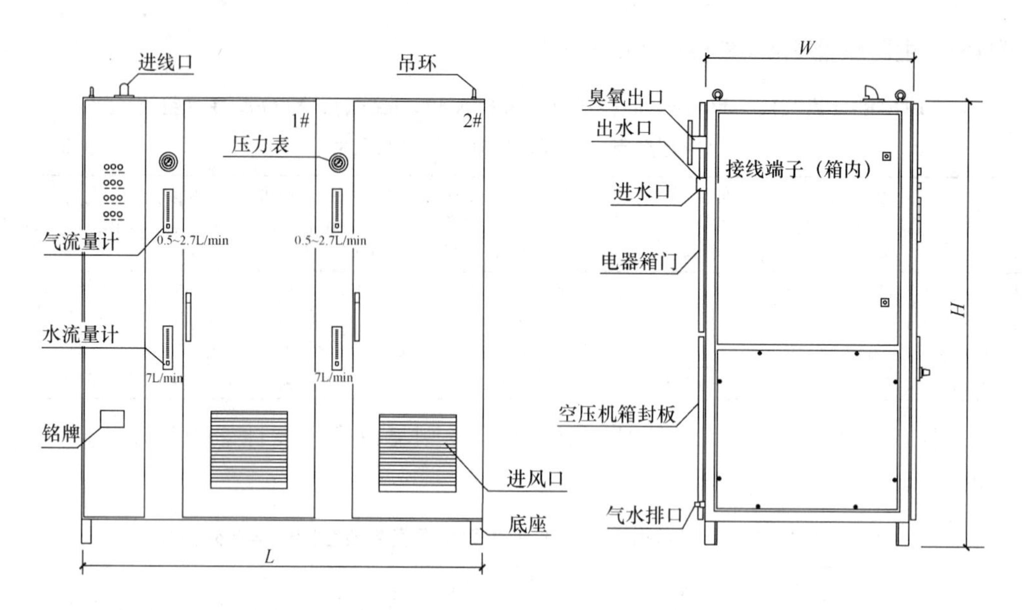

图 5-60 HD-300、350、400、450、500、550、600 型中型臭氧发生器外形尺寸

HD 型中型臭氧发生器性能规格及外形尺寸 **表 5-67**

型号	主机功率（kW）	臭氧产量（g/h）	臭氧浓度 >（mg/L）	冷却水量（L/min）	设备供电（3-V/Hz/A）	外形尺寸 L×W×H（mm）	质量（kg）	露点 <（℃）	主要生产厂商
HD-150	5.5	150	80	5	3-380/50/25	700×900×1630	300	−60	北京恒动环境技术有限公司
HD-200	6.5	200		7	3-380/50/32	700×900×1800	330		
HD-300	11.0	300		10	3-380/50/50	1700×900×1820	700		
HD-350	12.0	350		12					
HD-400	13.0	400		14					
HD-450	16.5	450		15	3-380/50/63	2400×900×1820	1000		
HD-500	17.5	500		17					
HD-550	18.5	550		19					
HD-600	19.5	600		21					

（2）HD 型中型臭氧发生器配套汽水混合单元设备性能规格及外形尺寸见表 5-68、图 5-61。

HD 型中型臭氧发生器配套汽水混合单元设备性能规格及外形尺寸 **表 5-68**

型号	带标配汽水混合系统的总功率（kW）	设备供电（V/Hz）	外形尺寸 L×W×H（mm）	质量（kg）
HD-150	2.2	3-380/50	550×450×1470	75
HD-200				
HD-300			500×450×1470	
HD-350	3.0		700×500×1470	100
HD-400				
HD-450				
HD-500	4.0			
HD-550				
HD-600				

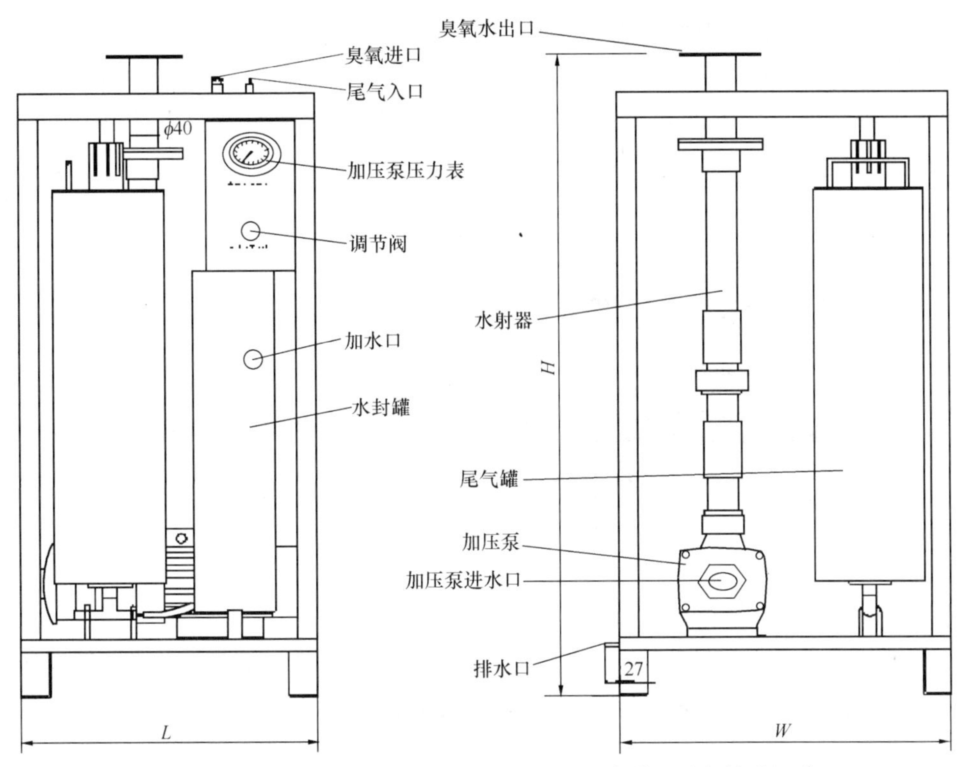

图 5-61 HD型中型臭氧发生器配套汽水混合单元设备外形尺寸

5.4.2.3 D型中型臭氧发生器

1. 组成：D型中型臭氧发生器由主机控制系统、RTPF型臭氧发生器核芯元件、气源适配系统、自带冷却内循环系统四个部分组成。

2. 性能规格及外形尺寸：D型中型臭氧发生器性能规格及外形尺寸见表5-69、图5-62。

D型中型臭氧发生器性能规格及外形尺寸 表5-69

型号	气源	臭氧产量(g/h)	臭氧浓度(mg/L)	臭氧压力(MPa)	氧气流量(m^3/h)	气体露点(℃)	电源电压(V/Hz)	工作压力(MPa)	冷却水温度(℃)	冷却水量(m^3/h)	额定功率≤[(kW·h)/kg O_3]	外形尺寸$L\times W\times H$(mm)	主要生产厂商
D	氧气	150g/h～Nkg/h	常规80～150 极限330	0.1～0.15	N	低于－17℃	220/50 或 380/50	0.1～0.7	内部设定符合核心元件冷却需要	内置自循环系统	8	510(1+N)×1250×2100	仁新节能环保设备(上海)有限公司

注：N可随客户需求定。

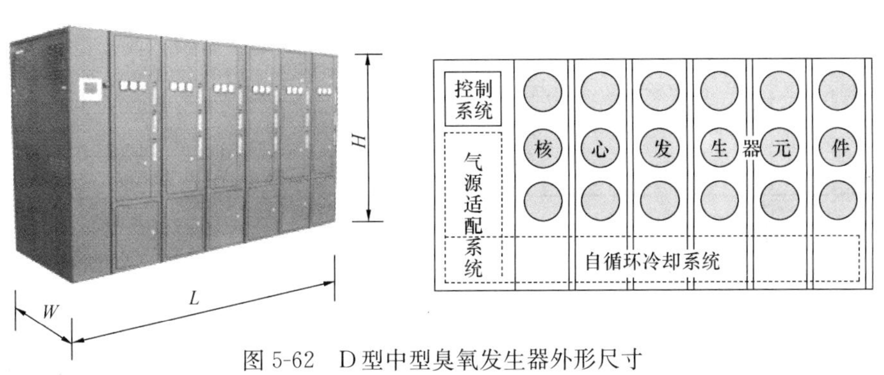

图 5-62 D型中型臭氧发生器外形尺寸

5.4.2.4 CF-G-2型中型臭氧发生器

1. 组成：CF-G-2型中型臭氧发生器主要由非玻璃放电体、发生室罐体、高压熔断器、臭氧电源装置、变压器和控制板组成。该型发生器发生室及放电体结构示意见图5-63。

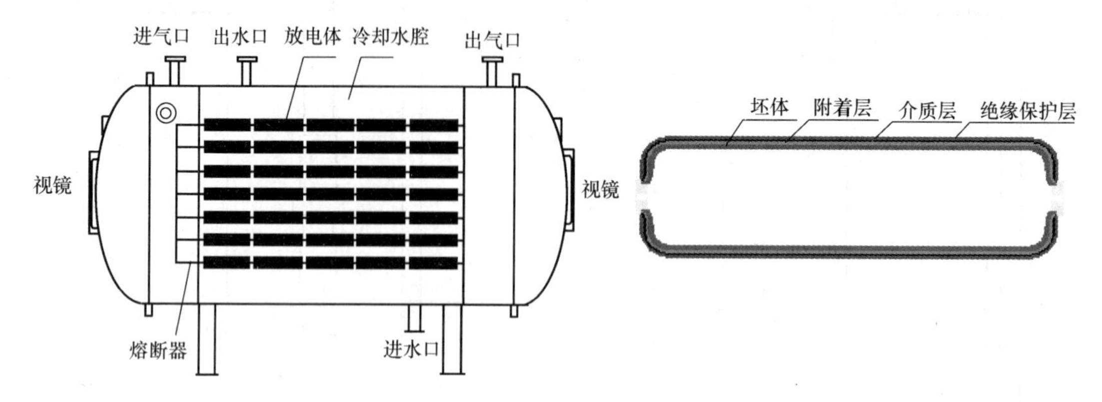

图5-63 CF-G-2型中型臭氧发生器发生室及放电体结构示意

2. 性能规格及外形尺寸：CF-G-2型中型臭氧发生器性能规格及外形尺寸见表5-70。

CF-G-2型中型臭氧发生器性能规格及外形尺寸 表5-70

型号	气源	臭氧产量(g/h)	臭氧浓度(g/m^3)	冷却水流量(m^3/h)	功耗(kW)	罐体外形尺寸（含电源柜）长度×宽度×高度(mm)	主要生产厂商
CF-G-2-100g	空气	100	22～30	0.3～0.4	1.6～1.8	1100×800×1700	青岛国林实业有限责任公司
CF-G-2-200g	空气	200	22～30	0.6～0.8	3.2～3.6	1200×800×1700	
CF-G-2-300g	空气	300	22～30	0.9～1.2	4.8～5.4	1200×800×1700	
CF-G-2-500g	空气	500	22～30	1.5～2.0	8.0～9.0	1400×800×1700	
CF-G-2-600g	空气	600	22～30	1.8～2.4	9.6～10.8	1400×800×1700	
CF-G-2-800g	空气	800	22～30	2.4～3.2	12.8～14.4	1900×800×1700	
CF-G-2-1kg	空气	1000	22～30	3.0～4.0	14.5～17.0	2100×930×1800	
CF-G-2-100g	氧气	100	80～120	0.2～0.3	0.8～1.0	800×600×1600	
CF-G-2-200g	氧气	200	80～120	0.4～0.6	1.6～2.0	1100×800×1700	
CF-G-2-300g	氧气	300	80～120	0.6～0.9	2.4～3.0	1100×800×1700	
CF-G-2-500g	氧气	500	80～120	1.0～1.5	4.0～5.0	1300×800×1700	
CF-G-2-600g	氧气	600	80～120	1.2～1.8	4.8～6.0	1300×800×1700	
CF-G-2-800g	氧气	800	80～120	1.6～2.4	6.4～8.0	1400×800×1700	
CF-G-2-1kg	氧气	1000	80～120	1.7～2.0	8.0～10.0	1400×800×1720	

5.4.2.5 QHWZK型中型臭氧发生器

1. 组成：QHWZK型中型臭氧发生器主要由空气处理系统、制氧系统（包括PSA制氧装置及控制器、氧气在线检测传感器，两者可选）、臭氧发生器（包括臭氧电源和控制器、高压变压器）、臭氧尾气吸收装置组成。

2. 性能规格：QHWZK 型中臭氧发生器性能规格见表 5-71。

QHWZK 型中型臭氧发生器性能规格 表 5-71

型号	气源	臭氧产量(g/h)	臭氧浓度(mg/L)	臭氧压力(MPa)	气体流量(m^3/h)		气体露点≤(℃)	电源电压(V/Hz)	工作电压(kV)	工作压力(MPa)	冷却水温度≤(℃)	冷却水量(m^3/h)	额定功率(kW)	主要生产厂商
					空气	氧气								
QHWZK-1000	空气	1000	20~40	0.04~0.08	60~80	30~40	40	380/50	10~13	0.04~0.08	35	3600~4000	25	江苏苏邦环保设备电气有限公司

3. 外形与安装尺寸：QHWZK 型中型臭氧发生器外形与安装尺寸见表 5-72、图 5-64。

QHWZK 型中型臭氧发生器外形与安装尺寸 表 5-72

型号	外形尺寸(mm)			基础尺寸(mm)			安装尺寸(mm)				进、出水管径(mm)		配套控制柜(mm)						质量(kg)
													外形尺寸			基础尺寸			
	L	W	H	L_j	B_j	H_j	L_1	B_1	H_1	H_2	进水	出水	L_2	B_2	H_3	L_K	B_K	H_K	
QHWZK-1000	2100	980	2100	2200	900	150	1900	1200	2200	3000	45	45	780	680	1680	750	650	100	1300

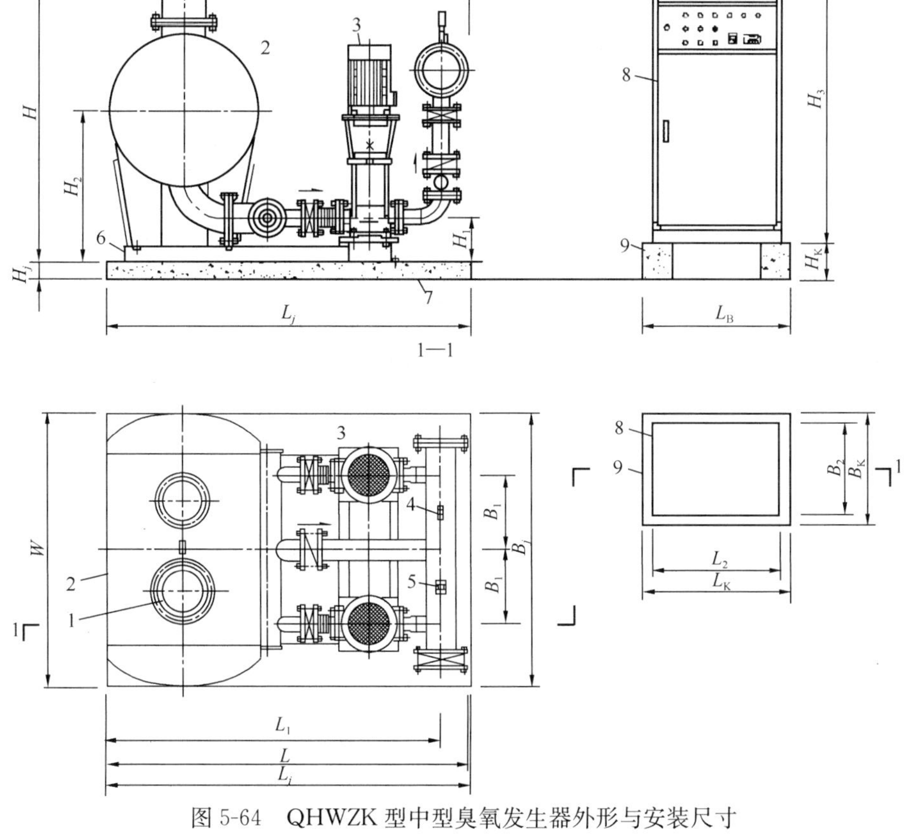

图 5-64 QHWZK 型中型臭氧发生器外形与安装尺寸

1—真空抑制器；2—稳流补偿器；3—水泵；4—压力传感器；5—压力控制器；6—设备底座；7—设备基础；8—控制柜；9—控制柜基础

5.4.3 大型臭氧发生器

大型臭氧发生器常用有NLO、CF-G-2、QHWZK、D型大型臭氧发生器。

5.4.3.1 NLO型大型臭氧发生器

NLO型大型臭氧发生器常用有NLO-2k、5k、10k、15k、20k、30k、60k（氧气）型和NLO-2k、5k、10k、15k、20k、30k（空气）型大型臭氧发生器。

1. NLO-2k、5k、10k、15k、20k、30k、60k（氧气）型大型臭氧发生器性能规格及外形尺寸见表5-73。

NLO-2k、5k、10k、15k、20k、30k、60k（氧气）型大型臭氧发生器性能规格及外形尺寸 表5-73

型号	气源	额定产量(kg/h)		臭氧浓度(g/m³)	气体流量(Nm³/h)		气体露点(℃)	进气压力(绝对)(kPa)	输入电源(V/Hz)	工作电压(kV)	工作频率(kHz)	额定功率(kW)	冷却水温(℃)	冷却水量(m³/h)	外形尺寸 长度×宽度×高度(mm)	质量(kg)	主要生产厂商
		100 g/m³	150 g/m³		100 g/m³	150 g/m³											
NLO-2k	氧气	2.4	5	0～270	24	14	-70	100～200	380/50	4～6	1～4	17	10～30	3.7	440×1600×2400	1200	福建新大陆环保科技有限公司
NLO-5k		6	5		63	35						43		8	770×1700×2400	2800	
NLO-10k		12	10		125	70						85		16	1100×1900×2400	3500	
NLO-15k		18	15		188	105						128		24	1400×2000×2400	4200	
NLO-20k		25	20		250	140						170		32	1500×2100×2400	5000	
NLO-30k		37	30		375	210						255		48	1700×2200×2400	6000	
NLO-60k		74	60		750	420						510		96	2200×2400×2400	11000	

2. NLO-2k、5k、10k、15k、20k、30k（空气）型大型臭氧发生器性能规格及外形尺寸见表5-74。

NLO-2k、5k、10k、15k、20k、30k（空气）型大型臭氧发生器性能规格及外形尺寸 表5-74

型号	气源	额定产量(kg/h)	臭氧浓度(g/m³)	气体流量(Nm³/h)	气体露点(℃)	进气压力(绝对)(kPa)	输入电源(V/Hz)	工作电压(kV)	工作频率(kHz)	额定功率(kW)	冷却水温(℃)	冷却水量(m³/h)	外形尺寸 长度×宽度×高度(mm)	质量(kg)	主要生产厂商
		30g/m³		30g/m³											
NLO-A-2k	空气	2.0	0～50	70	-55	100～200	380/50	6～9	1～2	36	10～30	7.8	770×1700×2400	1400	福建新大陆环保科技有限公司
NLO-A-5k		5.0		170						90		19	1100×1900×2400	3300	
NLO-A-10k		10.0		340						180		39	1500×2100×2400	5200	
NLO-A-15k		15.0		500						270		58	1700×2200×2400	7100	
NLO-A-20k		20.0		670						360		78	1900×2300×2400	8200	
NLO-A-30k		30.0		1000						540		116	2100×2400×2400	10800	

5.4.3.2 CF-G-2型大型臭氧发生器

CF-G-2型大型臭氧发生器性能规格及外形尺寸见表5-75。

CF-G-2型大型臭氧发生器性能规格及外形尺寸 表5-75

型 号	气源	臭氧产量(kg/h)	臭氧浓度(wt%)	冷却水流量(m^3/h)	功 耗[(kW·h)/kgO³]	参考尺寸(含电源柜)长度×宽度×高度(mm)	参考质量(t)	主要生产厂商
CF-G-2-2kg	空气	2	2~3	6~8	14.5~17	2000×1800×1800	2.1	青岛国林实业有限责任公司
CF-G-2-3kg	空气	3	2~3	9~12	14.5~17	2400×2100×1900	2.7	
CF-G-2-4kg	空气	4	2~3	12~16	14.5~17	3000×2100×1900	3.5	
CF-G-2-5kg	空气	5	2~3	15~20	14.5~17	3000/3600×2400×2120	4.6	
CF-G-2-6kg	空气	6	2~3	18~24	14.5~17	3000/3600×2600×2120	5.4	
CF-G-2-8kg	空气	8	2~3	24~32	14.5~17	3600/4200×2700×2120	7.8	
CF-G-2-10kg	空气	10	2~3	30~40	14.5~17	3600/4200×2800×2120	9.1	
CF-G-2-15kg	空气	15	2~3	45~60	14.5~17	4200/4800×3200×2500	12.8	
CF-G-2-20kg	空气	20	2~3	60~80	14.5~17	4800/5400×3600×2600	16.5	
CF-G-2-30kg	空气	30	2~3	90~120	14.5~17	4800/5400×4000×2700	20	
CF-G-2-40kg	空气	40	2~3	120~160	14.5~17	6000×4500×2800	28	
CF-G-2-50kg	空气	50	2~3	150~200	14.5~17	7200×4800×3000	35	
CF-G-2-2kg	氧气	2	10	3.4~4	10	2100×900×1800	1.5	
CF-G-2-3kg	氧气	3	10	5.4~6	10	2400×1600×1900	2	
CF-G-2-4kg	氧气	4	10	6.8~8	10	2400×2100×1900	2.5	
CF-G-2-5kg	氧气	5	10	8.5~10	10	3000×2000×1900	2.7	
CF-G-2-6kg	氧气	6	10	10.2~12	10	3000×2000×2120	3.1	
CF-G-2-8kg	氧气	8	10	13.6~16	10	3000/3600×2300×2120	4.2	
CF-G-2-10kg	氧气	10	10	17~20	10	3000/3600×2500×2120	4.9	
CF-G-2-15kg	氧气	15	10	25.5~30	10	3600/4200×2700×2120	7.8	
CF-G-2-20kg	氧气	20	10	34~40	10	3600/4200×2800×2120	9.4	
CF-G-2-30kg	氧气	30	10	54~60	10	4200/4800×3300×2500	13	
CF-G-2-40kg	氧气	40	10	68~80	10	4800/5400×3700×2600	17	
CF-G-2-50kg	氧气	50	10	85~100	10	6000×3800×2700	19	
CF-G-2-60kg	氧气	60	10	100~120	10	6000×4400×2800	27	
CF-G-2-80kg	氧气	80	10	136~160	10	6000×4600×2800	34	
CF-G-2-100kg	氧气	100	10	170~200	10	7200×4800×3000	38	

5.4.3.3　QHWZK型大型臭氧发生器

1. 性能规格：QHWZK型大型臭氧发生器性能规格见表5-76。

QHWZK型臭氧发生器性能规格　　表5-76

型号	气源	臭氧产量(g/h)	臭氧浓度(mg/L)	臭氧压力(MPa)	气体流量(m^3/h)		气体露点≤(℃)	电源电压(V/Hz)	工作电压(kV)	工作压力(MPa)	冷却水温度≤(℃)	冷却水量(m^3/h)	额定功率(kW)	主要生产厂商
					空气	氧气								
QHWZK-10000	空气	10000	20～40	0.04～0.08	600～800	300～400	40	380/50	10～13	0.04～0.08	35	36000～400000	150	江苏苏邦环保设备电气有限公司

2. 外形与安装尺寸：QHWZK型大型臭氧发生器外形与安装尺寸见表5-77、图5-64。

QHWZK型大型臭氧发生器外形与安装尺寸　　表5-77

型号	外形尺寸(mm)			基础尺寸(mm)			安装尺寸(mm)				进、出水管径(mm)		配套控制柜(mm)						质量(kg)
													外形尺寸			基础尺寸			
	L	W	H	L_j	B_j	H_j	L_1	B_1	H_1	H_2	进水	出水	L_2	B_2	H_3	L_K	B_K	H_K	
QHWZK-10000	1600	2200	1900	1800	1800	200	1400	2400	2000	3000	130	140	1200	680	2000	1100	650	180	7200

5.4.3.4　D型大型臭氧发生器

1. 组成：D型大型臭氧发生器由主机控制系统、RTPF型臭氧发生器核芯元件、气源适配系统、自带冷却内循环系统四个部分组成。

2. 性能规格及外形尺寸：D型大型臭氧发生器性能规格及外形尺寸见表5-78、图5-65。

D型大型臭氧发生器性能规格及外形尺寸　　表5-78

型号	气源	臭氧产量(g/h)	臭氧浓度(mg/L)	臭氧压力(MPa)	氧气流量(m^3/h)	气体露点(℃)	电源电压(V/Hz)	工作压力(MPa)	冷却水温度(℃)	冷却水量(m^3/h)	额定功率≤[(kW·h)/kg O^3]	外形尺寸$L×W×H$(mm)	主要生产厂商
D	氧气	150g/h～Nkg/h	常规80～150 极限330	0.1～0.15	N	低于－17℃	220/50或380/50	0.1～0.7	内部设定符合核心元件冷却需要	内置自循环系统	8	510(1+N)×1250×2100	仁新节能环保设备(上海)有限公司

注：N可随客户需求定。

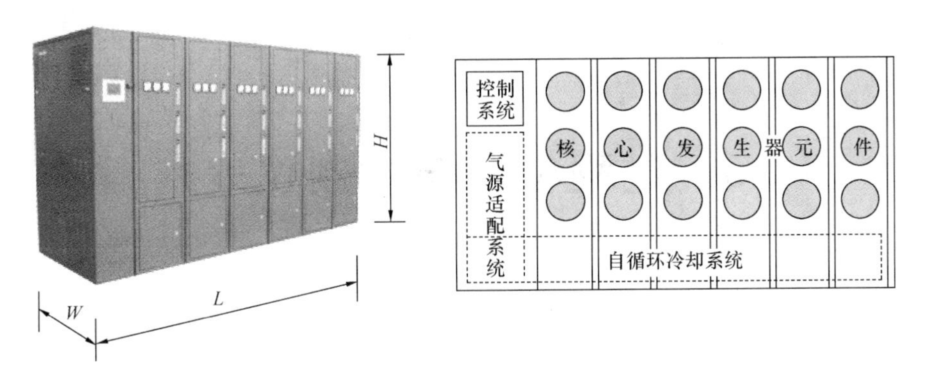

图 5-65 D型大型臭氧发生器外形尺寸

6　过程检测与控制仪表

过程检测与控制仪表常用有流量测量仪表、物位测量仪表、水处理监控仪表等。

6.1　流 量 测 量 仪 表

流量测量仪表常用有水表、流量计。

6.1.1　水表

1. 特性：水表的流量特性由最小流量 Q_1、分界流量 Q_2、常用流量 Q_3、过载流量 Q_4 确定。水表应按 Q_3 和 Q_3/Q_1 的比值标志，Q_3/Q_1 可以用符号 R 表示，如 R100 表示 $Q_3/Q_1=100$。Q_2/Q_1 的比值，对于标称直径小于或等于 50mm 且常用流量 Q_3 不超过 $16m^3/h$ 的水表，应为 1.6；对标称直径大于 50mm 且常用流量 Q_3 超过 $16m^3/h$ 的水表，如果 Q_3/Q_2 值大于 5，此值除了为 1.6 外还可选 2.5、4 或 6.3。

2. 适用范围：水表是在测量条件下适用于连续测量、记忆和显示流经测量传感器的水体积的计量仪表。

3. 类型：水表常用有旋翼干式单流束水表、旋翼湿式水表、旋翼液封水表、旋转活塞式水表、垂直螺翼式水表、水平螺翼式水表、复式水表、远传水表、IC 卡水表、电磁水表、超声水表等。

6.1.1.1　旋翼干式单流束水表

1. 性能规格：旋翼干式单流束水表性能规格见表 6-1。

旋翼干式单流束水表性能规格　　　　表 6-1

型号	公称直径 (mm)	Q_3/Q_1	过载流量 Q_4 (m^3/h)	常用流量 Q_3 (m^3/h)	分界流量 Q_2 (L/h)	最小流量 Q_1 (L/h)	主要生产厂商
LXSG-13D	13	80	3.125	2.5	50.0	31.3	宁波水表股份有限公司
LXSG-20D	20	80	5.0	4.0	80.0	50.0	
LXSG-25D	25	80	7.875	6.3	126.0	78.8	
LXSG-32D	32	80	7.875	6.3	126.0	78.8	
LXSG-40D	40	80	20.0	16.0	320.0	200.0	
Flostar M	40	160	20	16	0.16	0.1	埃创仪表系统（苏州）有限公司
	50	250	31.25	25	0.16	0.1	
	65	400	50	40	0.25	0.1	
	80	400	78.75	63	0.253	0.158	
	100	400	125	100	0.4	0.25	
	150	630	200	160	0.406	0.254	

2. 外形尺寸：LXSG 型旋翼干式单流束水表外形尺寸见图 6-1、表 6-2、Flostar M 型

旋翼干式单流束水表外形尺寸见图 6-2、表 6-3。

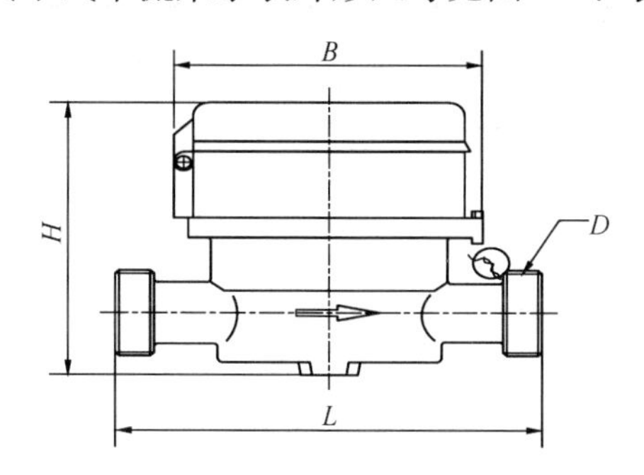

图 6-1　LXSG 旋翼干式单流束水表外形尺寸

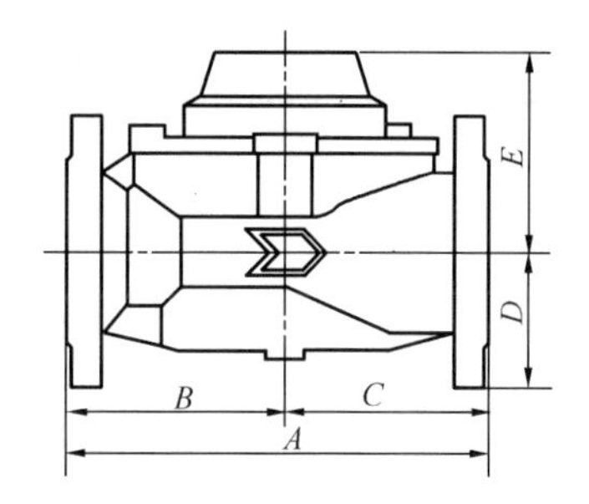

图 6-2　FlostarM 型旋翼干式单流束水表外形尺寸

LXSG 旋翼干式单流束水表外形尺寸　　表 6-2

型　号	直径(mm)	长度 L(mm)	宽度 B(mm)	高度 H(mm)	连接螺纹 D
LXSG-13D	13	110	79.5	84	G3/4B
LXSG-20D	20	130	79.5	84	G1B
LXSG-25D	25	160	79.5	84	G1 1/4B
LXSG-32D	32	160	110	121	G1 1/2B
LXSG-40D	40	200	110	121	G 2B

FlostarM 型旋翼干式单流束水表外形尺寸　　表 6-3

直径(mm)	A(mm)	B(mm)	C(mm)	D(mm)	E(mm)	连接方式
40	300	175	125	48	133	G2B
50	300	175	125	83	130	法兰 ISO PN10/16
65	300	180	120	92	129	
80	350	200	150	100	135	
100	350	184	166	110	148	
150	400	240	210	144	173	

6.1.1.2　旋翼湿式水表

1. 性能规格：旋翼湿式水表性能规格见表 6-4。

旋翼湿式水表性能规格　　表 6-4

型号	公称直径(mm)	Q_3/Q_1	过载流量 Q_4(m^3/h)	常用流量 Q_3(m^3/h)	分界流量 Q_2(L/h)	最小流量 Q_1(L/h)	主要生产厂商
LXS-15E LXS-15C	15	80	3.125	2.5	50	31.25	宁波水表股份有限公司
		100			40	25	
		125			32	20	
		160			25	15.625	
LXS-20E LXS-20C	20	80	5	4	80	50	
		100			64	40	
		125			51.2	32	
		160			40	25	

续表

型号	公称直径(mm)	Q_3/Q_1	过载流量 Q_4(m³/h)	常用流量 Q_3(m³/h)	分界流量 Q_2(L/h)	最小流量 Q_1(L/h)	主要生产厂商
LXS-25E LXS-25C	25	80	7.875	6.3	126	78.75	宁波水表股份有限公司
		100			100.8	63	
		125			80.64	50.4	
		160			63	39.375	
LXS-32E LXS-32C	32	80	7.875	6.3	126	78.75	
		100			100.8	63	
		125			80.64	50.4	
		160			63	39.375	
LXS-40E LXS-40C	40	80	20	16	320	200	
		100			256	160	
		125			80	128	
		160			160	100	
LXS-50E LXS-50C	50	80	31.25	25	500	312.5	
		100			400	250	
		125			320	200	
		160			250	156.25	
LXS-15E LXS-15C	15	100	3.125	2.5	40	25	无锡水表有限责任公司
		80			50	31.25	
LXS-20E LXS-20C	20	100	5	4	64	40	
		80			80	50	
LXS-25E LXS-25C	25	100	7.875	6.3	100.8	63	
		80			126	78.75	
LXS-40E LXS-40C	40	100	20	16	256	160	
		80			320	200	
LXS-50E LXS-50C	50	100	31.25	25	400	250	
		80			500	312.5	
LXS-80C LXS-80E	80	100	50	40	640	400	
		80			800	500	
LXS-100C LXS-100E	100	100	125	100	1600	1000	
		80			2000	1250	
LXS-150C LXS-150E	150	100	200	160	2560	1600	
		80			3200	2000	
LXS-15E	15	80	3.125	2.5	50	31.25	开封市盛达水表有限公司
LXS-20E	20	80	5	4.0	80	50	
LXS-25E	25	80	7.875	6.3	126	78.75	
LXS-40E	40	80	20	16	320	200	
LXS-50E	50	50	31.25	25	2000	500	
LXS-80E	80	50	50	40	3200	800	
LXS-100E	100	50	78.75	63	5040	1260	
LXS-150E	150	50	200	160	12800	3200	

2. 外形尺寸：旋翼湿式水表（15～40mm）外形尺寸见图 6-3、表 6-5，旋翼湿式水表（50～150mm）外形尺寸见图 6-4、表 6-6。

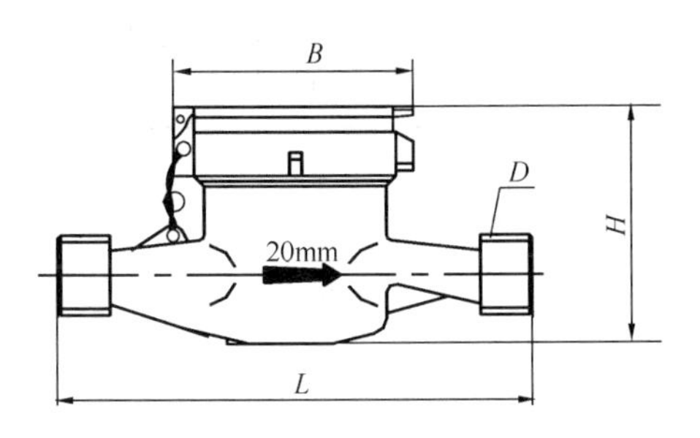

图 6-3 旋翼湿式水表（15～40mm）外形尺寸

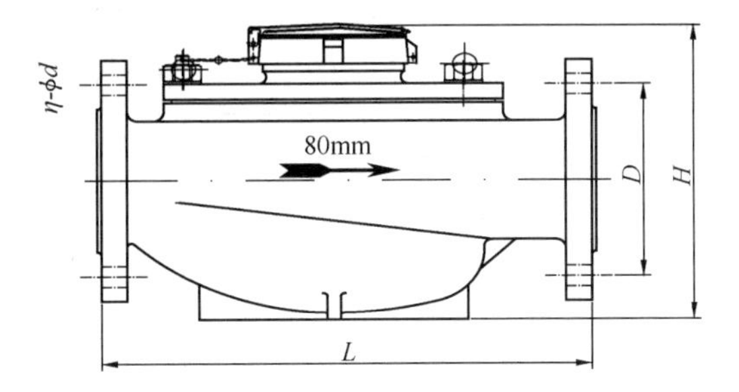

图 6-4 旋翼湿式水表（50～150mm）外形尺寸

旋翼湿式水表（15～40mm）外形尺寸　表 6-5

型 号	公称直径（mm）	长度 L（mm）	宽度 B（mm）	高度 H（mm）	连接螺纹 D（in）	
LXS-15E	15	165	98	105.5	R1/2	G3/4B
LXS-15C				104		
LXS-20E	20	195	98	107	R3/4	G1B
LXS-20C				106		
LXS-25E	25	225	104	115	R1	G1 1/4B
LXS-25C						
LXS-32E	32	230	104	115	R1 1/4	G1 1/2B
LXS-32C						
LXS-40E	40	245	150	158	R1 1/2	G2B
LXS-40C			124	153		

旋翼湿式水表（50～150mm）外形尺寸　表 6-6

公称直径（mm）	长度 L（mm）	宽度 B（mm）	高度 H（mm）	连接法兰	
				D（mm）	n-ϕd（个—mm）
50	280	160	175	125	4—18
80	370	276	257	160	8—18
100	370	280	277	180	8—18
150	500	400	370	240	8—22

6.1.1.3 旋翼液封水表

1. 性能规格：旋翼液封水表性能规格见表 6-7。

旋翼液封水表性能规格 表 6-7

型号	公称直径(mm)	Q_3/Q_1	过载流量 Q_4 (m^3/h)	常用流量 Q_3 (m^3/h)	分界流量 Q_2 (L/h)	最小流量 Q_1 (L/h)	主要生产厂商
LXS-15F	15	80	3.125	2.5	50	31.25	宁波水表股份有限公司
		100			40	25	
		125			32	20	
		160			25	15.62	
LXS-20F	20	80	5	4	80	50	
		100			64	40	
		125			51.2	32	
		160			40	25	
LXS-25F	25	80	7.875	6.3	126	78.75	
		100			100.8	63	
		125			80.64	50.4	
		160			63	39.37	
LXS-32F	32	80	7.875	6.3	126	78.75	
		100			100.8	63	
		125			80.64	50.4	
		160			63	39.37	
LXS-40F	40	80	20	16	320	200	
		100			256	160	
		125			80	128	
		160			160	100	
LXS-50F	50	80	31.25	25	500	312.5	
		100			400	250	
		125			320	200	
		160			250	156.25	

2. 外形尺寸：旋翼液封水表外形尺寸见图 6-5、表 6-8。

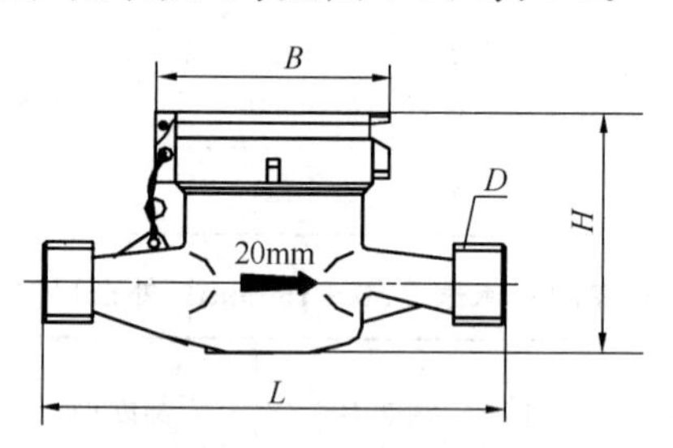

图 6-5 旋翼液封水表外形尺寸

旋翼液封水表外形尺寸 表 6-8

型号	直径(mm)	长度 L (mm)	宽度 B (mm)	高度 H (mm)	连接方式 D (in)	
LXS-15F	15	165	98	105.5	R1/2	G3/4B
LXS-20F	20	195	98	107	R3/4	G1B
LXS-25F	25	225	104	115	R1	G1 1/4B
LXS-32F	32	230	104	115	R1 1/4	G1 1/2B

续表

型 号	直径(mm)	长度 L(mm)	宽度 B(mm)	高度 H(mm)	连接方式 D(in)	
LXS-40F	40	245	150/124	158/153	R1 1/2	G2B
LXS-50F	50	280	165	170/176	法兰连接按国家标准《整体铸铁法兰》GB/T 17241.6 的相关规定执行	

6.1.1.4 旋转活塞式水表

1. 适用范围：旋转活塞式水表是一种容积式水表，适用于管道纯净水的计量。

2. 性能规格：旋转活塞式水表性能规格见表 6-9。

旋转活塞式水表性能规格 **表 6-9**

型 号	公称直径(mm)	Q_3/Q_1	过载流量 Q_4 (m^3/h)	常用流量 Q_3 (m^3/h)	分界流量 Q_2 (L/h)	最小流量 Q_1 (L/h)	主要生产厂商
LXH-15B	15	160	3.125	2.5	25.0	15.6	宁波水表股份有限公司
		200			20.0	12.5	
LXH-20B	20	160	5	4	40.0	25.0	
		200			32.0	20.0	
LXH-25B	25	160	7.875	6.3	63.0	39.4	
		200			50.4	31.5	
LXH-32B	32	160	12.5	10	100.0	62.5	
		200			80.0	50.0	
LXH-40B	40	160	20	16	160.0	100.0	
		200			128.0	80.0	

3. 外形尺寸：旋转活塞式水表外形尺寸见图 6-6、表 6-10。

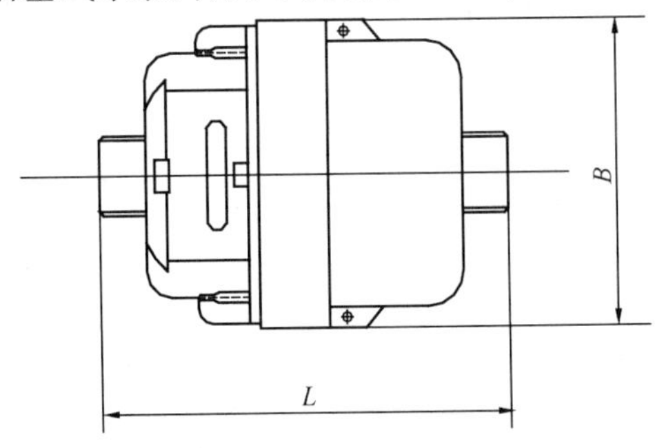

图 6-6 旋转活塞式水表外形尺寸

旋转活塞式水表外形尺寸 **表 6-10**

型 号	公称直径(mm)	长度 L(mm)	宽度 B(mm)	连接螺纹 D(in)
LXH-15B	15	115	91	G3/4B

续表

型　号	公称直径(mm)	长度 L (mm)	宽度 B (mm)	连接螺纹 D (in)
LXH-20B	20	130	96	G1B
LXH-25B	25	170	112	G1 1/4B
LXH-32B	32	260	140	G1 1/2B
LXH-40B	40	300	174	G2B

6.1.1.5 垂直螺翼式水表

1. 性能规格：垂直螺翼式水表性能规格见表 6-11。

垂直螺翼式水表性能规格　　表 6-11

型　号	公称直径(mm)	Q_3/Q_1	Q_2/Q_1	常用流量 Q_3(m^3/h)	过载流量 Q_4(m^3/h)	分界流量 Q_2(m^3/h)	最小流量 Q_1(m^3/h)	主要生产厂商
WS	50	200	1.6	40	50	0.32	0.2	宁波水表股份有限公司
			6.3			1.26		
	80	200	1.6	63	79	0.5	0.32	
			6.3			2		
	100	200	1.6	100	125	0.8	0.5	
			6.3			3.15		
	150	200	1.6	250	312	2	1.25	
			6.3			7.88		
	200	200	1.6	400	500	3.2	2	
			6.3			12.6		
WSD(可拆卸)	50	200	1.6	40	50	0.32	0.2	申舒斯仪表系统(福州)有限公司
	65	200	1.6	40	50	0.32	0.2	
	80	200	1.6	63	78.75	0.50	0.32	
	100	200	1.6	100	125	0.80	0.50	
	150	250	1.6	250	312.5	1.6	1.00	
WS(可拆卸)	50	200	6.3	40	50	1.26	0.20	福州真兰水表有限公司
	65	200	6.3	40	50	1.26	0.20	
	80	200	6.3	63	78.75	1.98	0.32	
	100	200	6.3	100	125	3.15	0.50	
	150	200	6.3	250	312.5	7.88	1.25	
	200	200	6.3	400	500	12.6	2.00	
Woltmag	50	100	1.6	40	60	0.64	0.4	埃创仪表系统(苏州)有限公司
	80	100	1.6	100	150	1.6	1.0	
	100	100	1.6	160	240	2.56	1.6	

2. 外形尺寸：

(1) 垂直螺翼式水表（一）外形尺寸见图 6-7、表 6-12。

垂直螺翼式水表（一）外形尺寸 **表 6-12**

直径 DN（mm）		长度 L（mm）	高度（mm）		连接法兰		
			H	G	法兰外径 D（mm）	螺栓孔中心圆直径 D_1（mm）	连接螺栓数量（个）
干式	50	280	235	275	165	125	4×M16
	80	370	270	325	200	160	8×M16
	80（短）	225	255	285	200	160	8×M16
	100	370	285	310	220	180	8×M16
	100（短）	250	285	310	220	180	8×M16
	150	500	310	400	285	240	8×M20
	200	500	435	615	340	295	8×M20
湿式	50	280	245	285	165	125	4×M16
	80	370	280	335	200	160	8×M16
	80（短）	225	260	300	200	160	8×M16
	100	370	295	320	220	180	8×M16
	100（短）	250	300	320	220	180	8×M16
	150	500	330	425	285	240	8×M20
	200	500	445	605	340	295	8×M20

(2) 垂直螺翼式水表（二）外形尺寸见图 6-8、表 6-13。

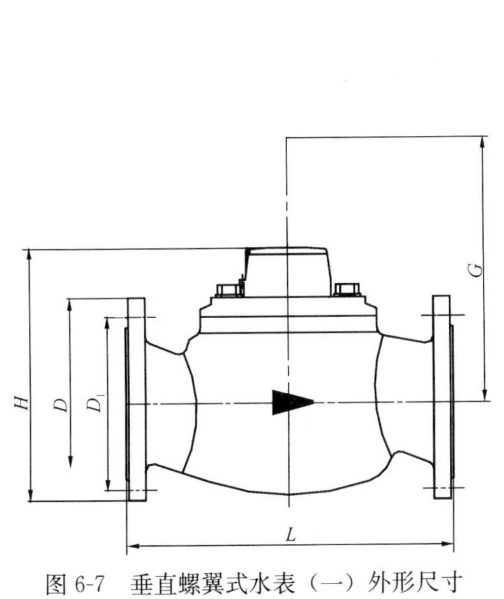

图 6-7 垂直螺翼式水表（一）外形尺寸

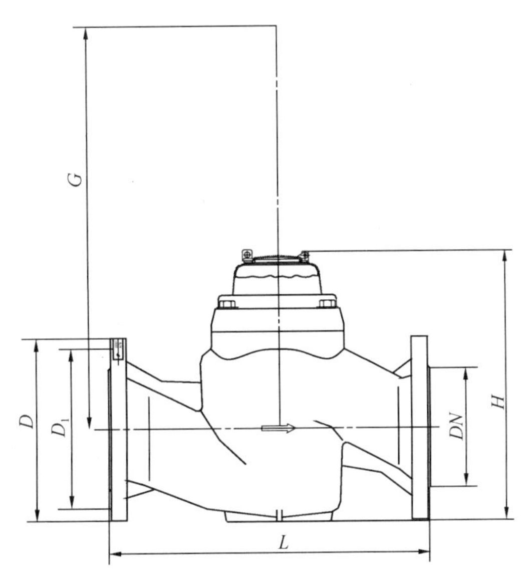

图 6-8 垂直螺翼式水表（二）外形尺寸

垂直螺翼式水表（二）外形尺寸　　表 6-13

公称直径 DN (mm)	长度 L (mm)	高度 H (mm)	拆卸高度 G > (mm)	法兰连接按国家标准《整体铸铁法兰》GB/T 17241.6的相关规定执行		
				法兰外径 D (mm)	螺栓孔中心圆直径 D_1 (mm)	单边螺栓数与孔直径 (个—mm)
50	270	228	262	165	125	4—ϕ19
65	300	238	262	185	145	4—ϕ19
80	350	290	361	200	160	4、8—ϕ19
100	350	306	380	220	180	8—ϕ19
150	500	445	607	285	240	8—ϕ23
200	500	564	720	340	295	8、12—ϕ23

6.1.1.6　水平螺翼式水表

1. 性能规格：水平螺翼式水表性能规格见表 6-14。

水平螺翼式水表性能规格　　表 6-14

型号	公称直径 (mm)	Q_3/Q_1	过载流量 Q_4 (m^3/h)	常用流量 Q_3 (m^3/h)	分界流量 Q_2 (m^3/h)	最小流量 Q_1 (m^3/h)	主要生产厂商
LXLC（可拆卸）	50	50	50	40	1.25	0.8	宁波水表股份有限公司
		80			0.8	0.5	
	65	50	50	40	1.25	0.8	
		80	78.5	63	1.25	0.8	
	80	50	78.7	63	2.0	1.25	
		80			1.25	0.8	
	100	50	125	100	3.2	2.0	
		80			2	1.25	
	125	50	200	160	5.0	3.2	
		80			3.2	2	
	150	50	312.5	250	8.0	5.0	
		80			5.0	3.2	
	200	50	500	400	12.5	8.0	
		80			8.0	5.0	
	250	50	787	630	20.0	12.5	
		80			12.5	8	
	300	50	1250	1000	32	20	
		80			20	12.5	
	400	50	2000	1600	51.2	32	
	500		3125	2500	80	50	

续表

型号	公称直径(mm)	Q_3/Q_1	过载流量 Q_4 (m³/h)	常用流量 Q_3 (m³/h)	分界流量 Q_2 (m³/h)	最小流量 Q_1 (m³/h)	主要生产厂商
MS（可拆卸）	40	125	31.25	25	0.32	0.2	申舒斯仪表系统（福州）有限公司
	50	160	50	40	0.4	0.25	
	65	160	78.75	63	0.63	0.39	
	80	315	125	100	0.51	0.32	
	100	315	200	160	0.81	0.51	
	125	250	200	160	1.02	0.64	
	150	400	500	400	1.6	1	
MSP（可拆卸）	40	315	31.25	25	0.13	0.08	
	50	315	31.25	25	0.13	0.08	
	65	400	50	40	0.16	0.1	
	80	400	78.75	63	0.25	0.16	
	100	400	125	100	0.4	0.25	
	150	630	312.5	250	0.63	0.4	
WPD（可拆卸）	40	125	50	40	0.51	0.31	
	50	125	50	40	0.51	0.32	
	65	160	78.75	63	0.63	0.39	
	80	200	125	100	0.8	0.5	
	100	200	200	160	1.28	0.8	
	125	200	312.5	250	2.0	1.25	
	150	200	500	400	3.2	2	
	200	160	800	630	6.3	3.9	
	250	160	1563	1250	12.5	7.8	
	300	125	2000	1600	20.5	12.8	
	400	125	25000	20000	32	20	
Woltex	50	100	60	40	0.64	0.4	埃创仪表系统（苏州）有限公司
	80	100	150	100	1.6	1	
	100	100	240	160	2.56	1.6	
	150	100	600	400	6.4	4	
	200	100	945	630	10.08	6.3	
	250	100	1500	1000	16	10	
	300	100	2400	1600	25.6	16	
	400	100	3750	2500	40	25	
	500	100	6000	4500	64	45	

2. 外形尺寸：水平螺翼式可拆卸水表外形尺寸见图 6-9、表 6-15。

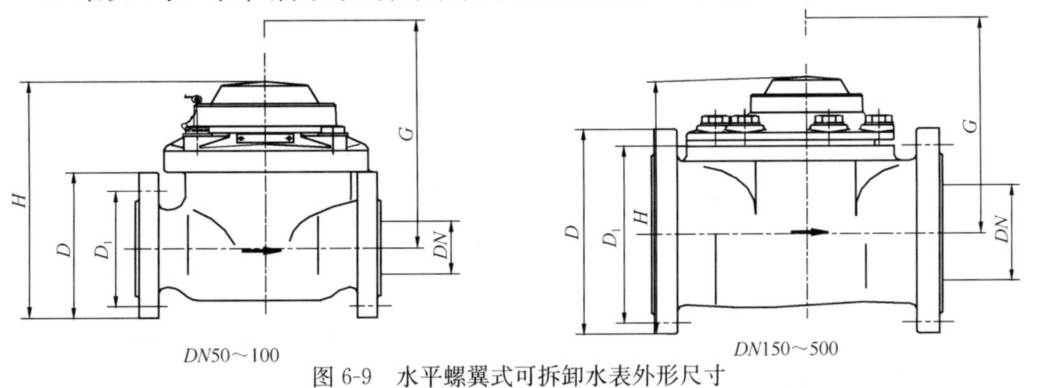

图 6-9 水平螺翼式可拆卸水表外形尺寸

水平螺翼式可拆卸水表外形尺寸　　表 6-15

型　号	公称直径 (mm)	长度 L (mm)	高度 (mm)		连接法兰		
			H	G	外径 D (mm)	螺栓孔中心直径 D_1 (mm)	连接螺栓数量 (个)
LXLC-50	50	200	256	400	165	125	4×M16
LXLC-65	65	200	266	400	185	145	4×M16
LXLC-80	80	225	276	400	200	160	8×M16
LXLC-100	100	250	286	400	220	180	8×M16
LXLC-125	125	250	301	400	250	210	8×M16
LXLC-150	150	300	345	500	285	240	8×M20
LXLC-200	200	350	373	500	340	295	8×M20
LXLC-250	250	450	493	710	395	350	12×M20
LXLC-300	300	500	516	730	445	400	12×M20
LXLC-400	400	600	631	830	565	515	16×M24
LXLC-500	500	800	739	930	670	620	20×M24

6.1.1.7　复式水表

1. 组成特性：复式水表俗称子母表。它是由一个大流量水表、一个小流量水表和一个转换装置组成的一种管道式水表。转换装置根据流经水表的流量大小自动引导水流流过小流量水表或者大流量水表，或者同时流过两个水表。因而计量范围从小直径水表的最小流量到大直径水表最大流量，是所有水表中量程比最大的。

2. 性能规格：复式水表性能规格见表 6-16。

复式水表性能规格　　表 6-16

型号	大表公称直径 (mm)	小表公称直径 (mm)	常用流量 Q_3 (m^3/h)	Q_3/Q_1	过载流量 Q_4 (m^3/h)	分界流量 Q_2 (L/h)	最小流量 Q_1 (L/h)	主要生产厂商
LXF-50	50	15	40	1250	50	51.2	32	宁波水表股份有限公司
LXF-65	65	20	63	1250	78.75	80	50	
LXF-80	80	20	63	1250	78.75	80	50	
LXF-100	100	25 (20)	100	1250	125	128	80 (50)	
LXF-150	150	40	250	1250	312.5	320	200	
LXF-200	200	50	400	1250	500	512	320	
MT (可拆卸)	50	—	63	2500	78.75	40.3	25.2	申舒斯仪表系统（福州）有限公司
	80	—	100	2500	1250	64	40	
	100		160	6300	200	40.6	25.4	
	150		400	4000	500	160	100	

3. 外形尺寸：复式水表外形尺寸见图 6-10、表 6-17。

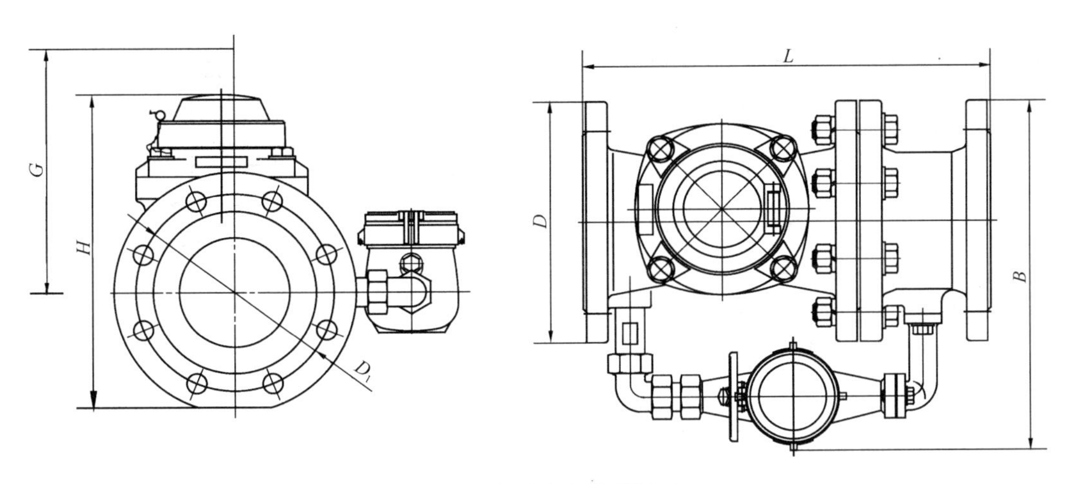

图 6-10 复式水表外形尺寸

复式水表外形尺寸 表 6-17

型　号	公称直径（mm）	长度 L（mm）	高度（mm）		宽度 B（mm）	连接法兰		
			H	G		法兰外径 D（mm）	螺栓中心圆直径 D_1（mm）	连接螺栓数量（个）
LXF-50	50	280	255	360	270	165	125	4×M16
LXF-65	65	370	266	400	305	185	145	4×M16
LXF-80	80	370	275	400	310	200	160	8×M16
LXF-100	100	370	285	400	320	220	180	8×M16
LXF-150	150	500	345	500	445	285	240	8×M20
LXF-200	200	560	375	500	525	340	295	8×M20

6.1.1.8 纯净水表

1. 性能规格：纯净水表性能规格见表 6-18。

纯净水表性能规格 表 6-18

型号	公称直径（mm）	Q_3/Q_1	过载流量 Q_4（m³/h）	常用流量 Q_3（m³/h）	分界流量 Q_2（L/h）	最小流量 Q_1（L/h）	主要生产厂商
LYH-8	8	80	2	1.6	32	20	宁波水表股份有限公司
		100			25.6	16	
		125			20.5	12.8	
		160			16	10	
		200			12.8	8	
		250			10.2	6.4	

2. 外形尺寸：纯净水表外形尺寸见图 6-11、表 6-19。

纯净水表外形尺寸 表 6-19

型 号	长度 L (mm)	宽度 B (mm)	高度 H (mm)	连接螺纹 D (in)
LYH-8	110	81.8	91	G3/4B

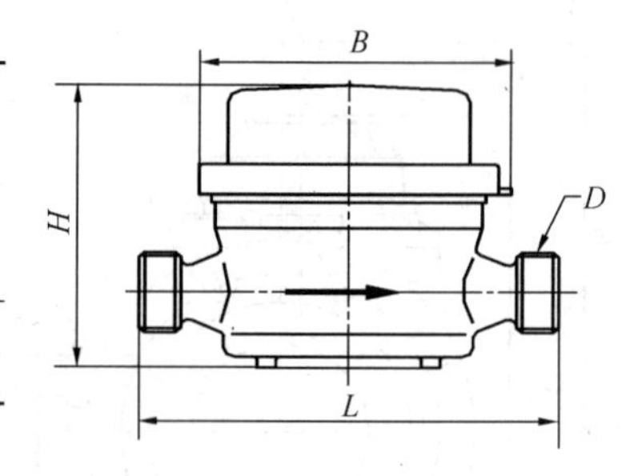

图 6-11 纯净水表外形尺寸

6.1.1.9 电子远传水表

电子远传水表性能规格见表 6-20。

电子远传水表性能规格 表 6-20

型号	公称直径 DN (mm)	量程比 (Q_3/Q_1)	常用流量 (m^3/h)	备 注	主要生产厂商
N1.5	15	80、63、50	2.5	无源抄读	宁波水表股份有限公司
N2.5	20	80、63、50	4		
N3.5	25	80、63、50	6.3		
LXSYY	15	160、125、100	2.5	旋翼液封式光电直读	江苏远传智能科技有限公司
	20	160、125、100	4		
	25	160、125、100	6.3		
LXRD	50	400、500、630	25	垂直螺翼式 GPRS/M-BUS	无锡水表有限责任公司
	80	400、500、630	63		
	100	400、500、630	100		
	150	400、500、630	250		
LXLD	50	250、315	63	水平螺翼式 GPRS/M-BUS	
	80	250、500	160		
	100	250、630	250		
	150	250、400	400		

6.1.1.10 IC 卡水表

1. 性能规格：IC 卡水表性能规格见表 6-21。

IC 卡水表性能规格 表 6-21

型号	公称直径 (mm)	量程比 (Q_3/Q_1)	常用流量 (m^3/h)	备 注	主要生产厂商
LYHZ-8B	8	200、160、125	1	—	宁波水表股份有限公司
LXSZ-15	15	80、63、50	2.5		
LXSZ-20	20	80、63、50	4		

续表

型号	公称直径（mm）	量程比（Q_3/Q_1）	常用流量（m^3/h）	备　注	主要生产厂商
LXSD	15	100、80	2.5	兼具远传功能	无锡水表有限责任公司
	20	100、80	4		
	25	100、80	6.3		
	40	100、80	16		

2. 外形尺寸：IC 卡水表外形尺寸见图 6-12、表 6-22。

IC 卡水表外形尺寸 **表 6-22**

型号	公称直径 *DN*（mm）	长度 *L*（mm）	宽度 *B*（mm）	高度 *H*（mm）	连接螺纹 *D*（in）
LYHZ-8B	8	165	93	103	G3/4B
LXSZ-15	15	165	114	118	G3/4B
LXSZ-20	20	195	94	106	G1B

6.1.1.11 GPRS 无线水表抄表系统

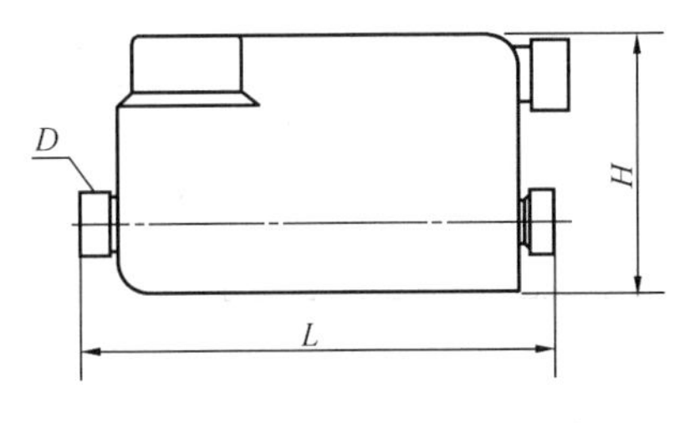

图 6-12 IC 卡水表外形尺寸

GPRS 无线抄表系统采用 GPRS 无线通信网络，为自来水公司等信息化建设提供了一套全新概念的系统。该系统通过 GPRS 数据采集终端设备采集水表流量，经 GPRS 无线通信网络，将数据发送到服务器，再通过强大的后台软件处理功能，对水表抄读，分析数据，实现真正的无需人工抄表。该系统适用于管网压力、流量等数据采集；大用户水量监测；屋顶水箱水位检测等。系统的数据采集终端具有体积小、安装方式多样、调试方便、免维护、无安装地点限制。该产品集压力传感器、锂电池、CPU、通信模块为一体，广泛适用于野外无电源区的数据采集与通信。

1. 特性：

(1) 组成结构：GPRS 无线水表抄表系统组成结构示意见图 6-13。

(2) 软件部分：

1) 后台管理软件功能强大，使用方便，支持 ORCALE，SQL 数据库。

2) 数据访问方便、简单、多样化。可以通过软件访问，也可以直接上网登录服务器访问。

3) 具有强大的分析功能。通过访问数据库，用户可以得到累计流量、间隔流量、瞬时流量，及其对应的曲线图。还可以通过“查询分析”得到相关数据的分析结果。另外还可以看到相关的报警信息。

(3) 硬件部分：

1) 采用 MSP430 系列单片机设计，超低功耗，内置电池供电可达 2a 以上（视工作模式而异）。

2) 采用金属隔舱式结构，极强的抗干扰能力和防水能力。

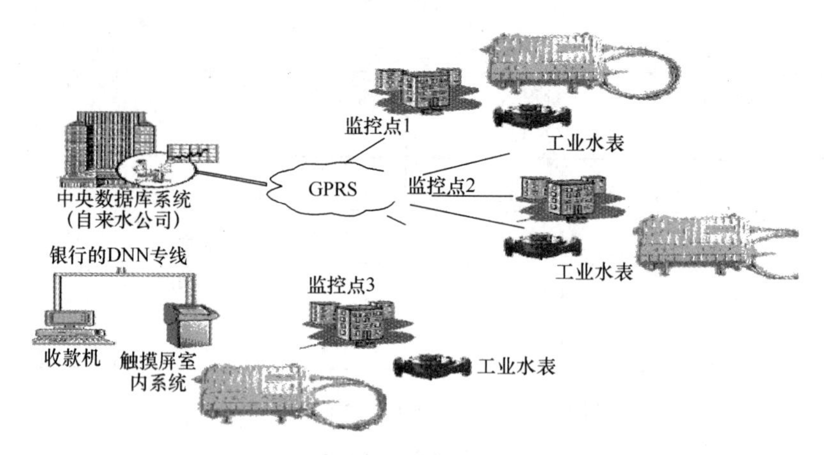

图 6-13　GPRS 无线水表抄表系统组成结构示意

3）防水等级可达到 IP68。

2. 适用范围：

（1）系统必须工作在网络覆盖的区域。

（2）系统适用于各个直径的脉冲式、直读式基表。

3. 性能规格：GPRS 无线水表抄表系统性能规格见表 6-23。

GPRS 无线水表抄表系统性能规格　　表 6-23

数据上传间隔 (h)	待机电流 < (μA)	工作电流 < (mA)	工作时间 (min)	平均电流 < (μA)	使用年限 (a)	主要生产厂商
2	15	50	2	865	1.5	宁波水表股份有限公司
3	15	50	2	585	2.0	

6.1.1.12　电磁水表

电磁水表性能规格见表 6-24。

电磁水表性能规格　　表 6-24

型　号	公称直径 DN（mm）	R（Q_3/Q_1）		Q_3 (m³/h)	Q_4 (m³/h)	Q_2（m³/h）		Q_1（m³/h）		备　注	主要生产厂商
		1 级	2 级			1 级	2 级	1 级	2 级		
MAG-AX	40	250	400	40	50	0.63	0.4	0.16	0.1	橡胶或聚四氟乙烯衬里；电磁供电 IP68	深圳拓安信自动化仪表有限公司
	50	250	400	63	78.75	1.00	0.63	0.25	0.16		
	80	250	400	160	200	2.50	1.60	0.63	0.40		
	100	250	400	250	312.5	4.00	2.5	1.00	0.63		
	150	250	400	630	787.5	10.0	6.30	2.50	1.60		
	200	250	400	1000	1250	16.0	10.0	4.00	2.5		
	250	250	400	1600	2000	25.0	16.0	6.30	4.0		
	300	160	250	1600	2000	40.0	25.0	10.0	6.3		

6.1.1.13 超声水表

超声水表性能规格见表6-25。

超声水表性能规格 **表6-25**

型号	准确度等级	公称直径(mm)	声道数	过载流量 Q_4 (m^3/h)	常用流量 Q_3 (m^3/h)	分界流量 Q_2 (m^3/h)	最小流量 Q_1 (m^3/h)	最高压力(MPa)	防护等级	主要生产厂商
SCL-61D	单声道：1级、2级 多声道：0.5级	15	1	1.5	1.2	0.072	0.0238	1.0、1.6	IP64、IP68	唐山汇中仪表有限公司
		20	1	2.5	2	0.072	0.0238			
		25	1	3.0	2.4	0.169	0.056			
		32	1	12	9.6	0.275	0.092			
		40	1	20	16	0.729	0.144			
		50	1	150	120	2.1	0.35			
		65	1	180	144	3.58	0.60			
		80	1	230	184	5.43	0.9			
		100	1	300	240	8.48	1.41			
			2	300	240	8.48	1.41			
		125	1	360	280	13.25	2.21			
			2	360	280	13.25	2.21			
		150	1	460	360	19.08	3.18			
			2	460	360	19.08	3.18			
		200	1	660	528	33.93	5.6			
			2	660	528	33.93	5.6			
			1	660	528	33.93	5.6			
		250	1	740	592	53.0	8.83			
			2	740	592	53.0	8.83			
			4	740	592	53.0	8.83			
		300	1	840	672	53.0	12.7			
			2	840	672	76.3	12.7			
			4	840	672	76.3	12.7			

6.1.2　流量计

流量计常用有电磁流量计、超声流量计、涡街流量计、转子流量计、文丘里管、超声波明渠流量计、玻璃钢巴歇尔槽（明渠流量计）等。

6.1.2.1　电磁流量计

电磁流量计常用有管段式电磁流量计、插入式电磁流量计等。

1. 管段式电磁流量计性能规格见表 6-26。

管段式电磁流量计性能规格　　表 6-26

型号	公称直径（mm）	衬里材质	准确度等级	介质电导率（μS/cm）	流速范围（m/s）	工作压力（MPa）	环境温度（℃）	介质温度（℃）	供电方式	主要生产厂商
E-mag E	3～3000	聚四氟乙烯、聚氯丁橡胶、聚氨酯、聚全氟乙丙烯	0.3、0.5	≥5	0.3～15	0.6、1.0、1.6、4	−25～60	0～70	85～260VAC	开封仪表有限公司
MAG-AX	50～800	聚四氟乙烯改性聚四氟氯丁橡胶硬橡胶	0.5、1.0	水≥20	—	1.0、1.6、4	−20～60	0～70	电池供电	深圳拓安信自动化仪表有限公司
XKD99Z	10～3000	聚四氟乙烯、氯丁橡胶、聚氨酯、全氟乙丙烯	0.3、0.5	>5	0.3～11	0.25～25	−30～80	−25～180	85～250VAC	上海星空自动化仪表有限公司
COPA-XE MAG-XE/XEM	3～3800	橡胶、PTFE、PFA	0.2、0.3、0.5	>5	0～15	1.0～4.0	—	−40～130	85～253VAC	上海威尔泰工业自动化股份有限公司
BFG—S	10～2600	PTFE，氯丁橡胶、聚氨酯、硬橡胶	0.5	水>20	0～12	0.6～4.0	−40～65	一体式≤90 分体式≤180	85～220VAC、24VDC	上海贝菲自动化仪表有限公司
RPmag60	15～2200	软橡胶、聚氨酯、聚四氟乙丙烯、聚四氟乙烯	0.2、0.3、0.5	>5	0.5～15	0.6、1.0、4.0	—	−25～150	220VAC、24VDC	北京瑞普三元仪表有限公司
LD LDB	10～2200	NE、PTFE、F46、PUNE、PFA	0.5、0.3、1.0	>5	0.3～12	0.25、0.6、1.6、2.5、4	−20～60	≤160	220VAC、24VDC	余姚市银环流量仪表有限公司
LD	15～2000	耐酸橡胶、聚四氟乙烯、聚氨酯橡胶、特氟龙	0.2、0.5、1.0	水≥20	0～15	0.6、1.0、1.6、4	—	—	220VAC、24VDC	开封市中华仪表厂

续表

型号	公称直径(mm)	衬里材质	准确度等级	介质电导率(μS/cm)	流速范围(m/s)	工作压力(MPa)	环境温度(℃)	介质温度(℃)	供电方式	主要生产厂商
Promag 10 Promag 50 Promag 53	25～2000	聚氨酯、硬橡胶、聚四氟乙烯 PTFE、PFA	0.5、0.2	水 Proline10 ≥50 Proline 50/53 ≥20	0.01～10	0.6、1.0、1.6、4	−20～60	−40～180	85～250V AC 11～40V DC	上海恩德斯豪斯自动化设备有限公司北京分公司

2. 插入式电磁流量计性能规格见表 6-27。

插入式电磁流量计性能规格 **表 6-27**

型号	公称直径(mm)	安装方式	准确度	介质电导率>(μS/cm)	流速范围(m/s)	工作压力(MPa)	环境温度(℃)	介质温度(℃)	供电方式	主要生产厂商
LDC	400～3000	带压拆装和不带压拆装	0.5～10 m/s ±1.5%FS	5	0.1～10	1.6	−10～60	−20～120	220VAC、24VDC	余姚市银环流量仪表有限公司
Signet 2551	15～900	插入深度不可调	重复性：读数的±0.5%	20	0.05～10	1.0	−10～70	≤85	24VDC	上海乔治.费歇尔管路系统有限公司
Signet 2552	50～1200	插入深度可调	重复性：读数的±0.5%	20	0.05～10	2.0	−15～70	−15～85	24VDC	

6.1.2.2 超声流量计

超声流量计性能规格见表 6-28。

超声流量计性能规格 **表 6-28**

型号	准确度等级	介质温度(℃)	最大工作压力(MPa)	电源(V) AC	特点	主要生产厂商
UME1000	0.5	−60～150	4.0	85～240	LCD 汉字显示，背光、断电保护	北京瑞普三元仪表有限公司
Prosonic Flow 91 Prosonic Flow 92 Prosonic Flow 93	0.5	−20～80(捆绑式)、−40～80(插入式)	—	85～260V AC、20～55V AC、16～62V DC	公称直径：(15～4000mm)中英文液晶背光显示，现场或远程操作	上海恩德斯豪斯自动化设备有限公司北京分公司

6.1.2.3 涡街流量计

涡街流量计性能规格见表 6-29。

涡街流量计性能规格　　表 6-29

名称	型号	管径（mm）	量程（m/s）	准确度等级	介质温度（℃）	工作压力（MPa）	主要生产厂商
涡街流量计（磁电式）	XKLV	管道式：20～500 插入式：200～2000	0.3～12	0.5、1.0	−40～130	1.0～42	上海星空自动化仪表有限公司

6.1.2.4 转子流量计

转子流量计性能规格见表 6-30。

转子流量计性能规格　　表 6-30

型号	管径 ϕ（mm）	量程（mL/min）	准确度等级	最大工作压力≤（MPa）	技术特性	主要生产厂商
LZB-2	2	0.4～4、0.6～6、1～10、1.6～16	4	1	ϕ2～ϕ10 流量计均为侧进侧出，软管或螺纹连接，下基座上带针形流量调节阀	余姚市银环流量仪表有限公司
LZB-3	3	2.5～25、4～40、6～60、10～100	4	1		
LZB-4	4	1～10、1.6～16、2.5～25	4	1		
LZB-6	6	2.5～25、4～40、6～60	2.5	1		
LZB-10	10	6～60、10～100、16～160	2.5	1		
LZB-15	15	16～160、25～250、40～400	2.5	0.6	ϕ15～ϕ100 流量计均为法兰式，垂直安装，不带调节阀	
LZB-25	25	40～400、60～600、100～1000	1.5	0.6		
LZB-40	40	160～1600、250～2500	1.5	0.6		
LZB-50	50	400～4000、600～6000	1.5	0.6		
LZB-80	80	1000～10000、1600～16000	1.5	0.4		
LZB-100	100	500～25000、800～40000	1.5	0.4		

6.1.2.5 文丘里管

文丘里管性能规格见表 6-31。

文丘里管性能规格　　表 6-31

型号	公称直径（mm）	工作压力（MPa）	允许误差（%）	技术特性	设计制造标准	主要生产厂商
LGW	50～2600	0.25～4.0（～6.3）	±0.7～±1.5	不需要实流标定，压力损失小	ISO5167 GB/T2624	开封仪表有限公司

6.1.2.6 超声波明渠流量计

超声波明渠流量计性能规格（一）、（二）见表 6-32、表 6-33。

超声波明渠流量计性能规格（一）　　表 6-32

型号	最大流量（m^3/h）	适用渠道宽度×高度≥（mm）	最高水位（mm）	主要生产厂商	型号	最大流量（m^3/h）	适用渠道宽度×高度≥（mm）	最高水位（mm）	主要生产厂商
LSQY-50	50	400×350	277	余姚市银环流量仪表有限公司	LSQP-50	47	300×450	240	余姚市银环流量仪表有限公司
LSQY-80	80	500×470	390		LSQP-150	150	350×700	330	
LSQY-150	150	600×570	484		LSQP-400	400	480×700	450	
LSQY-250	250	800×650	540		LSQP-900	900	660×850	600	
LSQY-500	500	800×650	510		LSQP-1500	1440	930×1000	750	
LSQY-800	800	800×850	655		LSQP-2000	2260	1120×1100	750	
LSQY-1000	1000	1000×850	707		LSQP-3000	3060	1300×1100	750	
—	—	—	—		LSQP-4000	3960	1480×1100	750	
—	—	—	—		LSQP-5000	5400	1780×1100	800	
—	—	—	—		LSQP-7000	7200	2050×1200	800	

超声波明渠流量计性能规格（二） 表 6-33

型号	测量范围 (m^3/h)	范围度	基本误差限 (%)	环境温度 (℃)	供电电压	主要生产厂商
LSQY（P）	1.3～7000	1∶30	±5	−10～55	220V AC 50Hz	余姚市银环流量仪表有限公司

6.1.2.7 玻璃钢巴歇尔槽

玻璃钢巴歇尔槽性能规格见表 6-34。

玻璃钢巴歇尔槽性能规格 表 6-34

喉道宽度 b (mm)	长度×宽度×高度 (mm)	最大流量 (m^3/h)	收缩段 (mm)			喉道段 (mm)			扩散段 (mm)			墙高 (mm)	主要生产厂商
			b_1	L_1	La	b	L	N	B_2	L_2	K	D	
25	635×267×265	19.44	167	356	237	25	76	29	93	203	19	230	北京崔村京北荣业复合材料厂
51	774×314×305	47.52	214	406	271	51	114	43	135	254	22	260	
76	914×359×517	115.56	259	457	305	76	152	57	178	305	25	460	
152	1525×500×730	399.6	400	610	407	152	305	114	394	610	76	610	
228	1630×675×890	903.6	575	864	576	228	305	114	381	457	76	770	
250	2845×980×1060	900	780	1325	883	250	600	230	550	920	80	800	
300	2870×940×1200	1440	840	1350	902	300	600	230	600	920	80	950	
450	2945×1120×1200	2268	1020	1425	948	450	600	230	750	920	80	950	
600	3020×1300×1200	3060	1200	1500	1000	600	600	230	900	920	80	950	
750	3095×1480×1200	3960	1380	1575	1053	750	600	230	1050	920	80	950	
900	3170×1660×1200	4500	1560	1650	1099	900	600	230	1200	920	80	950	
1000	3200×1780×1250	5400	1680	1705	1139	1000	600	230	1300	920	80	1000	
1200	3320×2020×1250	7200	1920	1800	1203	1200	600	230	1500	920	80	1000	
1500	3470×2380×1250	9000	2280	1950	1303	1500	600	230	1800	920	80	1000	
1800	3620×2740×1250	10800	2640	2100	1399	1800	600	230	2100	920	80	1000	
2100	3770×3100×1250	12960	3000	2250	1504	2100	600	230	2400	920	—	1000	
2400	3920×3460×1250	21600	3360	2400	1604	2400	600	230	2700	920	—	1000	

6.2 物位测量仪表

物位测量仪表常用有雷达物位计、超声物位计（包括传感器和变送器）和静压式液位计，其性能规格见表 6-35。

物位计性能规格 表 6-35

名称	型号	量程 (m)	准确度	介质温度 (℃)	电源	备注	主要生产厂商
雷达物位计	LD20	0.3～20	量程的 0.1%	−40～150	DC24V	4～20mA，HART 输出	北京瑞普三元仪表有限公司
超声物位计	US500	4、8、20	量程的 0.2%	−40～80	AC220V/DC24V	输出：4～20mA	

续表

名称	型号	量程（m）	准确度	介质温度（℃）	电源	备注	主要生产厂商
超声波物位/明渠流量变送器	FMU90	取决于传感器			AC90～253V/DC10.5～32V	应用于物位、流量、显示和附加泵的控制；多语言操作；与FDU91/91F/92/93系列超声波探头配套使用（自动识别）	上海恩德斯豪斯自动化设备有限公司北京分公司
超声波物位传感器	FDU9X	液体：10、20、25	量程的0.17%±2mm	－40～105	由FMU90变送器送电	与FMU90变送器配套使用，集成温度测量	
一体化超声波物位计	FMU3X/4X系列	液体：5、8、10、15、20	量程的±0.25%分辨率：2mm	－40～80	90～253V AC/10.5～32V DC	可将测量值转化为、长度、体积或流速。内置温度传感器，自动校正	
静压式液位计	FMX系列	0～200	设定量程的±0.2%、	0～50 －10～70	10.5～35V DC（非防爆区） 10.5～30V DC（防爆区）	4～20mA，HART输出，多计量单位设置，可配温度传感器Goretax（戈尔）滤湿元件	
	FMB系列	0～100	设定量程的±0.1%	－10～80	10.5～45V DC/10.5～30V DC（防爆区）	4～20mA，HART输出，多计量单位设置Goretax（戈尔）滤湿元件有抗冷凝结构	

6.3　水处理监控仪表

水处理监控仪表常用有浊度分析仪、颗粒计数仪、在线激光颗粒物分析仪、悬浮固体/污泥浓度计、消毒剂分析仪、有机物污染分析仪、营养盐分析仪、溶解氧分析仪、pH/ORP/电导率分析仪/氧化还原值控制器、无机离子检测仪、蓝绿藻/叶绿素分析仪、污泥界面仪、CM442通用多通道变送器和CAS全光谱多参数分析仪、原水供水管网预警和监测系统、FCD显示式絮凝控制系统、供排水管网数据采集设备、SC5200与SC4200游动电流检测仪、GR8800在线生物毒性监测仪、RPF系列远程脉冲式流量计、Proline65热式质量流量计、智能水硬度在线监测仪、手机三遥智能终端—遥测遥控遥信水泵系统、ET-0lwc-01A硬度监测控制系统。

6.3.1　浊度分析仪

1. 适用范围：按照测量范围，常用的浊度分析仪包括低量程（0～100NTU）、超低量程（0～5000mNTU）、高量程浊度仪（0～9999 NTU）。有些浊度仪可同时测量浊度和悬浮物浓度（污泥浓度）。

2. 性能规格：浊度仪分析仪性能规格见表6-36。

浊度仪分析仪性能规格 表 6-36

名称	型号	量程	准确度	重现性	检出限	主要生产厂商
浊度分析仪	1720E	0.001～100NTU	0～40NTU时，读数的±2%或±0.02，取大者；40～100NTU时，读数的±5%	优于读数的±1.0%或±0.002	0.0032 NTU	哈希公司
超低量程浊度仪	FT660 sc	0.000～5000 mNTU	0～1000mNTU，读数值的±3%或5 mNTU取大者	在30mNTU时为±3.6%，在800mNTU时为±1.7%	0.001m NTU	
浊度/悬浮物/污泥浓度分析仪	SOLITAX™ sc	浊度：0.001～40000NTU；污泥浓度：0.001～500g/L	浊度小于读数1%，或±0.001NTU，取大者；悬浮固体：小于读数5%	浊度小于读数1%；悬浮固体：小于读数3%	0.001 NTU	德国LANGE公司
浊度/悬浮固体/污泥浓度计	Cosmos-25 sc	浊度量程：0.001～10000NTU；悬浮物固体：>0.001 g/L以上；消解污泥：>100g/L；二氧化硅：>400g/L	浊度：小于测量值的3%；悬浮固体：取决于介质和校准的质量	浊度：小于测量值的4%；悬浮固体：取决于介质的同质性	—	瑞士züllig公司
高量程浊度仪	Surface Scatter 7 sc	0～9999 NTU	在0～2000NTU时，读数的±5%；在2000～9999NTU时，读数的±10%	—	—	哈希公司
智能浊度仪	BSZ	0～4000 NTU	<FS±2%	<FS±1.0%	最小分别率0.001～1NTU	厦门飞华环保器材有限公司
	NSZ	0～100 NTU	<FS±2%	<FS±1.0%	最小分别率0.001～1NTU	
浊度仪	Signet 4150	0～100.0NTU；0～1000.0NTU	40NTU以下：读数的±2%或±0.02NTU，取大者；40NTU以上：读数值的±5%	—	灵敏度：最高为0.0001 NTU/FNU	上海乔治·费歇尔管路系统有限公司
浊度仪	CUS	0～4000FNU (NTU) 0～150 g/L	测量值的±2%（最小0.1 FNU）	—	分辨率：0.001FNU	上海恩德斯豪斯自动化设备有限公司北京分公司

6.3.2 颗粒计数仪和在线激光颗粒物分析仪

6.3.2.1 颗粒计数仪

1. 适用范围：颗粒计数仪适用于监测水中颗粒 2～750μm 粒径的粒子，这些粒子可以作为研究水中的干净程度，污染细菌的种类等重要参考参数。

2. 性能规格：颗粒计数仪性能规格见表 6-37。

颗粒计数仪性能规格 表 6-37

型号	测量粒径范围（μm）	样品流速（mL/min）	最大压力（$\times10^5$Pa）	采样间隔	主要生产厂商
PCX2200	2～750	100	4.5	1s～24h	哈希公司

6.3.2.2 在线激光颗粒物分析仪

在线激光颗粒物分析仪性能规格见表 6-38。

在线激光颗粒物分析仪性能规格 表 6-38

型号	测量范围（μm）	分辨率＜（%）	计数效率＞（%）	测流精度（%）	最大浓度（粒/mL）	一致性（粒/mL）	通信接口	主要生产厂商
GR-1000	2～400	9（1μm）；5（10μm）	50（1μm）；98(1.5μm)；99.9（2μm）	±2	可选 18000	18000	RS～485、Modbus、4～20mA、RS232 可选	杭州绿洁水务科技有限公司

6.3.3 悬浮固体/污泥浓度计

悬浮固体/污泥浓度计性能规格见表 6-39。

悬浮固体/污泥浓度计性能规格 表 6-39

名称	型号	量程	准确度	重现性	主要生产厂商
浊度/悬浮物/污泥浓度分析仪	SOLITAX™ sc	浊度：0.001～40000 NTU；污泥浓度：0.001～500g/L	浊度小于读数 1%，或 ±0.001NTU，取大者；悬浮固体：小于读数 5%	浊度小于读数 1%；悬浮固体：小于读数 3%	德国 LANGE 公司
浊度/悬浮固体/污泥浓度计	Cosmos-25 sc	浊度量程：0.001～10000NTU；悬浮物固体：＞0.001 g/L 以上；消解污泥：＞100g/L；二氧化硅：＞400g/L	浊度：小于测量值的 3%；悬浮固体：取决于介质和校准的质量	浊度：小于测量值的 4%；悬浮固体：取决于介质的同质性	瑞士 züllig 公司

6.3.4 消毒剂分析仪

1. 类型：消毒剂分析仪常用有 DPD 比色法余氯/总氯分析仪、电极法余氯分析仪、一氯胺分析仪、臭氧分析仪、二氧化氯分析仪。

2. 性能规格：消毒剂分析仪性能规格见表 6-40。

消毒分析仪性能规格 表 6-40

名称	型号	测量范围	准确度	最低检出限	响应时间	主要生产厂商
DPD 比色法余氯/总氯分析仪	CL17	0～5mg/L 余氯或总氯	±5%或±0.035mg/L 按 Cl_2 计（取较高值）	0.035mg/L	2.5 min（测量周期）	哈希公司
电极法余总氯分析仪	CLF/CLT10 sc	0～10mg/L	±3%	0.03mg/L	1403（余氯）1003（总氯）	哈希公司
一氯胺分析仪	APA 6000	0.02～2mg/L（以氮计）0.1～10mg/L（以 Cl_2 计）	读数的±5%或±0.02mg/L	0.01mg/L 以氮计（0.05mg/l 以 Cl_2 计）	90%少于5min	哈希公司
臭氧分析仪	9185 sc	0.005～2mg/L（O_3）	±3%或±0.01mg/L（取高值）	0.005mg/L	90%小于 90s	法国 Polymetron 公司
二氧化氯分析仪	9187 sc	10^{-5}～2mg/L（ClO_2）	5%或±0.01mg/L ClO_2	0.01 mg/L ClO_2	90%小于 90s	
余氯测量传感器	CCS	余氯：0.01～5mg/L、0.05～20mg/L、总氯 0.1～10mg/L	重复性：0.2%的测量范围	分辨率：0.001 mg/L	测量值上跃：90%小于2min 测量值下跃：90%小于0.5min	上海恩德斯豪斯自动化设备有限公司北京分公司
余氯、二氧化氯、pH、温度在线分析仪	—	余氯：0～5.00mg/L、温度：0～60℃；pH：0.00～14.00	—	—	—	厦门飞华环保器材有限公司

6.3.5 有机物污染物分析仪

1. 类型：常用的有机污染物分析仪有 UVCOD 分析仪、COD 分析仪、COD_{Mn} 分析仪、TOC 分析仪、水中油分析仪等。

2. 性能规格：有机污染物分析仪性能规格见表 6-41。

有机污染物分析仪 表 6-41

名称	型号	测试方法	量程（mg/L）	准确度	检测下限	主要生产厂商
UVCOD 分析仪	UVAS sc	紫外光吸收方法	0～20000	±3% 测量值+0.5mg/L	—	哈希公司
COD 分析仪	CODmax Plussc CODmaxⅡ	重铬酸钾高温消解，比色测定	10～5000	＞100mg/L：＜10%读数；＜100mg/L：＜±6mg/L	3.3mg/L	
COD_{Mn} 分析仪	COD-203	高锰酸钾法，氧化还原电位滴定法测量	0～20、0～200	0～20mg/L：±1%；0～200mg/L：±2%	0.5mg/L	日本 DKK 公司

续表

名称	型号	测试方法	量程（mg/L）	准确度	检测下限	主要生产厂商
TOC分析仪	1950 Plus	过硫酸钠/紫外氧化法	从0～5、0～10、0～25多种量程可选	满量程的±2%	在0～5mg/L范围内，≤0.015mg/L	哈希公司
	Astro TOC UV TURBO	酸氧化/紫外氧化法	0～50.000	—	在25℃且量程为0～5000μg/L时，≤5μg/L	美国Astro公司
	AstroTOC UV	化学氧化和紫外氧化	0～5到20000	25℃时，满量程的±2%（非稀释）	25℃时，<0.015mg/L，（0～5mg/L量程）	
水中油分析仪	FP360 sc	紫外吸收法测量	0.1～150（水中油）	读数的±5%或满量程的±2%	—	哈希公司

6.3.6 营养盐分析仪

1. 类型：营养盐分析仪常用有氨氮分析仪、硝氮分析仪、正磷酸盐分析仪、总磷/正磷酸盐分析仪、总磷/总氮/COD分析仪等。

2. 性能规格：营养盐分析仪性能规格见表6-42。

营养盐分析仪性能规格 **表6-42**

名称	型号	测试方法	测量范围（mg/L）	准确度	检测下限	主要生产厂商
氨氮分析仪	Amtax™ inter2	靛酚蓝法	0.02～2.00；0.1～20.0；1.0～80	测量值的±2%	0.2（mg/L）	德国LANGE公司
	Amtax™ Compact	逐出比色法	0.2～12.0；2～120；20～1200	测量值的±2.5%或者0.2mg/L（标准溶液），取较大值	0.2（mg/L）	
	Amtax™sc	氨气敏电极法	0.02～5；0.05～20；1～100；10～1000	3%±0.05mg/L；3%±1.0mg/L；4.5%±10mg/L	0.02（mg/L）；1（mg/L）；10（mg/L）	
	NH4Dsc	离子选择电极法	0.2～1000	测量值的5%±0.2mg/L（有标准溶液）	0.2mg/L	美国哈希公司
硝氮分析仪	NITRATAXsc	紫外吸收双光束测量方法	0.1～100.0（1mm），1～50.0（2mm），0.1～25.0（5mm）	读数的±3%±0.5mg/L	0.1mg/L	
	NO3Dsc	离子选择电极法	0.1～1000mg/LNO_3－N和0.1～1000mg/LCl^-	测量值的5%+0.2mg/L	0.5mg/LNO_3^-－N	

续表

名称	型号	测试方法	测量范围(mg/L)	准确度	检测下限	主要生产厂商
正磷酸盐分析仪	Phosphax sc	钒钼黄法	0.05～15.0 (PO_4^{3-}—P)；1.00～50.0 (PO_4^{3-}—P)、	2%或0.05mg/L取较大值；2%或1.0mg/L取较大值	0.05mg/LPO_4^{3-}—P；1.00mg/LPO_4^{3-}—P	哈希公司
总磷/正磷酸盐分析仪	pho3phax Sigma	钼蓝法	0.01～5.0mg/L；0.01～10mg/L	±2%	0.01mg/L	美国sigma公司
总磷/总氮/COD分析仪	NPW-150	总磷：钼蓝法 总氮：紫外吸光光度法 COD：UV法	总磷：0～5mg/L至20mg/L； 总氮：0～2.5mg/L至0～50mg/L； COD(UV)：0～20mg/L至500mg/L	—	—	日本DKK公司
硝酸盐(或COD)测量传感器	CAS51D	紫外吸收双光束测量方法(光度法)	NO_3^-—N：0.1～50.0mg/L	＜10mg/L：±0.2mg/L；＞10mg/L：满量程的2%	±0.2mg/L，NO_3^-—N	上海恩德斯豪斯自动化设备有限公司北京分公司
			NO_3^-—N：0.01～20.0mg/L	＜2mg/L：±0.04mg/L；＞2mg/L：满量程的2%		
			SAC：0.1～50～250～700L/m； COD：0.15～1000mg/L； TOC：0.06～410mg/L	量程上限的2%(COD)	0.045mg/L，COD	
氨氮浓度分析仪	CA71	光度比色法	NH_4^+—N：0.02～5mg/L	测量值的2%	重复性 ±0.03mg/L	
			NH_4^+—N：0.2～15mg/L		重复性 ±0.05mg/L	
			NH_4^+—N：0.2～100(可扩展至1000)mg/L		重复性 ±0.5mg/L	
			NH_4^+—N：1～500μg/L		重复性 ±2μg/L	
氨氮/硝氮分析仪	CAS40D	离子选择电极法	氨氮：0.1～1000mg/L； 硝氮：0.1～1000mg/L	(±测量值的5%±0.2mg/L)	0.1～99mg/L：0.01； 99～999mg/L：0.1； ＞999mg/L：1	
总磷分析仪	CA72TP	钼蓝法、钼钒法	0.05～2mg/L；0.1～5mg/L；0.3～8mg/L；0.5～25mg/L	±测量值的5%	0.05mg/L	

6.3.7 溶解氧分析仪

1. 类型：溶解氧分析仪常用有无膜溶解氧分析仪、溶解氧分析仪、溶解氧测定传感器等。

2. 性能规格：溶解氧分析仪性能规格见表6-43。

溶解氧分析仪性能规格 **表6-43**

名称	型号	测试方法	测量范围	准确度	灵敏度（%）	温度补偿	主要生产厂商
无膜溶解氧分析仪	LDO™	荧光法	0.00~20.00mg/L	<1mg/L时，±0.1mg/L；>1mg/L时，±0.2mg/L	±0.05	自动补偿	哈希公司
溶解氧分析仪	S-14	电极法（Toedt化学原理）	使用Fe型阳电极时，为0~15mg/L；使用Zn型阳电极时，为0~25mg/L	标准偏差：<0.1mg/L	—	自动补偿，PT1000传感器	瑞士Zullig公司
	5500系列	极谱法	0~40mg/L	量程的±0.05%	量程的±0.5	自动或手动温度补偿	美国GLI公司
溶解氧测定传感器	COS	电流法	0.01~100mg/L	测量值的±1%	分辨率：0.01mg/L	自动补偿	上海恩德斯豪斯自动化设备有限公司北京分公司
		荧光法	0~20mg/L				

6.3.8 pH/ORP/电导率分析仪/氧化还原值控制器

1. 组成:pH/ORP/电导率分析仪由控制器和传感器组成。

2. 性能规格:pH/ORP/电导率分析仪见表6-44和电导率值控制器/pH值控制器/氧化还原值控制器性能规格见表6-45。

pH/ORP/电导率分析仪性能规格 **表6-44**

名称	型号	测量范围	准确度	防护等级	电源要求	主要生产厂商
pH/ORP分析仪	SC200pH/ORP控制器	−2.00~14.00；−2100~2100mV；−20.0~200.0℃	—	NEMA4X(IP6)，1/2DIN	190~260VAC	美国GLI公司
	P33 pH/ORP控制器	−2.00~14.00；−2100~2100mV；−20.00~200.0℃	—	NEMA4X(IP65)，1/2DIN	180~260VAC	
	Pro-P3 pH/ORP控制器	−2.00~14.00；−2100~2100mV；−20.0~200.0℃	—	NEMA4X	16~30VDC	

续表

名称	型号	测量范围	准确度	防护等级	电源要求	主要生产厂商
pH/ORP分析仪	pHD sc 电极	pH:2～14; ORP:－1500～1500mV	pH:±0.01pH; ORP:±0.5mV	IP68	与变送器配合使用	美国GLI公司
	3/4in 复合pH/ORP电极	0～14pH; －2000～2000mV	小于0.1pH; ±20mV,仅限于标准溶液	IP68		
电导率分析仪	SC200电导率控制器	0.0～2000000S/cm; －20～200℃	—	NEMA4X(IP66), 1/2DIN	190～260VAC	美国GLI公司
	C33电导率控制器	0.0～2000000S/cm; －20～200℃	—	NEMA4X(IP65), 1/2DIN	190～260VAC	
	PRO－C3电导率控制器	0.0～2000000S/cm; －20～200℃—	—	NEMA4X	16～30VDC	
	3400系列	0.0～2000000μS/cm; 电阻率:0.002～20; －20～200℃;	读数的±0.01%	IP68	与变送器配合使用	
	3700E系列	0－2000000μS/cm; －10～200℃;	读数值的±0.01%,所有量程范围内	IP68		
PH传感器	CPS11(D)(PTFE隔膜)、CPS41(D)(陶瓷隔膜)	0～14pH; －15～80℃	—	IP68	与测量变送器配合使用	上海恩德斯豪斯自动化设备有限公司北京分公司
ORP传感器	CPS12(D)	－1500～1500mV	—	IP68		
电导率传感器	CLS系列	0～2000mS/cm －20～240℃	—	IP68		

电导率值控制器/pH值控制器/氧化还原值控制器性能规格　　表6-45

名称	型号	控制范围	最高温度(℃)	输入电源	备注	主要生产厂商
电导率值控制器	DC4000	0～10000μS/cm或 0～6600PPM/TDS	204	230VAC 50Hz	输出信号:2个连接流量计和流量开关的PG-9接口,1个连接电导率	汉胜工业设备(上海)有限公司
	DC4500	0～2000 μS/cm	60			
	AC系列	0～500μS/cm、0～1000μS/cm; 0～2500μS/cm、0～5000μS/cm	45	230VAC 50Hz	附带温度补偿	
pH值控制器	DP5000	0～14pH,可设定高低点,带报警	45	230VAC 50Hz	分辨率0.01	
氧化还原值控制器	DR	－2000～2000mV	45℃	230VAC 50Hz	控制精度:±1mV	

6.3.9 无机离子检测仪

1. 类型:无机离子检测仪常用有硬度分析仪、碱度分析仪、氟化物分析仪、氯离子分析仪等。

2. 性能规格：无机离子检测仪性能规格见表6-46。

无机离子检测仪性能规格　　表6-46

名称	型号	测量范围	准确度	重现性	分析周期	样品流速	主要生产厂商
硬度分析仪	APA 6000	0.05～10mg/L（以 $CaCO_3$ 计）；10～1000mg/L（以 $CaCO_3$ 计）	±5%或±0.05%mg/L，取大者；±5%或±2%mg/L $CaCO_3$，取大者	±3%或±0.03%mg/L，取大者；±5%或±2%mg/L $CaCO_3$，取大者	4min	100～2000mL/min	哈希公司
碱度分析仪	APA 6000	0～500mg/L 以 $CaCO_3$ 计，总碱度；0～250mg/L 以 $CaCO_3$ 计，酚酞碱度	优于读数的±5%或±1.0mg/L，取较大值	优于读数的±3%或±0.6mg/L，取较大值	8min	最大100～2000mL/min	
氟化物分析仪	CA610	0.1～10mg/L	±10%或±0.10mg/L	—	可编程：1个周期/5min，最长间隔999min	最小流量要求小于200mL/min	
氯离子分析仪	8810	Cl^- 0.5～500mg/L（高浓度采用稀释方法）	≤2%	≤3%	可编程：1个周期/5min，最长间隔999min	50～300L/h	法国polymetron公司

6.3.10　蓝绿藻/叶绿素分析仪

蓝绿藻/叶绿素分析仪性能规格见表6-47。

蓝绿藻/叶绿素分析仪性能规格　　表6-47

型号	测量范围	测量方法	精度(%)	分辨率	最大深度(m)	电源	主要生产厂商
Hydrolab	叶绿素a： 低灵敏度：0.03～500μg/L； 中灵敏度：0.03～50μg/L； 高灵敏度：0.03～5μg/L； 蓝绿藻： 低灵敏度：100～2000000cells/L； 中灵敏度：100～200000cells/L； 高灵敏度：100～20000cells/L；	荧光法	±3	叶绿素a：0.01μg/L 蓝绿藻：20cells/L	225	外电源、蓄电池、干电池(可选)	哈希公司

6.3.11　污泥界面仪

污泥界面仪性能规格见表6-48。

污泥界面仪性能规格 表 6-48

型号	量程(m)	精度(m)	分辨率<(m)	响应时间(s)	校准	温度补偿	防护等级	主要生产厂商
Sonatax sc	0.2～12	0.1±0.05	0.04	10～600(可调)	开机自动校准	自动补偿	IP68	哈希公司
CUS71D	0.3～10	1%的测量范围	0.03	—	自动	—	IP68	上海恩德斯豪斯自动化设备有限公司北京分公司

6.3.12 CM442 通用多通道变送器

1. 适用范围：CM442 通用多通道变送器适用于工业和环境领域中的过程监控和过程控制，可接入 1 到 2 个 Memosens 数字传感器，提供 2 或 4 路 4～20mA 模拟输出信号。

2. 性能规格：CM442 通用多通道变送器性能规格见表 6-49。

CM442 通用多通道变送器性能规格 表 6-49

型号	测量参数	结构型式	最大测量误差	供电电源	特点	主要生产厂商
Liquiline CM442	pH、ORP、溶解氧、浊度、电导率、余氯、氨氮、硝氮、污泥界面、COD、BOD、TOC 等	双通道、八通道型	内置 CPU 微处理器进行信号处理，误差取决于传感器	100～230V AC；24VDC；24VAC	可与 Memosens 数字通信的探头相连，热插拔，大屏幕显示，飞梭键操作，中文菜单	上海恩德斯豪斯自动化设备有限公司北京分公司

6.3.13 CAS 全光谱多参数分析仪

1. 适用范围：CAS74 全光谱多参数分析仪适用于水和污水中有机污染物和/或硝酸盐的连续监控、污泥参数的测量，光谱(200～680nm)的分析测量。

2. 性能规格：CAS74 全光谱多参数分析仪能规格见表 6-50。

CAS74 全光谱多参数分析仪性能规格 表 6-50

测量参数	量程	分辨率	输出	供电电源	主要生产厂商
$NO_3^- - N$	0.3～23mg/L	0.1mg/L	电流：4～20mA 误差：±0.1%；分辨率：满量程的±2%；继电器：7 个常开触点	115 ～ 230V AC 或 110～250V AC	上海恩德斯豪斯自动化设备有限公司北京分公司
COD 相关值	10～2000mg/L(基于邻苯二甲酸氢钠)	2mg/L			
BOD 相关值	10～2000mg/L(基于邻苯二甲酸氢钠)	2mg/L			
TOC 相关值	4～800mg/L(基于邻苯二甲酸氢钠)	1mg/L			
光谱吸收系数(SAK_{254})	1～250m^{-1}	0.1m^{-1}			
总悬浮固体(TS)	0.5～5.0g/L	—			
污泥容量(SV)	100～900mg/L(未稀释的样品)	—			
污泥指数(SI)	SV/TS	—			
ATU	1～200m^{-1}	—			

6.3.14 原水供水管网预警和监测系统

1. 类型：原水供水管网预警和监测系统常用有供水管网监测系统、原水监测系统、供水管网早期预警系统等。

2. 性能规格：原水供水管网预警和监测系统性能规格见表6-51。

原水供水管网预警和监测系统性能规格 表6-51

名称	型号	应用	量程	备注	主要生产厂商
供水管网监测系统	WDMP sc	供水管网水质情况的在线监测	TOC：0～25mg/L（增强型）；pH：0～14； 电导率：0～2000μS/cm； 浊度：0.01～100NTU； 氯：0～5mg/L；压力：0～1.0MPa； 温度：－20～200℃	传感器与控制器之间的距离：1000m；采用RS485通信；安装选择壁挂式或支架式安装	哈希公司
原水监测系统	—	水源水水质的连续监测	DO：0～20.0mg/L；浊度：0～4000NTU； pH：0～14pH；电导仪：0～1000ms； 氨氮：0.02～20.0mg/L； 高锰酸钾指数：0～20mg/L或0～2000mg/L； 叶绿素：0～500μg/L； 蓝绿藻：100～2000000cells/mL； 总磷：0.01～－5.0mg/L； 总氮：0～2mg/L或0～200mg/L	参数可以根据当地的实际情况进行选择	
供水管网早期预警系统	Guardian Blue 蓝色卫士	饮用水的早期预警	pH：0～14； 电导率：0～200μS/cm到0～2000000mS/cm； 余氯：0～5 mg/L； 浊度：0.001～4000NTU； 总有机碳TOC：0～20000mg/L（增强型） DO：0～20mg/L； 参数及量程可根据需求选择	警报：触发信号警报，高/低参数警报，冻结参数警报，传感器离线警报	

6.3.15 供排水管网数据采集设备

供水管网中常用的数据采集设备有压力数据记录仪、压力数据采集终端、直读流量终端、多用途数据监控终端等。排水管网中主要的数据采集设备有窨井水位监测终端等。

6.3.15.1 压力数据记录仪

1. 适用范围：适用于供水管网建模压力测量、日常管网压力调查、供水管网同步测压及临时性的压力测量。

2. 性能规格：压力数据记录仪性能规格见表6-52。

压力数据记录仪性能规格 表 6-52

型号	电源	压力测量	防护等级	主要生产厂商
DLF-REC01	内置电池（使用期：5a）	内置压力传感器； 量程：(0～1)MPa； 精度：＜0.5%FS； 测量周期：最小 1s； 数据保存周期：最小 1s，带时间戳； 数据保存量：59000 个	IP68	上海三高计算机中心股份有限公司

6.3.15.2 压力数据采集终端

1. 适用范围：适用于供水企业在无市电现场的管网压力监测、小区二次供水压力监测。为供水领域中的调度控制、管网建模、区域压力分析等提供基础数据。

2. 性能规格：压力数据采集终端性能规格见表 6-53。

压力数据采集终端性能规格 表 6-53

型号	电源	压力测量	无线通信	防护等级	主要生产厂商
DLA-P10	内置电池（使用期：2a，15min 发送周期）	内置压力传感器量程：(0～1)MPa； 精度：＜0.5%FS； 测量周期：最小 30s； 数据保存周期：最小 3min，带时间戳； 数据保存量：＞30000 个	内置 GPRS 通信模块数据发送周期：一般数据最小 5min，越限报警实时发送	IP68	上海三高计算机中心股份有限公司

6.3.15.3 直读流量终端

1. 适用范围：适用于供水企业在无市电现场的管网节点、大用户、生活小区的流量和压力的远程监测。为供水领域中的供水调度、管网分析、贸易结算、区域计量等提供基础数据。

2. 性能规格：直读流量终端性能规格见表 6-54。

直读流量终端性能规格 表 6-54

型号	支持流量仪型号	电源	压力测量	数据通信	防护等级	主要生产厂商
DLC-MAG8000	西门子 MAG8000	内置电池（使用期：2a，15min 发送周期）	内置压力传感器量程：0～1MPa； 精度：＜0.5% FS； 测量周期：最小 30s； 数据保存周期：最小 3min，带时间戳； 数据保存量：＞30000 个	通信方式读取流量仪内的流量数据； 内置 GPRS 模块； 数据发送周期：一般数据最小 5min；越限报警实时发送	IP68	上海三高计算机中心股份有限公司
DLC-Aquamaster	ABB Aquamaster 系列					
DLC-SCL-61D	唐山汇中 SCL-61D					

6.3.15.4 多用途数据监控终端

1. 适用范围：适用于供水企业在有市电现场的管网、水厂、泵站的多参数远程监控，可监控流量、压力、浊度、余氯以及水位、水泵、阀门设备等工艺数据。

2. 性能规格：多用途数据监控终端性能规格见表 6-55。

多用途数据监控终端性能规格 表 6-55

型号	电源	开关量输入/输出	模拟量输入/输出	串行通信	网络通信	GPRS通信	防护等级	主要生产厂商
DLB-1400	220VAC 50Hz±10% 或 24VDC ±10%	20 路/12 路 24VDC	4 路/2 路 12 位 A/D 分辨率。IO 模块最多可扩展 7 块，可选择的扩展 IO 模块有：8～16 数字量输入模块、4 路模拟量输入(出)模块、4 路模拟量输出模块、4 路热电偶(电阻)输入模块	1 个 RS232/RS485 口内置 MODBUS RTU、*DNP*3 SLAVE、DF1、ASCII 等通信协议可扩展支持 HART、PROFIBUS DP、DEVICENET 等工业总线协议	1 个 RJ45 以太网口，内置 ETHERNET/IP 工业以太网协议	支持多 IP 地址、域名数据中心、专用 APN 方式	IP55	上海三高计算机中心股份有限公司

6.3.15.5 窨井水位监测终端

1. 适用范围：城市排水管网窨井水位的远程监测。

2. 性能规格：窨井水位监测终端性能规格见表 6-56。

窨井水位监测终端性能规格 表 6-56

名称	型号	电源	水位测量	无线通信	防护等级	主要生产厂商
窨井水位监测终端	DLE-0600	内置电池(使用期：2a，发送周期 20min)	内置水位传感器量程：0～10m；精度：<50mm；测量周期：最小 1min；数据保存周期：最小 1min，带时间戳；数据保存量：>20000 个	内置 GPRS 通信模块数据发送周期：一般数据最小 3min；越限报警实时发送	IP68	上海三高计算机中心股份有限公司

6.3.16 FCD 显示式絮凝控制系统

1. 特性：FCD 显示式絮凝控制系统是一种能直接观察，又能用数据定量表达絮凝体图像和絮凝过程的在线监控仪。显示式絮凝控制系统具有完整的絮凝体图像处理检测功能，结合流量，浊度信号，提供远程图像显示。

2. 性能规格：FCD 显示式絮凝控制系统性能规格见表 6-57。

FCD显示式絮凝控制系统性能规格　表6-57

电源	输出信号	取样周期(s)	显示	控制功能	传感器	记录	主要生产厂商
220VAC、50Hz	4～20mA加注泵控制信号；4～20mA沉淀水浊度信号	5	絮凝绒体活动图像、絮凝体参数(0～2.00mm)设定值及时实测曲线、瞬间进水流量及运行曲线、瞬间沉淀水浊度及运行曲线、瞬间加药量及运行曲线	自动监控混凝剂投加、自动修正加注量	自动冲洗功能	每5min自动记录1次，数据存储10a	台州中昌水处理设备有限公司

6.3.17 SC5200与SC4200游动电流检测仪

SC5200与SC4200游动电流检测仪性能规格见表6-58。

SC5200与SC4200游动电流检测仪性能规格　表6-58

型号	电源(V)	输出信号(mA)	显示读数	误差(%)	响应时间(s)	控制功能	取样室	水样流量(L/min)	工作温度(℃)	主要生产厂商
SC5200	230AC	4～20	－100～100SC单位及过程设置点	±1	5	带PID控制器，自动监测混凝剂投加，可选RS485	手动冲洗、自动冲洗可选	标准取样探头2～4	0～50	汉胜工业设备(上海)有限公司
SC4200	230AC	4～20	－100～100SC单位及过程设置点	±1	5	用于远程控制混凝剂投加	手动冲洗、自动冲洗可选	标准取样探头2～4	0～50	

6.3.18 GR8800在线生物毒性监测仪

GR8800在线生物毒性监测仪适用于饮用水、废水或地表水毒性监测。全自动生物监测仪使用新培养的发光细菌(费舍尔弧菌)作为生物感应器。在发光细菌暴露到被检测样本前后分别检测发光强度，计算光损失百分比。该发光细菌检测器是ISO 11348-3的自动版本，可以对河水、自来水和废水进行连续监测。

1. 特性：GR8800在线生物毒性监测仪具有界面友好、易操作、响应快、断电自动恢复到工作状态等特性。

2. GR8800在线生物毒性监测仪性能规格见表6-59。

GR8800在线生物毒性监测仪性能规格　　表6-59

细菌培养	检测种类	检测时间	培养时间	复测标准差	光损失	通信方式	主要生产厂商
可在自动控制条件下，单独生物反应器中培养	发光细菌检测到的毒性超过5000种	45min（完成一次检测）	可设定，一般为15min或30min	纯水24h复测时，小于3%；实际确定水样24h复测时，小于5%	纯水单独检测时为±2%	以太网、4～20mA方式、485总线方式、GPRS方式	杭州绿洁水务科技有限公司

6.3.19　RPF系列远程脉冲式流量计

1. 特性：RPF系列远程脉冲式流量计通过远程控制电磁计量泵，实现化学药剂的自动比例式投加。

2. 性能规格：RPF系列远程脉冲式流量计性能规格见表6-60。

RPF系列远程脉冲式流量计性能规格　　表6-60

管径（mm）	流量（m^3/h）	管道压力（MPa）	水温（℃）	控制距离（m）	主要生产厂商
20～150	0.4～295	1.4	0～55	30	汉胜工业设备（上海）有限公司

6.3.20　Proline65热式质量流量计

1. 适用范围：Proline65热式质量流量计适用于污水处理厂的沼气、曝气等多种气体的质量流量测量。

2. 性能规格：Proline65热式质量流量计性能规格见表6-61。

Proline65热式质量流量计性能规格　　表6-61

型号	公称直径（mm）	结构型式	测量范围≤（m/s）	最大测量误差	介质温度（℃）	供电电源	主要生产厂商
T-mass 65	法兰型：15～100；插入式：80～1500	一体型、分离性	70	法兰型：满量程1%～10%时，为满量程±0.15%；其他范围为±1.5%；插入性：读数值的±1%+满量程的±0.5%	−40～130	85～260V AC	上海恩德斯豪斯自动化设备有限公司北京分公司

6.3.21　手机三遥智能终端—遥测遥控遥信水泵系统

1. 组成：手机三遥智能终端—遥测遥控遥信水泵系统，由水泵、启动控制柜、压力传感器、进水管接头、手机三遥智能终端及天线和手机组成。

2. 特性：手机三遥智能终端—遥测遥控遥信水泵系统利用无线通信网，使用任意手机或输入终端注册为专用手机遥测遥控遥信水泵；手机短信显示设备实际电压、电流、管网压力及水井或水塔水深。

3. 性能规格及外形尺寸：手机三遥智能终端—遥测遥控遥信水泵系统性能规格及外形尺寸见表6-62。

手机三遥智能终端—遥测遥控遥信水泵系统性能规格及外形尺寸　　表6-62

型号	短信显示内容	外形尺寸 长度×宽度×高度(mm)	主要生产厂商
3Y-Ⅰ	实际电压、电流、管网压力及水井或水塔水深	440×250×80	新乡市三通电子设备有限公司

7 常用水质检测仪器

依据国家标准《地表水环境质量标准》GB 3838、《生活饮用水卫生标准》GB 5749 和《城镇污水处理厂污染物排放标准》GB 18918 以及行业标准《城市污水处理厂污水污泥排放标准》CJ3025 的相关规定编制。

水质检测仪器常用有实验室通用仪器、自来水及污水处理厂实验室通用仪器、自来水厂专用仪器、污水处理厂专用仪器等。

7.1 实验室通用仪器

实验室通用仪器用于实验室水样采集及储存，常用有全自动采样器和全自动大体积固相萃取仪等。

7.1.1 全自动采样器

1. 适用范围：全自动采样器用于水样定时、定比例定量、定流定量、自动分瓶采样及采集水样的冷藏、保存。

2. 性能规格及外形尺寸：全自动采样器性能规格及外形尺寸见表 7-1。

全自动采样器性能规格及外形尺寸 **表 7-1**

型号	采样量(mL)	采样200mL时精度(%)	采样速率		采样200mL时重复性(%)	采样方式	最大垂直扬程(m)	电源	外形尺寸(cm)			质量(kg)	主要生产厂商
			(L/min)	(mL/s)					长度	宽度	高度		
Sigma SD900(便携式)	100～10000	±10	4.8	80	±5	时间等比例、体积等比例采样、时间比例复合多瓶采样、等体积比例多瓶采样、等时间比例单瓶采样、等体积比例单瓶采样、时间体积混合采样、一样多瓶或一瓶多样	8.5	12VDC 可选用 AC 电源适配器或电池	26.4	29.2	17.1	4.2	哈希公司
Sigma 900MAX(全天候)	100～10000	±10	4.8	80	±5		8.5	115VAC、60Hz	71	71	125	79	

7.1.2 全自动大体积固相萃取仪

1. 适用范围：全自动大体积固相萃取仪广泛应用于地表水、地下水、等液体样本或固体、半固体样品提取液中痕量有机萃取和浓缩，尤其适合于大体积液体样品中检测痕量污染物。

2. 性能规格：全自动大体积固相萃取仪性能规格见表 7-2。

全自动大体积固相萃取仪性能规格 表 7-2

型号	流路	电源			气体调节器				泵流量(mL/min)	环境要求			主要生产厂商
		功率(VA)	频率(Hz)	电压(V)	输出		输入(最大)			温度(℃)	湿度(%)	相对湿度	
					(Psi)	10^5Pa	(Psi)	10^5Pa					
Auto Trace 280	有六个通道可实现同时工作或顺序工作，上样泵独立于有机溶剂萃取洗脱泵	150	47～63	100～240	0～30	0～1.4	100	6.9	0～60	10～40	20～80	无冷凝	戴安中国有限公司

7.2 自来水及污水处理厂实验室通用仪器

自来水及污水处理厂实验室通用仪器常用有电子分析天平、sensLON+系列测定仪便携式溶氧仪、台式可见分光光度计和紫外可见分光光度计与便携式可见分光光度计和紫外可见分光光度计、多参数测定仪、COD测定仪、原子吸收分光光度计和发射光谱仪和电感耦合等离子体质谱仪、液相色谱仪与液质联用仪、流动注射分析仪、自动电位滴定仪、水质毒性分析仪、便携式微生物实验室系列分析仪等。

7.2.1 电子分析天平

1. 适用范围：电子分析天平适用于对物质的称量。
2. 性能规格：电子分析天平性能规格见表 7-3。

电子分析天平性能规格 表 7-3

系列	型号	量程(g)	平均稳定时间(s)	平均响应时间(s)	重复性(mg)			线性(mg)	可读性(mg)	最小样品量(g)	主要生产厂商
					0～60g	60～220g	60～120g				
Cubis	225S	220	2	6	0.015	0.025	—	0.1	0.01	0.02	赛多利斯科学仪器(北京)有限公司
	125P	60、120	2	6	0.015	—	0.06	0.15	0.01、0.1	0.02	
	324S	320	1	3	0.1			0.3	0.1	0.12	
	224S	220	1	3	0.07			0.2	0.1	0.12	
	124S	120	1	3	0.1			0.2	0.1	0.12	
	2203S	2200	1	1.5	1			3	1	1.5	
	623S	620	0.8	1	0.7			2	1	1.5	
	323S	320	0.8	1	0.7			2	1	105	

7.2.2 sens ION+系列测定仪

1. 适用范围:sens ION+系列测定仪适用于测量水溶液中 pH 值电导,温度值,也可用于测量各种离子选择电极的电极电位和溶氧。配上复合电极,可测量 ORP(氧化-还原)值。

2. 性能规格:sens ION+系列测定仪性能规格见表 7-4。

sehsION+系列测定仪性能规格　　表 7-4

测量模式	量程	精度	斜率	分辨率	校准方式	电源配制	环境要求		主要生产厂商
							温度(℃)	相对湿度(%)	
pH模式	0—14	—	58 ±3mV、10个 pH 单位(sensION1)	可选 0.001、0.01、0.1	pH:一点,两点或三点校准(pH 为 4.01、6.86、7.00、10.01 的缓冲液) ORP:220mV 标液	便携式:4 节 5 号碱性电池(sensION1)也可使用哈希提供的用户自行提供的电源(sensION3) 台式:交流电供电	0～50	85(无水汽凝结现象)	哈希公司
毫伏模式	−2000～2000mV	0.2mV 或读数的±0.1%两者较大者	—	0.1mV					
温度模式	−10～110℃,也能用°F显示	0～70℃时为±0.3℃;70～110℃时为±1.0℃	—	0.1℃					

7.2.3 LDO™系列便携式溶氧仪

1. 适用范围:LDO™系列便携式溶氧仪适用于测定水中的溶解氧,以判断水的纯度及水被有机物污染的程度。

2. LDO™系列便携式溶氧仪特点:具有无需极化,无需校准的特点。

3. 性能规格:LDO™系列便携式溶氧仪性能规格见表 7-5。

LDO™系列便携式溶氧仪性能规格　　表 7-5

测量量程		分辨率 mg/L	电源配制	环境要求		主要生产厂商
mg/L	%			温度(℃)	相地湿度(%)	
0.01～20	0～200	0.01	4 节 5 号碱性电池	5～45	85(无水汽凝结现象)	哈希公司

7.2.4 台式分光光度计和便携式分光光度计

1. 适用范围:台式分光光度计和便携式分光光度计,适用于对物质的定性定量测定。紫外可见分光光度计除了完成上述测定外,还可以根据物质的特征吸收光谱和摩尔吸收系数作物质鉴定,纯度检查和有机分子结构的研究。在定量方面可以测定结构较复杂的化合物和混合物中各组分的含量。

2. 性能规格:台式分光光度计和便携式分光光度计性能规格见表 7-6。

台式分光光度计和便携式分光光度计性能规格　　表 7-6

型号	波长范围（nm）	波长准确度（nm）	分辨率（nm）	带宽（nm）	读数模式	电源配制		环境要求		主要生产厂商
						（V）	（Hz）	温度（℃）	相对湿度（%）	
DR2800 便携式分光光度计（含 DREL2800 系列便携式水质分析实验室）	340～900	±1.5	1	5	透光率（%）、吸光度、浓度	100～240	47～63	10～40	90（无水汽凝结现象）	
DR2700 便携式分光光度计	400～900	±1.5	1	5	透光率（%）、吸光度、浓度	100～240	47～63	10～40	80（无水汽凝结现象）	
DR800 系列多参数水质分析仪（含 CEL800 系列便携式水质分析实验室）	DR890：420、520、560、610；DR850：520、610；DR820：520	±1	—	—	透光率（%）、吸光度、浓度	4节5号碱性电池		0～50	90（无水汽凝结现象）	哈希公司
DR3900 可见分光光度计（台式）	320～1100	±1.5	1	5	透光率（%）、吸光度、浓度	100～240	50～60	10～40	80（无水汽凝结现象）	
DR5000 紫外可见分光光度计（台式）	190～1100	±1	0.1	2	透光率（%）、吸光度、浓度	100～240	50～60	10～40	90（无水汽凝结现象）	

7.2.5 多参数测定仪

多参数测定仪常用有 HQd 系列多参数数字化分析仪。

1. 适用范围：HQd 系列多参数数字化分析仪适用于测定水中的多种常用参数，以判断水的纯度及水被有机物污染的程度。

2. 性能规格：HQd 系列多参数数字化分析仪性能规格见表 7-7。

HQd 系列多参数数字化分析仪性能规格　　表 7-7

型号	HQ411d（台式）	HQ14d（便携式）	HQ430d（台式）	HQ440d（台式）
电极连接口	1（pH）	1（电导率）	1（pH、电导、02、离子选择电极）	2（pH、电导、02、离子选择电极）

续表

型 号	HQ411d（台式）	HQ14d（便携式）	HQ430d（台式）	HQ440d（台式）	
溶解氧（LDO）	量程	—	—	0.02～20.0mg/L；0%～200%饱和度	
	分辨率（可选）	—	—	0.01或0.1mg/L；0.1%饱和度	
	准确度（%）	—	—	±1%量程	
pH	量程	0～14	—	0～14	0～14
	分辨率	0.1、0.01、0.001	—	0.1、0.01、0.001	0.1、0.01、0.001
	精度	±0.002	—	±0.002	±0.002
温度	量程（℃）	−10～110	−10～110	−10～100	−10～110
	分辨率（℃）	0.1	0.1	0.1	0.1
	准确度（℃）	±0.3	±0.3	±0.3	±0.3
ORP	量程（mV）	±1500	—	±1500	±1500
	分辨率（mV）	0.1	—	0.1	0.1
	准确度（mV）	±0.1	—	±0.1	±0.1
离子浓度	量程	—	—	取决于ISE电极	取决于ISE电极
	分辨率	—	—	0.1、0.01、0.001	0.1、0.01、0.001
	准确度（mV）	—	—	±0.1	±0.1
电导率	量程（μS/cm～mS/cm）	—	0.01～200	0.01～200	0.01～400
	准确度（μS/cm～mS/cm）	—	±0.5%（1μs/cm～200mS/cm）	±0.5%（1μs/cm～200mS/cm）	±0.5%（1μS/cm～400mS/cm）
TDS	量程（mg/L）	—	0～50000	0～50000	0～500000
	准确度	—	±0.5（在量程范围内）	±0.5（在量程范围内）	±0.5（在量程范围内）
盐度	量程	—	0～42	0～42	0～42
	分辨率（ppt）	—	最高0.01	最高0.01	最高0.01
	准确度（mg/L）	—	±0.1（小于8mg/L时）	±0.1（小于8mg/L时）	±0.1（小于8mg/L时）
主要生产厂商		哈希公司			

7.2.6　COD测定仪

1. 适用范围：COD测定仪是测定水中的COD专用仪器，COD指标是指在强酸并加热条件下，用重铬酸钾作为氧化剂处理水样时，消耗氧化剂的量，COD常作为评价有机物相对含量的综合指标之一。

2. 性能规格：COD测定仪性能规格见表7-8。

COD测定仪性能规格 表7-8

型号	量程（mg/L）	波长范围（nm）	波长精度（nm）	波长选择	温度范围（℃）	电池电源		环境要求		主要生产厂商
						（V）	（Hz）	温度（℃）	相对湿度（%）	
DR5000型消解器DRB200型	COD铬法：0.7～40、1～60、3～150、20～1500、200～15000、250～15000；COD锰法：20～1000	190～1100	±1	根据测量序号自动选择	0～50（操作温度）	100～240	50～60	10～40	90(无水汽凝结现象）	哈希公司
DR1010型消解器DRB200型	传统法：3～150、20～1500 快速法：15～150、100～1000	420～610	±1	根据测量序号自动选择	0～50（操作温度）	190～240	50	10～40	90(无水汽凝结现象）	哈希公司
DR3900型，DR2800型消解器DRB200型	COD铬法：0.7～40、1～60、3～150、20～1500、200～15000、250～15000；COD锰法：20～1000	DR3900型：320～1100 DR2800：340～900	±1.5	根据测量序号自动选择	0～50（操作温度）	100～240	50～60	10～40	80(无水汽凝结现象）	哈希公司
DR2700型消解器DRB200型	COD铬法：3～150、20～1500、200～15000 COD锰法：20～1000	400～900	±1.5	根据测量序号自动选择	0～50（操作温度）	100～240	47～63	10～40	80(无水汽凝结现象）	哈希公司
DR800型系列消解器DRB200型	DR890型：3～150、20～1500、200～15000；DR850型：20～1500、200～15000；DR820型：只能测锰法COD；COD锰法：20～1000	DR890型：420、520、560、610；DR850型：520、610；DR820：520	±1	根据测量序号自动选择	0～50（操作温度）	4节5号碱性电池		0～50	90(无水汽凝结现象）	哈希公司

7.2.7 原子吸收分光光度计、发射光谱仪和电感耦合等离子体质谱仪

7.2.7.1 原子吸收分光光度计

1. 适用范围：原子吸收分光光度计适用于测定水质中各种常规类型样品中无机元素的定性定量分析，以判断水质毒性。

2. 性能规格：原子吸收分光光度计性能规格见表7-9。

原子吸收分光光度计性能规格 表 7-9

型号	仪器特征	光学系统	波长范围(nm)	狭缝	石墨炉	主要生产厂商
SpectrAA50/55/5B	仪器键盘控制 2 个灯位，手动选择灯位，50 为单光束，55 为双光束原子吸收光谱仪	窄光束设计，光学系统完全密封，光学器件采用石英涂层。使用旋转光学合成器，最大限度提高光通量	185～900	自动选择狭缝 0.2、0.5 和 1.0nm，并可设定高、低狭缝	带有“恒温区”的全自动控制石墨炉，带有动态反馈温度控制的冷却水系统保证炉温的精确控制	安捷伦科技（中国）有限公司
Varian AA 140/240	外接计算机控制 4 个灯位，自动或手动选择灯位，140 为单光束，240 为双光束原子吸收光谱仪；	窄光束设计，光学系统完全密封，光学器件采用石英涂层。使用旋转光学合成器，最大限度提高光通量	185～900	自动选择狭缝 0.2、0.5 和 1.0nm，并可设定高、低狭缝	带有“恒温区”的全自动控制石墨炉，带有动态反馈温度控制的冷却水系统保证炉温的精确控制	
Varian AA 240FS	全自动双光束的快速序列式火焰原子吸收光谱仪，4 个灯位					
Varian AA 240Z	外部计算机控制，使用塞曼背景校正石墨炉技术的原子吸收光谱仪，4 个灯位	窄光束设计，光学系统完全密封，光学器件采用石英涂层。使用旋转光学合成器，最大限度提高光通量	185～900	自动选择狭缝 0.2、0.5 和 1.0nm，并可设定高、低狭缝	塞曼背景校正的带“恒温区”的全自动控制石墨炉，带有动态反馈温度控制，保证炉温的精确控制	

7.2.7.2 发射光谱仪

1. 适用范围：发射光谱仪适用于测定水质中各种常规类型样品中无机元素的定性定量分析，以判断水质毒性。

2. 性能规格：发射光谱仪性能规格见表 7-10。

发射光谱仪性能规格 表 7-10

型号	仪器分辨率(nm)	检测器	波长范围(nm)	射频发生器	主要生产厂商
720ES 系列	0.007(200nm 处)	工厂半导体部和光学部联合设计与制造的 CCD 检测器，采用 I-MAP 技术，使得检测器上 7 万个像素与二维中阶梯光栅色散图像严格匹配	167～785(全波长范围内连续覆盖，波长覆盖率达到 96%)	40.68MHz 高效直接耦合的固体 RF 发生器，功率范围：700～1700W	安捷伦科技(中国)有限公司
～710ES 系列	0.009(200nm 处)	世界上第一台超过百万像素 CCD 检测器的全谱直读 ICP-OES 采用最先进的薄型全封闭背照射设计。1129000 像素	177～785(全波长范围内连续覆盖，波长覆盖率达到 95%)	40.68MHz 高效直接耦合的固体 RF 发生器，功率范围：700～1700W	

7.2.7.3 电感耦合等离子体质谱仪

1. 适用范围：电感耦合等离子体质谱仪适用于测定水质中各种常规类型样品中无机元素的定性定量分析、同位素比分析和元素形态价态分析，对基体复杂、含盐量高的环境、海洋、水体、食品、医药、临床、地质、土壤、动植物等样品具有超强的分析能力。

2. 性能规格：电感耦合等离子体质谱仪性能规格见表 7-11。

电感耦合等离子体质谱仪性能规格　　表 7-11

型号	仪器分辨率（nm）	检测器	波长范围（nm）	射频发生器		稳定性	主要生产厂商
				（MHz）	（W）		
Agilent 7700x/e ICP-MS AAS	—	光电倍增管	185～900	40.68	—	5ppm Cu，5s 积分，RSD<0.5%	安捷伦科技（中国）有限公司
Agilent 7700x/e ICPOES	71x：0.009～200 72x：0.007～200	CCD 固体检测器	71x：177～785 72x：167～785	—	700～1700（可调）	4h 长期稳定性<1%	

7.2.8 液相色谱仪与液质联用仪

1. 适用范围：液相色谱仪与液质联用仪适用于从离子型到极性，非极性的液体和固体物质。也适用于测定如硝基酚，海面浮油。以及残留农药的检测。液相色谱对有些有机化合物分离不清，增加质谱能准确定性化合物的成分。

2. 性能规格：液相色谱仪与液质联用仪性能规格见表 7-12。

液相色谱仪与液质联用仪性能规格　　表 7-12

型号	结构	流量范围（mL/min）	流量准确度	流量精密度	检测器紫外可见			主要生产厂商
					波长精度（nm）	线性范围	光谱带宽（nm）	
1200 系列液相色谱仪	模块式	0.001～10.0	±1%或 10μL/min	≤0.07% RSD 或 ≤0.02min SD	0.1	>2.5AU（5 %）	6.5	安捷伦科技（中国）有限公司
ULtiMate3000-DGLC 双梯度液相色谱仪	双活塞往复泵	0.001～10.000	±0.1%	<0.05% RSD	0.1	2.5AU	6	戴安中国有限公司
Agilent 6400 系列三重串联四极杆液质联用仪	1. fg-ag 水平的灵敏度； 2. 最宽的线性范围（6×10^{-6}）； 3. 内置调谐标样可进行全自动调谐及质量轴校正； 4. 高通量 MRM 分析（一次进样>10000 组）； 5. 最小离子驻留时间：1ms							安捷伦科技（中国）有限公司

7.2.9 流动注射分析仪

1. 适用范围：流动注射分析仪适用于大批量地表水、地下水和饮用水，海水，污水，土壤，样品中的氰化物、挥发酚、阴离子表面活性剂、总氮、总磷和硫化物等的自动分析。

2. 性能规格：流动注射分析仪性能规格见表 7-13。

流动注射分析仪性能规格　表 7-13

型号	仪器性能指标	分析速度	重现性(%)	方法转换	自动稀释器	检测器	主要生产厂商
QC8500S2	4 通道项目全自动分析、样品自动稀释和进样的功能	需前处理的项目，大于 20 样品/h；无需前处理的项目，90～150 样品/h	RSD<1	小于 15min	当样品含量超过量程时，须能进行自动判断稀释倍数并稀释，稀释倍数 1.6～4000 倍，准确性须好于 0.5%，精确度<5%	检测波长：340～880nm，光纤式双光束吸光度检测器，24 位的 A/D 转换器能提供不小于三个数量级的动态范围，密集型设计以便有效地利用实验台的空间，噪声（无水情况下）：0.00008AU	哈希公司

7.2.10　自动电位滴定仪

1. 适用范围：自动电位滴定仪适用于进行酸碱，氧化还原，沉淀和络合等滴定。

2. 性能规格：自动电位滴定仪性能规格见表 7-14。

自动电位滴定仪性能规格　表 7-14

型 号	测试参数	滴定模式	拐点察觉	滴定剂添加技术	滴定管分辨率	主要生产厂商
Titralab 系列	酸碱、氧化还原、沉淀、络合；恒 pH/mV；KF 水分；根据型号配备不同参数	2 个终点，4 个拐点；4 个终点，恒 pH/mV；4 个终点，8 个拐点；型号不同滴定模式不同	用一阶导数或二阶导数	恒量添加，动态添加，连续动态添加	1/18000	哈希公司

7.2.11　水质毒性分析仪

1. 适用范围：水质毒性分析仪采用生物毒性分析法。生物毒性分析法可分为化学发光法和发光细菌法，这两种方法可有效地进行现场水中重金属、毒剂、化学战争制剂等物质总体毒性的检测，是受污染环境的生物毒性检测进行初筛、检测较为理想的工具。

2. 性能规格：水质毒性分析仪性能规格见表 7-15。

水质毒性分析仪性能规格 表 7-15

型号	测试参数	检测器	抑制率测定精度	单样检测时间(min)	环境条件		质量(kg)	主要生产厂商
					工作温度(℃)	湿度(%)		
Eclox 便携式水质毒性分析仪	化学发光毒性，发光细菌法毒性、砷、余氯、总氯、铂钴色度、神经毒剂，杀虫剂等	光电高灵敏度管	6.7%	化学发光法：5 细菌发光法：15	5～40	20～80(无水汽凝结现象)	9(总质量)	哈希公司
LUMISTOX 生物毒性测试仪	发光毒性，神经毒剂杀虫剂	光度计	—	15～30	16～29	<80(无水汽凝结现象)	7.75	

7.2.12 便携式微生物实验室系列分析仪

1. 适用范围：便携式微生物实验室系列分析仪适用于检测饮用水、污水中的微生物。检测的参数有总细菌、总大肠菌群、大肠杆菌、粪生大肠杆菌、肠球菌、异养细菌等。

2. 性能规格：便携式微生物实验室系列分析仪性能规格见表 7-16。

便携式微生物实验室系列分析仪性能规格 表 7-16

型号	测试参数	应用范围	主要生产厂商
NEL/MF 滤膜法便携式微生物实验室	总细菌、总大肠菌群、大肠杆菌、粪生大肠杆菌、肠球菌、异养细菌、荧光假单胞、酵母和霉菌等	饮用水、瓶装水、饮料	哈希公司
MEL/MPN 最大可能数法便携式微生物实验室	总大肠菌群、大肠杆菌、粪生大肠杆菌等	饮用水、污水(国标)	
P/A 有无法便携式微生物实验室	总大肠菌群、大肠杆菌、粪生大肠杆菌等	饮用水	

7.3 自来水厂专用仪器

自来水厂专用仪器常用有浊度仪、台式电导率仪与便携式电导率仪、单参数水质分析仪、离子色谱仪、混凝试验搅拌机等。

7.3.1 浊度仪

1. 适用范围：浊度仪适用于给水排水及其他行业工业水的水处理的浊度检测。
2. 性能规格：浊度仪性能规格见表 7-17。

浊度仪性能规格 表 7-17

型号	量程	分辨率	准确度	操作环境		测量模式	主要生产厂商
				温度(℃)	相对湿度(%)		
1900C经济型便携式浊度仪	0～1000NTU	在最低测量范围时为0.01NTU	读数的±2%+杂散光	0～50	—	NTU	哈希公司
2100Q便携式浊度仪	0～1000NTU	最低测量范围时为0.01NTU	读数的±2%+杂散光	0～50	非冷凝,0～90(30℃),0～80(40℃),0～70(50℃)	NTU	
2100N实验室浊度仪	0～4000NTU	0.001NTU	读数的±2%+0.01NTU(0～1000NTU时); 读数的±5%(1000～4000NTU时)	10～40	90(无水汽凝结现象)	NTU、NEP、EBC	
2100AN实验室浊度仪	浊度0～10000NTU 色度0～500CU	浊度:0.0001 色度:0～600Cu	读数的±2%+0.01NTU(0～1000NTU时); 读数的±5%(1000～4000NTU时); 读数的±10%(4000～10000NTU时) 色度:0～30Cu:±2CU 0～500CU:±5Cu	10～40	90(无水汽凝结现象)	NTU、NEP、EBC、ABS、T%、色度单位自定仪	
TSZ台式散射光智能浊度仪	0～400NTU 0～1000NTU 0～4000NTU	0.001～1NTU	—	0～40	—	NTU	厦门飞华环保器材有限公司

7.3.2 台式电导率仪与便携式电导率仪

1. 适用范围:电导率与溶液中离子含量成比的变化。台式电导率仪与便携式电导率仪电导率的测定,可间接地推测离解物质的浓度,其数值与阴离子、阳离子的含量有关。

2. 性能规格:台式电导率仪与便携式电导率仪性能规格见表7-18。

台式电导率仪与便携式电导率仪性能 表 7-18

型号	测量模式	量程	分辨率	测量误差≤(%)	校准方式	主要生产厂商
便携式sensION5+ 台式sensION7+	电导率	0～1000mS/cm	取决于量程	0.5	标准1点校准,直接调用样品池常数	哈希公司

续表

型 号	测量模式	量程	分辨率	测量误差≤(%)	校准方式	主要生产厂商
sensION5+(含台式sensION7+)	盐度	0～50g/LNaCl	取决于量程	0.5	标准1点校准，直接调用样品池常数	哈希公司
	总溶解性固体(TDS)	0～500g/L	取决于量程	0.5	标准1点校准，直接调用样品池常数	

7.3.3 单参数水质分析仪

1. 适用范围：单参数水质分析仪适用于快速简便测量水中常用参数，不仅可用于野外还可用于实验室测量。

2. 性能规格：单参数水质分析仪性能规格见表7-19。

单参数水质分析仪性能规格 **表7-19**

型 号	测量项目	吸光度测定范围	检测器	电源配置	环境要求		波长	主要生产厂商
					温度(℃)	相对湿度(%)		
PCⅡ	余氯、总氯、二氧化氯、氨氮、氟化物、臭氧等共31项	0～2.5Bs	硅检测器	7号碱性电池	0～50	0～90(相对湿度，无冷凝)	型号不同有所区别	哈希公司

7.3.4 便携式测定仪

1. 适用范围：便携式测定仪无需使用探头，可以快速测定pH、ORP(氧化还原地位)、电导率、电阻率、总溶解固体(TDS)以及温度。

2. 特点：便携式测定仪操作简便，两步即可完成，校准频率低，优异的准确度，可靠的现场测试，灵活的通信。

3. 性能规格：便携式测定仪性能格规见表7-20。

便携式测定仪性能规格 **表7-20**

型号	测量模式	量 程		分辨率	准确度(%)	温度补偿(℃)	主要生产厂商
MP系列	电导率	0～999μs	10～200mS	0.01(<100μS)、0.1(<1000μS)、1.0(<100mS)、0.01(<100mS) 0.1(<200mS)	读数的±1	自动、0～71	哈希公司
	总溶解固体	0～9999ppm	10～200ppt				
	盐度	0～999ppm	10～200ppt				
	pH	0～14		0.01	±0.01	自动、0～71	
	ORP	±999mV		1	±1		
	温度	0～71℃		0.1	±0.1		

7.3.5 离子色谱仪

1. 适用范围：离子色谱仪可同时分析水中多种阴离子和阳离子，对 F^-、Cl^-、Br^-、NO_2^-、NO_3^-、SO_3^{2-}、PO_4^{3-} 以及某些有机等阴离子和 Li^+、Na^+、K^+、Ca^+、Mg^{2+} 等阳离子的分析。其方法快速简便，可测范围宽，样品量一般仅需 0.5～1mL，最少到 10～100μL，也不需预处理。

2. 性能规格：离子色谱仪性能规格见表 7-21。

离子色谱仪性能规格 表 7-21

型号	检测类型	检测范围（μS/cm）	分辨率（nS/cm）	电源		操作温度（℃）	操作湿度（%）	主要生产厂商
				（V）	（Hz）			
ICS-900	数字式电导检测器	数字方式 0～10000	0.0047	100～240	50～60	4～40	5～95（无冷凝）	戴安中国有限公司
ICS-2100	微处理-数字信号控制处理器	数字方式 0～15000	0.00238	100～240	50～60	4～40	5～95（无冷凝）	
ICS-3000	单通道或双通道电导或电化学检测	—	0.00238	90～265	47～63 交流	4～40	5～95（无冷凝）	

7.3.6 混凝试验搅拌机

1. 适用范围：混凝试验搅拌机不仅适用于水处理药剂：最佳药剂配方的选择；还适用于自来水厂和污水处理厂：最佳投药量和最佳净化工艺条件的优选。

2. 性能规格：混凝试验搅拌机性能规格见表 7-22。

混凝试验搅拌机性能规格 表 7-22

型号	类型	功率（W）	转速（r/min）	运行时间	水温测定（℃）	电源		主要生产厂商
						（V）	（Hz）	
ZR4-6	六联、台式实验室用	180	10～1000（无极调速，转速精度：±0.5%）	每段程序分十段，每段运行：0～99min99s	0～50（精度：±1）	交流 220±5%（可定做 110）	50、60	深圳市中润水工业技术发展有限公司
ZR4-4	四联、实验室与便携式两用	80	10～1000（无极调速，转速精度：±0.5%）	每段程序分十段，每段运行：0～99min99s	0～50（精度：±1）	交流 220±5%（可定做 110）	50、60	
ZR4-2	两联、便携式	60	10～1000（无极调速，转速精度：±0.5%）	每段程序分十段，每段运行：0～99min99s	0～50（精度：±1）	交流 220±5%（可定做 110）	50、60	

7.4 污水处理厂专用仪器

污水处理厂专用仪器常用有红外水分测定仪、溶解氧与生化需氧量(BOD)分析仪、便携式浊度与悬浮物和污泥界面监测仪、正磷总磷总氮分析仪、气相色谱仪气质联用仪等。

7.4.1 红外水分测定仪

1. 适用范围：红外水分测定仪适用于快速测定污泥浓度，即污泥中的含水量。

2. 性能规格：红外水分测定仪性能规格见表7-23。

红外水分测定仪性能规格 **表7-23**

型号	量程(g)	传感器精度(g)	平均重复性		可读性(%)	主要生产厂商
			初始样品质量>1g时	初始样品质量>5g时		
MA35红外水分测定仪	35	1	±0.2	±0.05	±0.01	赛多利斯科学仪器(北京)有限公司
LMA100P微波快速水分测定仪	100	0.1	±0.1	0.002	±0.001	
MA150石英/红外水分测定仪	150	1	±0.2	±0.05	±0.01	

7.4.2 生化需氧量(BOD)分析仪

1. 适用范围：生化需氧量(BOD)分析仪适用于分析微生物分解有机物消耗的氧量，通过测定生化需氧量(BOD)来说明水的污染程度，是衡量水质的重要指标之一。

2. 性能规格：生化需氧量(BOD)分析仪性能规格见表7-24。

生化需氧量(BOD)分析仪性能规格 **表7-24**

型号	测量量程(mg/L)	测量精度	分辨率(mg/L)	环境要求		电源配制		主要生产厂商
				温度(℃)	相对湿度(%)	(V)	(Hz)	
BOD Trak Ⅱ生化需氧量(BOD_5)分析仪	0～35、0～70、0～350、0～700	测试44个150mg/L的葡萄糖和谷氨酸标准溶液，95%置信区间内均值为235mg/L BOD(分布在224～246mg/L之间)	1	20(操作温度)	—	100～240	50～60	哈希公司

7.4.3 便携式浊度与悬浮物和污泥界面监测仪

1. 适用范围：便携式浊度与悬浮物和污泥界面监测仪适用于市政污水、工业废水中远程监测SS、污泥浓度，可以用作监测过程中的优化工具也可作为校准或验证在线传感器的一种简便方法。

2. 性能规格：便携式浊度与悬浮物和污泥界面监测仪性能规格见表7-25。

便携式浊度与悬浮物和污泥界面监测仪性能规格 **表7-25**

型号	测量量程	操作模式	防护等级	电源要求		操作温度	环境要求	主要生产厂商
	(NTH)			(V)	(Hz)	(℃)	(%)	
TSS Portable	浊度：0.001～4000 SS：0.001～400	单点测量，间歇测量，连续测量	便携仪防护等级：IP55 传感器防护级：IP68	115～230	50～60	0～60 浊度测量模式0～60℃；悬浮物测量模式最高80℃	0～95（相对湿试）	哈希公司
				6节可充电镍氢电池				

7.4.4 正磷总磷总氮分析仪

1. 适用范围：水体中磷氮含量过高可造成藻类过度繁殖，使水质恶化（富营养化）。正磷总磷总氮分析仪适用于污水中总磷总氮的测定，可进行正磷总磷总氮自动消解和自动测定。

2. 性能规格：正磷总磷总氮分析仪性能规格见表7-26。

正磷总磷总氮分析仪性能规格 **表7-26**

型号	分析方法	消解方法	测量范围(mg/L)	准确度	精确度(%)	主要生产厂商
IL500总磷自动分析仪	880nm钼酸铵比色	酸性过硫酸盐快速消解法（150℃、6×10^5Pa）	0.01～3.8 PO_4^{3-}－P	＜2%在1mg/L	＜1	哈希公司
IL500总氮测定仪	210，228nm比色法	碱性过硫酸盐快速消解法（150℃、8×10^5Pa）	低量程：0.5～30TN 高量程：30～150TN	＜2%在15mg/L	＜1	

7.4.5 气相色谱仪和气质联用仪

1. 适用范围：气相色谱仪和气质联用仪适用于分析易挥发的各类物质（包括气体、液体和分子量小于500的固体），大气、土壤和生物等样品的分析中，能测定多种污染物质如苯系物（甲苯、苯、乙苯、二甲苯等），酚类（苯酚），沼气沉井甲烷、CO_2、CO、N_2等；气质联用仪用于上述物质的定性与定量分析。

2. 性能规格：气相色谱仪和气质联用仪性能规格见表 7-27。

气相色谱仪和气质联用仪性能规格　　表 7-27

型号	灵敏度	检测限	控温精度	升温方式	操作室温度（℃）	柱箱温度（℃）	主要生产厂商
7890A 气相色谱仪	具体数值取决于检测器类型	具体取决于检测器类型	环境温度变化 1℃，柱温变化＜0.01℃	直接加热（可程序升温）	15～35	室温以上 4～450	安捷伦科技（中国）有限公司
5975C GC-MSD 气质联用仪	1pg 的八氟萘 400：1	与化合物有关		直接加热	15～35	室温以上 4～450	

8 金 属 管 材

8.1 常用金属管材及国家标准

常用金属管材适用于市政给水排水和建筑给水排水工程以及各行各业与给水排水专业相关的工程建设。

1. 分类：给水排水专业常用金属管材按制作工艺分为无缝管材和焊接管材，按材料分为铸铁管、钢管（无缝钢管、焊接钢管）、不锈钢管和铜管。

2. 执行标准：给水排水专业常用金属管材的制造和应用应按下列国家标准（见表 8-1）执行。

给水排水专业常用金属管材及国家标准 **表 8-1**

分类	标 准 名 称	标准号
铸铁管	水及燃气管道用球墨铸铁管、管件和附件	GB/T 13295
	污水用球墨铸铁管、管件和附件	GB/T 26081
	排水用柔性接口铸铁管、管件及附件	GB/T 12772
无缝钢管	无缝钢管尺寸、外形、重量及允许偏差	GB/T 17395
	输送流体用无缝钢管	GB/T 8163
	流体输送用不锈钢无缝钢管	GB/T 14976
	低中压锅炉用无缝钢管	GB/T 3087
	冷拔异型钢管	GB/T 3094
焊接钢管	焊接钢管尺寸及单位长度重量	GB/T 21835
	低压流体输送用焊接钢管	GB/T 3091
	直缝电焊钢管	GB/T 13793
不锈钢管	流体输送用不锈钢焊接钢管	GB/T 12771
	不锈钢卡压式管件	GB/T 19228.1
	不锈钢卡压式管件连接用薄壁不锈钢管	GB/T 19228.2
	不锈钢卡压式管件用橡胶 O 形密封圈	GB/T 19228.3
铜管	无缝铜水管和铜气管	GB/T 18033
	铜管接头 第 1 部分：钎焊式管件	GB/T 11618.1
	铜管接头 第 2 部分：卡压管件	GB/T 11618.2

8.2 铸 铁 管 及 管 件

铸铁管及管件分为输水管道用球墨铸铁管、污水用球墨铸铁管和排水用柔性接口铸铁管及其管件和附件、旋流加强型（CHT）单立管排水系统等。

8.2.1 球墨铸铁管

1. 适用范围：离心铸造输水管道用球墨铸铁管适用于输送水（饮用水），可地上或地下敷设。

2. 分类：离心铸造输水管道用球墨铸铁管按公称直径可分为 *DN*40、*DN*50、*DN*60、*DN*65、*DN*80、*DN*100、*DN*125、*DN*150、*DN*200、*DN*250、*DN*300、*DN*350、*DN*400、*DN*450、*DN*500、*DN*600、*DN*700、*DN*800、*DN*900、*DN*1000、*DN*1100、*DN*1200、*DN*1400、*DN*1500、*DN*1600、*DN*1800、*DN*2000、*DN*2200、*DN*2400、*DN*2600 共三十余种。离心铸造水及燃气管道用离心铸造球墨铸铁管按接口型式可分为 T 型、STD 型滑入式柔性接口，K 型、N_1 型、S 型机械柔性接口和法兰接口等。该球墨铸铁管的所有柔性接口的设计应符合密封性能的要求。接口设计应进行密封型式试验，以保证即使在最不利的铸造公差和接口运动条件下，施加一定的内、外压力，也能密封完好。

3. 管材的尺寸、外形、重量及允许偏差等，应符合国家标准《水及燃气管道用球墨铸铁管、管件和附件》GB/T 13295 的规定。

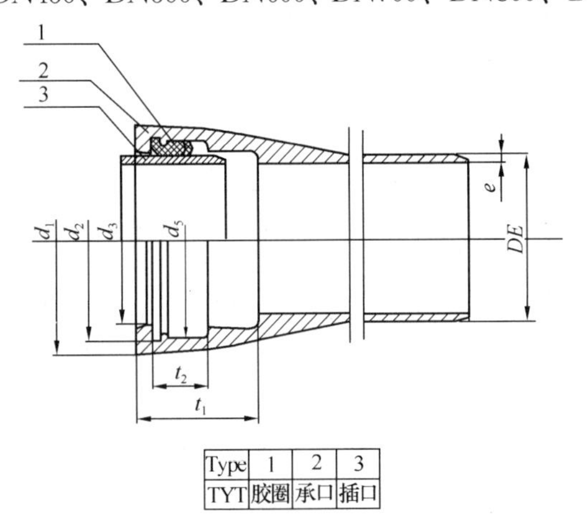

Type	1	2	3
TYT	胶圈	承口	插口

图 8-1 *DN*40～*DN*1200 离心铸造球墨铸铁管 T 型接口外形尺寸

8.2.1.1 离心铸造球墨铸铁管 T 型接口

1. *DN*40～*DN*1200 离心铸造球墨铸铁管 T 型接口规格及外形尺寸见图 8-1、表 8-2。

2. *DN*1400 离心铸造球墨铸铁管 T 型接口规格及外形尺寸见图 8-2、表 8-2。

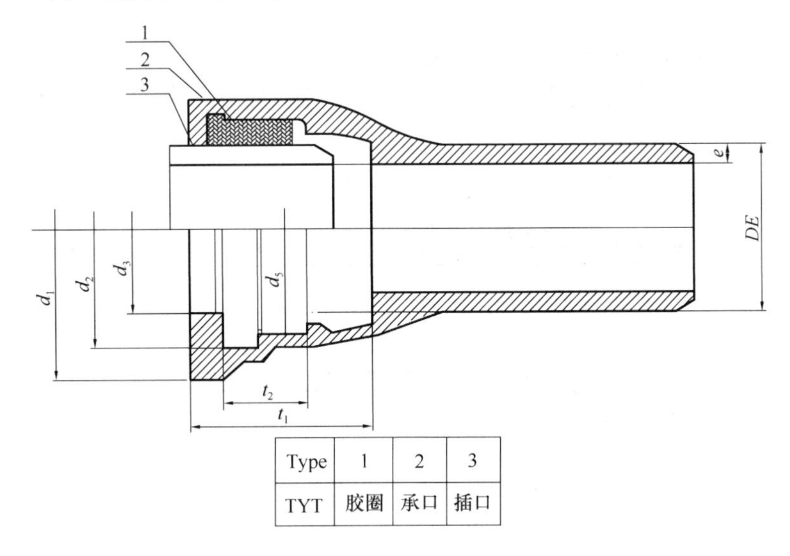

Type	1	2	3
TYT	胶圈	承口	插口

图 8-2 *DN*1400 离心铸造球墨铸铁管 T 型接口外形尺寸

DN40～DN1200 离心铸造球墨铸铁管 T 型接口规格及外形尺寸（mm）　　表 8-2

公称直径 DN	DE	d_1	d_2	d_3	d_5	t_1	t_2	主要生产厂商
40	56	103	83	60.5	77	78	38	新兴铸管股份有限公司、圣戈班管道系统有限公司、高平市泫氏铸管有限公司
50	66	113	93	70.5	87	78	38	
60	77	123	103	80.5	98	80	40	
65	82	128	108	85.5	103	80	40	
80	98	140	123	100.5	119.1	85	40	
100	118	163	143	120.5	138.9	88	40	
125	144	190	169	146.5	164.8	91	40	
150	170	217	195	172.5	190.6	94	40	
200	222	278	250	224.5	245.2	100	45	
250	274	336	301.5	276.5	296.9	105	47	
300	326	393	356.5	328.5	351.7	110	50	
350	378	448	408	380.5	403.4	110	50	
400	429	500	462	431.5	457.2	110	55	
450	480	540	514	482.5	509	120	55	
500	532	604	568	534.5	562.6	120	60	
600	635	713	673.4	637.5	668	120	65	
700	738	824	788	740.5	779.3	150	80	
800	842	943	894	844.5	885.9	160	85	
900	945	1052	1000	947.5	991.3	175	90	
1000	1048	1158	1105	1050.5	1097.1	185	95	
1100	1152	1267	1211	1155	1202.5	200	100	
1200	1255	1377	1317	1258	1308	215	105	
1400	1462	1610	1529	1465	1509	239	115	

注：离心铸造球墨铸铁管壁厚度（e）详见本章 8.2.1.6。

8.2.1.2　离心铸造球墨铸铁管 STD 型接口

1. DN100～DN1200 离心铸造球墨铸铁管 STD 型接口规格及外形尺寸见图 8-3、表 8-3。

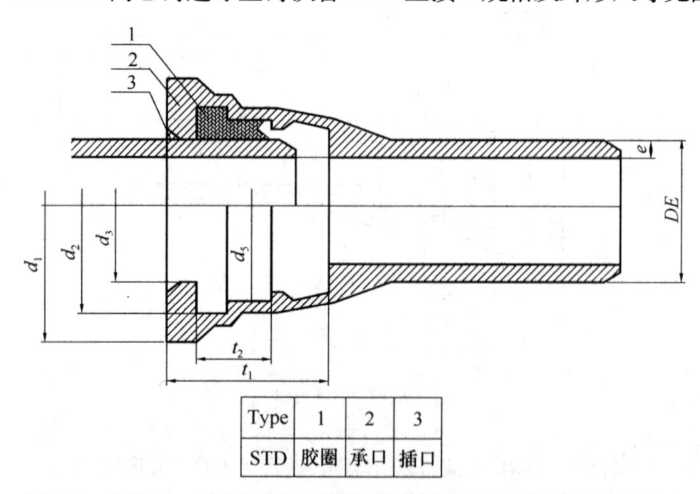

图 8-3　DN100～DN1200 离心铸造球墨铸铁管 STD 型接口外形尺寸

2. DN1400～DN2000离心铸造球墨铸铁管STD型接口规格及外形尺寸见图8-4、表8-3。

离心铸造球墨铸铁管STD型接口规格及外形尺寸（mm） 表8-3

公称直径 DN	DE	d_1	d_2	d_3	d_5	t_1	t_2	主要生产厂商
100	117.8	170	152.6	121.4	139.6	94.5	40	圣戈班管道系统有限公司
150	169.7	224	204.9	173.4	192.1	100.5	40.5	
200	221.6	277	257.9	225.2	244.5	106.5	42	
250	273	334	310.6	276.8	297.1	105.5	42.5	
300	324.9	392	366.1	328.8	352.5	107.5	45	
350	376.8	464.2	418.8	380.9	406.9	110.5	42.5	
400	427.7	516.2	470.5	431.9	458.4	112.5	43.5	
450	478.6	574.2	523.1	483	511.2	115.5	46	
500	530.5	629.2	575.9	535	563.7	117.5	47	
600	633.3	738.5	681.4	638.1	668.6	132.5	57	
700	736.6	863	787.7	741.7	774.4	192	61.5	
800	840.4	974	894	845.8	880.7	197	64.5	
900	943.2	1082	999.4	948.9	986	200	68.5	
1000	1046	1191	1104.8	1052	1091.3	203	72.5	
1100	1148.8	1300	1214.8	1155.1	1199.5	225	79.5	
1200	1252.3	1412.5	1325.3	1260	1305.6	235	85.5	
1400	1458.9	1592.1	1544.1	1467.9	1521.9	245	100	
1500	1561.7	1709.8	1658.8	1571.1	1630.5	265	108.5	
1600	1664.5	1815.9	1761.9	1674.2	1733.6	265	108.5	
1800	1871.1	2032.2	1976.2	1881.5	1945.9	275	116.5	
2000	2077.7	2259	2195	2088.8	2164.4	290.6	126.5	

注：离心铸造球墨铸铁管壁厚度（e）详见本章8.2.1.6。

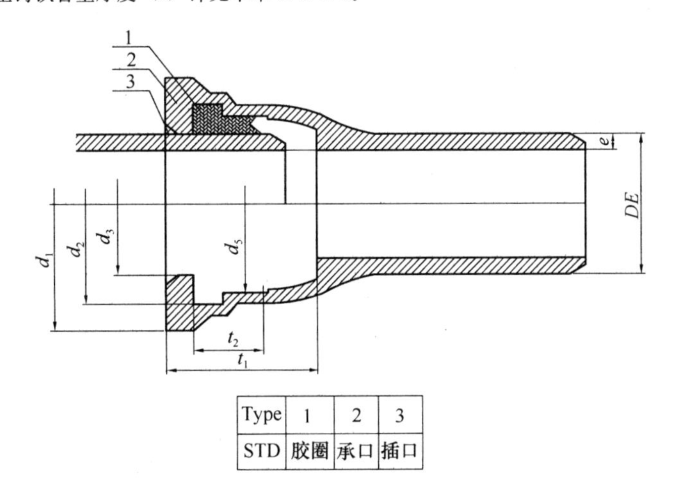

Type	1	2	3
STD	胶圈	承口	插口

图8-4 DN1400～DN2000离心铸造球墨铸铁管STD型接口外形尺寸

8.2.1.3 离心铸造球墨铸铁管K型接口

离心铸造球墨铸铁管K型接口规格及外形尺寸见图8-5、表8-4。

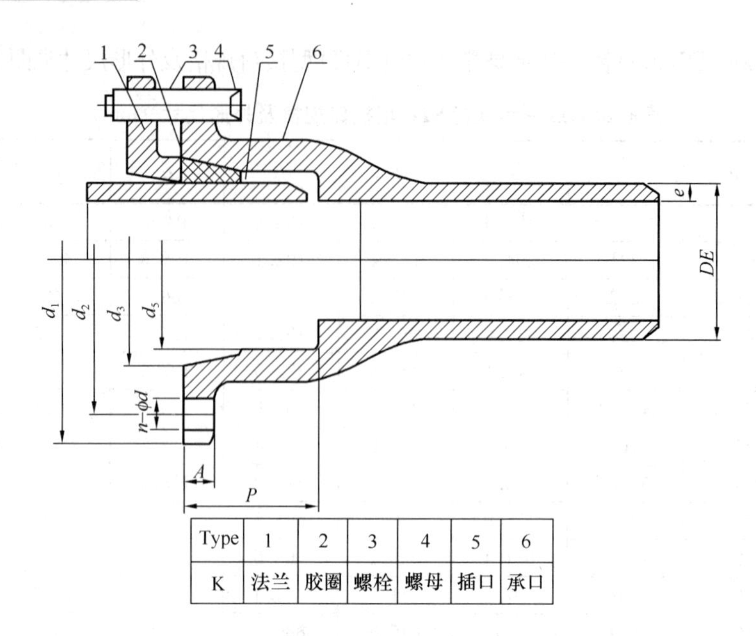

Type	1	2	3	4	5	6
K	法兰	胶圈	螺栓	螺母	插口	承口

图 8-5　离心铸造球墨铸铁管 K 型接口外形尺寸

离心铸造球墨铸铁管 K 型接口规格及外形尺寸　　**表 8-4**

公称直径 DN（mm）	DE（mm）	d_1（mm）	d_2（mm）	d_3（mm）	d_5（mm）	A（mm）	P（mm）	螺栓孔 $n-\phi d$（个—mm）	主要生产厂商
100	118	234	188	148	121	19	80	4-23	新兴铸管股份有限公司、圣戈班管道系统有限公司、高平市泫氏铸管有限公司
150	170	288	242	200	173	20	80	6-23	
200	222	341	295	252	225	20	80	6-23	
250	274	395	349	304	277	21	80	8-23	
300	326	455	409	360	329	22	110	8-23	
350	378	508	462	412	382	23	110	10-23	
400	429	561	515	463	433	23	110	12-23	
450	480	614	568	514	484	24	110	12-23	
500	532	667	621	566	536	25	110	14-23	
600	635	773	727	669	639	26	110	14-23	
700	738	892	838	780	743	28	120	16-27	
800	842	999	945	884	847	29	120	20-27	
900	945	1123	1057	987	950	31	120	20-33	
1000	1048	1231	1165	1090	1054	32	130	20-33	
1100	1152	1338	1272	1194	1158	33	130	24-33	
1200	1255	1444	1378	1297	1261	35	130	28-33	
1400	1462	1657	1591	1504	1469	38	130	28-33	
1500	1565	1766	1700	1608	1573	40	130	28-33	
1600	1668	1874	1808	1720	1678	41	160	30-33	
1800	1875	2089	2023	1927	1883	43	170	34-33	
2000	2082	2305	2239	2134	2091	46	180	36-33	
2200	2288	2519	2453	2340	2298	49	190	40-33	
2400	2495	2734	2668	2547	2505	52	250	44-33	
2600	2702	2949	2883	2754	2713	55	260	48-33	

注：离心铸造球墨铸铁管壁厚度（e）详见本章 8.2.1.6。

8.2.1.4 离心铸造球墨铸铁管 N_1 型接口

离心铸造球墨铸铁管 N_1 型接口规格及外形尺寸见图 8-6、表 8-5。

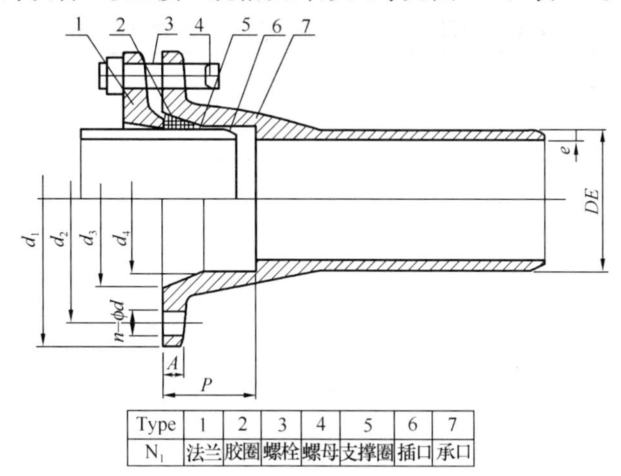

Type	1	2	3	4	5	6	7
N_1	法兰	胶圈	螺栓	螺母	支撑圈	插口	承口

图 8-6 离心铸造球墨铸铁管 N_1 型接口外形尺寸

离心铸造球墨铸铁管 N_1 型接口规格及外形尺寸 表 8-5

公称直径 DN（mm）	d_1（mm）	d_2（mm）	d_3（mm）	d_4（mm）	DE（mm）	A（mm）	P（mm）	螺栓孔 n-ϕd（个-mm）	主要生产厂商
100	262	210	152	136	118	18	105	4-23	新兴铸管股份有限公司、圣戈班管道系统有限公司、高平市泫氏铸管有限公司
150	313	262	204	186	169	18	110	6-23	
200	366	312	256	238	220	18	111		
250	418	366	310	292	272	21	112		
300	471	420	362	344	323	21	113	8-23	
350	524	474	414	396	375.5	21	113	10-23	
400	578	526	465	446.5	426	24	114		
500	686	632	571	551.5	528	24	115	14-24	
600	794	740	674	654.5	631	26	116	16-24	

注：离心铸造球墨铸铁管壁厚度（e）详见本章 8.2.1.6。

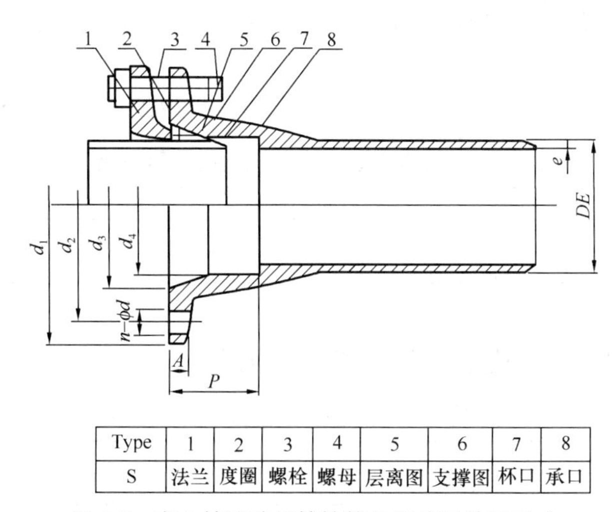

Type	1	2	3	4	5	6	7	8
S	法兰	度圈	螺栓	螺母	层离图	支撑图	杯口	承口

图 8-7 离心铸造球墨铸铁管 S 型接口外形尺寸

8.2.1.5 离心铸造球墨铸铁管S型接口

离心铸造球墨铸铁管S型接口规格及外形尺寸见图8-7、表8-6。

离心铸造球墨铸铁管S型接口规格及外形尺寸 表8-6

<table>
<tr><th rowspan="2">公称直径 DN (mm)</th><th rowspan="2">d_1 (mm)</th><th rowspan="2">d_2 (mm)</th><th rowspan="2">d_3 (mm)</th><th rowspan="2">D_4 (mm)</th><th rowspan="2">A (mm)</th><th rowspan="2">P (mm)</th><th rowspan="2">DE (mm)</th><th>螺栓孔</th><th rowspan="2">主要生产厂商</th></tr>
<tr><th>n-ϕd (个-mm)</th></tr>
<tr><td>100</td><td>252</td><td>210</td><td>150</td><td>122</td><td rowspan="3">18</td><td>90</td><td>118</td><td>4-23</td><td rowspan="10">新兴铸管股份有限公司、圣戈班管道系统有限公司、高平市泫氏铸管有限公司</td></tr>
<tr><td>150</td><td>297</td><td>254</td><td>201</td><td>173</td><td>95</td><td>169</td><td rowspan="3">6-23</td></tr>
<tr><td>200</td><td>365</td><td>320</td><td>254</td><td>226</td><td rowspan="2">100</td><td>220</td></tr>
<tr><td>250</td><td>418</td><td>366</td><td>306</td><td>278</td><td rowspan="3">21</td><td>272</td></tr>
<tr><td>300</td><td>465</td><td>416</td><td>359</td><td>330</td><td rowspan="2">105</td><td>232</td><td rowspan="2">8-23</td></tr>
<tr><td>350</td><td>517</td><td>475</td><td>411</td><td>382</td><td>374</td></tr>
<tr><td>400</td><td>577</td><td>530</td><td>463</td><td>434</td><td rowspan="2">24</td><td>110</td><td>426</td><td rowspan="2">12-23</td></tr>
<tr><td>500</td><td>678</td><td>630</td><td>567</td><td>536</td><td rowspan="2">115</td><td>528</td></tr>
<tr><td>600</td><td>792</td><td>740</td><td>671</td><td>639</td><td rowspan="2">26</td><td>631</td><td>14-24</td></tr>
<tr><td>700</td><td>910</td><td>854</td><td>775</td><td>741</td><td>120</td><td>733</td><td>16-24</td></tr>
</table>

注：离心铸造球墨铸铁管壁厚度（e）详见本章8.2.1.6。

8.2.1.6 给水球墨铸铁管壁厚度

1. K级：K级离心铸造球墨铸铁管壁厚度按公称直径 DN 的函数关系计算，其公式如下：

$$e = K(0.5 + 0.001DN)$$

式中 e——公称壁厚度（mm）；

DN——公称直径（mm）；

K——壁厚度级别系数，取7、8、9、10、11、12等。

离心铸造球墨铸铁管的最小壁厚度为6mm，非离心球铁管和管件的最小壁厚度为7mm。

离心铸造球墨铸铁管的壁厚度级别系数，订货时应在合同中注明，凡合同中不注明的均按K9级供货。

2. 壁厚度偏差：离心铸造给水球墨铸铁管与管件壁厚度偏差见表8-7。

离心铸造给水球墨铸铁管与管件壁厚度偏差 表8-7

<table>
<tr><th>铸件类型</th><th>e</th><th>偏差</th></tr>
<tr><td rowspan="2">离心铸造球墨铸铁管与管件</td><td>6</td><td>−1.3</td></tr>
<tr><td>>6</td><td>−（1.3+0.001DN）</td></tr>
</table>

注：仅给出负偏差以保证对内压力的足够抗力。

3. 壁厚度：K级离心铸造球墨铸铁管壁厚度见表8-8。

离心铸造K级球墨铸铁管壁厚度（mm） 表8-8

<table>
<tr><th>公称直径</th><th colspan="6">壁厚度</th></tr>
<tr><th>DN</th><th>K7</th><th>K8</th><th>K9</th><th>K10</th><th>K11</th><th>K12</th></tr>
<tr><td>40</td><td></td><td></td><td>6</td><td>6</td><td>6</td><td>6.5</td></tr>
</table>

续表

公称直径 DN	壁厚度					
	K7	K8	K9	K10	K11	K12
50			6	6	6.1	6.6
60			6	6	6.2	6.7
65			6	6	6.2	6.8
80			6	6	6.4	7
100			6	6	6.6	7.2
125			6	6.3	6.9	7.5
150			6	6.5	7.2	7.8
200			6.3	7	7.7	8.4
250		6	6.8	7.5	8.3	9
300	6	6.4	7.2	8	8.8	9.6
350	6	6.8	7.7	8.5	9.4	10.2
400	6.3	7.2	8.1	9	9.9	10.8
450	6.7	7.6	8.6	9.5	10.5	11.4
500	7	8	9	10	11	12
600	7.7	8.8	9.9	11	12.1	13.2
700	8.4	9.6	10.8	12	13.2	14.4
800	9.1	10.4	11.7	13	14.3	15.6
900	9.8	11.2	12.6	14	15.4	16.8
1000	10.5	12	13.5	15	16.5	18
1100	11.2	12.8	14.4	16	17.6	19.2
1200	11.9	13.6	15.3	17	18.7	20.4
1400	13.3	15.2	17.1	19	20.9	22.8
1500	14	16	18	20	22	24
1600	14.7	16.8	18.9	21	23.1	25.2
1800	16.1	18.4	20.7	23	25.3	27.6
2000	17.5	20	22.5	25	27.5	30
2200	18.9	21.6	24.3	27	29.7	32.4
2400	20.3	23.2	26.1	29	31.9	34.8
2600	21.7	24.8	27.9	31	34.1	37.2

注：表中白色区域表示推荐壁厚等级，灰色区域为可选壁厚等级。

8.2.2 球墨铸铁管件

1. 适用范围：离心铸造球墨铸铁管件适用于输送水（饮用水），可地上或地下敷设。

2. 规格及外形尺寸：

（1）离心铸造球墨铸铁管件盘承套管和盘承短管规格及外形尺寸见图 8-8、表 8-9。

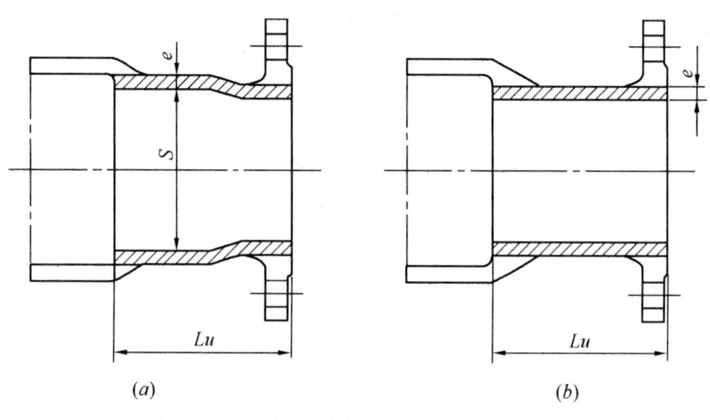

图 8-8 离心铸造球墨铸铁管件盘承套管和盘承短管外形尺寸

（a）盘承套管；（b）盘承短管

离心铸造球墨铸铁管件盘承套管和盘承短管规格及外形尺寸　**表 8-9**

公称直径 DN（mm）	e（mm）	Lu（mm）		盘承套管		盘承短管	主要生产厂商
		A 系列	B 系列	s（mm）	质量（kg）	质量（kg）	
40	7	125	75	67	1.4	0.9	新兴铸管股份有限公司、圣戈班管道系统有限公司、高平市泫氏铸管有限公司
50	7	125	85	78	1.6	1.1	
60	7	125	100	88	1.8	1.3	
65	7	125	105	93	1.9	1.4	
80	7	130	105	109	2.3	1.9	
100	7.2	130	110	130	2.8	2.3	
125	7.5	135	115	156	3.7	3.1	
150	7.8	135	120	183	4.4	3.8	
200	8.4	140	120	235	6.3	5.6	
250	9	145	125	288	8.6	7.7	
300	9.6	150	130	340	11.1	10.1	
350	10.2	155	135	393	14.1	12.9	
400	10.8	160	140	445	17.4	16.0	
450	11.4	165	145	498	21.2	20.2	
500	12	170	—	550	25.4	23.5	
600	13.2	180	—	655	35.2	32.7	
700	14.4	190	—	760	46.9	43.8	
800	15.6	200	—	865	60.8	57.0	
900	16.8	210	—	970	77.1	72.4	
1000	18	220	—	1075	95.9	90.2	
1100	19.2	230	—	1180	117	111	
1200	20.4	240	—	1285	142	134	
1400	22.8	310	—	1477	235	225	
1500	24	330	—	1580	281	270	
1600	25.2	330	—	1683	315	303	
1800	27.6	350	—	1889	410	395	
2000	30	370	—	2095	522	505	
2200	32.4	390	—	2301	653	631	
2400	34.8	410	—	2507	803	778	
2600	37.2	480	—	2713	1088	1054	

注：1. 质量以 A 系列尺寸计算得出；

2. 质量仅供参考。

（2）离心铸造球墨铸铁管件盘插和承套规格及外形尺寸见图 8-9、表 8-10。

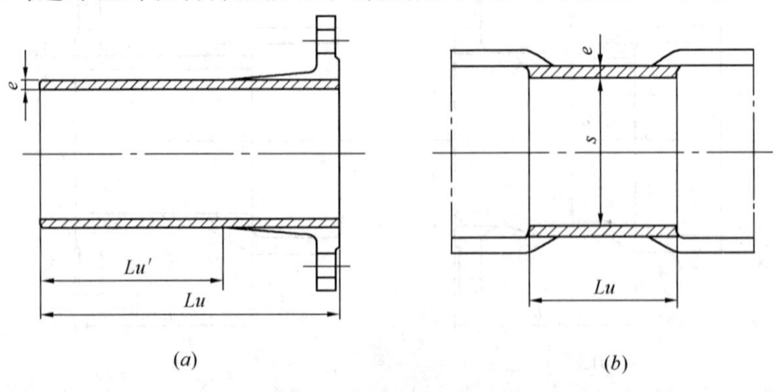

图 8-9　离心铸造球墨铸铁管件盘插和承套外形尺寸

（a）盘插；（b）承套

离心铸造球墨铸铁管件盘插和承套规格及外形尺寸 表 8-10

公称直径 DN (mm)	e (mm)	盘插				承套				主要生产厂商
		Lu (mm)		Lu′ (mm)	质量 (kg)	Lu (mm)		s (mm)	质量 (kg)	
		A系列	B系列			A系列	B系列			
40	7	335	335	200	2.5	155	155	67	1.7	新兴铸管股份有限公司、圣戈班管道系统有限公司、高平市泫氏铸管有限公司
50	7	340	340	200	3.1	155	155	78	2	
60	7	345	345	200	3.7	155	155	88	2.2	
65	7	345	345	200	4.0	155	155	93	2.4	
80	7	350	350	215	5.0	160	160	109	2.8	
100	7.2	360	360	215	6.4	160	160	130	3.4	
125	7.5	370	370	220	8.4	165	165	156	4.5	
150	7.8	380	380	225	10.7	165	165	183	5.4	
200	8.4	400	400	230	15.9	170	170	235	7.7	
250	9	420	420	240	22.3	175	175	288	10.4	
300	9.6	440	440	250	29.6	180	180	340	13.3	
350	10.2	460	460	260	38.3	185	185	393	16.8	
400	10.8	480	480	270	48.1	190	190	445	20.7	
450	11.4	500	500	280	59.3	195	195	498	25.1	
500	12	520	—	290	72.0	200	—	550	29.9	
600	13.2	560	—	310	102	210	—	655	41.1	
700	14.4	600	—	330	138	220	—	760	54.3	
800	15.6	600	—	330	171	230	—	865	70	
900	16.8	600	—	330	207	240	—	970	88.1	
1000	18	600	—	330	246	250	—	1075	109	
1100	19.2	600	—	330	289	260	—	1180	133	
1200	20.4	600	—	330	335	270	—	1285	159	
1400	22.8	710	—	390	516	340	—	1492	258	
1500	24	750	—	410	614	350	—	1596	299	
1600	25.2	780	—	430	716	360	—	1699	343	
1800	27.6	850	—	470	960	380	—	1906	445	
2000	30	920	—	500	1255	400	—	2113	565	
2200	32.4	990	—	540	1603	420	—	2320	703	
2400	34.8	1060	—	570	2010	440	—	2527	862	
2600	37.2	1130	—	610	2481	460	—	2734	1042	

注：1. 质量以 A 系列尺寸计算得出；

2. 质量仅供参考。

(3) 离心铸造球墨铸铁管件双承、T 型承插弯管规格及外形尺寸见图 8-10、表 8-11。

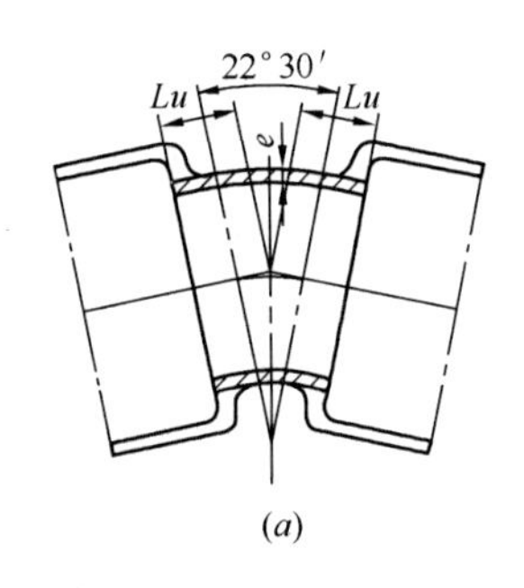

(a)

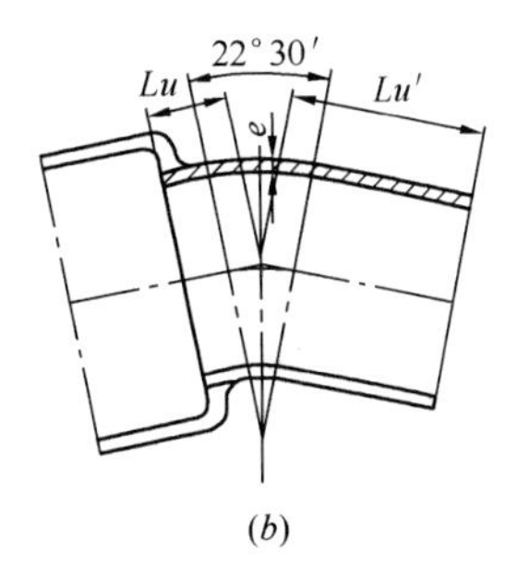

(b)

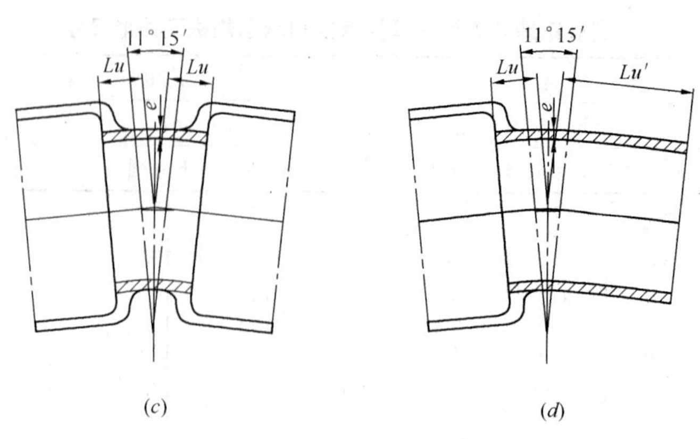

图 8-10　离心铸造球墨铸铁管件双承、T 型承插弯管外形尺寸
(*a*) 双承 22°30′ (1/16) 弯管；(*b*) T 型承插 22°30′ (1/16) 弯管；
(*c*) 双承 11°15′ (1/32) 弯管；(*d*) T 型承插 11°15′ (1/32) 弯管

离心铸造球墨铸铁管件双承、T 型承插弯管规格及外形尺寸　　**表 8-11**

公称直径 DN (mm)	e (mm)	22°30′ (1/16) 弯管					11°15′ (1/32) 弯管					主要生产厂商
		双承			承插		双承			承插		
		Lu (mm)		质量 (kg)	Lu′ (mm)	质量 (kg)	Lu (mm)		质量 (kg)	Lu′ (mm)	质量 (kg)	
		A 系列	B 系列				A 系列	B 系列				
40	7	30	30	0.5	210	1.7	25	25	0.4	205	1.8	新兴铸管股份有限公司、圣戈班管道系统有限公司、高平市泫氏铸管有限公司
50	7	30	30	0.5	210	1.9	25	25	0.5	205	2.0	
60	7	35	35	0.8	215	2.5	25	25	0.5	205	2.5	
65	7	35	35	0.8	215	2.6	25	25	0.6	205	2.6	
80	7	40	40	1.1	220	3.3	30	30	0.8	210	3.4	
100	7.2	40	50	1.4	220	4.1	30	30	1.1	210	4.4	
125	7.5	50	55	2.2	230	5.5	35	35	1.6	215	5.2	
150	7.8	55	60	3.1	235	7.0	35	40	2	215	7.0	
200	8.4	65	70	5.1	245	10.5	40	45	3.2	220	10.3	
250	9	75	80	7.9	255	15.1	50	55	5.3	230	15.0	
300	9.6	85	90	11.3	265	20.4	55	55	7.4	235	19.5	
350	10.2	95	100	15.6	275	27.0	60	60	9.9	240	25.0	
400	10.8	110	110	21.8	290	35.4	65	65	13	245	31.0	
450	11.4	120	120	28.1	320	46.0	70	70	16.5	270	40.2	
500	12	130	—	35.6	330	56.5	75	—	20.7	275	48.4	
600	13.2	150	—	54	350	81.5	85	—	30.8	285	67.2	
700	14.4	175	—	80	425	124	95	—	43.8	345	102	
800	15.6	195	—	110	445	164	110	—	62.7	360	134	
900	16.8	220	—	151	470	216	120	—	82.7	370	169	
1000	18	240	—	195	540	288	130	—	107	430	230	
1100	19.2	260	—	248	560	357	140	—	135	440	279	
1200	20.4	285	—	315	585	441	150	—	167	450	334	
1400	22.8	260	—	374	560	538	130	—	189	430	407	
1500	24	270	—	438	570	623	140	—	229	440	475	
1600	25.2	280	—	508	640	757	140	—	256	500	586	
1800	27.6	305	—	682	665	988	155	—	349	515	756	
2000	30	330	—	890	730	1301	165	—	449	565	994	
2200	32.4	355	—	1137	755	1624	190	—	613	590	1261	
2400	34.8	380	—	1426	780	1997	205	—	775	605	1534	
2600	37.2	400	—	1738	800	2399	215	—	941	615	1820	

注：1. 质量以 A 系列尺寸计算得出；
　　2. 质量仅供参考。

（4）离心铸造球墨铸铁管件全承三通规格及外形尺寸见图 8-11、表 8-12。

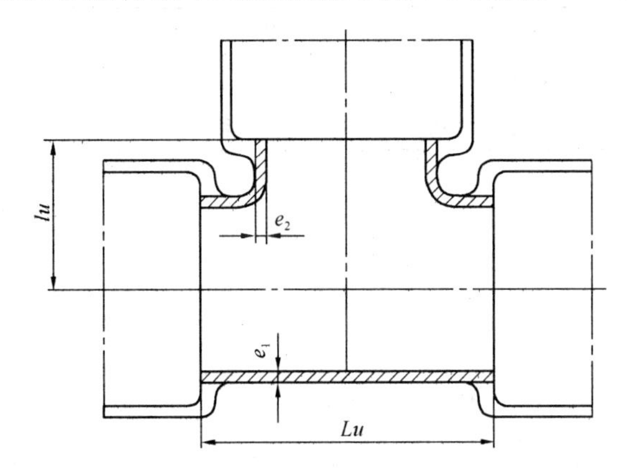

图 8-11 离心铸造球墨铸铁管件全承三通外形尺寸

离心铸造球墨铸铁管件全承三通规格及外形尺寸 **表 8-12**

公称直径 Dn×dn (mm×mm)	主管			支管			质量 (kg)	主要生产厂商
	e_1 (mm)	Lu (mm)		e_2 (mm)	lu (mm)			
		A 系列	B 系列		A 系列	B 系列		
40×40	7	120	155	7	60	75	1.1	新兴铸管股份有限公司、圣戈班管道系统有限公司、高平市泫氏铸管有限公司
50×50	7	130	155	7	65	75	1.4	
60×60	7	145	155	7	70	80	1.8	
65×65	7	150	155	7	75	80	2.1	
80×40	7	120	155	7	80	80	1.9	
80×80	7	170	175	7	85	85	2.8	
100×40	7.2	120	155	7	90	90	2.3	
100×60	7.2	145	155	7	90	90	2.8	
100×80	7.2	170	165	7	95	90	3.3	
100×100	7.2	190	195	7.2	95	100	3.8	
125×40	7.5	125	155	7	100	105	3.0	
125×80	7.5	170	175	7	105	105	4.1	
125×100	7.5	195	195	7.2	110	115	4.8	
125×125	7.5	225	225	7.5	110	115	5.6	
150×40	7.8	125	160	7	115	115	3.7	
150×80	7.8	170	180	7	120	120	5.0	
150×100	7.8	195	200	7.2	120	125	5.8	
150×150	7.8	255	260	7.8	125	130	7.8	
200×40	8.4	130	165	7	140	140	5.3	
200×80	8.4	175	180	7	145	145	7.2	
200×100	8.4	200	200	7.2	145	150	8.2	
200×150	8.4	255	260	7.8	150	155	10.5	
200×200	8.4	315	320	8.4	155	160	13.3	
250×80	9	180	185	7	170	185	9.8	
250×100	9	200	205	7.2	170	190	10.7	
250×150	9	260	265	7.8	175	190	14.0	

续表

公称直径 Dn×dn (mm×mm)	主管			支管			质量 (kg)	主要生产厂商
	e_1 (mm)	Lu (mm)		e_2 (mm)	lu (mm)			
		A系列	B系列		A系列	B系列		
250×200	9	315	320	8.4	180	190	17.0	新兴铸管股份有限公司、圣戈班管道系统有限公司、高平市泫氏铸管有限公司
250×250	9	375	380	9	190	190	21.0	
300×100	9.6	205	210	7.2	195	220	13.9	
300×150	9.6	260	265	7.8	200	220	17.5	
300×200	9.6	320	325	8.4	205	220	21.6	
300×250	9.6	375	380	9	210	220	25.5	
300×300	9.6	435	440	9.6	220	220	30.5	
350×100	10.2	210	210	7.2	225	250	17.5	
350×150	10.2	260	270	7.8	230	250	21.6	
350×200	10.2	320	320	8.4	235	250	26.6	
350×250	10.2	380	370	9	240	250	31.7	
350×350	10.2	495	420	10.2	250	250	42.4	
400×100	10.8	210	210	7.2	245	260	21.0	
400×150	10.8	270	270	7.8	250	260	26.8	
450×100	11.4	215	215	7.2	270	300	25.3	
450×150	11.4	270	270	7.8	275	300	31.6	
450×200	11.4	330	330	8.4	285	300	38.6	
450×250	11.4	390	390	9	290	300	45.5	
450×300	11.4	445	445	9.6	295	300	52.0	
450×400	11.4	560	560	10.8	305	300	66.4	
450×450	11.4	620	620	11.4	310	300	74.7	
500×100	12	215	—	7.2	295	—	29.6	
500×200	12	330	—	8.4	310	—	44.9	
500×400	12	565	—	10.8	330	—	77.1	
500×500	12	680	—	12	340	—	95.2	
600×200	13.2	340	—	8.4	360	—	60.7	
600×400	13.2	570	—	10.8	380	—	101.0	
600×600	13.2	800	—	13.2	400	—	146.0	
700×200	14.4	345	—	8.4	405	—	78.0	
700×400	14.4	575	—	10.8	430	—	128.0	
700×700	14.4	925	—	14.4	460	—	213.0	
800×200	15.6	350	—	8.4	455	—	97.9	
800×400	15.6	580	—	10.8	480	—	159.0	
800×600	15.6	815	—	13.2	500	—	224.0	
800×800	15.6	1045	—	15.6	525	—	298.0	
900×200	16.8	355	—	8.4	505	—	120.0	
900×400	16.8	590	—	10.8	530	—	196.0	
900×600	16.8	820	—	13.2	550	—	271.0	

续表

公称直径 Dn×dn (mm×mm)	主管			支管			质量 (kg)	主要生产厂商
	e_1 (mm)	Lu (mm)		e_2 (mm)	lu (mm)			
		A系列	B系列		A系列	B系列		
900×900	16.8	1170	—	16.8	585	—	402	新兴铸管股份有限公司、圣戈班管道系统有限公司、高平市泫氏铸管有限公司
1000×200	18	360	—	8.4	555	—	145	
1000×400	18	595	—	10.8	580	—	235	
1000×600	18	825	—	13.2	600	—	323	
1000×1000	18	1290	—	18	645	—	525	
1100×400	19.2	600	—	10.8	630	—	278	
1100×600	19.2	830	—	13.2	650	—	380	
1200×600	20.4	840	—	13.2	700	—	446	
1200×800	20.4	1070	—	15.6	725	—	567	
1200×1000	20.4	1300	—	18	745	—	695	
1400×600	22.8	850	—	13.2	800	—	589	
1400×800	22.8	1080	—	15.6	825	—	743	
1400×1000	22.8	1315	—	18	845	—	905	
1500×600	24	855	—	13.2	850	—	668	
1500×1000	24	1320	—	18	895	—	1021	
1600×600	25.2	860	—	13.2	900	—	753	
1600×800	25.2	1095	—	15.6	925	—	951	
1600×1000	25.2	1325	—	18	945	—	1145	
1600×1200	25.2	1560	—	20.4	965	—	1352	
1800×600	27.6	875	—	13.2	1000	—	947	
1800×800	27.6	1105	—	15.6	1025	—	1183	
1800×1000	27.6	1340	—	18	1045	—	1425	
1800×1200	27.6	1570	—	20.4	1065	—	1667	
2000×600	30	885	—	13.2	1100	—	1160	
2000×1000	30	1350	—	18	1145	—	1737	
2000×1400	30	1815	—	22.8	1190	—	2328	
2200×600	32.4	900	—	13.2	1200	—	1404	
2200×1200	32.4	1595	—	20.4	1265	—	2423	
2200×1800	32.4	2290	—	27.6	1335	—	3509	
2400×600	34.8	910	—	13.2	1300	—	1667	
2400×1200	34.8	1605	—	20.4	1365	—	2860	
2400×1800	34.8	2300	—	27.6	1435	—	4098	
2600×600	37.2	920	—	13.2	1400	—	1955	
2600×1400	37.2	1850	—	22.8	1490	—	3807	
2600×2000	37.2	2545	—	30	1555	—	5248	

注：1. 质量以A系列尺寸计算得出；
2. 质量仅供参考。

（5）离心铸造球墨铸铁管件双承单支盘三通规格及外形尺寸见图 8-12、表 8-13。

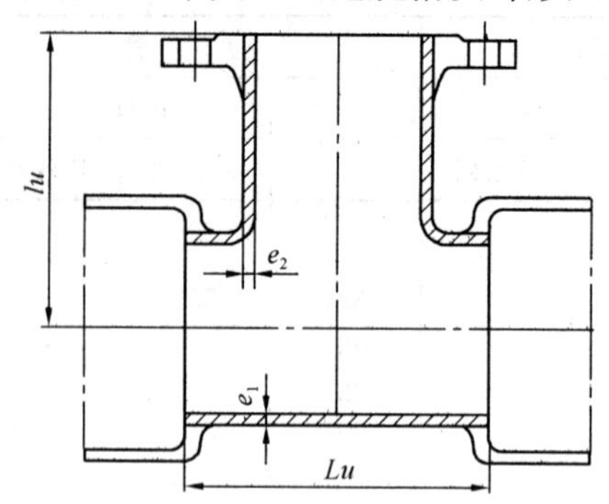

图 8-12　离心铸造球墨铸铁管件双承单支盘三通外形尺寸

离心铸造球墨铸铁管件双承单支盘三通规格及外形尺寸　表 8-13

公称直径 Dn×dn (mm×mm)	主管			支管			质量 (kg)	主要生产厂商
	e_1 (mm)	Lu (mm)		e_2 (mm)	lu (mm)			
		A系列	B系列		A系列	B系列		
40×40	7	120	155	7	130	130	1.8	新兴铸管股份有限公司、圣戈班管道系统有限公司、高平市泫氏铸管有限公司
50×50	7	130	155	7	140	140	2.1	
60×40	7	—	155	7	—	130	2.3	
60×60	7	145	155	7	150	150	2.7	
65×40	7	—	155	7	—	130	2.4	
65×65	7	150	155	7	150	155	2.9	
80×40	7	—	155	7	—	135	2.8	
80×60	7	—	155	7	—	155	3.2	
80×80	7	170	175	7	165	165	3.9	
100×40	7.2	—	155	7	—	145	3.3	
100×60	7.2	—	155	7	—	165	3.8	
100×80	7.2	170	165	7	175	170	4.5	
100×100	7.2	190	195	7.2	180	180	5.3	
125×40	7.5	—	155	7	—	160	4.1	
125×60	7.5	—	155	7	—	180	4.6	
125×80	7.5	170	175	7	190	185	5.3	
125×100	7.5	195	195	7.2	195	195	6.3	
125×125	7.5	225	225	7.5	200	200	8.2	
150×40	7.8	—	160	7	—	170	5.1	
150×60	7.8	—	160	7	—	190	5.5	
150×80	7.8	170	180	7	205	200	6.2	
150×100	7.8	195	200	7.2	210	205	7.0	
150×125	7.8	—	230	7.5	—	215	7.4	
150×150	7.8	255	260	7.8	220	220	10.4	
200×40	8.4	—	165	7	—	195	7.1	
200×60	8.4	—	165	7	—	215	7.5	
200×80	8.4	175	180	7	235	225	8.4	
200×100	8.4	200	200	7.2	240	230	9.8	

续表

公称直径 $Dn \times dn$ (mm×mm)	主管			支管			质量 (kg)	主要生产厂商
	e_1 (mm)	Lu (mm)		e_2 (mm)	lu (mm)			
		A系列	B系列		A系列	B系列		
200×125	8.4	—	235	7.5	—	240	11.7	新兴铸管股份有限公司、圣戈班管道系统有限公司、高平市泫氏铸管有限公司
200×150	8.4	255	260	7.8	250	245	13.3	
200×200	8.4	315	320	8.4	260	260	17.4	
250×60	9	—	165	7	—	260	9.9	
250×80	9	180	185	7	265	265	11.0	
250×100	9	200	205	7.2	270	270	12.5	
250×150	9	260	265	7.8	280	280	16.9	
250×200	9	315	320	8.4	290	290	21.4	
250×250	9	375	380	9	300	300	26.7	
300×60	9.6	—	165	7	—	290	12.3	
300×80	9.6	180	185	7	295	295	13.6	
300×100	9.6	205	210	7.2	300	300	15.7	
300×150	9.6	260	265	7.8	310	310	20.6	
300×200	9.6	320	325	8.4	320	320	26.2	
300×250	9.6	—	380	9	—	330	32.2	
300×300	9.6	435	440	9.6	340	340	38.6	
350×60	10.2	—	170	7	—	320	15.3	
350×80	10.2	185	185	7	—	325	16.9	
350×100	10.2	205	210	7.2	330	330	19	
350×150	10.2	—	270	7.8	—	340	25.5	
350×200	10.2	325	325	8.4	350	350	31.6	
350×250	10.2	—	385	9	—	360	38.4	
350×350	10.2	495	500	10.2	380	380	53.2	
400×80	10.8	185	190	7	355	355	20.1	
400×100	10.8	210	210	7.2	360	360	23.0	
400×150	10.8	270	270	7.8	370	370	30.1	
400×200	10.8	325	330	8.4	380	380	37.0	
400×250	10.8	—	385	9	—	390	44.8	
400×300	10.8	440	445	9.6	400	400	52.6	
400×400	10.8	560	560	10.8	420	420	71.4	
450×100	11.4	215	215	7.2	390	390	27.5	
450×150	11.4	270	270	7.8	400	400	35.1	
450×200	11.4	330	330	8.4	410	410	43.6	
450×250	11.4	390	390	9	420	420	52.4	
450×300	11.4	445	445	9.6	430	430	61.0	
450×400	11.4	560	560	10.8	450	450	80.9	
450×450	11.4	620	620	11.4	460	460	92.5	
500×100	12	215	—	7.2	420	—	31.3	
500×200	12	330	—	8.4	440	—	49.5	
500×400	12	565	—	10.8	480	—	91.3	
500×500	12	680	—	12	500	—	116	

续表

公称直径 Dn×dn (mm×mm)	主管			支管			质量 (kg)	主要生产厂商
	e_1 (mm)	Lu (mm)		e_2 (mm)	lu (mm)			
		A系列	B系列		A系列	B系列		
600×200	13.2	340	—	8.4	500	—	66.3	新兴铸管股份有限公司、圣戈班管道系统有限公司、高平市泫氏铸管有限公司
600×400	13.2	570	—	10.8	540	—	117	
600×600	13.2	800	—	13.2	580	—	179	
700×200	14.4	345	—	8.4	525	—	82.7	
700×400	14.4	575	—	10.8	555	—	141	
700×700	14.4	925	—	14.4	600	—	246	
800×200	15.6	350	—	8.4	585	—	103	
800×400	15.6	580	—	10.8	615	—	173	
800×600	15.6	1045	—	13.2	645	—	316	
800×800	15.6	1045	—	15.6	675	—	341	
900×200	16.8	355	—	8.4	645	—	126	
900×400	16.8	590	—	10.8	675	—	211	
900×600	16.8	1170	—	13.2	705	—	420	
900×900	16.8	1170	—	16.8	750	—	459	
1000×200	18	360	—	8.4	705	—	151	
1000×400	18	595	—	10.8	735	—	251	
1000×600	18	1290	—	13.2	765	—	544	
1000×1000	18	1290	—	18	825	—	599	
1100×400	19.2	600	—	10.8	795	—	295	
1100×600	19.2	830	—	13.2	825	—	412	
1200×600	20.4	840	—	13.2	885	—	480	
1200×800	20.4	1070	—	15.6	915	—	621	
1200×1000	20.4	1300	—	18	945	—	778	
1400×600	22.8	1030	—	13.2	980	—	752	
1400×800	22.8	1260	—	15.6	1010	—	927	
1400×1000	22.8	1495	—	18	1040	—	1116	
1500×600	24	1035	—	13.2	1035	—	849	
1500×1000	24	1500	—	18	1095	—	1250	
1600×600	25.2	1040	—	13.2	1090	—	953	
1600×800	25.2	1275	—	15.6	1120	—	1171	
1600×1000	25.2	1505	—	18	1150	—	1394	
1600×1200	25.2	1740	—	20.4	1180	—	1637	
1800×600	27.6	1055	—	13.2	1200	—	1187	
1800×800	27.6	1285	—	15.6	1230	—	1445	
1800×1000	27.6	1520	—	18	1260	—	1717	
1800×1200	27.6	1750	—	20.4	1290	—	1995	

续表

公称直径 Dn×dn (mm×mm)	主管			支管			质量 (kg)	主要生产厂商
	e_1 (mm)	Lu (mm)		e_2 (mm)	lu (mm)			
		A系列	B系列		A系列	B系列		
2000×600	30	1065	—	13.2	1310	—	1443	新兴铸管股份有限公司、圣戈班管道系统有限公司、高平市泫氏铸管有限公司
2000×1000	30	1530	—	18	1370	—	2073	
2000×1400	30	1995	—	22.8	1430	—	2746	
2200×600	32.4	1080	—	13.2	1420	—	1735	
2200×1200	32.4	1775	—	20.4	1510	—	2851	
2200×1800	32.4	2470	—	27.6	1600	—	4099	
2400×600	34.8	1090	—	13.2	1530	—	2050	
2400×1200	34.8	1785	—	20.4	1620	—	3344	
2400×1800	34.8	2480	—	27.6	1710	—	4750	
2600×600	37.2	1100	—	13.2	1640	—	2394	
2600×1400	37.2	2030	—	22.8	1750	—	4391	
2600×2000	37.2	2725	—	30	1850	—	6046	

注：1. 质量以A系列尺寸计算得到（A系列没有的尺寸按B系列计算）；
2. 质量仅供参考。

（6）离心铸造球墨铸铁管件双承渐缩管规格及外形尺寸见图8-13、表8-14。

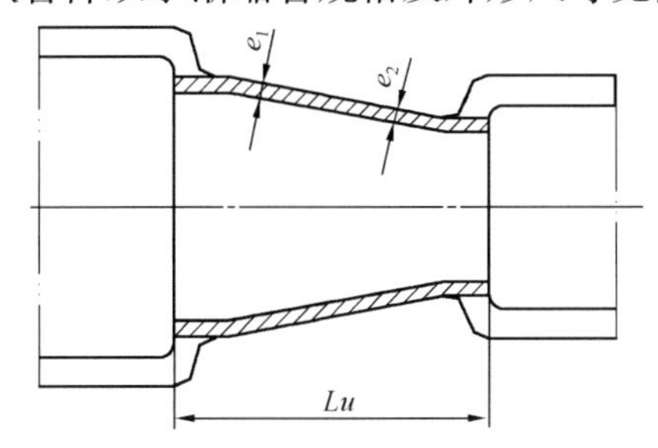

图8-13 离心铸造球墨铸铁管件双承渐缩管外形尺寸

离心铸造球墨铸铁管件双承渐缩管规格及外形尺寸 **表8-14**

公称直径 DN×dn (mm×mm)	e_1 (mm)	e_2 (mm)	Lu (mm)		质量 (kg)	主要生产厂商
			A系列	B系列		
50×40	7	7	70	75	0.6	新兴铸管股份有限公司、圣戈班管道系统有限公司、高平市泫氏铸管有限公司
60×50	7	7	70	75	0.7	
65×50	7	7	80	75	0.8	
80×40	7	7	—	80	0.9	
80×60	7	7	90	80	1.1	
80×65	7	7	80	80	1.0	
100×60	7.2	7	—	120	1.7	
100×80	7.2	7	90	85	1.4	
125×60	7.5	7	—	190	3.2	
125×80	7.5	7	140	135	2.6	
125×100	7.5	7.2	100	120	2.0	

续表

公称直径 $DN \times dn$ (mm×mm)	e_1 (mm)	e_2 (mm)	Lu (mm)		质量 (kg)	主要生产厂商
			A系列	B系列		
150×80	7.8	7	190	190	3.9	新兴铸管股份有限公司、圣戈班管道系统有限公司、高平市泫氏铸管有限公司
150×100	7.8	7.2	150	150	3.4	
150×125	7.8	7.5	100	115	2.5	
200×100	8.4	7.2	250	250	7.1	
200×125	8.4	7.5	200	230	6.2	
200×150	8.4	7.8	150	145	5.1	
250×125	9	7.5	300	335	11.1	
250×150	9	7.8	250	250	10.0	
250×200	9	8.4	150	150	6.9	
300×150	9.6	7.8	350	370	16.3	
300×200	9.6	8.4	250	250	13.3	
300×250	9.6	9	150	150	9.0	
350×200	10.2	8.4	360	370	21.7	
350×250	10.2	9	260	260	17.6	
350×300	10.2	9.6	160	160	12.0	
400×250	10.8	9	360	380	27.1	
400×300	10.8	9.6	260	260	21.6	
400×350	10.8	10.2	160	155	14.6	
450×350	11.4	10.2	260	270	26.1	
450×400	11.4	10.8	160	160	17.5	
500×350	12	10.2	360	—	39.1	
500×400	12	10.8	260	—	30.6	
600×400	13.2	10.8	460	—	64.0	
600×500	13.2	12	260	—	41.2	
700×500	14.4	12	480	—	87.1	
700×600	14.4	13.2	280	—	57.6	
800×600	15.6	13.2	480	—	111	
800×700	15.6	14.4	280	—	72.2	
900×700	16.8	14.4	480	—	137	
900×800	16.8	15.6	280	—	88.2	
1000×800	18	15.6	480	—	166	
1000×900	18	16.8	280	—	106	
1100×1000	19.2	18	280	—	125	
1200×1000	20.4	18	480	—	232	
1400×1200	22.8	20.4	360	—	231	
1500×1400	24	22.8	260	—	201	
1600×1400	25.2	22.8	360	—	295	
1800×1600	27.6	25.2	360	—	368	
2000×1800	30	27.6	360	—	448	
2200×2000	32.4	30	360	—	533	
2400×2200	34.8	32.4	360	—	630	
2600×2400	37.2	34.8	360	—	736	

注：1. 质量以A系列尺寸计算得出（A系列没有的尺寸按B系列计算）；

2. 质量仅供参考。

（7）离心铸造球墨铸铁管件双承一丝丁字管规格及外形尺寸见图 8-14、表 8-15。

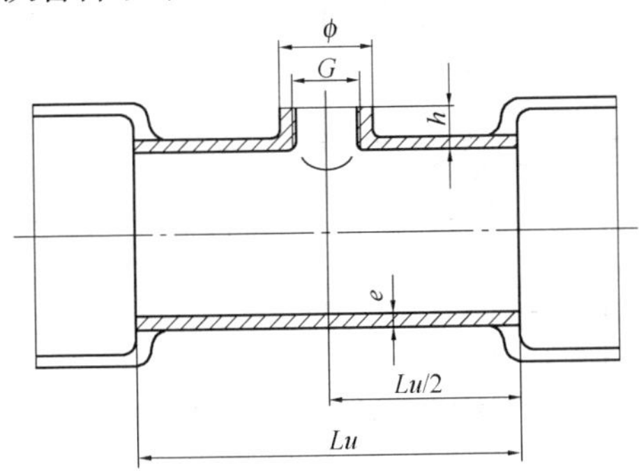

图 8-14 离心铸造球墨铸铁管件双承一丝丁字管外形尺寸

离心铸造球墨铸铁管件双承一丝丁字管规格及外形尺寸 表 8-15

公称直径 DN（mm）	e（mm）	Lu（mm）	h（mm）	ϕ（mm）	G（mm）	质量（kg）	主要生产厂商
80	7.0	150	25	84	50	2.8	新兴铸管股份有限公司、圣戈班管道系统有限公司、高平市泫氏铸管有限公司
100	7.2	150	25	84	50	3.3	
150	7.8	150	25	84	50	4.7	
200	8.4	160	25	84	50	7.0	
250	9.0	160	25	84	50	9.0	
300	9.6	160	25	84	50	11.3	

注：质量仅供参考。

（8）离心铸造球墨铸铁管件双承和承插乙字管规格及外形尺寸见图 8-15、表 8-16。

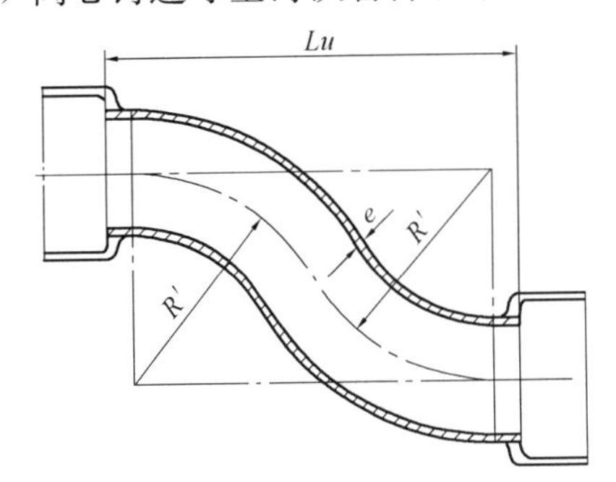

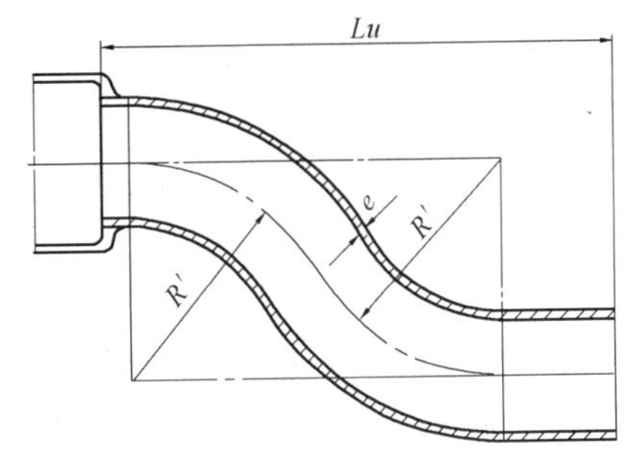

图 8-15 离心铸造球墨铸铁管件双承和承插乙字管外形尺寸

离心铸造球墨铸铁管件双承和承插乙字管规格及外形尺寸 表 8-16

公称直径 DN（mm）	e（mm）	Lu（mm）		R′（mm）	质量（kg）		主要生产厂商
		双了	承插		双承	承插	
100	7.2	310	470	150	6.4	9.3	新兴铸管股份有限公司、圣戈班管道系统有限公司、高平市泫氏铸管有限公司
150	7.8	310	475	150	10.2	15.0	
200	8.4	400	600	200	18.7	27.0	
250	9	530	700	250	32.7	41.7	
300	9.6	630	800	300	53.0	61.0	
350	10.2	680	860	350	66.9	82.0	
400	10.8	820	1000	400	102	120	
500	12	1000	1200	500	173	201	
600	13.2	1170	1370	600	252	288	
700	14.4	1335	1590	700	366	425	

注：质量仅供参考。

（9）离心铸造球墨铸铁管件双承丁字管规格及外形尺寸见图 8-16 和表 8-17。

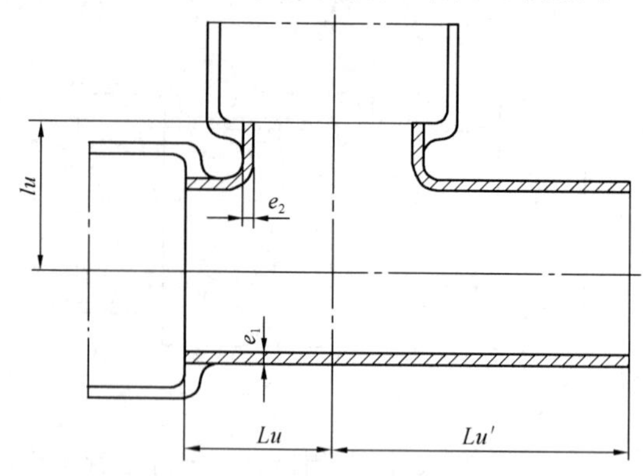

图 8-16　离心铸造球墨铸铁管件双承丁字管外形尺寸

离心铸造球墨铸铁管件双承丁字管规格及外形尺寸　表 8-17

公称直径 $DN\times dn$（mm×mm）	e_1（mm）	e_2（mm）	Lu（mm）	Lu'（mm）	lu（mm）	质量（kg）	主要生产厂商
100×100	7.2	7.2	95	275	95	7.0	新兴铸管股份有限公司、圣戈班管道系统有限公司、高平市泫氏铸管有限公司
150×100	7.8	7.2	100	280	120	11.0	
150×150	7.8	7.8	130	310	125	13.0	
200×100	8.4	7.2	100	280	145	15.4	
200×150	8.4	7.8	130	310	150	17.9	
200×200	8.4	8.4	160	340	155	20.7	
250×100	9.0	7.2	100	280	175	20.2	
250×150	9.0	7.8	130	310	175	23.5	
250×200	9.0	8.4	160	340	180	26.8	
250×250	9.0	9.0	190	370	190	30.8	
300×100	9.6	7.2	105	285	195	26.4	
300×150	9.6	7.8	130	310	200	29.6	
300×200	9.6	8.4	160	340	205	33.7	
300×250	9.6	9.0	190	370	210	37.9	
300×300	9.6	9.6	220	400	220	42.9	
350×200	10.2	8.4	160	340	235	41.6	
350×250	10.2	9.0	190	370	240	46.7	
350×300	10.2	9.6	220	400	245	52.0	
350×350	10.2	10.2	250	430	250	57.8	
400×200	10.8	8.4	165	345	255	50.1	
400×250	10.8	9.0	195	375	260	56.5	
400×300	10.8	9.6	220	400	270	62.0	
400×350	10.8	10.2	250	430	275	68.3	
400×400	10.8	10.8	280	460	280	75.4	
500×250	12.0	9.0	195	395	315	80.5	
500×300	12.0	9.6	225	425	320	88.6	
500×350	12.0	10.2	255	455	325	96.8	
500×400	12.0	10.8	285	485	330	105	

续表

公称直径 $DN \times dn$（mm×mm）	e_1（mm）	e_2（mm）	Lu（mm）	Lu'（mm）	lu（mm）	质量（kg）	主要生产厂商
500×500	12.0	12.0	340	540	340	137	新兴铸管股份有限公司、圣戈班管道系统有限公司、高平市泫氏铸管有限公司
600×300	13.2	9.6	230	430	370	117	
600×350	13.2	10.2	255	455	375	127	
600×400	13.2	10.8	285	485	380	137	
600×500	13.2	12.0	345	545	390	160	
600×600	13.2	13.2	400	600	400	183	
700×300	14.4	9.6	230	480	420	161	
700×350	14.4	10.2	260	510	425	174	
700×400	14.4	10.8	290	540	430	182	
700×500	14.4	12.0	345	595	440	212	
700×600	14.4	13.2	405	655	450	240	
700×700	14.4	14.4	465	715	460	272	
800×400	15.6	10.8	290	540	480	231	
800×500	15.6	12	350	600	490	263	
800×600	15.6	13.2	410	660	500	297	
800×800	15.6	15.6	525	775	525	371	
900×500	16.8	12.0	350	600	540	318	
900×600	16.8	13.2	410	660	550	357	
900×700	16.8	14.4	470	720	560	398	
900×900	16.8	16.8	585	835	585	488	
1000×600	18	13.2	415	715	600	448	
1000×700	18	14.4	470	770	610	491	
1000×800	18	15.6	530	830	625	542	
1000×1000	18	18	645	945	645	649	
1100×700	19.2	14.4	415	715	660	521	
1100×800	19.2	15.6	535	835	675	637	
1100×900	19.2	16.8	590	890	685	690	
1100×1100	19.2	19.2	705	1005	705	816	
1200×800	20.4	15.6	535	835	725	734	
1200×900	20.4	16.8	595	895	735	800	
1200×1000	20.4	18	650	950	745	863	
1200×1200	20.4	20.4	770	1070	770	1017	
1400×900	22.8	16.8	600	900	835	1044	
1400×1000	22.8	18	660	960	845	1142	
1400×1200	22.8	20.4	775	1075	865	1321	
1400×1400	22.8	22.8	890	1190	890	1545	

注：质量仅供参考。

（10）离心铸造球墨铸铁管件全承四通规格及外形尺寸见图 8-17、表 8-18。

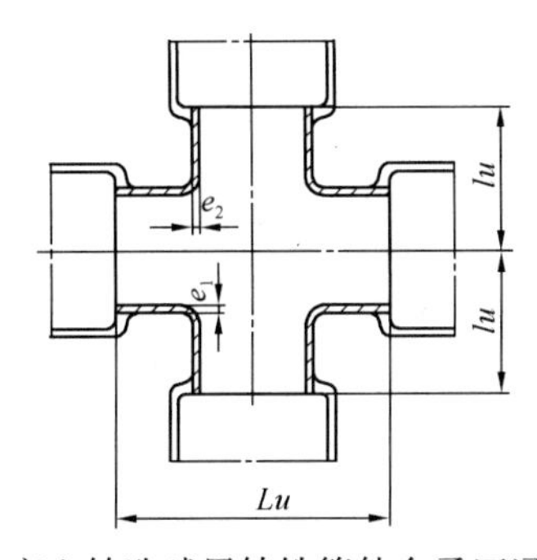

图 8-17　离心铸造球墨铸铁管件全承四通外形尺寸

离心铸造球墨铸铁管件全承四通规格及外形尺寸 表 8-18

公称直径 $DN \times dn$（mm×mm）	e_1（mm）	e_2（mm）	Lu（mm）	lu（mm）	质量（kg）	主要生产厂商
100×100	7.2	7.2	190	95	4.2	新兴铸管股份有限公司、圣戈班管道系统有限公司、高平市泫氏铸管有限公司
150×100	7.8	7.2	195	120	6.1	
150×150	7.8	7.8	255	125	8.4	
200×100	8.4	7.2	200	145	8.4	
200×150	8.4	7.8	255	150	10.9	
200×200	8.4	8.4	315	155	14.0	
250×100	9	7.2	200	170	10.9	
250×150	9	7.8	260	175	14.1	
250×200	9.0	8.4	315	180	17.4	
250×250	9.0	9.0	375	190	22.1	
300×100	9.6	7.2	205	195	13.9	
300×150	9.6	7.8	260	200	17.5	
300×200	9.6	8.4	320	205	21.7	
300×250	9.6	9.0	375	210	25.8	
300×300	9.6	9.6	435	220	31.8	
350×200	10.2	8.4	320	235	26.6	
350×250	10.2	9.0	380	240	31.8	
350×300	10.2	9.6	440	245	37.5	
350×350	10.2	10.2	495	250	43.8	
400×200	10.8	8.4	325	255	31.6	
400×250	10.8	9.0	385	265	37.9	
400×300	10.8	9.6	440	270	43.7	
400×350	10.8	10.2	500	275	50.7	
400×400	10.8	10.8	560	280	58.8	
500×250	12.0	9.0	390	315	51.9	
500×300	12.0	9.6	450	320	59.9	
500×350	12.0	10.2	505	325	67.2	
500×400	12.0	10.8	565	330	76.1	
500×500	12.0	12.0	680	340	110	
600×300	13.2	9.6	455	370	78.4	
600×350	13.2	10.2	510	375	87.4	
600×400	13.2	10.8	570	380	98.0	
600×500	13.2	12.0	685	390	120	
600×600	13.2	13.2	800	400	147	
700×350	14.4	10.2	520	425	112	
700×400	14.4	10.8	575	430	124	
700×500	14.4	12.0	690	440	149	
700×600	14.4	13.2	810	450	178	
700×700	14.4	14.4	925	460	213	
800×400	15.6	10.8	580	480	153	
800×500	15.6	12.0	700	490	184	
800×600	15.6	13.2	815	500	216	

续表

公称直径 $DN\times dn$（mm×mm）	e_1（mm）	e_2（mm）	Lu（mm）	lu（mm）	质量（kg）	主要生产厂商
800×700	15.6	14.4	930	510	252	新兴铸管股份有限公司、圣戈班管道系统有限公司、高平市泫氏铸管有限公司
800×800	15.6	15.6	1045	525	298	
900×500	16.8	12.0	705	540	222	
900×600	16.8	13.2	820	550	259	
900×700	16.8	14.4	935	560	297	
900×800	16.8	15.6	1050	575	345	
900×900	16.8	16.8	1170	585	400	
1000×600	18.0	13.2	825	600	307	
1000×700	18.0	14.4	940	610	350	
1000×800	18.0	15.6	1060	625	403	
1000×900	18.0	16.8	1175	635	458	
1000×1000	18.0	18.0	1290	645	521	
1100×700	19.2	14.4	950	660	412	
1100×800	19.2	15.6	1065	675	466	
1100×900	19.2	16.8	1180	685	524	
1100×1000	19.2	18.0	1295	695	588	
1100×1100	19.2	19.2	1410	705	664	
1200×800	20.4	15.6	1070	725	537	
1200×900	20.4	16.8	1185	735	599	
1200×1000	20.4	18.0	1300	745	666	
1200×1100	20.4	19.2	1420	755	744	
1200×1200	20.4	20.4	1535	765	833	
1400×900	22.8	16.8	1200	835	777	
1400×1000	22.8	18.0	1315	845	855	
1400×1100	22.8	19.2	1430	855	935	
1400×1200	22.8	20.4	1545	865	1027	
1400×1400	22.8	22.8	1780	890	1255	

注：质量仅供参考。

（11）离心铸铁球墨铸铁管件双盘 90°（1/4）弯管与双盘 90°（1/4）鸭掌弯管规格及外形尺寸见图 8-18、表 8-19。

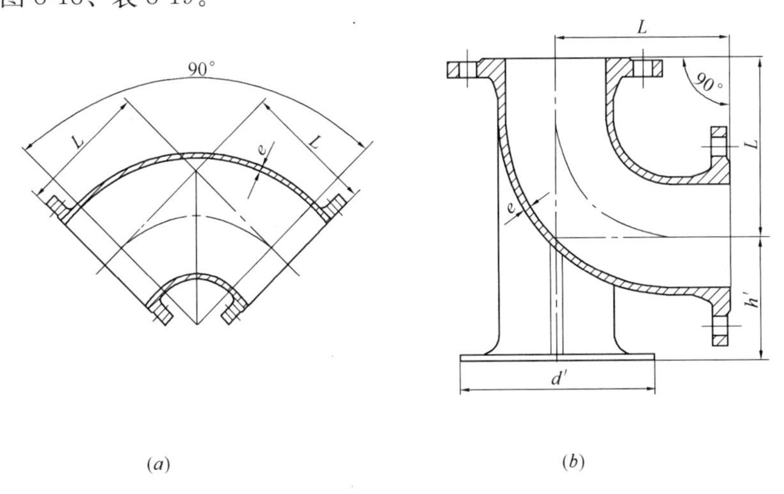

图 8-18 离心铸铁球墨铸铁管件双盘 90°（1/4）弯管与双盘 90°（1/4）鸭掌弯管外形尺寸

（a）双盘 90°（1/4）弯管；（b）双盘 90°（1/4）鸭掌弯管离心铸铁

离心铸铁球墨铸铁管件双盘 90°（1/4）弯管与双盘 90°（1/4）鸭掌弯管规格及外形尺寸

表 8-19

公称直径 DN（mm）	e（mm）	90°（1/4）弯管		90°（1/4）鸭掌弯管				主要生产厂商
		L（mm）	质量（kg）	L（mm）	h′（mm）	d′（mm）	质量（kg）	
40	7	140	1.8	140	95	150	3.2	新兴铸管股份有限公司、圣戈班管道系统有限公司、高平市泫氏铸管有限公司
50	7	150	2.4	150	95	150	3.8	
60	7	160	3.0	160	100	160	5.8	
65	7	165	3.3	165	100	165	6.2	
80	7	165	4.0	165	110	180	8.3	
100	7.2	180	5.5	180	125	200	11.2	
125	7.5	200	7.7	200	140	225	15.5	
150	7.8	220	10.5	220	160	250	20.2	
200	8.4	260	17.4	260	190	300	32.8	
250	9	350	30.7	350	225	350	56.6	
300	9.6	400	44.7	400	255	400	80.2	
350	10.2	450	61.9	450	290	450	111	
400	10.8	500	82.6	500	320	500	145	
450	11.4	550	107	550	355	550	196	
500	12	600	137	600	385	600	239	
600	13.2	700	209	700	450	700	366	
700	14.4	800	301	800	515	800	530	
800	15.6	900	418	900	580	900	736	
900	16.8	1000	561	1000	645	1000	989	
1000	18	1100	733	1100	710	1100	1292	

注：质量仅供参考。

（12）离心铸造球墨铸铁管件双盘 45°（1/8）弯管规格及外形尺寸见图 8-19、表 8-20。

离心铸造球墨铸铁管件双盘 45°（1/8）弯管规格及外形尺寸　　**表 8-20**

公称直径 DN（mm）	e（mm）	L（mm）		质量（kg）	主要生产厂商
		A 系列	B 系列		
40	7	140	140	2.1	新兴铸管股份有限公司、圣戈班管道系统有限公司、高平市泫氏铸管有限公司
50	7	150	150	2.6	
60	7	160	160	3.3	
65	7	165	165	3.7	
80	7	130	130	3.6	
100	7.2	140	140	4.8	
125	7.5	150	150	6.6	
150	7.8	160	160	8.7	
200	8.4	180	180	13.9	
250	9	350	245	35.5	
300	9.6	400	275	51.6	
350	10.2	300	300	48.0	
400	10.8	325	325	62.7	
450	11.4	350	350	79.8	
500	12	375	—	99.8	
600	13.2	425	—	149	
700	14.4	480	—	213	
800	15.6	530	—	290	
900	16.8	580	—	384	
1000	18	630	—	496	
1100	19.2	695	—	643	
1200	20.4	750	—	803	
1400	22.8	775	—	1077	
1500	24	810	—	1267	
1600	25.2	845	—	1479	

续表

公称直径 DN（mm）	e（mm）	L（mm）		质量（kg）	主要生产厂商
		A系列	B系列		
1800	27.6	910	—	1961	新兴铸管股份有限公司、圣戈班管道系统有限公司、高平市泫氏铸管有限公司
2000	30	980	—	2549	
2200	32.4	880	—	2720	
2400	34.8	945	—	3421	
2600	37.2	1005	—	4210	

注：1. 质量以A系列尺寸计算得出；
　　2. 质量仅供参考。

（13）离心铸造球墨铸铁管件全盘三通规格及外形尺寸见图8-20、表8-21。

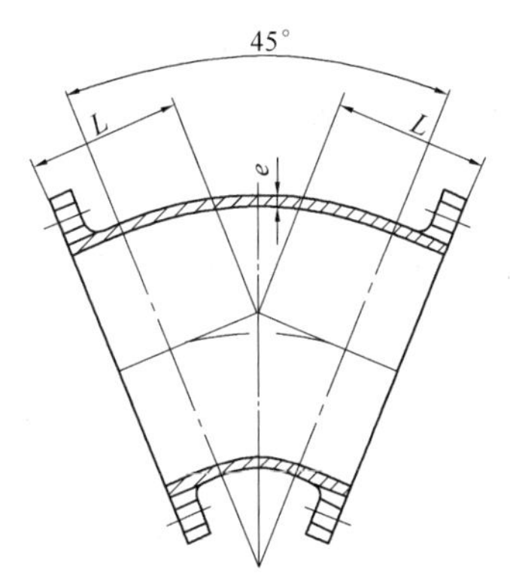

图8-19 离心铸造球墨铸铁管件双盘45°（1/8）弯管外形尺寸

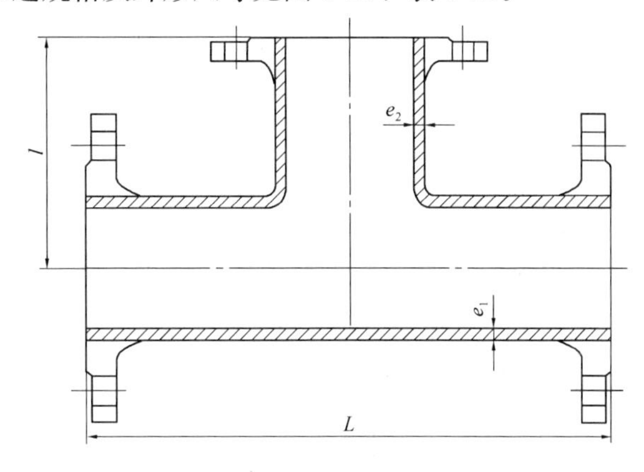

图8-20 离心铸造球墨铸铁管件全盘三通外形尺寸

离心铸造球墨铸铁管件全盘三通规格及外形尺寸　　表8-21

公称直径 DN×dn（mm×mm）	主管			支管			质量（kg）	主要生产厂商
	e_1（mm）	L（mm）		e_2（mm）	l（mm）			
		A系列	B系列		A系列	B系列		
200×40	8.4	—	365	7	—	195	15.1	新兴铸管股份有限公司、圣戈班管道系统有限公司、高平市泫氏铸管有限公司
200×60	8.4	—	365	7	—	215	15.5	
200×80	8.4	520	380	7	235	225	16.4	
200×100	8.4	520	400	7.2	240	230	17.6	
200×125	8.4	—	435	7.5	—	240	19.7	
200×150	8.4	520	460	7.8	250	245	21.3	
200×200	8.4	520	520	8.4	260	260	25.6	
250×60	9	—	385	7	—	260	21.5	
250×80	9	—	405	7	—	265	22.9	
250×100	9	700	425	7.2	275	270	24.4	
250×150	9	—	485	7.8	—	280	28.7	
250×200	9	700	540	8.4	325	290	33.3	
250×250	9	700	600	9	350	300	38.6	
300×60	9.6	—	405	7	—	290	28.4	
300×80	9.6	—	425	7	—	295	30.1	
300×100	9.6	800	450	7.2	300	300	32.3	

续表

公称直径 $DN\times dn$（mm×mm）	主管			支管			质量（kg）	主要生产厂商
	e_1（mm）	L（mm）		e_2（mm）	l（mm）			
		A系列	B系列		A系列	B系列		
300×150	9.6	—	505	7.8	—	310	37.1	新兴铸管股份有限公司、圣戈班管道系统有限公司、高平市泫氏铸管有限公司
300×200	9.6	800	565	8.4	350	320	42.6	
300×250	9.6	—	620	9	—	330	48.3	
300×300	9.6	800	680	9.6	400	340	55.1	
350×60	10.2	—	430	7	—	320	37.0	
350×80	10.2	—	445	7	—	325	38.5	
350×100	10.2	850	470	7.2	325	330	41.0	
350×150	10.2	—	530	7.8	—	340	47.1	
350×200	10.2	850	585	8.4	325	350	53.2	
350×250	10.2	—	645	9	—	360	60.0	
350×350	10.2	850	760	10.2	425	380	75.3	
400×80	10.8	—	470	7	—	355	48.6	
400×100	10.8	900	490	7.2	350	360	51.0	
400×150	10.8	—	550	7.8	—	370	58.1	
400×200	10.8	900	610	8.4	350	380	33.5	
400×250	10.8	—	665	9	—	390	34.6	
400×300	10.8	—	725	9.6	—	400	37.3	
400×400	10.8	900	840	10.8	450	420	42.0	
450×100	11.4	950	515	7.2	375	390	63.0	
450×150	11.4	—	570	7.8	—	400	70.6	
450×200	11.4	950	630	8.4	375	410	79.1	
450×250	11.4	—	690	9	—	420	87.9	
450×300	11.4	—	745	9.6	—	430	96.5	
450×400	11.4	—	860	10.8	—	450	116	
450×450	11.4	950	920	11.4	475	460	128	
500×100	12	1000	535	7.2	400	420	74.8	
500×200	12	1000	650	8.4	400	440	93.0	
500×400	12	1000	885	10.8	500	480	135	
500×500	12	1000	1000	12	500	500	160	
600×200	13.2	1100	700	8.4	450	500	132	
600×400	13.2	1100	930	10.8	550	540	182	
600×600	13.2	1100	1165	13.2	550	580	245	
700×200	14.4	650	—	8.4	525	—	153	
700×400	14.4	870	—	10.8	555	—	209	
700×700	14.4	1200	—	14.4	600	—	309	
800×200	15.6	690	—	8.4	585	—	200	
800×400	15.6	910	—	10.8	615	—	267	
800×600	15.6	1350	—	13.2	645	—	403	
800×800	15.6	1350	—	15.6	675	—	428	
900×200	16.8	730	—	8.4	645	—	255	
900×400	16.8	950	—	10.8	675	—	335	
900×600	16.8	1500	—	13.2	705	—	534	
900×900	16.8	1500	—	16.8	750	—	573	

续表

公称直径 $DN\times dn$（mm×mm）	主管			支管			质量（kg）	主要生产厂商
	e_1（mm）	L（mm）		e_2（mm）	l（mm）			
		A系列	B系列		A系列	B系列		
1000×200	18	770	—	8.4	705	—	319	新兴铸管股份有限公司、圣戈班管道系统有限公司、高平市泫氏铸管有限公司
1000×400	18	990	—	10.8	735	—	413	
1000×600	18	1650	—	13.2	765	—	692	
1000×1000	18	1650	—	18	825	—	747	
1100×400	19.2	980	—	8.4	795	—	478	
1100×600	19.2	1210	—	13.2	825	—	595	
1200×600	20.4	1240	—	13.2	885	—	703	
1200×800	20.4	1470	—	15.6	915	—	844	
1200×1000	20.4	1700	—	18	945	—	1001	
1400×600	22.8	1550	—	13.2	980	—	1130	
1400×800	22.8	1760	—	15.6	1010	—	1290	
1400×1000	22.8	2015	—	18	1040	—	1494	
1500×600	24	1575	—	13.2	1035	—	1292	
1500×1000	24	2040	—	18	1095	—	1693	
1600×600	25.2	1600	—	13.2	1090	—	1466	
1600×800	25.2	1835	—	15.6	1120	—	1685	
1600×1000	25.2	2065	—	18	1150	—	1908	
1600×1200	25.2	2300	—	20.4	1180	—	2150	
1800×600	27.6	1655	—	13.2	1200	—	1864	
1800×800	27.6	1885	—	15.6	1230	—	2123	
1800×1000	27.6	2120	—	18	1260	—	2394	
1800×1200	27.6	2350	—	20.4	1290	—	2673	
2000×600	30	1705	—	13.2	1310	—	2316	
2000×1000	30	2170	—	18	1370	—	2946	
2000×1400	30	2635	—	22.8	1430	—	3618	
2200×600	32.4	1560	—	13.2	1420	—	2512	
2200×1200	32.4	2220	—	20.4	1510	—	3539	
2200×1800	32.4	2880	—	27.6	1600	—	4763	
2400×600	34.8	1620	—	13.2	1530	—	3055	
2400×1200	34.8	2280	—	20.4	1620	—	4282	
2400×1800	34.8	2940	—	27.6	1710	—	5622	
2600×600	37.2	1680	—	13.2	1640	—	3668	
2600×1400	37.2	2560	—	22.8	1760	—	5562	
2600×2000	37.2	3220	—	30	1850	—	7133	

注：1. DN600以下质量以B系列尺寸计算得出，DN700以上质量以A系列尺寸计算得出；
2. 质量仅供参考。

（14）离心铸造球墨铸铁管件双盘渐缩管规格及外形尺寸见图 8-21、表 8-22。

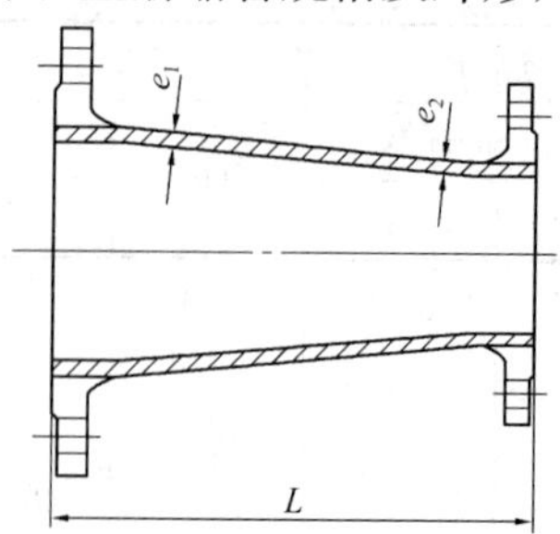

图 8-21 离心铸造球墨铸铁管件双盘渐缩管外形尺寸

离心铸造球墨铸铁管件双盘渐缩管规格及外形尺寸 **表 8-22**

公称直径 DN×dn（mm×mm）	e_1（mm）	e_2（mm）	L（mm）		质量（kg）	主要生产厂商
			A系列	B系列		
50×40	7	7	150	165	1.3	新兴铸管股份有限公司、圣戈班管道系统有限公司、高平市泫氏铸管有限公司
60×50	7	7	160	160	1.6	
65×50	7	7	200	190	2.1	
80×60	7	7	200	185	2.5	
80×65	7	7	200	190	2.6	
100×80	7.2	7	200	195	3.2	
125×100	7.5	7.2	200	185	4.0	
150×125	7.8	7.5	200	190	5.1	
200×150	8.4	7.8	300	235	10.1	
250×200	9	8.4	300	250	13.9	
300×250	9.6	9	300	265	18.0	
350×300	10.2	9.6	300	290	22.5	
400×350	10.8	10.2	300	305	27.4	
450×400	11.4	10.8	300	320	32.7	
500×400	12	10.8	600	—	70.5	
600×500	13.2	12	600	—	95.0	
700×600	14.4	13.2	600	—	124	
800×700	15.6	14.4	600	—	155	
900×800	16.8	15.6	600	—	188	
1000×900	18	16.8	600	—	227	
1100×1000	19.2	18	600	—	267	
1200×1000	20.4	18	790	—	381	
1400×1200	22.8	20.4	850	—	544	
1500×1400	24	22.8	695	—	537	
1600×1400	25.2	22.8	910	—	746	
1800×1600	27.6	25.2	970	—	991	
2000×1800	30	27.6	1030	—	1282	
2200×2000	32.4	30	1090	—	1613	
2400×2200	34.8	32.4	1150	—	2014	
2600×2400	37.2	34.8	1210	—	2474	

注：1. 质量以 A 系列尺寸计算得出；

2. 质量仅供参考。

(15) 离心铸造球墨铸铁管件盲板法兰分有 PN10、PN16、PN25、PN40 盲板法兰，其规格及外形尺寸见图 8-22、表 8-23～表 8-26。

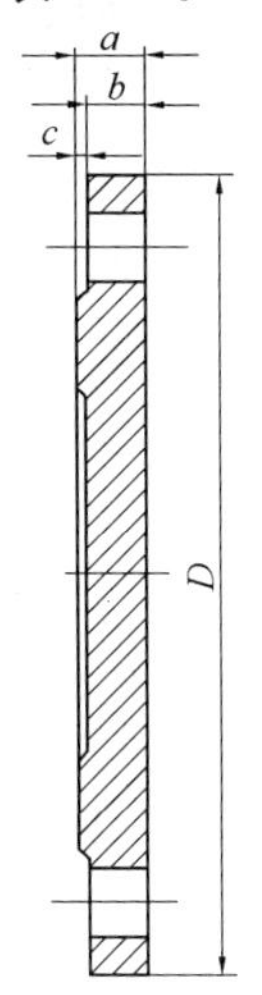

图 8-22 离心铸造球墨铸铁管件盲板法兰外形尺寸

离心铸造球墨铸铁管件 PN10 盲板法兰规格及外形尺寸 **表 8-23**

公称直径 DN (mm)	D (mm)	a (mm)	b (mm)	c (mm)	质量 (kg)	主要生产厂商
40	150	19	16	3	1.4	新兴铸管股份有限公司、圣戈班管道系统有限公司、高平市泫氏铸管有限公司
50	165	19	16	3	1.7	
60	175	19	16	3	1.8	
65	185	19	16	3	2.0	
80	200	19	16	3	3.5	
100	220	19	16	3	4.3	
125	250	19	16	3	5.6	
150	285	19	16	3	7.2	
200	340	20	17	3	11.0	
250	400	22	19	3	16.9	
300	455	24.5	20.5	4	24.0	
350	505	24.5	20.5	4	29.5	
400	565	24.5	20.5	4	36.5	
450	615	25.5	21.5	4	46.5	
500	670	26.5	22.5	4	56.0	
600	780	30	25	5	85.0	
700	895	32.5	27.5	5	123	
800	1015	35	30	5	172	
900	1115	37.5	32.5	5	224	
1000	1230	40	35	5	293	
1100	1340	42.5	37.5	5	405	
1200	1455	45	40	5	575	
1400	1675	46	41	5	739	
1500	1785	47.5	42.5	5	808	
1600	1915	49	44	5	1239	
1800	2115	52	47	5	1717	
2000	2325	55	50	5	2272	

注：1. 当盲板法兰 $DN \geqslant 300$ 时，盲板中心成盘形；
2. 质量仅供参考。

离心铸造球墨铸铁管件 PN16 盲板法兰规格及外形尺寸 表 8-24

公称直径 DN（mm）	D（mm）	a（mm）	b（mm）	c（mm）	质量（kg）	主要生产厂商
40	150	19	16	3	1.4	新兴铸管股份有限公司、圣戈班管道系统有限公司、高平市泫氏铸管有限公司
50	165	19	16	3	1.7	
60	175	19	16	3	1.8	
65	185	19	16	3	2.0	
80	200	19	16	3	3.5	
100	220	19	16	3	4.3	
125	250	19	16	3	5.6	
150	285	19	16	3	7.2	
200	340	20	17	3	10.8	
250	400	22	19	3	16.6	
300	455	24.5	20.5	4	23.5	
350	520	26.5	22.5	4	33.5	
400	580	28	24	4	44.5	
450	640	30	26	4	63.5	
500	715	31.5	27.5	4	77.0	
600	840	36	31	5	121	
700	910	39.5	34.5	5	156	
800	1025	43	38	5	218	
900	1125	46.5	41.5	5	286	
1000	1255	50	45	5	387	
1100	1355	53.5	48.5	5	518	
1200	1485	57	52	5	662	
1400	1685	60	55	5	994	
1500	1820	62.5	57.5	5	1092	
1600	1930	65	60	5	1409	
1800	2130	70	65	5	1858	
2000	2345	75	70	5	2407	

注：质量仅供参考。

离心铸造球墨铸铁管件 PN25 盲板法兰规格及外形尺寸 表 8-25

公称直径 DN（mm）	D（mm）	a（mm）	b（mm）	c（mm）	质量（kg）	主要生产厂商
40	150	19	16	3	1.4	新兴铸管股份有限公司、圣戈班管道系统有限公司、高平市泫氏铸管有限公司
50	165	19	16	3	1.7	
60	175	19	16	3	1.8	
65	185	19	16	3	2.0	
80	200	19	16	3	3.5	
100	235	19	16	3	4.8	
125	270	19	16	3	6.2	
150	300	20	17	3	8.3	
200	360	22	19	3	13.3	
250	425	24.5	21.5	3	21.0	
300	485	27.5	23.5	4	30.0	
350	555	30	26	4	43.5	
400	620	32	28	4	58.0	
450	670	34.5	30.5	4	79.0	
500	730	36.5	32.5	4	94.0	
600	845	42	37	5	144	

离心铸造球墨铸铁管件 PN40 盲板法兰规格及外形尺寸 表 8-26

公称直径 DN（mm）	D（mm）	a（mm）	b（mm）	c（mm）	质量（kg）	主要生产厂商
40	150	19	16	3	1.4	新兴铸管股份有限公司、圣戈班管道系统有限公司、高平市泫氏铸管有限公司
50	165	19	16	3	1.7	
60	175	19	16	3	1.8	
65	185	19	16	3	2.0	
80	200	19	16	3	3.5	
100	235	19	16	3	4.8	
125	270	23.5	20.5	3	8.3	
150	300	26	23	3	11.4	
200	375	30	27	3	20.5	
250	450	34.5	31.5	3	34.5	
300	515	39.5	35.5	4	51	
350	580	44	40	4	74	
400	660	48	44	4	106	
450	685	50	46	4	118	
500	755	52	48	4	150	
600	890	58	53	5	232	

注：质量仅供参考。

8.2.3 污水用球墨铸铁管、管件和附件

1. 适用范围：离心铸造污水用球墨铸铁管、管件和附件适用于输送地表水、生活污水、中水、回用水和某些工业废水，管材与管件应用褐色、红色或灰色标示区分。

2. 规格和壁厚度：离心铸造污水用球墨铸铁管规格和壁厚度见表 8-27。

离心铸造污水用球墨铸铁管规格和壁厚度（mm） 表 8-27

公称直径 DN	壁厚度		主要生产厂商
	压力管	自流管	
80	4.4	3.4	圣戈班管道系统有限公司
100	4.4	3.4	
125	4.5	3.4	
150	4.5	3.4	
200	4.7	3.4	
250	5.5	4.1	
300	6.2	4.8	
350	6.3	5.5	
400	6.5	—	
450	6.9	—	
500	7.5	—	
600	8.7	—	
700	8.8	—	
800	9.6	—	
900	10.6	—	
1000	11.6	—	
1100	12.6	—	
1200	13.6	—	
1400	15.7	—	
1500	16.7	—	
1600	17.7	—	
1800	19.7	—	
2000	21.8	—	
2200	23.8	—	
2400	25.8	—	
2600	27.9	—	

8.2.4 排水用柔性接口铸铁管、管件及附件

1. 适用范围：排水用柔性接口铸铁管、管件及附件适用于建筑物排放废水、污水、雨水及通气用铸铁排水管道。

2. 分类：排水用柔性接口铸铁管按接口型式分为机械式接口有 A 型、B 型和卡箍式接口有 W 型、W1 型两大类；按直管的结构型式分为承插口直管 有 A 型和无承口直管有 W 型、W1 型两种；按管件的结构型式分为承插口管件有 A 型，无承口管件有 W 型、W1 型和全承口管件有 B 型（B 型管件一般与 W 型直管配套使用，由供需双方协商后，可选用 W1 型直管配套）三种。

3. 规格及外形尺寸：

（1）排水用柔性接口铸铁管 A 型接口直管规格及外形尺寸见图 8-23、表 8-28。

排水用柔性接口铸铁管 A 型接口直管规格及外形尺寸 表 8-28

公称直径 DN（mm）	承插口尺寸															主要生产厂商
	DE（mm）	D_3（mm）	D_4（mm）	D_5（mm）	ϕ（mm）	C（mm）	A（mm）	P（mm）	M（mm）	R_1（mm）	R_2（mm）	R_3（mm）	R（mm）	n-ϕd（个-mm）	α（°）	
50	61	67	83	93	110	6	15	38	12	8	6	7	14	3-12	60	禹州市新光铸造有限公司
75	86	92	108	118	135	6	15	38	12	8	6	7	14	3-12	60	
100	111	117	133	143	160	6	18	38	12	8	6	7	14	3-12	60	
125	137	145	165	175	197	7	18	40	15	10	7	8	16	4-14	90	
150	162	170	190	200	221	7	20	42	15	10	7	8	16	4-14	90	
200	214	224	244	258	278	8	21	50	15	10	7	8	16	4-14	90	
250	268	278	302	317	335	9	23	60	18	12	8	10	18	6-16	90	
300	318	330	354	370	395	9	25	72	18	14	8	10	22	8-20	90	

（2）排水用柔性接口铸铁管 W、W1 型直管规格及外形尺寸见图 8-24、表 8-29、表 8-30。

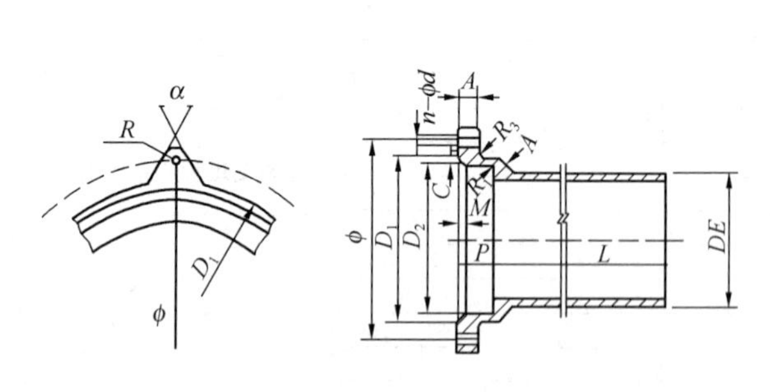

图 8-23 排水用柔性接口铸铁管 A 型接口直管外形尺寸

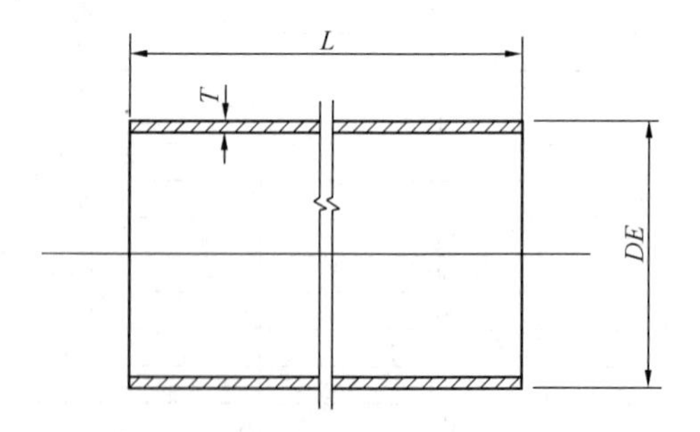

图 8-24 排水用柔性接口铸铁管 W 型、W1 型直管外形尺寸

排水用柔性接口铸铁管W型直管规格及外形尺寸 **表8-29**

公称直径 DN（mm）	DE（mm）	壁厚度 T（mm）	质量（kg）		主要生产厂商
			L=1500mm	L=3000mm	
50	61	4.3	8.3	16.5	禹州市新光铸造有限公司
75	86	4.4	12.2	24.4	
100	111	4.8	17.3	34.6	
125	137	4.8	21.6	43.1	
150	162	4.8	25.6	51.2	
200	214	5.8	41.0	81.9	
250	268	6.4	56.8	113.6	
300	318	7.0	74	148	

排水用柔性接口铸铁管W1型直管规格及外形尺寸 **表8-30**

公称直径 DN（mm）	DE（mm）	壁厚度 T（mm）				质量（kg）	主要生产厂商
		直管		管件		L=3000mm	
		标准	最小	标准	最小		
50	58	3.5	3.0	4.2	3.0	13.0	禹州市新光铸造有限公司
75	83	3.5	3.0	4.2	3.0	18.9	
100	110	3.5	3.0	4.2	3.0	25.2	
125	135	4.0	3.5	4.7	3.5	35.4	
150	160	4.0	3.5	5.3	3.5	42.2	
200	210	5.0	4.0	6.0	4.0	69.3	
250	274	5.5	4.5	7.0	4.5	99.8	
300	326	6.0	5.0	8.0	5.0	129.7	

（3）排水用柔性接口铸铁管W型管件壁厚度和端部外形尺寸见图8-25、表8-31。

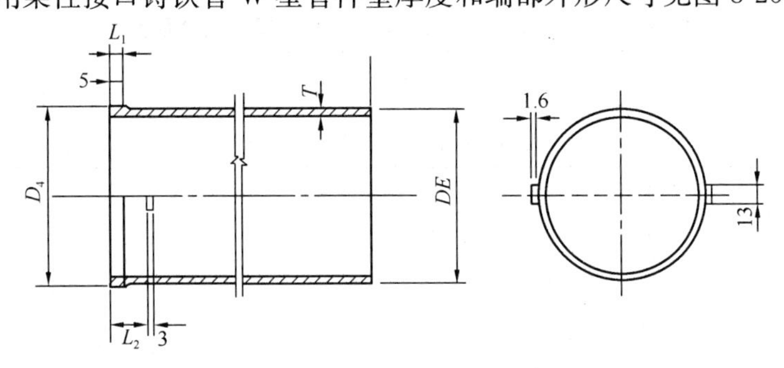

图8-25 排水用柔性接口铸铁管W型管件端部外形尺寸

排水用柔性接口铸铁管W型管件壁厚度和端部外形尺寸 **表8-31**

公称直径 DN（mm）	各部尺寸（mm）						主要生产厂商
	壁厚度 T		DE	D_4	L_1	L_2	
	A级	B级					
50	4.5	5.0	61	63	6	29	禹州市新光铸造有限公司
75	4.5	5.0	86	89	6	29	
100	5.0	5.5	111	114	6	29	
125	5.0	5.5	137	138.5	8	38	

续表

公称直径 DN (mm)	各部尺寸（mm）						主要生产厂商
	壁厚度 T		DE	D_4	L_1	L_2	
	A级	B级					
150	5.0	6.0	162	164.5	8	38	禹州市新光铸造有限公司
200	6.0	6.0	214	217.5	8	51	
250	7.0	7.0	268	271	8	51	
300	7.0	7.0	318	321	8	70	

注：1. 插口端部根据需要也可不设凸缘部；
2. 管件质量不计凸缘部。

（4）排水用柔性接口铸铁管B型管件承口规格及外形尺寸见图8-26、表8-32。

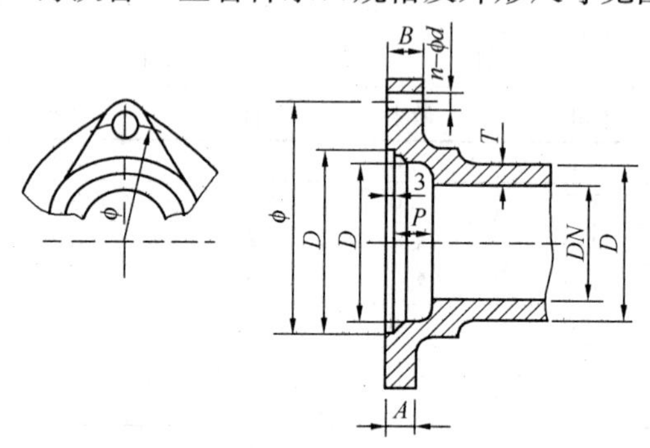

图8-26 排水用柔性接口铸铁管B型管件承口外形尺寸

排水用柔性接口铸铁管B型管件承口规格及外形尺寸 **表8-32**

公称直径 DN (mm)	D_1 (mm)	D_2 (mm)	D_3 (mm)		ϕ (mm)		A (mm)		B (mm)		P (mm)		壁厚度(mm)		n-ϕ_d (个-mm)		主要生产厂商
			Ⅰ型	Ⅱ型	Ⅰ型	Ⅱ型	Ⅰ型	Ⅱ型	Ⅰ型	Ⅱ型	Ⅰ型	Ⅱ型	T	偏差	Ⅰ型	Ⅱ型	
50	65	61	73	77	95	90	9	7	13	11	23	22	4.5	−0.7	2-10	2-10	禹州市新光铸造有限公司
75	93	86	104	106	126	126	10	8	14	12	29	28	4.5	−0.7	3-12	3-10	
100	118	111	132	133	154	152	12	9	15	13	34	30	5.0	−1.0	3-14	3-10	
125	144	137	159	161	182	184	12	10	16	14	38	34	5.0	−1.0	4-14	3-12	
150	169	162	186	188	208	210	13	11	17	15	40	37	5.0	−1.0	4-14	4-12	
200	221	214	243	243	271	268	14	13	18	17	48	42	6.0	−1.0	6-14	4-14	
250	276	268	299	300	328	324	16	19	19	19	50	48	7.0	−1.2	6-14	6-14	
300	323	318	350	354	382	382	16	21	20	21	55	53	7.0	−1.2	8-16	8-16	

（5）排水用柔性接口铸铁管管件及附件，应符合国家标准《排水用柔性接口铸铁管、管件及附件》GB/T 12772的规定。

8.2.5 旋流加强型（CHT）单立管排水系统

1. 特性：旋流加强型（CHT）单立管排水系统是特殊单立管排水系统中较有代表性的一种。它采用具有内置柳叶型逆向导流叶片独特结构的CHT旋流接头，使普通排水管材的立管水流和横支管接入水流形成带中间空气芯的立管附壁旋流，有效消除水舌现象，减缓立管水流速度，改善立管水力工况，降低立管水流的压力波动和水流噪声，从而大大增加立管排水能力，节约管材，减少立管占用面积，便于施工。

2. 适用范围：旋流加强型（CHT）单立管排水系统适用于10层及10层以上的高层住宅、公寓、宾馆、养老院、病房楼等建筑；建筑标准要求较高的多层住宅、公寓、宾馆、养老院、病房楼等建筑；同层接入排水立管的横支管数量较多的排水系统；卫生间或管道井面积较小的建筑；难以设置排水系统专用通气立管的建筑。按国家标准《建筑给水排水设计规范》GB 50015 执行，需设置排水系统环形通气管或器具通气管，但无条件设置主通气立管或副通气立管的建筑；要求降低排水立管水流噪声和改善排水系统水力工况的建筑；对防火有较高要求或抗震需要其排水管系为柔性接口且适宜采用特殊单立管排水系统的建筑。

3. 旋流加强型（CHT）单立管排水系统相关管材、管件应符合国家相关技术标准的规定。

4. 性能规格：旋流加强型（CHT）单立管排水系统立管性能规格见表8-33。

旋流加强型（CHT）单立管排水系统立管性能规格 **表8-33**

CHT旋流接头型号	立管管径（mm）	立管最大排水能力（L/s）						主要生产厂商
		≤9层	10～20层	21～30层	31～40层	41～50层	51～60层	
CA3N CB3N	*DN*75（*dn*75）	5.2	5.0	4.9	4.6	—	—	青岛嘉泓建材有限公司
		4.2	4.0	3.8	3.6	—	—	
CA4N CB4N	*DN*100（*dn*110）	7.5	7.2	7.0	6.6	—	—	
CA4S CB4S		—	9.4	9.2	8.8	8.4	8.0	

注：表中括号内 *dn* 为塑料管材，为便于设计人员对比与参考，一并列出。

8.3 内衬不锈钢复合钢管

内衬不锈钢复合钢管采用复合工艺，在焊接钢管、无缝钢管等输送流体用的钢管内壁衬一层0.2～1.2mm厚度（按管径大小）的不锈钢防腐内衬组成的复合结构壁钢管。

1. 分类：根据基材不同，当外管采用焊接钢管时，适用于工作压力不大于2.0MPa；当外管采用无缝钢管时，适用于工作压力大于2.0 MPa，公称通径不大于500mm。

2. 适用范围：内衬不锈钢复合钢管适用于输送冷热水、管道直饮水、消防给水、蒸汽等流体或其他用途。

3. 规格及外形尺寸：内衬不锈钢复合钢管的规格及外形尺寸见表8-34。

4. 管件：内衬不锈钢复合管管道工程采用的配套管件应为不锈钢管件、衬不锈钢可锻铸铁管件、衬塑可锻铸铁管件或镀合金可锻铸铁管件。其他相关要求，应符合国家标准《内衬不锈钢复合钢管》CJ/T 192 的规定。

内衬不锈钢复合钢管规格及外形尺寸 **表 8-34**

公称直径 *DN*（mm）	复合钢管						内衬不锈钢管最小厚度（mm）	主要生产厂商
	外径		壁厚度		长度			
	尺寸（mm）	允许偏差	尺寸（mm）	允许偏差	尺寸（mm）	允许偏差（mm）		
6	10.2	±0.5mm	2.0	±12.5%	6000	+20 −0	0.20	江苏舜龙管业科技有限公司
8	13.5		2.5				0.20	
10	17.2		2.5				0.20	
15	21.3		2.8				0.25	
20	26.9		2.8				0.25	
25	33.7		3.2				0.25	
32	42.4		3.5				0.30	
40	48.3		3.5				0.35	
50	60.3	±1%	3.8				0.35	
65	76.1		4.0				0.40	
80	88.9		4.0				0.45	
100	114.3		4.0				0.50	
125	139.7		4.0				0.50	
150	168.3		4.5				0.60	
200	219.1	±0.75%	5.0				0.70	
250	273.0		6.0				0.80	
300	323.9		7.0				0.90	
350	377.0	±1%	8.0		4000～9000		1.00	
400	426.0		8.0				1.20	
450	480.0		8.0				1.20	
500	530.0		8.0				1.20	

注：1. 可根据用户要求提供加厚的复合钢管，壁厚度和使用压力应符合《输送流体用无缝钢管》GB/T 8163 的规定；

2. 根据需方要求，经供需双方协定，可供表 8-33 中规定以外长度尺寸的钢管；

3. 管端是否带螺纹由供需双方确定；

4. *DN*350～*DN*500 复合钢管若外层钢管采用无缝钢管时，可按 4000～9000mm 范围长度供货，也可在范围长度内定尺供货。

8.4 薄壁不锈钢水管

1. 适用范围：薄壁不锈钢管卫生性能好、耐腐蚀性强、力学性能优异、导热系数低，适用于输送饮用净水、生活饮用水、冷水、热水、海水等流体；也可作建筑配件。

2. 材质：薄壁不锈钢管常用材质有 SUS304、SUS304L、SUS316、SUS316L 牌号（奥氏体不锈钢）和 SUS439L、SUS443、SUS444（铁素体不锈钢）等。管道密封圈材质有氯化丁基橡胶、三元乙丙橡胶、硅橡胶等。

3. 薄壁不锈钢水管管道工程标准：建筑给水排水用薄壁不锈钢管材应符合国家标准《流体输送用不锈钢焊接钢管》GB/T 12771 和行业标准《薄壁不锈钢水管》CJ/T 151 的规定。生活饮用水管道的卫生安全还应符合国家标准《生活饮用水输配水设备及防护材料的安全性评价标准》GB/T 17219 的规定。

4. 管材规格：薄壁不锈钢管材常用规格与最小壁厚度见表 8-35。

薄壁不锈钢管材常用规格与最小壁厚度（mm） **表 8-35**

公称直径 DN	管材最小壁厚度						
	卡压式	其他挤压式	扩环式	传统式	焊接	插合式	卡压点焊式
12	—	0.45	—	—	—	0.40	—
15	0.80	0.60	0.50	0.60	0.60	0.40	—
20	1.00	0.60	0.50	0.60	0.60	0.40	—
25	1.00	0.80	0.60	0.80	0.80	0.50	—
32	1.20	0.80	0.60	1.00	1.00	0.60	—
40	1.20	1.00	0.80	1.00	1.00	0.70	—
50	1.20	1.00	0.80	1.00	1.00	0.80	1.00
65	1.50	1.20	1.00	1.20	1.20	1.00	1.20
80	2.00	1.50	1.00	1.40	1.50	1.00	1.50
100	2.00	1.50	1.20	1.50	1.50	1.20	1.80
125	—	2.00	1.50	2.00	2.00	1.50	2.00
150	—	2.20	1.50	2.20	2.00	1.50	2.00
200	—	—	1.50	2.80	3.00	—	2.50
250	—	—	2.50	3.50	3.20	—	—
300	—	—	2.50	4.00	3.20	—	—
350	—	—	—	4.50	—	—	—

注：本表数据为保证薄壁不锈钢管性能要求前提下的最小壁厚度，实际壁厚度允许大于最小壁厚度。

5. 薄壁不锈钢管不同连接方式适用的公称管径范围、工作压力见表 8-36。

薄壁不锈钢管不同连接方式适用的公称直径范围 **表 8-36**

连接方式	适用的公称直径 DN 范围（mm）	工作压力≥（MPa）
卡压式连接	15～100	1.60
环压式连接	15～150	
双卡压式（双挤压式）连接	15～100	
内插卡压式连接	15～50	
凸环式连接	15～250	
卡凸式连接	15～300	
锁扩式连接	15～300	
沟槽式连接	15～400	
卡箍式连接	15～100	
法兰连接	25～200	
滚压螺纹连接	15～100	
插合自锁卡簧式连接	10～150	
承插氩弧焊连接	15～100	
对接氩弧焊连接	125～500	
卡压点焊式连接	60～200	

注：1. 浙江正康实业有限公司所生产的薄壁不锈钢管道连接方式主要有卡凸式、沟槽式和双卡压式等。
2. 佛山市凸奇管业有限公司所生产的薄壁不锈钢管道连接方式主要有法兰式和螺纹连接。
3. 广州霍克实业有限公司所生产的薄壁不锈钢管道连接方式主要有滚压螺纹连接。
4. 宁波福兰特管业有限公司所生产的薄壁不锈钢管道连接方式主要有卡压式、沟槽式和焊接连接方式等。
5. 宁波恒昌工业有限公司所生产薄壁不锈钢管道连接方式主要有卡压式。

6. 薄壁不锈钢管连接方式与连接管件规格及外形尺寸：

（1）薄壁不锈钢卡凸式连接管件承口规格及外形尺寸见图 8-27、表 8-37。

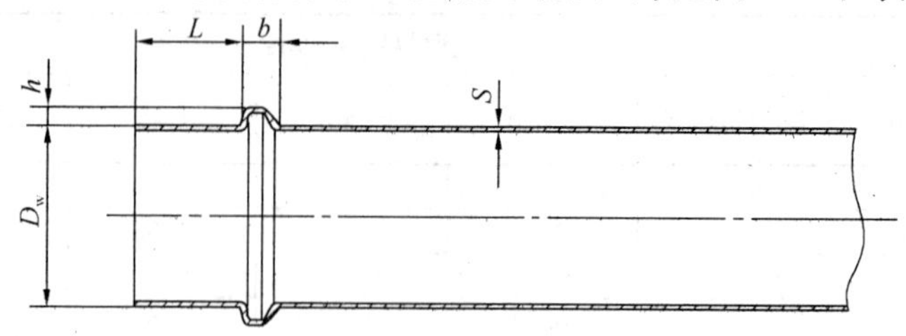

图 8-27 薄壁不锈钢卡凸式连接管件承口外形尺寸

薄壁不锈钢卡凸式连接管件承口规格及外形尺寸（mm） **表 8-37**

公称直径 *DN*	管道外径 D_w	扩环高度 *h*	扩环宽度 *b*	承口长度 *L*	插入长度	主要生产厂商
15	16	1.7	4	11.5	13.5	浙江正康实业有限公司
20	20	1.8	4	11.5	13.5	
25	25.4	2.0	5.5	13.5	16	
32	32	2.0	5.5	13.5	16	
40	40	2.0	6	17	21	
50	50.8	2.5	6	17	21	
65	63.5	2.5	8	18	21	
80	76.1	2.5	12	22	25	
100	102	2.5	12	22	25	
125	133	2.8	14	25	28	
150	159	2.8	14	25	28	
200	219	3.2	16	28	30	
250	273	3.2	16	28	30	
300	325	3.5	18	32	34	

注：管道壁厚 *S* 见表 8-35 扩环连接方式最小壁厚度。

（2）薄壁不锈钢沟槽式连接管件沟槽规格及外形尺寸见图 8-28、表 8-38。

薄壁不锈钢沟槽式连接管件沟槽规格及外形尺寸（mm） **表 8-38**

公称直径 *DN*	管外径 D_w	最小壁厚 *t*	管端至沟槽边尺寸 $A^{+0.0}_{-0.5}$	沟槽宽度 $C^{+0.5}_{-0.0}$ 外径系列	沟槽深度 $C^{+0.5}_{-0.0}$	沟槽直径 D_1	主要生产厂商
65	67	1.2	14.5	8.5	2.3	62.4	宁波福兰特管业有限公司、浙江正康实业有限公司
80	86	1.5			2.3	71.4	
100	102	1.5		9.0	2.3	97.4	
	108	2.0	16		2.7	102.6	
125	133	2.0				127.6	
150	159	2.2				153.6	
200	219	2.8	19	12.5	3.0	213.0	
250	273	3.5				267.0	
300	325	4.0			3.5	318.0	
350	377	4.5	25			370.0	
400	426	5.0				419.0	

注：表内钢管的公称压力 *PN* 均不小于 2.5MPa。

（3）薄壁不锈钢管滚压螺纹连接管件内外螺纹规格及外形尺寸见图 8-29、表 8-39。

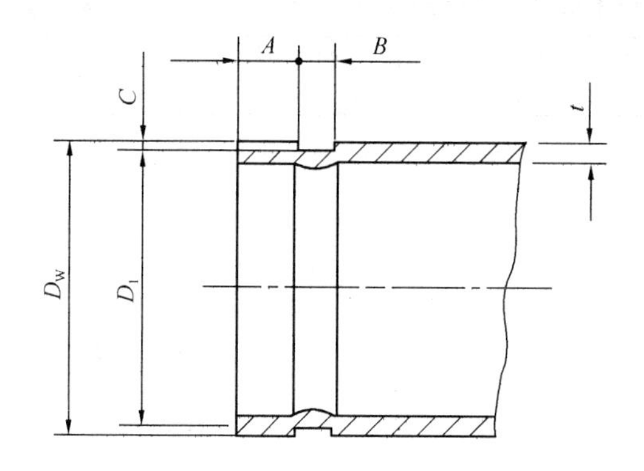

图 8-28 薄壁不锈钢沟槽式连接管件沟槽规格及外形尺寸

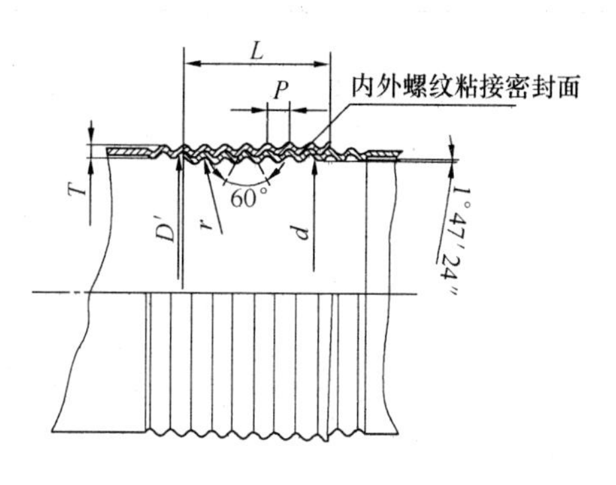

图 8-29 薄壁不锈钢管滚压螺纹连接管件内外螺纹外形尺寸

r—螺纹牙顶和槽底圆弧半径=0.29P。

薄壁不锈钢管滚压螺纹连接管件内外螺纹规格及外形尺寸（mm） **表 8-39**

公称直径 DN	外径	螺距 P	螺纹管端结构厚度 T	内螺纹接口管端内径 d	外螺纹接口管端外径 D'	有效螺纹长度 L	主要生产厂商
10	12	1.5	0.82	11.26	11.63	11	广州霍克实业有限公司
15	15.6	2.0	1.00	14.61	15.10	14	
20	19.7	2.0	1.10	18.71	19.20	14	
25	25	2.3	1.25	23.87	24.43	16	
32	31.2	3.0	1.45	29.71	30.45	21	
40	40	3.0	1.60	38.51	39.25	21	
50	48	3.0	1.60	46.51	47.25	21	
65	63	5.0	2.40	60.51	61.75	35	
80	76	5.0	2.40	73.51	74.75	35	
100	102	6.0	2.95	99.02	100.50	42	

（4）薄壁不锈钢凸环式连接管材承口规格及外形尺寸见图 8-30、表 8-40。

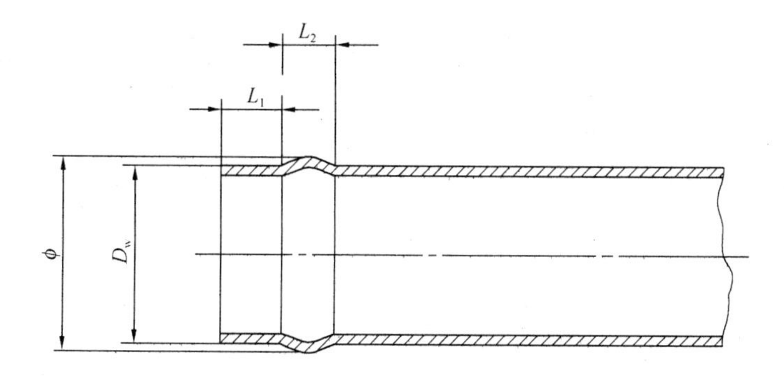

图 8-30 薄壁不锈钢凸环式连接管材承口外形尺寸

薄壁不锈钢凸环式连接管材承口规格及外形尺寸（mm） 表 8-40

公称直径 DN	管外径 D_w	外扩直径 ϕ	承口长度 L_1	凸环宽度 L_2	主要生产厂商
15	15	16.7±0.2	6	5	佛山市凸奇管业有限公司
20	20	21.7±0.2	6	5	
25	25	26.7±0.2	6	5	
32	32	33.7±0.2	6	5	
40	40	43	12	8	
50	50	53	12	8	
65	63	67	12	8	
80	76	80	12	8	
100	102	106	15	10	
125	133	137	18	12	
150	159	163	18	12	
200	219	225	21	16	
250	273	279	21	16	

8.5 无缝铜水管及管件

8.5.1 无缝铜水管

1. 适用范围：无缝铜水管适用于输送饮用水、生活冷热供水及对铜无腐蚀作用的其他介质，也适用于供热系统。

2. 连接方式：铜管一般采用焊接、扩口或压接等方式与管件相连接。常用连接方式有钎焊连接、沟槽连接、卡套连接、卡压连接等方式。

3. 无缝铜水管产品应按国家标准《无缝铜水管和铜气管》GB/T 18033 执行。对建筑给水用铜管而言，应符合相应的国家和行业标准的规定。

4. 无缝铜水管管件与接头，应按国家标准《铜管接头》GB/T 11618 执行。

5. 无缝铜水管管材性能规格及外形尺寸见表 8-41。

无缝铜水管管材的规格及外形尺寸 表 8-41

公称直径 DN（mm）	外径（mm）	壁厚度（mm）			理论质量（kg/m）			最大工作压力 p（N/mm^2）								
								硬态（Y）			半硬态（Y2）			软态（M）		
		A型	B型	C型	A型	B型	C型	A型	B型	C型	A型	B型	C型	A型	B型	C型
4	6	1.0	0.8	0.6	0.140	0.117	0.091	24.00	18.80	13.7	19.23	14.9	10.9	15.8	12.3	8.95
6	8	1.0	0.8	0.6	0.197	0.162	0.125	17.50	13.70	10.0	13.89	10.9	7.98	11.4	8.95	6.57
8	10	1.0	0.8	0.6	0.253	0.207	0.158	13.70	10.70	7.94	10.87	8.55	6.30	8.95	7.04	5.19
10	12	1.2	0.8	0.6	0.364	0.252	0.192	13.67	8.87	6.65	1.87	7.04	5.21	8.96	5.80	4.29
15	15	1.2	1.0	0.7	0.465	0.393	0.281	10.79	8.87	6.11	8.55	7.04	4.85	7.04	5.80	3.99
—	18	1.2	1.0	0.8	0.566	0.477	0.386	8.87	7.31	5.81	7.04	5.81	4.61	5.80	4.79	3.80
20	22	1.5	1.2	0.9	0.864	0.701	0.535	9.08	7.19	5.32	7.21	5.70	4.22	6.18	4.70	3.48
25	28	1.5	1.2	0.9	1.116	0.903	0.685	7.05	5.59	4.62	5.60	4.44	3.30	4.61	3.65	2.72

续表

公称直径 DN (mm)	外径 (mm)	壁厚度（mm）			理论质量（kg/m）			最大工作压力 p（N/mm^2）								
								硬态（Y）			半硬态（Y2）			软态（M）		
		A 型	B 型	C 型	A 型	B 型	C 型	A 型	B 型	C 型	A 型	B 型	C 型	A 型	B 型	C 型
32	35	2.0	1.5	1.2	1.854	1.411	1.140	7.54	5.54	4.44	5.98	4.44	3.52	4.93	3.65	2.90
40	42	2.0	1.5	1.2	2.247	1.706	1.375	6.23	4.63	3.68	4.95	3.68	2.92	4.08	3.03	2.41
50	54	2.5	2.0	1.2	3.616	2.921	1.780	6.06	4.81	2.85	4.81	3.77	2.26	3.96	3.14	1.86
65	67	2.5	2.0	1.5	4.529	3.652	2.759	4.85	3.85	2.87	3.85	3.06	2.27	3.17	3.05	1.88
—	76	2.5	2.0	1.5	5.161	4.157	3.140	4.26	3.38	2.52	3.38	2.69	2.00	2.80	2.68	1.65
80	89	2.5	2.0	1.5	6.074	4.887	3.696	3.62	2.88	2.15	2.87	2.29	1.71	2.36	2.28	1.41
100	108	3.5	2.5	1.5	10.274	7.408	4.487	4.19	2.97	1.77	3.33	2.36	1.40	2.74	1.94	1.16
125	133	3.5	2.5	1.5	12.731	9.164	5.540	3.38	2.40	1.43	2.68	1.91	1.14	—	—	—
150	159	4.0	3.5	2.0	17.415	15.287	8.820	3.23	2.82	1.60	2.56	2.24	1.27	—	—	—
200	219	6.0	5.0	4.0	35.898	30.055	24.156	3.53	2.93	2.33	—	—	—	—	—	—
250	267	7.0	5.5	4.5	51.122	40.399	33.180	3.37	2.64	2.15	—	—	—	—	—	—
—	273	7.5	5.8	5.0	55.932	43.531	37.640	3.54	2.16	1.53	—	—	—	—	—	—
300	325	8.0	6.5	5.5	71.234	58.151	49.359	3.16	2.56	2.16	—	—	—	—	—	—

注：1. 最大计算工作压力 p，是指工作条件为 65℃时，硬态（Y）允许应力为 $63N/mm^2$；半硬态（Y2）允许应力为 $50N/mm^2$；软态（M）允许应力为 $41.2N/mm^2$；

2. 加工铜的密度取值 $8.94g/cm^3$，作为计算每米铜管质量的依据；

3. 客户需要其他尺寸的铜管，供需双方协商解决。

8.5.2 无缝铜水管管件

无缝铜水管常用有无缝铜水管快速接头管件，该管件有内纹直通接头和内纹弯通接头等。

1. 无缝铜水管内纹直通接头规格及外形尺寸见图 8-31、表 8-42。

无缝铜水管内纹直通接头规格及外形尺寸（mm） **表 8-42**

公称直径 DN	外形尺寸			主要生产厂商
	DN_1	L	L_1	
10	12	35	20	维依家流体控制系统上海有限公司
15	15	41.5	22.5	
18	18	4.3	23	
20	22	45	25.5	
25	28	55.5	33	
32	35	63	40	
40	42	67	44	
50	54	68	44	

2. 无缝铜水管内纹弯通接头规格及外形尺寸见图 8-32、表 8-43。

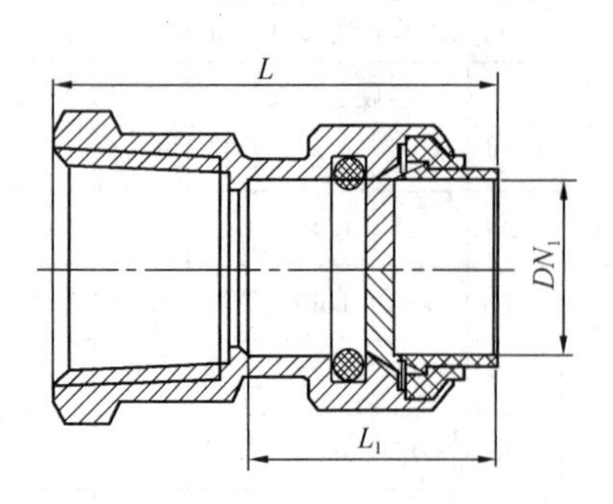

图 8-31　无缝铜水管管内纹直通接头外形尺寸

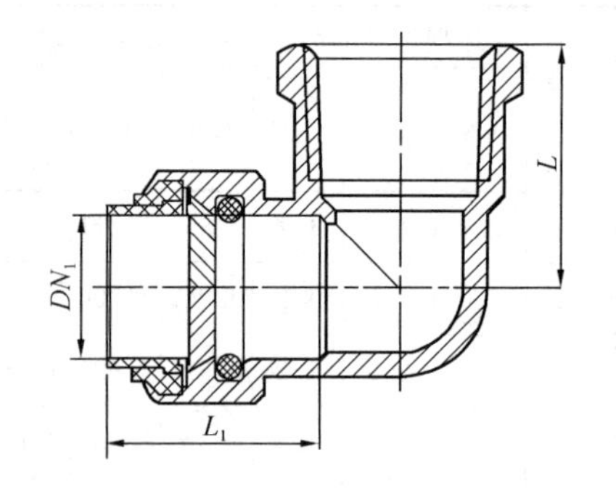

图 8-32　无缝铜水管内纹弯通接头外形尺寸

无缝铜水管内纹弯通接头规格及外形尺寸（mm）　　表 8-43

公称直径 DN	外形尺寸			主要生产厂商
	DN_1	L	L_1	
10	12	20.5	20.0	维依家流体控制系统上海有限公司
15	15	26.5	22.5	
18	18		23.0	
20	22	30.5	25.5	
25	28	36.5	33.0	
32	35	40.0	40.0	
40	42	43.5	44.0	
50	54	50.5	44.0	

8.6　金属管用特殊接头

金属管用特殊接头分有可曲挠橡胶接头、XGD1 型橡胶挠性接管、RGF 型金属软管、BGF 型不锈钢波纹管补偿器、BW 型通用型不锈钢波纹管补偿器（膨胀节）、柔性卡箍管接头、新型套管伸缩器、C2F 型双法兰松套传力接头、DSJ 型多功能伸缩器等。

8.6.1　可曲挠橡胶接头

可曲挠橡胶接头分有 RFJD-Ⅱ加固Ⅱ型单球体可曲挠橡胶接头和 KXT 型可曲挠橡胶接头等。

8.6.1.1　RFJD-Ⅱ加固Ⅱ型单球体可曲挠橡胶接头

1. 特点与适用范围：可曲挠橡胶接头适用于要求减震降噪并能补偿一定变形的金属管道系统的柔性连接。加固Ⅱ型单球体可曲挠橡胶接头由于内、外胶层采用了性能优异的三胶并用配方，所以橡胶接头在耐老化、耐腐蚀、耐磨、耐热臭氧等方面的性能特别突出；由于采用耐压强度高、耐热性能好、耐曲挠性能好、尺寸稳定性好的聚酯帘布作增强层，橡胶接头的耐压强度高，该接头在－40～120℃温度范围内，适用于输送水、城市污水、含10%以下浓度酸液或碱液及油类的工业污水。

2. 性能规格：RFJD-Ⅱ加固Ⅱ型单球体可曲挠橡胶接头性能规格见表8-44。

RFJD-Ⅱ加固Ⅱ型单球体可曲挠橡胶接头性能规格 **表8-44**

公称直径 DN（mm）	工作压力（MPa）						试验压力（MPa）		主要生产厂商
	4.0	2.5	1.6	1.0	0.6	0.25	静压试验	爆破试验	
32～250	√	√	√	√	√	—	工作压力的1.5倍	工作压力的3倍	三河市瑞利橡胶制品有限公司
300～350	√	√	√	√	√	—			
400～600	—	—	√	√	√	—			
1000～1600	—	—	—	√	√	√			
1800～3000	—	—	—	—	√	√			
3200～4000	—	—	—	—	—	√			

3. 位移数据及外形与安装尺寸：RFJD-Ⅱ加固Ⅱ型单球体可曲挠橡胶接头位移数据及外形与安装尺寸见图8-33、表8-45。

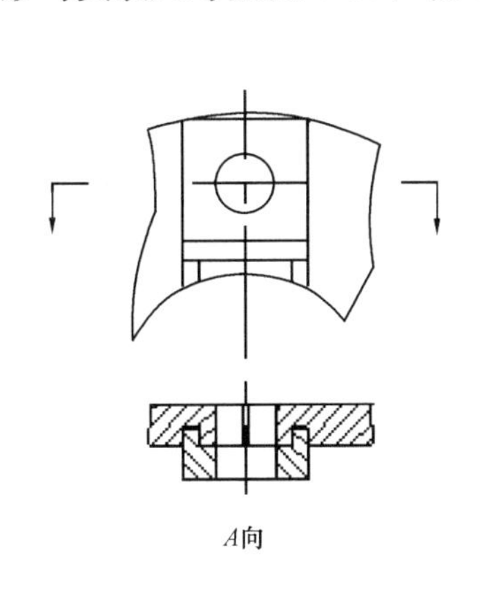

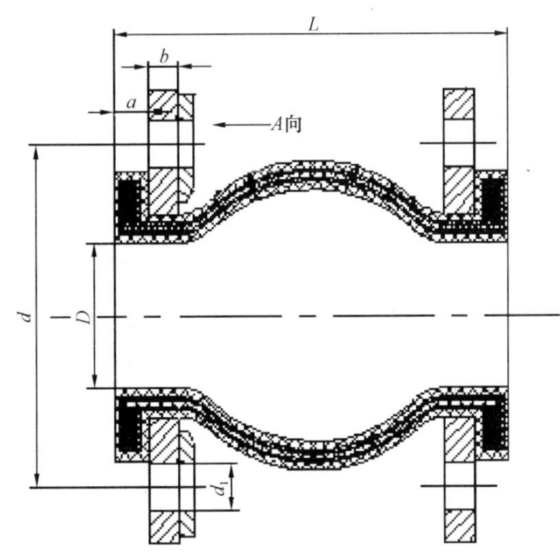

图8-33 RFJD-Ⅱ加固Ⅱ型单球体可曲挠橡胶接头外形与安装尺寸

RFJD-Ⅱ加固Ⅱ型单球体可曲挠橡胶接头位移数据及外形与安装尺寸 **表8-45**

公称直径 DN（mm）	接头长度 L（mm）	接头密封端厚度 a（mm）	法兰厚度 b（mm）	螺孔数（个）	螺栓直径 d_1（mm）	螺孔中心圆直径 d（mm）	轴向最大允许伸长≤（mm）	轴向最大允许压缩≤（mm）	径向最大允许位移≤（mm）	角向最大允许位移 θ（°）
32	100	12	10	4	16	100	10	12	12	30～20
40	100、150	16	10	4	16	110	10	12	12	
50	110、150	16	12	4	16	125	10	12	12	
65	120、150	16	12	4	16	145	12	18	15	
80	150	20	16	8	16	160	12	18	15	
100	150	20	16	8	16	180	12	18	15	17～10
125	150	20	16	8	16	210	15	20	20	
150	200	22	16	8	20	240	15	20	20	
200	200	22	16	8	20	295	15	20	20	

续表

公称直径 DN (mm)	接头长度 L (mm)	接头密封端厚度 a (mm)	法兰厚度 b (mm)	螺孔数 n (个)	螺栓直径 d_1 (mm)	螺孔中心圆直径 d (mm)	轴向最大允许伸长 ≤ (mm)	轴向最大允许压缩 ≤ (mm)	径向最大允许位移 ≤ (mm)	角向最大允许位移 θ (°)
250	200	25	20	12	20	350	20	25	20	9～5
300	200	25	20	12	20	400	20	25	20	
350	200	25	20	16	20	460	20	25	20	
400	200	28	24	16	24	515	20	25	20	
450	200	28	24	20	24	565	20	25	20	
500	250	30	28	20	24	620	25	25	25	
600	250	30	28	20	27	725	25	25	25	
700	250	30	28	24	27	840	25	25	25	4～3
800	300	32	30	24	30	950	25	25	25	
900	300	32	30	28	30	1050	25	25	25	
1000	300	32	30	28	33	1160	25	25	25	
1200	300	34	30	32	30	1340	25	25	25	
1400	350	38	34	36	33	1560	25	30	25	2 以下
1600	350	38	34	40	33	1760	25	30	25	
1800	400	40	34	44	36	1970	25	30	25	
2000	400	42	36	48	39	2180	25	30	25	
2200	400	42	36	52	39	2390	25	30	25	
2400	400	45	36	56	39	2600	25	30	25	
2600	450	45	38	60	45	2810	25	30	25	
2800	450	45	38	64	45	3020	25	30	25	
3000	450	50	38	68	45	3220	25	30	25	
3200	450	50	40	72	33	3360	25	30	25	
3400	500	50	46	76	33	3560	25	30	25	
3600	500	50	46	80	33	3770	25	30	25	
3800	500	50	46	80	36	3970	25	30	25	
4000	500	50	46	84	36	4170	25	30	25	

8.6.1.2 KXT 型可曲挠橡胶接头

KXT 型可曲挠橡胶接头规格及外形尺寸见图 8-34、表 8-46。

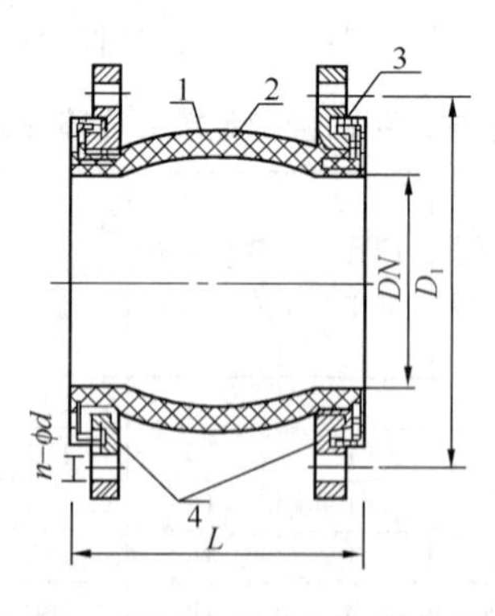

图 8-34 KXT 型可曲挠橡胶接头

1—主体（极性橡胶）；2—内衬（尼龙帘布）；

3—骨架（硬钢丝）；4—法兰（软钢）

KXT型可曲挠橡胶接头规格及外形尺寸　　表8-46

公称直径 DN		长度 L		螺栓孔	螺栓孔中心圆直径 D_1	轴向位移（mm）		横向位移	偏转角度 $(\alpha_1+\alpha_2)$	安装间距	主要生产厂商
（mm）	（in）	（mm）		n-ϕd（个-mm）	（mm）	伸长	压缩	（mm）	（°）	≤（mm）	
32	$1\frac{1}{4}$	95		4～17.5	100	6	9	9	15	4	
40	$1\frac{1}{2}$	95		4～17.5	110	6	10	9	15	4	
50	2	105		4～17.5	125	7	10	10	15	4	
65	$2\frac{1}{2}$	115		4～17.5	145	7	13	11	15	4	
80	3	135	130	8～17.5	160	8	15	12	15	4	
100	4	150	135	8～17.5	180	10	19	13	15	4	
125	5	165	160	8～17.5	210	12	19	13	15	4	
150	6	180	185	8～22	240	12	20	14	15	5	
200	8	190	200	8～22	295	16	25	22	15	5	
250	10	230	240	12～22	350	16	25	22	15	6	
300	12	240	260	12～22	400	16	25	22	15	6	
350	14	265		16～22	460	16	25	22	15	7	
400	16	265		16～26	515	16	25	22	15	7	
450	18	265		20～26	565	16	25	22	15	7	上海环星减振器有限公司
500	20	265		20～26	620	16	25	22	15	8	
600	24	265		20～30	725	16	25	22	15	8	
700	28	260、320		24～30	840	16	25	22	10	8	
800	32	260、340		24～33	950	16	25	22	10	8	
900	36	260、370		28～33	1050	16	25	22	10	8	
1000	40	260、400		28～36	1160	16	25	22	10	8	
1200	48	260、420		32～41	1380	18	26	24	10	9	
1400	56	300、450		36～42	1590	20	28	26	10	9	
1600	64	300、500		40～48	1820	25	35	30	10	9	
1800	72	500		44～48	2020	25	35	30	10	10	
2000	80	550		48～48	2230	25	35	30	10	10	
2200	88	580		52～42	2390	25	35	30	10	10	
2400	96	610		56～42	2600	25	35	30	10	10	

8.6.2 XGD1型橡胶挠性接管

1. 特点与适用范围：XGD1型橡胶挠性接管采用多层次球体结构，吸振能力强，减振降噪效果好；能承受较高的工作压力，抗爆力大，弹性足；对压缩、拉伸、扭转变形能较好的起到位移补偿作用。主体采用极性橡胶，能较好地耐热、耐油、耐腐、耐酸、耐老化。它可应用于各类建筑、厂矿、化工、石油等行业的水暖通风管道，给水排水和循环水管道，冷冻管道，化工防腐管道、消防管道等；以及实验室、研究所、船舶、舰艇等设施上，用来防护和治理系统管道工程隔振降噪，位移补偿。

2. 性能规格：XGD1型橡胶挠性接管性能规格见表8-47。

XGD1 型橡胶挠性接管性能规格　　表 8-47

型　号	公称直径（mm）	工作压力（MPa）	爆破压力（MPa）	配用法兰（MPa）	真空度（mmHg）	适用温度（℃）	偏转角（°）	适用介质	主要生产厂商
XGD1-XX-I(10)	*DN*25～*DN*500	1.0	3.0	1.0	650	−20～115	15	空气、压缩空气、水、海水、热水、弱酸、油、碱	上海青浦环新减震器厂
XGD1-XX-I(10)	*DN*600～*DN*1200	1.0	3.0	1.0	650	−20～115	10		
XGD1-XX-II(16)	*DN*25～*DN*500	1.6	4.8	1.6	650	−20～115	15		
XGD1-XX-III(25)	*DN*25～*DN*500	2.5	7.5	2.5	750	−20～115	15		

3. 外形尺寸：XGD1 型橡胶挠性接管外形尺寸见图 8-35、表 8-48。

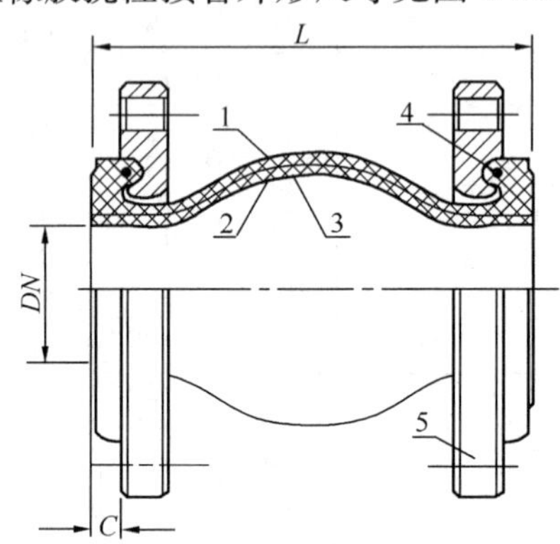

图 8-35　XGD1 型橡胶挠性接管外形尺寸
1—外胶层；2—内胶层；3—骨架层；
4—钢丝圈；5—法兰

XGD1 型橡胶挠性接管外形尺寸　　表 8-48

型号	公称直径 *DN*		长度（mm）		许可位移（mm）	
	（mm）	（in）	*C*	*L*	压缩	拉伸
XGD1-25	25	1	8	95	9	6
XGD1-32	32	1¼	8	95	9	6
XGD1-40	40	1½	8	95	10	6
XGD1-50	50	2	8	105	10	7
XGD1-65	65	2½	8	115	13	7
XGD1-80	80	3	9	135	15	8
XGD1-100	100	4	9	150	19	10
XGD1-125	125	5	9	165	19	12
XGD1-150	150	6	10	185	20	12
XGD1-200	200	8	10	200	25	16
XGD1-250	250	10	11	240	25	16
XGD1-300	300	12	11	255	25	16
XGD1-350	350	14	12	265	25	16
XGD1-400	400	16	12	265	25	16
XGD1-450	450	18	12	265	25	16
XGD1-500	500	20	12	265	25	16

续表

型号	公称直径 DN		长度（mm）		许可位移（mm）	
	(mm)	(in)	C	L	压缩	拉伸
XGD1-600	600	24	12	260	25	16
XGD1-700	700	28	14	260	25	16
XGD1-800	800	32	14	260	25	16
XGD1-900	900	36	16	260	25	16
XGD1-1000	1000	40	16	260	25	16
XGD1-1200	1200	48	18	260	25	16

8.6.3 RGF 型金属软管

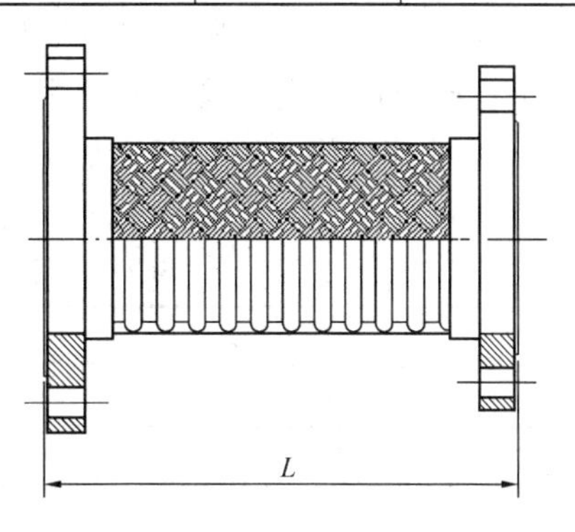

图 8-36 RGF 型金属软管外形尺寸

1. 特点与适用范围：RGF 型金属软管主要由波纹管、网套、法兰等部件组成。RGF 型金属软管公称直径范围为 *DN*15～*DN*600，工作压力 0.6～2.5MPa，可根据工程需要制造各种长度的金属软管。该金属软管具有良好的柔软性，抗疲劳性、耐高压、耐高低温，耐蚀性等诸多特性，相对于其他类型软管的寿命要高出许多。广泛适用于航空、航天、船舶、石油、化工、冶金、电力、造纸、纺织、建筑设施、医药、食品、烟草、交通等行业。

2. 性能规格及外形尺寸：RGF 型金属软管性能规格及外形尺寸见图 8-36、表 8-49。

RGF 型金属软管性能规格及外形尺寸 **表 8-49**

公称直径 DN		长度（mm）	最大伸缩量（mm）	容许偏心量（mm）	主要生产厂商
(mm)	(in)				
15	1/2	300	10～－15	30	上海青浦环新减震器厂
20	3/4	300	10～－15	30	
25	1	300	10～－15	30	
32	1¼	300	10～－15	25	
40	1½	300	10～－15	25	
50	1½	300	10～－15	25	
65	2½	300	10～－15	20	
80	3	300	10～－15	20	
100	4	300	12～－20	20	
125	5	300	12～－20	18	
150	6	300	12～－20	18	
200	8	300	15～－25	15	
250	10	300	15～－25	15	
300	12	300	15～－25	12	
350	14	300	15～－25	10	
400	16	300	15～－25	10	
450	18	300	15～－25	8	
500	20	300	15～－25	8	
600	24	300	15～－25	8	

注：该金属软管长度可根据需要定做。

8.6.4 BGF型不锈钢波纹管补偿器

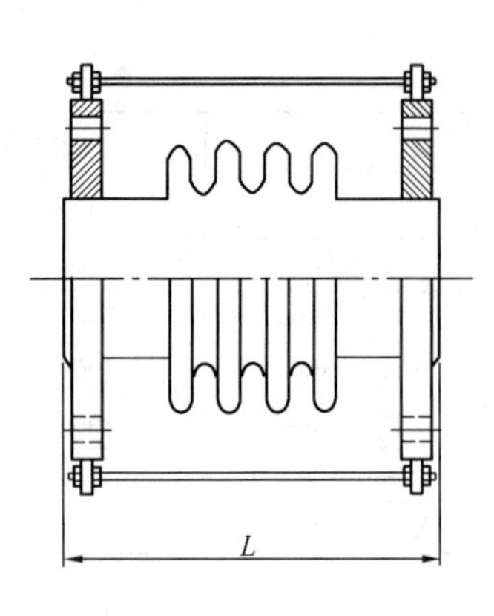

图 8-37 BGF型不锈钢波纹管补偿器外形尺寸

1. 特点与适用范围：BGF型不锈钢波纹管补偿器由一个波纹管及两端法兰构成（也可制作成接管式）。它通过波纹管的柔性变形来吸收管线轴向位移（也有少量横向、角向位移）。补偿器上的小拉杆主要是运输过程中的刚性支承或作为产品预变形调整用，它不是承力件。如用户需带内衬筒，订货时注明，安装时方向与流向一致；现场安装完毕后，需拆除小拉杆；为了减小管架受力，可对补偿器在安装时进行预变形（预拉或预压），用户需要时在合同中注明。

2. 性能规格及外形尺寸：BGF型不锈钢波纹管补偿器性能规格及外形尺寸见图8-37、表8-50。

BGF型不锈钢波纹管补偿器性能规格及外形尺寸 表 8-50

型号	公称直径 *DN*		波数	轴向补偿量（mm）/刚度（N/mm）			波纹管有效面积（cm^2）	长度 *L*（mm）	主要生产厂商
	（mm）	（in）		1.0MPa	1.6MPa	2.5MPa			
BGF-32	32	1¼	4	4.8/220	3.2/260	3.2/330	0	110	上海青浦环新减震器厂
			8	9.6/110	6.4/130	6.4/165		170	
BGF-40	40	1½	4	4.8/280	3.2/300	3.2/360	23	110	
			8	9.6/140	6.4/150	6.4/180		170	
BGF-50	50	2	4	4.8/388	3.6/440	3.6/480	37	120	
			8	9.6/194	7.2/220	7.2/240		180	
BGF-65	65	2½	4	7.2/422	6/460	5.2/760	59	130	
			8	14.4/211	12/230	10.4/380		195	
BGF-80	80	3	4	10/658	7.2/700	6.4/900	79	140	
			8	20/329	14.4/350	12.8/450		210	
BGF-100	100	4	4	12.8/690	10/1320	8.8/1580	120	150	
			8	25.6/345	20/660	17.6/790		230	
BGF-125	125	5	4	16/830	14/1660	12/1900	174	150	
			8	32/415	28/830	24/950		230	
BGF-150	150	6	4	20/1000	16.8/1920	14/2300	248	160	
			8	40/500	33.6/960	28/1150		260	
BGF-200	200	8	4	24/1480	20.8/2820	18/3230	465	220	
			8	48/740	41.6/1410	36/1615		380	
BGF-250	250	10	4	30/1850	26/3515	22/4180	704	270	
			8	60/925	52/1758	44/2090		440	
BGF-300	300	12	4	34/1536	32/2945	28/3494	985	250	
			6	51/1024	48/1964	42/2330		330	
BGF-350	350	14	4	38/1682	32/3229	28/3824	1320	270	
			6	57/1121	48/2153	42/2550		360	

续表

型号	公称直径 DN (mm)	公称直径 DN (in)	波数	轴向补偿量 (mm) /刚度 (N/mm) 1.0MPa	1.6MPa	2.5MPa	波纹管有效面积 (cm^2)	长度 L (mm)	主要生产厂商
BGF-400	400	16	4	40/1917	32/3690	28/4359	1531	260	上海青浦环新减震器厂
			6	60/1278	48/2460	42/2906		360	
BGF-450	450	18	4	44/2148	36/4145	32/4886	1975	300	
			6	66/1432	54/2764	48/3258		400	
BGF-500	500	20	4	46/2380	38/4600	34/5413	2458	320	
			6	69/1587	57/3066	51/3608		430	
BGF-600	600	24	4	52/1561	48/2908	42/5114	3364	350	
BGF-700	700	28	4	60/1761	54/3208	48/6114	4717	380	
BGF-800	800	32	4	66/1961	60/3508	54/6514	5822	380	
BGF-900	900	36	4	80/2261	74/3808	68/7014	7620	420	
BGF-1000	1000	40	4	85/2361	78/4008	72/7414	9043	420	
BGF-1100	1100	44	4	85/2461	78/4058	72/7514	11029	420	
BGF-1200	1200	48	4	85/2561	78/4158	72/7614	12688	420	

8.6.5 BW型通用型不锈钢波纹管补偿器（膨胀节）

1. 特点与适用范围：BW型通用型不锈钢波纹补偿器（又称膨胀节）是由一个或几个波纹管、法兰、接管等结构件组成，用来吸收由于热胀冷缩等原因引起的管道和（或）设备尺寸变化的装置。它通过波纹管的柔性变形来吸收管线的轴向、径向和角向位移，同时也能起到隔振降噪效果。

2. 性能规格及外形尺寸：BW型通用型不锈钢波纹管补偿器性能规格及外形尺寸见图8-38、表8-51。

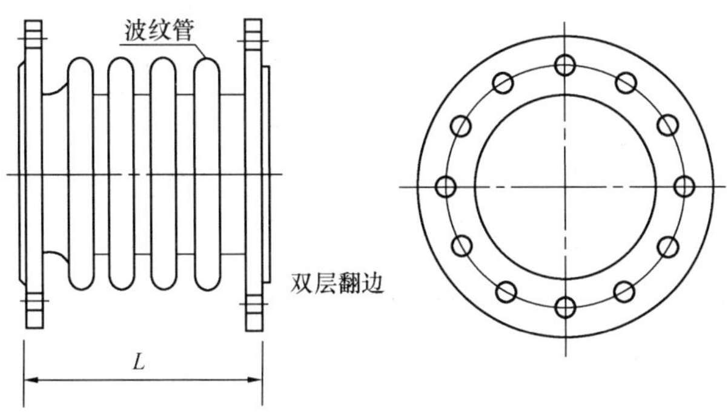

图8-38 BW型通用型不锈钢波纹管补偿器外形尺寸

注：本图以BW-SZF型为例系双边转动法兰式，法兰与介质隔离。

BW 型通用型不锈钢波纹管补偿器性能规格及外形尺寸　表 8-51

公称直径 DN (mm)	长度 L (mm)	波数	波纹管有效面积 (cm²)	轴向补偿量 (±mm) /刚度 (N/mm)			主要生产厂商
				1.0MPa	1.6MPa	2.5MPa	
15	110	12	3	4.6/170	3.0/200	3.0/200	上海环星减振器有限公司
20	110	10	3.5	4.6/180	3.0/210	3.0/210	
25	120	10	9	4.9/185	3.2/230	3.2/230	
32	120	8	19	4.9/215	3.4/250	3.4/250	
40	130	8	21	4.9/260	3.4/310	3.4/310	
50	130	8	41	6/300	5.5/410	5.5/410	
65	150	6	61	10/380	9.0/460	9.0/460	
80	165	6	82	15/490	12.0/560	12.0/560	
100	180	6	125	20/550	18/600	18/600	
125	200	6	180	25/600	20/800	20/800	
150	250	6	255	30/750	25/980	25/980	
200	260	6	480	35/1000	30/1400	28/1500	
250	280	5	730	35/1000	28/2000	25/2400	
300	280	4	1020	40/1650	35/2400	32/3000	
350	280	4	1580	40/1800	35/2800	32/3600	
400	280	4	1580	40/1960	35/3000	32/3800	
450	300	4	1980	45/2000	40/4000	38/4200	
500	350	4	2450	55/2100	50/4600	45/5200	
600	350	4	3450	55/2200	50/4800	45/5400	
700	400	4	4740	65/2300	60/4900	50/5800	
800	400	4	5960	65/2400	60/5000	50/6800	
900	450	4	7560	80/2500	70/5400	60/7200	
1000	450	4	9280	80/2600	70/5500	60/7800	
1100	450	4	10816	80/2800	70/5700	60/8200	
1200	500	4	13010	90/3000	80/6000	70/9000	
1300	500	4	14800	90/3200	80/6400	70/10800	
1400	500	4	16510	90/3400	80/6580	70/11800	
1500	500	4	18900	90/3510	80/6700	70/12300	
1600	500	4	21920	90/3620	80/6950	70/14300	
1800	500	4	26577	90/3800	80/7100	70/12800	

8.6.6　柔性卡箍管接头

1. 特点与适用范围：柔性卡箍管接头是 1986 年开发研制的大伸缩量、大可挠角、大口径的新型伸缩器。其技术性能和密封性能好，结构合理、安装方便，使用寿命长。柔性卡箍管接头于 1986 年已获国家专利。

2. 连接方式：柔性卡箍管接头连接方式见图 8-39。

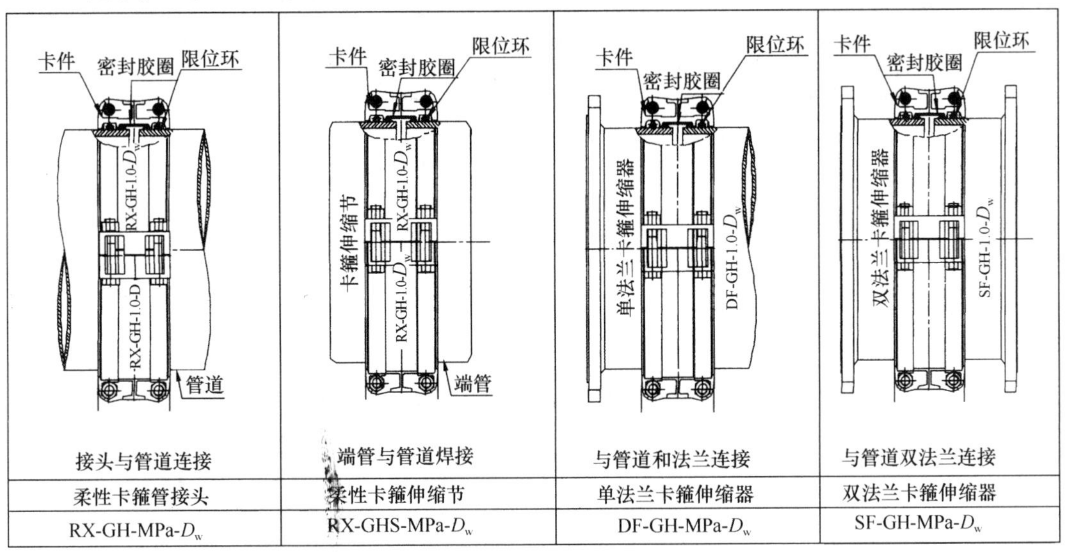

图 8-39 柔性卡箍管接头连接方式

3. 工作压力：柔性卡箍接头工作压力见表 8-52。

柔性卡箍接头工作压力 **表 8-52**

公称直径 *DN*（mm）	50～200	300～500	600～900	1000～1800	2000～3000
工作压力 *PN*（MPa）	1.0、1.6、2.5、4.0、6.4	1.0、1.6、2.5、4.0	0.6、1.0、1.6、2.5	0.6、1.0、1.6	0.6、1.0

4. 性能规格及外形尺寸：柔性卡箍管接头性能规格及外形尺寸见图 8-40、表 8-53。

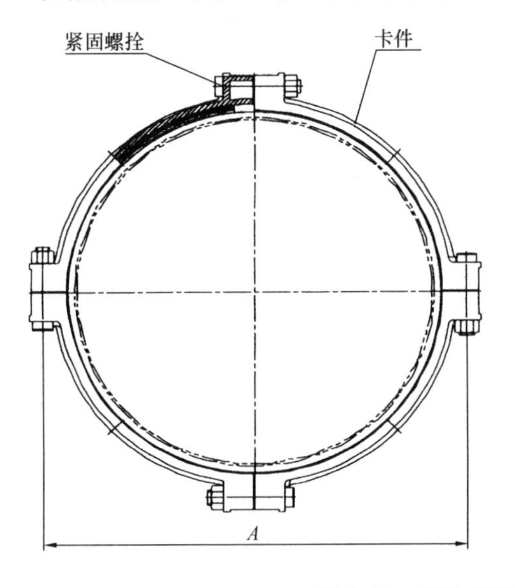

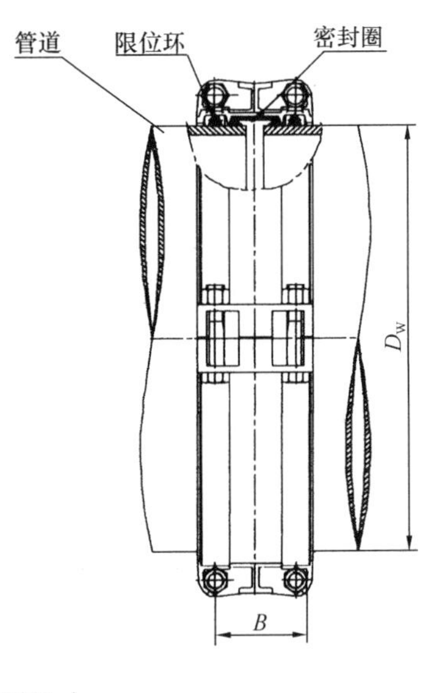

图 8-40 柔性卡箍管接头外形尺寸

柔性卡箍管接头性能规格及外形尺寸 表 8-53

公称直径 DN (mm)	管外径 D_w (mm)	瓣 数	伸缩量 (mm)	偏转角 α (°)	外形尺寸 (mm)			主要生产厂商
					A	B	L	
50	57	2	16	3	130	71	125	西安柔性管道研究所
	65	2	16	3	136	71	125	
70	76	2	17	3	146	74	130	
80	89	2	17	3	160	74	130	
100	108	2	20	3	190	86	140	
125	133	2	20	3	210	102	145	
150	159	2	32	3	240	108	150	
175	194	2	32	3	290	120	150	
200	219	2	32	3	320	124	170	
250	273	2	32	3	390	134	175	
300	325	2	32	3	450	136	200	
350	377	4	32	3	500	145	210	
400	426	4	40	3	550	158	230	
450	478	4	40	3	610	170	240	
500	529	4	40	3	660	170	250	
600	630	4	40	3	765	170	250	
700	720	4	50	3	890	186	250	
800	820	4	50	3	990	192	250	
900	920	6	60	3	1090	200	270	
1000	1020	6	60	3	1190	214	300	
1200	1220	6	70	3	1400	236	320	
1400	1420	8	80	3	1610	260	350	
1600	1620	8	80	3	1810	260	370	
1800	1820	8	90	3	2020	312	390	
2000	2020	10	100	3	2220	324	420	
2200	2220	10	100	2.8	2460	344	450	
2400	2420	12	110	2.8	2660	352	485	
2600	2620	12	120	2.5	2860	400	500	
2800	2820	14	125	2.5	3090	400	530	
3000	3020	14	130	2.5	3290	400	550	

8.6.7 新型套管伸缩器

1. 特点：新型套管伸缩器不同于传统的套管伸缩器和松套管接头，在结构和密封原理上都进行了大量改进。产品结构更趋于简单合理，将O形和梯形密封胶圈改进为带有自密封线的切角矩形圆弧胶圈，密封性能好耐压程度高。

2. 性能规格：新型套管伸缩器性能规格见表 8-54。

新型套管伸缩器性能规格 **表 8-54**

公称直径 *DN*（mm）	伸缩量（mm）	工作压力（MPa）	主要生产厂商
50～200	100～150	1.0、1.6、2.5、4.0 、6.4	西安柔性管道研究所
300～500	150～200	1.0、1.6、2.5、4.0	
600～900	200～250	0.6、1.0、1.6 、2.5	
1000～1800	250～300	0.6、1.0、1.6	
2000～3000	300	0.6、1.0	

3. 外形尺寸：新型套管伸缩器外形尺寸见图 8-41、表 8-55。

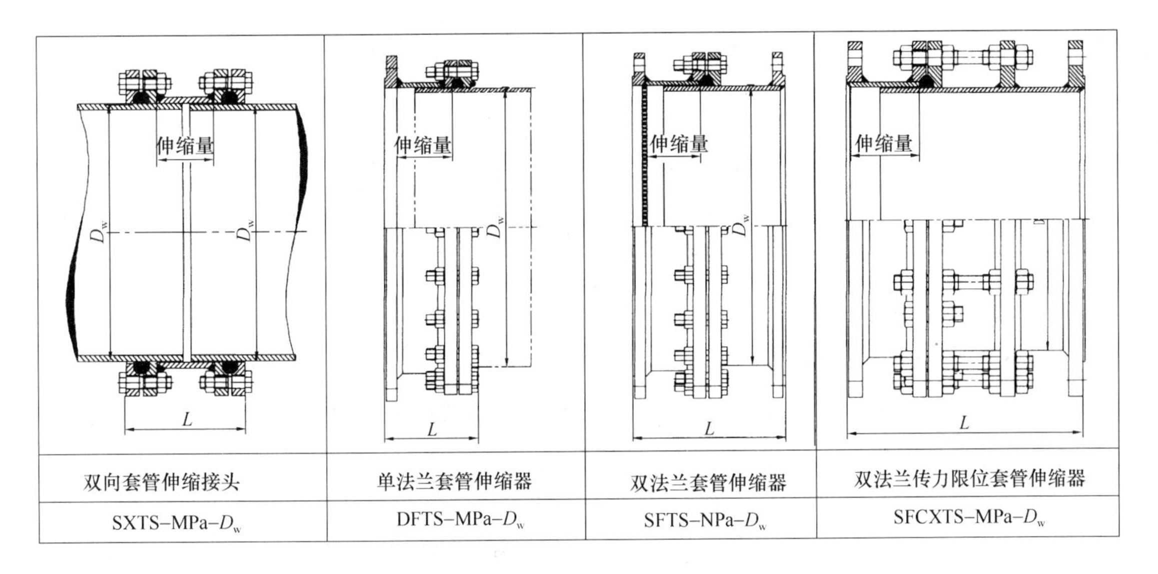

图 8-41 新型套管伸缩器外形尺寸

新型套管伸缩器外形尺寸（mm） **表 8-55**

公称直径 *DN*	管外径 D_w	伸缩量	外形尺寸 *L*			
			SXTS	DFTS	SFTS	SFCXTS
200	219	80	200	200	320	350
250	273	80	200	200	320	350
300	325	80	200	200	320	350
350	377	80	200	200	320	350
400	426	80	200	200	320	350
450	478	80	200	200	320	350
500	529	100	250	250	380	460
600	630	100	250	250	380	460
700	720	100	250	250	380	460

续表

公称直径 DN	管外径 D_w	伸缩量	外形尺寸 L			
			SXTS	DFTS	SFTS	SFCXTS
800	820	100	250	250	380	460
900	920	100	250	250	380	460
1000	1020	120	280	280	450	540
1200	1220	120	280	280	450	540
1400	1420	120	280	280	450	540
1600	1620	150	300	300	500	540
1800	1820	150	300	300	500	540
2000	2020	150	300	300	500	540
2200	2220	150	300	300	500	540
2400	2420	200	320	320	560	650
2600	2620	200	320	320	560	650
2800	2820	200	320	320	560	650
3000	3020	200	320	320	560	650

注：新型套管伸缩器伸缩量可按设计需要而定，结构 L 尺寸按伸缩量而确定。

8.6.8 C2F 型双法兰松套传力接头

1. 适用范围：C2F 型双法兰松套传力接头适用于给排水管道的连接，装拆方便，能传递连接件的压力推力（盲推力）和补偿管路的安装误差。

2. 性能规格：C2F 型双法兰松套传力接头性能规格见表 8-56。

C2F 型双法兰松套传力接头性能规格　　表 8-56

密封试验压力	强度试验压力	适用介质	适用介质温度≤（℃）	主要生产厂商
1.25 倍工作压力	1.5 倍工作压力	水、油、气等流体介质	100	山东建华阀门制造有限公司

3. 外形尺寸：C2F 型双法兰松套传力接头外形尺寸见图 8-42、表 8-57。

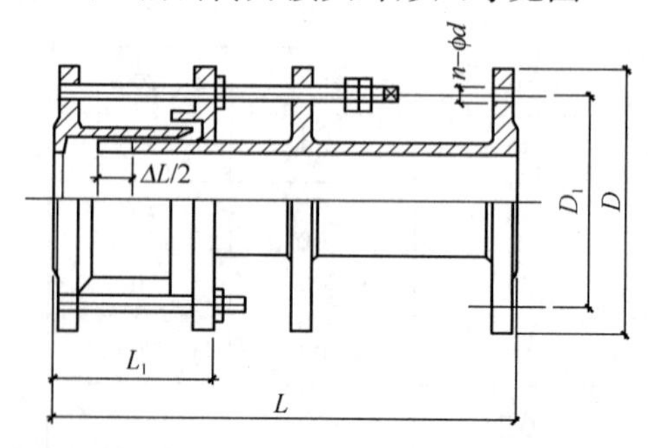

图 8-42　C2F 型双法兰松套传力接头外形尺寸

C2F 型双法兰松套传力接头外形尺寸 表 8-57

公称直径 DN (mm)	外径 (mm)	外形尺寸 (mm)		法兰连接尺寸					
				0.6MPa			1.0MPa		
		L	ΔL	D (mm)	D_1 (mm)	n-ϕd (个-mm)	D (mm)	D_1 (mm)	n-ϕd (个-mm)
65	76	200	40	160	130	4-12	185	145	4-16
80	89			190	150	4-16	200	160	8-16
100	114			210	170		220	180	
125	140			240	200	8-16	250	210	
150	168			265	225		285	240	8-20
200	219			320	280		340	295	
250	273			375	335	12-16	395	350	12-20
300	325	220	50	440	395	12-20	445	400	
350	377			490	445		505	460	16-20
400	426			540	495	16-20	565	515	16-24
450	480			595	550		615	565	20-24
500	530			645	600	20-20	670	620	20-24
600	630	240		755	705	20-24	780	725	20-27
700	720			860	810	24-24	895	840	24-27
800	820	350	60	975	920	24-27	1015	950	24-30
900	920			1075	1020		1115	1050	28-30
1000	1020			1175	1120	28-27	1230	1160	28-33
1200	1220	370		1405	1340	32-30	1455	1380	32-36
1400	1420			1630	1560	36-33	1675	1590	36-39
1600	1620			1830	1760	40-33	1915	1820	40-45
1800	1820	380		2045	1970	44-36	2115	2020	44-45
2000	2020	400		2265	2180	48-39	2325	2230	48-45
2200	2220		80	2475	2390	52-39	2550	2440	52-52
2400	2420			2685	2600	56-39	2760	2650	56-52
2600	2620	450		2905	2810	60-45	2960	2850	60-52
2800	2820			3115	3020	64-45	3180	3070	64-52
3000	3020			3315	3220	68-45	3405	3290	68-56
3200	3220			3525	3420	72-45	—	—	—

8.6.9 DSJ 型多功能伸缩器

1. 适用范围：DSJ 型多功能伸缩器适用于补偿管线因温差引起的热胀冷缩的变化（采用补偿型结构），调节安装预留空间，消除管道安装应力（采用传力型结构），与阀门配套使用，便于阀门的安装与拆卸（安装在阀门的关闭后的高压端必须采用传力型，低压端两种型式均可）。

2. 结构示意：DSJ 型多功能伸缩器结构示意见图 8-43。

3. 性能规格及外形尺寸：DSJ 型多功能伸缩器性能规格及外形尺寸见图 8-44、表 8-58～表 8-62。

序号	名称	材质
1	压盖	QT450-10、Q235、OCr18Ni9、1Cr18Ni9Ti
2	伸缩体	QT450-10、Q235、OCr18Ni9、1Cr18Ni9Ti
3	伸缩管	QT450-10、Q235、OCr18Ni9、1Cr18Ni9Ti
4	密封圈	丁腈橡胶、硅橡胶、氟橡胶
5	螺母	Q235、20、1Cr181Ni9Ti
6	限位螺杆	Q235、20、1Cr181Ni9Ti

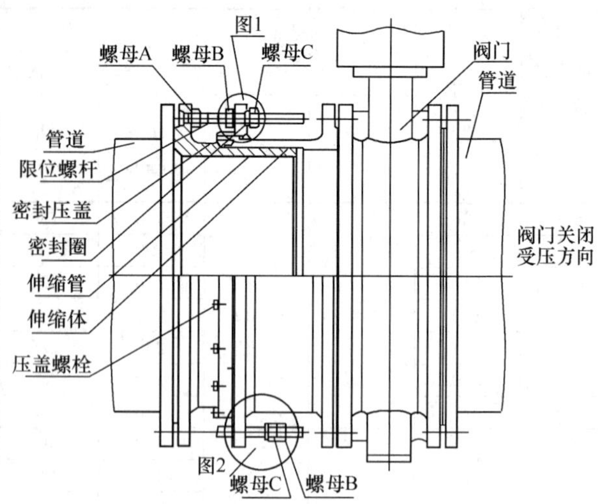

图 8-43　DSJ 型多功能伸缩器结构示意

注：图 1 为传力型；图 2 为伸缩补偿型。

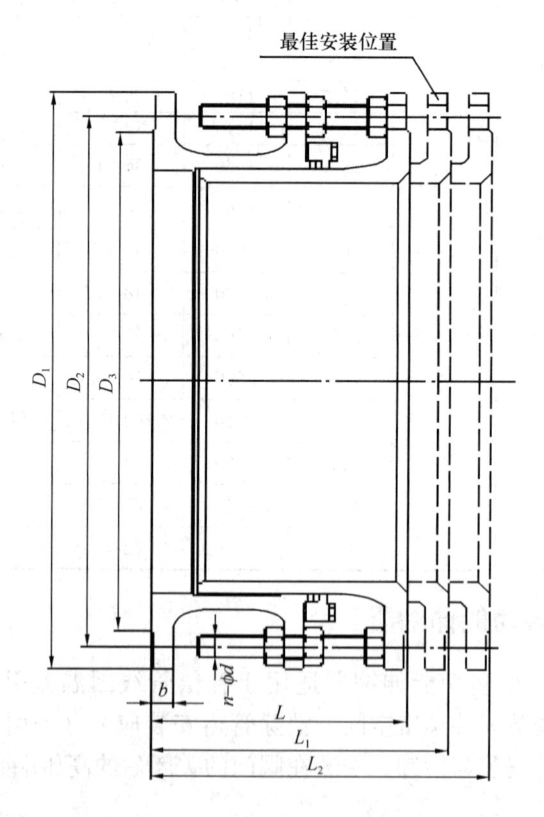

图 8-44　DSJ 型多功能伸缩器外形尺寸

DSJ 多功能伸缩器（0.6MPa）性能规格及外形尺寸 表 8-58

公称直径 DN (mm)	D_1 (mm)	D_2 (mm)	D_3 (mm)	b (mm)		n-ϕd (个-mm)	伸缩量 (mm)	最短 L (mm)	中间 L_1 (mm)	最长 L_2 (mm)	主要生产厂商
				铸铁	钢制						
100	210	170	144	18	18	4-18	70	190	225	260	郑州市郑蝶阀门有限公司
125	240	200	174	20	20	8-18	70	190	225	260	
150	265	225	199	20	20	8-18	80	200	240	280	
200	320	280	254	22	22	8-18	80	200	240	280	
250	375	335	309	24	24	12-18	80	220	260	300	
300	440	395	363	24	24	12-22	80	230	270	310	
350	490	445	413	26	24	12-22	80	230	270	310	
400	540	495	463	28	24	16-22	90	260	305	350	
450	595	550	518	28	24	16-22	90	260	305	350	
500	645	600	568	30	26	20-22	100	270	320	370	
600	755	705	667	30	26	20-26	100	280	330	380	
700	860	810	772	32	26	24-26	110	290	345	400	
800	975	920	878	34	26	24-30	120	320	380	440	
900	1075	1020	978	36	26	24-30	120	330	390	450	
1000	1175	1120	1078	36	26	28-30	130	340	405	470	
1200	1405	1340	1295	40	28	32-33	150	380	455	530	
1400	1630	1560	1510	40	32	36-36	150	380	455	530	
1600	1830	1760	1710	42	34	40-36	150	400	475	550	
1800	2045	1970	1918	45	36	44-39	150	420	495	570	
2000	2265	2180	2125	48	38	48-42	160	440	520	600	
2200	2475	2390	2335	50	42	52-42	180	480	570	660	
2400	2685	2600	2545	52	44	56-42	200	500	600	700	

DSJ 型多功能伸缩器（1.0MPa）性能规格及外形尺寸 表 8-59

公称直径 DN (mm)	D_1 (mm)	D_2 (mm)	D_3 (mm)	b (mm)		n-ϕd (个-mm)	伸缩量 (mm)	最短 L (mm)	中间 L_1 (mm)	最长 L_2 (mm)	主要生产厂商
				铸铁	钢制						
100	220	180	156	24	22	8-18	70	210	245	280	郑州市郑蝶阀门有限公司
125	250	210	184	26	22	8-18	70	210	245	280	
150	285	240	211	26	24	8-22	80	240	280	320	
200	340	295	266	28	24	8-22	80	240	280	320	
250	395	350	319	28	26	12-22	80	240	280	320	
300	445	400	370	28	26	12-22	80	240	280	320	
350	505	460	429	30	26	12-22	80	250	290	330	
400	565	515	480	32	26	16-26	90	280	325	370	
450	615	565	530	32	28	20-26	90	280	325	370	
500	670	620	582	34	28	20-26	100	300	350	400	
600	780	725	682	36	30	20-30	100	310	360	410	
700	895	840	794	40	30	24-30	110	340	395	450	
800	1015	950	901	44	32	24-33	120	370	430	490	
900	1115	1050	1001	46	34	28-33	120	370	430	490	
1000	1230	1160	1112	50	34	28-36	130	400	465	530	
1200	1455	1380	1328	56	38	32-39	150	460	535	610	
1400	1675	1590	1530	56	42	36-42	150	440	515	590	
1600	1915	1820	1750	56	46	40-48	150	480	555	630	
1800	2115	2020	1950	60	50	44-48	150	490	565	640	
2000	2325	2230	2150	64	54	48-48	160	510	590	670	
2200	2550	2440	2370	68	58	52-56	180	580	670	760	
2400	2760	2650	2570	72	62	56-56	200	600	700	800	

DSJ 型多功能伸缩器（1.6MPa）性能规格及外形尺寸 表 8-60

公称直径 DN（mm）	D_1（mm）	D_2（mm）	D_3（mm）	b（mm）		n-ϕd（个-mm）	伸缩量（mm）	最短 L（mm）	中间 L_1（mm）	最长 L_2（mm）	主要生产厂商
				铸铁	钢制						
100	220	180	156	24	22	8-18	70	210	245	280	郑州市郑蝶阀门有限公司
125	250	210	184	26	22	8-18	70	210	245	280	
150	285	240	211	26	24	8-22	80	240	280	320	
200	340	295	266	28	24	12-22	80	240	280	320	
250	405	355	319	28	26	12-26	80	260	300	340	
300	460	410	370	30	28	12-26	80	270	310	350	
350	520	470	429	32	30	16-26	80	280	320	360	
400	580	525	480	34	32	16-30	90	300	345	390	
450	640	585	548	36	34	20-30	90	310	355	400	
500	715	650	609	38	36	20-33	100	330	380	430	
600	840	770	720	42	38	20-36	100	370	420	470	
700	910	840	794	45	38	24-36	110	370	425	480	
800	1025	950	901	48	38	24-39	120	400	460	520	
900	1125	1050	1001	50	40	28-39	120	420	480	540	
1000	1255	1170	1112	54	42	28-42	130	450	515	580	
1200	1485	1390	1328	60	48	32-48	150	490	565	640	
1400	1685	1590	1530	66	54	36-48	150	520	595	670	
1600	1930	1820	1750	72	60	40-55	150	580	655	730	

DSJ 型多功能伸缩器（2.5MPa）性能规格及外形尺寸 表 8-61

公称直径 DN（mm）	D_1（mm）	D_2（mm）	D_3（mm）	b（mm）		n-ϕd（个-mm）	伸缩量（mm）	最短 L（mm）	中间 L_1（mm）	最长 L_2（mm）	主要生产厂商
				铸铁	钢制						
100	235	190	156	26	24	8-22	70	250	285	320	郑州市郑蝶阀门有限公司
125	270	220	184	28	26	8-26	70	265	300	335	
150	300	250	211	30	28	8-26	80	270	310	350	
200	360	310	274	32	30	12-26	80	270	310	350	
250	425	370	330	34	32	12-30	80	300	340	380	
300	485	430	389	36	34	16-30	80	330	370	410	
350	555	490	448	38	38	16-33	80	360	400	440	
400	620	550	503	40	40	16-36	90	390	435	480	
450	670	600	548	42	42	20-36	90	400	445	490	
500	730	660	609	45	44	20-36	100	420	470	520	
600	845	770	720	48	46	20-39	100	430	480	530	
700	960	875	820	50	46	24-42	110	430	485	540	
800	1085	990	928	54	50	24-48	120	450	510	570	

DSJ 型多功能伸缩器（4.0MPa）性能规格及外形尺寸 表 8-62

公称直径 DN（mm）	D_1（mm）	D_2（mm）	D_3（mm）	b（mm）		n-ϕd（个-mm）	伸缩量（mm）	最短 L（mm）	中间 L_1（mm）	最长 L_2（mm）	主要生产厂商
				铸铁	钢制						
100	235	190	156	—	24	8-22	70	220	255	290	郑州市郑蝶阀门有限公司
125	270	220	184	—	26	8-26	70	235	270	305	
150	300	250	211	—	28	8-26	80	250	290	330	
200	375	320	284	—	34	12-30	80	300	340	380	
250	450	385	345	—	38	12-33	80	330	370	410	
300	515	450	409	—	42	16-33	80	350	390	430	
350	580	510	465	—	46	16-36	80	370	410	450	
400	660	585	535	—	50	16-39	90	400	445	490	

9 非 金 属 管 材

9.1 常用非金属管材国家标准

常用非金属管材适用于市政给水排水和建筑给水排水工程以及各行各业与给水排水专业相关的工程建设。

1. 分类：常用非金属管材按制作工艺主要分为钢筋混凝土压力管和钢筋混凝土排水管以及化学建材管及其配套管件。

2. 执行标准：给水排水专业常用非金属管材的制造和应用应按下列国家标准（表 9-1）执行。

给水排水专业常用非金属管材的国家标准 **表 9-1**

分类	标 准 名 称	标准号
钢筋混凝土压力管	预应力钢筒混凝土管	GB/T 19685
	预应力混凝土管	GB 5696
钢筋混凝土排水管	混凝土和钢筋混凝土排水管	GB/T 11836
化学建材管	玻璃纤维增强塑料夹砂管	GB/T 21238
	给水用硬聚氯乙烯（PVC-U）管材	GB/T 10002.1
	给水用硬聚氯乙烯（PVC-U）管件	GB/T 10002.2
	建筑排水用硬聚氯乙烯（PVC-U）管材	GB/T 5836.1
	建筑排水用硬聚氯乙烯（PVC-U）管件	GB/T 5836.2
	无压埋地排污、排水用硬聚氯乙烯（PVC-U）管材	GB/T 20221
	冷热水用氯化聚氯乙烯（PVC-C）管道系统　第 1 部分：总则	GB/T 18993.1
	冷热水用氯化聚氯乙烯（PVC-C）管道系统　第 2 部分：管材	GB/T 18993.2
	冷热水用氯化聚氯乙烯（PVC-C）管道系统　第 3 部分：管件	GB/T 18993.3
	工业用氯化聚氯乙烯（PVC-C）管道系统　第 1 部分：总则	GB/T 18998.1
	工业用氯化聚氯乙烯（PVC-C）管道系统　第 2 部分：管材	GB/T 18998.2
	工业用氯化聚氯乙烯（PVC-C）管道系统　第 3 部分：管件	GB/T 18998.3
	建筑物内排污、废水（高、低温）用氯化聚氯乙烯（PVC-C）管材和管件	GB/T 24452
	给水用聚乙烯（PE）管材	GB/T 13663
	给水用聚乙烯（PE）管道系统　第 2 部分：管件	GB/T 13663.2
	冷热水用聚丙烯管道系统　第 1 部分：总则	GB/T 18742.1
	冷热水用聚丙烯管道系统　第 2 部分：管材	GB/T 18742.2
	冷热水用聚丙烯管道系统　第 3 部分：管件	GB/T 18742.3
	丙烯腈-丁二烯-苯乙烯（ABS）压力管道系统　第 1 部分：管材	GB/T 20207.1
	丙烯腈-丁二烯-苯乙烯（ABS）压力管道系统　第 2 部分：管件	GB/T 20207.2

9.2 钢筋混凝土压力管

钢筋混凝土压力管常用有预应力钢筒混凝土管和钢制承插口预应力混凝土管。

9.2.1 预应力钢筒混凝土管

预应力钢筒混凝土管（PCCP）是指在带有钢筒的混凝土管芯外侧缠绕预应力钢丝并制作水泥砂浆保护层而制成的复合管。按管芯结构形式不同可分为内衬式预应力钢筒混凝土管（PCCPL）和埋置式预应力钢筒混凝土管（PCCPE），其管材接口分有单胶圈柔性接口和双胶圈柔性接口两种；此外，还有薄壁预应力钢筒混凝土管（BPCCP），它与常规预应力钢筒混凝土管相比，采用高强度钢纤维混凝土代替普通管芯混凝土，管芯厚度为管径的1/16～1/32，减轻管重量，其管材接口有单胶圈柔性接口和双胶圈柔性接口两种。

预应力钢筒混凝土管（PCCP）适用于城市给水排水干管、长距离输水干管、工业输水管、农田灌溉、工厂管网及冷却水循环系统、倒虹吸管、压力隧道管线及深覆土涵管等。工作压力不超过2.0MPa。

预应力钢筒混凝土管(PCCP)的产品按国家标准《预应力钢筒混凝土管》GB/T 19685执行。

9.2.1.1 内衬式预应力钢筒混凝土管（PCCPL）

1. 内衬式预应力钢筒混凝土管（PCCPL）按接口类型分为单胶圈内衬式预应力钢筒混凝土管（PCCPSL）和双胶圈内衬式预应力钢筒混凝土管（PCCPDL）两种。

2. 标准型内衬式预应力钢筒混凝土管（PCCPL）与接口规格及外形尺寸见图9-1、图9-2、表9-2。

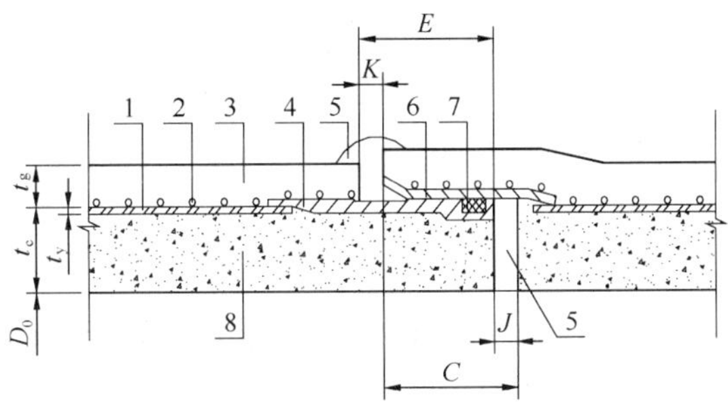

图9-1 单胶圈内衬式预应力钢筒混凝土管（PCCPSL）接口大样
1—钢筒；2—预应力钢丝；3—砂浆保护层；4—插口钢环；5—填缝砂浆；6—承口钢环；7—橡胶圈；8—内衬混凝土

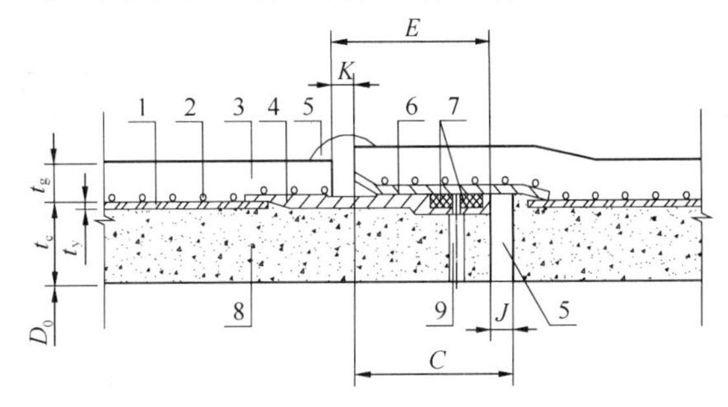

图9-2 双胶圈内衬式预应力钢筒混凝土管（PCCPDL）接口大样
1—钢筒；2—预应力钢丝；3—砂浆保护层；4—插口钢环；5—填缝砂浆；6—承口钢环；7—橡胶圈；8—内衬混凝土；9—试压孔

标准型内衬式预应力钢筒混凝土管（PCCPL）与接口规格及外形尺寸　　表 9-2

接口类型	公称内径 D_0（mm）	最小管芯厚度 t_c（mm）	保护层净厚度（mm）	钢筒厚度 t_y（mm）	接口深度 C、E（mm）	接口直径（mm）	接口间隙 J、K（mm）	胶圈直径（mm）	有效管长（mm）	允许转角（°）	质量（t/m）	主要生产厂商
单胶圈	400	40	20	1.5	93	493	15	20	5000、6000	1.5	0.23	南宁鸿基水泥制品有限公司、天津万联管道工程有限公司、河南康辉水泥制品有限公司
	500	40				593				1.5	0.28	
	600	40				693				1.5	0.31	
	700	45				803				1.5	0.41	
	800	50				913				1.5	0.50	
	900	55				1023				1.5	0.60	
	1000	60				1133				1.5	0.70	
	1200	70				1353				1.0	0.94	
	1400	90				1593				1.0	1.35	
双胶圈	1000	60	20	1.5	160	1133	25	20	5000、6000	1.5	0.70	
	1200	70				1353				1.0	0.94	
	1400	90				1593				1.0	1.35	

3. 加锚固件内衬式预应力钢筒混凝土管（PCCPL）与接口规格及外形尺寸见图 9-3、表 9-3。

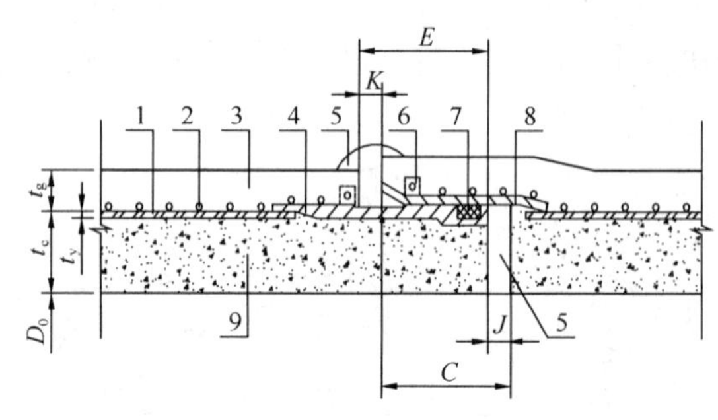

图 9-3　加锚固件单胶圈内衬式预应力钢筒混凝土管（PCCPSL）接口大样

1—钢筒；2—预应力钢丝；3—砂浆保护层；4—插口钢环；5—填缝砂浆；6—锚固件；7—承口钢环；8—橡胶圈；9—内衬混凝土

加锚固件内衬式预应力钢筒混凝土管（PCCPL）与接口规格及外形尺寸　　表 9-3

接口类型	公称内径 D_0（mm）	最小管芯厚度 t_c（mm）	保护层净厚度（mm）	钢筒厚度 t_y（mm）	接口深度 C、E（mm）	接口直径（mm）	接口间隙 J、K（mm）	胶圈直径（mm）	有效管长（mm）	允许转角（°）	质量（t/节）	主要生产厂商
单胶圈	600	40	20	1.5	95	693	15	20	5000	2.0	1.7	无锡华毅管道有限公司
	800	50				913				1.5	2.5	
	1000	60				1133				1.3	3.7	
	1200	70				1353				1.0	5.0	

9.2.1.2 埋置式预应力钢筒混凝土管（PCCPE）

1. 埋置式预应力钢筒混凝土管（PCCPE）按接口类型分为单胶圈埋置式预应力钢筒混凝土管（PCCPSE）和双胶圈埋置式预应力钢筒混凝土管（PCCPDE）两种。

2. 标准型埋置式预应力钢筒混凝土管（PCCPE）与接口规格及外形尺寸见图 9-4、图 9-5、表 9-4。

标准型埋置式预应力钢筒混凝土管（PCCPE）与接口规格及外形尺寸　　表 9-4

接口类型	公称内径 D_0 (mm)	最小管芯厚度 t_c (mm)	保护层净厚度 (mm)	钢筒厚度 t_y (mm)	接口深度 C、E (mm)	接口直径 (mm)	接口间隙 J、K (mm)	胶圈直径 (mm)	有效管长 (mm)	允许转角 (°)	质量 (t/m)	主要生产厂商
单胶圈	1400	100	20	1.5	108	1503	25	20	5000、6000	1.0	1.48	南宁鸿基水泥制品有限公司、无锡华毅管道有限公司、天津万联管道工程有限公司
	1600	100				1703				1.0	1.67	
	1800	115				1903				1.0	2.11	
	2000	125				2103				1.0	2.52	
	2200	140				2313				1.0	3.05	
	2400	150				2513				1.0	3.53	
	2600	165				2713				1.0	4.16	
	2800	175	20	1.5	150	2923	25	20	5000、6000	1.0	4.72	
	3000	190				3143				1.0	5.44	
	3200	200				3343				—	6.07	
	3400	220				3553				—	7.05	
	3600	230				3763				—	7.77	
	3800	245				3973				—	8.69	
	4000	260				4183				—	9.67	
双胶圈	1200	90	20	1.5	160	1292	25	20	5000、6000	1.11	1.14	
	1400	100				1503				0.95	1.48	
	1600	100				1703				0.84	1.67	
	1800	115				1903				0.75	2.11	
	2000	125				2103				0.68	2.52	
	2200	140				2313				0.62	3.05	
	2400	150				2513				0.57	3.53	
	2600	165				2713				0.53	4.16	
	2800	175				2923				0.49	4.72	
	3000	190				3143				0.46	5.44	
	3200	200				3343				0.43	6.07	
	3400	220				3553				0.40	7.05	
	3600	230				3763				0.38	7.77	
	3800	245				3973				0.36	8.69	
	4000	260				4183				0.34	9.67	

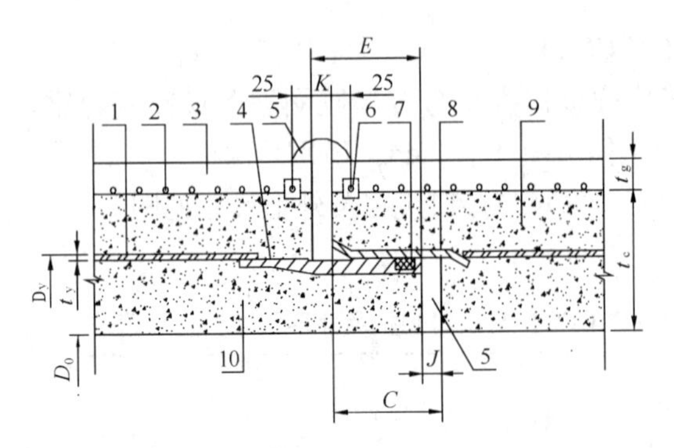

图 9-4 单胶圈埋置式预应力钢筒混凝土管（PCCPSE）接口大样

1—钢筒；2—预应力钢丝；3—砂浆保护层；4—插口钢环；5—填缝砂浆；6—锚固件；7—橡胶圈；8—承口钢环；9—外层混凝土；10—内层混凝土

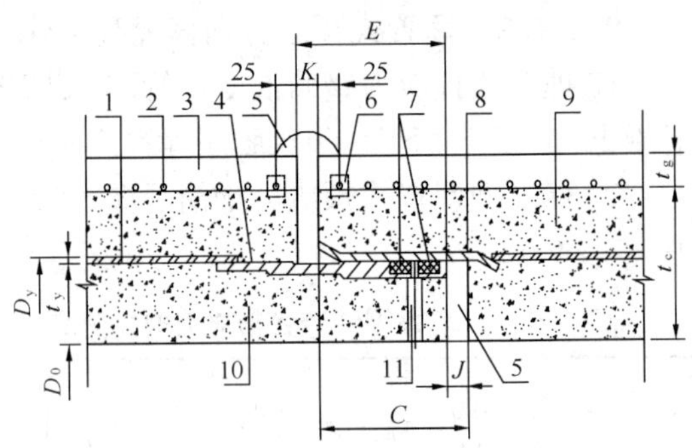

图 9-5 双胶圈埋置式预应力钢筒混凝土管（PCCPDE）接口大样

1—钢筒；2—预应力钢丝；3—砂浆保护层；4—插口钢环；5—填缝砂浆；6—锚固件；7—橡胶圈；8—承口钢环；9—外层混凝土；10—内层混凝土；11—试压孔

3. 抗轴力铠装型埋置式预应力钢筒混凝土管（PCCPE）与接口规格及外形尺寸见图 9-6、表 9-5。

抗轴力铠装型埋置式预应力钢筒混凝土管（PCCPE）与接口规格及外形尺寸　　表 9-5

接口类型	公称内径 D_0 (mm)	最小管芯厚度 t_c (mm)	保护层净厚度 (mm)	钢筒厚度 $t_y \geqslant$ (mm)	接口深度 (mm)	接口直径 (mm)	接口间隙 (mm)	胶圈直径 (mm)	有效管长 (mm)	允许转角 (°)	质量 (t/m)	主要生产厂商
双胶圈	1200	90	20	1.5	—	1292	—	20	5000	1.11	1.1	无锡华毅管道有限公司
	1400	120				1507				0.95	1.8	
	1600	120				1707				0.84	2.0	
	1800	128				1913				0.75	2.4	
	2000	130				2116				0.68	2.6	
	2200	140				2318				0.62	3.1	
	2400	155				2518				0.57	3.7	
	2600	165				2718				0.53	4.2	
	2800	175				2918				0.49	4.8	
	3000	190				3118				0.46	5.4	
	3200	215				3353				0.43	6.5	
	3400	225				3553				0.40	7.1	
	3600	240				3763				0.38	8.0	
	3800	255				3963				0.36	9.0	
	4000	265				4163				0.34	9.9	

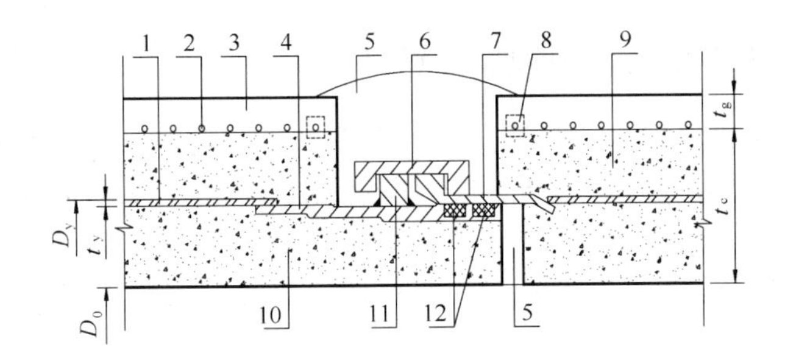

图 9-6 抗轴力铠装型双胶圈埋置式预应力钢筒混凝土管（PCCPDE）接口大样

1—钢筒；2—预应力钢丝；3—砂浆保护层；4—插口钢环；5—填缝砂浆；6—卡环；7—铠装承口钢环；8—橡胶圈；9—外层混凝土；10—内层混凝土；11—止退环；12—橡胶圈

9.2.1.3 薄壁预应力钢筒混凝土管（BPCCP）

薄壁预应力钢筒混凝土管（BPCCP）与接口性能规格及外形尺寸见表 9-6。

薄壁预应力钢筒混凝土管（BPCCP）与接口性能规格及外形尺寸 表 9-6

管型	公称直径 DN（mm）	管外径（mm）	钢筒外径（mm）	管芯厚度（mm）	保护层厚度（mm）	接头深度（mm）	接头直径（mm）	接头间隙（mm）	有效管长（mm）	允许转角（°）	质量（t/节）	主要生产厂商
薄壁PCCP	1200	1390	1340	50	25	160	1358	25	6000	1.0	4.55	天津万联管道工程有限公司
	1400	1570	1520	60	25	160	1503	25		1.0	5.83	
	1600	1790	1740	70	25	160	1703	25		1.0	7.44	
	1800	2010	1960	80	25	160	1903	25		1.0	9.24	
	2000	2230	2180	90	25	160	2120	25		1.0	11.23	
	2200	2450	2400	100	25	160	2332	25		1.0	13.42	
	2400	2660	2610	105	25	160	2542	25		1.0	15.19	
	2600	2870	2820	110	25	160	2786	25	5000	1.0	14.21	
	2800	3080	3030	115	25	160	2952	25		1.0	15.84	
	3000	3290	3240	120	25	160	3143	25		1.0	17.55	
	3200	3500	3450	125	25	160	3343	25		1.0	19.34	
	3400	3710	3660	130	25	160	3553	25		1.0	21.21	
	3600	3920	3870	135	25	160	3763	25		1.0	23.15	
	3800	4130	4080	140	25	160	3973	25		1.0	25.18	
	4000	4340	4290	145	25	160	4183	25		1.0	27.28	
大口径超薄壁PCCP	2600	2830	2780	90	25	160	2786	25		1.0	12.02	
	2800	3040	2990	95	25	160	2952	25		1.0	13.48	
	3000	3250	3200	100	25	160	3143	25		1.0	15.03	
	3200	3460	3410	105	25	160	3343	25		1.0	16.66	
	3400	3670	3620	110	25	160	3553	25		1.0	18.37	
	3600	3880	3830	115	25	160	3763	25		1.0	20.15	
	3800	4090	4040	120	25	160	3973	25		1.0	22.01	
	4000	4300	4250	125	25	160	4183	25		1.0	23.96	

9.2.2 钢制承插口预应力混凝土管

1. 组成：钢制承插口预应力混凝土管（SPCP）是在钢筋混凝土管芯外壁缠绕预应力钢丝，喷以水泥砂浆保护层的复合管，采用钢制承插口配滑动式橡胶密封圈的柔性接口。

2. 适用范围：钢制承插口预应力混凝土管可用于城市给水排水干管、工业输水管线、农田灌溉、冷却水循环系统、倒虹吸管、压力隧道管线及深覆土涵管等。工作压力不超过0.6MPa。

3. 规格及外形尺寸：钢制承插口预应力混凝土管规格及外形尺寸见表9-7。

钢制承插口预应力混凝土管（SPCP）规格及外形尺寸 表9-7

管型	公称直径 DN (mm)	管外径 (mm)	壁厚度 (mm)	接头直径 (mm)	接头间隙 (mm)	管长度 (mm)	质量 (t/m)	主要生产厂商
离心成型	500	620	60	593	15	6000	0.21	天津万联管道工程有限公司
	600	730	65	701	15		0.31	
	700	840	70	808	15		0.41	
	800	950	75	918	15		0.5	
	900	1060	80	1028	15		0.6	
	1000	1170	85	1138	15		0.7	
	1200	1390	95	1358	15		0.94	
立式振捣成型	1400	1650	125	1503	25		1.48	
	1600	1850	125	1703	25		1.67	
	1800	2080	140	1903	25		2.11	
	2000	2300	150	2120	25		2.52	
	2200	2530	165	2332	25		3.05	
	2400	2750	175	2542	25		3.53	
	2600	2980	190	2786	25	5000	4.16	
	2800	3200	200	2952	25		4.72	
	3000	3430	215	3143	25		5.44	
	3200	3660	230	3343	25		6.16	
	3400	3890	245	3553	25		6.88	
	3600	4120	260	3763	25		7.6	
	3800	4350	275	3973	25		8.32	
	4000	4580	290	4183	25		9.04	

9.3 钢筋混凝土排水管

钢筋混凝土排水管常用有钢制承插口钢筋混凝土排水管和F型钢承口钢筋混凝土顶管。其产品按国家标准《混凝土和钢筋混凝土排水管》GB/T 11836执行。

9.3.1 钢制承插口钢筋混凝土排水管

1. 适用范围：钢制承插口钢筋混凝土排水管适用于雨水、污水、引水及农田灌溉等重力管道，其工作压力不超过0.1MPa。

2. 性能规格及外形尺寸：钢制承插口钢筋混凝土排水管与接口性能规格及外形尺寸见表9-8。

钢制承插口钢筋混凝土排水管与接口性能规格及外形尺寸　　表9-8

公称直径(mm)	管外径(mm)	管芯厚度(mm)	接头直径(mm)	接头深度(mm)	有效管长(mm)	允许转角(°)	质量(t/m)	主要生产厂商
1200	1390	70	1358	108	6000	1.0	0.94	天津万联管道工程有限公司
1400	1650	100	1496			1.0	1.48	
1600	1850	100	1699			1.0	1.67	
1800	2076	113	1911			1.0	2.11	
2000	2300	125	2120			1.0	2.52	
2200	2625	138	2332			1.0	3.05	
2400	2750	150	2542			1.0	3.53	
2600	3020	175	2786			1.0	4.63	
2800	3200	185	2923	150	5000	1.0	4.72	
3000	3430	190	3143			1.0	5.44	

9.3.2 F型钢承口钢筋混凝土顶管

1. 适用范围：F型钢承口钢筋混凝土顶管适用于顶进施工的重力排水管道。

2. 规格及外形尺寸：F型钢承口钢筋混凝土顶管与接口规格及外形尺寸见图9-7、表9-9。

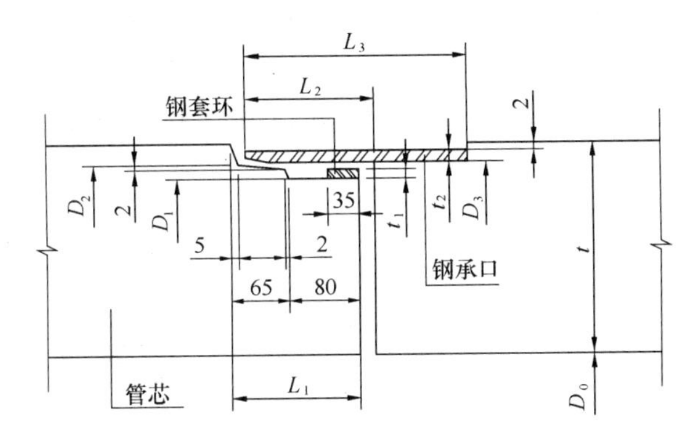

图9-7　F型钢承口钢筋混凝土顶管接口大样

F型钢承口钢筋混凝土顶管与接口规格及外形尺寸（mm） 表9-9

公称内径 D_0	管壁厚度 t	插口尺寸				钢承口尺寸				有效管长	主要生产厂商
		D_1	D_2	t_1	L_1	D_3	t_2	L_2	$\geqslant L_3$		
1200	120	1398	1418	8	145	1424	6	140	250	5000	无锡华毅管道有限公司
1400	140	1634	1654			1660	8				
1600	160	1874	1894			1900					
1800	180	2114	2134			2140					
2000	200	2346	2370			2376	10				
2200	220	2586	2610			2316					
2400	230	2806	2830			2836					
2600	235	3016	3040			3046					
2800	255	3256	3280			3286					
3000	290	3526	3550			3556					
3200	290	3726	3750			3756					
3500	330	4106	4130			4136					

9.4 化学建材管

化学建材管及管件常用有玻璃钢管及管件、聚氯乙烯管及管件、聚乙烯管及管件、聚丙烯管及管件、AGR工程塑料管。

9.4.1 玻璃钢管及管件

9.4.1.1 玻璃钢管类型及连接形式

1. 类型：工程常用玻璃钢管分有纤维缠绕式玻璃钢管和纤维缠绕式玻璃钢夹砂管。

2. 连接形式及适用范围：

（1）单密封圈承插连接：单密封圈承插连接玻璃钢管适用于中低压地下埋设管线，见图9-8。

（2）双密封圈承插连接：双密封圈承插连接玻璃钢管适用于高压地下埋设管线，见图9-9。

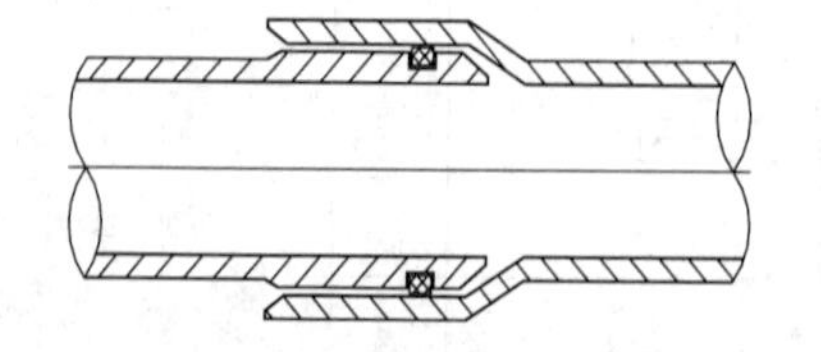

图9-8 单密封圈承插连接玻璃钢管大样

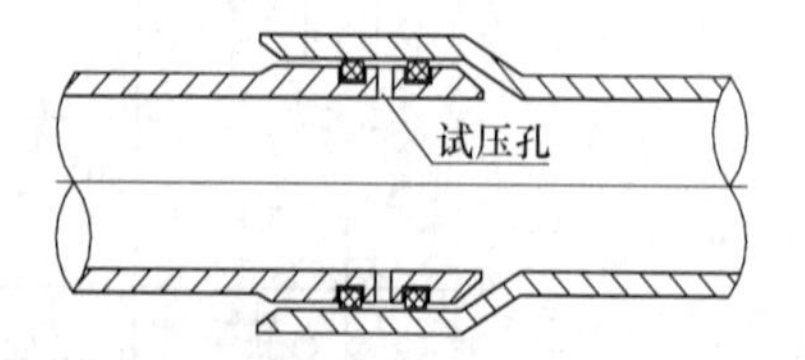

图9-9 双密封圈承插连接玻璃钢管大样

(3) 套管承插粘接：套管承插粘结玻璃钢管适用于低压管线快速连接，见图 9-10。

(4) 交叠承插粘接：交叠承插粘结玻璃钢管适用于高压及复杂荷载的大口径管线，见图 9-11。

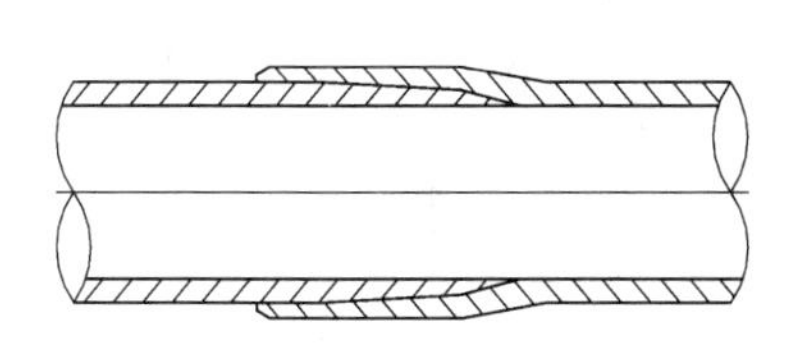

图 9-10 套管承插粘接玻璃钢管大样

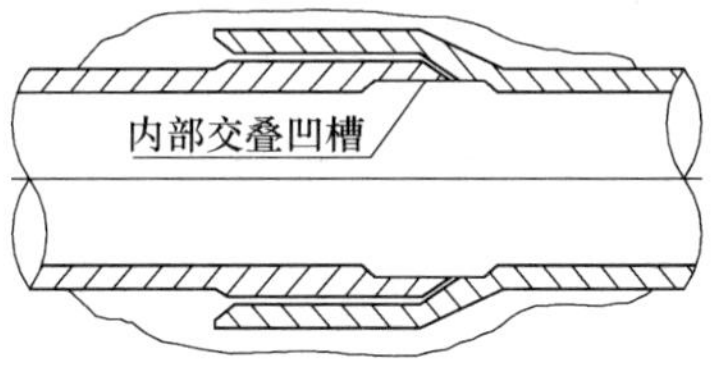

图 9-11 交叠承插粘接玻璃钢管大样

(5) 对接：对接玻璃钢管适用于各种管线和管件连接，常用于大口径管弯曲部位的连接及现场补偿，见图 9-12，图中尺寸 t 和 L 取决于使用条件。

(6) 法兰连接：法兰连接玻璃钢管适用于中低压管线及设备连接，见图 9-13。

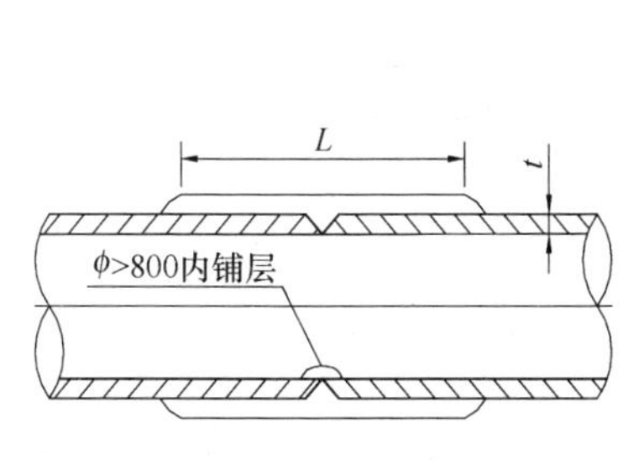

图 9-12 对接玻璃钢管大样

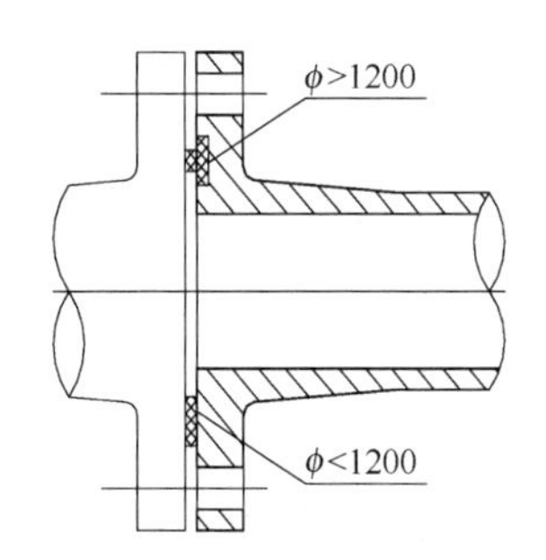

图 9-13 法兰连接玻璃钢管大样

(7) 承插 O 形密封连接尼龙棒 O 形键锁口：承插 O 形密封连接尼龙棒 O 形键锁口玻璃钢管适用于轴向拉力大的管道，如深井管见图 9-14。

(8) 螺纹连接：螺纹连接玻璃钢管适用于直径≤DN200 的高压玻璃钢管道的连接，安装快速方便，可直接与钢管连接，见图 9-15。

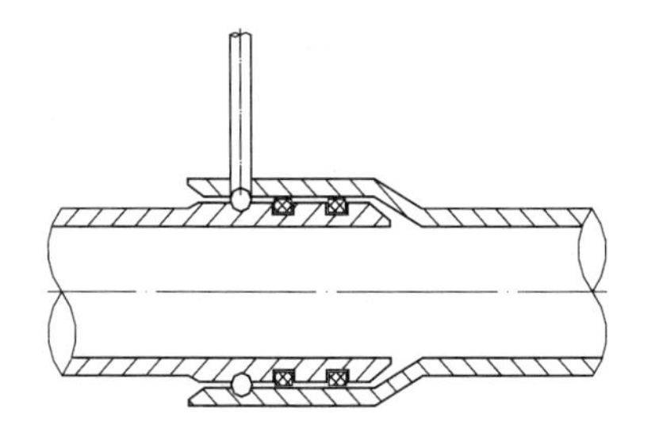

图 9-14 承插 O 形密封连接尼龙棒 O 形键锁口玻璃钢管大样

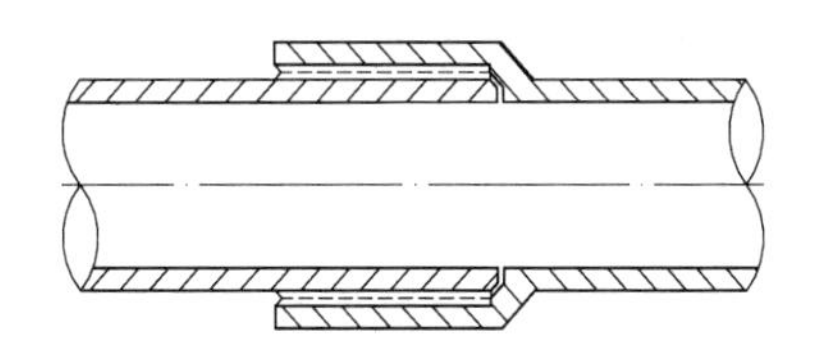

图 9-15 螺纹连接玻璃钢管大样

9.4.1.2 纤维缠绕式玻璃钢管

纤维缠绕式玻璃钢管性能规格见表 9-10。

纤维缠绕式玻璃钢管性能规格　　表 9-10

公称直径 DN (mm)	工作压力 (MPa)						主要生产厂商
	0.6		1.0		1.6		
	壁厚度 (mm)	质量 (kg/m)	壁厚度 (mm)	质量 (kg/m)	壁厚度 (mm)	质量 (kg/m)	
50	3.5	1.1	3.5	1.1	3.5	1.1	广州市花都区宇广玻璃钢制品厂
100	3.5	2.2	3.5	2.2	4.7	3.0	
125	3.5	2.7	4.0	3.1	5.5	4.3	
150	3.5	3.2	4.5	4.2	6.3	5.9	
200	3.9	4.8	5.5	6.7	7.9	9.8	
250	4.5	6.9	6.5	9.8	9.5	14.8	
300	5.1	9.3	7.5	13.5	11.1	20.6	
350	5.7	12.1	8.5	17.8	12.7	27.5	
400	6.3	15.3	9.5	22.6	13.5	33.3	
450	6.9	18.8	10.5	28.1	15.9	44.2	
500	7.5	22.6	11.5	34.2	17.5	54.1	
600	8.7	30.8	13.5	48.1	20.7	76.6	
700	9.9	40.1	15.5	64.5	23.9	103.3	
800	11.1	52.4	17.5	83.2	—	—	
900	12.6	67	19.5	104.2	—	—	
1000	14.0	82.4	22.0	130.7	—	—	
1100	15.2	98.6	—	—	—	—	
1200	16.4	116.0	—	—	—	—	
1300	17.6	134.9	—	—	—	—	
1400	18.8	155.1	—	—	—	—	
1500	20.0	176.7	—	—	—	—	
1600	21.2	199.8	—	—	—	—	
1800	23.6	250.1	—	—	—	—	
2000	26.0	306.1	—	—	—	—	

9.4.1.3　纤维缠绕式玻璃钢夹砂管

纤维缠绕式玻璃钢夹砂管产品按国家标准《玻璃纤维增强塑料夹砂管》GB/T 21238 执行。其性能规格（一）、（二）见表 9-11、表 9-12。

纤维缠绕式玻璃钢夹砂管性能规格（一） 表 9-11

公称直径 DN (mm)	工作压力								主要生产厂商
	0.6MPa				1.0MPa				
	环刚度 SN5（kPa）		环刚度 SN10（kPa）		环刚度 SN5（kPa）		环刚度 SN10（kPa）		
	壁厚度 (mm)	质量 (kg/m)	壁厚度 (mm)	质量 (kg/m)	壁厚度 (mm)	质量 (kg/m)	壁厚度 (mm)	质量 (kg/m)	
300	7.0	13.2	8.5	16.4	8.5	14.2	9.0	17.6	广州市花都区宇广玻璃钢制品厂、积水（上海）国际贸易有限公司、河南天地人和实业有限公司
400	8.0	18.8	10.0	23.5	9.0	20.3	10.5	25.2	
450	8.5	21.4	10.0	26.8	9.0	23.2	11.5	28.8	
500	8.6	26.8	10.6	33.5	9.3	29.0	11.5	36.0	
600	9.6	35.8	12.2	45.7	10.3	38.5	13.5	50.7	
700	11.3	48.2	14.2	62.1	12.1	52.8	15.3	67.0	
800	12.6	62.7	16.2	81.0	13.6	67.8	17.0	85.0	
900	14.2	79.5	18.8	105.8	15.1	84.6	20.0	112.7	
1000	16.0	99.5	20.8	130.9	16.8	104.6	21.8	136.4	
1200	17.8	132.7	24.8	186.0	18.3	136.5	25.8	193.6	
1400	20.6	179.2	27.0	235.9	21.8	189.8	29.0	253.7	
1600	23.8	236.6	29.5	294.3	25.2	250.8	31.0	309.6	
1800	26.8	299.8	34.5	387.5	28.0	313.4	35.0	393.3	
2000	29.0	360.3	39.0	486.9	31.0	385.5	40.0	499.6	
2200	32.0	437.3	43.0	590.6	33.0	451.2	44.0	604.6	
2400	35.0	521.8	46.0	688.9	36.5	544.5	47.0	704.2	
2600	38.0	613.8	49.0	794.8	40.0	646.6	51.0	827.4	
2800	41.0	713.2	52.0	908.1	42.5	739.7	56.0	979.3	
3000	45.0	839.0	55.0	1029.0	47.0	876.9	60.0	1125	

纤维缠绕式玻璃钢夹砂管性能规格（二） 表 9-12

公称直径 DN (mm)	工作压力														主要生产厂商
	重力流 0.25MPa				0.6MPa						1.0MPa				
	环刚度 SN5 (kPa)		环刚度 SN10 (kPa)		环刚度 SN2.5 (kPa)		环刚度 SN5 (kPa)		环刚度 SN10 (kPa)		环刚度 SN5 (kPa)		环刚度 SN10 (kPa)		
	壁厚度 (mm)	质量 (kg/m)	壁厚度 (mm)	质量 (kg/m)	壁厚度 (mm)	质量 (kg/m)	壁厚度 (mm)	质量 (kg/m)	壁厚度 (mm)	质量 (kg/m)	壁厚度 (mm)	质量 (kg/m)	壁厚度 (mm)	质量 (kg/m)	
500	9.2	29.08	11.0	35.25	8.0	25.64	9.0	28.84	11.0	35.25	8.8	28.20	10.8	34.61	广西雨田科技开发有限公司
600	10.4	40.00	13.5	51.91	8.5	32.69	10.0	38.46	12.8	49.22	9.8	37.69	12.4	47.68	
700	12.2	54.73	15.5	69.54	9.4	42.17	11.8	52.94	15.5	67.75	11.5	51.59	14.8	66.40	
800	13.6	69.73	17.8	91.26	10.8	55.38	13.2	67.75	17.0	87.16	12.8	66.63	16.5	84.60	
900	15.4	88.83	19.0	109.56	12.2	70.37	15.0	86.52	18.4	106.13	14.5	83.64	18.2	104.96	
1000	17.0	108.95	21.0	134.59	13.4	85.88	16.5	105.75	20.5	131.38	16.2	103.82	20.2	129.46	
1200	18.7	143.81	24.8	190.73	14.5	111.52	18.4	141.51	24.5	188.42	18.2	139.97	24.2	186.11	
1300	22.5	192.6	28.2	241.0	16.2	137.3	21.2	180.4	27.5	234.9	20.2	169.5	26.5	224.9	
1400	23.0	206.36	29.3	262.89	17.5	157.02	22.5	201.88	28.6	256.61	21.5	192.91	28.2	253.02	
1500	24.8	238.41	31.5	302.82	18.6	178.81	24.5	235.53	32.3	310.39	23.5	225.91	30.6	294.17	
1600	26.3	269.69	33.5	343.51	19.5	199.96	26.0	266.61	33.0	338.39	24.8	254.31	32.5	333.26	
1800	29.4	339.16	37.8	436.6	22.0	253.79	29.0	334.54	37.0	426.83	27.8	320.70	36.5	421.06	
2000	32.8	420.42	41.8	535.78	25.2	323.01	32.6	417.86	41.5	531.94	31.6	405.04	41.0	525.53	
2200	35.9	506.17	45.8	645.76	27.5	387.74	35.0	493.48	45.0	634.48	33.8	476.56	44.2	623.2	
2400	39.2	620.93	49.8	765.99	29.5	453.75	38.0	584.49	—	—	37.0	567.11	—	—	
2500	40.5	648.90	52.0	899.15	31.5	504.70	39.5	632.87	—	—	38.5	616.85	—	—	
2800	47.8	878.1	59.5	1091.9	37.5	689.5	47.0	864.0	—	—	45.2	823.8	—	—	
3000	52.5	980.1	69.0	1290	40.4	749.1	48.6	898.9	—	—	47.9	877.2	—	—	
4000	70.2	1750	91.3	2277	—	—	—	—	—	—	—	—	—	—	

9.4.1.4 玻璃钢管件

玻璃钢管件分有玻璃钢 90°弯头、玻璃钢 45°弯头、玻璃钢三通、玻璃钢异径管、玻璃钢法兰等。

1. 玻璃钢 90°弯头、玻璃钢 45°弯头、玻璃钢三通性能规格及外形尺寸见图 9-16～图 9-18、表 9-13。

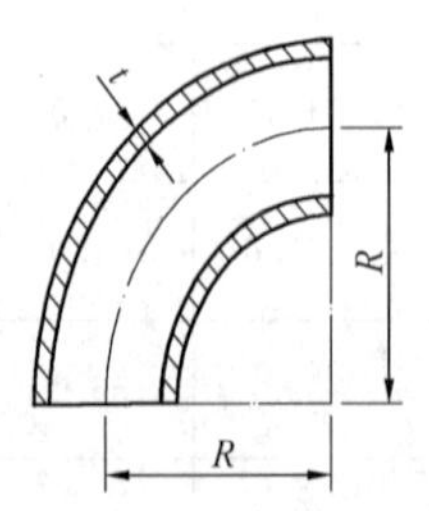

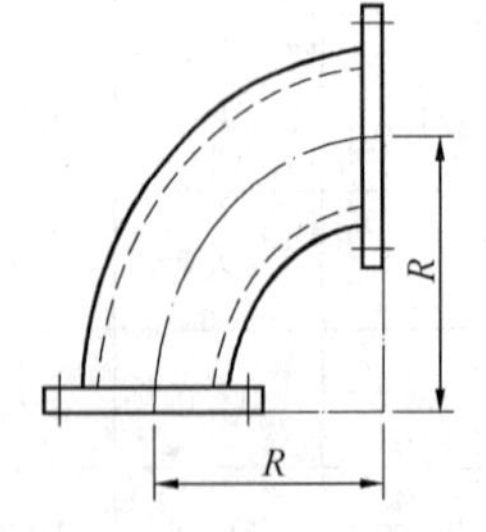

图 9-16 玻璃钢 90°弯头外形尺寸

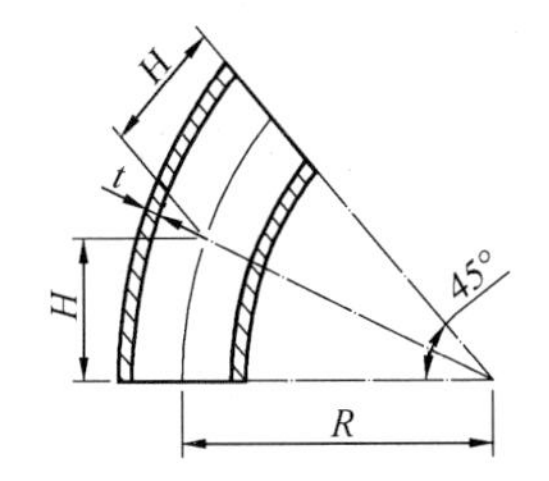

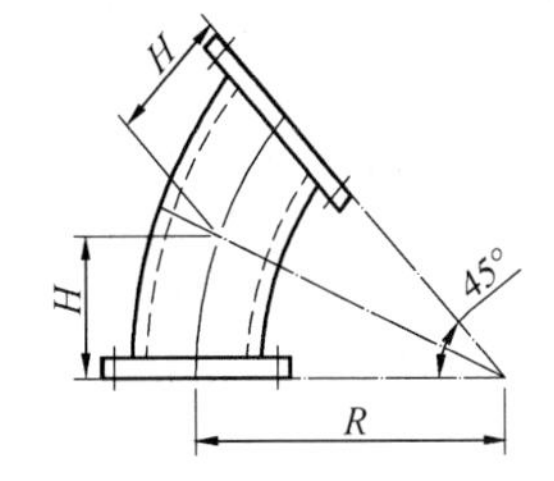

图 9-17 玻璃钢 45°弯头外形尺寸

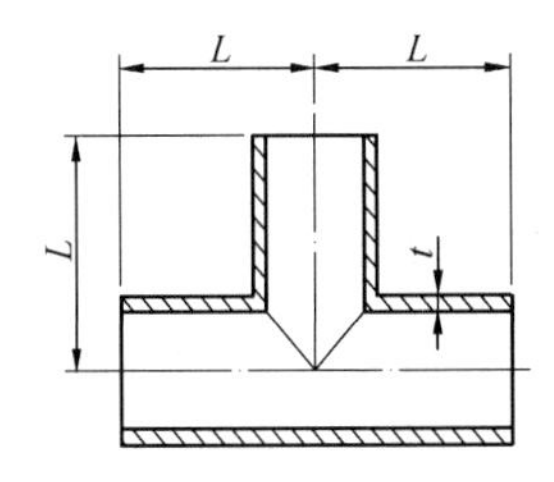

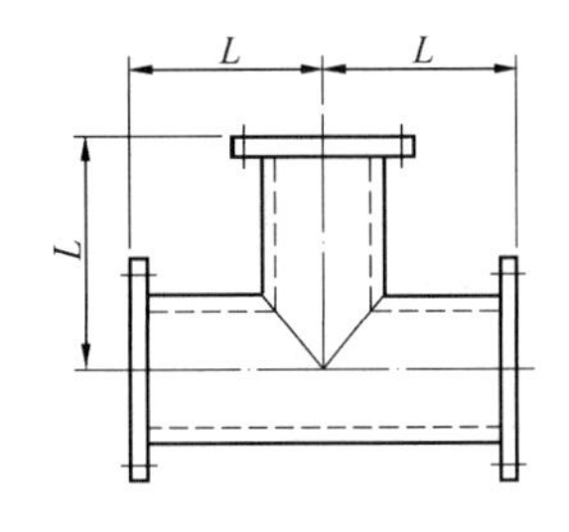

图 9-18 玻璃钢三通外形尺寸

玻璃钢 90°弯头、45°弯头、三通性能规格及外形尺寸（mm） **表 9-13**

公称直径 *DN*	中心至端面距离			工作压力对应的壁厚度 *t*			主要生产厂商
	R	*H*	*L*	0.6MPa	1.0MPa	1.6MPa	
50	150	65	150	6	6	6	广州市花都区宇广玻璃钢制品厂、积水（上海）国际贸易有限公司、广西雨田科技开发有限公司
80	150	95	175	6	6	6	
100	150	95	200	6	6	6	
150	225	125	250	6	8	10	
200	300	125	300	6	8	14	
250	375	155	350	8	10	16	
300	450	185	400	8	12	10	
350	525	215	450	10	14	22	
400	600	250	500	10	16	25	
450	675	280	525	12	18	28	
500	750	310	550	12	20	31	
600	900	375	600	15	24	38	
700	1050	435	700	18	27	—	
800	1200	500	750	20	31	—	
900	1350	560	825	22	34	—	
1000	1500	625	900	24	38	—	

2. 玻璃钢异径管性能规格及外形尺寸见图 9-19、表 9-14。

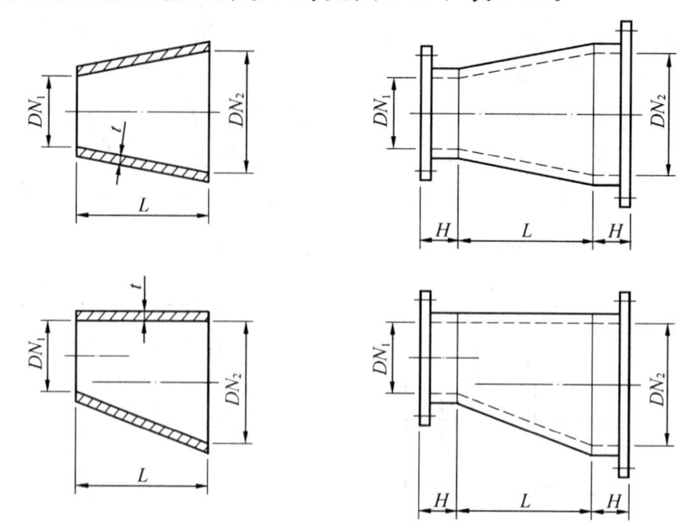

图 9-19　玻璃钢异径管外形尺寸

玻璃钢异径管性能规格及外形尺寸（mm）　**表 9-14**

公称直径		长　度		工作压力对应的壁厚度 t			主要生产厂商
DN_1	DN_2	L	H	0.6MPa	1.0MPa	1.6MPa	
50	80	150	150	6	6	6	广州市花都区宇广玻璃钢制品厂、积水（上海）国际贸易有限公司、广西雨田科技开发有限公司
50	100	155	150	6	6	6	
80	100	150	150	6	6	6	
80	150	200	150	6	8	10	
100	150	200	150	6	8	10	
100	200	250	200	6	8	14	
150	200	250	200	6	8	14	
150	250	300	250	8	10	16	
200	250	300	250	8	10	16	
200	300	350	250	8	12	10	
250	300	350	250	8	12	10	
250	350	400	300	10	14	22	
300	350	400	300	10	14	22	
300	400	450	300	10	16	25	
350	400	450	300	10	16	25	
350	450	500	300	12	18	28	
400	450	500	300	12	18	28	
400	500	550	300	12	20	31	
450	500	550	300	12	20	31	
450	600	600	300	24	38	—	
500	600	600	300	24	38	—	
500	700	650	370	18	27	—	
600	700	650	370	18	27	—	
600	800	700	370	20	31	—	
700	800	700	370	20	31	—	
700	900	750	370	22	34	—	
7000	1000	750	370	24	38	—	
800	1000	800	370	24	38	—	
900	1000	800	370	24	38	—	

3. 玻璃钢法兰性能规格及外形尺寸见图 9-20、表 9-15。

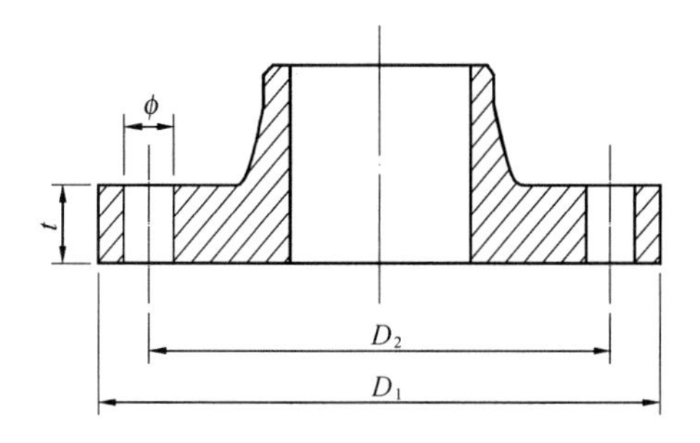

图 9-20 玻璃钢法兰外形尺寸

玻璃钢法兰性能规格及外形尺寸 **表 9-15**

公称直径 DN (mm)	工作压力 (MPa)	最小厚度 t (mm)	外径 D_1 (mm)	螺栓中心圆直径 D_2 (mm)	螺栓孔径 ϕ (mm)	螺栓 数量 n (个)	螺栓 型号	主要生产厂商
50	0.6	14	165	125	18	4	M16	广州市花都区宇广玻璃钢制品厂、积水（上海）国际贸易有限公司、广西雨田科技开发有限公司
80		17	200	160	18	8	M16	
100		17	220	180	18	8	M16	
150		20	285	240	22	8	M20	
200		24	340	295	22	8	M20	
250		28	395	350	22	12	M20	
300		34	445	400	22	12	M20	
350		37	505	460	22	16	M20	
400		40	565	515	26	16	M24	
450		43	615	565	26	20	M24	
500		46	670	620	26	20	M24	
600		52	780	725	30	20	M27	
700		58	895	840	30	24	M27	
800		64	1015	950	33	24	M30	
900		70	1115	1050	33	28	M30	
1000		76	1230	1160	36	28	M33	
50	1.0	20	165	125	18	4	M16	
80		24	200	160	18	8	M16	
100		24	220	180	18	8	M16	
150		26	285	240	22	8	M20	
200		31	340	295	22	8	M20	
250		34	395	350	22	12	M20	
300		40	445	400	22	12	M20	
350		43	505	460	22	16	M20	
400		46	565	515	26	16	M24	
450		48	615	565	26	20	M24	
500		52	670	620	26	20	M24	
600		58	780	725	30	20	M27	
700		64	895	840	30	24	M27	
800		70	1015	950	33	24	M30	
900		76	1115	1050	33	28	M30	
1000		82	1230	1160	36	28	M33	

续表

公称直径 DN (mm)	工作压力 (MPa)	最小厚度 t (mm)	外径 D_1 (mm)	螺栓中心圆直径 D_2 (mm)	螺栓孔径 ϕ (mm)	螺栓		主要生产厂商
						数量 n (个)	型号	
50	1.6	28	165	125	18	4	M16	广州市花都区宇广玻璃钢制品厂、积水（上海）国际贸易有限公司、广西雨田科技开发有限公司
80		28	200	160	18	8	M16	
100		31	220	180	18	8	M16	
150		34	285	240	22	8	M20	
200		37	340	295	22	12	M20	
250		43	405	355	26	12	M24	
300		48	460	410	26	12	M24	
350		52	520	470	26	16	M24	
400		54	580	525	30	16	M27	
450		57	640	585	30	20	M27	
500		60	715	650	33	20	M30	
600		70	840	770	36	20	M33	

9.4.2 聚氯乙烯管及管件

聚氯乙烯管及管件常用有给水用硬聚氯乙烯（PVC-U）管及管件、排水用硬聚氯乙烯（PVC-U）管及管件、氯化硬聚氯乙烯（PVC-C）管及管件。

9.4.2.1 给水用硬聚氯乙烯（PVC-U）管

1. 适用范围：给水用硬聚氯乙烯管适用于压力下输送不超过45℃的水，包括一般用途和饮用水的输送。

2. 连接形式及适用范围：

（1）胶粘剂承插连接：常用于公称外径 $dn \leqslant 160$ 的室内管道连接。

（2）弹性橡胶密封圈承插连接：常用于公称外径 $dn \geqslant 63$ 的室外埋地管道连接。

（3）镶嵌铜丝扣的注塑管件连接或法兰连接：常用于与其他不同材质的管道及其配件、卫生器具等接口的连接。

3. 规格及外形尺寸：给水用硬聚氯乙烯管产品按国家标准《给水用硬聚氯乙烯（PVC-U）管材》GB/T 10002.1执行。其中粘接平口管、橡胶密封圈承口管规格及外形尺寸见图9-21、图9-22、表9-16。

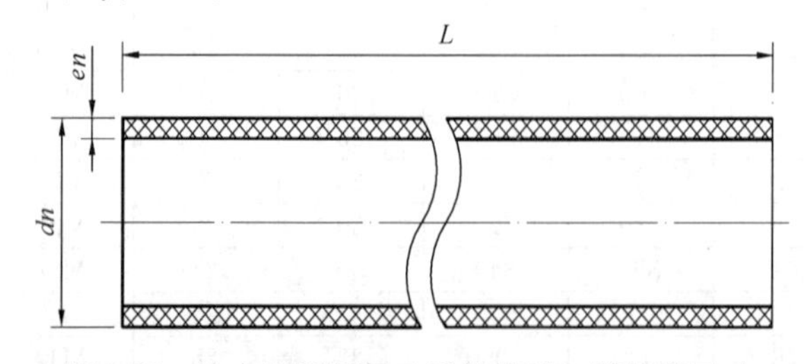

图9-21 给水用硬聚氯乙烯粘接平口管外形尺寸

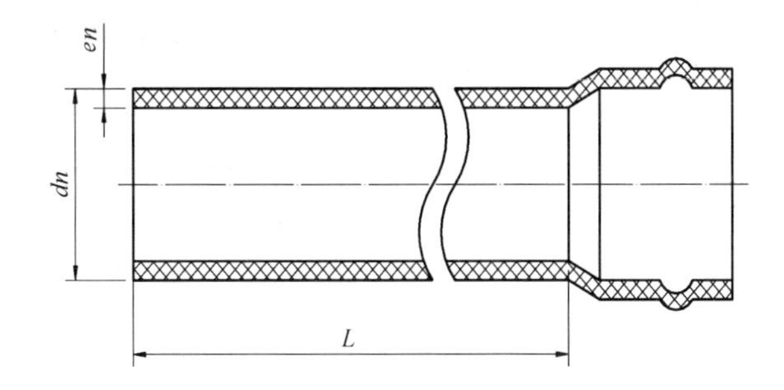

图 9-22 给水用硬聚氯乙烯橡胶密封圈承口管外形尺寸

给水用硬聚氯乙烯管材规格及外形尺寸 **表 9-16**

公称外径 *dn* (mm)	不同公称压力 *PN*（MPa）下的管材壁厚度 *en*（mm）							管长度 (m)	主要生产厂商
	0.60	0.80	1.00	1.25	1.60	2.00	2.50		
20	—	—	—	—	2.0	2.0	2.3	4 或 6	广东联塑科技实业有限公司、广东雄塑科技实业有限公司、广西梧州五一塑料制品有限公司、广西佳利工贸有限公司
25	—	—	—	—	2.0	2.3	2.8		
32	—	—	—	2.0	2.4	2.9	3.6		
40	—	—	2.0	2.4	3.0	3.7	4.5		
50	—	2.0	2.4	3.0	3.7	4.6	5.6		
63	2.0	2.5	3.0	3.8	4.7	5.8	7.1		
75	2.3	2.9	3.6	4.5	5.6	6.9	8.4		
90	2.7	3.4	4.2	5.3	6.6	8.1	10.0		
110	2.8	3.5	4.3	5.4	6.7	8.2	10.1		
125	3.1	3.9	4.8	6.0	7.4	9.2	11.4		
140	3.5	4.3	5.4	6.7	8.3	10.3	12.7		
160	4.0	4.9	6.2	7.7	9.5	11.8	14.6		
180	4.4	5.5	6.9	8.6	10.7	13.3	16.4		
200	4.9	6.2	7.7	9.6	11.9	14.7	18.2		
225	5.5	6.9	8.6	10.8	13.4	16.6	—		
250	6.2	7.7	9.6	11.9	14.8	18.4	—		
280	6.9	8.6	10.7	13.4	16.6	20.6	—		
315	7.7	9.7	12.1	15.0	18.7	23.2	—		
355	8.7	10.9	13.6	16.9	21.1	26.1	—		
400	9.8	12.3	15.3	19.1	23.7	29.4	—		
450	11.0	13.8	17.2	21.5	26.7	33.1	—		
500	12.3	15.3	19.1	23.9	29.7	36.8	—		
560	13.7	17.2	21.4	26.7	—	—	—		
630	15.4	19.3	24.1	30.0	—	—	—		

9.4.2.2 给水用硬聚氯乙烯（PVC-U）管件

工程常用给水用硬聚氯乙烯管件有粘接注塑管件、橡胶圈接口管件，按国家标准《给水用硬聚氯乙烯（PVC-U）管件》GB/T 10002.2 执行。

1. 给水用硬聚氯乙烯粘接注塑管件：

（1）给水用硬聚氯乙烯直通规格及外形尺寸见图 9-23、表 9-17。

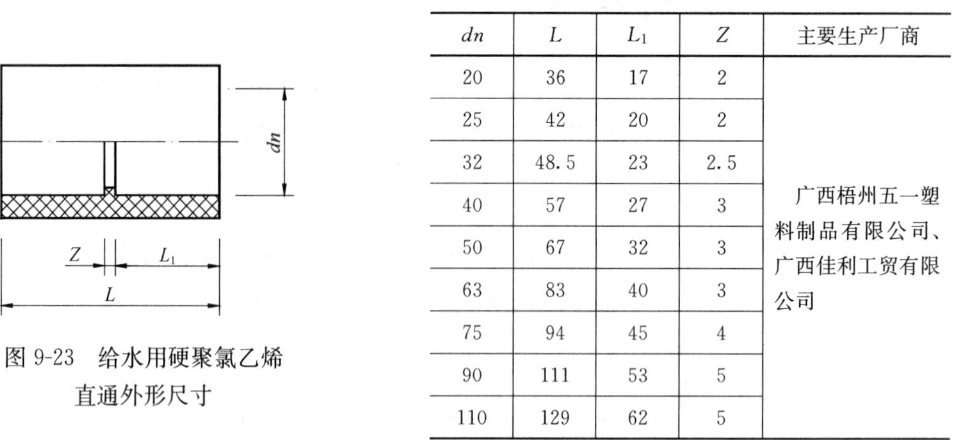

图 9-23 给水用硬聚氯乙烯直通外形尺寸

给水用硬聚氯乙烯直通规格及外形尺寸（mm） 表 9-17

dn	L	L_1	Z	主要生产厂商
20	36	17	2	广西梧州五一塑料制品有限公司、广西佳利工贸有限公司
25	42	20	2	
32	48.5	23	2.5	
40	57	27	3	
50	67	32	3	
63	83	40	3	
75	94	45	4	
90	111	53	5	
110	129	62	5	

（2）给水用硬聚氯乙烯异径直通规格及外形尺寸见图 9-24、表 9-18。

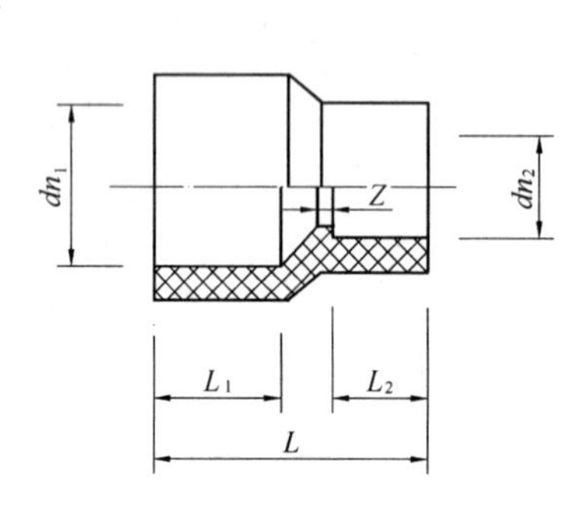

图 9-24 给水用硬聚氯乙烯异径直通外形尺寸

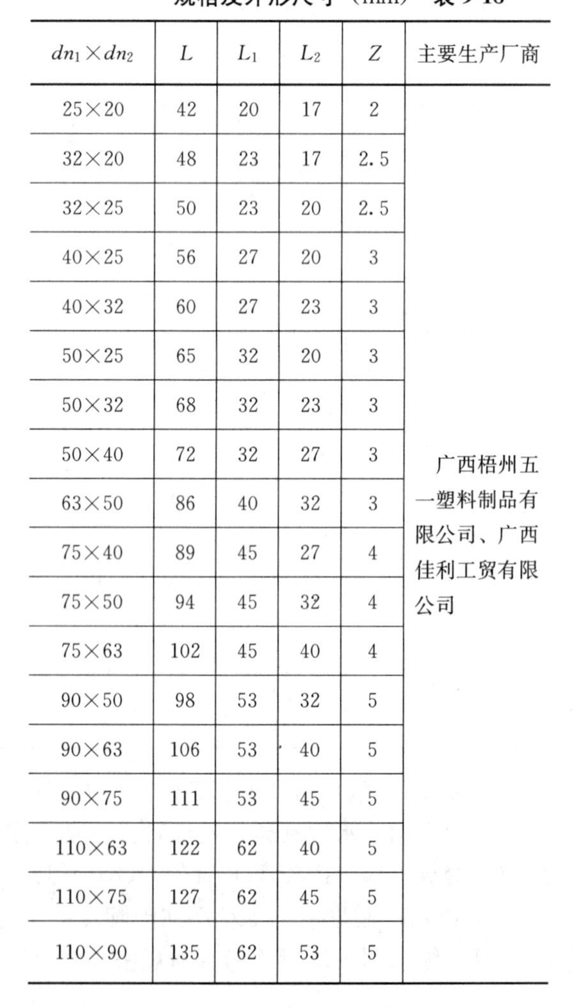

给水用硬聚氯乙烯异径直通规格及外形尺寸（mm） 表 9-18

$dn_1 \times dn_2$	L	L_1	L_2	Z	主要生产厂商
25×20	42	20	17	2	广西梧州五一塑料制品有限公司、广西佳利工贸有限公司
32×20	48	23	17	2.5	
32×25	50	23	20	2.5	
40×25	56	27	20	3	
40×32	60	27	23	3	
50×25	65	32	20	3	
50×32	68	32	23	3	
50×40	72	32	27	3	
63×50	86	40	32	3	
75×40	89	45	27	4	
75×50	94	45	32	4	
75×63	102	45	40	4	
90×50	98	53	32	5	
90×63	106	53	40	5	
90×75	111	53	45	5	
110×63	122	62	40	5	
110×75	127	62	45	5	
110×90	135	62	53	5	

(3) 给水用硬聚氯乙烯 90°弯头规格及外形尺寸见图 9-25、表 9-19。

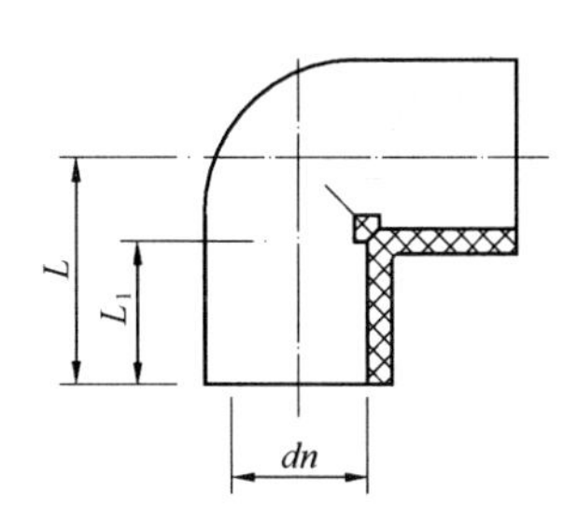

图 9-25 给水用硬聚氯乙烯 90°弯头外形尺寸

给水用硬聚氯乙烯 90°弯头规格及外形尺寸(mm) 表 9-19

dn	L	L_1	主要生产厂商
20	29	17	广西梧州五一塑料制品有限公司、广西佳利工贸有限公司
25	34.5	20	
32	40	23	
40	50	27	
50	60	32	
63	73	40	
75	85	45	
90	101	53	
110	120	62	

(4) 给水用硬聚氯乙烯 45°弯头规格及外形尺寸见图 9-26、表 9-20。

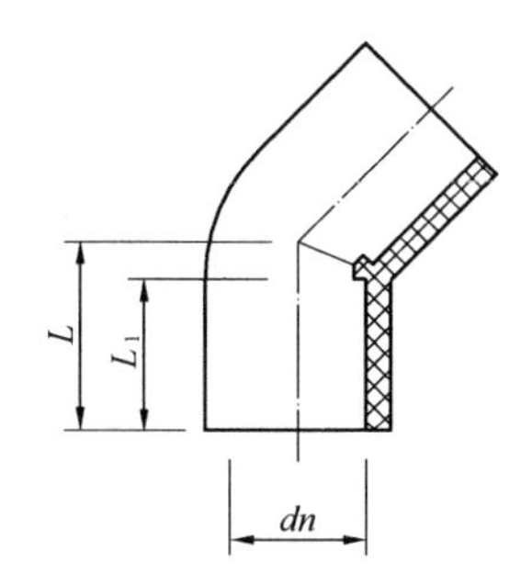

图 9-26 给水用硬聚氯乙烯 45°弯头外形尺寸

给水用硬聚氯乙烯 45°弯头规格及外形尺寸(mm) 表 9-20

dn	L	L_1	主要生产厂商
20	23	17	广西梧州五一塑料制品有限公司、广西佳利工贸有限公司
25	27	20	
32	31	23	
40	38	27	
50	45	32	
63	55	40	
75	63	45	
90	75	53	
110	87	62	

(5) 给水用硬聚氯乙烯三通规格及外形尺寸见图 9-27、表 9-21。

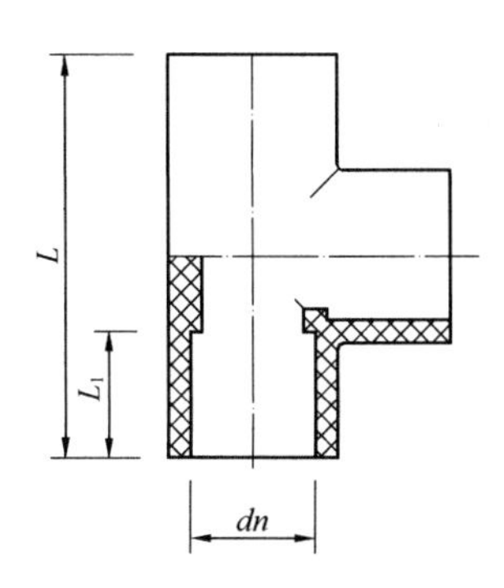

图 9-27 给水用硬聚氯乙烯三通外形尺寸

给水用硬聚氯乙烯三通规格及外形尺寸(mm) 表 9-21

dn	L	L_1	主要生产厂商
20	58	17	广西梧州五一塑料制品有限公司、广西佳利工贸有限公司
25	68	20	
32	80	23	
40	100	27	
50	120	32	
63	145	40	
75	168	45	
90	202	53	
110	240	62	

(6) 给水用硬聚氯乙烯异径三通规格及外形尺寸见图 9-28、表 9-22。

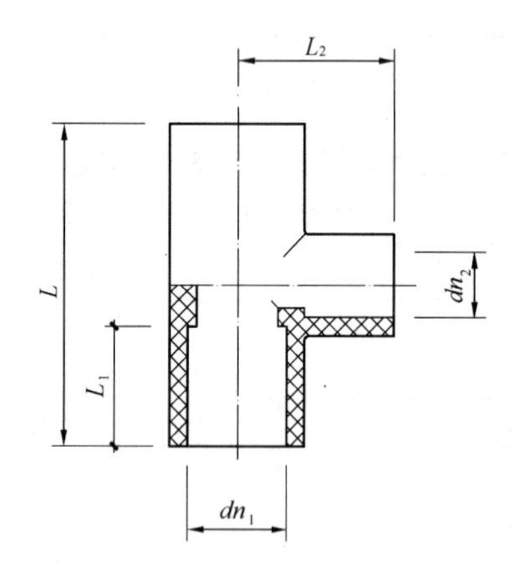

图 9-28 给水用硬聚氯乙烯异径三通外形尺寸

给水用硬聚氯乙烯异径三通规格及外形尺寸　表 9-22

$dn_1 \times dn_2$	L	L_1	L_2	主要生产厂商
25×20	65	17	31.5	广西梧州五一塑料制品有限公司、广西佳利工贸有限公司
32×20	70	23	35	
32×25	75	23	37.5	
40×20	80	27	38	
40×25	82	27	42	
40×32	90	27	44	
50×20	90	32	44	
50×25	95	32	47	
50×32	100	32	50	
50×40	108	32	54	
63×25	110	40	53	
63×32	116	40	56.5	
63×40	124	40	60.5	
63×50	135	40	66	
75×32	130	45	64	
75×40	138	45	68	
75×50	148	45	73.5	
75×63	160	45	81.5	
90×40	150	53	74	
90×50	160	53	79	
90×63	173	53	87	
90×75	185	53	92	
110×50	182	62	90	
110×63	195	62	98	
110×75	207	62	103	
110×90	222	62	112	

（7）给水用硬聚氯乙烯内螺纹异径直通规格及外形尺寸见图 9-29、表 9-23。

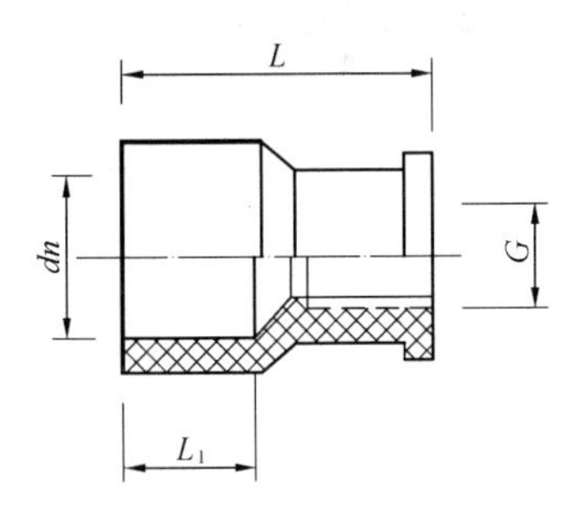

图 9-29 给水用硬聚氯乙烯内螺纹异径直通外形尺寸

给水用硬聚氯乙烯内螺纹异径直通规格及外形尺寸 表 9-23

$dn \times G$ (mm×in)	L (mm)	L_1 (mm)	主要生产厂商
20×1/2	36	17	广西梧州五一塑料制品有限公司、广西佳利工贸有限公司
25×1/2	40	20	
25×3/4	42	20	
32×1/2	43	23	
32×3/4	45	23	
32×1	48	23	

（8）给水用硬聚氯乙烯内螺纹三通规格及外形尺寸见图 9-30、表 9-24。

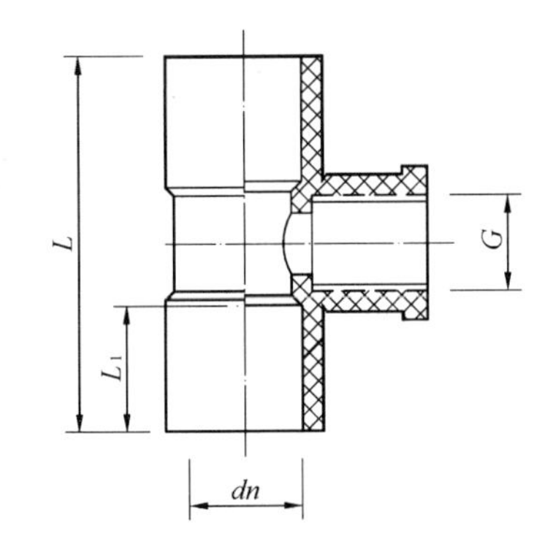

图 9-30 给水用硬聚氯乙烯内螺纹异径三通外形尺寸

给水用硬聚氯乙烯内螺纹三通规格及外形尺寸 表 9-24

$dn \times G$ (mm×in)	L (mm)	L_1 (mm)	主要生产厂商
20×1/2	58	17	广西梧州五一塑料制品有限公司、广西佳利工贸有限公司
25×1/2	63	20	
25×3/4	68	20	
32×1/2	70	23	
32×3/4	68	23	
32×1	82	23	

（9）给水用硬聚氯乙烯 90°内螺纹异径弯头规格及外形尺寸见图 9-31、表 9-25。

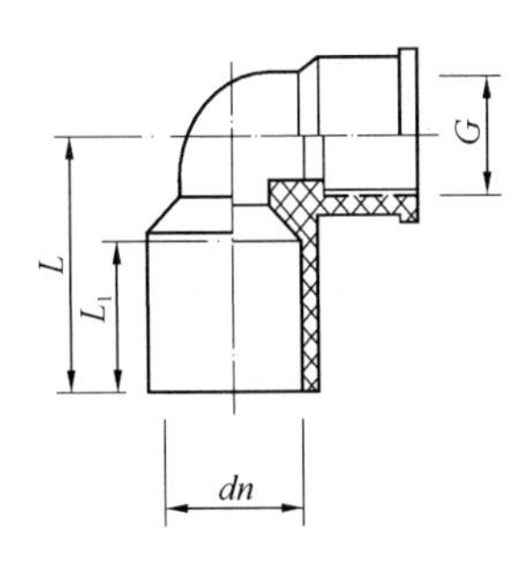

图 9-31 给水用硬聚氯乙烯 90°内螺纹异径弯头外形尺寸

给水用硬聚氯乙烯 90°内螺纹异径弯头规格及外形尺寸 表 9-25

$dn \times G$ (mm×in)	L (mm)	L_1 (mm)	主要生产厂商
20×1/2	28.5	17	广西梧州五一塑料制品有限公司、广西佳利工贸有限公司
25×1/2	30.5	20	
25×3/4	33.5	20	
32×1/2	32.5	23	
32×3/4	35.5	23	
32×1	38.5	23	

2. 给水用硬聚氯乙烯橡胶圈接口管件：

（1）给水用硬聚氯乙烯 45°承插弯头规格及外形尺寸见图 9-32、表 9-26。

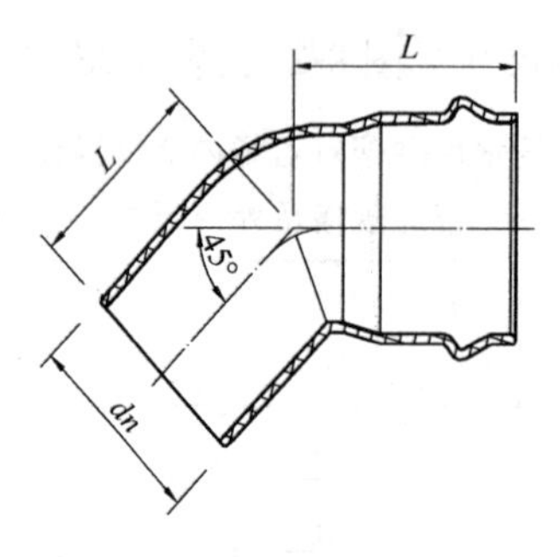

图 9-32　给水用硬聚氯乙烯 45°承插弯头外形尺寸

给水用硬聚氯乙烯 45°承插弯头规格及外形尺寸（mm）　表 9-26

dn	L	主要生产厂商
200	260	广西梧州五一塑料制品有限公司
250	300	
315	384	

（2）给水用硬聚氯乙烯双承短管规格及外形尺寸见图 9-33、表 9-27。

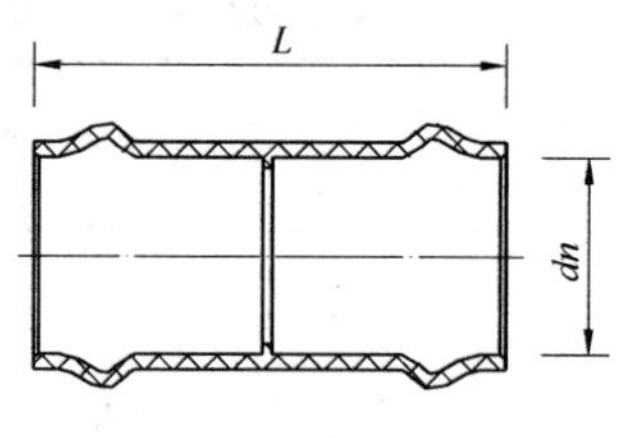

图 9-33　给水用硬聚氯乙烯双承短管外形尺寸

给水用硬聚氯乙烯双承短管规格及外形尺寸（mm）　表 9-27

dn	L	主要生产厂商
110	273	广西梧州五一塑料制品有限公司
160	323	
200	373	
315	482	
400	582	

（3）给水用硬聚氯乙烯 45°双承弯头规格及外形尺寸见图 9-34、表 9-28。

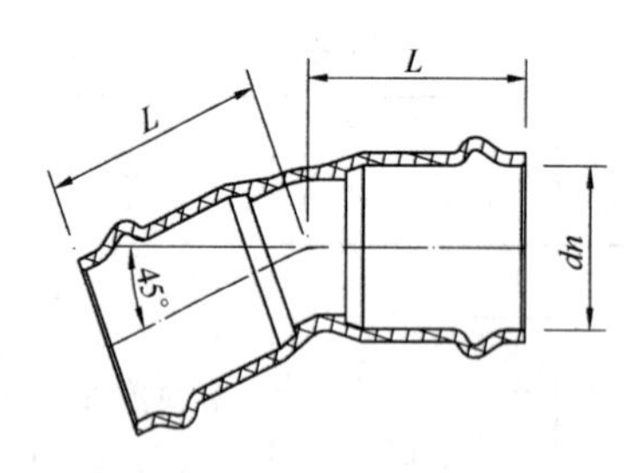

图 9-34　给水用硬聚氯乙烯 45°双承弯头外形尺寸

给水用硬聚氯乙烯 45°双承弯头规格及外形尺寸（mm）　表 9-28

dn	L	主要生产厂商
110	273	广西梧州五一塑料制品有限公司
160	323	
200	373	

（4）给水用硬聚氯乙烯 22.5°双承弯头规格及外形尺寸见图 9-35、表 9-29。

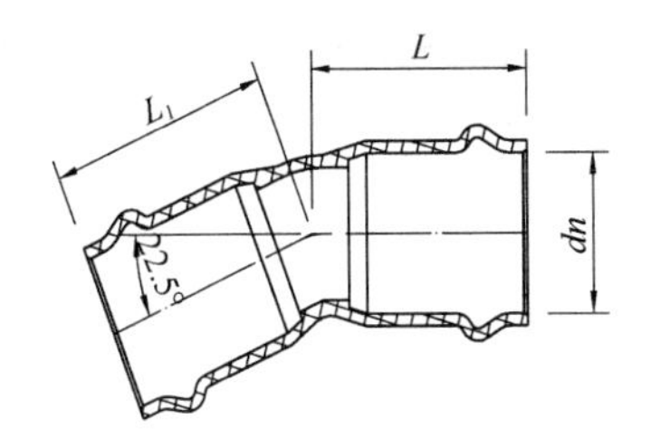

图 9-35 给水用硬聚氯乙烯 22.5°双承弯头外形尺寸

给水用硬聚氯乙烯 22.5°双承弯头规格及外形尺寸（mm） 表 9-29

dn	L	L_1	主要生产厂商
110	180	180	广西梧州五一塑料制品有限公司
160	225	225	
200	260	260	

（5）给水用硬聚氯乙烯 90°承插弯头规格及外形尺寸见图 9-36、表 9-30。

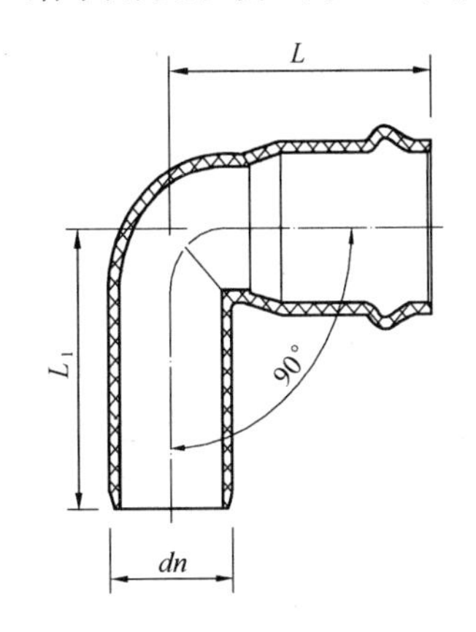

图 9-36 给水用硬聚氯乙烯 90°承插弯头外形尺寸

给水用硬聚氯乙烯 90°承插弯头规格及外形尺寸（mm） 表 9-30

dn	L	L_1	主要生产厂商
63	170	164	广西梧州五一塑料制品有限公司
75	190	176	
90	210	196	
110	234	208	
160	295	261	
200	300	330	
315	468	413	

（6）给水用硬聚氯乙烯承插异径管规格及外形尺寸见图 9-37、表 9-31。

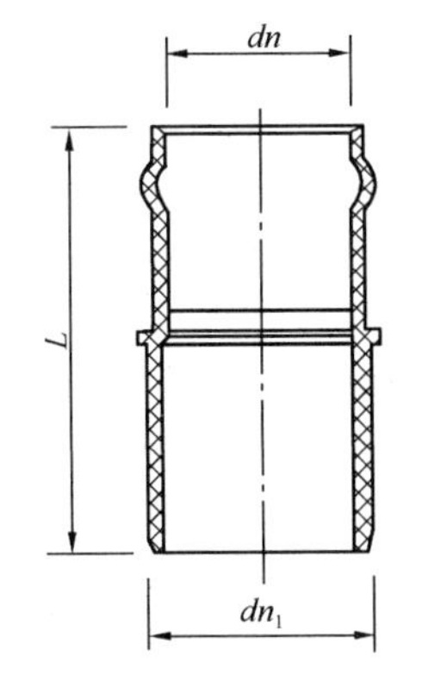

图 9-37 给水用硬聚氯乙烯承插异径管外形尺寸

给水用硬聚氯乙烯承插异径管规格及外形尺寸（mm） 表 9-31

dn	dn_1	L	主要生产厂商
50	63	219	广西梧州五一塑料制品有限公司
63	75	251	
75	90	271	
63	110	283	
75	110	288	
90	110	288	
110	140	310	
110	160	341	
140	160	341	
160	200	371	
200	250	422	
250	315	460	

（7）给水用硬聚氯乙烯二承一插三通、异径三通规格及外形尺寸见图 9-38、表 9-32。

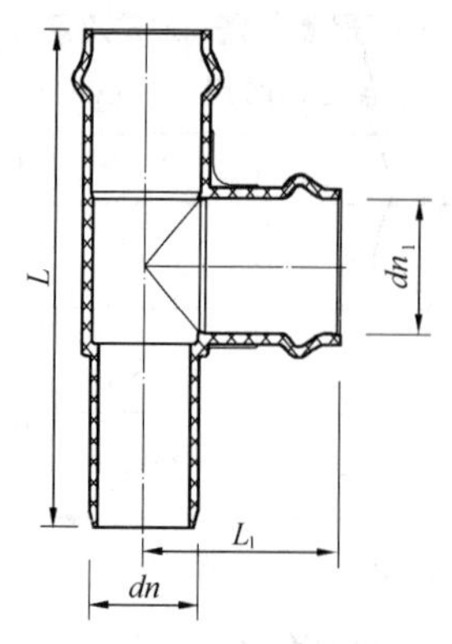

图 9-38　给水用硬聚氯乙烯二承一插三通、异径三通外形尺寸

给水用硬聚氯乙烯二承一插三通、异径三通规格及外形尺寸（mm）　表 9-32

dn	dn_1	*L*	L_1	主要生产厂商
63	63	313	151	广西梧州五一塑料制品有限公司
75	75	346	164	
90	90	376	177	
110	110	410	195	
140	140	480	225	
160	110	525	220	
160	160	525	245	
200	110	550	240	
200	160	590	272	
200	200	630	300	

（8）给水用硬聚氯乙烯一承一插一盘三通、异径三通规格及外形尺寸见图 9-39、表 9-33。

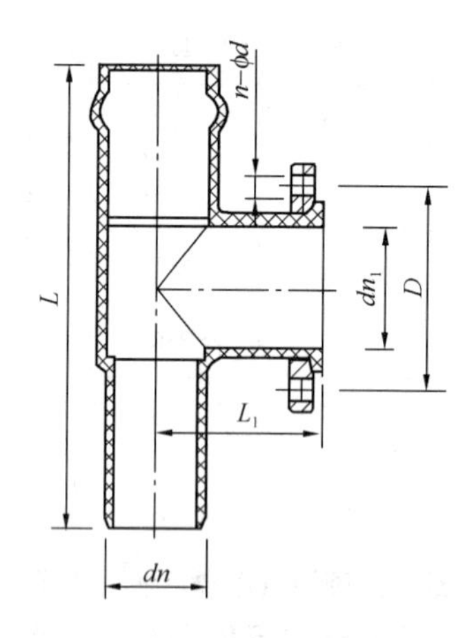

图 9-39　给水用硬聚氯乙烯一承一插一盘三通、异径三通外形尺寸

给水用硬聚氯乙烯一承一插一盘三通、异径三通规格及外形尺寸　表 9-33

dn (mm)	dn_1 (mm)	*D* (mm)	*L* (mm)	L_1 (mm)	$n-\phi d$ (个-mm)	主要生产厂商
110	110	180	410	180	8-19	广西梧州五一塑料制品有限公司
160	110	180	525	220	8-19	
160	160	240	525	235	8-23	
200	110	180	550	240	8-19	
200	160	240	590	260	8-23	
200	200	295	630	300	8-23	
250	250	355	725	320	12-26	

（9）给水用硬聚氯乙烯盘插短管规格及外形尺寸见图 9-40、表 9-34。

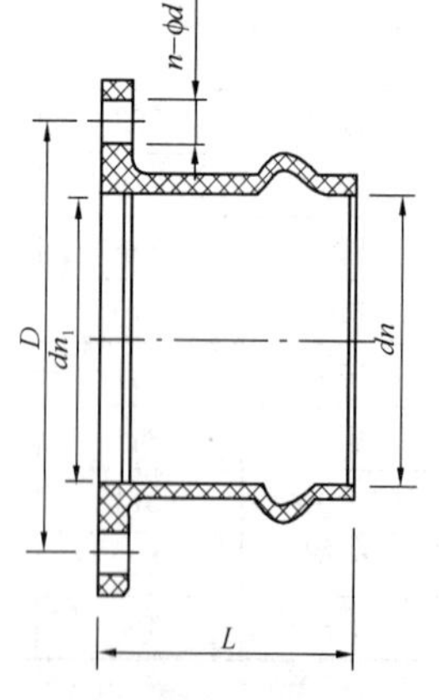

图 9-40　给水用硬聚氯乙烯盘插短管外形尺寸

给水用硬聚氯乙烯盘插短管规格及外形尺寸　表 9-34

dn (mm)	dn_1 (mm)	*D* (mm)	*L* (mm)	$n-\phi d$ (个-mm)	主要生产厂商
110	110	180	168	8-19	广西梧州五一塑料制品有限公司
160	160	240	187	8-23	
200	200	295	221	23-8	
200	250	355	242	12-26	
315	315	405	278	12-26	
315	400	520	305	16-30	
400	400	520	335	16-30	

（10）给水用硬聚氯乙烯盘承短管规格及外形尺寸见图 9-41、表 9-35。

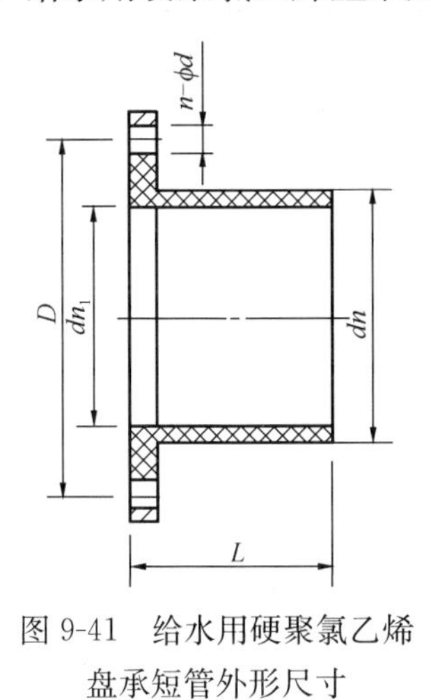

图 9-41 给水用硬聚氯乙烯盘承短管外形尺寸

给水用硬聚氯乙烯盘承短管规格及外形尺寸　　表 9-35

dn (mm)	dn_1 (mm)	D (mm)	L (mm)	$n-\phi d$ (个-mm)	主要生产厂商
63	63	125	130	4-19	广西梧州五一塑料制品有限公司
75	75	145	140	4-19	
90	90	160	145	8-19	
110	90	160	190	8-19	
110	110	180	155	8-19	
140	140	210	174	8-19	
160	160	240	182	8-23	
200	200	295	220	8-23	
315	315	405	360	12-26	

9.4.2.3 排水用硬聚氯乙烯（PVC-U）管

1. 适用范围：建筑排水用硬聚氯乙烯（PVC-U）管适用于民用建筑无压排水系统；在考虑材料的耐化学性和耐热性的条件下，也可用于工业排水。

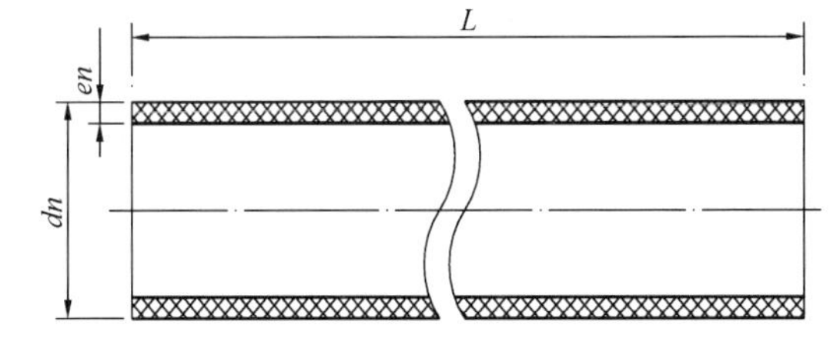

图 9-42 排水用硬聚氯乙烯粘接平口管外形尺寸

2. 规格及外形尺寸：排水用硬聚氯乙烯管产品按国家标准《建筑排水用硬聚氯乙烯（PVC-U）管材》GB/T 5836.1 和《无压埋地排污、排水用硬聚氯乙烯（PVC-U）管材》GB/T 20221 执行。按接口形式分有粘结平口管、粘结承口管、橡胶密封圈承口管，其规格及外形尺寸见图 9-42～图 9-44、表 9-36。

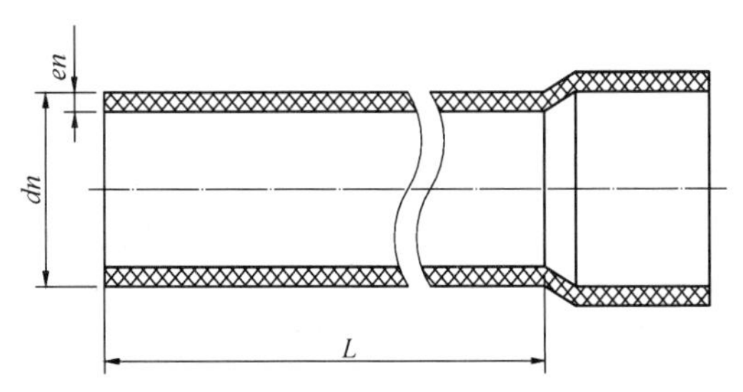

图 9-43 排水用硬聚氯乙烯粘接承口管外形尺寸

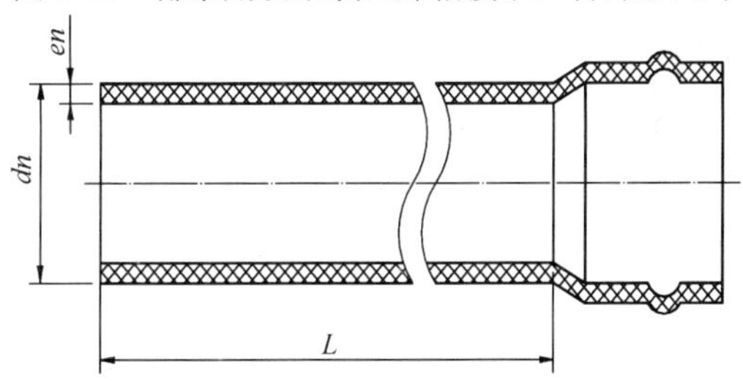

图 9-44 排水用硬聚氯乙烯橡胶密封圈承口管外形尺寸

排水用硬聚氯乙烯管规格及外形尺寸（mm） 表 9-36

公称外径 *dn*	平均外径 *dem*		壁厚度 *en*		管长 *L*	主要生产厂商
	min	max	min	max		
32	32.0	32.2	2.0	2.4	4000、6000	浙江伟星新型建材股份有限公司、广西梧州五一塑料制品有限公司、广西佳利工贸有限公司、广东雄塑科技实业有限公司
40	40.0	40.2	2.0	2.4		
50	50.0	50.2	2.0	2.4		
75	75.0	75.3	2.3	2.7		
110	110.0	110.3	3.2	3.8		
160	160.0	160.4	4.0	4.6		
200	200.0	200.5	4.9	5.6		
250	250.0	250.5	6.2	7.0		
315	315.0	315.8	7.8	8.6		
400	400.0	400.7	9.8	11.0		
500	500.0	500.9	12.3	13.8		
630	630.0	631.1	15.4	17.2		

注：$dn \geqslant 400$ 管材环刚度为 SN4。

9.4.2.4 排水用硬聚氯乙烯（PVC-U）管件

排水用硬聚氯乙烯管件产品按国家标准《建筑排水用硬聚氯乙烯（PVC-U）管件》GB/T 5836.2执行。

1. 排水用硬聚氯乙烯 45°弯头规格及外形尺寸见图 9-45、表 9-37。

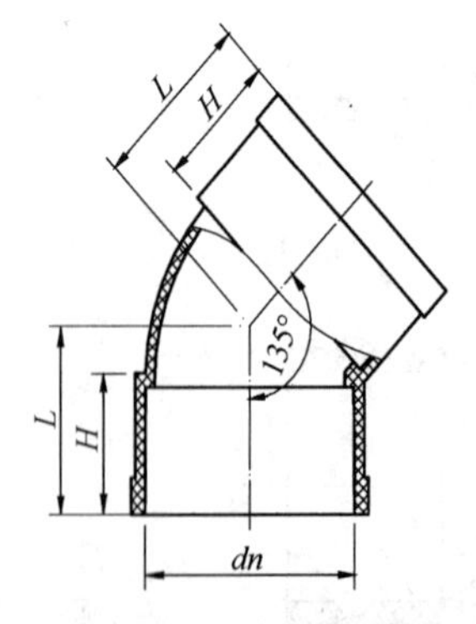

图 9-45 排水用硬聚氯乙烯 45°弯头外形尺寸

排水用硬聚氯乙烯 45°弯头规格及外形尺寸（mm） 表 9-37

dn	*H*	*L*	主要生产厂商
50	25.5	37.5	浙江伟星新型建材股份有限公司
75	40.5	57.5	
110	48.5	73.5	
160	58.5	94.5	

2. 排水用硬聚氯乙烯 90°弯头规格及外形尺寸见图 9-46、表 9-38。

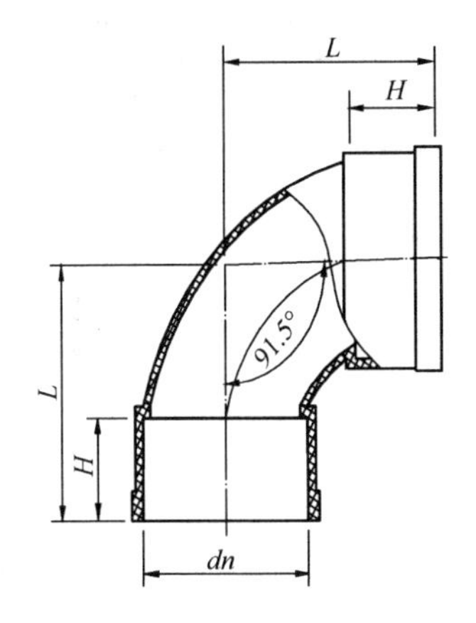

图 9-46 排水用硬聚氯乙烯 90°弯头外形尺寸

排水用硬聚氯乙烯 90°弯头规格及外形尺寸（mm） 表 9-38

dn	H	L	主要生产厂商
50	25.5	65.5	浙江伟星新型建材股份有限公司
75	40.5	90.5	
110	48.5	118.5	
160	58.5	148.5	

3. 排水用硬聚氯乙烯带检查口 90°弯头规格及外形尺寸见图 9-47、表 9-39。

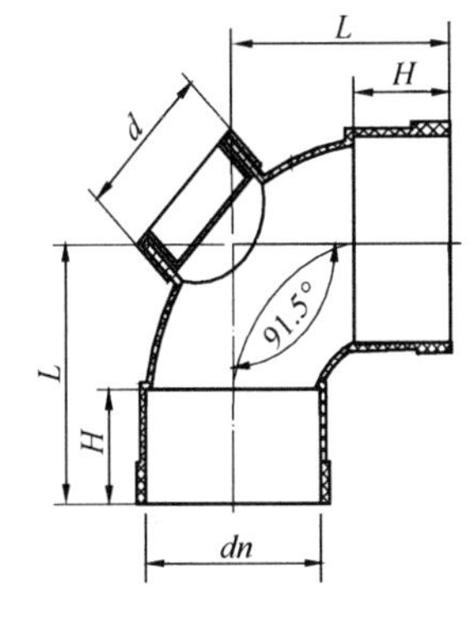

图 9-47 排水用硬聚氯乙烯带检查口 90°弯头外形尺寸

排水用硬聚氯乙烯带检查口 90°弯头规格及外形尺寸（mm） 表 9-39

dn	H	L	d	主要生产厂商
50	25.5	65.5	44	浙江伟星新型建材股份有限公司
75	40.5	90.5	63	
110	48.5	118.5	72	
160	58.5	148.5	85	

4. 排水用硬聚氯乙烯直通规格及外形尺寸见图 9-48、表 9-40。

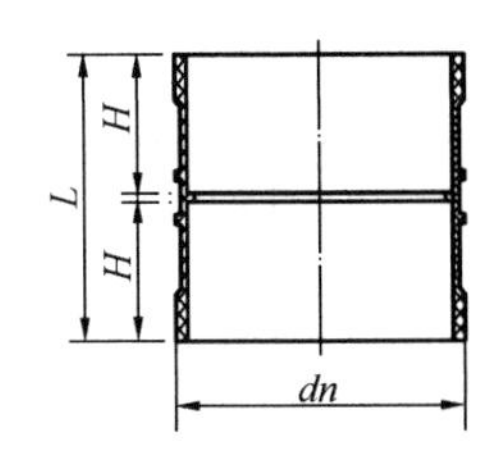

图 9-48 排水用硬聚氯乙烯直通外形尺寸

排水用硬聚氯乙烯直通规格及外形尺寸（mm） 表 9-40

dn	H	L	主要生产厂商
50	25.5	53	浙江伟星新型建材股份有限公司
75	40.5	83	
110	48.5	100	
160	58.5	121	

5. 排水用硬聚氯乙烯异径管规格及外形尺寸见图 9-49、表 9-41。

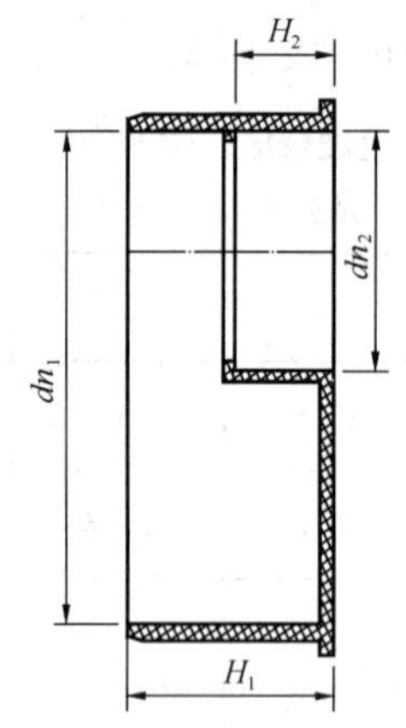

图 9-49 排水用硬聚氯乙烯异径管外形尺寸

排水用硬聚氯乙烯异径管规格及外形尺寸（mm） 表 9-41

$dn_1 \times dn_2$	H_1	H_2	主要生产厂商
75×50	40.5	25.5	浙江伟星新型建材股份有限公司
110×50	48.5	25.5	
110×75	48.5	40.5	
160×110	58.5	48.5	

6. 排水用硬聚氯乙烯立管检查口规格及外形尺寸见图 9-50、表 9-42。

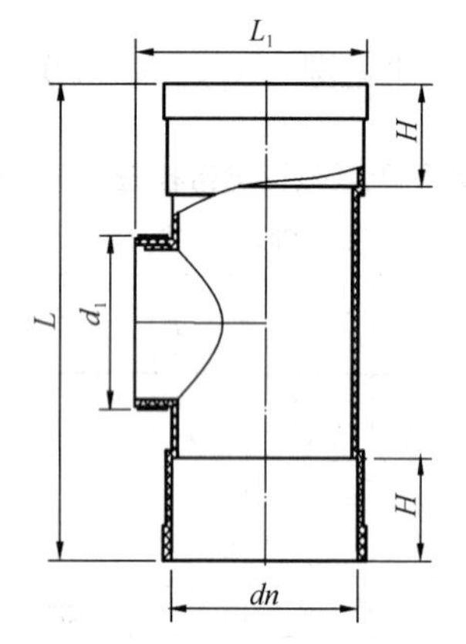

图 9-50 排水用硬聚氯乙烯立管检查口外形尺寸

排水用硬聚氯乙烯立管检查口规格及外形尺寸（mm） 表 9-42

dn	H	L	L_1	d_1	主要生产厂商
50	25.5	110.5	75	44	浙江伟星新型建材股份有限公司
75	40.5	160.5	104	72	
110	48.5	230.5	144	104	
160	58.5	260.5	190	104	

7. 排水用硬聚氯乙烯 90°顺水三通规格及外形尺寸见图 9-51、表 9-43。

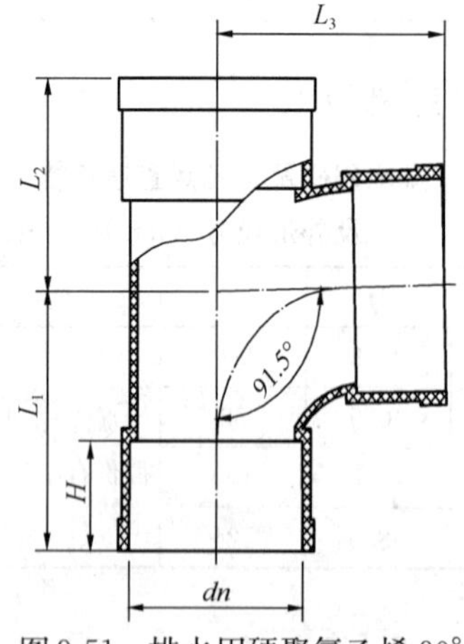

图 9-51 排水用硬聚氯乙烯 90°顺水三通外形尺寸

排水用硬聚氯乙烯 90°顺水三通规格及外形尺寸（mm） 表 9-43

dn	H	L_1	L_2	L_3	主要生产厂商
50	25.5	55.5	51.5	60.5	浙江伟星新型建材股份有限公司
75	40.5	87.5	79.5	94.5	
110	48.5	116.5	103.5	125.5	
160	58.5	155.5	141.5	168.5	

8. 排水用硬聚氯乙烯90°异径顺水三通规格及外形尺寸见图9-52、表9-44。

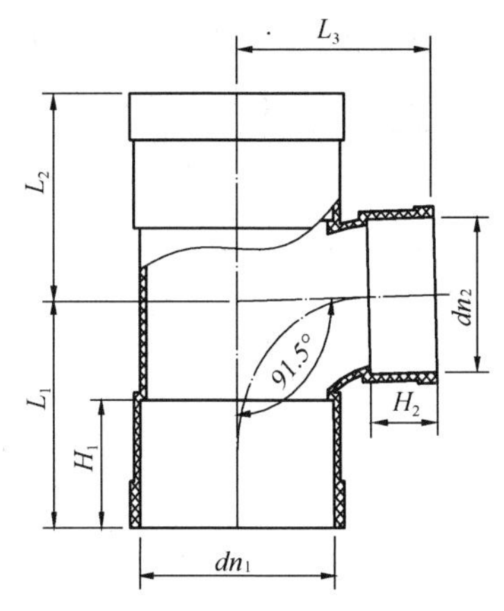

图9-52 排水用硬聚氯乙烯管90°异径顺水三通外形尺寸

排水用硬聚氯乙烯90°异径顺水三通规格及外形尺寸（mm） 表9-44

$dn_1 \times dn_2$	H_1	H_2	L_1	L_2	L_3	主要生产厂商
75×50	40.5	25.5	72.5	66.5	72.5	浙江伟星新型建材股份有限公司
110×50	48.5	25.5	78.5	77.5	90.5	
110×75	48.5	40.5	96.5	89.5	112.5	
160×110	58.5	48.5	164.5	108.5	184.5	

9. 排水用硬聚氯乙烯斜三通规格及外形尺寸见图9-53、表9-45。

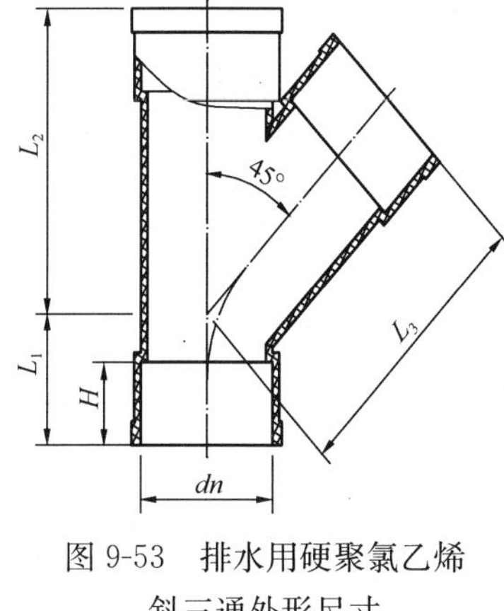

图9-53 排水用硬聚氯乙烯斜三通外形尺寸

排水用硬聚氯乙烯斜三通规格及外形尺寸（mm） 表9-45

dn	H	L_1	L_2	L_3	主要生产厂商
50	25.5	38.5	89.5	89.5	浙江伟星新型建材股份有限公司
75	40.5	58.5	134.5	134.5	
110	48.5	73.5	186.5	186.5	
160	58.5	92.5	257.5	257.5	

10. 排水用硬聚氯乙烯异径斜三通规格及外形尺寸见图9-54、表9-46。

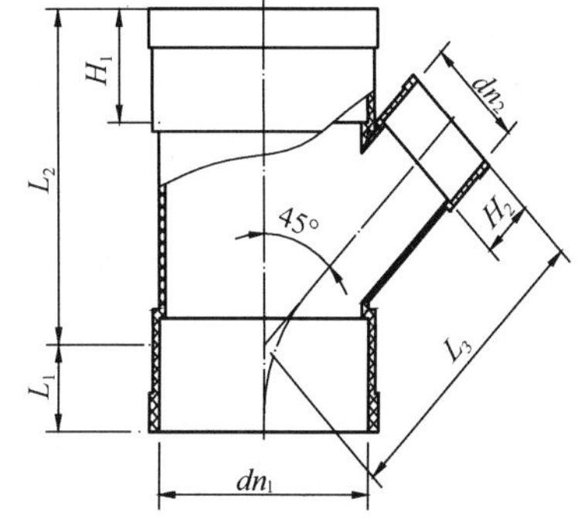

图9-54 排水用硬聚氯乙烯异径斜三通外形尺寸

排水用硬聚氯乙烯管异径斜三通规格及外形尺寸（mm） 表9-46

$dn_1 \times dn_2$	H_1	H_2	L_1	L_2	L_3	主要生产厂商
75×50	40.5	25.5	39.5	115.5	105.5	浙江伟星新型建材股份有限公司
110×50	48.5	25.5	32.5	142.5	135.5	
110×75	48.5	40.5	47.5	161.5	161.5	
160×110	58.5	48.5	57.5	223.5	223.5	

11. 排水用硬聚氯乙烯平面顺水四通规格及外形尺寸见图 9-55、表 9-47。

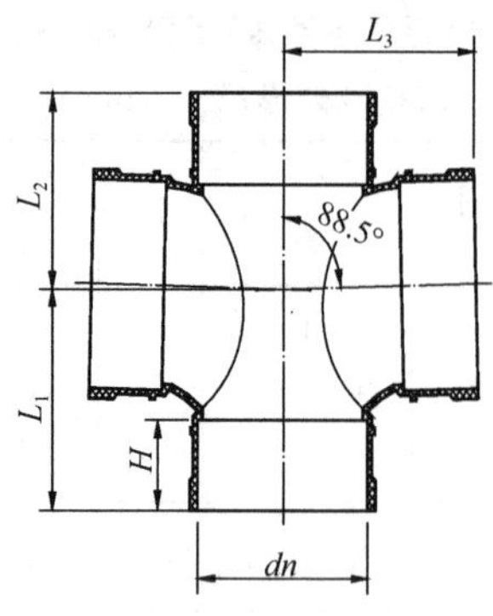

图 9-55 排水用硬聚氯乙烯平面顺水四通外形尺寸

排水用硬聚氯乙烯管平面顺水四通规格及外形尺寸（mm） 表 9-47

dn	H	L_1	L_2	L_3	主要生产厂商
50	25.5	55.5	51.5	60.5	浙江伟星新型建材股份有限公司
75	40.5	87.5	79.5	94.5	
110	48.5	116.5	103.5	125.5	
160	58.5	155.5	141.5	168.5	

12. 排水用硬聚氯乙烯平面异径四通规格及外形尺寸见图 9-56、表 9-48。

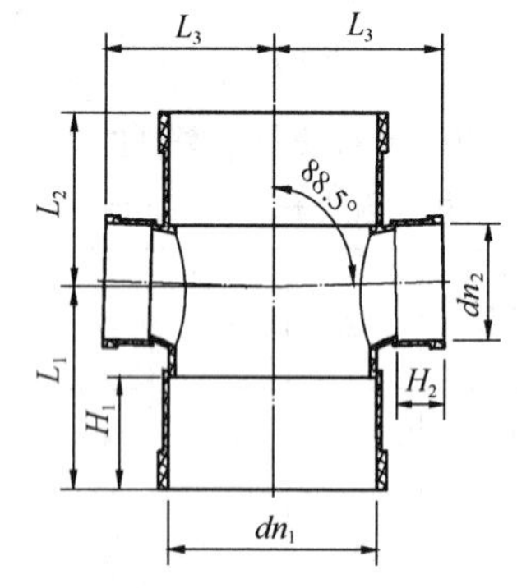

图 9-56 排水用硬聚氯乙烯平面异径四通外形尺寸

排水用硬聚氯乙烯管平面异径四通规格及外形尺寸（mm） 表 9-48

$dn_1 \times dn_2$	H_1	H_2	L_1	L_2	L_3	主要生产厂商
110×50	48.5	25.5	78.5	77.5	90.5	浙江伟星新型建材股份有限公司
110×75	48.5	40.5	96.5	89.5	112.5	
160×110	58.5	48.5	126.5	116.5	145.5	

13. 排水用硬聚氯乙烯斜四通、异径斜四通规格及外形尺寸见图 9-57、表 9-49。

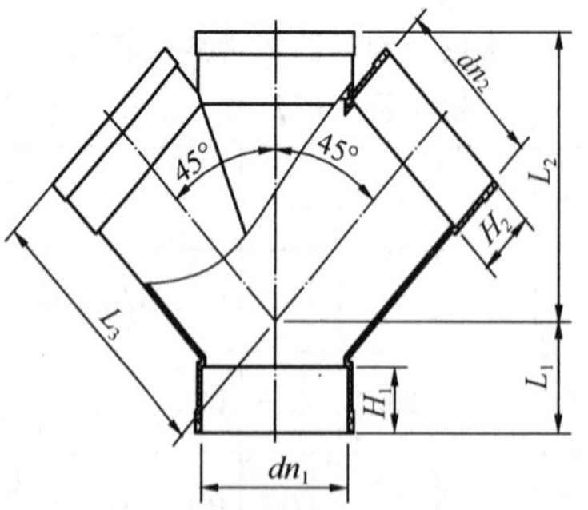

排水用硬聚氯乙烯斜四通、异径斜四通规格及外形尺寸（mm） 表 9-49

$dn_1 \times dn_2$	H_1	H_2	L_1	L_2	L_3	主要生产厂商
50×50	25.5	25.5	38.5	89.5	89.5	浙江伟星新型建材股份有限公司
75×75	40.5	40.5	58.5	134.5	134.5	
110×110	48.5	48.5	73.5	186.5	186.5	
160×160	58.5	58.5	92.5	257.5	257.5	
75×50	40.5	25.5	38.5	122.5	101.5	
110×50	48.5	25.5	38.5	172.5	105.5	
110×75	48.5	40.5	58.5	157.5	162.5	
160×110	58.5	48.5	73.5	202.5	212.5	

图 9-57 排水用硬聚氯乙烯斜四通、异径斜四通外形尺寸

14. 排水用硬聚氯乙烯直角四通、异径直角四通规格及外形尺寸见图 9-58、表 9-50。

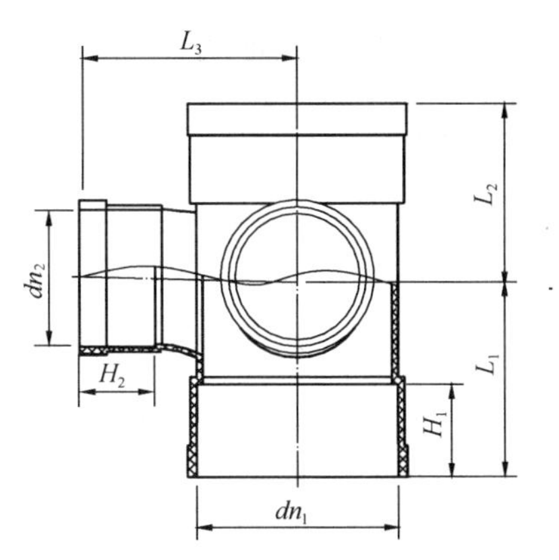

图 9-58 排水用硬聚氯乙烯直角四通、异径直角四通外形尺寸

排水用硬聚氯乙烯直角四通、异径直角四通规格及外形尺寸（mm） **表 9-50**

$dn_1 \times dn_2$	H_1	H_2	L_1	L_2	L_3	主要生产厂商
50×50	25.5	25.5	53.5	46.5	58.5	浙江伟星新型建材股份有限公司
75×75	40.5	40.5	79.5	70.5	93.5	
110×110	48.5	48.5	116.5	103.5	125.5	
75×50	40.5	25.5	73.5	66.5	69.5	
110×50	48.5	25.5	83.5	76.5	93.5	
110×75	48.5	40.5	99.5	90.5	112.5	
160×110	58.5	48.5	118.5	105.5	150.5	

15. 排水用硬聚氯乙烯 H 管规格及外形尺寸见图 9-59、表 9-51。

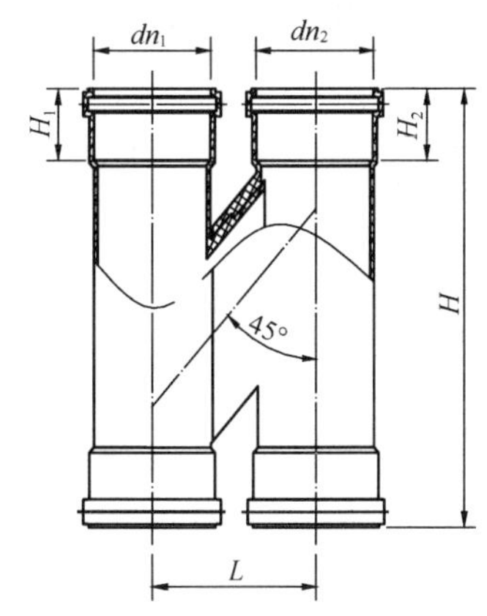

图9-59 排水用硬聚氯乙烯 H 管外形尺寸

排水用硬聚氯乙烯 H 管规格及外形尺寸（mm） **表 9-51**

$dn_1 \times dn_2$	H_1	H_2	H	L	主要生产厂商
75×75	40.5	40.5	284	180	浙江伟星新型建材股份有限公司
110×75	48.5	40.5	284	180	
110×110	48.5	48.5	336	180	

16. 排水用硬聚氯乙烯存水弯规格及外形尺寸见图 9-60、表 9-52。

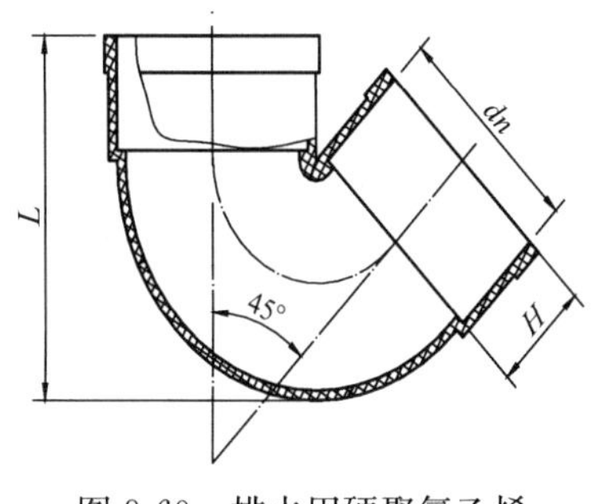

图 9-60 排水用硬聚氯乙烯存水弯外形尺寸

排水用硬聚氯乙烯存水弯规格及外形尺寸（mm） **表 9-52**

dn	H	L	主要生产厂商
50	25.5	90	浙江伟星新型建材股份有限公司
75	40.5	136	
110	48.5	187	

17. 排水用硬聚氯乙烯带检查口存水弯规格及外形尺寸见图 9-61、表 9-53。

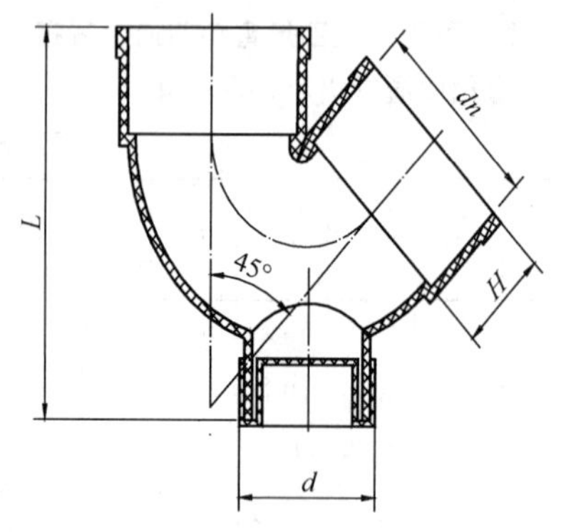

图 9-61 排水用硬聚氯乙烯带检查口存水弯外形尺寸

排水用硬聚氯乙烯带检查口存水弯规格及外形尺寸（mm） 表 9-53

dn	*H*	*L*	*d*	主要生产厂商
50	25.5	102	44	浙江伟星新型建材股份有限公司
75	40.5	145	63	
110	48.5	197	85	

18. 排水用硬聚氯乙烯带检查口 S 型存水弯规格及外形尺寸见图 9-62、表 9-54。

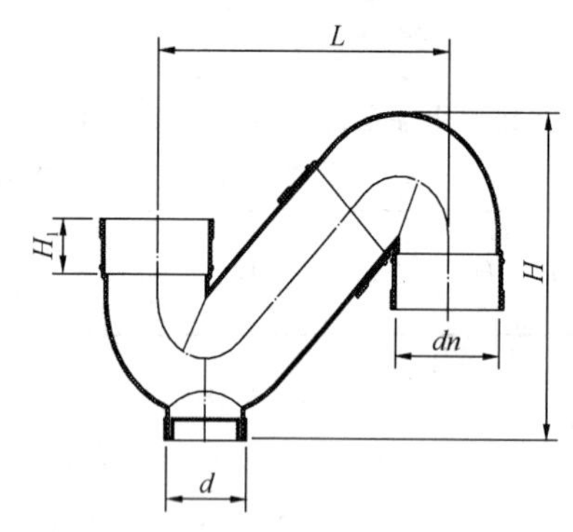

图 9-62 排水用硬聚氯乙烯带检查口 S 型存水弯外形尺寸

排水用硬聚氯乙烯 S 型存水弯规格及外形尺寸（mm） 表 9-54

dn	H_1	*H*	*L*	*d*	主要生产厂商
50	25.5	133	129	44	浙江伟星新型建材股份有限公司
75	40.5	195	188	63	
110	48.5	268	238	85	

19. 排水用硬聚氯乙烯带检查口 P 型存水弯规格及外形尺寸见图 9-63、表 9-55。

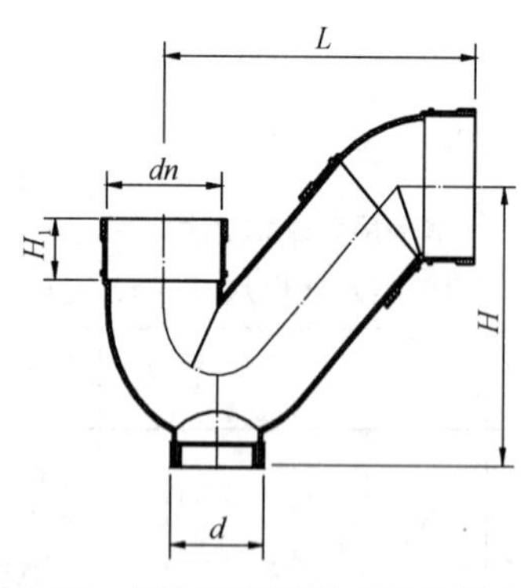

图 9-63 排水用硬聚氯乙烯带检查口 P 型存水弯外形尺寸

排水用硬聚氯乙烯 P 型存水弯规格及外形尺寸（mm） 表 9-55

dn	H_1	*H*	*L*	*d*	主要生产厂商
50	25.5	132	104	44	浙江伟星新型建材股份有限公司
75	40.5	195	153	63	
110	48.5	266	187	85	

20. 排水用硬聚氯乙烯带水封地漏规格及外形尺寸见图 9-64、表 9-56。

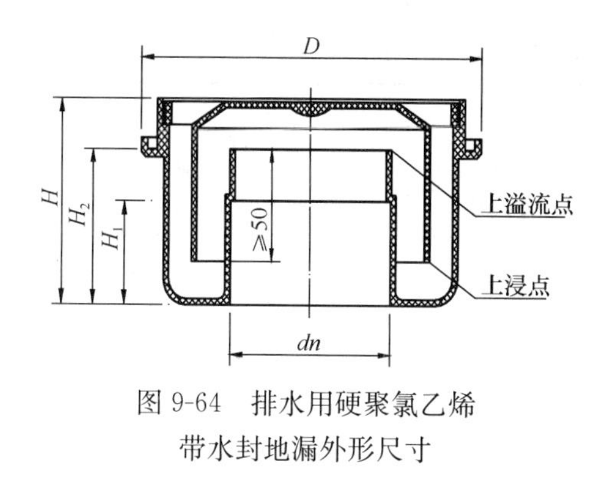

图 9-64 排水用硬聚氯乙烯带水封地漏外形尺寸

排水用硬聚氯乙烯带水封地漏规格及外形尺寸（mm） 表 9-56

dn	H_1	H_2	H	D	主要生产厂商
50	25.5	58	90	147	浙江伟星新型建材股份有限公司
75	40.5	65	94	158	

21. 排水用硬聚氯乙烯管卡规格及外形尺寸见图 9-65、表 9-57。

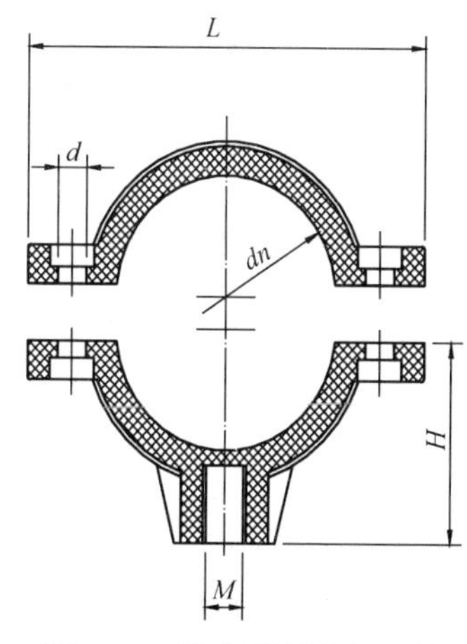

图 9-65 排水用硬聚氯乙烯管卡外形尺寸

排水用硬聚氯乙烯管卡规格及外形尺寸（mm） 表 9-57

dn	H	L	d	M	主要生产厂商
50	44	91	6.6	8	浙江伟星新型建材股份有限公司
75	57.5	117	6.6	8	
110	77.5	152	6.6	10	
160	105.5	203	6.6	10	

9.4.2.5 氯化聚氯乙烯（PVC-C）管

1. 适用范围：氯化聚氯乙烯（PVC-C）管适用于建筑冷热水系统、纯净直饮水系统、中水系统、消防系统、工业用水以及化学介质输送等领域。氯化聚氯乙烯（PVC-C）管产品按国家标准《冷热水用氯化聚氯乙烯（PVC-C）管道系统》GB/T 18993 和《工业用氯化聚氯乙烯（PVC-C）管道系统》GB/T 18998 以及《建筑物内排污、废水（高、低温）用氯化聚氯乙烯（PVC-C）管材和管件》GB/T 24452 执行。

2. 规格及外形尺寸：冷热水用氯化聚氯乙烯管规格及外形尺寸见图 9-66、表 9-58。

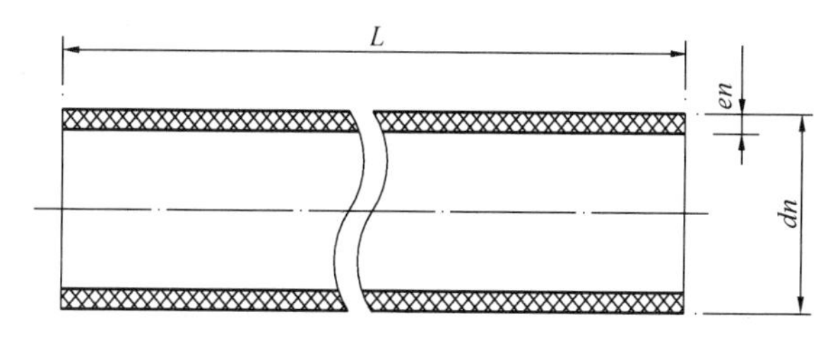

图 9-66 冷热水用氯化聚氯乙烯管外形尺寸

冷热水用氯化聚氯乙烯管规格及外形尺寸（mm）　　表 9-58

公称外径 dn	不同管系列 S、不同公称压力 PN 下的管材壁厚度 en				管长度	主要生产厂商
	S10 1.0MPa	S6.3 1.0MPa	S5 1.25MPa	S4 1.6MPa		
20	—	2.0	2.0	2.3	4000 6000	天津鸿泰塑胶管业有限公司、广东联塑科技实业有限公司
25	—	2.0	2.3	2.8		
32	—	2.4	2.9	3.6		
40	—	3.0	3.7	4.5		
50	2.4	3.7	4.6	5.6		
63	3.0	4.7	5.8	7.1		
75	3.6	5.6	6.8	8.4		
90	4.3	6.7	8.2	10.1		
110	5.3	8.1	10.0	12.3		
160	7.7	11.8	14.6	17.9		
200	9.6	14.7	—	—		
225	10.8	16.6	—	—		
280	15.0	—	—	—		
315	17.5	—	—	—		
355	19.0	—	—	—		
400	21.0	—	—	—		

3. 连接方式：冷热水用氯化聚氯乙烯管连接方式为胶粘剂承插式连接。

9.4.2.6 氯化聚氯乙烯（PVC-C）管件

冷热水用氯化聚氯乙烯管件产品按国家标准《冷热水用氯化聚氯乙烯（PVC-C）管道系统》GB/T 18993 执行。

1. 氯化聚氯乙烯直通规格及外形尺寸见图 9-67、表 9-59。

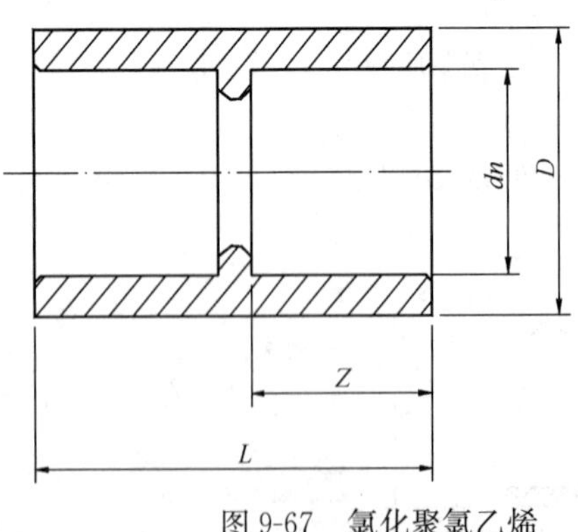

图 9-67　氯化聚氯乙烯直通外形尺寸

氯化聚氯乙烯直通规格及外形尺寸（mm）　　表 9-59

dn	D	L	Z	主要生产厂商
20	28	35	16	天津鸿泰塑胶管业有限公司
25	33	40	20	
32	40	48	23	
40	50	56	27	
50	61	66	31	
63	75	80	38	
75	88	92	44	
90	104	107	51	
110	127	128	61	
160	184	183	86	

2. 氯化聚氯乙烯45°弯头规格及外形尺寸见图9-68、表9-60。

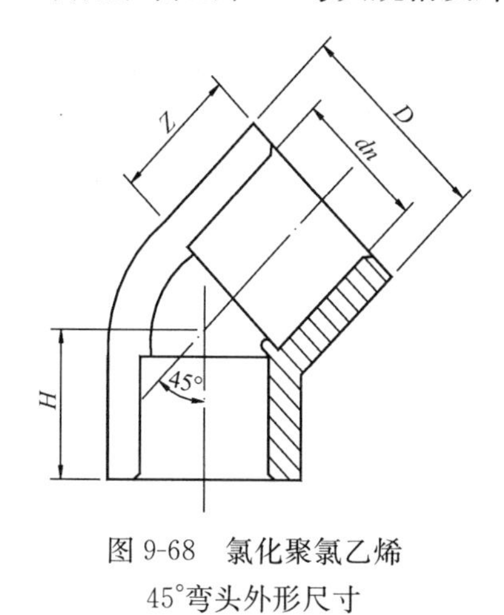

图9-68 氯化聚氯乙烯45°弯头外形尺寸

氯化聚氯乙烯45°弯头规格及外形尺寸（mm） 表9-60

dn	D	H	Z	主要生产厂商
20	28	23	16	天津鸿泰塑胶管业有限公司
25	33	27	20	
32	40	33	22	
40	50	44	27	
50	61	46	31	
63	75	60	38	
75	88	70	44	
90	104	80	51	
110	127	96	61	
160	184	130	86	

3. 氯化聚氯乙烯90°弯头规格及外形尺寸见图9-69、表9-61。

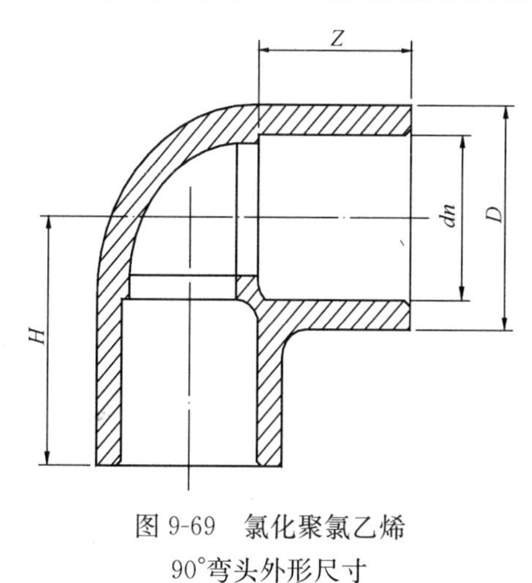

图9-69 氯化聚氯乙烯90°弯头外形尺寸

氯化聚氯乙烯90°弯头规格及外形尺寸（mm） 表9-61

dn	D	H	Z	主要生产厂商
20	28	28	16	天津鸿泰塑胶管业有限公司
25	33	33	20	
32	40	40	22	
40	50	49	27	
50	61	60	31	
63	75	73	38	
75	88	81	44	
90	104	97	51	
110	127	117	61	
160	184	170	86	

4. 氯化聚氯乙烯正三通规格及外形尺寸见图9-70、表9-62。

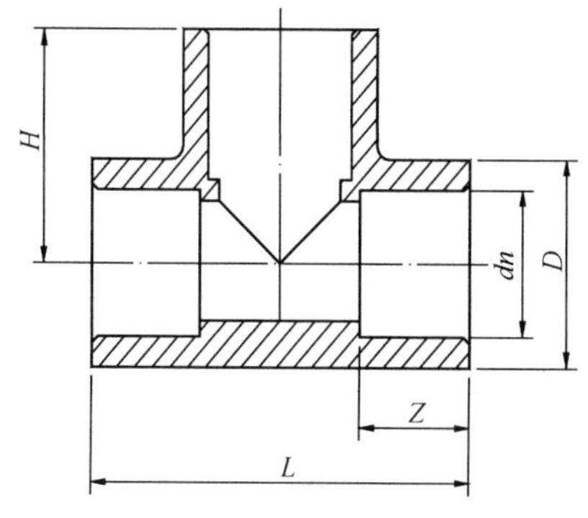

图9-70 氯化硬聚氯乙烯正三通外形尺寸

氯化聚氯乙烯正三通规格及外形尺寸（mm） 表9-62

dn	D	H	L	Z	主要生产厂商
20	28	28	56	16	天津鸿泰塑胶管业有限公司
25	33	33	66	20	
32	40	40	78	23	
40	50	49	99	27	
50	61	60	120	31	
63	75	73	147	38	
75	88	81	166	44	
90	104	97	193	51	
110	127	117	234	61	
160	184	170	340	86	

5. 氯化聚氯乙烯正四通规格及外形尺寸见图 9-71、表 9-63。

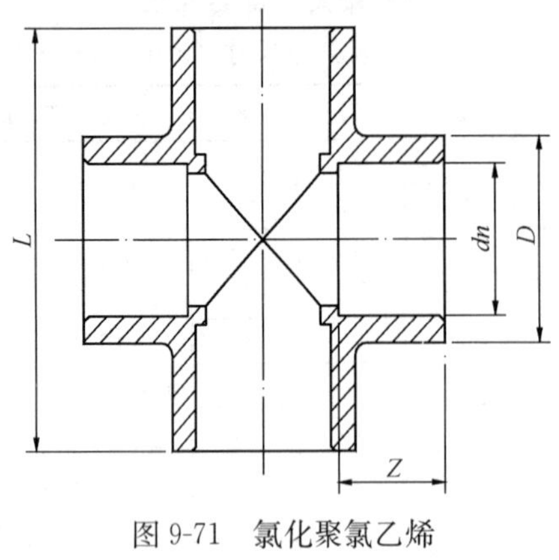

图 9-71 氯化聚氯乙烯正四通外形尺寸

氯化聚氯乙烯正四通规格及外形尺寸（mm） 表 9-63

dn	*D*	*L*	*Z*	主要生产厂商
20	28	56	16	天津鸿泰塑胶管业有限公司
25	33	66	20	
32	40	80	22	
40	50	98	27	
50	61	120	31	
63	75	148	38	
75	88	169	44	
90	104	200	51	
110	127	240	61	
160	184	338	86	

6. 氯化聚氯乙烯管帽规格及外形尺寸见图 9-72、表 9-64。

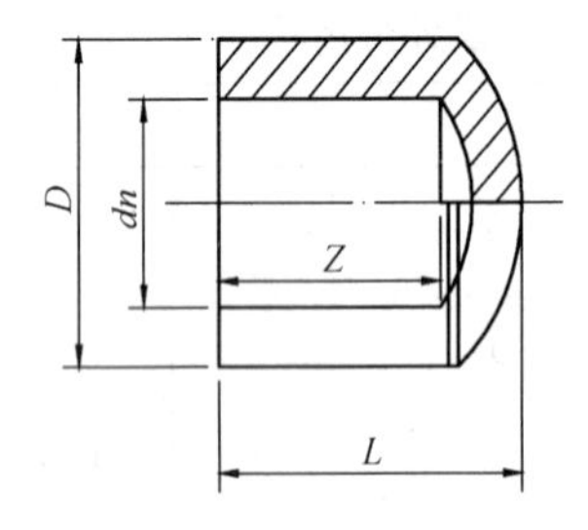

图 9-72 氯化聚氯乙烯管帽外形尺寸

氯化聚氯乙烯管帽规格及外形尺寸（mm） 表 9-64

dn	*D*	*L*	*Z*	主要生产厂商
20	28	22	16	天津鸿泰塑胶管业有限公司
25	33	25	20	
32	40	30	22	
40	50	35	27	
50	61	43	31	
63	75	51	38	
75	88	59	44	
90	104	69	51	
110	127	80	61	
160	184	102	86	

7. 氯化聚氯乙烯补芯规格及外形尺寸见图 9-73、表 9-65。

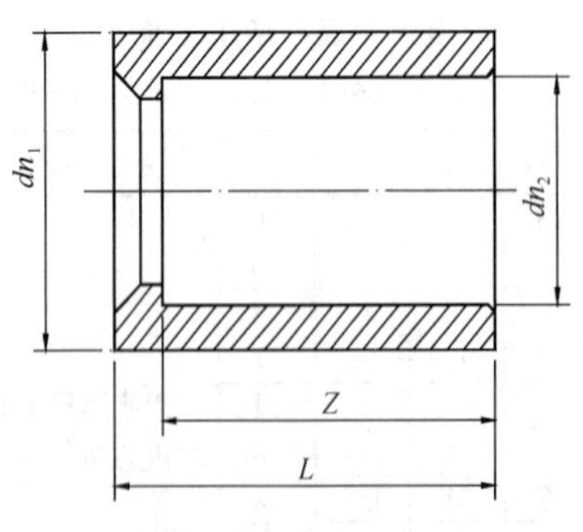

图 9-73 氯化聚氯乙烯补芯外形尺寸

氯化聚氯乙烯补芯规格及外形尺寸（mm） 表 9-65

dn_1	dn_2	*L*	*Z*	主要生产厂商
25	20	20	16	天津鸿泰塑胶管业有限公司
32	25	23	20	
40	32	27	23	
50	40	31	27	
63	50	38	31	
75	63	44	38	
90	75	51	44	
110	90	61	51	
160	110	86	61	

8. 氯化聚氯乙烯外螺纹接头规格及外形尺寸见图9-74、表9-66。

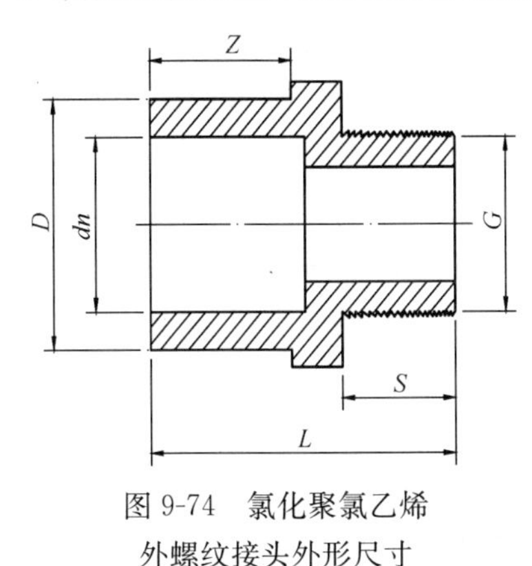

图9-74 氯化聚氯乙烯外螺纹接头外形尺寸

氯化聚氯乙烯外螺纹接头规格及外形尺寸 表9-66

dn (mm)	D (mm)	L (mm)	S (mm)	Z (mm)	G (in)	主要生产厂商
20	28	42	16	16	1/2	天津鸿泰塑胶管业有限公司
25	33	45	18	20	3/4	
32	40	50	21	22	1	
40	50	60	24	27	1¼	
50	61	67	27	31	1½	
63	75	75	27	38	2	

9. 氯化聚氯乙烯单片法兰规格及外形尺寸见图9-75、表9-67。

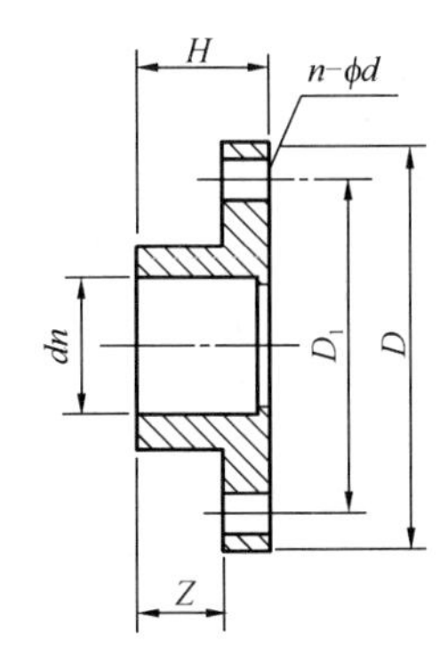

图9-75 氯化聚氯乙烯单片法兰外形尺寸

氯化聚氯乙烯单片法兰规格及外形尺寸 表9-67

dn (mm)	D (mm)	D_1 (mm)	H (mm)	Z (mm)	n—φd (个-mm)	主要生产厂商
20	80	65	23	16	4-12	天津鸿泰塑胶管业有限公司
25	90	75	25	20	4-14	
32	100	85	28	22	4-14	
40	120	100	32	27	4-14	
50	130	110	36	31	4-14	
63	140	125	45	35	4-14	
75	160	145	50	42	8-18	
90	185	160	56	50	8-18	
110	205	180	70	60	8-23	

10. 氯化聚氯乙烯双片法兰规格及外形尺寸见图9-76、表9-68。

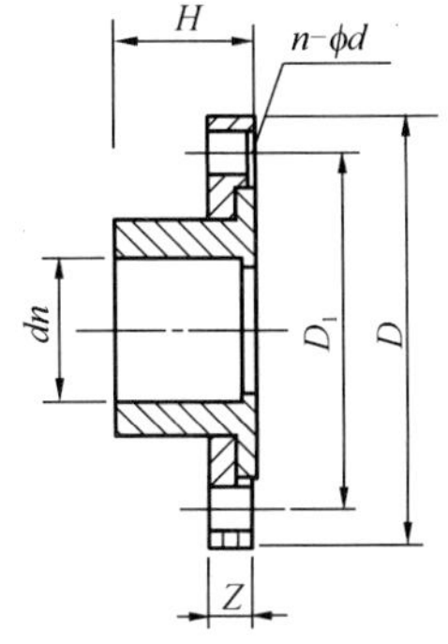

图9-76 氯化聚氯乙烯双片法兰外形尺寸

氯化聚氯乙烯双片法兰规格及外形尺寸 表9-68

dn (mm)	D (mm)	D_1 (mm)	H (mm)	Z (mm)	n—φd (个-mm)	主要生产厂商
160	285	240	86	32	8-23	天津鸿泰塑胶管业有限公司
225	340	295	90	35	19-23	
280	406	350	110	43	19-23	
315	480	400	150	43	19-23	
355	505	460	185	43	16-22	
400	597	536	200	60	16-29	

9.4.3　聚乙烯管及管件

聚乙烯管常用有聚乙烯（PE）管、聚乙烯（PE）电热熔管、纳米抗菌聚乙烯（PE）管、给水用高密度聚乙烯（HDPE）管等。

9.4.3.1　聚乙烯（PE）管

1. 适用范围：聚乙烯管适用于消防、给水、排水、灌溉、保温及压缩空气输送等。

2. 规格及外形尺寸：给水用聚乙烯管产品按国家标准《给水用聚乙烯（PE）管材》GB/T 13663执行。其材料级别有PE63、PE80、PE100等级；工程通常采用PE100级别的给水管道，其规格及外形尺寸见图9-77、表9-69。

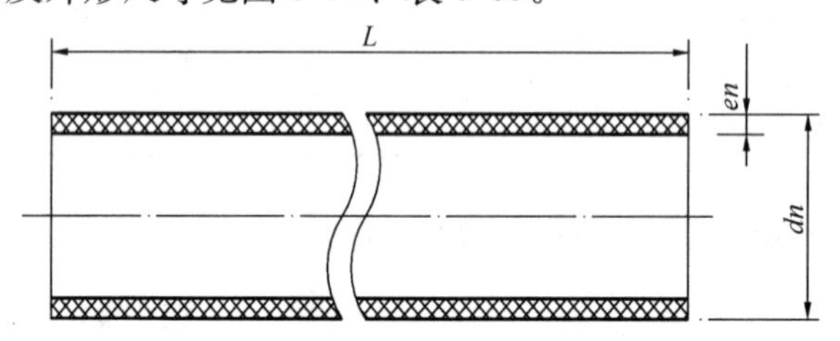

图9-77　给水用聚乙烯管外形尺寸

PE100给水用聚乙烯管规格及外形尺寸　　表9-69

公称外径 dn (mm)	不同标准尺寸、不同公称压力下的管材壁厚度 en (mm)					管长度 L (m)	主要生产厂商
	SDR26 0.6MPa	SDR21 0.8MPa	SDR17 1.0MPa	SDR13.6 1.25MPa	SDR11 1.6MPa		
20	—	—	—	—	2.0	直管6、9；盘管50、100、150、200	广东联塑科技实业有限公司、华翰科技有限公司、广西梧州五一塑料制品有限公司、广东雄塑科技实业有限公司
25	—	—	—	—	2.3		
32	—	—	—	—	3.0		
40	—	—	—	—	3.7		
50	—	—	—	—	4.6	6、9	
63	—	—	—	4.7	5.8	6、9	
75	—	—	4.5	5.6	6.8	6、9	
90	—	4.3	5.4	6.7	8.2	6、9	
110	4.2	5.3	6.6	8.1	10.0	6、9	
125	4.8	6.0	7.4	9.2	11.4	6、9	
160	6.2	7.7	9.5	11.8	14.6	6、9	
180	6.9	8.6	10.7	13.3	16.4	6、9	
200	7.7	9.6	11.9	14.7	18.2	6、9	
225	8.6	10.8	13.4	16.6	20.5	6、9	
250	9.6	11.9	14.8	18.4	22.7	6、9	
315	12.1	15.0	18.7	23.2	28.6	6、9	
355	13.6	16.9	21.1	26.1	32.2	6、9	
400	15.3	19.1	23.7	29.4	36.3	6、9	
450	17.2	21.5	26.7	33.1	40.9	6、9	
500	19.1	23.9	29.7	36.8	45.4	6、9	
560	21.4	26.7	33.2	41.2	50.8	6、9	
630	24.1	30.0	37.4	46.3	57.2	6、9	
710	27.2	33.9	42.1	52.2	64.5	6、9	
800	30.6	38.1	47.4	58.8	72.7	6、9	
900	34.4	42.9	53.3	—	—	6、9	
1000	38.2	47.7	59.3	—	—	6、9	

3. 连接方式：给水用聚乙烯管连接方式有电热熔连接、热熔对接和法兰连接，其示意见图 9-78～图 9-80。

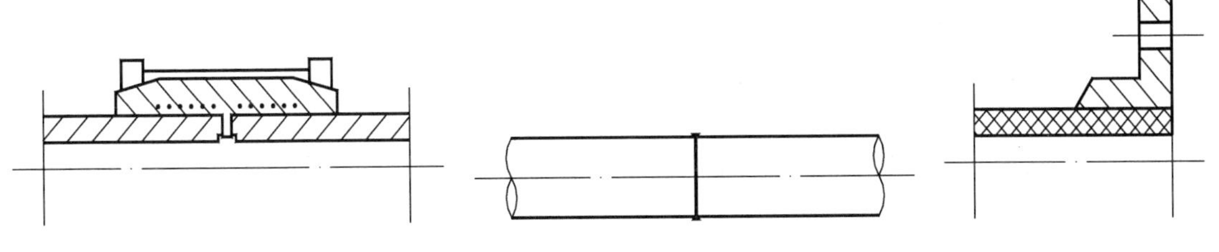

图 9-78 电热熔连接示意　　图 9-79 热熔对接示意　　图 9-80 法兰连接示意

9.4.3.2 聚乙烯（PE）电热熔管件

聚乙烯（PE）电热熔管件产品按国家标准《给水用聚乙烯（PE）管道系统第 2 部分管件》GB/T 13663.2 执行。

1. 电热熔聚乙烯直通规格及外形尺寸见图 9-81、表 9-70。

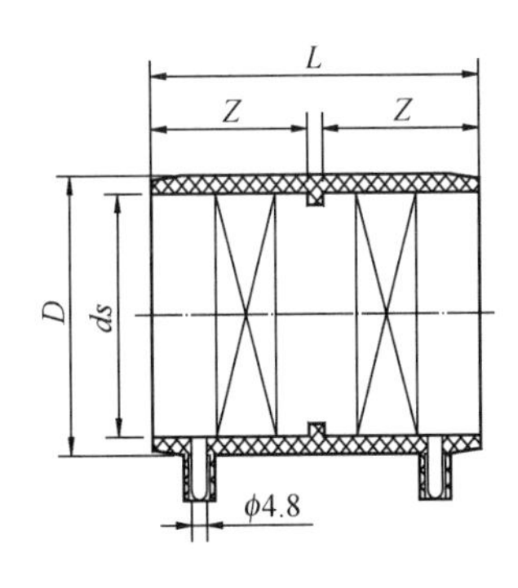

图 9-81 电热熔聚乙烯直通外形尺寸

电热熔聚乙烯直通规格及外形尺寸（mm） 表 9-70

公称直径	D	ds	L	Z	主要生产厂商
50	65	50	95	43	煌盛集团有限公司
63	79	63	110	52	
75	94	75	123	59.5	
90	112	89.6	154	75	
110	140	112	152	74.5	
140	176	142	182	90.5	
160	200	160	194	94	
200	242	200	210	103	
250	305	253.1	266	127	
315	370	315	270	130	
400	468	401.6	310	150	
500	566	503.6	394	192	

2. 电热熔聚乙烯异径管规格及外形尺寸见图 9-82、表 9-71。

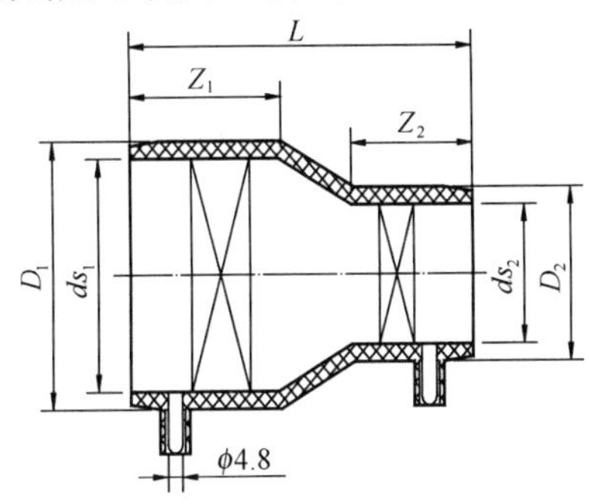

图 9-82 电热熔聚乙烯异径管外形尺寸

电热熔聚乙烯异径管规格及外形尺寸（mm） 表 9-71

公称直径	D_1	ds_1	D_2	ds_2	L	Z_1	Z_2	主要生产厂商
63×50	82	63.6	65	50.5	116.5	52	38	煌盛集团有限公司
75×50	94	75.6	65	50.5	135	60	50	
75×63	94	75.6	80	63.6	137	60	56	
90×50	112	90.6	65	50.5	160	72	50	
90×63	112	89.9	80	63.6	158	72	56	
90×75	112	90.6	94	75.6	160	72	60	
110×63	139	110	84	63	157	80	47	
110×75	142	110	110	75	210	100	60	
110×90	142	110	117	90	210	100	70	
140×110	172	140	142	110	255	118	110	
160×110	194	160	142	110	287	125	113	
160×140	194	160	172	140	210	98	96	
200×110	238	200	142	110	237	134	112	
200×160	244	200	200	160	280	137	112	
250×160	307	253.1	200	163.9	285	117	120	
250×200	307	253.1	244	203.1	276	110	132	
315×200	365	319.6	244	203.1	310.5	127	132	
315×250	365	315.6	303	251.1	287.2	123	132	
400×315	475	404.6	377	319.6	345	144	160	
500×400	502	412	400	331	402	200	160	

3. 电热熔聚乙烯 45°弯头规格及外形尺寸见图 9-83、表 9-72。

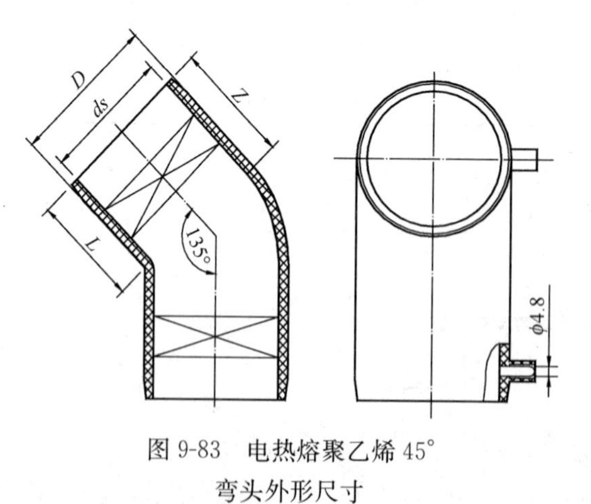

图 9-83 电热熔聚乙烯 45°弯头外形尺寸

电热熔聚乙烯 45°弯头规格及外形尺寸（mm） 表 9-72

公称直径	D	ds	L	Z	主要生产厂商
50	69	50	72	77	煌盛集团有限公司
63	84	63	70	70	
75	96	75	73	75	
90	112	90	82	88	
110	142	110	92	93	
160	194	160	104	106	
200	238	200	110	110	
250	292	250	116	125	
315	358	315	123	139	
400	402	330	180	160	
500	502	412	215	195	

4. 电热熔聚乙烯 90°弯头规格及外形尺寸见图 9-84、表 9-73。

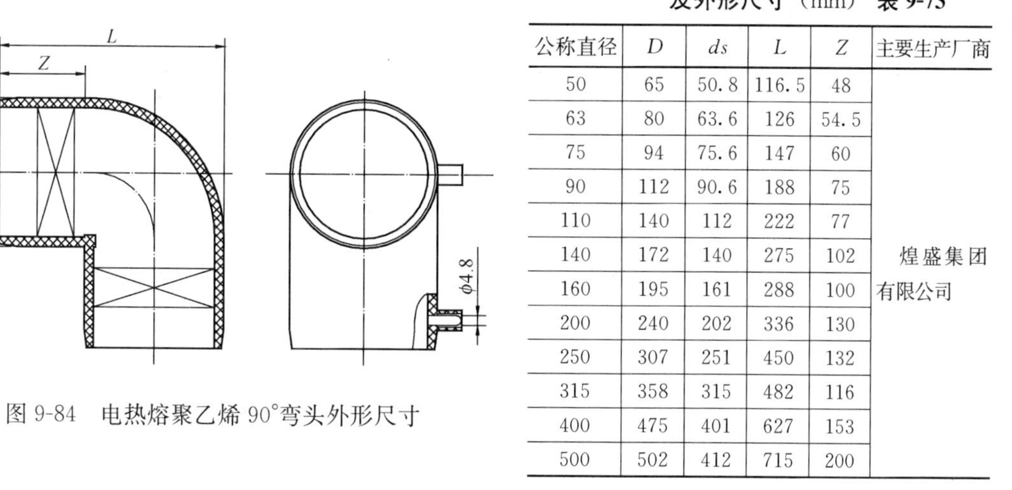

图 9-84 电热熔聚乙烯 90°弯头外形尺寸

电热熔聚乙烯 90°弯头规格及外形尺寸（mm） **表 9-73**

公称直径	D	ds	L	Z	主要生产厂商
50	65	50.8	116.5	48	煌盛集团有限公司
63	80	63.6	126	54.5	
75	94	75.6	147	60	
90	112	90.6	188	75	
110	140	112	222	77	
140	172	140	275	102	
160	195	161	288	100	
200	240	202	336	130	
250	307	251	450	132	
315	358	315	482	116	
400	475	401	627	153	
500	502	412	715	200	

5. 电热熔聚乙烯三通规格及外形尺寸见图 9-85、表 9-74。

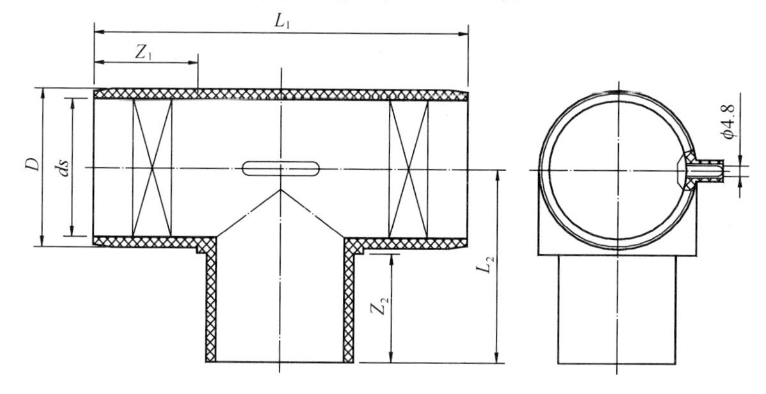

图 9-85 电热熔聚乙烯三通外形尺寸

电热熔聚乙烯三通规格及外形尺寸（mm） **表 9-74**

公称直径	D	ds	Z_1	Z_2	L_1	L_2	主要生产厂商
50	68	50.5	48	57	152	92	煌盛集团有限公司
63	82	63.6	56.5	70	180	111	
75	98	75.6	60	71	205	121	
90	112	90.6	73	91	245	149	
110	140	111	76	98	244	170	
140	172	140	109	167	338	246	
160	190	160	98	119	327	216	
200	235	201	105	113	382	236	
250	292	250	107	117	422	265	
315	374	315	158	152	579	340	
400	475	403	165	185	680	420	
500	502	422	190	200	924	470	

6. 电热熔聚乙烯异径三通规格及外形尺寸见图 9-86、表 9-75。

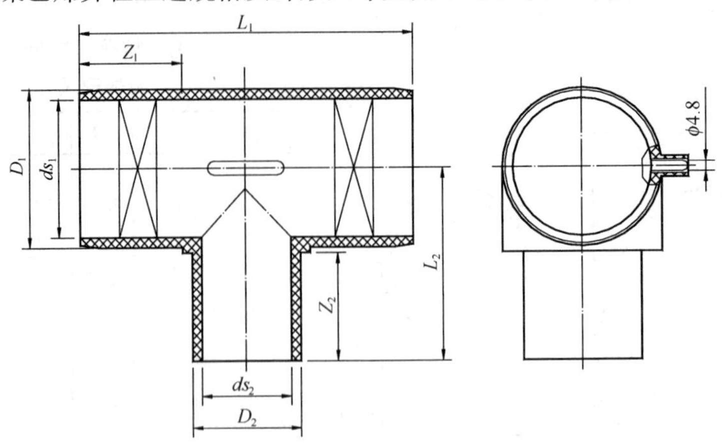

图 9-86 电热熔聚乙烯异径三通外形尺寸

电热熔聚乙烯异径三通规格及外形尺寸（mm） **表 9-75**

公称直径	D_1	ds_1	D_2	ds_2	Z_1	Z_2	L_1	L_2	主要生产厂商
63×50	83.4	63.2	68	50.5	61.9	50.6	173.3	147	煌盛集团有限公司
75×50	97.1	75.2	68	50.5	61.9	49.6	188.8	168.7	
75×63	98.9	75.2	83.4	63.2	61.5	50.3	187.8	166.6	
90×50	113	90.1	68	50.5	84.3	59.4	245.8	206.9	
90×63	117.4	90.2	83.4	63.2	84	71	248	205.6	
90×75	119.5	91.4	97.1	75.2	113.6	172.3	296.1	302	
110×50	140	110.5	68	50.5	76	66	244	138	
110×63	140	110.5	83.4	63.2	76	71	244	141	
110×75	140	110.5	97.1	75.2	76	75	244	146	
110×90	140	110.5	113	90.1	76	92	244	161	
160×63	190	160	83.4	63.2	98	65	327	160	
160×75	190	160	97.1	75.2	98	70	327	165	
160×90	190	160	113	90.1	98	85	327	180	
160×110	190	160	140	110.5	98	136	327	230	
200×63	241	201	83.4	63.2	105	62	376	182	
200×90	241	201	113	90.1	105	85	376	205	
200×110	241	201	140	110.5	105	133	376	258	
200×160	241	201	190	160	105	104	376	225	
250×63	292	251	83.4	63.2	107	62	422	208	
250×90	292	251	113	90.1	107	85	422	231	
250×110	292	251	140	110.5	107	90	422	236	
250×160	292	251	190	160	107	124	422	270	
250×200	292	251	241	201	107	123	422	270	
315×200	374	315	241	201	158	113	579	300	
315×250	374	315	292	251	158	137	579	324	
400×315	402	330	374	315	170	145	690	366	
500×400	502	412	402	330	200	160	840	430	

7. 电热熔聚乙烯法兰连接件、配套法兰盘片规格及外形尺寸见图 9-87、表 9-76。

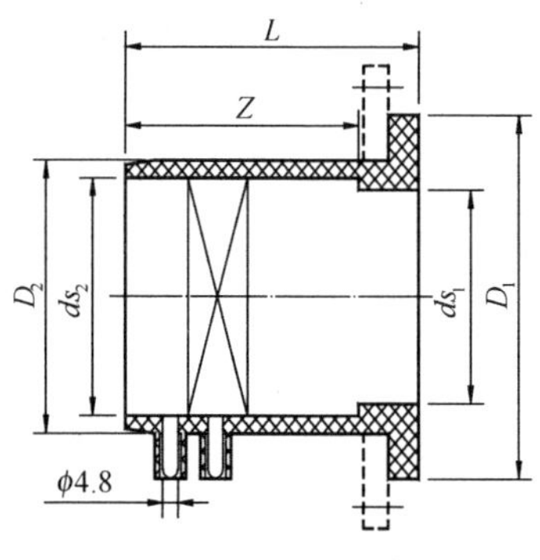

图 9-87　电热熔聚乙烯法兰连接件、配套法兰盘片外形尺寸

电热熔聚乙烯法兰连接件、配套法兰盘片规格及外形尺寸（mm）**表 9-76**

公称直径	D_1	ds_1	D_2	ds_2	L	Z	主要生产厂商
50	94	44	66	50	119	114	煌盛集团有限公司
63	115	59	82	64	120	111	
75	127	65	97	75.5	133	124	
90	141	78.5	116	90.5	145	140	
110	175	90	140	111.5	138	125	
140	210	118	175	141.5	186	172	
160	225	140	199	162	196	174	
200	261	174	242	202	203	171	
250	335	216.5	300	251.5	220	207	
315	392	307	355	315.5	210	197	
400	480	390	445	404	210	197	
500	585	415	500	445	260	215	

9.4.3.3　纳米抗菌聚乙烯（PE）管

1. 适用范围：纳米抗菌聚乙烯管是在聚乙烯管材内层添加纳米级抗菌母粒，经共挤出而制成具有抗菌、卫生自洁作用的管材。其主要应用于城镇给水管网、灌溉引水工程等。管道连接采用电热熔连接、热熔对接方式。

2. 规格及外形尺寸：纳米抗菌聚乙烯管规格及外形尺寸见表 9-77。

纳米抗菌聚乙烯管规格及外形尺寸（mm）　　**表 9-77**

公称外径 dn	不同标准尺寸、不同公称压力下的管材壁厚度 en					管长度	主要生产厂商
	SDR26 0.6MPa	SDR21 0.8MPa	SDR17 1.0MPa	SDR13.6 1.25MPa	SDR11 1.6MPa		
20	—	—	—	—	2.3	6000	山西新超管业股份有限公司
25	—	—	—	—	2.3		
32	—	—	—	—	3.0		
40	—	—	—	—	3.7		
50	—	—	—	—	4.6		
63	—	—	—	4.7	5.8		
75	—	—	4.5	5.6	6.8		
90	—	4.3	5.4	6.7	8.2		
110	4.2	5.3	6.6	8.1	10.0		
125	4.8	6.0	7.4	9.2	11.4		
160	6.2	7.7	9.5	11.8	14.6		
180	6.9	8.6	10.7	13.3	16.4		
200	7.7	9.6	11.9	14.7	18.2		
225	8.6	10.8	13.4	16.6	20.5		
250	9.6	11.9	14.8	18.4	22.7		
315	12.1	15.0	18.7	23.2	28.6		
355	13.6	16.9	21.1	26.1	32.2		
400	15.3	19.1	23.7	29.4	36.3		
450	17.2	21.5	26.7	33.1	40.9		
500	19.1	23.9	29.7	36.8	45.4		
560	21.4	26.7	33.2	41.2	50.8		
630	24.1	30.0	37.4	46.3	57.2		

9.4.3.4 给水用高密度聚乙烯（HDPE）管

1. 适用范围：给水用高密度聚乙烯管适用于城镇供水、灌溉、园林绿化、燃气输送、矿砂泥浆输送以及食品、化工领域化学介质的输送和排放等。

2. 规格及外形尺寸：给水用高密度聚乙烯管产品按国家标准《给水用聚乙烯（PE）管材》GB/T 13663 执行。其材料级别通常有 PE80、PE100 等级，管材规格及外形尺寸见表 9-78、表 9-79。

PE80 给水用高密度聚乙烯管规格及外形尺寸 **表 9-78**

公称外径 *dn*（mm）	不同标准尺寸、不同公称压力下的管材壁厚度 *en*（mm）					管长度（m）	主要生产厂商
	SDR33 0.4MPa	SDR21 0.6MPa	SDR17 0.8MPa	SDR13.6 1.0MPa	SDR11 1.25MPa		
20				2.0	2.3	直管 6、9、12；盘管 50、100、150、200	浙江伟星新型建材股份有限公司、广西佳利工贸有限公司
25				2.0	2.3		
32			2.0	2.4	3.0		
40		2.0	2.3	3.0	3.7		
50	2.0	2.4	2.9	3.7	4.6	6、9、12	
63	2.0	3.0	3.6	4.7	5.8		
75	2.3	3.6	4.5	5.6	6.8		
90	2.8	4.3	5.4	6.7	8.2		
110	3.4	5.3	6.6	8.1	10.0		
125	3.8	6.0	7.4	9.2	11.4		
160	4.9	7.7	9.5	11.8	14.6		
200	6.2	9.6	11.9	14.7	18.2		
225	6.9	10.8	13.4	16.6	20.5		
250	7.7	11.9	14.8	18.4	22.7		
315	9.7	15.0	18.7	23.2	28.6		
355	10.9	16.9	21.1	26.1	32.2		
400	12.3	19.1	23.7	29.4	36.3		
450	13.8	21.5	26.7	33.1	40.9		
500	15.3	23.9	29.7	36.8	45.4		
560	17.2	26.7	33.2	41.2	50.8		
630	19.3	30.0	37.4	46.3	57.2		
710	21.8	33.9	42.1	52.5	—		
800	24.5	38.1	47.1	58.8	—		

PE100给水用高密度聚乙烯管规格及外形尺寸　表9-79

公称外径 dn (mm)	不同标准尺寸、不同公称压力下的管材壁厚度 en (mm)					管长度 (m)	主要生产厂商
	SDR33 0.4MPa	SDR21 0.6MPa	SDR17 0.8MPa	SDR13.6 1.0MPa	SDR11 1.25MPa		
20				2.0	2.3	直管6、9、12；盘管50、100、150、200	浙江伟星新型建材股份有限公司、广西佳利工贸有限公司
25				2.0	2.3		
32			2.0	2.4	3.0		
40		2.0	2.3	3.0	3.7		
50	2.0	2.4	2.9	3.7	4.6	6、9、12	
63	2.0	3.0	3.6	4.7	5.8		
75	2.3	3.6	4.5	5.6	6.8		
90	3.7	4.3	5.4	6.7	8.2		
110	4.2	5.3	6.6	8.1	10.0		
125	4.8	6.0	7.4	9.2	11.4		
140	5.4	6.7	8.3	10.3	12.7		
160	6.2	7.7	9.5	11.8	14.6		
180	6.9	8.6	10.7	13.3	16.4		
200	7.7	9.6	11.9	14.7	18.2		
225	8.6	10.8	13.4	16.6	20.5		
250	9.6	11.9	14.8	18.4	22.7		
280	10.7	13.4	16.6	20.6	25.4		
315	12.1	15.0	18.7	23.2	28.6		
355	13.6	16.9	21.1	26.1	32.2		
400	15.3	19.1	23.7	29.4	36.3		
450	17.2	21.5	26.7	33.1	40.9		
500	19.1	23.9	29.7	36.8	45.4		
560	21.4	26.7	33.2	41.2	50.8		
630	24.1	30.0	37.4	46.3	57.2		

9.4.3.5 给水用高密度聚乙烯（HDPE）管件

工程常用给水用高密度聚乙烯（HDPE）管件有承插式管件、对接式管件以及焊制管件，其产品按国家标准《给水用聚乙烯（PE）管道系统　第2部分　管件》GB/T 13663.2执行。

1. 给水用高密度聚乙烯承插式管件：

（1）给水用高密度聚乙烯承插式直通规格及外形尺寸见图9-88、表9-80。

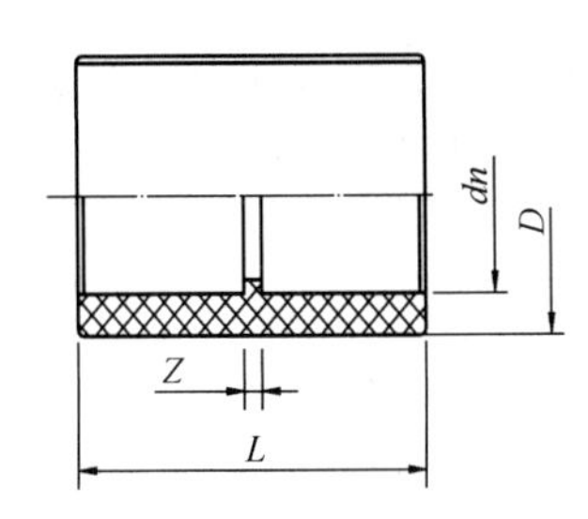

图9-88　给水用高密度聚乙烯承插式直通外形尺寸

给水用高密度聚乙烯承插式直通规格及外形尺寸（mm）　表9-80

dn	D	L	Z	主要生产厂商
20	27	35	5	浙江伟星新型建材股份有限公司
25	33.5	39	5	
32	42	43	5	
40	51.5	47	5	
50	63.5	53	5	
63	79	61	5	

（2）给水用高密度聚乙烯承插式异径管规格及外形尺寸见图 9-89、表 9-81。

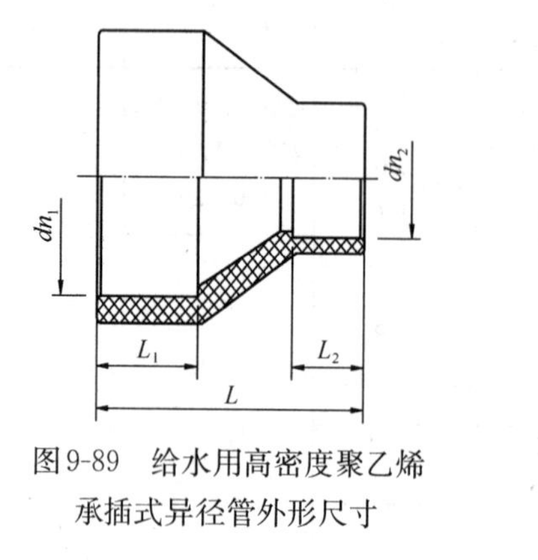

图 9-89　给水用高密度聚乙烯承插式异径管外形尺寸

给水用高密度聚乙烯承插式异径管规格及外形尺寸（mm）

表 9-81

$dn_1 \times dn_2$	L	L_1	L_2	主要生产厂商
25×20	35	17	15	浙江伟星新型建材股份有限公司
32×20	37	19	15	
32×25	39	19	17	
40×20	45	21	15	
40×25	46	21	17	
40×32	43	21	19	
50×20	48	24	15	
50×25	49	24	17	
50×32	51	24	19	
50×40	48	24	21	
63×20	58	28	15	
63×25	58	28	17	
63×32	58	28	19	
63×40	58	28	21	
63×50	58	28	24	

（3）给水用高密度聚乙烯 45°承插式弯头规格及外形尺寸见图 9-90、表 9-82。

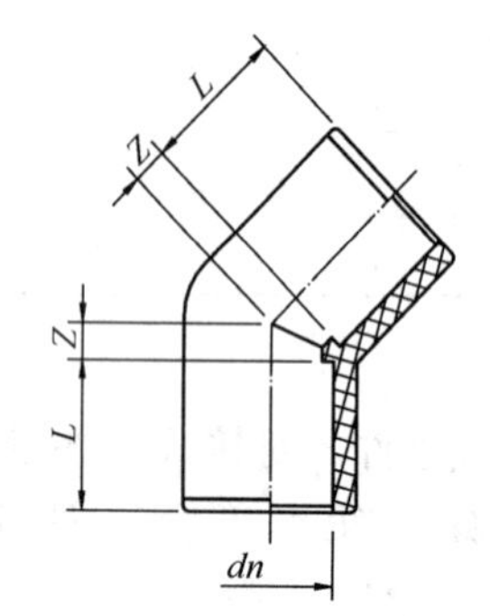

图 9-90　给水用高密度聚乙烯 45°承插式弯头外形尺寸

给水用高密度聚乙烯 45°承插式弯头规格及外形尺寸（mm）

表 9-82

dn	L	Z	主要生产厂商
20	15	6	浙江伟星新型建材股份有限公司
25	17	7	
32	19	8.5	
40	21	9.5	
50	24	13	
63	28	16	

（4）给水用高密度聚乙烯 90°承插式弯头规格及外形尺寸见图 9-91、表 9-83。

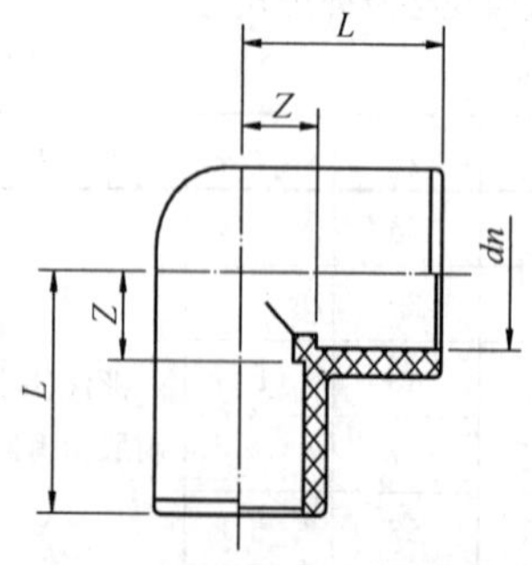

图 9-91　给水用高密度聚乙烯 90°承插式弯头外形尺寸

给水用高密度聚乙烯 90°承插式弯头规格及外形尺寸（mm）　　**表 9-83**

dn	L	Z	主要生产厂商
20	28	13	浙江伟星新型建材股份有限公司
25	32	15	
32	38	19	
40	44	23	
50	52	28	
63	63	35	

(5) 给水用高密度聚乙烯承插式三通规格及外形尺寸见图 9-92、表 9-84。

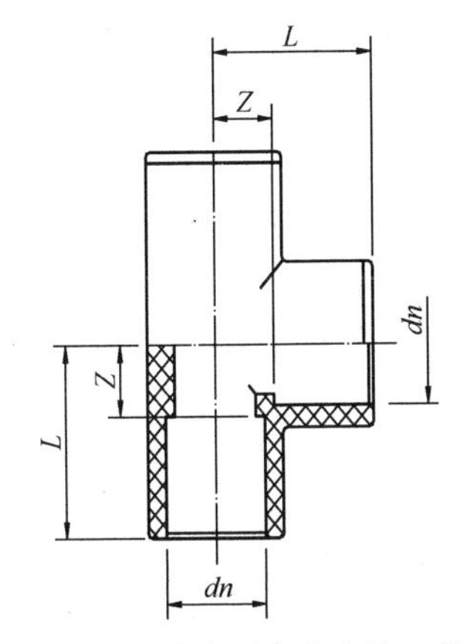

图 9-92 给水用高密度聚乙烯承插式三通外形尺寸

给水用高密度聚乙烯承插式三通规格及外形尺寸 (mm) 表 9-84

dn	L	Z	主要生产厂商
20	28	13	浙江伟星新型建材股份有限公司
25	32	15	
32	38	19	
40	44	23	
50	52	28	
63	63	35	

(6) 给水用高密度聚乙烯承插式异径三通规格及外形尺寸见图 9-93、表 9-85。

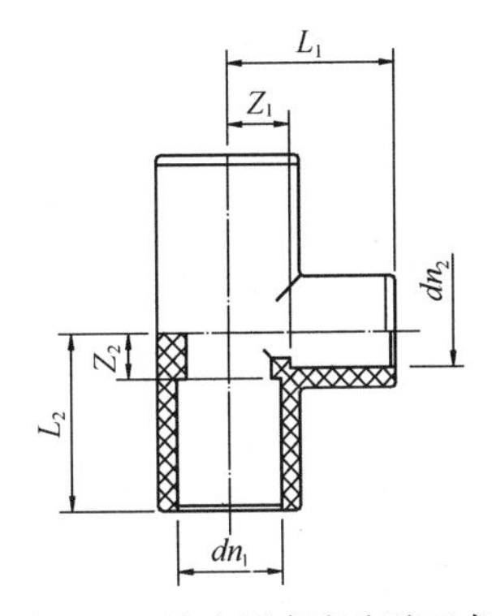

图 9-93 给水用高密度聚乙烯承插式异径三通外形尺寸

给水用高密度聚乙烯承插式异径三通规格及外形尺寸 (mm) 表 9-85

$dn_1 \times dn_2$	L_1	Z_1	L_2	Z_2	主要生产厂商
25×20	32	15	28	13	浙江伟星新型建材股份有限公司
32×20	38	19	28	13	
32×25	38	19	32	15	
40×20	44	23	28	13	
40×25	44	23	32	15	
40×32	44	23	38	19	
50×20	52	28	28	13	
50×25	52	28	32	15	
50×32	52	28	38	19	
50×40	52	28	44	23	
63×20	63	35	28	13	
63×25	63	35	32	15	
63×32	63	35	38	19	
63×40	63	35	44	23	
63×50	63	35	52	28	

2. 给水用高密度聚乙烯对接式管件：

（1）给水用高密度聚乙烯对接式异径管规格及外形尺寸见图 9-94、表 9-86。

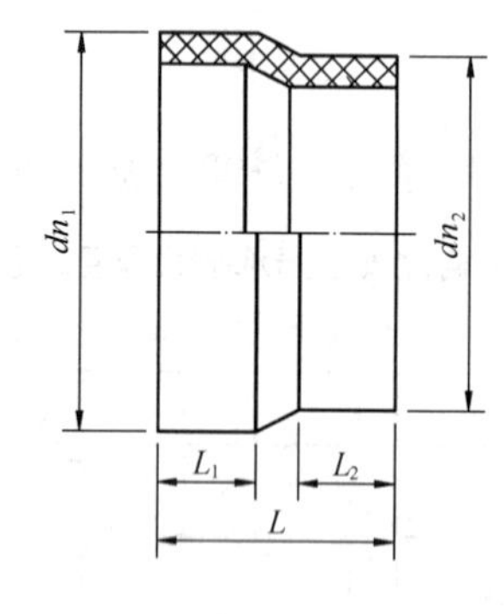

图 9-94 给水用高密度聚乙烯对接式异径管外形尺寸

给水用高密度聚乙烯对接式异径管规格及外形尺寸（mm） 表 9-86

$dn_1 \times dn_2$	L	L_1	L_2	主要生产厂商
75×63	149	70	62	浙江伟星新型建材股份有限公司
90×63	163	78	62	
110×63	183	80	62	
110×75	185	80	70	
110×90	175	80	78	
125×63	214	90	62	
125×90	203	90	78	
125×110	185	90	80	
160×90	233	95	78	
160×110	218	95	80	
160×125	220	95	90	
200×110	273	110	80	
200×160	239	110	95	
225×160	280	120	95	
225×200	255	120	110	
250×125	342	127	90	
250×160	280	127	95	
250×200	280	127	110	
250×200	287	127	110	
315×160	330	80	95	
315×200	305	80	110	
315×225	290	80	120	
315×250	263	80	127	
355×315	205	85	80	
400×315	244	90	80	
450×400	228	95	90	
500×450	245	100	95	
560×500	270	110	100	
630×450	395	120	95	
630×560	300	120	110	

（2）给水用高密度聚乙烯 45°对接式弯头规格及外形尺寸见图 9-95、表 9-87。

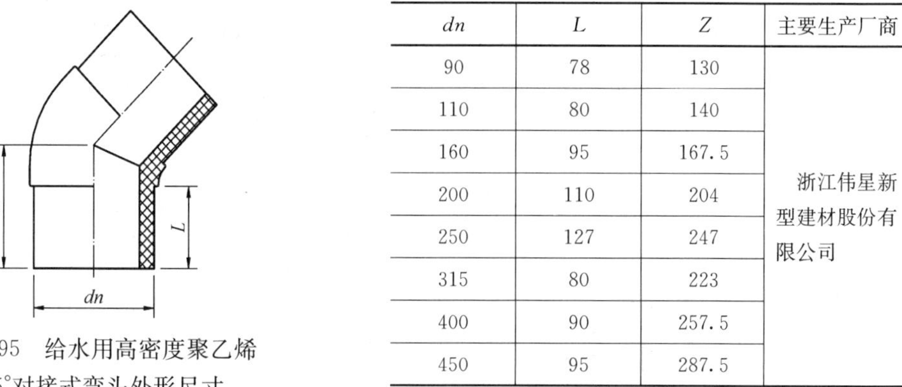

图 9-95 给水用高密度聚乙烯 45°对接式弯头外形尺寸

给水用高密度聚乙烯 45°对接式弯头规格及外形尺寸（mm） 表 9-87

dn	*L*	*Z*	主要生产厂商
90	78	130	浙江伟星新型建材股份有限公司
110	80	140	
160	95	167.5	
200	110	204	
250	127	247	
315	80	223	
400	90	257.5	
450	95	287.5	

（3）给水用高密度聚乙烯 90°对接式弯头规格及外形尺寸见图 9-96、表 9-88。

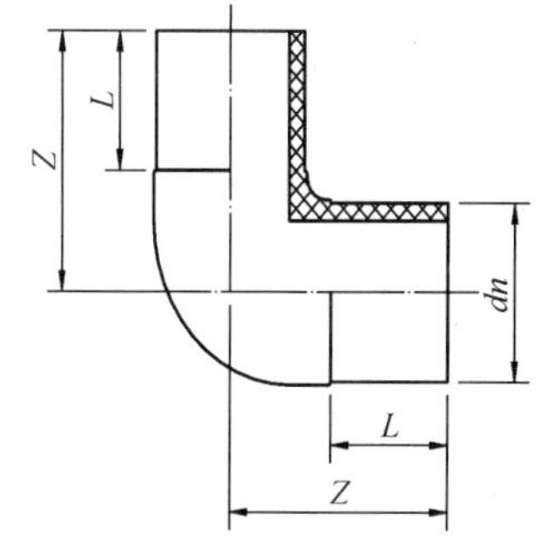

图 9-96 给水用高密度聚乙烯 90°对接式弯头外形尺寸

给水用高密度聚乙烯 90°对接式弯头规格及外形尺寸（mm） 表 9-88

dn	*L*	*Z*	主要生产厂商
90	78	140	浙江伟星新型建材股份有限公司
110	80	155	
160	95	197.5	
200	110	234	
250	127	277	
315	80	253	
400	90	307.5	
450	95	337.5	

（4）给水用高密度聚乙烯对接式三通规格及外形尺寸见图 9-97、表 9-89。

给水用高密度聚乙烯对接式三通规格及外形尺寸（mm） 表 9-89

dn	*L*	L_1	*Z*	主要生产厂商
90	280	78	140	浙江伟星新型建材股份有限公司
110	310	80	155	
160	395	95	197.5	
200	268	110	234	
250	554	127	277	
315	566	80	253	
400	615	90	307.5	
450	675	95	337.5	

图 9-97 给水用高密度聚乙烯对接式三通外形尺寸

（5）给水用高密度聚乙烯对接式异径三通规格及外形尺寸见图 9-98、表 9-90。

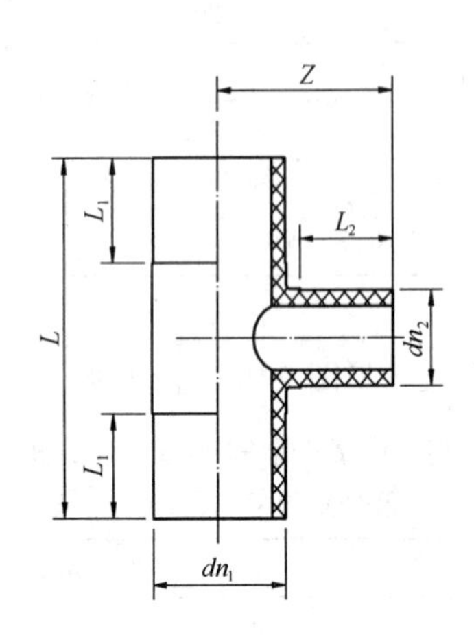

图9-98 给水用高密度聚乙烯对接式异径三通外形尺寸

给水用高密度聚乙烯对接式异径三通规格及外形尺寸（mm） 表 9-90

$dn_1 \times dn_2$	L	L_1	Z	L_2	主要生产厂商
63×32	210	62	88	45	
63×40	210	62	93	50	
63×50	210	62	98	55	
90×50	280	78	124	65	
90×63	280	78	124	62	
110×50	310	80	130	55	
110×63	310	80	137	62	
110×90	310	80	145	78	
160×50	395	95	157.5	55	
160×63	395	95	164.5	62	
160×90	395	95	180.5	78	浙江伟星新型建材股份有限公司
160×110	395	95	182.5	80	
200×50	468	110	179	55	
200×63	468	110	189	62	
200×90	468	110	202	78	
200×110	468	110	204	80	
200×160	468	110	219	95	
250×160	554	127	245	95	
250×200	554	127	280	110	
315×250	536	80	315	127	
400×315	650	90	315	80	
450×400	710	95	350	90	

（6）给水用高密度聚乙烯对接式管帽规格及外形尺寸见图 9-99、表 9-91。

图 9-99 给水用高密度聚乙烯对接式管帽外形尺寸

给水用高密度聚乙烯对接式管帽规格及外形尺寸（mm） 表 9-91

dn	L	主要生产厂商
20	45	
25	50	
32	62	
40	70	
50	78	
63	88	浙江伟星新型建材股份有限公司
75	90	
90	100	
110	120	
160	150	
200	190	
250	230	

（7）给水用高密度聚乙烯对接式法兰头、喷塑法兰片规格及外形尺寸见图 9-100，表 9-92。

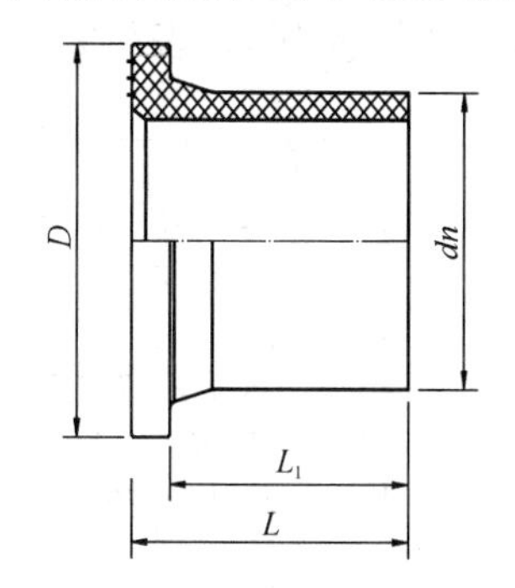

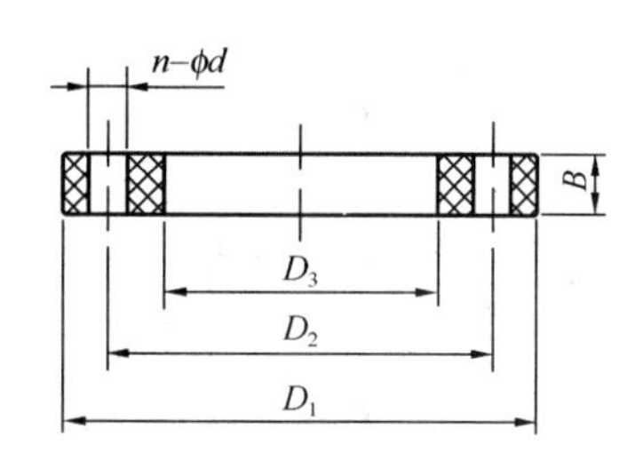

图 9-100　给水用高密度聚乙烯对接式法兰头、喷塑法兰片外形尺寸

给水用高密度聚乙烯对接式法兰头、喷塑法兰片规格及外形尺寸　　表 9-92

dn (mm)	L (mm)	L_1 (mm)	D (mm)	D_1 (mm)	D_2 (mm)	D_3 (mm)	B (mm)	$n-\phi d$ (个-mm)	主要生产厂商
50	88	75	87	150	110	55	18	4-18	浙江伟星新型建材股份有限公司
63	90	76	102	165	125	68	20	4-18	
75	95	80	120	185	145	80	20	4-18	
90	100	83	138	200	160	95	20	8-18	
110	110	92	158	220	180	115	22	8-18	
160	140	115	212	285	240	165	24	8-22	
200	150	120	266	340	295	205	24	8-22	
250	164	130	320	395	350	255	26	12-22	
315	180	142	370	445	400	320	28	12-22	
355	190	150	425	505	460	360	30	16-22	
400	200	158	480	565	515	408	32	16-26	
450	210	165	525	615	565	458	35	20-26	
500	220	170	580	670	620	508	38	20-26	
560	220	170	660	780	725	568	42	20-30	
630	230	180	690	780	725	638	42	20-30	

3. 给水用高密度聚乙烯焊制管件：

（1）给水用高密度聚乙烯 45°焊制弯头规格及外形尺寸见图 9-101、表 9-93。

（2）给水用高密度聚乙烯 90°焊制弯头规格及外形尺寸见图 9-102、表 9-93。

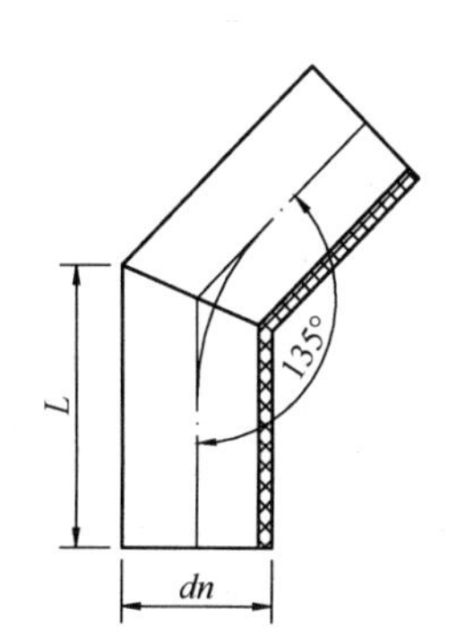

图 9-101　给水用高密度聚乙烯 45°焊制弯头外形尺寸

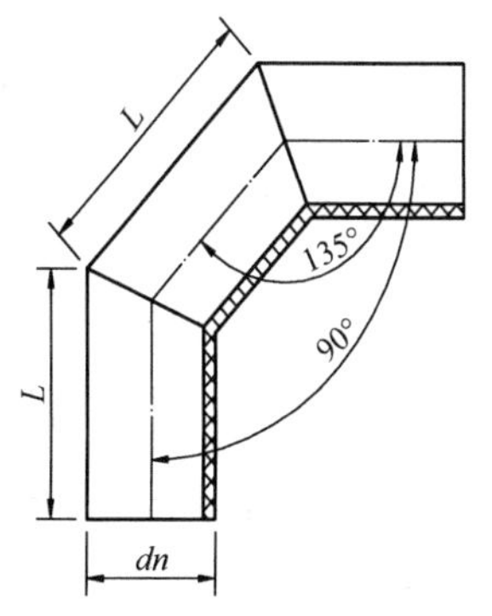

图 9-102　给水用高密度聚乙烯 90°焊制弯头外形尺寸

（3）给水用高密度聚乙烯焊制三通规格及外形尺寸见图 9-103、表 9-93。

（4）给水用高密度聚乙烯焊制四通规格及外形尺寸见图 9-104、表 9-93。

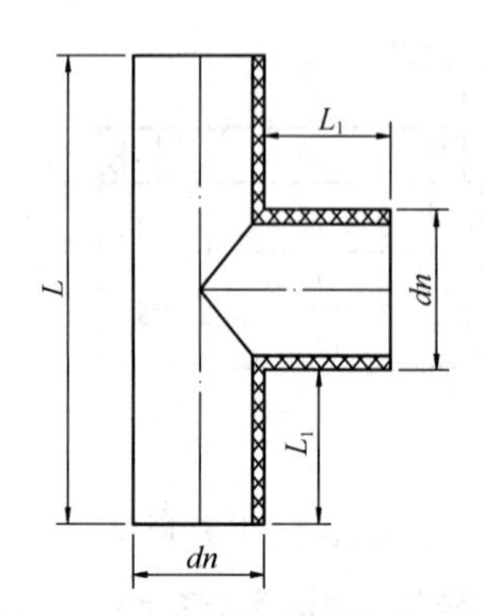

图 9-103　给水用高密度聚乙烯焊制三通外形尺寸

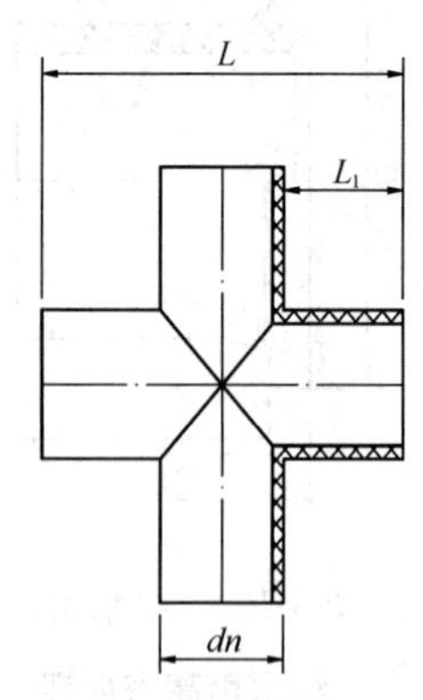

图 9-104　给水用高密度聚乙烯焊制四通外形尺寸

给水用高密度聚乙烯焊制管件规格及外形尺寸（mm）　**表 9-93**

dn	45°弯头	90°弯头	三通		四通		主要生产厂商
	L	*L*	*L*	L_1	*L*	L_1	
110	160	160	380	135	450	170	浙江伟星新型建材股份有限公司
125	170	170	410	143	465	170	
160	220	220	480	160	580	210	
200	230	250	500	150	680	240	
225	240	280	500	138	705	240	
250	270	320	630	190	750	250	
315	300	430	710	198	855	270	
355	320	480	800	223	955	300	
400	350	500	900	250	1110	355	
450	360	520	1000	275	1250	400	
500	400	550	1120	310	1400	450	
560	450	580	1260	350	1560	500	
630	500	630	1420	395	1750	560	

（5）给水用高密度聚乙烯焊制异径三通规格及外形尺寸见图 9-105、表 9-94。

给水用高密度聚乙烯焊制异径三通规格及外形尺寸（mm） 表 9-94

$dn_1 \times dn_2$	L	L_1	L_2	主要生产厂商
160×63	480	208.5	78	浙江伟星新型建材股份有限公司
200×63	500	218.5	78	
200×90	500	205	98	
225×63	500	218.5	78	
225×90	500	205	98	
250×63	630	283.5	78	
250×90	630	270	98	
250×110	630	260	135	
250×125	630	252.5	143	
315×90	710	310	98	
315×110	710	300	135	
400×90	900	405	98	
400×110	900	395	135	
400×160	900	370	160	
450×160	1000	420	160	
450×200	1000	400	150	
500×160	1120	480	160	
500×225	1120	447.5	138	
560×160	1260	550	160	
560×200	1260	530	150	
560×250	1260	505	190	
630×200	1420	610	150	
630×250	1420	585	190	
630×315	1420	552.5	198	

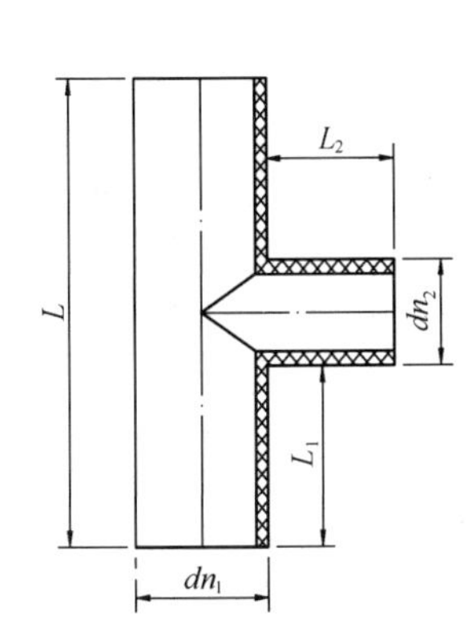

图 9-105 给水用高密度聚乙烯焊制异径三通外形尺寸

9.4.3.6 排水用高密度聚乙烯（HDPE）管

1. 适用范围：排水用高密度聚乙烯（HDPE）管适用于建筑物重力污废水系统、同层排水系统及虹吸式屋面雨水系统。

2. 连接方式：排水用高密度聚乙烯管的连接方式为电热熔带连接。

3. 规格及外形尺寸：排水用高密度聚乙烯管的材料级别为 PE80，其规格及外形尺寸见表 9-95。

排水用高密度聚乙烯（HDPE）管规格及外形尺寸（mm）　　**表 9-95**

公称外径 *dn*	平均外径 *dem*		不同管系列 SN 对应的壁厚度 *en*				管长度	主要生产厂商
			SN12.5		SN16			
	min	max	min	max	min	max		
32	32	32.3	3.0	3.3	—	—	5000	广东联塑科技实业有限公司、浙江伟星新型建材股份有限公司
40	40	40.4	3.0	3.3	—	—		
50	50	50.5	3.0	3.3	—	—		
56	56	56.5	3.0	3.3	—	—		
63	63	63.6	3.0	3.3	—	—		
75	75	75.7	3.0	3.3	—	—		
90	90	90.8	3.5	3.9	—	—		
110	110	110.8	4.2	4.9	—	—		
125	125	125.9	4.8	5.5	—	—		
160	160	161.0	6.2	6.9	—	—		
200	200	201.1	7.7	8.7	6.2	6.9		
250	250	251.3	9.6	10.8	7.8	8.6		
315	315	316.5	12.1	13.6	9.8	10.8		

9.4.3.7　排水用高密度聚乙烯（HDPE）双壁波纹管

1. 适用范围：排水用高密度聚乙烯双壁波纹管适用于建筑物室外排水、市政排水、水利灌溉排涝以及化工、矿山行业特殊介质的输送和排放。

2. 连接方式：排水用高密度聚乙烯双壁波纹管的连接方式有电热熔带连接、热熔挤出焊接、承插连接、卡箍（哈夫套）连接。

3. 规格及外形尺寸：排水用高密度聚乙烯双壁波纹管规格及外形尺寸见图 9-106、图 9-107、表 9-96。

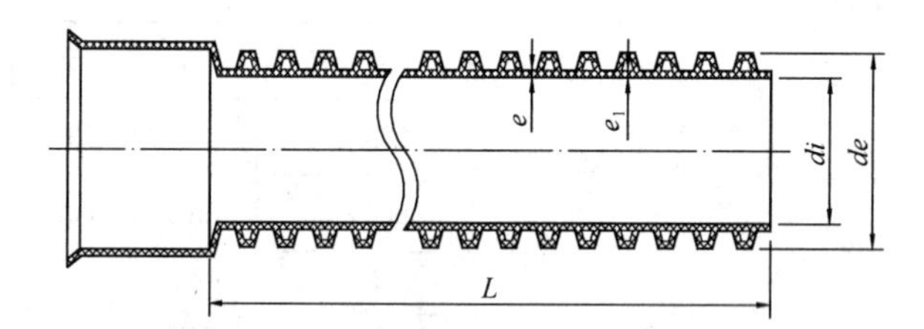

图 9-106　带扩口排水用高密度聚乙烯双壁波纹管外形尺寸

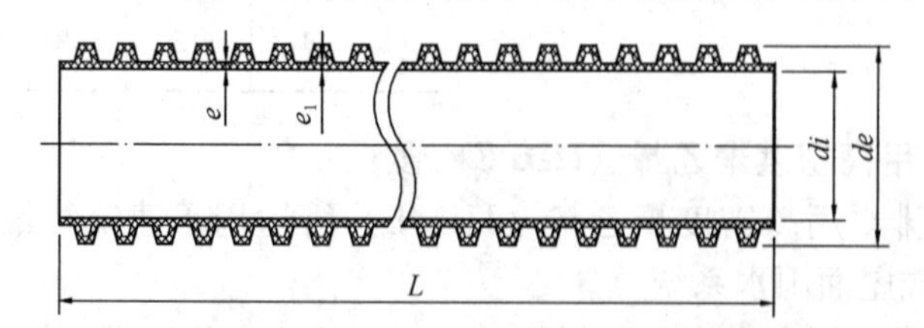

图 9-107　不带扩口排水用高密度聚乙烯双壁波纹管外形尺寸

排水用高密度聚乙烯双壁波纹管规格及外形尺寸（mm） 表 9-96

公称外径	最小平均外径 dem_{min}	最大平均外径 dem_{max}	最小平均内径 dim_{min}	最小层压壁厚度 e_{min}	最小内层壁厚度 e_{1min}	结合长度	管长度 L	主要生产厂商
110	109.4	110.4	80	1.0	0.8	32	6000	广东联塑科技实业有限公司、浙江伟星新型建材股份有限公司、煌盛集团有限公司、广东雄塑科技实业有限公司、上海金山洋生管道有限公司
125	124.3	125.4	105	1.1	1.0	35		
160	159.1	160.5	134	1.2	1.0	42		
200	198.8	200.6	167	1.4	1.1	50		
250	248.5	250.8	209	1.7	1.4	55		
315	313.2	316.0	263	1.9	1.6	62		
400	397.6	401.2	335	2.3	2.0	70		
500	497.0	501.5	418	2.8	2.8	80		
630	626.3	631.9	527	3.3	3.3	93		
800	795.2	802.4	669	4.1	4.1	110		
1000	994.0	1003.0	837	5.0	5.0	130		
1200	1192.8	1203.6	1005	5.0	5.0	150		

9.4.3.8 排水用高密度聚乙烯（HDPE）中空壁缠绕管

1. 适用范围：排水用高密度聚乙烯中空壁缠绕管适用于建筑物室外排水、市政排水、防洪排涝、水利灌溉以及工业排污等。

2. 连接方式：排水用高密度聚乙烯中空壁缠绕管的连接方式有电热熔带连接、热熔挤出焊接、热收缩管（带）连接、卡箍（哈夫套）连接。

3. 规格及外形尺寸：排水用高密度聚乙烯中空壁缠绕管规格及外形尺寸见图 9-108、表 9-97。

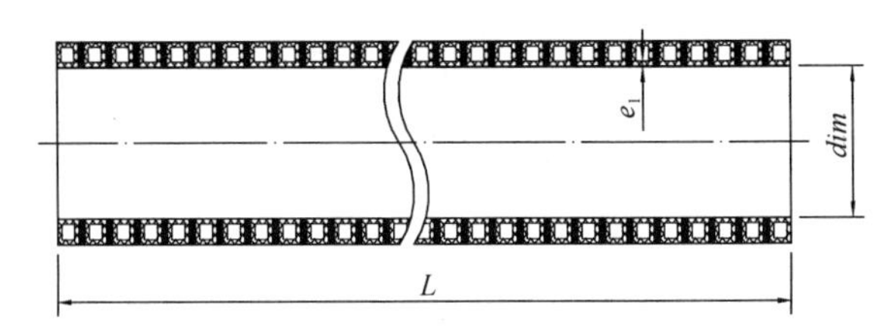

图 9-108 排水用高密度聚乙烯中空壁缠绕管外形尺寸

排水用高密度聚乙烯中空壁缠绕管规格及外形尺寸（mm） 表 9-97

公称外径	最小平均内径 dim_{min}	空腔部分最小内层壁厚度 e_{1min}	管长度 L	主要生产厂商
150	145	1.0	6000	广东联塑科技实业有限公司、广东雄塑科技实业有限公司
200	195	1.1		
250	245	1.5		
300	294	1.7		
400	392	2.3		
450	441	2.8		
500	490	3.0		
600	588	3.5		
700	673	4.1		
800	785	4.5		
900	885	5.0		
1000	985	5.0		
1100	1085	5.0		
1200	1185	5.0		
1300	1285	6.0		
1400	1385	6.0		
1500	1485	6.0		
1600	1585	6.0		
1700	1685	6.0		
1800	1785	6.0		
1900	1885	6.0		
2000	1985	6.0		
2100	2085	6.0		
2200	2185	7.0		
2300	2285	8.0		
2400	2385	9.0		
2500	2485	10.0		
2600	2585	10.0		

9.4.4 聚丙烯管及管件

聚丙烯管常用有给水用无规共聚聚丙烯（PP-R）管、纳米抗菌无规共聚聚丙烯（PP-R）管、纳米抗菌改性无规共聚聚丙烯（NFPP-R）管、聚丙烯高温静音排水（HTPP）管等。

9.4.4.1 给水用无规共聚聚丙烯（PP-R）管

1. 适用范围：给水用无规共聚聚丙烯（PP-R）管适用于建筑物内冷热水系统，包括工业及民用冷热水、饮用水和采暖系统等。其产品按国家标准《冷热水用聚丙烯管道系统》GB/T 18742 执行。

2. 连接方式及应用范围：

（1）热熔承插连接：用于公称外径 $dn \leqslant 110$ 的管道连接。

（2）电熔承插连接：用于公称外径 $dn > 110$ 的管道连接，或管道最末端的连接及热熔施工困难的场合。

（3）热熔对接：用于公称外径 $dn > 75$ 的室外埋地冷水管道连接。

3. 规格及外形尺寸：给水用无规共聚聚丙烯管规格及外形尺寸见图 9-109、表 9-98。

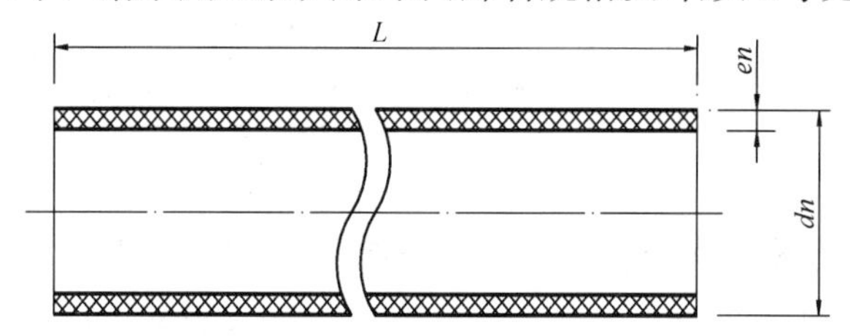

图 9-109　给水用无规共聚聚丙烯管外形尺寸

给水用无规共聚聚丙烯管材规格及外形尺寸（mm）　　**表 9-98**

公称外径 *dn*	最大平均外径	最小平均外径	不同管系列的管材壁厚度 *en*					管长度 *L*	主要生产厂商
			S5	S4	S3.2	S2.5	S2		
20	20.3	20.0	2.0	2.3	2.8	3.4	4.1	4000、6000	浙江伟星新型建材股份有限公司、广西梧州五一塑料制品有限公司、广西佳利工贸有限公司
25	25.3	25.0	2.3	2.8	3.5	4.2	5.1		
32	32.3	32.0	2.9	3.6	4.4	5.4	6.5		
40	40.4	40.0	3.7	4.5	5.5	6.7	8.1		
50	50.5	50.0	4.6	5.6	6.9	8.3	10.1		
63	63.6	63.0	5.8	7.1	8.6	10.5	12.7		
75	75.7	75.0	6.8	8.4	10.3	12.5	15.1		
90	90.9	90.0	8.2	10.1	12.3	15.0	18.1		
110	111.0	110.0	10.0	12.3	15.1	18.3	22.1		

9.4.4.2 给水用无规共聚聚丙烯（PP-R）管件

给水用无规共聚聚丙烯产品按国家标准《冷热水用聚丙烯管道系统　第 3 部分　管件》GB/T 18742.3 执行。

1. 给水用无规共聚聚丙烯直通规格及外形尺寸见图 9-110、表 9-99。

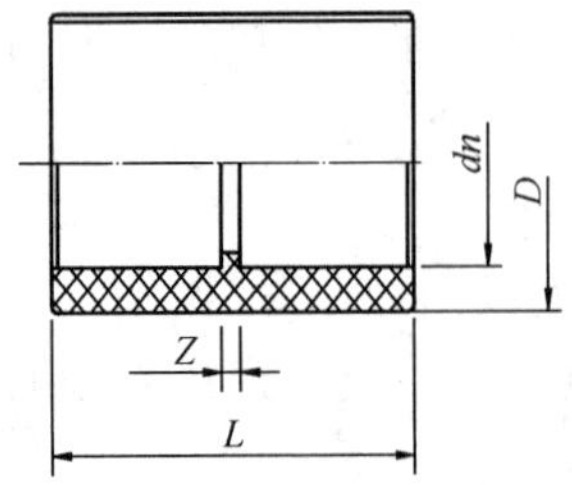

图 9-110　给水用无规共聚聚丙烯直通外形尺寸

给水用无规共聚聚丙烯直通规格及外形尺寸（mm）　表 9-99

dn	D	L	Z	主要生产厂商
20	29	34	5	浙江伟星新型建材股份有限公司
25	34	37	5	
32	43	41	5	
40	52	46	5	
50	65	52	5	
63	80	60	5	
75	99	66	5	
90	109	76	5	
110	135	88	5	

2. 给水用无规共聚聚丙烯异径管规格及外形尺寸见图 9-111、表 9-100。

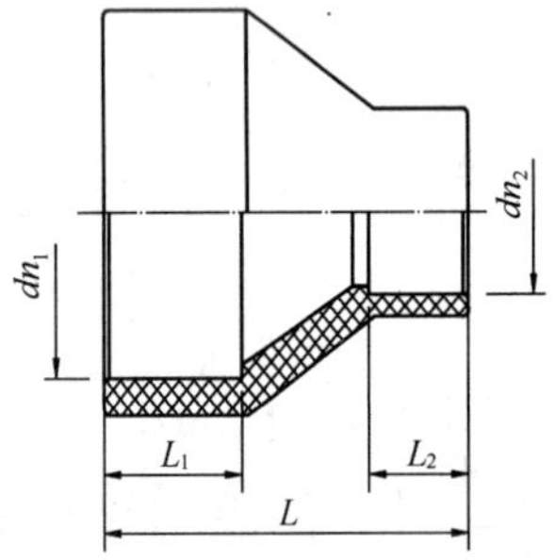

给水用无规共聚聚丙烯异径管规格及外形尺寸（mm）　表 9-100

$dn_1 \times dn_2$	L	L_1	L_2	主要生产厂商
25×20	39	15	16	浙江伟星新型建材股份有限公司
32×20	42	17	16	
32×25	43	17	17	
40×20	50	20.5	14.5	
40×25	50	19	18	
40×32	62	19	20	
50×20	57.5	23.5	14.5	
50×25	55	23.5	16	
50×32	52	22	20	
50×40	72	23.5	20.5	
63×20	71.4	27.4	14.5	
63×25	79.1	27.4	16	
63×32	65	27.4	18.1	
63×40	75	26	22	
63×50	81.1	26	26	
75×32	88.5	31	18.1	
75×40	73.5	31	20.5	
75×50	72.5	31	23.5	
75×63	90	31	27.5	
90×63	80	35.5	27.5	
90×75	90	35.5	31	
110×75	95.5	41.5	31	
110×90	99.5	41.5	35.5	

图 9-111　给水用无规共聚聚丙烯异径管外形尺寸

3. 给水用无规共聚聚丙烯 45°弯头规格及外形尺寸见图 9-112、表 9-101。

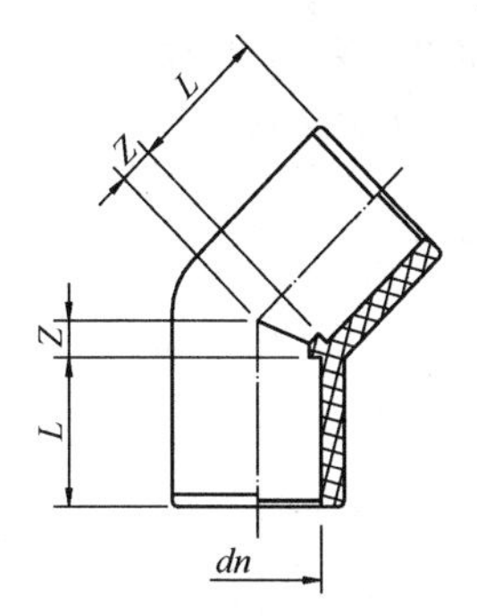

图 9-112 给水用无规共聚聚丙烯 45°弯头外形尺寸

给水用无规共聚聚丙烯 45°弯头规格及外形尺寸（mm） 表 9-101

dn	*L*	*Z*	主要生产厂商
20	14.5	8	浙江伟星新型建材股份有限公司
25	16	8	
32	18	8	
40	20.5	10.6	
50	23.5	15.0	
63	27.5	21.1	
75	31	16.5	
90	35.5	19.5	
110	41.5	24	

4. 给水用无规共聚聚丙烯 90°弯头规格及外形尺寸见图 9-113、表 9-102。

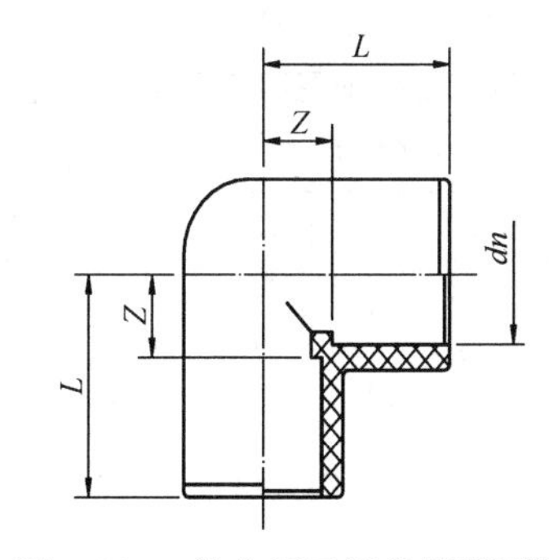

图 9-113 给水用无规共聚聚丙烯 90°弯头外形尺寸

给水用无规共聚聚丙烯 90°弯头规格及外形尺寸（mm） 表 9-102

dn	*L*	*Z*	主要生产厂商
20	28	12	浙江伟星新型建材股份有限公司
25	32	14	
32	36	18	
40	44	22	
50	52	26	
63	62	33	
75	75	38.5	
90	84	48.5	
110	99	57.5	

5. 给水用无规共聚聚丙烯 90°异径弯头规格及外形尺寸见图 9-114、表 9-103。

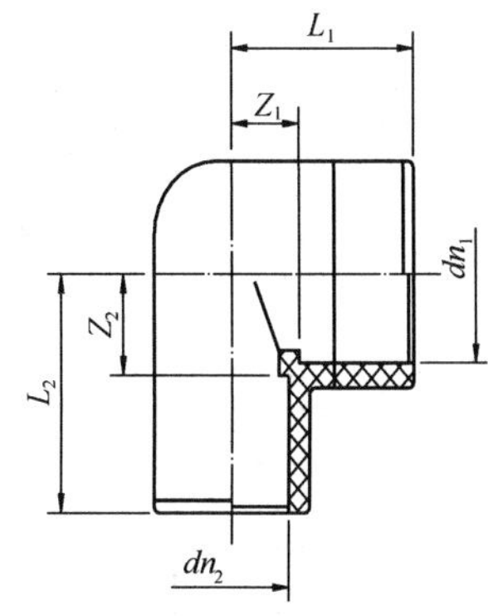

图 9-114 给水用无规共聚聚丙烯 90°异径弯头外形尺寸

给水用无规共聚聚丙烯 90°异径弯头规格及外形尺寸（mm） 表 9-103

$dn_1 \times dn_2$	L_1	Z_1	L_2	Z_2	主要生产厂商
25×20	29.5	14.5	28.5	16	浙江伟星新型建材股份有限公司
32×20	32.5	14.5	30.6	18.1	
32×25	34	16	32.6	18.1	
40×20	37	14.5	34	20.5	
40×25	38.5	16	36.5	20.5	
40×32	40.6	18.1	40	20.5	

6. 给水用无规共聚聚丙烯三通规格及外形尺寸见图 9-115、表 9-104。

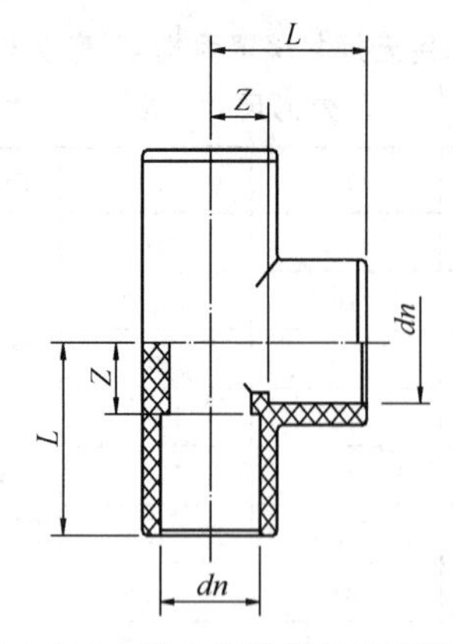

图 9-115　给水用无规共聚聚丙烯三通外形尺寸

给水用无规共聚聚丙烯三通规格及外形尺寸（mm）　**表 9-104**

dn	*L*	*Z*	主要生产厂商
20	28	12	浙江伟星新型建材股份有限公司
25	32	14	
32	36	18	
40	44	22	
50	52	26	
63	62	33	
75	69.5	38.5	
90	83	47.5	
110	101	55	

7. 给水用无规共聚聚丙烯异径三通规格及外形尺寸见图 9-116、表 9-105。

图 9-116　给水用无规共聚聚丙烯异径三通外形尺寸

给水用无规共聚聚丙烯异径三通规格及外形尺寸（mm）　**表 9-105**

$dn_1 \times dn_2$	L_1	Z_1	L_2	Z_2	主要生产厂商
25×20	32	13.5	32	17	浙江伟星新型建材股份有限公司
32×20	38	17	36	20	
32×25	38	17	38	20	
40×20	39	21	33	26	
40×25	39	21	34	26	
40×32	40	21	38	26	
50×20	41	26	35.5	33	
50×25	51.5	26	39	15.5	
50×32	51.5	26	42.5	19	
50×40	48	26	56	22.5	
63×20	52	32.5	41.9	39.7	
63×25	50	32.5	42.5	15	
63×32	52.1	32.5	46	18.5	
63×40	58	32.5	50.5	23	
63×50	57.5	32.5	55	27.5	
75×20	59.5	38.5	45.5	47.3	
75×25	59.5	38.5	48	47.3	
75×40	61	38.5	53.5	22.5	
75×50	69	38.5	59	28	
75×63	68	38.5	65	32	
90×63	75.5	46	72.5	35	
90×75	78.5	46	75.5	40	
110×50	80.5	56	69	27	
110×63	84.5	56	75.5	34	
110×75	88	56	81.5	40	
110×90	92.5	56	89	47	

8. 给水用无规共聚聚丙烯四通规格及外形尺寸见图 9-117、表 9-106。

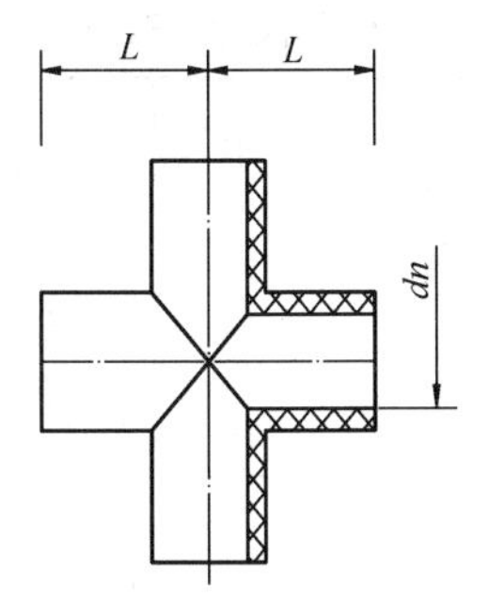

图 9-117 给水用无规共聚聚丙烯四通外形尺寸

给水用无规共聚聚丙烯四通规格及外形尺寸（mm） 表 9-106

dn	*L*	主要生产厂商
20	25.5	浙江伟星新型建材股份有限公司
25	29.5	
32	35.0	

9. 给水用无规共聚聚丙烯管堵规格及外形尺寸见图 9-118、表 9-107。

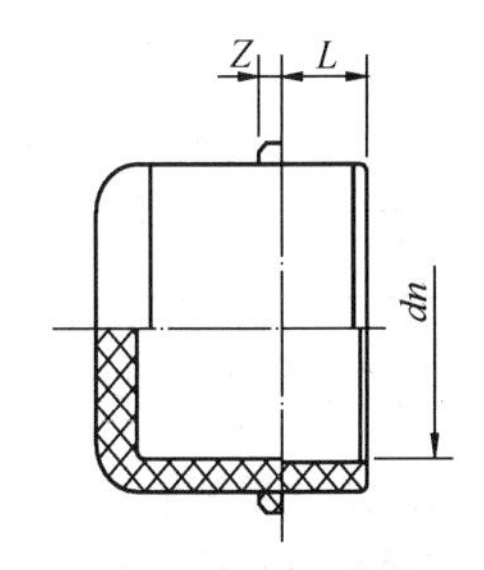

图 9-118 给水用无规共聚聚丙烯管堵外形尺寸

给水用无规共聚聚丙烯管堵规格及外形尺寸（mm） 表 9-107

dn	*L*	*Z*	主要生产厂商
20	11	3	浙江伟星新型建材股份有限公司
25	11	3	

10. 给水用无规共聚聚丙烯管帽规格及外形尺寸见图 9-119、表 9-108。

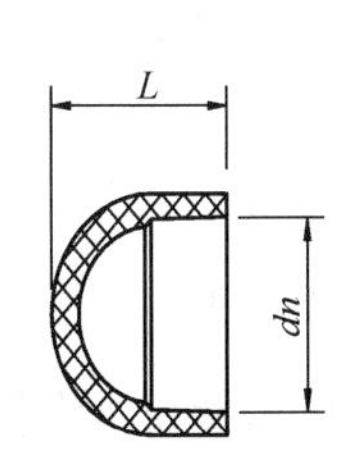

图 9-119 给水用无规共聚聚丙烯管帽外形尺寸

给水用无规共聚聚丙烯管帽规格及外形尺寸（mm） 表 9-108

dn	*L*	主要生产厂商
20	25	浙江伟星新型建材股份有限公司
25	30	
32	32	
40	32	
50	32	
63	40	
75	45	

11. 给水用无规共聚聚丙烯过桥弯规格及外形尺寸见图 9-120、表 9-109。

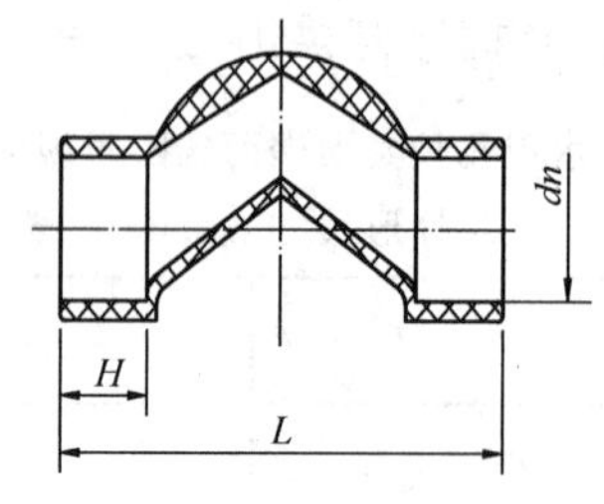

图 9-120 给水用无规共聚聚丙烯过桥弯外形尺寸

给水用无规共聚聚丙烯过桥弯规格及外形尺寸（mm） 表 9-109

dn	L	H	主要生产厂商
25	98	16	浙江伟星新型建材股份有限公司

12. 给水用无规共聚聚丙烯绕曲管规格及外形尺寸见图 9-121、表 9-110。

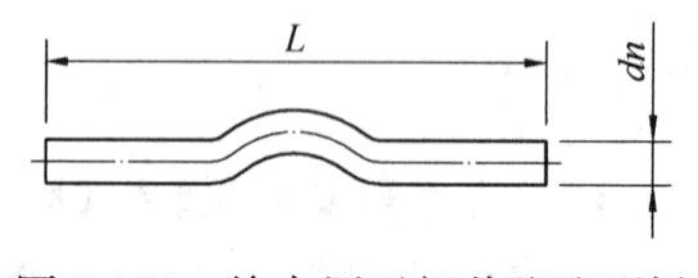

图 9-121 给水用无规共聚聚丙烯绕曲管外形尺寸

给水用无规共聚聚丙烯绕曲管规格及外形尺寸（mm） 表 9-110

dn	L	主要生产厂商
20	315	浙江伟星新型建材股份有限公司
25	315	
32	315	

13. 给水用无规共聚聚丙烯内螺纹直通规格及外形尺寸见图 9-122、表 9-111。

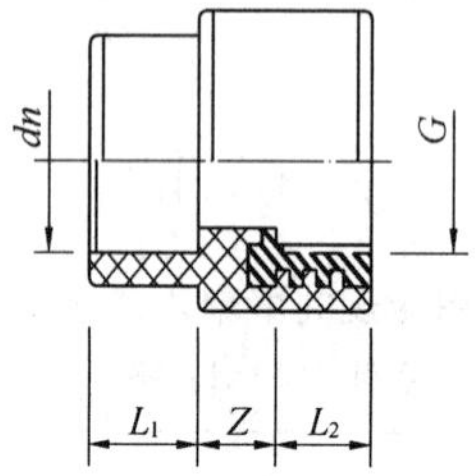

图 9-122 给水用无规共聚聚丙烯内螺纹直通外形尺寸

给水用无规共聚聚丙烯内螺纹直通规格及外形尺寸 表 9-111

$dn \times G$ (mm×in)	L_1 (mm)	L_2 (mm)	Z (mm)	主要生产厂商
20×1/2	15	12	18	浙江伟星新型建材股份有限公司
20×3/4	15	12	18	
25×1/2	16	12	17	
25×3/4	16	12	17	
32×3/4	18	17	17	
32×1	20	13	17	

14. 给水用无规共聚聚丙烯外螺纹直通规格及外形尺寸见图 9-123、表 9-112。

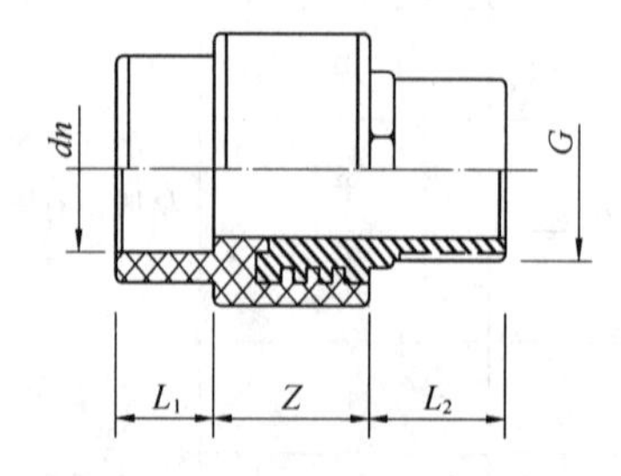

图 9-123 给水用无规共聚聚丙烯外螺纹直通外形尺寸

给水用无规共聚聚丙烯外螺纹直通规格及外形尺寸 表 9-112

$dn \times G$ (mm×in)	L_1 (mm)	L_2 (mm)	Z (mm)	主要生产厂商
20×1/2	16	12	29	浙江伟星新型建材股份有限公司
20×3/4	18	14	28	
25×1/2	18	14	28	
25×3/4	16	12	29	
32×3/4	18	14	27	
32×1	22	16	32	

15. 给水用无规共聚聚丙烯 90°内螺纹弯头规格及外形尺寸见图 9-124、表 9-113。

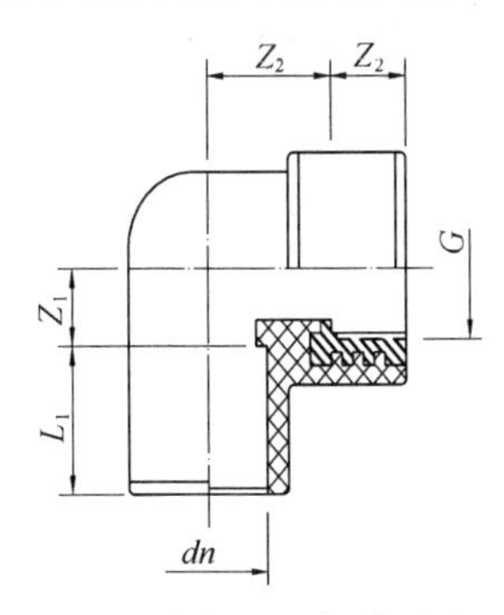

图 9-124 给水用无规共聚聚丙烯 90°内螺纹弯头外形尺寸

给水用无规共聚聚丙烯 90°内螺纹弯头规格及外形尺寸 表 9-113

dn×G (mm×in)	L_1 (mm)	Z_1 (mm)	L_2 (mm)	Z_2 (mm)	主要生产厂商
20×1/2	16	18	12	24	浙江伟星新型建材股份有限公司
20×3/4	16	18	12	24	
25×1/2	18	18	12	24	
25×3/4	18	21	12	24	
32×3/4	18	14	17	26	
32×1	20	28	16	28	
40×3/2	20.5	55.5	20	43.5	

16. 给水用无规共聚聚丙烯 90°带耳内螺纹弯头规格及外形尺寸见图 9-125、表 9-114。

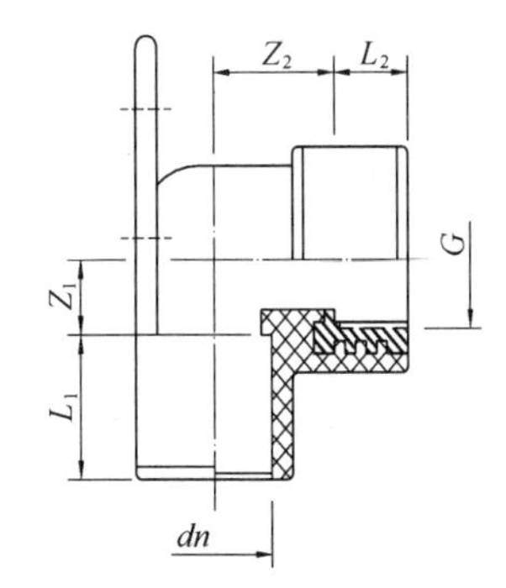

图 9-125 给水用无规共聚聚丙烯 90°带耳内螺纹弯头外形尺寸

给水用无规共聚聚丙烯 90°带耳内螺纹弯头规格及外形尺寸 表 9-114

dn×G (mm×in)	L_1 (mm)	Z_1 (mm)	L_2 (mm)	Z_2 (mm)	主要生产厂商
20×1/2	16	18	12	24	浙江伟星新型建材股份有限公司
20×3/4	16	18	12	24	
25×1/2	18	18	12	24	
25×3/4	18	21	12	24	
32×3/4	18	14	17	26	
32×1	20	28	16	28	
40×3/2	20.5	55.5	20	43.5	

17. 给水用无规共聚聚丙烯 90°外螺纹弯头规格及外形尺寸见图 9-126、表 9-115。

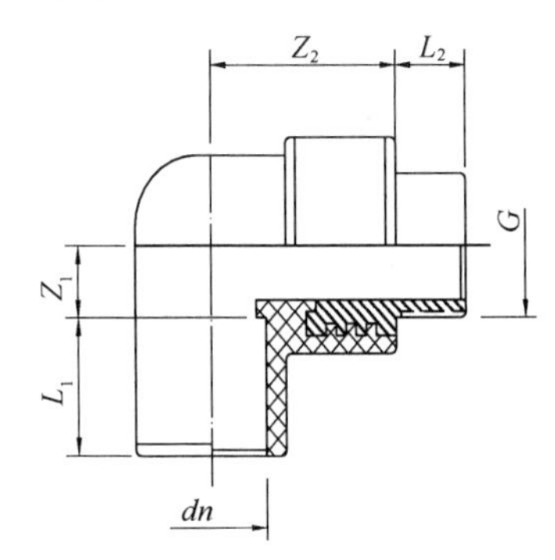

图 9-126 给水用无规共聚聚丙烯 90°外螺纹弯头外形尺寸

给水用无规共聚聚丙烯 90°外螺纹弯头规格及外形尺寸 表 9-115

dn×G (mm×in)	L_1 (mm)	Z_1 (mm)	L_2 (mm)	Z_2 (mm)	主要生产厂商
20×1/2	16	18	12	36	浙江伟星新型建材股份有限公司
20×3/4	16	18	14	36	
25×1/2	16	22.5	15	36	
25×3/4	18	22.5	15	36	
32×3/4	20	21	14	36	
32×1	20	28	16	46	

18. 给水用无规共聚聚丙烯内螺纹三通规格及外形尺寸见图 9-127、表 9-116。

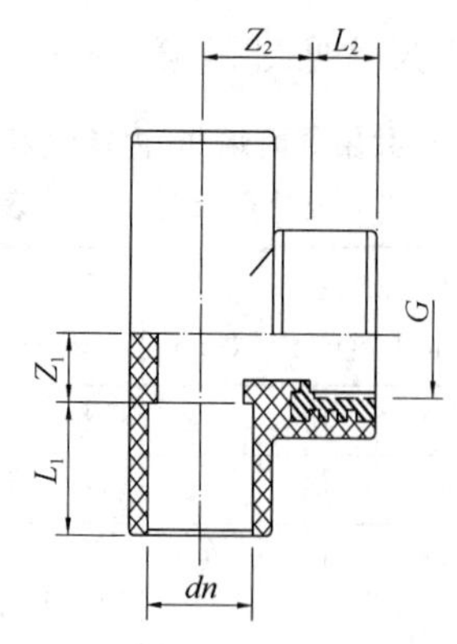

图 9-127 给水用无规共聚聚丙烯内螺纹三通外形尺寸

给水用无规共聚聚丙烯内螺纹三通规格及外形尺寸 表 9-116

$dn \times G$ (mm×in)	L_1 (mm)	Z_1 (mm)	L_2 (mm)	Z_2 (mm)	主要生产厂商
20×1/2	15	12	12	24	浙江伟星新型建材股份有限公司
20×3/4	15	12	12	24	
25×1/2	19	18	12	24	
25×3/4	19	18	12	24	
32×3/4	20	17	16	28	
32×1	20	17	16	28	

19. 给水用无规共聚聚丙烯外螺纹三通规格及外形尺寸见图 9-128、表 9-117。

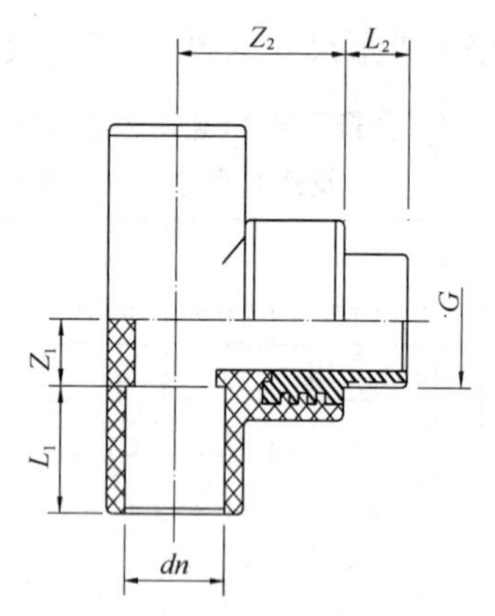

图 9-128 给水用无规共聚聚丙烯外螺纹三通外形尺寸

给水用无规共聚聚丙烯外螺纹三通规格及外形尺寸 表 9-117

$dn \times G$ (mm×in)	L_1 (mm)	Z_1 (mm)	L_2 (mm)	Z_2 (mm)	主要生产厂商
20×1/2	15	12	12	36	浙江伟星新型建材股份有限公司
20×3/4	15	12	14	36	
25×1/2	16	13	15	36	
32×3/4	16	13	15	36	
32×1	18	17	16	45	
40×1	20.5	21	15	41.5	
50×1	23.5	21	15	47	

20. 给水用无规共聚聚丙烯内螺纹活接头规格及外形尺寸见图 9-129、表 9-118。

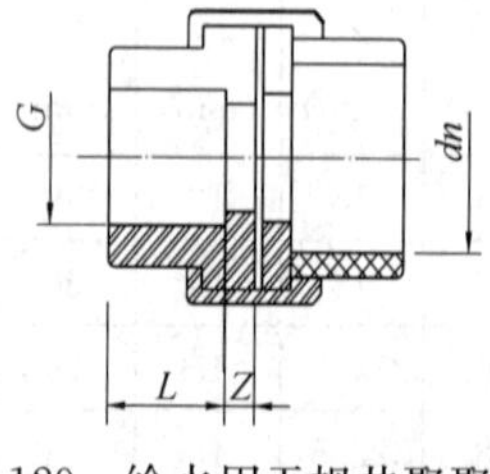

图 9-129 给水用无规共聚聚丙烯内螺纹活接头外形尺寸

给水用无规共聚聚丙烯内螺纹活接头规格及外形尺寸 表 9-118

$dn \times G$ (mm×in)	L (mm)	Z (mm)	主要生产厂商
20×1/2	16	4	浙江伟星新型建材股份有限公司
20×3/4	16	4	
20×1	16	4	
25×3/4	18	4	
25×1	18	4	
32×1	20	4	

21. 给水用无规共聚聚丙烯外螺纹活接头规格及外形尺寸见图 9-130、表 9-119。

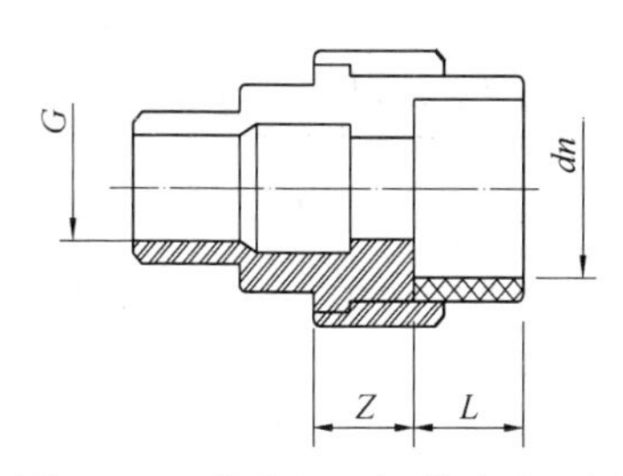

图 9-130 给水用无规共聚聚丙烯外螺纹活接头外形尺寸

给水用无规共聚聚丙烯外螺纹活接头规格及外形尺寸 表 9-119

dn×G (mm×in)	L (mm)	Z (mm)	主要生产厂商
20×1/2	16	4	浙江伟星新型建材股份有限公司
20×3/4	16	4	
20×1	16	4	
25×3/4	18	4	
25×1	18	4	
32×1	20	4	

9.4.4.3 纳米抗菌无规共聚聚丙烯（PP-R）管

1. 应用范围：纳米抗菌无规共聚聚丙烯（PP-R）管是在无规共聚聚丙烯管材内层添加纳米级抗菌母粒，经共挤出而制成具有抗菌、卫生自洁作用的管材。其主要应用于建筑冷热水系统、直饮水系统以及饮料、食品行业的洁净介质输送管道系统。管道连接采用热熔承插连接方式。

2. 规格及外形尺寸：纳米抗菌无规共聚聚丙烯（PP-R）管规格及外形尺寸见表 9-120。

纳米抗菌无规共聚聚丙烯（PP-R）管规格及外形尺寸（mm） 表 9-120

公称外径 dn	不同管系列的管材壁厚度 en				管长度	主要生产厂商
	S5	S4	S3.2	S2.5		
16	—	2.0	2.2	2.7	6000	山西新超管业股份有限公司
20	2.0	2.3	2.8	3.4		
25	2.3	2.8	3.5	4.2		
32	2.9	3.6	4.4	5.4		
40	3.7	4.5	5.5	6.7		
50	4.6	5.6	6.9	8.3		
63	5.8	7.1	8.6	10.5		
75	6.8	8.4	10.3	12.5		
90	8.2	10.1	12.3	15.0		
110	10.0	12.3	15.1	18.3		
160	14.6	17.9	21.9	26.6		

9.4.4.4 纳米抗菌改性无规共聚聚丙烯（NF PP-R）管

1. 应用范围：纳米抗菌改性无规共聚聚丙烯（NF PP-R）管是在改性无规共聚聚丙烯管材内层添加纳米级抗菌母粒，经共挤出而制成具有抗菌、卫生自洁作用的管材。其主要应用于建筑冷热水系统、明装管道系统、高温热水系统、食品医药的洁净介质输送管道系统以及化工腐蚀性介质输送管道。管道连接采用热熔承插连接方式。

2. 规格及外形尺寸：纳米抗菌改性无规共聚聚丙烯（NF PP-R）管规格及外形尺寸

见表 9-121。

纳米抗菌改性无规共聚聚丙烯（NF PP-R）管规格及外形尺寸（mm） 表 9-121

公称外径 dn	不同管系列的管材壁厚度 en				管长度	主要生产厂商
	S5	S4	S3.2	S2.5		
16	—	2.0	2.2	2.7	6000	山西新超管业股份有限公司
20	2.0	2.3	2.8	3.4		
25	2.3	2.8	3.5	4.2		
32	2.9	3.6	4.4	5.4		
40	3.7	4.5	5.5	6.7		
50	4.6	5.6	6.9	8.3		
63	5.8	7.1	8.6	10.5		
75	6.8	8.4	10.3	12.5		
90	8.2	10.1	12.3	15.0		
110	10.0	12.3	15.1	18.3		
160	14.6	17.9	21.9	26.6		

9.4.4.5 聚丙烯高温静音排水（HTPP）管

1. 适用范围：聚丙烯高温静音排水（HTPP）管适用于建筑排水系统，可连续排放水温高于 90℃的热水，并具有静音效果。

2. 规格及外形尺寸：聚丙烯高温静音排水（HTPP）管规格及外形尺寸见图 9-131、表 9-122。

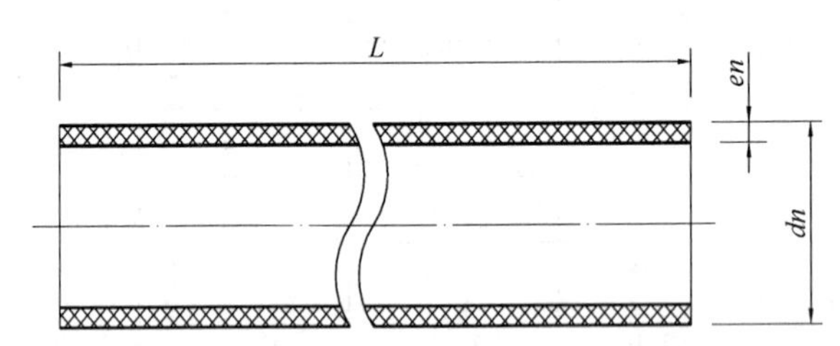

图 9-131 聚丙烯高温静音排水（HTPP）管外形尺寸

聚丙烯高温静音排水（HTPP）管材规格及外形尺寸（mm） 表 9-122

公称外径 dn	最大平均外径	最小平均外径	壁厚度 en	管长度 L	主要生产厂商
50	50.3	50.0	3.2	4000、6000	上海深海宏添建材有限公司
75	70.3	75.0	3.8		
110	110.4	110.0	4.5		
160	160.5	160.0	5.0		

3. 管道连接方式：聚丙烯高温静音排水（HTPP）管采用橡胶密封圈承插连接方式，连接大样、承口规格及外形尺寸见图 9-132、表 9-123。

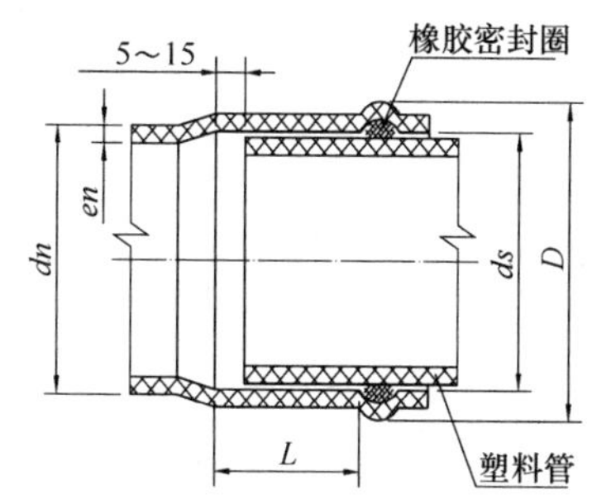

图 9-132 聚丙烯高温静音排水（HTPP）管橡胶密封圈承插连接大样

聚丙烯高温静音排水（HTPP）管橡胶密封圈承口规格及外形尺寸（mm） 表 9-123

公称外径 dn	承口内径 ds		承口外径 D	承口配合深度 L	主要生产厂商
	最大平均内径	最小平均内径			
50	50.8	50.5	64	50.0	上海深海宏添建材有限公司
75	75.8	70.5	90	75.0	
110	111.0	110.6	129	110.0	
160	161.0	160.6	185	160.0	

9.4.4.6 增强聚丙烯（FRPP）加筋管

1. 适用范围：增强聚丙烯（FRPP）加筋管适用于建筑物室外排水、市政排水、防洪排涝、水利灌溉、工业排污以及埋地电缆防护套管等。工作压力不超过 0.3MPa。

2. 管道连接方式：增强聚丙烯（FRPP）加筋管采用橡胶密封圈承插连接方式。

3. 规格及外形尺寸：增强聚丙烯（FRPP）加筋管规格及外形尺寸见图 9-133、表 9-124。

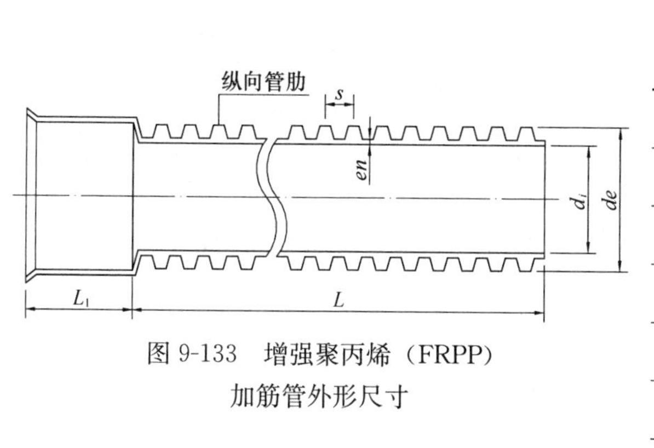

图 9-133 增强聚丙烯（FRPP）加筋管外形尺寸

增强聚丙烯（FRPP）加筋管规格及外形尺寸（mm） 表 9-124

公称直径	管道内径 d_i	管道外径 de	扩口长度 L_1	壁厚度 en	管长度 L	主要生产厂商
225	225	245	200	4	6000	上海金山洋生管道有限公司
300	300	321	200	4		
400	400	422	250	4		
500	500	523	250	5		
600	600	626	250	6		
800	800	830	300	7		
1000	1000	1035	300	8		
1200	1200	1239	300	9		

9.4.4.7 增强聚丙烯（FRPP）双壁加筋波纹管

1. 应用范围：增强聚丙烯（FRPP）双壁加筋波纹管适用于建筑物室外排水、市政排水、防洪排涝、水利灌溉、工业排污以及埋地电缆防护套管等。工作压力不超过 0.3MPa。

2. 管道连接方式：增强聚丙烯（FRPP）双壁加筋波纹管采用橡胶密封圈承插连接方式。

3. 规格及外形尺寸：增强聚丙烯（FRPP）双壁加筋波纹管规格及外形尺寸见图 9-134、表 9-125。

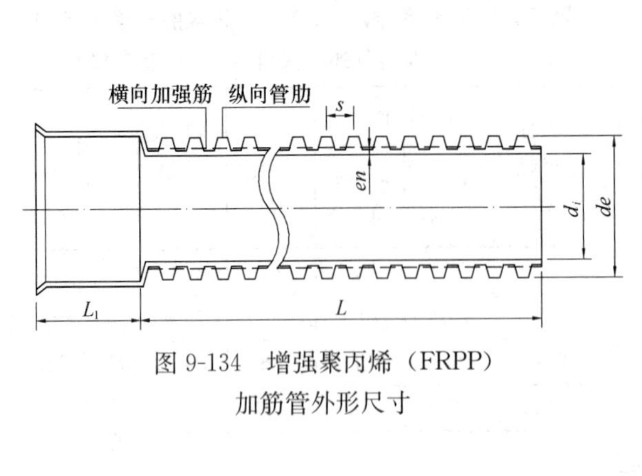

图 9-134 增强聚丙烯（FRPP）加筋管外形尺寸

增强聚丙烯（FRPP）加筋管规格及外形尺寸（mm） 表 9-125

公称直径	管道内径 d_i	管道外径 de	扩口长度 L_1	壁厚度 en	管长度 L	主要生产厂商
200	200	220	200	4	6000	上海金山洋生管道有限公司
225	225	245	200	4		
300	300	321	200	4		
400	400	422	250	4		
500	500	523	250	5		
600	600	626	300	6		
800	800	830	300	7		

9.4.5 AGR 工程塑料管

1. 质材与适用范围：AGR 工程塑料管的管材原料为丙烯酸共聚聚氯乙烯树脂，适用于工业和民用建筑生活给水系统、饮用水系统以及绿化灌溉给水系统。

2. 规格及外形尺寸

（1）AGR 工程塑料平口管规格及外形尺寸见图 9-135、表 9-126。

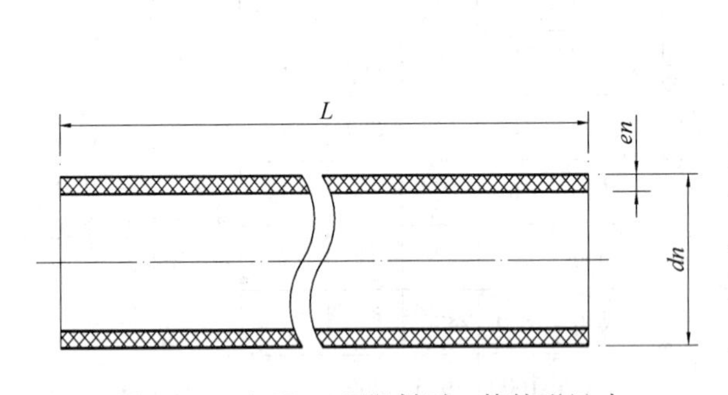

图 9-135 AGR 工程塑料平口管外形尺寸

AGR 工程塑料平口管规格及外形尺寸（mm） 表 9-126

公称外径 dn	不同公称压力 PN 下的管材壁厚度 en		管长度 L	主要生产厂商
	1.0MPa	1.6MPa		
20	—	2.0	4000	积水（上海）国际贸易有限公司
25	—	2.0		
32	—	2.4		
40	2.0	3.0		
50	2.4	3.7		
63	3.0	4.7	6000	
75	3.6	5.6		
90	4.3	6.7		
110	4.2	6.6		
160	6.2	9.5		
200	7.7	11.9		

（2）AGR 工程塑料橡胶密封圈承插管规格及外形尺寸见图 9-136、表 9-127。

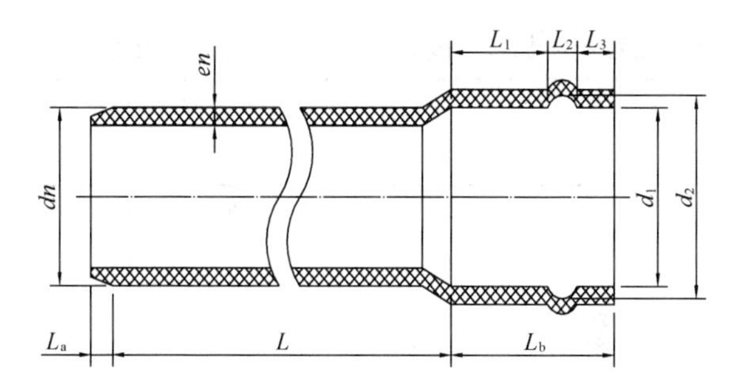

图 9-136 AGR 工程塑料橡胶密封圈承插管外形尺寸

AGR 工程塑料橡胶密封圈承插管规格及外形尺寸 **表 9-127**

公称外径 dn (mm)	公称压力 (MPa)	壁厚度 en (mm)	管长度 L (mm)	d_1 (mm)	d_2 (mm)	L_a (mm)	L_b (mm)	L_1 (mm)	L_2 (mm)	L_3 (mm)	主要生产厂商
160	1.0	6.2	6000	161.5	183.3	12	168	23.78	54.22	90	积水（上海）国际贸易有限公司
	1.6	9.5				18					
200	1.0	7.7		201.7	225.1	15	190	28.85	61.15	100	
	1.6	11.9				23					

3. 连接方式及适用范围：

(1) 胶粘剂承插连接：一般用于公称外径 $dn \leqslant 110$ 的管道连接；此外，大口径管材与长弯管管件连接时，也采用此方式。承口规格及外形尺寸见图 9-137、表 9-128、表 9-129。

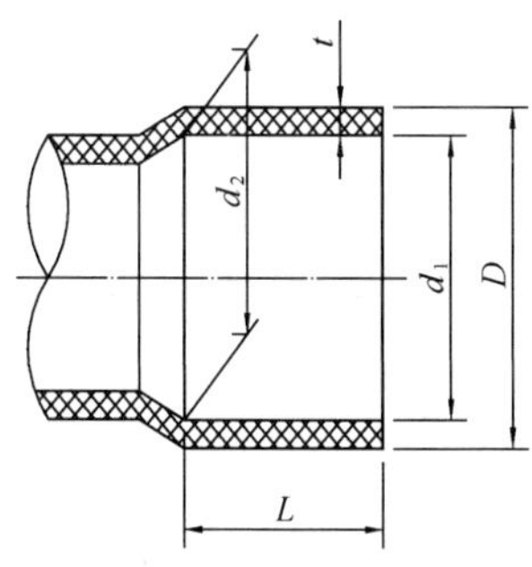

图 9-137 AGR 工程塑料胶粘剂承口外形尺寸

AGR 工程塑料胶粘剂承口规格及外形尺寸（mm） **表 9-128**

公称外径	承口内径 d_1	承口深部内径 d_2	承口外径 D	管件壁厚度 t	承口长度 L	主要生产厂商
20	20.6	19.7	27.2	3.0	26	积水（上海）国际贸易有限公司
25	25.6	24.7	32.2	3.5	35	
32	32.6	31.6	40.1	4.0	40	
40	40.7	39.6	48.1	4.0	44	
50	50.7	49.5	59.0	4.5	55	
63	63.9	62.5	73.1	5.0	63	
75	75.8	74.4	88.2	8.0	74	
90	90.9	89.4	103.3	8.0	74	
110	111	109.4	126.3	10.0	84	

AGR工程塑料长弯管胶粘剂承口规格及外形尺寸（mm） 表9-129

公称外径 dn	承口内径 d_1	承口深部内径 d_2	承口外径 D	管件壁厚度 t	承口长度 L	主要生产厂商
20	20.60	19.60	27.2	3.0	35	积水（上海）国际贸易有限公司
25	25.60	24.60	32.2	3.5	36	
32	32.65	31.60	40.1	4.0	39	
40	40.70	39.55	48.1	4.0	45	
50	50.70	49.55	59.0	4.5	47	
63	63.80	62.45	73.1	5.0	59	
75	75.85	74.40	88.2	8.0	68	
90	90.90	89.35	103.3	8.0	78	
110	111.05	109.30	126.3	10.0	96	
160	161.30	159.15	190.0	15.0	144	
200	201.50	199.05	230.0	15.0	184	

（2）橡胶密封圈承插连接：用于公称外径 $dn \geqslant 160$ 的管道连接。承口规格及外形尺寸见图9-136、表9-127。

9.4.6 ABS工程塑料管

1. 质材与适用范围：ABS工程塑料管适用于化学工业输送某些腐蚀性流体，亦可用于食品、医药、纯水设备和水处理装置。

2. 性能规格及外形尺寸：ABS工程塑料管规格见图9-138、表9-130。

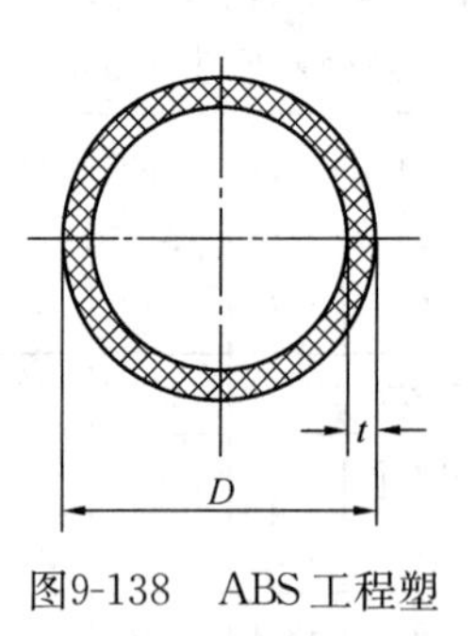

图9-138 ABS工程塑料管外形尺寸

ABS工程塑料管性能规格及外形尺寸 表9-130

公称直径 DN（mm）	外径 D（mm）	壁厚 t（mm）	工作压力（MPa）	管长（mm）	主要生产厂商
15	20	1.2	0.6	4000	浙江金剑环保设备有限公司
20	25	1.5			
25	32	1.9			
32	40	2.4			
40	50	3.0			
50	63	3.8			
65	75	4.5			
80	90	5.4			
100	110	6.6			
125	140	8.3			
150	160	9.5			
200	225	13.4			
250	280	14.8			
300	315	16.0			

10 复 合 管 材

复合管材系将两种或两种以上不同性质的材料叠合在一起的管道。它由不同性质材料合理组合，可以充分发挥各类材料的各自的优点，避免单一材料的缺点，以提高材料的综合性能，构成理想的新型管材。

复合管材分有钢塑复合管、铝合金衬塑复合管及管件、纳米抗菌不锈钢塑料复合管、钢丝网骨架塑料（聚乙烯）复合管及管件、孔网钢带塑料复合管、钢带增强聚乙烯（PE）螺旋波纹管、聚乙烯塑钢缠绕排水管、钢骨架聚乙烯塑料复合管（SRPE）等。

10.1 钢 塑 复 合 管

钢塑复合管常用有给水衬塑复合钢管、给水涂塑复合钢管、给水排水用内外涂环氧复合钢管（GS-SP-T-EP）、消防用内外涂环氧复合钢管（GS-X-SP-T-EP）、内外高压喷塑复合管等。

10.1.1 给水衬塑复合钢管

1. 特性

（1）给水衬塑复合钢管是采用热胀法工艺在钢管内壁，按输送介质的要求内衬聚乙烯（PE）、耐热聚乙烯（PE-RT）、交联聚乙烯（PE-X）、聚丙烯（PP-R）、硬聚氯乙烯（PVC-U）、氯化聚氯乙烯（PVC-C）等热塑性塑料管制成。可与衬塑可锻铸铁管件、涂（衬）塑钢管管件配套使用。

（2）按输送水介质的温度分为冷水用衬塑钢管和热水用衬塑钢管。

（3）产品标记由衬塑钢管代号、衬塑材料代号和公称直径组成。

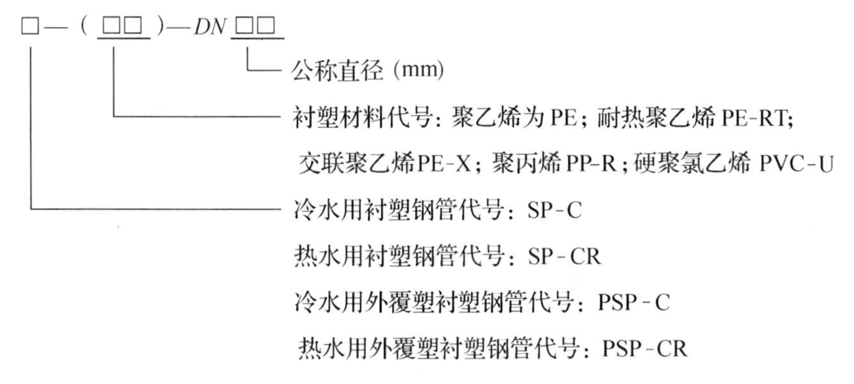

示例：SP-CR-（PE-RT）-*DN*100 表示公称直径为 *DN*100 热水用内衬耐热聚乙烯的复合钢管。

（4）基管（被衬塑的钢管）为普通钢管的应符合《低压流体输送用焊接钢管》GB/T

3091 的规定；基管为螺旋缝埋弧焊钢管的应符合《低压流体输送管道用螺旋缝埋弧焊钢管》SY/ T5037 的规定；基管为无缝钢管的应符合《输送流体用无缝钢管》GB/T 8163 和《无缝钢管尺寸、外形、重量及允许偏差》GB/T 17395 的规定。基管外防腐为热镀锌的应符合《低压流体输送用焊接钢管》GB/T 3091 的规定；外防腐为涂塑的应符合《给水涂塑复合钢管》CJ/T 120 的规定；外防腐为外覆塑的应符合《给水衬塑复合钢管》CJ/T 136 的规定。衬塑钢管内衬塑料应符合相关国家或行业标准的规定。外覆聚乙烯衬塑钢管的外覆塑料应符合《给水衬塑复合钢管》CJ/T 136 的规定。给水衬塑复合钢管产品质量应符合《给水衬塑复合钢管》CJ/T 136 的规定。所有管道的卫生安全性能应符合《生活饮用水输配水设备及防护材料的安全性评价标准》GB/T 17219 的规定。

2. 适用范围：给水衬塑复合钢管的最大公称直径一般不大于 *DN*500。以输送生活用冷热水为主，用于输送其他用途介质可参照使用。

3. 规格及外形尺寸：给水衬塑复合钢管规格及外形尺寸见表 10-1。

给水衬塑复合钢管规格及外形尺寸（mm） **表 10-1**

公称直径 *DN*	外 径	管壁厚度	内衬塑料管壁厚度	衬塑钢管			主要生产厂商
				内径	偏差	管长度	
15	21.3	2.8	1.5±0.2	12.8	+0.6 −0.0	6000	广东联塑科技实业有限公司、浙江金洲管道科技有限公司
20	26.9	2.8	1.5±0.2	18.3	+0.6 −0.0	6000	
25	33.7	3.2	1.5±0.2	24.0	+0.8 −0.0	6000	
32	42.4	3.5	1.5±0.2	32.8	+0.8 −0.0	6000	
40	48.3	3.5	1.5±0.2	38	+1.0 −0.0	6000	
50	60.3	3.8	1.5±0.2	50	+1.0 −0.0	6000	
65	76.1	4.0	1.5±0.2	65	+1.2 −0.0	6000	
100	114.3	4.0	2.0±0.2	102	+1.4 −0.0	6000	
125	139.7	4.0	2.0±0.2	128	+2.0 −0.0	6000	
150	165（168.3）	4.5	2.5±0.2	151	+2.0 −0.0	6000	

10.1.2 给水涂塑复合钢管

1. 特性：

（1）给水涂塑复合钢管是以钢管为基管，以塑料粉末为涂层材料，在其内表面熔融涂敷上一层塑料层、在其外表面熔融涂敷上一层塑料层或其他材料防腐层的钢塑复合产品。

（2）产品标记由涂塑复合钢管代号、内涂层材料和公称直径组成。

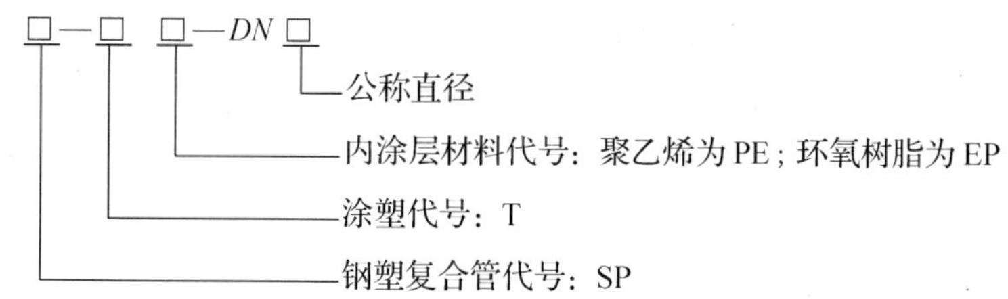

示例：SP-TEP-*DN*150 表示公称直径为 *DN*150 环氧树脂涂层钢管。

口径范围 *DN*15～*DN*1200，可带法兰及带压槽涂装。

（3）管道接口：丝扣连接、法兰连接、卡箍连接等。

（4）内涂层材料为食品级的聚乙烯粉末（PE）或环氧树脂（EP）涂料，应符合《给水涂塑复合钢管》CJ/T 120 的规定。基管（被衬塑的钢管）为普通钢管应符合《低压流体输送用焊接钢管》GB/T 3091 的规定；基管为螺旋缝埋弧焊钢管的应符合《低压流体输送管道用螺旋缝埋弧焊钢管》SY/T 5037 的规定；基管为无缝钢管的应符合《输送流体用无缝钢管》GB/T 8163 和《无缝钢管尺寸、外形、重量及允许偏差》GB/T 17395 的规定。基管为其他钢管的应符合相关国家、行业标准的规定。基管外防腐为热镀锌的应符合《低压流体输送用焊接钢管》GB/T 3091 的规定；用于涂敷的聚乙烯粉末其性能应符合表 10-2 的要求。用于涂敷的环氧树脂粉末其性能应符合表 10-3 的要求。涂塑钢管的涂层厚度应符合表 10-4 的要求。给水涂塑复合钢管产品质量应符合《给水涂塑复合钢管》CJ/T120 的规定。所有管道的卫生安全性能应符合《生活饮用水输配水设备及防护材料的安全性评价标准》GB/T 17219 的规定。

聚乙烯粉末性能 **表 10-2**

项　目	指　标	检 验 方 法
密度＞（g/cm³）	0.91	GB/T 1033
拉伸强度＞（MPa）	9.8	GB/T 1040
断裂伸长率＞（%）	300	GB/T 1040
维卡软化点＞（℃）	85	GB/T 1633
不挥发物含量＞（%）	99.5	GB/T 2914
卫生安全性能	应符合《生活饮用水输配水设备及防护材料的安全性评价标准》GB/T 17219 的规定	

环氧树脂粉末性能 **表 10-3**

项　目	指　标	检 验 方 法
密度（g/cm³）	1.3～1.5	GB/T 1033
粒度分布（%）	筛上 150μm≤3； 筛上 250μm≤0.2	GB/T 6554
不挥发物含量＞（%）	99.5	GB/T 6554
水平流动性（mm）	22～28	GB/T 6554
胶化时间≤（s）	120（200℃）	GB/T 6554
冲击强度≥（kg·cm）	50	GB/T 1732
弯曲试验（φ2mm）	通过	GB/T 6742
卫生安全性能	应符合《生活饮用水输配水设备及防护材料的安全性评价标准》GB/T 17219 的规定	

涂塑钢管涂层厚度（mm）　**表 10-4**

<table>
<tr><th rowspan="3">公称直径
DN</th><th colspan="2">内面塑料涂层厚度</th><th colspan="4">外面塑料涂层厚度</th></tr>
<tr><th rowspan="2">聚乙烯
></th><th rowspan="2">环氧树脂
></th><th colspan="2">聚 乙 烯</th><th colspan="2">环 氧 树 脂</th></tr>
<tr><th>普通级
></th><th>加强级
></th><th>普通级
></th><th>加强级
></th></tr>
<tr><td>15</td><td rowspan="7">0.4</td><td rowspan="7">0.3</td><td rowspan="7">0.5</td><td rowspan="7">0.6</td><td rowspan="7">0.3</td><td rowspan="7">0.35</td></tr>
<tr><td>20</td></tr>
<tr><td>25</td></tr>
<tr><td>32</td></tr>
<tr><td>40</td></tr>
<tr><td>50</td></tr>
<tr><td>65</td></tr>
<tr><td>80</td><td rowspan="4">0.5</td><td rowspan="7">0.35</td><td rowspan="4">0.6</td><td rowspan="4">1.0</td><td rowspan="7">0.35</td><td rowspan="7">0.4</td></tr>
<tr><td>100</td></tr>
<tr><td>125</td></tr>
<tr><td>150</td></tr>
<tr><td>200</td><td rowspan="3">0.6</td><td rowspan="3">0.8</td><td rowspan="3">1.2</td></tr>
<tr><td>250</td></tr>
<tr><td>300</td></tr>
<tr><td>350</td><td rowspan="4">0.6</td><td rowspan="4">0.35</td><td rowspan="4">0.8</td><td rowspan="4">1.3</td><td rowspan="4">0.35</td><td rowspan="4">0.4</td></tr>
<tr><td>400</td></tr>
<tr><td>450</td></tr>
<tr><td>500</td></tr>
<tr><td>550</td><td rowspan="5">0.8</td><td rowspan="5">0.4</td><td rowspan="5">1.0</td><td rowspan="5">1.5</td><td rowspan="5">0.4</td><td rowspan="5">0.45</td></tr>
<tr><td>600</td></tr>
<tr><td>650</td></tr>
<tr><td>700</td></tr>
<tr><td>750</td></tr>
<tr><td>800</td><td rowspan="5">1.0</td><td rowspan="5">0.45</td><td rowspan="5">1.2</td><td rowspan="5">1.8</td><td rowspan="5">0.45</td><td rowspan="5">0.5</td></tr>
<tr><td>850</td></tr>
<tr><td>900</td></tr>
<tr><td>1100</td></tr>
<tr><td>1200</td></tr>
</table>

2. 性能规格及外形尺寸：给水涂塑复合钢管性能规格及外形尺寸见表 10-5、给水内外涂塑复合钢管（冷水、热水）性能规格及外形尺寸见表 10-6。

给水涂塑复合钢管性能规格及外形尺寸（mm） **表 10-5**

公称直径 *DN*	外径	管壁厚度	涂塑层壁厚度		管长度	主要生产厂商
			聚乙烯涂层环氧>	环氧涂层>		
15	21.3	2.8	0.4	0.3	6000	广东联塑科技实业有限公司、浙江金洲管道科技有限公司
20	26.9	2.8	0.4	0.3	6000	
25	33.7	3.2	0.4	0.3	6000	
32	42.4	3.5	0.4	0.3	6000	
40	48.3	3.5	0.4	0.3	6000	
50	60.3	3.8	0.4	0.3	6000	
65	76.1	4.0	0.4	0.3	6000	
80	88.9	4.0	0.5	0.35	6000	
100	114.3	4.0	0.5	0.35	6000	
125	139.7	4.0	0.5	0.35	6000	
150	165（168.3）	4.5	0.5	0.35	6000	

给水内外涂塑复合钢管（冷水、热水）性能规格及外形尺寸 **表 10-6**

公称直径 *DN*（mm）	外径（mm）	管壁厚度（mm）	管长度（mm）	承压（MPa）	主要生产厂商
15	21.3	2.8	4000	1.6	山东巨力管业有限公司
20	26.8	2.8		1.6	
25	33.5	3.25		1.6	
32	42.3	3.25		1.6	
40	48.0	3.50		1.6	
50	60.0	3.50		1.6	
65	75.5	3.75		2.5	
80	88.5	4.00		2.5	
100	114.0	4.00		2.5	
125	140.0	4.00		2.5	
150	165.0	4.50		2.5	
200	219.0	5.50		1.6	
	219.0	6.00		2.5	
250	273.0	6.00		1.6	
300	325.0	6.00		1.6	
350	377.0	6.00		1.6	
400	426.0	6.00		—	
450	478.0	7.00		—	
500	508.0	7.00		—	
550	559.0	8.00		—	
600	610.0	8.00		—	
650	660.0	8.00		—	
700	711.0	8.00		—	
750	762.0	8.00		—	
800	813.0	10.00		—	
850	864.0	10.00		—	
900	914.0	10.00		—	

10.1.3 给水排水用内外涂环氧复合钢管

1. 特性：

（1）给水排水用内外涂环氧复合钢管（GS-SP-T-EP）采用热固性熔结环氧树脂粉末对钢管表面进行热涂覆，其表面光滑、美观，涂层本身具有较强的耐腐蚀性和耐水性。

（2）给水排水用内外涂环氧复合钢管基管应满足表10-5、表10-6要求并应满足以下要求：

1）基管为低压流体输送用焊接钢管的应符合《低压流体输送用焊接钢管》GB/T 3091的规定。

2）基管为输送流体用无缝钢管的应符合《输送流体用无缝钢管》GB/T 8163的规定。

3）基管为低压流体输送管道用螺旋缝埋弧焊钢管的应符合《低压流体输送管道用螺旋缝埋弧焊钢管》SY/T 5037的规定。

（3）环氧树脂粉末的性能应满足表10-3要求；涂层的厚度应满足表10-4要求。

（4）给水用管道的卫生安全性能应符合《生活饮用水输配水设备及防护材料的安全性评价标准》GB/T 17219的规定。

2. 适用范围：给水排水用内外涂环氧复合钢管适用于市政、给水排水、污水、化工、热电、再生水等输送管道。

3. 性能规格及外形尺寸：给水排水用内外涂环氧复合钢管性能规格及外形尺寸见表10-7。

给水排水用内外涂环氧复合钢管性能规格及外形尺寸　　表10-7

公称直径 *DN* (mm)	常规压力 (MPa)	环境温度 (℃)	连接方式	涂层材料	涂层厚度 (μm)	通用颜色	涂覆方式	管长度 (mm)	主要生产厂商
15～1200	0.1～2.5	−30～80	螺纹、沟槽、法兰	环氧树脂	200～500	白色	内外喷涂或外镀锌内喷涂	6000	天津市清华恒森管道制造有限公司

10.1.4 消防用内外涂环氧复合钢管

1. 特性：

（1）消防用内外涂环氧复合钢管（GS-X-SP-T-EP）所采用的改性重防腐环氧树脂粉末，具有优良的耐化学腐蚀性能，在长期使用表面不生锈腐蚀、内壁不结垢。在涂覆材料中添加了阻燃材料，在周围环境温度急剧上升时也不会影响使用。

（2）消防用内外涂环氧复合钢管管基管应满足表10-5、表10-6的要求并应满足以下要求：

1）基管为低压流体输送用焊接钢管的应符合《低压流体输送用焊接钢管》GB/T 3091的规定。

2）基管为输送流体用无缝钢管的应符合《输送流体用无缝钢管》GB/T 8163的规定。

3）基管为低压流体输送管道用螺旋缝埋弧焊钢管的应符合《低压流体输送管道用螺旋缝埋弧焊钢管》SY/T 5037 的规定。

（3）环氧树脂粉末的性能应满足表 10-3 要求；涂层厚度应满足表 10-4 要求。消防用内外涂环氧复合钢管必须有国家固定灭火系统和耐火构件质量监督检测中心出具的型式检验报告。

2. 适用范围：消防给水、给气、泡沫介质输送管道系统。

3. 性能规格及外形尺寸：消防用内外涂环氧复合钢管性能规格及外形尺寸见表 10-8。

消防用内外涂环氧复合钢管性能规格及外形尺寸 **表 10-8**

公称直径 *DN*（mm）	常规压力（MPa）	环境温度（℃）	连接方式	涂层材料	涂层厚度（μm）	通用颜色	涂覆方式	管长度（mm）	主要生产厂商
15～1200	0.1～2.5	−30～80（峰值 760）	螺纹、沟槽、法兰	改性重防腐环氧树脂	250～550	红色	内外喷涂	6000	天津市清华恒森管道制造有限公司

10.1.5 内外高压喷塑复合管

1. 特性

（1）内外高压喷塑复合管是采用“热旋转高压喷塑工艺”，塑粉在 0.8～1.0MPa 的压力作用下，喷射在加热后并旋转的基管内外壁，增加塑层在基管上的附着力，使塑层紧密，大大地降低了塑层的透气透水，使管道延长了使用寿命。

（2）基管采用一般的黑管（焊接管或无缝管），在其外壁采用环氧树脂（PE），并采用外壁双涂层，可用于直接埋地施工。

（3）内外高压喷塑复合管产品质量应符合《给水涂塑复合钢管》CJ/T 120 的规定。

（4）给水用管道的卫生安全性能应符合《生活饮用水输配水设备及防护材料的安全性评价标准》GB/T 17219 的规定。

2. 适用范围：内外高压喷塑复合钢管根据其不同的用途，可分为以下五种：

（1）SPT EP/PE 外涂层为白、绿、蓝色环氧树脂涂层，内壁为白色聚乙烯（PE）涂层，*DN*15～*DN*1200 饮用水输送管材。

（2）SPT EP/EP 内外涂层为灰色或黑色环氧树脂涂层，*DN*15～*DN*1200 排水或污水管。

（3）SPT PE/PE 外涂层为黑色聚乙烯（PE）涂层，*DN*200～*DN*500 电力输送管材。

（4）SPT EP/SiEP 外涂层为大红色阻燃环氧树脂（EP）涂层，内为白色或浅褐色玻璃空心微珠硅树脂（SiEP）涂层。*DN*15～*DN*600。消防给水管外涂层阻燃 EP 可耐 300℃高温或−30℃低温，内涂层为玻璃空心微珠硅树脂涂层可耐 650℃高温。

（5）SPT SiEP/SiEP 内外玻璃空心微珠硅树脂（SiEP）涂层。外为灰色，内为白色和浅褐色，*DN*100～*DN*600 重防腐管材，除有极强的防腐性能外，并有很强的耐磨性能可作有腐蚀性固体粉末或气体输送管材。

3. 性能规格及外形尺寸：内外高压喷塑复合管性能规格及外形尺寸见表 10-9。

内外高压喷塑复合管性能规格及外形尺寸　　表 10-9

公称直径 *DN*		管外径（mm）		管壁厚度		涂层厚度（mm）		管长度（mm）	主要生产厂商
（mm）	（in）	直径	公差	厚度（mm）	允许偏差（%）	内涂层厚度 >	外涂层厚度 >		
15	1/2	21.3	±0.50	2.75	±12.50 −15	0.3	0.3	6000	杭州腾飞工业塑料有限公司
20	3/4	26.8		2.75					
25	1	33.5		3.25					
32	1½	42.3		0.35		0.35	0.35		
40	1¾	48.0		3.5					
50	2	60.0	±1.0	3.5	±12.50 −15	0.4	0.4		
65	2½	75.5		3.75					
80	3	88.5		4.0					
100	4	114.0		4.0					
125	5	139.7		4.0					
150	6	165.0		4.0					
200	8	219.0	±0.75	7	±12.50 −15	0.5	0.5		
250	10	273.0		8					
300	12	323.9		9					
350	14	377.0		9					
400	16	426.0		10					

10.2 铝合金衬塑复合管及管件

10.2.1 铝合金衬塑复合管

1. 特性：

（1）铝合金衬塑复合管材为一种外管为铝合金管、内管为热塑性塑料（PP-R、PB、PE-RT）管，经预应力复合而成两层结构的管材。

（2）管材外管材料为变形铝合金材料，其化学成分应符合《变形铝及铝合金化学成分》GB/T 3190 的规定；力学性能应符合《铝及铝合金热挤压管　第 1 部分：无缝圆管》GB/T 4437.1 的规定。以无规共聚聚丙烯（PP-R）为内管材料，其材料性能应符合《冷热水用聚丙烯管道系统》GB/T 18742 的规定。以聚丁烯（PB）为内管材料，其材料性能应符合《冷热水用聚丁烯（PB）管道系统》GB/T 19473 的规定。以耐热聚乙烯（PE-RT）为内管材料，其材料性能应符合《冷热水用耐热聚乙烯（PE-RT）管道系统》CJ/T 175 的规定。铝合金衬塑复合管材外管外形尺寸及允许偏差应符合《铝及铝合金管材外形尺寸及允许偏差》GB/T 4436 的规定，内管的壁厚应符合《热塑性塑料管材通用壁厚表》GB/T 10798 的规定。铝合金衬塑复合管道系统采用《冷热水系统用热塑性塑料管材和管件》GB/T 18991 的规定，按使用条件选用其中的四个应用级别见表 10-10，每个级别均对应于一个特定的应用范围及50a的使用寿命。应用时，还应考虑不同的设计压力，依据《冷热水系统用热塑性塑料管材和管件》GB/T 18991的规定方法进行计算。铝合金衬塑复合管产品质量应符合《铝合金衬塑复合管材与管件》CJ/T 321的规定。所有管道的卫生安全性能应符合《生活饮用水输配水设备及防护材料的安全性评价标准》GB/T 17219的规定。

使用条件级别 **表10-10**

应用级别	T_D（℃）	在T_D下的时间（a）	T_{max}（℃）	在T_{max}下的时间（a）	T_{mal}（℃）	在T_{mal}下的时间（h）	典型应用范围
级别1	60	49	80	1	95	100	供应热水（60℃）
级别2	70	49	80	1	95	100	供应热水（70℃）
级别4	20 40 60	2.5 20 25	70	2.5	100	100	地板采暖和低温散热器采暖
级别5	20 60 80	14 25 10	90	1	100	100	高温散热器采暖

注：1. 当T_D、T_{max}、T_{mal}超出本表所给定的值时，不能用本表；
2. 表中所列各使用条件级别的铝合金衬塑复合管道系统应同时满足在20℃、2.5MPa条件下输送冷水50a使用寿命的要求。

2. 性能规格及外形尺寸：铝合金衬塑复合管性能规格及外形尺寸见表10-11。

铝合金衬塑复合管性能规格及外形尺寸 **表10-11**

公称直径 *DN*（mm）	管材平均外径（mm）		内管平均外径（mm）		外管壁厚度（mm）		内管壁厚度（mm）		不圆度 ≤（°）	管长度（mm）	主要生产厂商
	$d_{n.min}$	$d_{n.max}$	$d_{em.min}$	$d_{em.max}$	壁厚度	允许偏差	壁厚度	允许偏差			
20	21.2	21.6	20.0	20.3	0.6	+0.23 0	2.3	+0.50 0			
25	26.2	26.6	25.0	25.3	0.6	+0.23 0	2.8	+0.70 0	$0.015d_n$		
32	33.2	33.6	32.0	32.3	0.6	+0.23 0	3.6	+0.80 0			
40	41.4	41.9	40.0	40.4	0.7	+0.23 0	4.5	+1.00 0			
50	51.4	51.9	50.0	50.5	0.7	+0.23 0	5.6	+1.30 0	$0.017d_n$		
63	64.6	65.2	63.0	63.6	0.8	+0.23 0	7.1	+1.50 0		4000	北京航天凯撒国际投资管理有限公司、成都凯撒铝业有限公司
75	76.8	77.4	75.0	75.7	0.9	+0.23 0	8.4	+1.90 0			
90	92.2	92.8	90.0	90.9	1.1	+0.23 0	10.1	+2.20 0	$0.018d_n$		
110	112.6	113.2	110.0	111.0	1.3	+0.30 0	12.3	+2.80 0			
125	128.0	128.7	125.0	126.2	1.5	+0.30 0	14.0	+3.10 0	$0.020d_n$		
160	163.6	164.3	160.0	161.5	1.8	+0.38 0	17.9	+4.00 0			

注：1. 总使用系数C=1.25；
2. 考虑到铝合金衬塑复合管道系统结构特征及应用安全保障性，管材内管按管系列S值取4。

10.2.2 铝合金衬塑复合管件

1. 特性：

(1) 铝合金衬塑复合管件的壁厚、承口应符合图 10-1、表 10-12 的规定。带金属螺纹接头的管件，其螺纹部分应符合《55°非密封管螺纹》GB/T 7307 的规定；用于生活饮用水的铝合金衬塑复合管材和管件，其内层材料的卫生安全性能应符合《生活饮用水输配水设备及防护材料的安全性评价标准》GB/T 17219 的规定。

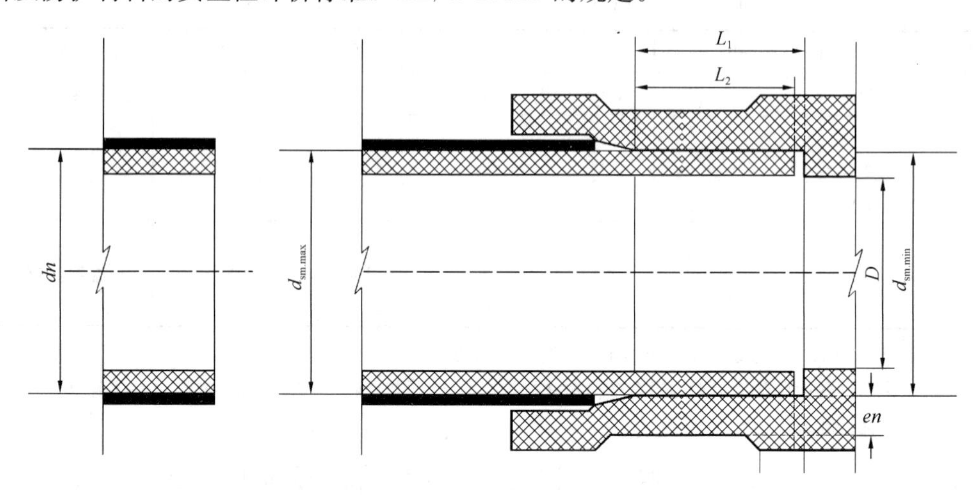

图 10-1 热熔承插连接管件承口

热熔承插连接管件壁厚、承口尺寸与相应公称外径 **表 10-12**

公称外径 dn (mm)	壁厚度 en (mm)	最小承口深度 L_1 (mm)	最小承插深度 L_2 (mm)	承口的平均内径 (mm)				最大不圆度 (°)	最小直径 D (mm)
				$d_{sm.min}$		$d_{sm.max}$			
				最小	最大	最小	最大		
20	3.4	14.5	11.0	18.8	19.3	19.0	19.5	0.6	13
25	4.2	16.0	12.5	23.5	24.1	23.8	24.4	0.7	18
32	5.4	18.1	14.6	30.4	31.0	30.7	31.3	0.7	25
40	6.7	20.5	17.0	38.3	38.9	38.7	39.3	0.7	31
50	8.3	23.5	20.0	48.3	48.9	48.7	49.3	0.8	39
63	10.5	27.4	23.9	61.1	61.7	61.6	62.2	0.8	49
75	12.5	31.0	27.5	71.9	72.7	73.2	74.0	1.0	58.2
90	15.0	35.5	32.0	86.4	87.4	87.8	88.8	1.2	69.8
110	18.3	41.5	38.0	105.8	106.8	107.3	108.3	1.4	85.4
125	20.8	47.5	44.0	120.6	121.8	122.2	123.4	1.5	97.0
160	26.6	58.0	54.5	154.8	156.3	156.6	158.1	1.8	124.2

注：1. 此处的公称外径指与管件相连的管材内管的平均外径最小值。
2. 考虑到铝合金衬塑复合管道系统结构特征及应用安全保障性，管件按管系列 S 值取 2.5。

(2) ASAK 专用曲线弹性管接件的特性：

1) ASAK 铝合金衬塑复合管道的曲弹双熔系统具有双向熔接双重固封系统连接结构，在管件体中设置了环径向堆积熔接段。

2）具有线膨胀位移段承压保障系统。

3）具有熔接承插尺度定位标识线设置。

2. 类型：铝合金衬塑复合管道系统（ASAK）专用曲弹双熔管件常用有直通、三通、弯头、内外丝直通、内外丝弯头等。

（1）直通规格及外形尺寸见图 10-2、表 10-13。

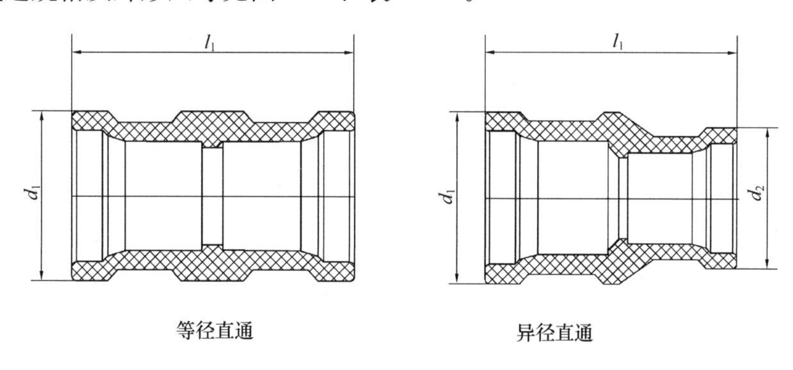

图 10-2　直通外形尺寸

直通管件规格及外形尺寸（mm）　**表 10-13**

等径直通							主要生产厂商
公称外径	l_1	d_1	公称外径	l_1	d_1	d_2	
20	54.8	30.2	—	—	—	—	北京航天凯撒国际投资管理有限公司
25	62.4	36.8	25×20	58.6	36.8	30.2	
32	72.0	46.2	32×25	67.2	46.2	36.8	
40	82.4	58.0	40×32	77.2	58.0	46.2	
50	84.6	71.2	50×40	88.5	71.2	58.0	
63	109.8	88.9	63×50	102.2	88.9	71.2	
75	124.0	107.1	75×63	116.9	107.1	88.9	
90	141.0	127.5	90×75	132.5	127.5	107.1	
110	162.6	154.5	110×90	151.8	154.5	127.5	
125	130.0	166.6	125×110	131.0	166.6	146.6	
160	154.0	213.2	160×125	154.0	213.2	166.6	

（2）三通规格及外形尺寸见图 10-3、表 10-14。

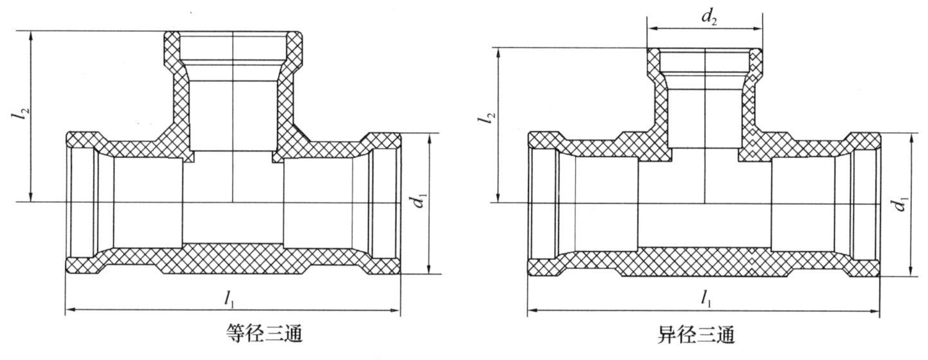

图 10-3　三通管件外形尺寸

三通管件规格及外形尺寸（mm） 表 10-14

等径三通				异径三通					主要生产厂商
公称外径	l_1	l_2	d_1	公称外径	l_1	l_2	d_1	d_2	
20	73.0	36.5	30.2	—	—	—	—	—	北京航天凯撒国际投资管理有限公司
25	86.2	43.6	36.8	25×20×25	92.6	39.8	36.8	30.2	
32	104.2	52.1	46.2	32×25×32	108.8	47.8	46.2	36.8	
40	125.4	62.7	58.0	40×32×40	128.6	58.0	58.0	46.2	
50	149.8	74.9	71.2	50×40×50	152.6	69.3	71.2	58.0	
63	181.7	90.8	88.9	63×50×63	181.0	83.7	88.9	71.2	
75	213.1	106.5	107.1	75×63×75	212.9	99.9	107.1	88.9	
90	249.5	124.8	127.5	90×75×90	248.1	116.8	127.5	107.1	
110	297.1	148.5	154.5	110×90×110	290.1	138.3	154.5	127.5	
125	252.0	126.0	166.6	125×110×125	238.0	121.0	166.6	146.6	
160	310.0	155.0	213.2	160×125×160	277.0	143.0	213.2	166.6	

（3）弯头规格及外形尺寸见图 10-4、表 10-15。

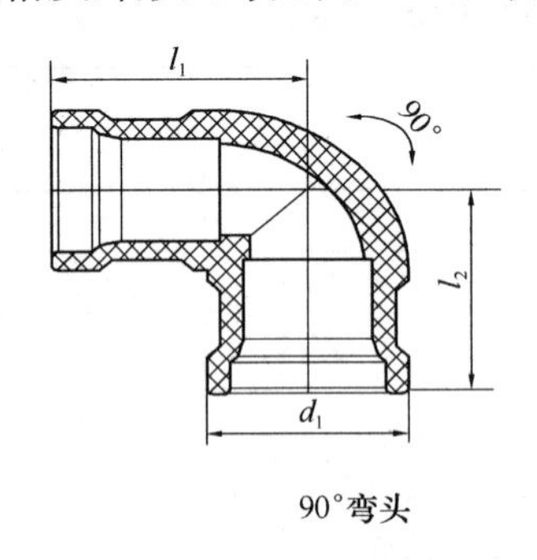

90°弯头

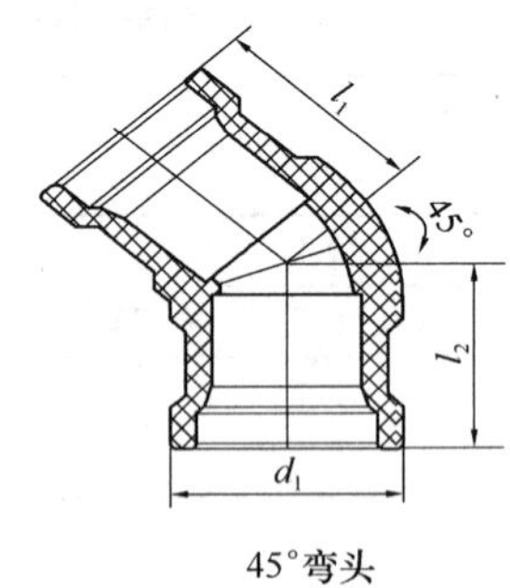

45°弯头

图 10-4 弯头外形尺寸

弯头管件规格及外形尺寸（mm） 表 10-15

90°弯头				45°弯头				主要生产厂商
公称外径	l_1	l_2	d_1	公称外径	l_1	l_2	d_1	
20	38.5	38.5	30.2	20	30.7	30.7	30.2	北京航天凯撒国际投资管理有限公司
25	45.1	45.1	36.8	25	35.3	35.3	36.8	
32	54.6	54.6	46.2	32	42.1	42.1	46.2	
40	65.2	65.2	58.0	40	49.2	49.2	58.0	
50	77.9	77.9	71.2	50	58.0	58.0	71.2	
63	93.8	93.8	88.9	63	69.3	69.3	88.9	
75	110.1	110.1	107.1	75	80.2	80.2	107.1	
90	128.7	128.7	127.5	90	92.9	92.9	127.5	
110	153.5	153.5	154.5	110	109.3	109.3	154.5	
125	126.0	126.0	166.6	125	90.0	90.0	166.6	
160	155.0	155.0	213.2	160	110.0	110.0	213.2	

(4) 内外丝直通规格及外形尺寸见图 10-5、表 10-16。

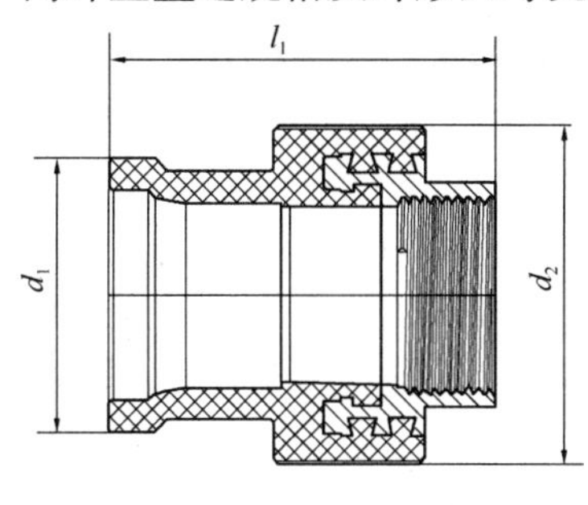

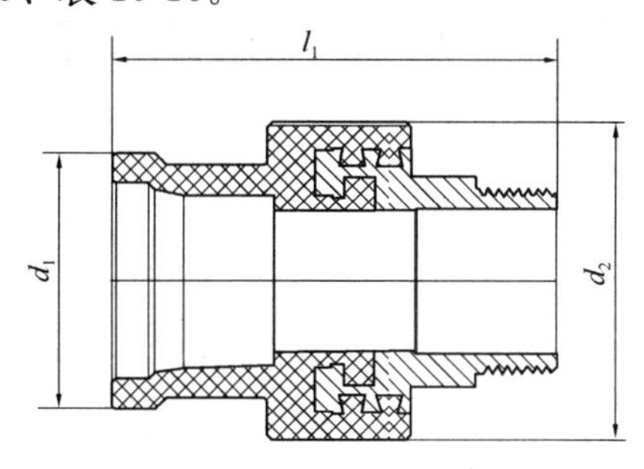

图 10-5 内外丝直通外形尺寸

内外丝直通管件规格及外形尺寸 (mm) **表 10-16**

内丝直通				外丝直通				主要生产厂商
公称外径	l_1	d_1	d_2	公称外径	l_1	d_1	d_2	
20	48.4	30.2	38.4	20	62.4	30.2	38.4	北京航天凯撒国际投资管理有限公司
25	54.28	36.8	43.5	25	69.6	36.8	43.5	
32	71.6	46.2	56.0	32	88.9	46.2	56.0	
40	83.93	58.0	72.0	40	102.93	58.0	72.0	
50	88.8	71.2	77.0	50	107.8	71.2	77.0	
63	100.6	88.9	93.4	63	119.6	88.9	93.4	

(5) 内外丝弯头规格及外形尺寸见图 10-6、表 10-17。

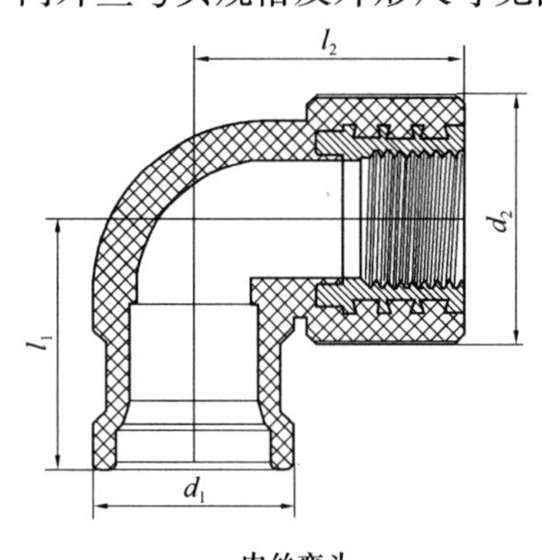

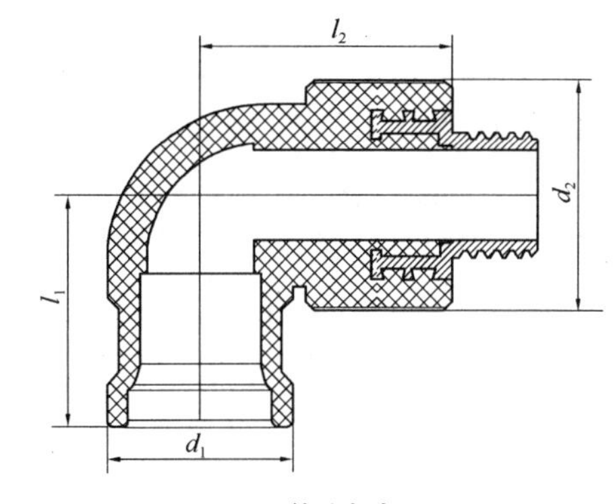

图 10-6 内外丝弯头外形尺寸

内外丝弯头规格及外形尺寸 (mm) **表 10-17**

内丝弯头					外丝弯头					主要生产厂商
公称外径	l_1	l_2	d_1	d_2	公称外径	l_1	l_2	d_1	d_2	
20	38.5	40.6	30.2	38.4	20	38.5	40.6	30.2	38.4	北京航天凯撒国际投资管理有限公司
25	45.1	46.9	36.8	43.5	25	45.1	46.9	36.8	43.5	
32	54.6	55.6	46.2	56.0	32	54.6	55.6	46.2	56.0	

10.3 纳米抗菌不锈钢塑料复合管

1. 特性：

（1）纳米抗菌不锈钢塑料复合管由不锈钢管层、热熔胶层、塑料管层、纳米抗菌层组成的复合管道。

（2）管材外层采用不锈钢材料，冷热水用管材应符合《生活饮用水输配水设备及防护材料的安全性评价标准》GB/T 17219 的规定；外径和壁厚按《软质复合塑料材料剥离试验方法》GB 8808 的规定执行；几何尺寸应符合《不锈钢冷轧钢板和钢带》GB/T 3280 的规定；化学成分及热处理应符合《石油产品铜片腐蚀试验法》GB 5096 的规定。管材内覆材料应使用聚乙烯、交联聚乙烯或无规共聚聚丙烯（PP-R）材料。聚乙烯应符合《聚乙烯（PE）树脂》GB/T 11115 及《给水用聚乙烯（PE）管材》GB/T 13663 的规定；交联聚乙烯应符合《冷热水用交联聚乙烯（PE-X）管道系统》GB/T 18992 的规定；无规共聚聚丙烯（PP-R）材料应符合《冷热水用聚丙烯管道系统》GB/T 18742 的规定。冷热水管内覆材料卫生安全性能应符合《生活饮用水输配水设备及防护材料的安全性评价标准》GB/T 17219 的规定。

2. 分类：纳米抗菌不锈钢塑料复合管材分类见表 10-18。

纳米抗菌不锈钢塑料复合管材分类　　表 10-18

类别		适用温度≤（℃）	工作压力（MPa）	颜色标志
名称	代号			
冷水管	XCL	45	2.5	白
热水管	XCR	95	2.5	红
特殊用途管	XCT	45	2.5	灰

3. 适用范围：纳米抗菌不锈钢塑料复合管适用于给水排水、纯净水、食品、化工、医药、燃气、矿山及冷热供水管等各行业的管道工程。

4. 规格及外形尺寸：纳米抗菌不锈钢塑料复合管规格及尺寸见表 10-19。

纳米抗菌不锈钢塑料复合管规格及外形尺寸　　表 10-19

外径（mm）		总壁厚度（mm）		不锈钢层（mm）		不圆度（度）	管长度（m）	主要生产厂商
直径 dn	偏差	厚度	偏差	壁厚度	偏差			
16	$^{+0.20}_{0}$	2.0	$^{+0.10}_{0}$	0.27	±0.02	0.013dn	4、6、8	山西新超管业股份有限公司
20	$^{+0.20}_{0}$	2.0	$^{+0.10}_{0}$	0.27	±0.02			
25	$^{+0.20}_{0}$	2.5	$^{+0.20}_{0}$	0.27	±0.02			
32	$^{+0.20}_{0}$	3.0	$^{+0.20}_{0}$	0.36	±0.02			
40	$^{+0.20}_{0}$	3.5	$^{+0.20}_{0}$	0.36	±0.02	0.015dn		
50	$^{+0.25}_{0}$	4.0	$^{+0.25}_{0}$	0.40	±0.02			
63	$^{+0.25}_{0}$	4.2	$^{+0.25}_{0}$	0.40	±0.02			

续表

外径（mm）		总壁厚度（mm）		不锈钢层（mm）		不圆度（度）	管长度（m）	主要生产厂商
直径 *dn*	偏差	厚度	偏差	壁厚度	偏差			
75	+0.30 0	4.5	+0.30 0	0.55	±0.02	0.017*dn*	4、6、8	山西新超管业股份有限公司
90	+0.40 0	5.0	+0.40 0	0.55	±0.02			
110	+0.50 0	5.5	+0.50 0	0.80	±0.02			
160	+0.50 0	6.0	+0.50 0	0.80	±0.02	0.018*dn*		

10.4 钢丝网骨架塑料（聚乙烯）复合管及管件

10.4.1 钢丝网骨架塑料（聚乙烯）复合管

1. 特性

（1）钢丝网骨架塑料（聚乙烯）复合管是以包覆处理后的高强度钢丝连续缠绕成型的芯层为增强骨架，采用专用热熔胶、塑料通过挤出成型方法复合成一体的管材，属于钢骨架聚乙烯复合管管材系列的一个品种。产品执行标准：《钢丝网骨架塑料（聚乙烯）复合管材及管件》CJ/T 189。卫生安全性能应符合《生活饮用水输配水设备及防护材料的安全性评价标准》GB/T 17219 的规定。

（2）产品标记

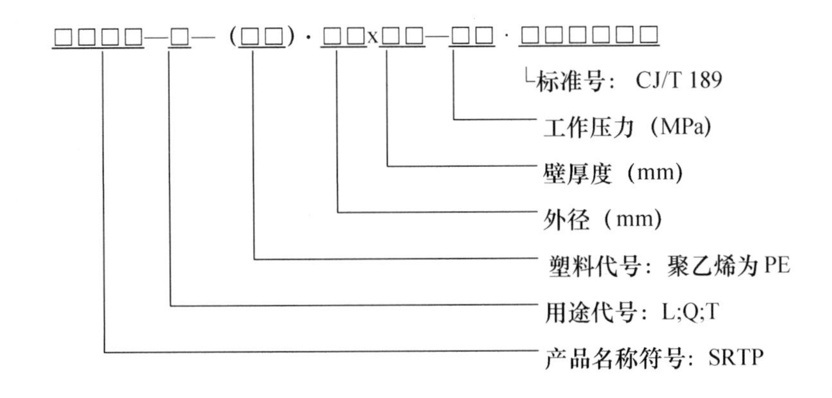

2. 规格及外形尺寸：钢丝网骨架塑料（聚乙烯）复合管规格及外形尺寸见表10-20。

钢丝网骨架塑料（聚乙烯）复合管规格及外形尺寸 表 10-20

外径（mm）		工作压力（MPa）					管长度（m）	主要生产厂商		
直径	偏差	1.0	1.6	2.0	2.5	3.5				
		壁厚度（mm）								
50	+1.2 0		4.5	5.0	5.5	5.5	6	广东东方管业有限公司	—	煌盛集团有限公司
63	+1.2 0		4.5	5.0	5.5	5.5	6		—	
75	+1.2 0		5.0	5.0	5.5	6.0	6		—	
90	+1.4 0		5.5	5.5	5.5	6.0	8		上海金山洋生管道有限公司	
110	+1.5 0	5.5	7.0	7.0	7.5	8.5	8			
140	+1.7 0	5.5	8.0	8.5	9.0	9.5	8			
160	+2.0 0	7.0	9.0	9.5	10.0	10.5	8/12			
200	+2.3 0	8.0	9.5	10.5	11.0	12.5	8/12			
225	+2.5 0	9.0	10.0	10.5	11.0	—	12			
250	+2.5 0	10.5	12.0	12.0	12.5	—	12			
315	+2.7 0	11.5	13.0	13.0	—	—	12			
355	+2.8 0	12.0	14.0	14.5	—	—	12			
400	+3.0 0	12.5	15.0	15.5	—	—	12			
450	+3.2 0	13.5	16.0	—	—	—	12			
500	+3.2 0	15.5	18.0	—	—	—	12			
560	+3.2 0	20.0	20.0	—	—	—	12	—		
630	+3.2 0	23.0	23.0	—	—	—	12	—		
275（250）	+2.5 0	12.5	12.5	12.5	—	—	12	—	—	
326（300）	+2.7 0	13.0	13.0	13.0	—	—	12	—	—	
431（400）	+3.0 0	15.5	15.5	—	—	—	12	—	—	
483（450）	+3.2 0	16.5	16.5	—	—	—	12	—	—	
536（500）	+3.2 0	18.0	18.0	—	—	—	12	—	—	

10.4.2 钢丝网骨架塑料（聚乙烯）复合管件

1. 塑料（聚乙烯）电热熔管件常用有等径直接管、90°弯头、45°弯头、等径三通、异径直接管、法兰等。

（1）等径直接管规格及外形尺寸见图10-7、表10-21。

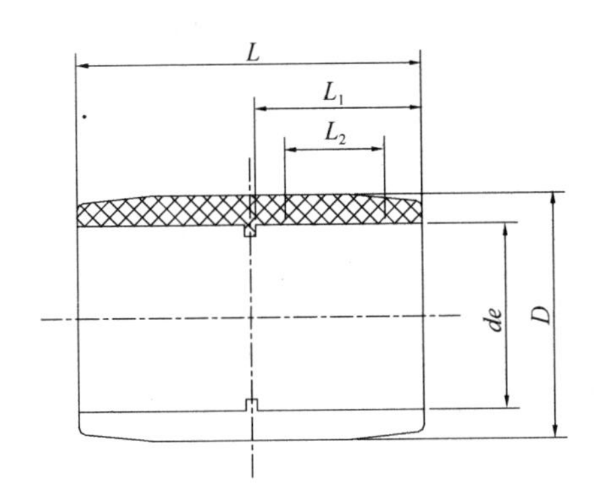

图10-7 等径直接管外形尺寸

等径直接管规格及外形尺寸（mm） **表10-21**

公称直径 de	外径 D ≥	长度 L ≥	插入深度 L_1 ≥	熔区长度 L_2 ≥	主要生产厂商
50	65	95	45	20	广东东方管业有限公司
63	80	110	50	20	
75	95	120	55	30	
90	110	135	65	35	
110	140	155	75	40	
140	170	170	80	40	
160	200	195	95	45	
200	250	220	105	50	
225	270	230	110	55	
250	296	240	115	65	
315	373	285	135	80	
355	420	290	140	90	
400	473	315	150	100	
450	535	320	155	100	
500	595	330	160	100	
560	665	340	160	140	
630	710	420	200	180	

（2）90°弯头规格及外形尺寸见图10-8、表10-22。

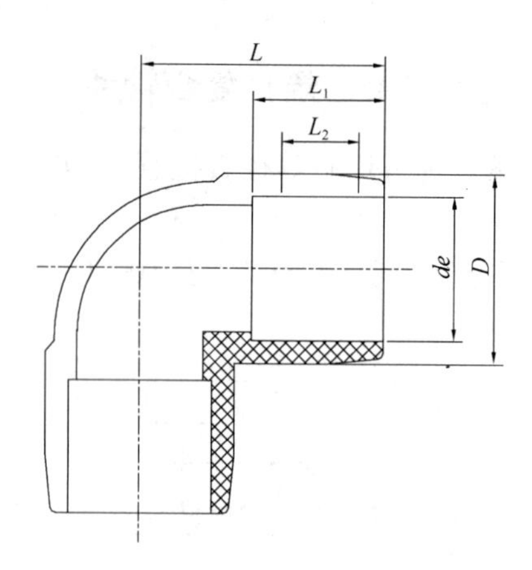

图 10-8　90°弯头外形尺寸

90°弯头规格及外形尺寸（mm）　　**表 10-22**

公称直径 de	外径 D ≥	长度 L ≥	插入深度 L_1 ≥	熔区长度 L_2 ≥	主要生产厂商
50	65	85	45	20	广东东方管业有限公司
63	80	85	50	20	
75	95	100	55	30	
90	110	120	65	35	
110	140	145	75	40	
140	170	170	80	40	
160	200	190	95	45	
200	250	225	105	50	
225	270	250	110	55	
250	296	245	115	65	
315	373	285	135	80	
355	420	355	140	90	
400	473	385	150	100	
450	535	425	155	100	
500	595	455	160	100	

（3）45°弯头规格及外形尺寸见图 10-9、表 10-23。

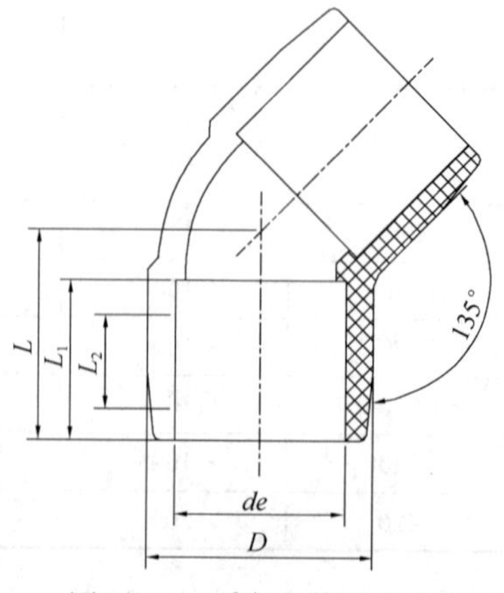

图 10-9　45°弯头外形尺寸

45°弯头规格及外形尺寸（mm） 表 10-23

公称直径 de	外径 D ≥	长度 L ≥	插入深度 L_1 ≥	熔区长度 L_2 ≥	主要生产厂商
50	65	82	45	20	广东东方管业有限公司
63	80	85	50	20	
75	95	85	55	30	
90	110	100	65	35	
110	140	115	80	40	
140	170	125	80	40	
160	200	150	105	45	
200	250	170	120	50	
225	270	175	110	55	
250	292	210	115	65	
315	366	235	135	80	
355	420	250	140	90	
400	473	275	150	100	
450	535	295	150	100	
500	595	310	160	100	

（4）等径三通规格及外形尺寸见图 10-10、表 10-24。

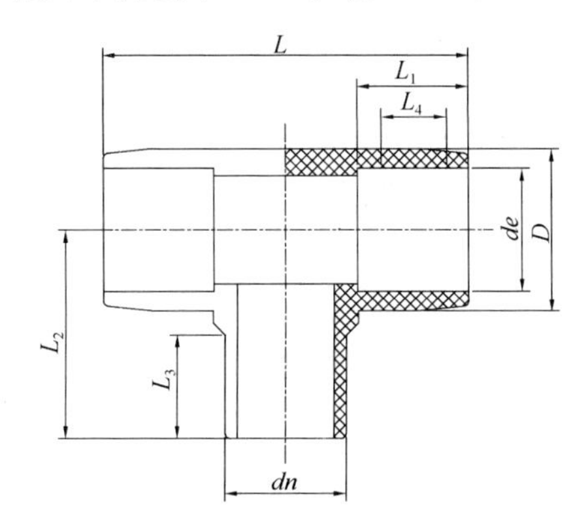

图 10-10 等径三通外形尺寸

等径三通规格及外形尺寸（mm） 表 10-24

公称直径 *de*	外径 *D* ≥	直径 *dn*	长度 *L* ≥	插入深度 L_1 ≥	插入深度 L_2 ≥	管件长度 L_3 ≥	熔区长度 L_4 ≥	主要生产厂商
50	65	50	150	45	45	90	20	广东东方管业有限公司
63	80	63	175	50	55	105	20	
75	95	75	205	55	60	120	30	
90	110	90	230	65	70	140	35	
110	140	110	265	75	75	160	40	
140	170	140	320	80	80	180	40	
160	200	160	365	95	100	215	45	
200	250	200	435	105	110	250	50	
225	270	225	460	110	110	255	55	
250	296	250	485	125	140	285	65	
315	373	315	575	140	145	350	80	
355	420	355	660	140	140	375	90	
400	473	400	740	150	150	425	100	
450	535	450	785	155	155	460	100	
500	595	500	845	160	160	490	100	

（5）异径直接管规格及外形尺寸见图 10-11、表 10-25。

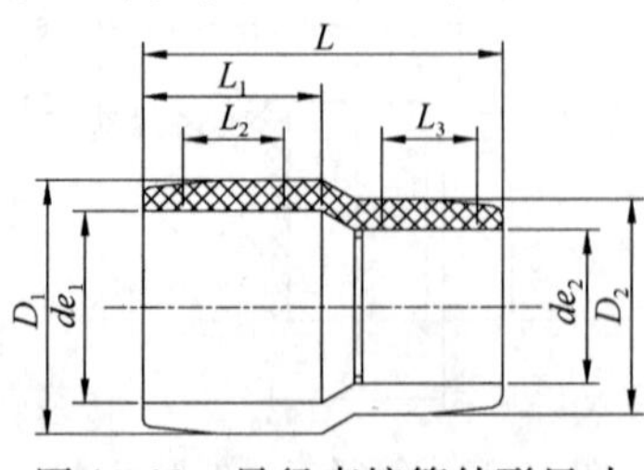

图 10-11 异径直接管外形尺寸

异径直接管规格及外形尺寸（mm） **表 10-25**

公称直径 de_1	外径 D_1 ≥	直径 de_2	外径 D_2 ≥	长度 L ≥	插入深度 L_1 ≥	熔区长度 L_2 ≥	熔区长度 L_3 ≥	主要生产厂商
63	80	50	65	120	50	30	20	广东东方管业有限公司
75	95	50	65	135	55	35	25	
		63	80	135	55	35	25	
90	110	50	65	155	65	40	20	
		63	80	155	65	40	25	
		75	95	175	65	40	30	
110	140	50	65	160	75	50	20	
		63	80	160	75	50	25	
		75	95	165	75	50	30	
		90	110	175	75	50	40	
140	160	90	110	190	90	55	40	
		110	140				40	
160	200	90	110	230	75	70	35	
		110	140	230	95	70	40	
200	250	110	140	290	105	55	75	
		160	200	250	105	60	60	
225	260	110	140	260	115	50	60	
		140	140				65	
		160	200				70	
		200	250				80	
250	296	110	140	280	120	50	60	
		140	160				65	
		160	200				70	
		200	250				80	
		225	260				85	
315	373	110	140	310	140	70	70	
		140	160				70	
		160	200				70	
		200	250				75	
		225	260				75	
		250	296				80	
355	420	110	140	330	150	80	70	
		140	160				70	
		160	200				70	
		200	250				75	
		225	260				75	
		250	296				80	
		315	373				90	

续表

公称直径 de_1	外径 D_1 ≥	直径 de_2	外径 D_2 ≥	长度 L ≥	插入深度 L_1 ≥	熔区长度 L_2 ≥	熔区长度 L_3 ≥	主要生产厂商
400	468	110	140	340	160	85	70	广东东方管业有限公司
		140	160				70	
		160	200				70	
		200	250				75	
		225	260				75	
		250	296				80	
		315	373				90	
		355	420				95	
450	535	110	140	360	170	90	70	
		140	160				70	
		160	200				70	
		200	250				75	
		225	260				75	
		250	296				80	
		315	373				90	
		355	420				95	
		400	473				100	
500	590	110	140	380	180	100	70	
		140	160				70	
		160	200				70	
		200	250				75	
		225	260				75	
		250	296				80	
		315	373				90	
		355	420				95	
		400	473				100	
		450	535				110	

（6）法兰规格及外形尺寸见图 10-12、表 10-26。

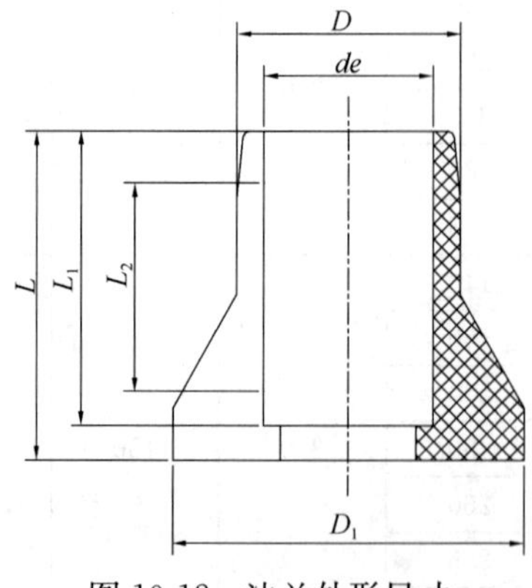

图 10-12　法兰外形尺寸

法兰规格及外形尺寸（mm） 表 10-26

公称直径 de	外径		长度 L ≥	插入深度 L_1 ≥	熔区长度 L_2 ≥	主要生产厂商
	D ≥	D_1				
50	65	90	115	115	40	广东东方管业有限公司
63	80	105	120	110	40	
75	95	125	130	125	70	
90	110	140	145	140	70	
110	140	160	150	140	75	
140	165	190	155	145	80	
160	190	215	160	150	85	
200	235	270	180	165	95	
225	255	315	175	160	60	
250	280	325	130	110	60	
315	350	380	135	115	60	
355	380	450	170	155	60	
400	435	495	160	140	65	
450	480	560	190	180	100	
500	540	580	230	210	120	
560	610	650	240	220	130	
630	680	720	270	250	150	

注：当管件和管材由相同等级的聚乙烯制造时，从距管件端口$\frac{2L_1}{3}$处开始，管件主体任一点的壁厚度应大于或等于相应管材的最小壁厚度。

2. 钢骨架塑料复合电熔管件常用有等径直接管、法兰、90°弯头等。

（1）等径直接管规格及外形尺寸见图 10-13、表 10-27。

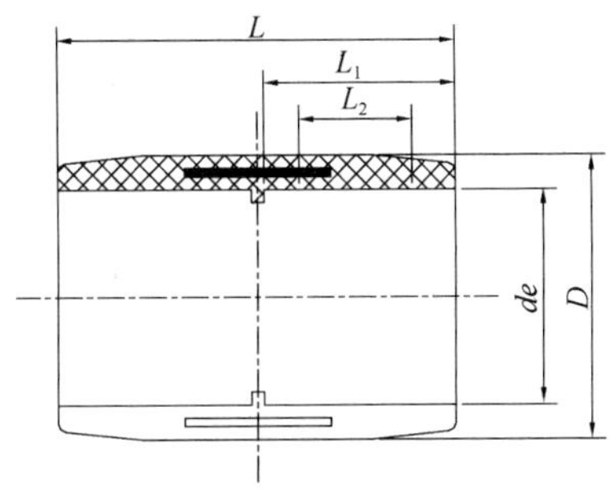

图 10-13 等径直接管外形尺寸

等径直接管规格及外形尺寸（mm） 表 10-27

公称直径 de	外径 D ≥	长度 L ≥	插入深度 L_1 ≥	熔区长度 L_2 ≥	主要生产厂商
50	65	95	45	20	广东东方管业有限公司
63	80	110	50	20	
75	95	120	55	30	
90	110	135	65	35	
110	140	155	75	40	
140	160	170	80	40	
160	200	195	95	45	
200	250	220	105	50	
225	260	230	110	55	
250	296	240	115	65	
315	373	285	135	80	
355	420	290	140	90	
400	473	315	150	100	
450	535	320	155	100	
500	595	330	160	100	

（2）法兰规格及外形尺寸见图 10-14、表 10-28。

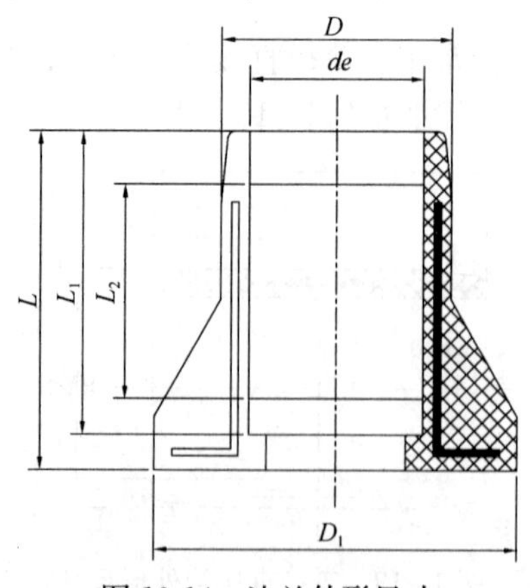

图 10-14 法兰外形尺寸

法兰规格及外形尺寸（mm） 表 10-28

公称直径 de	外径		长度 L ≥	插入深度 L_1 ≥	熔区长度 L_2 ≥	主要生产厂商
	D ≥	D_1				
50	65	90	115	115	40	广东东方管业有限公司
63	80	105	120	110	40	
75	95	125	130	125	70	
90	110	140	145	140	70	
110	140	160	150	140	75	
140	165	190	155	145	80	
160	190	215	160	150	85	
200	235	270	180	165	95	
225	255	315	175	160	60	
250	280	325	130	110	60	
315	350	380	135	115	60	
355	380	450	170	155	60	
400	435	495	160	140	65	
450	480	560	190	180	100	
500	540	585	230	210	120	

（3）90°弯头规格及外形尺寸见图 10-15、表 10-29。

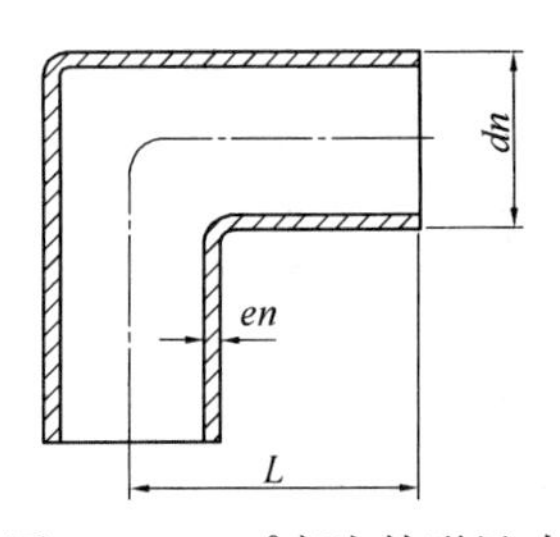

图 10-15 90°弯头外形尺寸

90°弯头规格及外形尺寸（mm）　表 10-29

外径 dn	壁厚度 en		长度 L ≥	主要生产厂商
	厚度	极限偏差		
50	8	±0.5	130	广东东方管业有限公司
63	9	±0.5	140	
75	10	±0.6	150	
90	10	±0.6	160	
110	10	±0.6	180	
140	11	±0.7	200	
160	12	±0.7	220	
200	15	±0.8	280	
225	15	±0.8	300	
250	16	±0.9	320	
315	16	±0.9	360	
355	18	±1.0	380	
400	18	±1.0	420	
450	20	±1.5	470	
500	20	±1.5	520	
560	20	±1.5	530	
630	20	±1.5	550	

3. 钢骨架塑料复合管件常用有 45°弯头、三通、异径直接管等。

（1）45°弯头规格及外形尺寸见图 10-16、表 10-30。

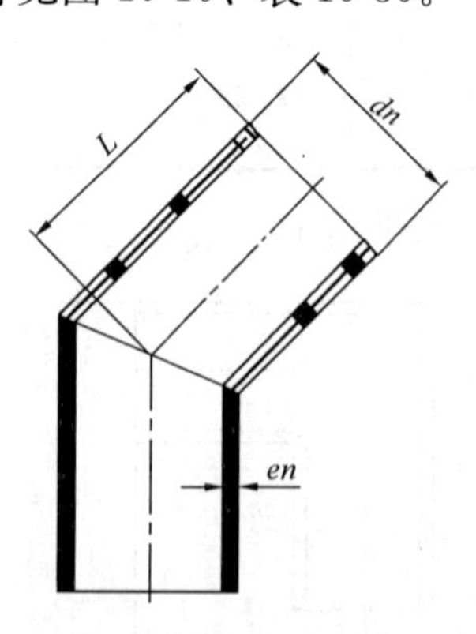

图 10-16　45°弯头规格及外形尺寸

45°弯头规格及外形尺寸（mm） 表 10-30

外径 dn	壁厚度 en		长度 L ≥	主要生产厂商
	厚度	极限偏差		
50	8	±0.5	100	广东东方管业有限公司
63	9	±0.5	110	
75	10	±0.6	120	
90	10	±0.6	130	
110	10	±0.6	140	
140	11	±0.7	155	
160	12	±0.7	165	
200	15	±0.8	175	
225	15	±0.8	185	
250	16	±0.9	200	
315	16	±0.9	220	
355	18	±1.0	300	
400	18	±1.0	320	
450	20	±1.5	340	
500	20	±1.5	360	
560	20	±1.5	370	
630	20	±1.5	390	

（2）三通规格及外形尺寸见图 10-17、表 10-31。

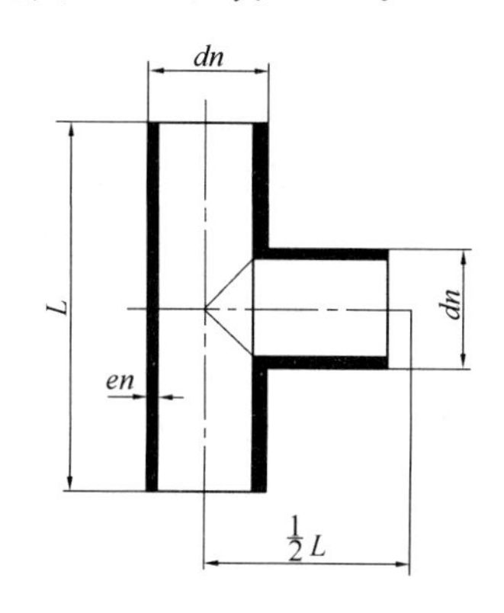

图 10-17 三通规格及外形尺寸

三通规格及外形尺寸（mm）　　表 10-31

外径 dn	壁厚度 en		长度 L ≥	主要生产厂商
	厚度	极限偏差		
50	8	±0.5	260	广东东方管业有限公司
63	9	±0.5	280	
75	10	±0.6	300	
90	10	±0.6	320	
110	10	±0.6	360	
140	11	±0.7	400	
160	12	±0.7	440	
200	15	±0.8	560	
225	15	±0.8	600	
250	16	±0.9	640	
315	16	±0.9	720	
355	18	±1.0	760	
400	18	±1.0	840	
450	20	±1.5	880	
500	20	±1.5	1040	
560	20	±1.5	1060	
630	20	±1.5	1080	

（3）异径直接管规格及外形尺寸见图 10-18、表 10-32。

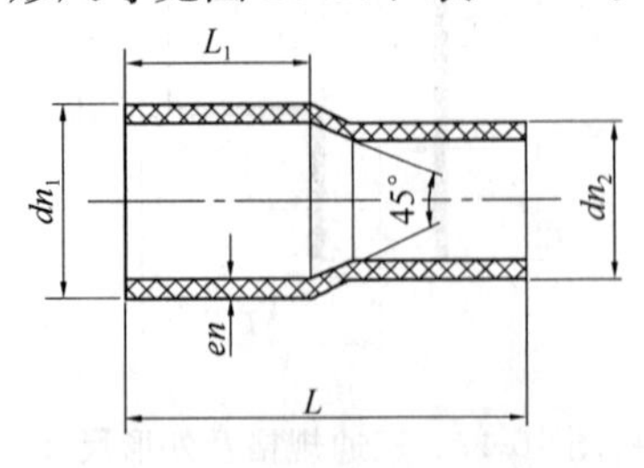

图 10-18　异径直接管外形尺寸

异径直接管规格及外形尺寸（mm） 表 10-32

外径		壁厚度 en		长度		主要生产厂商
dn_1	dn_2	厚度	极限偏差	L ≥	L_1 ≥	
63	50	9	±0.5	140	70	广东东方管业有限公司
75	50	10	±0.6	160	75	
	63					
90	50	10	±0.6	170	85	
	63					
	75					
110	50	10	±0.6	190	95	
	63					
	75					
	90					
140	90	10	±0.7	210	100	
	110					
160	110	10	±0.7	235	115	
	140					
200	110	10	±0.8	265	125	
	140					
	160					
225	110	15	±0.8	280	130	
	140					
	160					
	200					
250	110	16	±0.9	300	135	
	140					
	160					
	200					
	225					
315	110	16	±0.9	350	155	
	140					
	160					
	200					
	225					
	250					

续表

外径		壁厚度 en		长度		主要生产厂商
dn_1	dn_2	厚度	极限偏差	L ≥	L_1 ≥	
355	110	18	±1.0	380	160	广东东方管业有限公司
	140					
	160					
	200					
	225					
	250					
	315					
400	110	18	±1.0	410	170	
	140					
	160					
	200					
	225					
	250					
	315					
	355					
450	110	20	±1.5	440	175	
	140					
	160					
	200					
	225					
	250					
	315					
	355					
	400					
500	110	20	±1.5	470	180	
	140					
	160					
	200					
	225					
	250					
	315					
	355					
	400					
	450					
	500					
560	400	20	±1.5	480	200	
	500					
630	500	20	±1.5	800	220	
	560					

10.5 孔网钢带塑料复合管

1. 特性：

(1) 孔网钢带塑料（聚乙烯）复合管简称孔网钢塑管（PSSCP），是以聚乙烯为主要原材料，孔网钢带为增强骨架，经挤出复合成型的管材。其骨架用氩弧对接焊成型的多孔薄壁钢管为增强体，外层和内层双面复合热塑型塑料的一种新型复合管道。孔网钢塑管道系统采用电热熔管件连接。孔网钢塑管道也可以采用法兰连接方式与其他管路、配件和设备进行过渡连接。

(2) 产品执行标准：《给水用孔网钢带聚乙烯复合管》CJ/T 181。卫生安全性能应符合《生活饮用水输配水设备及防护材料的安全性评价标准》GB/T 17219 的规定。

2. 适用范围：孔网钢带塑料复合管适用于民用建筑、城市供水、石油化工、电力、制药、冶金等行业。

3. 性能规格及外形尺寸：孔网钢带塑料复合管性能规格及外形尺寸见表 10-33。

孔网钢带塑料复合管性能规格及外形尺寸　　表 10-33

外径（mm）		壁厚度（mm）		工作压力（MPa）	管长度（m）	主要生产厂商
直径	允许偏差	厚度	允许偏差			
50	+0.5 0	4.0	+0.5 0	2.0 2.5	6.0	煌盛集团有限公司
63	+0.6 0	4.5	+0.6 0	2.0 2.5	6.0	
75	+0.7 0	5.0	+0.7 0	2.0 2.5	8.0	
90	+0.9 0	5.5	+0.8 0	2.0 2.5	8.0	
110	+1.0 0	6.0	+0.9 0	2.0 2.5	8.0	
140	+1.1 0	8.0	+1.0 0	1.6 2.0	8.0	
160	+1.2 0	10.0	+1.1 0	1.6 2.0	8.0 12.0	
200	+1.3 0	11.0	+1.2 0	1.6 2.0	8.0 12.0	
250	+1.4 0	12.0	+1.3 0	1.6	12	
315	+1.6 0	13.0	+1.4 0	1.25	12	
400	+1.6 0	15.0	+1.5 0	1.25	12	

10.6 钢带增强聚乙烯（PE）螺旋波纹管

1. 特性：

(1) 钢带增强聚乙烯（PE）螺旋波纹管是以聚乙烯为内外基体材料，以表面涂敷高性能粘接树脂、并弯曲成型的钢带波形体为主要支撑结构，在生产线上通过缠绕、挤塑复合成整体的螺旋波纹管材。管道系统采用电热熔连接、热收缩带连接、内外挤出焊接或多种连接组合使用，连接牢固。

（2）产品执行标准：《埋地排水用钢带增强聚乙烯（PE）螺旋波纹管》CJ/T 225，其产品标记：

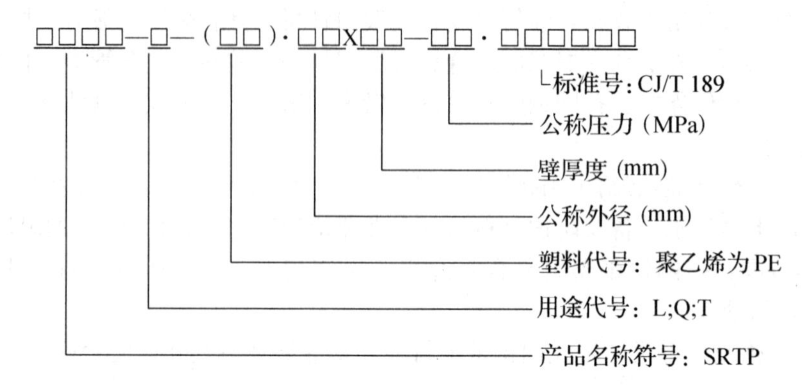

2. 适用范围：钢带增强聚乙烯（PE）螺旋波纹管适用于城市埋地排水、排污管道、海水输送、雨水输送管道等。

3. 性能规格及外形尺寸：钢带增强聚乙烯（PE）螺旋波纹管性能规格及外形尺寸见表10-34。

钢带增强聚乙烯（PE）螺旋波纹管性能规格及外形尺寸（mm）　　**表 10-34**

内径（mm）	最小平均内径	最小内层壁厚度	最小层压壁厚度	最大螺距	最小钢带厚度	最小防腐层厚度	管长度	主要生产厂商	
500	490	3.5	5.0	75	0.5	3.0	10000	广东联塑科技实业有限公司	—
600	588	4.0	6.0	85	0.5	3.0			广东雄塑科技实业有限公司 煌盛集团有限公司
700	673	4.0	6.0	110	0.5	3.5			
800	785	4.5	6.5	120	0.7	3.5			
900	885	5.0	7.0	135	0.7	3.5			
1000	985	5.0	7.0	150	0.7	3.5			
1100	1085	5.0	7.0	165	0.7	3.5			
1200	1185	5.0	7.0	180	0.7	3.5			
1300	1285	5.0	7.0	190	1.0	4.0			
1400	1385	5.0	7.0	200	1.0	4.0			
1500	1485	5.0	7.0	210	1.0	4.0			
1600	1585	5.0	7.0	210	1.0	4.0			
1800	1785	5.0	7.0	210	1.0	4.0			
2000	1985	6.0	8.0	210	1.0	4.0			

10.7 聚乙烯塑钢缠绕排水管

1. 特性：

(1) 聚乙烯塑钢缠绕排水管（HDPE）是用钢带与聚乙烯（中密度或高密度）通过挤出方式成型的塑钢复合管材，经缠绕焊接制成的塑钢缠绕管。生产管材所用塑料以聚乙烯（PE）树脂为主，其中仅可加入为提高其性能所必需的添加剂。生产管材所用钢带性能应符合《碳素结构钢冷轧钢带》GB 716 的规定。连接用橡胶套、发泡橡胶板应符合《橡胶密封件给、排水管及污水管道用接口密封圈材料规范》GB/T 21873 的要求。连接用不锈钢卡套应符合《不锈钢冷轧钢板和钢带》GB/T 3280 的规定。

(2) 管材可采用卡箍式弹性连接方式，也可采用电热熔带连接方式见图 10-19、图 10-20。卡箍式弹性连接方式适用于规格 DN/ID200～DN/ID1200 的管材。采用这种连接方式的管材，管端连接部位的螺旋槽内在密封区域要有不少于两个焊接的塑料密封块，密封块的高度与加强筋的高度相同。电热熔带连接方式适用于规格 DN/ID1200～DN/ID2600 的管材。管材的有效长度 L 一般为 6、8、10m，其他长度由供需双方商定。管材的实际长度不允许有负偏差。管材执行标准：《聚乙烯塑钢缠绕排水管》CJ/T 270。

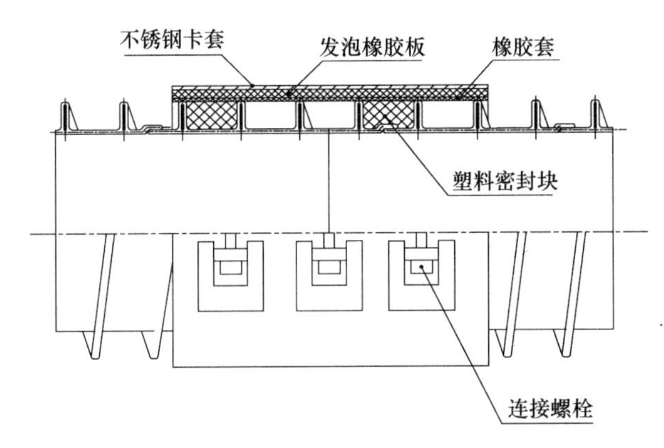

图 10-19 卡箍式弹性连接方式

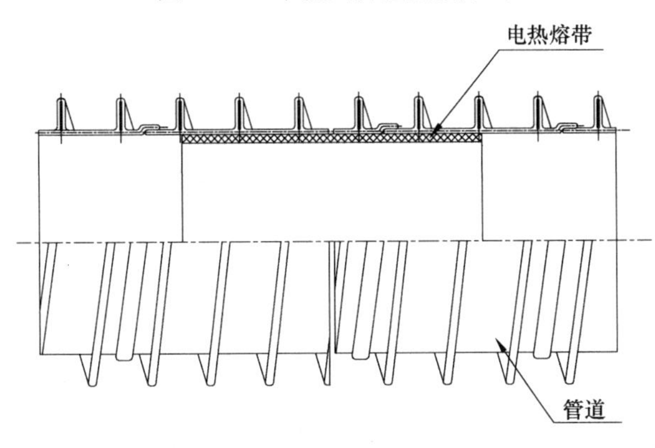

图 10-20 电热熔带连接方式

2. 适用范围：聚乙烯塑钢缠绕排水管适用于长期输送介质温度在 45℃以下的埋地无

压市政排水、工业排水以及农田排水等工程。

3. 性能规格及外形尺寸：聚乙烯塑钢缠绕排水管性能规格及外形尺寸见表10-35。

聚乙烯塑钢缠绕排水管性能规格及外形尺寸（mm） 表10-35

公称直径 DN/ID	最大外径 ID				管长度	主要生产厂商
	SN4	SN8	SN10	SN12.5		
200	226	226	226	—	9000	华翰科技有限公司
300	326	326	326	—		
400	440	440	440	—		
500	540	540	540	—		
600	645	645	645	645		
700	745	745	751	751		
800	853	853	853	863		
900	964	964	964	964		
1000	1064	1064	1064	1064		
1200	1274	1274	1274	1274		
1400	—	1486	1486	1486		
1500	—	1586	1586	1586		
1600	—	1694	1694	1694		
1800	—	1894	1894	1909		
2000	—	2106	2106	2128		
2200	—	2308	2331	2331		
2400	—	2528	2528	2534		
2600	—	2730	2736	2744		

10.8 钢骨架聚乙烯塑料复合管

1. 特性：

（1）给水用钢骨架聚乙烯塑料复合管（SRPE）系采用连续缠绕焊接成型的网状钢丝骨架与聚乙烯（中密度或高密度）热塑性树脂，以挤出方式复合成型的钢塑复合管道。连接方式为电热熔连接和法兰连接。钢骨架所用钢丝采用优质低碳钢丝，纬线钢丝抗拉强度≥400MPa，其他性能应符合《一般用途低碳钢丝》YB/T 5294的规定。钢丝网环向缠绕的纬线钢丝净距不宜小于3mm。钢丝直径见表10-36。

钢丝直径（mm） 表 10-36

管内径 Dn		50	65	80	100	125	150	200	250	300	350	400	450	500	600
钢丝直径 d ≥	经线	2.0	2.0	2.0	2.0	2.0	2.0	2.0	2.5	2.5	3.0	3.0	3.5	3.5	3.5
	纬线	2.0	2.0	2.0	2.0	2.0	2.5	2.5	2.5	3.0	3.5	3.5	3.5	3.5	3.5

（2）产品执行标准：《给水用钢骨架聚乙烯塑料复合管》CJ/T 123、《给水用钢骨架聚乙烯塑料复合管件》CJ/T 124；卫生安全性能应符合《生活饮用水输配水设备及防护材料的安全性评价标准》GB/T 17219 的规定。

2. 适用范围：钢骨架聚乙烯塑料复合管适用范围在输送 20℃以上水时，其最大允许用压力可以按表 10-37 的折减系数乘以工作压力，见表 10-38。

3. 性能规格及外形尺寸：钢骨架聚乙烯塑料复合管性能规格及外形尺寸见表 10-37。

钢骨架聚乙烯塑料复合管性能规格及外形尺寸 表 10-37

内径 Dn (mm)	工作压力（MPa）				内径平均极限偏差（mm）	管长度（mm）	主要生产厂商
	1.0	1.6	2.5	4.0			
	壁厚度 e_n 及极限偏差（mm）						
50	—	—	$9^{+1.4}_{0}$	$10.6^{+1.6}_{0}$	±0.4	9000	华翰科技有限公司
65	—	—	$9^{+1.4}_{0}$	$10.6^{+1.6}_{0}$	±0.4		
80	—	—	$9^{+1.4}_{0}$	$10.7^{+1.8}_{0}$	±0.6		
100	—	$9^{+1.4}_{0}$	$11.7^{+1.8}_{0}$	—	±0.6		
125	—	$10^{+1.5}_{0}$	$11.8^{+1.8}_{0}$	—	±0.6		
150	$12^{+1.8}_{0}$	$12^{+1.8}_{0}$	—	—	±0.8		
200	$12.5^{+1.9}_{0}$	$12.5^{+1.9}_{0}$	—	—	±1.0		
250	$12.5^{+1.9}_{0}$	$12.5^{+2.4}_{0}$	—	—	±1.2		
300	$12.5^{+1.9}_{0}$	$12.5^{+2.4}_{0}$	—	—	±1.2		
350	$15^{+2.3}_{0}$	$15^{+2.9}_{0}$	—	—	±1.6		
400	$15^{+2.3}_{0}$	$15^{+2.9}_{0}$	—	—	±1.6		
450	$16^{+2.4}_{0}$	$16^{+3.1}_{0}$	—	—	±1.8		
500	$16^{+2.4}_{0}$	$16^{+3.1}_{0}$	—	—	±2.0		
600	20^{+3}_{0}	—	—	—	±2.0		

注：1. 表中壁厚度为复合管生产后的原始壁厚度；

2. 同一规格不同压力等级的复合管的钢丝材料、钢丝直径、网格间距等会有所不同；

3. 允许使用温度为－40～80℃。

工作压力折减系数 **表 10-38**

温度 t（℃）	$0<t\leqslant 20$	$20<t\leqslant 30$	$30<t\leqslant 40$	$40<t\leqslant 50$	$50<t\leqslant 60$	$60<t\leqslant 70$	$70<t\leqslant 80$
工作压力折减系数	1	0.95	0.90	0.86	0.81	0.76	0.6

11 阀　　门

11.1 分类、型号含义

阀门的种类很多，给水排水工程中常用的阀门按结构形式和功能可分为截止阀、闸阀、蝶阀、球阀、旋塞阀、隔膜阀、节流阀、止回阀、减压阀、安全阀、排气阀、疏水阀、多功能水力控制阀、电磁阀等类。按驱动动力可分为手动、电动、液压、气动等四种方式。按其公称压力可分为高压、中压、低压三类，给水排水工程中常用的大多为低压和中压阀门。

阀门的型号根据阀门种类、驱动方式、连接形式、阀门结构、密封及衬里材料、公称压力、阀门材料分别用汉语拼音字母及数字表示。各类阀门型号含义按现行标准《阀门型号编制方法》JB 308 的规定如下。

阀门型号含义：

1	2	3	4	5	6	7
汉语拼音字母 表示阀门类型	一位数字 表示驱动方式	一位数字 表示连接方式	一位数字 表示结构方式	汉语拼音字母 表示密封面	数字 表示	字母 表示阀体材料
Z 闸阀	0 电磁动	1 内螺纹	↓	T 铜合金	公称压力	
J 截止阀	1 电磁-液动	2 外螺纹		X 橡胶	100MPa	
L 节流阀	2 电-液动	3 法兰（用于双弹簧安全阀）		N 尼龙塑料 F 氟塑料		Z 灰铸铁 K 可锻铸铁
Q 球阀	3 蜗轮	4 法兰		B 锡基轴承合金（巴氏合金）		Q 球墨铸铁 T 铜及铜合金
D 蝶阀	4 正齿轮	5 法兰（用于杠杆式安全阀）				
H 止回阀	5 伞齿轮			H 合金阀		C 碳钢
G 隔膜阀	6 气动	6 焊接		D 渗氮钢		1/Cr5Mo
A 安全阀	7 液动	7 对夹式		Y 硬质合金		P 1Cr18Ni9Ti
T 调节阀	8 气-液动	8 卡箍		J 衬胶		RCr18Ni2Mo2Ti
X 旋塞	9 电动	9 卡套		Q 衬铅		V12CrMoV
Y 减压阀				C 搪瓷		
S 疏水阀				P 渗硼钢		
U 柱塞阀				W 由阀体直接加工的密封材料		

类别＼代号	1	2	3	4	5	6	7	8	9	10
闸阀	明杆楔式单阀板	明杆楔式双阀板	明杆平行式单阀板	明杆平行式双阀板	暗杆楔式单阀板	明杆楔式双阀板		暗杆平行式双阀板		明杆楔式弹性闸板
截止阀 节流阀	直通式			角式	直流式	平衡直通式	平衡角式			
蝶阀	垂直板式		斜板式							杠杆式
球阀	浮动直通式			浮动L形三通式	浮动T形三通式		固定直通式闸板式			
隔膜阀	屋脊式		截止式填料直通式	填料T形三通式	填料四通式		油封直通式			
旋塞阀								油封T形三通式		
止回阀 和底阀	升降直通式	升降立式		旋启单瓣式	旋启多瓣式	旋启双瓣式				
安全阀	弹簧封闭微启	弹簧封闭全启	弹簧不封闭带扳手双弹簧微启式	弹簧封闭带扳手全启式	弹簧不封闭带扳手微启式	弹簧不封闭控制全启式	弹簧不封闭带扳手启式	弹簧不封闭带扳手微启式	脉冲式	弹簧封闭带散热片全启
减压阀 疏水阀	薄膜式	弹簧薄膜式	活塞式	波纹管式钟罩浮子式	杠杆式		脉冲式	热动力式		

11.2　闸　阀

闸阀是启闭件（闸板）由阀杆带动，沿阀座密封面作升降运动的阀门。闸阀适用于给水排水、供热和蒸汽管道系统作为调流和截流装置。介质为水、蒸汽和油类。闸阀常用有暗杆型弹性座封闸阀、软密封闸阀、直埋式软密封闸阀、黄铜重型闸阀、刀闸阀、MXF型明杆式镶铜铸铁方闸门、不锈钢平板闸门等。

11.2.1　暗杆型弹性座封闸阀

1. 适用范围：暗杆型弹性座封闸阀适用于安装在地表上，可用手轮手动操作的场合。

2. 性能规格及外形尺寸：暗杆型弹性座封闸阀性能规格及外形尺寸见图 11-1、表 11-1、表 11-2。

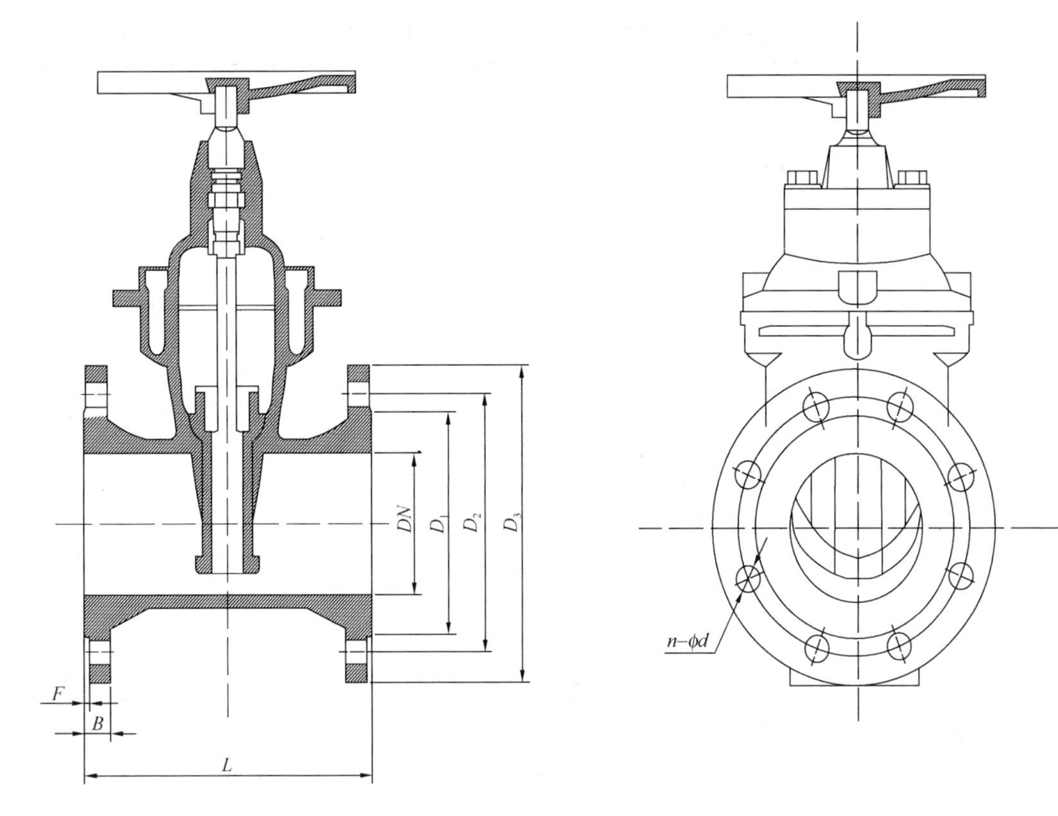

图 11-1　DN40～DN800 暗杆型弹性座封闸阀外形尺寸

暗杆型弹性座封闸阀（PN10、PN16）性能规格及外形尺寸　　表 11-1

公称直径 DN (mm)	L (mm)	外形尺寸											所配螺栓 (mm)		主要生产厂商
		D_1(mm)		D_2(mm)		D_3(mm)		B(mm)		F (mm)	$n-\phi d$(个—mm)				
		1.0 MPa	1.6 MPa	1.0 MPa	1.6 MPa	1.0 MPa	1.6 MPa	1.0 MPa	1.6 MPa		1.0 MPa	1.6 MPa	1.0 MPa	1.6 MPa	
40	178	84		110		150		19		3	4—19		M16		上海冠龙阀门机械制造有限公司、武汉大禹阀门制造有限公司、上海艾维科阀门有限公司、上海沪航阀门有限公司
50	178	99		125		165		19		3	4—19		M16		
65	190	118		145		185		19		3	4—19		M16		
80	203	132		160		200		19		3	8—19		M16		
100	229	156		180		220		19		3	8—19		M16		
125	254	184		210		250		19		3	8—19		M16		
150	267	211		240		285		19		3	8—23		M20		
200	292	266		295		340		20		3	8—23	12—23	M20		
250	330	319		350	355	395	405	22		3	12—23	12—28	M20	M24	
300	356	370		400	410	445	460	24.5		3	12—23	12—28	M20	M24	
350	381	429		460	470	505	520	24.5	26.5	3	16—23	16—28	M20	M24	
400	406	480		515	525	565	580	24.5	28	4	16—28	16—31	M24	M27	
450	432	530	548	565	585	615	640	25.5	30	4	20—28	20—31	M24	M27	
500	457	582	609	620	650	670	715	26.5	31.5	4	20—28	20—34	M24	M30	
600	508	682	720	725	770	780	840	30	36	5	20—31	20—37	M27	M33	
700	610	794		840		895	910	32.5	39.5	5	24—31	24—37	M27	M33	
800	660	901		950		1015	1025	35	43	5	24—34	24—40	M30	M36	

暗杆型弹性座封闸阀(PN25)规格及外形尺寸 表 11-2

公称直径 DN(mm)	外形尺寸							所配螺栓 (mm)	主要生产厂商
	L (mm)	D_1 (mm)	D_2 (mm)	D_3 (mm)	B (mm)	F (mm)	$n-\phi d$ (个—mm)		
40	178	84	110	150	19	3	4—19	M16	上海冠龙阀门制造有限公司、武汉大禹阀门制造有限公司、上海艾维科阀门有限公司、上海沪航阀门有限公司
50	178	99	125	165	19	3	4—19	M16	
65	190	118	145	185	19	3	8—19	M16	
80	203	132	160	200	19	3	8—19	M16	
100	229	156	190	235	19	3	8—23	M20	
125	254	184	220	270	19	3.	8—28	M24	
150	267	211	250	300	20	3	8—28	M24	
200	292	274	310	360	22	3	12—28	M24	
250	330	330	370	425	24.5	3	12—31	M27	
300	356	389	430	485	27.5	4	16—31	M27	
350	381	448	490	555	30	4	16—34	M30	
400	406	503	550	620	32	4	16—37	M33	

11.2.2 软密封闸阀

软密封闸阀的阀板渗漏为零，不积杂物，有较好的耐腐蚀性能。适用于城镇给水排水及工业管道，作为双向闭路使用。软密封闸阀常用有 EKO 型软密封闸阀、Z45X 型软密封闸阀、弹性座封闸阀、带指示法兰连接软密封闸阀、加密软密封闸阀、橡胶软密封闸阀等。

11.2.2.1 EKO 型软密封闸阀

EKO 型软密封闸阀规格及外形尺寸见图 11-2、表 11-3。

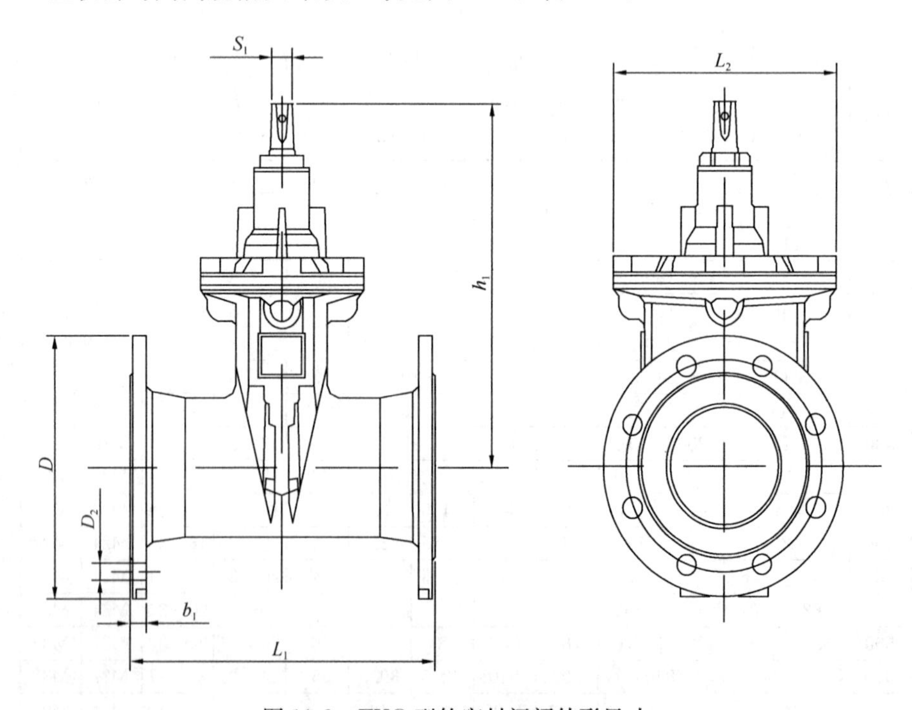

图 11-2 EKO 型软密封闸阀外形尺寸

EKO型软密封闸阀规格及外形尺寸 表11-3

公称直径 DN(mm)	外形尺寸								主要生产厂商
	h_1 (mm)	S_1 (mm)	L_1 (mm)	L_2 (mm)	D (mm)	螺栓孔数(个)	D_2 (mm)	b_1 (mm)	
40	226	14	240	140	150	4	19	19	阀安格水处理系统(太仓)有限公司
50	233	14	250	150	165	4	19	19	
65	273	17	270	170	185	4	19	19	
80	278	17	280	180	200	8	19	19	
100	310	19	300	190	220	8	19	19	
125	347	19	325	200	250	8	19	19	
150	386	19	350	210	285	8	23	19	
200	493	24	400	230	340	12	23	20	
250	606	27	450	250	405	12	28	22	
300	670	27	500	270	460	12	28	24.5	
350	852	27	550	290	520	16	28	26.5	
400	936	32	600	310	580	16	31	28.5	
500	1096	32	700	350	715	20	34	31.5	
600	1096	36	800	—	780	—	—	—	

11.2.2.2 Z45X型软密封闸阀

1. 适用范围：Z45X型软密封闸阀适用于生活用水系统、给水排水系统、污水处理系统、化工流体输送系统等，在建筑、市政环保、石化、医药、食品、冶金、纺织、电力等行业的流体管线上作为调节和截流装置使用。

2. 性能规格及外形尺寸：Z45X型软密封闸阀性能规格及外形尺寸见图11-3、表11-4。

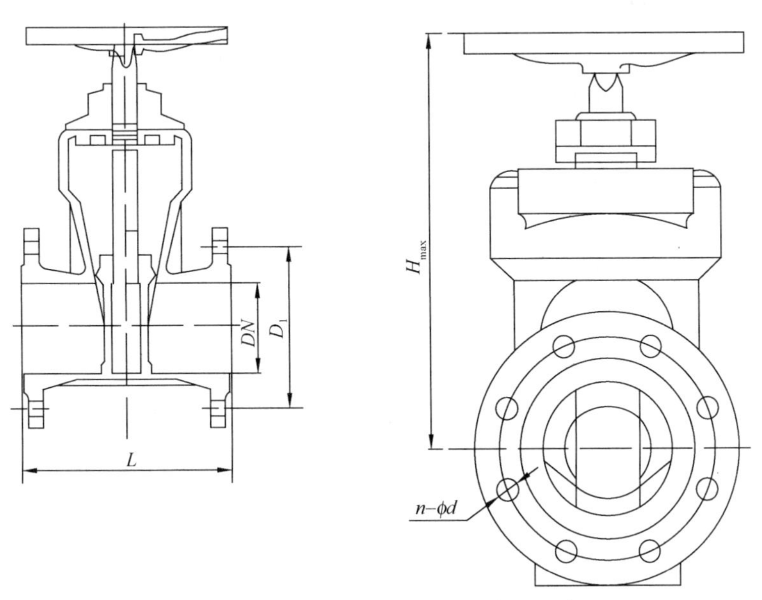

图11-3 Z45X型软密封闸阀外形尺寸

Z45X型软密封闸阀性能规格及外形尺寸 表 11-4

公称直径 DN(mm)	外形尺寸								质量 (kg)	主要生产厂商
	H_{max} (mm)	L (mm)	D_1(mm)			n—ϕd(个—mm)				
			0.6MPa	1.0MPa	1.6MPa	0.6MPa	1.0MPa	1.6MPa		
50	110	43	110	125	125	4—14	4—18	4—19	2.5	天津市国威给排水设备制造有限公司、四川川力智能阀业有限公司
65	118	46	130	145	145	4—14	4—18	4—19	3.2	
80	125	46	150	160	160	8—18	8—18	8—19	3.6	
100	140	52	170	180	180	8—18	8—18	8—19	4.9	
125	160	56	200	210	210	8—18	8—18	8—19	7	
150	175	56	225	240	240	8—18	8—18	8—23	7.8	
200	206	60	280	295	295	12—18	12—22	12—23	13.2	
250	247	68	335	350	355	12—18	12—22	12—28	19.2	
300	277	78	395	400	410	12—22	12—22	12—28	32.5	
350	300	78	445	460	470	16—22	16—22	16—28	41.3	
400	345	102	495	515	525	16—22	16—22	16—31	61	
450	375	114	550	565	585	20—22	20—26	20—31	79	
500	425	127	600	620	650	20—22	20—26	20—34	128	
600	495	154	705	725	770	20—26	20—30	20—37	188	
700	580	165	—	840	840	—	24—30	24—36	270	
800	650	190	—	950	950	—	24—34	24—39	396	
900	670	203	—	1050	1050	—	28—34	28—39	738	
1000	750	216	—	1160	1170	—	28—36	28—42	890	
1200	868	254	—	1380	—	—	32—39	—	1240	

11.2.2.3 弹性座封闸阀

弹性座封闸阀具有无内漏、无外漏、扭力小、橡胶使用寿命长、阀门喷塑不生锈、环保无毒等特点，适用于直饮水、自来水、污水等各种工程系统中。弹性座封闸阀常用有暗杆弹性座封闸阀、电动弹性座封闸阀、明杆弹性座封闸阀、信号弹性座封闸阀、带开度显示暗杆弹性座封闸阀等。

1. 暗杆弹性座封闸阀：暗杆弹性座封闸阀性能规格及外形尺寸见图 11-4、表 11-5。

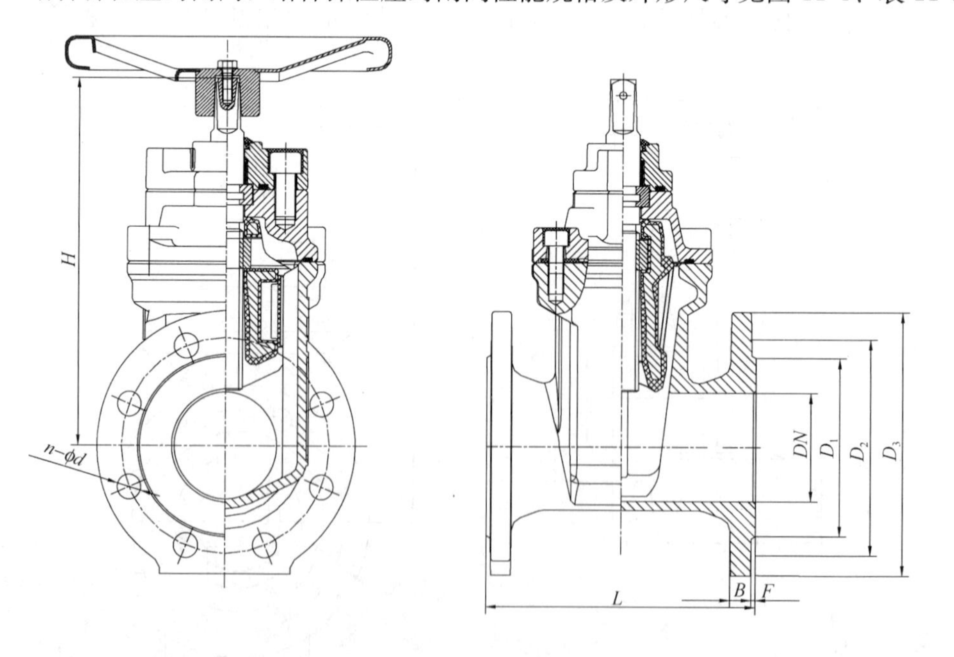

图 11-4 暗杆弹性座封闸阀外形尺寸

暗杆弹性座封闸阀性能规格及外形尺寸　　表 11-5

型号	DN (mm)	外形尺寸													主要生产厂商
		L (mm)	D_1(mm)		D_2(mm)		D_3(mm)		H (mm)	B(mm)		F (mm)	n—φd (个—mm)		
			0.6 MPa	1.0 MPa	0.6 MPa	1.0 MPa	0.6 MPa	1.0 MPa		0.6 MPa	1.0 MPa		0.6 MPa	1.0 MPa	
Z45X-50	50	178	88	99	110	125	140	165	211.5	16	19	3	4—14	4—19	武汉大禹阀制造有限公司
Z45X-65	65	190	108	118	130	145	160	185	228.5	16	19	3	4—14	4—19	
Z45X-80	80	203	124	132	150	160	190	200	272	18	19	3	4—19	8—19	
Z45X-100	100	229	144	156	170	180	210	220	297	18	19	3	4—19	8—19	
Z45X-125	125	254	174	184	200	210	240	250	372.5	19	19	3	8—19	8—19	
Z45X-150	150	267	199	211	225	240	265	285	410	19	19	3	8—19	8—23	
Z45X-200	200	292	254	266	280	295	320	340	493	19	20	3	8—19	8—23	
Z45X-250	250	330	309	319	335	350	375	395	577	19	22	3	12—19	12—23	
Z45X-300	300	356	363	370	395	400	440	445	648	19	24.5	4	12—23	12—23	
Z45X-350	350	381	413	429	445	460	490	505	763	20	26.5	4	12—23	16—23	
Z45X-400	400	406	463	480	495	515	540	565	811	22	28	4	16—23	16—28	
Z45X-450	450	432	518	530	550	565	595	615	964.5	22	30	4	16—23	20—28	
Z45X-500	500	457	568	582	600	620	645	670	1012	24.5	31.5	4	20—23	20—28	
Z45X-600	600	508	667	682	705	725	755	780	1182	24.5	36	5	20—26	20—31	

2. 电动弹性座封闸阀：电动弹性座封闸阀性能规格及外形尺寸见图 11-5、表 11-6。

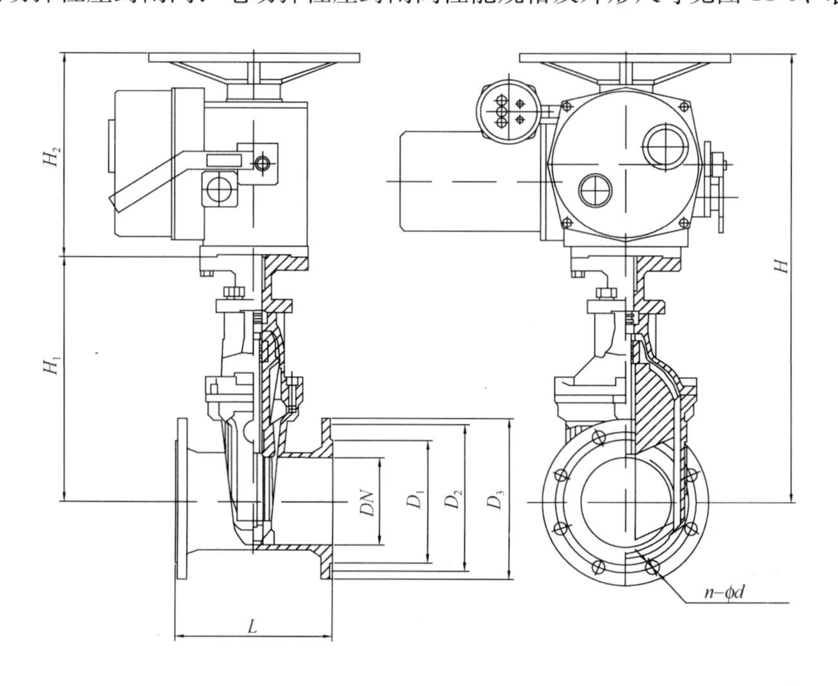

图 11-5　电动弹性座封闸阀外形尺寸

电动弹性座封闸阀性能规格及外形尺寸 表 11-6

型 号	公称直径 DN (mm)	外形尺寸												主要生产厂商
		L	D_1(mm)		D_2(mm)		D_3(mm)		H (mm)	H_1 (mm)	H_2 (mm)	$n-\phi d$ (个—mm)		
			0.6 MPa	1.0 MPa	0.6 MPa	1.0 MPa	0.6 MPa	1.0 MPa				0.6 MPa	1.0 MPa	
Z945X-50	50	178	88	99	110	125	140	165	511	207	304	4—14	4—19	武汉大禹阀门制造有限公司
Z945X-65	65	190	108	118	130	145	160	185	528	224	304	4—14	4—19	
Z945X-80	80	203	124	132	150	160	190	200	561	257	304	4—19	8—19	
Z945X-100	100	229	144	156	170	180	210	220	586	282	304	4—19	8—19	
Z945X-125	125	254	174	184	200	210	240	250	716	380	336	8—19	8—19	
Z945X-150	150	267	199	211	225	240	265	285	753	417	336	8—19	8—23	
Z945X-200	200	292	254	266	280	295	320	340	836	500	336	8—19	8—23	
Z945X-250	250	330	309	319	335	350	375	395	914	578	336	12—19	12—23	
Z945X-300	300	356	363	370	395	400	440	445	985	649	336	12—23	12—23	
Z945X-350	350	381	413	429	445	460	490	505	1108	785	323	12—23	16—23	
Z945X-400	400	406	463	480	495	515	540	565	1156	833	323	16—23	16—28	
Z945X-450	450	432	518	530	550	565	595	615	1320	967	353	16—23	20—28	
Z945X-500	500	457	568	582	600	620	645	670	1373	1020	353	20—23	20—28	
Z945X-600	600	508	667	682	705	725	755	780	1537	1184	353	20—26	20—31	

3. 明杆弹性座封闸阀：明杆弹性座封闸阀性能规格及外形尺寸见图 11-6、表 11-7。

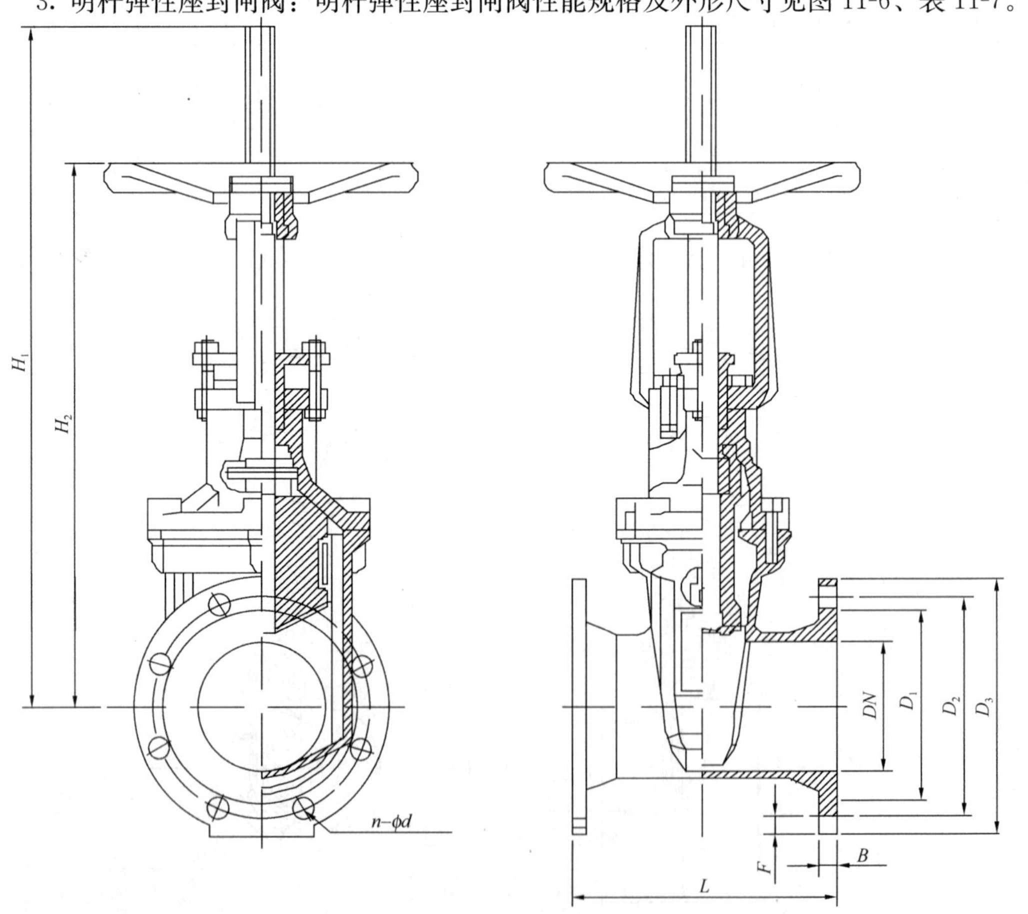

图 11-6 明杆弹性座封闸阀性能规格及外形尺寸

明杆弹性座封闸阀性能规格及外形尺寸 表 11-7

型号	公称直径 DN (mm)	外形尺寸														主要生产厂商
		L (mm)	D_1(mm)		D_2(mm)		D_3(mm)		B(mm)		F (mm)	H_1 全开 (mm)	H_2 全关 (mm)	n—φd (个—mm)		
			0.6 MPa	1.0 MPa	0.6 MPa	1.0 MPa	0.6 MPa	1.0 MPa	0.6 MPa	1.0 MPa				0.6 MPa	1.0 MPa	
Z41X-50	50	178	88	99	110	125	140	165	16	19	19	343.5	303	4—14	4—19	武汉大禹阀门制造有限公司
Z41X-65	65	190	108	118	130	145	160	185	16	19	19	375.5	320	4—14	4—19	
Z41X-80	80	203	124	132	150	160	190	200	18	19	19	470	388	4—19	8—19	
Z41X-100	100	229	144	156	170	180	210	220	18	19	19	535	430	4—19	8—19	
Z41X-125	125	254	174	184	200	210	240	250	19	19	19	655	525	8—19	8—19	
Z41X-150	150	267	199	211	225	240	265	285	19	19	19	764	620	8—19	8—23	
Z41X-200	200	292	254	266	280	295	320	340	19	20	20	897	705	8—19	8—23	
Z41X-250	250	330	309	319	335	350	375	395	19	22	22	1117	860	12—19	12—23	
Z41X-300	300	356	363	370	395	400	440	445	19	24.5	24.5	1232	930	12—23	12—23	
Z41X-350	350	381	413	429	445	460	490	505	20	26.5	26.5	1600	1250	12—23	16—23	
Z41X-400	400	406	463	480	495	515	540	565	22	28	28	1700	1300	16—23	16—28	
Z41X-450	450	432	518	530	550	565	595	615	22	30	30	1924	1463	16—23	20—28	
Z41X-500	500	457	568	582	600	620	645	670	24.5	31.5	31.5	2022	1520	20—23	20—28	
Z41X-600	600	508	667	682	705	725	755	780	24.5	36	36	2390	1790	20—26	20—31	

4. 信号弹性座封闸阀：信号弹性座封闸阀性能规格及外形尺寸见图 11-7、表 11-8。

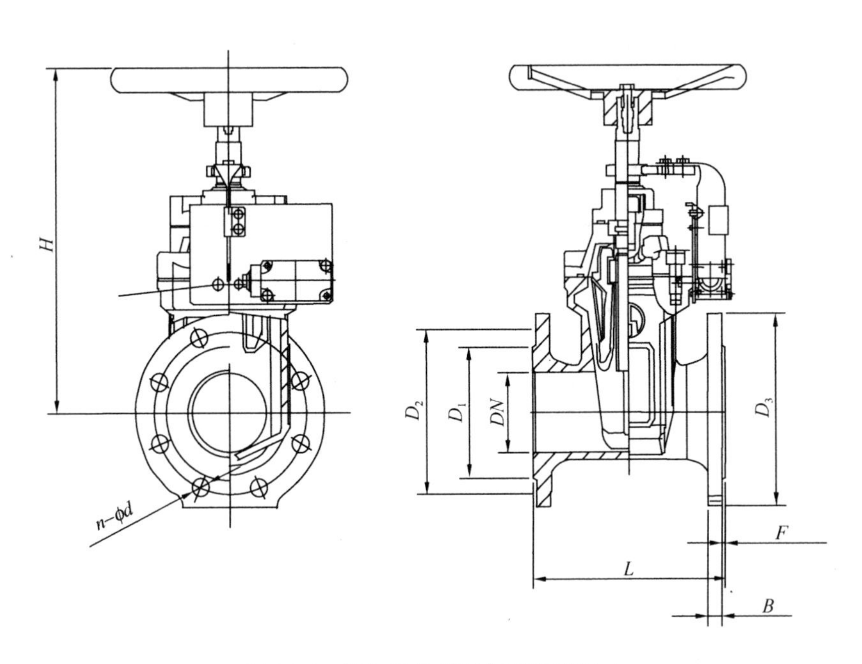

图 11-7 信号弹性座封闸阀外形尺寸

信号弹性座封闸阀性能规格及外形尺寸 表 11-8

型号	公称直径 DN (mm)	外形尺寸													主要生产厂商
		L (mm)	D_1(mm)		D_2(mm)		D_3(mm)		H (mm)	B(mm)		F (mm)	$n-\phi d$ (个—mm)		
			0.6 MPa	1.0 MPa	0.6 MPa	1.0 MPa	0.6 MPa	1.0 MPa		0.6 MPa	1.0 MPa		0.6 MPa	1.0 MPa	
ZSXZ45X-0050	50	178	88	99	110	125	140	165	185	16	19	3	4—14	4—19	武汉大禹阀门制造有限公司
ZSXZ45X-0065	65	190	108	118	130	145	160	185	235	16	19	3	4—14	4—19	
ZSXZ45X-0080	80	203	124	132	150	160	190	200	349	18	19	3	4—19	8—19	
ZSXZ45X-0100	100	229	144	156	170	180	210	220	375	18	19	3	4—19	8—19	
ZSXZ45X-0125	125	254	174	184	200	210	240	250	453	19	19	3	8—19	8—19	
ZSXZ45X-0150	150	267	199	211	225	240	265	285	499	19	19	3	8—19	8—23	
ZSXZ45X-0200	200	292	254	266	280	295	320	340	580	19	20	3	8—19	8—23	
ZSXZ45X-0250	250	330	309	319	335	350	375	395	664	19	22	3	12—19	12—23	

5. 带开度显示暗杆弹性座封闸阀：带开度显示暗杆弹性座封闸阀性能规格及外形尺寸见图 11-8、表 11-9。

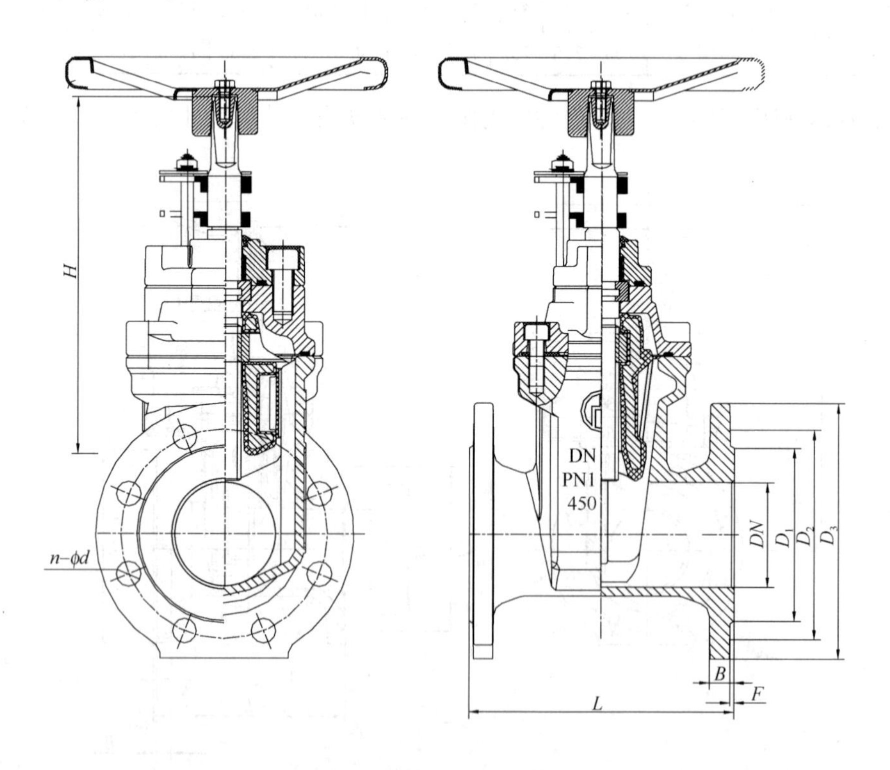

图 11-8 带开度显示暗杆弹性座封闸阀外形尺寸

带开度显示暗杆弹性座封闸阀性能规格及外形尺寸 **表 11-9**

型号	公称直径 DN (mm)	外形尺寸													螺栓		主要生产厂商
		L (mm)	D_1(mm)		D_2(mm)		D_3(mm)		H (mm)	B(mm)		F (mm)	$n-\phi d$ (个—mm)				
			0.6 MPa	1.0 MPa	0.6 MPa	1.0 MPa	0.6 MPa	1.0 MPa		0.6 MPa	1.0 MPa		0.6 MPa	1.0 MPa	0.6 MPa	1.0 MPa	
BZ45X-50	50	178	88	99	110	125	140	165	293	16	19	3	16	19	12	16	武汉大禹阀门制造有限公司
BZ45X-65	65	190	108	118	130	145	160	185	315	16	19	3	16	19	12	16	
BZ45X-80	80	203	124	132	150	160	190	200	355	18	19	3	18	19	16	16	
BZ45X-100	100	229	144	156	170	180	210	220	378	18	19	3	18	19	16	16	
BZ45X-125	125	254	174	184	200	210	240	250	466	19	19	3	19	19	16	16	
BZ45X-150	150	267	199	211	225	240	265	285	505	19	19	3	19	19	16	20	
BZ45X-200	200	292	254	266	280	295	320	340	610	19	20	3	19	20	16	20	
BZ45X-250	250	330	309	319	335	350	375	395	700	19	22	3	19	22	16	20	
BZ45X-300	300	356	363	370	395	400	440	445	780	19	24.5	4	19	24.5	20	20	
BZ45X-350	350	381	413	429	445	460	490	505	890	20	26.5	4	20	26.5	20	20	
BZ45X-400	400	406	463	480	495	515	540	565	955	22	28	4	22	28	20	24	

11.2.2.4 带指示法兰连接软密封闸阀

1. 适用范围：带指示法兰连接软密封闸阀结构紧凑、轻巧、重量轻，适用于饮用水、给水排水、污水处理、石油化工、能源电力、食品医药、天然气、煤气、空调、消防工程系统等流体管线。

2. 性能规格及外形尺寸：带指示法兰连接软密封闸阀外形尺寸见图 11-9，其性能规格及外形尺寸(一)、(二)见表 11-10、表 11-11。

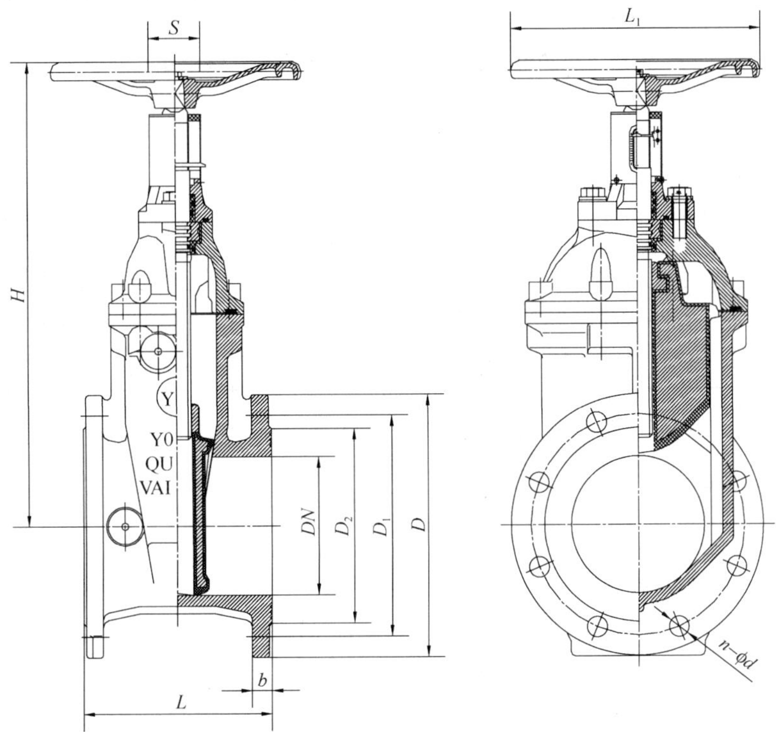

图 11-9 带指示法兰连接软密封闸阀外形尺寸

带指示法兰连接软密封闸阀性能规格及外形尺寸(一) 表 11-10

型号	公称直径 DN (mm)	外形尺寸													质量 (kg)	主要生产厂商
		L (mm)	D(mm)		D_1(mm)		D_2(mm)		b (mm)	$n-\phi d$ (个—mm)		H (mm)	L_1 (mm)	S (mm)		
			1.0 MPa	1.6 MPa	1.0 MPa	1.6 MPa	1.0 MPa	1.6 MPa		1.0MPa	1.6MPa					
YQZ45X-10Q YQZ45X-16Q	40	165	150		110		88		19	4—19		293	200	35	11	佛山市南海永兴阀门制造有限公司
	50	178	165		125		102		19	4—19		314	200	35	13.5	
	65	190	185		145		122		19	4—19		339	200	35	18	
	80	203	200		160		133		19	8—19		377	240	35	20	
	100	229	220		180		158		19	8—19		402	280	35	30	
	125	254	250		210		184		19	8—19		455	280	35	42	
	150	267	285		240		212		19	8—23		503	280	35	50.5	
	200	292	340		295		268		20	8—23	12—23	590	360	35	90	
	250	330	400		350	355	320		22	12—23	12—28	667	360	35	138	
	300	356	455		400	410	370		24.5	12—23	12—28	782	450	35	182	
	350	381	515		460	470	430		26.5	16—23	16—28	861	450	48	250	
	400	406	575		515	525	485		28	16—28	16—31	988	640	48	320	
	450	432	615	640	565	585	530	1078	1078	20—28	20—31	1078	640	48	430	
	500	457	670	715	620	650	582	1191	1191	20—28	20—34	1191	720	48	550	
	600	508	780	840	725	770	682	1369	1369	20—31	20—37	1369	720	48	698	

带指示法兰连接软密封闸阀性能规格及外形尺寸(二) 表 11-11

型号	公称直径 DN (mm)	外形尺寸										质量 (kg)		主要生产厂商
		L(mm)		D (mm)	D_1 (mm)	D_2 (mm)	b (mm)	$n-\phi d$ (个—mm)	H (mm)	L_1 (mm)	S (mm)	短	长	
		短	长											
YQZ45X-25Q	40	140	165	150	110	88	19	4—19	293	200	35	9	11	佛山市南海永兴阀门制造有限公司
	50	150	178	165	125	102	19	4—19	314	200	35	11.5	14	
	65	170	190	185	145	122	19	8—19	339	200	35	16	18.5	
	80	180	203	200	160	133	19	8—19	377	240	35	18	21	
	100	190	229	235	190	158	19	8—23	402	280	35	27.5	30.5	
	125	200	254	270	220	184	19	8—28	455	280	35	39.5	42.5	
	150	210	267	300	250	212	19	8—28	503	320	35	48	51.5	
	200	230	292	360	310	274	22	12—28	590	360	35	87	92	
	250	250	330	425	370	330	24.5	12—31	667	360	35	130	144	
	300	270	356	485	430	389	27.5	16—31	782	450	35	172	192	
	350	290	381	555	490	448	30	16—34	861	450	48	236	265	
	400	310	406	620	550	503	32	16—37	988	640	48	350	380	
	450	330	432	670	600	548	34.5	20—37	1078	640	48	450	510	
	500	350	457	730	660	610	36.5	20—37	1191	720	48	570	650	
	600	390	508	845	770	720	42	20—40	1369	720	48	750	862	

加密软密封闸阀规格及外形尺寸　表 11-12

公称直径 DN (mm)	外形尺寸					主要生产厂商
	D_1 (mm)	D (mm)	L (mm)	H (mm)	$n-\phi d$ (个—mm)	
50	125	160	178	165	4—18	四川川力智能阀业有限公司
65	145	180	190	215	4—18	
80	160	195	203	280	4—18	
100	180	215	229	320	8—18	
150	240	280	267	430	8—23	
200	295	335	292	505	8—23	
250	350	390	330	560	12—23	
300	400	440	356	665	12—23	

11.2.2.5　加密软密封闸阀

1. 特性与适用范围：加密软密封闸阀阀门开关阀门须用特制的专用工具才能开启，仿制外形一样的普通工具不能起到开关作用。该阀门板整体包覆橡胶，结构新颖、维护简便、密封可靠，采用橡胶包覆的弹性闸板可避免二次污染，性能稳定，主要用于供水行业对供水加强管理。

2. 规格及外形尺寸：加密软密封闸阀规格及外形尺寸见图 11-10、表 11-12。

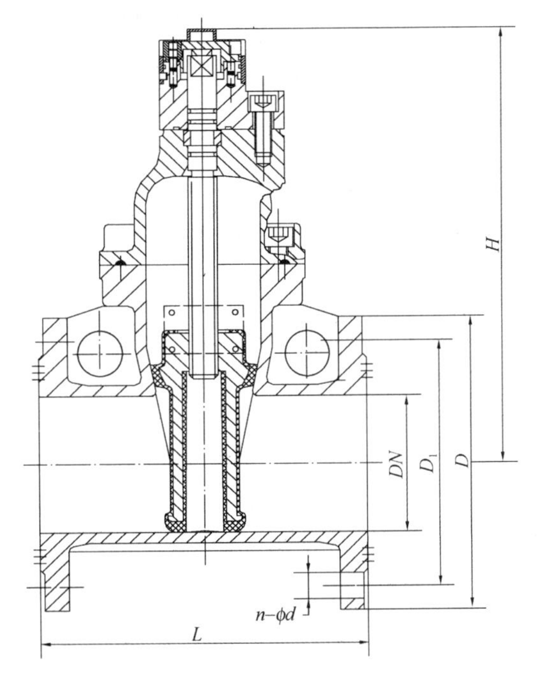

图 11-10　加密软密封闸阀外形尺寸

11.2.2.6　橡胶软密封闸阀

1. 特性与适用范围：橡胶软密封闸阀具有开关轻巧、密封可靠、重量轻、使用寿命长等优点，可广泛用于自来水、污水、建筑、石油等流体管线上做截断或调节介质流量使用。

2. 性能规格及外形尺寸：橡胶软密封闸阀性能规格及外形尺寸见图 11-11、表 11-13。

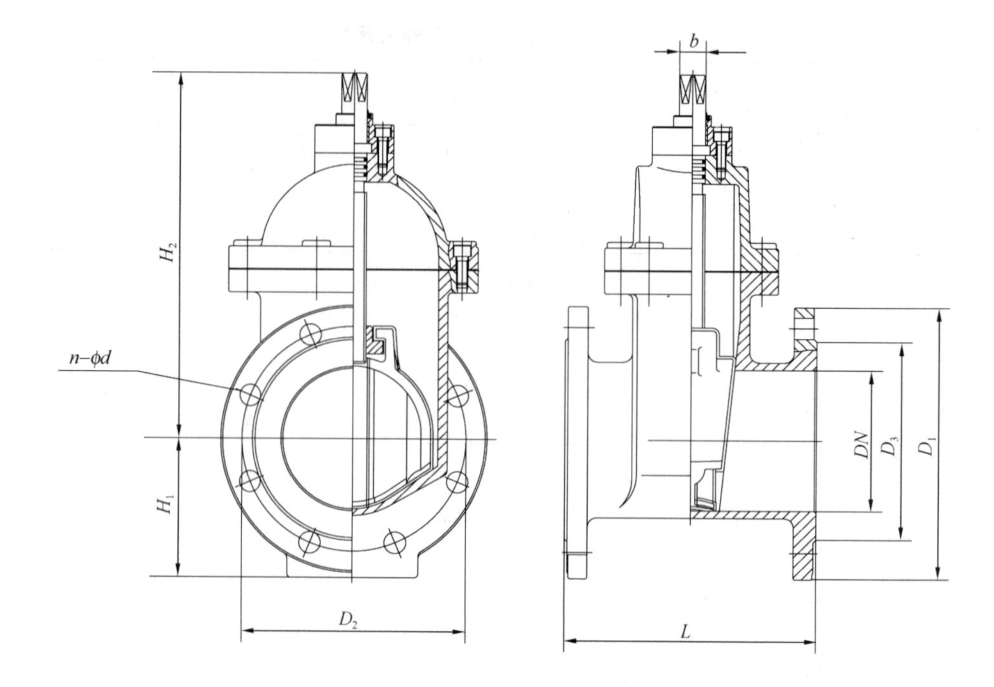

图 11-11 橡胶软密封闸阀外形尺寸

橡胶软密封闸阀性能规格及外形尺寸 **表 11-13**

公称直径 DN (mm)	工作压力 (MPa)	外形尺寸 D_1 (mm)	D_2 (mm)	D_3 (mm)	L (mm)	b (mm)	n−φd (个−mm)	H_1 (mm)	H_2 (mm)	主要生产厂商
50	0.6	140	110	88	178	16	4−14	82	210	郑州市郑蝶阀门有限公司
	1	165	125	99		19	4−19			
	1.6									
	2	155	120.5	92		16	4−18			
	2.5	165	125	99		19	4−19			
	4				216					
80	0.6	190	150	124	203	18	4−19	105	260	
	1	200	160	132		19	8−19			
	1.6									
	2	190	152.5	127		19	4−18			
	2.5	200	160	132		19	8−19			
	4				283					
100	0.6	210	170	144	229	18	4−19	115	305	
	1	220	180	156		19	8−19			
	1.6									
	2	230	190.5	157		24	8−18			
	2.5	235	190	156		19	8−23			
	4				305					

续表

公称直径 DN (mm)	工作压力 (MPa)	外形尺寸								主要生产厂商
		D_1 (mm)	D_2 (mm)	D_3 (mm)	L (mm)	b (mm)	$n-\phi d$ (个—mm)	H_1 (mm)	H_2 (mm)	
150	0.6	265	225	199	267	20	8—19	148	390	郑州市郑蝶阀门有限公司
	1	285	240	211		19	8—23			
	1.6									
	2	280	241.5	216		25.5	8—22			
	2.5	300	250	211		20	8—28			
	4				403	26				
200	0.6	320	280	254	292	22	8—19	175	485	
	1	340	295	266		20	8—23			
	1.6						12—23			
	2	345	298.5	270		28.5	8—12			
	2.5	360	310	274		22	12—28			
	4	375	320	284	419	30	12—31			
250	0.6	375	335	309	330	24	12—19	200	575	
	1	395	350	319		22	12—23			
	1.6	405	355	319		22	12—28			
	2		362	324		30	12—26			
	2.5	425	370	330		24.5	12—31			
	4	450	385	345	457	34.5	12—34			
300	0.6	440	395	363	356	24	12—23			
	1	445	400	370		24.5	12—23			
	1.6	460	410	370		24.5	12—28			
	2	485	432	381		32	12—26			
	2.5		430	389		27.5	16—31			
	4	515	450	409	502	39.5	16—34			
350	0.6	490	445	413	381	26	12—23	260	750	
	1	505	460	429		24.5	16—23			
	1.6	520	470	429		26.5	16—28			
	2	535	476	413		35	12—29.5			
400	0.6	540	495	463	406	28	16—23	290	845	
	1	565	515	480		24.5	16—28			
	1.6	580	525	480		28	16—31			
450	0.6	595	550	518	432	28	16—23	315	930	
	1	615	565	530		25.5	20—28			
	1.6	640	585	548		30	20—31			
500	0.6	645	600	568	457	30	20—23	345	1000	
	1	670	620	582		26.5	20—28			
	1.6	715	650	609		31.5	20—34			

11.2.3　直埋式软密封闸阀

直埋式软密封闸阀常用有 MSZ45X-10/16 型直埋式软密封闸阀、直埋式弹性座封闸阀等。

11.2.3.1　MSZ45X-10/16 型直埋式软密封闸阀

1. 特性与适用范围：MSZ45X-10/16 型直埋式软密封闸阀，是在卧孔式软密封闸阀的基础上改进而成；其轴密封性能好，采用一体式阀板，伸缩自由，施工安装方便；其适用于水、海水、污水等流体介质。

2. 规格及外形尺寸：MSZ45X-10/16 型直埋式软密封闸阀规格及外形尺寸见图11-12、表 11-14。

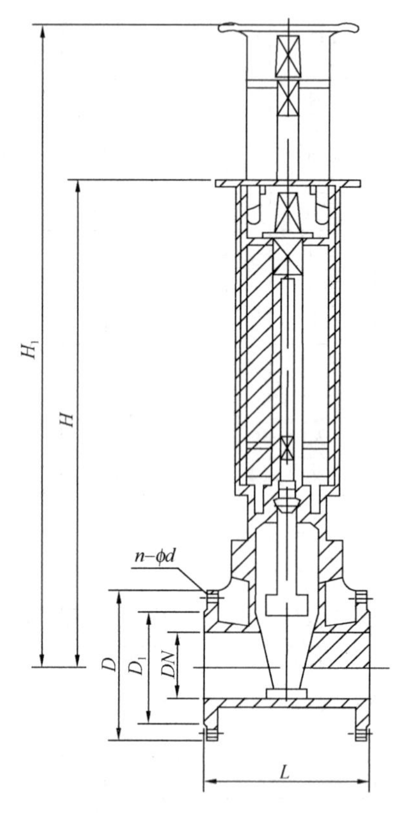

图 11-12　MSZ45X-10/16 型直埋式软密封闸阀外形尺寸

MSZ45X-10/16 型直埋式软密封闸阀规格及外形尺寸　　表 11-14

公称直径	外形尺寸				主要生产
DN(mm)	L(mm)	D(mm)	D_1(mm)	$n-\phi d$(个—mm)	厂商
80	203	200	160	8—19	山东建华阀门制造有限公司
100	229	220	180	8—19	
150	267	285	240	8—23	
200	292	340	295	8—23(12—23)	
250	330	395(405)	350(355)	12—23(12—28)	
300	356	445(460)	400(410)	12—23(12—28)	

注：图 11-12 中 H、H_1 可自由调节，且可根据用户要求定做，因此未标明具体尺寸；公称压力为 1.0MPa，括号内为 1.6MPa。

11.2.3.2 直埋式弹性座封闸阀

1. 特性：直埋式弹性座封闸阀采用直埋式，具有安装启闭方便、安全可靠、可防止地面下沉等优点。

2. 规格及外形尺寸：直埋式弹性座封闸阀规格及外形尺寸见图 11-13、表 11-15。

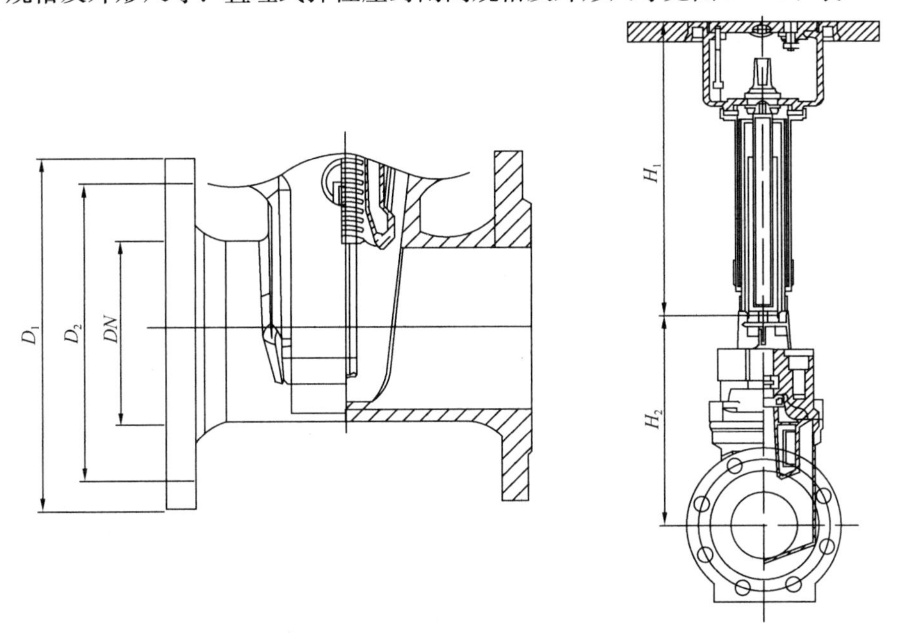

图 11-13　直埋式弹性座封闸阀外形尺寸

直埋式弹性座封闸阀规格及外形尺寸(mm)　　**表 11-15**

型　号	公称直径 DN	外形尺寸					主要生产厂商
		D_1		D_2		H_2	
		1.0MPa	1.6MPa	1.0MPa	1.6MPa		
ZZ45X-0050	50	165		125		211.5	武汉大禹阀门制造有限公司
ZZ45X-0065	65	185		145		228.5	
ZZ45X-0080	80	200		160		272	
ZZ45X-0100	100	220		180		297	
ZZ45X-0125	125	250		210		372.5	
ZZ45X-0150	150	285		240		410	
ZZ45X-0200	200	340		295		493	
ZZ45X-0250	250	395	405	350	355	577	
ZZ45X-0300	300	445	460	400	410	648	
ZZ45X-0350	350	505	520	460	470	763	
ZZ45X-0400	400	565	580	515	525	811	
ZZ45X-0450	450	615	640	565	585	964.5	
ZZ45X-0500	500	670	715	620	650	1012	
ZZ45X-0600	600	780	840	725	770	1182	

注：图 11-13 中 H_1 可自由调节，因此未标明具体尺寸。

11.2.4 Z15W-16T 型黄铜重型闸阀

1. 适用范围：Z15W-16T 型黄铜重型闸阀工作压力为 1.6MPa，适用于水及非腐蚀性液体。

2. 规格及外形尺寸：Z15W-16T 型黄铜重型闸阀规格及外形尺寸见图 11-14、表 11-16。

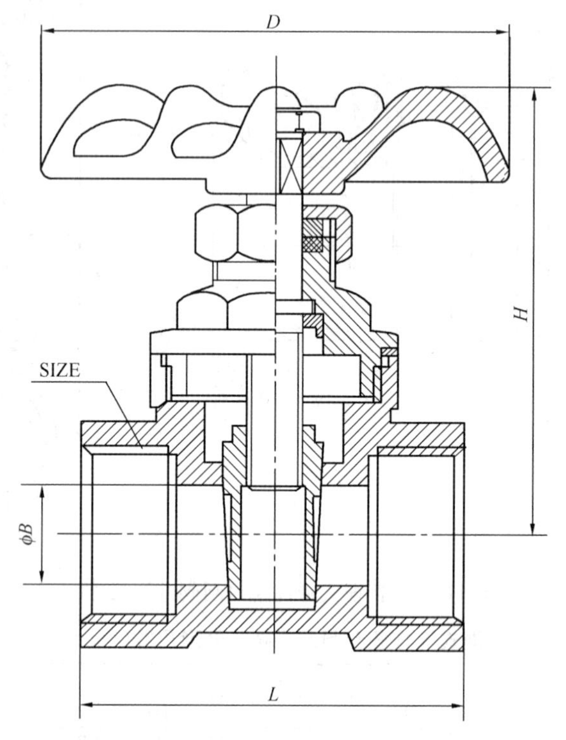

图 11-14 Z15W-16T 型黄铜重型闸阀外形尺寸

Z15W-16T 型黄铜重型闸阀规格与外形尺寸 **表 11-16**

公称直径 (mm)	规格 SIZE (in)	外形尺寸(mm)				主要生产厂商
		L	H	D	ϕB	
15	1/2	44	70	53	14	上海沪航阀门有限公司
20	3/4	46	78.5	53	18.5	
25	1	52	86	58	23.5	
32	5/4	54	102	65	28	
40	3/2	62	113.5	72	35	
50	2	69	132.5	78.5	45	
65	5/2	82	170	107.5	56	
80	3	94	186	108	69	
100	4	113	227.5	126.5	90	

11.2.5 刀闸阀

刀闸阀常用有 DYDZ47X 型刀闸阀、明杆式刀形浆闸阀等。

11.2.5.1 DYDZ47X 型刀闸阀

1. 适用范围：DYDZ47X 型刀闸阀适用于从重质软泥到清洁流体、到酸碱系统、到冲渣系统等几乎所有介质。

2. 规格及外形尺寸：DYDZ47X 型刀闸阀规格及外形尺寸见图 11-15、表 11-17。

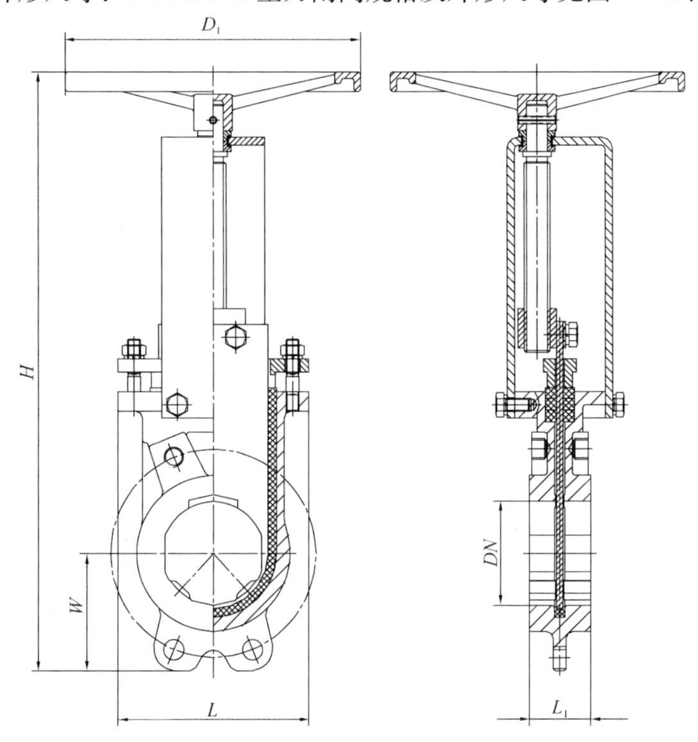

图 11-15 DYDZ47X 型刀闸阀外形尺寸

DYDZ47X 型刀闸阀规格与外形尺寸 **表 11-17**

公称直径 DN(mm)	两端法兰宽度 L_1(mm)	阀体宽度 L(mm)	手轮外径 D_1(mm)	中心高度 W(mm)	总高度 H(mm)	质量 (kg)	主要生产厂商
50	40	127	180	75	415	8.9	武汉大禹阀门制造有限公司
65	44	127	180	80	438	9.7	
80	47	148	230	90	459	11.5	
100	50	170	230	100	483	13	
125	55	200	230	117	538	17	
150	64	240	300	133	630	28.7	
200	66	254	300	165	742	38.6	
250	72	278	400	200	875	68	
300	80	340	400	230	1012	84	
350	96	400	400	260	1163	115	
400	102	460	300	290	1300	157	
450	105	520	300	320	1455	200	
500	111	580	400	357	1708	290	
600	114	690	400	420	1864	380	
700	124	800	400	455	2150	500	
800	140	910	400	510	2400	640	
900	150	1020	400	560	2600	850	
1000	170	1140	400	625	2800	1000	

11.2.5.2 明杆式刀形浆闸阀

1. 特性：明杆式刀形浆闸阀采用全圆形的直流通道设计，不存渣、不卡阻；刀板底座加工成刀刃状，对松软物料如纤维、纸浆、木浆具有切断功能，同时有良好开启和关闭作用。

2. 性能规格及外形尺寸：明杆式刀形浆闸阀性能规格及外形尺寸见图 11-16、表 11-18。

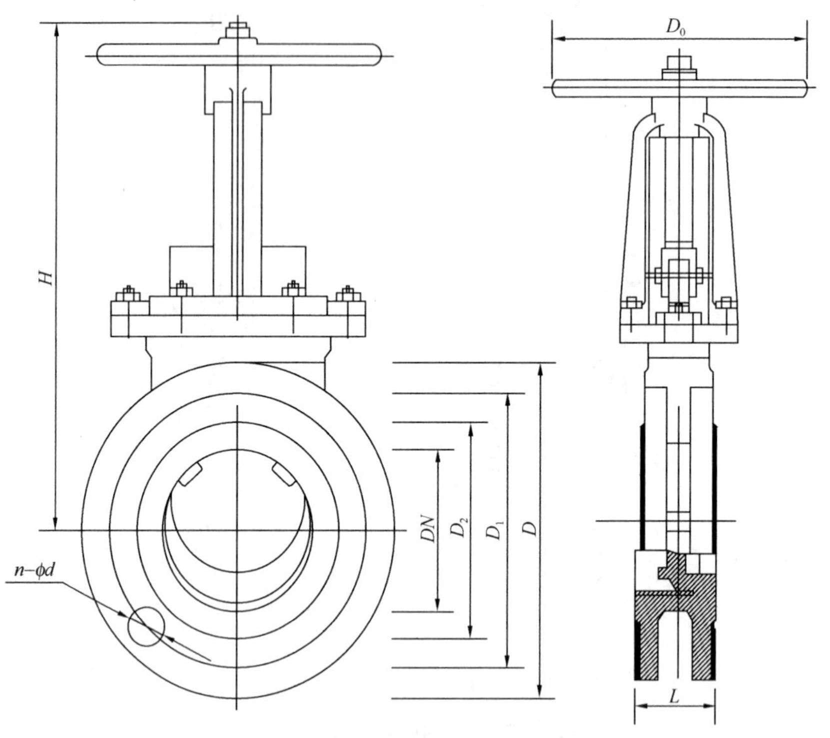

图 11-16 明杆式刀形浆闸阀外形尺寸

明杆式刀形浆闸阀性能规格及外形尺寸 **表 11-18**

工作压力(MPa)	公称直径 DN(mm)	外形尺寸							主要生产厂商
		L (mm)	D (mm)	D_1 (mm)	D_2 (mm)	H (mm)	n-ϕd (个—mm)	D_0 (mm)	
1.0	50	50	160	125	100	285	4—16	180	郑州市郑蝶阀门有限公司
	65	50	180	145	120	298	4—16	180	
	80	50	195	160	135	315	4—16	220	
	100	50	215	180	155	365	8—16	220	
	125	50	245	210	185	400	8—16	230	
	150	60	280	240	210	475	8—20	280	
	200	60	335	295	265	500	8—20	360	
	250	70	390	350	320	630	12—12	360	
	300	80	440	400	368	780	12—20	400	
	350	90	500	460	428	885	16—20	400	
	400	100	565	515	482	990	16—22	400	

续表

工作压力(MPa)	公称直径DN(mm)	外形尺寸							主要生产厂商
		L(mm)	D(mm)	D_1(mm)	D_2(mm)	H(mm)	n-ϕd(个—mm)	D_0(mm)	
1.0	450	120	615	565	532	1100	20—22	530	郑州市郑蝶阀门有限公司
	500	130	670	620	585	1200	20—22	530	
	600	140	780	725	685	1450	20—27	600	
	700	165	895	840	800	1700	24—27	600	
	800	190	1010	950	905	2000	24—30	680	
	900	203	1110	1050	1005	2300	28—30	680	

11.2.6 MXF型明杆式镶铜铸铁方闸门

1. 适用范围：MXF型明杆式镶铜铸铁方闸门广泛应用于市政给水排水以及铁道、石油化工、冶金、纺织、医药等多种行业的给水排水工程。适用于截止、调整水位之用。

2. 规格及外形尺寸：MXF型明杆式镶铜铸铁方闸门规格及外形尺寸见图11-17、表11-19。

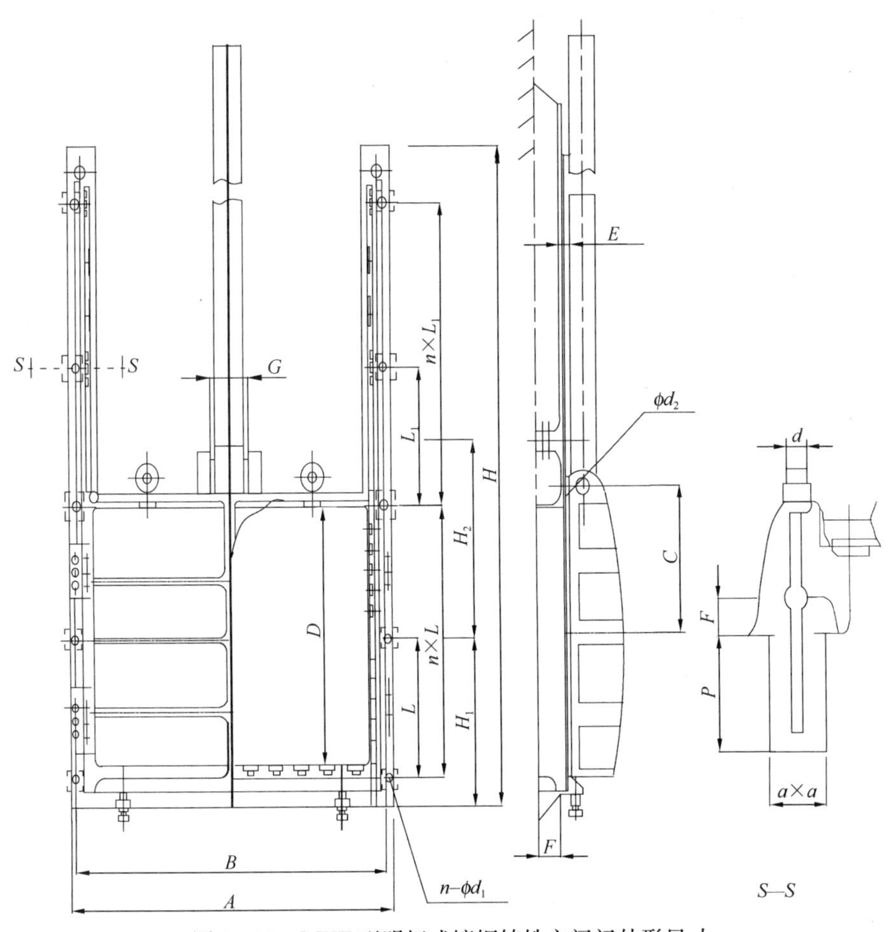

图11-17 MXF型明杆式镶铜铸铁方闸门外形尺寸

表 11-19

MXF 型明杆式镶铜铸铁方闸门规格及外形尺寸

型　号	外　形　尺　寸																主要生产厂商
	A (mm)	B (mm)	C (mm)	D (mm)	E (mm)	F (mm)	G (mm)	$n \times L$ (个×mm)	$n \times L_1$ (个×mm)	H_1 (mm)	H_2 (mm)	H (mm)	P (mm)	d (mm)	ϕd_2 (mm)	$a \times a$ (mm)	$n-\phi d_1$ (个—mm)	
MXF-300×300	456	416	215	324	83	35	35	2×150	1×300	228	587	815	165	M12	20	90×90	6-M12	宜兴泉溪环保有限公司
MXF-400×400	556	516	265	424	83	35	40	2×200	1×400	278	737	1015	165	M12	20	90×90	6-M12	
MXF-500×500	656	616	315	524	83	35	45	2×250	1×500	328	887	1215	165	M12	25	90×90	6-M12	
MXF-600×600	790	750	390	630	123	50	55	2×300	2×300	395	1072	1467	185	M16	28	100×100	10-M16	
MXF-800×800	1010	960	505	840	163	80	65	2×400	2×400	505	600	1912	250	M20	30	110×110	10-M20	
MXF-1000×1000	1210	1160	605	1040	163	80	80	2×500	2×500	605	700	2312	250	M20	36	110×110	10-M16	
MXF-1200×1200	1430	1370	715	1240	174	80	100	3×400	3×400	715	825	2765	280	M24	40	120×120	14-M24	
MXF-1400×1400	1630	1570	815	1440	174	80	110	3×470	3×470	815	925	3165	280	M24	50	120×120	14-M24	
MXF-1600×1600	1850	1780	925	1640	204	100	120	3×530	3×530	925	1035	3600	280	M24	60	120×120	28-M24	
MXF-1800×1800	2050	1980	1025	1840	204	100	130	3×600	3×600	1025	1135	4000	280	M24	70	120×120	28-M24	
MXF-2000×2000	2270	2200	1205	2040	254	120	140	5×400	5×400	1135	1250	4435	280	M24	80	120×120	28-M24	

11.2.7　不锈钢平板闸门

1. 适用范围：不锈钢平板闸门适用于城镇污水处理和自来水厂的水处理系统中，用作隔断水流和调节流量。

2. 规格及外形与安装尺寸：不锈钢平板闸门规格及外形与安装尺寸见图 11-18、表 11-20。

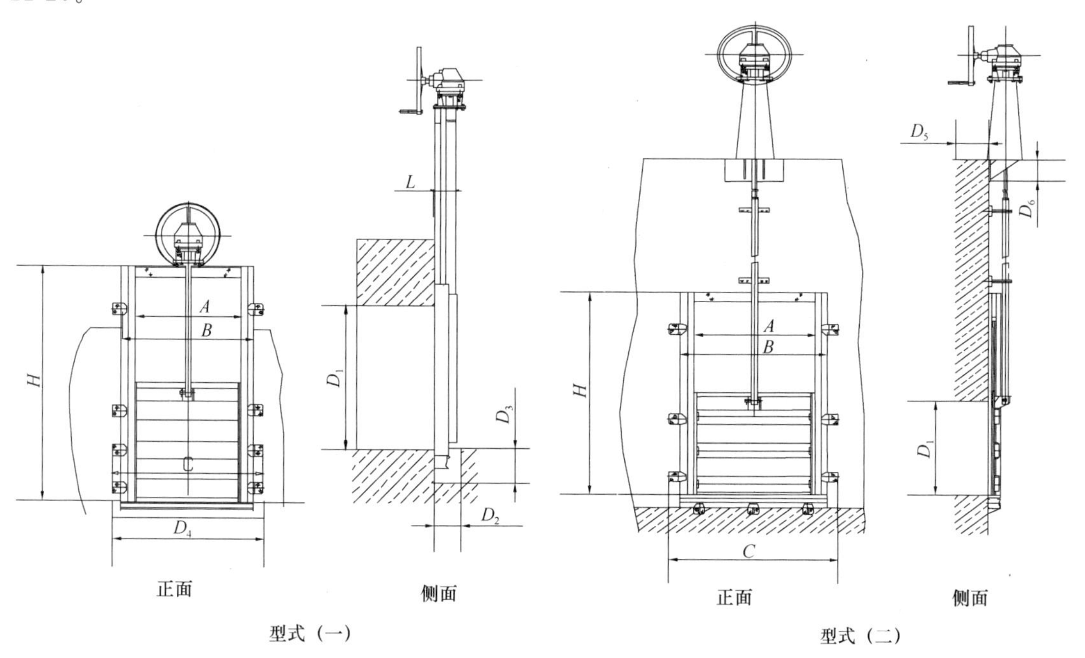

图 11-18　不锈钢平板闸门外形与安装尺寸

不锈钢平板闸门规格及外形与安装尺寸(mm)　　**表 11-20**

闸门规格	外形尺寸					安装尺寸						主要生产厂商
	A	B	C	H	L	D_1	D_2	D_3	D_4	D_5	D_6	
200×200	210	350	470	500	80	200	125	110	430	200	150	郑州市郑蝶阀门有限公司
300×300	310	450	570	700	80	300	125	110	530	200	150	
400×400	410	550	670	900	80	400	125	110	630	200	150	
500×500	510	650	770	1100	80	500	125	110	730	250	200	
600×600	610	750	870	1300	80	600	125	110	830	250	200	
700×700	710	850	970	1500	80	700	125	110	930	250	200	
800×800	810	950	1070	1700	80	800	125	120	1030	300	200	
900×900	910	1070	1200	1900	86	900	150	120	1180	300	200	
1000×1000	1010	1170	1300	2100	86	1000	150	120	1280	300	200	
1100×1100	1110	1270	1400	2300	86	1100	150	140	1380	350	250	
1200×1200	1210	1370	1500	2500	86	1200	150	140	1480	350	250	

续表

闸门规格	外形尺寸					安装尺寸						主要生产厂商
	A	B	C	H	L	D_1	D_2	D_3	D_4	D_5	D_6	
1300×1300	1310	1470	1600	2700	86	1300	150	140	1580	350	250	郑州市郑蝶阀门有限公司
1400×1400	1410	1630	1700	2900	120	1400	200	140	1730	400	300	
1500×1500	1510	1730	1800	3100	120	1500	200	140	1830	400	300	
1600×1600	1610	1830	1880	3300	120	1600	200	140	1930	400	300	
1700×1700	1710	1930	1980	3500	120	1700	200	140	2030	400	300	
1800×1800	1810	2030	2080	3700	120	1800	200	140	2130	400	300	
1900×1900	1910	2130	2180	3900	120	1900	200	140	2230	400	300	
2000×2000	2010	2230	2280	4100	120	2000	200	160	2330	400	300	
2100×2100	2110	2330	2380	4300	120	2100	200	160	2430	400	300	
2200×2200	2210	2430	2480	4500	120	2200	200	160	2530	400	300	
2300×2300	2310	2560	2740	4700	160	2300	280	180	2720	450	350	
2400×2400	2410	2660	2840	4900	160	2400	280	180	2820	450	350	
2500×2500	2510	2760	2940	5100	160	2500	280	180	2920	450	350	
2600×2600	2610	2860	3040	5300	160	2600	280	180	3020	450	350	
2700×2700	2710	2960	3140	5500	180	2700	280	180	3120	500	400	
2800×2800	2810	3060	3240	5700	180	2800	280	180	3220	500	400	
2900×2900	2910	3160	3340	5900	180	2900	280	180	3320	500	400	
3000×3000	3010	3260	3440	6100	180	3000	280	180	3420	500	400	

11.3 蝶 阀

蝶阀结构简单、重量轻、体积小、开启速度快，可在任意位置安装。在使用时仅需改变阀座材质即可。蝶阀适用于市政给水排水、石油、化工、冶金、消防等行业输送各种流体。蝶阀常用有法兰蝶阀、偏心蝶阀、软密封蝶阀、直埋式双向橡胶密封蝶阀等。

11.3.1 法兰蝶阀

1. 适用范围：法兰蝶阀适用于自来水系统、电厂及工业管路作为双向启闭及调节设备使用，其调节范围为开度0°到全开90°之间。

2. 规格及外形尺寸：法兰蝶阀规格及外形尺寸见图11-19、表11-21。

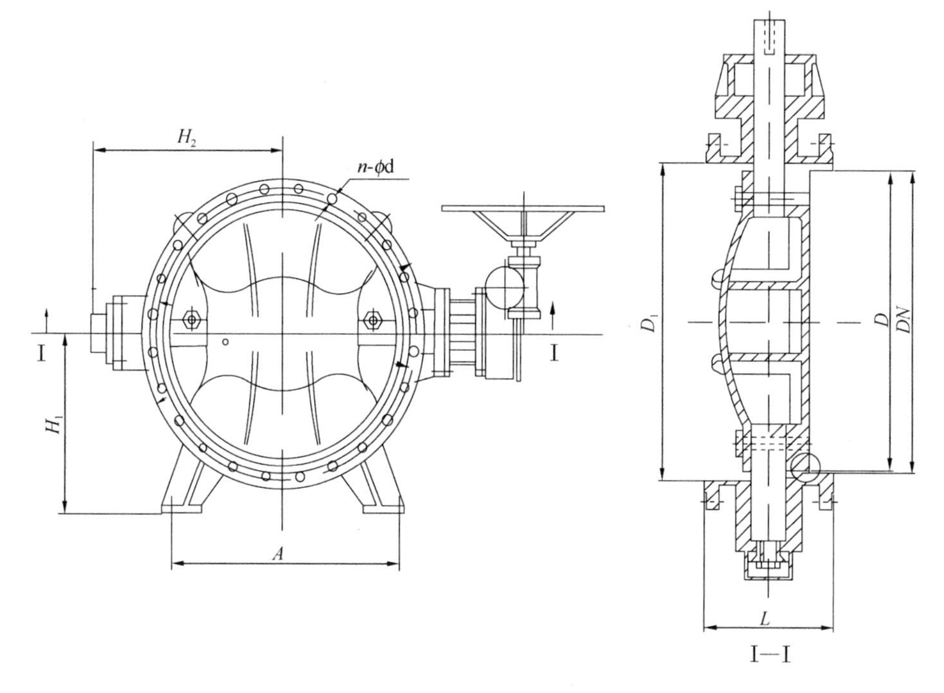

图 11-19 法兰蝶阀外形尺寸

法兰蝶阀规格及外形尺寸 **表 11-21**

公称直径 DN(mm)	外形尺寸							主要生产厂商
	D (mm)	D_1 (mm)	L (mm)	A (mm)	$n-\phi d$ (个—mm)	H_1 (mm)	H_2 (mm)	
100	94	112	127	—	—	—	102	四川川力智能阀业有限公司、郑州市郑蝶阀门有限公司、山东建华阀门制造有限公司、上海冠龙阀门机械有限公司
150	144	160	140	—	—	—	133	
200	190	208	152	—	—	—	170	
250	230	256	165	—	—	—	188	
300	280	306	178	—	—	—	227	
350	325	370	190	—	—	—	311	
400	375	426	216	—	—	—	353	
450	425	475	222	—	—	—	390	
500	475	525	229	500	4—21	400	432	
600	575	624	267	600	4—23	450	514	
700	670	728	292	700	4—23	500	591	
800	770	832	318	800	4—23	550	682	
900	870	922	330	900	4—27	600	720	
1000	970	1023	410	1000	4—27	650	833	
1200	1160	1226	470	1200	4—27	750	992	
1400	1360	1422	530	1400	4—33	850	1116	

续表

公称直径 DN(mm)	外形尺寸							主要生产厂商
	D (mm)	D_1 (mm)	L (mm)	A (mm)	$n-\phi d$ (个—mm)	H_1 (mm)	H_2 (mm)	
1600	1560	1627	600	1600	4—33	1000	1235	四川川力智能阀业有限公司、郑州市郑蝶阀门有限公司、山东建华阀门制造有限公司、上海冠龙阀门机械有限公司
1800	1760	1837	670	1800	4—40	1150	1478	
2000	1960	2025	760	2000	4—40	1250	1590	
2200	2150	2225	1000	2200	4—46	1350	1695	
2400	2320	2430	1100	2400	4—46	1600	1770	
2600	2520	2630	1200	2600	4—48	1550	1895	
2800	2720	2832	1300	2800	4—48	1650	2045	
3000	2920	3032	1400	3000	4—48	1780	2145	

11.3.2 偏心蝶阀

1. 适用范围：偏心蝶阀适用于给水排水等管道上作为调节和截流设备。
2. 性能规格及外形尺寸：偏心蝶阀性能规格及外形尺寸见图 11-20、表 11-22。

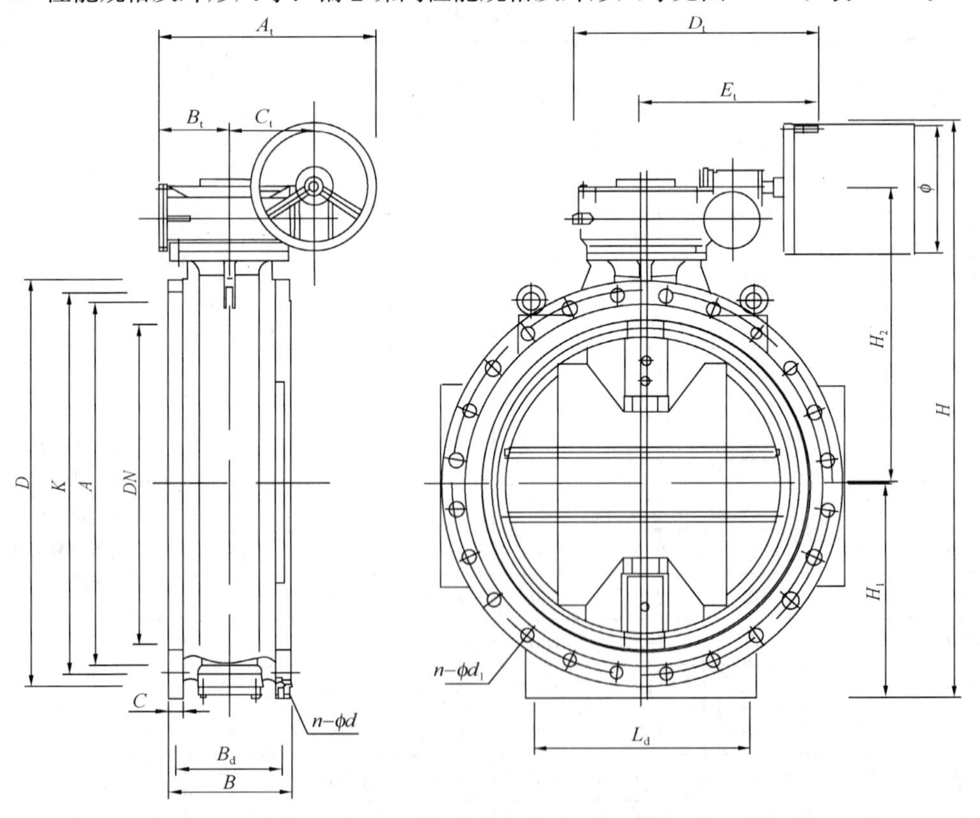

图 11-20　偏心蝶阀外形尺寸

偏心蝶阀性能规格及外形尺寸 **表 11-22**

公称直径 DN (mm)	工作压力 (MPa)	外形尺寸																		主要生产厂商
		D (mm)	K (mm)	A (mm)	B (mm)	$n-\phi d_1$ (个—mm)	C (mm)	L_d (mm)	B_d (mm)	$n-\phi d$ (个—mm)	H_1 (mm)	H_2 (mm)	H (mm)	A_t (mm)	B_t (mm)	C_t (mm)	D_t (mm)	E_t (mm)	ϕ (mm)	
200	1	340	295	266	152	8—23	20	175	128	4—8	154	330	634	280	100	70.5	295	220.5	300	佛山市南海永兴阀门制造有限公司、阀安格水处理系统（太仓）有限公司、山东建华阀门制造有限公司
	1.6	340	295	266	152	12—23	20	175	128	4—8	154	330	634	280	100	70.5	295	220.5	300	
	2.5	360	310	274	152	12—28	22	175	128	4—8	154	330	634	280	100	70.5	295	220.5	300	
250	1	395	350	319	165	12—23	22	216	138	4—8	190	375	715	280	100	70.5	295	220.5	300	
	1.6	405	355	319	165	12—28	22	216	138	4—8	190	375	715	280	100	78	315	228	300	
	2.5	425	370	330	165	12—31	24.5	216	138	4—8	190	375	715	280	100	78	315	228	300	
300	1	445	400	370	178	12—23	24.5	240	150	4—10	222	405	777	280	100	78	315	228	300	
	1.6	460	410	370	178	12—28	24.5	240	150	4—10	222	405	777	280	100	78	315	228	300	
	2.5	485	430	389	178	16—31	27.5	240	150	4—10	222	405	777	280	100	78	315	228	300	
350	1	505	460	429	190	16—23	24.5	270	162	4—10	256	445	851	280	100	78	315	228	300	
	1.6	520	470	429	190	16—28	26.5	270	162	4—10	256	522	928	443	133	160	420	300	300	
	2.5	555	490	448	190	16—34	30	270	162	4—10	256	522	928	443	133	160	420	300	300	
400	1	565	515	480	216	16—28	24.5	250	186	4—12	290	557	997	443	133	160	420	300	300	
	1.6	580	525	480	216	16—31	28	250	186	4—12	290	557	997	443	133	160	420	300	300	
	2.5	620	550	503	216	16—37	32	250	186	4—12	290	557	997	443	133	160	420	300	300	
450	1	615	565	530	222	20—28	25.5	280	190	4—12	325	597	1072	443	133	160	420	300	300	
	1.6	640	585	548	222	20—31	30	280	190	4—12	325	597	1072	443	133	160	420	300	300	
	2.5	670	600	548	222	20—37	34.5	280	190	4—12	325	589	1103	525	160	185	480	320	360	
500	1	670	620	582	229	20—28	26.5	310	195	4—12	358	632	1140	443	133	160	420	300	300	
	1.6	715	650	609	229	20—34	31.5	310	195	4—12	358	633	1171	525	160	185	480	320	360	
	2.5	730	660	609	229	20—37	36.5	310	195	4—12	358	633	1171	525	160	185	510	335	360	

续表

公称直径 DN (mm)	工作压力 (MPa)	外形尺寸																		主要生产厂商
		D (mm)	K (mm)	A (mm)	B (mm)	$n-\phi d1$ (个—mm)	C (mm)	L_d (mm)	B_d (mm)	$n-\phi d$ (个—mm)	H_1 (mm)	H_2 (mm)	H (mm)	A_t (mm)	B_t (mm)	C_t (mm)	D_t (mm)	E_t (mm)	ϕ (mm)	
600	1	780	725	682	267	20—31	30	400	230	4—14	420	713	1313	525	160	185	510	335	360	佛山市南海永兴阀门制造有限公司、阀安格水处理系统（太仓）有限公司、山东建华阀门制造有限公司
	1.6	840	770	720	267	20—37	36	400	230	4—14	420	756	1356	558	160	218	560	380	360	
	2.5	845	770	720	267	20—40	42	400	230	4—14	420	756	1356	558	160	218	560	380	360	
700	1	895	840	794	292	24—31	32.5	460	260	4—14	495	820	1495	558	160	218	560	380	360	
	1.6	910	840	794	292	24—37	39.5	460	260	4—14	495	820	1495	558	160	218	560	380	360	
800	1	1015	950	901	318	24—34	35	540	270	4—16	540	898	1618	558	160	218	560	380	360	
	1.6	1025	950	901	318	24—40	43	540	270	4—16	540	928	1747	712	205	282	660	447	450	
900	1	1115	1050	1001	330	28—34	37.5	600	274	4—16	600	1060	1855	712	205	282	660	447	450	
	1.6	1125	1050	1001	330	28—40	46.5	600	274	4—16	600	1060	1885	712	205	282	660	447	450	
1000	1	1230	1160	1112	410	28—37	40	660	350	4—20	678	1176	2079	712	205	282	660	447	450	
1200	0.6	1405	1340	1295	470	32—34	32	1120	404	4—27	800	1310	2335	712	205	282	660	447	450	
	1	1455	1380	1328	470	32—40	45	1120	404	4—27	800	1378	2463	1008	305	418	825	535	570	
	1.6	1485	1390	1328	470	32—49	57	1120	404	4—27	800	1444	2544	1235	370	565	938	695	600	
1400	0.6	1630	1560	1510	530	36—37	36	1320	456	4—33	920	1598	2803	1008	305	418	825	535	570	
	1	1675	1590	1530	530	36—43	46	1320	456	4—33	920	1664	2884	1235	370	565	938	695	600	
	1.6	1685	1590	1530	530	36—49	60	1320	456	4—33	920	1739	2959	1469	410	602	1338	928	600	
1600	0.6	1830	1760	1710	600	40—37	38	1520	528	4—33	1078	1784	3162	1235	370	565	938	695	600	
	1	1915	1820	1750	600	40—49	49	1520	528	4—33	1078	1859	3187	1469	410	602	1338	928	600	
	1.6	1930	1820	1750	600	40—56	65	1520	528	4—33	1078	1859	3187	1469	410	602	1338	928	600	

续表

公称直径 DN (mm)	工作压力 (MPa)	外形尺寸																		主要生产厂商
		D (mm)	K (mm)	A (mm)	B (mm)	$n-\phi d1$ (个—mm)	C (mm)	L_d (mm)	B_d (mm)	$n-\phi d$ (个—mm)	H_1 (mm)	H_2 (mm)	H (mm)	A_t (mm)	B_t (mm)	C_t (mm)	D_t (mm)	E_t (mm)	ϕ (mm)	
1800	0.6	2045	1970	1918	670	44—40	42	1660	590	4—33	1170	1951	3371	1469	410	602	1338	928	600	佛山市南海永兴阀门制造有限公司、阀安格水处理系统（太仓）有限公司、山东建华阀门制造有限公司
	1	2115	2020	1950	670	44—49	52	1660	590	4—33	1170	1951	3371	1469	410	602	1338	928	600	
	1.6	2130	2020	1950	670	44—56	70	1660	590	4—33	1170	1951	3371	1469	410	602	1338	928	600	
2000	0.6	2265	2180	2125	760	48—43	36	1840	675	4—39	1290	2071	3661	1469	410	602	1338	928	600	
	1	2325	2230	2150	760	48—49	46	1840	675	4—39	1290	2071	3661	1469	410	602	1338	928	600	
2200	0.6	2475	2390	2335	1000	52—43	48	2040	740	4—45	1450	2231	3931	1469	410	602	1338	928	600	
	1	2550	2440	2370	1000	52—56	60	2040	740	4—45	1450	2231	4100	1733	410	602	1338	928	600	
2400	0.6	2685	2600	2545	1100	56—43	50	2210	830	4—45	1650	2431	4431	1469	410	602	1338	928	600	
	1	2670	2650	2570	1100	56—56	65	2210	830	4—45	1650	2431	4581	1733	410	602	1338	928	600	
2600	0.6	2905	2810	2750	1200	60—49	52	2340	945	4—45	1805	2586	5152	1733	410	602	1338	928	600	
	1	2960	2850	2780	1200	60—59	72	2340	945	4—45	1805	2586	5152	2010	480	696	1463	1022	600	
2800	0.6	3115	3020	2960	1300	64—49	54	2500	1045	4—51	1910	2691	5712	1733	410	602	1338	928	600	
	1	3180	3070	3000	1300	64—56	80	2500	1045	4—51	1910	2691	5712	2010	480	696	1463	1022	600	
3000	0.6	3315	3220	3160	1400	68—49	58	2670	1400	4—51	2200	2981	6470	2010	480	696	1463	1022	600	
	1	3405	3290	3210	1400	68—62	88	2670	1400	4—51	2200	2981	6470	2010	480	696	1463	1022	600	

11.3.3 软密封蝶阀

1. 适用范围：软密封蝶阀适用于冶金、化工、电力和市政工程及水厂等输送水、油品和空气的管道上，用于截断液体和调节介质流量。

2. 性能规格及外形尺寸：软密封蝶阀性能规格及外形尺寸见图 11-21、表 11-23。

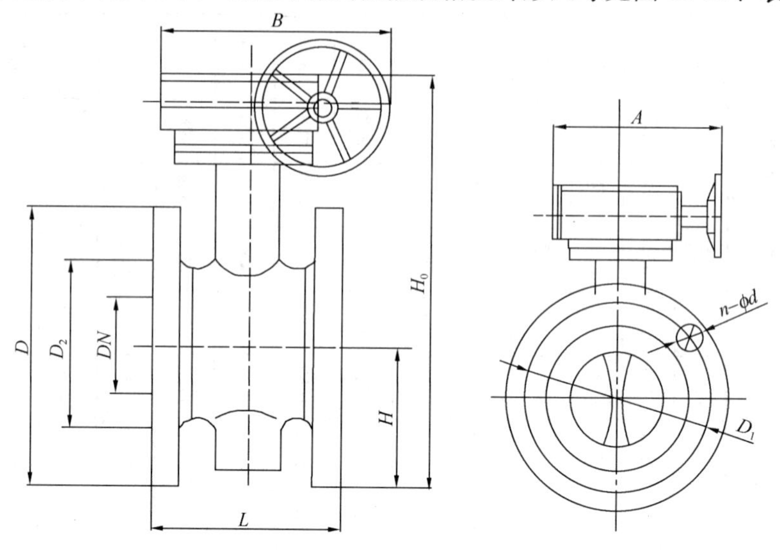

图 11-21 软密封蝶阀外形尺寸

软密封蝶阀性能规格及外形尺寸 **表 11-23**

公称直径 DN (mm)	长度 L (mm)	外形尺寸(参考值) (mm)				连接尺寸(标准值)												参考质量 (kg)	主要生产厂商
						0.6MPa				1.0MPa				1.6MPa					
		H	H_0	A	B	D (mm)	D_1 (mm)	D_2 (mm)	n—ϕd (个—mm)	D (mm)	D_1 (mm)	D_2 (mm)	n—ϕd (个—mm)	D (mm)	D_1 (mm)	D_2 (mm)	n—ϕd (个—mm)		
50	112	82.5	278	199	125	140	110	88	4—14	160	102	99	4—18	160	102	99	4—18	51	郑州市郑蝶阀门有限公司、天津市国威给排水设备制造有限公司、佛山市南海永兴阀门制造有限公司
65	114	82.5	279	199	125	160	130	108	4—14	180	122	118	4—18	180	122	118	4—18	62	
80	116	100	295	199	125	190	150	124	4—18	195	133	132	8—18	195	133	132	8—18	73.5	
100	127	110	316	199	125	210	170	144	4—18	215	156	156	8—18	215	156	156	8—18	87	
125	143	125	345	199	245	240	200	174	8—18	245	184	184	8—18	245	184	184	8—18	98	
150	143	142.5	390	199	245	265	225	199	8—18	280	212	211	8—22	280	212	211	8—22	102	
200	156	170	480	270	245	320	280	254	8—18	335	268	266	8—22	335	268	266	12—22	150	
250	169	197.5	525	270	313	375	335	309	12—18	392	330	319	12—22	392	330	319	12—26	170	
300	182	222.5	570	275	313	440	395	363	12—22	440	370	370	12—22	440	370	370	12—26	220	
350	190	252.5	1029	363	313	490	445	413	12—22	505	460	429	16—22	520	470	429	16—26	350	
400	216	282.5	1103	363	313	540	495	463	16—22	565	515	480	16—26	580	525	480	16—30	430	
450	222	307.5	1186	465	439	595	550	518	16—22	615	565	530	20—26	640	585	548	20—30	550	
500	229	335	1280	546	431	645	600	568	20—22	670	620	582	20—26	715	650	609	20—33	580	

续表

公称直径 DN (mm)	长度 L (mm)	外形尺寸(参考值)(mm)				连接尺寸(标准值)												参考质量 (kg)	主要生产厂商
						0.6MPa				1.0MPa				1.6MPa					
		H	H_0	A	B	D (mm)	D_1 (mm)	D_2 (mm)	$n-\phi d$ (个—mm)	D (mm)	D_1 (mm)	D_2 (mm)	$n-\phi d$ (个—mm)	D (mm)	D_1 (mm)	D_2 (mm)	$n-\phi d$ (个—mm)		
600	267	390	1321	546	556	755	705	667	20—26	780	725	682	20—30	840	770	720	20—36	850	郑州市郑蝶阀门有限公司、天津市国威给排水设备制造有限公司、佛山市南海永兴阀门制造有限公司
700	430	447.5	1431	546	556	860	810	772	24—26	895	840	794	24—30	910	840	794	24—36	950	
800	470	507.5	1542	546	556	975	920	878	24—30	1015	950	901	24—33	1025	950	901	24—39	1150	
900	510	557.5	1800	617	706	1075	1020	978	24—30	1115	1050	1001	28—33	1125	1050	1001	28—39	1750	
1000	550	610.5	2363	632	706	1175	1120	1078	28—30	1230	1160	1112	28—36	1255	1170	1112	28—42	2100	
1200	630	727.5	2583	632	706	1405	1340	1295	32—33	1455	1380	1328	32—39	1485	1390	1328	32—48	2580	

11.3.4 直埋式双向橡胶密封蝶阀

1. 适用范围：直埋式双向橡胶密封蝶阀具有双向密封性能，适用于介质既有正向流动又有反向流动要求的工况；使用寿命长；强度高、流阻小、节省能源；装置为全封闭型，可长期浸泡水中。

2. 性能规格及外形尺寸：直埋式双向橡胶密封蝶阀规格及外形尺寸见图 11-22、表 11-24。

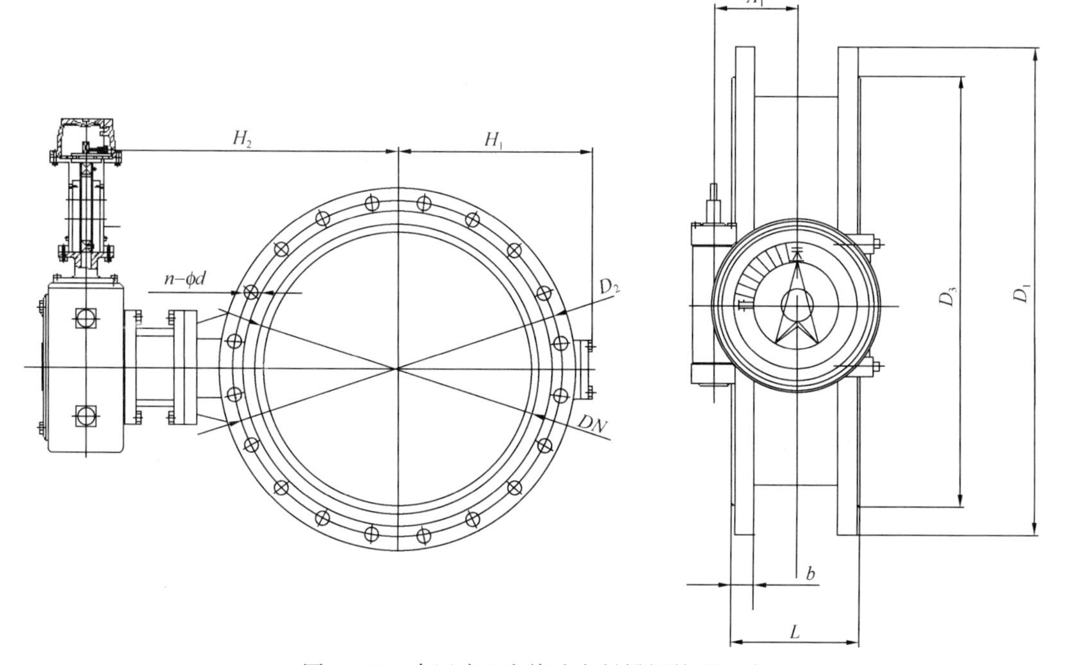

图 11-22 直埋式双向橡胶密封蝶阀外形尺寸

直埋式双向橡胶密封蝶阀性能规格及外形尺寸　　表 11-24

公称直径 DN (mm)	外形尺寸									蜗轮转动蝶阀启/闭圈数	主要生产厂商
	D_1 (mm)	D_2 (mm)	D_3 (mm)	L (mm)	b (mm)	$n-\phi d$ (个—mm)	H_1 (mm)	H_2 (mm)	A_1 (mm)		
100	230	180	156	127	24	8—18	130	230	44	8	郑州市郑蝶阀门有限公司
125	260	210	184	140	24	8—18	145	250	44	—	
150	295	240	211	140	24	8—22	165	270	44	10	
200	350	295	266	152	25	8—22	200	325	64	—	
250	405	350	319	165	27	12—22	220	355	64	10	
300	455	400	370	178	30	12—22	250	410	94	—	
350	515	460	429	190	30	16—22	285	445	94	12（单级）15（管网）	
400	575	515	480	216	30	16—26	315	520	132		
450	635	565	530	222	36	20—26	340	550	132	14（单级）21（管网）	
500	690	620	582	229	37	20—26	367	580	132	—	
600	800	725	682	267	40	20—30	435	675	185	—	
700	915	840	794	292	43	24—30	490	735	185	48	
800	1035	950	901	318	45	24—33	555	850	233	—	
900	1135	1050	1001	330	48	28—33	610	935	233	48	
1000	1250	1160	1112	410	50	28—36	665	1005	296	—	
1200	1475	1380	1328	470	55	32—39	800	1125	296	57.6	

11.4　止　回　阀

止回阀适用于有压管路系统，用于防止介质逆流。其结构形式有旋启式、对夹式、微阻缓闭式、蝶式等。常用有 705X 型多功能泵浦控制阀、YQ20006-16Q 型活塞式多功能水泵控制阀、活塞式多功能控制阀、SKR 型斜置阀座旋启式止回阀、多功能缓闭止回阀、斜座式硬密封缓闭止回阀、HDZ744X 型智能自控阀、RFCV 型橡胶瓣止回阀、水轮机进水液动蝶阀、水轮机进水液动球阀、液控止回蝶阀、缓开缓闭蝶式止回阀、拍门（止回阀）、液控缓闭止回阀、增压泵自控阀、深井泵自控阀。

11.4.1　705X 型多功能泵浦控制阀

1. 适用范围：705X 型多功能泵浦控制阀主要起缓开、快速止回和缓闭的作用。保证水泵在较低压力下快速启动，停泵时该阀门感应水的流速变化，快速关闭 90%，缓慢关闭 10%，从而减小水锤的冲击强度，保证管线和水泵的安全运行。阀前须安装过滤装置。

2. 性能规格及外形尺寸：705X 型多功能泵浦控制阀性能规格及外形尺寸见图 11-23、表 11-25。

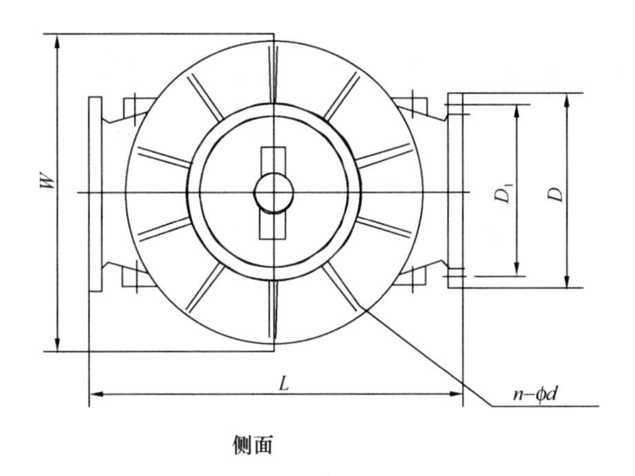

侧面

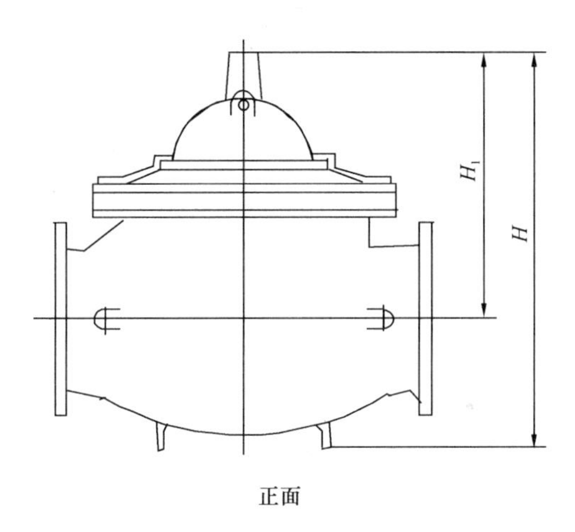

正面

图 11-23 705X 型多功能泵浦控制阀外形尺寸

705X 型多功能泵浦控制阀性能规格及外形尺寸 表 11-25

公称直径（mm）	外形尺寸											主要生产厂商
	L（mm）		W（mm）	H（mm）	H_1（mm）	D（mm）		D_1（mm）		$n-\phi d$（个—mm）		
	1.6MPa	2.5MPa				1.6 MPa	2.5 MPa	1.6 MPa	2.5 MPa	1.6 MPa	2.5 MPa	
100	360	368	275	375	232	220	235	180	190	8—19	8—23	上海冠龙阀门机械有限公司
150	455	472	380	502	342	285	300	240	250	8—23	8—28	
200	587	587	500	636	413	340	360	295	310	12—23	12—28	
250	790	794	612	781	502	405	425	355	370	12—28	12—31	
300	900	916	719	988	678	460	485	410	430	12—28	16—31	
400	974	974	835	1035	685	580	620	525	550	16—31	16—37	
500	1076	1076	1035	1300	880	715	730	650	660	20—34	20—37	
600	1232	—	1232	1535	1050	840	—	770	—	20—37	—	
700	1437	—	1257	1915	1225	910	—	840	—	24—37	—	
800	1750	—	1437	2189.7	1535	1025	—	950	—	24—40	—	

11.4.2 YQ20006-16Q型活塞式多功能水泵控制阀

1. 适用范围：YQ20006-16Q型活塞式多功能水泵控制阀适用于介质温度≤80℃的各类水厂、给水排水、消防、引水排灌、污水处理等场合的泵出口管网上，根据各种水泵的启动、停泵及运行时所要求的技术条件，实现有效的控制。

2. 性能规格及外形尺寸：YQ20006-16Q型活塞式多功能水泵控制阀性能规格及外形尺寸见图11-24、表11-26。

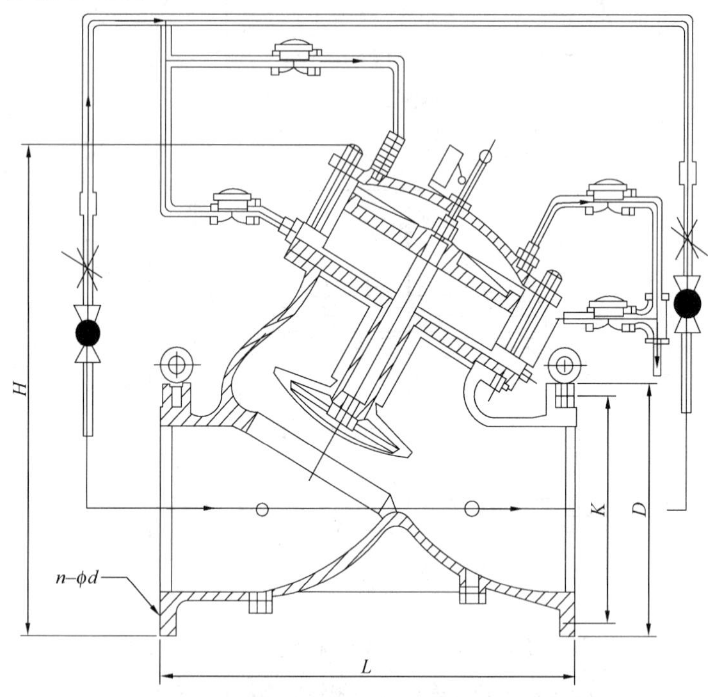

图11-24 YQ20006-16Q型活塞式多功能水泵控制阀外形尺寸

YQ20006-16Q型活塞式多功能水泵控制阀性能规格及外形尺寸 表11-26

公称直径（mm）	L（mm）	H（mm）	D（mm）	K（mm）	$n-\phi d$（个—mm）	主要生产厂商
40	280	245	150	110	4—19	佛山市南海永兴阀门制造有限公司
50	280	245	165	125	4—19	
65	305	245	185	145	4—19	
80	325	245	200	160	8—19	
100	375	250	220	180	8—19	
150	440	350	285	240	8—23	
200	600	375	340	295	12—23	
250	622	580	405	355	12—28	
300	810	658	460	410	12—28	
350	840	660	520	470	16—28	

续表

公称直径 (mm)	L (mm)	H (mm)	D (mm)	K (mm)	n—ϕd (个—mm)	主要生产厂商
400	948	818	580	525	16—31	佛山市南海永兴阀门制造有限公司
450	1050	900	640	585	20—31	
500	1100	950	715	650	20—34	
600	1295	1125	840	770	20—37	
700	1448	1260	910	840	24—37	
800	1590	1408	1025	950	24—40	
900	1956	1600	1125	1050	28—40	
1000	2200	1850	1255	1170	28—43	
1200	2600	2100	1485	1390	32—49	

11.4.3 活塞式多功能控制阀

1. 特性与适用范围：活塞式多功能控制阀具有水位控制、减压控制、止回控制、持压泄压控制、流量控制、破管关闭控制以及水库排空泄水等功能；还能有效减缓气蚀，并有智能化控制、使用寿命长、泄漏量为零、对称流道的特点。它具有流线型设计，无紊流、无振动以及线性调节功能，可广泛应用于要求精密调节、安全减压或调节、安全二合一的管道系统。

2. 性能规格及外形尺寸：活塞式多功能控制阀性能规格及外形尺寸见图 11-25、表 11-27。

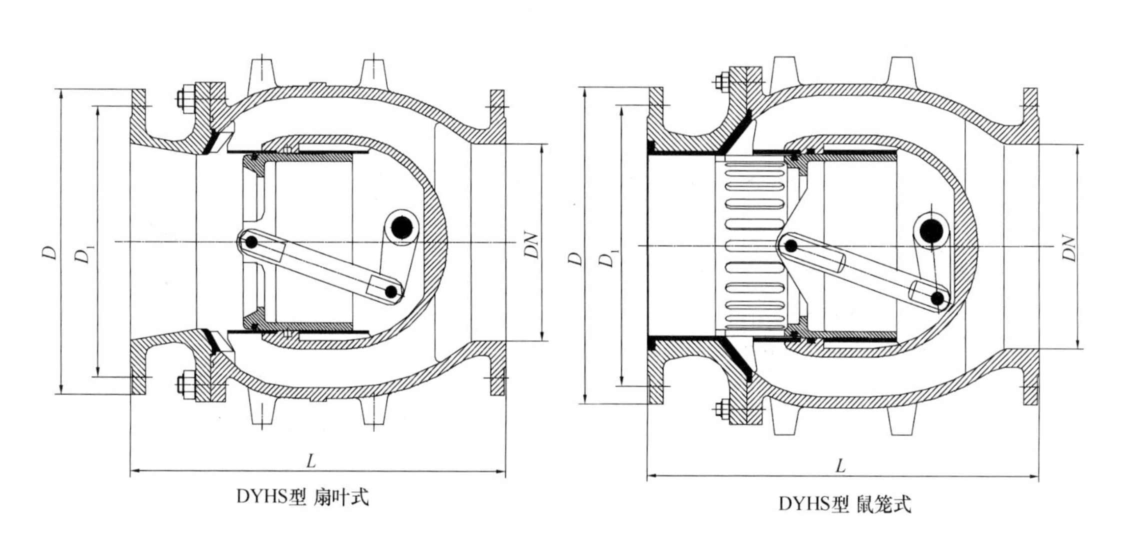

图 11-25 活塞式多功能控制阀外形尺寸

活塞式多功能控制阀性能规格及外形尺寸 表 11-27

型 号	型式	公称直径 DN (mm)	外形尺寸 (mm)						主要生产厂商
			1.0MPa、1.6MPa、2.5MPa			4.0MPa、6.4MPa			
			D	L	D_1	D	L	D_1	
DYHS	扇叶式、鼠笼式	100	195	325	160	200	400	160	武汉大禹阀门制造有限公司
		125	215	325	180	230	400	190	
		150	280	350	240	300	450	250	
		200	335	400	295	360	550	310	
		250	390	500	350	425	650	370	
		300	440	600	400	485	750	430	
		350	500	700	460	555	850	490	
		400	565	800	515	620	950	550	
		450	670	900	620	685	1000	610	
		500	780	1000	725	750	1150	670	
		600	895	1200	840	815	1350	730	
		700	1010	1400	950	880	1350	790	
		800	1125	1600	1065	—	—	—	
		900	1230	1800	1175	—	—	—	
		1000	1355	2000	1285	—	—	—	
		1200	1470	2400	1395	—	—	—	
		1400	1585	2800	1505	—	—	—	
		1500	1700	3000	1615	—	—	—	

11.4.4 SKR 型斜置阀座旋启式止回阀

1. 特性与适用范围：SKR 型斜置阀座旋启式止回阀的倾斜阀板设计，能随水流流动时开启，并且保持一个与水流量相对应的开启度。如果水流方向倒转，阀板会自动随着关小直到阀门完全关闭，从而保护管线的安全运行。其阀板可以自由旋转，随水流状态调整开启度。它适用于普通旋启式止回阀会产生严重撞击的场合，例如带有气囊式水锤消除器、多泵并联汇合单管出水的水泵装置、出水时间较短的水泵装置。

2. 性能规格及外形尺寸：SKR 型斜置阀座旋启式止回阀性能规格及外形尺寸见图 11-26、表 11-27。

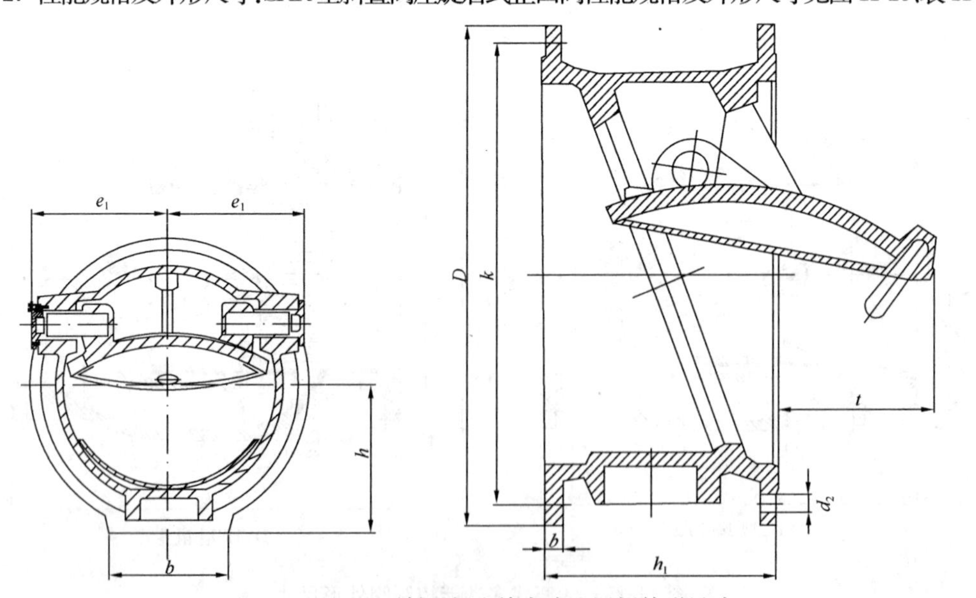

图 11-26 SKR 型斜置阀座旋启式止回阀外形尺寸

SKR型斜置阀座旋启式止回阀性能规格及外形尺寸 表 11-28

公称直径DN (mm)	阀门尺寸 (mm)					法兰尺寸 (mm)								净质量 (kg)				体积 (m^3)		主要生产厂商
	e_1	h_1	h		t	1.0MPa				1.6MPa				1.0MPa 标准型	1.6MPa 标准型	1.0MPa 内置阻尼缓闭器	1.6MPa 内置阻尼缓闭器	1.0MPa 标准型	1.6MPa 标准型	
			1.0MPa	1.6MPa		D	k	d_2	b	D	k	d_2	b							
200	145	245	175		55	340	295	23	20	340	295	23	20	40	40	43.5	43.5	0.03	0.03	阀安格水处理系统（太仓）有限公司
300	200	340	232		100	455	400	23	24.5	455	410	28	24.5	83	83	92	92	0.06	0.06	
350	225	370	265		135	520	460	23	26.5	520	470	28	26.5	118	118	127	127	0.08	0.08	
400	270	420	295		150	575	515	28	28	575	525	31	28	145	145	160	160	0.110	0.110	
450	300	460	312	325	190	615	565	28	26.5	640	585	31	31.5	190	210	205	225	0.130	0.130	
500	325	500	340	362	210	670	620	28	26.5	715	650	34	31.5	220	250	244	274	0.17	0.19	
600	385	585	395	425	265	780	725	31	30	840	770	37	36	315	365	350	400	0.25	0.28	
700	450	650	455	460	320	895	840	31	32.5	910	840	37	39.5	420	470	468	518	0.36	0.37	
800	500	750	525	520	380	1015	950	34	35	1025	950	40	43	640	750	704	814	0.50	0.52	
900	565	855	565	570	420	1115	1050	34	37.5	1125	1050	40	46.5	910	980	984	1054	0.64	0.66	
1000	630	890	205		470	1230	1160	37	40	1255	1170	43	50	1150	1250	1235	1335	0.85	0.88	

11.4.5 多功能缓闭止回阀

1. 特性与适用范围：多功能缓闭止回阀具有使用寿命长、启闭性能良好、结构长度短、重量轻、操作简单、节能效果显著等特点，适用于石化、冶金、电力及城镇给水排水等系统。其在水泵启动或正常停泵时，同时可起到“出水阀”和“止回阀”运行功能。

2. 性能规格及外形尺寸：多功能缓闭止回阀性能规格及外形尺寸见图 11-27、表 11-29。

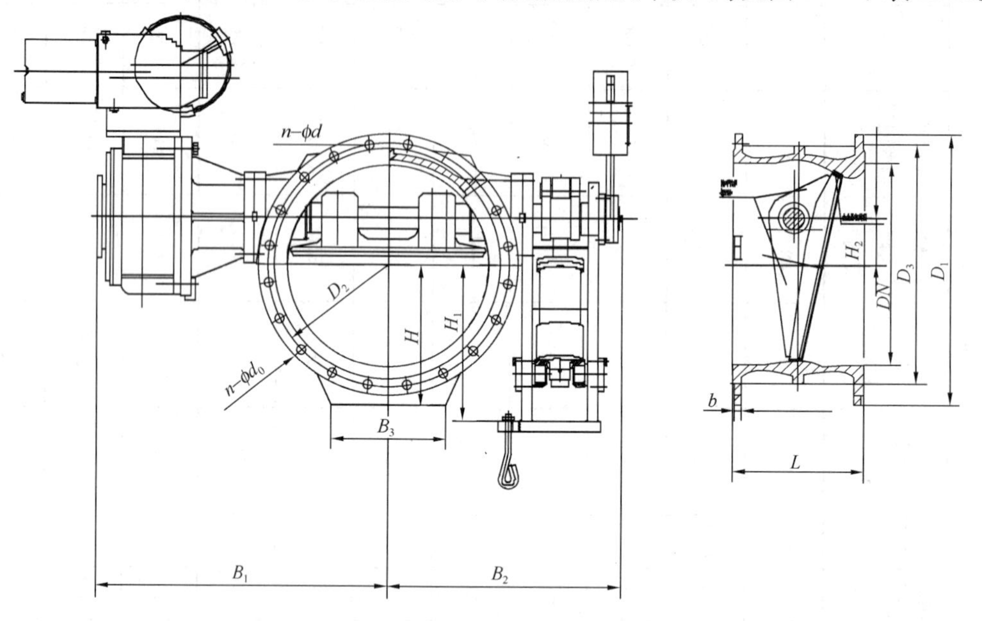

图 11-27 多功能缓闭止回阀外形尺寸

多功能缓闭止回阀性能规格及外形尺寸 表 11-29

公称直径 DN (mm)	工作压力 (MPa)	外形尺寸													质量 (kg)	主要生产厂商
		D_1 (mm)	D_2 (mm)	D_3 (mm)	L (mm)	b (mm)	H (mm)	H_1 (mm)	H_2 (mm)	B_1 (mm)	B_2 (mm)	B_3 (mm)	$n-\phi d_0$ (Th) (个—mm)	$n-\phi d$ (个—mm)		
500	1.0	670	620	582	350	28	365	660	116	650	600	300	20—26(M24)	—	550	郑州市郑蝶阀门有限公司
600	1.0	780	725	682	390	30	420	660	140	750	720	340	20—30(M27)	—	800	
700	1.0	895	840	794	430	33	480	660	165	900	840	400	24—30(M27)	—	950	
800	1.0	1015	950	901	470	35	650	—	190	1000	950	740	24—33(M30)	4—34	1300	
900	1.0	1115	1015	1001	510	38	700	—	220	1120	1070	830	28—33(M30)	4—34	1700	
1000	1.0	1230	1160	1112	550	40	760	—	215	1250	1200	850	28—36(M33)	4—36	2200	
1200	0.6	1405	1340	1295	630	45	855	—	290	1500	1430	900	32—34(M30)	4—42	3000	
	1.0	1455	1380	1328				—					32—39(M36)		3600	
1400	0.6	1630	1560	1510	710	46	990	—	350	1750	1670	1080	36—37(M33)	—	4800	
	1.0	1675	1590	1530				—					36—43(M39)		5200	

11.4.6 斜座式硬密封缓闭止回阀

1. 性能与适用范围：斜座式硬密封缓闭止回阀在水泵异常或者发生突然停电故障时，能有效防止水体倒流，防止破坏性水锤发生；阀门启闭行程短、启闭性能良好、使用寿命长、节省能源；关阀性能好，结构长度短、重量轻。它适用于石化、电力、冶金及城镇给水排水等管道系统。

2. 性能规格及外形尺寸：斜座式硬密封缓闭止回阀性能规格及外形尺寸见图 11-28、表 11-30。

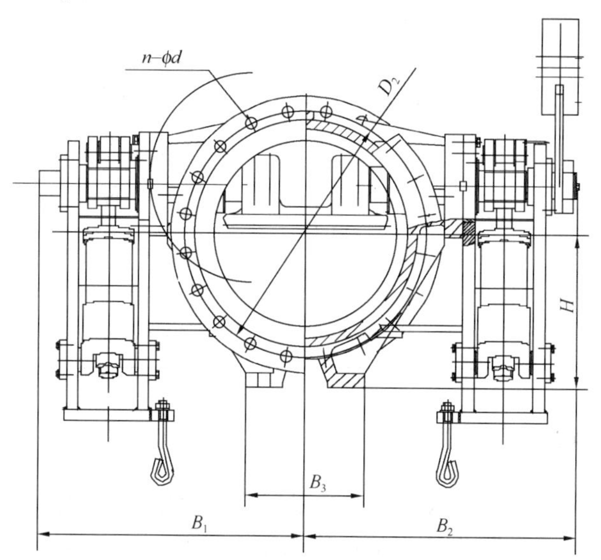

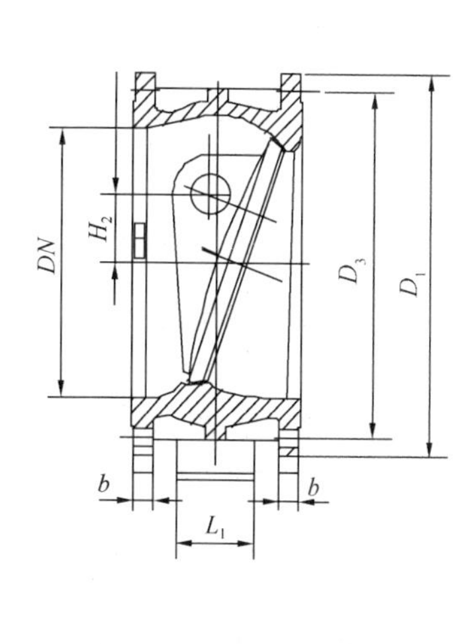

图 11-28 斜座式硬密封缓闭止回阀外形尺寸

斜座式硬密封缓闭止回阀性能规格及外形尺寸 **表 11-30**

公称直径 DN (mm)	工作压力 (MPa)	外形尺寸											质量 (kg)	主要生产厂商
		D_1 (mm)	D_2 (mm)	D_3 (mm)	b (mm)	L_1 (mm)	H (mm)	H_2 (mm)	B_1 (mm)	B_2 (mm)	B_3 (mm)	$n-\phi d$ (个—mm)		
250	1.6	405	355	319	26	260	295	58	430	480	160	12—26	190	郑州市郑蝶阀门有限公司
	2.5	425	370	330	32	260	295	58	430	480	160	12—30	240	
300	1.6	460	410	370	28	280	325	75	450	500	330	12—26	512	
	2.5	485	430	389	34	280	325	75	450	500	330	16—30	640	
400	1.6	580	525	480	32	320	395	95	500	550	260	16—30	700	
	2.5	620	550	503	40	320	395	95	500	550	260	16—36	840	
500	1.0	670	620	582	28	—	365	450	116	475	550	20—26	500	
	1.6	715	650	609	36	340	400	120	550	600	320	20—33	900	
	2.5	730	660	609	44	340	400	120	550	600	320	20—36	950	
600	1.0	780	725	682	30	—	420	430	140	525	600	20—30	750	
	1.6	840	770	720	38	385	500	140	600	650	360	20—36	1000	
	2.5	845	770	720	46	385	500	140	600	650	360	20—39	1100	
700	1.0	895	840	794	33	—	480	570	165	615	700	24—30	900	
800	1.0	1015	950	901	35	290	650	190	735	800	740	24—33	1100	
900	1.0	1115	1050	1001	38	330	700	210	840	920	440	28—33	1500	
1000	1.0	1230	1160	1112	40	360	760	240	950	1060	850	28—36	2000	
1200	0.25	1405	1340	1295	45	350	855	290	970	1200	900	32—33	2800	
	0.6													
	1.0	1455	1380	1328								32—39	3200	
1400	0.25	1630	1560	1510	46	460	990	350	1080	1320	1080	36—36	4500	
	0.6													
	1.0	1675	1590	1530								36—42	5500	

续表

公称直径 DN (mm)	工作压力 (MPa)	外形尺寸											质量 (kg)	主要生产厂商
		D_1 (mm)	D_2 (mm)	D_3 (mm)	b (mm)	L_1 (mm)	H (mm)	H_2 (mm)	B_1 (mm)	B_2 (mm)	B_3 (mm)	$n-\phi d$ (个—mm)		
1600	0.25	1830	1760	1710	50	540	1110	400	1350	1350	1280	40—36	5800	郑州市郑蝶阀门有限公司
	0.6													
	1.0	1915	1820	1750								40—48		
1800	0.25	2045	1970	1918	36	490	1130	430	970	1200	1320	44—36	4500	
	0.6													
2000	0.25	2265	2180	2125	38	570	1300	480	1120	1350	152	48—42	5500	
	0.6													

11.4.7 HDZ744X 型智能自控阀

1. 特性与适用范围：HDZ744X 型智能自控阀用于离心泵出口，能取代止回阀、操作阀及水锤消除器，具有自动操作、止回、消除水锤等多种功能而无需电、气和其他外界动力。它广泛用于电力、冶金、石化、石油、化工、市政、环保、水利等行业供排水系统。

2. 性能规格及外形尺寸：HDZ744X 型智能自控阀性能规格及外形尺寸见图 11-29、表 11-31。

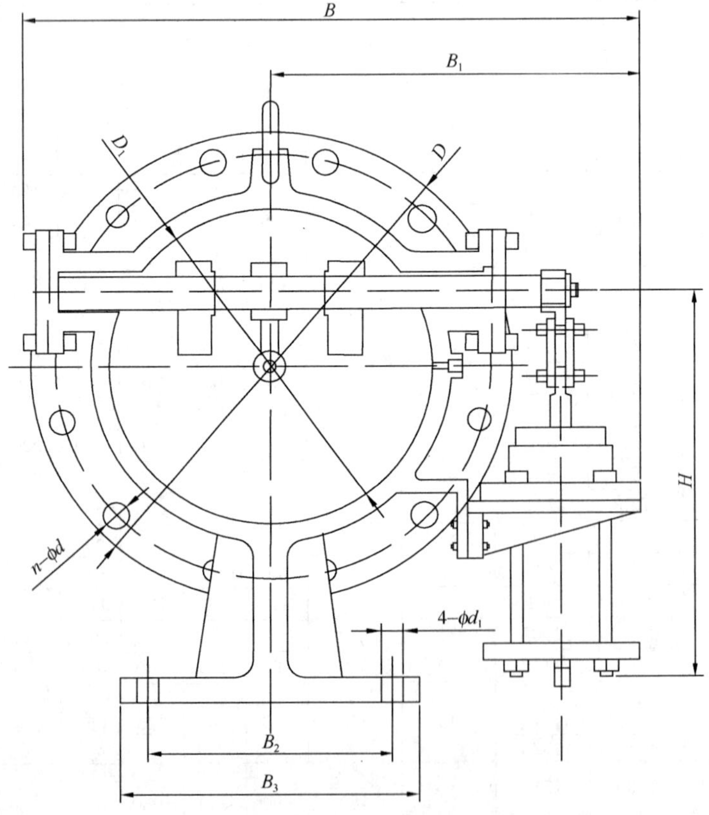

图 11-29 HDZ744X 型智能自控阀外形尺寸

HDZ744X型智能自控阀性能规格及外形尺寸 表 11-31

公称直径 DN (mm)	外形尺寸																		质量 (kg)		主要生产厂商
	D (mm)		D_1 (mm)		B (mm)		B_3 (mm)		B_2 (mm)		B_1 (mm)		$n-\phi d$ (个-mm)		H (mm)		$4-\phi d_1$ (个-mm)				
	1.0 MPa	1.6 MPa	1.0 MPa	1.6 MPa	1.0 MPa	1.6 MPa	1.0 MPa	1.6 MPa	1.0 MPa	1.6 MPa	1.0 MPa	1.6 MPa	1.0 MPa	1.6 MPa	1.0 MPa	1.6 MPa	1.0 MPa	1.6 MPa	1.0 MPa	1.6 MPa	
150	285	285	240	240	495	495	—	—	—	—	350	350	8—23	8—23	200	200	—	—	55	60	天津市国威给排水设备制造有限公司
200	340	340	295	295	555	555	—	—	—	—	390	390	8—23	12—23	225	225	—	—	88.6	96	
250	395	405	350	355	640	640	—	—	—	—	415	415	12—23	12—28	250	250	—	—	125	132	
300	445	460	400	410	720	720	—	—	—	—	460	460	12—23	12—28	259	259	—	—	157	171	
350	505	520	460	470	780	780	—	—	—	—	500	500	16—33	16—28	364	364	—	—	191	223	
400	565	580	515	525	830	830	—	—	—	—	530	530	16—28	16—31	369	369	—	—	248	277	
450	615	640	565	585	980	980	—	—	—	—	620	620	20—28	20—31	352	352	—	—	279	402	
500	670	715	620	650	1055	1055	—	—	—	—	680	680	20—28	20—34	424	424	—	—	307	524	
600	780	840	725	770	1240	1240	—	—	—	—	740	740	20—31	20—37	454	454	—	—	514	726	
700	895	910	840	840	1350	1350	360	360	270	270	800	800	24—31	24—37	520	520	4—30	4—30	638	861	
800	1015	1025	950	950	1500	1500	400	400	300	300	880	880	24—34	24—40	600	600	4—30	4—30	828	1051	
900	1115	1125	1050	1050	1650	1650	450	450	320	320	950	950	28—34	28—40	650	650	4—30	4—30	970	1319	
1000	1230	1255	1160	1170	1980	1980	540	540	400	400	1250	1250	28—37	28—43	700	700	4—36	4—36	1303	1754	
1200	1455	1485	1380	1390	2185	2185	720	720	540	540	1370	1370	32—40	32—49	800	800	4—36	4—36	2084	3602	
1400	1675	1685	1590	1590	2465	2465	840	840	690	690	1430	1430	36—43	36—49	900	900	4—36	4—36	3413	3705	
1600	1915	1930	1820	1820	2830	2830	980	980	760	760	1780	1780	40—49	40—56	1020	1020	4—36	4—36	4230	4230	
1800	2115	2130	2020	2020	3010	3010	1100	1100	880	880	1850	1850	44—49	44—56	1100	1100	4—36	4—36	4987	5095	
2000	2325	2345	2230	2230	3260	3260	1200	1200	950	950	2000	2000	48—49	48—62	1250	1250	4—48	4—48	6781	7574	
2200	2550	—	2440	—	3480	—	1400	—	1100	—	2120	—	52—62	—	1320	—	4—48	—	12310	—	
2400	2760	—	2650	—	3720	—	1600	—	1300	—	2240	—	56—56	—	1430	—	4—48	—	14028	—	

11.4.8 RFCV型橡胶瓣止回阀

1. 特性与适用范围：RFCV型橡胶瓣止回阀适用于给水排水系统中水泵出口处及蓄水池出口管的旁通管上，以防止倒流及水锤对泵的损坏。适用温度：≤80℃；适用介质：水、油、汽及弱酸碱性介质等。

2. 性能规格及外形尺寸：RFCV型橡胶瓣止回阀性能规格及外形尺寸见图11-30、表11-32。

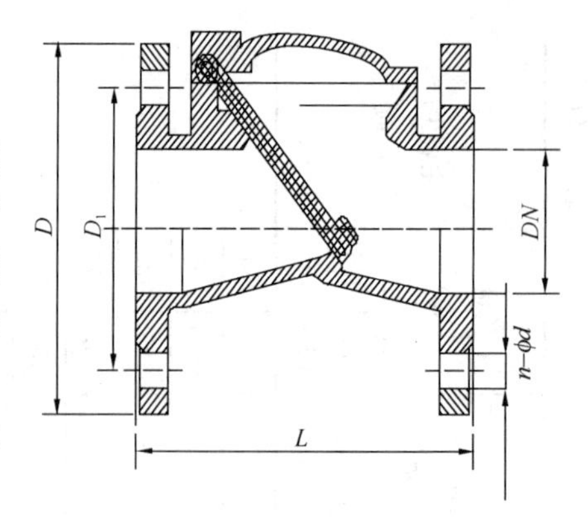

图11-30　RFCV型橡胶瓣止回阀外形尺寸

RFCV型橡胶瓣止回阀性能规格及外形尺寸　　表11-32

型号	公称直径 DN (mm)	外形尺寸						主要生产厂商
		L (mm)	D (mm)	D_1（mm）		n—φd（个—mm）		
				1.0MPa	1.6MPa	1.0MPa	1.6MPa	
KL-RFCV-50	50	216	165	125		4—19		上海艾维科阀门有限公司
KL-RFCV-65	65	230	180	145		4—19		
KL-RFCV-80	80	270	195	160		8—19		
KL-RFCV-100	100	292	220	180		8—19		
KL-RFCV-125	125	330	245	210		8—19		
KL-RFCV-150	150	356	285	240		8—23		
KL-RFCV-200	200	495	340	295		8—23	12—23	
KL-RFCV-250	250	622	405	350	355	12—23	12—28	
KL-RFCV-300	300	698	460	400	410	12—23	12—28	
KL-RFCV-350	350	787	520	460	470	16—23	16—28	
KL-RFCV-400	400	914	580	515	525	16—28	16—31	
KL-RFCV-450	450	978	640	565	585	20—28	20—31	
KL-RFCV-500	500	978	705	620	650	20—28	20—34	
KL-RFCV-600	600	1295	840	725	770	20—31	20—41	

11.4.9 水轮机进水液动蝶阀

1. 特性与适用范围：水轮机进水液动蝶阀强度高，刚性好、水力特性好、保压性能好、线路简单、可靠性高、通信接口齐全、具有较完善的人机通信功能和故障自我诊断功能。它是水电站中管线系统截断或连通介质的理想设备。

2. 规格及外形尺寸：水轮机进水液动蝶阀规格及外形尺寸见图11-31、表11-33。

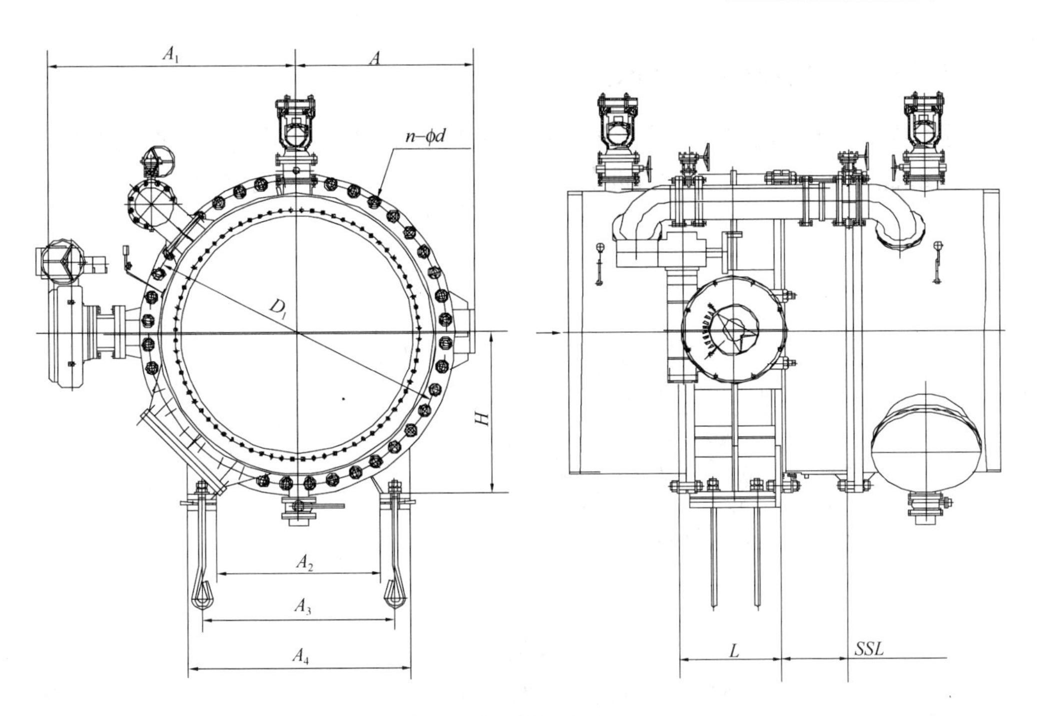

图 11-31 水轮机进水液动蝶阀外形尺寸

水轮机进水液动蝶阀规格及外形尺寸 **表 11-33**

公称直径 DN (mm)	外形尺寸												主要生产厂商
	D_1 (mm)	SSL (mm)	H (mm)	$n-\phi d$ (个—mm)	A (mm)	A_1 (mm)	A_2 (mm)	A_3 (mm)	A_4 (mm)	L (mm)	旁直 (mm)	排直 (个—mm)	
1500	1700	400、370	875	40—36	1075	1550	1220	1500	1780	510	150	1—100	郑州市郑蝶阀门有限公司
1750	2030		1025	44—39	1200	1675	1450	1750	2050	575	200	1—100	
2000	2315		1125	48—42	1350	1820	1700	2000	2300	700	200	1—150	
2250	2480		1200	52—42	1460	1960	1850	2150	2450	700	250	1—150	
2500	2745		1300	56—45	1635	2180	2100	2400	2700	780	250	1—150	
2800	3050		1500	56—48	1785	2330	2150	2400、2800	3050	780	300	1—200	
3000	3250	450、420	1600	60—48	1960	2570	2200	2500、3000	3200	880	300	1—200	
3200	3470		1700	60—52	2075	2690	2400	2650、3150	3400	970	300	2—150	
3400	3690		1800	60—52	2185	2760	2500	2800、3400	3700	970	350	2—150	
3600	3900		1900	64—56	2285	2860	2700	3000、3600	3900	970	350	2—150	
3800	4100		2000	68—56	2495	3070	2900	3200、3800	4100	1070	400	2—200	
4000	4300	500、460	2100	68—60	2605	3250	3100	3400、4000	4300	1170	400	2—200	
4200	4520		2150	72—60	2705	—	3300	3600、4200	4500	1170	400	2—250	
4600	4920		2250	72—60	2905	—	3500	3800、4400	4800	1170	450	2—250	
5000	5330	600、560	2400	76—64	3105	—	3700	4000、4600	5000	1270	500	2—250	

11.4.10 水轮机进水液动球阀

1. 适用范围：水轮机进水液动球阀是水电站中管线系统截断或连通介质的理想设备。
2. 性能规格及外形尺寸：水轮机进水液动球阀性能规格及外形尺寸见图 11-32、表 11-34。

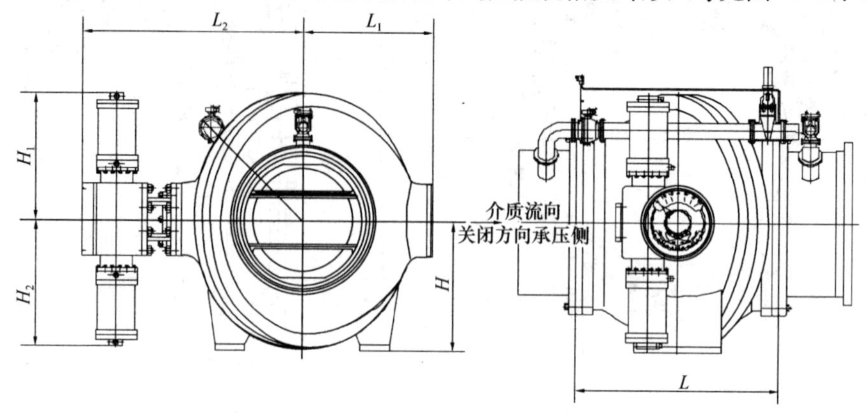

图 11-32 水轮机进水液动球阀外形尺寸

水轮机进水液动球阀性能规格及外形尺寸 表 11-34

公称直径 DN (mm)	工作压力 (MPa)	外形尺寸（mm）								主要生产厂商
		L	L_1	L_2	H	H_1	H_2	旁通	排直	
650	4.0	1040	750	1395	620	570	570	80	50	郑州市郑蝶阀门有限公司
	6.3	1040	750	1495	620	790	790	80	50	
	8.0	1100	800	1560	650	790	790	80	50	
	10.0	1100	800	1535	650	840	840	80	50	
800	4.0	1240	900	1635	750	695	695	80	50	
	6.3	1240	900	1635	750	840	840	80	50	
	8.0	1320	965	1730	800	840	840	80	50	
	10.0	1320	965	1765	800	935	935	80	50	
1000	4.0	1550	1100	1890	950	790	790	100	80	
	6.3	1550	1100	1890	950	935	935	100	80	
	8.0	1640	1180	2260	1000	1330	1330	100	80	
	10.0	1640	1180	2460	1000	1680	1680	100	80	
1250	4.0	1875	1375	—	1200	—	—	150	100	
	6.3	1875	1375	—	1200	—	—	150	100	
	8.0	1975	1455	—	1250	—	—	150	100	
	10.0	1975	1455	—	1250	—	—	150	100	
1500	4.0	2250	1650	—	1420	—	—	150	125	
	6.3	2250	1650	—	1420	—	—	150	125	
	8.0	2350	1750	—	1480	—	—	150	125	
	10.0	2350	1750	—	1480	—	—	150	125	

续表

公称直径 DN (mm)	工作压力 (MPa)	外形尺寸（mm）								主要生产厂商
		L	L_1	L_2	H	H_1	H_2	旁通	排直	
1750	4.0	2625	1890	—	1680	—	—	200	125	郑州市郑蝶阀门有限公司
	6.3	2625	1890	—	1680	—	—	200	125	
	8.0	2745	1990	—	1750	—	—	200	125	
2000	4.0	2950	2160	—	1900	—	—	200	150	
	6.3	2950	2160	—	1900	—	—	20	150	
	8.0	3080	2260	—	2000	—	—	200	150	
2250	4.0	3320	2430	—	2150	—	—	250	200	
	6.3	3320	2550	—	2150	—	—	250	200	
2500	4.0	3685	2700	—	2400	—	—	250	200	
	6.3	3685	2850	—	2400	—	—	250	200	
2750	4.0	4060	2970	—	2650	—	—	300	200	
	6.3	4060	3120	—	2650	—	—	300	200	

11.4.11 液控止回蝶阀

1. 特性与适用范围：液控止回蝶阀是一种能按照预先调定好的程序，分两阶段关闭（先快关一定角度，再缓慢关闭剩余角度）而抑制和消除管线内介质水锤对管线或管线设备破坏的理想控制设备。它具有强度好、刚性高、流阻小、过水面积大、水力特性好、密封效果好、承载能力强、耐磨性好、摩擦阻力小等优点。它安装在管线中水泵机组上游端，与水泵机组联动，接通或截断管线介质。

2. 规格及外形尺寸：液控止回蝶阀规格及外形尺寸见图 11-33、表 11-35。

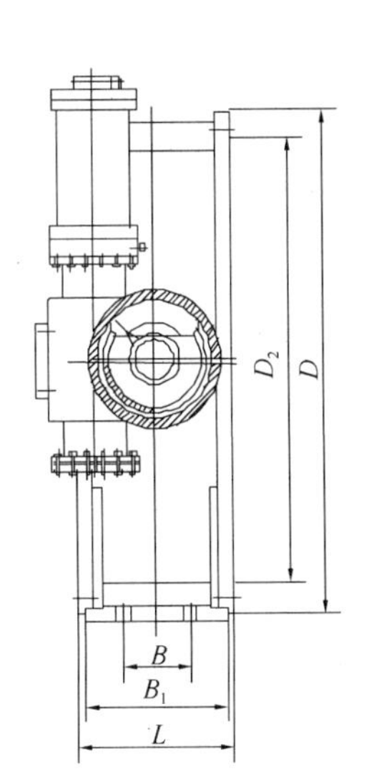

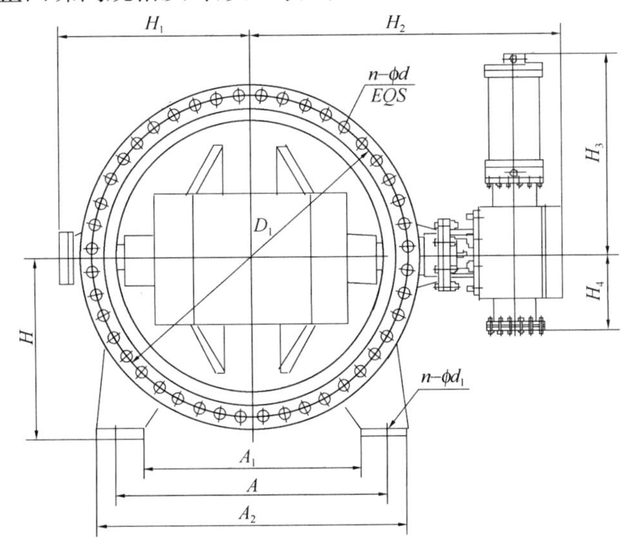

图 11-33 液控止回蝶阀外形尺寸

液控止回蝶阀性能规格及外形尺寸 表 11-35

公称直径 DN (mm)	外形尺寸																主要生产厂商
	D (mm)	D_1 (mm)	D_2 (mm)	$n-\phi d$ (个—mm)	L (mm)	H (mm)	H_1 (mm)	H_2 (mm)	A (mm)	A_1 (mm)	A_2 (mm)	B (mm)	B_1 (mm)	$n-\phi d_1$ (个—mm)	H_3 (mm)	H_4 (mm)	
200	320	280	254	8—18	152	250	185	515	230	160	300	—	145	2—19	450	240	郑州市郑蝶阀门有限公司、上海冠龙阀门机械有限公司
250	375	335	309	12—18	165	250	205	535	270	200	340	—	155	2—19	450	240	
300	440	395	363	12—22	178	310	245	575	315	235	395	—	170	2—23	450	240	
350	490	445	413	12—22	190	320	290	610	340	260	420	—	180	2—23	450	240	
400	540	495	463	16—22	216	340	298	629	410	310	510	—	206	2—23	450	40	
450	595	550	519	16—22	222	370	325	675	420	320	520	—	212	2—23	450	240	
500	645	600	588	20—22	229	400	355	705	450	350	550	—	218	2—27	450	240	
600	755	705	667	20—26	267	460	405	785	565	400	640	—	256	2—27	440	440	
700	860	810	772	24—26	292	540	460	890	640	520	760	—	282	2—27	440	440	
800	975	920	878	24—30	318	580	520	995	760	426	836	160	310	4—23	555	310	
900	1075	1020	978	24—30	330	610	575	1050	920	602	1012	160	320	4—27	555	310	
1000	1175	1120	1078	28—30	410	680	635	1080	1020	640	1140	200	380	4—27	555	310	
1200	1375	1320	1280	32—30	470	790	755	1260	1100	632	1252	230	460	4—27	553	553	
1400	1575	1520	1480	36—30	530	930	870	1375	1360	920	1520	260	520	4—27	553	553	
1600	1790	1730	1690	40—30	600	1040	965	1555	1450	930	1630	320	590	4—33	750	430	
1800	1990	1930	1890	44—30	670	1180	1120	1725	1560	1020	1800	420	660	4—33	750	430	
2000	2190	2130	2090	48—30	760	1300	1280	1885	1760	1080	2000	500	740	4—33	750	750	
2200	2405	2340	2295	52—33	590	1400	1370	1975	1900	1360	2200	310	580	4—33	750	750	
2400	2605	2540	2495	56—33	650	1570	1540	2220	2160	1520	2400	400	640	4—39	846	846	
2600	2905	2740	2695	60—33	700	1650	1620	2300	1920	1600	2600	450	690	8—46	846	846	
2800	3030	2960	2910	64—36	760	1750	1700	2425	2100	1800	2800	500	750	8—46	1000	1000	
3000	3230	3160	3110	68—36	810	1850	1800	2550	2300	2000	3000	530	800	8—46	1000	1000	

11.4.12 缓开缓闭蝶式止回阀

1. 特性与适用范围：缓开缓闭蝶式止回阀体积较小，具有节约安装空间，重量较轻，水损低使用安全，调整、维护方便的特性，防止水锤效果好。它能够在泵出水的作用下自动打开，同时具有缓开、缓闭、止回、调节等功能。

2. 性能规格及外形尺寸：缓开缓闭蝶式止回阀性能规格及外形尺寸见图 11-34、表 11-36。

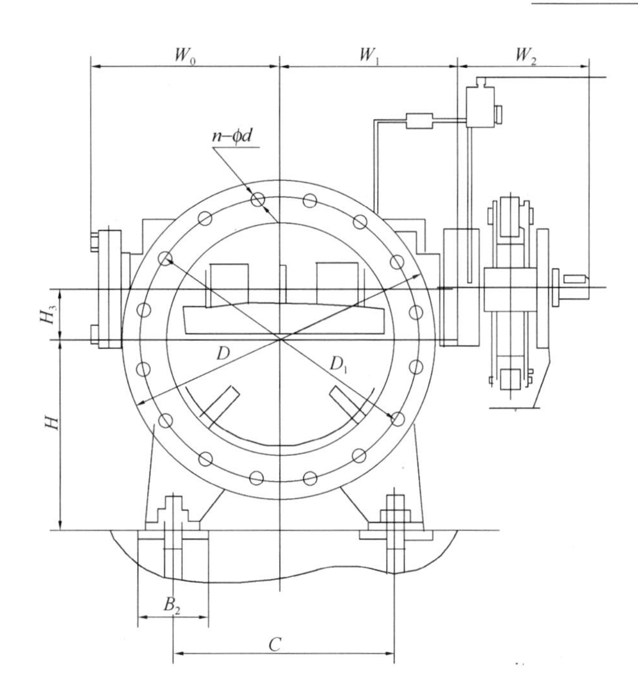

图 11-34 缓开缓闭蝶式止回阀外形尺寸

缓开缓闭蝶式止回阀性能规格及外形尺寸 **表 11-36**

型式	公称直径 DN (mm)	工作压力 (MPa)	外形尺寸 D (mm)	D_1 (mm)	W_0 (mm)	W_1 (mm)	H (mm)	H_3 (mm)	C (mm)	B_2 (mm)	n—ϕd (个—mm)	质量 (kg)	电(手)动装置 W_2 (mm)	型号 DQ	功率 (kW)	电流 (A)	主要生产厂商
蝶式斜置密封止回阀	300	1.0	445	400	300	268	280	65	312	105	12—22	320	405	200	0.55	2.4	武汉大禹阀门制造有限公司、上海冠龙阀门机械有限公司
		1.6	460	410	300	268	280	65	312	105	12—26	350	405	200	0.55	2.4	
	350	1.0	505	460	320	285	280	75	340	120	16—22	350	405	200	0.55	2.4	
		1.6	520	470	320	285	280	75	340	120	16—26	390	405	200	0.55	2.4	
	400	1.0	565	515	360	318	340	90	410	140	16—26	400	492	300	0.75	3	
		1.6	580	525	360	318	340	90	410	140	16—30	475	492	300	0.75	3	
	450	1.0	615	565	400	347	360	110	450	140	20—26	450	492	400	0.75	3	
		1.6	640	585	400	347	360	110	450	140	20—30	490	492	400	0.75	3	
	500	1.0	670	620	420	368	400	115	480	140	20—26	500	360	400	0.75	3	
		1.6	715	650	420	368	400	115	480	140	20—33	600	360	400	0.75	3	
	600	1.0	780	725	470	415	470	129	500	140	20—30	750	360	400	0.75	3	
		1.6	840	770	470	415	470	129	500	140	20—36	870	360	400	0.75	3	
	700	1.0	895	840	560	519	510	160	620	150	24—30	900	500	1000	1.5	4.5	
		1.6	910	840	560	519	510	160	620	150	24—36	980	500	1000	1.5	4.5	
	800	0.6	975	920	650	595	570	180	690	150	24—30	1100	480	1600	2.2	6.5	
		1.0	1015	950	650	595	570	180	690	150	24—33	1160	480	1600	2.2	6.5	
		1.6	1025	950	650	595	570	180	690	150	24—39	1300	480	1600	2.2	6.5	

续表

型式	公称直径 DN (mm)	工作压力 (MPa)	外形尺寸									质量 (kg)	电（手）动装置				主要生产厂商
			D (mm)	D_1 (mm)	W_0 (mm)	W_1 (mm)	H (mm)	H_3 (mm)	C (mm)	B_2 (mm)	$n-\phi d$ (个—mm)		W_2 (mm)	型号 DQ	功率 (kW)	电流 (A)	
蝶式斜置密封止回阀	900	1.0	1115	1050	700	630	620	225	820	170	28—33	1500	940	1600	2.2	6.5	武汉大禹阀门制造有限公司、上海冠龙阀门机械有限公司
		1.6	1125	1050	700	630	620	225	820	170	28—39	1680	940	1600	2.2	6.5	
	1000	1.0	1230	1160	730	693	690	230	870	185	28—36	2000	940	3200	4	11	
		1.6	1255	1170	730	693	690	230	870	185	28—42	2500	940	3200	4	11	
	1200	0.25	1375	1320	850	794	800	260	1020	220	32—30	2800	800	4000	4	11	
		0.6	1405	1340	850	794	800	260	1020	220	32—33	3000	800	4000	4	11	
		1.0	1455	1380	850	794	800	260	1020	220	32—39	3200	800	4000	4	11	
	1400	0.25	1575	1520	975	913	920	305	1180	270	36—30	4500	560	6300	5.5	14	
		0.6	1630	1560	975	913	920	305	1180	270	36—36	5000	560	6300	5.5	14	
		1.0	1675	1590	975	913	920	305	1180	270	36—42	5800	560	6300	5.5	14	

11.4.13 拍门（止回阀）

1. 适用范围：拍门（止回阀）适用于给水排水及污水处理工程中各种管道和水渠中做溢流、止回作用，也可用于各种竖井井盖单向水流的圆形、方形或矩形出口，结构简单，工作可靠，无需人力操作。

2. 规格及外形尺寸：拍门（止回阀）规格及外形尺寸见图 11-35、表 11-37。

拍门（止回阀）规格外形尺寸 **表 11-37**

公称直径 DN (mm)	外形尺寸															主要生产厂商
	D_1 (mm)	D_2 (mm)	D_3 (mm)	D_4 (mm)	D_5 (mm)	D_6 (mm)	H (mm)	L_1 (mm)	L_2 (mm)	L_3 (mm)	d (mm)	b (mm)	c (mm)	$n-\phi d$ (个—mm)	e (mm)	
100	240	260	250	275	440	225	139	325	400	82	16	6	16	12—22	20	浙江金剑环保设备有限公司
200	480	520	500	550	880	450	278	650	800	164	32	12	32	12—22	40	
250	600	650	625	688	1100	563	348	813	1000	205	40	15	40	12—22	50	
300	720	780	750	825	1320	675	417	975	1200	246	48	18	48	16—22	60	
350	840	910	875	963	1540	788	487	1138	1400	287	56	21	56	20—26	70	
400	960	1040	1000	1100	1760	900	556	1300	1600	328	64	24	64	20—26	80	
450	1080	1170	1125	1238	1980	1013	626	1463	1800	369	72	27	72	20—30	90	
500	1200	1300	1250	1375	2200	1125	695	1625	2000	410	80	30	80	24—31	100	
550	1320	1430	1375	1513	2420	1238	765	1788	2200	451	88	33	88	24—33	110	
600	1440	1560	1500	1650	2640	1350	834	1950	2400	492	96	36	96	28—33	120	
650	1560	1690	1625	1788	2860	1463	904	2113	2600	533	104	39	104	28—36	130	
750	1800	1950	1875	2063	3300	1688	1043	2438	3000	615	120	45	120	28—36	150	
800	1920	2080	2000	2200	3520	1800	1112	2600	3200	656	128	48	128	28—38	160	

注：生产厂商可根据客户要求尺寸定做。

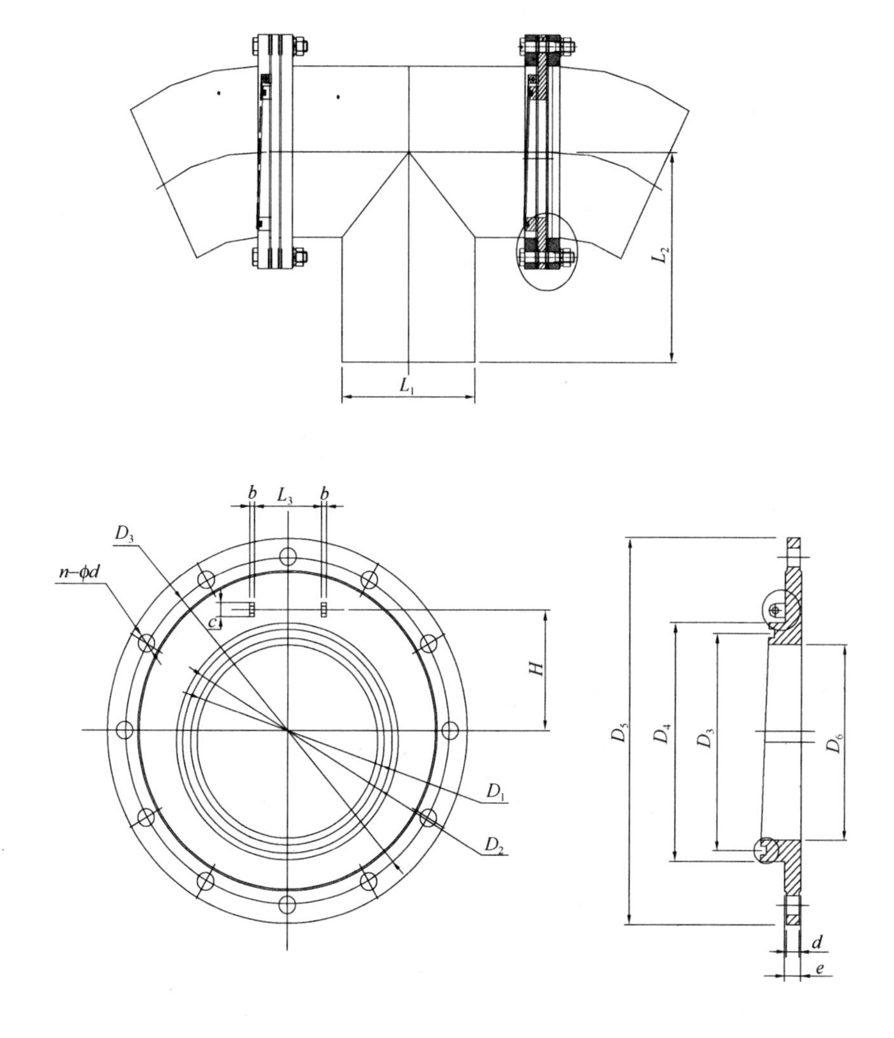

图 11-35 拍门外形尺寸

11.4.14 液控缓闭止回阀

1. 特性与适用范围：液控缓闭止回阀可以装配在蝶阀、球阀和活塞式调流阀上，用作液控缓闭止回阀、开关阀（二合一阀）或调节阀等。此缓闭装置可接受流量、压力、压差、流速或液位等信号参数，并根据系统要求对上述参数进行控制或调节。

2. 规格及外形尺寸：液控缓闭止回阀规格及外形尺寸见图 11-36、表 11-38。

11.4.15 增压泵自控阀

1. 特性与适用范围：增压泵自控阀用于离心泵出口，能取代止回阀，操作阀及水锤消除器，具有自动操作、止回，线性泄压、消除水击等各种功能。

2. 规格及外形尺寸：增压泵自控阀规格及外形尺寸见图 11-37、表 11-39。

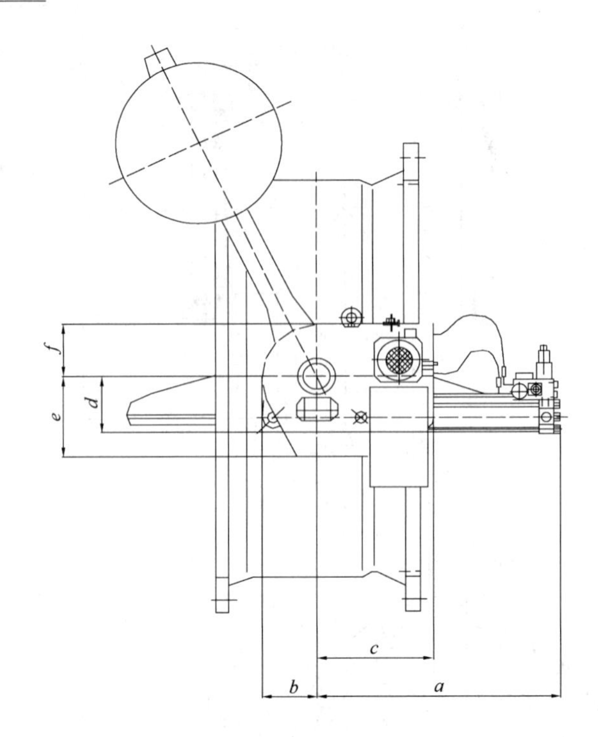

图 11-36 液控缓闭止回阀外形尺寸

液控缓闭止回阀规格及外形尺寸 **表 11-38**

序 号	外形尺寸（mm）						净质量（kg）	主要生产厂商
	a	b	c	d	e	f		
0	575	150	235	85	180	190	100	阀安格水处理系统（太仓）有限公司
1	645	165	269	100	205	190	115	
2	847	190	350	150	285	190	185	
3	960	220	403	175	335	220	240	
4	1092	250	463	200	380	250	340	
5	1283	260	526	250	460	260	430	
6	1523	350	641	300	560	350	790	
7	1780	350	749	350	645	350	970	

11.4.16 深井泵自控阀

1. 特性与适用范围：深井泵自控阀用于深井泵出口，能取代排气阀、止回阀、操作阀及水锤消除器，具有自动排气，自动操作、止回、线性泄压、消除水击、自动补气等各项功能。

2. 规格及外形尺寸：深井泵自控阀规格及外形尺寸见图 11-38、表 11-40。

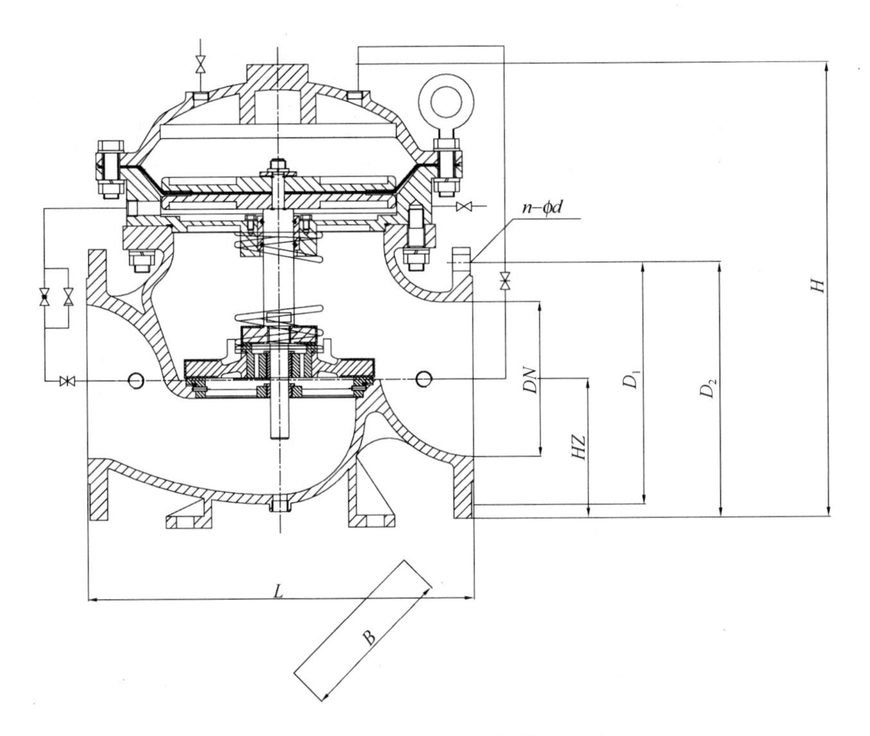

图 11-37 增压泵自控阀外形尺寸

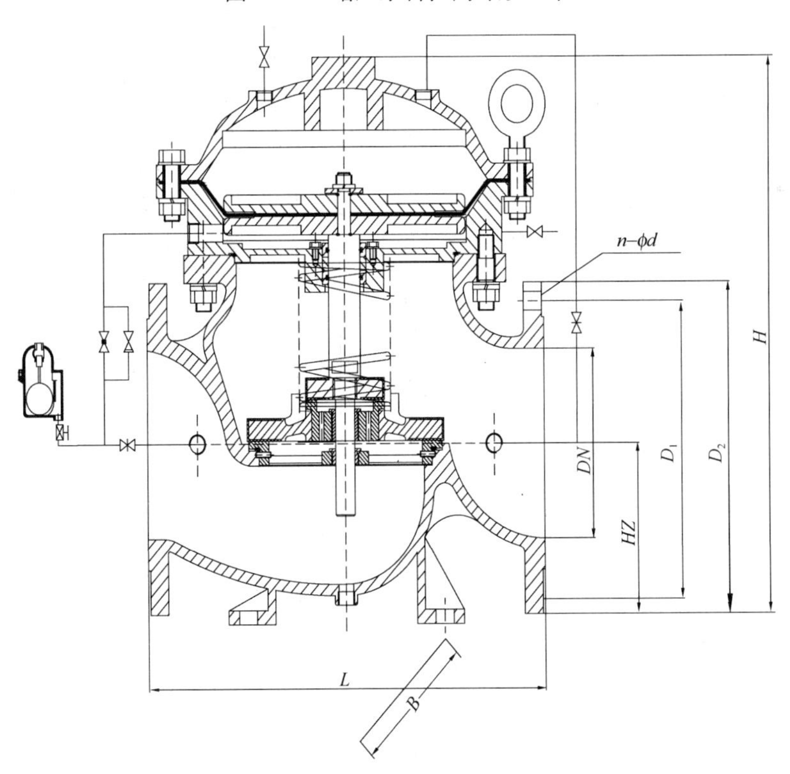

图 11-38 深井泵自控阀外形尺寸

增压泵自控阀规格及外形尺寸 表 11-39

公称直径 DN (mm)	外形尺寸																	主要生产厂商
	D_1 (mm)				D_2 (mm)				HZ (mm)	$L \times B \times H$ (mm)				$n-\phi d$ (个—mm)				
	1.0 MPa	1.6 MPa	2.5 MPa	4.0 MPa	1.0 MPa	1.6 MPa	2.5 MPa	4.0 MPa	1.0 MPa	1.0MPa	1.6MPa	2.5MPa	4.0MPa	1.0MPa	1.6MPa	2.5MPa	4.0MPa	
50	125	125	125	125	160	160	160	165	84	256×178×323	256×178×323	256×178×323	256×178×323	4—18	4—18	4—18	4—18	天津市国威给排水设备制造有限公司
65	145	145	145	145	180	180	180	185	90	280×184×336	280×184×336	284×184×338	286×186×340	4—18	4—18	8—18	8—18	
80	160	160	160	160	195	195	195	200	100	316×220×352	316×220×354	316×220×354	318×222×356	4—18	8—18	8—18	8—18	
100	180	180	190	190	215	215	230	235	116	328×244×411	332×244×413	344×244×413	348×248×417	8—18	8—18	8—23	8—23	
125	210	210	220	220	245	245	270	270	188	388×260×482	392×260×484	404×260×486	408×264×490	8—18	8—18	8—25	8—30	
150	240	240	250	250	280	280	300	330	146	496×344×488	504×344×492	508×344×494	512×348×498	8—23	8—23	8—25	8—30	
200	295	295	310	320	335	335	360	375	190	506×410×592	514×410×596	522×410×600	528×416×606	8—23	12—23	12—25	12—30	
250	350	365	370	385	390	405	425	450	255	612×450×718	620×450×722	628×450×726	634×456×732	12—23	12—25	12—30	12—34	
300	400	410	430	450	440	460	485	515	285	706×530×809	718×536×815	730×536×821	738×544×829	12—23	12—25	16—30	16—34	
350	460	470	490	510	500	520	550	580	355	900×730×985	916×730×993	928×730×999	936×738×1007	16—23	16—25	16—34	16—34	
400	515	525	550	585	565	580	610	660	375	980×756×1036	996×756×1044	1012×756×1052	1020×764×1060	16—25	16—30	16—34	16—41	
450	565	585	600	—	615	640	660	—	424	1020×762×1175	1036×762×1183	1060×762×1191	—	20—25	20—30	20—34	—	
500	620	650	660	—	670	705	730	—	510	1240×1010×1307	1264×1010×1319	1276×1010×1325	—	20—25	20—34	20—41	—	
600	725	770	770	—	780	840	845	—	515	1400×1180×1401	1436×1180×1419	1440×1180×1420	—	20—30	20—41	20—41	—	
700	840	840	—	—	895	910	—	—	646	1500×1168×1700	1528×1168×1714	—	—	24—30	24—41	—	—	
800	950	950	—	—	1010	1020	—	—	900	1680×1360×2141	1700×1360×2151	—	—	24—34	24—41	—	—	
900	1050	1050	—	—	1115	1125	—	—	—	1800×1580×2140	1850×1550×2350	—	—	28—34	28—41	—	—	
1000	1160	1170	—	—	1230	1255	—	—	—	2115×1900×2400	2200×1900×2420	—	—	28—37	28—44	—	—	
1200	1380	1390	—	—	1455	1485	—	—	—	2600×2000×2440	2620×2000×2500	—	—	32—41	32—50	—	—	

深井泵自控阀规格及外形尺寸 **表 11-40**

公称直径 DN (mm)	外形尺寸																	主要生产厂商
	D_1 (mm)				D_2 (mm)				HZ (mm)	$L\times B\times H$ (mm)				$n-\phi d$ (个—mm)				
	1.0 MPa	1.6 MPa	2.5 MPa	4.0 MPa	1.0 MPa	1.6 MPa	2.5 MPa	4.0 MPa	1.0 MPa	1.0MPa	1.6MPa	2.5MPa	4.0MPa	1.0MPa	1.6MPa	2.5MPa	4.0MPa	
50	125	125	125	125	160	160	160	165	84	256×178×323	256×178×323	256×178×323	256×178×323	4—18	4—18	4—18	4—18	天津市国威给排水设备制造有限公司
65	145	145	145	145	180	180	180	185	90	280×184×336	280×184×336	284×184×338	286×186×340	4—18	4—18	8—18	8—18	
80	160	160	160	160	195	195	195	200	100	316×220×352	316×220×354	316×220×354	318×222×356	4—18	8—18	8—18	8—18	
100	180	180	190	190	215	215	230	235	116	328×244×411	332×244×413	344×244×413	348×248×417	8—18	8—18	8—23	8—23	
125	210	210	220	220	245	245	270	270	188	388×260×482	392×260×484	404×260×486	408×264×490	8—18	8—18	8—25	8—30	
150	240	240	250	250	280	280	300	330	146	496×344×488	504×344×492	508×344×494	512×348×498	8—23	8—23	8—25	8—30	
200	295	295	310	320	335	335	360	375	190	506×410×592	514×410×596	522×410×600	528×416×606	8—23	12—23	12—25	12—30	
250	350	365	370	385	390	405	425	450	255	612×450×718	620×450×722	628×450×726	634×456×732	12—23	12—25	12—30	12—34	
300	400	410	430	450	440	460	485	515	285	706×530×809	718×536×815	730×536×821	738×544×829	12—23	12—25	16—30	16—34	
350	460	470	490	510	500	520	550	580	355	900×730×985	916×730×993	928×730×999	936×738×1007	16—23	16—25	16—34	16—34	
400	515	525	550	585	565	580	610	660	375	980×756×1036	996×756×1044	1012×756×1052	1020×764×1060	16—25	16—30	16—34	16—41	
450	565	585	600	—	615	640	660	—	424	1020×762×1175	1036×762×1183	1060×762×1191	—	20—25	20—30	20—34	—	
500	620	650	660	—	670	705	730	—	510	1240×1010×1307	1264×1010×1319	1276×1010×1325	—	20—25	20—34	20—41	—	
600	725	770	770	—	780	840	845	—	515	1400×1180×1401	1436×1180×1419	1440×1180×1420	—	20—30	20—41	20—41	—	
700	840	840	—	—	895	910	—	—	646	1500×1168×1700	1528×1168×1714	—	—	24—30	24—41	—	—	
800	950	950	—	—	1010	1020	—	—	900	1680×1360×2141	1700×1360×2151	—	—	24—34	24—41	—	—	
900	1050	1050	—	—	1115	1125	—	—		1800×1580×2140	1850×1550×2350	—	—	28—34	28—41	—	—	
1000	1160	1170	—	—	1230	1255	—	—		2115×1900×2400	2200×1900×2420	—	—	28—37	28—44	—	—	
1200	1380	1390	—	—	1455	1485	—	—		2600×2000×2440	2620×2000×2500	—	—	32—41	32—50	—	—	

11.5 球 阀

球阀常用有偏心半球阀等。

偏心半球阀：

1. 适用范围：偏心半球阀适用于石油、化工、冶金、电力、造纸、热力及给水排水行业，特别适用于输送含颗粒、灰渣等流体介质的工业管道上作为截断或调节流量用。

2. 性能规格及外形尺寸：偏心半球阀性能规格及外形尺寸见图 11-39、表 11-41。

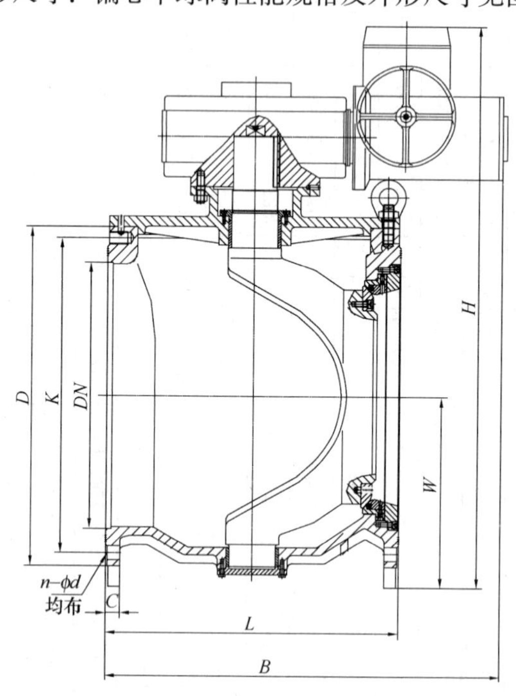

图 11-39 偏心半球阀外形尺寸

偏心半球阀性能规格及外形尺寸 表 11-41

公称直径 DN (mm)	工作压力 (MPa)	中心高度 W (mm)	法兰间长度 L (mm)	总高度 H (mm)	总宽度 B (mm)	法兰外径 D (mm)	法兰厚度 C (mm)	分度圆直径 K (mm)	螺栓数量及直径（一端）n—ϕd (个—mm)	螺纹规格 (mm)	电动理论质量 (kg)	主要生产厂商
50	1.0	96	190	430	380	165	19	125	4—19	M16	37	郑州市郑蝶阀门有限公司、武汉大禹阀门制造有限公司
	1.6											
65	1.0	96	190	430	380	185	19	145	4—19	M16	40	
	1.6											
80	1.0	118	203	480	380	200	19	160	8—19	M16	46	
	1.6											
100	1.0	120	229	500	380	220	19	180	8—19	M16	74	
	1.6											
125	1.0	150	254	560	420	250	19	210	8—19	M16	81	
	1.6											
150	1.0	150	267	560	420	285	19	240	8—23	M20	83	
	1.6											

续表

公称直径 DN (mm)	工作压力 (MPa)	中心高度 W (mm)	法兰间长度 L (mm)	总高度 H (mm)	总宽度 B (mm)	法兰外径 D (mm)	法兰厚度 C (mm)	分度圆直径 K (mm)	螺栓数量及直径（一端） n—ϕd （个—mm）	螺纹规格 (mm)	电动理论质量 (kg)	主要生产厂商
200	1.0	188	318	660	420	340	20	295	8—23	M20	258	郑州市郑蝶阀门有限公司、武汉大禹阀门制造有限公司
	1.6								12—23			
250	1.0	270	336	980	750	395	22	350	12—23	M20	288	
	1.6					405		355	12—28	M24		
300	1.0	260	396	968	750	445	24.5	400	12—23	M20	328	
	1.6					460		410	12—28	M24		
350	1.0	270	408	1005	750	505	24.5	460	16—23	M20	362	
	1.6					520	26.5	470	16—28	M24		
400	1.0	340	530	1100	890	565	24.5	515	16—28	M24	615	
	1.6					580	28	525	16—31	M27		
450	1.0	340	530	1100	890	615	25.5	565	20—28	M24	730	
	1.6					640	30	585	20—31	M27		
500	1.0	375	600	1260	980	670	26.5	620	20—28	M27	965	
	1.6					715	31.5	650	20—34	M30		
600	1.0	460	690	1383	1133	780	30	725	20—31	M27	1240	
	1.6					840	36	770	20—37	M33		
700	1.0	510	800	1545	1204	895	32.5	840	24—31	M27	1500	
	1.6					910	39.5		24—37	M33		
800	1.0	570	880	1842	1386	1015	35	950	24—34	M30	2250	
	1.6					1025	43		24—40	M36		
900	1.0	700	1080	2055	1622	1115	37.5	1050	28—34	M30	4750	
	1.6					1125	46.5		28—40	M36		
1000	1.0	700	1090	2060	1630	1230	40	1160	28—37	M33	4800	
	1.6					1255	50	1170	28—43	M39		
1200	1.0	920	1230	2570	2030	1455	45	1380	32—40	M36	9900	
	1.6					1485	57	1390	32—49	M45		
1400	1.0	1030	1370	2820	2310	1630	44	1560	36—37	M33	11600	
	1.6					1675	46	1590	36—43	M39		
1600	1.0	1150	1580	3000	2460	1830	48	1760	40—37	M33	15800	
	1.6					1915	49	1820	40—49	M45		

11.6 旋 塞 阀

旋塞阀常用有弹性座封偏心旋塞阀等。

弹性座封偏心旋塞阀：

1. 适用范围：弹性座封偏心旋塞阀适用于城市污水、工业污水、泥浆及清水等工作环境，作为截留或调节装置使用。

2. 规格及外形尺寸：弹性座封偏心旋塞阀规格及外形尺寸见图 11-40、表 11-42。

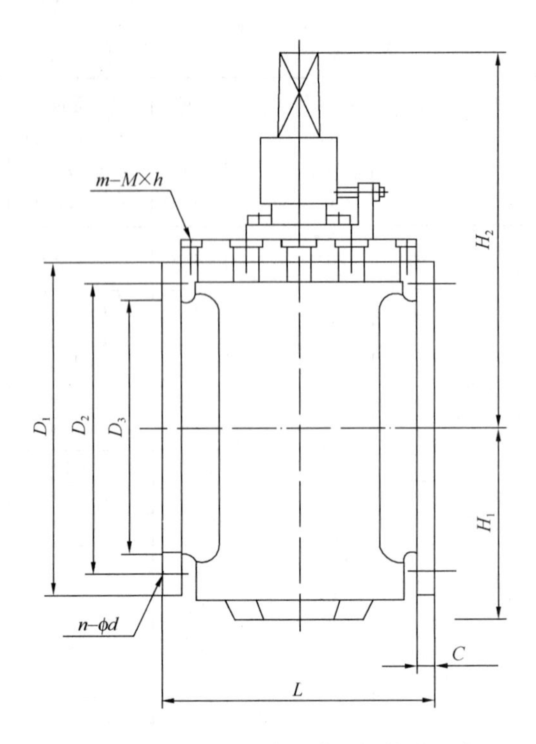

图 11-40　弹性座封偏心旋塞阀外形尺寸

弹性座封偏心旋塞阀规格及外形尺寸　　表 11-42

公称直径 DN (mm)	外形尺寸									主要生产厂商
	D_1 (mm)	D_2 (mm)	D_3 (mm)	C (mm)	n—ϕd (个—mm)	m—M×h (个—mm)	L (mm)	H_1 (mm)	H_2 (mm)	
50	165	125	99	19	4—19	—	178	84	143	上海冠龙阀门机械有限公司
65	185	145	118	19	4—19	—	190	93	143	
80	200	160	132	19	4—19	4—16 通孔	203	109	174	
100	220	180	156	19	8—19	—	229	128	174	
125	250	210	184	19	8—19	—	229	128	174	
150	285	240	211	21	4—23	4—20 通孔	267	165	—	
200	340	295	266	21	4—23	4—20 通孔	292	198	—	
250	395	350	319	24	8—23	4—20 深 30	330	249	—	
300	445	400	370	25	8—23	4—20 深 30	356	290	—	
350	505	460	429	26	8—23	8—20 深 30	432	330	—	
400	565	515	480	28	8—23	8—24 深 36	450	355	—	
450	615	565	530	28	12—28	8—24 深 36	450	355	—	
500	670	620	582	29	12—28	8—24 深 36	660	427	—	
600	780	725	682	30	12—31	8—27 深 40	762	567	—	
700	895	840	794	32.5	16—31	8—27 深 40	865	633	—	
800	1015	950	901	35	16—34	8—30 深 45	65	633	—	

11.7 减 压 阀

1. 特性与适应范围：减压阀结构为膜片式；既减动压又减静压，稳压效果好；膜片强度≥1.6MPa；高灵敏度；对支管水的汇入流出有自动调节作用；消能可靠、稳定、不振动、使用寿命长。

2. 规格及外形尺寸：减压阀规格及外形尺寸见图 11-41、表 11-43。

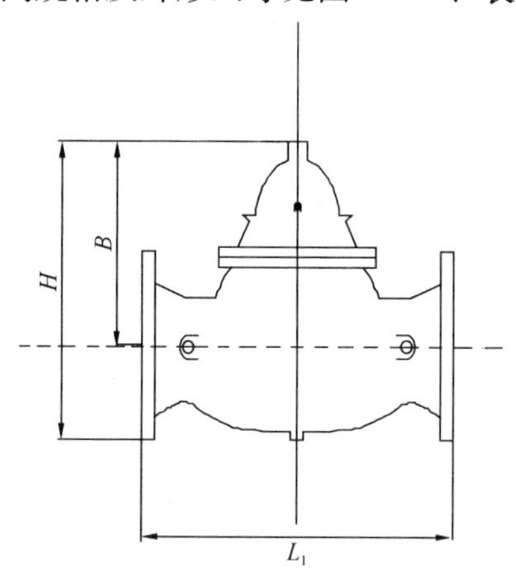

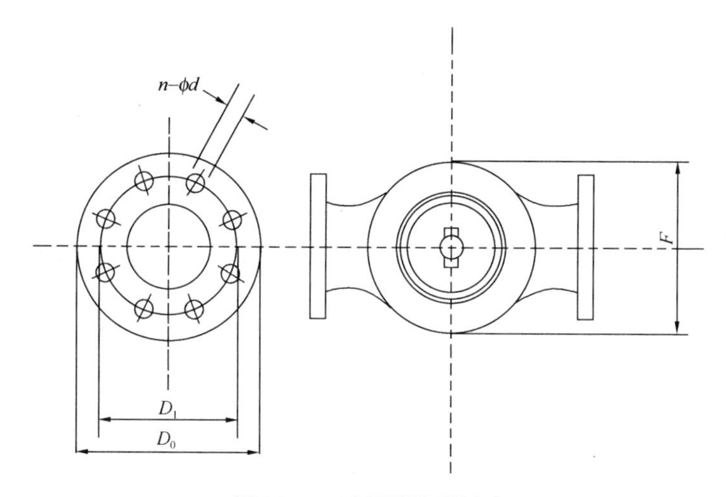

图 11-41 减压阀外形尺寸

减压阀规格及外形尺寸 表 11-43

公称直径 DN (mm)	外 形 尺 寸							主要生产厂商
	L_1 (mm)	B (mm)	F (mm)	H (mm)	D_0 (mm)	D_1 (mm)	$n-\phi d$ (个—mm)	
200	600	413	491	722	340	295	8—22	西安济源水用设备技术开发有限责任公司、天津市国威给排水设备制造有限公司、佛山市南海永兴阀门制造有限公司、上海沪航阀门有限公司
250	630	502	623	769	395	350	12—22	
300	698	600	700	806	445	400	12—22	
400	914	640	860	1040	565	515	16—26	

续表

公称直径 DN (mm)	外形尺寸							主要生产厂商
	L_1 (mm)	B (mm)	F (mm)	H (mm)	D_0 (mm)	D_1 (mm)	$n-\phi d$ (个—mm)	
500	978	728	984	1180	670	620	20—26	西安济源水用设备技术开发有限责任公司、天津市国威给排水设备制造有限公司、佛山市南海永兴阀门制造有限公司、上海沪航阀门有限公司
600	1295	780	1159	1315	780	725	20—30	
700	1448	900	1651	1760	895	840	24—30	
800	1524	950	1660	1814	1015	950	24—33	
1000	1840	1100	1420	2110	1220	1160	28—34	
1200	2200	1400	1540	2320	1450	1380	32—41	
1400	2600	1560	1860	2510	1675	1500	36—43	
1600	3000	1880	2400	2890	1915	1820	40—48	
1800	3400	2010	2600	3100	2115	2020	44—48	
2000	3800	2200	2800	3400	2325	2230	48—48	

11.8 排 泥 阀

排泥阀常用有 DY710J 型双腔隔膜式排泥阀。

DY710J 型双腔隔膜式排泥阀：

1. 适用范围：DY710J 型双腔隔膜式排泥阀一般安装于池底排污口，适用于水处理厂清水、原水（含泥沙）、污水等系统中排放池底污泥。

2. 性能规格及外形尺寸：DY710J 型双腔隔膜式排泥阀性能规格及外形尺寸见图 11-42、表 11-44。

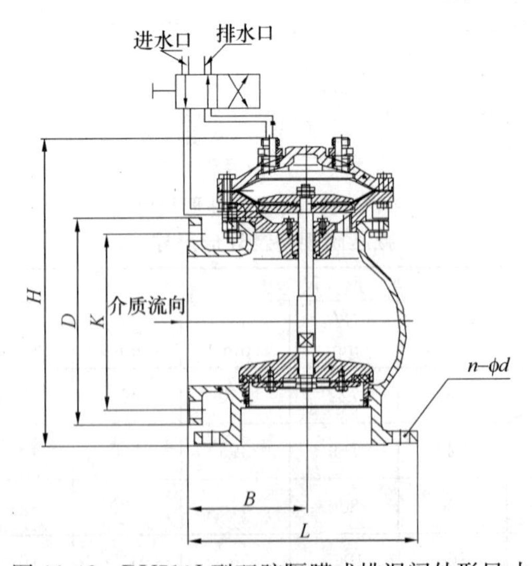

图 11-42 DY710J 型双腔隔膜式排泥阀外形尺寸

DY710J 型双腔隔膜式排泥阀性能规格及外形尺寸　表 11-44

型号	公称直径 DN (mm)	工作压力 (MPa)	外形尺寸 B (mm)	L (mm)	H (mm)	D (mm)	K (mm)	n-ϕd (个-mm)	螺纹规格 (mm)	主要生产厂商
DY710J-100	100	1.0	175	287	389	220	180	8—19	M16	武汉大禹阀门制造有限公司
DY710J-125	125	1.0	150	275	416	250	210	8—19	M16	
DY710J-150	150	1.0	150	293	428	285	240	8—23	M20	
DY710J-200	200	1.0	190	360	530	340	295	8—23	M20	
DY710J-250	250	1.0	325	565	778	395	350	12—23	M20	
DY710J-300	300	1.0	280	540	750	445	400	12—23	M20	
DY710J-350	350	1.0	280	565	800	505	460	16—23	M20	
DY710J-400	400	1.0	400	790	1075	565	515	16—28	M24	

11.9 进 排 气 阀

大型供水管道系统中一般要求有较大的进排气量，进排气阀用于管道充水排水时排出和吸进大量气体，以维持管道中压力稳定，提高供水效率，保证供水管道安全。进排气阀主要有两种类型，即气缸式和浮球式排气阀。气缸式排气阀可在任何压力下、任何流态下实现大量快速排气并可具有恒速缓冲功能，是管道防断流弥合水锤，防管道气爆理想的排气装置；浮球式排气阀种类较多，有复合式、组合式、动力复合式、智能式等，其性能大同小异，一般在中低压条件下，微量排气较好，在管道水气相间时不能大量排气。

11.9.1 QSP 型气缸式全压高速排气阀

1. 特性与适用范围：QSP 型气缸式全压高速排气阀适用于 4.0MPa 以下，且水温低于 80℃的输水管道、热力循环水管道上。它可在有压管道水气相间等流态下，不产生“气托”，可连续高速排气，且大排气口开度可因管道压力大小改变，即管道压力大，大排气口开度小，管道压力小，大排气口开度大；从而保持大量排气的体积排气量恒定不变，使管道排气后的弥合水锤升压控制在安全范围内。

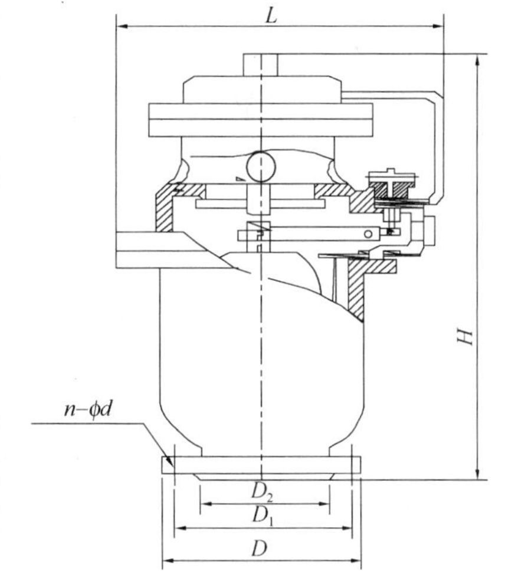

图 11-43　QSP1.0 型气缸式全压高速排气阀

2. 规格及外形尺寸：QSP1.0 型气缸式全压高速排气阀的规格及外形尺寸见图 11-43、表 11-45。

QSP1.0 型气缸式全压高速排气阀规格及外形尺寸 表 11-45

公称直径 DN (mm)	外形尺寸						主要生产厂商
	D (mm)	D_1 (mm)	D_2 (mm)	$n-\phi d$ (个—mm)	L (mm)	H (mm)	
50	195	160	135	4—18	300	620	西安济源水用设备技术开发有限责任公司、郑州市郑蝶阀门有限公司
80	195	160	135	8—18	500	620	
100	215	180	155	8—18	500	620	
150	280	240	210	8—23	620	740	
200	340	295	266	8—23	620	780	
250	395	350	319	12—23	620	820	
300	445	400	370	12—23	620	850	
400	565	515	480	16—25	700	910	
500	670	620	582	20—26	800	1000	
600	780	725	682	20—30	900	1100	

注：QSP 型还有 QSP1.6、QSP2.5、QSP4.0 型产品。

11.9.2 复合式进排气阀

复合式进排气阀在给水排水管道供水过程中能排出由水流动中析出的气体，从而减小水流阻力，避免爆管。当管道发生负压时，能自动高速进气，保证管道正常运行。复合式进排气阀常用有卷帘式复合排气阀、复合式高速进排气阀、SCAR 型复合式污水排气阀等。

11.9.2.1 卷帘式复合排气阀

卷帘式复合排气阀性能规格及外形尺寸见图 11-44、表 11-46。

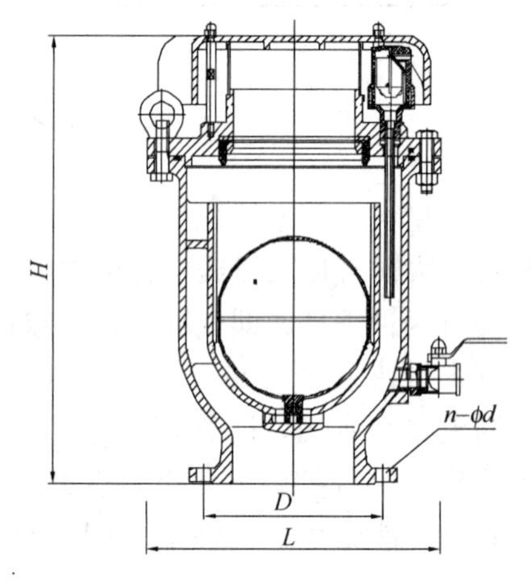

图 11-44 卷帘式复合排气阀外形尺寸

卷帘式复合排气阀性能规格及外形尺寸 表 11-46

公称直径 DN (mm)	工作压力 (MPa)	外形尺寸				主要生产厂商
		H (mm)	L (mm)	D (mm)	$n-\phi d$ (个—mm)	
50	1.0、1.6	320	230	125	4—19	武汉大禹阀门制造有限公司、上海冠龙阀门机械有限公司
65	1.0、1.6	380	280	145	4—19	
80	1.0、1.6	435	320	160	8—19	
100	1.0、1.6	470	380	180	8—18	
150	1.0、1.6	575	465	240	8—23	
200	1.0	689	520	295	8—23	
250	1.0	680	545	355	12—23	
300	1.0	690	545	410	12—23	
400	1.0	990	780	525	16—28	

11.9.2.2 复合式高速进排气阀

复合式高速进排气阀性能规格及外形尺寸见图 11-45、表 11-47。

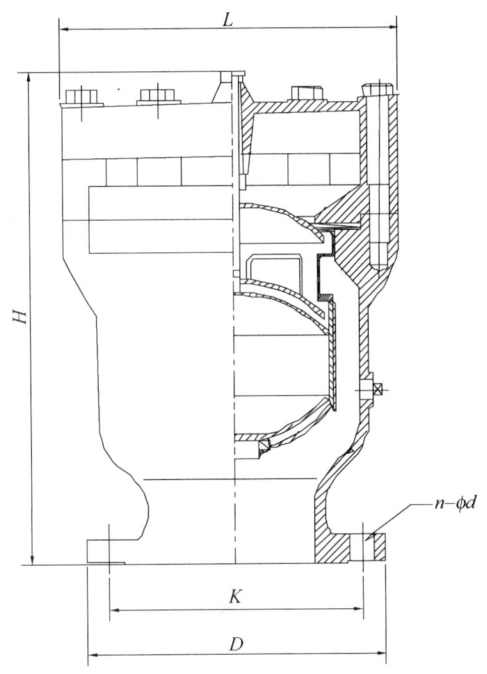

图 11-45 复合式高速进排气阀外形尺寸

复合式高速进排气阀性能规格及外形尺寸 表 11-47

公称直径 DN (mm)	工作压力 (MPa)	外形尺寸					主要生产厂商
		H (mm)	L (mm)	D (mm)	K (mm)	n—ϕd (个—mm)	
50	1.0	340	162	165	125	4—19	佛山市南海永兴阀门制造有限公司、山东建华阀门制造有限公司、上海沪航阀门有限公司
65		340	162	185	145	4—19	
80		384	218	200	160	8—19	
100		384	218	220	180	8—19	
150		446	320	285	240	8—23	
200		530	410	340	295	8—23	

11.9.2.3 SCAR 型复合式污水排气阀

SCAR 型复合式污水排气阀规格及外形尺寸见图 11-46、表 11-48。

SCAR 型复合式污水排气阀规格及外形尺寸 表 11-48

型 号	公称直径 DN (mm)	外形尺寸					主要生产厂商
		D (mm)	D_1 (mm)	D_2 (mm)	H (mm)	n—ϕd (个—mm)	
SCAR-0050	50	162	125	165	528	4—19	上海冠龙阀门机械有限公司
SCAR-0080	80	261	160	200	613	8—19	
SCAR-0100	100	280	180	220	698	8—19	
SCAR-0150	150	356	240	285	870	8—23	
SCAR-0200	200	446	295	340	1095	8—23	

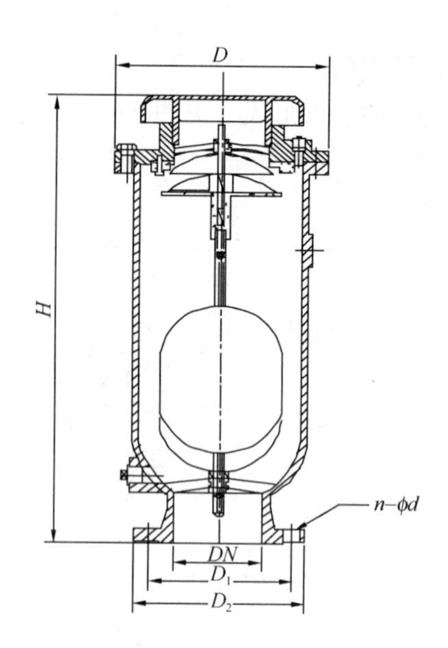

图11-46 SCAR型复合式污水排气阀外形尺寸

11.9.3 DUOJET型自动进排气阀

1. 特性与适用范围：DUOJET型自动进排气阀可安装于中性流介质的管网和阀门井中，在启泵、停泵及管网正常运行中吸入排出气体，防止出现压力过高或真空情况。

2. 性能规格及外形尺寸：DUOJET型自动进排气阀性能规格及外形尺寸见图11-47、表11-49。

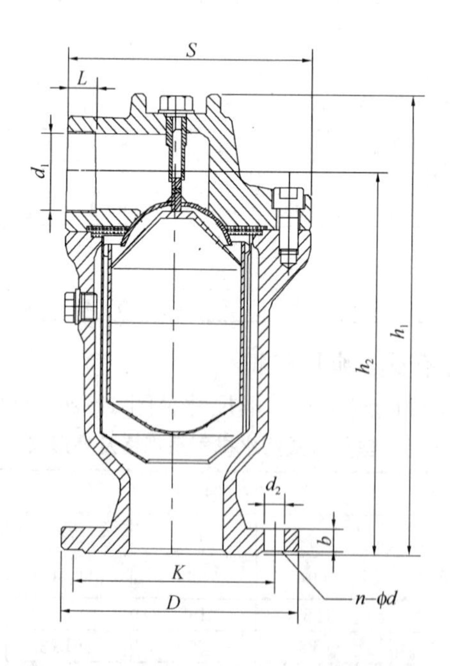

图11-47 DUOJET型自动进排气阀外形尺寸

DUOJET型自动进排气阀性能规格及外形尺寸　　表 11-49

公称直径 DN (mm)	工作压力 (MPa)	适用温度≤ (℃)	质量 (kg)	外形尺寸										主要生产厂商
				S (mm)	L (mm)	d_1 (in)	d_2 (mm)	b (mm)	h_1 (mm)	h_2 (mm)	D (mm)	K (mm)	n—φd (个—mm)	
50	1.0、1.6	50	15	160	20	G1	18	19	280	240	165	125	4—18	阀安格水处理系统（太仓）有限公司
50			25	185	25	G2	18	19	340	282	165	125	4—18	
80			25	185	25	G2	18	19	340	282	200	160	8—18	
100			28	205	30	G2	18	19	380	317	220	180	8—18	
150			56	260	40	G4	22	19	510	423	285	240	8—22	
200			75	260	40	G4	22	20	510	423	340	295	12—22	
50	2.5		15	160	20	G1	—	—	280	240	—	—	—	
50			25	185	25	G2	18	19	340	282	165	125	4—18	
80			25	185	25	G2	18	19	340	282	200	160	8—18	
100			28	205	30	G2	22	19	380	317	235	190	8—22	
150			56	260	40	G4	26	20	510	423	300	250	8—26	
200			75	260	40	G4	26	22	510	423	360	310	12—26	

11.9.4 智能排气阀

1. 特性与适用范围：智能排气阀工作压力为1.0～4.0MPa，适应压差0.01MPa以上。密封机构采用膜片式密封结构和特殊球面的镶入式密封，传动机构采用膜片式传动和机械导向传动。流线型排气通道设计使排气更快速。上部设有大型减振消声器，避免过早关闭产生管震和噪声。重量轻，体积小。材料为锡青铜和特制环保橡胶，基本无需维修。

2. 性能规格及外形尺寸：智能排气阀性能规格及外形尺寸见图11-48、表11-50。

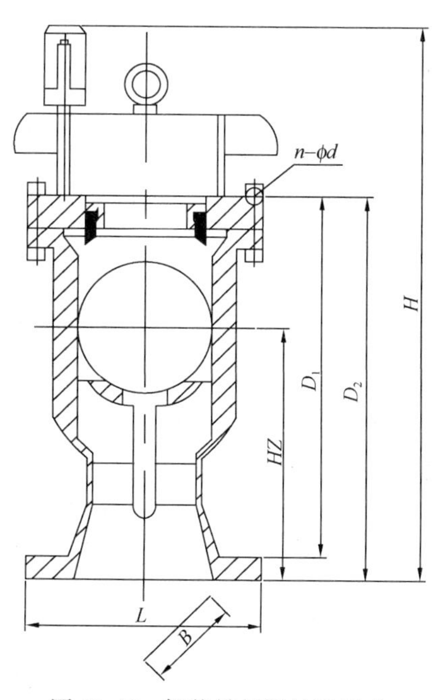

图 11-48　智能排气阀外形尺寸

表 11-50

智能排气阀规格及外形尺寸

公称直径 DN (mm)	外形尺寸																	主要生产厂商
	D_1 (mm)				D_2 (mm)				HZ (mm)	$L\times B\times H$ (mm)				$n-\phi d$ (个—mm)				
	1.0 MPa	1.6 MPa	2.5 MPa	4.0 MPa	1.0 MPa	1.6 MPa	2.5 MPa	4.0 MPa	1.0 MPa	1.0MPa	1.6MPa	2.5MPa	4.0MPa	1.0MPa	1.6MPa	2.5MPa	4.0MPa	
50	125	125	125	125	160	160	160	165	84	256×178×323	256×178×323	256×178×323	256×178×323	4—18	4—18	4—18	4—18	天津市国威给排水设备制造有限公司
65	145	145	145	145	180	180	180	185	90	280×184×336	280×184×336	284×184×338	286×186×340	4—18	4—18	8—18	8—18	
80	160	160	160	160	195	195	195	200	100	316×220×352	316×220×354	316×220×354	318×222×356	4—18	8—18	8—18	8—18	
100	180	180	190	190	215	215	230	235	116	328×244×411	332×244×413	344×244×413	348×248×417	8—18	8—18	8—23	8—23	
125	210	210	220	220	245	245	270	270	188	388×260×482	392×260×484	404×260×486	408×264×490	8—18	8—18	8—25	8—30	
150	240	240	250	250	280	280	300	330	146	496×344×488	504×344×492	508×344×494	512×348×498	8—23	8—23	8—25	8—30	
200	295	295	310	320	335	335	360	375	190	506×410×592	514×410×596	522×410×600	528×416×606	8—23	12—23	12—25	12—30	
250	350	365	370	385	390	405	425	450	255	612×450×718	620×450×722	628×450×726	634×456×732	12—23	12—25	12—30	12—34	
300	400	410	430	450	440	460	485	515	285	706×530×809	718×536×815	730×536×821	738×544×829	12—23	12—25	16—30	16—34	
350	460	470	490	510	500	520	550	580	355	900×730×985	916×730×993	928×730×999	936×738×1007	16—23	16—25	16—34	16—34	
400	515	525	550	585	565	580	610	660	375	980×756×1036	996×756×1044	1012×756×1052	1020×764×1060	16—25	16—30	16—34	16—41	
450	565	585	600	—	615	640	660	—	424	1020×762×1175	1036×762×1183	1060×762×1191	—	20—25	20—30	20—34	—	
500	620	650	660	—	670	705	730	—	510	1240×1010×1307	1264×1010×1319	1276×1010×1325	—	20—25	20—34	20—41	—	
600	725	770	770	—	780	840	845	—	515	1400×1180×1401	1436×1180×1419	1440×1180×1420	—	20—30	20—41	20—41	—	
700	840	840	—	—	895	910	—	—	646	1500×1168×1700	1528×1168×1714	—	—	24—30	24—41	—	—	
800	950	950	—	—	1010	1020	—	—	900	1680×1360×2141	1700×1360×2151	—	—	24—34	24—41	—	—	
900	1050	1050	—	—	1115	1125	—	—	—	1800×1580×2140	1850×1550×2350	—	—	28—34	28—41	—	—	
1000	1160	1170	—	—	1230	1255	—	—	—	2115×1900×2400	2200×1900×2420	—	—	28—37	28—44	—	—	
1200	1380	1390	—	—	1455	1485	—	—	—	2600×2000×2440	2620×2000×2500	—	—	32—41	32—50	—	—	

11.10 流量调节阀、水位控制阀

流量调节阀、水位控制阀常用有水力平衡浮球阀、流量水位双控阀（消能阀）。

11.10.1 水力平衡浮球阀

1. 适用范围：水力平衡浮球阀适用于水池、水箱的高水位控制，工作压力变化范围为0～1.0MPa。

2. 性能规格及外形尺寸：水力平衡浮球阀性能规格及外形尺寸见图11-49、表11-51。

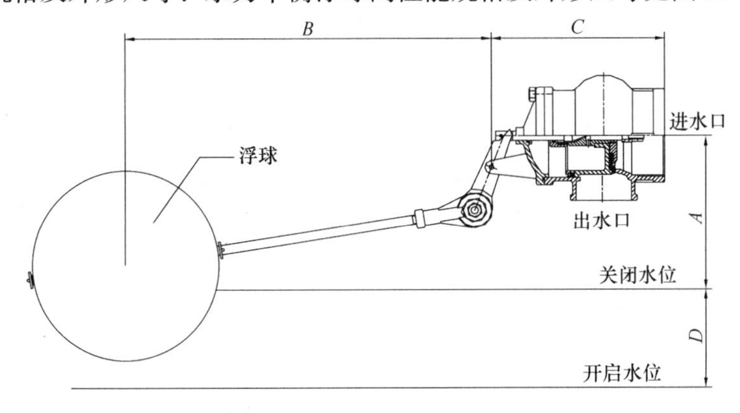

图11-49 水力平衡浮球阀外形尺寸

水力平衡浮球阀性能规格及外形尺寸 **表11-51**

型号	公称直径（mm）	工作压力（MPa）	外形尺寸（mm）				主要生产厂商
			A	B	C	D≥	
Fs713X-10P	40	1.0	165	400	130	100	上海上龙阀门厂
	50	1.0	170	400	140	100	
	65	1.0	170	400	140	100	
	80	1.0	185	400	165	120	
	100	1.0	185	400	170	120	
Fs743X-10P	150	1.0	220	500	190	150	
	200	1.0	250	500	220	150	

11.10.2 流量水位双控阀（消能阀）

流量水位双控阀（消能阀）用于重力流输水管道减压水池内，自动匹配水池进出水管流量；同时与对冲式消能器联合工作，消除进水管道来水的剩余能量。最低的动作压力为0.03MPa，动作规律曲线的最大水锤升压值不超过0.05MPa。其型式为Y型三通流量水位双控阀。

Y型三通流量水位双控阀：

Y 型三通流量水位双控阀规格及外形尺寸见图 11-50、表 11-52。

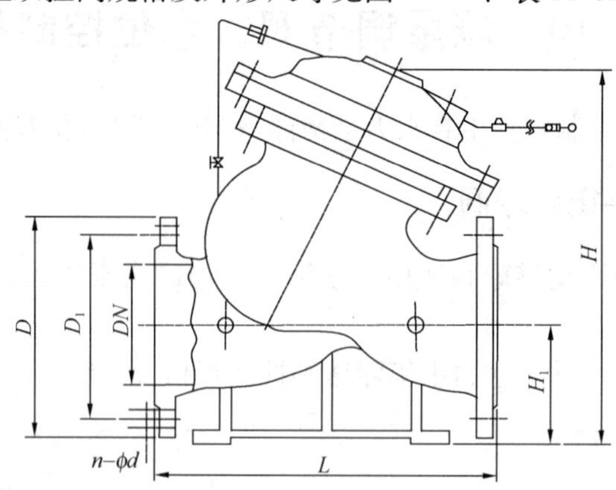

图 11-50　Y 型三通流量水位双控阀外形尺寸

Y 型三通流量水位双控阀规格及外形尺寸　　**表 11-52**

公称直径 DN (mm)	外形尺寸						主要生产厂商
	L (mm)	H (mm)	H_1 (mm)	D (mm)	D_1 (mm)	n—ϕd (个—mm)	
50	240	270	—	165	125	4—18	西安济源水用设备技术开发有限责任公司
65	300	340	—	185	145	4—18	
80	310	400	—	200	160	8—18	
100	320	440	—	220	180	8—18	
125	390	460	—	250	210	8—18	
150	460	500	—	285	240	8—22	
200	500 540	640	—	340	295	8—22	
250	610	680	—	395	350	12—22	
300	700	820	230	445	400	12—22	
350	800	950	260	505	460	16—22	
400	980	1150	295	565	515	16—26	
450	1050	1400	335	615	565	20—26	
500	1100	1550	350	670	620	20—26	
600	1300	1600	410	780	725	20—30	
700	1520	1750	478	895	840	24—30	
800	1560	1900	550	1015	950	24—33	
900	1800	2100	603	1115	1050	28—33	
1000	2000	2400	665	1230	1160	28—36	
1200	2350	2800	780	1455	1380	32—39	

11.11 水锤消除装置

水锤消除装置安装于压力管道输水系统中，用以调节压力管道中的过高压力及负压，从而有效地避免或降低水锤压力，保持系统的正常运行。常用有 JHX1.0（1.6、2.5、4.0、6.3）型箱式双向调压塔等。

JHX1.0 型箱式双向调压塔：

1. 性能特点：JHX1.0 型箱式双向调压塔采用活塞增压原理，使调压塔高度大幅降低，一般仅 5m 左右，完全等价于任何普通调压塔的作用。与超压泄压阀相比，箱式调压塔为直接动作类型，无滞后动作和拒动作等缺陷，而超压泄压阀水击预防则为先导类泄压装置，先导阀动作后，主阀才泄压，有严重的滞动作和拒动作问题。

2. 规格及外形尺寸：JHX1.0 型箱式双向调压塔规格及外形尺寸见图 11-51、表 11-53。

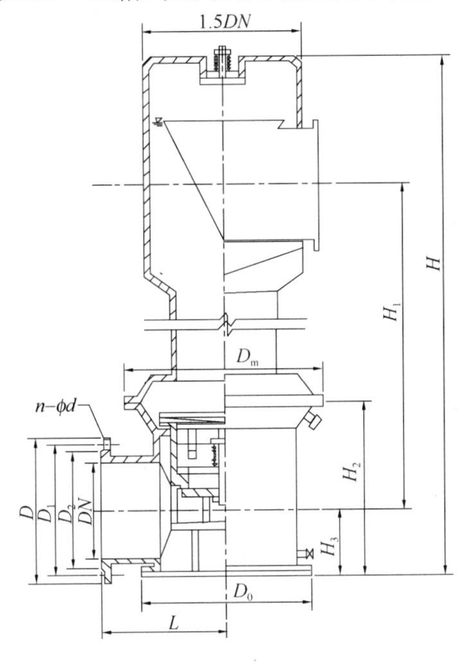

图 11-51 JHX1.0 型箱式双向调压塔外形尺寸

JHX1.0 型箱式双向调压塔规格及外形尺寸 表 11-53

公称直径 DN (mm)	外形尺寸											主要生产厂商
	D (mm)	D_1 (mm)	D_2 (mm)	$n-\phi d$ (个—mm)	L (mm)	H (mm)	H_1 (mm)	H_2 (mm)	H_3 (mm)	D_0 (mm)	D_m (mm)	
100	220	180	200	8—18	480	3300	2900	300	200	285	670	西安济源水用设备技术开发有限责任公司、郑州市郑蝶阀门有限公司
150	285	240	215	8—22	540	3400	2950	350	200	340	780	
200	340	295	270	8—22	590	3500	2950	450	250	445	895	
250	395	350	320	12—22	650	3600	2980	540	280	505	895	
300	445	400	370	12—22	650	3800	3100	600	300	670	1015	
350	505	460	430	16—22	710	4000	3200	680	320	670	1015	
400	565	515	480	16—26	710	4000	3200	760	360	780	1230	

续表

公称直径 DN (mm)	外形尺寸											主要生产厂商
	D (mm)	D_1 (mm)	D_2 (mm)	$n-\phi d$ (个—mm)	L (mm)	H (mm)	H_1 (mm)	H_2 (mm)	H_3 (mm)	D_0 (mm)	D_m (mm)	
500	670	620	590	20—26	820	4200	3200	880	380	895	1230	西安济源水用设备技术开发有限责任公司、郑州市郑蝶阀门有限公司
600	780	725	690	20—30	820	4400	3300	1040	440	1015	1455	
700	895	840	805	24—30	930	4600	3300	1180	480	1230	1455	
800	1015	950	910	24—33	930	4800	3360	1340	520	1230	1675	
900	1115	1050	1010	28—33	1040	5000	3360	1480	580	1455	1915	
1000	1230	1160	1120	28—36	1200	5200	3400	1640	640	1675	2115	
1200	1455	1380	1340	32—39	1220	5500	3400	1940	740	1915	2325	
1400	1675	1590	1540	36—42	1380	5800	3400	2240	840	2325	2550	
1600	1915	1820	1760	40—48	1500	6000	3400	2540	940	2550	2760	
1800	2115	2020	1970	42—48	1600	6200	3400	2860	1060	2760	3180	
2000	2325	2230	2180	48—48	1720	6400	3400	3180	1180	3180	3345	

注：JHX 型还有 JHX1.6、JHX2.5、JHX4.0、JHX6.3 型产品。

11.12 倒流防止器

倒流防止器常用有低阻力倒流防止器、SBP741X-10/16—J 倒流防止器、DYJDFQ4X 型倒流防止器、FRP 型倒流防止器、FDC 双止回倒流防止器、YQSDFQ8TX-10Q/16Q 沟槽连接双止回倒流防止器、YQSDFQ4TX-10Q/16Q 法兰连接双止回倒流防止器、YQDFQ8TX-10Q/16Q 沟槽连接减压型倒流防止器、YQDFQ4TX-10Q/16Q 法兰连接减压型倒流防止器等。

11.12.1 低阻力倒流防止器

1. 适用范围：低阻力倒流防止器适用于生活饮用水管道（如城镇供水管道）与下游用户管道、设备之间的水质隔断和回流压力隔断。

2. 规格及外形尺寸：低阻力倒流防止器规格及外形尺寸见图 11-52、图 11-53、表 11-54。

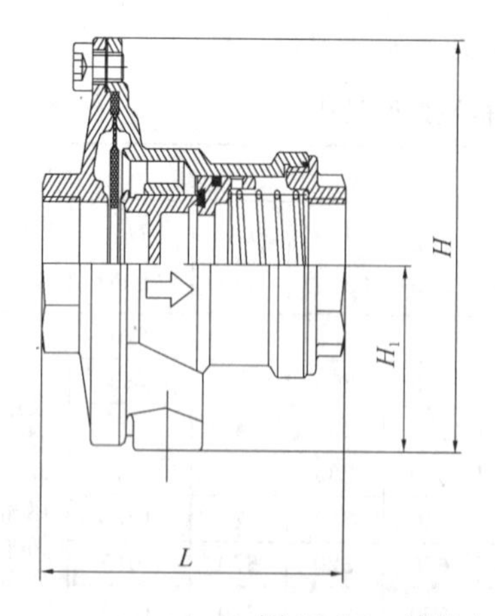

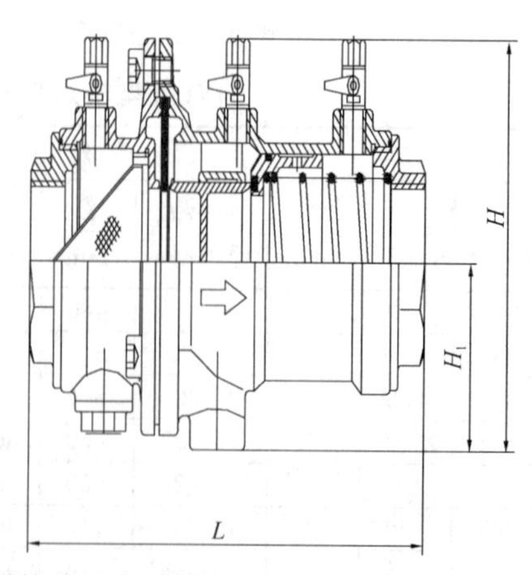

图 11-52 低阻力倒流防止器外形尺寸（螺纹连接）

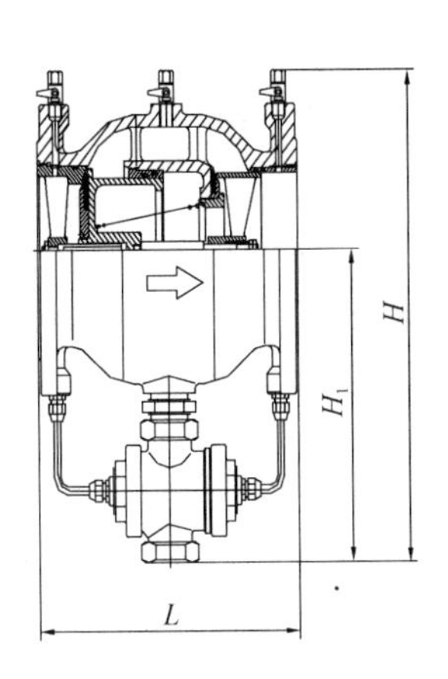

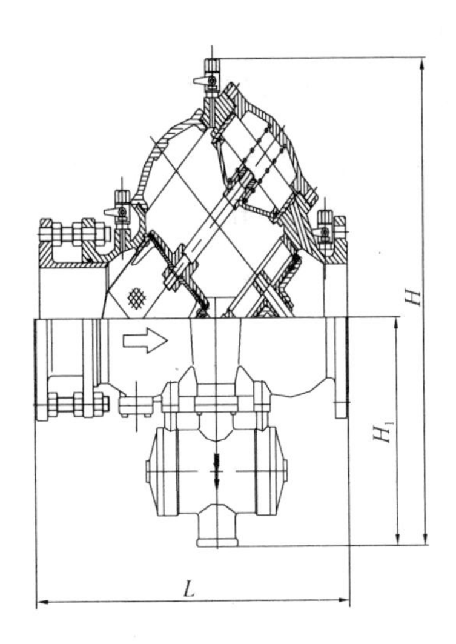

图 11-53 低阻力倒流防止器外形尺寸（法兰连接）

低阻力倒流防止器规格及外形尺寸 表 11-54

公称直径 DN (mm)	外形尺寸（mm）			压力等级 (MPa)	主要生产厂商
	L	H	H_1		
15	107	75	38	1.0、1.6	上海上龙阀门厂、天津市国威给排水设备制造有限公司
20	107	75	38		
25	110	75	38		
32	235	128	64		
40	235	128	64		
50	255	172	82		
50	185	270	160		
65	210	286	166		
80	225	310	176		
100	250	335	195		
150	340	410	235		
200	400	466	266		
65	320	330	190		
80	450	350	210		
100	500	385	230		
150	600	510	285		
200	760	656	336		
250	950	830	430		
300	1070	980	510		
350	1270	1000	600		
400	1430	1250	680		

11.12.2 SBP741X-10/16-J 倒流防止器

1. 适用范围：SBP741X-10/16-J 倒流防止器适用于城市供水单位向一般污染单位供水时，为严格限定管道中的压力水只能单向流动的水力控制组合装置。其功能是在任何工况下防止管道中的介质倒流或虹吸倒流，以达到避免倒流污染的目的。

2. 规格及外形尺寸：SBP741X-10/16-J 倒流防止器规格及外形尺寸见图 11-54、表 11-55。

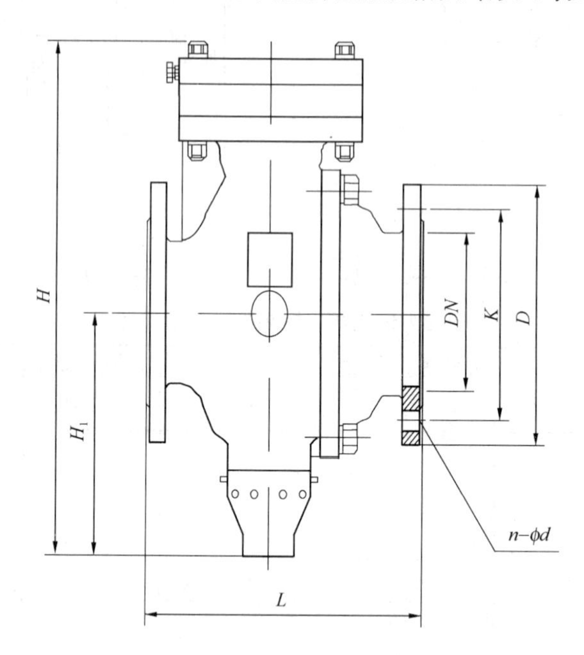

图 11-54 SBP741X-10/16-J 倒流防止器外形尺寸

SBP741X-10/16-J 倒流防止器规格及外形尺寸 **表 11-55**

公称直径 DN (mm)	外形尺寸									主要生产厂商
	L (mm)	H (mm)	H_1 (mm)	D (mm)		K (mm)		n—φd (个—mm)		
				1.0MPa	1.6MPa	1.0MPa	1.6MPa	1.0MPa	1.6MPa	
50	230	282	131	165	165	125	125	4—19	4—19	天津市国威给排水设备制造有限公司
65	236	300	136	185	185	145	145	4—19	4—19	
80	276	365	168	200	200	160	160	8—19	8—19	
100	298	438	206	220	220	180	180	8—19	8—19	
125	303	438	206	250	250	210	210	8—19	8—19	
150	364	497	241	285	285	240	240	8—23	8—23	
200	470	602	273	340	340	295	295	8—23	12—23	
250	530	735	320	395	405	350	355	12—23	12—28	
300	580	790	360	445	460	400	410	12—23	12—28	
350	690	920	430	505	520	460	470	16—23	16—28	
400	770	1070	477	565	580	515	525	16—28	16—31	

11.12.3 DYJDFQ4X型倒流防止器

1. 适用范围：DYJDFQ4X型倒流防止器适用于安装在与生活饮用水管道相连的各支管的入口，生活饮用水管道与加压设备之间。

2. 规格及外形尺寸：DYJDFQ4X型倒流防止器规格及外形尺寸见图11-55、表11-56。

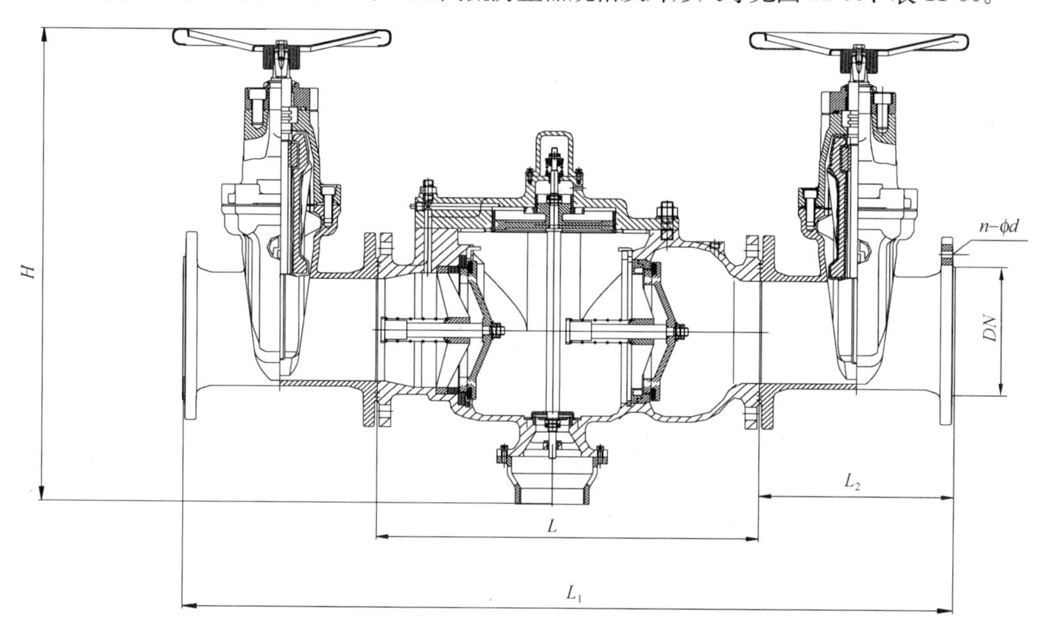

图11-55 DYJDFQ4X型倒流防止器外形尺寸

DYJDFQ4X型倒流防止器规格及外形尺寸 表11-56

公称直径 DN (mm)	外形尺寸					质量 (kg)	主要生产厂商
	L (mm)	L_1 (mm)	L_2 (mm)	H (mm)	n—ϕd (个—mm)		
15	95	255	80	150	—	4	武汉大禹阀门制造有限公司
20	105	285	90	165	—	5	
25	125	325	100	185	—	7	
32	150	390	120	215	—	11	
40	170	430	130	265	—	15	
50	210	566	178	325	4-19	45	
65	230	615	190	375		52	
80	275	695	203	465	8-19	60	
100	335	820	229	560		85	
125	365	885	254	635		95	
150	410	985	267	700	8-23	135	
200	520	1250	292	825		215	
250	620	1350	330	915	12-23	445	
300	720	1520	356	1025		585	
350	830	1650	381	1135	16-23	735	
400	935	1820	406	1315	16-28	895	

11.12.4 FRP型倒流防止器

1. 适用范围：FRP型倒流防止器适用于市政管网中，其功能是在任何工况下防止管道中的介质倒流或虹吸倒流，以达到避免倒流污染的目的。

2. 规格及外形尺寸：FRP型倒流防止器规格及外形尺寸见图11-56、表11-57。

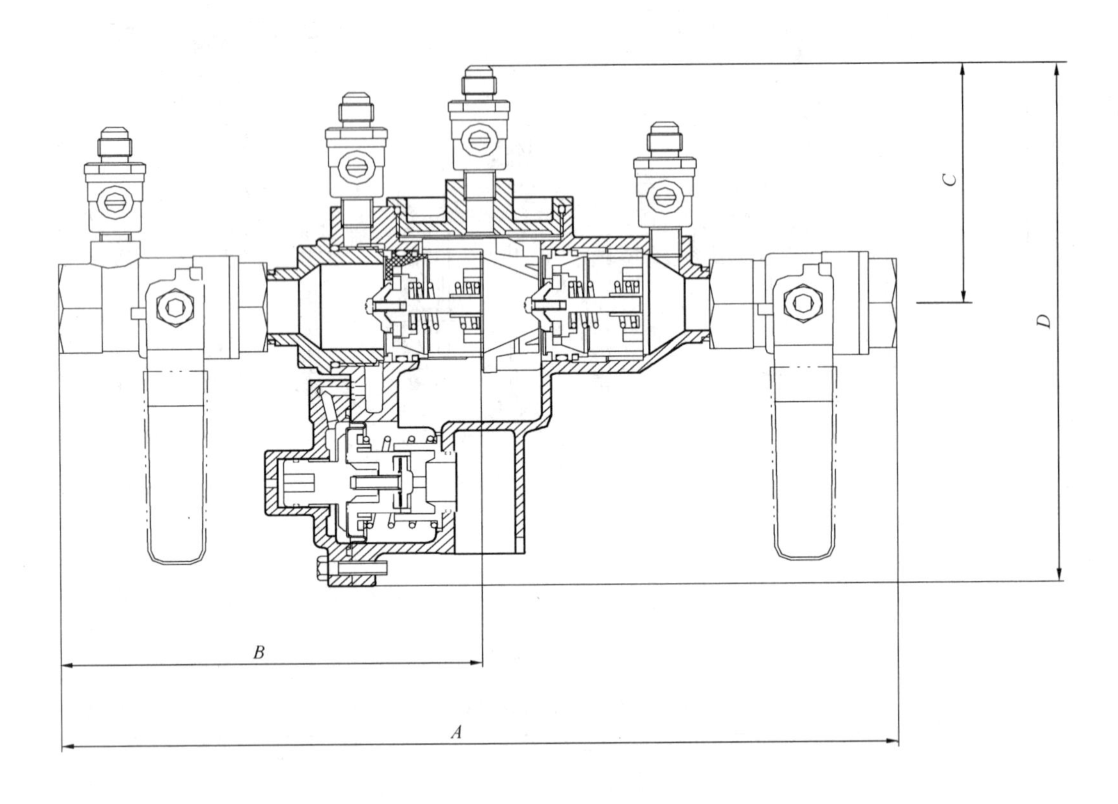

图11-56 FRP型倒流防止器外形尺寸

FRP型倒流防止器规格及外形尺寸（mm） **表11-57**

公称直径 DN	外形尺寸				主要生产厂商
	A	B	C	D	
15	257	129	87	103	宁波华成阀门有限公司
20	271	137	87	187	
25	314	156	92	198	

11.12.5 双止回倒流防止器

双止回倒流防止器常用有FDC型双止回倒流防止器、YQSDFQ8TX-10Q/16Q型沟槽连接双止回倒流防止器、YQSDFQ8TX-10Q/16Q型法兰连接双止回倒流防止器。

11.12.5.1 FDC型双止回倒流防止器

1. 适用范围：FDC型双止回倒流防止器适用于城市供水单位向一般污染单位供水时，为严格限定管道中的压力水只能单向流动的水力控制组合装置。

2. 规格及外形尺寸：FDC 型双止回倒流防止器规格及外形尺寸见图 11-57、表 11-58。

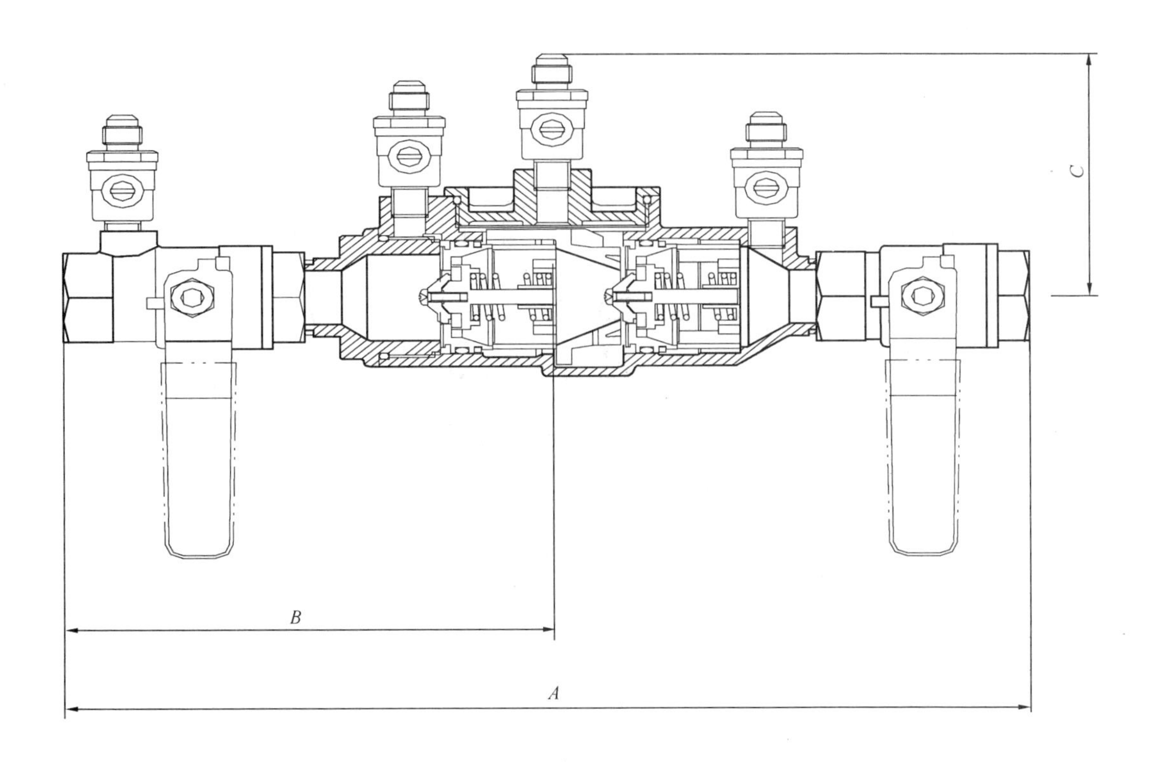

图 11-57 FDC 型双止回倒流防止器外形尺寸

FDC 型双止回倒流防止器规格及外形尺寸（mm） **表 11-58**

公称直径 DN	外形尺寸			主要生产厂商
	A	B	C	
15	257	129	87	宁波华成阀门有限公司
20	271	137	87	
25	314	156	92	
32	365	184	102	
40	380	193	102	
50	443	217	168	

11.12.5.2 YQSDFQ8TX-10Q/16Q 型沟槽连接双止回倒流防止器

1. 适用范围：YQSDFQ8TX-10Q/16Q 型沟槽连接双止回倒流防止器适用于自来水管网，防止管道中的介质倒流，以达到避免倒流污染的目的。

2. 规格及外形尺寸：YQSDFQ8TX-10Q/16Q 型沟槽连接双止回倒流防止器规格及外形尺寸见图 11-58、表 11-59。

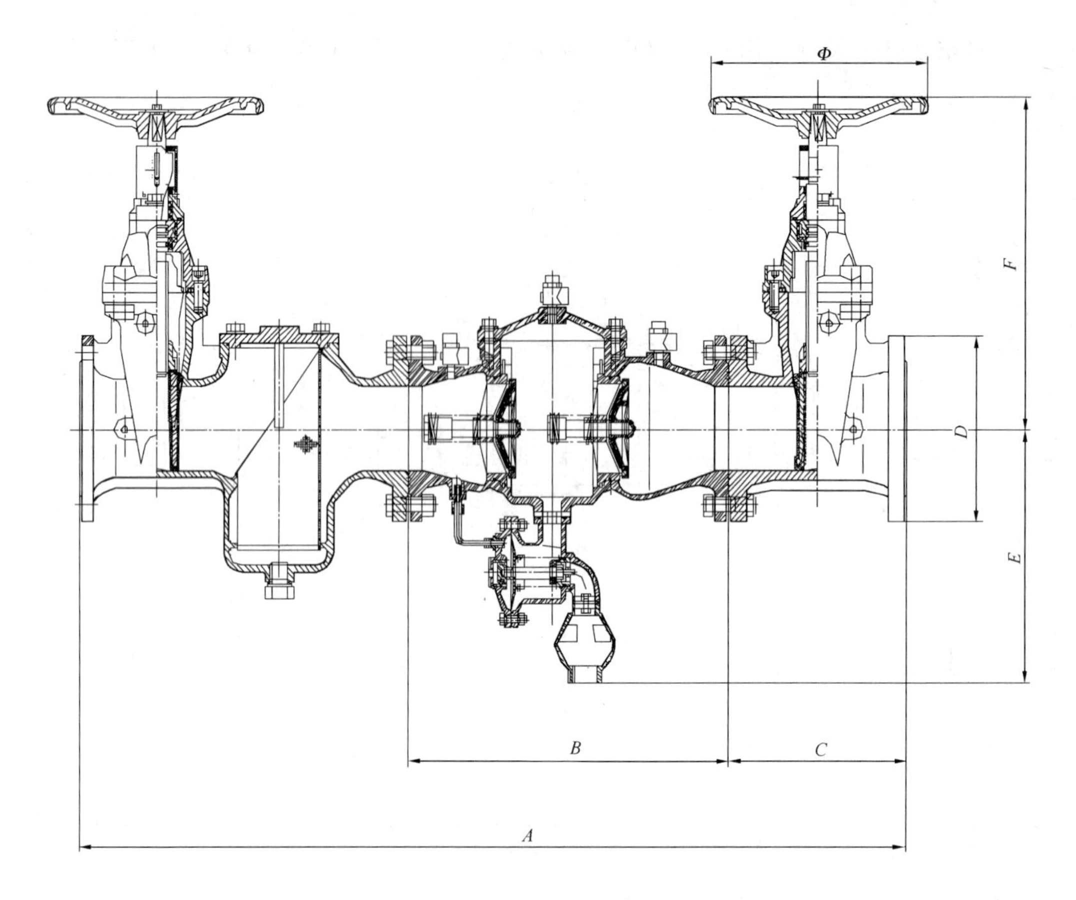

图 11-58 YQSDFQ8TX-10Q/16Q 型沟槽连接双止回倒流防止器外形尺寸

YQSDFQ8TX-10Q/16Q 型沟槽连接双止回倒流防止器规格及外形尺寸　　表 11-59

公称直径 DN（mm）	外形尺寸（mm）							质量（kg）	主要生产厂商
	A	B	C	D	E	F	Φ		
65	769 (619)	279	320 (170)	76	190	315 (275)	200	55.5 (51)	佛山市南海永兴阀门制造有限公司
80	871 (691)	331	360 (180)	89	200	365 (325)	240	73 (88)	
100	1060 (795)	415	400 (190)	114	205	400 (355)	280	108 (99.5)	
150	1260 (950)	530	520 (210)	165	255	505 (450)	360	172 (157.5)	
200	1505 (1105)	645	630 (230)	219	305	595 (545)	360	262 (235)	
250	1755 (1250)	750	755 (250)	273	370	675 (620)	450	512 (467)	
300	2010 (1400)	860	880 (270)	325	430	792 (745)	450	667 (606)	
350	2275 (1568)	985	1000 (290)	377	500	895 (840)	450	819 (747)	
400	2535 (1720)	1100	1125 (310)	426	560	1010 (950)	640	1081 (996)	

注：括弧内数字为进口闸阀不带桶形过滤器时的数据。

11.12.5.3 YQSDFQ4TX-10Q/16Q 型法兰连接双止回倒流防止器

1. 适用范围：YQSDFQ4TX-10Q/16Q 型法兰连接双止回倒流防止器适用于市政管道中，防止管道中的介质倒流，以达到避免倒流污染的目的。

2. 规格及外形尺寸：YQSDFQ4TX-10Q/16Q 型法兰连接双止回倒流防止器规格及外形尺寸见图 11-59、表 11-60。

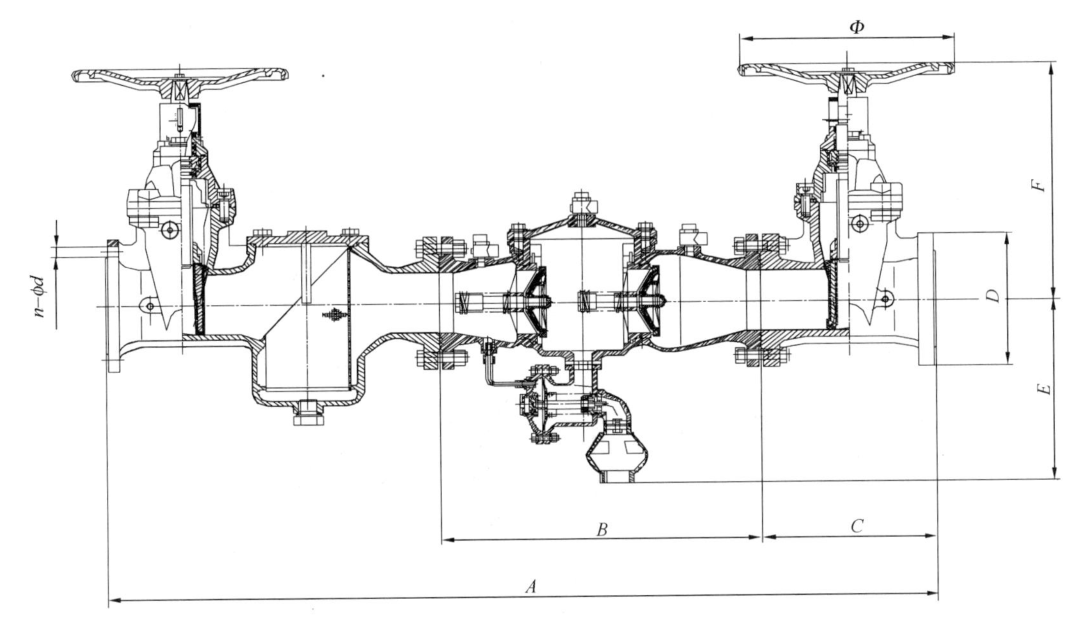

图 11-59 YQSDFQ4TX-10Q/16Q 型法兰连接双止回倒流防止器外形尺寸

YQSDFQ4TX-10Q/16Q 型法兰连接双止回倒流防止器规格及外形尺寸 表 11-60

公称直径 DN(mm)	外形尺寸									质量(kg)	主要生产厂商
	A (mm)	B (mm)	C (mm)	D (mm)	E (mm)	F (mm)	Φ (mm)	n—φd（个—mm） 1.0MPa	n—φd（个—mm） 1.6MPa		
65	770 (619)	279	320 (170)	185	190	350 (315)	200	4-19		60 (56)	佛山市南海永兴阀门制造有限公司
80	873 (691)	331	360 (180)	200	200	415 (365)	240	8-19		78 (73)	
100	1060 (795)	415	400 (190)	220	205	445 (400)	280	8-23		111.5 (103)	
150	1260 (950)	530	520 (210)	285	255	545 (505)	360	8-23		182 (167.5)	
200	1505 (1105)	645	630 (230)	340	305	650 (595)	360	8-23	12-23	277 (250)	
250	1755 (1250)	750	755 (250)	400	370	740 (675)	450	12-23	12-28	492 (447)	
300	2030 (1400)	860	880 (270)	455	430	850 (792)	450	12-23	12-28	654.5 (625)	
350	2199 (1568)	985	1000 (290)	515	500	955 (895)	450	16-23	16-28	814.4 (739)	
400	2560 (1720)	1100	1125 (310)	575	560	1060 (1010)	450	16-28	16-31	1094 (1022)	

注：括弧内数字为进口闸阀不带桶形过滤器时的数据。

11.12.6 减压型倒流防止器

减压型倒流防止器常用有 YQDFQ8TX-10Q/16Q 沟槽连接减压型倒流防止器、YQD-FQ4TX-10Q/16Q 法兰连接减压型倒流防止器。

11.12.6.1 YQDFQ8TX-10Q/16Q 沟槽连接减压型倒流防止器

1. 适用范围：YQDFQ8TX-10Q/16Q 沟槽连接减压型倒流防止器适用于各种形式的“交叉连接”，确保与城市自来水管网的接入安全。

2. 规格及外形尺寸：YQDFQ8TX-10Q/16Q 沟槽连接减压型倒流防止器规格及外形尺寸见图 11-60、表 11-61。

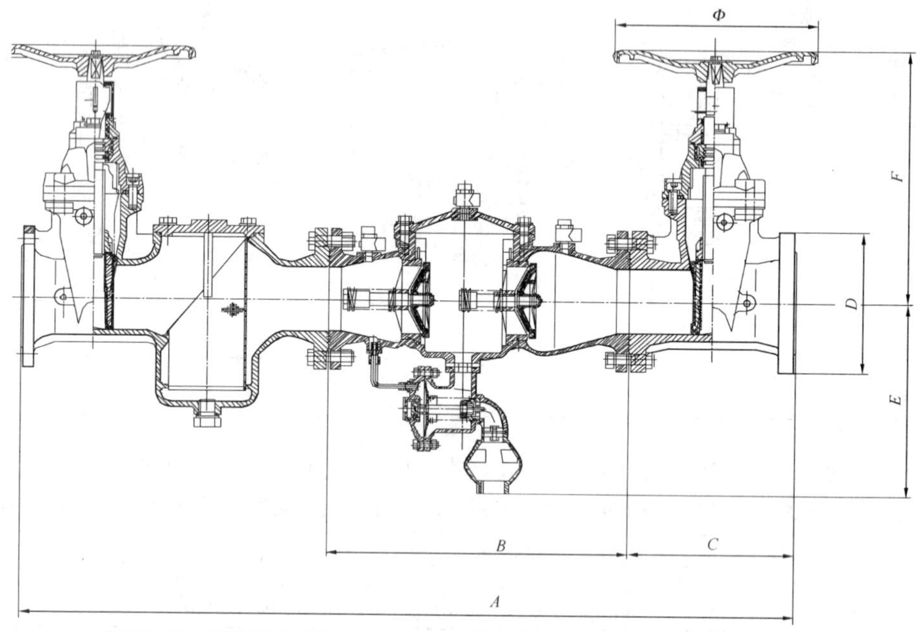

图 11-60 YQDFQ8TX-10Q/16Q 沟槽连接减压型倒流防止器外形尺寸

YQDFQ8TX-10Q/16Q 沟槽连接减压型倒流防止器规格及外形尺寸 表 11-61

公称直径 DN(mm)	外形尺寸(mm)							质量(kg)	主要生产厂商
	A	B	C	D	E	F	Φ		
65	769 (619)	279	320 (170)	76	270	315 (275)	200	57.5 (53)	佛山市南海永兴阀门制造有限公司
80	871 (691)	331	360 (180)	89	270	365 (325)	240	75 (70)	
100	1060 (795)	415	400 (190)	114	295	400 (355)	280	110 (101.5)	
150	1260 (950)	530	520 (210)	165	365	505 (450)	360	175 (160.5)	
200	1505 (1105)	645	630 (230)	219	401	595 (545)	360	265 (238)	
250	1755 (1250)	750	755 (250)	273	461	675 (620)	450	515 (470)	
300	2010 (1400)	860	880 (270)	325	497	792 (745)	450	670 (6096)	
350	2275 (1568)	985	1000 (290)	377	644	895 (840)	450	823 (751)	
400	2535 (1720)	1100	1125 (310)	426	736	1010 (950)	640	1085 (1000)	

注：括弧内数字为进口闸阀不带桶形过滤器时的数据。

11.12.6.2 YQDFQ4TX-10Q/16Q 法兰连接减压型倒流防止器

1. 适用范围：YQDFQ4TX-10Q/16Q 法兰连接减压型倒流防止器适用于自来水管网和各种水系统，适用于各种形式的交叉连接。

2. 规格及外形尺寸：YQDFQ4TX-10Q/16Q 法兰连接减压型倒流防止器规格及外形尺寸见图 11-61、表 11-62。

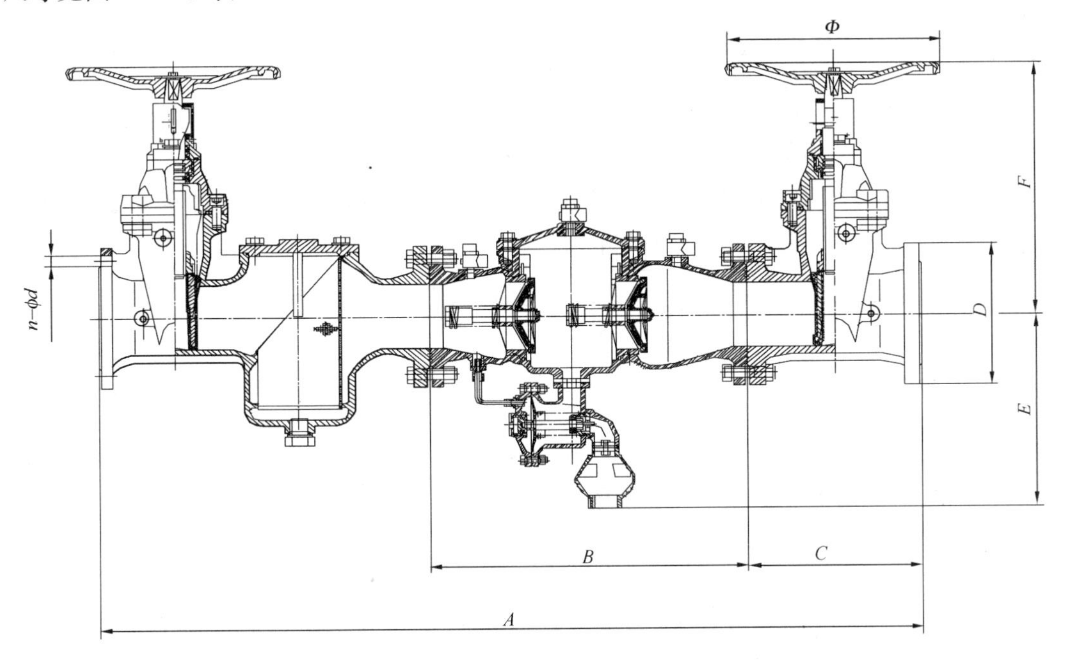

图 11-61 YQDFQ4TX-10Q/16Q 法兰连接减压型倒流防止器外形尺寸

YQDFQ4TX-10Q/16Q 法兰连接减压型倒流防止器规格及外形尺寸 **表 11-62**

公称直径 DN(mm)	外形尺寸									质量 (kg)	主要生产厂商
	A (mm)	B (mm)	C (mm)	D (mm)	E (mm)	F (mm)	Φ (mm)	n—φd（个—mm）			
								1.0MPa	1.6MPa		
65	770 (619)	279	320 (170)	185	270	350 (315)	200	4—19		64 (60)	佛山市南海永兴阀门制造有限公司
80	873 (691)	331	360 (180)	200	270	415 (365)	240	8—19		82 (77)	
100	1060 (795)	415	400 (190)	220	295	445 (400)	280	8—23		115.5 (107)	
150	1260 (950)	530	520 (210)	285	365	545 (505)	360	8—23		185 (170.5)	
200	1505 (1105)	645	630 (230)	340	401	650 (595)	360	8—23	12—23	283 (256)	
250	1755 (1250)	750	755 (250)	400	461	740 (675)	450	12—23	12—28	495 (450)	
300	2030 (1400)	860	880 (270)	455	497	850 (792)	450	12—23	12—28	658.5 (625)	
350	2199 (1568)	985	1000 (290)	515	644	955 (895)	450	16—23	16—28	815.4 (743)	
400	2560 (1720)	1100	1125 (310)	575	736	1060 (1010)	450	16—28	16—31	1098 (1026)	

注：括弧内数字为进口闸阀不带桶形过滤器时的数据。

11.13 其 他 阀 门

其他阀门常用有JXZL745X型中控限流阀、PVB型真空断路阀、IV-RH4型切流阀、快开式管网安全阀、气动闸板阀、气动翻板阀。

11.13.1 JXZL745X型中控限流阀

1. 适用范围：JXZL745X型中控限流阀适用于供水、供热等需要对流量及温度进行控制或分配的行业、场所。

2. 规格及外形尺寸：JXZL745X型中控限流阀规格及外形尺寸见图11-62、表11-63。

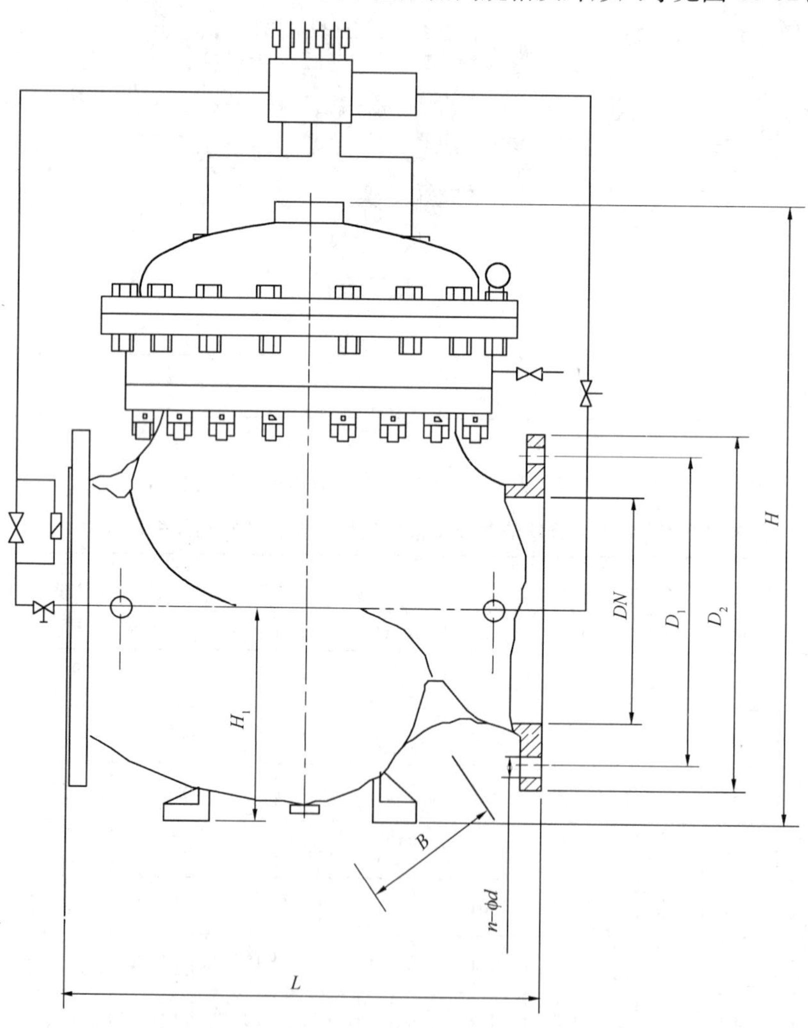

图11-62 JXZL745X型中控限流阀外形尺寸

JXZL745X 型中控限流阀规格及外形尺寸 表 11-63

公称直径 DN (mm)	外形尺寸													主要生产厂商
	H_1 (mm)	长度 L×宽度 B×高度 H(mm)			D_1(mm)			D_2(mm)			$n-\phi d$(个—mm)			
		1.0MPa	1.6MPa	2.5MPa	1.0 MPa	1.6 MPa	2.5 MPa	1.0 MPa	1.6 MPa	2.5 MPa	1.0 MPa	1.6 MPa	2.5 MPa	
50	84	256×330×325	256×330×325	256×330×325	125	125	125	160	160	160	4—18	4—18	4—18	天津市国威给排水设备制造有限公司
65	90	280×350×340	280×350×340	280×350×340	145	145	145	180	180	180	4—18	4—18	4—18	
80	100	316×380×360	316×380×360	316×380×360	160	160	160	195	195	195	8—18	8—18	8—18	
100	116	328×400×420	332×400×420	336×400×420	180	180	190	215	215	230	8—18	8—18	8—23	
125	188	388×420×500	392×420×500	404×420×500	210	210	220	245	245	270	8—18	8—18	8—28	
150	189	496×480×500	504×480×500	508×480×500	240	240	250	280	280	300	8—23	8—23	8—28	
200	190	506×550×600	514×550×600	514×550×600	295	295	320	335	335	360	8—23	8—23	12—28	
250	255	612×600×720	620×600×720	620×600×720	350	355	370	390	405	425	12—23	12—23	12—31	
300	285	706×690×810	718×690×810	718×690×810	400	410	430	440	460	485	12—23	12—23	16—31	
350	355	900×880×1000	916×880×1000	916×880×1000	460	470	490	500	520	550	16—23	16—23	16—34	
400	375	980×910×1050	996×910×1050	996×910×1050	515	525	550	565	580	610	16—28	16—28	16—37	
450	450	1020×980×1200	1036×980×1200	1036×980×1200	565	585	600	615	640	670	20—28	20—28	20—37	
500	510	1240×1150×1320	1264×1150×1320	1264×1150×1320	620	650	660	670	705	730	20—28	20—28	20—37	
600	515	1400×1320×1400	1436×1320×1400	1436×1320×1400	725	770	770	780	840	845	20—31	20—31	20—40	

11.13.2 PVB型真空断路阀

1. 适用范围：PVB型真空断路阀适用于市政有压管道，确保供水安全可靠。

2. 规格及外形尺寸：PVB型真空断路阀规格及外形尺寸见图11-63、表11-64。

PVB型真空断路阀规格及外形尺寸（mm） **表11-64**

公称直径 DN	外形尺寸					主要生产厂商
	A	*B*	*C*	*D*	*E*	
15	171	160	90	103	99	宁波华成阀门有限公司
20	177	170	90	109	105	
25	189	187	90	122	118	
32	217	220	120	146	144	
40	226	232	120	155	153	
50	240	251	120	169	166	

11.13.3 IV-RH4型切流阀

1. 适用范围：IV-RH4型切流阀适用于给水排水、建筑、消防、楼宇、暖通、食品、医药、化工等系统的流体管道上做截留装置用。

2. 规格及外形尺寸：IV-RH4型切流阀规格及外形尺寸见图11-64、表11-65。

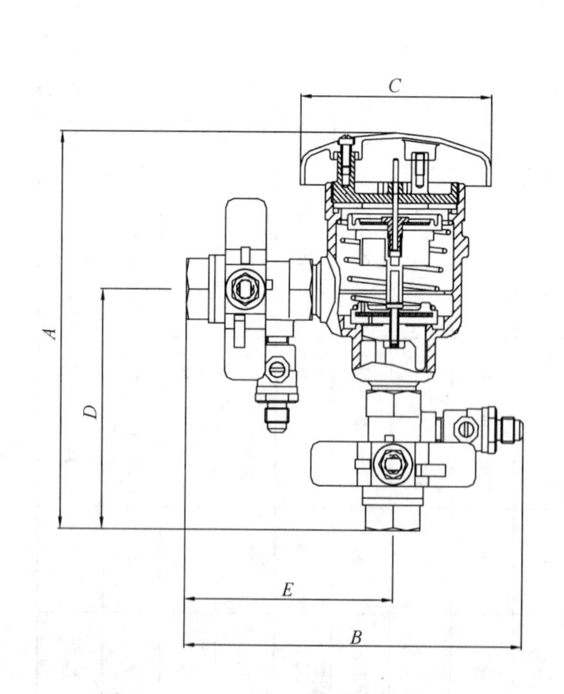

图11-63 PVB真空断路阀外形尺寸

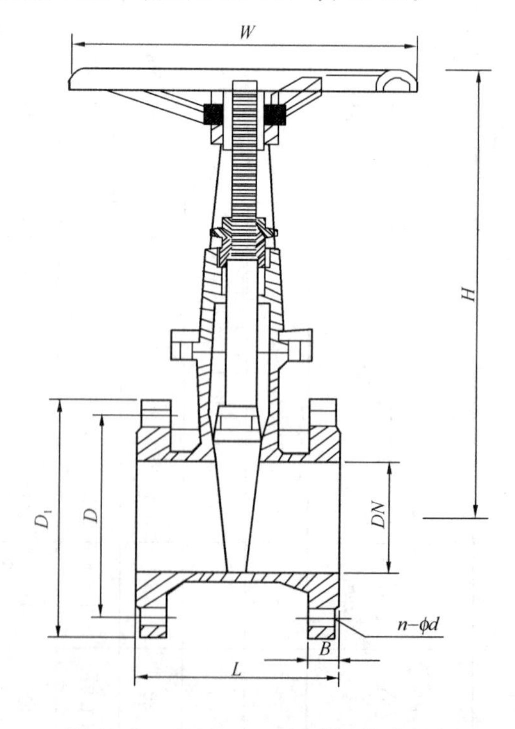

图11-64 IV-RH4型切流阀外形尺寸

IV-RH4 型切流阀规格及外形尺寸 表 11-65

公称直径 DN (mm)	外形尺寸										主要生产厂商
	L (mm)		H (mm)	D (mm)		D_1 (mm)	B (mm)	W (mm)	n—φd (个—mm)		
	法兰	对夹		1.0MPa	1.6MPa				1.0MPa	1.6MPa	
50	110	60	280	125		160	19	200	4—19		上海艾维科阀门有限公司
65	120	65	290	145		180	19	200	4—19		
80	130	70	350	160		195	21	220	8—19		
100	140	75	400	180		215	21	250	8—19		
150	170	100	600	240		280	22	280	8—23		
200	190	120	650	295		335	23	280	8—23	12—23	
250	210	130	800	350	355	406	24	300	12—23	12—28	
300	230	145	950	400	410	460	25	350	12—23	12—28	

11.13.4 快开式管网安全阀

1. 适用范围：快开式管网安全阀适用于压力的快速释放，以消除压力骤增带来的管网危害。

2. 规格及外形尺寸：快开式管网安全阀规格及外形尺寸见图 11-65、表 11-66。

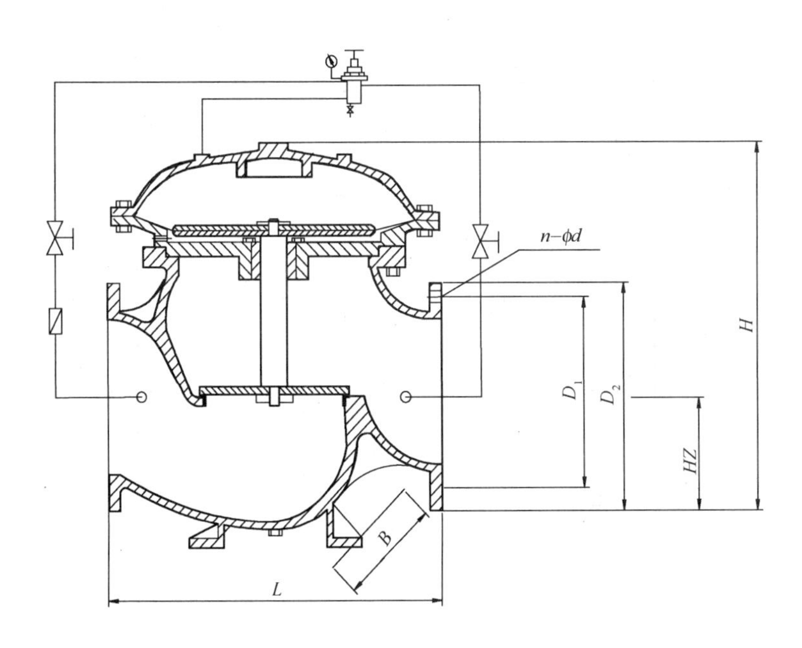

图 11-65 快开式管网安全阀外形尺寸

快开式管网安全阀规格及外形尺寸 表 11-66

公称直径 DN (mm)	外形尺寸																	主要生产厂商
	D_1(mm)				D_2(mm)				HZ (mm)	$L\times B\times H$(mm)				$n-\phi d$(个—mm)				
	1.0 MPa	1.6 MPa	2.5 MPa	4.0 MPa	1.0 MPa	1.6 MPa	2.5 MPa	4.0 MPa	1.0 MPa	1.0MPa	1.6MPa	2.5MPa	4.0MPa	1.0 MPa	1.6 MPa	2.5 MPa	4.0 MPa	
50	125	125	125	125	160	160	160	165	84	256×178×323	256×178×323	256×178×323	256×178×323	4—18	4—18	4—18	4—18	天津市国威给排水设备制造有限公司
65	145	145	145	145	180	180	180	185	90	280×184×336	280×184×336	284×184×338	286×186×340	4—18	4—18	8—18	8—18	
80	160	160	160	160	195	195	195	200	100	316×220×352	316×220×354	316×220×354	318×222×356	4—18	8—18	8—18	8—18	
100	180	180	190	190	215	215	230	235	116	328×244×411	332×244×413	344×244×413	348×248×417	8—18	8—18	8—23	8—23	
125	210	210	220	220	245	245	270	270	188	388×260×482	392×260×484	404×260×486	408×264×490	8—18	8—18	8—25	8—30	
150	240	240	250	250	280	280	300	330	146	496×344×488	504×344×492	508×344×494	512×348×498	8—23	8—23	8—25	8—30	
200	295	295	310	320	335	335	360	375	190	506×410×592	514×410×596	522×410×600	528×416×606	8—23	12—23	12—25	12—30	
250	350	365	370	385	390	405	425	450	255	612×450×718	620×450×722	628×450×726	634×456×732	12—23	12—25	12—30	12—34	
300	400	410	430	450	440	460	485	515	285	706×530×809	718×536×815	730×536×821	738×544×829	12—23	12—25	16—30	16—34	
350	460	470	490	510	500	520	550	580	355	900×730×985	916×730×993	928×730×999	936×738×1007	16—23	16—25	16—34	16—34	
400	515	525	550	585	565	580	610	660	375	980×756×1036	996×756×1044	1012×756×1052	1020×764×1060	16—25	16—30	16—34	16—41	
450	565	585	600	—	615	640	660	—	424	1020×762×1175	1036×762×1183	1060×762×1191	—	20—25	20—30	20—34	—	
500	620	650	660	—	670	705	730	—	510	1240×1010×1307	1264×1010×1319	1276×1010×1325	—	20—25	20—34	20—41	—	
600	725	770	770	—	780	840	845	—	515	1400×1180×1401	1436×1180×1419	1440×1180×1420	—	20—30	20—41	20—41	—	
700	840	840	—	—	895	910	—	—	646	1500×1168×1700	1528×1168×1714	—	—	24—30	24—41	—	—	
800	950	950	—	—	1010	1020	—	—	900	1680×1360×2141	1700×1360×2151	—	—	24—34	24—41	—	—	
900	1050	1050	—	—	1115	1125	—	—	—	1800×1580×2140	1850×1550×2350	—	—	28—34	28—41	—	—	
1000	1160	1170	—	—	1230	1255	—	—	—	2115×1900×2400	2200×1900×2420	—	—	28-37	28-44	—	—	
1200	1380	1390	—	—	1455	1485	—	—	—	2600×2000×2440	2620×2000×2500	—	—	32-41	32-50	—	—	

11.13.5 气动闸板阀

1. 适用范围：气动闸板阀适用于城市水厂、污水处理厂的水过滤工艺中，如翻板型滤池、气水反冲洗滤池以及曝气生物滤池和其他类似工艺。气动闸板阀在驱动气缸伸展时，闸板阀闭合，同时闭合的磁性开关会有信号输出，水不能流过。在驱动气缸收缩时，闸板阀开启，同时开启的磁性开关会有信号输出，水可以流过。

2. 规格及外形尺寸：气动闸板阀规格及外形与安装尺寸见图 11-66、表 11-67。

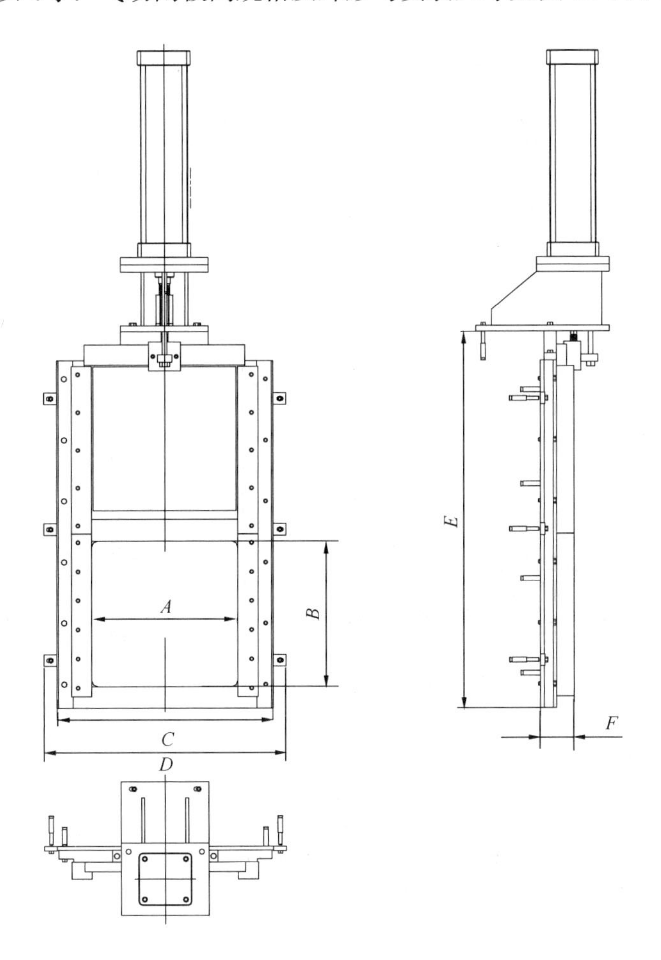

图 11-66 气动闸板阀外形尺寸

气动闸板阀规格及外形尺寸（mm） **表 11-67**

进水口尺寸	外形尺寸						主要生产厂商
	A	B	C	D	E	F	
500×500	500	500	740	830	1295	113	厦门飞华（水务）环保有限公司
800×600	800	600	807	945	1830	113	

注：可根据用户需求尺寸定做。

11.13.6　气动翻板阀

1. 适用范围：气动翻板阀适用于城市水厂、污水处理厂的水过滤工艺中，如翻板型滤池、闭池反冲洗滤池、气水反冲洗滤池以及曝气生物滤池和其他类似工艺。翻板阀用于滤池反冲洗排水替代普通滤池、V型滤池原用的排水阀体开关呈0°～90°翻转。

2. 规格及外形尺寸：气动翻板阀规格及外形尺寸见图11-67、表11-68。

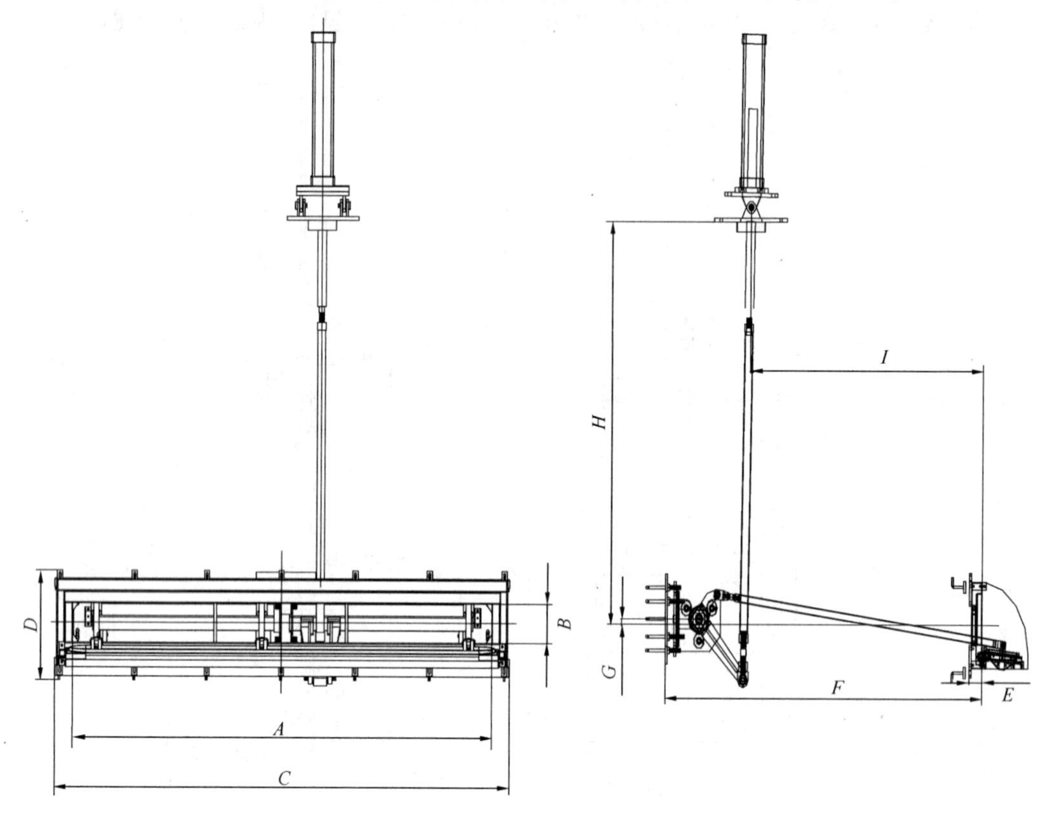

图11-67　气动翻板阀外形尺寸

气动翻板阀规格及外形尺寸（mm）　　**表11-68**

排水口尺寸	外形尺寸									主要生产厂商
	A	*B*	*C*	*D*	*E*	*F*	*G*	*H*	*I*	
3200×200	3200	200	3470	556	97	2389.5	50	2043	1759.5	厦门飞华（水务）环保有限公司
3200×150	3200	150	3470	506	97	2389.5	50	2043	1759.5	

注：可根据用户需求尺寸定做。

12 加 压 供 水 设 备

12.1 无负压给水设备

1. 特点和适用范围：按《无负压给水设备》CJ/T 265 执行，可直接串接在市政给水管网上而不产生负压，且能调节和稳定流量的给水设备。具有节能、节地、节水、无污染和方便安装、维护等特点，无负压给水设备适用于市政给水水压和水量充足的区域以及其他有压管道上。

2. 分类：无负压给水设备按结构形式分为分体式和整体式；按压力控制方式分为恒压给水和变压给水；按控制功能分为常规功能型、带远程检测监控功能型、带远程检测监控监视功能型。

3. 组成：无负压给水设备主要由稳流补偿器、真空抑制器、水泵机组、控制柜、仪表、管件、阀门等组成。该设备系统示意见图 12-1。

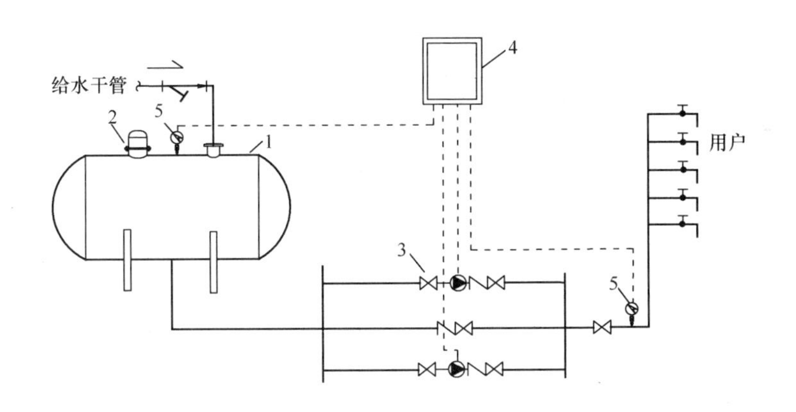

图 12-1 无负压给水设备系统示意
1—稳流补偿器；2—真空抑制器；3—水泵机组
4—控制柜；5—压力传感器

4. 型式：无负压给水设备主要有 WWG 系列、WWG（Ⅱ）系列、PLWG 系列、WWG-KCK 系列、WYG 系列、WGZK 系列、ZWG 系列无负压给水设备等。

5. 性能规格：无负压给水设备性能规格见表 12-1。

6. 外形与安装尺寸：

（1）WWG、PLWG、ZWG 系列无负压给水设备外形与安装尺寸见图 12-2、表 12-2。

（2）WYG 系列无负压给水设备外形与安装尺寸见图 12-3、表 12-3。

无负压给水设备性能规格　　表 12-1

型　　号	额定流量 (m^3/h)	额定扬程 (m)	进、出水管径 (mm)	推荐水泵			稳流补偿器直径×长度或直径 (mm)	主要生产厂商
				型号	功率 (kW)	台数		
WWG10-36-2	10	36	65、65	CR5-7	1.1	2	600×1300	青岛三利集团有限公司、天津市国威给排水设备制造有限公司
WWG20-48-2	20	48	80、80	CR10-6	2.2	2	600×1300	
WWG30-48-2	30	48	100、100	CR15-4	4.0	2	600×1300	
WWG40-36-2	40	36	125、125	CR20-3	4.0	2	600×1300	
WWG48-32-2	48	32	125、125	CR32-2	4.0	2	800×1470	
WWG60-47-2	60	47	150、125	CR32-4-2	7.5	2	800×1470	
WWG70-59-2	70	59	150、125	CR32-5-2	11.0	2	800×1470	
WWG80-41-2	80	41	150、150	CR45-2	7.5	2	800×1470	
WWG90-52-2	90	52	200、150	CR45-3-2	11.0	2	800×1470	
WWG106-79-2	106	79	200、150	CR45-5-2	18.5	2	800×1470	
WWG128-53-2	128	53	200、200	CR64-3-2	15.0	2	1000×2000	
WWG45-48-3	45	48	125、125	CR15-4	4.0	3	800×1470	
WWG60-48-3	60	48	150、125	CR20-4	5.5	3	800×1470	
WWG96-56-3	96	56	200、150	CR32-4	7.5	3	1000×2000	
WWG135-52-3	135	52	200、200	CR45-3-2	11.0	3	1000×2000	
WWG192-60-3	192	60	250、200	CR64-3-1	15.0	3	1000×2000	
WWG270-30-3	270	30	250、250	CR90-2-2	11.0	3	1000×2000	
WWG（Ⅱ）8-28-2	8	28	65、65	CR5-5	0.75	2	600×1300	
WWG（Ⅱ）14-38-2	14	38	65、65	CR5-9	1.5	2	600×1300	
WWG（Ⅱ）16-37-2	16	37	80、80	CR10-4	1.5	2	600×1300	
WWG（Ⅱ）20-48-2	20	48	80、80	CR10-6	2.2	2	600×1300	
WWG（Ⅱ）24-24-2	24	24	80、80	CR15-2	2.2	2	600×1300	
WWG（Ⅱ）28-38-2	24	38	80、80	CR15-3	3.0	2	600×1300	
WWG（Ⅱ）30-48-2	30	48	100、100	CR15-4	4.0	2	600×1300	
WWG（Ⅱ）36-63-2	36	63	100、100	CR15-6	5.5	2	800×1470	
WWG（Ⅱ）40-36-2	40	36	125、125	CR20-3	4.0	2	600×1300	
WWG（Ⅱ）42-58-2	42	58	125、125	CR20-5	5.5	2	800×1470	
WWG（Ⅱ）48-32-2	48	32	125、125	CR32-2	4.0	2	800×1470	
WWG（Ⅱ）54-41-2	54	41	125、125	CR32-3-2	5.5	2	800×1470	
WWG（Ⅱ）60-47-2	60	47	150、125	CR32-4-2	7.5	2	800×1470	

续表

型　号	额定流量（m^3/h）	额定扬程（m）	进、出水管径（mm）	推荐水泵			稳流补偿器直径×长度或直径（mm）	主要生产厂商
				型号	功率（kW）	台数		
WWG（Ⅱ）64-56-2	64	56	150、125	CR32-4	7.5	2	800×1470	青岛三利集团有限公司、天津市国威给排水设备制造有限公司
WWG（Ⅱ）70-59-2	70	59	150、125	CR32-5-2	11.0	2	800×1470	
PLWG10-36-2	10	36	65、65	CR5-7	1.1	2	600×1300	
PLWG20-48-2	20	48	80、80	CR10-6	2.2	2	600×1300	
PLWG30-48-2	30	48	100、100	CR15-4	4.0	2	600×1300	
PLWG40-36-2	40	36	125、125	CR20-3	4.0	2	600×1300	
PLWG60-47-2	60	47	150、125	CR32-4-2	7.5	2	800×1470	
PLWG70-59-2	70	59	150、125	CR32-5-2	11.0	2	800×1470	
PLWG80-41-2	80	41	150、150	CR45-2	7.5	2	800×1470	
PLWG90-52-2	90	52	200、150	CR45-3-2	11.0	2	800×1470	
PLWG106-79-2	106	79	200、150	CR45-5-2	18.5	2	800×1470	
PLWG128-53-2	128	53	200、200	CR64-3-2	15.0	2	1000×2000	
PLWG45-48-3	45	48	125、125	CR15-4	4.0	3	800×1470	
PLWG60-48-3	60	48	150、125	CR20-4	5.5	3	800×1470	
PLWG96-56-3	96	56	200、150	CR32-4	7.5	3	1000×2000	
PLWG135-52-3	135	52	200、200	CR45-3-2	11.0	3	1000×2000	
PLWG192-60-3	192	60	250、200	CR64-3-1	15.0	3	1000×2000	
PLWG270-30-3	270	30	250、250	CR90-2-2	11.0	3	1000×2000	
WWG24-18-2-KCK	24	18	80、80	3M32-125-1.1	1.1	2	600×1300	
WWG40-40-2-KCK	40	40	125、125	3M32-200/4.0	4.0	2	600×1300	
WWG54-24-2-KCK	54	24	125、125	3M40-160/3.0	3.0	2	800×1470	
WWG72-47-2-KCK	72	47	150、150	3M40-200/7.5	7.5	2	800×1470	
WWG96-33-2-KCK	96	33	150、150	3M50-160/7.5	7.5	2	800×1470	
WWG90-32-3-KCK	90	32	150、150	3M40-160/4.0	4.0	3	800×1470	
WWG108-47-3-KCK	108	47	200、150	3M40-200/7.5	7.5	3	800×1470	
WWG126-25-3-KCK	126	25	200、150	3M50-125/4.0	4.0	3	1000×2000	
WWG144-33-3-KCK	144	33	200、200	3M50-160/7.5	7.5	3	1000×2000	
WWG180-48-3-KCK	180	48	200、200	3M50-200/11	11.0	3	1000×2000	
WWG216-25-3-KCK	216	25	250、200	3M65-160/7.5	7.5	3	1000×2000	
WWG270-26-3-KCK	270	26	250、250	3M65-160/9.2	9.2	3	1000×2000	

续表

型　号	额定流量 (m^3/h)	额定扬程 (m)	进、出水管径 (mm)	推荐水泵			稳流补偿器直径×长度或直径 (mm)	主要生产厂商
				型号	功率 (kW)	台数		
WWG324-26-3-KCK	324	26	250、250	3M65-160/11	11.0	3	1000×2000	青岛三利集团有限公司、天津市国威给排水设备制造有限公司
WWG342-34-3-KCK	342	34	250、250	3M65-200/15	15.0	3	1000×2000	
WWG360-48-2-KCK	360	48	250、250	3M65-200/22	22.0	3	1000×2000	
WYG05-31	5	31	80、80	SP5A-8	0.75	1	600	
WYG05-47	5	47	80、80	SP5A-12	1.1	1	600	
WYG08-30	8	30	80、80	SP8A-7	1.1	1	600	
WYG08-40	8	40	80、80	SP8A-10	1.5	1	600	
WYG14-23	14	23	80、80	SP14A-5	1.5	1	600	
WYG14-32	14	32	80、80	SP14A-7	2.2	1	600	
WYG14-46	14	46	80、80	SP14A-10	3.0	1	700	
WYG17-24	17	24	80、80	SP17-3	2.2	1	600	
WYG17-32	17	32	80、80	SP17-4	2.2	1	600	
WYG17-39	17	39	80、80	SP17-5	3.0	1	600	
WYG17-46	17	46	80、80	SP17-6	4.0	1	600	
WYG30-20	30	20	80、80	SP30-3	3.0	1	600	
WYG30-29	30	29	80、80	SP30-4	4.0	1	600	
WYG30-38	30	38	80、80	SP30-5	5.5	1	700	
80ZWG2/VLR10-30	10	30	80	VLR10-30	1.1	2	600	北京威派格科技发展有限公司
80ZWG2/VLR10-60	10	50	80	VLR10-60	2.2	2	600	
80ZWG2/VLR10-80	10	70	80	VLR10-80	3	2	600	
80ZWG2/VLR22-30	20	30	80	VLR22-30	4	2	600	
80ZWG2/VLR22-40	20	50	80	VLR22-40	5.5	2	600	
80ZWG2/VLR22-60	20	70	80	VLR22-60	7.5	2	600	
100ZWG2/VLR32-20	30	30	100	VLR32-20	4	2	600	
100ZWG2/VLR32-40	30	50	100	VLR32-40	7.5	2	600	
100ZWG2/VLR32-50	30	70	100	VLR32-50	11	2	600	
125ZWG2/VLR46-20	40	30	125	VLR46-20	7.5	2	800	
125ZWG2/VLR46-30	40	50	125	VLR46-30	11	2	800	
125ZWG2/VLR46-30	40	70	125	VLR46-30	11	2	800	
125ZWG3/VLR32-20	50	30	125	VLR32-20	4	3	800	
125ZWG3/VLR32-40	50	50	125	VLR32-40	7.5	3	800	
125ZWG3/VLR32-50	50	70	125	VLR32-50	11	3	800	
125ZWG3/VLR32-60	50	80	125	VLR32-60	11	3	800	

注：1. 进、出水管径按工程设计确定，当与表中数据不符时，应采用转换；

2. 表中所列举的设备型号仅为常用型号，当选用表中以外规格时，需与生产厂商联系。

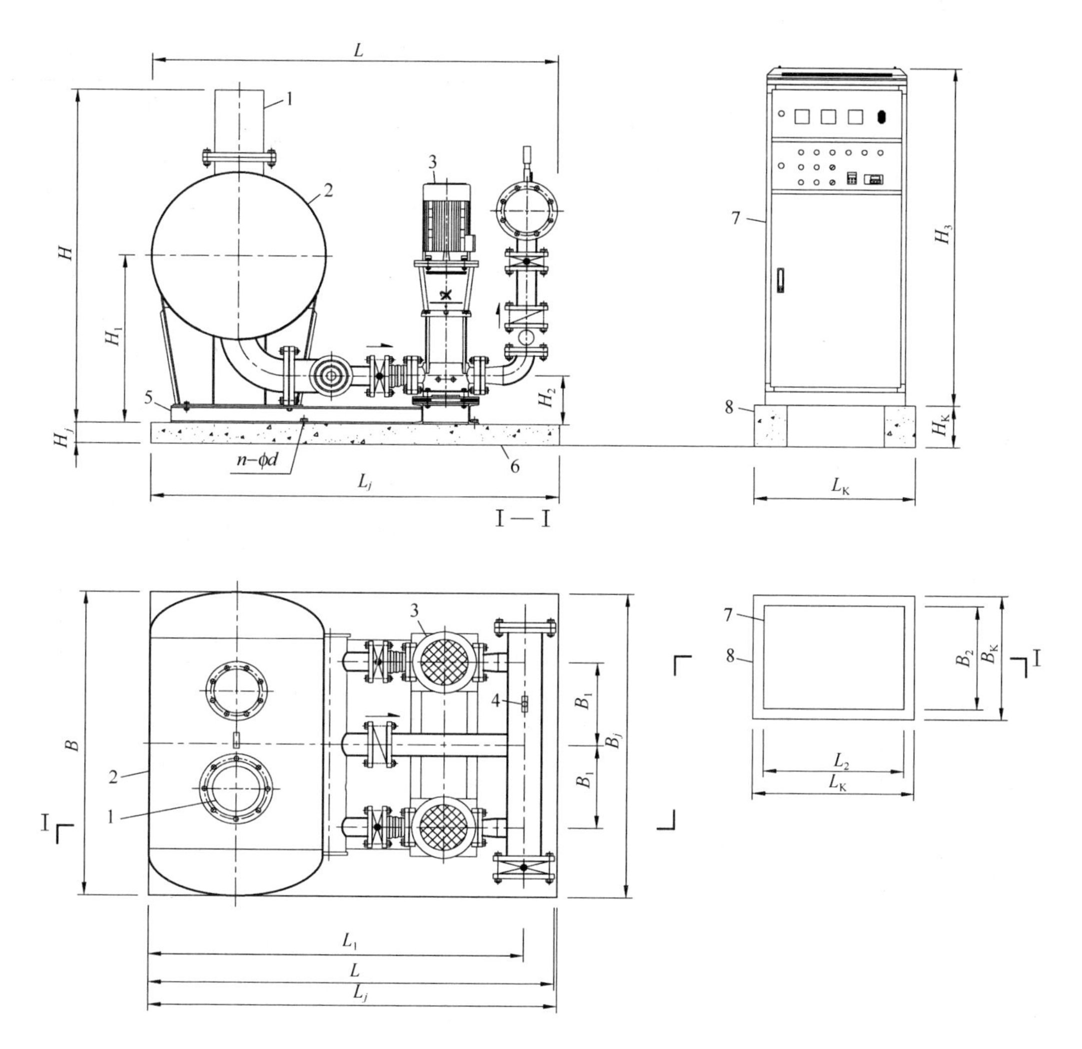

图 12-2 WWG、PLWG、ZWG 系列无负压给水设备外形与安装尺寸

1—真空抑制器；2—稳流补偿器；3—水泵机组；4—压力传感器；

5—设备底座；6—设备基础；7—控制柜；8—控制柜基础

WWG、PLWG、ZWG 系列无负压给水设备外形与安装尺寸（mm） **表 12-2**

型号	外形尺寸			基础尺寸			安装尺寸				配套控制柜					
											外形尺寸			基础尺寸		
	L	B	H	L_j	B_j	H_j	L_1	B_1	H_1	H_2	L_2	B_2	H_3	L_K	B_K	H_K
WWG10-36-2	1420	1300	1220	1500	1300	100	1310	325	560	186	660	500	1770	760	600	200
WWG20-48-2	1450	1300	1242	1500	1300	100	1340	325	580	191	660	500	1770	760	600	200
WWG30-48-2	1570	1300	1280	1600	1300	100	1478	400	620	201	660	500	1770	760	600	200
WWG40-36-2	1570	1300	1330	1600	1300	100	1478	400	680	221	660	500	1770	760	600	200
WWG48-32-2	1915	1470	1665	1900	1470	100	1752	400	810	233	660	500	1770	760	600	200
WWG60-47-2	1915	1470	1665	1900	1470	100	1752	400	810	233	660	500	1770	760	600	200
WWG70-59-2	1915	1470	1665	1900	1470	100	1752	400	810	233	660	500	1770	760	600	200

续表

型号	外形尺寸			基础尺寸			安装尺寸				配套控制柜					
											外形尺寸			基础尺寸		
	L	B	H	L_j	B_j	H_j	L_1	B_1	H_1	H_2	L_2	B_2	H_3	L_K	B_K	H_K
WWG80-41-2	2050	1470	1685	2000	1470	100	1880	400	840	263	660	500	1770	760	600	200
WWG90-52-2	2050	1470	1685	2000	1470	100	1880	400	840	263	660	500	1770	760	600	200
WWG106-79-2	2050	1470	1685	2000	1470	100	1880	400	840	263	800	600	1970	900	700	100
WWG128-53-2	2416	2000	1945	2500	2000	100	2218	500	980	275	660	500	1770	760	600	200
WWG45-48-3	1789	1770	1635	1900	1870	100	1596	480	780	221	800	600	1970	900	700	100
WWG60-48-3	1819	1780	1665	1900	1870	100	1676	480	820	240	800	600	1970	900	700	100
WWG96-56-3	2292	2116	1945	2200	2200	100	2004	600	980	260	800	600	1970	900	700	100
WWG135-52-3	2324	2116	1960	2400	2200	100	2126	600	1000	284	800	600	1970	900	700	100
WWG192-60-3	2579	2315	2020	2550	2400	100	2381	650	1030	295	800	600	1970	900	700	100
WWG270-30-3	2589	2315	2020	2600	2400	100	2391	650	1030	295	800	600	1970	900	700	100
WWG(Ⅱ)8-28-2	1400	1300	1220	1500	1300	100	1360	325	560	210	250	860	480	—	—	—
WWG(Ⅱ)14-38-2	1400	1300	1220	1500	1300	100	1360	325	560	210	250	860	480	—	—	—
WWG(Ⅱ)16-37-2	1450	1300	1242	1500	1300	100	1395	325	580	210	265	860	480	—	—	—
WWG(Ⅱ)20-48-2	1450	1300	1242	1500	1300	100	1395	325	580	210	265	860	480	—	—	—
WWG(Ⅱ)24-24-2	1550	1300	1280	1600	1300	100	1475	400	620	230	285	860	510	—	—	—
WWG(Ⅱ)28-38-2	1550	1300	1280	1600	1300	100	1475	400	620	230	285	860	510	—	—	—
WWG(Ⅱ)30-48-2	1550	1300	1280	1600	1300	100	1475	400	620	230	285	860	510	—	—	—
WWG(Ⅱ)36-63-2	1700	1470	1570	1800	1470	100	1695	400	720	230	285	860	510	—	—	—
WWG(Ⅱ)40-36-2	1590	1300	1330	1600	1300	100	1525	400	680	250	285	860	510	—	—	—
WWG(Ⅱ)42-58-2	1750	1470	1635	1800	1470	100	1745	400	780	250	285	860	510	—	—	—
WWG(Ⅱ)48-32-2	1810	1470	1630	1900	1470	100	1810	450	810	260	290	940	530	—	—	—
WWG(Ⅱ)54-41-2	1810	1470	1630	1900	1470	100	1810	450	810	260	290	940	530	—	—	—
WWG(Ⅱ)60-47-2	1810	1470	1630	1900	1470	100	1810	450	810	260	290	940	530	—	—	—
WWG(Ⅱ)64-56-2	1810	1470	1630	1900	1470	100	1810	450	810	260	290	940	530	—	—	—
WWG(Ⅱ)70-59-2	1810	1470	1630	1900	1470	100	1810	450	810	260	290	940	530	—	—	—
PLWG10-36-2	1620	1300	1220	1500	1300	100	1310	325	560	186	660	500	1770	760	600	200
PLWG20-48-2	1650	1300	1242	1500	1300	100	1340	325	580	191	660	500	1770	760	600	200
PLWG30-48-2	1770	1300	1280	1600	1300	100	1478	400	620	201	660	500	1770	760	600	200
PLWG40-36-2	1770	1300	1330	1600	1300	100	1478	400	680	221	660	500	1770	760	600	200
PLWG60-47-2	2115	1470	1665	1900	1470	100	1752	400	810	233	660	500	1770	760	600	200
PLWG70-59-2	2115	1470	1665	1900	1470	100	1752	400	810	233	660	500	1770	760	600	200
PLWG80-41-2	2250	1470	1685	2000	1470	100	1880	400	840	263	660	500	1770	760	600	200
PLWG90-52-2	2250	1470	1685	2000	1470	100	1880	400	840	263	660	500	1770	760	600	200
PLWG106-79-2	2250	1470	1685	2000	1470	100	1880	400	840	263	800	600	1970	900	700	100

续表

型号	外形尺寸			基础尺寸			安装尺寸				配套控制柜					
											外形尺寸			基础尺寸		
	L	B	H	L_j	B_j	H_j	L_1	B_1	H_1	H_2	L_2	B_2	H_3	L_K	B_K	H_K
PLWG128-53-2	2616	2000	1945	2500	2000	100	2218	500	980	275	660	500	1770	760	600	200
PLWG45-48-3	1989	1770	1635	1900	1870	100	1596	480	780	221	800	600	1970	900	700	100
PLWG60-48-3	2019	1780	1665	1900	1870	100	1676	480	820	240	800	600	1970	900	700	100
PLWG96-56-3	2492	2116	1945	2200	2200	100	2004	600	980	260	800	600	1970	900	700	100
PLWG135-52-3	2524	2116	1960	2400	2200	100	2126	600	1000	284	800	600	1970	900	700	100
PLWG192-60-3	2779	2315	2020	2550	2400	100	2381	650	1030	295	800	600	1970	900	700	100
PLWG270-30-3	2789	2315	2020	2600	2400	100	2391	650	1030	295	800	600	1970	900	700	100
WWG24-18-2-KCK	1292	1147	1310	1500	1200	100	325	950	628	248	660	500	1770	760	600	200
WWG40-40-2-KCK	1292	1122	1310	1500	1200	100	325	950	628	248	660	500	1770	760	600	200
WWG54-24-2-KCK	1502	1297	1660	1600	1300	100	375	1100	806	265	660	500	1770	760	600	200
WWG72-47-2-KCK	1550	1310	1660	1700	1300	100	375	1100	806	265	660	500	1770	760	600	200
WWG96-33-2-KCK	1606	1360	1690	1700	1400	100	425	1150	830	286	660	500	1770	760	600	200
WWG90-32-3-KCK	1647	1840	1695	1850	1900	100	1170	480	830	261	800	600	1970	900	700	100
WWG108-47-3-KCK	1668	1840	1720	1850	1900	100	1190	480	830	261	800	600	1970	900	700	100
WWG126-25-3-KCK	2004	2030	1965	2100	2100	100	1620	600	1002	305	800	600	1970	900	700	100
WWG144-33-3-KCK	2000	2030	1965	2200	2100	100	1620	600	1002	305	800	600	1970	900	700	100
WWG180-48-3-KCK	2192	2030	1965	2200	2100	100	1620	600	1002	305	800	600	1970	900	700	100
WWG216-25-3-KCK	2248	2220	2395	2350	2400	100	1820	650	1069	325	800	600	1970	900	700	100
WWG270-26-3-KCK	2327	2220	2395	2400	2400	100	1820	650	1069	325	800	600	1970	900	700	100
WWG324-26-3-KCK	2327	2220	2395	2400	2400	100	1820	650	1069	325	800	600	1970	900	700	100
WWG342-34-3-KCK	2327	2220	2395	2500	2400	100	1820	650	1069	325	800	600	1970	900	700	100
WWG360-48-2-KCK	2427	2220	2395	2550	2400	100	1820	650	1069	325	1000	600	2170	1100	700	100
80ZWG2/VLR10-30	1473	1350	1731	1500	1700	200	1335	700	738	255	700	500	1700	900	700	200
80ZWG2/VLR10-60	1473	1350	1731	1500	1700	200	1335	700	738	255	700	500	1700	900	700	200
80ZWG2/VLR10-80	1473	1350	1731	1500	1700	200	1335	700	738	255	700	500	1700	900	700	200
80ZWG2/VLR22-30	1514	1350	1731	1500	1700	200	1403	700	738	255	700	500	1700	900	700	200
80ZWG2/VLR22-40	1514	1350	1731	1500	1700	200	1403	700	738	255	700	500	1700	900	700	200
80ZWG2/VLR22-60	1514	1350	1731	1500	1700	200	1403	700	738	255	700	500	1700	900	700	200
100ZWG2/VLR32-20	1600	1350	1731	1500	1700	200	1453	700	738	255	700	500	1700	900	700	200
100ZWG2/VLR32-40	1600	1350	1731	1500	1700	200	1453	700	738	255	700	500	1700	900	700	200
100ZWG2/VLR32-50	1600	1350	1731	1500	1700	200	1453	700	738	255	700	500	1700	900	700	200
125ZWG2/VLR46-20	1973	1670	2013	1700	2000	200	1831	900	865	287	700	500	1700	900	700	200
125ZWG2/VLR46-30	1973	1670	2013	1700	2000	200	1831	900	865	287	700	500	1700	900	700	200
125ZWG2/VLR46-30	1973	1670	2013	1700	2000	200	1831	900	865	287	700	500	1700	900	700	200
125ZWG3/VLR32-20	2092	1670	2013	1700	2000	200	1944	450	865	287	700	500	1700	900	700	200
125ZWG3/VLR32-40	2092	1670	2013	1700	2000	200	1944	450	865	287	700	500	1700	900	700	200
125ZWG3/VLR32-50	2092	1670	2013	1700	2000	200	1944	450	865	287	700	500	1700	900	700	200
125ZWG3/VLR32-60	2092	1670	2013	1700	2000	200	1944	450	865	287	700	500	1700	900	700	200

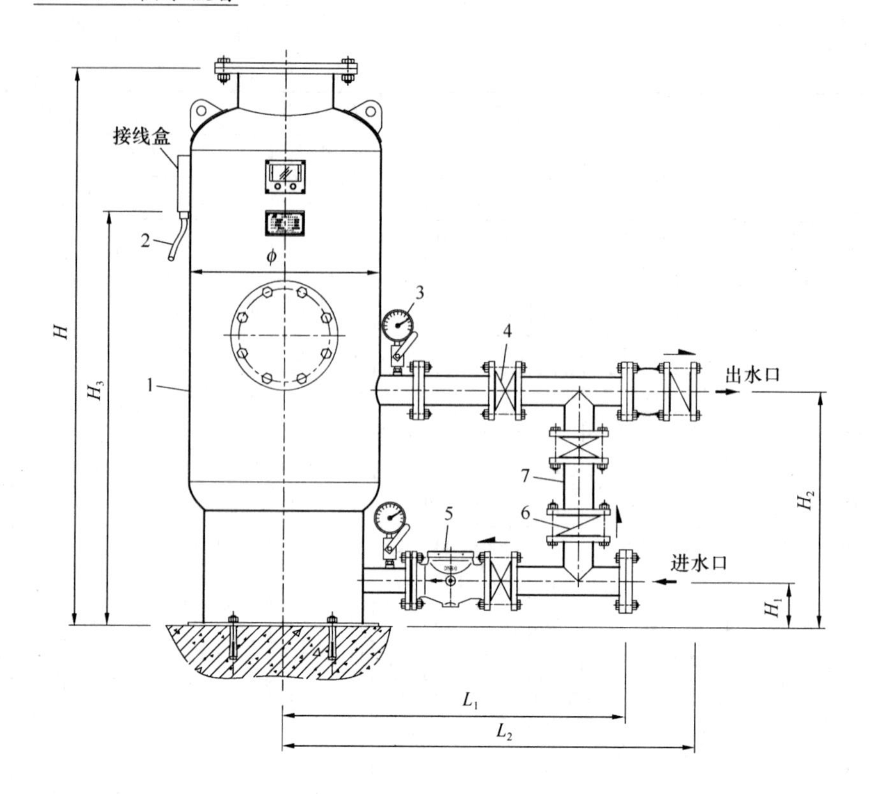

图 12-3 WYG 系列无负压给水设备外形与安装尺寸

1—无负压一体化稳流灌；2—电源线缆；3—压力传感器；4—阀门；5—过滤器；6—止回阀；7—旁通管

WYG 系列无负压给水设备外形与安装尺寸（mm） **表 12-3**

型号	外形尺寸		安装尺寸				
	ϕ	H	L_1	L_2	H_1	H_2	H_3
WYG05-31	640	1750	1090	1311	145	745	1645
WYG05-47	640	1750	1090	1311	145	745	1645
WYG08-30	640	1750	1090	1311	145	745	1645
WYG08-40	640	1935	1090	1311	145	745	1830
WYG14-23	640	1750	1090	1311	145	745	1645
WYG14-32	640	1935	1090	1311	145	745	1830
WYG14-46	750	2285	1140	1361	145	790	1900
WYG17-24	640	1750	1090	1311	145	745	1645
WYG17-32	640	1750	1090	1311	145	745	1645
WYG17-39	640	1935	1090	1311	145	745	1830
WYG17-46	640	2075	1090	1311	145	745	1850
WYG30-20	640	1935	1090	1311	145	745	1830
WYG30-29	640	2075	1090	1311	145	745	1850
WYG30-38	750	2285	1140	1361	145	790	1900

12.2 管网叠压供水设备

1. 特点及适用范围：管网叠压供水设备按《管网叠压供水设备》CJ/T 254 执行，可从给水管网上直接吸水叠压给水，保证给水管网水压不小于设定压力值，且水质不被污染。具有节能、节地、节水、无污染和安装、维护方便等特点。一般适用于给水水量、水压充足的以城市市政给水管网或条件相似的自备水源管网为给水水源的新建、改建、扩建的民用建筑及一般工业建筑的生活给水系统。

2. 分类：管网叠压供水设备按结构形式分为室内整体式、室内分体式、室外整体式；按设备给水方式分为变频调速加压给水（恒压给水或变压给水）和工频泵加压给水。

3. 组成：管网叠压供水设备主要由水泵机组、稳流罐、防负压装置、防倒流装置、控制柜、仪表、管路系统、阀门、配套配件等组成。管网叠压供水设备系统示意见图 12-4。

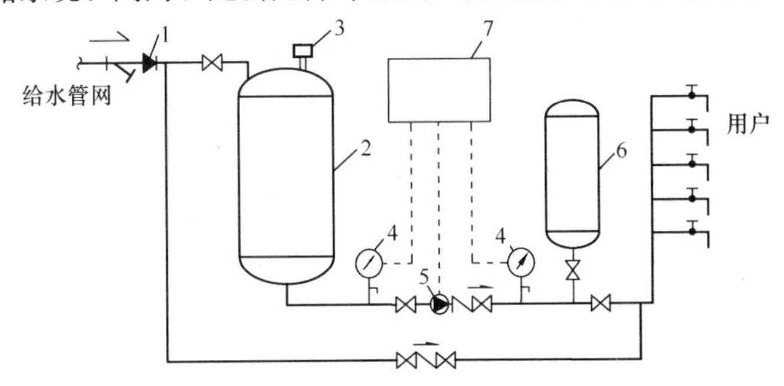

图 12-4 管网叠压供水设备系统示意

1—防倒流装置；2—稳流罐；3—防负压装置；4—压力传感器；
5—水泵机组；6—气压水罐（可选）；7—控制柜

4. 型式：管网叠压供水设备主要型式有 ZSY-DY 系列、WGT 系列、WFY 系列、GZZ 系列、NFWG 系列、JS 系列等。

5. 性能规格：管网叠压供水设备性能规格见表 12-4。

管网叠压供水设备性能规格 **表 12-4**

型号	系统流量(m^3/h)	扬程(m)	进、出水管径(mm)	推荐水泵			稳流罐罐径×长度(mm)	主要生产厂商
				型号	功率(kW)	台数		
ZSY-DY-4-40-1.1-2	4	40	40、32	EVM3 11N5/1.1	1.1	2	600×1300	郑州水业科技发展股份有限公司
ZSY-DY-4-64-1.5-2	4	64	40、32	EVM3 15N5/1.5	1.5	2	600×1300	
ZSY-DY-8-54-2.2-2	8	54	50、40	EVM10 6N5/2.2	2.2	2	600×1300	
ZSY-DY-8-92-4.0-2	8	92	50、40	EVM10 10N5/4.0	4.0	2	600×1300	
ZSY-DY-12-70-4.0-2	12	70	65、50	EVM10 11N5/4.0	4.0	2	600×1300	
ZSY-DY-14-53-4-2	14	53	65、50	EVM18 4F5/4.0	4.0	2	600×1300	
ZSY-DY-16-70-5.5-2	16	70	80、65	EVM18 6F5/5.5	5.5	2	800×1470	
ZSY-DY-16-94-7.5-2	16	94	80、65	EVM18 8F5/7.5	7.5	2	800×1470	

续表

型号	系统流量(m^3/h)	扬程(m)	进、出水管径(mm)	推荐水泵			稳流罐罐径×长度(mm)	主要生产厂商
				型号	功率(kW)	台数		
ZSY-DY-22-52-7.5-3	22	52	80、65	EVM18 7F5/7.5	7.5	3	800×1470	郑州水业科技发展股份有限公司
ZSY-DY-22-86-11-3	22	86	80、65	EVM18 10F5/11	11	3	800×1470	
ZSY-DY-24-69-7.5-3	24	69	80、80	EVM32 4-0F5/7.5	7.5	3	800×1470	
ZSY-DY-24-93-11-3	24	93	80、80	EVM32 6-3F5/11	11	3	800×1470	
ZSY-DY-30-64-11-3	30	64	100、80	EVM32 5-3F5/11	11	3	800×1470	
ZSY-DY-30-92-11-3	30	92	100、80	EVM32 6-0F5/11	11	3	800×1470	
ZSY-DY-32-85-11-3	32	85	100、100	EVM32 6-0F5/11	11	3	800×1470	
ZSY-DY-32-101-15-3	32	101	100、100	EVM32 7-0F5/15	15	3	800×1470	
WGT-1500-600-2-10-0.3	10	30	80	VLR10-30	1.1	2	—	北京威派格科技发展有限公司
WGT-1500-600-2-10-0.5	10	50	80	VLR10-60	2.2	2	—	
WGT-1500-600-2-10-0.7	10	70	80	VLR10-80	3	2	—	
WGT-1500-600-2-20-0.3	20	30	80	VLR22-30	4	2	—	
WGT-1500-600-2-20-0.5	20	50	80	VLR22-40	5.5	2	—	
WGT-1500-600-2-20-0.7	20	70	80	VLR22-60	7.5	2	—	
WGT-1500-600-2-30-0.3	30	30	100	VLR32-20	4	2	—	
WGT-1500-600-2-30-0.5	30	50	100	VLR32-40	7.5	2	—	
WGT-1500-600-2-30-0.7	30	70	100	VLR32-50	11	2	—	
WGT-2000-800-2-40-0.3	40	30	125	VLR46-20	7.5	2	—	
WGT-2000-800-2-40-0.5	40	50	125	VLR46-30	11	2	—	
WGT-2000-800-2-40-0.7	40	70	125	VLR46-30	11	2	—	
WGT-2000-800-3-50-0.3	50	30	125	VLR32-20	4	3	—	
WGT-2000-800-3-50-0.5	50	50	125	VLR32-40	7.5	3	—	
WGT-2000-800-3-50-0.7	50	70	125	VLR32-50	11	3	—	
WGT-2000-800-3-50-0.8	50	80	125	VLR32-60	11	3	—	
WFY2-0214～02158W	2	14～158	80	KQDQ25-2S×2～21	0.37～3	2	600×1350	上海凯泉泵业（集团）有限公司
WFY2-0816～08162W	8	16～162	80	KQDQ40-8S×2～19	0.75～7.5	2	600×1350	
WFY2-3211～32159W	32	11～159	100	KQDQ65-32×1～13	2.2～22	2	800×1450	
WFY2-6420～64156W	64	20～156	150	KQDQ100-64×1～8/2	5.5～45	2	1000×2050	
WFY2-9020～90126W	90	20～156	150	KQDQ100-90×1～6	7.5～45	2	1000×2050	
WFY3-0816～08162W	16	16～162	80	KQDQ40-8S×2～19	0.75～7.5	3	600×1350	
WFY3-3211～32159W	64	11～159	100	KQDQ65-32×1～13	2.2～22	3	800×1450	
WFY3-6420～64156W	128	20～126	200	KQDQ100-64×1～8/2	5.5～45	3	1000×2050	
WFY3-9020～90126W	180	20～156	200	KQDQ100-90×1～6	7.5～45	3	1200×2650	
WFY2-0214～0275J	2	14～75	50	KQDQJ2-9/2～9	0.37～1.5	2	300×900	

续表

型号	系统流量(m^3/h)	扬程(m)	进、出水管径(mm)	推荐水泵			稳流罐罐径×长度(mm)	主要生产厂商
				型号	功率(kW)	台数		
WFY2-0415～0471J	4	15～71	50	KQDQJ4-9/2～9	0.37～2.2	2	300×900	上海凯泉泵业(集团)有限公司
WFY2-0816～08102J	8	16～102	65	KQDQJ8-12/2～12	0.75～4	2	400×900	
WFY2-1625～1690J	16	25～90	65	KQDQJ16-8/2～7	2.2～7.5	2	400×900	
WFY3-0816～08102J	16	16～102	80	KQDQJ8-12/2～12	0.75～4	3	400×1400	
WFY3-16104～16144J	32	104～144	80	KQDQJ16-11/8～11	11	3	500×1900	
WFY2-0816～08162Ⅱ	8	16～162	80	KQDQ40-8S×2～19	0.75～7.5	2	600×1350	
WFY2-1625～16158Ⅱ	16	25～158	100	KQDQ50-16S×2～12	2.2～15	2	600×1350	
WFY2-3211～32159Ⅱ	32	11～159	100	KQDQ65-32×1～13	2.2～22	2	800×1450	
WFY2-4517～45160Ⅱ	45	17～160	100	KQDQ80-45×1～9	4～30	2	800×1450	
WFY2-6420～64156Ⅱ	64	20～156	150	KQDQ100-64×1～8/2	5.5～45	2	1000×2050	
WFY2-9020～90126Ⅱ	90	20～126	150	KQDQ100-90×1～6	7.5～45	2	1000×2050	
WFY3-0816～08162Ⅱ	16	16～162	80	KQDQ40-8S×2～19	0.75～7.5	3	600×1350	
WFY3-1625～16158Ⅱ	32	25～158	100	KQDQ50-16S×2～12	2.2～15	3	800×1450	
WFY3-3211～32159Ⅱ	64	11～159	100	KQDQ65-32×1～13	2.2～22	3	1000×2050	
WFY3-4517～45160Ⅱ	90	17～160	150	KQDQ80-45×1～9	4～30	3	1000×2050	
WFY3-6420～64156Ⅱ	128	20～156	200	KQDQ100-64×1～8/2	5.5～45	3	1200×2650	
WFY3-9020～90126Ⅱ	180	20～126	200	KQDQ100-90×1～6	7.5～45	3	1200×2650	
GZZIV9-28-2	9	28	50	CR3-7	0.55	2	—	上海翰深水业智能仪器有限公司
GZZIV18-45-2	18	45	80	CR10-5	2.2	2	—	
GZZIV38-50-2	38	50	100	CR15-5	4.0	2	—	
GZZIV55-55-2	55	55	100	CR32-4-2	7.5	2	—	
GZZIV68-72-2	68	72	150	CR32-6-2	11.0	2	—	
GZZIV82-40-2	82	40	150	CR45-2	7.5	2	—	
GZZIV118-46-2	118	46	150	CR64-2	11.0	2	—	
GZZIV152-44-2	152	44	200	CR64-3-2	15.0	2	—	
GZZIV161-22-2	161	22	200	CR90-1	7.5	2	—	
GZZIV182-60-2	182	60	200	CR90-3	22.0	2	—	
GZZIV217-22-3	217	22	250	CR90-1	7.5	3	—	
GZZIV245-47-3	245	47	250	CR90-2	15.0	3	—	
GZZIV263-52-3	263	52	250	CR90-3-2	18.5	3	—	
GZZIV280-63-3	280	63	250	CR90-3	22.0	3	—	
GZZIV288-70-3	288	70	250	CR90-4-2	30.0	3	—	

续表

型号		系统流量 (m^3/h)	扬程 (m)	进、出水管径 (mm)	推荐水泵			稳流罐 罐径×长度 (mm)	主要生产厂商
					型号	功率 (kW)	台数		
NFWG2	2DRL8-8	16	73	100、50	CDLF8-8	3	2	600×1300	南方泵业股份有限公司
	2DRL12-9	24	91	100、80	CDLF12-9	5.5	2	600×1300	
	2DRL16-5	32	58	100、80	CDLF16-5	5.5	2	600×1300	
	2DRL20-7	40	82	100、80	CDLF20-7	7.5	2	600×1300	
	2DRL32-40	64	53	100、100	CDLF43-40	7.5	2	600×1300	
NFWG3	3DRL12-10	36	91	100、100	CDLF12-10	7.5	3	600×1300	
	3DRL16-6	48	70	100、100	CDLF16-6	5.5	3	600×1300	
	3DRL20-10	60	118	100、100	CDLF20-10	11	3	600×1300	
	3DRL32-70	96	95	125、125	CDLF32-70	15	3	800×1500	
	3DRL42-50	126	101	150、150	CDLF42-50	18.5	3	1000×2000	
NFWG4	4DRL8-3	32	27	100、100	CDLF8-3	1.1	4	600×1300	
	4DRL12-8	48	80	125、125	CDLF12-8	5.5	4	800×1500	
	4DRL16-5	64	58	125、125	CDLF16-5	5.5	4	800×1500	
	4DRL20-10	80	118	125、125	CDLF20-10	11	4	800×1500	
	4DRL32-60	128	81	150、150	CDLF32-60	11	4	1000×2000	
JS-3/25-0.37		3	25	40	—	0.37	1	—	青岛效能技术设备工程有限公司
JS-5/46-1.1		5	46	40	—	1.1	1	—	
JS-8/46-2.2		8	46	50	—	2.2	1	—	
JS-14/115-7.5		14	115	50	—	7.5	1	—	
JS-17/53-4.0		17	53	65	—	4.0	1	—	
JS-30/104--13		30	104	75	—	13	1	—	
JS-46/105-18.5		46	105	100	—	18.5	1	—	
JS-60/100-26		60	100	100	—	26	1	—	
JS-77/175-55		77	175	125	—	55	1	—	
JS-95/160-63		95	160	125	—	63	1	—	
JS-125/103-55		125	103	150	—	55	1	—	
JS-160/120-75		160	120	150	—	75	1	—	
JS-215/140-110		215	140	150	—	110	1	—	
JS-280/125-110		280	125	150	—	110	1	—	
JS-500/130-250		500	130	250	—	250	1	—	
JS-1000/100-400		1000	100	300	—	400	1	—	

注：1. 进、出水管径按工程设计确定，当与表中数据不符时，应采用转换；
2. 表中所列举的设备型号仅为常用型号，当选用表中以外规格时，需与生产厂商联系。

6. 外形与安装尺寸：ZSY、WGT、WFY、GZZ、NFWG 系列管网叠压供水设备外形与安装尺寸见图 12-5、表 12-5，JS 系列管网叠压供水设备外形与安装尺寸见图 12-6、表 12-6。

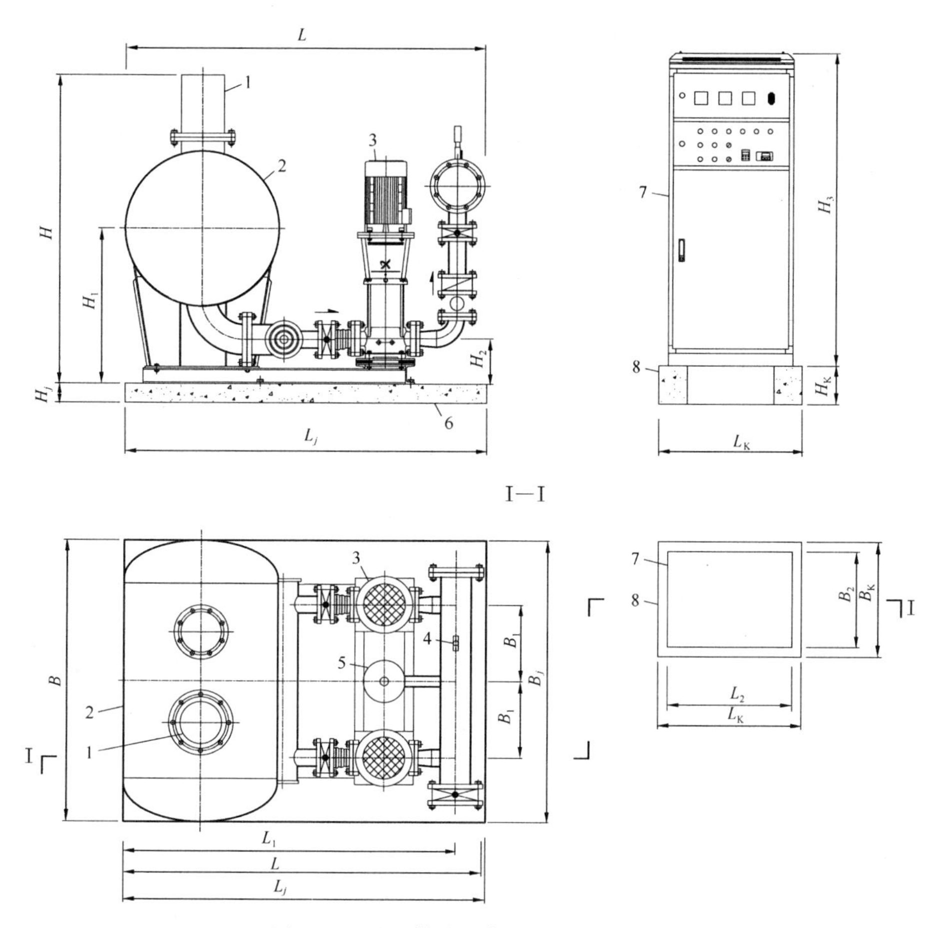

图 12-5 叠压供水设备外形与安装尺寸

1—真空抑制器；2—稳流罐；3—水泵机组；4—压力传感器；5—气压罐；6—设备基础；7—控制柜；8—控制柜基础

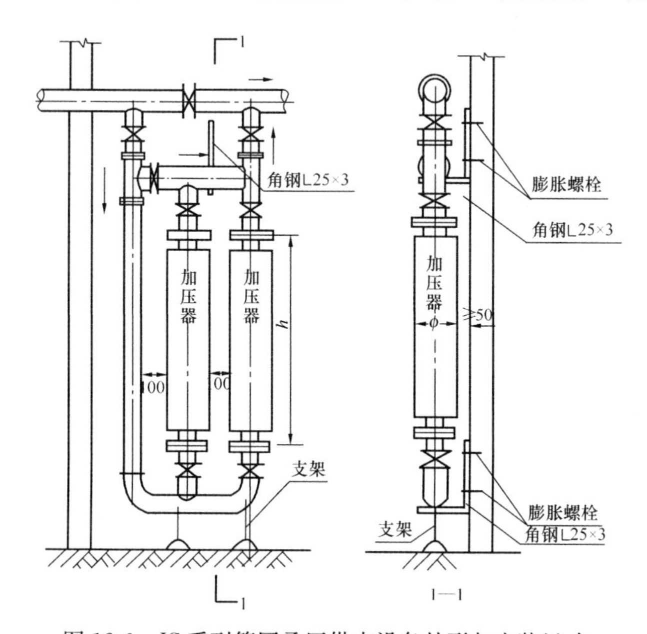

图 12-6 JS 系列管网叠压供水设备外形与安装尺寸

表 12-5

管网叠压供水设备外形与安装尺寸(mm)

型号	外形尺寸			基础尺寸			安装尺寸				配套控制柜					
											外形尺寸			基础尺寸		
	L	B	H	L_j	B_j	H_j	L_1	B_1	H_1	H_2	L_2	B_2	H_3	L_K	B_K	H_K
ZSY-DY-4-40-1.1-2	1500	1300	1220	1600	1300	200	1310	500	560	160	600	450	1200	700	550	200
ZSY-DY-4-64-1.5-2	1500	1300	1220	1600	1300	200	1310	500	560	160	600	450	1200	700	550	200
ZSY-DY-8-54-2.2-2	1500	1300	1220	1600	1300	200	1310	500	560	190	600	450	1200	700	550	200
ZSY-DY-8-92-4-2	1500	1300	1220	1600	1300	200	1310	500	560	190	600	450	1400	700	550	200
ZSY-DY-12-70-4.0-2	1530	1300	1220	1600	1300	200	1340	500	560	190	600	450	1400	700	550	200
ZSY-DY-14-53-4-2	1550	1470	1520	1820	1470	200	1340	500	580	190	600	450	1400	700	550	200
ZSY-DY-16-70-5.5-2	1610	1470	1520	1880	1470	200	1340	500	580	190	600	450	1400	700	550	200
ZSY-DY-16-94-7.5-2	1610	1470	1520	1880	1470	200	1340	600	580	190	600	450	1400	700	550	200
ZSY-DY-22-52-7.5-3	1610	1470	1520	1880	1470	200	1340	600	580	190	600	450	1400	700	550	200
ZSY-DY-22-86-11-3	1610	1470	1520	1880	1470	200	1340	700	580	190	600	450	1400	700	550	200
ZSY-DY-24-69-7.5-3	1610	1470	1520	1880	1470	200	1340	700	580	190	600	450	1400	700	550	200
ZSY-DY-24-93-11-3	1610	1470	1520	1880	1470	200	1340	700	580	190	600	450	1400	700	550	200
ZSY-DY-30-64-11-3	1630	1470	1520	1880	1470	200	1360	700	580	200	600	450	1400	700	550	200
ZSY-DY-30-92-11-3	1630	1470	1520	1880	1470	200	1360	700	580	200	600	450	1400	700	550	200
ZSY-DY-32-85-11-3	1630	1470	1520	1880	1470	200	1360	700	580	200	600	450	1400	700	550	200
ZSY-DY-32-101-15-3	1630	1470	1520	1880	1470	200	1360	700	580	200	600	450	1400	700	550	200
WGT-1500-600-2-10-0.3	1473	1350	1731	1500	1700	200	1335	700	738	255	700	500	1700	900	700	200
WGT-1500-600-2-10-0.5	1473	1350	1731	1500	1700	200	1335	700	738	255	700	500	1700	900	700	200
WGT-1500-600-2-10-0.7	1473	1350	1731	1500	1700	200	1335	700	738	255	700	500	1700	900	700	200
WGT-1500-600-2-20-0.3	1514	1350	1731	1500	1700	200	1403	700	738	255	700	500	1700	900	700	200
WGT-1500-600-2-20-0.5	1514	1350	1731	1500	1700	200	1403	700	738	255	700	500	1700	900	700	200

续表

型号	外形尺寸			基础尺寸			安装尺寸				配套控制柜					
											外形尺寸			基础尺寸		
	L	B	H	L_j	B_j	H_j	L_1	B_1	H_1	H_2	L_2	B_2	H_3	L_K	B_K	H_K
WGT-1500-600-2-20-0.7	1514	1350	1731	1500	1700	200	1403	700	738	255	700	500	1700	900	700	200
WGT-1500-600-2-30-0.3	1600	1350	1731	1500	1700	200	1453	700	738	255	700	500	1700	900	700	200
WGT-1500-600-2-30-0.5	1600	1350	1731	1500	1700	200	1453	700	738	255	700	500	1700	900	700	200
WGT-1500-600-2-30-0.7	1600	1350	1731	1500	1700	200	1453	700	738	255	700	500	1700	900	700	200
WGT-2000-800-2-40-0.3	1973	1670	2013	1700	2000	200	1831	900	865	287	700	500	1700	900	700	200
WGT-2000-800-2-40-0.5	1973	1670	2013	1700	2000	200	1831	900	865	287	700	500	1700	900	700	200
WGT-2000-800-2-40-0.7	1973	1670	2013	1700	2000	200	1831	900	865	287	700	500	1700	900	700	200
WGT-2000-800-3-50-0.3	2092	1670	2013	1700	2000	200	1944	450	865	287	700	500	1700	900	700	200
WGT-2000-800-3-50-0.5	2092	1670	2013	1700	2000	200	1944	450	865	287	700	500	1700	900	700	200
WGT-2000-800-3-50-0.7	2092	1670	2013	1700	2000	200	1944	450	865	287	700	500	1700	900	700	200
WGT-2000-800-3-50-0.8	2092	1670	2013	1700	2000	200	1944	450	865	287	700	500	1700	900	700	200
WFY2-0214～02158W	1450	1690	1250	1600	1840	100	1100	500	655	215	600	400	1400	600	400	300
WFY2-0816～08162W	1450	1720	1250	1600	1870	100	1100	475	655	215	600	400	1400	600	400	300
WFY2-3211～32159W	1550	2100	1470	1700	2250	100	1400	500	795	215	800	500	1800	800	500	300
WFY2-6420～64156W	2050	2500	1790	2200	2650	100	1650	700	995	250	800	600	2000	800	600	300
WFY2-9020～90126W	2050	2500	1790	2200	2650	100	1650	700	995	250	800	600	2000	800	600	300
WFY3-0816～08162W	1450	1720	1250	1600	1870	100	1100	450	655	215	600	400	1400	600	400	300
WFY3-3211～32159W	1550	2100	1470	1700	2250	100	1400	600	785	215	800	500	1800	800	500	300
WFY3-6420～64156W	2050	2500	1790	2200	2650	100	1650	750	995	250	800	600	2000	800	600	300
WFY3-9020～90126W	2650	2700	2060	2800	2850	100	1850	800	1170	250	800	600	2200	800	600	300
WFY2-0214～0275J	1500	800	1250	1650	950	100	535	400	320	980	600	400	1400	600	400	300

续表

型号	外形尺寸			基础尺寸			安装尺寸				配套控制柜					
											外形尺寸			基础尺寸		
	L	B	H	L_j	B_j	H_j	L_1	B_1	H_1	H_2	L_2	B_2	H_3	L_K	B_K	H_K
WFY2-0415～0471J	1500	800	1250	1650	950	100	535	400	320	980	600	600	2000	800	600	300
WFY2-0816～08102J	1500	900	1250	1650	1050	100	635	400	370	1100	600	400	1400	600	400	300
WFY2-1625～1690J	1500	900	1250	1650	1050	100	635	400	370	1100	600	400	1400	600	400	300
WFY3-0816～08102J	2000	900	1250	2150	1050	100	640	450	370	1100	600	400	1400	600	400	300
WFY3-16104～16144J	2400	1000	1500	2550	1150	100	690	600	420	1200	600	400	1400	600	400	300
WFY2-0816～08162Ⅱ	1350	—	1250	—	2110	100	1350	450	655	215	600	400	1400	600	400	300
WFY2-1625～16158Ⅱ	1550	—	1470	—	2130	100	1350	550	655	215	600	400	1400	600	400	300
WFY2-3211～32159Ⅱ	1700	—	1470	—	2410	100	1600	600	785	215	600	400	1400	600	400	300
WFY2-4517～45160Ⅱ	1830	—	1470	—	2460	100	1600	650	785	250	600	400	1400	600	400	300
WFY2-6420～64156Ⅱ	2050	—	1790	—	2850	100	1900	750	995	250	800	500	1800	800	500	300
WFY2-9020～90126Ⅱ	2150	—	1790	—	2850	100	1900	800	995	250	800	500	1800	800	500	300
WFY3-0816～08162Ⅱ	1800	—	1250	—	2110	100	1350	450	655	215	800	600	2000	800	600	300
WFY3-1625～16158Ⅱ	2100	—	1470	—	2380	100	1600	550	785	215	800	600	2000	800	600	300
WFY3-3211～32159Ⅱ	2300	—	1470	—	2410	100	1900	600	960	215	600	400	1400	600	400	300
WFY3-4517～45160Ⅱ	2480	—	1790	—	2760	100	1900	650	995	250	600	400	1400	600	400	300
WFY3-6420～64156Ⅱ	2780	—	1790	—	3150	100	2200	750	1170	250	800	500	1800	800	500	300
WFY3-9020～90126Ⅱ	2950	—	2060	—	3150	100	2200	800	1170	250	800	600	2000	800	600	300
GZZIV9-28-2	1370	1240	1792	1600	1100	200	1228	175	1019	1450	600	400	1400	600	400	200
GZZIV18-45-2	1370	1240	1892	1600	1100	200	1228	175	1019	1450	600	400	1400	600	400	200
GZZIV38-50-2	1370	1240	2180	1600	1100	200	1228	175	1498	1800	600	400	1400	600	400	200
GZZIV55-55-2	1500	1283	2252	1600	1100	200	1228	175	1563	1865	600	400	1400	600	400	200
GZZIV68-72-2	1500	1283	2628	1600	1100	200	1228	225	1883	2240	600	400	1400	600	400	200
GZZIV82-40-2	1465	1462	2335	2000	1500	200	1312	225	1640	1950	600	400	1400	600	400	200
GZZIV118-46-2	1540	1615	2665	2000	1800	200	1269	225	1860	2280	600	400	1400	600	400	200

续表

型号		外形尺寸			基础尺寸			安装尺寸				配套控制柜					
												外形尺寸			基础尺寸		
		L	B	H	L_j	B_j	H_j	L_1	B_1	H_1	H_2	L_2	B_2	H_3	L_K	B_K	H_K
GZZIV152-44-2		1540	1615	2665	2000	1800	200	1269	225	1860	2280	600	400	1400	600	400	200
GZZIV161-22-2		1540	1615	2412	2000	1800	200	1269	225	1610	2030	600	400	1400	600	400	200
GZZIV182-60-2		1540	1615	2862	2000	1800	200	1269	225	2060	2485	600	400	1400	600	400	200
GZZIV217-22-3		1990	1615	2412	2000	1800	200	1719	225	1610	2030	600	400	1400	600	400	200
GZZIV245-47-3		1990	1615	2712	2000	1800	200	1719	225	1910	2330	600	400	1400	600	400	200
GZZIV263-52-3		1990	1615	2792	2000	1800	200	1719	225	1990	2410	600	400	1400	600	400	200
GZZIV280-63-3		1990	1615	2862	2000	1800	200	1719	225	2060	2485	600	400	1400	600	400	200
GZZIV288-70-3		1990	1615	3012	2000	1800	200	1719	225	2210	2630	600	400	1400	600	400	200
NFWG2	2DRL8-8	1700	1696	1600	811	1303	1000	—	—	—	—	—	—	—	—	—	—
	2DRL12-9	1700	1775	1600	840	1380	1000	—	—	—	—	—	—	—	—	—	—
	2DRL16-5	1700	1775	1600	840	1380	1000	—	—	—	—	—	—	—	—	—	—
	2DRL20-7	1700	1775	1600	840	1380	1000	—	—	—	—	—	—	—	—	—	—
	2DRL32-40	1880	1910	1600	910	1500	1000	—	—	—	—	—	—	—	—	—	—
NFWG3	3DRL12-10	2000	1825	1600	1000	1415	1000	—	—	—	—	—	—	—	—	—	—
	3DRL16-6	2000	1825	1600	1000	1415	1000	—	—	—	—	—	—	—	—	—	—
	3DRL20-10	2340	1825	1600	1065	1415	1000	—	—	—	—	—	—	—	—	—	—
	3DRL32-70	2500	2165	1820	1222	1640	1220	—	—	—	—	—	—	—	—	—	—
	3DRL42-50	2670	2510	2070	1337	1868	1470	—	—	—	—	—	—	—	—	—	—
NFWG4	4DRL8-3	2260	1775	1600	1120	1365	1000	—	—	—	—	—	—	—	—	—	—
	4DRL12-8	2400	2080	1820	1260	1555	1220	—	—	—	—	—	—	—	—	—	—
	4DRL16-5	2400	2080	1820	1260	1555	1220	—	—	—	—	—	—	—	—	—	—
	4DRL20-10	2600	2080	1820	1358	1555	1220	—	—	—	—	—	—	—	—	—	—
	4DRL32-60	2800	2425	2070	1500	1782	1470	—	—	—	—	—	—	—	—	—	—

JS系列管网叠压供水设备外形与安装尺寸（mm）　　表12-6

型　号	加压器外径 ϕ	加压器高度 h	型　号	加压器外径 ϕ	加压器高度 h
JS-3/25-0.37	141	710	JS-77/175-55	315	3900
JS-5/46-1.1	141	920	JS-95/160-63	315	4000
JS-8/46-2.2	141	1250	JS-125/103-55	315	2800
JS-14/115-7.5	219	2700	JS-160/120-75	315	3300
JS-17/53-4.0	219	1450	JS-215/140-110	315	4000
JS-30/104--13	219	2500	JS-280/125-110	315	3600
JS-46/105-18.5	219	2600	JS-500/130-250	500	4600
JS-60/100-26	219	2850	JS-1000/100-400	500	4600

12.3　箱式无负压供水设备

1. 特点及适用范围：按《箱式无负压供水设备》CJ/T 302执行，可直接与市政给水管网相连，确保给水管网不产生负压，当市政给水管网给水不足时，通过自动转换，将水箱的水增压，可补偿给水管网给水量的不足，满足用户用水需要的设备。适用于给水保证率要求高，不允许停水的用户。

2. 分类：按结构形式分为整体式和分体式。

3. 组成：箱式无负压供水设备主要由水箱、水泵机组、控制柜、稳流罐、气压罐、压力传感器、阀门、管路系统、配套配件等组成。箱式无负压供水设备系统示意见图12-7。

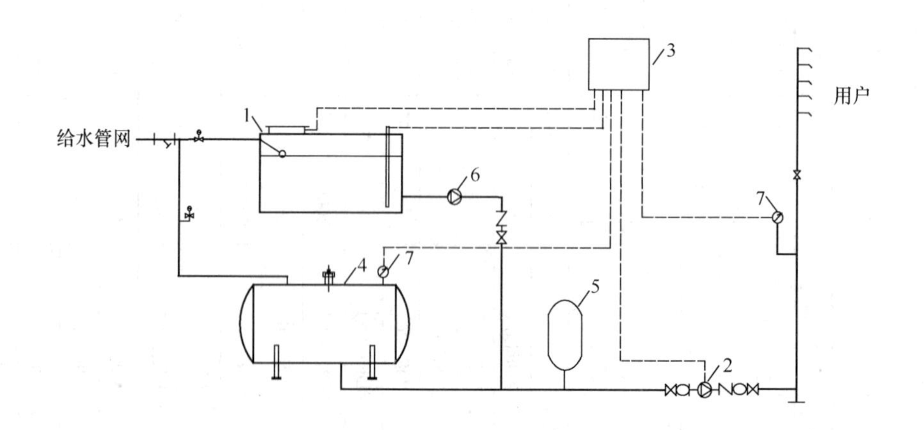

图12-7　箱式无负压供水设备系统示意

1—水箱；2—水泵机组；3—控制柜；4—稳流罐；5—气压罐；6—增压装置；7—压力传感器

4. 箱式无负压供水设备主要型式有ZSY-JZ系列、ZWX系列、KQF系列等。

5. 性能规格：箱式无负压供水设备性能规格见表12-7。

箱式无负压供水设备性能规格 表 12-7

型号	系统流量 (m^3/h)	扬程 (m)	进、出水管径 (mm)	推荐水泵			水箱 (m^3)	主要生产厂商
				型号	功率 (kW)	台数		
ZSY-JZ-12-5-48-1.5-2	5	48	50、50	EVM 5 7N5/1.5	1.5	2	12	郑州水业科技发展股份有限公司
ZSY-JZ-12-5-71-2.2-2	5	71	50、50	EVM 5 10N5/2.2	2.2	2	12	
ZSY-JZ-17.5-8-54-2.2-2	8	54	65、65	EVM 10 6N5/2.2	2.2	2	17.5	
ZSY-JZ-20-10-65-3.0-2	10	65	65、65	EVM 10 8N5/3.0	3.0	2	20	
ZSY-JZ-28-13-56-4.0-2	13	56	80、80	EVM 10 10N5/4.0	4.0	2	28	
ZSY-JZ-28-13-75-5.5-2	13	75	80、80	EVM 10 12N5/5.5	5.5	2	28	
ZSY-JZ-35-16-46-4.0-2	16	46	80、80	EVM 18 4N5/4.0	4.0	2	35	
ZSY-JZ-35-16-70-5.5-2	16	70	80、80	EVM 18 6N5/5.5	5.5	2	35	
ZSY-JZ-40-20-58-5.5-2	20	58	100、100	EVM 18 6N5/5.5	5.5	2	40	
ZSY-JZ-40-20-77-7.5-2	20	77	100、100	EVM 18 8N5/7.5	7.5	2	40	
ZSY-JZ-50-24-65-4.0-3	24	65	100、100	EVM 10 11N5/4.0	4.0	3	50	
ZSY-JZ-50-24-85-5.5-3	24	85	100、100	EVM 10 14N5/5.5	5.5	3	50	
ZSY-JZ-60-28-70-5.5-3	28	70	100、100	EVM 10 14N5/5.5	5.5	3	60	
ZSY-JZ-68-32-58-5.5-3	32	58	100、100	EVM 18 5N5/5.5	5.5	3	68	
ZSY-JZ-68-32-82-7.5-3	32	82	100、100	EVM 18 7N5/7.5	7.5	3	68	
ZWX2.25-10-0.3	10	30	80	VLR10-30	1.1	2	2.25	北京威派格科技发展有限公司
ZWX2.25-10-0.5	10	50	80	VLR10-60	2.2	2	2.25	
ZWX2.25-10-0.7	10	70	80	VLR10-80	3	2	2.25	
ZWX4-20-0.3	20	30	80	VLR22-30	4	2	4	
ZWX4-20-0.5	20	50	80	VLR22-40	5.5	2	4	
ZWX4-20-0.7	20	70	80	VLR22-60	7.5	2	4	
ZWX8-30-0.3	30	30	100	VLR32-20	4	2	8	

续表

型号	系统流量（m^3/h）	扬程（m）	进、出水管径（mm）	推荐水泵			水箱（m^3）	主要生产厂商
				型号	功率（kW）	台数		
ZWX8-30-0.5	30	50	100	VLR32-40	7.5	2	8	北京威派格科技发展有限公司
ZWX8-30-0.7	30	70	100	VLR32-50	11	2	8	
ZWX12-40-0.3	40	30	125	VLR46-20	7.5	2	12	
ZWX12-40-0.5	40	50	125	VLR46-30	1.1	2	12	
ZWX12-40-0.7	40	70	125	VLR46-30	11	2	12	
ZWX12-50-0.3	50	30	125	VLR32-20	4	3	12	
ZWX12-50-0.5	50	50	125	VLR32-40	7.5	3	12	
ZWX12-50-0.7	50	70	125	VLR32-50	11	3	12	
KQF2Q-0816～08162F	8	16～162	50	KQDQ40-8S×2～19	0.75～7.5	2	2	上海凯泉泵业集团有限公司
KQF2Q-3211～32159F	32	11～159	80	KQDQ65-32×1～13	2.2～22	2	4	
KQF2Q-6420～64156F	64	20～156	125	KQDQ100-64×1～8/2	5.5～45	2	8	
KQF2Q-9020～90126F	90	20～126	125	KQDQ100-90×1～6	7.5～45	2	8	
KQF3Q-0816～08162F	16	16～162	65	KQDQ40-8S×2～19	0.75～7.5	3	4	
KQF3Q-1625～16158F	32	25～158	80	KQDQ50-16S×2～12	2.2～15	3	4	
KQF3Q-4517～45160F	90	17～160	125	KQDQ80-45×1～9	4～30	3	8	
KQF3Q-9020～90126F	180	20～126	200	KQDQ100-90×1～6	7.5～45	3	12	
KQF2Q-1625～16158B	16	25～158	65	KQDQ50-16S×2～12	2.2～15	2	16	
KQF2Q-4517～45160B	45	17～160	100	KQDQ80-45×1～9	4～30	2	45	
KQF2Q-9020～90126B	90	20～126	125	KQDQ100-90×1～6	7.5～45	2	90	
KQF4Q-1625～16158B	32	25～158	80	KQDQ50-16S×2～12	2.2～15	4	32	
KQF4Q-4517～45160B	90	17～160	125	KQDQ80-45×1～9	4～30	4	90	
KQF4Q-6420～64156B	128	20～156	150	KQDQ100-64×1～8/2	5.5～45	4	128	
KQF4Q-9020～90126B	180	20～126	200	KQDQ100-90×1～6	7.5～45	4	180	

注：1. 进、出水管径按工程设计确定，当与表中数据不符时，应采用转换；

2. 水箱尺寸仅为参考，当与设计不符时，以设计为准；

3. 表中所列举的设备型号仅为常用型号，当选用表中以外规格时，需与生产厂商联系。

6. 外形与安装尺寸：箱式无负压供水设备外形与安装尺寸见图 12-8、表 12-8。

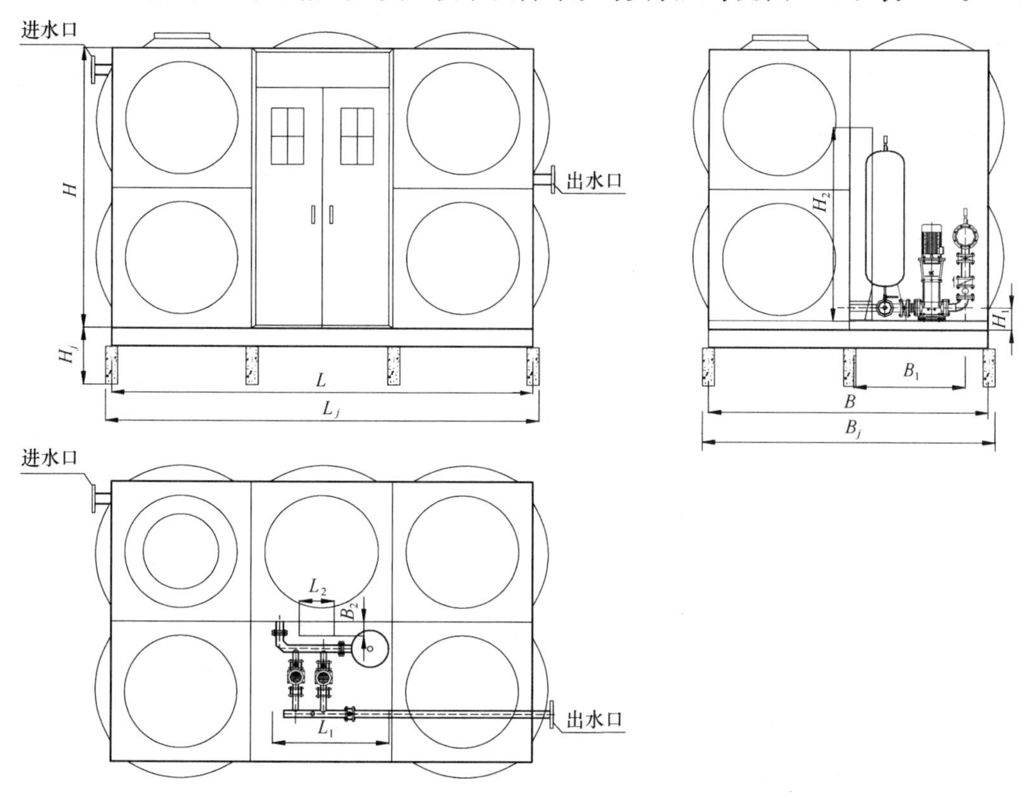

图 12-8 箱式无负压供水设备外形与安装尺寸

箱式无负压供水设备外形与安装尺寸（mm） **表 12-8**

型号	外形尺寸			基础尺寸			安装尺寸			配套控制柜		
										外形尺寸		
	L	B	H	L_j	B_j	H_j	L_1	B_1	H_1	L_2	B_2	H_2
ZSY-JZ-12-5-48-1.5-2	3000	2000	2000	3200	200	300～600	800	780	160	600	450	1200
ZSY-JZ-12-5-71-2.2-2	3000	2000	2000	3200	200		800	780	160	600	450	1200
ZSY-JZ-17.5-8-54-2.2-2	3500	2500	2000	3700	200		850	795	190	600	450	1200
ZSY-JZ-20-10-65-3.0-2	4000	2500	2000	4200	200		850	795	190	600	450	1200
ZSY-JZ-28-13-56-4.0-2	4000	3500	2000	4200	200	300～600	900	854	190	600	450	1400
ZSY-JZ-28-13-75-5.5-2	4000	3500	2000	4200	200		900	854	190	600	450	1400
ZSY-JZ-35-16-46-4.0-2	4000	3500	2500	4200	200	300～600	900	900	200	600	450	1400
ZSY-JZ-35-16-70-5.5-2	4000	3500	2500	4200	200		900	900	200	600	450	1400
ZSY-JZ-40-20-58-5.5-2	4000	4000	2500	4200	200	300～600	900	920	200	600	450	1400
ZSY-JZ-40-20-77-7.5-2	4000	4000	2500	4200	200		900	920	200	600	450	1400
ZSY-JZ-50-24-65-4.0-3	5000	4000	2500	5200	200		1250	874	190	600	450	1400
ZSY-JZ-50-24-85-5.5-3	5000	4000	2500	5200	200		1250	874	190	600	450	1400
ZSY-JZ-60-28-70-5.5-3	6000	4000	2500	6200	200		1250	874	190	600	450	1400

续表

型　号	外形尺寸			基础尺寸			安装尺寸			配套控制柜		
										外形尺寸		
	L	B	H	L_j	B_j	H_j	L_1	B_1	H_1	L_2	B_2	H_2
ZSY-JZ-68-32-58-5.5-3	5500	5000	2500	5700	200	300～600	1250	920	200	600	450	1400
ZSY-JZ-68-32-82-7.5-3	5500	5000	2500	5700	200		1250	920	200	600	450	1400
ZWX2.25-10-0.3	1212	2452	1326	1400	2500	200	1070	450	230	700	500	1700
ZWX2.25-10-0.5	1212	2452	1326	1400	2500	200	1070	450	230	700	500	1700
ZWX2.25-10-0.7	1212	2452	1326	1400	2500	200	1070	450	230	700	500	1700
ZWX4-20-0.3	1233	2472	1326	1400	2500	200	1088	450	240	700	500	1700
ZWX4-20-0.5	1233	2472	1326	1400	2500	200	1088	450	240	700	500	1700
ZWX4-20-0.7	1233	2472	1326	1400	2500	200	1088	450	240	700	500	1700
ZWX8-30-0.3	1278	2520	1350	1400	2500	200	1128	450	255	700	500	1700
ZWX8-30-0.5	1278	2520	1350	1400	2500	200	1128	450	255	700	500	1700
ZWX8-30-0.7	1278	2520	1350	1400	2500	200	1128	450	255	700	500	1700
ZWX12-40-0.3	1351	2810	1410	1500	2500	200	1168	450	290	700	500	1700
ZWX12-40-0.5	1351	2810	1410	1500	2500	200	1168	450	290	700	500	1700
ZWX12-40-0.7	1351	2810	1410	1500	2500	200	1168	450	290	700	500	1700
ZWX12-50-0.3	1278	2790	1410	1400	2900	200	1128	450	255	700	500	1700
ZWX12-50-0.5	1278	2790	1410	1400	2900	200	1128	450	255	700	500	1700
ZWX12-50-0.7	1278	2790	1410	1400	2900	200	1128	450	255	700	500	1700
KQF2Q-0816～08162F	1200	860	1250	1350	1010	100	810	450	—	600	400	1400
KQF2Q-3211～32159F	1550	910	1470	1700	1060	100	940	600	—	600	400	1400
KQF2Q-6420～64156F	1880	1100	1790	2030	1250	100	1145	750	—	800	500	1800
KQF2Q-9020～90126F	2000	1100	1790	2150	1250	100	1185	800	—	800	500	1800
KQF3Q-0816～08162F	1650	860	1250	1800	1010	100	820	450	—	800	600	2000
KQF3Q-1625～16158F	1950	880	1470	2100	1030	100	890	550	—	800	600	2000
KQF3Q-4517～45160F	2330	1010	1790	2480	1160	100	1070	650	—	600	400	1400
KQF3Q-9020～90126F	2800	1100	2060	2950	1250	100	1230	800	—	800	600	2000
KQF2Q-1625～16158B	850	880	1470	1000	1030	100	880	550	—	600	400	1400
KQF2Q-4517～45160B	1030	1010	1470	1180	1160	100	1055	650	—	600	400	1400
KQF2Q-9020～90126B	1200	1100	1790	1350	1250	100	1185	800	—	800	500	1800
KQF4Q-1625～16158B	1950	880	1470	2100	1030	100	890	550	—	800	600	2000
KQF4Q-4517～45160B	2330	1010	1790	2480	1160	100	1070	650	—	600	400	1400
KQF4Q-6420～64156B	2630	1100	1790	2780	1250	100	1165	750	—	800	500	1800
KQF4Q-9020～90126B	2800	1100	2060	2950	1250	100	1230	800	—	800	600	2000

12.4　变频调速给水设备

1. 特点及适用范围：变频调速给水设备通过变频泵组从水箱取水加压后供用户使用。适用于水量不足或水压较低的地区以及用水量经常变化的场所。

2. 组成：变频调速给水设备主要由水泵机组、限压保护装置、水箱、控制柜、气压水罐、阀门、管路系统、配套配件等组成。

3. 型式：变频调速给水设备主要型式有 BTG 系列、ZSY-BH 系列、WPSF 系列、KQG 系列、KQG-N 系列、DRL 系列等变频恒压给水设备。

4. 性能规格：变频调速给水设备性能规格见表 12-9。

变频调速给水设备性能规格 **表 12-9**

型号	系统流量 (m^3/h)	扬程 (m)	进、出水管径 (mm)	推荐水泵			气压罐罐径×高度 (mm)	水箱 (m^3)	主要生产厂商
				型号	功率 (kW)	台数			
BTG10-36-2	10	36	50、65	CR5-7	1.1	2	600×1500	8	青岛三利集团有限公司
BTG20-48-2	20	48	50、80	CR10-6	2.2	2	600×1500	20	
BTG30-48-2	30	48	65、100	CR15-4	4.0	2	600×1500	36	
BTG40-36-2	40	36	65、125	CR20-3	4.0	2	600×1500	48	
BTG48-32-2	48	32	80、125	CR32-2	4.0	2	600×1500	64	
BTG60-47-2	60	47	80、125	CR32-4-2	7.5	2	600×1500	80	
BTG70-59-2	70	59	80、125	CR32-5-2	11.0	2	600×1500	100	
BTG90-52-2	90	52	100、150	CR45-3-2	11.0	2	600×1500	120	
BTG106-79-2	106	79	100、150	CR45-5-2	18.5	2	600×1500	150	
BTG128-53-2	128	53	125、150	CR64-3-2	15.0	2	600×1500	180	
BTG154-34-2	154	34	125、200	CR90-2-2	11.0	2	600×1500	240	
BTG180-52-2	180	52	125、200	CR90-3-2	18.5	2	600×1500	300	
BTG45-48-3	45	48	65、125	CR15-4	4.0	3	600×1500	60	
BTG96-56-3	96	56	80、150	CR32-4	7.5	3	600×1500	132	
BTG192-60-3	192	60	125、200	CR64-3-1	15.0	3	600×1500	320	
ZSY-BH-5-41-1.1-2	5	41	65、65	CDL4-6	1.1	2	600×1750	12	郑州水业科技发展股份有限公司
ZSY-BH-8-45-2.2-2	8	45	80、65	CDL8-5	2.2	2	600×1750	16	
ZSY-BH-10-48-2.2-2	10	48	80、65	CDL8-6	2.2	2	600×1750	20	
ZSY-BH-13-56-4.0-2	13	56	100、80	CDL12-6	4.0	2	600×1750	28	
ZSY-BH-13-75-5.5-2	13	75	100、80	CDL12-8	5.5	2	600×1750	28	
ZSY-BH-16-82-7.5-2	16	82	100、80	CDL16-7	7.5	2	600×1750	35	
ZSY-BH-20-70-7.5-2	20	70	100、100	CDL20-6	7.5	2	800×2250	40	
ZSY-BH-20-94-11-2	20	94	100、100	CDL20-8	11	2	800×2250	40	
ZSY-BH-24-75-5.5-3	24	75	100、80	CDL12-8	5.5	3	800×2250	50	
ZSY-BH-24-94.5-7.5-3	24	94.5	100、80	CDL12-10	7.5	3	800×2250	50	
ZSY-BH-28-58-5.5-3	28	82	100、80	CDL16-5	5.5	3	1000×2500	60	
ZSY-BH-28-82-7.5-3	28	82	100、80	CDL16-7	7.5	3	1000×2500	60	
ZSY-BH-28-118-11-3	28	118	100、80	CDL16-10	11	3	1000×2500	60	
ZSY-BH-32-73-7.5-3	32	73	100、100	CDL20-6	7.5	3	1000×2500	68	
ZSY-BH-32-99-11-3	32	99	100、100	CDL20-8	11	3	1000×2500	68	

续表

型号	系统流量（m^3/h）	扬程（m）	进、出水管径（mm）	推荐水泵			气压罐罐径×高度（mm）	水箱（m^3）	主要生产厂商
				型号	功率（kW）	台数			
NBGP2-0217～0294	2	17～94	50	KQDP25-2S×2～11	0.37～1.5	2	—	—	上海凯泉泵业集团有限公司
NBGP2-0416～0496	4	16～96	50	KQDP32-4S×2～12	0.37～2.2	2	—	—	
NBGP2-0816～0896	8	16～96	50	KQDP40-8S×2～12	0.75～4	2	—	—	
NBGP2-1622～1677	16	22～77	65	KQDP50-16S×2～7	2.2～7.5	2	—	—	
NBGL2-0627～0680	6	27～80	50	KQL40/150～250	1.5～7.5	2	—	—	
NBGL2-2527～2580	25	27～80	80	KQL65/150～250	4～15	2	—	—	
NBGL2-10025～10080	100	25～80	125	KQL100/150～250	11～37	2	—	—	
NBGL3-1227～1280	24	27～80	80	KQL50/150～250	2.2～11	3	—	—	
NBGL3-5026～5080	100	26～80	125	KQL80/150～250	7.5～22	3	—	—	
NBGD2-0675～06150	6	75～150	50	KQDL40-25×3～6-Ⅱ	4～7.5	2	—	—	
NBGD2-3048～30160	30	48～160	80	KQDL65-16×3～10-Ⅱ	7.5～30	2	—	—	
NBGD2-5060～50160	50	60～160	100	KQDL80-20×3～8-Ⅱ	15～45	2	—	—	
NBGD3-3048～30160	60	48～160	100	KQDL65-16×3～10-Ⅱ	7.5～30	3	—	—	
NBGD3-5060～50160	100	60～160	125	KQDL80-20×3～8-Ⅱ	15～45	3	—	—	
KQG2Q-0214～02158N	2	14～158	50	KQDQ25-2S×2～21	0.37～3	2	—	—	
KQG2Q-0816～08162N	8	16～162	50	KQDQ40-8S×2～19	0.75～7.5	2	—	—	
KQG2Q-3211～32159N	32	11～159	80	KQDQ65-32×1～13	2.2～22	2	—	—	
KQG2Q-6420～64156N	64	20～156	125	KQDQ100-64×1～8/2	5.5～45	2	—	—	
KQG3Q-0816～08162N	16	16～162	65	KQDQ40-8S×2～19	0.75～7.5	3	—	—	
KQG3Q-3211～32159N	64	11～159	100	KQDQ65-32×1～13	2.2～22	3	—	—	
KQG3Q-6420～64156N	128	20～156	150	KQDQ100-64×1～8/2	5.5～45	3	—	—	
KQG2H-0612～50N	6	12～50	50	KQH40-100～200	0.55～4	2	—	—	
KQG2H-2512～80N	25	12～80	80	KQH65-100～250	1.5～15	2	—	—	
KQG2H-10012～80N	100	12～80	125	KQH100-100～250	5.5～37	2	—	—	
KQG3H-1212～50N	25	12～50	80	KQH50-100～200	1.1～5.5	3	—	—	
KQG3H-5012～80N	100	12～80	125	KQH80-100～250	3～22	3	—	—	
KQG3H-10012～80N	200	12～80	150	KQH100-100～250	5.5～37	3	—	—	
2WPSF2.6/14.1-0.37-G-50	2.6	14.1	50	WL（E）2-2	0.37	2	—	—	杭州沃德水泵制造有限公司
2WPSF2.6/77.6-1.1-G-50	2.6	77.6	50	WL（E）2-11	1.1	2	—	—	
2WPSF3.6/13.9-0.37-G-50	3.6	13.9	50	WL（E）3-3	0.37	2	—	—	
2WPSF3.6/69.7-1.1-G-50	3.6	69.7	50	WL（E）3-15	1.1	2	—	—	
2WPSF5.0/23.8-0.55-G-50	5.0	23.8	50	WL（E）4-3	0.55	2	—	—	
3WPSF10.0/94.0-2.2-G-65	10.0	94.0	65	WL（E）4-12	2.2	3	—	—	
3WPSF20.0/26.4-1.1-G-80	20.0	26.4	80	WL（E）8-3	1.1	3	—	—	

续表

型号	系统流量 (m^3/h)	扬程 (m)	进、出水管径 (mm)	推荐水泵			气压罐罐径×高度 (mm)	水箱 (m^3)	主要生产厂商
				型号	功率 (kW)	台数			
3WPSF20.0/91.0-4.0-G-80	20.0	91.0	80	WL (E) 8-10	4.0	3	—	—	杭州沃德水泵制造有限公司
3WPSF28.0/30.6-2.2-G-100	28.0	30.6	100	WL (E) 12-3	2.23	3	—	—	
3WPSF28.0/123.1-7.5-G-100	28.0	123.1	100	WL (E) 12-12	7.5	3	—	—	
4WPSF300.0/20.7-7.5-G-200	300.0	20.7	200	WL (E) 85-10	7.5	4	—	—	
4WPSF300.0/53.1-18.5-G-200	300.0	53.1	200	WL (E) 85-30-2	18.5	4	—	—	
4WPSF420.0/18.9-11.0-G-200	420.0	18.9	200	WL (E) 120-10	11.0	4	—	—	
4WPSF420.0/61.1-30.0-G-200	420.0	61.1	200	WL (E) 120-30	30.0	4	—	—	
4WPSF510.0/65.5-37.0-G-200	510.0	65.5	200	WL (E) 150-30	37.0	4	—	—	
2DRL2-3	4	22	50	CDLF2-3	0.37	2	—	—	南方泵业股份有限公司
2DRL2-9	4	67	50	CDLF2-9	1.1	2	—	—	
2DRL4-3	8	24	50	CDLF4-3	0.55	2	—	—	
2DRL4-10	8	81	50	CDLF4-10	2.2	2	—	—	
3DRL65-10	195	20	200	CDLF65-10	5.5	3	—	—	
3DRL65-70	195	146	200	CDLF65-70	45	3	—	—	
3DRL85-10	255	20	200	CDLF85-10	7.5	3	—	—	
3DRL85-60	255	134	200	CDLF85-60	45	3	—	—	
4DRL2-3	8	22	50	CDLF2-3	0.37	4	—	—	
4DRL2-9	8	67	50	CDLF2-9	0.75	4	—	—	
4DRL4-10	16	81	80	CDLF4-10	2.2	4	—	—	
4DRL4-22	16	178	80	CDLF4-22	3	4	—	—	
4DRL8-3	32	27	100	CDLF8-3	1.1	4	—	—	
4DRL8-10	32	92	100	CDLF8-10	4	4	—	—	
4DRL16-2	64	22	125	CDLF16-2	2.2	4	—	—	
4DRL32-20	128	27	150	CDLF32-20	4	4	—	—	

注：1. 进、出水管径按工程设计确定，当与表中数据不符时，应采用转换；
2. 水泵进水管接自水池或水箱，且为自灌式进水；
3. 水箱尺寸仅为参考，当与设计不符时，以设计为准；
4. 没有水箱尺寸的型号，其尺寸由设计者自行选定；
5. 表中所列举的设备型号仅为常用型号，当选用表中以外规格时，需与生产厂商联系。

5. 外形与安装尺寸：变频调速给水设备外形与安装尺寸见图12-9、表12-10。

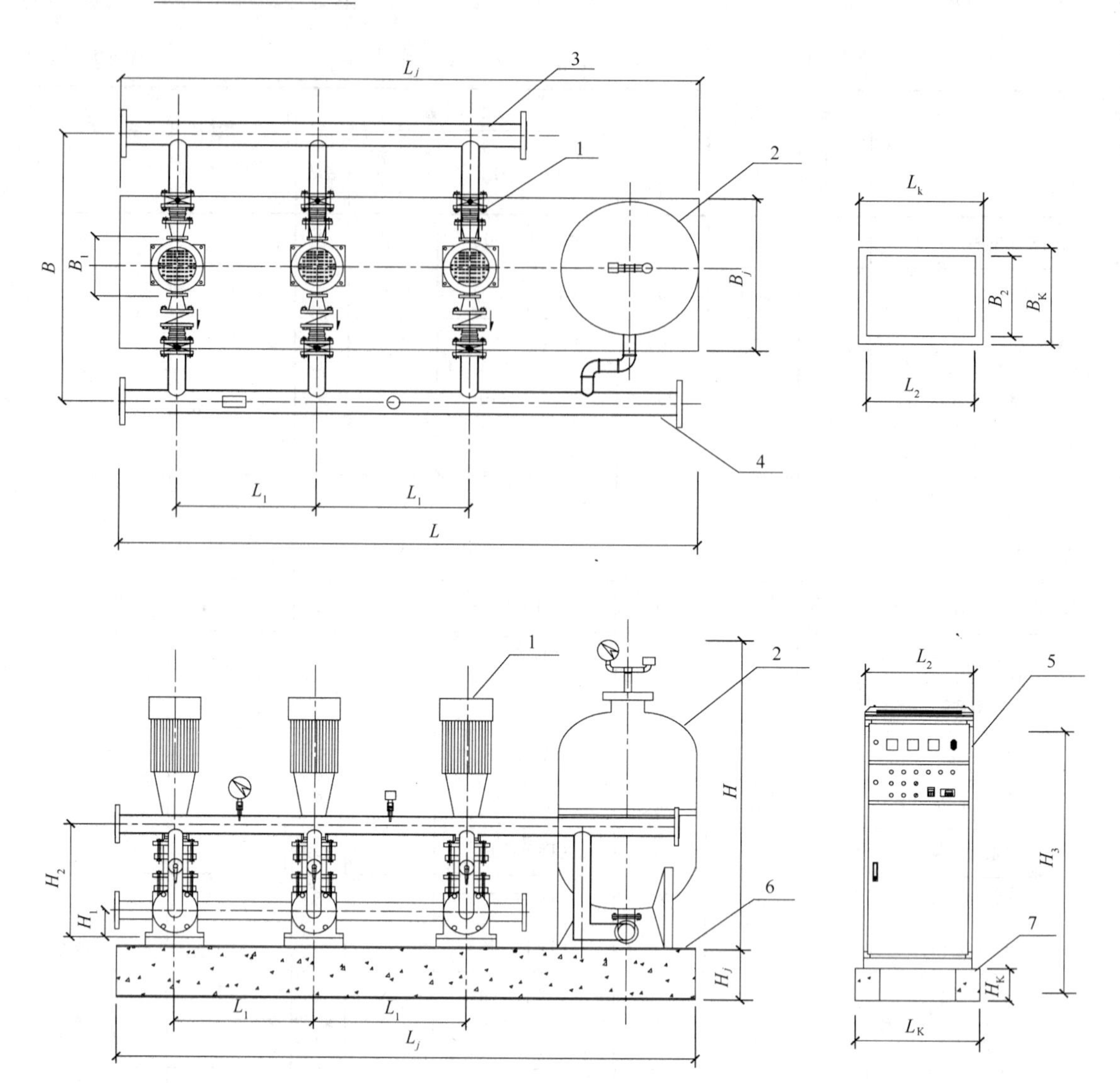

图 12-9　变频调速给水设备外形与安装尺寸

1—水泵机组；2—气压罐；3—进水管；4—出水管

5—控制柜；6—设备基础；7—控制柜基础

变频调速给水设备外形与安装尺寸（mm）　　**表 12-10**

型　　号	外形尺寸			基础尺寸			安装尺寸				配套控制柜					
											外形尺寸			基础尺寸		
	L	B	H	L_j	B_j	H_j	L_1	B_1	H_1	H_2	L_2	B_2	H_3	L_K	B_K	H_K
BTG10-36-2	965	1570	1500	1000	1700	100	250	—	168	790	660	500	1770	760	600	200
BTG20-48-2	970	1570	1500	1000	1700	100	250	—	177	790	660	500	1770	760	600	200
BTG30-48-2	1025	1620	1500	1100	1730	100	250	—	183	880	660	500	1770	760	600	200
BTG40-36-2	1040	1635	1500	1100	1760	100	280	—	183	880	660	500	1770	760	600	200
BTG48-32-2	1040	1850	1500	1200	2000	100	300	—	223	990	660	500	1770	760	600	200
BTG60-47-2	1040	1850	1500	1200	2000	100	300	—	223	990	660	500	1770	760	600	200
BTG70-59-2	1040	1850	1500	1200	2000	100	300	—	223	990	660	500	1770	760	600	200
BTG90-52-2	1060	1855	1500	1300	2000	100	300	—	253	1110	660	500	1770	760	600	200

续表

型号	外形尺寸			基础尺寸			安装尺寸				配套控制柜					
											外形尺寸			基础尺寸		
	L	B	H	L_j	B_j	H_j	L_1	B_1	H_1	H_2	L_2	B_2	H_3	L_K	B_K	H_K
BTG106-79-2	1060	1855	1500	1300	2000	100	300	—	253	1110	800	600	1970	900	700	100
BTG128-53-2	1115	1905	1500	1500	2100	100	350	—	242	1130	660	500	1770	760	600	200
BTG154-34-2	1115	1925	1500	1500	2100	100	350	—	242	1160	660	500	1770	760	600	200
BTG180-52-2	1115	1925	1500	1500	2100	100	350	—	242	1160	800	600	1970	900	700	100
BTG45-48-3	1040	2115	1500	1150	2240	100	280	—	183	880	800	600	1970	900	700	100
BTG96-56-3	1060	2455	1500	1200	2600	100	300	—	223	1010	800	600	1970	900	700	100
BTG192-60-3	1115	2575	1500	1500	2750	100	350	—	242	1160	800	600	1970	900	700	100
ZSY-BH-5-41-1. 1-2	2000	1400	1600	2050	1000	200	600	250	75	700	600	450	1200	700	550	300
ZSY-BH-8-45-2. 2-2	2000	1450	1600	2050	1000	200	600	280	80	700	600	450	1200	700	550	300
ZSY-BH-10-48-2. 2-2	2000	1450	1600	2050	1000	200	600	280	80	700	600	450	1200	700	550	300
ZSY-BH-13-56-4. 0-2	2000	1500	1600	2050	1000	200	600	300	90	800	600	450	1200	700	550	300
ZSY-BH-13-75-5. 5-2	2000	1500	1600	2050	1000	200	600	300	90	800	600	450	1200	700	550	300
ZSY-BH-16-82-7. 5-2	2300	1500	1800	2350	1100	200	700	300	90	800	600	450	1200	700	550	300
ZSY-BH-20-70-7. 5-2	2300	1500	1800	2350	1100	200	700	300	90	900	600	450	1200	700	550	300
ZSY-BH-20-94-11-2	2400	1600	1800	2450	1100	200	800	300	90	900	600	450	1200	700	550	300
ZSY-BH-24-75-5. 5-3	3100	1600	1800	3150	1100	200	600	300	90	800	600	450	1200	700	550	300
ZSY-BH-24-94. 5-7. 5-3	3100	1600	1800	3150	1100	200	700	300	90	800	600	450	1400	700	550	300
ZSY-BH-28-58-5. 5-3	3300	1600	2000	3350	1200	200	700	300	90	800	600	450	1400	700	550	300
ZSY-BH-28-82-7. 5-3	3400	1700	2000	3450	1200	200	800	300	90	800	600	450	1400	700	550	300
ZSY-BH-28-118-11-3	3400	1700	2000	3450	1200	200	800	300	90	800	600	450	1400	700	550	300
ZSY-BH-32-73-7. 5-3	3400	1700	2000	3450	1200	200	800	300	90	900	600	450	1400	700	550	300
ZSY-BH-32-99-11-3	3400	1700	2000	3450	1200	200	800	300	90	900	600	450	1400	700	550	300
NBGP2-0217～0294	670	660	827	—	810	100	470	400	—	160	600	400	1400	600	400	300
NBGP2-0416～0496	670	660	977	—	810	100	470	400	—	160	600	400	1400	600	400	300
NBGP2-0816～0896	750	660	1059	—	810	100	550	450	—	190	800	500	1800	800	500	300
NBGP2-1622～1677	750	750	1268	—	900	100	550	450	—	200	800	600	2000	800	600	300
NBGL2-0627～0680	950	855	699	—	1005	100	750	550	—	239	600	400	1400	600	400	300
NBGL2-2527～2580	1150	930	800	—	1080	100	950	650	—	290	800	500	1800	800	500	300
NBGL2-10025～10080	1350	1155	950	—	1305	100	1150	750	—	320	800	600	2000	800	600	300
NBGL3-1227～1280	1800	875	711	—	1025	100	1600	650	—	261	600	400	1400	600	400	300
NBGL3-5026～5080	1800	1000	835	—	1150	100	1600	650	—	295	600	600	2000	800	600	300
NBGD2-0675～06150	750	735	1262	—	885	100	550	460	—	194	800	600	2200	800	600	300
NBGD2-3048～30160	1160	1062	2249	—	1212	100	960	750	—	240	800	600	2000	800	600	300
NBGD2-5060～50160	1220	1137	2286	—	1287	100	1020	780	—	261	800	600	2000	800	600	300
NBGD3-3048～30160	1910	1062	2249	—	1212	100	1710	750	—	240	800	600	2200	800	600	300
NBGD3-5060～50160	2000	1137	2286	—	1287	100	1800	780	—	261	800	600	2200	800	600	300
KQG2Q-0214～02158N	1200	860	1250	1350	1010	100	810	450	—	160	600	400	1400	600	400	300
KQG2Q-0816～08162N	1200	860	1250	1350	1010	100	810	450	—	190	600	400	1400	600	400	300
KQG2Q-3211～32159N	1550	910	1470	1700	1060	100	940	600	—	215	800	500	1800	800	500	300
KQG2Q-6420～64156N	1880	1100	1790	2030	1250	100	1145	750	—	250	800	600	2000	800	600	300
KQG3Q-0816～08162N	1650	860	1250	1800	1010	100	820	450	—	190	600	400	1400	600	400	300
KQG3Q-3211～32159N	2150	910	1470	2300	1060	100	950	600	—	215	800	500	1800	800	500	300
KQG3Q-6420～64156N	2630	1100	1790	2780	1250	100	1165	750	—	250	800	600	2000	800	600	300
KQG2H-0612～50N	950	885	1250	2950	1250	100	665	550	—	175	600	400	1400	600	400	300
KQG2H-2512～80N	1150	975	1250	1300	1125	100	750	650	—	210	600	400	1400	600	400	300
KQG2H-10012～80N	1450	1185	1450	1600	1335	100	920	750	—	255	800	600	2200	800	600	300

续表

型　号	外形尺寸			基础尺寸			安装尺寸				配套控制柜					
											外形尺寸			基础尺寸		
	L	B	H	L_j	B_j	H_j	L_1	B_1	H_1	H_2	L_2	B_2	H_3	L_K	B_K	H_K
KQG3H-1212～50N	1550	920	1250	1700	1070	100	700	550	—	180	800	500	1800	800	500	300
KQG3H-5012～80N	1800	1050	1350	1950	1200	100	820	650	—	235	800	600	2200	800	600	300
KQG3H-10012～80N	2200	1185	1450	2350	1335	100	920	750	—	255	800	600	2200	800	600	300
2WPSF2.6/14.1-0.37-G-50	610	830	468	1280	450	50	1180	410	258	163	550	300	813	550	300	200
2WPSF2.6/77.6-1.1-G-50	610	830	675	1280	450	50	1180	410	430	163	550	300	813	550	300	200
2WPSF3.6/13.9-0.37-G-50	610	870	486	1280	450	50	1180	410	276	163	550	300	813	550	300	200
2WPSF3.6/69.7-1.1-G-50	610	870	747	1280	450	50	1180	410	502	163	550	300	813	550	300	200
2WPSF5.0/23.8-0.55-G-50	610	870	513	1280	450	50	1180	410	303	163	550	300	813	550	300	200
3WPSF10.0/94.0-2.2-G-65	940	905	856	1280	450	50	1180	410	566	163	650	350	963	650	350	200
3WPSF20.0/26.4-1.1-G-80	940	1070	622	1280	450	80	1180	410	377	168	650	350	968	650	350	200
3WPSF20.0/91.0-4.0-G-80	940	1070	942	1380	450	80	1280	410	607	168	650	350	968	650	350	200
3WPSF28.0/30.6-2.2-G-100	940	1150	687	1280	450	90	1180	410	397	178	650	350	978	650	350	200
3WPSF28.0/123.1-7.5-G-100	1080	1150	1127	1380	450	90	1280	410	697	178	650	350	978	650	350	200
4WPSF300.0/20.7-7.5-G-200	1700	1350	1001	1500	650	140	1500	560	571	250	650	350	1263	650	350	200
4WPSF300.0/53.1-18.5-G-200	1700	1350	1415	1550	650	140	1500	560	865	250	750	450	1593	750	450	200
4WPSF420.0/18.9-11.0-G-200	2200	1350	1330	1550	700	180	1550	560	840	300	750	450	1263	750	450	200
4WPSF420.0/61.1-30.0-G-200	2200	1350	1820	1550	700	180	1550	560	1160	300	850	450	1593	850	450	200
4WPSF510.0/65.5-37.0-G-200	2200	1350	1820	1550	700	180	1550	560	1160	300	850	450	1593	850	450	200
4DRL2-3	1080	635	—	1280	450	—	—	—	—	163	650	350	1163	—	—	—
4DRL2-9	1080	635	—	1280	450	—	—	—	—	163	650	350	1163	—	—	—
4DRL4-3	1080	686	—	1280	450	—	—	—	—	163	650	350	1163	—	—	—
4DRL4-10	1080	686	—	1280	450	—	—	—	—	163	650	350	1163	—	—	—
4DRL4-22	1080	686	—	1280	450	—	—	—	—	163	650	350	1163	—	—	—
4DRL8-3	1194	750	—	1280	450	—	—	—	—	168	650	350	1168	—	—	—
4DRL8-10	1194	750	—	1280	450	—	—	—	—	168	650	350	1168	—	—	—
4DRL16-2	1194	825	—	1280	450	—	—	—	—	338	650	350	1178	—	—	—
4DRL32-20	1430	1052	—	1380	450	—	—	—	—	353	750	350	1343	—	—	—

12.5 气压给水设备

1. 特点及适用范围：利用气压水罐内气体的可压缩性达到供水目的，在水泵运行或非运行时间内均能自动、连续地向给水管网进行供水。适用于凡需要增高水压的给水系统均可选用气压给水设备。

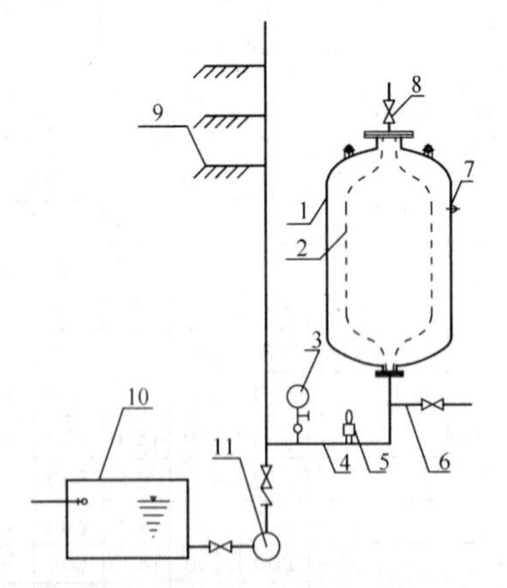

图 12-10　气压给水设备系统示意
1—罐体；2—橡胶隔膜；3—压力表；4—进出水管；5—安全阀；6—充泄水管；7—充气管阀；8—放气管阀；9—用户；10—水箱；11—水泵

2. 组成：气压给水设备由气压水罐、水泵系统、电控系统、管路系统等组成。气压给水设备系统示意见图 12-10。

3. 分类及型式：气压式给水设备按压力稳定情况可分为变压式气压给水设备和定压式气压给水设备两类。按气压水罐的形式分为补气式气压给水设备和隔膜式气压给水设备两类。其中隔膜式气压给水设备主要有 SN、SNW 系列气压给水设备。

4. 性能规格：隔膜式气压给水设备性能规格见表 12-11。

隔膜式气压给水设备性能规格 表 12-11

型号	罐体公称直径(mm)	总容积(m^3)	调节容积(m^3)	每小时最大给水量(m^3/h)			单台罐净质量(kg)			主要生产厂商
				单罐	二罐	三罐	Pg0.6	Pg1.0	Pg1.6	
SN400-0.6、1.0、1.6	400	0.15	0.05	1.25～2.09	2.50～4.18	3.75～6.27	112	121	131	北京特高换热设备有限公司
SN600-0.6、1.0、1.6	600	0.35	0.11	2.64～4.4	5.28～8.8	7.92～13.2	206	223	265	
SN800-0.6、1.0、1.6	800	0.86	0.26	6.24～10.4	12.48～20.8	18.7～31.2	313	327	498	
SN1000-0.6、1.0、1.6	1000	1.56	0.52	12～20	24～40	36～60	424	613	790	
SN1200-0.6、1.0、1.6	1200	2.58	0.90	18～30	36～60	54～90	766	943	1187	
SN1400-0.6、1.0、1.6	1400	3.61	1.20	26～44	52～88	78～132	934	1156	1461	
SN1600-0.6、1.0、1.6	1600	5.28	2.00	40.8～68	81.6～136	122.4～204	1220	1802	2210	
SN1800-0.6、1.0、1.6	1800	7.00	2.50	55.0～90	110.0～180	165～270	1420	2295	2975	
SN2000-0.6、1.0、1.6	2000	8.64	3.10	68.4～114	136.8～228	205.2～342	1621	2787	3740	
SNW1000-0.6、1.0、1.6	1000	1.56	0.52	12～20	24～40	36～60	444	633	810	
SNW1200-0.6、1.0、1.6	1200	2.58	0.80	18～30	36～60	54～90	786	963	1207	
SNW1400-0.6、1.0、1.6	1400	3.61	1.20	26～44	52～88	78～132	954	1176	1481	
SNW1600-0.6、1.0、1.6	1600	5.26	2.00	40.8～68	81.6～136	122.4～204	1240	1822	2230	
SNW1800-0.6、1.0、1.6	1800	7.00	2.50	55～90	110～180	165～270	1420	2295	2975	
SNW2000-0.6、1.0、1.6	2000	8.64	3.10	68.4～114	136.8～228	205.2～342	1641	2807	3760	
SNW2400-0.6、1.0、1.6	2400	20.00	6.20	137～228	274～456	410～684	3890	3920	5250	

5. 外形与安装尺寸：SN 系列隔膜式气压给水设备外形与安装尺寸见图 12-11、表 12-12，SNW 系列隔膜式气压给水设备外形与安装尺寸见图 12-12、表 12-13。

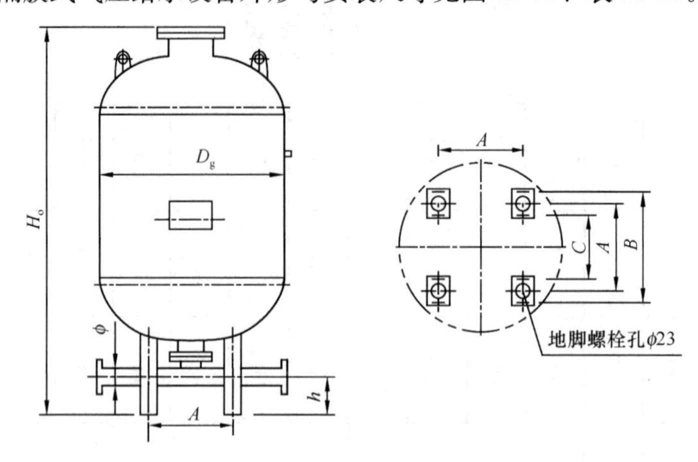

图 12-11 SN 系列立式隔膜气压水罐外形与安装尺寸

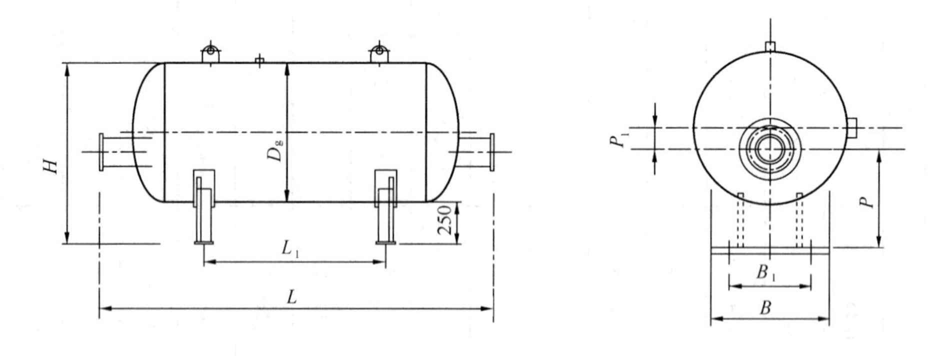

图 12-12 SNW 系列卧式隔膜气压水罐外形与安装尺寸

SN 系列隔膜式气压给水设备外形与安装尺寸（mm） **表 12-12**

型 号	D_g	H_o	A	B	C	ϕ	h
SN400-0.6、1.0、1.6	400	1776	350	500	200	100	130
SN600-0.6、1.0、1.6	600	1866	450	600	300	100	130
SN800-0.6、1.0、1.6	800	2336	480	630	330	100	130
SN1000-0.6、1.0、1.6	1000	2616	560	710	410	100	130
SN1200-0.6、1.0、1.6	1200	3000	630	780	480	100	130
SN1400-0.6、1.0、1.6	1400	3100	650	800	500	100	130
SN1600-0.6、1.0、1.6	1600	3400	1000	1150	850	125	130
SN1800-0.6、1.0、1.6	1800	3500	1010	1160	860	125	130
SN2000-0.6、1.0、1.6	2000	3600	1020	1170	870	150	130

SNW 系列隔膜式气压给水设备外形与安装尺寸（mm） 表 12-13

型　　号	D_g	L	L_1	B	B_1	P	P_1	H
SNW1000-0.6、1.0、1.6	1000	2366	1290	720	504	600	150	1250
SNW1200-0.6、1.0、1.6	1200	2666	1450	840	624	625	200	1450
SNW1400-0.6、1.0、1.6	1400	2800	1540	1000	784	700	250	1650
SNW1600-0.6、1.0、1.6	1600	3104	1730	1140	924	780	270	1850
SNW1800-0.6、1.0、1.6	1800	3204	1790	1270	1220	840	310	2050
SNW2000-0.6、1.0、1.6	2000	3304	1848	1400	1220	900	350	2250
SNW2400-0.6、1.0、1.6	2400	4848	2540	1720	1520	1670	—	2978

12.6 给　水　水　箱

1. 适用范围：适用于给水系统调节和贮存水量。

2. 组成：给水水箱一般由水箱本体、水箱配管和配件等组成。给水水箱示意见图 12-13。

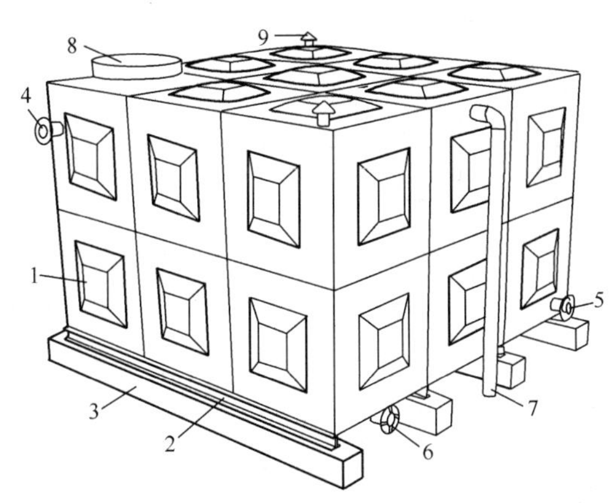

图 12-13　给水水箱示意

1—箱体组合板块；2—槽钢基础；3—水箱基础；4—进水管；
5—出水管；6—泄水管；7—溢流管；8—人孔；9—通气管

3. 分类：常用的给水水箱按材质可分为不锈钢水箱、复合不锈钢水箱、玻璃钢水箱、镀锌水箱等。按外形有方形水箱和罐式水箱，特殊情况下也可设计成任意形状。按安装形式有焊接式和拼装式。

4. 性能规格及外形与安装尺寸：方形给水水箱性能规格及外形尺寸见表 12-14、罐式水箱性能规格及外形尺寸见表 12-15。

方形水箱性能规格及外形尺寸　　表 12-14

型号	总容积 (m^3)	外形尺寸（mm）			顶板厚度 (mm)	侧板（mm）			底板厚度 (mm)	水箱质量 (kg)	底座质量 (kg)	主要生产厂商
		长度	宽度	高度		1段	2段	3段				
KQGS-8	8	2000	2000	2000	1	1.2	1.5	—	2	835	203	上海凯泉泵业（集团）有限公司
KQGS-12	12	3000	2000	2000	1	1.2	1.5	—	2	960	291	
KQGS-16	16	4000	2000	2000	1	1.2	1.5	—	2	1084	378	
KQGS-18	18	3000	3000	2000	1	1.5	1.5	—	2	1157	392	
KQGS-20	20	5000	2000	2000	1	1.5	1.5	—	2	1253	465	
KQGS-24	24	4000	3000	2000	1.2	1.5	1.5	—	2	1348	509	
KQGS-30	30	5000	3000	2000	1.2	1.5	1.5	—	2	1521	625	
KQGS-36	36	6000	3000	2000	1.2	1.5	1.5	—	2	1693	741	
KQGS-40	40	5000	4000	2000	1.2	1.5	1.5	—	2	1768	785	
KQGS-45	45	5000	3000	3000	1.2	1.5	1.5	2	2	2019	625	
KQGS-50	50	5000	5000	2000	1.2	1.5	1.5	2	2	2015	945	
KQGS-60	60	5000	4000	3000	1.5	1.5	1.5	2	2	2382	785	
KQGS-75	75	5000	5000	3000	1.5	1.5	1.5	2	2	2567	945	
KQGS-90	90	6000	5000	3000	1.5	1.5	1.5	2	2	2857	1119	
KQGS-105	105	7000	5000	3000	1.5	1.5	1.5	2	2	3147	1294	
KQGS-120	120	8000	5000	3000	1.5	1.5	1.5	2	2	3437	1468	
KQGS-150	150	10000	5000	3000	1.5	1.5	1.5	2	2	4016	1817	
KQGS-180	180	10000	6000	3000	1.5	1.5	1.5	2	2	4494	2122	
JN-1	1	1000	1000	1000	1.5	1.5	—	—	1.5	72	40	广州洁能建筑设备有限公司
JN-2	2	2000	1000	1000	1.5	1.5	—	—	1.5	120	70	
JN-4	4	2000	2000	1000	1.5	1.5	—	—	1.5	191	120	
JN-8	8	2000	2000	2000	1.5	2.0	1.5	—	2.5	349	120	
JN-18	18	3000	3000	2000	1.5	2.0	1.5	—	2.5	619	240	
JN-24	24	4000	3000	2000	1.5	2.0	1.5	—	2.5	631	310	
JN-40	40	5000	4000	2000	1.5	2.0	1.5	—	2.5	1134	490	
JN-60	60	5000	4000	3000	1.5	2.5	2.0	1.5	3.0	1571	490	
JN-72	72	6000	4000	3000	1.5	2.5	2.0	1.5	3.0	1809	580	
JN-105	105	7000	5000	3000	1.5	2.5	2.0	1.5	3.0	2391	820	
JN-120	120	8000	5000	3000	1.5	2.5	2.0	1.5	3.0	2665	930	
JN-180	180	10000	6000	3000	1.5	2.5	2.0	1.5	3.0	3664	1360	

注：表中所列举的设备型号仅为常用型号，当选用表中以外规格时，需与生产厂商联系。

罐式水箱性能规格及外形尺寸

表 12-15

直径（m）	高度（m）	容积（m^3）	主要生产厂商	直径（m）	高度（m）	容积（m^3）	主要生产厂商
8	4.8	200	北京晓清环保工程有限公司	16	4.8	960	北京晓清环保工程有限公司
	6	300			6	1200	
	7.2	350			7.2	1440	
	8.4	420			8.4	1680	
	9.6	480			9.6	1920	
10	4.8	370		18	4.8	1220	
	6	470			6	1530	
	7.2	560			7.2	1830	
	8.4	650			8.4	2140	
	9.6	750			9.6	2440	
12	4.8	540		20	4.8	1500	
	6	670			6	1880	
	7.2	800			7.2	2260	
	8.4	950			8.4	2630	
	9.6	1080			9.6	3000	
14	4.8	735		22	4.8	1820	
	6	920			6	2270	
	7.2	1110			7.2	2730	

13 卫 浴 设 备

卫浴设备常用有卫生陶瓷器具、浴室器具、卫生间、水箱、同层排水装置等。

13.1 卫 生 陶 瓷 器 具

卫生陶瓷器具常用有坐便器、蹲便器、小便器、净身器、台面盆、拖布池等。

13.1.1 坐便器

坐便器按型式常用有连体坐便器、分体坐便器、智能坐便器、壁挂式坐便器、翻斗式坐便器。

13.1.1.1 连体坐便器

连体坐便器分有 AB-1218、FB1668、1175-1、H0115Y、aB1348M/L、22318、MB-1848、aB1378M/L、aB1351M/L、22343、GNC-400S-3C、HDC6120、GC-L173、GC-L203、TA-8156、MG-242、W1151、W1101、TA-8158、RF2086、AS-1260、GC-L313B、AS-1280、RF2097、TA-8160、W1681、W1231 型连体坐便器。

1. AB-1218、FB1668、1175-1 型连体坐便器性能规格及外形尺寸见图 13-1、表 13-1。

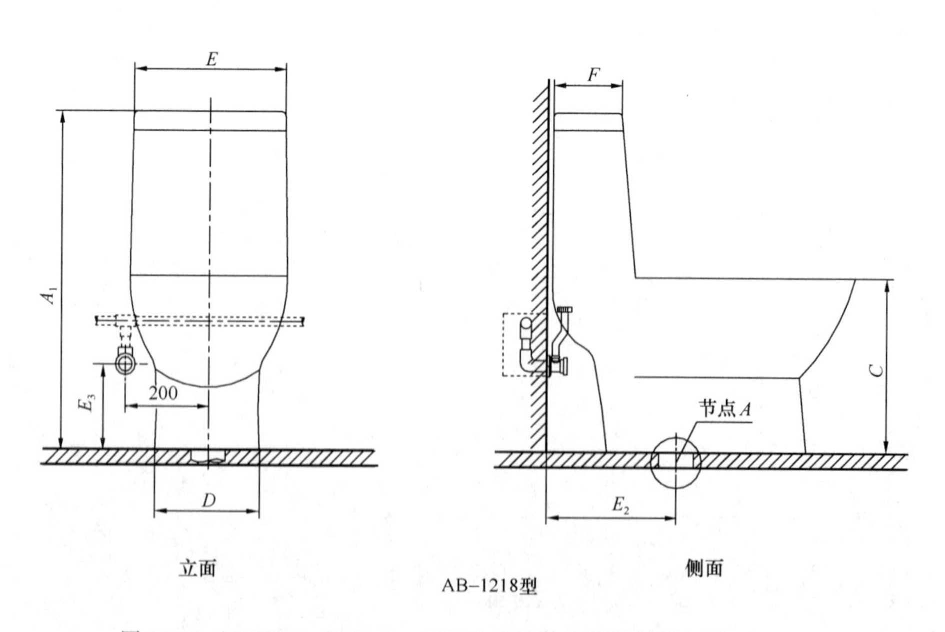

图 13-1　AB-1218、FB1668、1175-1 型连体坐便器外形尺寸（一）

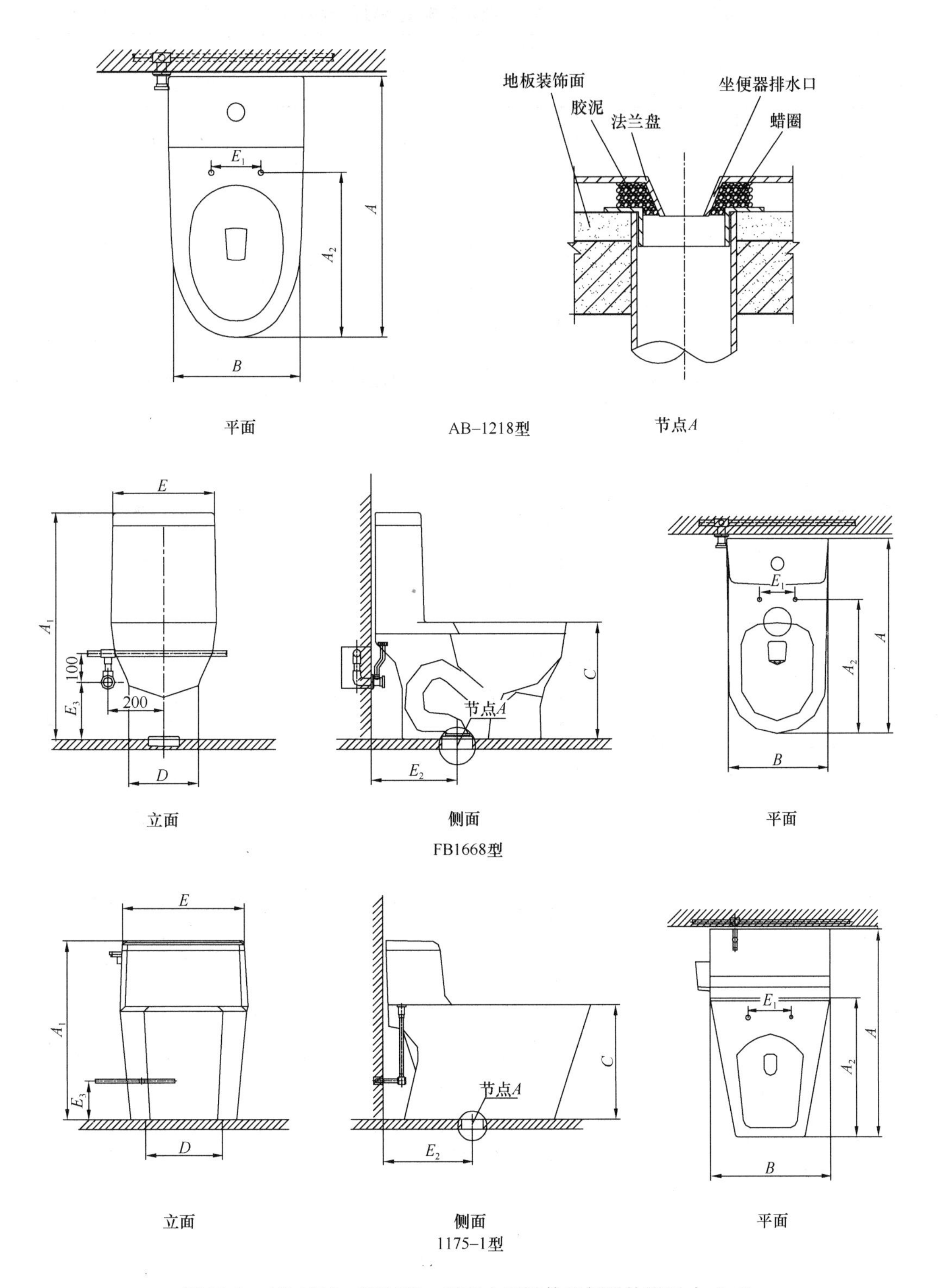

图 13-1 AB-1218、FB1668、1175-1 型连体坐便器外形尺寸（二）

AB-1218、FB1668、1175-1 型连体坐便器性能规格及外形尺寸　　表 13-1

型　号	外形尺寸（mm）											用水量≤（L）	主要生产厂商
	A	A_1	A_2	B	C	D	E	E_1	E_2	E_3	F		
AB-1218	709～715	709～715	460～467	390	385～397	254	360	140～147	298、382、350、175、100	200	172	6	佛山市顺德区乐华陶瓷洁具有限公司
FB1668	675	790	—	—	405	—	370	—	200、305、400	200	—	—	佛山市法恩洁具有限公司
1175-1	755	650	535	467	405	152	467	146	300、400	115	—	—	九牧集团有限公司

2. H0115Y、aB1348M/L、22318、MB-1848 型连体坐便器性能规格及外形尺寸见图 13-2、表 13-2。

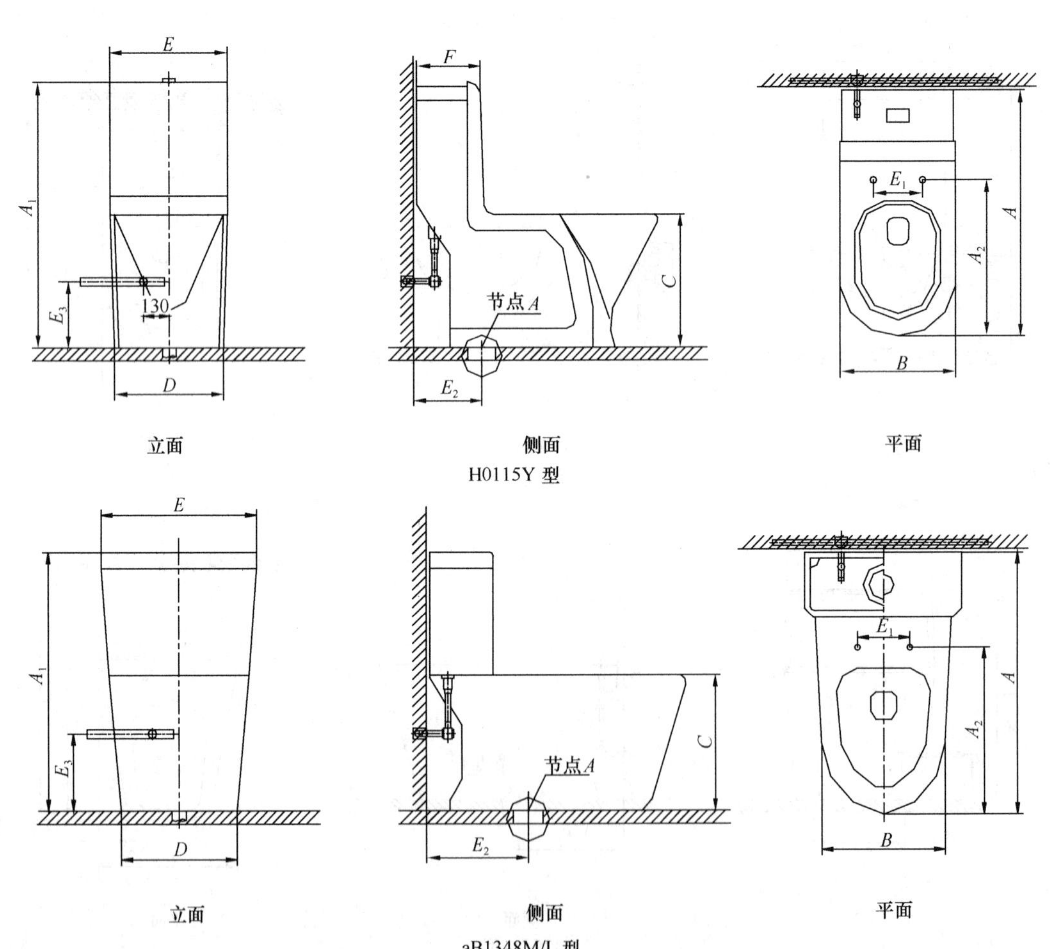

图 13-2　H0115Y、aB1348M/L、22318、MB-1848 型连体坐便器外形尺寸（一）

注：节点 A 大样见图 13-1。

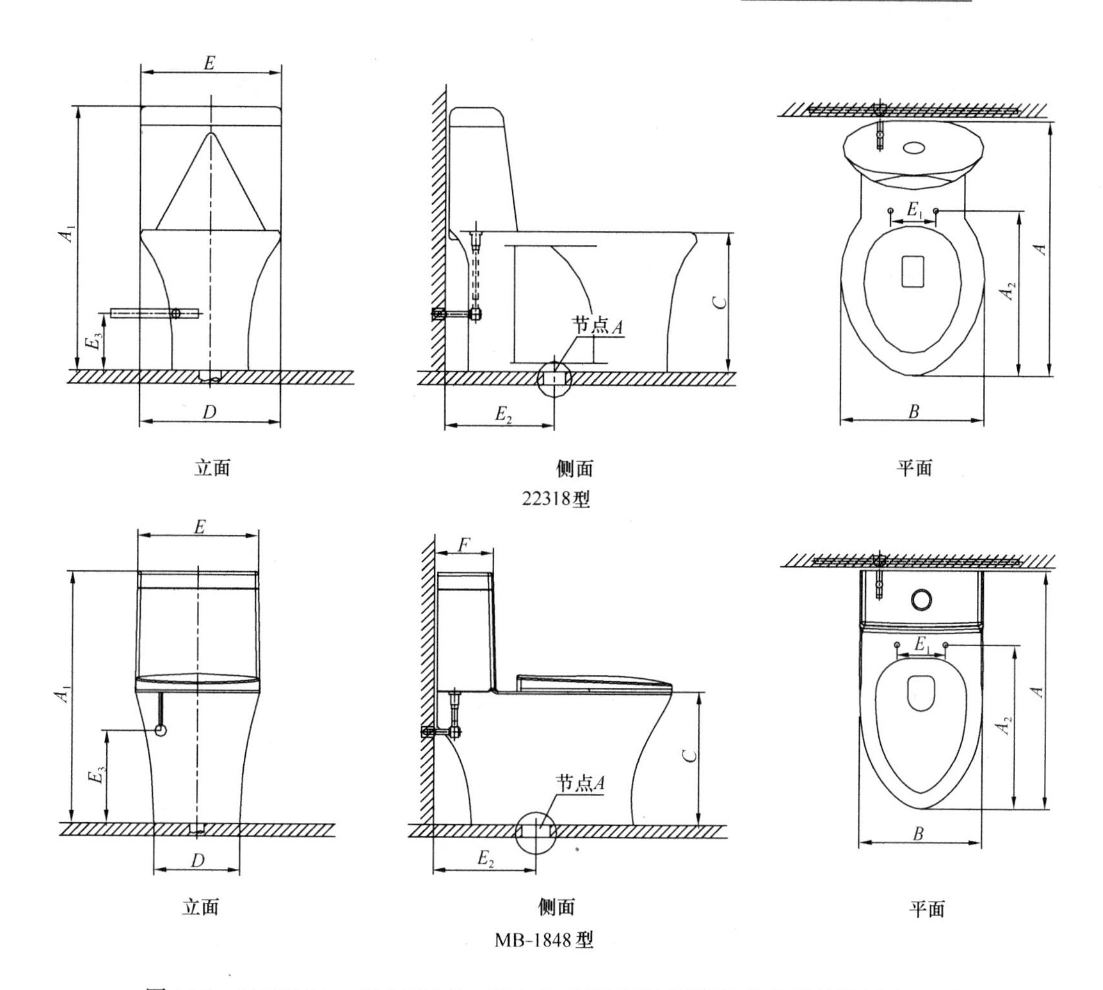

图 13-2 H0115Y、aB1348M/L、22318、MB-1848 型连体坐便器外形尺寸（二）

注：节点 A 大样见图 13-1。

H0115Y、aB1348M/L、22318、MB-1848 型连体坐便器性能规格及外形尺寸　表 13-2

型　号	外形尺寸（mm）											用水量（L）	主要生产厂商
	A	A_1	A_2	B	C	D	E	E_1	E_2	E_3	F		
H0115Y	740	762	465	350	383	345	345	150	295、380	95	190	4.2、6	广东恒洁卫浴有限公司
aB1348M/L	704	706	457	382	373	318	436	148	286、385	150	—	—	佛山市高明安华陶瓷洁具有限公司
22318	695	710	440	375	380	380	375	155	200、305、400	150	—	—	重庆四维卫浴（集团）有限公司
MB-1848	685	700	470	370	385	260	265	145	290、390	150	165	6	佛山市美加华陶瓷有限公司

3. aB1378M/L、aB1351M/L、22343 型连体坐便器性能规格及外形尺寸见图 13-3、表 13-3 。

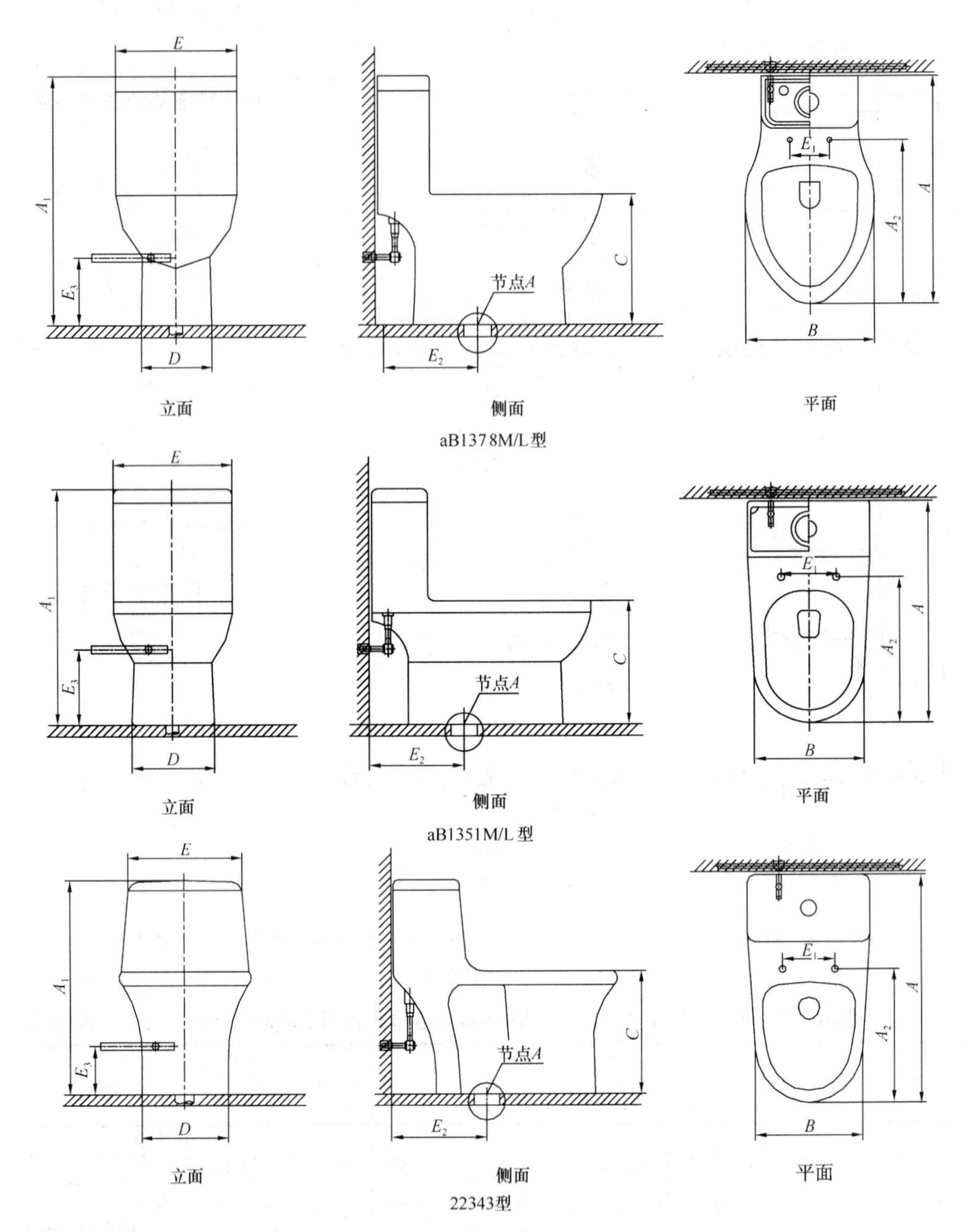

图 13-3 aB1378M/L、aB1351M/L、22343 型连体坐便器外形尺寸

注：节点 A 大样见图 13-1。

aB1378M/L、aB1351M/L、22343 型连体坐便器性能规格及外形尺寸 **表 13-3**

型　号	外形尺寸（mm）										用水量（L）	主要生产厂商
	A	A_1	A_2	B	C	D	E	E_1	E_2	E_3		
aB1378M/L	675	750	485	373	393	325	373	128	295、400	150	—	佛山市高明安华陶瓷洁具有限公司
aB1351M/L	673	718	435	370	380	288	377	155	287、390	150	—	佛山市高明安华陶瓷洁具有限公司
22343	715	680	425	354	390	285	355	150	305、400	150	—	重庆四维卫浴（集团）有限公司

4. GNC-400S-3C、HDC6120、GC-L173 型连体坐便器性能规格及外形尺寸见图 13-4、表 13-4。

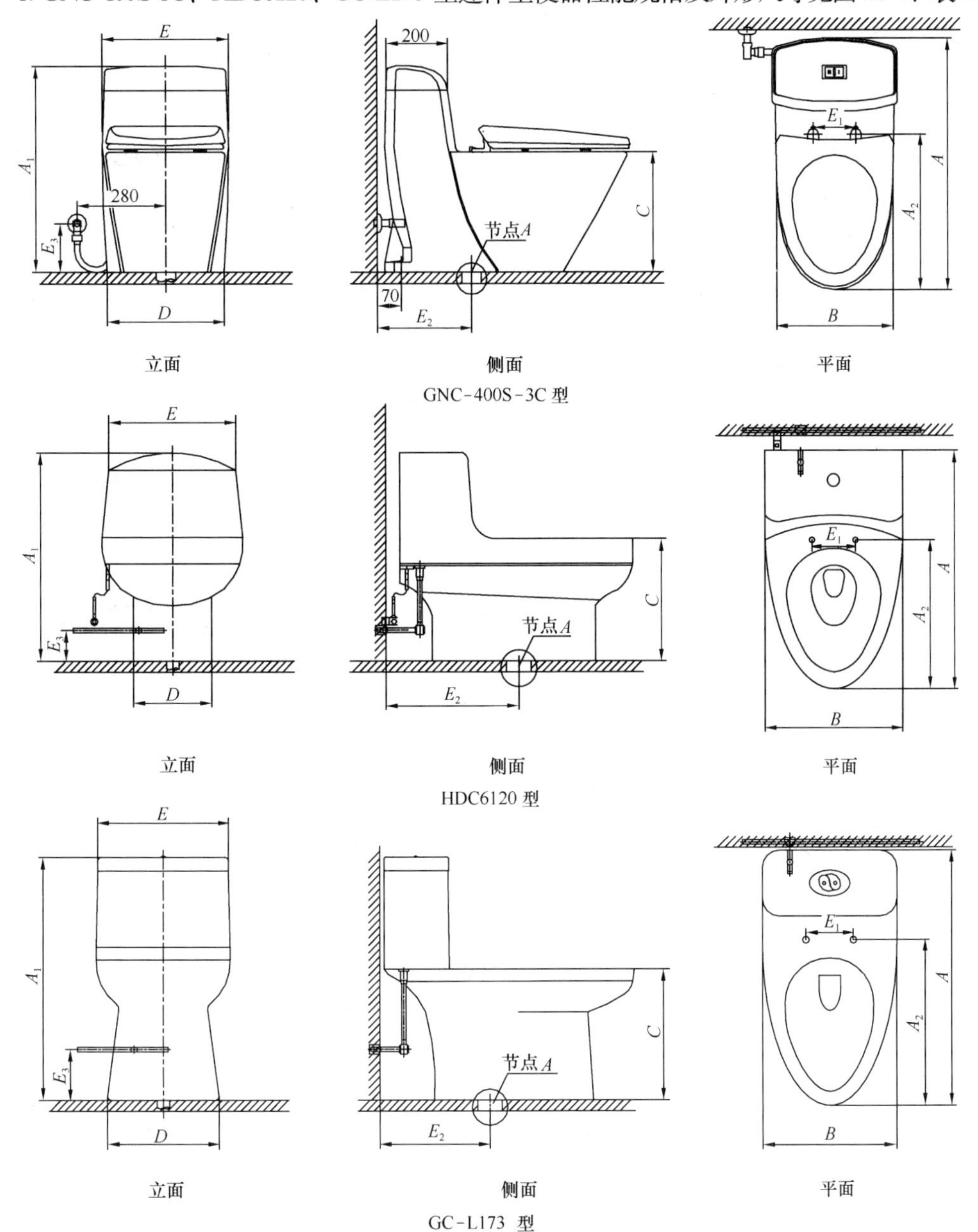

图 13-4 GNC-400S-3C、HDC6120、GC-L173 型连体坐便器外形尺寸

注：节点 A 大样见图 13-1。

GNC-400S-3C、HDC6120、GC-L173 型连体坐便器性能规格及外形尺寸 表 13-4

型 号	外形尺寸（mm）										用水量（L）	主要生产厂商
	A	A_1	A_2	B	C	D	E	E_1	E_2	E_3		
GNC-400S-3C	760	635	—	380	370	—	—	—	305	150	—	苏州伊奈建材有限公司
HDC6120①	长度 770	685	木盖孔中心距圈尖 465	宽度 440	390	300	425	木盖孔中心距 145	295、390	—	6	唐山惠达陶瓷（集团）股份有限公司
GC-L173	730	695	474	400	375	—	382	142	—	—	—	深圳成霖洁具股份有限公司

① 底长度为 535mm，水箱盖宽度为 195mm。

5. GC-L203、TA-8156、MG-242、W1151 型连体坐便器性能规格及外形尺寸见图 13-5、表 13-5。

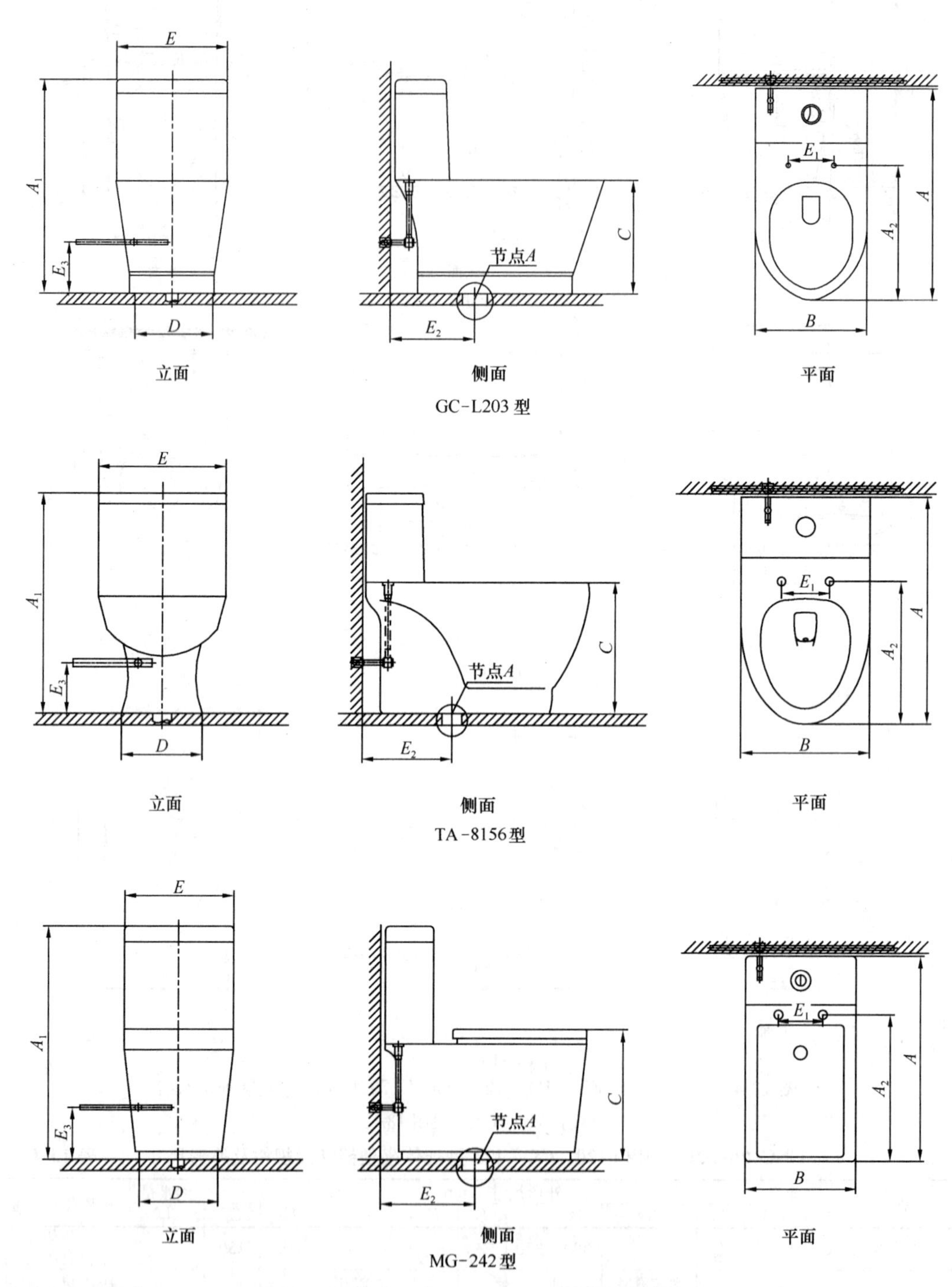

图 13-5 GC-L203、TA-8156、MG-242、W1151 型连体坐便器外形尺寸（一）

注：节点 A 大样见图 13-1。

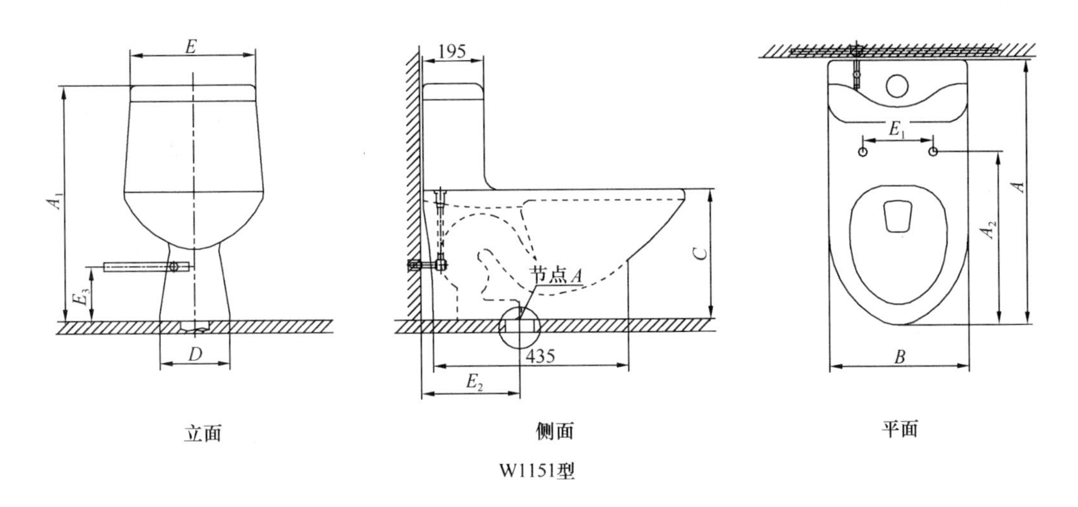

图 13-5 GC-L203、TA-8156、MG-242、W1151 型连体坐便器外形尺寸（二）

注：节点 A 大样见图 13-1。

GC-L203、TA-8156、MG-242、W1151 型连体坐便器性能规格及外形尺寸　　表 13-5

型　号	外形尺寸（mm）										用水量（L）	主要生产厂商
	A	A_1	A_2	B	C	D	E	E_1	E_2	E_3		
GC-L203	725	770	445	365	380	—	360	150	305	—	—	深圳成霖洁具股份有限公司
TA-8156	690	670	470	400	400	310	400	145	300	220	6	潮州市澳丽泰陶瓷有限公司
MG-242	655	770	—	—	—	—	390	—	—	—	—	广东梦佳陶瓷实业有限公司
W1151	690±20	650±20	420±7	380±10	375±7	270±10	—	155±5	275～305	—	—	漳州万佳陶瓷工业有限公司

6．W1101、TA-8158、RF2086、AS-1260 型连体坐便器性能规格及外形尺寸见图 13-6、表 13-6。

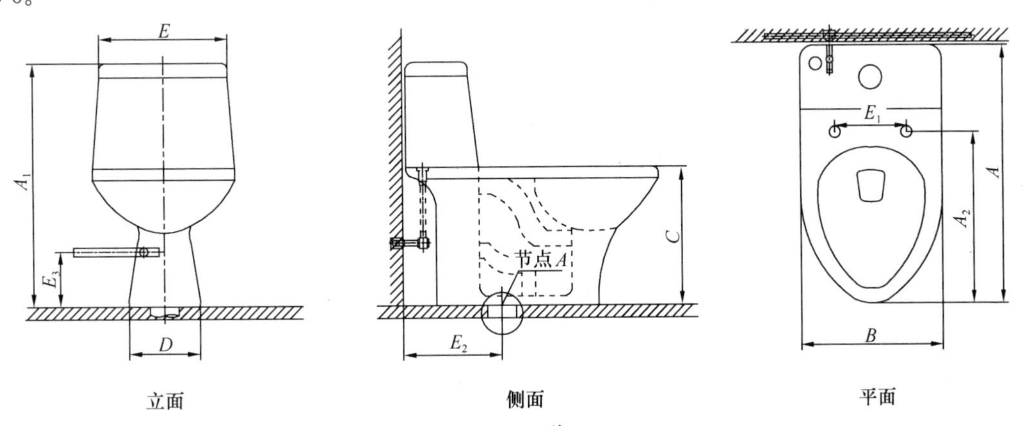

图 13-6 W1101、TA-8158、RF2086、AS-1260 型连体坐便器外形尺寸（一）

注：节点 A 大样见图 13-1。

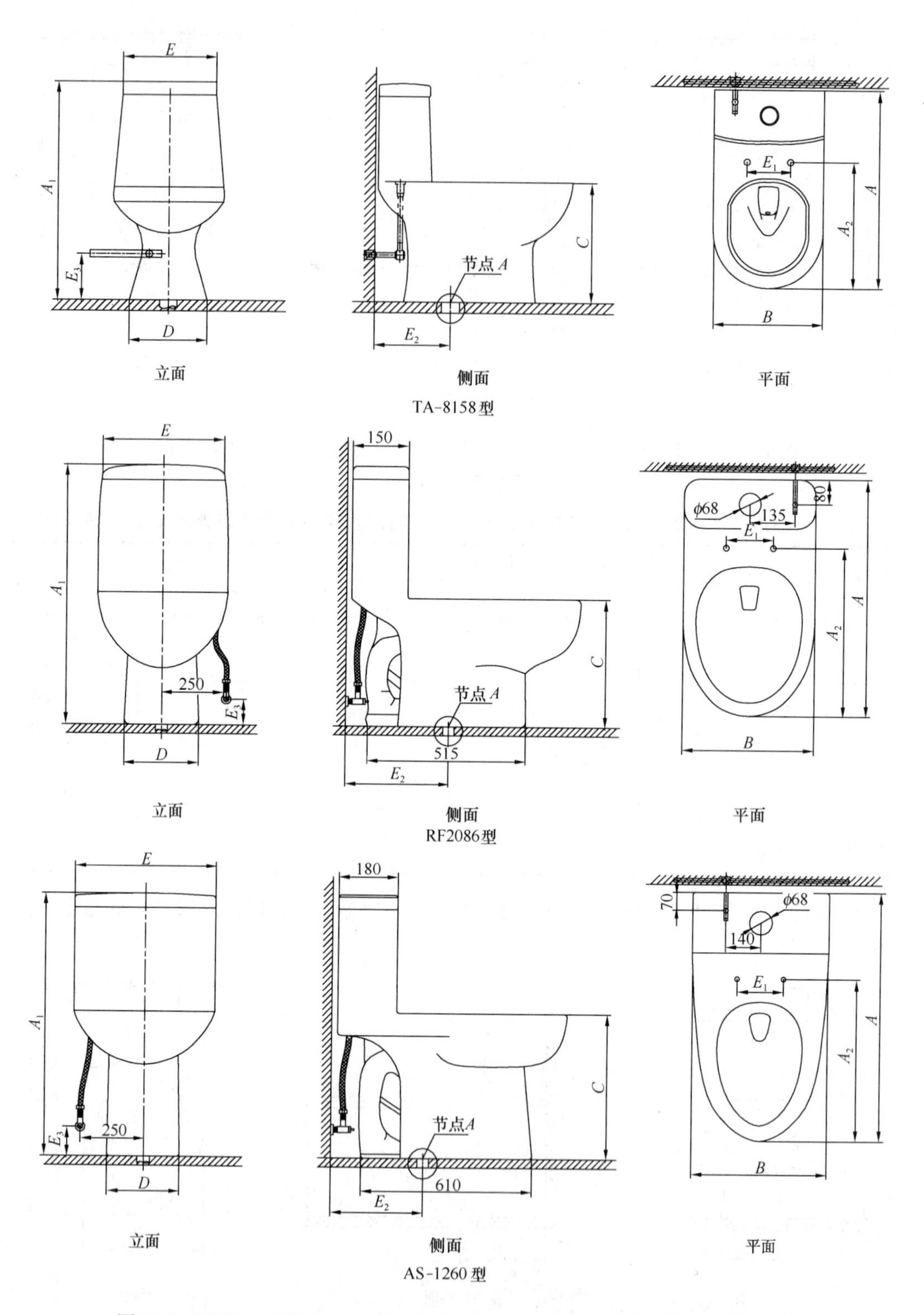

图 13-6 W1101、TA-8158、RF2086、AS-1260 型连体坐便器外形尺寸（二）

注：节点 A 大样见图 13-1。

W1101、TA-8158、RF2086、AS-1260 型连体坐便器性能规格及外形尺寸　　表 13-6

型号	外形尺寸（mm）										用水量（L）	主要生产厂商
	A	A_1	A_2	B	C	D	E	E_1	E_2	E_3		
W1101	730±20	680±20	470±7	418±10	380±7	248±10	—	145±5	275～305	25±5	—	漳州万佳陶瓷工业有限公司
TA-8158	650	720	420	370	390	260	340	150	300	220	6	潮州市澳丽泰陶瓷有限公司
RF2086	700	740	460	390	380	300	360	145	285	150	6、4	开平金牌洁具有限公司
AS-1260	720	667	470	405	390	300	410	140	295	150	6、4	开平市澳斯曼洁具有限公司

7. GC-L313B、AS-1280、RF2097 型连体坐便器性能规格及外形尺寸见图 13-7、表 13-7。

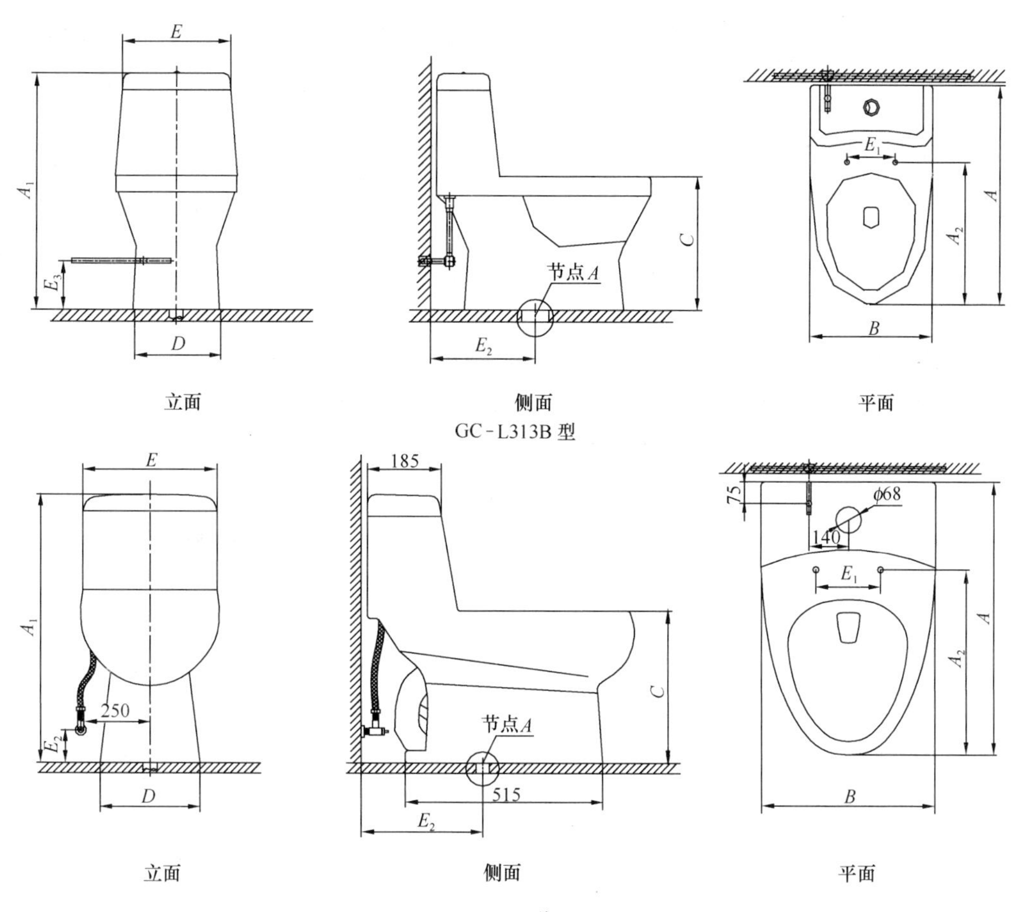

图 13-7　GC-L313B、AS-1280、RF2097 型连体坐便器外形尺寸（一）

注：节点 A 大样见图 13-1。

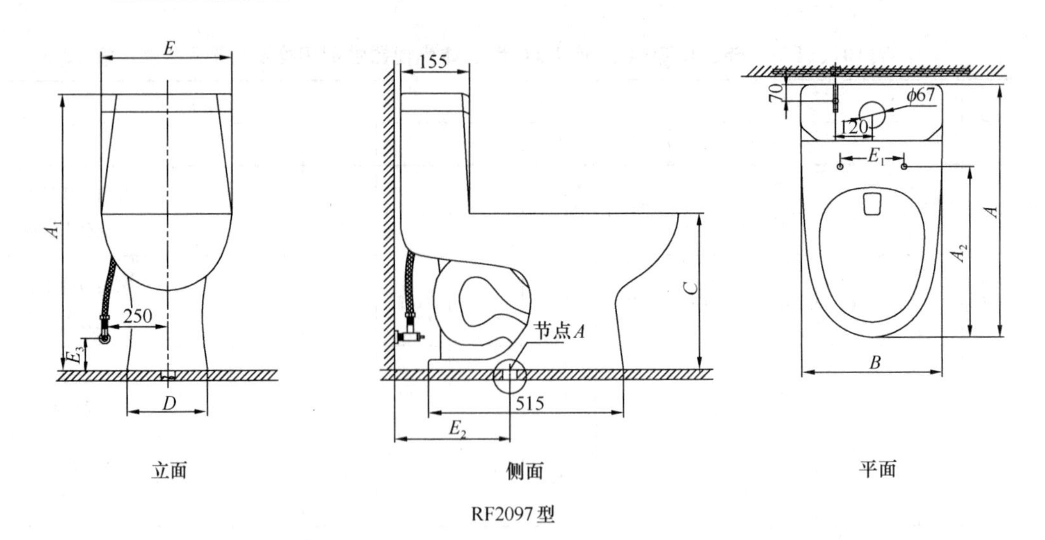

RF2097型

图 13-7　GC-L313B、AS-1280、RF2097 型连体坐便器外形尺寸（二）

注：节点 A 大样见图 13-1。

GC-L313B、AS-1280、RF2097 型连体坐便器性能规格及外形尺寸　　**表 13-7**

型号	外形尺寸（mm）										用水量（L）	主要生产厂商
	A	A_1	A_2	B	C	D	E	E_1	E_2	E_3		
GC-L313B	655	725	420	360	395	—	340	148	305	—	—	深圳成霖洁具股份有限公司
AS-1280	705	670	470	425	400	305	415	140	285	150	6、4	开平市澳斯曼洁具有限公司
RF2097	690	670	450	415	390	285	415	145	290	150	6、4	开平金牌洁具有限公司

8. TA-8160、W1681、W1231 型连体坐便器性能规格及外形尺寸见图 13-8、表 13-8。

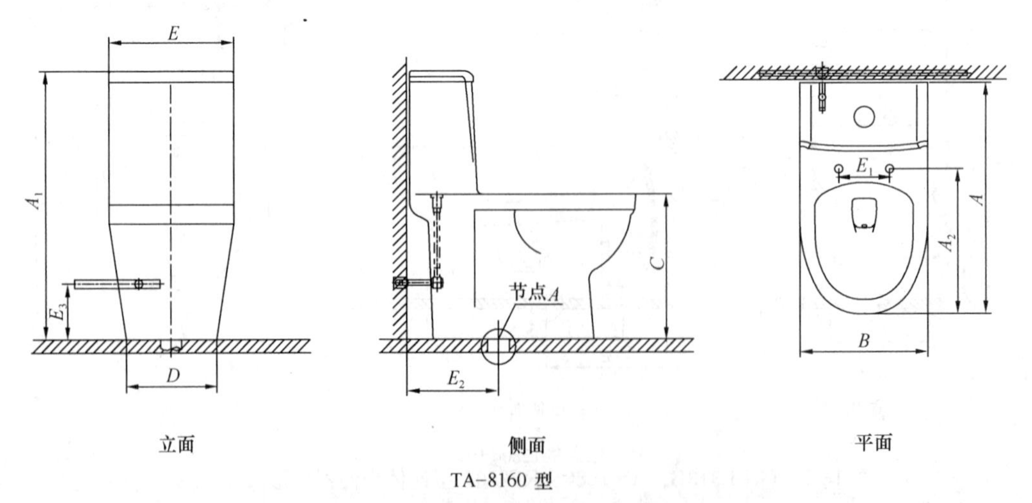

TA-8160 型

图 13-8　TA-8160、W1681、W1231 型连体坐便器外形尺寸（一）

注：节点 A 大样见图 13-1。

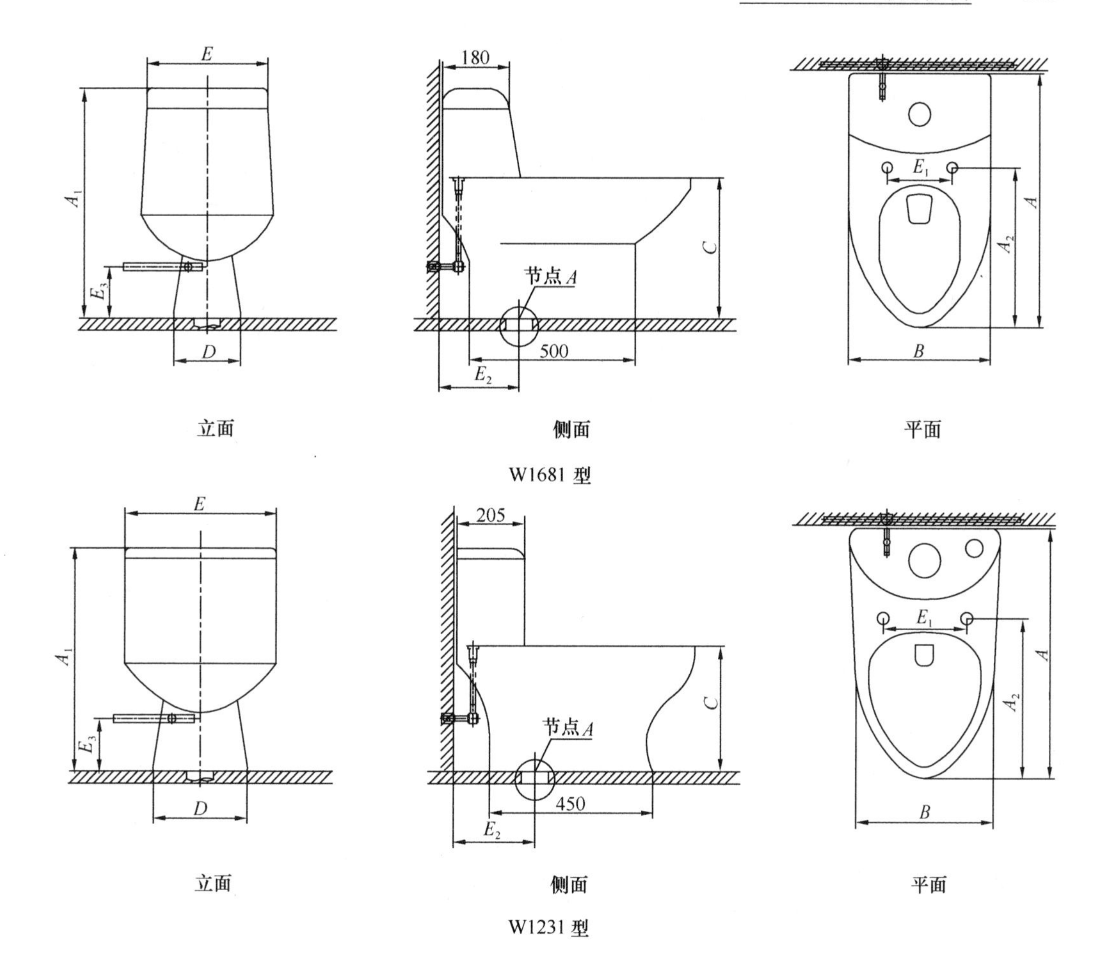

图 13-8 TA-8160、W1681、W1231 型连体坐便器外形尺寸（二）

注：节点 A 大样见图 13-1。

TA-8160、W1681、W1231 型连体坐便器性能规格及外形尺寸 **表 13-8**

型 号	外形尺寸（mm）										用水量（L）	主要生产厂商
	A	A_1	A_2	B	C	D	E	E_1	E_2	E_3		
TA-8160	640	740	420	360	400	275	360	150	300	220	6	潮州市澳丽泰陶瓷有限公司
W1681	725±20	680±20	470±7	418±10	385±7	245±7	—	145±5	275～305	25±5	—	漳州万佳陶瓷工业有限公司
W1231	725±20	655±20	470±7	—	395±7	295±10	445±10	140±5	275～305	25±5	—	漳州万佳陶瓷工业有限公司

13.1.1.2 分体坐便器

分体坐便器分有 1169-1、GC-700S-3C、21101 型分体坐便器，性能规格及外形尺寸见图 13-9、表 13-9。

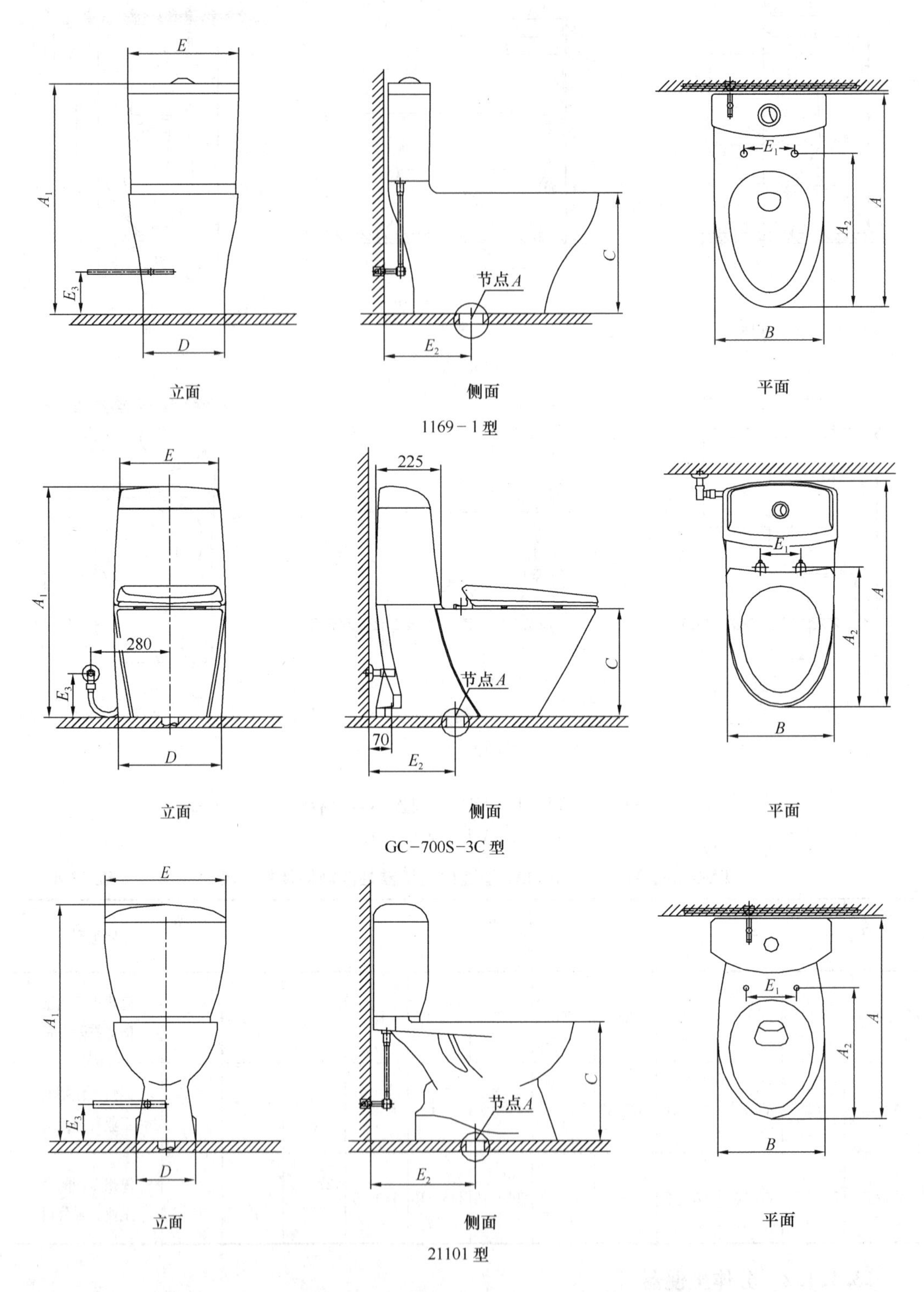

图 13-9 1169-1、GC-700S-3C、21101 型分体坐便器外形尺寸

注：节点 A 大样见图 13-1。

1169-1、GC-700S-3C、21101 型分体坐便器性能规格及外形尺寸　　表 13-9

型　号	外形尺寸（mm）										用水量（L）	主要生产厂商
	A	A_1	A_2	B	C	D	E	E_1	E_2	E_3		
1169-1	706	780	475	380	405	265	402	142	300	115	—	九牧集团有限公司
GC-700S-3C	760	780	—	380	370	—	—	—	305	150	—	苏州伊奈建材有限公司
21101	665	780	440	360	380	210	405	155	200、305、400	100	—	重庆四维卫浴（集团）有限公司

13.1.1.3 智能坐便器

智能坐便器分有 GC-216SU-C、730H 型智能坐便器，性能规格及外形尺寸见图 13-10、表 13-10。

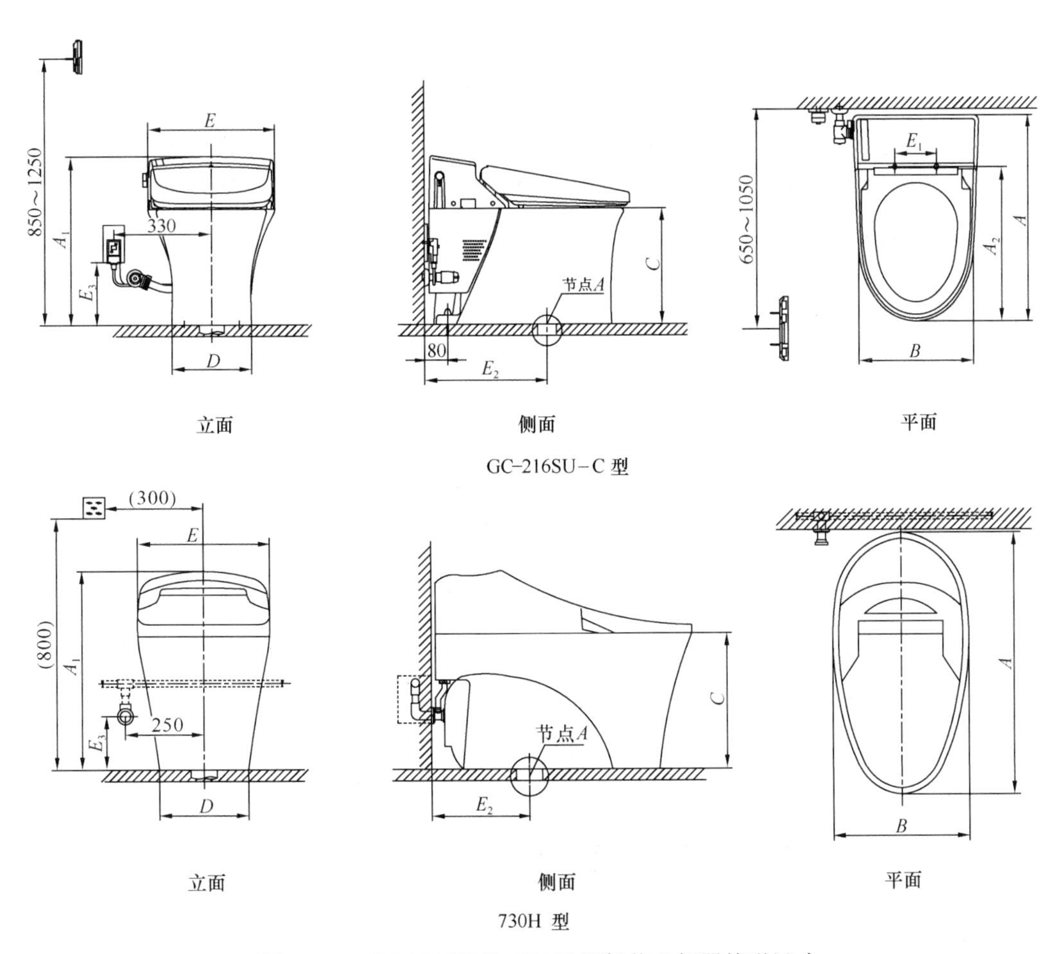

图 13-10　GC-216SU-C、730H 型智能坐便器外形尺寸

注：1. 节点 A 大样见图 13-1。

2. （800）为电源插座离地面的高度 800mm，（300）为电源插座离坐便器排污口中心线的距离 300mm。

GC-216SU-C、730H 型智能坐便器性能规格及外形尺寸　　表 13-10

型　号	外形尺寸（mm）										用水量（L）	主要生产厂商
	A	A_1	A_2	B	C	D	E	E_1	E_2	E_3		
GC-216SU-C	535	540	—	355	370	—	415	—	305～455	150	—	苏州伊奈建材有限公司
730H	800	600	—	420	395	330	420	—	300、400	250	—	广东欧陆卫浴有限公司

13.1.1.4 壁挂式坐便器

壁挂式坐便器分有 C348WH、1187-1 型壁挂式坐便器，性能规格及外形尺寸见图 13-11、表 13-11。

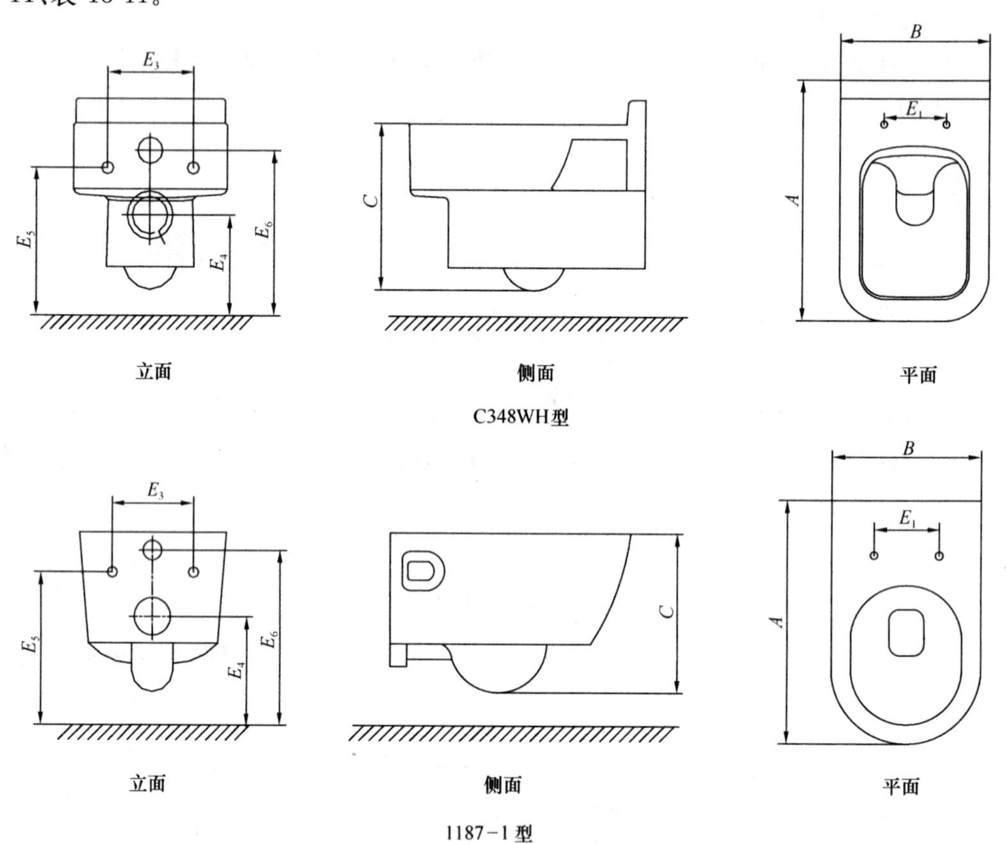

图 13-11　C348WH、1187-1 型壁挂式坐便器外形尺寸

注：节点 A 大样见图 13-1。

C348WH、1187-1 型壁挂式坐便器性能规格及外形尺寸　　表 13-11

型　号	外形尺寸（mm）								用水量（L）	主要生产厂商
	A	B	C	E_1	E_3	E_4	E_5	E_6		
C348WH①	505	345	—	155	180	—	—	—	6	唐山惠达陶瓷（集团）股份有限公司
1187-1	577	366	360	156	230	180	275	300	—	九牧集团有限公司

① $E_6—E_5=34$；$E_5—E_4=101$；木盖孔中心距 155，木盖孔中心距圈尖 435mm；总高度 428mm，圈面高度 323mm（不含外露橛子），后部高度 381mm（不含外露橛子）。

13.1.1.5 翻斗式坐便器

SOJ832 型翻斗式坐便器性能规格及外形尺寸见图 13-12、表 13-12。

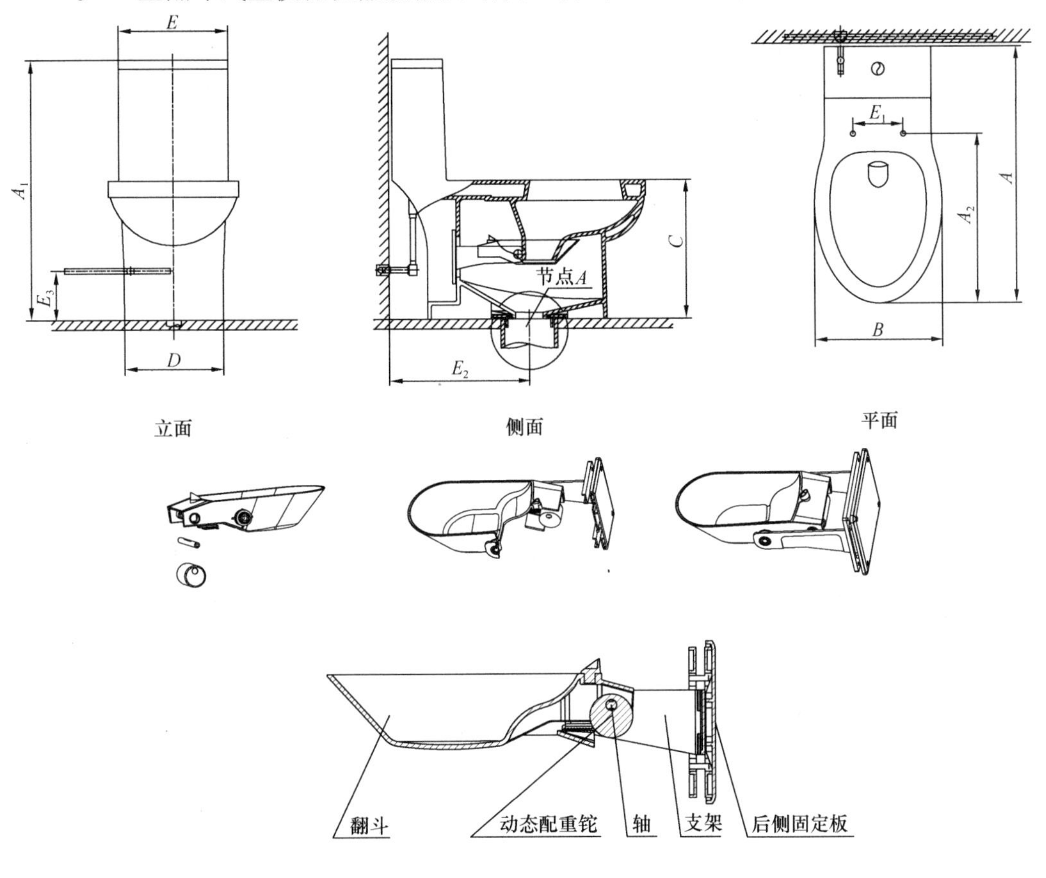

图 13-12 SOJ832 型翻斗式坐便器外形尺寸

注：节点 A 大样见图 13-1。

SOJ832 型翻斗式坐便器性能规格及外形尺寸　　表 13-12

型号	外形尺寸±5（mm）										用水量（L）	主要生产厂商
	A	A_1	A_2	B	C	D	E	E_1	E_2	E_3		
SOJ832	690	695	475	370	390	265	310	145	400	200	1.8、3.5	佛山市百田建材实业有限公司

13.1.2 蹲便器

蹲便器按型式常用有节水型蹲便器、虹吸式节水蹲便器。

13.1.2.1 节水型蹲便器

节水型蹲便器分有 ALD-506B、C-570、FLD5601、6214、1418-1、HD1、H316、aLD5311、MLD-5803、AS-1852、RF9211、HT-AD12 型节水蹲便器。

1. ALD-506B、C-570、FLD5601、6214 型节水蹲便器性能规格及外形尺寸见图 13-13、表 13-13。

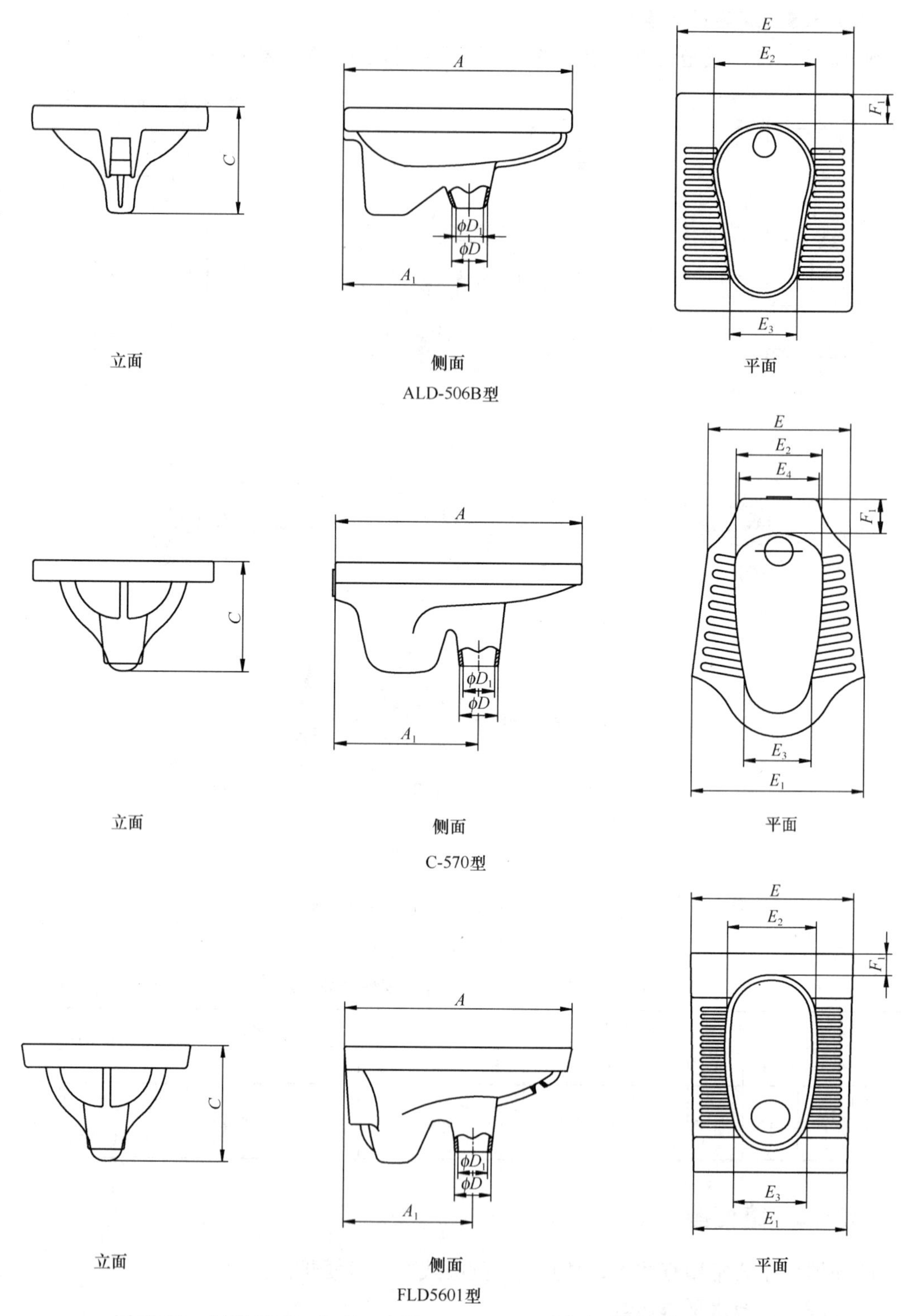

图 13-13 ALD-506B、C-570、FLD5601、6214 型节水蹲便器外形尺寸（一）

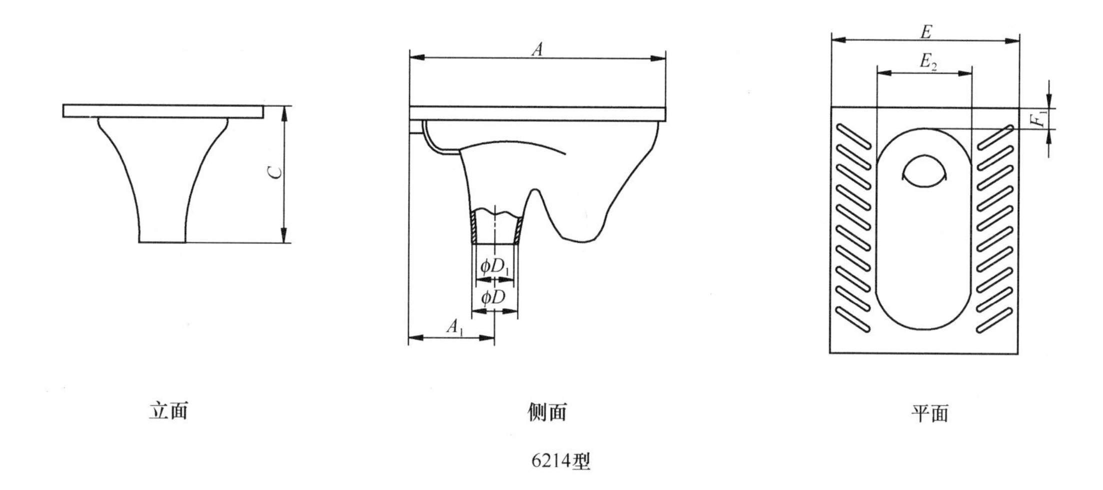

图 13-13 ALD-506B、C-570、FLD5601、6214 型节水蹲便器外形尺寸（二）

ALD-506B、C-570、FLD5601、6214 型节水蹲便器性能规格及外形尺寸　　表 13-13

型号	外形尺寸（mm）											用水量（L）	主要生产厂商
	A	A_1	C	ϕD	ϕD_1	E	E_1	E_2	E_3	E_4	F_1		
ALD-506B	646	345	330	88	62	500	—	288	190	—	72	7	佛山市顺德区乐华陶瓷洁具有限公司
C-570	610	370	270	95	—	—	450	—	—	—	—	—	苏州伊奈建材有限公司
FLD5601	590	—	310	—	—	440	—	—	—	—	—	—	佛山市法恩洁具有限公司
6214	530	150	280	95	72	415	—	216	—	—	51.5	—	重庆四维卫浴（集团）有限公司

2．1418-1、HD1、H316、aLD5311 型节水蹲便器性能规格及外形尺寸见图 13-14、表 13-14。

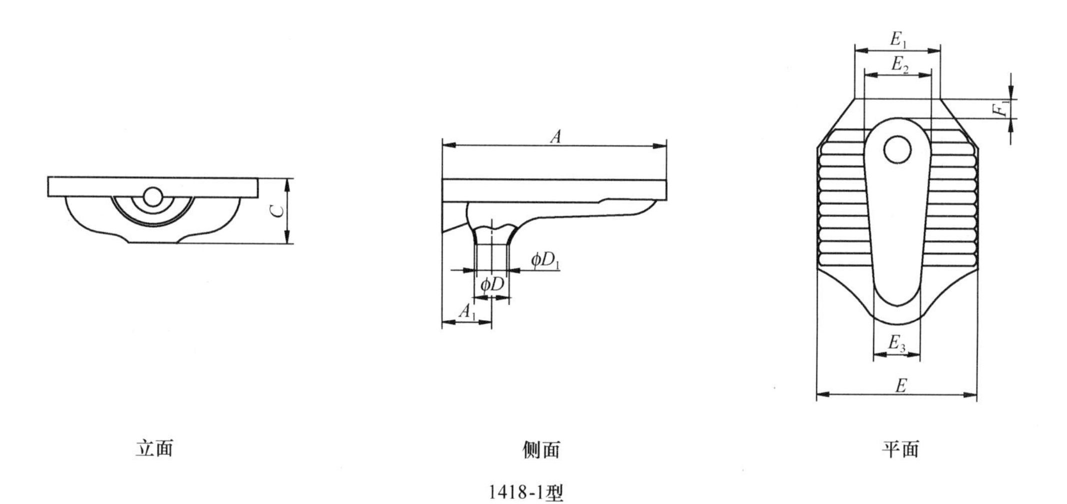

图 13-14 1418-1、HD1、H316、aLD5311 型节水蹲便器外形尺寸（一）

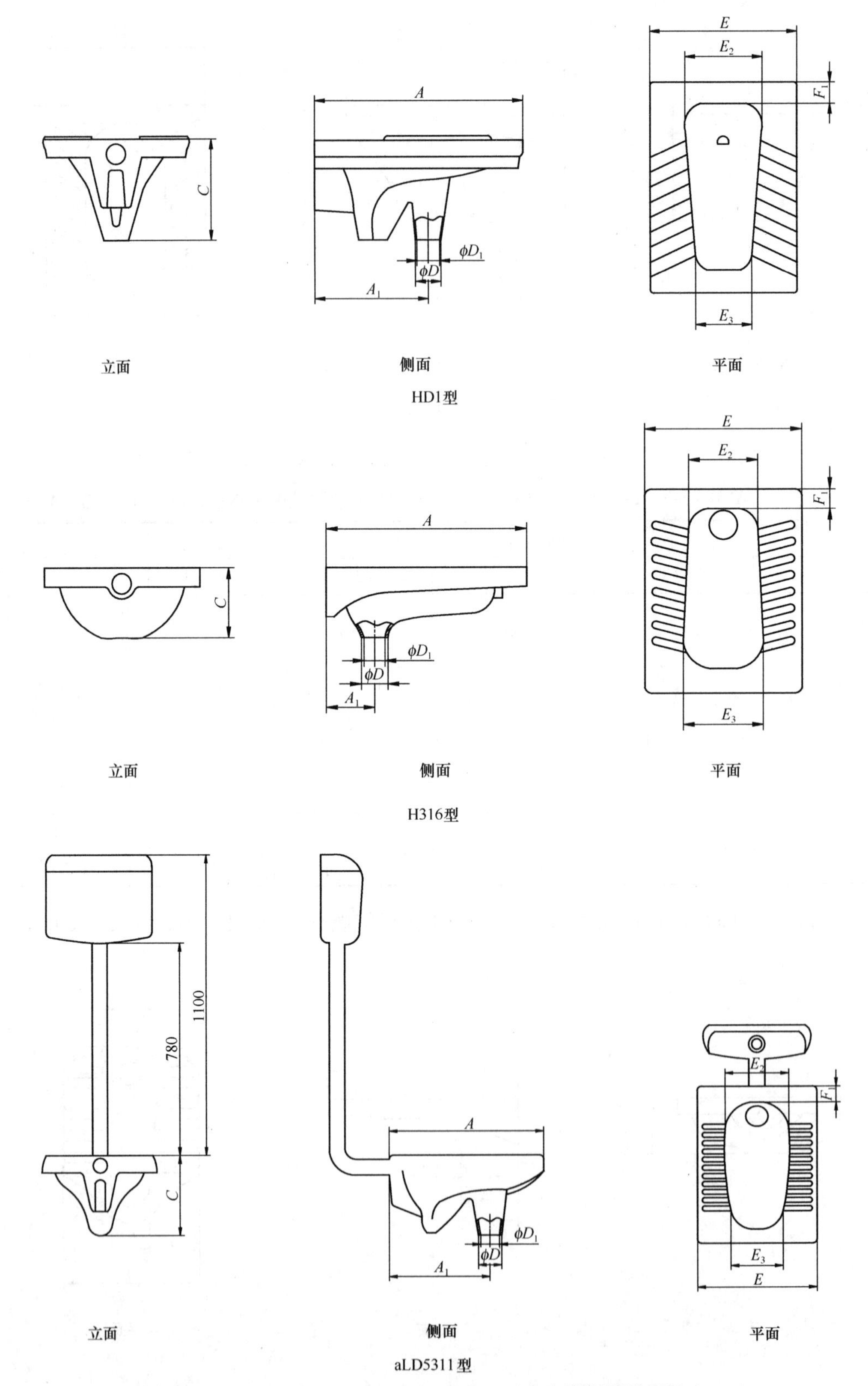

图 13-14 1418-1、HD1、H316、aLD5311 型节水蹲便器外形尺寸（二）

1418-1、HD1、H316、aLD5311 型节水蹲便器性能规格及外形尺寸　　表 13-14

型　号	外形尺寸（mm）										用水量（L）	主要生产厂商
	A	A_1	C	ϕD	ϕD_1	E	E_1	E_2	E_3	F_1		
1418-1	520	115	200	100	75	480	255	268	205	50	—	九牧集团有限公司
HD1①	635	353	302	90	70	470	—	235	165	70	8	唐山惠达陶瓷（集团）股份有限公司
H316	555	105	200	100	80	435	—	200	235	55	8	广东恒洁卫浴有限公司
aLD5311	590	350	303	82	63	453	—	248	210	60	—	佛山市高明安华陶瓷洁具有限公司

① 进水孔内径 ϕ55mm，边沿厚度 65mm。

3. MLD-5803、AS-1852、RF9211 型节水蹲便器性能规格及外形尺寸见图 13-15、表 13-15。

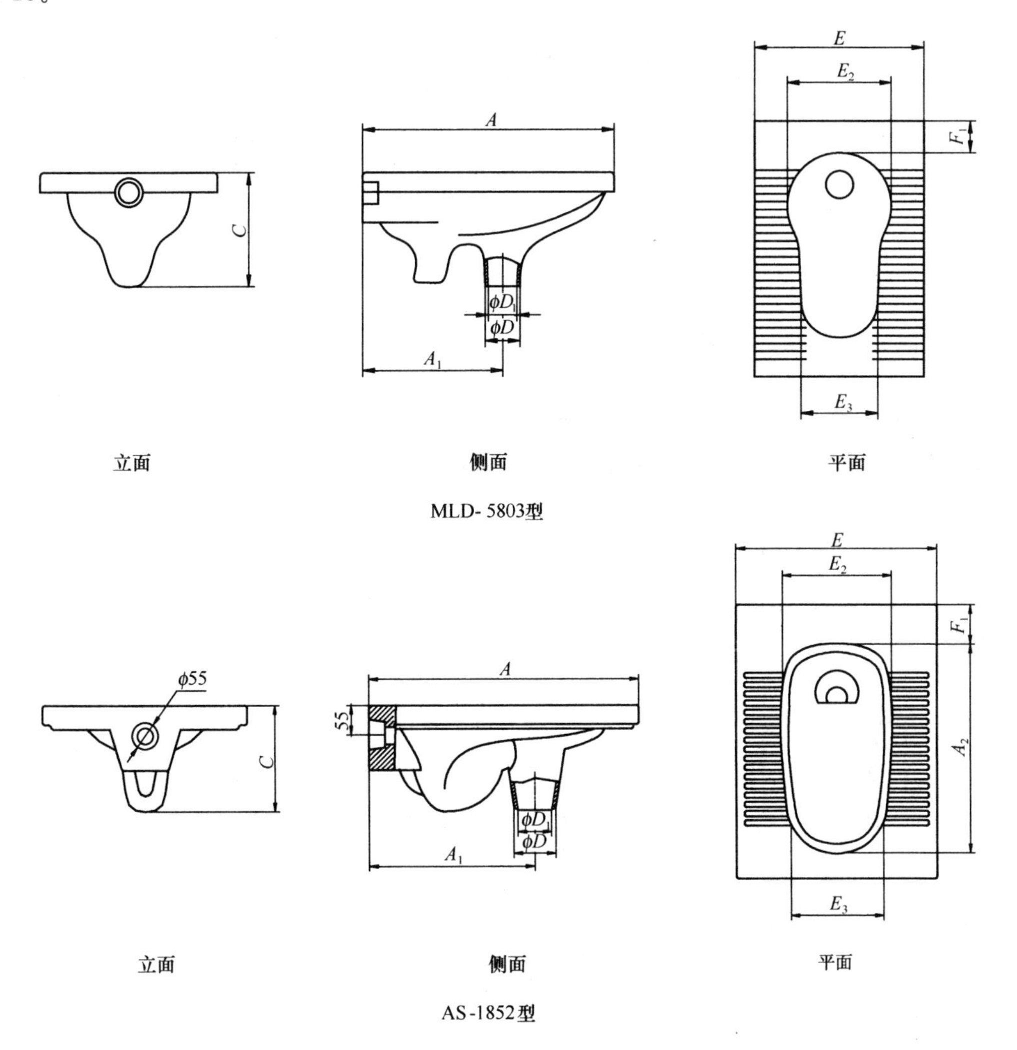

图 13-15　MLD-5803、AS-1852、RF9211 型节水蹲便器外形尺寸（一）

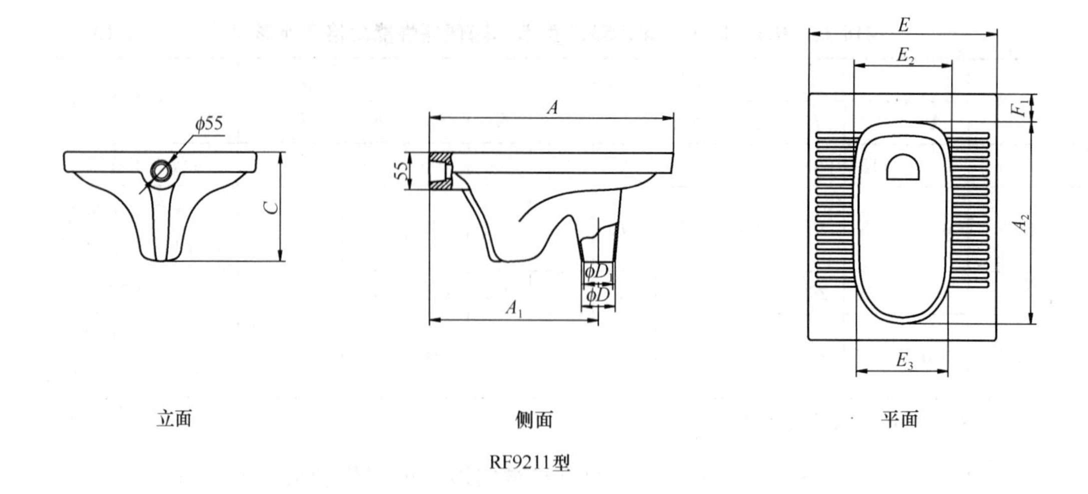

图 13-15 MLD-5803、AS-1852、RF9211 型节水蹲便器外形尺寸（二）

MLD-5803、AS-1852、RF9211 型节水蹲便器性能规格及外形尺寸　　表 13-15

型号	外形尺寸（mm）										水量（L）	主要生产厂商
	A	A_1	A_2	C	ϕD	ϕD_1	E	E_2	E_3	F_1		
MLD-5803	628	340	—	300	90	68	430	250	182	75	6	佛山市美加华陶瓷有限公司
AS-1852	549	365	410	242	98	70	408	215	175	87	8	开平市澳斯曼洁具有限公司
RF9211	570	375	440	270	93	66	435	225	175	83	8	开平金牌洁具有限公司

4. HT-AD12 型自动感应节水蹲便器性能规格及外形尺寸见图 13-16、表 13-16。

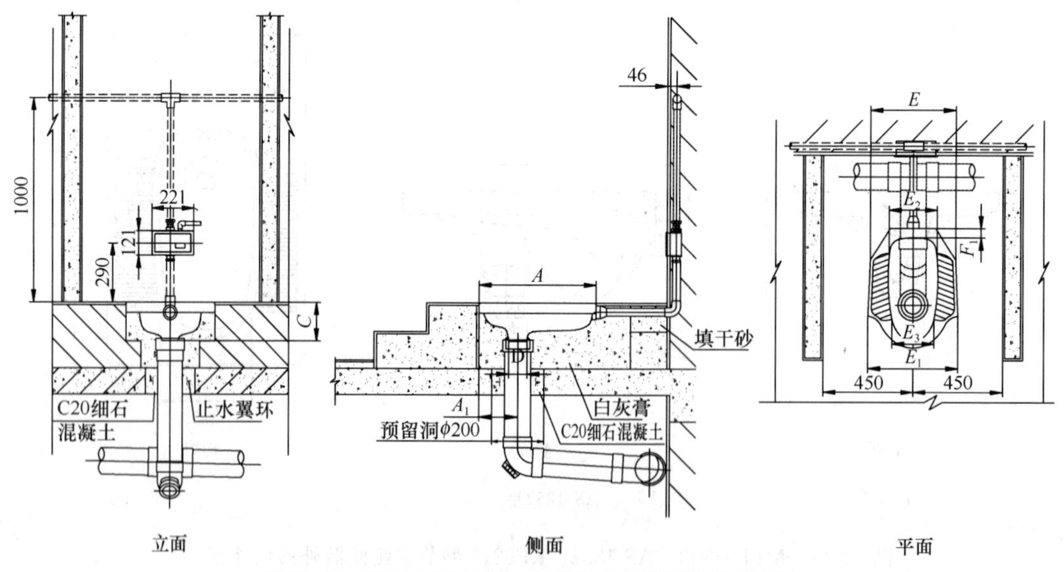

图 13-16 HT-AD12 型自动感应节水蹲便器外形尺寸

HT-AD12 型自动感应节水蹲便器性能规格及外形尺寸 **表 13-16**

型　号	外形尺寸（mm）								用水量 ⩽（L）	主要生产厂商
	A	A_1	*C*	*E*	E_1	E_2	E_3	F_1		
HT-AD12	599	209	188	430	460	240	215	50	8（动态 0.1MPa）	福州志荣感应设备有限公司

13.1.2.2　虹吸式节水蹲便器

CIQ633 型虹吸式节水蹲便器性能规格及外形尺寸见图 13-17、表 13-17。

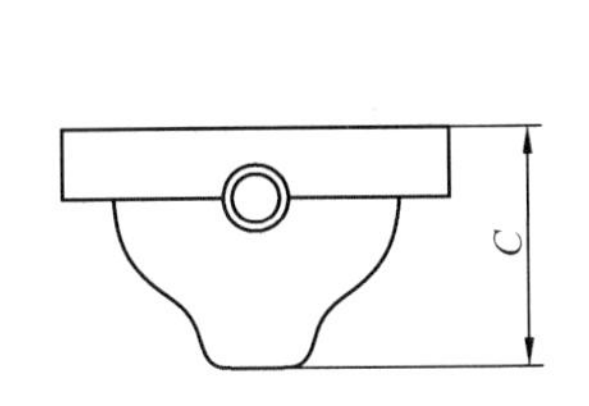

立面

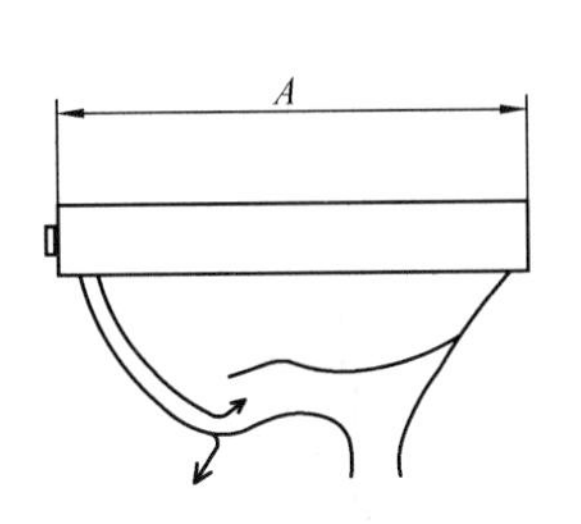

侧面

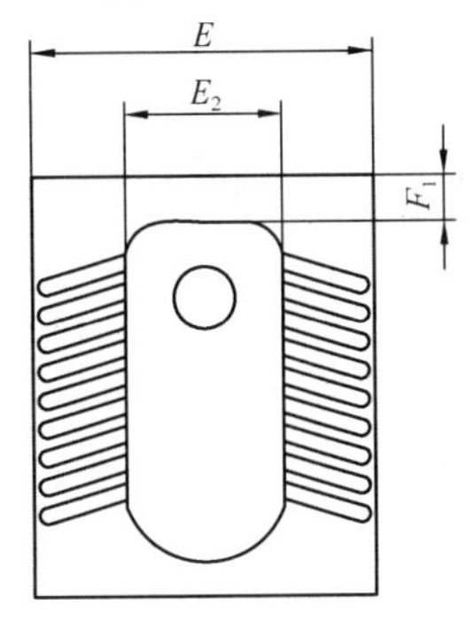

平面

图 13-17　CIQ633 型虹吸式节水蹲便器外形尺寸

CIQ633 型虹吸式节水蹲便器性能规格及外形尺寸 **表 13-17**

型　号	外形尺寸（mm）					用水量（L）	主要生产厂商
	A	*C*	*E*	E_2	F_1		
CIQ633	520	260	430	—	—	3～6	佛山市井田陶瓷科技有限公司

13.1.3　小便器

小便器按型式常用有立式小便器、挂式小便器、自动感应小便器。

13.1.3.1　立式小便器

立式小便器分有 1309-1、U802、AN610、FN6602、5202、MN-6808、H411 型立式小便器。

1. 1309-1、U802、AN610、FN6602 型立式小便器性能规格及外形尺寸见图 13-18、表 13-18。

1309-1、U802、AN610、FN6602 型立式小便器性能规格及外形尺寸 **表 13-18**

型　号	外形尺寸（mm）															用水量（L）	主要生产厂商
	A	*B*	*C*	ϕD	ϕD_1	ϕd	ϕd_1	E_1	E_2	E_3	E_4	E_5	F_1	F_2	*G*		
1309-1	480	386	1003	85	50	80	30	67	150	190	—	—	—	—	—	—	九牧集团有限公司
U802①	560	385	822	—	—	—	—	—	—	—	77	—	—	—	133	3	唐山惠达陶瓷（集团）股份有限公司
AN610	420	345	1045	54	45	—	—	58	141	15	10	11	—	—	—	⩽6	佛山市顺德区乐华陶瓷洁具有限公司
FN6602	460	335	—	—	—	—	—	1105	600、450	505	60	—	—	66	116	—	佛山市法恩洁具有限公司

① U802 型立式小便器法兰安装孔中心距陶瓷顶部为 680（E_1 与 E_3 之差），前立面帽子尖距陶瓷底下沿为 272（E_1-C+该值$=E_2$）。

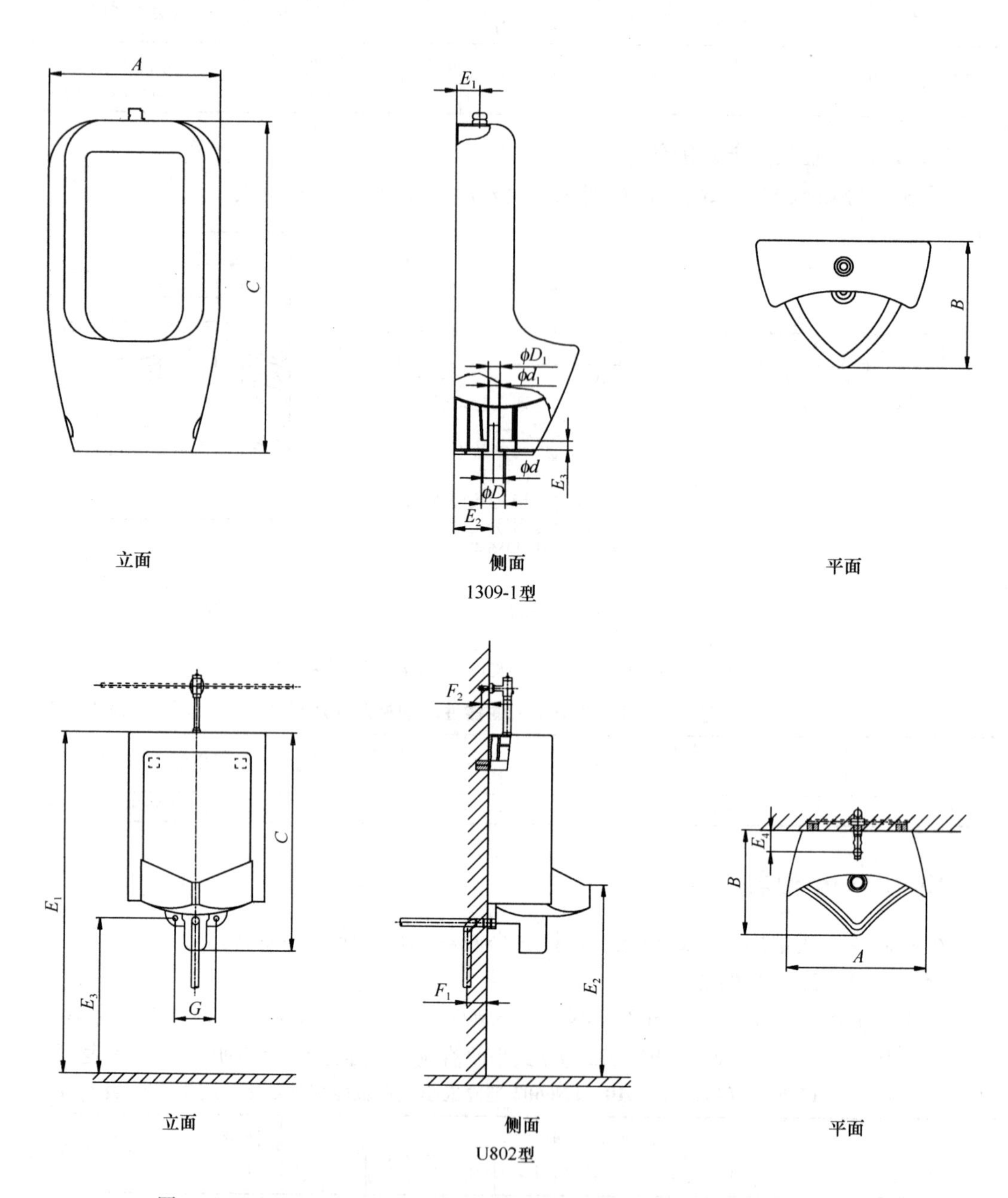

图 13-18 1309-1、U802、AN610、FN6602 型立式小便器外形尺寸（一）

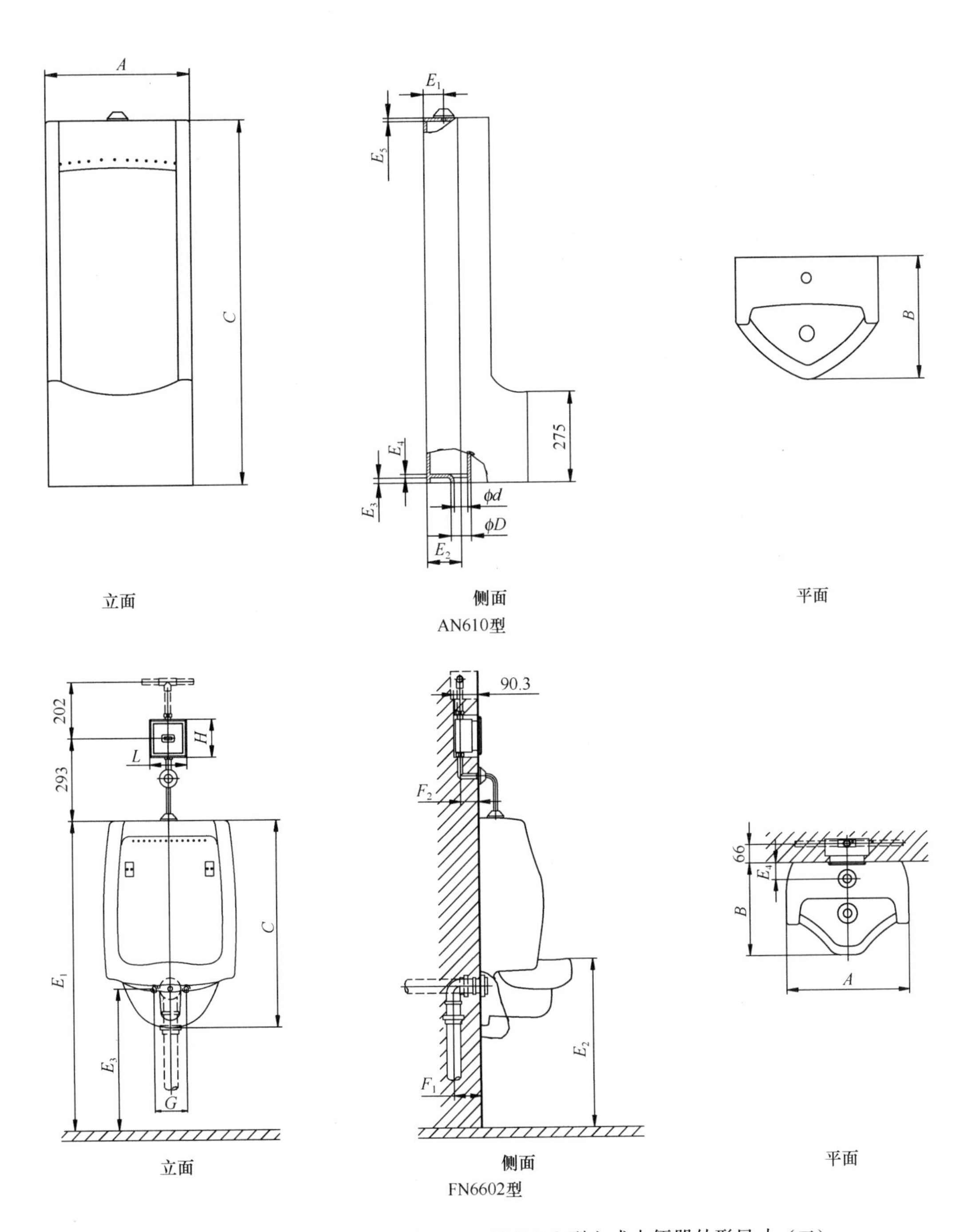

图 13-18 1309-1、U802、AN610、FN6602 型立式小便器外形尺寸（二）

2. 5202、MN-6808、H411型立式小便器性能规格及外形尺寸见图13-19、表13-19。

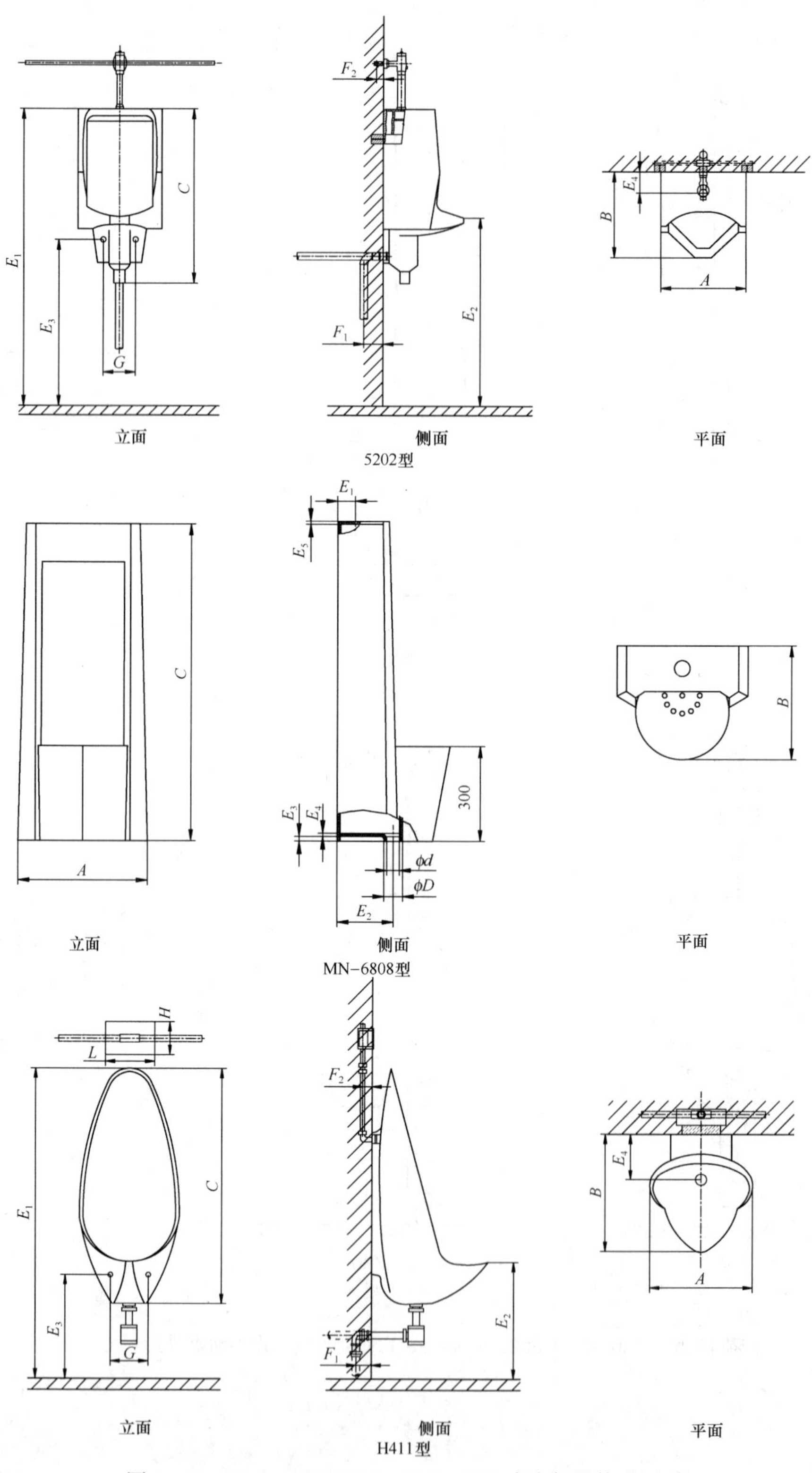

图13-19 5202、MN-6808、H411型立式小便器外形尺寸

5202、MN-6808、H411型立式小便器性能规格及外形尺寸 表13-19

型号	外形尺寸（mm）															用水量（L）	主要生产厂商
	A	B	C	ϕD	ϕd	E_1	E_2	E_3	E_4	E_5	F_1	F_2	G	L	H		
5202	342	320	620、665	—	—	—	530～560	—	75、70	—	—	—	115	—	—	—	重庆四维卫浴（集团）有限公司
MN-6808	420	355	1003	95	73	62	160	25	10	12	—	—	—	—	—	6	佛山市美加华陶瓷有限公司
H411	320	365	720	—	—	950	550	—	155	—	155	87	—	200	150	—	广东恒洁卫浴有限公司

13.1.3.2 挂式小便器

AN616型挂式小便器性能规格及外形尺寸见图13-20、表13-20。

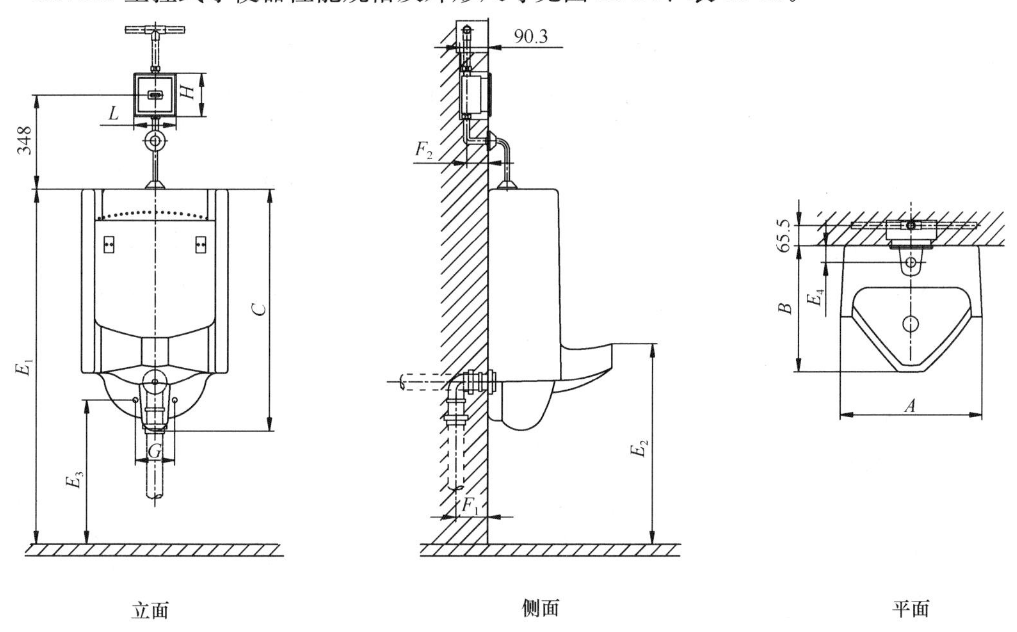

图13-20 AN616型挂式小便器性能规格及外形尺寸

AN616型挂式小便器性能规格及外形尺寸 表13-20

型号	外形尺寸（mm）												用水量≤（L）	主要生产厂商
	A	B	C	E_1	E_2	E_3	E_4	F_1	F_2	G	L	H		
AN616	460	385	727	1002	550	415	60	—	66.5	118	135	135	6	佛山市顺德区乐华陶瓷洁具有限公司

13.1.3.3 自动感应小便器

自动感应小便器分有GAWU-500R-C型自动感应小便器、AX03a（d）-Ⅱ型自动感应小便器 。

1. GAWU-500R-C型自动感应小便器性能规格及外形尺寸见图13-21、表13-21。

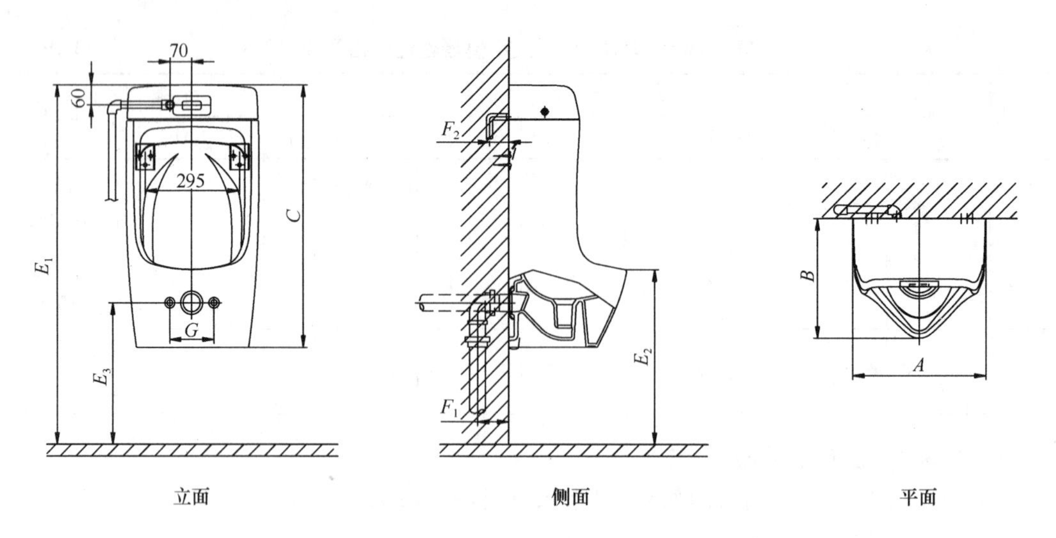

图 13-21 GAWU-500R-C 型自动感应小便器外形尺寸

GAWU-500R-C 型自动感应小便器性能规格及外形尺寸 **表 13-21**

型 号	外形尺寸（mm）									用水量（L）	主要生产厂商
	A	B	C	E_1	E_2	E_3	F_1	F_2	G		
GAWU-500R-C	415	360	785	1060	530	430	—	—	110	—	苏州伊奈建材有限公司

2. AX03a（d）-Ⅱ型自动感应小便器性能规格及外形尺寸见图 13-22、表 13-22。

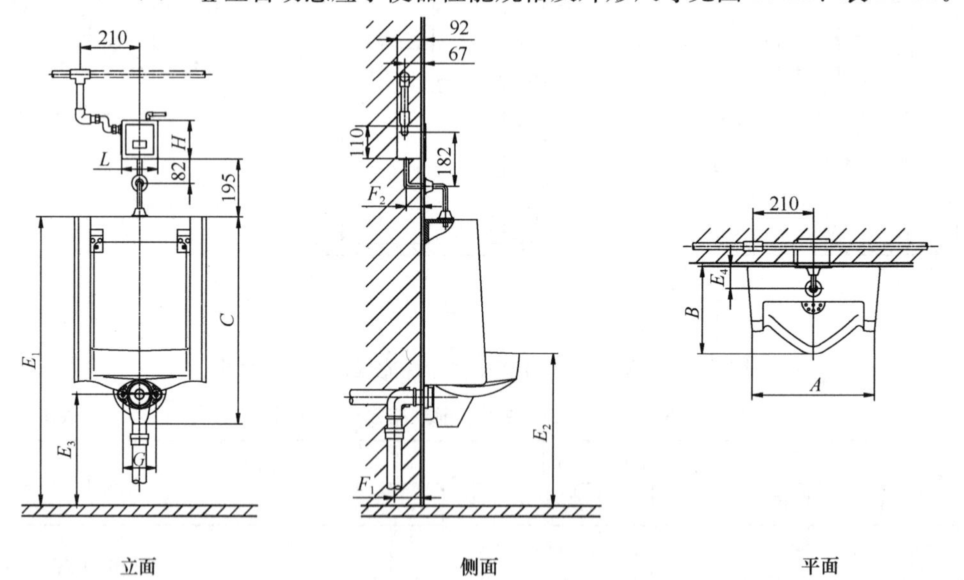

图 13-22 AX03a（d）-Ⅱ型自动感应小便器性能规格及外形尺寸

AX03a（d）-Ⅱ型自动感应小便器性能规格及外形尺寸 **表 13-22**

型 号	外形尺寸（mm）												用水量 ≤（L）	主要生产厂商
	A	B	C	E_1	E_2	E_3	E_4	F_1	F_2	G	L	H		
AX03a（d）-II	460	330	700	1070	600	460	75	100	50	120	130	130	3（动态 0.1MPa）	福州志荣感应设备有限公司

13.1.4 净身器

净身器常用有1705-1型净身器。

1705-1型净身器性能规格及外形尺寸见图13-23、表13-23。

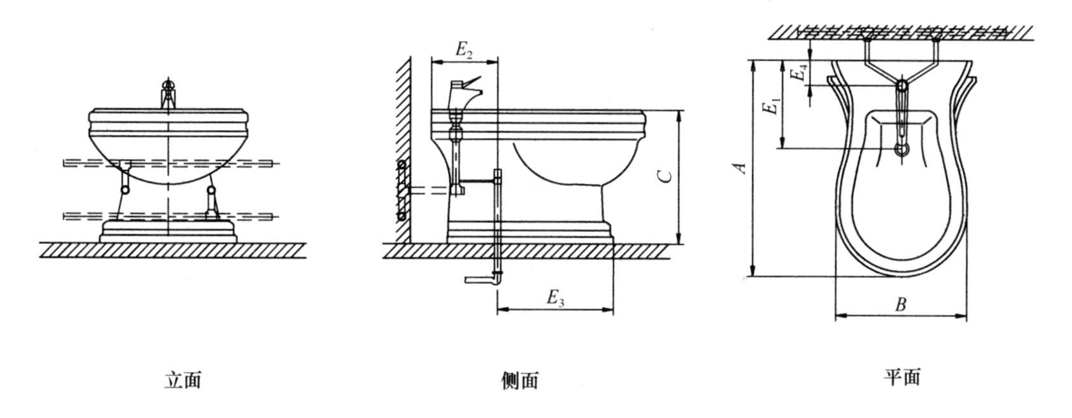

图13-23 1705-1型净身器外形尺寸

1705-1型净身器性能规格及外形尺寸 **表13-23**

型 号	外形尺寸(mm)							用水量(L)	主要生产厂商
	A	B	C	E_1	E_2	E_3	E_4		
1705-1	607	393	385	243	243	280	73	—	九牧集团有限公司

13.1.5 台面盆

台面盆常用有薄边台面盆、台上盆、台下盆。

13.1.5.1 薄边台面盆

薄边台面盆分有MG-9060(120)E、MG-9075E、MG9081E、MG-9090E、MG-9100E、MG-9120E、TA-A0800、TA-D0800型薄边台面盆;MG-90635(1245)EAMG-90787EA、MG-90940EA、MG-91245EA型薄边台面加宽盆;MG-9060(120)AK、MG-9075AK、MG-9080AK、MG-9090AK、MG-9100AK、MG-9120AK型中边柜盆。

1. MG-9060(120)E、MG-9075E、MG9081E、MG-9090E、MG-9100E、MG-9120E、TA-A0800、TA-D0800型薄边台面盆性能规格及外形尺寸见图13-24、表13-24。

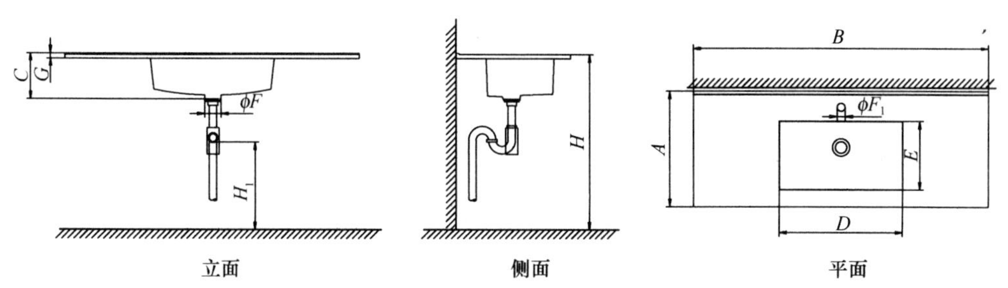

图13-24 MG-9060(120)E、MG-9075E、MG9081E、MG-9090E、MG-9100E、MG-9120E、TA-A0800、TA-D0800型薄边台面盆外形尺寸(一)

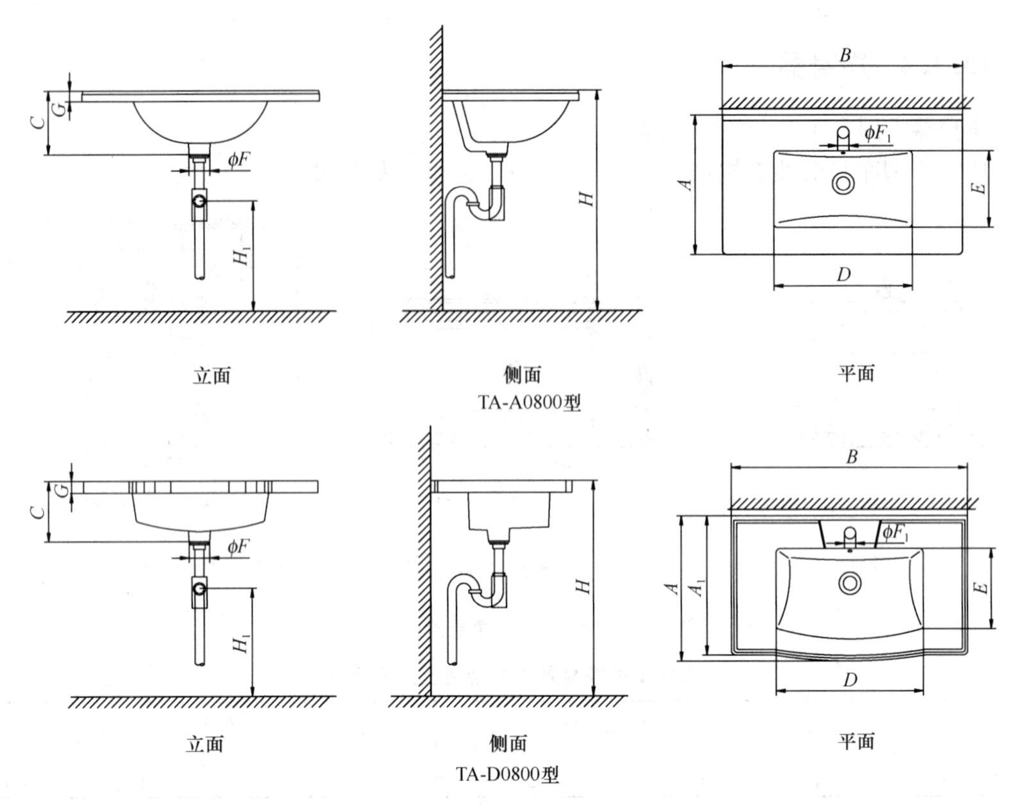

图 13-24 MG-9060（120）E、MG-9075E、MG-9081E、MG-9090E、MG-9100E、MG-9120E、TA-A0800、TA-D0800 型薄边台面盆外形尺寸（二）

注：MG-9075E、MG-9081E、MG-9090E、MG-9100E、MG-9120E 型的外形尺寸与 MG-9060（120）E 型的外形尺寸相类似，不另附图。

MG-9060（120）E、MG-9075E、MG-9081E、MG-9090E、MG-9100E、MG-9120E、TA-A0800、TA-D0800 型薄边台面盆性能规格及外形尺寸　　表 13-24

型　号	外形尺寸（mm）									用水量（L）	主要生产厂商
	A	B	C	D	E	ϕF	ϕF_1	G	H		
MG-9060(120)E	460	600	180	435	275	45	35	15	—	—	广东梦佳陶瓷实业有限公司
MG-9075E	460	750	180	475	275	45	35	16	—		
MG-9081E	460	810	180	475	275	45	35	16	—		
MG-9090E	460	900	180	475	275	45	35	16	—		
MG-9100E	460	1000	180	505	275	45	35	17	—		
MG-9120E	460	1200	180	500	275	45	35	17	—		
TA-A0800	455	800	200	510	300	45	35	30	—	—	潮州市澳丽泰陶瓷有限公司
TA-D0800	480	800	200	500	300	45	35	40	—	—	

2. MG-90635（1245）、EA、MG-90787EA、MG-90940EA、MG-91245EA 型薄边台面加宽盆性能规格及外形尺寸见图 13-25、表13-25。

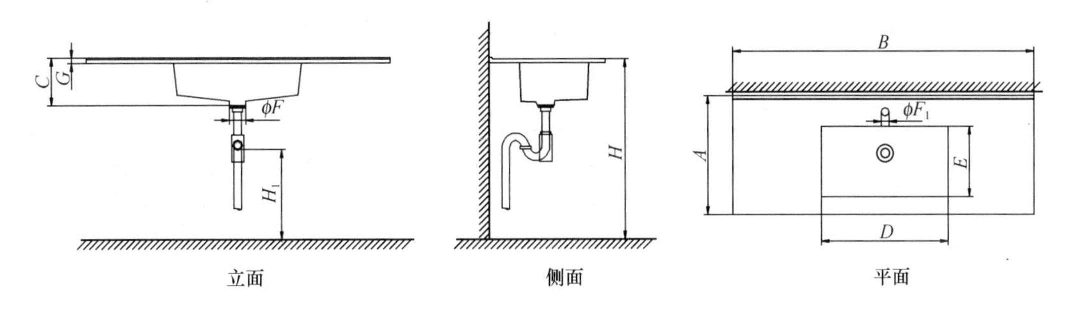

图 13-25 MG-90635（1245）EA、MG-90787EA、MG-90940EA、MG-91245EA 型薄边台面加宽盆外形尺寸

MG-90635（1245）EA、MG-90787EA、MG-90940EA、MG-91245EA 型薄边台面加宽盆性能规格及外形尺寸 表 13-25

型　号	外形尺寸（mm）										用水量（L）	主要生产厂商
	A	B	C	D	E	ϕF	ϕF_1	G	H	H_1		
MG-90635（1245）EA	560	640	185	500	300	45	35	16	—	—	—	广东梦佳陶瓷实业有限公司
MG-90787EA	560	790	185	500	300	45	35	18	—	—		
MG-90940EA	560	940	180	500	315	45	35	18	—	—		
MG-91245EA	560	1245	180	500	305	45	35	18	—	—		

3. MG-9060（120）AK、MG-9075AK、MG-9080AK、MG-9090AK、MG-9100AK、MG9120AK 型中边柜盆性能规格及外形尺寸见图 13-26、表 13-26。

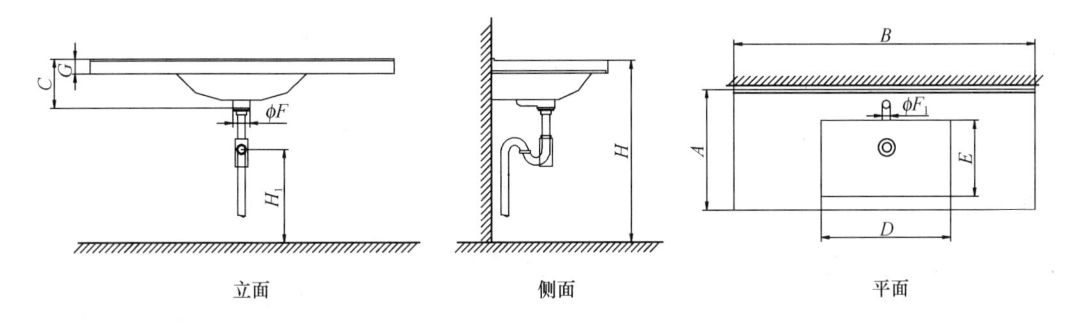

图 13-26 MG-9060（120）AK、MG-9075AK、MG-9080AK、MG-9090AK、MG-9100AK、MG9120AK 型中边柜盆外形尺寸

MG-9060（120）AK、MG-9075AK、MG-9080AK、MG-9090AK、MG-9100AK、MG9120AK 型中边柜盆性能规格及外形尺寸 表 13-26

型　号	外形尺寸（mm）								用水量（L）	主要生产厂商
	A	B	C	D	E	ϕF	ϕF_1	G		
MG-9060（120）AK	465	600	180	486	290	48	35	50	—	广东梦佳陶瓷实业有限公司
MG-9075AK	465	750	190	480	290	48	35	50		
MG-9080AK	465	800	190	480	290	48	35	50		
MG-9090AK	465	900	190	480	290	48	35	50		
MG-9100AK	465	1000	190	490	290	48	35	50		
MG-9120AK	465	1200	190	505	290	48	35	50		

13.1.5.2 台上盆

台上盆分有 FP4679B、1270-1 型台上盆、HT-SZ01 型感应台上盆。

1. FP4679B、1270-1 型台上盆性能规格及外形尺寸见图 13-27、表 13-27。

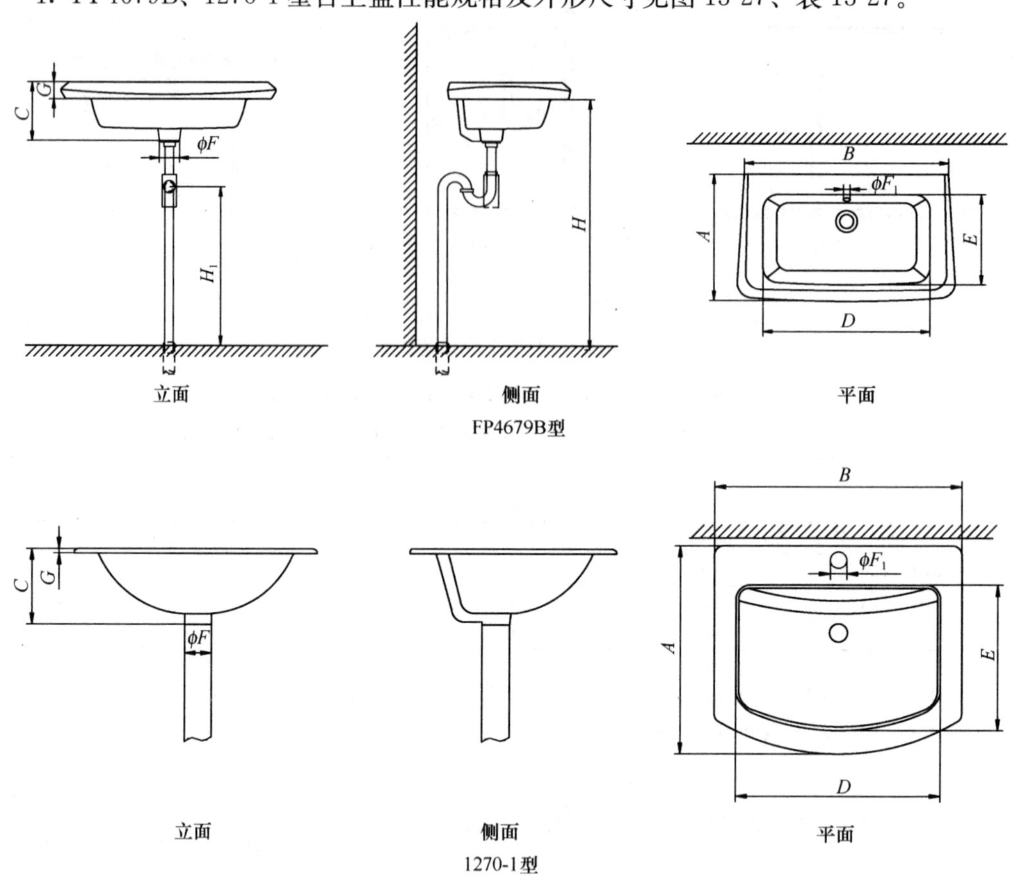

图 13-27 FP4679B、1270-1 型台上盆外形尺寸

FP4679B、1270-1 型台上盆性能规格及外形尺寸 **表 13-27**

型号	外形尺寸（mm）										用水量（L）	主要生产厂商
	A	B	C	D	E	ϕF	ϕF_1	G	H	H_1		
FP4679B	410	720	190	—	—	—	—	55	855	515	—	佛山市法恩洁具有限公司
1270-1	487	673	170	540	325	45	35	12	—	—	—	九牧集团有限公司

2. HT-SZ01 型感应台上盆性能规格及外形尺寸见图 13-28、表 13-28。

HT-SZ01 型感应台上盆性能规格及外形尺寸 **表 13-28**

型 号	外形尺寸（mm）							用水量 ≤（L/s）	主要生产厂商
	A	B	C	ϕF	G	H	H_1		
HT-SZ01	485	710	248	60	50	745	440	0.15（动态 0.1MPa）	福州志荣感应设备有限公司

13.1.5.3 台下盆

LU012、MP-4807、1206 型台下盆性能规格及外形尺寸见图 13-29、表 13-29。

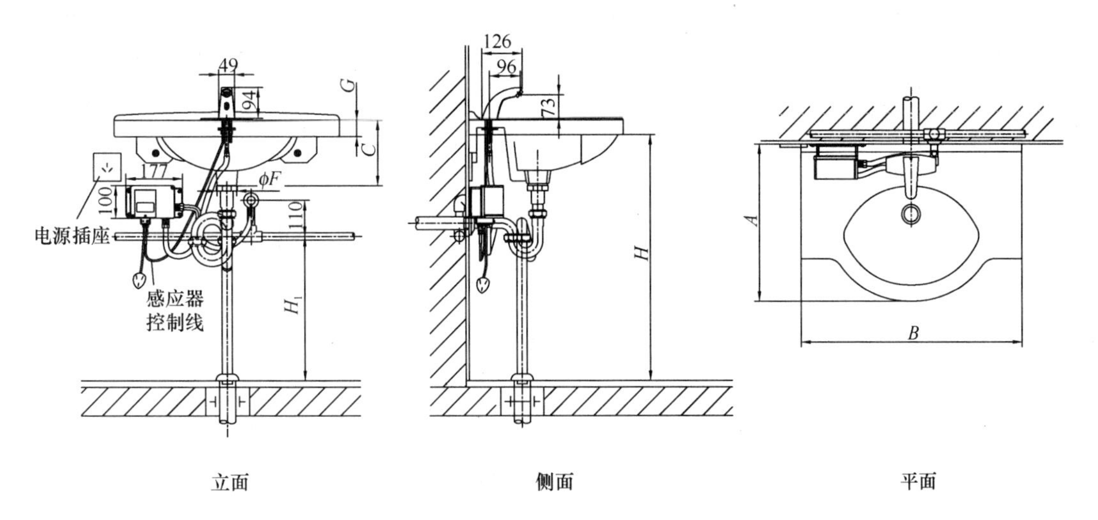

图 13-28 HT-SZ01 型感应台上盆外形尺寸

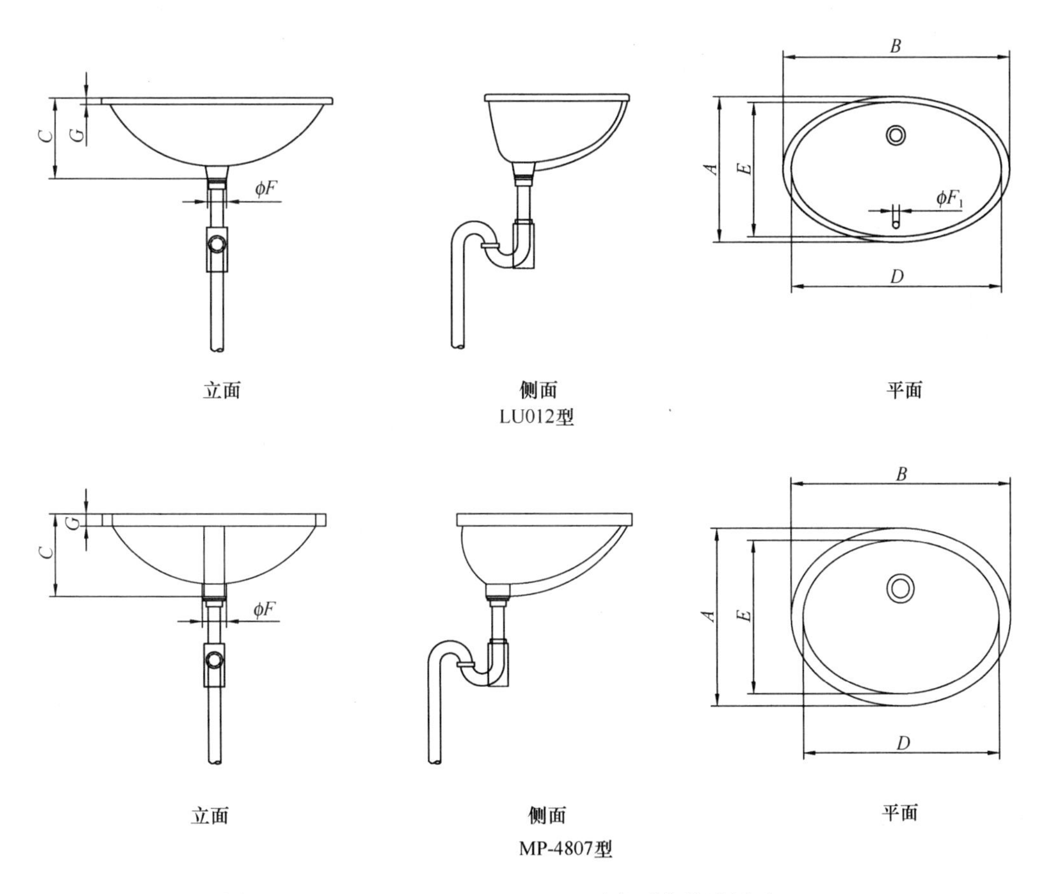

图 13-29 LU012、MP-4807、1206 型台下盆外形尺寸（一）

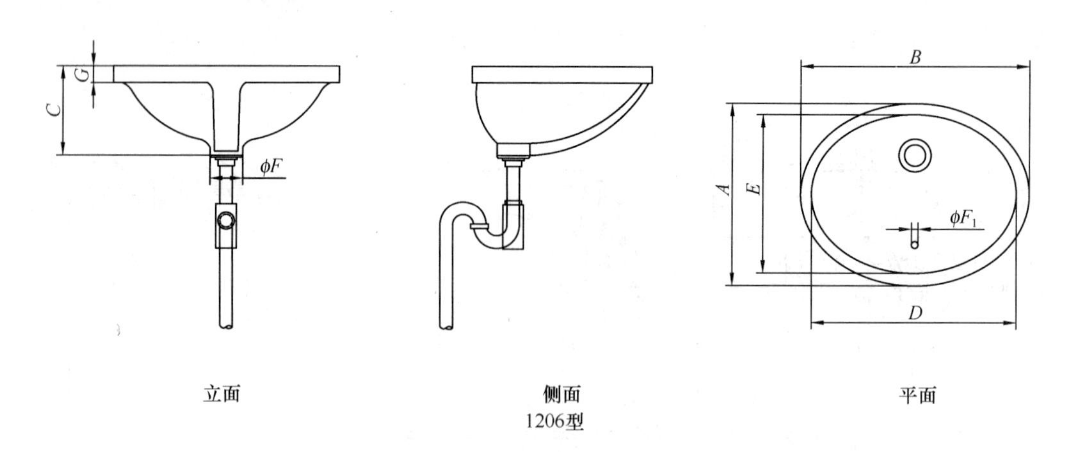

图 13-29 LU012、MP-4807、1206 型台下盆外形尺寸（二）

LU012、MP-4807、1206 型台下盆性能规格及外形尺寸 **表 13-29**

型号	外形尺寸（mm）								用水量（L）	主要生产厂商
	A	B	C	D	E	ϕF	ϕF_1	G		
LU012①	413	570	205	510	355	—	21	13	—	唐山惠达陶瓷（集团）股份有限公司
MP-4807	435	555	200	490	369	45	—	30	6	佛山市美加华陶瓷有限公司
1206	410	550	210	485	355	65	23	14	—	重庆四维卫浴（集团）有限公司

① 内销下水内径 ϕ45mm，碗径 ϕ70mm，锅深 155mm；下水口距盆靠墙沿 132mm。

13.1.6 拖布池

拖布池常用有 H905 型拖布池。

H905 型拖布池性能规格及外形尺寸见图 13-30、表 13-30。

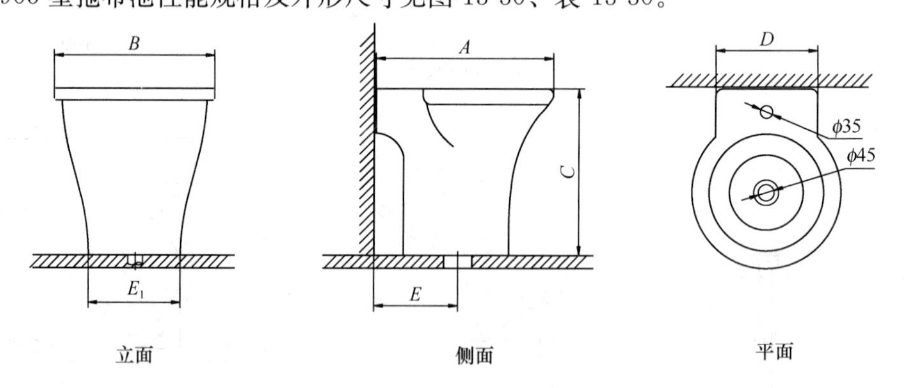

图 13-30 H905 型拖布池外形尺寸

H905 型拖布池性能规格及外形尺寸 **表 13-30**

型号	外形尺寸（mm）						用水量（L）	主要生产厂商
	A	B	C	D	E	E_1		
H905	485	425	450	290	265	265	—	广东恒洁卫浴有限公司

13.2 浴 室 器 具

浴室器具常用有浴缸、淋浴房、浴室柜等。

13.2.1 浴缸

浴缸常用有普通浴缸、镶嵌式浴缸、按摩浴缸。

13.2.1.1 普通浴缸

9603、HY615、MJ-1528SQ 型普通浴缸性能规格及外形尺寸见图 13-31、表 13-31。

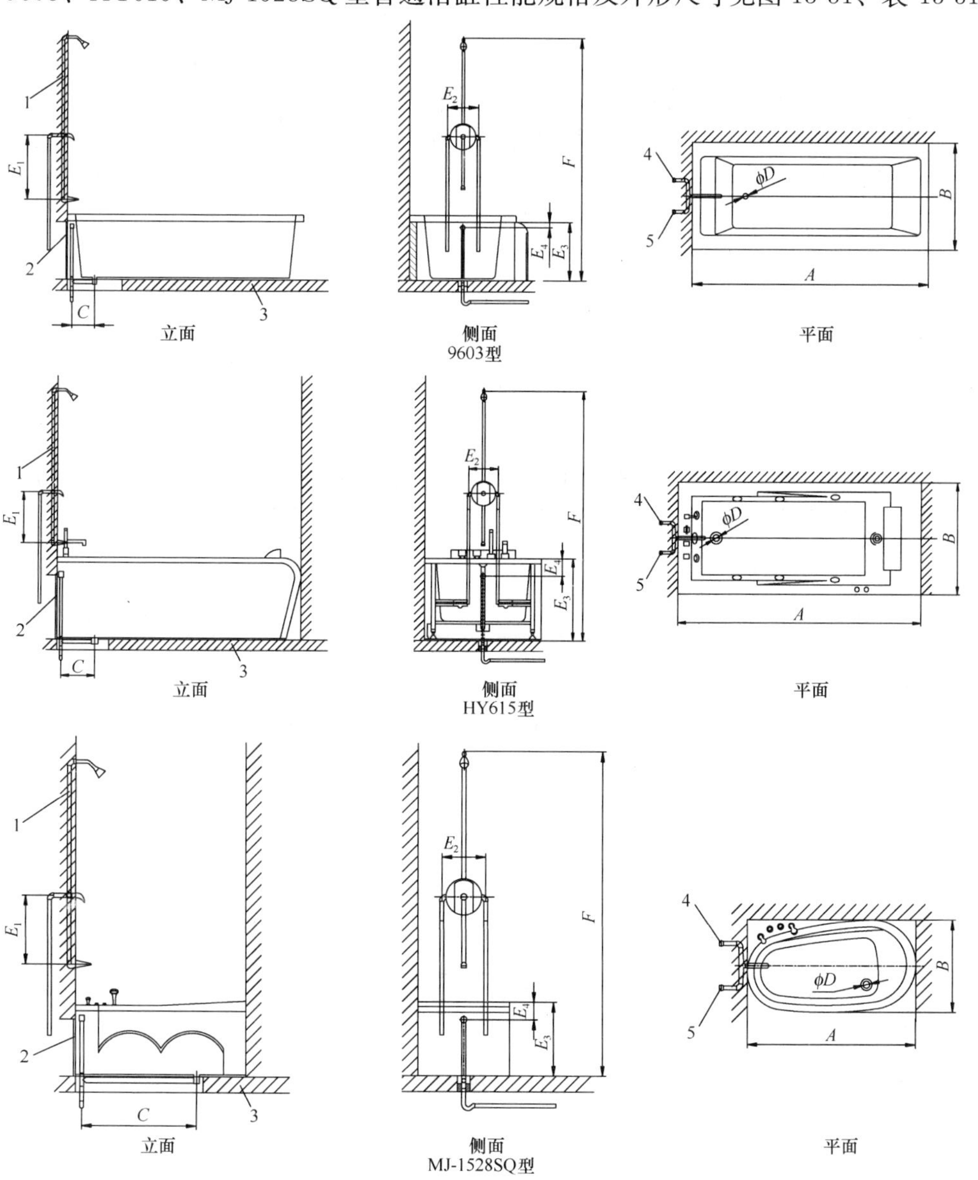

图 13-31 9603、HY615、MJ-1528SQ 型普通浴缸外形尺寸

1—完成墙面；2—检修孔；3—粗糙地面；4—冷水管；5—热水管

9603、HY615、MJ-1528SQ 型普通浴缸性能规格及外形尺寸　　表 13-31

型　号	外形尺寸（mm）									用水量（L）	主要生产厂商
	A	B	C	ϕD	E_1	E_2	E_3	E_4	F		
9603	1700	750	180	50	—	—	450	420	—	—	九牧集团有限公司
HY615	1700	800	260	50	—	—	600	70	—	—	广东恒洁卫浴有限公司
MJ-1528SQ	1500	800	1070	50	1030	150	650	80	2100	—	佛山市美加华陶瓷有限公司

13.2.1.2　镶嵌式浴缸

F032 型镶嵌式浴缸性能规格及外形尺寸见图 13-32、表 13-32。

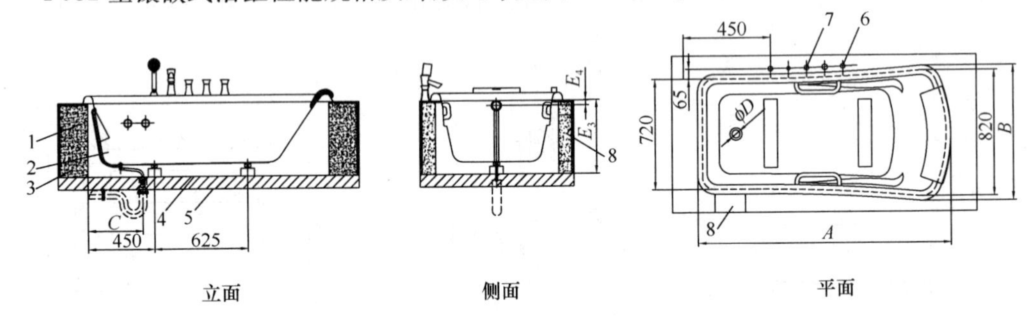

图 13-32　F032 型镶嵌式浴缸外形尺寸

1—完成墙面；2—粗糙墙面；3—细砂；4—粗糙地面；
5—完成地面；6—冷水管；7—热水管；8—检修门

F032 型镶嵌式浴缸性能规格及外形尺寸　　表 13-32

型　号	外形尺寸（mm）						用水量（L）	主要生产厂商
	A	B	C	ϕD	E_3	E_4		
F032	1680	880	370	50	530	35	190	佛山市法恩洁具有限公司

13.2.1.3　按摩浴缸

anC023Q 型按摩浴缸性能规格及外形尺寸见图 13-33、表 13-33。

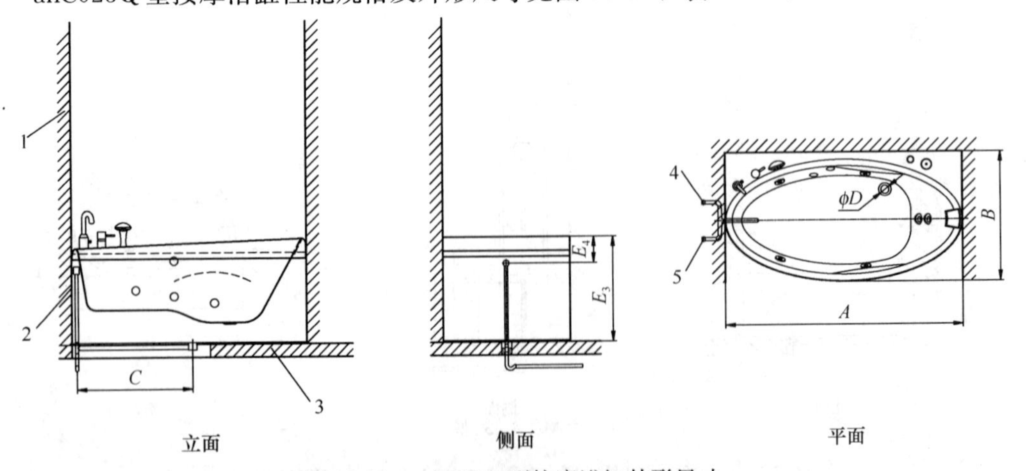

图 13-33　anC023Q 型按摩浴缸外形尺寸

1—完成墙面；2—检修孔；3—粗糙地面；4—冷水管；5—热水管

anC023Q 型按摩浴缸性能规格及外形尺寸 **表 13-33**

型 号	外形尺寸（mm）						用水量（L）	主要生产厂商
	A	B	C	ϕD	E_3	E_4		
anC023Q	1500	800	—	—	650	—	—	佛山市高明安华陶瓷洁具有限公司

13.2.2 淋浴房

淋浴房常用有整体淋浴房、简易淋浴房。

13.2.2.1 整体淋浴房

HD2213 型整体淋浴房性能规格及外形尺寸见图 13-34、表 13-34。

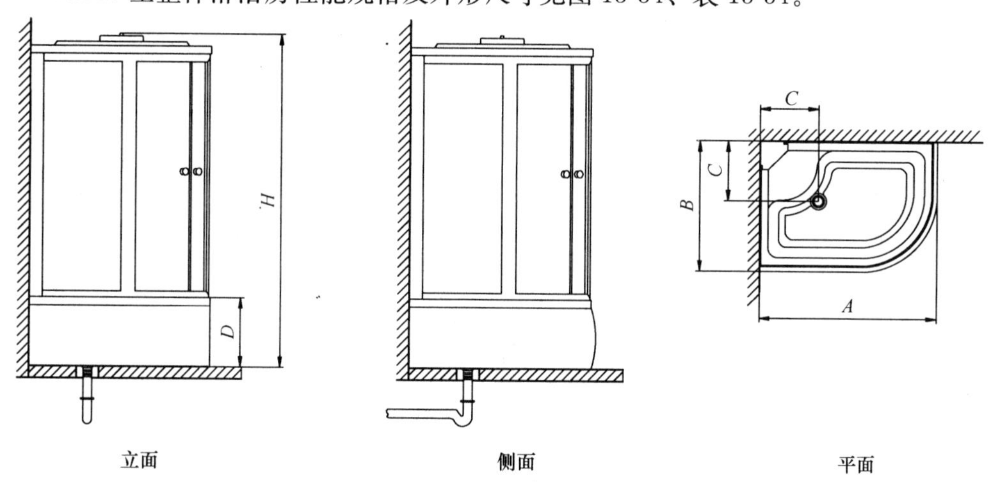

图 13-34 HD2213 型整体淋浴房外形尺寸

HD2213 型整体淋浴房性能规格及外形尺寸 **表 13-34**

型 号	外形尺寸（mm）					用水量（L）	主要生产厂商
	A	B	C	D	H		
HD2213	880	1225	400	465	2240	—	唐山惠达陶瓷（集团）股份有限公司

13.2.2.2 简易淋浴房

简易淋浴房分有 ML-9010-1、AL021、HY808、FL014、anL031 型简易淋浴房。

1. ML-9010-1、AL021 型简易淋浴房性能规格及外形尺寸见图 13-35、表 13-35。

ML-9010-1、AL021 型简易淋浴房性能规格及外形尺寸 **表 13-35**

型 号	外形尺寸（mm）					用水量（L）	主要生产厂商
	A	B	C	D	H		
ML-9010-1	900	900	240	150	2000	—	佛山市美加华陶瓷有限公司
AL021	900	900	—	50	1900	—	佛山市顺德区乐华陶瓷洁具有限公司

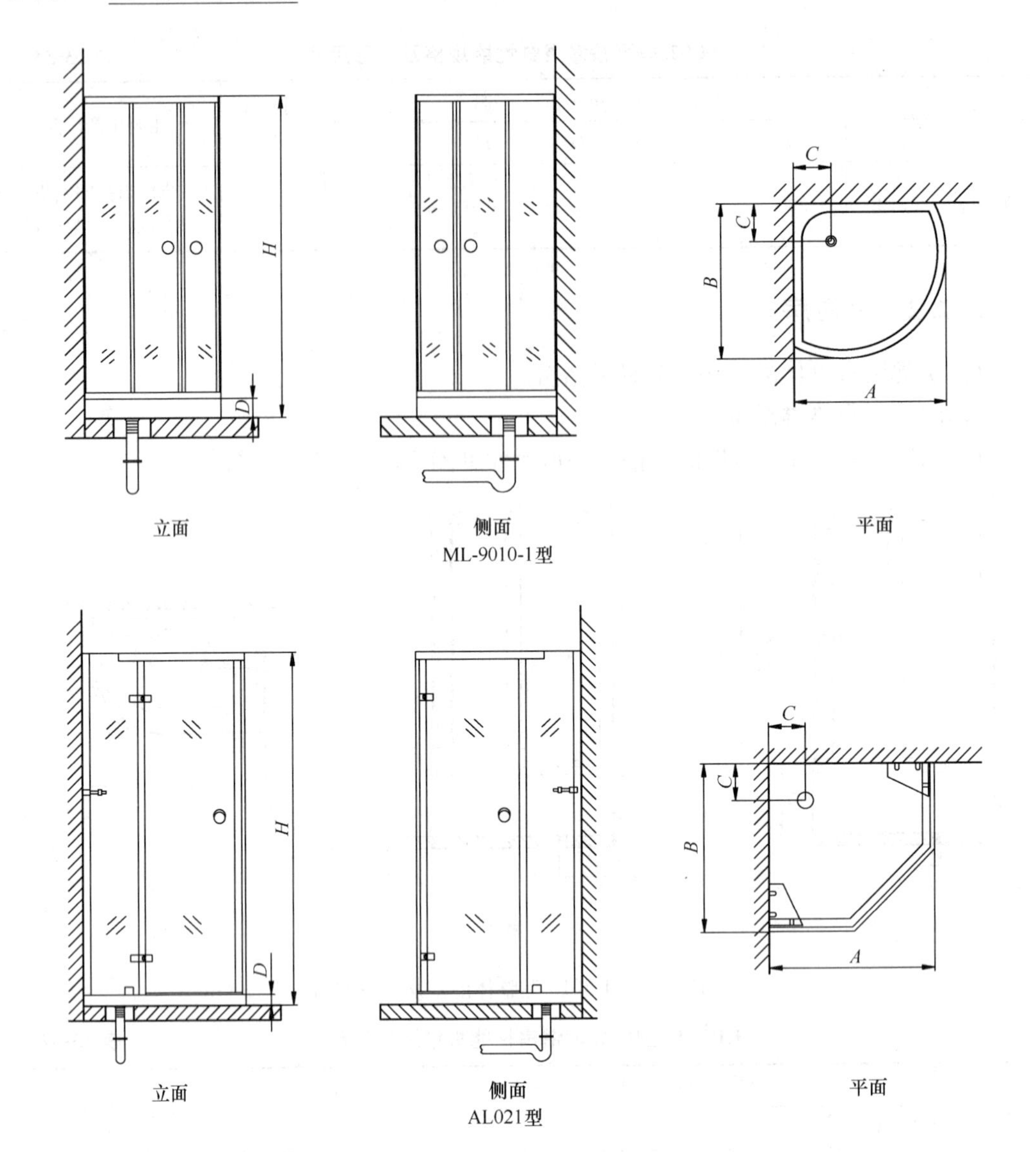

图 13-35 ML-9010-1、AL021 型简易淋浴房外形尺寸

2. HY808、FL014、anL031 型简易淋浴房性能规格及外形尺寸见图 13-36、表 13-36。

HY808、FL014、anL031 型简易淋浴房性能规格及外形尺寸 **表 13-36**

型号	外形尺寸(mm)					用水量(L)	主要生产厂商
	A	*B*	*C*	*D*	*H*		
HY808	1150	900	200	150	2150	—	广东恒洁卫浴有限公司
FL014	900	900	200	—	1950	—	佛山市法恩洁具有限公司
anL031	900	900	建议 160	50	1900	—	佛山市高明安华陶瓷洁具有限公司

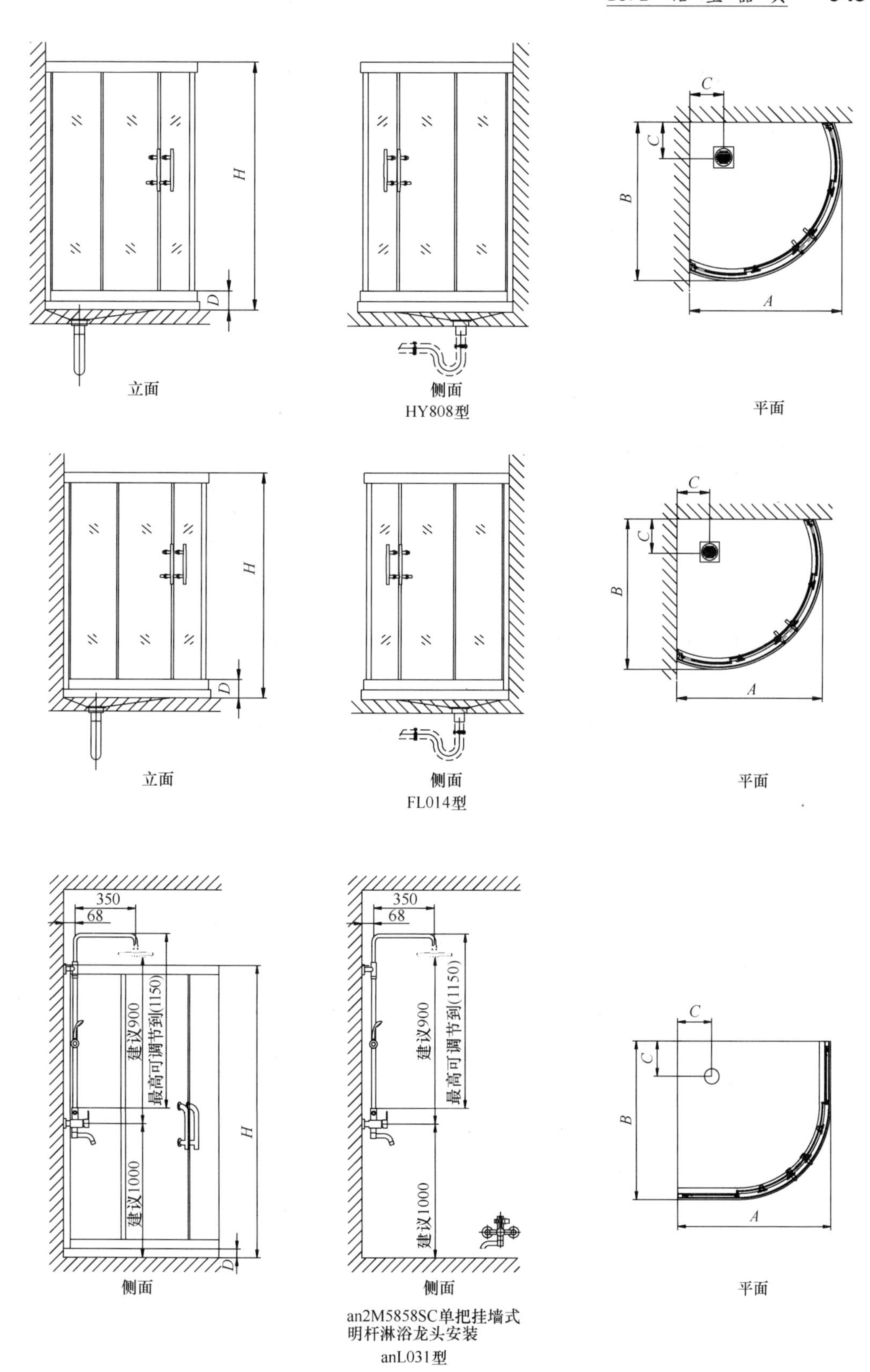

图 13-36 HY808、FL014、anL031 型简易淋浴房外形尺寸

13.2.3 浴室柜

APG325-A、A103-23 型浴室柜性能规格及外形尺寸见图 13-37、表 13-37。

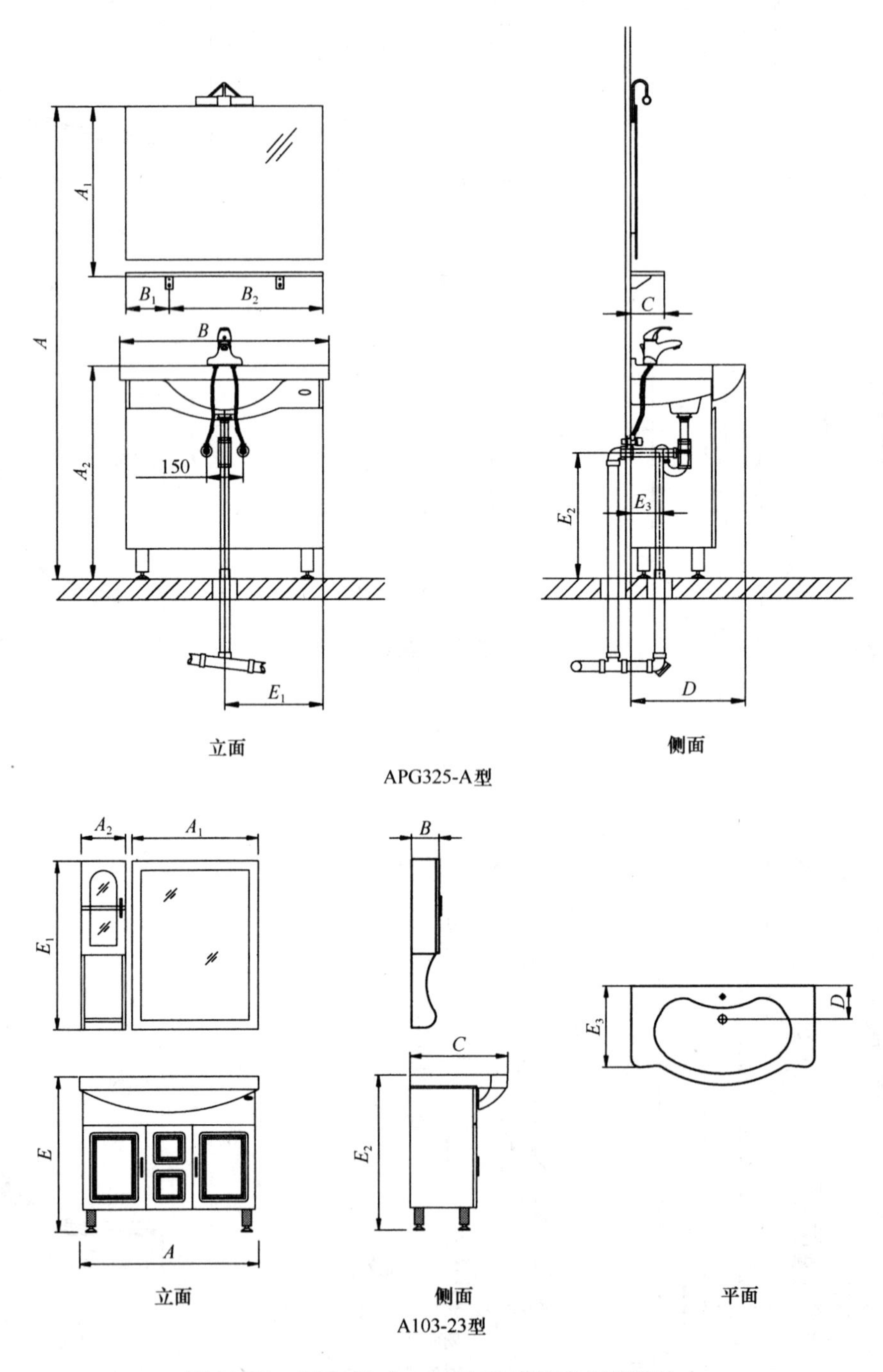

图 13-37 APG325-A、A103-23 型浴室柜外形尺寸

APG325-A、A103-23型浴室柜性能规格及外形尺寸 表13-37

型 号	外形尺寸（mm）												用水量（L）	主要生产厂商
	A	A_1	A_2	B	B_1	B_2	C	D	E	E_1	E_2	E_3		
APG325-A	1850	665	835	850	170	450	135	490	—	400	490	115	—	佛山市顺德区乐华陶瓷洁具有限公司
A103-23	1000	700	250	150	—	—	530	180	830	900	830	434	—	九牧集团有限公司

13.3 卫 生 间

卫生间常用有智能型卫生陶瓷卫生间、标准型卫生陶瓷卫生间经济型卫生陶瓷卫生间。

13.3.1 智能型卫生陶瓷卫生间

智能型卫生陶瓷卫生间常用有ATJ-8001、1661智能型卫生陶瓷卫生间。

1. ATJ-8001智能型卫生陶瓷卫生间性能规格及外形尺寸见图13-38、表13-38。

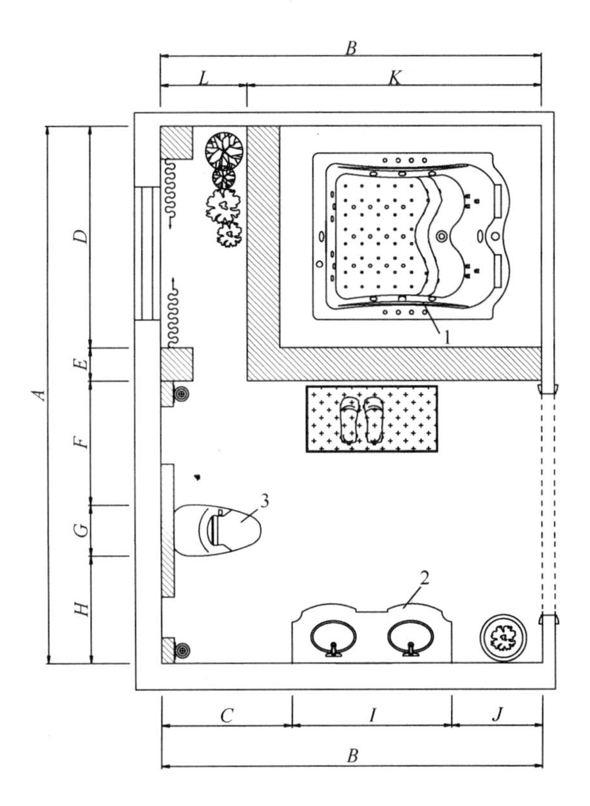

图13-38 ATJ-8001智能型卫生陶瓷卫生间外形尺寸

1—按摩浴缸；2—浴室柜；3—坐便器

ATJ-8001 智能型卫生陶瓷卫生间性能规格及外形尺寸　　表 13-38

型　号	外形尺寸（mm）												用水量（L）	主要生产厂商
	A	*B*	*C*	*D*	*E*	*F*	*G*	*H*	*I*	*J*	*K*	*L*		
ATJ-8001	4850	3500	1200	2000	300	1100	460	990	1773	527	2700	800	—	佛山市顺德区乐华陶瓷洁具有限公司

2. 1661 智能型卫生陶瓷卫生间性能规格及外形尺寸见图 13-39、表 13-39。

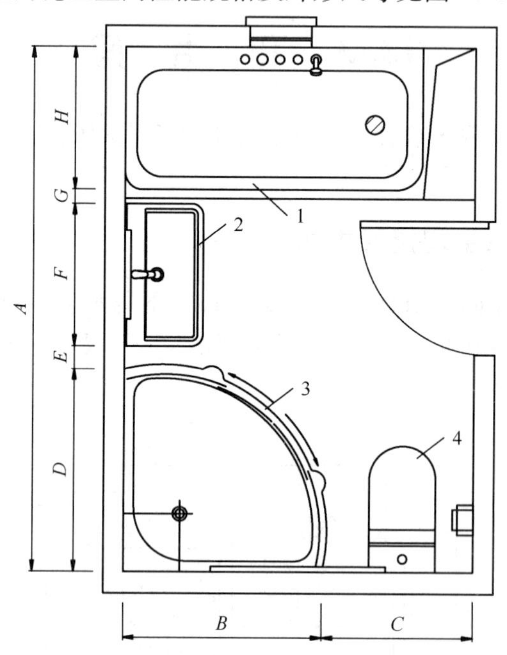

图 13-39　1661 智能型卫生陶瓷卫生间外形尺寸

1—浴缸；2—浴室柜；3—蒸汽房；4—坐便器

1661 智能型卫生陶瓷卫生间性能规格及外形尺寸　　表 13-39

型　号	外形尺寸（mm）								用水量（L）	主要生产厂商
	A≥	*B*	*C*≥	*D*	*E*	*F*	*G*	*H*		
1661	2950	1139	861	1139	130	800	80	800	—	佛山市法恩洁具有限公司

13.3.2　标准型卫生陶瓷卫生间

标准型卫生陶瓷卫生间常用有 1668 标准型卫生陶瓷卫生间、ATJ-2001 标准型卫生陶瓷卫生间。

1. 1668 标准型卫生陶瓷卫生间性能规格及外形尺寸见图 13-40、表 13-40。

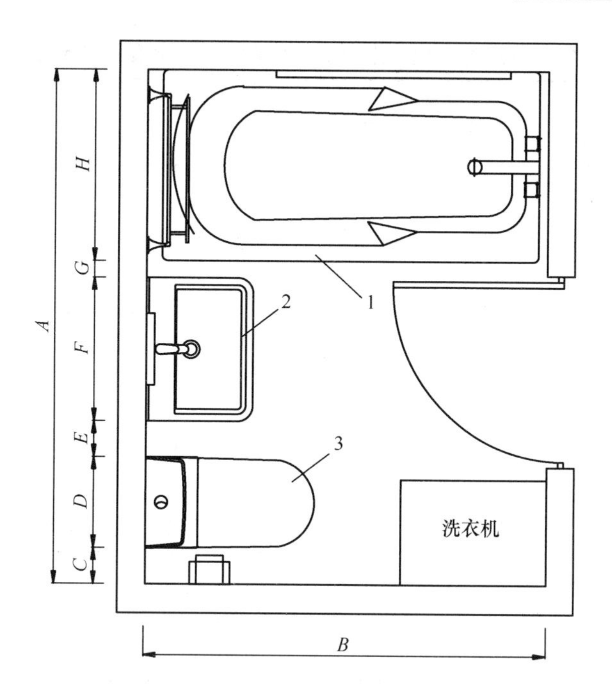

图 13-40 1668 标准型卫生陶瓷卫生间外形尺寸
1—浴缸；2—浴室柜；3—坐便器

1668 标准型卫生陶瓷卫生间性能规格及外形尺寸 **表 13-40**

型 号	外形尺寸（mm）								用水量（L）	主要生产厂商
	A≥	*B*≥	*C*	*D*	*E*	*F*	*G*	*H*		
1668	2150	1700	150	380	150	600	70	800	—	佛山市法恩洁具有限公司

2. ATJ-2001 标准型卫生陶瓷卫生间性能规格及外形尺寸见图 13-41、表 13-41。

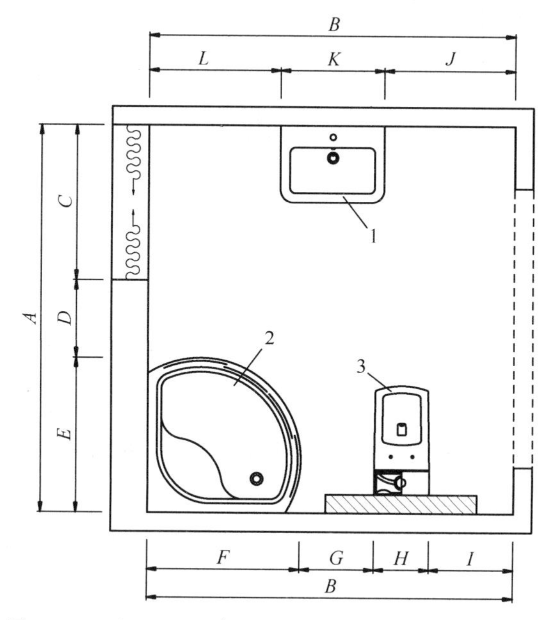

图 13-41 ATJ-2001 标准型卫生陶瓷卫生间外形尺寸
1—浴室柜；2—淋浴房；3—坐便器

ATJ-2001 标准型卫生陶瓷卫生间性能规格及外形尺寸 表 13-41

型号	外形尺寸（mm）												用水量（L）	主要生产厂商
	A	*B*	*C*	*D*	*E*	*F*	*G*	*H*	*I*	*J*	*K*	*L*		
ATJ-2001	2500	2400	1000	500	1000	1000	479	361	560	860	680	860	—	佛山市顺德区乐华陶瓷洁具有限公司

13.3.3 经济型卫生陶瓷卫生间

经济型卫生陶瓷卫生间常用有 ATJ-1001 经济型卫生陶瓷卫生间、1682 经济型卫生陶瓷卫生间。

1. ATJ-1001 经济型卫生陶瓷卫生间性能规格及外形尺寸见图 13-42、表 13-42。

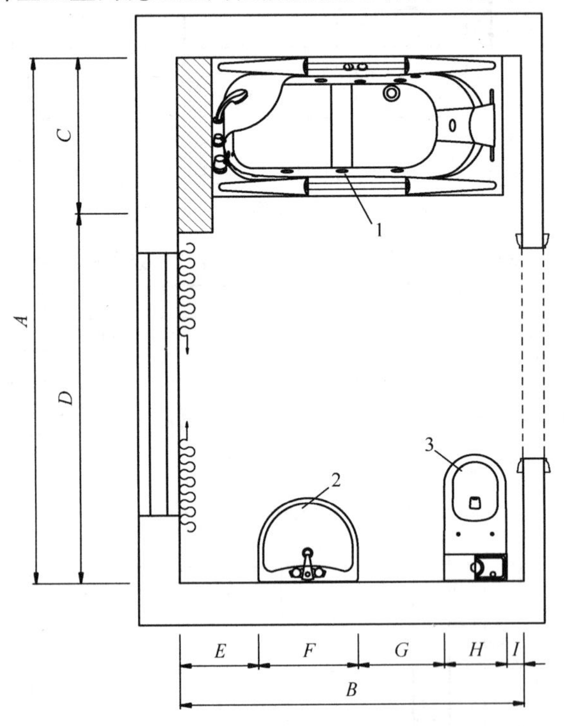

图 13-42 ATJ-1001 经济型卫生陶瓷卫生间外形尺寸

1—浴缸；2—浴室柜；3—坐便器

ATJ-1001 经济型卫生陶瓷卫生间性能规格及外形尺寸 表 13-42

型号	外形尺寸（mm）									主要生产厂商
	A	*B*	*C*	*D*	*E*	*F*	*G*	*H*	*I*	
ATJ-1001	3000	2000	750	2250	585	422	500	393	100	佛山市顺德区乐华陶瓷洁具有限公司

2. 1682 经济型卫生陶瓷卫生间性能规格及外形尺寸见图 13-43、表 13-43。

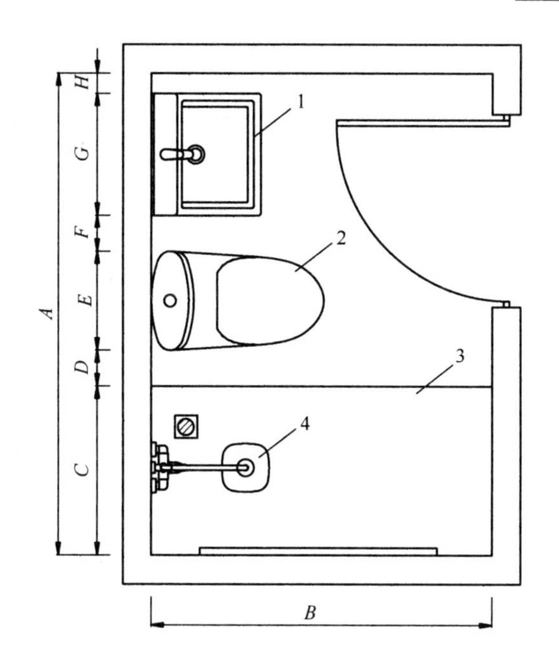

图13-43 1682 经济型卫生陶瓷卫生间外形尺寸
1—浴室柜；2—坐便器；3—屏风；4—明杆花洒

1682 经济型卫生陶瓷卫生间性能规格及外形尺寸 **表 13-43**

型 号	外形尺寸（mm）								用水量（L）	主要生产厂商
	A≥	B≥	C	D	E	F	G	H		
1682	2000	1440	700	150	410	150	505	85		佛山市法恩洁具有限公司

13.4 水 箱

13.4.1 低压水箱

9510 型低压水箱性能规格及外形尺寸见图 13-44、表 13-44。

9510 型低压水箱性能规格及外形尺寸 **表 13-44**

型 号	外形尺寸（mm）										用水量（L）	主要生产厂商
	A	A_1	A_2	B	C	$D\leqslant$	E	E_1	E_2	$E_3\leqslant$		
9510	225	360	116	118	50	330	45	874	349	625	—	九牧集团有限公司

13.4.2 隐蔽式水箱

1. 型式、特点：隐蔽式水箱用于同层排水系统中，隐蔽式水箱分有立式、壁挂式水箱。其主要特点：节水效果好，采用 3/6L 双控冲水技术，可自由选择水量大小；静音效果好，冲水面板尺寸为 160mm×160mm，是目前世界上最小的双控面板，水箱工作时无噪声；安装方便，水箱配件可徒手安装，精度高，速度快；配套使用墙排式坐便器，地面无卫生死角，便于打扫，有利健康；维护检修便捷，只要取下冲水面板，水箱内的各种配

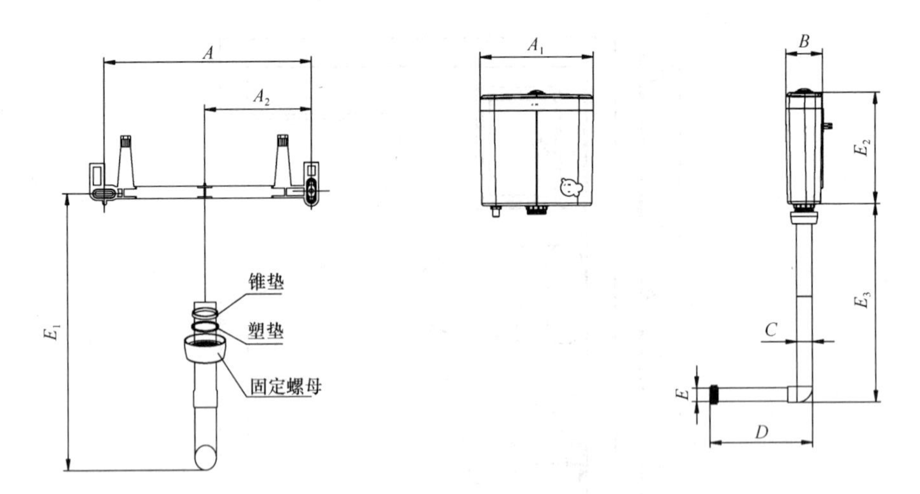

图 13-44　9510 型低压水箱外形尺寸

件可轻松更换；坚固稳定的支架，连接配件齐全，可安装在任何位置。

2. 隐蔽式水箱性能规格及外形尺寸见图 13-45、表 13-45。

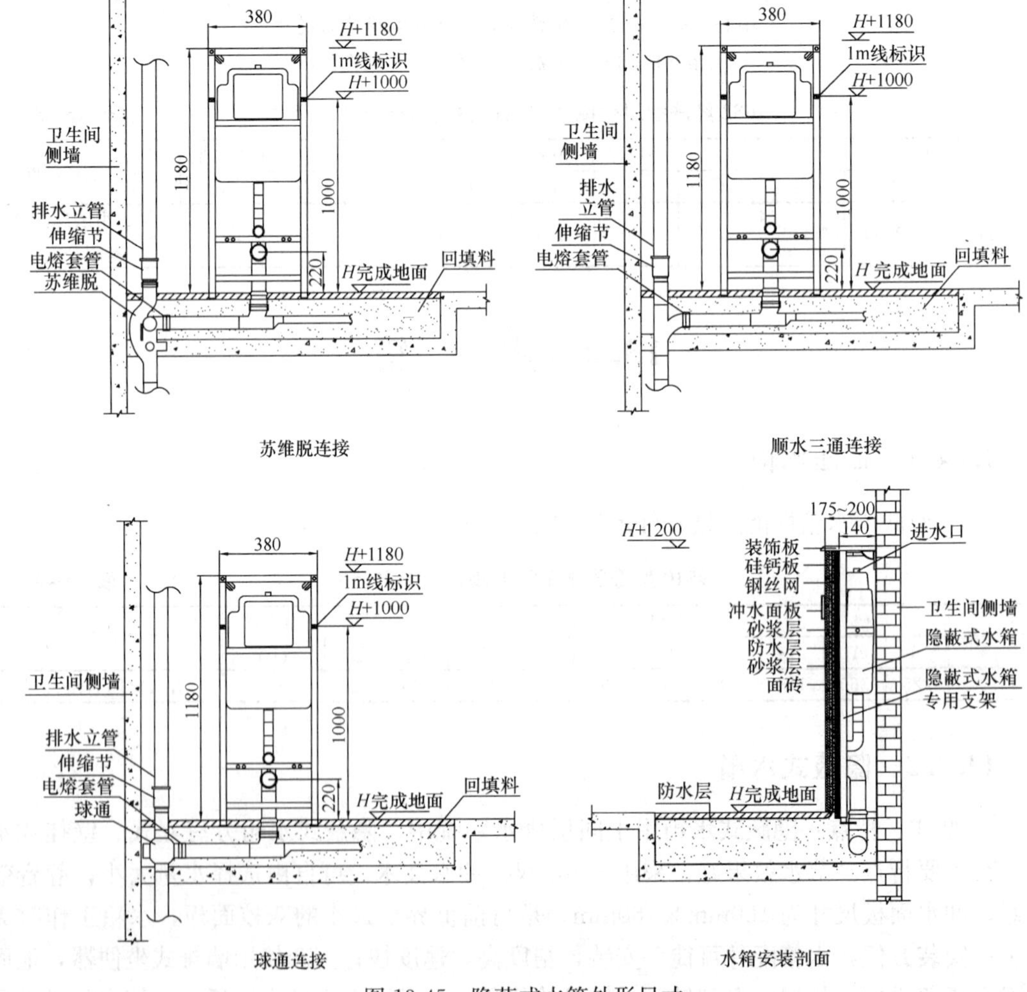

图 13-45　隐蔽式水箱外形尺寸

3. 隐蔽式水箱性能规格及外形尺寸见图 13-45、表 13-45。

隐蔽式水箱型式与连接方式　　表 13-45

<table>
<tr><th>型　　式</th><th>连接方式</th><th>主要生产厂商</th></tr>
<tr><td>立　式</td><td rowspan="2">苏维脱连接；顺水三通连接；球通连接</td><td rowspan="2">深圳市四和建筑科技有限公司</td></tr>
<tr><td>壁挂式</td></tr>
</table>

14 冷 却 塔

冷却塔常用有逆流式冷却塔、横流式冷却塔、YYMK系列节能型冷却塔、DYH系列高效节能节水环保型冷却塔、MHF系列闭式冷却塔、由水轮机驱动叶片散热的节能型冷却塔。

14.1 逆 流 式 冷 却 塔

逆流式冷却塔常用有SRC系列方形逆流式冷却塔，MD系列镀锌钢结构逆流式冷却塔，MCW系列鼓风式通风逆流冷却塔，BLSJ、BLS（Ⅱ）J、BLW系列圆形逆流式标准低噪声集水型、中温低噪声集水型、无底盘型冷却塔，B2000系列方形逆流式低噪声型、超低噪声型冷却塔。

14.1.1 SRC系列方形逆流式冷却塔

1. 性能规格及外形尺寸：SRC系列方形逆流式冷却塔性能规格及外形尺寸见表14-1。

SRC系列方形逆流式冷却塔性能规格及外形尺寸　表14-1

型　号	处理能力 (m^3/h)	功率 (kW)	外形尺寸（mm）			自质量 (kg)	运行质量 (kg)	塔体扬程 (mH_2O)	主要生产厂商
			长度	宽度	高度				
SRC-80	80	2.2	2300	2300	4500	1050	2500	4.5	斯必克（广州）冷却技术有限公司
SRC-100	100	3	2300	2300	4500	1070	2520	4.5	
SRC-125	125	4	2800	2800	4600	1450	3640	4.5	
SRC-150	150	5.5	2800	2800	4600	1470	3660	4.5	
SRC-175	175	5.5	3100	3100	4700	1750	4400	4.5	
SRC-200	200	7.5	3100	3100	4700	1830	4480	4.5	
SRC-225	225	5.5	3810	3810	4800	2200	5070	4.5	
SRC-250	250	7.5	3810	3810	4800	2250	6120	4.5	
SRC-300	300	11	3810	3810	4800	2350	6220	4.5	
SRC-350	350	15	4200	4200	5000	2900	7520	4.5	
SRC-400	400	15	4500	4500	5100	3150	8400	4.5	
SRC-450	450	15	5060	5060	5180	4600	9550	4.5	
SRC-500	500	15	5060	5060	5180	4650	9650	4.5	
SRC-600	600	18.5	6300	6300	5610	5850	11350	5.0	
SRC-700	700	18.5	6910	6910	5610	6820	13320	5.0	
SRC-800	800	22	7480	7480	6070	7900	15500	5.0	

2. 接口管径：SRC系列方形逆流式冷却塔接口管径见表14-2。

SRC系列方形逆流式冷却塔接口管径（mm） **表14-2**

型号	接口管径					
	进水口径	出水口径	满水口径	自动补水口径	快速补水口径	排污口径
SRC-80	125	125	80	25	25	40
SRC-100	125	125	80	25	25	40
SRC-125	150	150	80	25	25	40
SRC-150	150	150	80	25	25	40
SRC-175	150	150	80	25	25	40
SRC-200	200	200	80	25	25	40
SRC-225	200	200	80	25	25	40
SRC-250	200	200	80	25	25	40
SRC-300	200	200	80	25	25	40
SRC-350	250	250	100	50	50	50
SRC-400	250	250	100	50	50	50
SRC-450	250	250	100	50	50	40
SRC-500	250	250	100	50	50	40
SRC-600	250	250	100	50	50	40
SRC-700	300	300	100	50	50	40
SRC-800	300	300	100	50	50	40

3. 基础尺寸：SRC系列方形逆流式冷却塔基础尺寸见图14-1、表14-3。

SRC系列方形逆流式冷却塔基础尺寸（mm） **表14-3**

型号	基础尺寸	型号	基础尺寸
	W_1		W_1
SRC-80	1050	SRC-300	1805
SRC-100	1050	SRC-350	2000
SRC-125	1300	SRC-400	2150
SRC-150	1300	SRC-450	1670
SRC-175	1450	SRC-500	1670
SRC-200	1450	SRC-600	2083
SRC-225	1805	SRC-700	2287
SRC-250	1805	SRC-800	2477

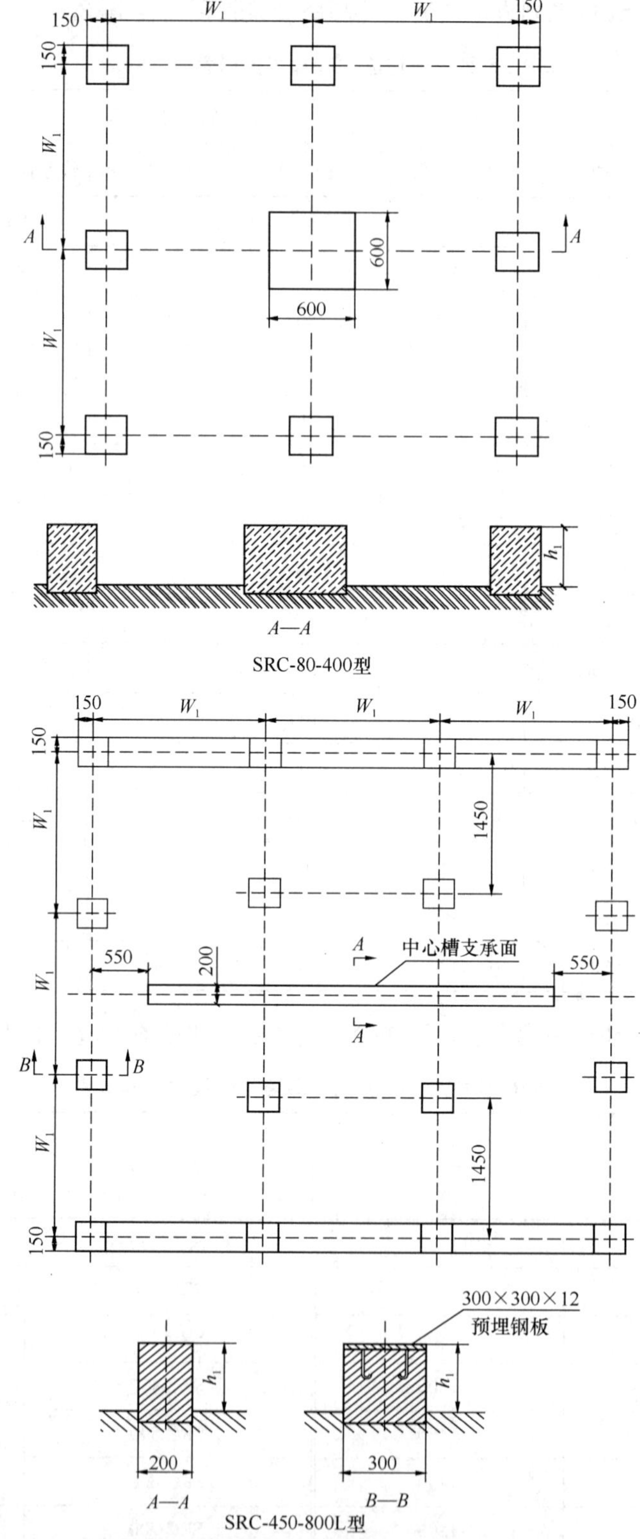

图 14-1 SRC系列方形逆流式冷却塔基础尺寸

注：冷却塔高度 h_1（$h_1 \geqslant 300$）应根据出水总管管径及其安装高度而定，防止停机时出水管的水倒流入底盆而溢出。

14.1.2　MD系列镀锌钢结构逆流式冷却塔

1. 性能规格及外形尺寸：MD系列镀锌钢结构逆流式冷却塔性能规格及外形尺寸见表14-4。

MD系列镀锌钢结构逆流式冷却塔性能规格及外形尺寸　　表14-4

型　号	处理能力 (m^3/h)	功率 (kW)	外形尺寸（mm）			自质量 (kg)	运行质量 (kg)	塔体扬程 (mH_2O)	主要生产厂家
			长度	宽度	高度				
MD5008-C	165～216	5.5～15	2731	2578	3294	1702	3051	2.82	斯必克（广州）冷却技术有限公司
MD5008-D	180～238	5.5～15	2731	2578	3559	1828	3176	2.50	
MD5008-F	189～257	5.5～15	2731	2578	3904	1953	3302	2.80	
MD5010-C	248～289	11～18.5	3651	2578	3412	2079	3883	2.30	
MD5010-D	279～329	11～18.5	3651	2578	3717	2242	4046	2.61	
MD5010-F	293～362	11～18.5	3651	2578	4021	2430	4234	2.91	
MD5016-C	317～394	11～22	3651	3607	4239	3225	5805	2.53	
MD5016-D	350～471	11～30	3651	3607	4544	3508	6089	2.83	
MD5016-F	368～493	11～30	3651	3607	4848	3739	6320	3.14	

2. 接管尺寸：MD系列镀锌钢结构逆流式冷却塔接管尺寸见图14-2、表14-5。

MD系列镀锌钢结构逆流式冷却塔接管尺寸（mm）　　表14-5

型　号	接管尺寸				
	出水口直径	*A*	*B*	*C*	*D*
MD5008	150	—	493	588	305
	200	191	493	588	305
	250	—	493	588	305
MD5010	150	—	477	588	305
	200	191	477	588	305
	250	—	477	639	331
MD5016	150	191	477	639	331
	200	262	477	639	331
	250	—	477	639	331

3. 基础尺寸：MD系列镀锌钢结构逆流式冷却塔基础尺寸见图14-3、表14-6。

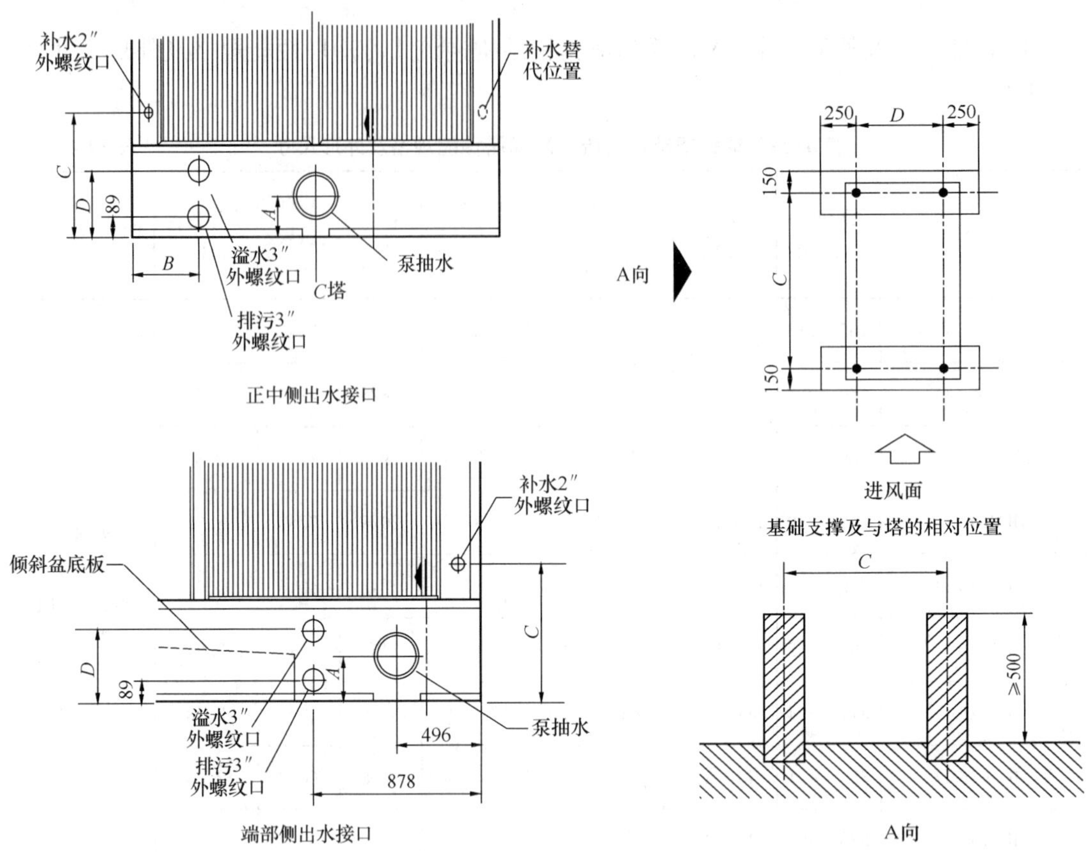

图14-2 MD系列镀锌钢结构逆流式冷却塔接管尺寸

图14-3 MD系列镀锌钢结构逆流式冷却塔基础尺寸

MD系列镀锌钢结构逆流式冷却塔基础尺寸（mm） 表14-6

型号	基础尺寸		型号	基础尺寸	
	C	D		C	D
MD5008-C	2537	2629	MD5010-C	2537	3550
MD5008-D	2537	2629	MD5016-C	3566	3397
MD5008-F	2537	2629	MD5016-C	3566	3397
MD5010-C	2537	3550	MD5016-D	3566	3397
MD5010-C	2537	3550	MD5016-F	3566	3397

14.1.3 MCW系列鼓风式通风逆流式冷却塔

1. 性能规格及外形尺寸：MCW系列鼓风式通风逆流式冷却塔性能规格及外形尺寸见表14-7。

MCW 系列鼓风式通风逆流式冷却塔性能规格及外形尺寸　　表 14-7

型　号	处理能力 (m^3/h)	功率 (kW)	外形尺寸（mm）			自质量 (kg)	运行质量 (kg)	主要生产厂商
			长度	宽度	高度			
901116B-1	18	1.1	912	1250	2555	580	7333	斯必克冷却（广州）技术有限公司
901116C-1	20	1.5	912	1250	2555	580	7333	
901116D-1	23	2.2	912	1250	2555	580	7333	
901117D-1	26	2.2	912	1250	2555	580	7333	
901117F-1	31	3.7	912	1250	2555	580	7333	
901126F-1	45	3.7	1824	1250	2555	836	1156	
901126H-1	50	5.5	1824	1250	2555	836	1156	
901127H-1	57	5.5	1824	1250	2555	836	1156	
901127J-1	62	7.5	1824	1250	2555	836	1156	
901136H-1	66	5.5	2736	1250	2555	1092	1588	
901136J-1	75	7.5	2736	1250	2555	1092	1588	
9011137H-1	75	5.5	2736	1250	2855	1092	1588	
9011137J-1	85	7.5	2736	1250	2855	1092	1588	
9011137K-1	93	11	2736	1250	2855	1092	1588	
901146K-1	102	5.5×2	3648	1250	2555	1351	2006	
9011147K-1	117	5.5×2	3648	1250	2855	1351	2006	
9011147L-1	125	7.5×2	3648	1250	2855	1351	2006	
901156K-1	134	5.5×2	5742	1250	2555	1866	2586	
901156L-1	150	7.5×2	5742	1250	2555	1866	2586	
901157L-1	170	7.5×2	5742	1250	2855	1866	2586	
901157N-1	187	11×2	5742	1250	2855	1866	2586	
901546M-1	214	18.5	3550	2400	4070	2588	4460	
901546N-1	225	22	3550	2400	4070	2588	4460	
901547M-1	239	18.5	3550	2400	4500	2588	4460	
901547N-1	253	22	3550	2400	4500	2588	4460	
901548N-1	270	22	3550	2400	4500	2588	4460	
901548P-1	298	30	3550	2400	4500	2588	4460	
901549P-1	309	30	3550	2400	4810	2588	4460	
901556N-1	286	22	5380	2400	3895	3347	6206	
901556P-1	315	30	5380	2400	4070	3347	6206	
901556Q	336	37	5380	2400	4070	3347	6206	
901557Q-1	379	37	5380	2400	4500	3347	6206	
901557R-1	400	44	5380	2400	4500	3347	6206	
901558R-1	429	44	5380	2400	4500	3347	6206	
901731K-1	142	11	2680	2980	4340	2360	5175	

续表

型　号	处理能力（m^3/h）	功率（kW）	外形尺寸（mm）			自质量（kg）	运行质量（kg）	主要生产厂商
			长度	宽度	高度			
901732L-1	179	15	2680	2980	4700	2360	5175	斯必克冷却（广州）技术有限公司
901732M-1	191	18.5	2680	2980	4700	2360	5175	
901736L-1	178	15	2680	2980	4340	2360	5175	
901736M-1	190	18.5	2680	2980	4340	2360	5175	
901737N-1	218	22	2680	2980	4700	2360	5175	
901738N-1	234	22	2680	2980	4940	2360	5175	
901746N-1	261	22	3680	2980	4340	3290	7050	
901747N-1	285	22	3680	2980	4700	3290	7050	
901747P-1	314	30	3680	2980	4700	3290	7050	
901748P-1	337	30	3680	2980	4940	3290	7050	
901748Q-1	357	37.5	3680	2980	4940	3290	7050	
901756Q-1	381	18.5×2	5360	2980	4340	4970	10590	
901757Q-1	417	18.5×2	5360	2980	4700	4970	10590	
901757R-1	437	18.5×2	5360	2980	4700	4970	10590	
901758R-1	469	18.5×2	5360	2980	4940	4970	10590	
901946N-1	251	22	3550	3600	4030	3443	7251	
901946P-1	275	30	3550	3600	4030	3443	7251	
901947N-1	280	22	3550	3600	4260	3443	7251	
901947P-1	309	30	3550	3600	4260	3443	7251	
901948N-1	307	22	3550	3600	4560	3443	7251	
901948P-1	340	30	3550	3600	4560	3443	7251	
901949P-1	358	30	3550	3600	4990	3443	7251	
901949Q-1	389	37	3550	3600	4990	3443	7251	
901949R-1	416	45	3550	3600	4990	3443	7251	
901956Q-1	375	37	5380	3600	4055	4741	10557	
901956R-1	401	44	5380	3600	4055	4741	10557	
901957Q-1	411	37	5380	3600	4285	4741	10557	
901957R-1	434	44	5380	3600	4285	4741	10557	
901958Q-1	463	37	5380	3600	4585	4741	10557	
901958R-1	491	44	5380	3600	4585	4741	10557	
901959R-1	513	44	5380	3600	5015	4741	10557	
901959S-1	567	60	5380	3600	5015	4741	10557	
901959T-1	600	74	5380	3600	5015	4741	10557	

2. 接管尺寸：MCW 系列鼓风式通风逆流式冷却塔接管尺寸见图 14-4～图 14-8。

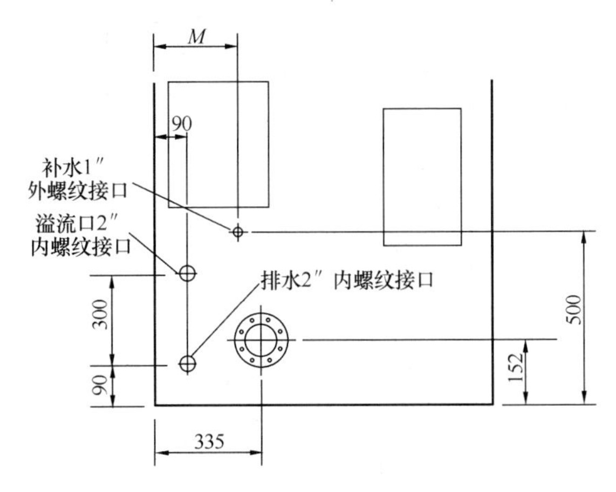

图 14-4 MCW901116B-901117F、901126F-901127J、901136H-901137K 系列鼓风式通风逆流式冷却塔管道接口尺寸

注：MCW901116B-901117F、901126F-901127J 系列，*M* 值为 240。MCW 901136H-901137K 系列，*M* 值为 600。

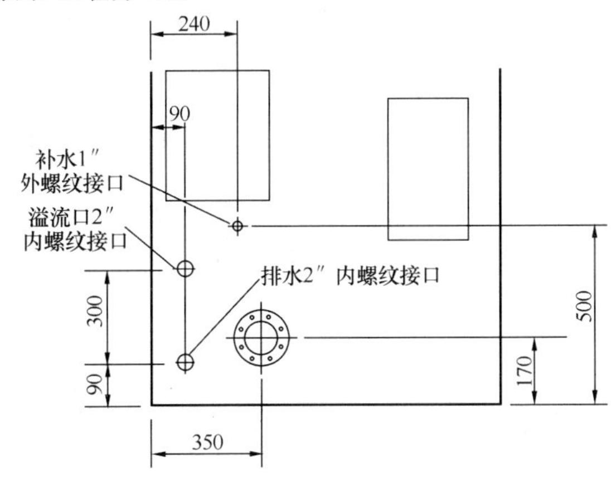

图 14-5 MCW901146K-901147L、901156K-901157N 系列鼓风式通风逆流式冷却塔管道接口尺寸

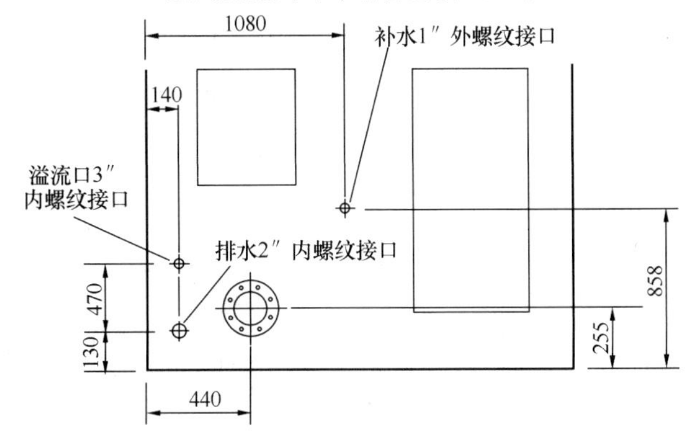

图 14-6 MCW901546M-901549P、901556N-901558R 系列鼓风式通风逆流式冷却塔管道接口尺寸

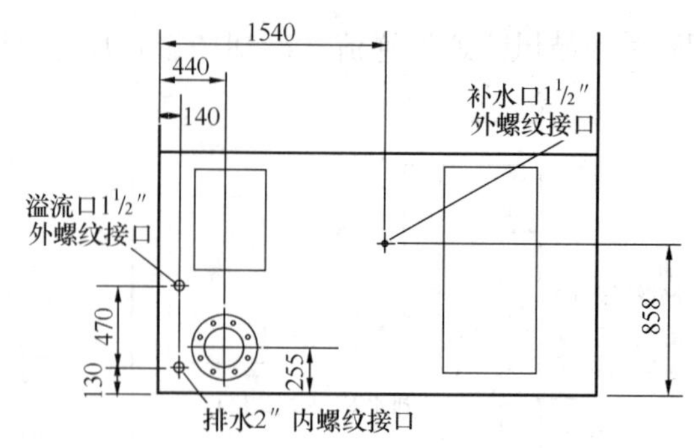

图 14-7 MCW901731L-901738N、901746N-901748Q、901756Q-901758R 系列鼓风式通风逆流式冷却塔管道接口尺寸

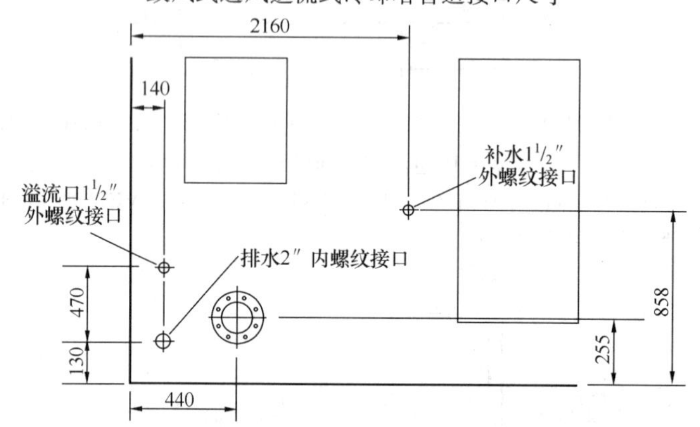

图 14-8 MCW901946N-901949R、901956Q-901959T 系列鼓风式通风逆流式冷却塔管道接口尺寸

3. 基础尺寸：MCW 系列鼓风式通风逆流式冷却塔基础尺寸见图 14-9、表 14-8。

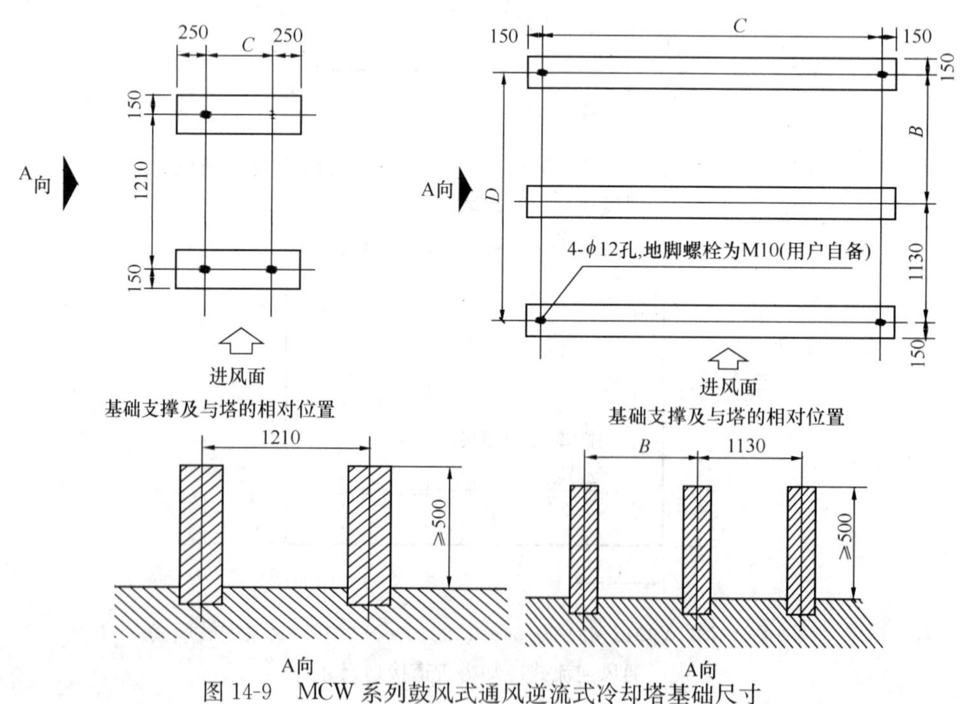

图 14-9 MCW 系列鼓风式通风逆流式冷却塔基础尺寸

MCW 系列鼓风式通风逆流式冷却塔基础尺寸（mm） 表 14-8

型号	基础尺寸			型号	基础尺寸		
	B	C	D		B	C	D
90111	—	608	—	90155	1220	5340	2350
90112	—	1520	—	90173	1800	2680	2930
90113	—	2432	—	90174	1800	3680	2960
90114	—	3344	—	90175	1800	5360	2860
90115	—	5168	—	90194	2420	510	350
90154	230	3510	2360	90195	2420	5320	3550

14.1.4 BL 系列圆形逆流式、中温低噪声集水型和无底盘型冷却塔

1. 性能规格及外形尺寸：BL 系列圆形逆流式、中温低噪声集水型和无底盘型冷却塔性能规格及外形尺寸见表 14-9。

BL 系列圆形逆流式、中温低噪声集水型和无底盘型冷却塔性能规格及外形尺寸 表 14-9

型号	处理能力 (m^3/h)	功率 (kW)	外形尺寸（mm）			自质量 (kg)	运行质量 (kg)	塔体扬程 (mH_2O)	主要生产厂商
			长度	宽度	高度				
BLSJ-5	5	0.37	800	800	1300	65	125	20	浙江联丰股份有限公司
BLSJ-8	8	0.37	800	800	1300	110	200	20	
BLSJ-15	15	0.75	1200	1200	1780	165	345	25	
BLSJ-30	30	1.1	1500	1500	2230	370	710	27	
BLSJ-50	50	1.5	2200	2200	2510	590	990	27	
BLS（Ⅱ）J-50	50	2.2	2200	2200	2910	720	1120	32	
BLSJ-75	75	3	2600	2600	3810	790	1410	28	
BLS（Ⅱ）J-75	75	3	2600	2600	4310	930	1550	33	
BLSJ-100	100	3	3000	3000	3748	1190	2030	29	
BLS（Ⅱ）J-100	100	4	3000	3000	4248	1440	2280	34	
BLSJ-150	150	4	3600	3600	3934	1490	2740	34	
BLS（Ⅱ）J-150	150	5.5	3600	3600	4434	1850	3100	39	
BLSJ-200	200	5.5	4200	4200	4485	2490	4160	35	
BLS（Ⅱ）J-200	200	7.5	4200	4200	4985	2760	4430	40	
BLW-200	200	5.5	4200	4200	3390	2200	2910	30	
BLSJ-250	250	7.5	4200	4200	4985	2760	4430	39	
BLS（Ⅱ）J-250	250	7.5	5200	5200	4705	3490	5990	41	
BLW-250	250	7.5	4200	4200	3890	2500	3330	34	

续表

型　　号	处理能力 (m^3/h)	功率 (kW)	外形尺寸（mm）			自质量 (kg)	运行质量 (kg)	塔体扬程 (mH_2O)	主要生产厂商
			长度	宽度	高度				
BLSJ-300	300	7.5	5200	5200	4705	3490	5990	39	浙江联丰股份有限公司
BLS（Ⅱ）J-300	300	11	5200	5200	5205	3870	6370	44	
BLW-300	300	7.5	5200	5200	3810	3180	4430	35	
BLSJ-350	350	11	5200	5200	5205	3870	6370	43	
BLS（Ⅱ）J-350	350	11	6000	6000	5050	4990	8320	45	
BLW-350	350	11	5200	5200	4310	3550	4800	39	
BLSJ-400	400	11	6000	6000	5050	4990	8320	43	
BLS（Ⅱ）J-400	400	15	6000	6000	5550	5580	8910	48	
BLW-400	400	11	6000	6000	3890	4520	6190	40	
BLSJ-500	500	15	6800	6800	5710	5990	10150	47	
BLS（Ⅱ）J-500	500	18.5	6800	6800	6210	6590	10750	52	
BLW-500	500	15	6800	6800	4280	5100	6770	41	
BLSJ-600	600	22	7500	7500	6550	6990	12490	50	
BLS（Ⅱ）J-600	600	30	7500	7500	7050	7600	13100	55	
BLW-600	600	22	7500	7500	4940	6060	8140	44	
BLSJ-750	750	22	8500	8500	8080	9350	25100	70	
BLS（Ⅱ）J-750	750	30	8500	8500	8580	9650	15600	75	
BLW-750	750	30	8500	8500	8050	7000	9500	47	
BLSJ-1000	1000	30	9600	9600	10950	12750	28800	72	
BLW-1000	1000	30	9600	9600	8170	11600	14700	47	

2. 接口管径：BL系列圆形逆流式、中温低噪声集水型和无底盘型冷却塔接口管径见表14-10。

BL系列圆形逆流式、中温低噪声集水型和无底盘型冷却塔接口管径（mm）　　表14-10

型　　号	接　口　管　径					
	进水口径	出水口径	满水口径	自动补水口径	快速补水口径	排污口径
BLSJ-5、BLSJ-8	40	50	15	15	15	15
BLSJ-15	65	80	20	15	15	20
BLSJ-30	65	100	25	15	15	25
BLSJ-50	100	125	32	25	25	32
BLS（Ⅱ）J-50	100	125	32	25	25	32

续表

型号	接口管径					
	进水口径	出水口径	满水口径	自动补水口径	快速补水口径	排污口径
BLSJ-75	100	150	50	25	25	50
BLS（Ⅱ）J-75	100	150	50	25	25	50
BLSJ-100 BLS（Ⅱ）J-100	125	200	50	25	25	50
BLSJ-150 BLS（Ⅱ）J-150	150	200	50	25	25	50
BLSJ-200 BLS（Ⅱ）J-200	200	250	70	25	25	70
BLW-200	200	—	—	—	—	—
BLSJ-250	200	250	70	25	25	70
BLS（Ⅱ）J-250	250	300	80	32	32	70
BLW-250	200	—	—	—	—	—
BLSJ-300 BLS（Ⅱ）J-300	250	300	80	32	32	70
BLW-300	250	—	—	—	—	—
BLSJ-350 BLS（Ⅱ）J-350	250	300	80	32	32	70
BLW-350	250	—	—	—	—	—
BLSJ-400	250	300	80	32	32	70
BLS（Ⅱ）J-400	250	300	80	32	32	70
BLW-400	250	—	—	—	—	—
BLSJ-500 BLS（Ⅱ）J-500	300	400	80	32	32	70
BLW-500	300	—	—	—	—	—
BLSJ-600 BLS（Ⅱ）J-600	350	400	80	32	32	70
BLW-600	350	—	—	—	—	—
BLSJ-750 BLS（Ⅱ）J-750	400	600	80	32	32	80
BLW-750	400	—	—	—	—	—
BLSJ-1000 BLS（Ⅱ）J-1000	400	600	80	32	32	80
BLW-1000	400	—	—	—	—	—

3. 基础尺寸：BL系列圆形逆流式、中温低噪声集水型和无底盘型冷却塔基础尺寸见图14-10、表14-11。

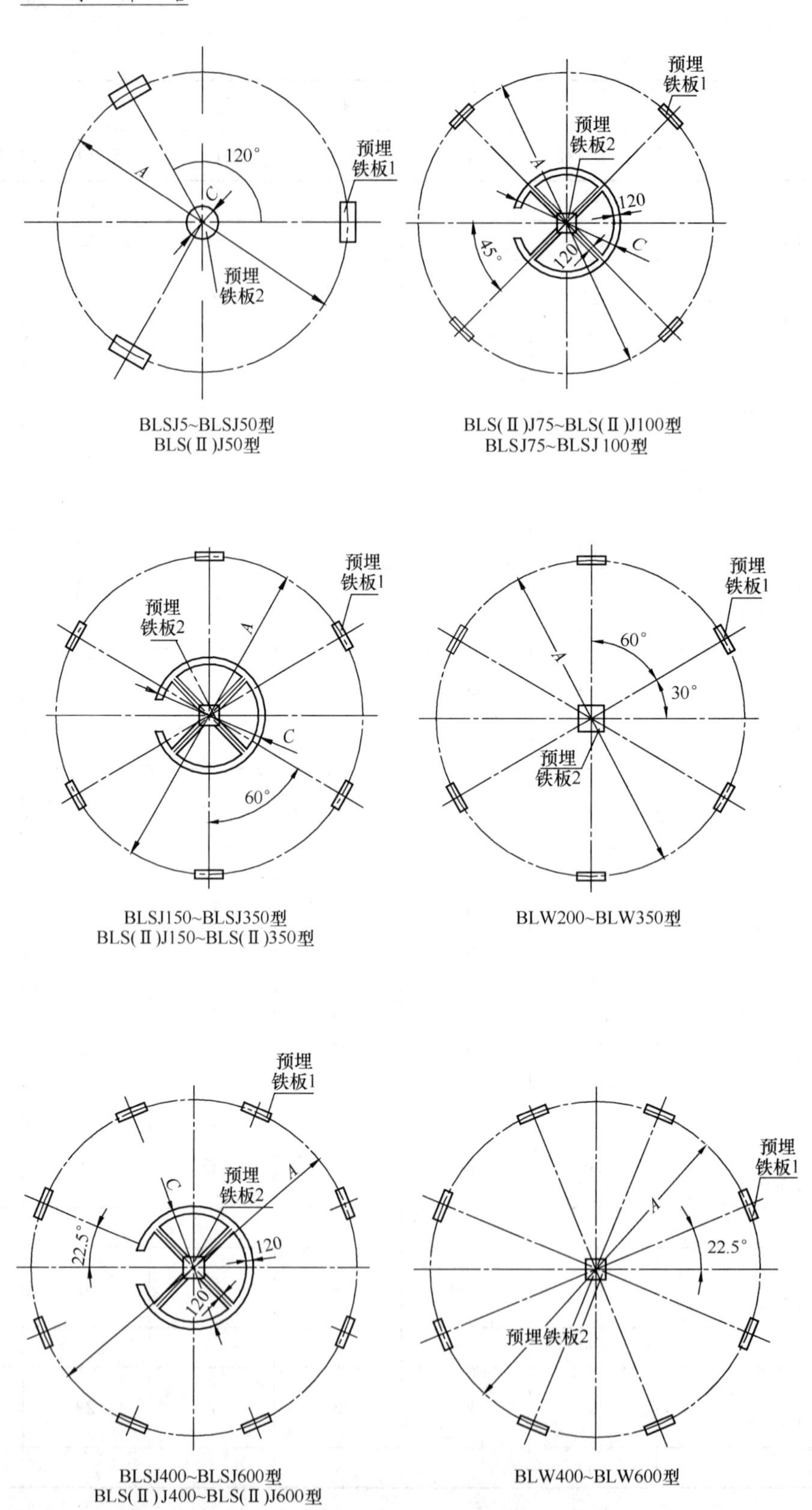

图 14-10 BL 系列圆形逆流式、中温低噪声集水型和无底盘型冷却塔基础尺寸（一）

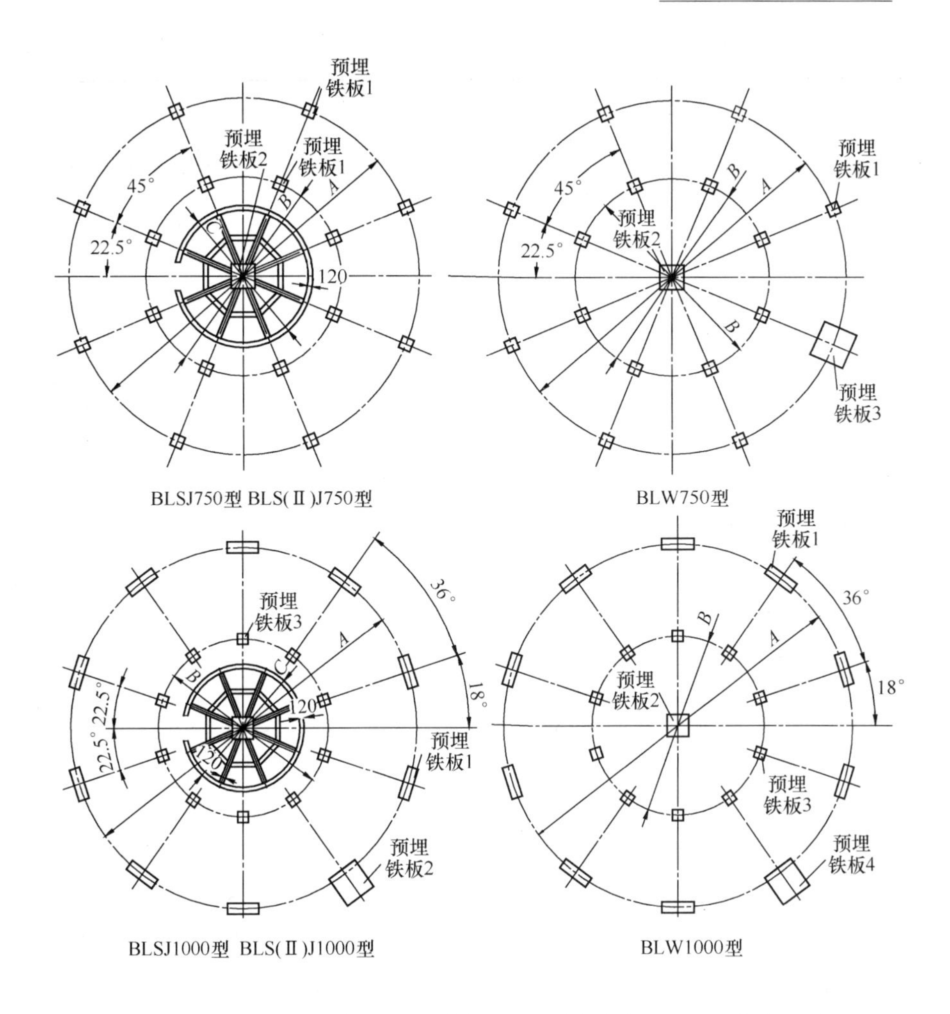

图 14-10 BL 系列圆形逆流式、中温低噪声集水型和无底盘型冷却塔基础尺寸（二）

BL 系列圆形逆流式、中温低噪声集水型和无底盘型冷却塔基础尺寸（mm） **表 14-11**

型号	基础尺寸		
	A	*B*	*C*
BLSJ-5	760	—	220
BLSJ-8	760	—	—
BLSJ-15	1180	—	—
BLSJ-30	1465	—	—
BLSJ-50 BLS（Ⅱ）J-50	2240	—	250
BLSJ-75 BLS（Ⅱ）J-75	2890	—	1000
BLSJ-100 BLS（Ⅱ）J-100	3190	—	1200

续表

型 号	基础尺寸		
	A	B	C
BLSJ-150 BLS（Ⅱ）J-150	3780	—	1500
BLSJ-200 BLS（Ⅱ）J-200	4460	—	1800
BLW-200	4460	—	—
BLSJ-250	4460	—	1800
BLS（Ⅱ）J-250	5450	—	2000
BLW-250	4460	—	—
BLSJ-300 BLS（Ⅱ）J-300	5450	—	2000
BLW-300	5450	—	—
BLSJ-350	5450	—	2000
BLS（Ⅱ）J-350	6260	—	2000
BLW-350	5450	—	—
BLSJ-400 BLS（Ⅱ）J-400	6260	—	2000
BLW-400	6260	—	—
BLSJ-500 BLS（Ⅱ）J-500	7040	—	2260
BLW-500	7040	—	—
BLSJ-600 BLS（Ⅱ）J-600	7770	—	3000
BLW-600	7770	—	—
BLSJ-750 BLS（Ⅱ）J-750	8928	4900	3500
BLW-750	8770	4900	—
BLSJ-1000 BLS（Ⅱ）J-1000	9890	4880	3500
BLW-1000	9890	4880	—

14.1.5 B2000系列方形逆流式低（或超低）噪声型冷却塔

1. 性能规格及外形尺寸：B2000系列方形逆流式低（或超低）噪声型冷却塔性能规格及外形尺寸见表14-12。

B2000 系列方形逆流式低（或超低）噪声型冷却塔性能规及外形尺寸　　表 14-12

型　号	处理能力 (m^3/h)	功率 (kW)	外形尺寸 (mm)			自质量 (kg)	运行质量 (kg)	塔体扬程 (mH_2O)	主要生产厂商
			长度	宽度	高度				
B2080S	80	2.2	2200	2200	3535	740	1400	10	浙江联丰股份有限公司
B2080SS						800	1550	10	
B2100S	100	3.0	2450	2450	3625	1020	1810	10	
B2100SS						1100	1950	10	
B2125S	125	4.0	2750	2750	3715	1270	2230	10	
B2125SS						1370	2400	10	
B2150S	150	4.0	3000	3000	3860	1530	2700	11	
B2150SS						1650	2900	11	
B2175S	175	5.5	3250	3250	4000	1840	3200	11	
B2175SS						1980	3440	11	
B2200S	200	5.5	3450	3450	4150	2040	3670	12	
B2200SS						2200	3950	12	
B2225S	225	7.5	3650	3650	4200	2400	4140	12	
B2225SS						2590	4460	12	
B2250S	250	4.0×2	2750	5500	3715	2540	4460	10	
B2250SS						2740	4800	10	
B2300S	300	4.0×2	3000	6000	3860	3060	5390	11	
B2300SS						3300	5800	11	
B2350S	350	5.5×2	3250	6500	4000	3570	6400	11	
B2350SS						3840	6880	11	
B2400S	400	5.5×2	3450	6900	4150	4090	7340	12	
B2400SS						4400	7900	12	
B2450S	450	7.5×2	3650	7300	4200	4810	8290	12	
B2450SS						5180	8920	12	
B2500S	500	5.5×3	3250	9750	4000	5350	9200	11	
B2500SS						5760	9900	11	
B2550S	550	5.5×3	3250	9750	4100	5490	9760	11	
B2550SS						5910	10500	11	
B2600S	600	5.5×3	3450	10350	4150	6130	11020	12	
B2600SS						6600	11850	12	
B2650S	650	7.5×3	3650	10950	4200	7220	12180	12	
B2650SS						7770	13100	12	
B2700S	700	5.5×4	3250	13000	4000	7360	12790	11	
B2700SS						7920	13760	11	

续表

型号	处理能力 (m^3/h)	功率 (kW)	外形尺寸 (mm)			自质量 (kg)	运行质量 (kg)	塔体扬程 (mH_2O)	主要生产厂商
			长度	宽度	高度				
B2800S	800	5.5×4	3450	13800	4150	8180	14760	12	浙江联丰股份有限公司
B2800SS	800	5.5×4	3450	13800	4150	8800	15880	12	
B2900S	900	7.5×4	3650	14600	4200	9630	16590	12	
B2900SS						10360	17840	12	
B21000S	1000	5.5×5	3450	17250	4150	10230	18360	12	
B21000SS						11000	19750	12	
B21100S	1100	7.5×5	3650	18250	4200	11430	19800	12	
B21100SS						12300	21300	12	
B21250S	1250	7.5×5	3850	19250	4300	11990	20730	12	
B21250SS						12900	22300	12	
B21500S	1500	7.5×5	4250	21250	4400	12930	24610	12	
B21500SS						13910	26470	12	

2. 接口管径：B2000 系列方形逆流式低（或超低）噪声型冷却塔接口管径见表 14-13。

B2000 系列方形逆流式低（或超低）噪声型冷却塔接口管径（mm） **表 14-13**

型号	接口管径					
	进水口径	出水口径	满水口径	自动补水口径	快速补水口径	排污口径
B2080S、B2080SS、B2100S、B2100SS、B2125S、B2125SS、B2150S、B2150SS、B2175S、B2175SS	150	200	65	25	25	65
B2200S、B2200SS、B2225S、B2225SS	200	250	65	25	25	65
B2250S、B2250SS、B2300S、B2300SS、B2350S、B2350SS	150×2	200×2	65×2	25×2	25×2	65×2
B2400S、B2400SS、B2450S、B2450SS	200×2	250×2	65×2	25×2	25×2	65×2
B2500S、B2500SS、B2550S、B2550SS	150×3	200×3	65×3	25×3	25×3	65×3
B2600S、B2600SS、B2650S、B2650SS	200×3	250×3	65×3	25×3	25×3	65×3
B2700S、B2700SS	150×4	200×4	65×4	25×4	25×4	65×4
B2800S、B2800SS、B2900S、B2900SS	200×4	250×4	65×4	25×4	25×4	65×4
B21000S、B21000SS、B21100S、B21100SS、B21250S、B21250SS、B21500S、B21500SS	200×5	250×5	65×5	25×5	25×5	65×5

3. 基础尺寸：B2000 系列方形逆流式低（或超低）噪声型冷却塔基础尺寸见图 14-11、表 14-14。

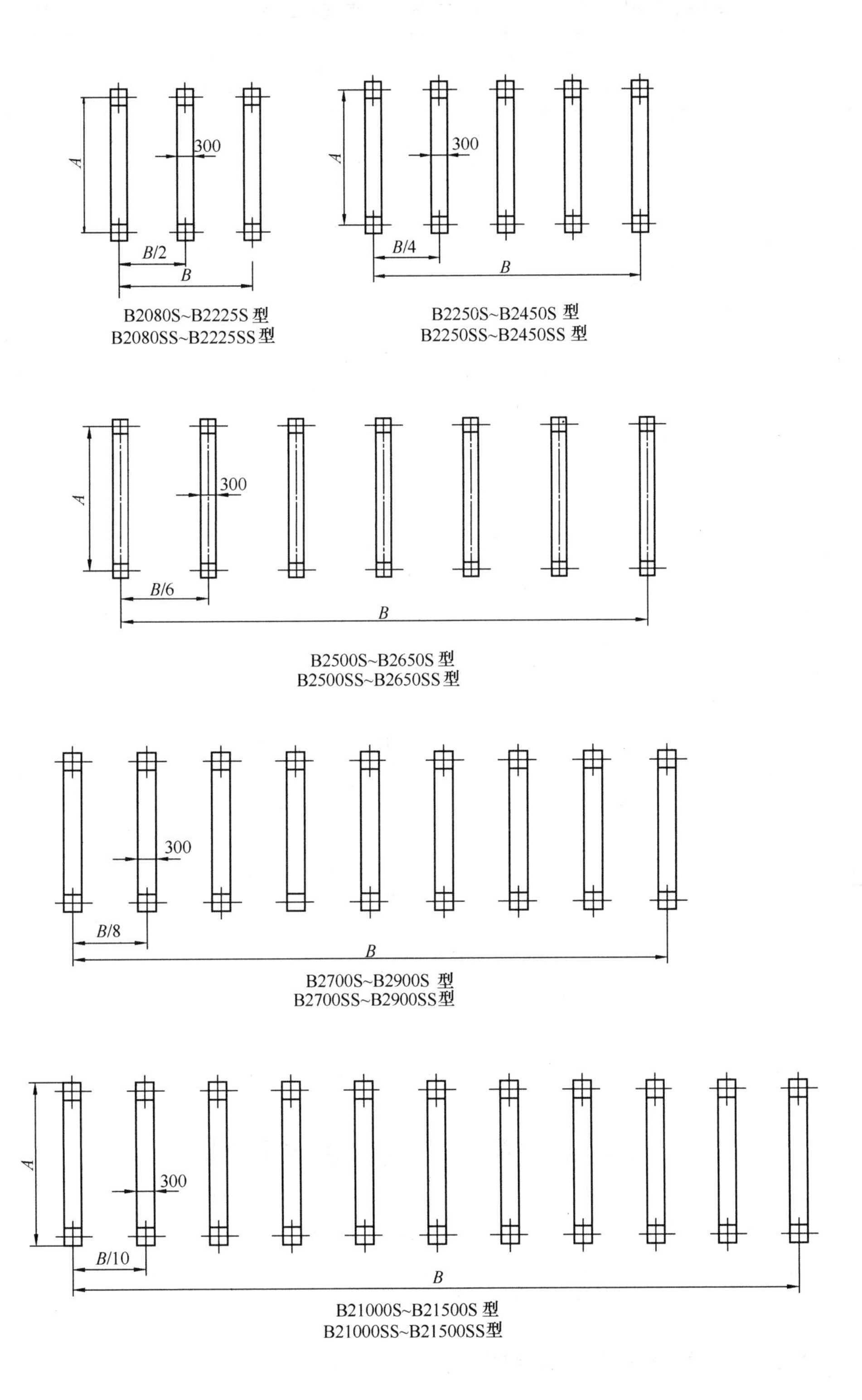

图 14-11 B2000 系列方形逆流式低（或超低）噪声型冷却塔基础尺寸

B2000 系列方形逆流式低（或超低）噪声型冷却塔基础尺寸（mm） 表 14-14

型 号	基础尺寸		型 号	基础尺寸	
	A	B		A	B
B2080S B2080SS	2200	2200	B2500S B2500SS B2550S B2550SS	3250	9750
B2100S B2100SS	2450	2450	B2600S B2600SS	3450	10350
B2125S B2125SS	2750	2750	B2650 B2650SS	3650	10950
B2150S B2150SS	3000	3000	B2700S B2700SS	3250	13000
B2175S B2175SS	3250	3250	B2800S B2800SS	3450	13800
B2200S B2200SS	3450	3450	B2900S B2900SS	3650	14600
B2225S B2225SS	3650	3650	B21000S B21000SS	3450	17250
B2250S B2250SS	2750	5500	B21100S B21100SS	3650	18250
B2300S B2300SS	3000	6000	B21250S B21250SS	3850	19250
B2350S B2350SS	3250	6500	B21500S B21500SS	4250	21250
B2400S B2400SS	3450	6900	B2600S B2600SS	3450	10350
B2450S B2450SS	3650	7300	—	—	—

14.2 横流式冷却塔

横流式冷却塔常用有 AV 系列方形玻璃钢横流式冷却塔，NC 系列玻璃钢横流式冷却塔，JNC 系列横流闭式冷却塔，$DBHZ_2$ 系列节能型玻璃钢矩形横流式冷却塔，C2000 系列方形横流式低噪声型、超低噪声型冷却塔。

14.2.1 AV 系列方形玻璃钢横流式冷却塔

1. 性能规格及外形尺寸：AV 系列方形横流式冷却塔性能规格及外形尺寸见表 14-15。

AV 系列方形横流式冷却塔性能规格及外形尺寸 表 14-15

型号	处理能力 (m^3/h)	功率 (kW)	外形尺寸 (mm)			自质量 (kg)	运行质量 (kg)	塔体扬程 (mH_2O)	主要生产厂商
			长度	宽度	高度				
AV-125	125	4	2440	3080	4530	1200	2650	4.6	斯必克(广州)冷却技术有限公司
AV-150	150	5.5	3180	3080	4530	1440	3340	4.6	
AV-175	175	5.5	3180	3410	4730	1670	3770	4.8	
AV-200	200	7.5	3180	3410	4730	1720	3820	4.8	
AV-225	225	7.5	3180	3680	4730	1770	3950	4.8	
AV-250	250	7.5	3980	3680	4730	1890	4390	4.8	
AV-300	300	11	4480	4240	5270	2340	5940	5.2	
AV-350	350	15	4480	4240	5270	2390	5990	5.2	
AV-400	400	11	4840	4660	5410	2860	6860	5.2	
AV-450	450	15	4840	4660	5410	2930	6930	5.2	

2. 接口管径：AV 系列方形横流式冷却塔接口管径见表 14-16。

AV 系列方形横流式冷却塔接口管径（mm） 表 14-16

型号	接口管径					
	进水口径	出水口径	满水口径	自动补水口径	快速补水口径	排污口径
AV-125	100×2	150	80	25	25	40
AV-150	100×2	150	80	25	25	40
AV-175	125×2	150	80	25	25	40
AV-200	125×2	200	80	25	25	40
AV-225	125×2	200	80	25	25	40
AV-250	125×2	200	80	25	25	40
AV-300	150×2	200	80	50	50	40
AV-350	150×2	250	80	50	50	40
AV-400	200×2	250	80	50	50	40
AV-450	200×2	250	80	50	50	40

3. 基础尺寸：AV 系列方形横流式冷却塔基础尺寸见图 14-12、图 14-13、表 14-17。

AV 系列方形横流式冷却塔基础尺寸（mm） 表 14-17

型号	基础尺寸		型号	基础尺寸	
	W_1	L_1		W_1	L_1
AV-125	1020	1200	AV-250	1320	1970
AV-150	1020	1570	AV-300	1600	2220
AV-175	1185	1570	AV-350	1600	2220
AV-200	1185	1570	AV-400	1810	1600
AV-225	1320	1570	AV-450	1810	1600

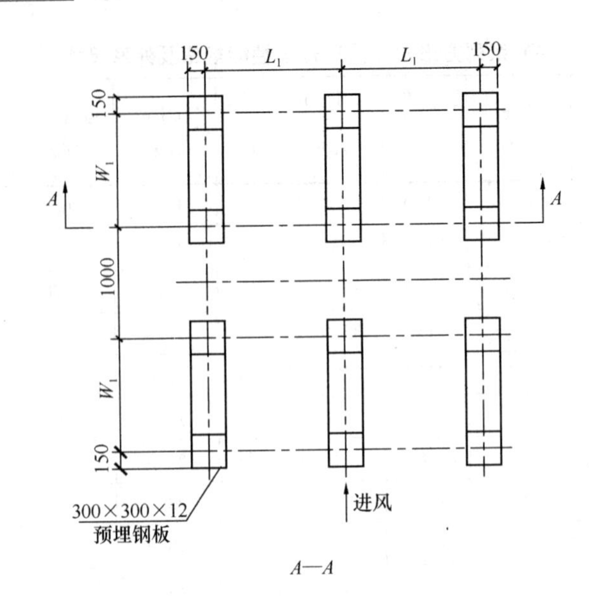

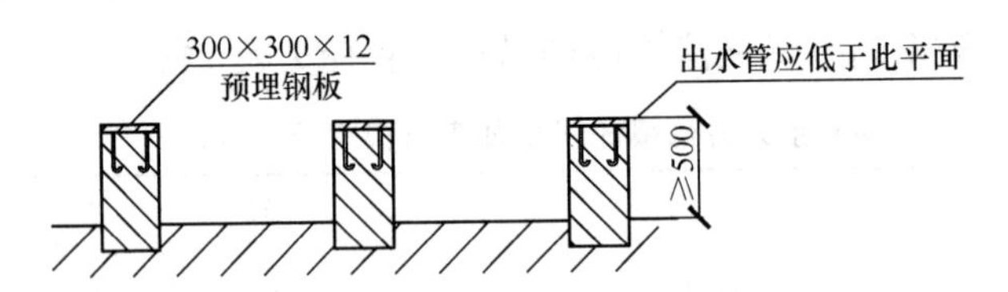

图 14-12　AV-125～AV-350 系列方形横流式冷却塔基础尺寸

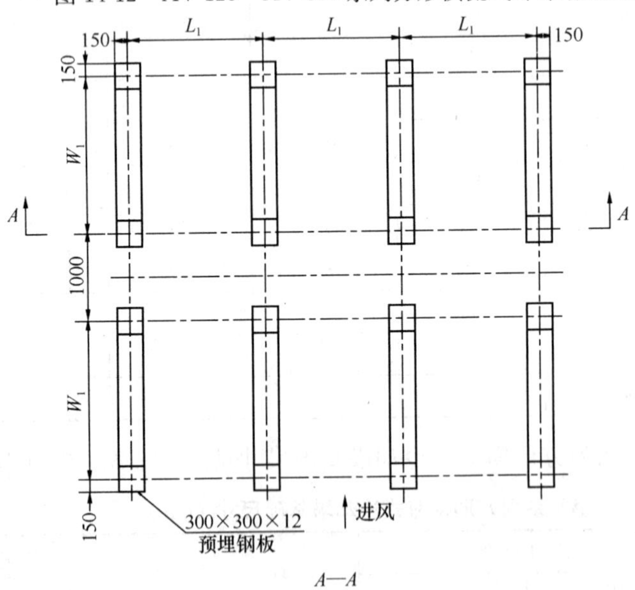

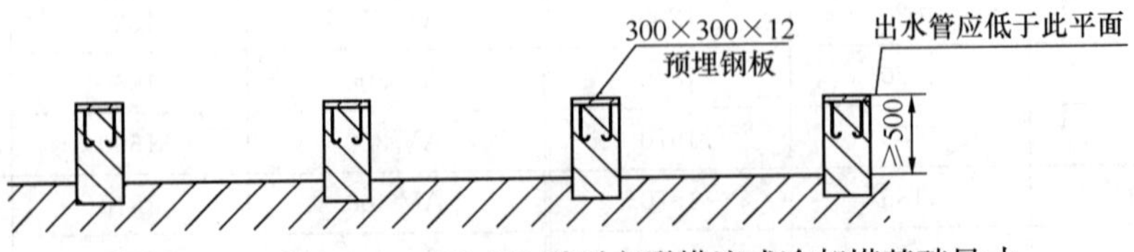

图 14-13　AV-400～AV-450 系列方形横流式冷却塔基础尺寸

14.2.2 NC系列玻璃钢横流式冷却塔

1. 性能规格及外形尺寸：NC系列玻璃钢横流式冷却塔性能规格及外形尺寸见表14-18。

NC系列玻璃钢横流式冷却塔性能规格及外形尺寸 表14-18

型号	处理能力 (m^3/h)	功率 (kW)	外形尺寸 (mm)			自质量 (kg)	运行质量 (kg)	主要生产厂商
			长度	宽度	高度			
NC8401	83～162	1.5～11	1988	3912	3105	1228	3487	斯必克（广州）冷却技术公司
NC8402	107～225	1.5～15	2559	4318	3124	1514	4352	
NC8403	173～344	3.7～30	2559	5537	3638	2214	6765	
NC8405	269～417	7.5～30	3016	6071	3651	2556	7982	
NC8407	275～538	5.5～45	3626	6401	3651	3238	10698	
NC8409	395～615	7.5～30	4235	6833	3651	4040	12572	
NC8411	636～974	15～55	3626	6833	5752	5775	15731	
NC8412	71～1183	15～75	4235	6833	5752	6021	17480	
NC8413	69～1147	15～75	3626	6833	6884	6740	18100	
NC8414	77～1346	15～95	4235	6833	6884	7010	19958	

2. 接管尺寸：NC系列玻璃钢横流式冷却塔接管尺寸见图14-14、表14-19。

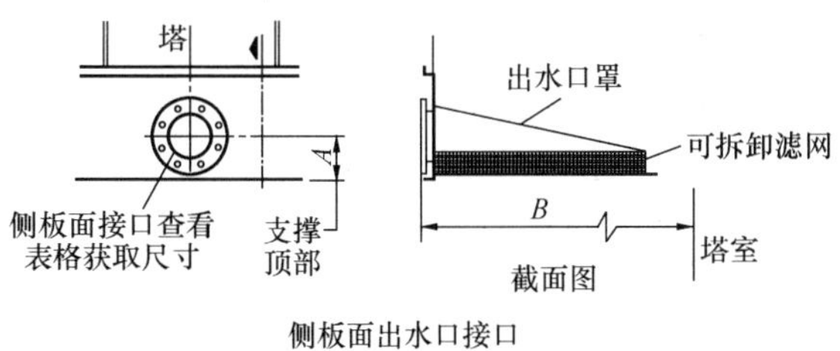

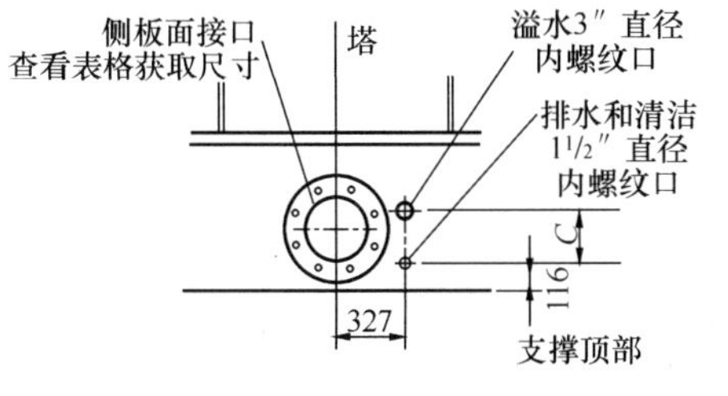

图14-14 NC系列玻璃钢横流式冷却塔接管尺寸

NC系列玻璃钢横流式冷却塔接管尺寸 (mm)

表14-19

型号	接管尺寸		
	A	B	C
NC8401	254	1031	206
NC8403	254	1334	206
NC8405	286	1331	259
NC8407	286	1559	259
NC8409	286	1864	259
NC8411	286	1559	321
NC8412	286	1864	321
NC8413	286	1559	371
NC8414	286	1864	371

3. 基础尺寸：NC系列玻璃钢横流式冷却塔基础尺寸见图14-15、表14-20。

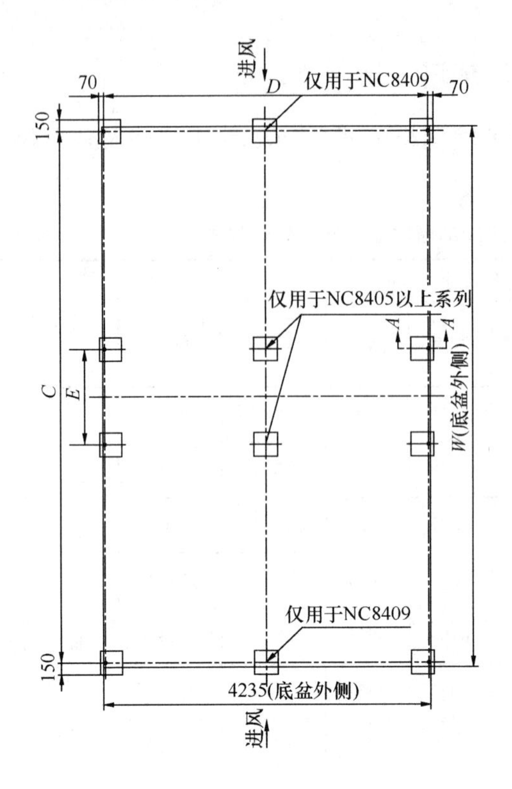

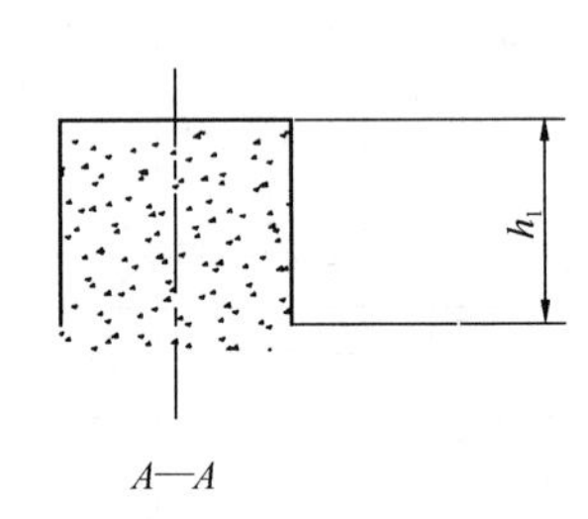

图 14-15　NC 玻璃钢横流式冷却塔基础尺寸

注：墩台高度 h_1 由主出水管尺寸和安装高度决定。

NC 系列玻璃钢横流式冷却塔基础尺寸（mm）　　**表 14-20**

型　号	基 础 尺 寸				
	W	*L*	*C*	*D*	*E*
NC8401	3912	1988	3798	1937	1104
NC8402	4318	2559	4209	2508	1104
NC8403	5537	2559	5420	2508	1104
NC8405	6071	3016	5953	2965	1138
NC8407	6401	3626	6283	3575	1202
NC8409	6833	4235	6715	4185	1202
NC8411	6833	3626	6715	3575	1202
NC8412	6833	4235	6715	4185	1202
NC8413	6833	3626	6715	3575	1202
NC8414	6833	4235	6715	4185	1202

14.2.3　JNC 系列横流闭式冷却塔

1. 性能规格及外形尺寸：JNC 系列横流闭式冷却塔性能规格及外形尺寸见表 14-21。

JNC 系列横流闭式冷却塔性能规格及外形尺寸 表 14-21

型号	处理能力 (m^3/h)	功率 (kW)	外形尺寸 (mm)			自质量 (kg)	运行质量 (kg)	塔体扬程 (mH_2O)	主要生产厂商
			长度	宽度	高度				
JNC-60T	60	4.0	4200	2200	3575	1510	4050	2.86	浙江金菱制冷工程有限公司
JNC-70T	70	5.5				1580	4250		
JNC-80T	80	5.5	4800	2400	3825	2160	5100	3.06	
JNC-90T	90	7.5				2240	5300		
JNC-100T	100	7.5				2360	5500		
JNC-120T02	120	4×2	4200	4400	3575	3020	8100	2.86	
JNC-140T02	140	5.5×2				3160	8500		
JNC-160T02	160	5.5×2	4800	4800	3825	4320	10200	3.06	
JNC-180T02	180	7.5×2				4480	10600		
JNC-200T02	200	7.5×2				4720	11000		
JNC-210T03	210	5.5×3	4200	6600	3575	4740	12750	2.86	
JNC-240T03	240	5.5×3	4800	7200	3825	6480	15300	3.06	
JNC-300T03	300	7.5×3				7080	16500		

2. 接口管径：JNC 系列横流闭式冷却塔接口管径见表 14-22。

JNC 系列横流闭式冷却塔接口管径 表 14-22

型号	接口管径尺寸 DN (mm) ×n (个)					
	进水口径	出水口径	满水口径	自动补水口径	快速补水口径	排污口径
JNC-60T	125×1	125×1	50×1	25×1	25×1	50×1
JNC-70T						
JNC-80T	150×1	150×1	50×1	25×1	25×1	50×1
JNC-90T						
JNC-100T						
JNC-120T02	125×2	125×2	50×2	25×2	25×2	50×2
JNC-140T02						
JNC-160T02	150×2	150×2	50×2	25×2	25×2	50×2
JNC-180T02						
JNC-200T02						
JNC-210T03	125×3	125×3	50×3	25×3	25×3	50×3
JNC-240T03	150×3	150×3	50×3	25×3	25×3	50×3
JNC-300T03						

3. 基础尺寸：JNC 系列横流闭式冷却塔基础尺寸见表 14-23、图 14-16～图 14-18。

JNC 系列横流闭式冷却塔基础尺寸 表 14-23

型 号	风机数量	基础尺寸（mm）					
		L	L_1	L_2	W	W_1	W_2
JNC-60T JNC-70T	单风机	4120	1100	960	2050	1025	—
JNC-80T JNC-90T JNC-100T	单风机	4720	1300	1060	2250	1125	—
JNC-120T02 JNC-140T02	双风机	4120	1100	960	4250	1025	1100
JNC-160T02 JNC-180T02 JNC-200T02	双风机	4720	1300	1060	4650	1125	1200
JNC-210T03	三风机	4120	1100	960	6450	1025	1100
JNC-240T03	三风机	4720	1300	1060	7050	1125	1200

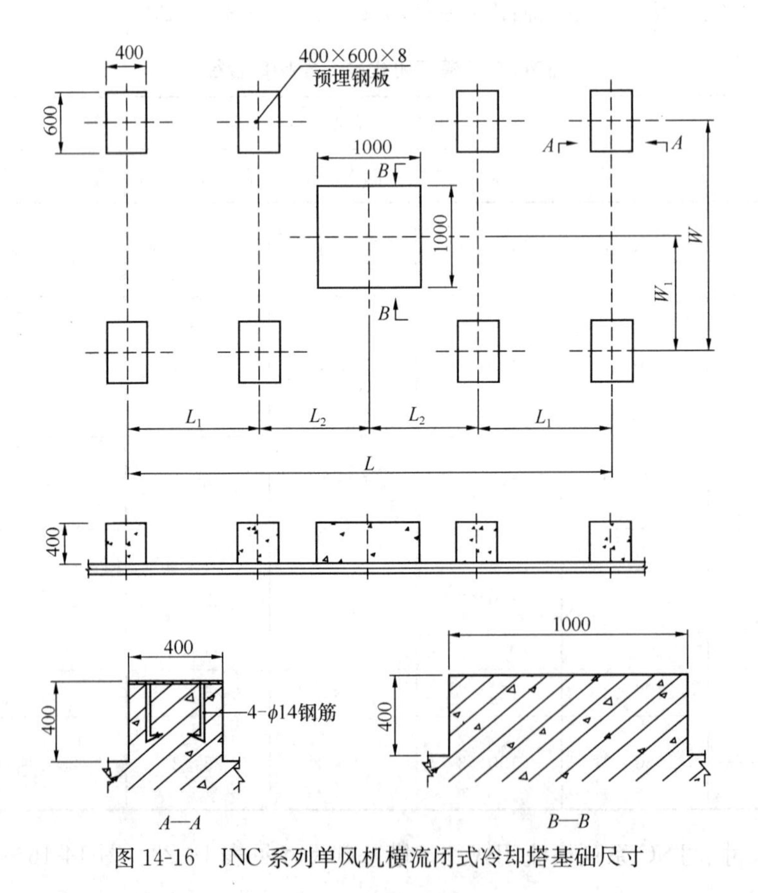

图 14-16 JNC 系列单风机横流闭式冷却塔基础尺寸

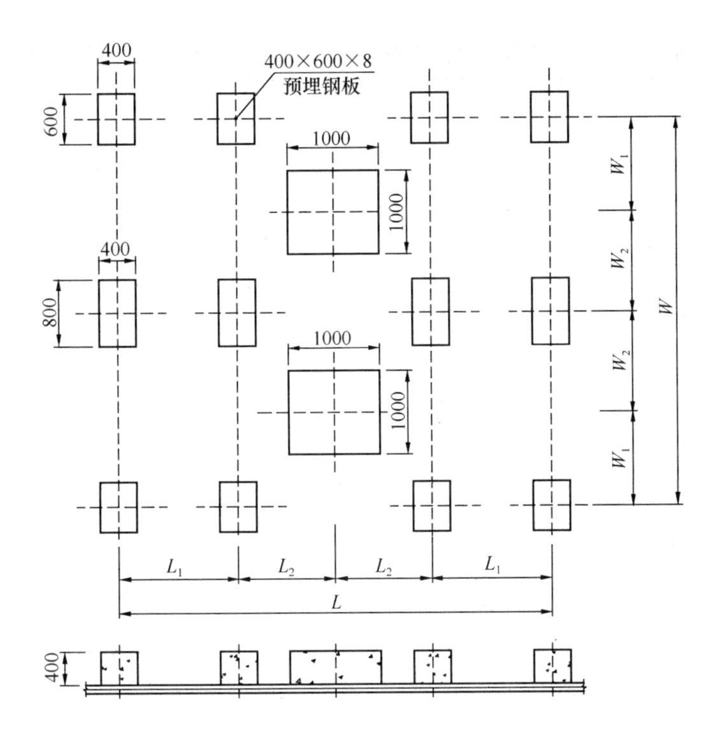

图 14-17　JNC 系列双风机横流闭式冷却塔基础尺寸

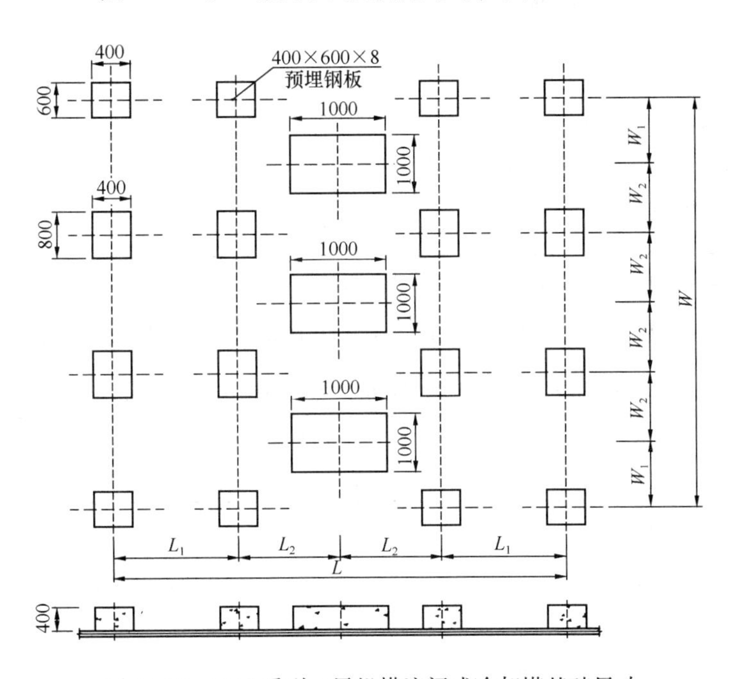

图 14-18　JNC 系列三风机横流闭式冷却塔基础尺寸

14.2.4　$DBHZ_2$ 系列节能型玻璃钢矩形横流式冷却塔

1. 性能规格及外形尺寸：$DBHZ_2$ 系列节能型玻璃钢矩形横流式冷却塔性能规格及外形尺寸见表 14-24、图 14-19、图 14-20。

DBHZ$_2$ 系列节能型玻璃钢矩形横流式冷却塔性能规格及外形尺寸 表 14-24

型号	处理能力 (m^3/h)	功率 (kW)	外形尺寸 (mm)					自质量 (kg)	运行质量 (kg)	塔体扬程 (mH_2O)	主要生产厂商
			长度 L	宽度 W	高度						
					H	h	H_c				
DBHZ$_2$-80 *	80	3.0×1	3630	1810	3059	2629	—	1090	2460	3.5	阳江市环保设备有限公司
DBHZ$_2$-100 *	100	3.0×1	3630	1810	3309	2879	3729	1150	2680	4	
DBHZ$_2$-125 *	125	4.0×1	3830	2210	3309	2879	3729	1270	2820	4.5	
DBHZ$_2$-150 *	150	4.0×1	4030	2510	3561	3131	3981	1460	3390	4.5	
DBHZ$_2$-175 *	175	5.5×1	4230	2810	3561	3131	3981	1680	3680	4.5	
DBHZ$_2$-200 *	200	5.5×1	4430	3210	3561	3131	3981	1980	4030	4	
DBHZ$_2$-250	250	4.0×2	3830	4420	3309	2879	3729	2410	5510	4.5	
DBHZ$_2$-300	300	4.0×2	4030	5020	3561	3131	3981	2770	6630	4.5	
DBHZ$_2$-350	350	5.5×2	4230	5620	3561	3131	3981	3190	7190	4	
DBHZ$_2$-375	375	4.0×3	3830	6630	3309	2879	3729	3560	7860	4.5	
DBHZ$_2$-400	400	5.5×2	4430	6420	3561	3131	—	3760	8210	4.5	
DBHZ$_2$-450	450	4.0×3	4030	7530	3561	3131	3981	4090	9880	4	
DBHZ$_2$-500	500	4.0×4	3830	8840	3309	—	—	4700	10900	4.5	
DBHZ$_2$-600	600	5.5×3	4430	9630	3561	3131	—	5540	11690	4.5	
DBHZ$_2$-700	700	5.5×4	4230	11240	3561	—	—	6220	14220	4.5	
DBHZ$_2$-750	750	4.0×5	4030	12550	3561	—	—	6720	15530	4.5	
DBHZ$_2$-800	800	5.5×4	4430	12840	3561	—	—	7330	16370	4.5	
DBHZ$_2$-900	900	4.0×6	4030	15060	3561	—	—	8030	19360	4.5	
DBHZ$_2$-1000	1000 0	5.5×5	4430	16050	3561	—	—	9110	19610	4.5	

注：250t 以上冷却塔可根据需要由带 * 号的塔型多塔并联组合而成。

2. 接口管径：DBHZ$_2$ 系列节能型玻璃钢矩形横流式冷却塔接口管径尺寸见表 14-25。

DBHZ$_2$ 系列节能型玻璃钢矩形横流式冷却塔接口管径尺寸 表 14- 25

型号	接口管径 DN (mm) ×n (个)					
	进水口径	出水口径	满水口径	自动补水口径	快速补水口径	排污口径
DBHZ$_2$-80 *	100×2	150×1	50×1	40×1	40×1	40×1
DBHZ$_2$-100 *	100×2	150×1	50×1	40×1	40×1	40×1
DBHZ$_2$-125 *	125×2	200×1	50×1	40×1	40×1	40×1
DBHZ$_2$-150 *	125×2	200×1	50×1	40×1	40×1	40×1
DBHZ$_2$-175 *	150×2	200×1	50×1	40×1	40×1	40×1
DBHZ$_2$-200 *	150×2	200×1	50×1	40×1	40×1	40×1
DBHZ$_2$-250	125×4	200×2	50×2	40×2	40×2	40×2
DBHZ$_2$-300	125×4	200×2	50×2	40×2	40×2	40×2
DBHZ$_2$-350	150×4	200×2	50×2	40×2	40×2	40×2

续表

型　号	接口管径 DN（mm）×n（个）					
	进水口径	出水口径	满水口径	自动补水口径	快速补水口径	排污口径
$DBHZ_2$-375	125×6	200×3	50×3	40×3	40×3	40×3
$DBHZ_2$-400	150×4	200×2	50×2	40×2	40×2	40×2
$DBHZ_2$-450	125×6	200×3	50×3	40×3	40×3	40×3
$DBHZ_2$-500	125×8	200×4	50×4	40×4	40×4	40×4
$DBHZ_2$-600	150×6	200×3	50×3	40×3	40×3	40×3
$DBHZ_2$-700	150×8	200×4	50×4	40×4	40×4	40×4
$DBHZ_2$-750	125×10	200×5	50×5	40×5	40×5	40×5
$DBHZ_2$-800	150×8	200×4	50×4	40×4	40×4	40×4
$DBHZ_2$-900	125×12	200×6	50×6	40×6	40×6	40×6
$DBHZ_2$-1000	150×10	200×5	50×5	40×5	40×5	40×5

注：250t 以上冷却塔可根据需要由带 * 号的塔型多塔并联组合而成。

3. 基础尺寸：$DBHZ_2$ 系列节能型玻璃钢矩形横流式冷却塔基础尺寸见图 14-19、图 14-20、表 14-26～表 14-28。

$DBHZ_2$-80～$DBHZ_2$-200 系列节能型玻璃钢矩形横流式冷却塔基础尺寸（mm）　　表 14-26

型　号	基　础　尺　寸						
	n	t	k	p	X	Y	L_1
$DBHZ_2$-80	1325	200	150	135	2110	3930	1670
$DBHZ_2$-100	1325	200	150	135	2110	3930	1670
$DBHZ_2$-125	1425	200	175	135	2510	4130	1870
$DBHZ_2$-150	1525	200	175	135	2810	4330	2070
$DBHZ_2$-175	1625	200	175	135	3110	4530	2270
$DBHZ_2$-200	1725	200	175	135	3510	4730	2470

$DBHZ_2$-250～$DBHZ_2$-400 列节能型玻璃钢矩形横流式冷却塔基础尺寸　　表 14-27

型　号	基　础　尺　寸							
	m	n	t	k	p	X	Y	L_1
$DBHZ_2$-250	2210	1425	200	175	135	4720	4130	1870
$DBHZ_2$-300	2510	1525	200	175	135	5320	4330	2070
$DBHZ_2$-350	2810	1625	200	175	135	5920	4530	2270
$DBHZ_2$-400	3210	1725	200	175	135	6720	4730	2470

$DBHZ_2$-375～$DBHZ_2$-600 列节能型玻璃钢矩形横流式冷却塔基础尺寸　　表 14-28

型　号	基　础　尺　寸							
	m	n	t	k	p	X	Y	L_1
$DBHZ_2$-375	2210	1425	200	135	175	6930	4130	1870
$DBHZ_2$-450	2510	1525	200	135	175	7830	4330	2070
$DBHZ_2$-525	2810	1625	200	135	175	8730	4530	2270
$DBHZ_2$-600	3210	1725	200	135	175	9930	4730	2470

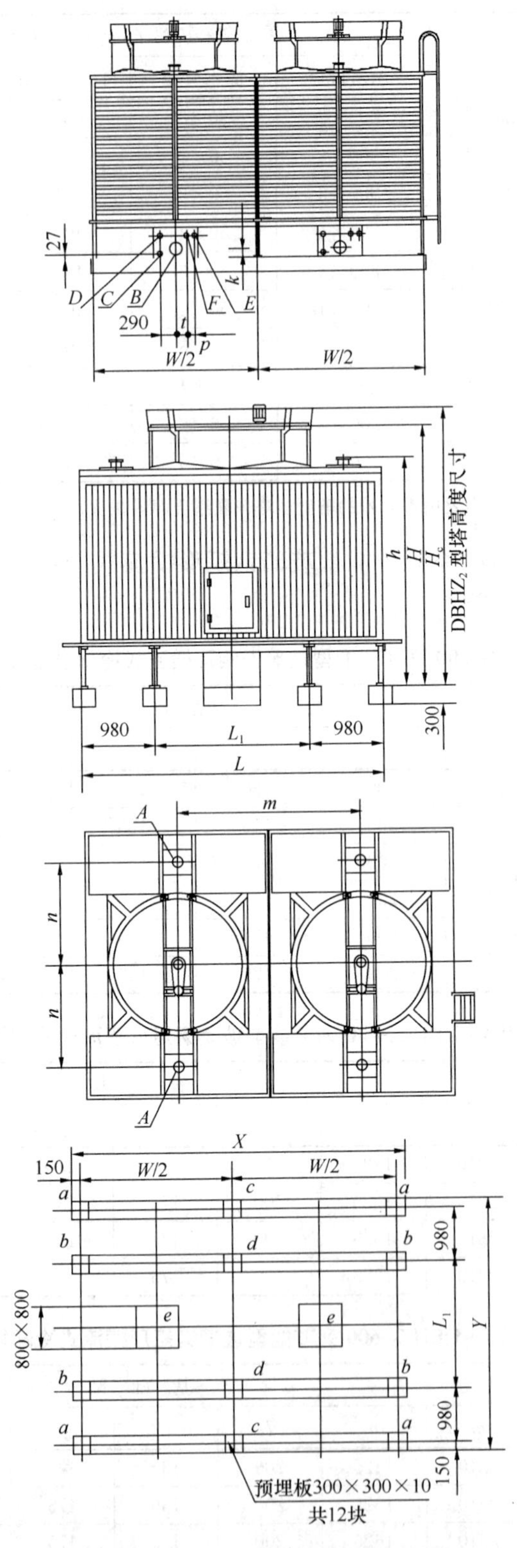

图14-19　$DBHZ_2$-80～$DBHZ_2$-200 系列节能型玻璃钢矩形横流式冷却塔基础尺寸

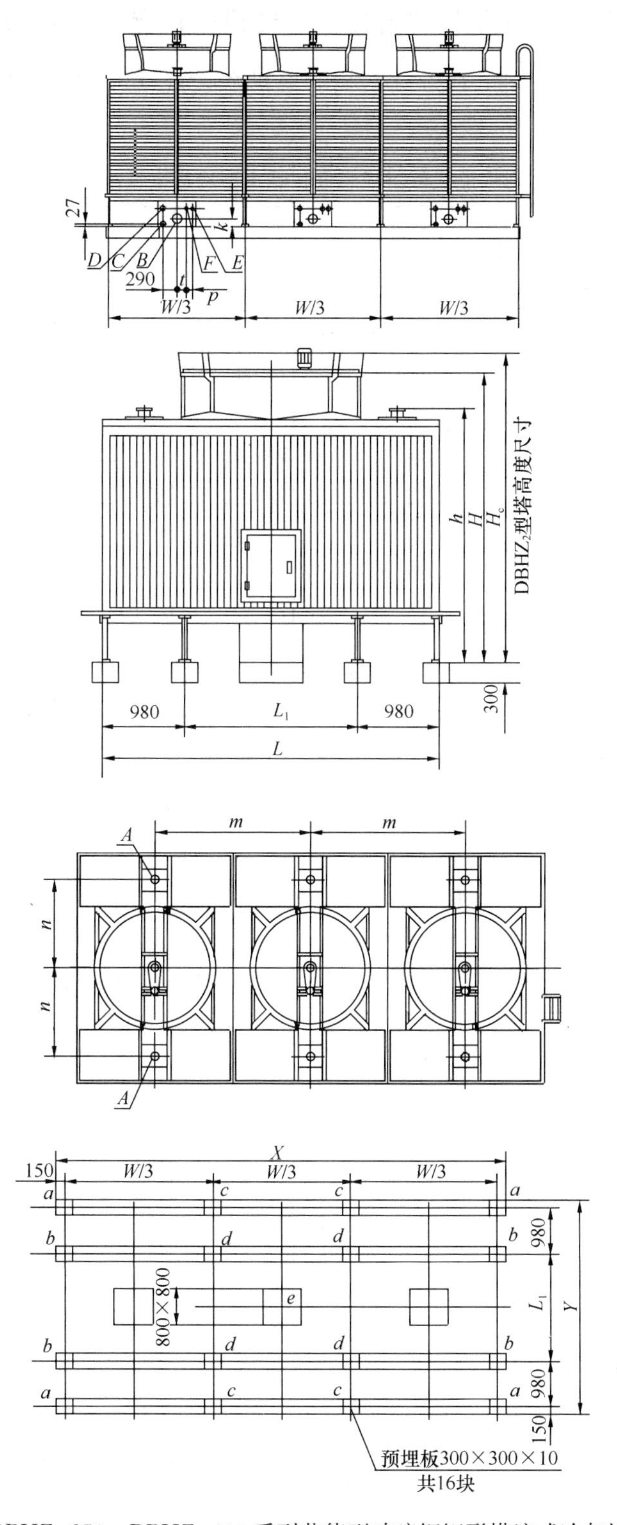

图 14-20 DBHZ$_2$-250～DBHZ$_2$-400 系列节能型玻璃钢矩形横流式冷却塔基础尺寸

14.2.5 C2000系列方形横流式低（或超低）噪声型冷却塔

1. 性能规格及外形尺寸：C2000系列方形横流式低（或超低）噪声型冷却塔性能规格及外形尺寸见表14-29。

C2000系列方形横流式低（或超低）噪声型冷却塔性能规格及外形尺寸 表14-29

型号	处理能力 (m^3/h)	功率 (kW)	外形尺寸（mm）			自质量 (kg)	运行质量 (kg)	塔体扬程 (mH_2O)	主要生产厂商
			长度	宽度	高度				
C2080S	80	3.0	3130	1805	3180	1020	1690	10	浙江联丰股份有限公司
C2080SS						1070	1745	10	
C2100S	100	3.0	3130	1805	3680	1150	1980	10	
C2100SS						1210	2040	10	
C2125S	125	4.0	3430	2210	3680	1380	2420	10	
C2125SS						1460	2500	10	
C2150S	150	5.5	3630	2510	3730	1550	2810	11	
C2150SS						1650	2900	11	
C2175S	175	5.5	3630	2810	3730	1850	3310	12	
C2175SS						1950	3410	12	
C2200S	200	5.5	4320	3040	4330	2100	3770	12	
C2200SS						2180	3850	12	
C2225S	225	5.5	4320	3310	4330	2260	4140	13	
C2225SS						2335	4210	13	
C2250S	250	4.0×2	3430	4420	3680	2550	4630	10	
C2250SS						2720	4810	10	
C2300S	300	5.5×2	3630	5020	3730	2950	5460	11	
C2300SS						3150	5650	11	
C2350S	350	5.5×2	3630	5620	3730	3450	6370	12	
C2350SS						3700	6620	12	
C2400S	400	5.5×2	4320	6080	4330	3900	7230	12	
C2400SS						4110	7440	12	
C2450S	450	5.5×2	4320	6620	4330	4270	8020	13	
C2450SS						4470	8220	13	
C2500S	500	5.5×3	3630	8430	3730	5150	9320	12	
C2500SS						5450	9620	12	
C2550S	550	5.5×3	3630	8430	3930	5360	9950	12	
C2550SS						5660	10240	12	
C2600S	600	5.5×3	4320	9120	4330	5910	10910	12	
C2600SS						6210	11180	12	

续表

型号	处理能力(m³/h)	功率(kW)	外形尺寸(mm)			自质量(kg)	运行质量(kg)	塔体扬程(mH_2O)	主要生产厂商
			长度	宽度	高度				
C2650S	650	5.5×3	4320	9930	4330	6280	11700	13	浙江联丰股份有限公司
C2650SS						6590	12010	13	
C2700S	700	5.5×4	3630	11240	3730	6570	12400	12	
C2700SS						6910	12730	12	
C2800S	800	5.5×4	4320	12160	4330	7650	14320	12	
C2800SS						7920	14590	12	
C2900S	900	5.5×4	4320	13240	4330	8050	15540	13	
C2900SS						8440	15940	13	
C21000S	1000	5.5×5	4320	15200	4330	10500	18830	12	
C21000SS						10900	19230	12	
C21100S	1100	5.5×5	4320	16550	4330	11280	20450	13	
C21100SS						11680	20850	13	
C21250S	1250	5.5×5	4320	17500	4830	12050	22470	13	
C21250SS						12450	22870	13	
C21500S	1500	7.5×5	4760	18500	4880	13500	26100	13	
C21500SS						13950	26450	13	

2. 接口管径：C2000 系列方形横流式低（或超低）噪声型冷却塔接口管径见表 14-30。

C2000 系列方形横流式低（或超低）噪声型冷却塔接口管径（mm）　　表 14-30

型号	接口管径					
	进水口径	出水口径	满水口径	自动补水口径	快速补水口径	排污口径
C2080S、C2080SS、C2100S、C2100SS	100×2	150	65	25	25	65
C2125S、C2125SS、C2150S、C2150SS、C2175S、C2175SS	125×2	200	65	25	25	65
C2200S、C2200SS、C2225S、C2225SS	150×2	250	65	25	25	65
C2250S、C2250SS、C2300S、C2300SS、C2350S、C2350SS	125×4	200×2	65×2	25×2	25×2	65×2
C2400S、C2400SS、C2450S、C2450SS	150×4	250×2	65×2	25×2	25×2	65×2
C2500S、C2500SS、C2550S、C2550SS	125×6	200×3	65×3	25×3	25×3	65×3
C2600S、C2600SS、C2650S、C2650SS	150×6	250×3	65×3	25×3	25×3	65×3
C2700S、C2700SS	125×8	200×4	65×4	25×4	25×4	65×4
C2800S、C2800SS、C2900S、C2900SS	150×8	250×4	65×4	25×4	25×4	65×4
C21000S、C21000SS、C21100S、C21100SS、C21250S、C21250SS	150×10	250×5	65×5	25×5	25×5	65×5
C21500S、C21500SS	200×10	300×5	65×5	25×5	25×5	65×5

3. 基础尺寸：C2000 系列方形横流式低（或超低）噪声型冷却塔基础尺寸见图 14-21、表 14-31。

C2000 系列方形横流式低（或超低）噪声型冷却塔基础尺寸（mm）　　表 14-31

型　号	基础尺寸			
	A	B	A_1	B_1
C2080S C2080SS	3230	1805	930	—
C2100S C2100SS	3230	1805	930	—
C2125S C2125SS	3530	2210	1230	—
C2150S C2150SS	3730	2510	1430	—
C2175S C2175SS	3730	2810	1430	—
C2200S C2200SS	4420	3040	2120	—
C2225S C2225SS	4420	3310	2120	—
C2250S C2250SS	3530	4420	1230	2210
C2300S C2300SS	3730	5020	1430	2510
C2350S C2350SS	3730	5620	1430	2810
C2400S C2400SS	4420	6080	2120	3040
C2450S C2450SS	4420	6620	2120	3310
C2500S C2500SS	3730	8430	1430	2810
C2550S C2550SS	3930	8430	1430	2810
C2600S C2600SS	4420	9120	2120	3040
C2650S C2650SS	4420	9930	2120	3310
C2700S C2700SS	3730	11240	1430	2810
C2800S C2800SS	4420	12160	2120	3040
C2900S C2900SS	4420	13240	2120	3310
C21000S C21000SS	4420	15200	2120	3040
C21100S C21100SS	4420	16550	2120	3310
C21250S C21250SS	4420	17500	2120	3500
C21500S C21500SS	4860	18500	2560	3700

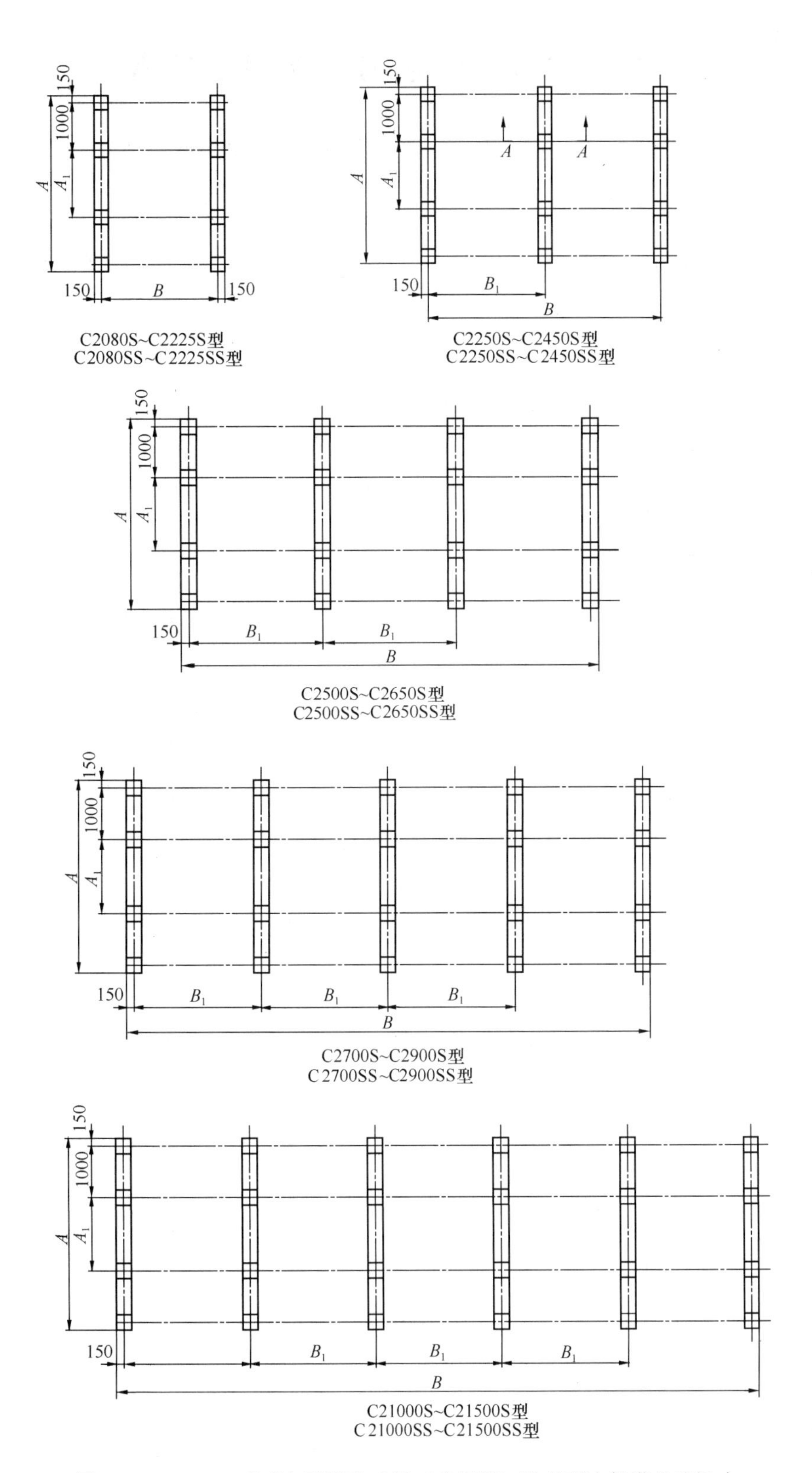

图 14-21 C2000 系列方形横流式低（或超低）噪声型冷却塔基础尺寸

14.3 YYMK系列节能型冷却塔

1. 性能规格及外形尺寸：YYMK系列节能型冷却塔性能规格及外形尺寸见表14-32。

YYMK系列节能型冷却塔性能规格及外形尺寸 表14-32

型号	处理能力 (m^3/h)	功率 (kW)	外形尺寸（mm）			自质量 (kg)	运行质量 (kg)	进水高度 (mH_2O)	主要生产厂商
			长度	宽度	高度				
H400T04	400	4.0×4	4200	8800	3885	4120	9600	2.72	上海易源节能科技有限公司
H500T04	500	4.0×4	4400	9600	3935	4880	11480	2.72	
H600T04	600	5.5×4	4400	9600	3935	4920	11520	2.72	
H700T04	700	5.5×4	4800	9600	4035	5880	12880	2.82	
H800T04	800	7.5×4	4800	9600	4035	5920	13080	2.82	
H900T04	900	7.5×4	5200	11200	4090	6480	14560	2.82	
H1000T04	1000	11×4	5200	11200	4090	6520	14680	2.82	
H1000T08	1000	4.0×8	4400	9600×2	3935	4880×2	11480×2	2.72	
H1200T04	1200	15×4	5200	11200	4390	7320	16280	3.12	
H1200T08	1200	5.5×8	4400	9600×2	3935	4920×2	11520×2	2.72	
H1500T12	1500	4.0×12	4400	9600×3	3935	4880×3	11480×3	2.72	
H1800T08	1800	7.5×8	5200	11200×4	4090	6480×2	14560×2	2.82	
H1800T12	1800	5.5×12	4400	9600×3	3935	4920×3	11520×3	2.72	
H2000T08	2000	11×8	5200	11200×2	4090	6520×2	14680×2	2.82	
H2000T16	2000	4.0×16	4400	9600×4	3935	4880×4	11480×4	2.72	
H2000T20	2000	4.0×20	4200	8800×5	3885	4120×5	9600×5	2.72	
H2400T08	2400	15×8	5200	11200×2	4390	7320×2	16280×2	3.12	
H2400T12	2400	7.5×12	4800	9600×3	4035	5920×3	13080×3	2.82	
H2400T16	2400	5.5×16	4400	9600×4	3935	4920×4	11520×4	2.72	
H2800T16	2800	5.5×16	4800	9600×4	4035	5880×4	12880×4	2.82	
H3000T12	3000	11×12	5200	11200×3	4090	6520×3	14680×3	2.82	
H3000T20	3000	5.5×20	4400	9600×5	3935	4920×5	11520×5	2.72	
H3000T24	3000	4.0×24	4400	9600×6	3935	4880×6	11480×6	2.72	
H3200T16	3200	7.5×16	4800	9600×4	4035	5920×4	13080×4	2.82	
H3200T32	3200	4.0×32	4200	8800×8	3885	4120×8	9600×8	2.72	
H3600T12	3600	15×12	5200	11200×3	4390	7320×3	16280×3	3.12	
H3600T16	3600	7.5×16	5200	11200×4	4090	6480×4	14560×4	2.82	

续表

型号	处理能力 (m^3/h)	功率 (kW)	外形尺寸 (mm)			自质量 (kg)	运行质量 (kg)	进水高度 (mH_2O)	主要生产厂商
			长度	宽度	高度				
H3600T24	3600	5.5×24	4400	9600×6	3935	4920×6	11520×6	2.72	上海易源节能科技有限公司
H3600T36	3600	4.0×36	4200	8800×9	3885	4120×9	9600×9	2.72	
H4000T16	4000	11×16	5200	11200×4	4090	6520×4	14680×4	2.82	
H4000T20	4000	7.5×20	4800	9600×5	4035	5920×5	13080×5	2.82	
H4000T32	4000	4.0×32	4400	9600×8	3935	4880×8	11480×8	2.72	
H4000T40	4000	4.0×40	4200	8800×10	3885	4120×10	9600×10	2.72	
H4200T24	4200	5.5×24	4800	9600×6	4035	5880×6	12880×6	2.82	
H4200T28	4200	5.5×28	4400	9600×7	3935	4920×7	11520×7	2.72	
H4500T20	4500	7.5×20	5200	11200×5	4090	6480×5	14560×5	2.82	
H4500T36	4500	4.0×36	4400	9600×9	3935	4880×9	11480×9	2.72	
H4800T16	4800	15×16	5200	11200×4	4390	7320×4	16280×4	3.12	
H4800T24	4800	7.5×24	4800	9600×6	4035	5920×6	13080×6	2.82	
H4800T32	4800	5.5×32	4400	9600×8	3935	4920×8	11520×8	2.72	
H4800T48	4800	4.0×48	4200	8800×12	3885	4120×12	9600×12	2.72	
H5000T20	5000	11×20	5200	11200×5	4090	6520×5	14680×5	2.82	
H5000T40	5000	4.0×40	4400	9600×10	3935	4880×10	11480×10	2.72	

2. 接口管径：YYMK 系列节能型冷却塔接口管径见表 14-33。

YYMK 系列节能型冷却塔接口管径 **表 14-33**

型号	接口管径 DN (mm) ×n (个)					
	进水口径	出水口径	满水口径	自动补水口径	快速补水口径	排污口径
100T×n	100×2×n	150×n	50×n	50×n	32×n	32×n
125T×n	125×2×n	200×n	65×n	65×n	40×n	40×n
150T×n						
175T×n						
200T×n						
225T×n	150×2×n	250×n	80×n	80×n	50×n	50×n
250T×n						
300T×n						

3. 基础尺寸：YYMK 系列节能型冷却塔基础尺寸见表 14-34、图 14-22。

YYMK 系列节能型冷却塔基础尺寸（mm） 表 14-34

<table>
<tr><th rowspan="2">型 号</th><th colspan="9">基 础 尺 寸</th></tr>
<tr><th>W_1</th><th>W</th><th>L</th><th>L_1</th><th>W'_1</th><th>W'</th><th>L'</th><th>L'_1</th><th>L'_2</th></tr>
<tr><td>100T×n</td><td>2200</td><td rowspan="8">$W_1 \times n$</td><td>4200</td><td rowspan="3">420</td><td>2050</td><td rowspan="8">$W'_1 \times n$</td><td>4120</td><td rowspan="3">1100</td><td>1920</td></tr>
<tr><td>125T×n</td><td rowspan="4">2400</td><td rowspan="2">4400</td><td rowspan="4">2250</td><td rowspan="2">4320</td><td rowspan="4">2120</td></tr>
<tr><td>150T×n</td></tr>
<tr><td>175T×n</td><td rowspan="2">4800</td><td rowspan="5">500</td><td rowspan="2">4720</td><td rowspan="5">1300</td></tr>
<tr><td>200T×n</td></tr>
<tr><td>225T×n</td><td rowspan="3">2800</td><td rowspan="3">5200</td><td rowspan="3">2650</td><td rowspan="3">5120</td><td rowspan="3">2520</td></tr>
<tr><td>250T×n</td></tr>
<tr><td>300T×n</td></tr>
</table>

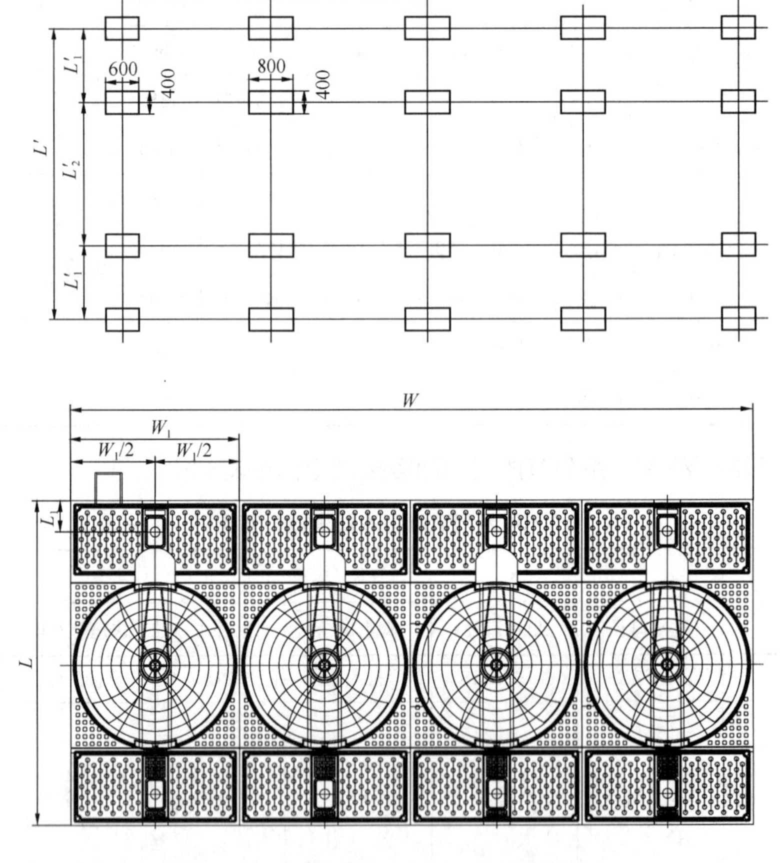

图 14-22 YYMK 系列节能型冷却塔基础

14.4 DYH 系列高效节能环保型冷却塔

1. 性能规格及外形尺寸：DYH 系列高效节能环保型冷却塔性能规格及外形尺寸见表

14-35。

DYH 系列高效节能环保型冷却塔性能规格及外形尺寸 **表 14-35**

型号	冷却水量 (m^3/h)	功率 (kW)	外形尺寸（mm）			自质量 (kg)	运行质量 (kg)	塔体扬程 (mH_2O)	主要生产厂商
			长度	宽度	高度				
DYH-100	100	3	3490	2000	3660	1100	2230	3.5	南京大洋冷却塔股份有限公司
DYH-125	125	4	3790	2400	3660	1300	2810	3.5	
DYH-150	150	5.5	3790	2400	3660	1350	2860	3.5	
DYH-175	175	5.5	4090	2800	4070	1590	3600	4.0	
DYH-200	200	7.5	4090	2800	4090	1640	3660	4.0	
DYH-250	250	7.5	4390	3300	4090	2350	4550	4.0	
DYH-300	300	11	5600	3200	4610	2650	6200	5.0	
DYH-350	350	11	5800	3370	5240	2960	6510	5.6	
DYH-400	400	11	5800	3620	5290	3230	7330	5.6	
DYH-450	450	15	6200	3770	5290	3850	8160	5.6	
DYH-500	500	15	6200	4520	5290	4570	9690	5.6	
DYH-600	600	18.5	6400	4520	5290	4850	10170	5.6	
DYH-700	700	22	6400	4925	5340	5370	12140	5.6	
DYH-800	800	22	7000	4925	5750	6220	13190	6.0	

2. 接口管径：DYH 系列高效节能环保型冷却塔接口管径见表 14-36。

DYH 系列高效节能环保型冷却塔接口管径（mm） **表 14-36**

型号	接口管径					
	进水口径	出水口径	满水口径	自动补水口径	快速补水口径	排污口径
DYH-100	80	125	80	25	25	40
DYH-125	100	150	80	25	25	40
DYH-150	100	150	80	25	25	40
DYH-175	125	150	80	25	25	40
DYH-200	125	200	80	25	25	40
DYH-250	125	200	80	25	25	40
DYH-300	150	200	80	25	25	40
DYH-350	150	250	80	50	50	50
DYH-400	125	250	80	50	50	50
DYH-450	125	250	80	50	50	50
DYH-500	125	250	80	50	50	50
DYH-600	150	250	80	50	50	50
DYH-700	150	300	80	50	50	50
DYH-800	150	300	80	50	50	50

3. 基础尺寸：DYH 系列高效节能环保型冷却塔基础尺寸见图 14-23、图 14-24、表 14-37、表 14-38。

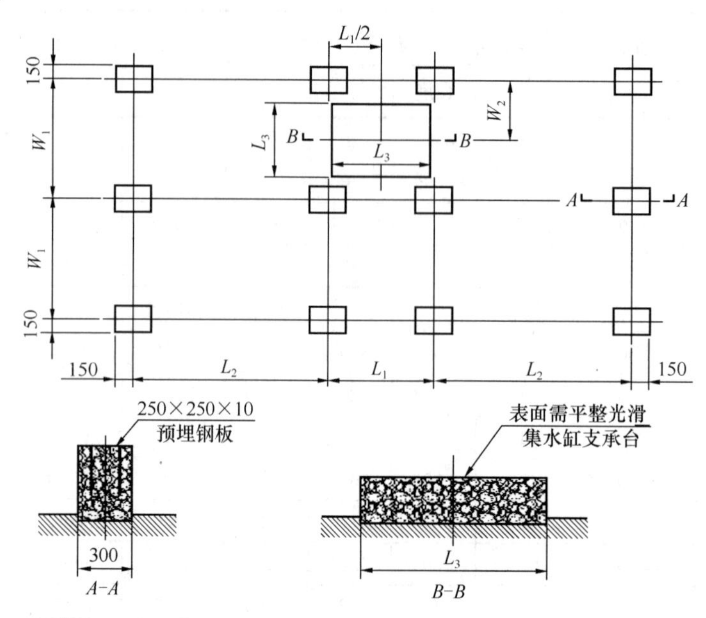

图 14-23 DYH-100D（C）～DYH-250D（C）系列高效节能环保型冷却塔基础尺寸

注：DYH-100D（C）～DYH-250D（C）系列高效节能环保型冷却塔基础高度，应根据出水总管管径及其他安装高度而定，防止停机时出水管的水倒流入集水盆而溢出。

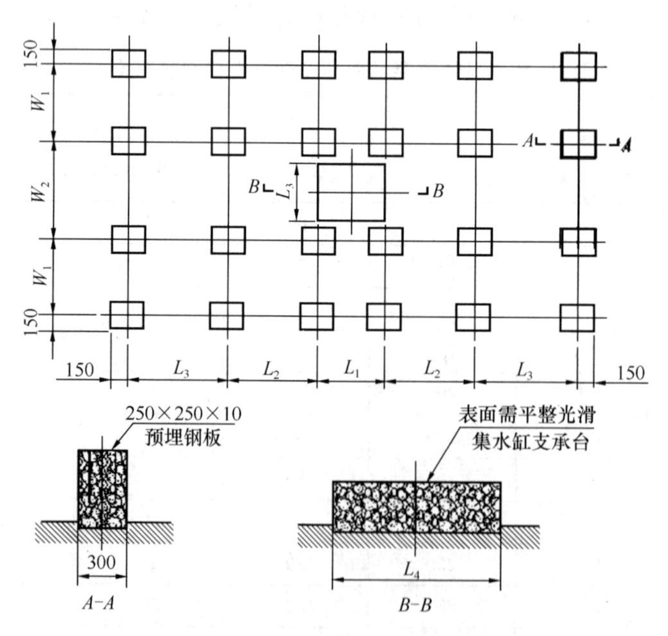

图 14-24 DYH-300D（C）～DYH-800D（C）系列高效节能环保型冷却塔基础尺寸

注：DYH-300D（C）～DYH-800D（C）系列的冷却塔基础高度，应根据出水总管管径及其他安装高度而定，防止停机时出水管的水倒流入集水盆而溢出。

DYH-100D（C）～DYH250D（C）系列高效节能环保型冷却塔基础尺寸（mm） 表 14-37

型号	基础尺寸				
	W_1	W_2	L_1	L_2	L_3
DYH-100D DYH-100C	1000	500	850	1320	700
DYH-125D DYH-125C	1200	600	8550	1470	700
DYH-150D DYH-150C	1200	600	8550	1470	700
DYH-175D DYH-175C	1400	700	850	1620	700
DYH-200D DYH-200C	1400	700	850	1620	700
DYH-250D DYH-250C	1650	825	1150	1620	1000

DYH-300D（C）～DYH800D（C）系列高效节能环保型冷却塔基础尺寸（mm） 表 14-38

型号	基础尺寸					
	W_1	W_2	L_1	L_2	L_3	L_4
DYH-300D DYH-300C	900	1400	890	830	1525	1000
DYH-350D DYH-350C	985	1400	890	930	1525	1000
DYH-400D DYH-400C	1100	1420	890	930	1525	1000
DYH-450D DYH-450C	1175	1420	890	1130	1525	1000
DYH-500D DYH-500C	1500	1520	890	1130	1525	1000
DYH-600D DYH-600C	1500	1520	890	1230	1525	1000
DYH-700D DYH-700C	1640	1645	890	1230	1525	1000
DYH-800D DYH-800C	1640	1645	890	1530	1525	1000

14.5 MHF系列闭式冷却塔

1. 性能规格及外形尺寸：MHF系列闭式冷却塔性能规格及外形尺寸见表14-39。

MHF系列闭式冷却塔性能规格及外形尺寸 表14-39

型号	冷却水量 (m^3/h)	功率 (kW)	外形尺寸（mm）			自质量 (kg)	运行质量 (kg)	塔体扬程 (mH_2O)	主要生产厂商
			长度	宽度	高度				
MHF702	42～80	1.49	5.60～11.19	2769	2565	5207	4237	5761～6795	斯必克（广州）冷却技术有限公司
MHF703	60～115	2.24	7.46～14.92	3683	2565	5207	5080	5964～6795	
MHF704	100～190	3.73	11.19～22.38	3683	3658	5969	7824	10600～13240	
MHF705	170～280	5.60	16.79～33.57	5512	3658	5969	11782	15980～19920	
MHF706	210～400	2×5.60	14.92～55.95	3632	7163	7606	16279	20130～24130	
MHF707	340～510	2×5.60	22.38～55.95	4242	7925	8706	18738	24950～28040	

2. 基础尺寸：MHF系列闭式冷却塔基础尺寸见图14-25、图14-26、表14-40。

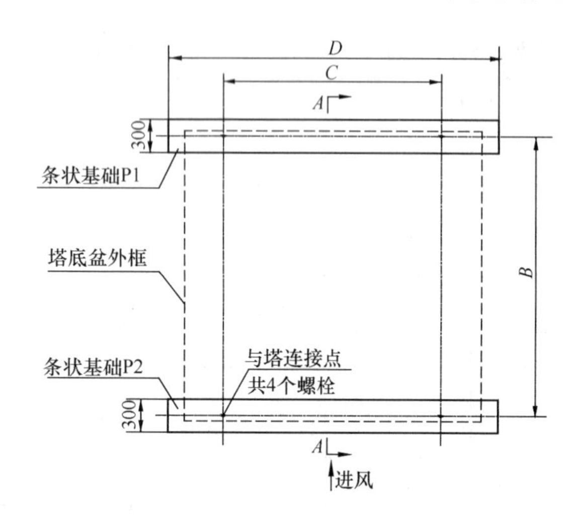

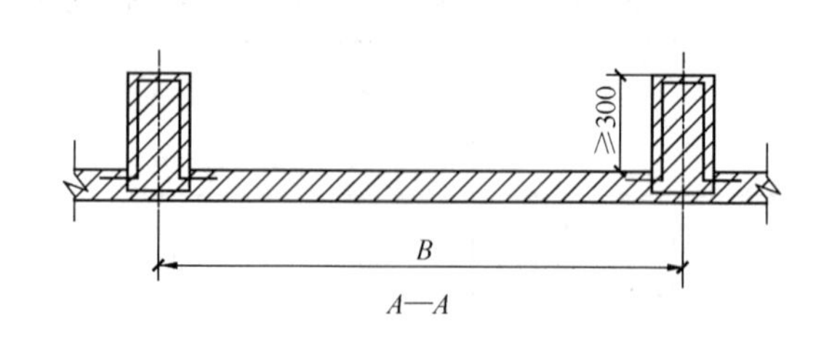

图14-25 MHF702-MHF705闭式冷却塔基础尺寸

MHF702～MHF707系列闭式冷却塔基础尺寸（mm） 表14-40

型号	基础尺寸			型号	基础尺寸		
	B	C	D		B	C	D
MHF702	2515	2020	3056	MHF705	3584	4983	5803
MHF703	2515	2936	3973	MHF706	3469	3558	—
MHF704	3584	2936	3973	MHF707	3830	4168	—

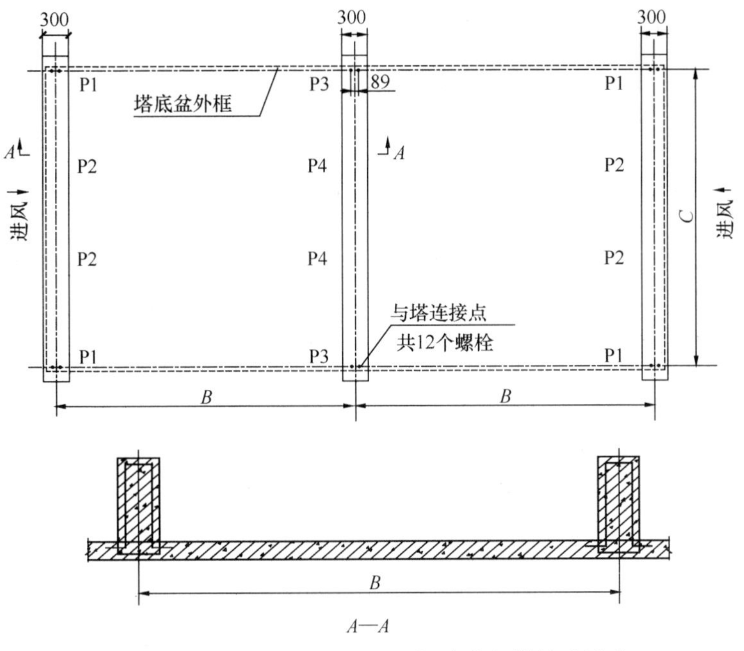

图 14-26 MHF706-MHF707 闭式冷却塔基础尺寸

14.6 由水轮机驱动叶片散热的节能型冷却塔

1. 性能规格及外形尺寸：由水轮机驱动叶片散热的节能型冷却塔性能规格及外形尺寸见表 14-41。

由水轮机驱动叶片散热的节能型冷却塔性能规格及外形尺寸 表 14-41

型号	冷却水量 (m^3/h)	外形尺寸 (mm)			进塔扬程 (mH_2O)	主要生产厂商
		长度	宽度	高度		
SQNT-200	200	4000	4000	5650	0.08	南京大洋冷却塔股份有限公司
SQNT-300	300	4800	4800	6350	0.08	
SQNT-400	400	5600	5600	6750	0.10	
SQNT-500	500	6200	6200	7160	0.12	
SQNT-600	600	6500	6500	7500	0.12	
SQNT-700	700	7000	7000	7900	0.12	
SQNT-800	800	7500	7500	8100	0.14	
SQNT-1000	1000	8200	8200	8700	0.15	
SQNT-1200	1200	9000	9000	10300	0.15	
SQNT-1500	1500	10000	10000	10600	0.15	
SQNT-1800	1800	11200	11200	10600	0.18	
SQNT-2000	2000	11800	11800	12000	0.18	
SQNT-2500	2500	13200	13200	12500	0.18	
SQNT-3000	3000	14500	14500	13000	0.18	

2. 接口管径：由水轮机驱动叶片散热的节能型冷却塔接口管径见表 14-42。

由水轮机驱动叶片散热的节能型冷却塔接口管径（mm）　　表 14-42

型号	接口管径					
	进水口径	出水口径	满水口径	自动补水口径	快速补水口径	排污口径
SQNT-200	200	250	80	32	32	50
SQNT-300	300	300	100	40	40	50
SQNT-400	400	350	100	40	40	80
SQNT-500	500	350	200	50	50	80
SQNT-600	600	400	200	50	50	100
SQNT-700	700	400	250	50	50	100

3. 基础尺寸：由水轮机驱动叶片散热的节能型冷却塔基础尺寸见图 14-27、图 14-28、表 14-43、表 14-44。

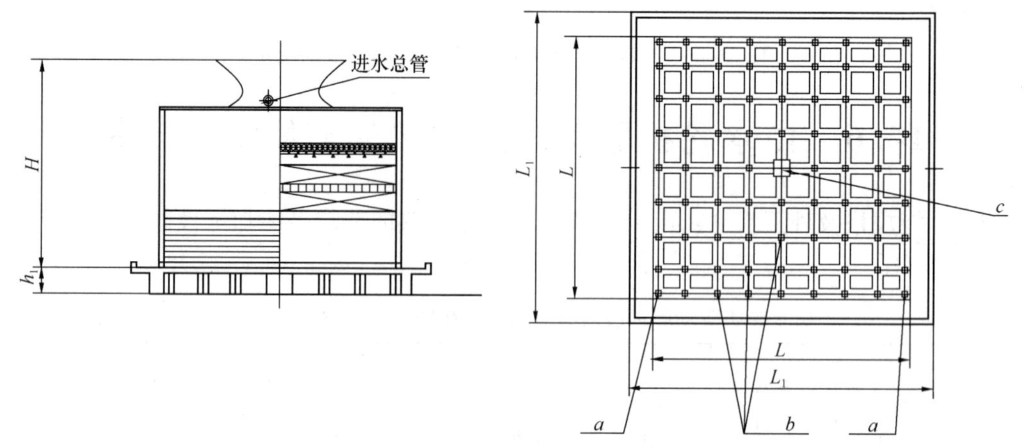

图 14-27　SGN-1800～SGN-2500 型由水轮机驱动叶片散热的节能型冷却塔水池基础尺寸

注：1. 塔底蓄水池深度 h_1，回水、补水、溢水口位置及排污口位置的定位由用户根据现场需要而定；
2. 水池内布置的每个支墩顶部用连接架连成整体框架；
3. 每个支墩顶部均埋 12mm 厚的钢板，内部配筋应与池底盘钢筋连接，混凝土浇灌；
4. 冷却塔四周应空旷，6m 内无阻挡的物体；
5. 进水口应配 1.6MPa 的法兰。

SGN-1800～SGN-2500 型水轮机驱动叶片散热的节能型冷却塔基础尺寸　　表 14-43

型号	L (mm)	L_1 (mm)	H (mm)	进水总管 (mm)	支墩					
					a (mm)	垂直承载力 (kg)	b (mm)	垂直承载力 (kg)	c (mm)	垂直承载力 (kg)
SGN-1800	11200	13400	10800	600	400×400	1500	400×400	1800	800×800	11200
SGN-2000	11800	14000	12000	650	400×400	1800	400×400	2200	1000×1000	15000
SGN-2500	13200	15400	12500	700	450×450	2100	450×450	1500	1000×1000	18000

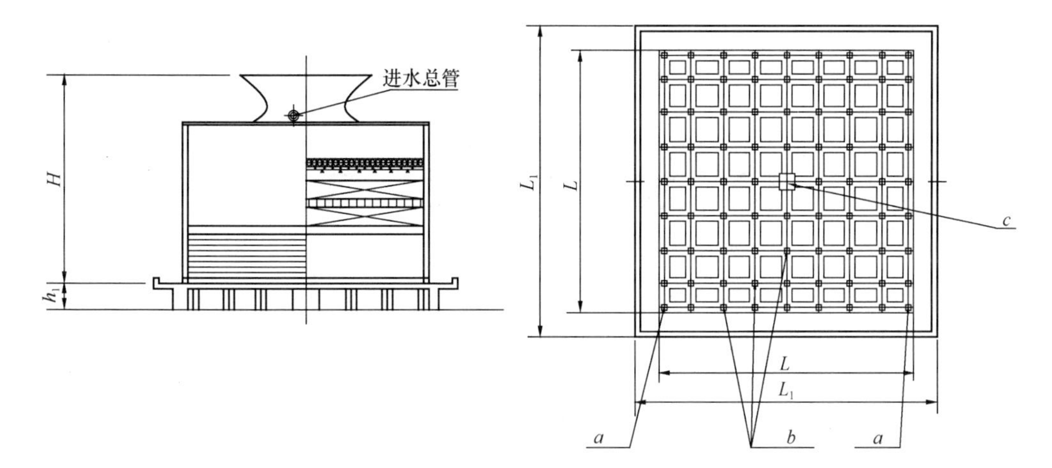

图 14-28 SGN-3000～SGN-5000 型由水轮机驱动叶片散热的节能型冷却塔水池基础尺寸

注：1. 塔底蓄水池深度 h_1，回水、补水、溢水口位置及排污口位置的定位由用户根据现场需要而定；

2. 水池内布置的每个支墩顶部用连接架连成整体框架；

3. 每个支墩顶部均埋 12mm 厚的钢板，内部配筋应与池底盘钢筋连接，混凝土浇灌；

4. 冷却塔四周应空旷，6m 内无阻挡的物体；

5. 进水口应配 1.6MPa 的法兰。

SGN-3000～SGN-5000 水轮机驱动叶片散热的节能型冷却塔基础尺寸　　表 14-44

型号	L (mm)	L_1 (mm)	H (mm)	进水总管 (mm)	支墩					
					a (mm)	垂直承载力 (kg)	b (mm)	垂直承载力 (kg)	c (mm)	垂直承载力 (kg)
SGN-3000	14500	17100	13000	750	450×450	2200	450×450	2600	1200×1200	18000
SGN-4000	16500	19100	13100	900	450×450	2500	450×450	2700	1200×1200	24000
SGN-5000	18500	26000	13400	1000	450×450	2800	450×450	2900	1200×1200	30000

15 加 热 设 备

加热设备又称换热器，热交换器，常用有锅炉、加热器、热泵热水机组、膨胀水箱。

15.1 锅 炉

锅炉常用有蒸汽锅炉、热水锅炉。

15.1.1 蒸汽锅炉

蒸汽锅炉常用有燃油燃气蒸汽锅炉。

燃油燃气蒸汽锅炉

燃油燃气蒸汽锅炉常用有 WNS 系列全自动燃油燃气蒸汽锅炉。

1. 型号意义说明：

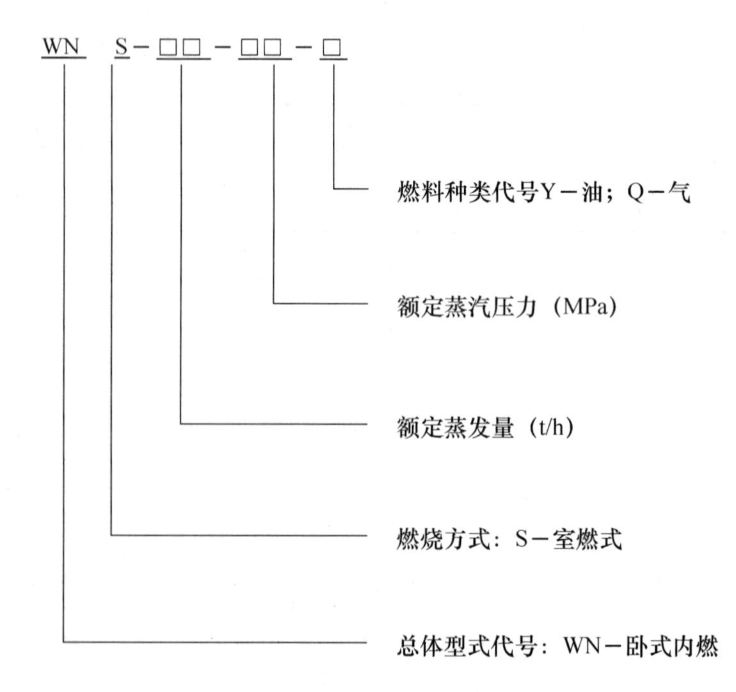

2. 性能规格：WNS 系列全自动燃油燃气蒸汽锅炉性能规格（一）、（二）见表 15-1、表 15-2。

WNS系列全自动燃油燃气蒸汽锅炉性能规格(一) 表15-1

型号	额定蒸发量(t/h)	额定工作压力(MPa)	蒸汽温度(℃)	给水温度(℃)	设计效率(%)	耗油量①(kg//h)	耗气量②(Nm^3/h)	适用燃料	设备净质量(t)	受热面积(m^2)	设计排烟温度(℃)	燃烧器功率(kW)	主要生产厂商
WNS0.5-0.7-Y(Q)	0.5	0.7、1.0	170、184	20	88	32.5	40.3	轻柴油、天然气、液化气、城市煤气	1.92、2.05	17.3	230	1.1	北京特高换热设备有限公司
WNS1-0.7-Y(Q)	1.0	0.7、1.0	170、184	20	88.2	64.8	79.0		4.6、5.3	25.5	230	2.2	
WNS2-0.7-Y(Q)	2.0	0.7、1.0	170、184	20	88.5	129.1	159.5		5.4、5.92	47.5	230	3.0	
WNS3-1.0-Y(Q)	3.0	1.0、1.25	184、194	20	88.5	193.7	239.2		7.8、8.6	89.5	230	7.5	
WNS4-1.0-Y(Q)	4.0	1.0、1.25	184、194	20	88.7	257.7	317.1		9.0、9.2	115.3	230	7.5	
WNS6-1.0-Y(Q)	6.0	1.0、1.6	184、204	20	88.7	386.5	475.6		14.6、15.9	178.0	230	18.5	
WNS8-1.0-Y(Q)	8.0	1.0、1.6	184、204	20	88.8	514.8	634.2		18.8、20.2	203	230	18.5	
WNS10-1.0-Y(Q)	10.0	1.0、1.6	184、204	20	88.8	632.4	792.7		21.3、24.1	235.3	230	22	

①额定耗油量均按10500×4.1868kJ/kg燃料热值计算；

②耗气量按天然气(热值8650×4.1868kJ/Nm^3)计算。

WNS系列全自动燃油燃气蒸汽锅炉性能规格(二) 表15-2

型号	额定蒸发量(t/h)	额定蒸汽压力(MPa)	热效率(%)	受热面积(m^2)	适用燃料	燃料消耗量				使用能源		总电功率		主要生产厂商
						轻柴油(kg/h)	天然气(Nm^3/h)	城市煤气(Nm^3/h)	液化气(Nm^3/h)	电压(V)	频率(Hz)	轻柴油(kW)	气体(kW)	
WNS2-1.0-Y(Q)	2	1	89	41.5	轻柴油、天然气、城市煤气、液化气	132	161	337	53	380	50	7.5	7.5	河北保定太行集团有限责任公司
WNS3-1.0-Y(Q)	3	1	89	66.7		198	241	506	79			9.5	9.5	
WNS4-1.25-Y(Q)	4	1.25	89	100.28		264	322	674	105			13	13	
WNS6-1.25-Y(Q)	6	1.25	90	159.2		392	472	1000	156			19	19	
WNS8-1.25-Y(Q)	8	1.25	90	158.6		523	635	1333	208			21.5	21.5	
WNS10-1.25-Y(Q)	10	1.25	89	193.4		661	804	1685	263			32	32	

3. 外形尺寸：WNS系列全自动燃油燃气蒸汽锅炉外形尺寸(一)、(二)见图15-1、表15-3及表15-4。

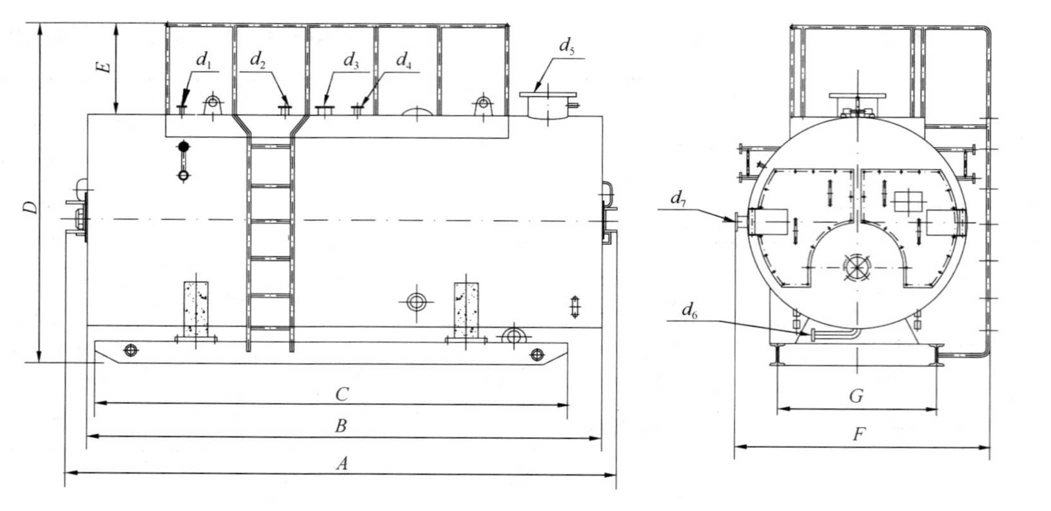

图 15-1　WNS系列全自动燃油燃气蒸汽锅炉外形尺寸(一)

d_1—压力表接管；d_2—安全阀接管；d_3—出蒸汽口接管；d_4—放气口接管；d_5—烟囱口；d_6—排污口接管；d_7—给水口接管

WNS系列全自动燃油燃气蒸汽锅炉外形尺寸(一)(mm) **表 15-3**

型号	外形尺寸							管口直径						
	A	B	C	D	E	F	G	d_1	d_2	d_3	d_4	d_5	d_6	d_7
WNS0.5-0.7-Y(Q)	3020	2830	2100	2480	1000	1560	950	20	50	50	25	200	40	25
WNS1-0.7-Y(Q)	3500	3230	2300	2755	1000	1860	1000	20	32(2)①	65	25	250	50	25
WNS2-0.7-Y(Q)	4052	3806	3200	2928	1000	2089	1415	20	50(2)①	80	25	350	50	32
WNS3-1.0-Y(Q)	4650	4400	3820	3450	1000	2200	1630	20	50(2)①	100	25	350	50	40
WNS4-1.0-Y(Q)	5220	4960	4500	3550	1000	2483	1630	20	50(2)①	125	32	450	50	40
WNS6-1.0-Y(Q)	5900	5510	5058	3750	1000	2650	1700	20	50(2)①	125	40	600	50	50
WNS8-1.0-Y(Q)	6800	6600	6160	4050	1000	2780	1700	20	50(2)①	150	40	700	50	50
WNS10-1.0-Y(Q)	7280	7010	5100	4130	1000	3000	1800	20	50(2)①	150	40	800	50	50

①括号内为接管个数。

WNS系列全自动燃油燃气蒸汽锅炉外形尺寸(二) 表15-4

型　号	外形尺寸(mm)			运输尺寸(mm)			运输质量(t)	水容积(m^3)	主汽阀口径(mm)	安全阀口径(mm)	给水阀口径(mm)	排污阀口径(mm)	供、回油口径		烟囱口径(mm)
	长度	宽度	高度	长度	宽度	高度							(mm)	(in)	
WNS2-1.0-Y(Q)	5116	1918	2683	3804	1918	2162	5.425	3.13	80	50	32	50			370
WNS3-1.0-Y(Q)	6143	2492	3034	4516	2217	2650	8.338	5.06	100	50	40	40	12.5	1/2	450
WNS4-1.25-Y(Q)	6180	2723	3023	4980	2228	2756	11.496	7.01	100	50	50	50			500
WNS6-1.25-Y(Q)	7454	3178	3966	6060	2635	3134	15.629	12.53	125	80	50	50			600
WNS8-1.25-Y(Q)	8374	3441	4140	6714	2835	3331	21.123	15.85	150	80	65	50	37.5	3/2	650
WNS10-1.25-Y(Q)	8376	3641	4340	6716	3041	3530	22.776	16.242	150	80	65	50			750

15.1.2 热水锅炉

热水锅炉常用有燃油燃气热水锅炉。

15.1.2.1 燃油燃气热水锅炉

燃油燃气热水锅炉常用有WNS系列全自动燃油燃气热水锅炉。

1. 型号意义说明：

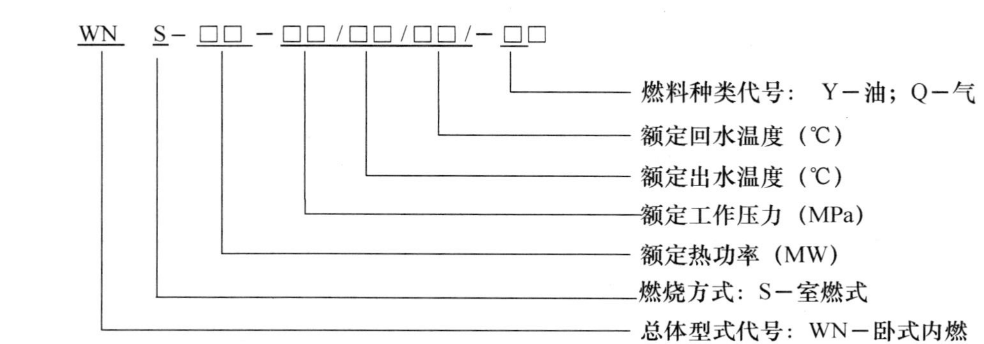

2. 性能规格：WNS系列全自动燃油燃气热水锅炉性能规格(一)、(二)见表15-5、表15-6。

WNS系列全自动燃油燃气热水锅炉性能规格(一) 表15-5

型号	额定热功率(MW)	额定工作压力(MPa)	额定出水温度(℃)	额定回水温度(℃)	设计效率(%)	耗油量①(kg/h)	耗气量②(Nm^3/h)	循环水量(t/h)	适用燃料	设备净质量(t)	受热面积(m^2)	设计排烟温度(℃)	燃烧器功率(kW)	主要生产厂商
WNS0.7-0.7/95/70-Y(Q)	0.7	0.7、1.0	95、115	70	90.8	63.2	77.2	24	轻柴油、天然气、液化气、城市煤气	3.8、4.12	20	170	1.1	北京特高换热设备有限公司
WNS1.05-0.7/95/70-Y(Q)	1.05	0.7、1.0	95、115	70	91.0	94.5	115.7	36		4.5、4.9	39	170	1.5	
WNS1.4-0.7/95/70-Y(Q)	1.4	0.7、1.0	95、115	70	91.4	125.1	154.7	48		5.2、5.92	45.6	174.7	3.0	
WNS2.1-0.7/95/70-Y(Q)	2.1	0.7、1.0	95、115	70	91.5	188.0	232.0	72		6.9、7.6	55.9	160	7.5	
WNS2.8-0.7/95/70-Y(Q)	2.8	0.7、1.0、1.25	95、115、130	70	91.5	250.6	307.6	96		7.5、7.9、9.1	66	170	7.5	
WNS4.2-0.7/95/70-Y(Q)	4.2	0.7、1.0、1.25	95、115、130	70	91.6	375.5	458.9	144		11.5、12.2、12.9	127.5	150	18.5	
WNS5.6-0.7/95/70-Y(Q)	5.6	0.7、1.0、1.6	95、115、130	70	91.6	500.7	609.1	192		12.6、16.1、20.8	185	148	18.5	
WNS7.0-0.7/95/70-Y(Q)	7.0	0.7、1.0、1.6	95、115、130	70	91.8	624.6	761.4	240		19.3、21.5、23.1	198	168	22	

①额定耗油量均按10500×4.1868kJ/kg燃料热值计算；

②耗气量按天然气(热值8650×4.1868kJ/Nm^3)计算。

注：北京特高换热设备有限公司还生产CWNS、CLHS系列全自动燃油燃气常压热水锅炉。

WNS 系列全自动燃油燃气热水锅炉性能规格(二) **表 15-6**

型号	额定热功率(MW)	额定蒸汽压力(MPa)	额定出口水温(℃)	额定进口水温(℃)	热效率(%)	受热面积(m^2)	适用燃料	燃料消耗量				使用电源		总电功率(kW)		主要生产厂商
								轻柴油(kg/h)	天然气(Nm^3/h)	城市煤气(Nm^3/h)	液化气(Nm^3/h)	电压(V)	频率(Hz)	轻柴油	气体	
WNS1.4-1.0/95/70-Y(Q)	1.4	1.0	95	70	92.1	42.4	轻柴油、天然气、城市煤气、液化气	128	155	326	51	380	50	4.5	4.5	河北保定太行集团有限责任公司
WNS2.1-1.0/95/70-Y(Q)	2.1				92.3	52.1		191	233	488	76			6.5	6.5	
WNS2.8-1.0/95/70-Y(Q)	2.8				93.4	86.4		252	306	642	100			9	9	
WNS4.2-1.0/95/70-Y(Q)	4.2				92.2	130.7		383	466	976	153			13.5	13.5	
WNS5.6-1.0/95/70-Y(Q)	5.6				93.1	193.1		505	615	1289	201			14	14	
WNS7.0-1.0/95/70-Y(Q)	7.0				92.2	229.1		638	776	1627	254			21	21	

3. 外形尺寸：WNS 系列全自动燃油燃气热水锅炉外形尺寸(一)、(二)见图 15-2、表 15-7、表 15-8。

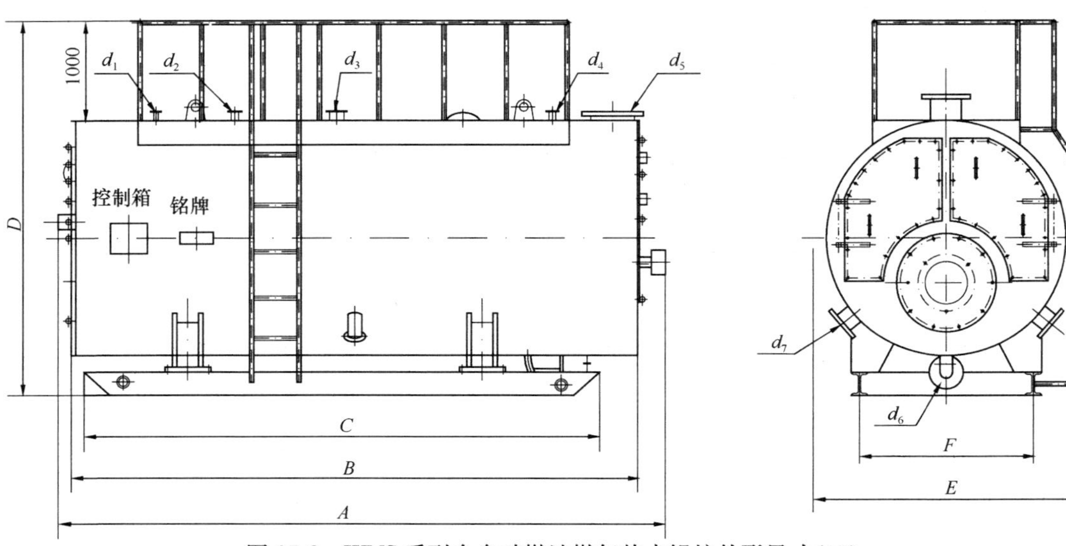

图 15-2 WNS 系列全自动燃油燃气热水锅炉外形尺寸(二)

d_1—压力表接管；d_2—安全阀接管；d_3—出水口接管；d_4—放气口接管；d_5—烟囱口；d_6—排污口接管；d_7—回水口接管

WNS系列全自动燃油燃气热水锅炉外形尺寸(一)(mm)　　表15-7

型号	外形尺寸						管口直径						
	A	B	C	D	E	F	d_1	d_2	d_3	d_4	d_5	d_6	d_7
WNS0.7-0.7/95/70-Y(Q)	3250	2980	2450	2920	1680	1000	20	50	80	32	250	40	50(2)①
WNS1.05-0.7/95/70-Y(Q)	3575	3300	3140	3000	1756	1120	20	50	100	32	300	40	100
WNS1.4-0.7/95/70-Y(Q)	4090	3820	3210	3190	1820	1240	20	50	100	32	300	50	100
WNS2.1-0.7/95/70-Y(Q)	4590	4320	2770	3320	2165	1100	20	50(2)①	125	32	350	50	80(2)①
WNS2.8-0.7/95/70-Y(Q)	4830	4460	3190	3320	2165	1100	20	50(2)①	150	32	400	50	100(2)①
WNS4.2-0.7/95/70-Y(Q)	5960	5690	5200	3568	3100	2000	20	65(2)①	150	32	600	50	150(2)①
WNS5.6-0.7/95/70-Y(Q)	6900	6800	5000	3528	2800	1700	20	80(2)①	150	40	600	50	200
WNS7.0-0.7/95/70-Y(Q)	7300	7030	5300	3895	2853	1800	20	100(2)①	200	40	700	50(2)①	200

①括号内为接管个数。

WNS系列全自动燃油燃气热水锅炉外形尺寸(二)　　表15-8

型号	外形尺寸(mm)			运输尺寸(mm)			运输质量(t)	水容积(m^3)	出水口径(mm)	回水口径(mm)	安全阀口径(mm)	排污阀口径(mm)	供、回油口径		烟囱口径(mm)
	长度	宽度	高度	长度	宽度	高度							(mm)	(in)	
WNS1.4-1.0/95/70-Y(Q)	5151	1916	2681	3820	1728	2160	4.882	3.2	100	100	40	50			370
WNS2.1-1.0/95/70-Y(Q)	6143	2463	3534	4943	2102	2650	8.133	5.6	125	125	50	40	12.5	1/2	450
WNS2.8-1.0/95/70-Y(Q)	6210	2662	3020	5006	2439	2756	10.615	8.9	150	150	40	50			500
WNS4.2-1.0/95/70-Y(Q)	6936	3025	3943	5686	2635	3141	14.583	11.5	150	150	40	50			600
WNS5.6-1.0/95/70-Y(Q)	8236	2985	3931	6736	2635	3120	17.356	12.5	200	200	40	50	37.5	3/2	650
WNS7.0-1.0/95/70-Y(Q)	8330	3680	4098	6830	3400	3423	22.115	14	200	200	40	50			800

15.2 加热器

加热器常用有半容积式加热器、浮动盘管加热器、波节管加热器、快速式加热器、半即热式加热器。

15.2.1 半容积式加热器

半容积式加热器常用有BFGVW系列浮动盘管卧式半容积式加热器、B_1FGVL系列浮动盘管立式半容积式加热器、标准型DFHRV系列导流浮动盘管半容积式加热器、BHRV-02系列波节管立式半容积式加热器。

15.2.1.1 BFGVW系列浮动盘管卧式半容积式加热器

1. 型号意义说明：

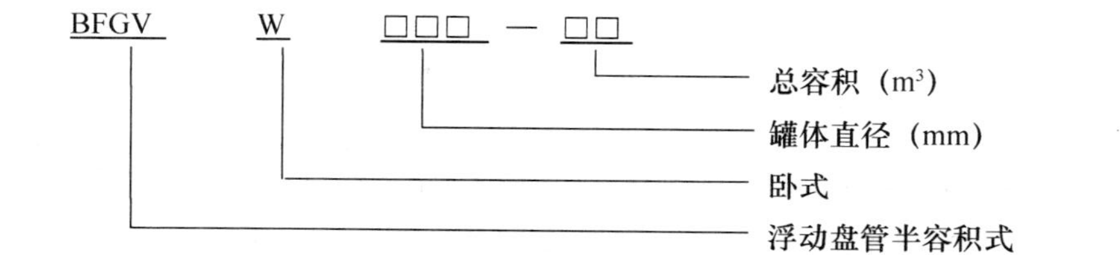

2. 性能规格及外形与基础尺寸：BFGVW 系列浮动盘管卧式半容积式加热器性能规格及外形与基础尺寸见表 15-9、图 15-3。

BFGVW 系列浮动盘管卧式半容积式加热器性能规格及外形与基础尺寸 表 15-9

型号	罐体直径 ϕ (mm)	罐体容积 V (m^3)	换热面积 $F(m^2)$	管束长度 (mm)	管口直径(mm)				外形尺寸(mm)								加热器净质量(kg)			设计压力(MPa)		主要生产厂商
					d_1	d_2	d_3	d_4	L	L_1	L_2	L_3	L_4	B_1	B_2	H	PN 0.6	PN 1.0	PN 1.6	壳程	管程	
BFGVW1000-1.0	1000	1.0	3.0	900	50	50(32)	50	50	1965	265	600	760	461	170	85	1336	590	690	760	0.4、0.6、0.8、1.0、1.2、1.6	0.4～1.6	北京特高换热设备有限公司
			4.0	1000																		
			5.0	1100					1990													
BFGVW1000-1.5	1000	1.5	6.0	1200	50	50(32)	65	65	2630	545	600	760	501	170	85	1336	770	905	975			
			7.0	1300	65	65(32)																
			8.0	1400																		
BFGVW1200-2.0	1200	2.0	5.0	1100	50	50(32)	65	65	2500	350	720	880	551	170	85	1536	745	885	900			
			6.0	1200																		
			7.0	1300	65	65(32)																
BFGVW1200-2.5	1200	2.5	8.0	1400	65	65(32)	65	65	3000	443	720	880	773	170	85	1574	1200	1420	1560			
			9.0	1500																		
			10.0	1560																		
			12.0	1700																		

续表

型号	罐体直径 φ (mm)	罐体容积 V (m^3)	换热面积 F(m^2)	管束长度 (mm)	管口直径(mm)				外形尺寸(mm)								加热器净质量(kg)			设计压力(MPa)		主要生产厂商
					d_1	d_2	d_3	d_4	L	L_1	L_2	L_3	L_4	B_1	B_2	H	PN 0.6	PN 1.0	PN 1.6	壳程	管程	
BFGVW1400-3.0	1400	3.0	7.0	1300	65	65(32)	65	65	2730	435	840	1000	664	170	85	1774	1330	1580	1720	0.4、0.6、0.8、1.0、1.2、1.6	0.4～1.6	北京特高换热设备有限公司
			8.0	1400																		
			9.0	1500																		
			10.0	1560																		
BFGVW1400-3.5	1400	3.5	12.0	1420	65	65(32)	80	80	3045	530	840	1000	676	170	85	1774	1560	1830	1980			
			14.0	1560	80	80(40)																
BFGVW1400-4.0	1400	4.0	16.0	1700	100	100(50)	80	80	3470	650	840	1000	771	170	85	1750	1315	1775	1910			
BFGVW1600-4.5	1600	4.5	8.0	1400	65	65(32)	80	80	3230	530	960	1120	716	200	100	1950	1700	2100	2100			
			9.0	1500																		
			10.0	1560																		
			12.0	1680																		
			14.0	1750	80	80(40)																
BFGVW1600-5.0	1600	5.0	16.0	1960	100	100(50)	80	80	3480	570	960	1120	813	200	100	1950	1955	2430	2310			
			18.0	2170																		
			20.0	2380																		
BFGVW1600-6.0	1600	6.0	23.0	1690	100	100(50)	100	100	3970	750	960	1120	878	200	100	1950	2225	2780	2595			
			25.0	1830																		
BFGVW1800-7.0	1800	7.0	12.0	1680	65	65(32)	80	80	3730	630	1120	1280	903	220	110	2154	2150	2825	2835			
			14.0	1750	80	80(40)																
			16.0	1960	100	100(50)																
			18.0	2170																		

续表

型号	罐体直径 ϕ (mm)	罐体容积 V (m^3)	换热面积 F(m^2)	管束长度 (mm)	管口直径(mm)				外形尺寸(mm)								加热器净质量(kg)			设计压力 (MPa)		主要生产厂商
					d_1	d_2	d_3	d_4	L	L_1	L_2	L_3	L_4	B_1	B_2	H	PN 0.6	PN 1.0	PN 1.6	壳程	管程	
BFGVW1800-8.0	1800	8.0	20.0	1900	100	100(50)	100	100	4200	750	1120	1280	987	220	110	2174	3230	3890	4390	0.4、0.6、0.8、1.0、1.2、1.6	0.4～1.6	北京特高换热设备有限公司
			23.0	2100																		
			25.0	2240																		
			28.0	2460																		
			30.0	2600																		
BFGVW2000-9.0	2000	9.0	12.0	1680	65	65(32)	80	80	3960	655	1260	1420	955	220	110	2374	3390	4300	4830			
			14.0	1750	80	80(40)																
			16.0	1960	100	100(50)																
			18.0	2170																		
BFGVW2000-10.0	2000	10.0	20.0	1900	100	100(50)	100	100	4280	750	1260	1420	1015	220	110	2374	3560	4700	5260			
			23.0	2100																		
BFGVW2000-12.0	2000	12.0	25.0	2240	100	100(50)	100	100	4920	950	1260	1420	1135	220	110	2374	4040	5310	5910			
			28.0	2460																		
			30.0	2600																		
			35.0	2950																		

注：1. d_2 括号内数字为汽-水换热时冷凝水管径；

2. 表中各种型号所对应换热面积 F 仅作参考，视具体情况计算可予变动；

3. 汽-水换热时，其换热面积可取以上较小数值；

4. 北京特高换热设备有限公司还生产 TGBHL(W)型波节管式换热器。

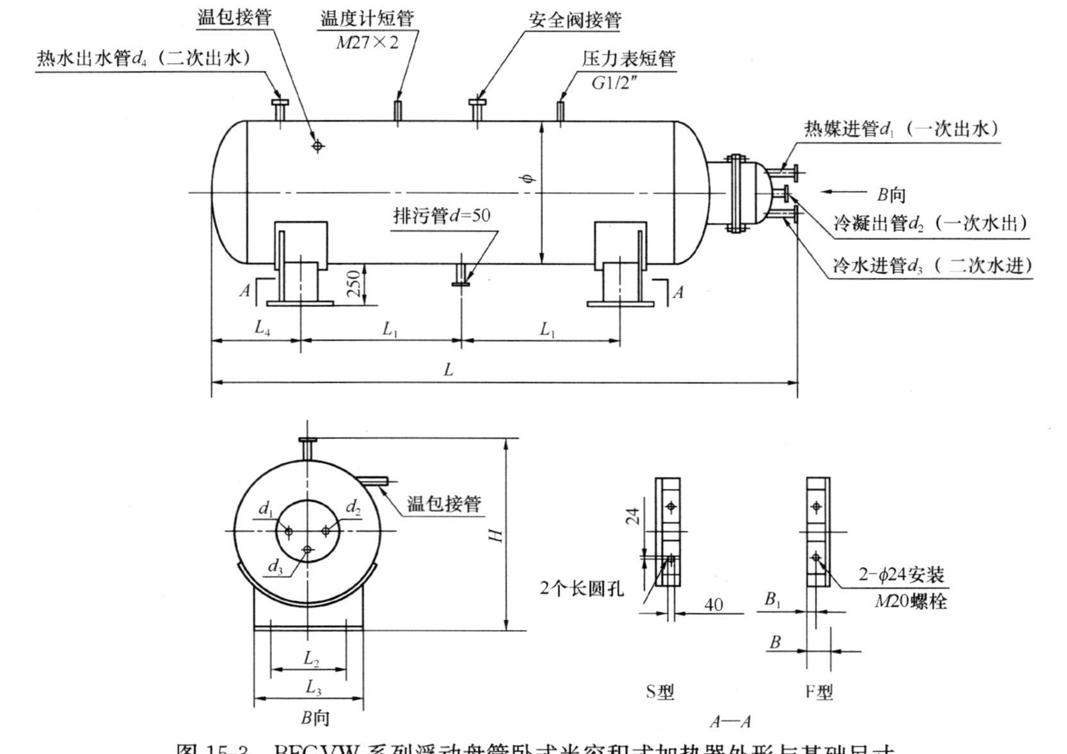

图 15-3 BFGVW 系列浮动盘管卧式半容积式加热器外形与基础尺寸

注：安全阀有两种规格 ϕ32 和 ϕ40，当壳程设计压力≤1.0MPa 时，一般采用 ϕ32；当壳程设计压力＞1.0MPa 时，一般采用 ϕ40。

15.2.1.2 B_1FGVL 系列浮动盘管立式半容积式加热器

1. 型号意义说明：

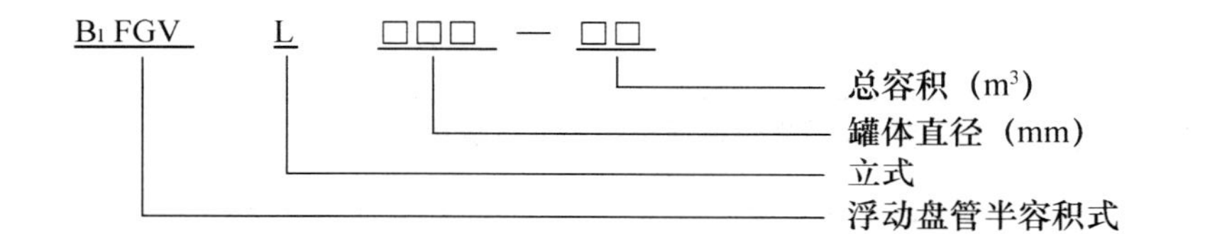

2. 性能规格及外形与基础尺寸：B_1FGVL 系列浮动盘管立式半容积式加热器性能规格及外形与基础尺寸见表 15-10、图 15-4。

B_1FGVL 系列浮动盘管立式半容积式加热器性能规格及外形与基础尺寸 表 15-10

型号	罐体直径 ϕ (mm)	罐体容积 $V(m^3)$	换热面积 $F(m^2)$	管束长度 (mm)	管口直径 (mm)				外形尺寸 (mm)				加热器净质量 (kg)			设计压力 (MPa)		主要生产厂商
					d_1	d_2	d_3	d_4	D_0	B	H	H_1	$PN0.6$	$PN1.0$	$PN1.6$	壳程	管程	
B_1FGVL1000-1.0	1000	1.0	3.0	900	50	50(32)	50	50	850	1600	1860	1040	680	810	1020	0.4、0.6、0.8、1.0、1.2、1.6	0.4～1.6	北京特高换热设备有限公司
			4.0	1000														
B_1FGVL1000-1.5	1000	1.5	5.0	1200	50	50(32)	50	50	850	1710	2480	1040	780	940	1180			
			6.0	1300														
B_1FGVL1200-2.0	1200	2.0	5.0	1200	50	50(32)	50	50	1020	1790	2370	1040	1080	1280	1570			
			6.0	1300														
B_1FGVL1200-2.5	1200	2.5	7.0	1400	65	65(32)	65	65	1020	1820	2810	1300	1250	1480	1800			
			8.0	1500														
			9.0	1560						1900								
			10.0	1700														
B_1FGVL1400-3.0	1400	3.0	6.0	1300	50	50(32)	65	65	1100	2060	2560	1300	1360	1780	2100			
			7.0	1400	65	65(32)												
			8.0	1500														
B_1FGVL1400-3.5	1400	3.5	9.0	1420	65	65(32)	65	65	1100	2170	2880	1300	1480	1950	2300			
			10.0	1560														
B_1FGVL1400-4.0	1400	4.0	12.0	1700	65	65(32)	80	80	1100	2200	3200	1400	1560	2080	2450			
			14.0	1800	80	80(40)												
B_1FGVL1600-4.0	1600	4.0	7.0	1400	65	65(32)	65	65	1300	2270	2610	1300	1670	2100	2560			
			8.0	1500														
			9.0	1600														
B_1FGVL1600-4.5	1600	4.5	10.0	1640	65	65(32)	65	65	1300	2300	2900	1300	1760	2350	2700			
			12.0	1780														

续表

型号	罐体直径 ϕ (mm)	罐体容积 $V(m^3)$	换热面积 $F(m^2)$	管束长度 (mm)	管口直径 (mm)				外形尺寸 (mm)				加热器净质量 (kg)			设计压力 (MPa)		主要生产厂商
					d_1	d_2	d_3	d_4	D_0	B	H	H_1	$PN0.6$	$PN1.0$	$PN1.6$	壳程	管程	
B_1FGVL1600-5.0	1600	5.0	14.0	1690	80	80(40)	80	80	1300	2460	3150	1400	1840	2590	2840	0.4、0.6、0.8、1.0、1.2、1.6	0.4～1.6	北京特高换热设备有限公司
			16.0	1830	100	100(50)												
			18.0	1970														
B_1FGVL1800-6.0	1800	6.0	12.0	1600	65	65(32)	80	80	1500	2380	3100	1300	2620	3000	3690			
			14.0	1740	80	80(40)												
			16.0	1880	100	100(50)												
B_1FGVL1800-7.0	1800	7.0	18.0	1960	100	100(50)	100	100	1500	2630	3500	1400	2710	3220	3880			
			20.0	2100														
			23.0	2240						2780								
			25.0	2400														
B_1FGVL2000-8.0	2000	8.0	10.0	1460	65	65(32)	80	80	1500	2500	3280	1300	2850	3730	4490			
			12.0	1600														
			14.0	1740	80	80(40)												
B_1FGVL2000-9.0	2000	9.0	16.0	1880	100	100(50)	100	100	1500	2800	3600	1400	3030	3970	4810			
			18.0	1960														
			20.0	2100						2960								
			23.0	2240														
B_1FGVL2000-10.0	2000	10.0	25.0	2400	100	100(50)	100	100	1500		3920	1400	3180	4190	5080			
			28.0	2580														
			30.0	2720														

注：1. d_2 括号内数字为汽-水换热时冷凝水管径；
2. 表中各种型号所对应换热面积 F 仅作参考，视具体情况计算可予变动；
3. 汽-水换热时，其换热面积可取以上较小数值；
4. 北京特高换热设备有限公司还生产 B_2FGVL 系列浮动盘管立式半容积式加热器。

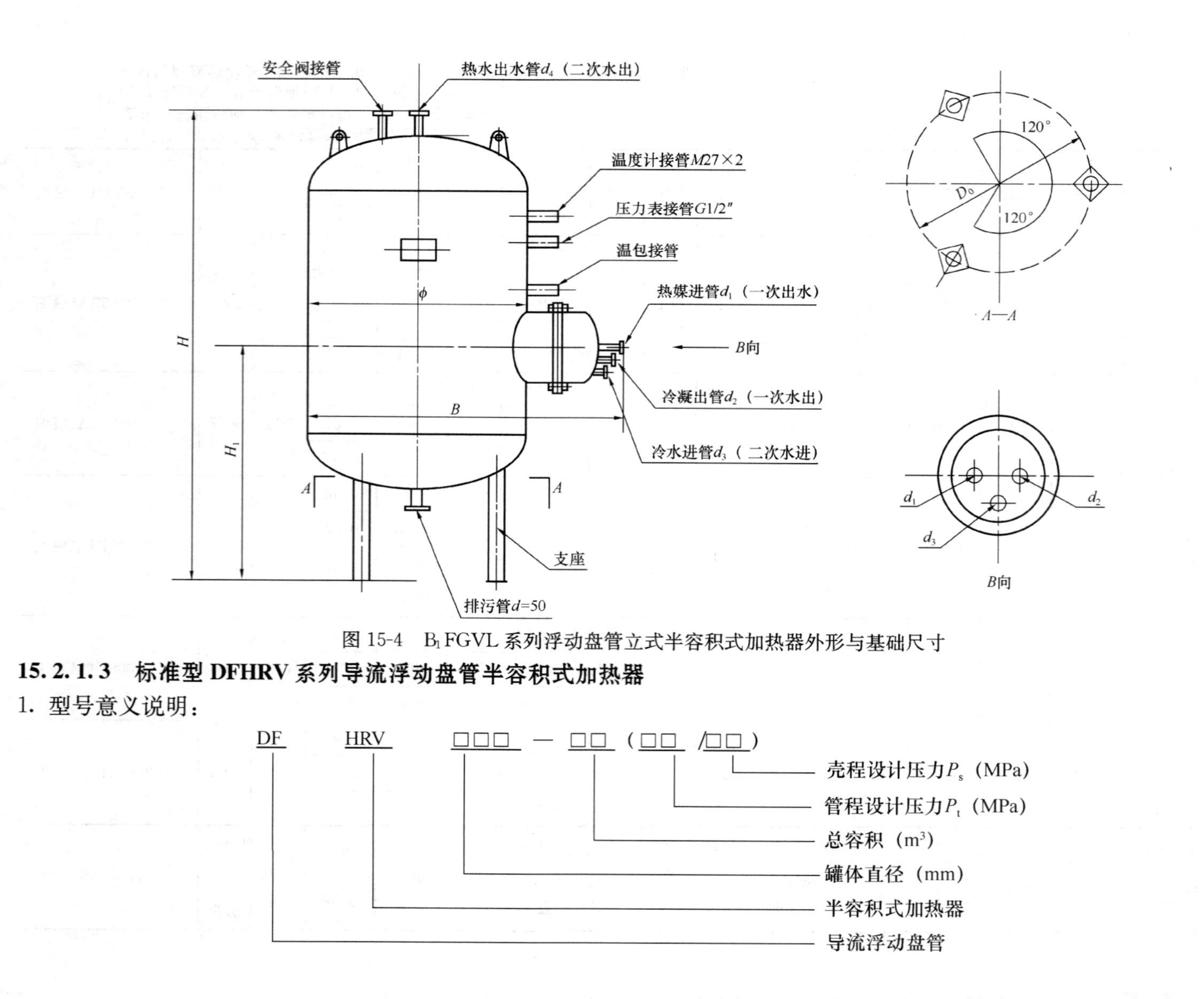

图 15-4　B_1FGVL 系列浮动盘管立式半容积式加热器外形与基础尺寸

15.2.1.3　标准型 DFHRV 系列导流浮动盘管半容积式加热器

1. 型号意义说明：

DF　HRV　□□□ — □□（□□/□□）

- 壳程设计压力P_s（MPa）
- 管程设计压力P_t（MPa）
- 总容积（m^3）
- 罐体直径（mm）
- 半容积式加热器
- 导流浮动盘管

2. 性能规格：标准型 DFHRV 系列导流盘管半容积式加热器性能规格见表 15-11。

标准型 DFHRV 系列导流盘管半容积式加热器性能规格 表 15-11

型号	罐体直径 ϕ (mm)	总容积 V (m^3)	设计压力(MPa) 管程 P_t	设计压力(MPa) 壳程 P_s	总高度 H (mm)	质量 G (kg)	换热面积 F (m^2)	产热量(4.1868kg/h)/热媒流量(kg/h) 热媒为饱和蒸汽	产热量/热媒流量 热媒为70～85℃热水	产热量/热媒流量 热媒为86～100℃热水	产热水量(m^3/h) 热媒为饱和蒸汽	产热水量 热媒为70～85℃热水	产热水量 热媒为86～100℃热水	主要生产厂商
DFHRV-1000-1.0	1000	1.0	0.6、1.6	0.6	1810	562	2.6	278500/470	94150/4800	116700/4200	6.0	2.7	2.9	北京丰台万泉压力容器厂
				1.0	1850	763								
				1.6	1850	953	3.5	374900/630	126740/6400	157100/5700	8.3	3.6	3.9	
DFHRV-1000-1.2		1.2		0.6	2060	651								
				1.0	2100	813	4.3	460530/770	155700/7800	193000/6900	10.2	4.5	4.7	
				1.6	2108	1016	5.2	557000/930	188300/9500	233400/8400	12.3	5.4	5.7	
DFHRV-1200-1.5	1200	1.5		0.6	1910	737								
				1.0	1950	936								
				1.6	1958	1170	3.5	374900/630	126740/6400	157100/5700	8.3	3.6	3.9	
DFHRV-1200-2.0		2.0		0.6	2310	826								
				1.0	2350	1005	5.2	557000/930	188300/9500	233400/8400	12.3	5.4	5.7	
				1.6	2358	1256								
DFHRV-1200-2.5		2.5		0.6	2760	933	6.9	739000/1240	250000/13000	309700/11100	16.3	7.1	7.6	
				1.0	2800	1189								
				1.6	2808	1486	7.8	835380/1400	282400/14200	350000/13000	18.5	8.1	8.6	
DFHRV-1200-3.0		3.0		0.6	3210	1040								
				1.0	3250	1324								
				1.6	3258	1655								
DFHRV-1600-3.5	1600	3.5		0.6	2420	1286	5.2	557000/930	188300/9500	233400/2400	12.3	5.4	5.7	
				1.0	2450	1588								
				1.6	2458	1985	6.9	739000/1240	250000/13000	309700/11100	16.3	7.1	7.6	
DFHRV-1600-4.0		4.0		0.6	2670	1384								
				1.0	2700	1712	8.2	878400/1470	297000/15000	368000/13300	19.4	8.5	9.0	
				1.6	2708	2140								
DFHRV-1600-4.5		4.5		0.6	2970	1463	10.4	1113800/1860	376590/19000	466800/17000	24.8	10.8	11.6	
				1.0	3000	1807								
				1.6	3008	2258								

续表

型号	罐体直径 ϕ (mm)	总容积 V (m^3)	设计压力(MPa)		总高度 H (mm)	质量 G (kg)	换热面积 F (m^2)	产热量(4.1868kg/h)/热媒流量(kg/h)			产热水量(m^3/h)			主要生产厂商
			管程 P_t	壳程 P_s				热媒为饱和蒸汽	热媒为70～85℃热水	热媒为86～100℃热水	热媒为饱和蒸汽	热媒为70～85℃热水	热媒为86～100℃热水	
DFHRV-1600-5.0	1600	5.0	0.6、1.6	0.6	3270	1622								
				1.0	3000	1998								
				1.6	3308	2498								
DFHRV-1800-4.5	1800	4.5	0.6、1.6	0.6	2520	1493								北京丰台万泉压力容器厂
				1.0	2550	1965	6.4 8.5 10.6 12.2 13.3	685500/1150 910350/1520 1135300/1900 1306600/2180 1424430/2400	231750/12000 307800/15500 383830/19400 441800/23500 481600/24500	287240/10500 381500/14000 475740/17200 547600/19800 597000/21600	15.2 20.2 25.3 29.1 31.7	6.6 8.8 11.0 12.6 13.8	7.2 9.5 11.9 13.6 14.9	
				1.6	2558	2456								
DFHRV-1800-5.0		5.0		0.6	2670	2002								
				1.0	2700	2059								
				1.6	2708	2573								
DFHRV-1800-5.5		5.5		0.6	2820	1627								
				1.0	2850	2153								
				1.6	2858	2691								
DFHRV-1800-6.0		6.0		0.6	3020	1717								
				1.0	3050	2278								
				1.6	3058	2848								
DFHRV-1800-6.5		6.5		0.6	3220	1804								
				1.0	3250	2404								
				1.6	3258	3005								
DFHRV-1800-7.0		7.0		0.6	3370	1883								
				1.0	3400	2498								
				1.6	3408	3123								
DFHRV-1800-7.5		7.5		0.6	3570	1967								
				1.0	3600	2623								
				1.6	3608	3278								
DFHRV-1800-8.0		8.0		0.6	3770	2057								
				1.0	3800	2748								
				1.6	3808	3435								

续表

型号	罐体直径 ϕ (mm)	总容积 V (m^3)	设计压力(MPa)		总高度 H (mm)	质量 G (kg)	换热面积 F (m^2)	产热量(4.1868kg/h)/热媒流量(kg/h)			产热水量(m^3/h)			主要生产厂商
			管程 P_t	壳程 P_s				热媒为饱和蒸汽	热媒为70～85℃热水	热媒为86～100℃热水	热媒为饱和蒸汽	热媒为70～85℃热水	热媒为86～100℃热水	
DFHRV-2200-6.5	2200	6.5	0.6、1.6	0.6	2600	2275								北京丰台万泉压力容器厂
				1.0	2640	2900								
				1.6	2648	3625								
DFHRV-2200-7.0		7.0		0.6	2700	2340								
				1.0	2740	2989								
				1.6	2748	3736								
DFHRV-2200-7.5		7.5		0.6	2800	2405	11.6	1242400/2100	420000/21500	520600/18600	27.6	12.0	13.1	
				1.0	2840	3076								
				1.6	2848	3845								
DFHRV-2200-8.0		8.0		0.6	2900	2470	15.0	1607000/2700	543200/27600	673200/24500	35.7	15.5	16.9	
				1.0	2940	3173								
				1.6	2948	3966								
DFHRV-2200-8.5		8.5		0.6	3000	2535	18.3	1960000/3300	662600/33500	821300/29600	43.6	18.9	20.6	
				1.0	3040	3260								
				1.6	3048	4075								
DFHRV-2200-9.0		9.0		0.6	3120	2626	21.6	2313400/3900	782100/39800	969400/34800	51.4	22.3	24.3	
				1.0	3160	3391								
				1.6	3168	4238								
DFHRV-2200-9.5		9.5		0.6	3250	2733	26.6	2849000/4750	963200/49000	1194000/43000	63.3	27.4	30.0	
				1.0	3290	3522								
				1.6	3298	4402								
DFHRV-2200-10.0		10.0		0.6	3350	2765								
				1.0	3390	3611								
				1.6	3398	4513								

3. 外形与基础尺寸：标准型 DFHRV 系列导流浮动盘管半容积式加热器外形与基础尺寸见图 15-5、表 15-12。

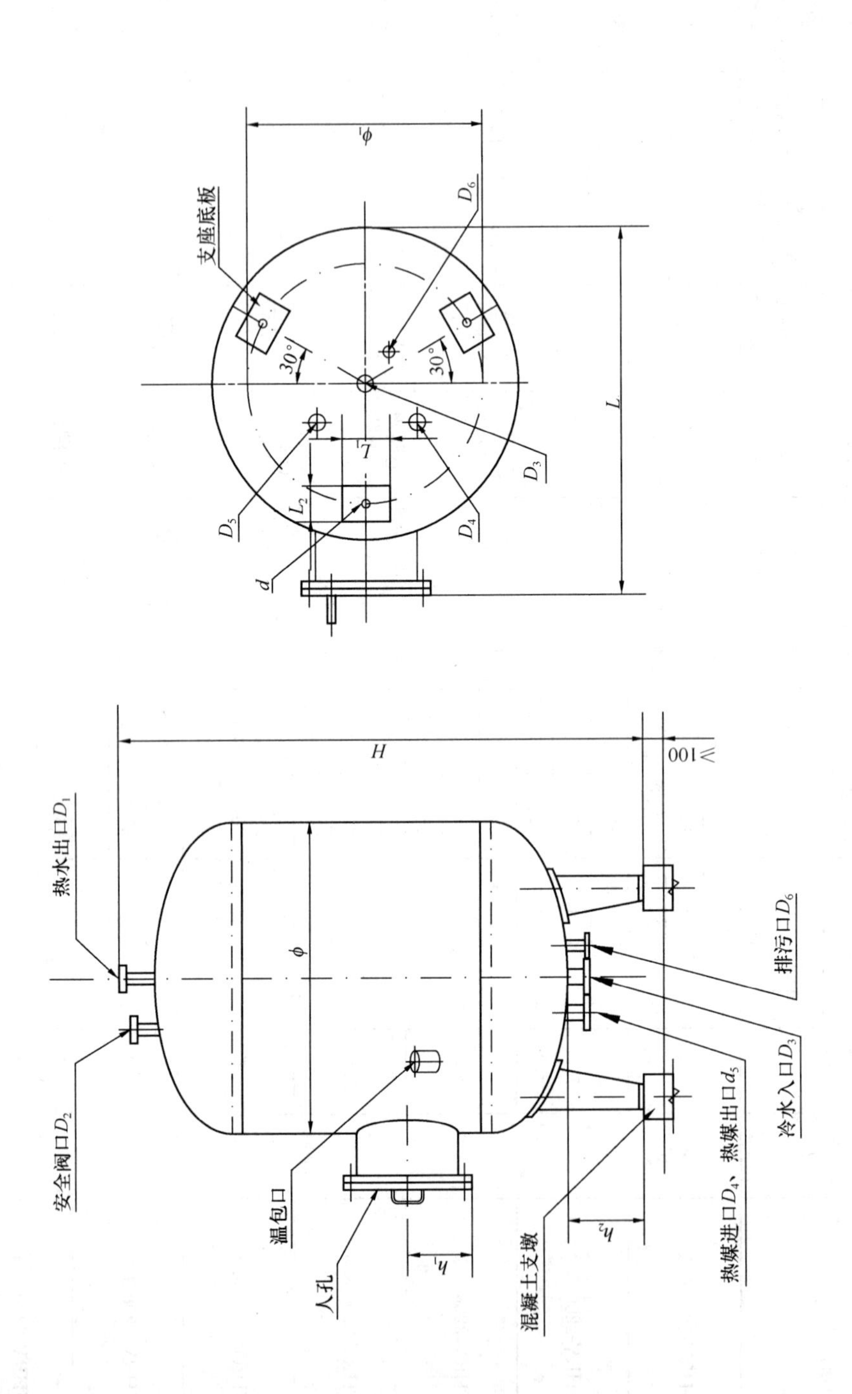

图 15-5 标准型 DFHRV 系列导流浮动盘管半容积式加热器外形与基础尺寸

标准型 DFHRV 系列导流浮动盘管半容积式加热器外形与基础尺寸(mm) 表 15-12

工况	型号	罐体直径		外形尺寸					管口直径						孔径
		ϕ_1	ϕ_2	h_1	h_2	L	L_1	L_2	D_1	D_2	D_3	D_4	D_5	D_6	D
汽-水换热	DFHRV-1000 0.6/0.6、1.0、1.6	1000	700	320	250	1115	130	90	50	25	50	65	40	32	24
	DFHRV-1200 0.6/0.6、1.0、1.6	1200	840	320	300	1315	170	120	65	25	65	65	40	32	24
	DFHRV-1600 0.6/0.6、1.0、1.6	1600	1200	320	300	1715	210	160	80	32	80	65	40	32	30
	DFHRV-1800 0.6/0.6、1.0、1.6	1800	1350	370	300	1920	210	160	100	32	100	80	50	32	30
	DFHRV-2200 0.6/0.6、1.0、1.6	2200	1650	420	300	2320	230	180	100	40	100	100	65	32	30
水-水换热	DFHRV-1000 0.6/0.6、1.0、1.6	1000	700	320	250	1120	130	90	50	25	50	65	65	32	24
	DFHRV-1200 0.6/0.6、1.0、1.6	1200	840	320	300	1320	170	120	65	25	65	65	65	32	24
	DFHRV-1600 0.6/0.6、1.0、1.6	1600	1200	320	300	1720	210	160	80	25	80	65	65	32	30
	DFHRV-1800 0.6/0.6、1.0、1.6	1800	1350	370	300	1925	210	160	100	32	100	80	80	32	30
	DFHRV-2200 0.6/0.6、1.0、1.6	2200	1650	420	300	2325	230	180	100	32	100	100	100	32	30

注：1. 与 D_1、D_3、D_4、D_5 连接的管段管径以工程设计计算为准；
2. 表中 L_1、L_2 为钢板支座底板尺寸，混凝土支墩比 L_1、L_2 相应大 100～150mm。

15.2.1.4 BHRV-02 系列波节管立式半容积式加热器

1. 型号意义说明：

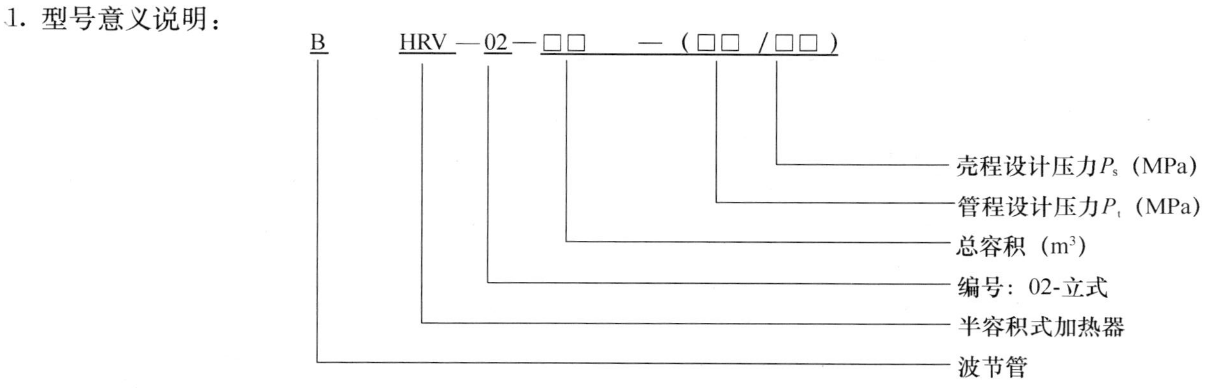

2. 性能规格：BHRV-02系列波节管立式半容积式加热器性能规格见表15-13。

BHRV-02系列波节管立式半容积式加热器性能规格 **表15-13**

型号	容积 V (m^3)	设计压力 (MPa)		罐体直径 ϕ (mm)	总高度 H (mm)	质量G (kg)	换热管束		产热量×10^3(4.1868kJ/h)			产热水量(m^3/h)			主要生产厂商
		壳程 P_s	管程 P_t				最大长度 L (mm)	换热面积 F (m^2)	热媒为0.2～0.4MPa蒸汽	热媒为70～83℃热水	热媒为84～95℃热水	热媒为0.2～0.4MPa蒸汽	热媒为70～83℃热水	热媒为84～95℃热水	
BHRV-02-0.8(${}^{0.4}_{1.6}$/0.6)		0.6			1748	664 (864)									
BHRV-02-0.8(${}^{0.4}_{1.6}$/1.0)	0.8	1.0			1752	751 (956)		A 9.3	—	309～380	407～548	—	8.7～10.8	10.0～122	
BHRV-02-0.8(${}^{0.4}_{1.6}$/1.6)		1.6			1756	864 (1012)									
BHRV-02-1.0(${}^{0.4}_{1.6}$/0.6)		0.6			2048	704 (904)									
BHRV-02-1.0(${}^{0.4}_{1.6}$/1.0)	1.0	1.0	0.4、1.6	900	2052	805 (1010)	1160	B 4.7	579～695	156～192	206～277	12.8～15.4	4.4～5.5	5.1～6.2	北京丰台万泉压力容器厂
BHRV-02-1.0(${}^{0.4}_{1.6}$/1.6)		1.6			2056	926 (1134)									
BHRV-02-1.2(${}^{0.4}_{1.6}$/0.6)		0.6			2348	744 (944)									
BHRV-02-1.2(${}^{0.4}_{1.6}$/1.0)	1.2	1.0			2352	859 (1065)		C 3.3	406～488	110～135	144～194	9.0～10.8	3.1～3.9	3.6～4.3	
BHRV-02-1.2(${}^{0.4}_{1.6}$/1.6)		1.6			2356	988 (1196)									

续表

型号	容积 V (m³)	设计压力(MPa)		罐体直径 ϕ (mm)	总高度 H (mm)	质量G (kg)	换热管束		产热量×10³(4.1868kJ/h)			产热水量(m³/h)			主要生产厂商
		壳程 P_s	管程 P_t				最大长度 L (mm)	换热面积 F (m²)	热媒为0.2～0.4 MPa蒸汽	热媒为70～83℃热水	热媒为84～95℃热水	热媒为0.2～0.4 MPa蒸汽	热媒为70～83℃热水	热媒为84～95℃热水	
BHRV-02-1.5($^{0.4}_{1.6}$/0.6)		0.6			1876	1083 (1458)		A 16.1	—	543～658	705～949	—	15.0～18.8	17.4～21.2	
BHRV-02-1.5($^{0.4}_{1.6}$/1.0)	1.5	1.0			1914	1278 (1653)									
BHRV-02-1.5($^{0.4}_{1.6}$/1.6)		1.6			1922	1598 (1978)									
BHRV-02-2.0($^{0.4}_{1.6}$/0.6)		0.6			2276	1127 (1500)									
BHRV-02-2.0($^{0.4}_{1.6}$/1.0)	2.0	1.0	0.4、1.6	1200	2314	1397 (1772)	1480	B 11.9	1466～1760	396～488	522～702	32.5～39.1	11.2～13.9	12.9～15.6	北京丰台万泉压力容器厂
BHRV-02-2.0($^{0.4}_{1.6}$/1.6)		1.6			2322	1747 (2127)									
BHRV-02-2.5($^{0.4}_{1.6}$/0.6)		0.6			2726	1234 (1610)									
BHRV-02-2.5($^{0.4}_{1.6}$/1.0)	2.5	1.0			2764	1531 (1928)									
BHRV-02-2.5($^{0.4}_{1.6}$/1.6)		1.6			2772	1914 (2294)		C 7.8	961～1153	260～320	342～460	21.3～25.6	7.3～9.1	8.51～10.2	

续表

型号	容积 V (m³)	设计压力(MPa)		罐体直径 ϕ (mm)	总高度 H (mm)	质量 G (kg)	换热管束		产热量×10³(4.1868kJ/h)			产热水量(m³/h)			主要生产厂商
		壳程 P_s	管程 P_t				最大长度 L (mm)	换热面积 F (m²)	热媒为0.2～0.4 MPa蒸汽	热媒为70～83℃热水	热媒为84～95℃热水	热媒为0.2～0.4 MPa蒸汽	热媒为70～83℃热水	热媒为84～95℃热水	
BHRV-02-3.0($^{0.4}_{1.6}$/0.6)	3.0	0.6	0.4、1.6	1600	2081	1550 (1922)	1880	A 20.5	—	680～837	898～1208	—	19.2～23.9	22.2～27.0	北京丰台万泉压力容器厂
BHRV-02-3.0($^{0.4}_{1.6}$/1.0)		1.0			2119	1862 (2238)									
BHRV-02-3.0($^{0.4}_{1.6}$/1.6)		1.6			2127	2328 (2708)									
BHRV-02-3.5($^{0.4}_{1.6}$/0.6)	3.5	0.6			2331	1649 (2022)		B 15.2	1873～2248	506～623	666～890	41.6～49.9	14.4～17.8	16.5～20.0	
BHRV-02-3.5($^{0.4}_{1.6}$/1.0)		1.0			2369	1971 (2346)									
BHRV-02-3.5($^{0.4}_{1.6}$/1.6)		1.6			2377	2464 (2844)									
BHRV-02-4.0($^{0.4}_{1.6}$/0.6)	4.0	0.6		1600	2581	1748 (2120)	1880	C 9.8	1207～1449	326～402	430～578	26.8～32.2	9.2～11.4	10.6～12.8	
BHRV-02-4.0($^{0.4}_{1.6}$/1.0)		1.0			2619	2091 (2467)									
BHRV-02-4.0($^{0.4}_{1.6}$/1.6)		1.6			2627	2614 (2994)									

续表

型号	容积 V (m³)	设计压力 (MPa) 壳程 P_s	设计压力 (MPa) 管程 P_t	罐体直径 ϕ (mm)	总高度 H (mm)	质量 G (kg)	换热管束 最大长度 L (mm)	换热管束 换热面积 F (m²)	产热量×10³(4.1868kJ/h) 热媒为0.2～0.4MPa蒸汽	产热量×10³(4.1868kJ/h) 热媒为70～83℃热水	产热量×10³(4.1868kJ/h) 热媒为84～95℃热水	产热水量(m³/h) 热媒为0.2～0.4MPa蒸汽	产热水量(m³/h) 热媒为70～83℃热水	产热水量(m³/h) 热媒为84～95℃热水	主要生产厂商
BHRV-02-4.5($^{0.4}_{1.6}$/0.6)	4.5	0.6	0.4、1.6	1800	2412	2135 (2560)	2100	A 31.3		1039～1278	1371～1844	—	29.3～36.6	33.9～41.2	北京丰台万泉压力容器厂
BHRV-02-4.5($^{0.4}_{1.6}$/1.0)		1.0			2452	2654 (3080)									
BHRV-02-4.5($^{0.4}_{1.6}$/1.6)		1.6			2460	3318 (3751)									
BHRV-02-5.0($^{0.4}_{1.6}$/0.6)	5.0	0.6			2612	2225 (2648)									
BHRV-02-5.0($^{0.4}_{1.6}$/1.0)		1.0			2652	2780 (3206)									
BHRV-02-5.0($^{0.4}_{1.6}$/1.6)		1.6			2660	3475 (3918)									
BHRV-02-5.5($^{0.4}_{1.6}$/0.6)	5.5	0.6			2812	2315 (2738)									
BHRV-02-5.5($^{0.4}_{1.6}$/1.0)		1.0			2852	2910 (3340)		B 22.9	2822～3386	763～939	1004～1351	62.6～75.2	21.7～26.8	24.9～33.8	
BHRV-02-5.5($^{0.4}_{1.6}$/1.6)		1.6			2860	3635 (4070)									

续表

型号	容积 V (m^3)	设计压力(MPa)		罐体直径 ϕ (mm)	总高度 H (mm)	质量 G (kg)	换热管束		产热量×10³(4.1868kJ/h)			产热水量(m^3/h)			主要生产厂商
		壳程 P_s	管程 P_t				最大长度 L (mm)	换热面积 F (m^2)	热媒为0.2～0.4MPa蒸汽	热媒为70～83℃热水	热媒为84～95℃热水	热媒为0.2～0.4MPa蒸汽	热媒为70～83℃热水	热媒为84～95℃热水	
BHRV-02-6.0($^{0.4}_{1.6}$/0.6)		0.6			3012	2405 (2838)									
BHRV-02-6.0($^{0.4}_{1.6}$/1.0)	6.0	1.0		1800	3052	3040 (3470)	2100	C 14.8 —	1824～2189	493～607	649～873	40.5～48.6	14.0～17.3	16.1～21.8	
BHRV-02-6.0($^{0.4}_{1.6}$/1.6)		1.6			3060	3795 (4230)									
BHRV-02-6.5($^{0.4}_{1.6}$/0.6)		0.6			2454	2958 (3733)									
BHRV-02-6.5($^{0.4}_{1.6}$/1.0)	6.5	1.0	0.4、1.6		2462	3606 (4380)		A 45.8	—	1520～1870	2007～2699	—	42.8～53.4	49.6～60.4	北京丰台万泉压力容器厂
BHRV-02-6.5($^{0.4}_{1.6}$/1.6)		1.6			2470	3970 (4577)									
BHRV-02-7.0($^{0.4}_{1.6}$/0.6)		0.6		2000	2654	3078 (3852)	2300								
BHRV-02-7.0($^{0.4}_{1.6}$/1.0)	7.0	1.0			2662	3794 (4577)		B 34.9	4299～5160	1158～1425	1529～2056	95～114	32.6～40.8	37.8～46.0	
BHRV-02-7.0($^{0.4}_{1.6}$/1.6)		1.6			2670	4268 (5053)									

续表

型　号	容积 V (m^3)	设计压力(MPa) 壳程 P_s	管程 P_t	罐体直径 ϕ (mm)	总高度 H (mm)	质量G (kg)	换热管束 最大长度 L (mm)	换热面积 F (m^2)	产热量×10³(4.1868kJ/h) 热媒为0.2～0.4MPa蒸汽	热媒为70～83℃热水	热媒为84～95℃热水	产热水量(m^3/h) 热媒为0.2～0.4MPa蒸汽	热媒为70～83℃热水	热媒为84～95℃热水	主要生产厂商
BHRV-02-7.5(${}^{0.4}_{1.6}$/0.6)		0.6	0.4、1.6		2854	3196 (4090)									北京丰台万泉压力容器厂
BHRV-02-7.5(${}^{0.4}_{1.6}$/1.0)	7.5	1.0		2000	2862	3982 (4785)	2300	C 25.0	3079～3696	829～1021	1095～1473	68～81.9	23.4～29.2	27～32.9	
BHRV-02-7.5(${}^{0.4}_{1.6}$/1.6)		1.6			2870	4488 (5263)									
BHRV-02-8.0(${}^{0.4}_{1.6}$/0.6)		0.6			3054	3315 (4210)									
BHRV-02-8.0(${}^{0.4}_{1.6}$/1.0)	8.0	1.0		2000	3062	4200 (4942)	2300	D 16.2	1995～2395	537～661	710～955	44～53	15.1～18.9	17.5～21.3	
BHRV-02-8.0(${}^{0.4}_{1.6}$/1.6)		1.6			3070	4707 (5503)									

注：1."质量"栏中，带括号者：括号内表示换热面积为 A 时的质量；括号外表示换热面积为 B、C、D 时的质量；

2. 北京丰台万泉压力容器厂还生产 BHRV-01 系列波节管卧式半容积式加热器。

3. 外形与安装尺寸：BHRV-02 系列波节管立式半容积式加热器外形与基础尺寸见图 15-6、表 15-14。

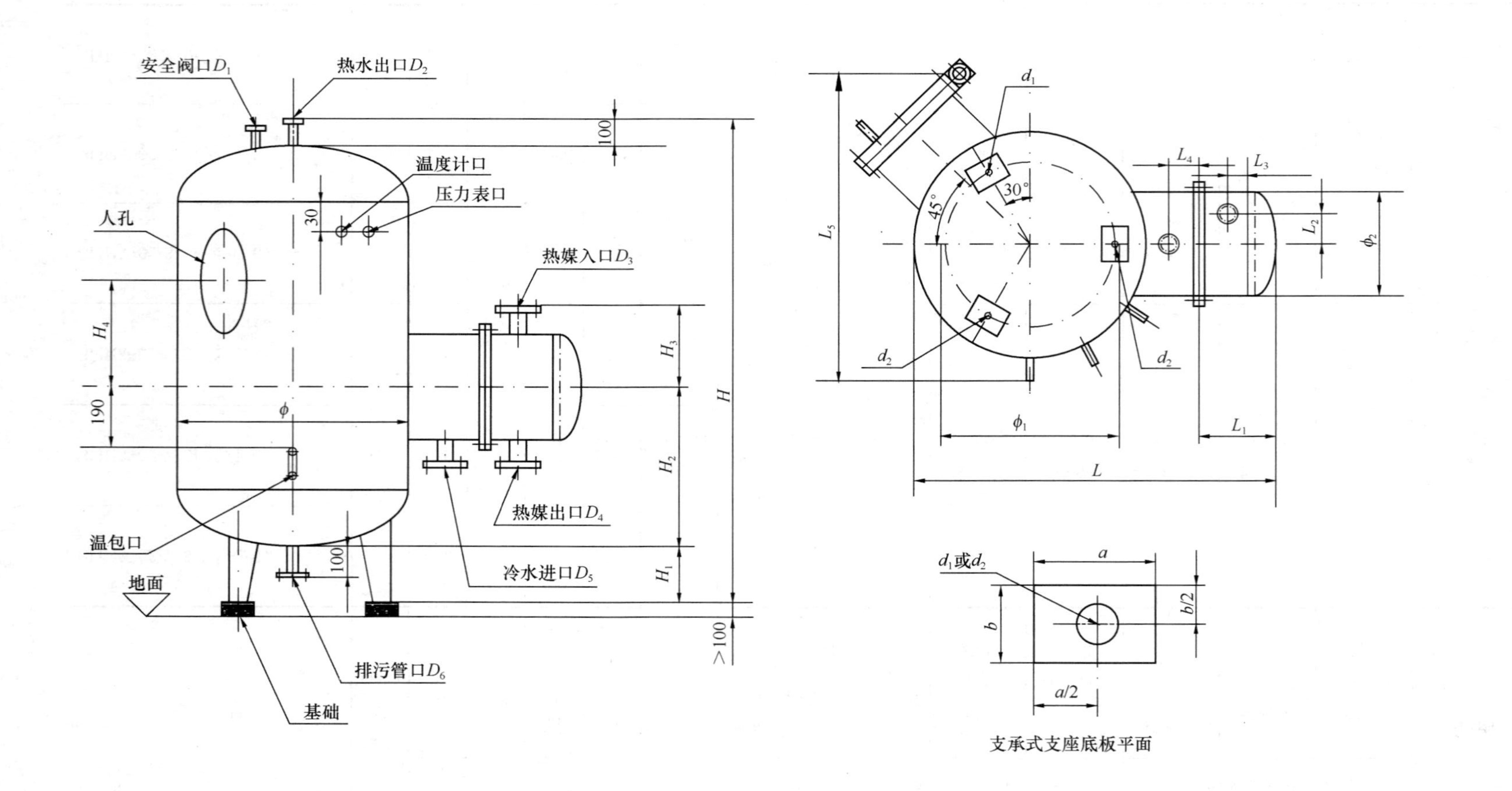

图 15-6 BHRV-02 系列波节管立式半容积式加热器外形与基础尺寸

BHRV-02 系列波节管立式半容积式加热器外形与基础尺寸(mm) **表 15-14**

型号	罐体直径			外形尺寸											管口直径							
	ϕ	ϕ_1	ϕ_2	H_1	H_2	H_3	H_4	L	L_1	L_2	L_3	L_4	L_5	a	b	d_1	d_2	D_1	D_2	D_3	D_4	D_5	D_6
BHRV-02-08($^{0.4}_{1.6}$/0.6)	900	630	400	236	575	305	300	1571	345	100	160	125	1160	130	150	24	30	40	50	50	50	50	32
BHRV-02-1.0($^{0.4}_{1.6}$/1.0)																							
BHRV-02-1.2($^{0.4}_{1.6}$/1.6)			500		630	348		1640	388	123	170	165							65	65	65	65	
BHRV-02-1.5($^{0.4}_{1.6}$/0.6)	1200	840	500	264	700	348	200	1944	388	123	170	165	1417	170	170	24	30	50	65	65	65	65	32
BHRV-02-2.0($^{0.4}_{1.6}$/1.0)																							
BHRV-02-2.5($^{0.4}_{1.6}$/1.6)			600		755	394		2050	463	150	180	200							100	100	100	100	
BHRV-02-3.0($^{0.4}_{1.6}$/1.0)	1600	1200	500	265	802	348	200	2368	388	123	170	175	1759	210	170	30	40	50	80	80	80	80	32
BHRV-02-3.5($^{0.4}_{1.6}$/0.6)																							
BHRV-02-4.0($^{0.4}_{1.6}$/1.0)			600		856	394		2448	463	150	180	200							100	100	100	100	
BHRV-02-4.5($^{0.4}_{1.6}$/0.6)	1800	1250	600	296	920	394	300	2652	463	150	180	200	1945	230	200	30	40	50	100	100	100	100	32
BHRV-02-5.05($^{0.4}_{1.6}$/1.0)																							
BHRV-02-5.5($^{0.4}_{1.6}$/1.6)			700		970	442		2780	542	170	190	220							125	125	125	125	
BHRV-02-6.0($^{0.4}_{1.6}$/1.6)																							
BHRV-02-6.5($^{0.4}_{1.6}$/0.6)	2000	1350	700	254	1020	442	400	293	546	17	190	220	2136	230	200	30	40	65	125	125	125	125	32
BHRV-02-7.0($^{0.4}_{1.6}$/1.0)																							
BHRV-02-7.5($^{0.4}_{1.6}$/0.6)			800		1175	490		2984	596	190	200	240							150	150	150	150	
BHRV-02-8.0($^{0.4}_{1.6}$/1.6)																							

注：H 总高度尺寸详见表 15-13。

15.2.2 浮动盘管加热器

浮动盘管加热器常用有 THF-LA(B)-Q 系列浮动盘管加热器、THF-WA(B)-Q 系列浮动盘管加热器。

15.2.2.1 THF-LA(B)-Q 系列浮动盘管加热器

1. 型号意义说明：

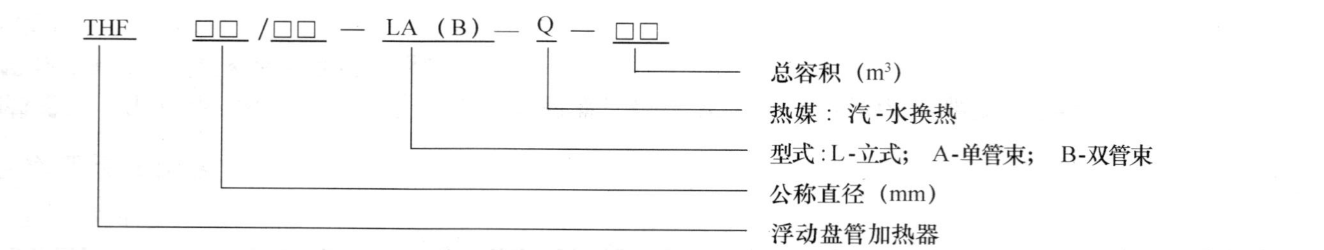

2. 性能规格：THF-LA(B)-Q 系列浮动盘管加热器性能规格(生活水 10～60℃)见表 15-15。

THF-LA(B)-Q 系列浮动盘管加热器性能规格(生活水 10～60℃) 表 15-15

型号	罐体直径 ϕ (mm)	总容积 (m³)	换热面积 (m²)	供水人数(人)					产热水量 Q(kg/h)					热媒耗量 G(kg/h)					换热量 W(kW)					主要生产厂商
				0.2 MPa	0.3 MPa	0.4 MPa	0.5 MPa	0.6 MPa	0.2 MPa	0.3 MPa	0.4 MPa	0.5 MPa	0.6 MPa	0.2 MPa	0.3 MPa	0.4 MPa	0.5 MPa	0.6 MPa	0.2 MPa	0.3 MPa	0.4 MPa	0.5 MPa	0.6 MPa	
THF900-LA-Q-1.0	900	1.0	3	497	550	592	629	660	8280	9162	9865	10479	11004	921	1034	1127	1209	1282	481	533	574	609	640	河北保定太行集团有限责任公司
			4	662	733	789	838	880	11040	12216	13153	13972	14672	1228	1378	1502	1613	1710	642	710	765	812	853	
THF1000-LA-Q1.5	1000	1.5	5	828	916	986	1048	1100	13800	15269	16441	17465	18340	1535	1723	1878	2016	2137	802	888	956	1016	1067	
			6	994	1099	1184	1257	1320	16560	18323	19730	20957	22008	1842	2067	2253	2419	2565	963	1066	1147	1219	1280	
THF1200-LA-Q-1.5	1200	1.5	7	1159	1283	1381	1467	1541	19320	21377	23018	24450	25676	2149	2412	2629	2822	2992	1123	1243	1339	1422	1493	
THF1200-LA-Q-2.0		2.0	9	1490	1649	1776	1886	1981	24839	27485	29594	31436	33012	2763	3101	3380	3628	3847	1444	1598	1721	1828	1920	
THF1200-LA-Q-2.5		2.5																						
THF1200-LA-Q-3.0		3.0																						
THF1400-LA-Q-3.0	1400	3.0	8	1325	1466	1578	1677	1761	22080	24431	26306	27943	29344	2456	2757	3004	3225	3420	1284	1421	1530	1625	1706	
			9	1490	1649	1776	1886	1981	24839	27485	29594	31436	33012	2763	3010	3380	3628	3847	1444	1598	1721	1828	1920	
THF1400-LA-Q-4.0		4.0	10	1656	1832	1973	2096	2201	27599	30539	32883	34929	36680	3070	3446	3755	4031	4275	1605	1776	1912	2031	2133	
THF1600-LA(B)-Q-3.5	1600	3.5	11	1822	2016	2170	2305	2421	30359	33593	36171	38422	40348	3377	3790	4131	4434	4702	1765	1954	2103	2234	2346	
THF1600-LA(B)-Q-4.0		4.0																						
THF1600-LA(B)-Q-4.5		4.5																						

续表

型号	罐体直径 ϕ (mm)	总容积 (m^3)	换热面积 (m^2)	供水人数(人)					产热水量 Q(kg/h)					热媒耗量 G(kg/h)					换热量 W(kW)					主要生产厂商
				0.2 MPa	0.3 MPa	0.4 MPa	0.5 MPa	0.6 MPa	0.2 MPa	0.3 MPa	0.4 MPa	0.5 MPa	0.6 MPa	0.2 MPa	0.3 MPa	0.4 MPa	0.5 MPa	0.6 MPa	0.2 MPa	0.3 MPa	0.4 MPa	0.5 MPa	0.6 MPa	
THF1600-LA(B)-Q-5.0	1600	5.0	12	1987	2199	2368	2515	2641	33199	36647	39459	41915	44016	3684	4135	4507	4838	5130	1926	2131	2295	2437	2560	河北保定太行集团有限责任公司
			16	2650	2932	3157	3353	3521	44159	48862	52612	55886	58689	4913	5513	6009	6450	6840	2568	2841	3060	3250	3413	
			20	3312	3665	3946	4191	4402	55199	61078	65765	69858	73361	6141	6891	7511	8063	8550	3210	3552	3824	4062	4266	
			24	3974	4398	4735	5030	5282	66239	73293	78918	83830	88033	7369	8270	9013	9675	10260	3852	4262	4589	4875	5119	
THF1800-LA(B)-Q-5.0	1800	5.0	10	1656	1832	1973	2096	2201	27599	30539	32883	34929	36680	3070	3446	3755	4031	4275	1605	1776	1912	2031	2133	
			12	1987	2199	2368	2515	2641	33119	36647	39459	41915	44016	3684	4135	4507	4838	5130	1926	2131	2295	2437	2560	
THF1800-LA(B)-Q-6.0		6.0	13	2153	2382	2565	2724	2861	35879	39700	42747	45408	47684	3992	4479	4882	5241	5557	2086	2309	2486	2641	2773	
			22	3643	4031	4341	4611	4842	60719	67185	72342	76844	80697	6755	7580	8262	8869	9405	3513	3907	4207	4469	4693	
THF1800-LA(B)-Q-7.0		7.0	26	4306	4764	5130	5449	5722	71759	79401	85495	90815	95369	7983	8959	9764	10481	11114	4173	4617	4972	5281	5546	
THF1800-LA(B)-Q-8.0		8.0																						
THF2000-LA(B)-Q-8.0	2000	8.0	14	2318	2565	2762	2934	3018	38639	42754	46324	48901	51353	4299	4824	5258	5644	5985	2247	2486	2677	2844	2986	
			15	2484	2748	2959	3144	3301	41399	45808	49324	52394	55021	4606	5168	5633	6047	6412	2407	2664	2868	3047	3200	
			20	3312	3665	3946	4191	4402	55199	61078	65765	69858	73361	6141	6891	7511	8063	8550	3210	3552	3824	4062	4266	
THF2000-LA(B)-Q-9.0		9.0	26	4306	4764	5130	5449	5722	71759	79401	85495	90815	95369	7983	8959	9764	10481	11114	4173	4617	4972	5281	5546	
			30	4968	5497	5919	6287	6602	82798	91616	98648	104787	110041	9211	10337	11266	12094	12824	4815	5328	5737	6094	6399	
THF2000-LA(B)-Q-10.0		10.0																						

注：表中供水人数是按普通住宅，用水定额 q_r=100L/(人·d)，小时变化系数 K_h=4 计算。

3. 外形及基础尺寸：

（1）THF-LA-Q 系列浮动盘管加热器外形与基础尺寸见图 15-7、表 15-16。

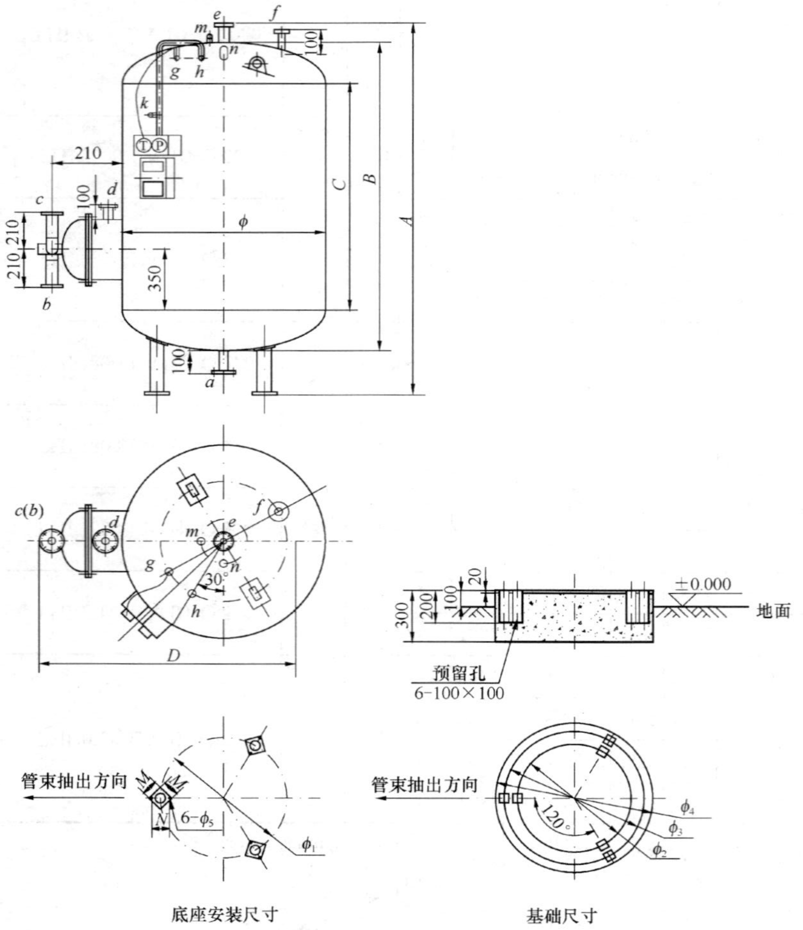

连接管口规格

序号	规　　格	连接件标准	连接面型式	用　途
a	DN50 PN1.0、1.6	HG20592-1997	RF(A)	排污口
b	DN65(DN80) PN1.0、1.6	HG20592-1997	RF(A)	热媒出口
c	DN65(DN80) PN1.0、1.6	HG20592-1997	RF(A)	热媒进口
d	DN80 PN1.0、1.6	HG20592-1997	RF(A)	冷水进口
e	DN80 PN1.0、1.6	HG20592-1997	RF(A)	热水出口
f	DN50 PN1.0、1.6	HG20592-1997	RF(A)	安全阀接口
g	ϕ32×4	M27×2	内螺纹	温度表接口
h	ϕ25×4	Rc1/2″	内螺纹	压力表接口
k	ϕ25×4	Rc1/2″	内螺纹	感温接口（无特殊要求时）
	ϕ38	ϕ28.5 12 牙/in	内螺纹	感温接口（配加美阀时）
m	ϕ25×4	Rc1/2″	内螺纹	电磁阀接口
n	ϕ25×4	Rc1/2″	内螺纹	电磁阀感温接口

图 15-7　THF-LA-Q 系列浮动盘管加热器外形与基础尺寸

THF-LA-Q系列浮动盘管加热器外形与基础尺寸 表15-16

型号	换热面积（m²）	罐体直径φ(mm)	总容积（m³）	外形尺寸（mm）																
				0.6MPa			1.0MPa			1.6MPa			C	ϕ_1	ϕ_2	ϕ_3	ϕ_4	ϕ_5	M	N
				A	B	D	A	B	D	A	B	D								
THF900-LA-Q-1.0	3 4	900	1.0	2190	1736	1500	2190	1736	1500	2194	1740	1505	1220	630	450	810	1000	20	160	180
THF1000-LA-Q-1.5	5 6	1000	1.5	2510	2066	1600	2510	2066	1600	2515	2070	1605	1500	700	520	880	1100	20	160	180
THF1200-LA-Q-1.5	7	1200	1.5	1969	1536	1800	1969	1536	1800	1973	1540	1805	870	840	660	1020	1250	20	160	180
THF1200-LA-Q-2.0			2.0	2409	1976		2409	1976		2413	1980		1310							
THF1200-LA-Q-2.5	9		2.5	2859	2426		2859	2426		2863	2430		1760							
THF1200-LA-Q-3.0			3.0	3299	2866		3299	2866		3303	2870		2200							
THF1400-LA-Q-3.0	8	1400	3.0	2632	2208	2000	2632	2208	2005	2648	2216	2010	1430	900	665	1135	1400	24	210	235
THF1400-LA-Q-3.5	9		3.5	2962	2538		2962	2538		2978	2546		1760							
THF1400-LA-Q-4.0	10		4.0	3210	2778		3210	2778		3218	2786		2000							
THF1600-LA-Q-3.5	11	1600	3.5	2555	2120	2205	2555	2120	2210	2563	2128	2220	1250	1050	815	1285	1550	24	210	235
THF1600-LA-Q-4.0			4.0	2705	2207		2705	2270		2713	2278		1400							
THF1600-LA-Q-4.5	12		4.5	2955	2520		2955	2520		2963	2528		1650							
THF1600-LA-Q-5.0			5.0	3205	2770		3205	2770		3213	2278		1900							
THF1800-LA-Q-5.0	10	1800	5.0	2730	2207	2405	2734	2274	2410	2742	2282	2415	1300	1150	855	1445	1700	24	250	295
THF1800-LA-Q-6.0	12		6.0	3130	2670		3134	2674		3142	2682		1700							
THF1800-LA-Q-7.0	13		7.0	3530	3070		3534	3074		3542	3082		2100							
THF1800-LA-Q-8.0			8.0	3920	3460		3924	3464		3932	3472		2490							
THF2000-LA-Q-8.0	14	2000	8.0	3340	2900	2600	3345	2904	2610	3357	2916	2620	1800	1310	1015	1605	1850	24	250	295
THF2000-LA-Q-9.0	15		9.0	3650	3210		3655	3214		3667	3226		2140							
THF2000-LA-Q-10.0			10.0	3960	3520		3965	3524		3977	3532		2450							

（2）THF-LB-Q 系列浮动盘管加热器外形与基础尺寸见图 15-8、表 15-17。

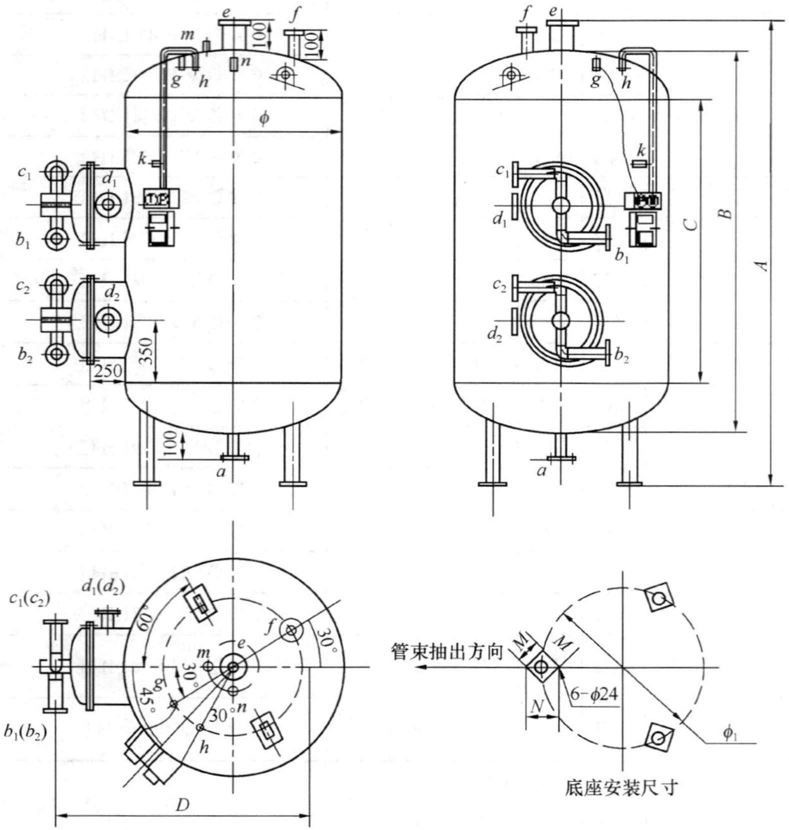

连接管口规格

序号	规　格	连接件标准	连接面型式	用　途
a	DN50 PN1.0、1.6	HG20592-1997	RF(A)	排污口
$b_{1\text{-}2}$	DN65(DN80) PN1.0、1.6	HG20592-1997	RF(A)	热媒出口
$c_{1\text{-}2}$	DN65(DN80) PN1.0、1.6	HG20592-1997	RF(A)	热媒进口
$d_{1\text{-}2}$	DN80 PN1.0、1.6	HG20592-1997	RF(A)	冷水进口
e	DN100 PN1.0、1.6	HG20592-1997	RF(A)	热水出口
f	DN50 PN1.0、1.6	HG20592-1997	RF(A)	安全阀接口
g	ϕ32×4	M27×2	内螺纹	温度表接口
h	ϕ25×4	Rc1/2″	内螺纹	压力表接口
k	ϕ25×4	Rc1/2″	内螺纹	感温接口（无特殊要求时）
	ϕ38	ϕ28.5 12 牙/in	内螺纹	感温接口（配加美阀时）
m	ϕ25×4	Rc1/2″	内螺纹	电磁阀接口
n	ϕ25×4	Rc1/2″	内螺纹	电磁阀感温接口

底座安装尺寸

图 15-8　THF-LB-Q 系列浮动盘管加热器外形及基础尺寸

THF-LB-Q 系列浮动盘管加热器外形与基础尺寸 表 15-17

型号	换热面积 (m^2)	罐体直径 ϕ (mm)	总容积 (m^3)	外形尺寸 (mm)												
				0.6MPa			1.0MPa			1.6MPa			C	ϕ_1	M	N
				A	B	D	A	B	D	A	B	D				
THF1600-LB-Q-3.5	16 20 24	1600	3.5	2530	2120	2195	2535	2120	2200	2540	2130	2215	1250	1050	210	235
THF1600-LB-Q-4.0			4.0	2680	2270		2685	2270		2690	2280		1400			
THF1600-LB-Q-4.5			4.5	2930	2520		2935	2520		2940	2530		1650			
THF1600-LB-Q-5.0			5.0	3180	2770		3185	2770		3190	2780		1900			
THF1800-LB-Q-5.0	22 26	1800	5.0	2670	2260	2395	2685	2275	2400	2695	2285	2415	1300	1150	250	295
THF1800-LB-Q-6.0			6.0	3070	2660		3085	2675		3095	2685		1700			
THF1800-LB-Q-7.0			7.0	3470	3060		3485	3075		3495	3085		2100			
THF1800-LB-Q-8.0			8.0	3860	3450		3875	3465		3885	3475		2490			
THF2000-LB-Q-8.0	20 26 30	2000	8.0	3280	2870	2595	3285	2875	2605	3300	2890	2620	1800	1310	250	295
THF2000-LB-Q-9.0			9.0	3620	3210		3625	3215		3640	3230		2140			
THF2000-LB-Q-10.0			10.0	3930	3520		3935	3525		3950	3540		2450			

15.2.2.2 THF-WA(B)-Q 系列浮动盘管加热器

1. 型号意义说明：

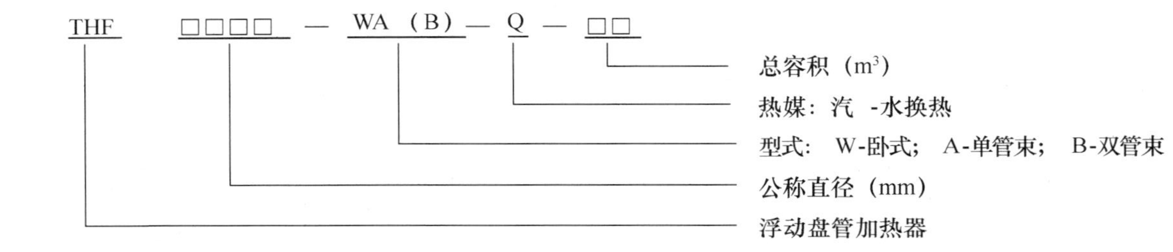

2. 性能规格：THF-WA(B)-Q 系列浮动盘管加热器性能规格(生活水 10～60℃)见表 15-18。

THF-WA(B)-Q 系列浮动盘管加热器性能规格(生活水 10～60℃) 表 15-18

型号	罐体直径 ϕ (mm)	总容积 (m³)	换热面积 (m³)	供水人数(人)					产热水量 Q(kg/h)					热媒耗量 G(kg/h)					换热量 W(kW)					主要生产厂商
				0.2 MPa	0.3 MPa	0.4 MPa	0.5 MPa	0.6 MPa	0.2 MPa	0.3 MPa	0.4 MPa	0.5 MPa	0.6 MPa	0.2 MPa	0.3 MPa	0.4 MPa	0.5 MPa	0.6 MPa	0.2 MPa	0.3 MPa	0.4 MPa	0.5 MPa	0.6 MPa	
THF1000-WA-Q-1.0	1000	1.0	4	662	733	789	838	880	11040	12216	13153	13972	14672	1228	1378	1502	1613	1710	642	710	765	812	853	河北保定太行集团有限责任公司
THF1000-WA-Q-1.5		1.5	4	662	733	789	838	880	11040	12216	13153	13972	14672	1228	1378	1502	1613	1710	642	710	765	812	853	
			5	828	916	986	1048	1100	13800	15269	16441	17465	18340	1535	1723	1878	2016	2137	802	888	956	1016	1067	
THF1000-WA-Q-2.0		2.0	6	994	1099	1184	1257	1320	16560	18323	19730	20957	22008	1842	2067	2253	2419	2565	963	1066	1147	1219	1280	
			7	1159	1283	1381	1467	1541	19320	21377	23018	24450	25676	2149	2412	2629	2822	2992	1123	1243	1339	1422	1493	
			8	1325	1466	1578	1677	1761	22080	24431	26306	27943	29344	2456	2757	3004	3225	3420	1284	1421	1530	1625	1706	
THF1200-WA-Q-3.0	1200	3.0	3	497	550	592	629	660	8280	9162	9865	10479	11004	921	1034	1127	1209	1282	481	533	574	609	640	
			4	662	733	789	838	880	11040	12216	13153	13972	14672	1228	1378	1502	1613	1710	624	710	765	812	853	
			5	828	916	986	1048	1100	13800	15269	16441	17465	18340	1535	1723	1978	2016	2137	802	888	956	1016	1067	
			7	1159	1283	1381	1467	1541	19320	21377	23018	24450	25676	2149	2412	2629	2822	2992	1123	1243	1339	1422	1493	
THF1200-WA-Q-3.5		3.5	8	1325	1466	1578	1677	1761	22080	24431	26306	27943	29344	2456	2757	3004	3225	3420	1284	1421	1530	1625	1706	
			9	1490	1649	1776	1886	1981	24839	27485	29594	31436	33012	2763	3101	3380	3628	3847	1444	1598	1721	1828	1920	
			11	1822	2016	2170	2305	2421	30359	33593	36171	38422	40348	3377	3790	4131	4434	4702	1765	1954	2103	2234	2346	
THF1400-WA-Q-4.0	1400	4.0	9	1490	1649	1776	1886	1981	24839	27485	29594	31436	33012	2763	3101	3380	3628	3847	1444	1598	1721	1828	1920	
			11	1822	2016	2170	2305	2421	30359	33593	36171	38422	40348	3377	3790	4131	4434	4702	1765	1954	2013	2234	2346	
			13	2153	2382	2565	2724	2861	35879	39700	42747	45408	47684	3992	4479	4882	5241	5557	2086	2309	2486	2641	2773	
THF1400-WA(B)-Q-5.0		5.0	3	497	550	592	629	660	8280	9162	9865	10479	11004	921	1034	1127	1209	1282	481	533	574	609	640	
			6	994	1099	1184	1257	1320	16560	18323	19730	20957	22008	1842	2067	2253	2419	2565	963	1066	1147	1219	1280	
			8	1325	1466	1578	1667	1761	22080	24431	26306	27943	29344	2456	2757	3004	3225	3420	1284	1421	1530	1625	1706	
			16	2649	2931	3153	3353	3521	44158	48861	52612	55886	58689	4913	5512	6008	6450	6839	2567	2841	3059	3250	3413	
			18	2981	3298	3551	3772	3961	49679	54970	59189	62872	66025	5527	6202	6760	7256	7695	2889	3197	3442	3656	3840	
			20	3312	3665	3946	4191	4402	55199	61078	65765	69858	73361	6141	6891	7511	8063	8550	3210	3552	3824	4062	4266	

续表

型号	罐体直径 ϕ (mm)	总容积 (m^3)	换热面积 (m^3)	供水人数(人)					产热水量 Q(kg/h)					热媒耗量 G(kg/h)					换热量 W(kW)					主要生产厂商
				0.2 MPa	0.3 MPa	0.4 MPa	0.5 MPa	0.6 MPa	0.2 MPa	0.3 MPa	0.4 MPa	0.5 MPa	0.6 MPa	0.2 MPa	0.3 MPa	0.4 MPa	0.5 MPa	0.6 MPa	0.2 MPa	0.3 MPa	0.4 MPa	0.5 MPa	0.6 MPa	
THF1600-WA(B)-Q-6.0	1600	6.0	13	2153	2382	2565	2724	2861	35879	39700	42747	45408	47684	3992	4479	4882	5241	5557	2086	2309	2486	2641	2773	河北保定太行集团有限责任公司
			16	2649	2931	3153	3353	3521	44158	48861	52612	55886	58689	4913	5512	6008	6450	6839	2567	2841	3059	3250	3413	
			18	2981	3298	3551	3772	3961	49679	54970	59189	62872	66025	5527	6202	6760	7256	7695	2889	3197	3442	3656	3840	
THF1600-WB-Q-7.0		7.0	20	3312	3665	3946	4191	4402	55199	61078	65765	69858	73361	6141	6891	7511	8063	8550	3210	3552	3824	4062	4266	
			22	3643	4031	4341	4611	4842	60719	67185	72342	76844	80697	6755	7580	8262	8869	9405	3531	3907	4207	4469	4693	
			26	4306	4764	5130	5449	5722	71759	79401	85495	90815	95369	7983	8959	9764	10481	11114	4173	4617	4972	5281	5546	
THF1800-WA(B)-Q-8.0	1800	8.0	5	828	916	986	1408	1100	13800	15269	16441	17465	18340	1535	1723	1878	2016	2137	802	888	956	1016	1067	
			9	1490	1649	1776	1886	1981	24839	27485	29594	31436	33012	2763	3101	3380	3628	3847	1444	1598	1721	1828	1920	
			12	1987	2199	2368	2515	2641	33119	36647	39549	41915	44016	3684	4135	4507	4838	5130	1926	2131	2295	2437	2560	
			20	3312	3665	3946	4191	4402	55199	61078	65765	69858	73361	6141	6891	7511	8063	8550	3210	3552	3824	4062	4266	
			24	3974	4398	4735	5030	5282	66239	73293	78918	83830	88033	7369	8270	9013	9675	10260	3852	4262	4589	4875	5119	
			26	4306	4764	5130	5449	5722	71759	79401	85495	90815	95369	7983	8959	9764	10481	11114	4173	4617	4972	5281	5546	
THF1800-WB-Q-9.0		9.0	26	4306	4764	5130	5449	5722	71759	79401	85495	90815	95369	7983	8959	9764	10481	11114	4173	4617	4972	5281	5546	
			28	4637	5130	5524	5869	6162	77278	85509	92071	97801	102705	8597	9648	10516	11287	11969	4493	4973	5354	5687	5972	
THF2000-WA(B)-Q-10.0	2000	10.0	7	1159	1283	1381	1467	1541	19320	21377	23018	24450	25676	2149	2412	2629	2822	2992	1123	1243	1339	1422	1493	
			13	2153	2382	2565	2724	2861	35879	39700	42747	45408	47684	3992	4479	4882	5241	5557	2086	2309	2486	2641	2773	
			18	2981	3298	3551	3772	3961	49679	54189	51989	62872	66025	5527	6202	6760	7256	7695	2889	3197	3442	3656	3840	
			20	3312	3665	3946	4191	4402	55199	61078	65765	69858	73361	6141	6891	7511	8063	8550	3210	3552	3824	4062	4266	
			24	3974	4398	4735	5030	5282	66239	73293	78918	83830	88033	7369	8270	9013	9675	10260	3852	4262	4589	4875	5119	
			26	4306	4764	5130	5449	5722	71759	79401	85495	90815	95369	7983	8959	9764	10481	11114	4173	4617	4972	5281	5546	
THF2000-WB-S-12.0		12.0	26	4306	4764	5130	5449	5722	71759	79401	85495	90815	95369	7983	8959	9764	10481	11114	4173	4617	4972	5281	5546	
			30	4968	5497	5919	6287	6602	82798	91616	98648	104787	110041	9211	10337	11266	12094	12824	4815	5328	5737	6094	6399	
THF2200-WA(B)-Q-15.0	2200	15.0	10	1656	1832	1973	2096	2201	27599	30539	32883	34929	36680	3070	3446	3755	4031	4275	1605	1776	1912	2031	2133	
			20	3312	3665	3946	4191	4402	55199	61078	65765	69858	73361	6141	6891	7511	8063	8550	3210	3552	3824	4062	4266	
			24	3974	4398	4735	5030	5282	66239	73293	78918	83830	88033	7369	8270	9013	9675	10260	3852	4262	4589	4875	5119	
			30	4968	5497	5919	6287	6602	82798	91616	98648	104787	110041	9211	10337	11266	12094	12824	4815	5328	5737	6094	6399	

注：表中供水人数是按普通住宅，用水定额 q_r=100L/(人·d)，小时变化系数 K_h=4 计算。

3. 外形与基础尺寸：

(1) THF-WA-Q系列浮动盘管加热器外形与基础尺寸见图15-9、表15-19。

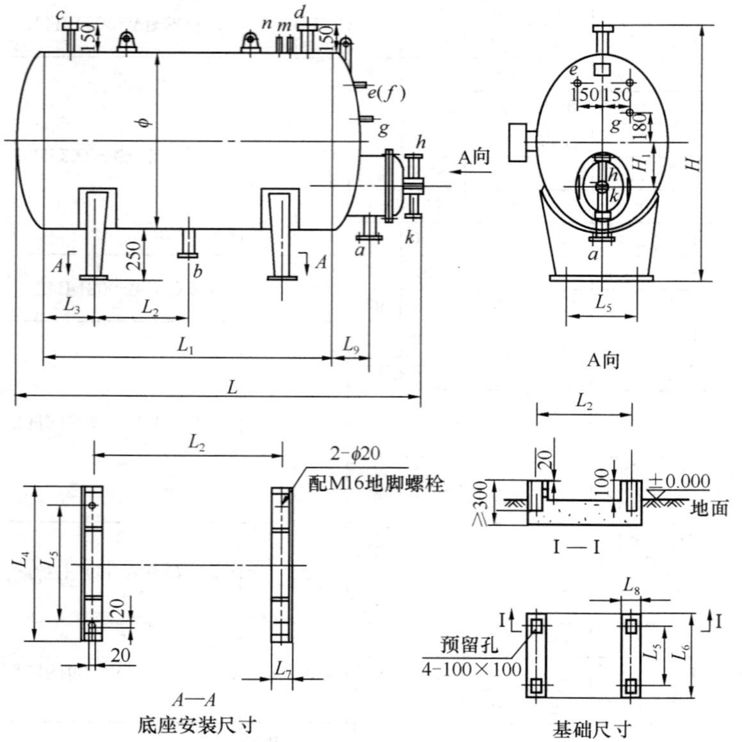

连接管口规格

序号	规　格	连接件标准	连接面型式	用　途
a	*DN*100 *PN*1.0、1.6	HG20592-1997	RF(A)	冷水进口
b	*DN*50 *PN*1.0、1.6	HG20592-1997	RF(A)	排污口
c	*DN*50 *PN*1.0、1.6	HG20592-1997	RF(A)	安全阀接口
d	*DN*100 *PN*1.0、1.6	HG20592-1997	RF(A)	热水出口
e	ϕ32	M27×2	内螺纹	温度表接口
f	ϕ25×4	Rc1/2″	内螺纹	压力表接口
g	ϕ25×4	Rc1/2″	内螺纹	感温接口（无特殊要求时）
h	ϕ38	ϕ28.5 12牙/in	内螺纹	感温接口（配加美阀时）
k	*DN*65(*DN*80) *PN*1.0、1.6	HG20592-1997	RF(A)	热媒进口
	*DN*65(*DN*80) *PN*1.0、1.6	HG20592-1997	RF(A)	热媒出口
m	ϕ25×4	Rc1/2″	内螺纹	电磁阀接口
n	ϕ25×4	Rc1/2″	内螺纹	电磁阀感温接口

图15-9　THF-WA-Q系列浮动盘管加热器外形与基础尺寸

（2）THF-WB-Q系列浮动盘管加热器外形与基础尺寸见图15-10、表15-19。

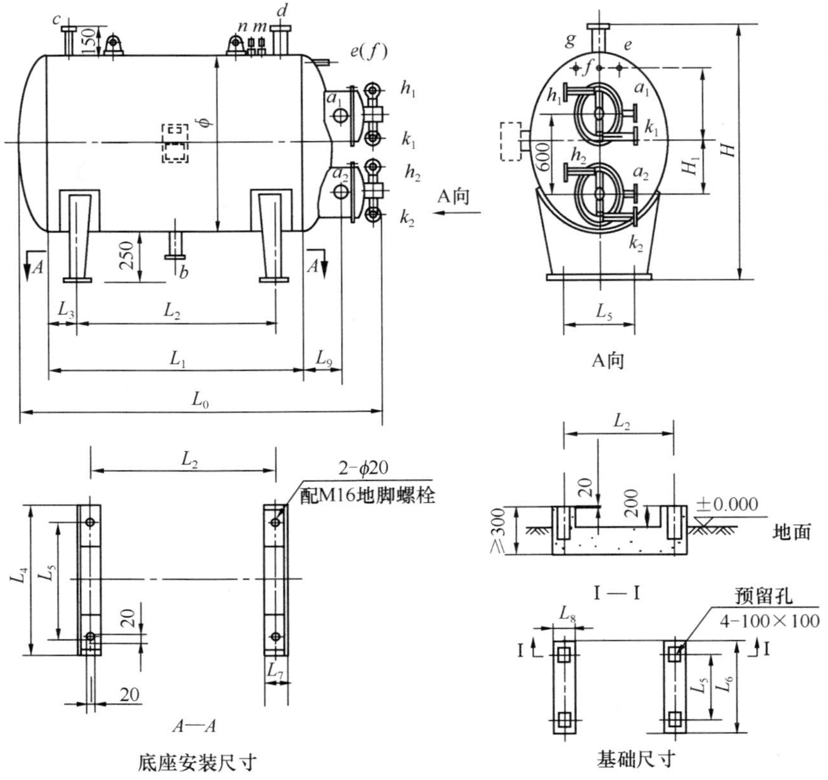

连接管口规格

序号	规　格	连接件标准	连接面型式	用　途
a_{1-2}	DN80 PN1.0、1.6	HG20592-1997	RF(A)	冷水进口
b	DN50 PN1.0、1.6	HG20592-1997	RF(A)	排污口
c	DN50 PN1.0、1.6	HG20592-1997	RF(A)	安全阀接口
d	DN100 PN1.0、1.6	HG20592-1997	RF(A)	热水出口
e	ϕ32	M27×2	内螺纹	温度表接口
f	ϕ25×4	Rc1/2″	内螺纹	压力表接口
g	ϕ25×4	Rc1/2″	内螺纹	感温接口（无特殊要求时）
h_{1-2}	ϕ38	ϕ28.5 12牙/in	内螺纹	感温接口（配加美阀时）
k_{1-2}	DN65(DN80) PN1.0、1.6	HG20592-1997	RF(A)	热媒进口
	DN65(DN80) PN1.0、1.6	HG20592-1997	RF(A)	热媒出口
m	ϕ25×4	Rc1/2″	内螺纹	电磁阀接口
n	ϕ25×4	Rc1/2″	内螺纹	电磁阀感温接口

图15-10　THF-WB-Q系列浮动盘管加热器外形与基础尺寸

THF-WA(B)-Q系列浮动盘管加热器外形与基础尺寸 表 15-19

型号	罐体直径 ϕ (mm)	总容积 (m^3)	换热面积 (m^2)	外形尺寸 (mm)															
				H			H_1	L_0			L_1	L_2	L_3	L_4	L_5	L_6	L_7	L_8	L_9
				0.6 MPa	1.0 MPa	1.6 MPa		0.6 MPa	1.0 MPa	1.6 MPa									
THF1000-WA-Q-1.0	1000	1.0	4.0	1412	1416	1416	200	1975	1980	1980	890	530	180	760	600	960	170	370	330
THF1000-WA-Q-1.5		1.5	4.0					2610	2615	2620	1525	1125	200						
			5.0																
THF1000-WA-Q-2.0		2.0	6.0					3245	3250	3255	2160	1680	240						
			7.0																
			8.0																
THF1200-WA-Q-3.0	1200	3.0	3.0	1612	1612	1620	300	3380	3380	3390	2200	1720	240	880	720	1080	170	370	379
			4.0																
			5.0																
			7.0																
THF1200-WA-Q-3.5		3.5	8.0					3825	3825	3835	2645	2085	280						
			9.0																
			11.0																
THF1400-WA- Q -4.0	1400	4.0	9.0	1816	1816	1820	400	3280	3280	3290	2000	1600	200	1000	840	1200	170	370	429 (479)
			11.0																
			13.0																
THF1400-WA(B)-Q -5.0		5.0	3.0					4010 (4060)	4010 (4060)	4020 (4070)	2730	2050	340						
			6.0																
			8.0																
			16.0																
			18.0																
			20.0																

续表

<table>
<tr><th rowspan="3">型　　号</th><th rowspan="3">罐体直径 ϕ (mm)</th><th rowspan="3">总容积 (m^3)</th><th rowspan="3">换热面积 (m^2)</th><th colspan="16">外 形 尺 寸 (mm)</th></tr>
<tr><th colspan="3">H</th><th rowspan="2">H_1</th><th colspan="3">L_0</th><th rowspan="2">L_1</th><th rowspan="2">L_2</th><th rowspan="2">L_3</th><th rowspan="2">L_4</th><th rowspan="2">L_5</th><th rowspan="2">L_6</th><th rowspan="2">L_7</th><th rowspan="2">L_8</th><th rowspan="2">L_9</th></tr>
<tr><th>0.6 MPa</th><th>1.0 MPa</th><th>1.6 MPa</th><th>0.6 MPa</th><th>1.0 MPa</th><th>1.6 MPa</th></tr>
<tr><td rowspan="3">THF1600-WA(B)-Q-6.0</td><td rowspan="6">1600</td><td rowspan="3">6.0</td><td>13.0</td><td rowspan="6">2016</td><td rowspan="6">2016</td><td rowspan="6">2024</td><td rowspan="6">500</td><td rowspan="3">3770 (3830)</td><td rowspan="3">3770 (3830)</td><td rowspan="3">3780 (3840)</td><td rowspan="3">2400</td><td rowspan="3">1720</td><td rowspan="3">340</td><td rowspan="6">1120</td><td rowspan="6">960</td><td rowspan="6">1320</td><td rowspan="6">200</td><td rowspan="6">400</td><td rowspan="6">469 (529)</td></tr>
<tr><td>16.0</td></tr>
<tr><td>18.0</td></tr>
<tr><td rowspan="3">THF1600-WA(B)-Q-7.0</td><td rowspan="3">7.0</td><td>20.0</td><td rowspan="3">4260 (4320)</td><td rowspan="3">4260 (4320)</td><td rowspan="3">4270 (4330)</td><td rowspan="3">2890</td><td rowspan="3">2130</td><td rowspan="3">380</td></tr>
<tr><td>22.0</td></tr>
<tr><td>26.0</td></tr>
<tr><td rowspan="6">THF1800-WA(B)-Q-8.0</td><td rowspan="8">1800</td><td rowspan="6">8.0</td><td>5.0</td><td rowspan="8">2212</td><td rowspan="8">2220</td><td rowspan="8">2228</td><td rowspan="8">600</td><td rowspan="3">3990</td><td rowspan="3">3995</td><td rowspan="3">4005</td><td rowspan="3">2490</td><td rowspan="3">1730</td><td rowspan="3">380</td><td rowspan="8">1280</td><td rowspan="8">1120</td><td rowspan="8">1480</td><td rowspan="8">220</td><td rowspan="8">420</td><td rowspan="3">549</td></tr>
<tr><td>9.0</td></tr>
<tr><td>12.0</td></tr>
<tr><td>20.0</td><td rowspan="3">4090</td><td rowspan="3">4095</td><td rowspan="3">4105</td><td rowspan="3">2490</td><td rowspan="3">1730</td><td rowspan="3">380</td><td rowspan="3">649</td></tr>
<tr><td>24.0</td></tr>
<tr><td>26.0</td></tr>
<tr><td rowspan="2">THF1800-WB-Q-9.0</td><td rowspan="2">9.0</td><td>26.0</td><td rowspan="2">4480</td><td rowspan="2">4485</td><td rowspan="2">4495</td><td rowspan="2">2880</td><td rowspan="2">2000</td><td rowspan="2">440</td><td rowspan="2">649</td></tr>
<tr><td>28.0</td></tr>
<tr><td rowspan="6">THF2000-WA(B)-Q-10.0</td><td rowspan="8">2000</td><td rowspan="6">10.0</td><td>7.0</td><td rowspan="8">2416</td><td rowspan="8">2420</td><td rowspan="8">2432</td><td rowspan="8">700</td><td rowspan="3">4040 (4095)</td><td rowspan="3">4045 (4100)</td><td rowspan="3">4055 (4110)</td><td rowspan="3">2460</td><td rowspan="3">1660</td><td rowspan="3">400</td><td rowspan="8">1420</td><td rowspan="8">1260</td><td rowspan="8">1620</td><td rowspan="8">220</td><td rowspan="8">420</td><td rowspan="3">579 (635)</td></tr>
<tr><td>13.0</td></tr>
<tr><td>18.0</td></tr>
<tr><td>20.0</td><td rowspan="3">4140</td><td rowspan="3">4145</td><td rowspan="3">4155</td><td rowspan="3">2460</td><td rowspan="3">1660</td><td rowspan="3">400</td><td rowspan="3">679</td></tr>
<tr><td>24.0</td></tr>
<tr><td>26.0</td></tr>
<tr><td rowspan="2">THF2000-WB-Q-12.0</td><td rowspan="2">12.0</td><td>26.0</td><td rowspan="2">4780</td><td rowspan="2">4785</td><td rowspan="2">4795</td><td rowspan="2">3100</td><td rowspan="2">2200</td><td rowspan="2">450</td><td rowspan="2">679</td></tr>
<tr><td>30.0</td></tr>
<tr><td rowspan="4">THF2200-WA(B)-Q-15.0</td><td rowspan="4">2200</td><td rowspan="4">15.0</td><td>10.0</td><td rowspan="4">2616</td><td rowspan="4">2624</td><td rowspan="4">2632</td><td rowspan="4">800</td><td rowspan="2">4820 (4895)</td><td rowspan="2">4825 (4900)</td><td rowspan="2">4835 (4910)</td><td rowspan="2">3130</td><td rowspan="2">2230</td><td rowspan="2">450</td><td rowspan="4">1580</td><td rowspan="4">1380</td><td rowspan="4">1780</td><td rowspan="4">240</td><td rowspan="4">440</td><td rowspan="2">624 (699)</td></tr>
<tr><td>20.0</td></tr>
<tr><td>24.0</td><td rowspan="2">4920</td><td rowspan="2">4925</td><td rowspan="2">4935</td><td rowspan="2">3130</td><td rowspan="2">2230</td><td rowspan="2">450</td><td rowspan="2">724</td></tr>
<tr><td>30.0</td></tr>
</table>

注：当换热面积大于 14 m^2 时，为 B 型加热器；括号内尺寸用于 WB 型加热器。

15.2.3 波节管加热器

波节管加热器常用有 TBH 系列汽-水卧式双管程波节管加热器。

1. 型号意义说明：

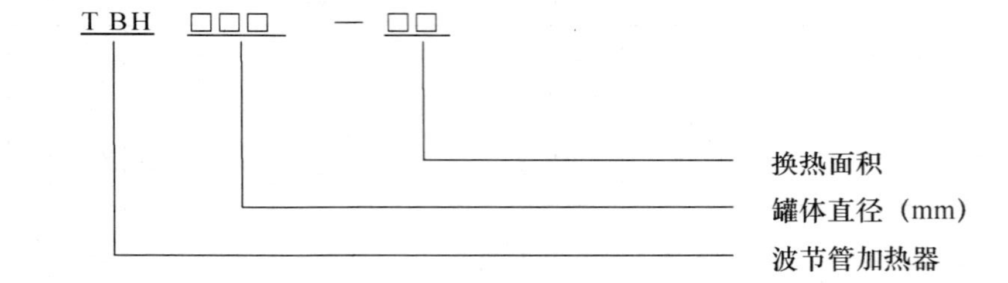

2. 性能规格及外形与基础尺寸：TBH 系列汽-水卧式双管程波节管加热器性能规格及外形与基础尺寸见图 15-11、表 15-20。

TBH 系列汽-水卧式双管程波节管加热器性能规格及外形与基础尺寸 **表 15-20**

型号	罐体直径 ϕ(mm)	换热面积 (m^2)	管程数	外形尺寸（mm）							管口直径（mm）				设备净质量 (kg)	主要生产厂商
				L_1	L_2	L_3	L_4	A	B	C	a	b	c	d		
TBH300	300	3.5	2	1767	410	370	381	200	290	120	100	100	100	50	231	河北保定太行集团有限责任公司
		5.2	2	2257	800	410		200	290	120	100	100	100	50	262	
		7	2	2747	1050	530		200	290	120	100	100	100	50	294	
		8.7	2	3237	1300	650		200	290	120	100	100	100	50	339	
TBH400	400	8.9	2	2330	800	410	430	260	380	120	125	125	125	50	379	
		11.8	2	2820	1050	530		260	380	120	125	125	125	50	423	
		14.7	2	3310	1300	650		260	380	120	125	125	125	50	474	
TBH500	500	16.5	2	2411	800	410	483	330	460	150	150	150	150	50	546	
		21.9	2	2901	1050	530		330	460	150	150	150	150	50	604	
		27.3	2	3391	1300	650		330	460	150	150	150	150	50	668	
		32.7	2	3881	1540	770		330	460	150	150	150	150	80	731	
TBH600	600	31.7	2	3028	1050	530	574	400	550	150	200	200	200	80	785	
		39.5	2	3518	1300	650		400	550	150	200	200	200	80	867	
		47.3	2	4008	1850	620		400	550	150	200	200	200	80	943	
		55.1	2	4498	2150	720		400	550	150	200	200	200	80	1014	

续表

型号	罐体直径 ϕ(mm)	换热面积 (m^2)	管程数	外形尺寸 (mm)							管口直径 (mm)				设备净质量 (kg)	主要生产厂商
				L_1	L_2	L_3	L_4	A	B	C	a	b	c	d		
TBH700	700	44.3	2	3142	1050	550	651	460	640	150	250	250	250	80	1023	河北保定太行集团有限责任公司
		55.2	2	3632	1300	650		460	640	150	250	250	250	80	1130	
		66.1	2	4122	1850	620		460	640	150	250	250	250	100	1228	
		77	2	4612	2150	720		460	640	150	250	250	250	100	1318	
TBH800	800	60	2	3261	850	650	733	530	720	150	300	300	300	100	1421	
		74	2	3751	1310	660		530	720	150	300	300	300	100	1548	
		89	2	4241	1800	660		530	720	150	300	300	300	100	1699	
		103	2	4731	2150	730		530	720	150	300	300	300	100	1828	
		117	2	5221	2450	820		530	720	150	300	300	300	100	1958	
TBH900	900	92	2	3864	1220	730	817	590	810	150	350	350	350	125	1923	
		110	2	4354	1710	720		590	810	150	350	350	350	125	2101	
		128	2	4844	2160	730		590	810	150	350	350	350	125	2250	
		146	2	5334	2460	820		590	810	150	350	350	350	125	2402	
		163	2	5824	2750	920		590	810	150	350	350	350	125	2577	
TBH1000	1000	116	2	3965	1180	727	890	600	760	170	400	400	400	125	2356	
		138	2	4455	1655	727		600	760	170	400	400	400	125	2562	
		161	2	4945	2100	747		600	760	170	400	400	400	125	2735	
		183	2	5435	2450	817		600	760	170	400	400	400	125	2928	
		205	2	5925	2750	917		600	760	170	400	400	400	150	3125	
TBH1200	1200	204	2	4629	1560	775	997	720	880	170	450	450	450	150	3838	
		237	2	5119	2040	785		720	880	170	450	450	450	150	4094	
		270	2	5609	2450	825		720	880	170	450	450	450	150	4350	
		303	2	6099	2750	915		720	880	170	450	450	450	200	4664	

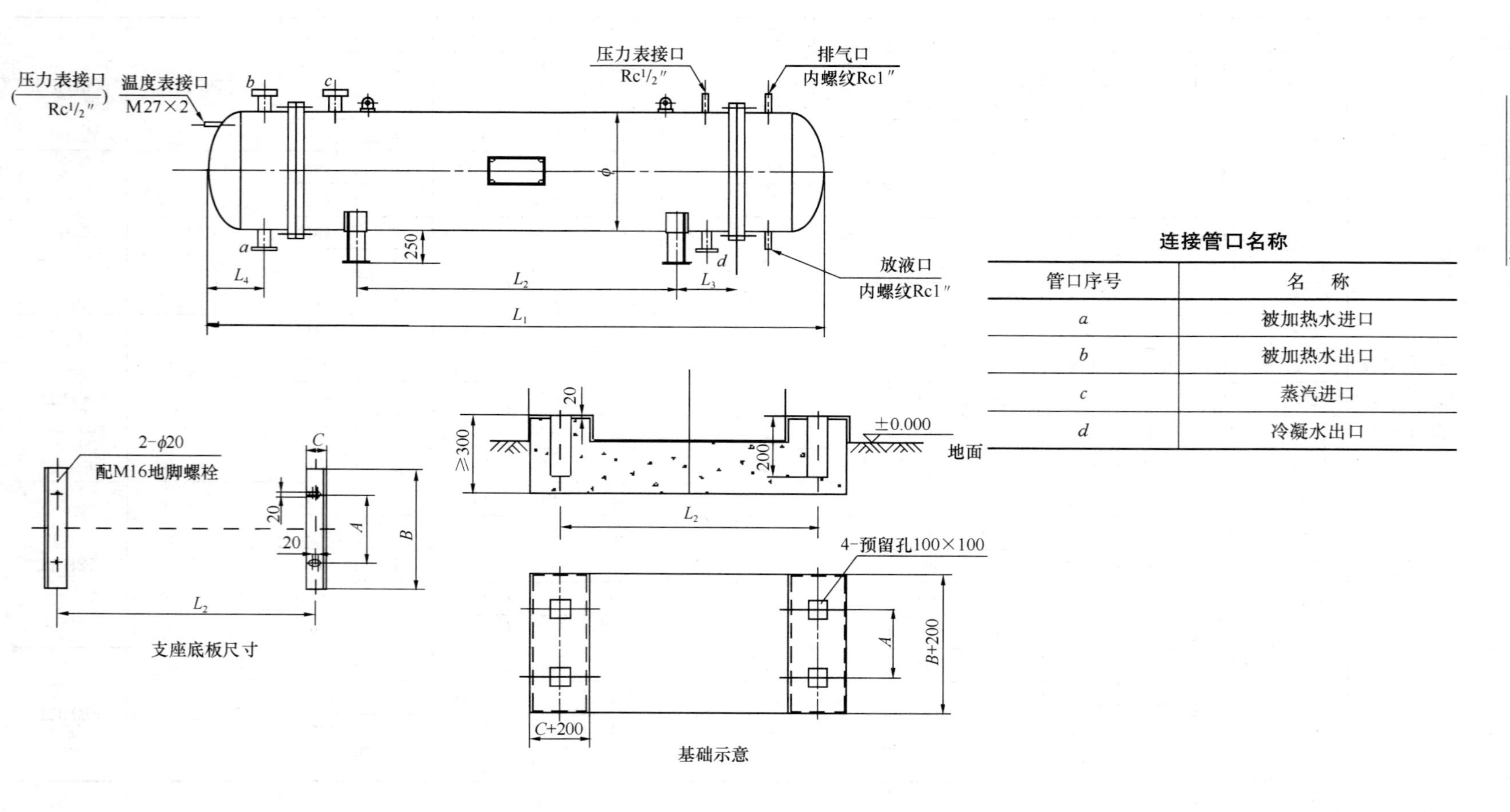

连接管口名称

管口序号	名　称
a	被加热水进口
b	被加热水出口
c	蒸汽进口
d	冷凝水出口

图 15-11　TBH 系列汽-水卧式双管程波节管加热器外形与基础尺寸

注：基础高度 *H* 根据接管口径大小而定。

15.2.4 快速式加热器

快速式加热器常用有 BQH 系列采暖波节管快速式加热器、BQC 系列空调波节管快速式加热器。

15.2.4.1 BQH 系列采暖波节管快速式加热器

1. 型号意义说明：

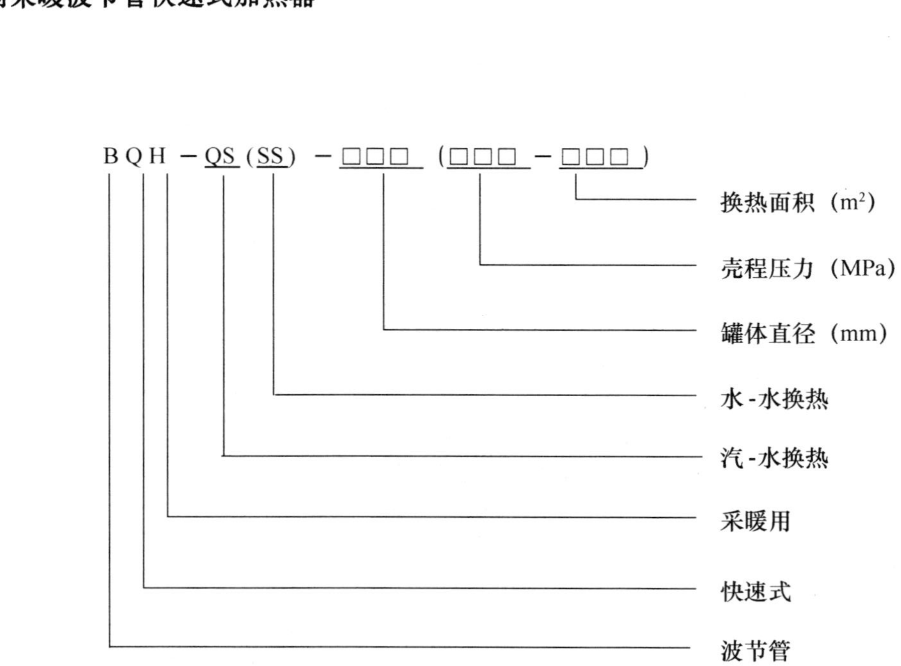

2. 性能规格：BQH 系列采暖波节管快速式加热器性能规格见表 15-21。

BQH系列采暖波节管快速式加热器性能规格 表15-21

型号	罐体直径 ϕ (mm)	总长度 L (mm)	总质量 G (kg)	设计压力(MPA) 壳程 P_s	设计压力(MPA) 管程 P_t	设计温度(℃) 热媒 T_1/T_2	设计温度(℃) 二次水 t_1/t_2	换热面积 (m^2)	主要生产厂商
BQH-$^{QS}_{SS}$-200(0.6-1.4)	219	1880	178	0.6	热媒为蒸汽时 $P_t \leqslant 0.6MPa$	汽—水加热 $P_t=0.2MPa$时：$T_1=132.9℃$，$T_2=80\sim90℃$；$P_t=0.3MPa$时：$T_1=142.9℃$，$T_2=80\sim90℃$；$P_t=0.4MPa$时：$T_1=151.1℃$，$T_2=90\sim100℃$；$P_t=0.5MPa$时：$T_1=158.1℃$，$T_2=90\sim100℃$；$P_t=0.6MPa$时：$T_1=164.1℃$，$T_2=90\sim100℃$	70/95 或 60/85	1.4	北京丰台万泉压力容器厂
BQH-$^{QS}_{SS}$-200(1.0-1.4)		1880	186	1					
BQH-$^{QS}_{SS}$-200(1.6-1.4)		1880	193	1.6					
BQH-$^{QS}_{SS}$-200(0.6-1.9)		2400	195	0.6				1.9	
BQH-$^{QS}_{SS}$-200(1.0-1.9)		2400	203	1					
BQH-$^{QS}_{SS}$-200(1.6-1.9)		2400	221	1.6					
BQH-$^{QS}_{SS}$-200(0.6-2.8)		3450	235	0.6				2.8	
BQH-$^{QS}_{SS}$-200(1.0-2.8)		3450	248	1					
BQH-$^{QS}_{SS}$-200(1.6-2.8)		3450	267	1.6					
BQH-$^{QS}_{SS}$-300(0.6-4.2)	325	2000	334	0.6				4.2	
BQH-$^{QS}_{SS}$-300(1.0-4.2)		2000	341	1					
BQH-$^{QS}_{SS}$-300(1.6-4.2)		2000	356	1.6					
BQH-$^{QS}_{SS}$-300(0.6-5.7)		2600	396	0.6	热媒为热水时 $P_t \leqslant 1.6MPa$	水—水加热 $T_1=130℃$，$T_2=85\sim95℃$；$T_1=120℃$，$T_2=80\sim90℃$；$T_1=110℃$，$T_2=75\sim80℃$；$T_1=100℃$，$T_2=65\sim70℃$		5.7	
BQH-$^{QS}_{SS}$-300(1.0-5.7)		2600	403	1					
BQH-$^{QS}_{SS}$-300(1.6-5.7)		2600	418	1.6					
BQH-$^{QS}_{SS}$-400(0.6-6.5)	426	2200	517	0.6				6.5	
BQH-$^{QS}_{SS}$-400(1.0-6.5)		2200	532	1					
BQH-$^{QS}_{SS}$-400(1.6-6.5)		2200	558	1.6					
BQH-$^{QS}_{SS}$-400(0.6-8.5)		2700	585	0.6				8.5	
BQH-$^{QS}_{SS}$-400(1.0-8.5)		2700	600	1					
BQH-$^{QS}_{SS}$-400(1.6-8.5)		2700	626	1.6					

续表

型号	罐体直径 ϕ (mm)	总长度 L (mm)	总质量 G (kg)	设计压力(MPA)		设计温度(℃)		换热面积 (m^2)	主要生产厂商
				壳程 P_s	管程 P_t	热媒 T_1/T_2	二次水 t_1/t_2		
(0.6-10)	426	3000	636	0.6	热媒为蒸汽时 $P_t \leqslant 0.6$MPa	汽—水加热 $P_t=0.2$MPa时：$T_1=132.9$℃，$T_2=80\sim90$℃； $P_t=0.3$MPa时：$T_1=142.9$℃，$T_2=80\sim90$℃； $P_t=0.4$MPa时：$T_1=151.1$℃，$T_2=90\sim100$℃； $P_t=0.5$MPa时：$T_1=158.1$℃，$T_2=90\sim100$℃； $P_t=0.6$MPa时：$T_1=164.1$℃，$T_2=90\sim100$℃	70/95 或 60/85	10	北京丰台万泉压力容器厂
BQH-$^{QS}_{SS}$-400(1.0-10)		3000	651	1					
(1.6-10)		3000	677	1.6					
(0.6-12.5)	500	2050	686	0.6				12.5	
BQH-$^{QS}_{SS}$-500(1.0-12.5)		2050	727	1					
(1.6-12.5)		2050	778	1.6					
(0.6-17)		2700	803	0.6				17	
BQH-$^{QS}_{SS}$-500(1.0-17)		2700	852	1					
(1.6-17)		2700	903	1.6					
(0.6-21.2)		3200	861	0.6				21.2	
BQH-$^{QS}_{SS}$-500(1.0-21.2)		3200	911	1					
(1.6-21.2)		3200	962	1.6					
(0.6-25.1)	600	2600	1181	0.6	热媒为热水时 $P_t \leqslant 1.6$MPa	水—水加热 $T_1=130$℃，$T_2=85\sim95$℃； $T_1=120$℃，$T_2=80\sim90$℃； $T_1=110$℃，$T_2=75\sim80$℃； $T_1=100$℃，$T_2=65\sim70$℃		25.1	
BQH-$^{QS}_{SS}$-600(1.0-25.1)		2600	1244	1					
(1.6-25.1)		2600	1307	1.6					
(0.6-30.2)		3000	1217	0.6				30.2	
BQH-$^{QS}_{SS}$-600(1.0-30.2)		3000	1280	1					
(1.6-30.2)		3000	1343	1.6					
(0.6-35.4)		3400	1253	0.6				35.4	
BQH-$^{QS}_{SS}$-600(1.0-35.4)		3400	1361	1					
(1.6-35.4)		3400	1379	1.6					

续表

型号	罐体直径 ϕ（mm）	总长度 L（mm）	总质量 G（kg）	设计压力（MPA） 壳程 P_s	设计压力（MPA） 管程 P_t	设计温度（℃） 热媒 T_1/T_2	设计温度（℃） 二次水 t_1/t_2	换热面积（m^2）	主要生产厂商
BQH-QS/SS-700(0.6-37)	700	2800	1192	0.6	热媒为蒸汽时 $P_t \leqslant 0.6MPa$	汽—水加热 $P_t=0.2MPa$ 时：$T_1=132.9℃$，$T_2=80\sim90℃$； $P_t=0.3MPa$ 时：$T_1=142.9℃$，$T_2=80\sim90℃$； $P_t=0.4MPa$ 时：$T_1=151.1℃$，$T_2=90\sim100℃$； $P_t=0.5MPa$ 时：$T_1=158.1℃$，$T_2=90\sim100℃$； $P_t=0.6MPa$ 时：$T_1=164.1℃$，$T_2=90\sim100℃$	70/95 或 60/85	37	北京丰台万泉压力容器厂
BQH-QS/SS-700(1.0-37)		2800	1308	1					
BQH-QS/SS-700(1.6-37)		2800	1496	1.6					
BQH-QS/SS-700(0.6-44)		3200	1281	0.6				44	
BQH-QS/SS-700(1.0-44)		3200	1437	1					
BQH-QS/SS-700(1.6-44)		3200	1638	1.6					
BQH-QS/SS-700(0.6-51)		3600	1397	0.6				51	
BQH-QS/SS-700(1.0-51)		3600	1566	1					
BQH-QS/SS-700(1.6-51)		3600	1781	1.6					
BQH-QS/SS-800(0.6-58)	800	3300	1680	0.6	热媒为热水时 $P_t \leqslant 1.6MPa$	水—水加热 $T_1=130℃$，$T_2=85\sim95℃$； $T_1=120℃$，$T_2=80\sim90℃$； $T_1=110℃$，$T_2=75\sim80℃$； $T_1=100℃$，$T_2=65\sim70℃$		58	
BQH-QS/SS-800(1.0-58)		3300	1785	1					
BQH-QS/SS-800(1.6-58)		3300	1946	1.6					
BQH-QS/SS-800(0.6-71)		3850	1872	0.6				71	
BQH-QS/SS-800(1.0-71)		3850	1968	1					
BQH-QS/SS-800(1.6-71)		3850	2135	1.6					
BQH-QS/SS-800(0.6-83)		4500	2130	0.6				83	
BQH-QS/SS-800(1.0-83)		4500	2240	1					
BQH-QS/SS-800(1.6-83)		4500	2400	1.6					

续表

型　号	罐体直径 ϕ（mm）	总长度 L（mm）	总质量 G（kg）	设计压力（MPA）		设计温度（℃）		换热面积（m^2）	主要生产厂商
				壳程 P_s	管程 P_t	热媒 T_1/T_2	二次水 t_1/t_2		
(0.6-90)	900	3700	2605	0.6	热媒为蒸汽时 $P_t \leqslant 0.6$MPa	汽—水加热 $P_t=0.2$MPa时：$T_1=132.9$℃，$T_2=80\sim90$℃； $P_t=0.3$MPa时：$T_1=142.9$℃，$T_2=80\sim90$℃； $P_t=0.4$MPa时：$T_1=151.1$℃，$T_2=90\sim100$℃； $P_t=0.5$MPa时：$T_1=158.1$℃，$T_2=90\sim100$℃； $P_t=0.6$MPa时：$T_1=164.1$℃，$T_2=90\sim100$℃	70/95 或 60/85	90	北京丰台万泉压力容器厂
BQH-$\frac{QS}{SS}$-900(1.0-90)		3700	2906	1					
(1.6-90)		3700	3096	1.6					
(0.6-103)		4100	2775	0.6				130	
BQH-$\frac{QS}{SS}$-900(1.0-103)		4100	3090	1					
(1.6-103)		4100	3280	1.6					
(0.6-120)		4600	3030	0.6				120	
BQH-$\frac{QS}{SS}$-900(1.0-120)		4600	3360	1					
(1.6-120)		4600	3550	1.6					
(0.6-130)	1000	3900	3630	0.6				130	
BQH-$\frac{QS}{SS}$-1000(1.0-130)		3900	3895	1					
(1.6-130)		3900	4216	1.6					
(0.6-150)		4350	4023	0.6	热媒为热水时 $P_t \leqslant 1.6$MPa	水—水加热 $T_1=130$℃，$T_2=85\sim95$℃； $T_1=120$℃，$T_2=80\sim90$℃； $T_1=110$℃，$T_2=75\sim80$℃； $T_1=100$℃，$T_2=65\sim70$℃		150	
BQH-$\frac{QS}{SS}$-1000(1.0-150)		4350	4312	1					
(1.6-150)		4350	4645	1.6					
(0.6-170)		4800	4180	0.6				170	
BQH-$\frac{QS}{SS}$-1000(1.0-170)		4800	4490	1					
(1.6-170)		4800	4830	1.6					

3. 外形与基础尺寸：BQH 系列采暖波节管快速式加热器外形与基础尺寸见图 15-12、表 15-22。

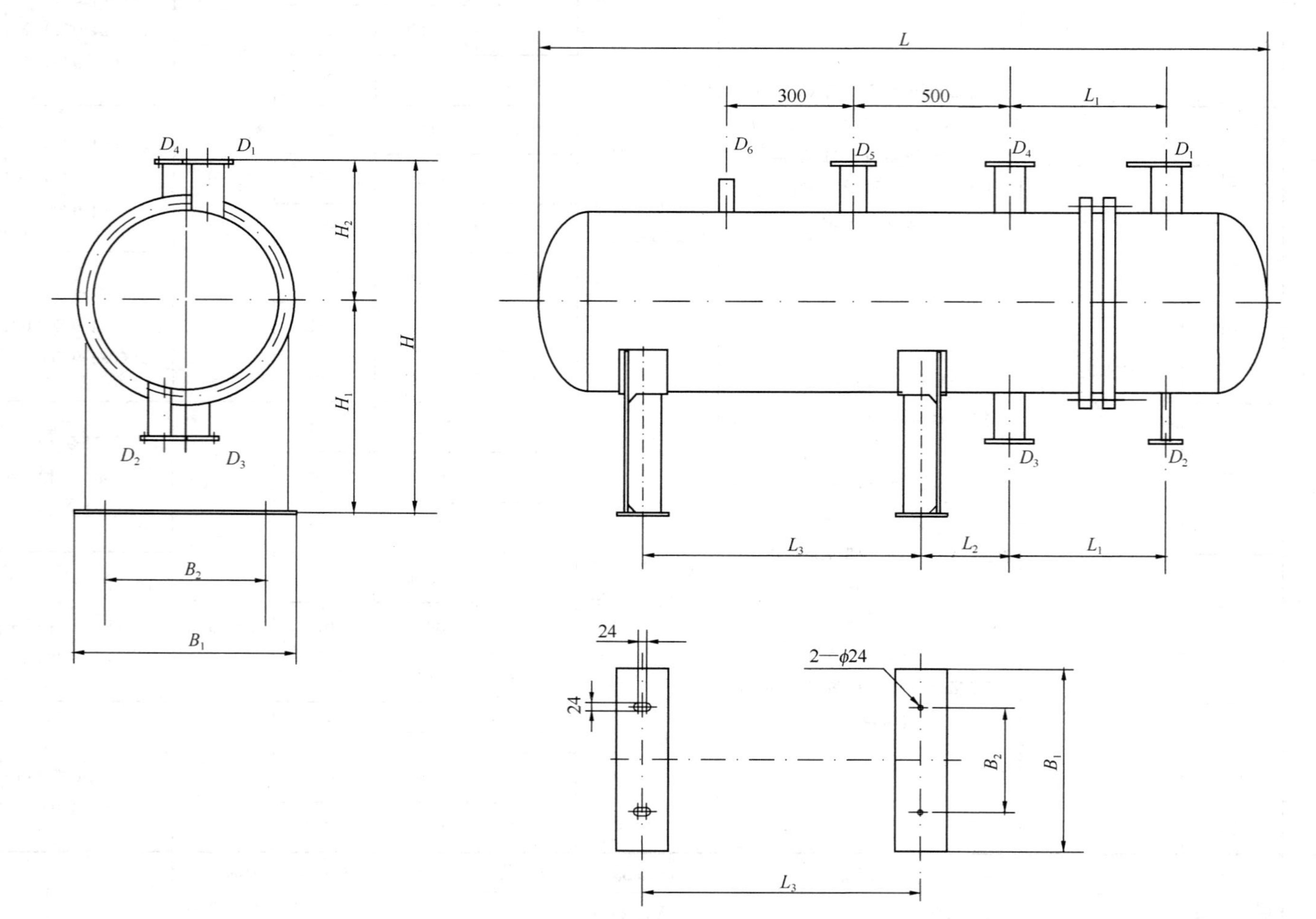

图 15-12 BQH 系列采暖波节管快速式加热器外形与基础尺寸

BQH 系列采暖波节管快速式加热器外形与基础尺寸（mm） **表 15-22**

型 号	外 形 尺 寸									热媒接管		二次水接管		安全阀接管 D_5	排气口 D_6
	L	L_1	L_2	L_3	H	H_1	H_2	B_1	B_2	D_1	D_2	D_3	D_4		
BQH-QS/SS-200	1880	300	180	1050	970	710	260	210	140	50①/40②	25①/40②	65①/40②	65①/40②	25	25
	2400			1500											
	3450			2500											
BQH-QS/SS-300	2000	350	200	1000	1075	762	313	300	210	80①/50②	32①/50②	80①/65②	80①/65②	32	
	2600			1600											
BQH-QS/SS-400	2200	400	230	1100	1176	813	363	390	280	125①/65②	50①/65②	125①/80②	125①/80②	32	
	2650			1500											
	3000			1850											
BQH-QS/SS-500	2050	420	270	800	1270	860	410	460	330	150①/100②	65①/100②	200①/125②	200①/125②	40	
	2700			1400											
	3200			1850											
BQH-QS/SS-600	2600	450	300	1050	1370	910	460	550	400	200①/125②	80①/125②	250①/150②	250①/150②	50	
	3000			1400											
	3400			1800											
BQH-QS/SS-700	2800	550	330	1350	1470	960	510	640	460	200①/150②	80①/150②	300①/200②	300①/200②	50	
	3200			1700											
	3600			2050											
BQH-QS/SS-800	3300	600	350	1500	1570	1010	560	720	530	250①/200②	100①/200②	350①/250②	350①/250②	80	
	3850			2050											
	4500	650	400	2600											

续表

<table>
<tr><th rowspan="2">型号</th><th colspan="9">外形尺寸</th><th colspan="2">热媒接管</th><th colspan="2">二次水接管</th><th rowspan="2">安全阀接管 D_5</th><th rowspan="2">排气口 D_6</th></tr>
<tr><th>L</th><th>L_1</th><th>L_2</th><th>L_3</th><th>H</th><th>H_1</th><th>H_2</th><th>B_1</th><th>B_2</th><th>D_1</th><th>D_2</th><th>D_3</th><th>D_4</th></tr>
<tr><td rowspan="3">BQH-$\frac{QS}{SS}$-900</td><td>3700</td><td rowspan="2">650</td><td rowspan="2">370</td><td>1650</td><td rowspan="3">1770</td><td rowspan="3">1160</td><td rowspan="3">610</td><td rowspan="3">810</td><td rowspan="3">590</td><td rowspan="3">$\frac{300^{①}}{250^{②}}$</td><td rowspan="3">$\frac{150^{①}}{250^{②}}$</td><td rowspan="3">$\frac{400^{①}}{300^{②}}$</td><td rowspan="3">$\frac{400^{①}}{300^{②}}$</td><td rowspan="3">80</td><td rowspan="6">25</td></tr>
<tr><td>4100</td><td>2000</td></tr>
<tr><td>4600</td><td>700</td><td>400</td><td>2500</td></tr>
<tr><td rowspan="3">BQH-$\frac{QS}{SS}$-1000</td><td>3900</td><td>700</td><td>400</td><td>1550</td><td rowspan="3">1870</td><td rowspan="3">1210</td><td rowspan="3">660</td><td rowspan="3">760</td><td rowspan="3">600</td><td rowspan="3">$\frac{350^{①}}{300^{②}}$</td><td rowspan="3">$\frac{150^{①}}{300^{②}}$</td><td rowspan="3">$\frac{450^{①}}{350^{②}}$</td><td rowspan="3">$\frac{450^{①}}{350^{②}}$</td><td rowspan="3">80</td></tr>
<tr><td>4350</td><td rowspan="2">750</td><td rowspan="2">450</td><td>1900</td></tr>
<tr><td>4800</td><td>2250</td></tr>
</table>

① 为汽-水换热；

② 为水-水换热。

15.2.4.2 BQC 系列空调波节管快速式加热器

1. 型号意义说明：

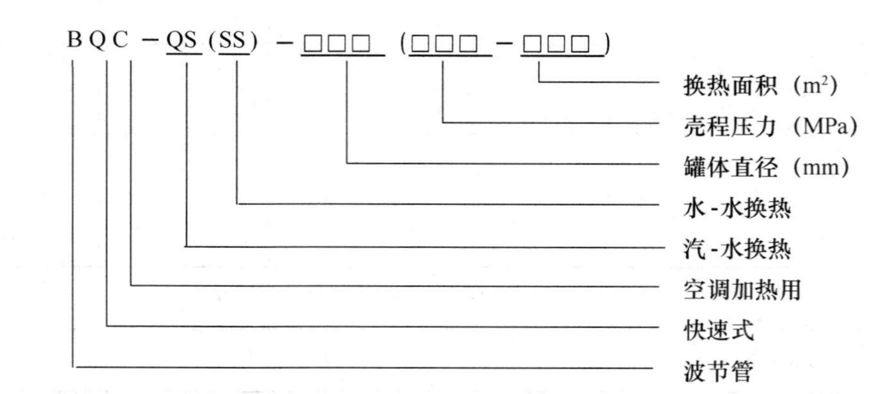

2. 性能规格：BQC 系列空调波节管快速式加热器性能规格见表 15-23。

BQC系列空调波节管快速式加热器性能规格 表 15-23

型号	罐体直径 ϕ (mm)	总长度 L (mm)	总质量 G (kg)	设计压力 (MPa)		设计温度 (℃)		换热面积 (m^2)	主要生产厂商
				壳程 P_s	管程 P_t	热媒 T_1/T_2	二次水 t_1/t_2		
BQC-QS/SS-200(0.6-1.4)	219	1880	178	0.6	热媒为蒸汽时 P_t≤0.6MPa	汽—水加热 P_t=0.2MPa时：T_1=132.9℃，T_2=60～70℃； P_t=0.3MPa时：T_1=142.9℃，T_2=60～70℃； P_t=0.4MPa时：T_1=151.1℃，T_2=70～80℃； P_t=0.5MPa时：T_1=158.1℃，T_2=70～80℃； P_t=0.6MPa时：T_1=164.1℃，T_2=70～80℃	50/60	1.4	北京丰台万泉压力容器厂
BQC-QS/SS-200(1.0-1.4)		1880	186	1.0					
BQC-QS/SS-200(1.6-1.4)		1880	193	1.6					
BQC-QS/SS-200(0.6-1.9)		2400	195	0.6				1.9	
BQC-QS/SS-200(1.0-1.9)		2400	203	1.0					
BQC-QS/SS-200(1.6-1.9)		2400	221	1.6					
BQC-QS/SS-200(0.6-2.8)		3450	235	0.6				2.8	
BQC-QS/SS-200(1.0-2.8)		3450	248	1.0					
BQC-QS/SS-200(1.6-2.8)		3450	267	1.6					
BQC-QS/SS-300(0.6-4.2)	325	2000	334	0.6				4.2	
BQC-QS/SS-300(1.0-4.2)		2000	341	1.0					
BQC-QS/SS-300(1.6-4.2)		2000	356	1.6					
BQC-QS/SS-300(0.6-5.7)		2600	396	0.6	热媒为热水时 P_t≤1.6MPa	水—水加热 T_1=130℃，T_2=75～85℃； T_1=120℃，T_2=70～80℃； T_1=110℃，T_2=70～80℃； T_1=100℃，T_2=65～75℃； T_1=90℃，T_2=65～70℃； T_1=80℃，T_2=60～65℃		5.7	
BQC-QS/SS-300(1.0-5.7)		2600	403	1.0					
BQC-QS/SS-300(1.6-5.7)		2600	418	1.6					
BQC-QS/SS-400(0.6-6.5)	426	2200	517	0.6				6.5	
BQC-QS/SS-400(1.0-6.5)		2200	532	1.0					
BQC-QS/SS-400(1.6-6.5)		2200	558	1.6					
BQC-QS/SS-400(0.6-8.5)		2650	585	0.6				8.5	
BQC-QS/SS-400(1.0-8.5)		2650	600	1.0					
BQC-QS/SS-400(1.6-8.5)		2650	626	1.6					

续表

型号	罐体直径 ϕ (mm)	总长度 L (mm)	总质量 G (kg)	设计压力（MPa）		设计温度（℃）		换热面积 (m^2)	主要生产厂商
				壳程 P_s	管程 P_t	热媒 T_1/T_2	二次水 t_1/t_2		
BQC-$\frac{QS}{SS}$-400(0.6-10)	426	3000	636	0.6	热媒为蒸汽时 $P_t \leqslant 0.6$MPa	汽—水加热 P_t=0.2MPa 时：T_1=132.9℃，T_2=60～70℃； P_t=0.3MPa 时：T_1=142.9℃，T_2=60～70℃；P_t=0.4MPa 时：T_1=151.1℃，T_2=70～80℃； P_t=0.5MPa 时：T_1=158.1℃，T_2=70～80℃； P_t=0.6MPa 时：T_1=164.1℃，T_2=70～80℃	50/60	10	北京丰台万泉压力容器厂
BQC-$\frac{QS}{SS}$-400(1.0-10)		3000	651	1.0					
BQC-$\frac{QS}{SS}$-400(1.6-10)		3000	677	1.6					
BQC-$\frac{QS}{SS}$-500(0.6-12.5)	500	2050	686	0.6				12.5	
BQC-$\frac{QS}{SS}$-500(1.0-12.5)		2050	727	1.0					
BQC-$\frac{QS}{SS}$-500(1.6-12.5)		2050	778	1.6					
BQC-$\frac{QS}{SS}$-500(0.6-17)		2700	803	0.6				17	
BQC-$\frac{QS}{SS}$-500(1.0-17)		2700	852	1.0					
BQC-$\frac{QS}{SS}$-500(1.6-17)		2700	903	1.6					
BQC-$\frac{QS}{SS}$-500(0.6-21.2)		3200	861	0.6				21.2	
BQC-$\frac{QS}{SS}$-500(1.0-21.2)		3200	911	1.0					
BQC-$\frac{QS}{SS}$-500(1.6-21.2)		3200	962	1.6					
BQC-$\frac{QS}{SS}$-600(0.6-25.1)	600	2600	1181	0.6	热媒为热水时 $P_t \leqslant 1.6$MPa	水—水加热 T_1=130℃，T_2=75～85℃； T_1=120℃，T_2=70～80℃； T_1=110℃，T_2=70～80℃； T_1=100℃，T_2=65～75℃； T_1=90℃，T_2=65～70℃； T_1=80℃，T_2=60～65℃		25.1	
BQC-$\frac{QS}{SS}$-600(1.0-25.1)		2600	1244	1.0					
BQC-$\frac{QS}{SS}$-600(1.6-25.1)		2600	1307	1.6					
BQC-$\frac{QS}{SS}$-600(0.6-30.2)		3000	1217	0.6				30.2	
BQC-$\frac{QS}{SS}$-600(1.0-30.2)		3000	1280	1.0					
BQC-$\frac{QS}{SS}$-600(1.6-30.2)		3000	1343	1.6					
BQC-$\frac{QS}{SS}$-600(0.6-35.4)		3400	1253	0.6				35.4	
BQC-$\frac{QS}{SS}$-600(1.0-35.4)		3400	1361	1.0					
BQC-$\frac{QS}{SS}$-600(1.6-35.4)		3400	1379	1.6					

续表

型号	罐体直径 ϕ（mm）	总长度 L（mm）	总质量 G（kg）	设计压力（MPa）		设计温度（℃）		换热面积（m^2）	主要生产厂商
				壳程 P_s	管程 P_t	热媒 T_1/T_2	二次水 t_1/t_2		
（0.6-37）	700	2800	1192	0.6	热媒为蒸汽时 $P_t \leqslant 0.6MPa$	汽—水加热 $P_t=0.2MPa$ 时：$T_1=132.9℃$，$T_2=60\sim70℃$； $P_t=0.3MPa$ 时：$T_1=142.9℃$，$T_2=60\sim70℃$；$P_t=0.4MPa$ 时：$T_1=151.1℃$，$T_2=70\sim80℃$； $P_t=0.5MPa$ 时：$T_1=158.1℃$，$T_2=70\sim80℃$； $P_t=0.6MPa$ 时：$T_1=164.1℃$，$T_2=70\sim80℃$	50/60	37	北京丰台万泉压力容器厂
BQC-QS/SS-700（1.0-37）		2800	1308	1.0					
（1.6-37）		2800	1496	1.6					
（0.6-44）		3200	1281	0.6				44	
BQC-QS/SS-700（1.0-44）		3200	1437	1.0					
（1.6-44）		3200	1638	1.6					
（0.6-51）	800	3600	1397	0.6				51	
BQC-QS/SS-700（1.0-51）		3600	1566	1.0					
（1.6-51）		3600	1781	1.6					
（0.6-58）		3300	1680	0.6				58	
BQC-QS/SS-800（1.0-28）		3300	1785	1.0					
（1.6-58）		3300	1946	1.6					
（0.6-71）		3850	1872	0.6	热媒为热水时 $P_t \leqslant 1.6MPa$	水—水加热 $T_1=130℃$，$T_2=75\sim85℃$； $T_1=120℃$，$T_2=70\sim80℃$； $T_1=110℃$，$T_2=70\sim80℃$； $T_1=100℃$，$T_2=65\sim75℃$； $T_1=90℃$，$T_2=65\sim70℃$； $T_1=80℃$，$T_2=60\sim65℃$		71	
BQC-QS/SS-800（1.0-71）		3850	1968	1.0					
（1.6-71）		3850	2135	1.6					
（0.6-83）	900	4500	2130	0.6				83	
BQC-QS/SS-800（1.0-83）		4500	2240	1.0					
（1.6-83）		4500	2400	1.6					
（0.6-90）		3700	2605	0.6				90	
BQC-QS/SS-900（1.0-90）		3700	2906	1.0					
（1.6-90）		3700	3096	1.6					

续表

型号	罐体直径 ϕ（mm）	总长度 L（mm）	总质量 G（kg）	设计压力（MPa）		设计温度（℃）		换热面积（m^2）	主要生产厂商
				壳程 P_s	管程 P_t	热媒 T_1/T_2	二次水 t_1/t_2		
BQC-$\genfrac{}{}{0pt}{}{QS}{SS}$-900(0.6-103)	900	4100	2775	0.6	热媒为蒸汽时 P_t≤0.6MPa	汽—水加热 P_t=0.2MPa时：T_1=132.9℃，T_2=60～70℃； P_t=0.3MPa时：T_1=142.9℃，T_2=60～70℃；P_t=0.4MPa时：T_1=151.1℃，T_2=70～80℃； P_t=0.5MPa时：T_1=158.1℃，T_2=70～80℃； P_t=0.6MPa时：T_1=164.1℃，T_2=70～80℃	50/60	103	北京丰台万泉压力容器厂
BQC-$\genfrac{}{}{0pt}{}{QS}{SS}$-900(1.0-103)		4100	3090	1.0					
BQC-$\genfrac{}{}{0pt}{}{QS}{SS}$-900(1.6-103)		4100	3280	1.6					
BQC-$\genfrac{}{}{0pt}{}{QS}{SS}$-900(0.6-120)	1000	4600	3030	0.6				120	
BQC-$\genfrac{}{}{0pt}{}{QS}{SS}$-900(1.0-120)		4600	3360	1.0					
BQC-$\genfrac{}{}{0pt}{}{QS}{SS}$-900(1.6-120)		4600	3550	1.6					
BQC-$\genfrac{}{}{0pt}{}{QS}{SS}$-1000(0.6-130)		3900	3630	0.6				130	
BQC-$\genfrac{}{}{0pt}{}{QS}{SS}$-1000(1.0-130)		3900	3895	1.0					
BQC-$\genfrac{}{}{0pt}{}{QS}{SS}$-1000(1.6-130)		3900	4216	1.6					
BQC-$\genfrac{}{}{0pt}{}{QS}{SS}$-1000(0.6-150)		4350	4023	0.6	热媒为热水时 P_t≤1.6MPa	水—水加热 T_1=130℃，T_2=75～85℃； T_1=120℃，T_2=70～80℃； T_1=110℃，T_2=70～80℃； T_1=100℃，T_2=65～75℃； T_1=90℃，T_2=65～70℃； T_1=80℃，T_2=60～65℃		150	
BQC-$\genfrac{}{}{0pt}{}{QS}{SS}$-1000(1.0-150)		4350	4312	1.0					
BQC-$\genfrac{}{}{0pt}{}{QS}{SS}$-1000(1.6-150)		4350	4645	1.6					
BQC-$\genfrac{}{}{0pt}{}{QS}{SS}$-1000(0.6-170)		4800	4180	0.6				170	
BQC-$\genfrac{}{}{0pt}{}{QS}{SS}$-1000(1.0-170)		4800	4490	1.0					
BQC-$\genfrac{}{}{0pt}{}{QS}{SS}$-1000(1.6-170)		4800	4830	1.6					

3. 外形与基础尺寸：BQC 系列空调波节管快速式加热器外形与基础尺寸见图 15-13、表 15-24。

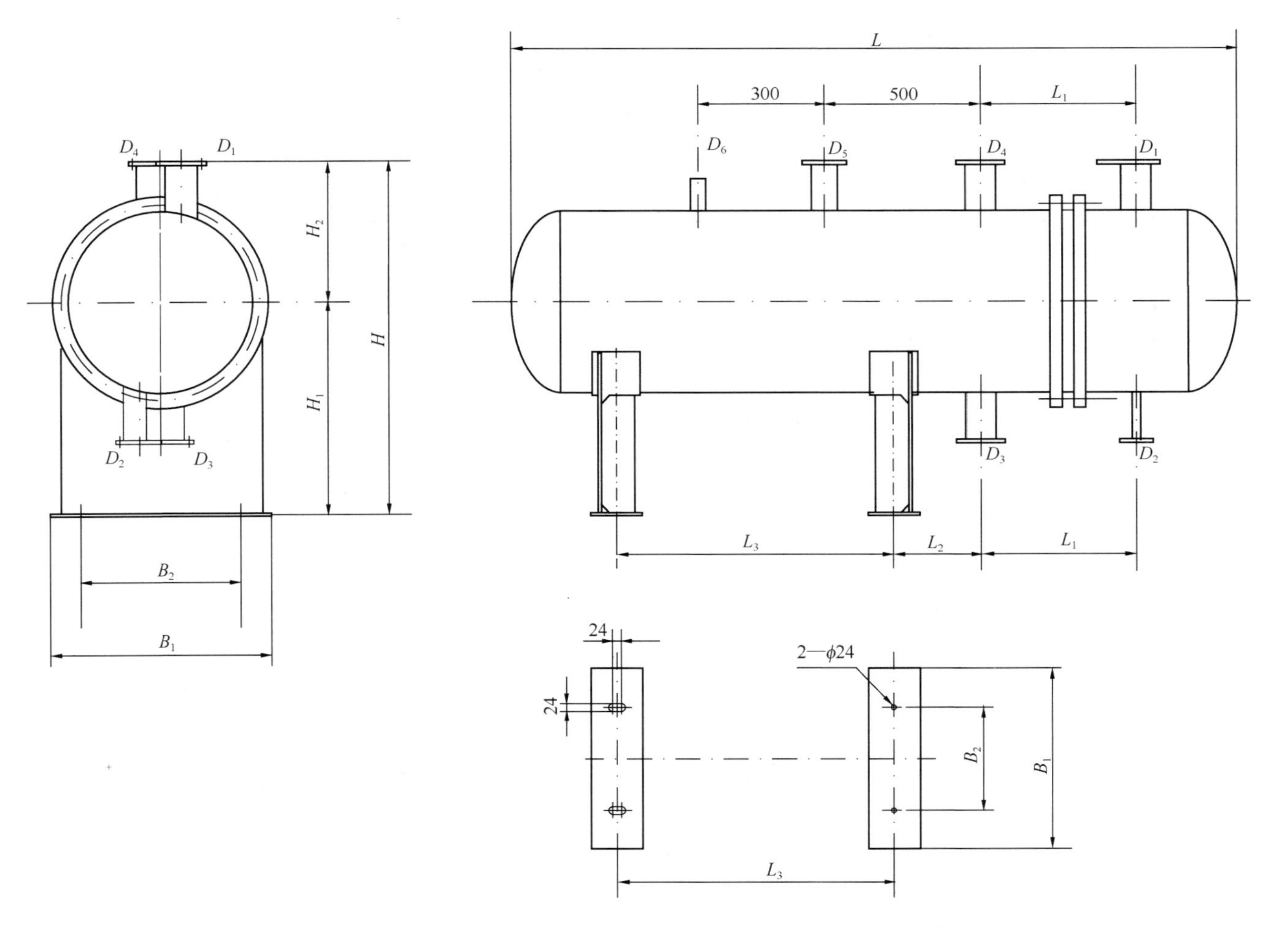

图 15-13　BQC 系列空调波节管快速式加热器外形与基础尺寸

BQC 系列空调波节管快速式加热器外形与基础尺寸（mm） 表 15-24

型号	外形尺寸									热媒接管		二次水接管		安全阀接管	排气口
	L	L_1	L_2	L_3	H	H_1	H_2	B_1	B_2	D_1	D_2	D_3	D_4	D_5	D_6
BQC-QS/SS-200	1880	300	180	1050	970	710	260	210	140	50①/40②	32①/40②	100①/80②	100①/80②	25	25
	2400			1500											
	3450			2500											
BQC-QS/SS-300	2000	350	220	1000	1075	762	313	300	210	100①/50②	50①/50②	150①/125②	150①/125②	32	
	2600			1600											
BQC-QS/SS-400	2200	400	250	1100	1176	813	363	390	280	125①/80②	125①/80②	200①/150②	200①/150②	40	
	2650			1500											
	3000			1850											
BQC-QS/SS-500	2050	450	290	800	1270	860	410	460	330	200①/100②	80①/100②	300①/200②	300①/200②	50	
	2700			1400											
	3200			1850											
BQC-QS/SS-600	2600	500	300	1050	1370	910	460	550	400	200①/150②	80①/150②	400①/300②	400①/300②	80	
	3000			1400											
	3400			1800											
BQC-QS/SS-700	2800	550	330	1350	1470	960	510	640	460	250①/200②	100①/200②	450①/350②	450①/350②	80	
	3200			1700											
	3600			2050											
BQC-QS/SS-800	3300	600	380	1500	1570	1010	560	720	530	300①/250②	100①/250②	600①/450②	600①/450②	80	
	3850			2050											
	4500	650	420	2600											

续表

型号	外形尺寸									热媒接管		二次水接管		安全阀接管 D_5	排气口 D_6
	L	L_1	L_2	L_3	H	H_1	H_2	B_1	B_2	D_1	D_2	D_3	D_4		
	3700	650	400	1650											
BQC-QS/SS-900	4100	700	450	2000	1770	1160	610	810	590	350①/250②	150①/250②	700①/500②	700①/500②	80	
	4600	750	450	2500											25
	3900	800	480	1550											
BQC-QS/SS-1000	4350	850	520	1900	1870	1210	660	760	600	—/300②	—/300②	—/600②	—/600②	80	
	4800	950	550	2250											

① 为汽-水换热；

② 为水-汽换热。

15.2.5 半即热式加热器

半即热式加热器常用有 TGTL 系列浮动盘管立式半即热式加热器等。

TGTL 系列浮动盘管立式半即热式加热器。

1. 型号意义说明：

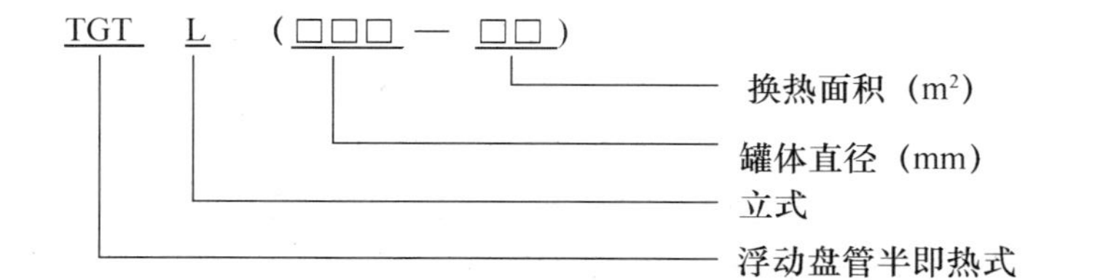

2. 性能规格及外形与基础尺寸：TGTL 系列浮动盘管立式半即热式加热器性能规格及外形与基础尺寸见表 15-25、图 15-14。

TGTL 系列浮动盘管立式半即热式加热器性能规格及外形与基础尺寸 **表 15-25**

型号	罐体直径 ϕ(mm)	容积 V (m^3)	换热面积 F (m^2)	外形尺寸(mm)		管口直径(mm)				加热器净质量 W(kg)			设计压力(MPa)		主要生产厂商
				D_0	H	d_1	d_2	d_3	d_4	PN0.6	PN1.0	PN1.6	壳程	管程	
TGTL400-3.0	400	0.165	3	512	1825	50	50(32)	40(65)	40(65)	270	310	360	0.4、0.6、0.8、1.0、1.2、1.6	0.4～1.6	北京特高换热设备有限公司
TGTL400-4.0		0.178	4		1925	50	50(32)	50(80)	50(80)	280	320	370			
TGTL400-5.0		0.212	5		2195	50	50(32)	50(80)	50(80)	290	330	380			
TGTL500-5.0	500	0.272	5	612	2060	50	50(32)	50(80)	50(80)	330	370	510			
TGTL500-6.0		0.307	6		2240	65	65(32)	50(80)	50(80)	360	400	540			
TGTL500-7.0		0.343	7		2420	65	65(32)	65(100)	65(100)	390	430	570			
TGTL600-8.0	600	0.426	8	716	2240	65	65(32)	65、80(100)	65、80(100)	450	520	790			
TGTL600-9.0		0.460	9		2360	65	65(32)	65、80(100)	65、80(100)	490	560	830			
TGTL600-10.0		0.495	10		2580	80	80(40)	80、100(125)	80、100(125)	530	600	870			
TGTL600-12.0		0.562	12		2720	80	80(40)	80、100(125)	80、100(125)	590	660	940			
TGTL700-12.0	700	0.65	12	816	2370	80	80(40)	80、100(125)	80、100(125)	635	685	975			
TGTL700-14.0		0.72	14		2630	100	100(50)	80、100(125)	80、100(125)	730	780	1085			
TGTL700-16.0		0.80	16		2830	100	100(50)	80、100(150)	80、100(150)	775	825	1140			

续表

型号	罐体直径 ϕ(mm)	容积 V (m^3)	换热面积 F (m^2)	外形尺寸(mm)		管口直径(mm)				加热器净质量 W(kg)			设计压力(MPa)		主要生产厂商
				D_0	H	d_1	d_2	d_3	d_4	PN0.6	PN1.0	PN1.6	壳程	管程	
TGTL800-16.0	800	0.72	16	916	2530	100	100(50)	80、100(150)	80、100(150)	765	870	1015	0.4、0.6、0.8、1.0、1.2、1.6	0.4～1.6	北京特高换热设备有限公司
TGTL800-18.0		0.78	18		2680	100	100(50)	80、100(150)	80、100(150)	815	920	1075			
TGTL800-20.0		0.84	20		2860	100	100(50)	80、100(150)	80、100(150)	865	965	1135			
TGTL800-23.0		1.143	23		3145	100	100(50)	100、125(200)	100、125(200)	980	1170	1490			
TGTL800-25.0		1.214	25		3285	100	100(50)	100、125(200)	100、125(200)	1050	1240	1560			
TGTL800-28.0		1.319	28		3495	125	125(50)	100、125(200)	100、125(200)	1120	1310	1630			
TGTL800-30.0		1.390	30		3635	125	125(50)	100、125(200)	100、125(200)	1190	1380	1700			
TGTL800-35.0		1.566	35		3985	125	125(50)	100、150(250)	100、150(250)	1320	1510	1830			
TGTL800-40.0		1.742	40		4335	125	125(50)	100、150(250)	100、150(250)	1450	1640	1960			
TGTL900-40.0	900	2.012	40	1016	4075	125	125(50)	100,150(250)	100,150(250)	1580	1700	1990			
TGTL900-45.0		2.202	45		4375	125	125(50)	125,150(250)	125,150(250)	1750	1860	2120			
TGTL900-50.0		2.392	50		4675	150	150(50)	125,150(250)	125,150(250)	1910	2030	2290			
TGTL900-55.0		2.584	55		4975	150	150(50)	150,200(250)	150,200(250)	2180	2280	2470			
TGTL900-60.0		2.775	60		5275	150	150(50)	150,200(250)	150,200(250)	2520	2550	2640			

注：1. d_2 括号内数字为汽-水换热时冷凝水管径；d_3、d_4 括号内值为空调供水时管径，小值为生活热水时管径；
2. 表中各型号相对应的换热面积 F 仅供参考，视具体计算情况可予变动。

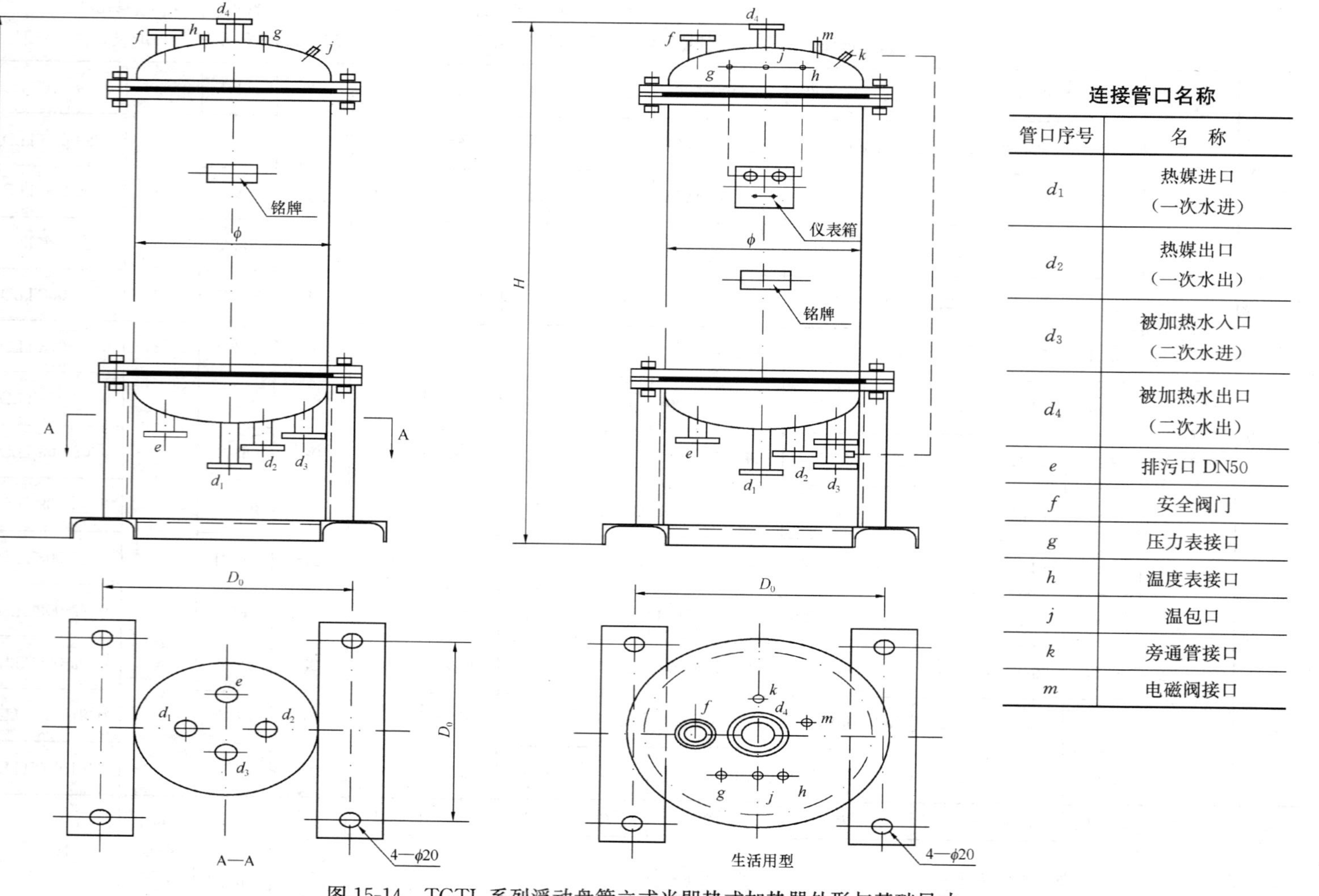

连接管口名称

管口序号	名　称
d_1	热媒进口（一次水进）
d_2	热媒出口（一次水出）
d_3	被加热水入口（二次水进）
d_4	被加热水出口（二次水出）
e	排污口 DN50
f	安全阀门
g	压力表接口
h	温度表接口
j	温包口
k	旁通管接口
m	电磁阀接口

图 15-14　TGTL 系列浮动盘管立式半即热式加热器外形与基础尺寸

注：安全阀有两种规格 $\phi32$ 和 $\phi40$，当壳程设计压力≤1.0MPa 时，一般采用 $\phi32$；当壳程设计压力>1.0MPa 时，一般采用 $\phi40$。

15.3 热泵热水机组

热泵热水机组常用有空气源热泵热水机组。

15.3.1 空气源热泵热水机组

空气源热泵热水机组常用有 TFS-SKR 系列循环式空气源热泵热水机组、KFYR 系列直热式空气源热泵热水机组。

15.3.1.1 TFS-SKR 系列循环式空气源热泵热水机组

1. 型号意义说明：

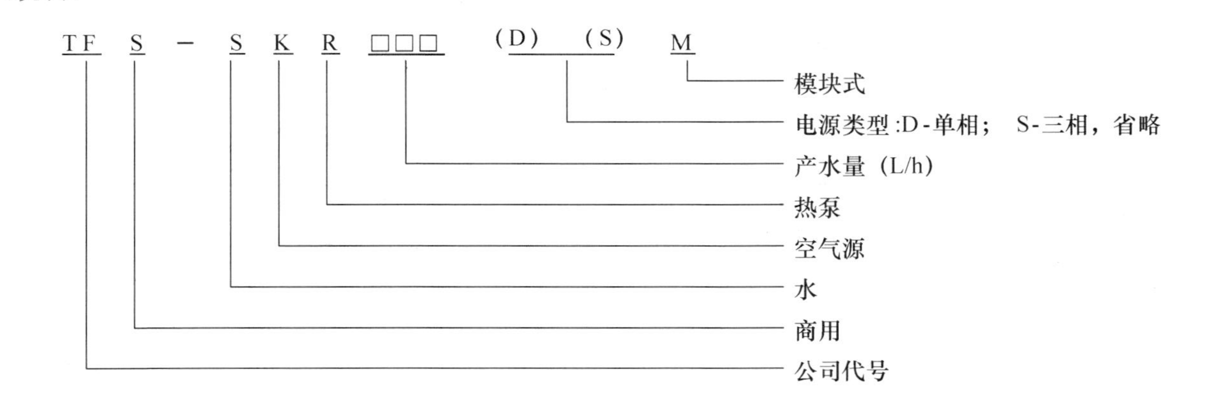

2. 性能规格及外形尺寸：TFS-SKR 系列循环式空气源热泵热水机组性能规格及外形尺寸见表 15-26。

TFS-SKR 系列循环式空气源热泵热水机组性能规格及外形尺寸 表 15-26

型号	制热量(kW)	产水量(L/h)	额定输入功率(kW)	最大输入功率(kW)	最高出水温度(℃)	噪声[dB (A)]	电源		环境温度范围(℃)	接管管径 DN (mm)	设备质量(kg)	外形尺寸 长度×宽度×高度(mm)	主要生产厂商
							频率(Hz)	电压(V)					
TFS-SKR270 (D)	11	270	2.43	3.2	60	58	50	1～220	−7～43	25	125	700×560×1067	北京同方洁净技术有限公司

续表

型　号	制热量 (kW)	产水量 (L/h)	额定输入功率 (kW)	最大输入功率 (kW)	最高出水温度 (℃)	噪声 [dB (A)]	电　源		环境温度范围 (℃)	接管管径 DN (mm)	设备质量 (kg)	外形尺寸 长度×宽度×高度 (mm)	主要生产厂商
							频率 (Hz)	电压 (V)					
TFS-SKR480 (S)	19.6	480	4.63	6.02	60	59	50	3～380	−7～43	25	190	850×650×1330	北京同方洁净技术有限公司
TFS-SKR760 (S)	31	760	6.88	9.1	60	62	50	3～380	−7～43	40	370	1400×660×1480	
TFS-SKR840 (S)	36	840	8.25	10.0	60	63	50	3～380	−7～43	40	370	1400×660×1480	
TFS-SKR1250	52.5	1250	12.2	18.8	60	64	50	3～380	−7～43	50	650	1680×840×1625	
TFS-SKR1500	60	1500	13.5	19.8	60	65	50	3～380	−7～43	50	680	1680×840×1773	
TFS-SKR1600M (S)	72	1600	16.6	20	60	66	50	3～380	−7～43	80	800	2108×1080×1900	
TFS-SKR2100M	84	2100	19.3	28	60	66	50	3～380	−7～43	80	850	2108×1080×1900	

15.3.1.2 KFYR系列直热式空气源热泵热水机组

1. 型号意义说明

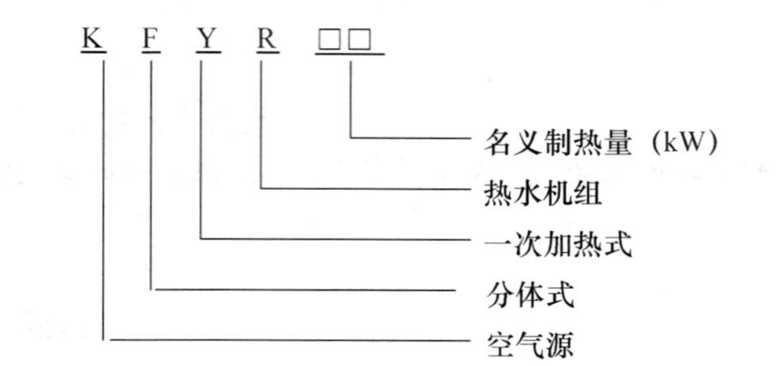

2. 性能规格及外形尺寸：KFYR系列直热式空气源热泵热水机组性能规格及外形尺寸见表15-27。

KFYR 系列直热式空气源热泵热水机组性能规格及外形尺寸 表 15-27

型号	制热量(kW)	产水量(L/h)	额定输入功率(kW)	最大输入功率(kW)	最高出水温度(℃)	噪声[dB(A)]	电源		环境温度范围(℃)	接管管径 DN (mm)	设备质量(kg)	外形尺寸 长度×宽度×高度(mm)	主要生产厂商
							频率(Hz)	电压(V)					
KFYR25	24.5	550	5.1	6.5	60	59	50	380	−7～43	25	260	860×740×1560	北京同方洁净技术有限公司
KFYR40	39.6	850	7.9	11	60	63	50	380	−7～43	25	360	1440×740×1560	
KFYR90	85.6	1850	19.8	26	60	66	50	380	−7～43	40、50	650	2108×1080×1900	

15.4 膨胀水箱

膨胀水箱常用有 PN 系列密闭式立式膨胀水箱、PN 系列密闭式卧式膨胀水箱。

15.4.1 PN 系列密闭式立式膨胀水箱

1. 型号意义说明：

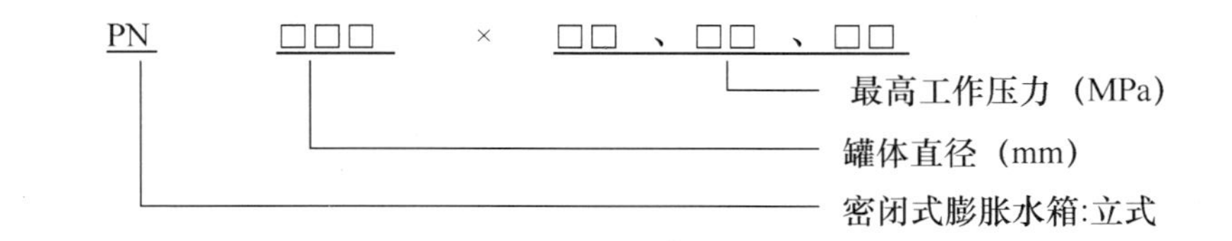

2. 性能规格：PN 系列密闭式立式膨胀水箱性能规格见表 15-28。

PN 系列密闭式立式膨胀水箱性能规格 表 15-28

型号	系统容水量（m^3）	锅炉容量（t/h）	采暖面积（m^2）	循环水量（m^3/h）	供热量（MW）	扬程（m）	补水泵			电控柜型号	主要生产厂商
							水泵型号	功率（kW）	台数		
PN600×0.6、1.0、1.6	≤10	≤0.4	≤4000	≤9.6	≤0.28	30 60	DP25-2-8.5×4 DP25-2-8.5×7	1.1 1.5	2	PNK-2	河北保定太行集团有限责任公司

续表

型号	系统容水量（m^3）	锅炉容量（t/h）	采暖面积（m^2）	循环水量（m^3/h）	供热量（MW）	扬程（m）	补水泵			电控柜型号	主要生产厂商
							水泵型号	功率（kW）	台数		
PN800×0.6、1.0、1.6	10～14	0.4～1	4000～10000	9.6～24	0.28～0.7	30 60	DP25-2-8.5×4 DP25-2-8.5×7	1.1 1.5	2	PNK-2	河北保定太行集团有限责任公司
PN1000×0.6、1.0、1.6	14～27	1～2	10000～18000	24～48	0.7～1.4	30 60	DP25-2-8.5×4 DP25-2-8.5×8	1.1 1.5	2		
PN1200×0.6、1.0、1.6	27～45	2～3	18000～28000	48～72	1.4～2.1	30 60	DP32-4-8×4 DP32-4-8×8	1.1 2.2	2		
PN1400×0.6、1.0、1.6	45～64	3～4	28000～41000	72～96	2.1～2.8	30 60	DP32-4-8×4 DP32-4-8×8	1.1 2.2	2		
PN1500×0.6、1.0、1.6	64～76	4～5	41000～48000	96～120	2.8～3.5	30 60	DP40-8-8×4 DP40-8-8×7	2.2 3	2		
PN1600×0.6、1.0、1.6	76～87	5～6	48000～56000	120～144	3.5～4.2	30 60	DP40-8-8×4 DP40-8-8×7	2.2 3	2		
PN1800×0.6、1.0、1.6	87～110	6～8	56000～78000	144～192	4.2～5.6	30 60	DP40-8-8×4 DP40-8-8×8	2.2 3	2		
PN2000×0.6、1.0、1.6	110～150	8～10	78000～104000	192～240	5.6～7.0	30 60	DP40-8-8×5 DP40-8-8×9	2.2 4	2		

15.4.2 PN系列密闭式卧式膨胀水箱

1. 型号意义说明

PN □□□□ × □□、□□、□□

- □□、□□、□□ —— 最高工作压力（MPa）
- □□□□ —— 罐体直径（mm）
- PN —— 密闭式膨胀水箱:卧式

2. 性能规格：PN系列密闭式卧式膨胀水箱性能规格见表15-29。

PN 系列密闭式卧式膨胀水箱性能规格 **表 15-29**

型号	系统容水量（m^3）	锅炉容量（t/h）	采暖面积（m^2）	循环水量（m^3/h）	供热量（MW）	扬程（m）	补水泵 水泵型号	补水泵 功率（kW）	补水泵 台数	电控柜型号	主要生产厂商
PN1000×0.6、1.0、1.6	15～27	≤2	≤8000	≤48	≤1.4	30 60	DP25-2-8.5×4 DP25-2-8.5×8	1.1 1.5	2	PNK-2	河北保定太行集团有限责任公司
PN1200×0.6、1.0、1.6	27～45	2～3	18000～28000	48～72	1.4～2.1	30 60	DP32-4-8×4 DP32-4-8×8	1.1 2.2	2		
PN1400×0.6、1.0、1.6	45～76	3～5	28000～48000	72～120	2.1～3.5	30 60	DP40-8-8×4 DP40-8-8×7	2.2 3	2		
PN1500×0.6、1.0、1.6	76～87	5～6	48000～56000	120～144	3.5～4.2	30 60	DP40-8-8×4 DP40-8-8×7	2.2 3	2		
PN1600×0.6、1.0、1.6	87～99	6～7	56000～66000	144～168	4.2～4.9	30 60	DP40-8-8×4 DP40-8-8×8	2.2 3	2		
PN1800×0.6、1.0、1.6	99～180	7～12	66000～117000	168～288	4.9～8.4	30 60	DP50-16-11×3 DP50-16-11×6	3 5.5	2		
PN2000×0.6、1.0、1.6	180～250	12～17	117000～165000	288～408	8.4～11.9	30 60	DP50-16-11×4 DP50-16-11×7	4 7.5	2		
PN2200×0.6、1.0、1.6	250～310	17～21	165000～204000	408～504	11.9～14.7	30 60	DP50-16-11×4 DP50-16-11×7	4 7.5	2		
PN2400×0.6、1.0、1.6	310～420	21～28	204000～273000	504～672	14.7～19.6	30 60	DG65-30-16×2 DG65-30-16×4	5.5 11	2		

注：1. 本表是按 95℃、70℃低温热水采暖系统设计，其膨胀水量计算公式 $V=\alpha \Delta t V_c$，式中 α—水的单位体积膨胀系数，取 0.0006；Δt—水的温差（按系统连续运行设计，$\Delta t=25℃$）；V_c—系统容水量（m^3）；

2. 应首先按系统容水量选型，按其他工况选型时仅供参考；

3. 对温差较大的间歇采暖系统可将罐体加大一号。

16 水景喷泉设备

水景喷泉设备常用有喷头、喷枪，喷泉装置，水下灯、水下灯具，电磁阀，喷泉用泵。

16.1 喷头、喷枪

喷头、喷枪常用有Zs系列直射喷头、Sm系列水膜喷头、Cq系列掺气喷头、Xz系列旋转喷头、CyP系列超远水炮喷头、特种喷头、数控摇摆喷头、埋藏式草坪喷头、灌溉喷头、自动旋转洒水喷枪。

16.1.1 Zs系列直射喷头

1. 分类：Zs系列直射喷头分有ZsW系列万向直射喷头、ZsWF系列万向带阀直射喷头、ZsCh系列彩虹喷头、ZsJ系列集流直上喷头。

2. 性能规格：Zs系列直射喷头性能规格见表16-1。

Zs系列直射喷头性能规格 **表16-1**

名称	型号	连接直径		工作压力(kPa)	流量(m^3/h)	喷高度(m)	喷射距离(m)	安装角度(°)	特性	主要生产厂商
		mm	in							
万向直射喷头	ZsW 6	M6	—	15～20	0.02～0.06	0.5～1.0	—	—	万向直射喷头系一种直射类喷头，射流可沿轴线作±10°的调节，安装调试灵活方便，便于组成各种图案	广州华润喷泉喷灌有限公司
	ZsW 8	M8	—	15～25	0.06～0.08	1.0～1.5	—			
	ZsW 10	M10	—	15～35	0.13～0.19	1.0～2.0	—			
	ZsW 1/2	—	1/2	20～65	0.48～1.12	1.0～4.0	—			
	ZsW 3/4	—	3/4	20～80	0.88～2.21	1.0～5.0	—			
	ZsW 1	—	1	20～100	2.04～5.5	1.0～6.0	—			
	ZsW 1½	—	1½	20～250	5.76～24.0	1.0～15				
	ZsW 2	—	2	20～330	6.54～40.4	1.0～20	—			

续表

名称	型号	连接直径		工作压力(kPa)	流量(m^3/h)	喷高度(m)	喷射距离(m)	安装角度(°)	特性	主要生产厂商
		mm	in							
万向带阀直射喷头	ZsWF 6	M6	—	15～20	0.02～0.06	0.5～1.0	—	—	万向带阀直射喷头在万向直射喷头结构的基础上加了控制阀门，以调节流量、喷高和远近、射流方向可沿轴线作±10°的调节。材质有铜或不锈钢	广州华润喷泉喷灌有限公司
	ZsWF 8	M8	—	15～25	0.06～0.08	1.0～1.5	—			
	ZsWF 10	M10	—	15～35	0.13～0.19	1.0～2.0	—			
	ZsWF 12	M12	—	15～50	0.22～0.54	1.0～3.0	—			
	ZsWF 1/2	—	1/2	20～65	0.48～1.12	1.0～4.0	—			
	ZsWF 3/4	—	3/4	20～80	0.88～2.21	1.0～5.0	—			
	ZsWF 1	—	1	20～100	2.04～5.5	1.0～6.0	—			
	ZsWF 1½	—	1½	20～250	5.76～24.0	1.0～15	—			
	ZsWF 2	—	2	20～330	6.54～40.4	1.0～20	—			
彩虹喷头	ZsCh 1	—	1	50～100	3.1～6.4	—	2.0～9.0	30～37	彩虹喷头可在喷头底部增加万向接头以调节喷水方向。加长型导流器设计使水柱更为通透圆整，在灯光辉映下宛如彩虹，可从空中跨越人或低建筑等障碍物。材质通常有不锈钢、铝合金等	
	ZsCh 1½	—	1½	50～120	4.5～10.4	—	2.0～9.0			
	ZsCh 2	—	2	50～120	7.6～15.6	—	2.0～9.0			
	ZsCh 2 1/2	—	2 1/2	50～150	10.5～21.5	—	2.0～9.0			
	ZsCh 3	—	3	50～150	13.9～28.4	—	2.0～9.0			
集流直上喷头	ZsJ 1½	—	1½	30～140	9.0～23.9	1.0～6.0	—	—	集流直上喷头多个喷嘴组合喷射，喷水时射流集中，精壮高大，气势宏伟，常用来作喷水池中心水柱的主喷头	
	ZsJ 2	—	2	30～180	10.4～39.6	1.0～8.0	—			
	ZsJ 2½	—	2½	30～200	11.0～45.9	1.0～9.0	—			
	ZsJ 3	—	3	30～250	13.2～63.4	1.0～10	—			
	ZsJ 4	—	4	30～250	14.5～69.7	1.0～10	—			

16.1.2 Sm系列水膜喷头

1. 分类：Sm系列水膜喷头分有SmLb系列喇叭花喷头、SmMg系列蘑菇喷头、SmBq系列半球喷头、SmSx系列扇形喷头、SmDm系列单膜喷头、SmCm系列层膜喷头、SmDq系列碟泉喷头。

2. 性能规格：Sm系列水膜喷头性能规格见表16-2。

Sm系列水膜喷头性能规格 表16-2

名称	型号	连接直径(in)	工作压力(kPa)	流量(m^3/h)	水膜高度(m)	覆盖直径(m)	喷洒距离(m)	特性	主要生产厂商
喇叭花喷头	SmLb 1/2	1/2	5～8	1	0.20	0.3	—	喇叭花喷头喷出水膜均匀，水声较小。无风时可形成完整的喇叭花形，水膜晶莹透亮	广州华润喷泉喷灌有限公司
	SmLb 3/4	3/4	5～8	2	0.25	0.5	—		
	SmLb 1	1	5～8	3	0.25	0.6	—		
	SmLb 1½	1½	6～10	4	0.40	1.0	—		
	SmLb 2	2	6～10	7	0.50	1.5	—		
	SmLb 3	3	10～20	18	0.50	1.6	—		
	SmLb 4	4	10～20	28	0.55	2.2	—		
蘑菇喷头	SmMg 1/2	1/2	5～8	1	0.20	0.3	—	蘑菇喷头喷出水膜均匀，水声较小，形似蘑菇、水膜晶莹透明	
	SmMg 3/4	3/4	5～8	1.5	0.25	0.5	—		
	SmMg 1	1	6～10	2	0.25	0.6	—		
	SmMg 1½	1½	6～10	3	0.40	1.0	—		
	SmMg 2	2	10～15	5	0.50	1.2	—		
	SmMg 3	3	10～20	12	0.50	1.5	—		
	SmMg 4	4	10～20	15	0.50	2.2	—		
半球喷头	SmBq 1/2	1/2	5～8	1	0.20	0.3	—	半球喷头外形美观，形态如半个水球，喷水声音小，水膜厚薄可调，晶莹透亮	
	SmBq 3/4	3/4	5～8	1.5	0.25	0.5	—		
	SmBq 1	1	6～10	2	0.25	0.6	—		
	SmBq 1½	1½	6～10	3	0.40	1.0	—		
	SmBq 2	2	10～15	5	0.50	1.2	—		
	SmBq 3	3	10～20	12	0.50	1.5	—		
	SmBq 4	4	10～20	15	0.50	2.2	—		
扇形喷头	SmSx 1/2	1/2	20～50	3.4～8.4	0.3～0.6	—	0.4～0.8	扇形喷头喷水时水流自扁平的喷嘴喷洒而出，形成扇形的水膜。夜晚在水下彩灯的照射下，酷似五彩缤纷的孔雀开屏，绚丽多彩。可单独使用，也可多个组合造型	
	SmSx 1	2	20～80	9.6～30.7	0.3～0.8	—	0.6～1.2		
	SmSx 1½	1½	20～100	14.0～48.4	0.3～1.0	—	0.8～1.5		
	SmSx 2	2	20～150	17.7～57.4	0.3～1.3	—	1.0～2.2		

续表

名称	型号	连接直径(in)	工作压力(kPa)	流量(m^3/h)	水膜高度(m)	覆盖直径(m)	喷洒距离(m)	特性	主要生产厂商
单膜喷头	SmDm 1½	1½	20	4.8	0.4	0.7	—	单膜喷头水流从均匀分布的出水孔喷洒而出，形成一层斜向下的水膜，别具特色，灯光效果极佳	广州华润喷泉喷灌有限公司
	SmDm 2	2	25	5.7	0.5	0.9	—		
	SmDm 2½	2½	30	6.6	0.6	1.1	—		
	SmDm 3	3	35	7.8	0.8	1.5	—		
	SmDm 3½	3½	40	9.0	1.0	1.8	—		
	SmDm 4	4	45	10.8	1.2	2.2	—		
层膜喷头	SmCm 1½	1½	20	13.8	0.4	0.7	—	层膜喷头水流从均匀分布的出水孔喷洒而出，形成一种立体感、层次感极强的水膜组合，别具特色，灯光效果极佳	
	SmCm 2	2	25	16.5	0.5	0.9	—		
	SmCm 2½	2½	30	19.8	0.6	1.1	—		
	SmCm 3	3	35	23.4	0.8	1.5	—		
	SmCm 3½	3½	40	27.0	1.0	1.8	—		
	SmCm 4	4	45	31.8	1.2	2.2	—		
碟泉喷头	SmDq 1½	1½	50～55	12	0.8	0.6	—	碟泉喷头由高档装饰不锈钢制造，造型美观，观赏效果好，寿命长。水由碟形盘中溢出，形成晶亮透明的水膜	
	SmDq 2	2	50～55	20	1.0	0.8	—		
	SmDq 2½	2½	50～60	28	1.2	1.0	—		
	SmDq 3	3	50～65	38	1.4	1.2	—		
	SmDq 3½	3½	50～70	50	1.6	1.5	—		
	SmDq 4	4	50～80	65	1.8	1.8	—		

16.1.3 Cq 系列掺气喷头

1. 分类：Cq 系列掺气喷头分有 CqYz 系列（万向）玉柱喷头、CqLh 系列（万向）浪花喷头、CqBt 系列（万向）水塔（雪松）喷头、CqGp 系列鼓泡（涌泉）喷头。

2. 性能规格：Cq 系列掺气喷头性能规格见表 16-3。

Cq 系列掺气喷头性能规格 **表 16-3**

名称	型号	连接直径(in)	工作压力(kPa)	流量(m^3/h)	水膜高度(m)	特性	主要生产厂商
（万向）玉柱喷头	CqYz 1/2	1/2	50～100	2.2～2.9	1.2～5.0	（万向）玉柱喷头水柱因空气掺入在光的折射下，亮如玉柱	广州华润喷泉喷灌有限公司
	CqYz 3/4	3/4	50～150	2.2～3.8	1.2～6.0		
	CqYz 1	1	50～180	2.2～6.0	1.2～6.5		
	CqYz 1½	1½	50～200	2.2～15.0	1.2～7.0		
	CqYz 2	2	50～250	2.2～24.7	1.2～8.0		
	CqYz 2½	2½	50～280	2.2～32.0	1.2～8.5		
	CqYz 3	3	50～300	2.2～42.1	1.2～9.0		

续表

名 称	型 号	连接直径 (in)	工作压力 (kPa)	流量 (m^3/h)	水膜高度 (m)	特 性	主要生产厂商
（万向）浪花喷头	CqLh 1/2	1/2	50～100	2.7～3.5	0.8～2.5	（万向）浪花喷头系一种掺气喷头，可产生较为丰满的白色不透明泡沫状射流，反光效果好，形如浪花。万向浪花喷头的喷射角度可沿轴线方向作±10°的调节。制造材料通常为不锈钢或黄铜	广州华润喷泉喷灌有限公司
	CqLh 3/4	3/4	50～150	3.4～5.4	0.8～3.0		
	CqLh 1	1	50～180	5.2～10.5	0.8～4.0		
	CqLh 1½	1½	50～200	7.6～15.0	0.8～5.0		
	CqLh 2	2	50～250	10.8～24.4	0.8～6.0		
	CqLh 2½	2½	50～280	13.2～31.3	0.8～7.0		
	CqLh 3	3	50～300	16.1～40.2	0.8～8.0		
（万向）水塔（雪松）喷头	CqBt 1/2	1/2	70～100	2.2～4.3	0.5～2	（万向）水塔（雪松）喷头水柱垂直向上，粗犷挺拔，形似白玉塔状，故称冰塔或雪松。配上灯光，显出有金塔、蓝塔、红塔之效果。材料主要有黄铜或不锈钢等	
	CqBt 3/4	3/4	70～150	3.8～8.2	0.5～3		
	CqBt 1	1	70～180	5.1～10.4	0.5～4		
	CqBt 1½	1½	70～200	6.5～17.3	0.5～5		
	CqBt 2	2	70～250	12.7～29.3	0.5～6		
	CqBt 2½	2½	70～350	17.3～51.0	0.5～8		
	CqBt 3	3	70～500	21.8～93.1	0.5～12		
	CqBt 4	4	70～450	25.3～139.2	0.5～13		
	CqBt 5	5	70～500	29.6～191	0.5～14		
	CqBt 6	6	70～500	34.6～225	0.5～14		
鼓泡（涌泉）喷头	CqGp 1/2	1/2	50～100	1.6～4.1	0.15～0.3	鼓泡（涌泉）喷头喷水时将空气吸入，形成水气混合的白色膨大的水体，涌出水面，粗犷挺拔，照明效果明显	
	CqGp 3/4	3/4	50～100	1.7～6.5	0.15～0.4		
	CqGp 1	1	50～100	2.7～8.9	0.15～0.5		
	CqGp 1½	1½	50～120	4.6～18.2	0.15～0.7		
	CqGp 2	2	50～120	8.6～21.4	0.15～0.9		
	CqGp 2½	2½	50～160	11.7～36.7	0.15～1.1		
	CqGp 3	3	50～160	15.9～47.5	0.15～1.2		
	CqGp 4	4	50～160	25.4～74.6	0.15～1.4		

16.1.4 Xz 系列旋转喷头

1. 分类：Xz 系列旋转喷头分有 XzXn 系列旋转喷头、XzXl 系列旋龙喷头、XzFc 系列风水车喷头、Xzdkp 系列旋转大开屏喷头。

2. 性能规格：Xz 系列旋转喷头性能规格见表 16-4。

表 16-4 Xz 系列旋转喷头性能规格

名称	型号	连接直径(in)	工作压力(kPa)	流量(m^3/h)	水膜高度(m)	覆盖直径(m)	特性	主要生产厂商
旋转喷头	XzXn 3/4	3/4	40～80	2.2～4.2	1.5～5.0	0.5～1.0	旋转喷头利用喷水的反作用力，推动喷头旋转。多条水流在空中离心向外形成螺旋扭动的曲线，夜晚在彩灯映射下犹如彩带在夜空中飘舞	广州华润喷泉喷灌有限公司
	XzXn 1	1	40～120	3.4～8.5	1.5～7.0	1.0～1.5		
	XzXn 2	2	40～150	14.5～27.4	1.5～8.0	1.5～2.0		
	XzXn 2½	2½	40～150	19.8～38.9	1.5～9.0	2.0～3.0		
	XzXn 3	3	40～180	29.1～61.8	1.5～10	3.0～4.0		
旋龙喷头	XzXl 3/4	3/4	30～40	0.7～2.0	1.0～3.0	—	旋龙喷头下部水平弯管喷水时，产生的反作用力使喷头自行旋转；上部嘴喷射的斜水线由于喷头的旋转使水形酷似一条水龙在空中旋腾。造型美观，在灯光折射下，水形摇曳多姿，更显生动	
	XzXl 1	1	30～80	4.3～9.6	1.0～5.0	—		
	XzXl 1½	1½	30～100	6.3～15.4	1.0～6.0	—		
	XzXl 2	2	30～150	8.2～33.6	1.0～7.0	—		
	XzXl 2½	2½	30～200	11.0～60.6	1.0～8.0	—		
	XzXl 3	3	30～250	10.3～85.6	1.0～9.0	—		
风水车喷头	XzFc 1	1	30～40	3.5～5.0	—	1.0～2.0	风水车喷头形如蟹爪，利用水流反冲力推动喷头旋转，如水车轮飞转。在灯光折射下，五彩缤纷	
	XzFc 1½	1½	30～55	4.0～7.0	—	1.0～3.5		
	XzFc 2	2	30～70	4.5～16.1	—	1.0～5.0		
旋转大开屏喷头	Xzdkp ½	½	40～60	3.4～4.9	1.0～1.2	1.0～1.5	旋转大开屏喷头喷头设计具有旋转喷头综合性能。水平弯管喷水时，喷射水流形成水平圆圈，并产生动力，使喷头自行旋转，宛如花朵盛开，又似洁白牡丹	
	Xzdkp 1	1	40～80	4.8～8.1	1.0～1.5	1.0～2.1		
	Xzdkp 1½	1½	40～100	5.4～11.2	1.0～2.0	2.3～3.0		
	Xzdkp 2	2	40～120	6.7～16.3	1.0～2.5	3.2～3.5		
	Xzdkp 3	3	40～150	8.5～24.0	1.0～3.0	3.3～4.0		

16.1.5 CyP 系列超远水炮喷头

1. 特性：CyP 系列超远水炮喷头远程水炮形如古时炮台，一般多台形成组合，亦可单独使用。喷射时犹如万炮齐发，声势浩大。制造材料通常可选用不锈钢、铸铜等。

2. 性能规格：CyP 系列超远水炮喷头性能规格见表 16-5。

表 16-5 CyP 系列超远水炮喷头性能规格

型号	连接直径(in)	工作压力(kPa)	流量(m^3/h)	喷洒距离(m)	主要生产厂商
CyP 1	1	600	4.5	20	广州华润喷泉喷灌有限公司
CyP 1½	1½	700	6.3	30	

续表

型号	连接直径(in)	工作压力(kPa)	流量(m^3/h)	喷洒距离(m)	主要生产厂商
CyP 2A	2	800	28.5	40	广州华润喷泉喷灌有限公司
CyP 2B	2	900	50	50	
CyP 3½	3½	900	92	60	
CyP 4A	4	900	148	70	
CyP 4B	4	1000	195	80	
CyP 5A	5	1000	275	90	
CyP 5B	5	1000	395	100	

16.1.6　特种喷头

1. 分类：特种喷头是根据具体项目特殊场合和特殊要求定制的非标准设备。该喷头分有SM系列大型水幕喷头、LMZ系列大型罗马柱喷头。

2. 性能规格：特种喷头性能规格见表16-6。

特种喷头性能规格　　表16-6

名　称	型　号	连接直径(in)	工作压力(kPa)	流　量(m^3/h)	喷高度(m)	主要生产厂商
大型水幕喷头	SM	6	500	102	6	广州华润喷泉喷灌有限公司
			810	141	9	
			1100	165	12	
			1240	183	18	
			1480	198	24	
			1620	210	30	
大型罗马柱喷头	LMZ-3	3	30～250	40～200	1～10	
	LMZ-4	4	30～250	60～220	1～10	
	LMZ-5	5	30～250	80～260	1～10	
	LMZ-6	6	30～250	100～320	1～10	

16.1.7　数控摇摆喷头

1. 分类：数控摇摆喷头分有ESP系列数控摇摆喷头、JYSPA系列数控摇摆喷头。

2. 特性：数控摇摆喷头系通过专用精密机构把控制系统发出的数字脉冲信号精确地转变成安装于其上的喷头摆动、转动或一定角度偏转的装置，运动角度、速度均可由控制系统数字化控制，具有输出转矩大、控制数字化、运动精确、运转不搅线的优点。

3. 适用范围：ESP、JYSPA系列数控摇摆喷头主要适用于音乐喷泉中水景造型。

4. 性能规格：ESP、JYSPA系列数控摇摆喷头性能规格见表16-7。

ESP、JYSPA 系列数控摇摆喷头性能规格 表 16-7

项目 \ 型号		ESP-40	JYSPA-40	JYSPA-50	主要生产厂商
接口直径（in）		G 1½外螺纹	G 1½外螺纹	G 2 外螺纹	宁波佳音机电科技有限公司
喷头直径（mm）		40	40	50	
安装方式		垂直或根据需要倾斜一定角度			
使用介质		水			
运动形式		转动或摆动			
转角与输入脉冲比		—	360°/5800P(1/2 细分时)		
最大输出转速(r/min)		26	20	20	
最大输出转矩(N·m)		30	30	30	
定位精度(°)		0.5	0.5	0.5	
最大使用压力(MPa)		0.3	0.3	0.3	
环境温度(℃)		0～40	0～40	0～40	
水温度(℃)		0～40	0～40	0～40	
总质量(kg)		约 54	约 10.5	约 12	
驱动方式		精密步进电机驱动			
控制方式		数字脉冲式			
控制脉冲电压(V)		5(DC)	5(DC)	5(DC)	
电源电压(V)		40±10%(AC)	40±10%(DC)	40±10%(DC)	
控制脉冲宽度>(μs)		10，上升沿有效			
防护等级 IP		68(潜水深度≤1m)			
绝缘等级		B	B	B	
配套设备型号	精密步进电机	85BYGH-450C-36B	85BYGH	85BYGH	
	驱动器	MA880	CW250	CW250	

注：ESP 系列电源电压切忌超过 90V，JYSPA 系列电源电压切忌超过 60V，以免损坏驱动器。

16.1.8 埋藏式草坪喷头

埋藏式草坪喷头常用有 1800 系列埋藏式草坪喷头、5000 系列埋藏式草坪喷头、8000 系列埋藏式草坪喷头。

16.1.8.1 1800 系列埋藏式草坪喷头

1. 分类：1800 系列埋藏式草坪喷头分有固定喷嘴和 VAN15 系列可调喷嘴两种形式。
2. 适用范围：1800 系列埋藏式草坪喷头适用于小面积喷灌。
3. 性能规格：1800 系列埋藏式草坪喷头性能规格见表 16-8。

1800 系列埋藏式草坪喷头性能规格 表 16-8

喷嘴形式	喷嘴型号	工作压力 (MPa)	射 程 (m)	宽度×长度 (m×m)	流量 (m^3/h)	接口直径 (in)	主要生产厂商
固定喷嘴	15F	0.10	3.4	—	0.60	G1/2 内螺纹	江苏省灌溉防尘工程有限公司
		0.15	3.9	—	0.72		
		0.20	4.5	—	0.84		
		0.21	4.6	—	0.84		
	15H	0.10	3.4	—	0.30		
		0.15	3.9	—	0.36		
		0.20	4.5	—	0.42		
		0.21	4.6	—	0.42		
	15Q	0.10	3.4	—	0.15		
		0.15	3.9	—	0.18		
		0.20	4.5	—	0.21		
		0.21	4.6	—	0.21		
	15SQ	0.10	—	5.5×5.5	0.61		
		0.15	—	5.8×5.8	0.69		
		0.20	—	6.4×6.4	0.78		
		0.21	—	7.0×7.0	0.85		
	15SST	0.10	—	1.2×7.9	0.20		
		0.15	—	1.2×8.5	0.23		
		0.20	—	1.2×8.5	0.25		
		0.21	—	1.2×9.2	0.27		
VAN15 系列可调喷嘴	360°Arc	0.10	3.4	—	0.60		
		0.15	3.9	—	0.72		
		0.20	4.5	—	0.84		
		0.21	4.6	—	0.84		
	270°Arc	0.10	3.4	—	0.45		
		0.15	3.9	—	0.54		
		0.20	4.5	—	0.63		
		0.21	4.6	—	0.63		
	180°Arc	0.10	3.4	—	0.30		
		0.15	3.9	—	0.36		
		0.20	4.5	—	0.42		
		0.21	4.6	—	0.42		
	90°Arc	0.10	3.4	—	0.15		
		0.15	3.9	—	0.18		
		0.20	4.5	—	0.21		
		0.21	4.6	—	0.21		

16.1.8.2 5000 系列埋藏式草坪喷头

1. 特性：5000 系列埋藏式草坪喷头具有顶部扇形调节，设有橡胶帽防被碾坏。
2. 适用范围：5000 系列埋藏式草坪喷头适用于中、小面积绿化喷灌。
3. 性能规格：5000 系列埋藏式草坪喷头性能规格见表 16-9。

5000 系列埋藏式草坪喷头性能规格 **表 16-9**

喷嘴型号	工作压力 (MPa)	射程 (m)	流量 (m^3/h)	接口直径 (in)	主要生产厂商
1.5	0.20	9.7	0.35	G3/4 内螺纹	江苏省灌溉防尘工程有限公司
3.0		11.3	0.82		
6.0		12.6	1.21		
1.5	0.25	10.1	0.39		
3.0		12.2	0.92		
6.0		13.7	1.36		
1.5	0.30	10.7	0.44		
3.0		12.8	1.06		
6.0		14.3	1.55		
1.5	0.35	10.7	0.47		
3.0		12.9	1.13		
6.0		14.6	1.06		
1.5	0.40	10.7	0.50		
3.0		13.0	1.22		
6.0		15.0	1.80		
1.5	0.45	10.7	0.53		
3.0		13.1	1.28		
6.0		15.2	1.91		

16.1.8.3 8000 系列埋藏式草坪喷头

1. 特性：8000 系列埋藏式草坪喷头采用工程塑料或不锈钢内装止溢阀，顶部可扇形调节，设有橡胶帽防被碾坏。
2. 适用范围：8000 系列埋藏式草坪喷头适用于大面积绿地喷灌。
3. 性能规格：8000 系列埋藏式草坪喷头性能规格见表 16-10。

8000 系列埋藏式草坪喷头性能规格 **表 16-10**

喷嘴型号	工作压力 (MPa)	射程 (m)	流量 (m^3/h)	接口直径 (in)	主要生产厂商
18	0.35	19.2	3.69	G1 内螺纹	江苏省灌溉防尘工程有限公司
20		19.9	4.25		
22		20.0	5.08		
24		19.3	5.11		
26		20.0	5.57		

续表

喷嘴型号	工作压力（MPa）	射程（m）	流量（m³/h）	接口直径（in）	主要生产厂商
18	0.40	19.7	3.97	G1 内螺纹	江苏省灌溉防尘工程有限公司
20		20.3	4.50		
22		21.3	5.23		
24		20.7	5.50		
26		21.8	6.01		
18	0.45	20.1	4.22		
20		21.1	4.79		
22		22.0	5.51		
24		22.0	5.88		
26		22.6	6.42		
18	0.50	20.6	4.47		
20		21.6	5.11		
22		22.4	5.84		
24		23.0	6.26		
26		23.2	6.80		
18	0.55	21.0	4.74		
20		21.6	5.42		
22		22.8	6.19		
24		23.5	6.62		
26		24.1	7.14		
18	0.60	21.5	4.95		
20		22.1	5.65		
22		22.9	6.71		
24		23.9	6.92		
26		24.1	7.50		
20	0.69	22.9	6.09		
22		23.5	6.97		
24		24.1	7.45		
26		24.7	8.24		

16.1.9　灌溉喷头

1. 适用范围：灌溉喷头适用于农业、园林、绿化、降温、防尘、加湿等。

2. 类型：灌溉喷头分有 PYSK10 Ⅰ系列摇臂式Ⅰ型可控角工程塑料喷头、PYSS20 系列摇臂式双喷嘴工程塑料喷头、PYSK20 系列摇臂式可控角工程塑料喷头、PYS20 系列摇臂式工程塑料喷头、PYSS30 系列摇臂式双喷嘴工程塑料喷头、PYTSK40 系列摇臂式可控三角喷嘴铜喷头、PYTSK50 系列摇臂式可控三角喷嘴铜喷头。

16.1.9.1 PYSK10 Ⅰ系列摇臂式Ⅰ型可控角工程塑料喷头

1. 特性：PYSK10 Ⅰ系列摇臂式Ⅰ型可控角工程塑料喷头特性有：

（1）单喷嘴可调角度扇形喷洒。

（2）1/2″内、外螺纹接头或 3/4″内螺纹接头，可与Ⅰ型插杆、1/2″、3/4″金属插座配套。

（3）优质工程塑料，不锈钢弹簧。

（4）喷嘴出口上方设有挡水板，可调喷洒高度、距离和雾化程度。

2. 性能规格：PYSK10 Ⅰ系列摇臂式Ⅰ型可控角工程塑料喷头性能规格见表 16-11。

PYSK10 Ⅰ系列摇臂式Ⅰ型可控角工程塑料喷头性能规格　　表 16-11

代号		670101		670103		670104		670105		670106	
型号		PYSK10 Ⅰ-A		PYSK10 Ⅰ-C		PYSK10 Ⅰ-D		PYSK10 Ⅰ-E		PYSK10 Ⅰ-F	
喷嘴		直径（mm）									
		2.5		3.0		3.5		4.0		4.5	
		喷洒半径（m）	流量（m^3/h）	喷洒半径（m）	流量（m^3/h）	喷洒半径（m）	流量（m^3/h）	喷洒半径（m）	流量（m^3/h）	喷洒半径（m）	流量（m^3/h）
工作压力（kPa）	150	8.5	0.33	9.5	0.46	10.0	0.59	10.5	0.74	11.0	0.95
	200	9.5	0.36	10.0	0.52	10.5	0.67	11.5	0.86	11.6	1.09
	250	9.8	0.39	10.5	0.56	11.5	0.76	11.8	0.97	12.0	1.22
	300	10.0	0.44	11.0	0.64	11.7	0.82	12.0	1.05	12.5	1.34
	350	10.3	0.47	11.5	0.69	12.1	0.88	12.5	1.13	13.0	1.44
主要生产厂商		广州华润喷泉喷灌有限公司									

16.1.9.2 PYSS20 系列摇臂式双喷嘴工程塑料喷头

1. 特性：PYSS20 系列摇臂式双喷嘴工程塑料喷头特性有：

（1）双喷嘴全圆喷洒，副喷嘴带粉碎螺钉（可调）。

（2）3/4″螺纹接头，可与 3/4″金属插杆或 1/2″金属插座配套。

（3）优质 POM 工程塑料，配不锈钢弹簧。

2. 性能规格：PYSS20 系列摇臂式双喷嘴工程塑料喷头性能规格见表 16-12。

16.1.9.3 PYSK20 系列摇臂式可控角工程塑料喷头

1. 特性：PYSK20 系列摇臂式可控角工程塑料喷头特性有：

（1）单喷嘴全圆喷洒，可调角度扇形喷洒。

（2）3/4″螺纹接头，可与 3/4″金属插杆或插座配套。

（3）优质 POM 工程塑料，配不锈钢弹簧。

2. 性能规格：PYSK20 系列摇臂式可控角工程塑料喷头性能规格见表 16-13。

PYSS20 系列摇臂式双喷嘴工程塑料喷头性能规格 表 16-12

代号		670701		670702		670703		670704		670705	
型号		PYSS20-A		PYSS20-B		PYSS20-C		PYSS20-D		PYSS20-E	
喷嘴		2 个喷嘴直径（mm）									
		3.5×2.5		4.0×2.8		4.5×3.0		5.5×3.0		7.0×3.0	
		喷洒半径（m）	流量（m^3/h）	喷洒半径（m）	流量（m^3/h）	喷洒半径（m）	流量（m^3/h）	喷洒半径（m）	流量（m^3/h）	喷洒半径（m）	流量（m^3/h）
工作压力（kPa）	200	10.5	1.03	11.5	1.32	11.6	1.61	12.2	1.97	—	—
	250	11.5	1.15	11.8	1.48	12.0	1.78	12.8	2.21	17.8	3.32
	300	11.7	1.26	12.0	1.61	12.5	1.98	14.4	2.42	18.0	3.76
	350	12.1	1.35	12.5	1.73	13.0	2.13	15.5	2.61	18.5	3.95
	400	12.5	1.45	13.0	1.89	14.0	2.27	16.5	2.79	19.5	4.23
	450	13.0	1.61	13.5	2.02	14.5	2.41	18.5	2.92	20.0	4.51
主要生产厂商		广州华润喷泉喷灌有限公司									

PYSK20 系列摇臂式可控角工程塑料喷头性能规格 表 16-13

代号		670601		670602		670603		670604		670605	
型号		PYSK20-A		PYSK20-B		PYSK20-C		PYSK20-D		PYSK20-E	
喷嘴		直 径（mm）									
		3.5		4.0		4.5		5.0		5.5	
		喷洒半径（m）	流量（m^3/h）	喷洒半径（m）	流量（m^3/h）	喷洒半径（m）	流量（m^3/h）	喷洒半径（m）	流量（m^3/h）	喷洒半径（m）	流量（m^3/h）
工作压力（kPa）	200	10.5	0.67	11.5	0.86	11.6	1.09	11.9	1.33	12.2	1.6
	250	11.0	0.76	11.8	0.97	12.0	1.22	12.4	1.47	12.8	1.7
	300	11.7	0.82	12.0	1.05	12.5	1.34	13.5	1.63	14.4	2.0
	350	12.1	0.88	12.5	1.13	13.0	1.44	14.2	1.76	15.5	2.1
	400	12.5	0.95	13.0	1.24	14.0	1.53	15.1	1.88	16.5	2.2
	450	13.0	1.06	13.5	1.30	14.5	1.60	15.2	2.01	18.5	2.4
主要生产厂商		广州华润喷泉喷灌有限公司									

16.1.9.4 PYS20 系列摇臂式工程塑料喷头

1. 特性：PYS20 系列摇臂式工程塑料喷头特性有：

（1）单喷嘴全圆喷洒。

（2）3/4″螺纹接头，可与 3/4″金属插杆或插座配套。

（3）优质 POM 工程塑料，不锈钢弹簧。

2. 性能规格：PYS20 系列摇臂式工程塑料喷头性能规格见表 16-14。

PYS20系列摇臂式工程塑料喷头性能规格 表16-14

代号		670501		670502		670503		670504		670505	
型号		PYS20-A		PYS20-B		PYS20-C		PYS20-D		PYS20-E	
喷嘴		直 径 (mm)									
		3.5		4.0		4.5		5.0		5.5	
		喷洒半径(m)	流量(m^3/h)	喷洒半径(m)	流量(m^3/h)	喷洒半径(m)	流量(m^3/h)	喷洒半径(m)	流量(m^3/h)	喷洒半径(m)	流量(m^3/h)
工作压力(kPa)	200	10.5	0.67	11.5	0.86	11.6	1.09	11.9	1.33	12.2	1.63
	250	11.0	0.76	11.8	0.97	12.0	1.22	12.4	1.47	12.8	1.79
	300	11.7	0.82	12.0	1.05	12.5	1.34	13.5	1.63	14.4	2.00
	350	12.1	0.88	12.5	1.13	13.0	1.44	14.2	1.76	15.5	2.13
	400	12.5	0.95	13.0	1.24	14.0	1.53	15.1	1.88	16.5	2.29
	450	13.0	1.06	13.5	1.30	14.5	1.60	15.2	2.01	18.5	2.41
主要生产厂商		广州华润喷泉喷灌有限公司									

16.1.9.5 PYSS30系列摇臂式双喷嘴工程塑料喷头

1. 特性：PYSS30系列摇臂式双喷嘴工程塑料喷头特性有：

(1) 单喷嘴全圆喷洒。

(2) 1″螺纹接头，可与金属插杆或金属插座配套。

(3) 优质POM工程塑料，配不锈钢弹簧。

2. 性能规格：PYSS30系列摇臂式双喷嘴工程塑料喷头性能规格见表16-15。

PYSS30系列摇臂式双喷嘴工程塑料喷头性能规格 表16-15

代号		670801		670802		670803		670804		670805	
型号		PYSS30-A		PYSS30-B		PYSS30-C		PYSS30-D		PYSS30-E	
喷嘴		2个喷嘴直径 (mm)									
		6.0×3.0		7.0×3.0		8.0×4.0		9.0×4.0		10.0×4.0	
		喷洒半径(m)	流量(m^3/h)	喷洒半径(m)	流量(m^3/h)	喷洒半径(m)	流量(m^3/h)	喷洒半径(m)	流量(m^3/h)	喷洒半径(m)	流量(m^3/h)
工作压力(kPa)	250	16.0	2.58	17.0	3.32	18.0	4.57	19.0	5.53	21.0	6.79
	300	17.0	2.86	18.0	3.76	19.0	5.00	21.0	6.05	22.0	7.22
	350	17.5	3.09	18.5	3.95	20.0	5.39	21.5	6.35	23.0	7.79
	400	18.0	3.30	19.5	4.23	21.0	5.80	22.0	7.01	24.0	8.36
	450	18.5	3.53	20.0	4.51	21.5	6.14	22.5	7.42	24.5	8.86
主要生产厂商		广州华润喷泉喷灌有限公司									

16.1.9.6 PYTSK40系列摇臂式可控三角喷嘴铜喷头

1. 特性：PYTSK40系列摇臂式可控三角喷嘴铜喷头特性有：

(1) 单向三喷嘴可控角度扇形喷洒，喷洒半径、喷洒均匀度可调。

（2）1 ½″接头，喷洒距离远，流量大、工作压力高。

（3）材质为铜，不锈钢弹簧、轴。结构合理，技术性能优良，耐磨防锈。

2. 性能规格：PYTSK40 系列摇臂式可控三角喷嘴铜喷头性能规格见表 16-16。

PYTSK40 系列摇臂式可控三角喷嘴铜喷头性能规格　　　表 16-16

代号		672601		672602		672603		672604		672605	
型号		PYTSK40-A		PYTSK40-B		PYTSK40-C		PYTSK40-D		PYTSK40-E	
喷嘴		3 个喷嘴直径（mm）									
		9.0×6.3×3.2		10.0×6.3×3.2		12.0×6.3×3.2		13.0×6.3×3.2		14.5×8.0×4.0	
		喷洒半径（m）	流量（m^3/h）	喷洒半径（m）	流量（m^3/h）	喷洒半径（m）	流量（m^3/h）	喷洒半径（m）	流量（m^3/h）	喷洒半径（m）	流量（m^3/h）
工作压力（kPa）	400	26.0	9.60	26.5	11.0	28.5	13.2	28.5	15.0	32.0	22.5
	500	27.0	10.8	27.5	12.3	30.0	14.9	31.0	17.0	34.0	25.1
	600	27.5	11.7	29.0	13.5	31.0	16.5	32.0	18.8	35.5	27.5
	700	28.5	12.8	30.0	14.6	32.0	18.0	33.0	20.3	37.5	29.5
主要生产厂商		广州华润喷泉喷灌有限公司									

16.1.9.7　PYTSK50 系列摇臂式可控三角喷嘴铜喷头

1. 特性：PYTSK50 系列摇臂式可控三角喷嘴铜喷头特性有：

（1）单向三喷嘴可控角度扇形喷洒，喷洒半径、喷洒均匀度可调。射程远，喷洒直径可达百米。

（2）2″接头，喷洒距离远，流量大、工作压力高。

（3）材质为铜，不锈钢弹簧、轴。耐磨、耐腐蚀、坚固耐用。

2. 性能规格：PYTSK50 系列摇臂式可控三角喷嘴铜喷头性能规格见表 16-17。

PYTSK50 系列摇臂式可控三角喷嘴铜喷头性能规格　　　表 16-17

代号		672801		672802		672803		672804		672805	
型号		PYTSK50-A		PYTSK50-B		PYTSK50-C		PYTSK50-D		PYTSK50-E	
喷嘴		3 个喷嘴直径（mm）									
		14.5×8.0×4.0		16.0×8.0×4.0		18.0×8.5×4.0		20.0×8.5×4.0		22.0×8.5×4.8	
		喷洒半径（m）	流量（m^3/h）	喷洒半径（m）	流量（m^3/h）	喷洒半径（m）	流量（m^3/h）	喷洒半径（m）	流量（m^3/h）	喷洒半径（m）	流量（m^3/h）
工作压力（kPa）	400	32.0	22.5	34.0	25.7	36.5	31.0	37.0	36.2	38.0	42.1
	500	34.0	25.1	37.0	28.2	39.0	34.3	40.0	40.4	41.5	47.2
	600	35.5	27.5	39.5	31.6	42.0	37.6	42.5	44.3	45.0	51.4
	700	37.5	29.5	42.0	34.6	44.0	40.6	45.5	47.6	47.5	55.7
	800	39.5	31.7	44.0	36.2	46.0	43.4	47.5	51.1	50.0	59.6
主要生产厂商		广州华润喷泉喷灌有限公司									

16.1.10 自动旋转洒水喷枪

PX（PYC）系列自动旋转洒水喷枪。

1. 特性：PX（PYC）系列自动旋转洒水喷枪，又称为垂直摇臂式喷头，系采用组合一体的双垂直摇臂结构，通过水流作用到双向导流板的不同方向，实现喷体正反向旋转的连续喷洒作业。稳流管内稳流片与喷管内壁成一体，由铝合金拉伸成型，内壁光滑、运转平稳，经国家检测中心检测，喷洒性能优良。

2. 连接形式：PX(PYC)系列自动旋转洒水喷枪采用：法兰连接：法兰内径为ϕ65、外径为ϕ155，法兰中径为ϕ130、6-ϕ10.5；内螺纹连接：螺纹为G2″或G2½″、G3″。

3. 适用范围：PX(PYC)系列自动旋转洒水喷枪主要适用于农业灌溉、工业防尘等工程。

4. 类型：PX(PYC)系列自动旋转洒水喷枪分有PX-50(PYC-50)系列自动旋转洒水喷枪(仰角25°)，PX-50(A)系列自动旋转洒水喷枪(仰角44°)；PX-65、PX-80、PYC-60系列自动旋转洒水喷枪(仰角25°)，PX-65(A)、PX-80(A)系列自动旋转洒水喷枪(仰角44°)。

5. 性能规格：

(1) PX-50(PYC-50)系列自动旋转洒水喷枪(仰角25°)性能规格见表16-18。

PX-50(PYC-50)系列自动旋转洒水喷枪(仰角25°)性能规格　　表16-18

喷嘴		直径(mm)									
		18		20		22		24		26	
		流量(m³/h)	射程(m)	流量(m³/h)	射程(m)	流量(m³/h)	射程(m)	流量(m³/h)	射程(m)	流量(m³/h)	射程(m)
工作压力(MPa)	0.30	21.0	33.0	25.0	35.0	31.5	37.0	37.2	38.5	40.0	39.5
	0.35	23.0	35.0	28.0	37.0	34.0	39.0	40.2	41.2	47.2	43.0
	0.40	24.2	37.0	30.0	39.0	36.1	41.0	43.0	43.0	50.5	45.0
	0.45	25.6	38.5	32.0	41.0	38.5	43.0	45.5	45.5	53.5	47.0
	0.50	27.0	40.0	33.5	42.5	40.5	44.6	48.3	47.0	56.5	49.0
	0.55	28.5	41.7	35.0	44.0	42.5	46.3	50.5	49.0	59.0	51.0
	0.60	30.0	43.0	36.5	45.5	44.2	48.0	52.6	50.1	62.0	52.0
	0.65	31.0	44.2	38.1	47.0	46.0	49.5	55.0	52.0	64.5	54.0
主要生产厂商		江苏省灌溉防尘工程有限公司									

(2) PX50(A)系列自动旋转洒水喷枪(仰角44°)性能规格见表16-19。

PX50(A)系列自动旋转洒水喷枪(仰角44°)性能规格　　表16-19

喷嘴		直径(mm)														
		18			20			22			24			26		
		流量(m³/h)	射程(m)	最大喷高度(m)	流量(m³/h)	射程(m)	最大喷高度(m)	流量(m³/h)	射程(m)	最大喷高度(m)	流量(m³/h)	射程(m)	最大喷高度(m)	流量(m³/h)	射程(m)	最大喷高度(m)
工作压力(MPa)	0.3	21.0	31.5	11.5	25.0	33.5	11.5	31.5	36.0	11.5	37.5	37.5	12.0	40.0	39.5	12.0
	0.4	24.2	34.5	12.0	30.0	36.6	12.0	36.1	39.0	12.0	43.0	41.0	13.0	50.5	43.0	13.0

续表

喷嘴		直径（mm）														
		18			20			22			24			26		
		流量（m³/h）	射程（m）	最大喷高度（m）	流量（m³/h）	射程（m）	最大喷高度（m）	流量（m³/h）	射程（m）	最大喷高度（m）	流量（m³/h）	射程（m）	最大喷高度（m）	流量（m³/h）	射程（m）	最大喷高度（m）
工作压力（MPa）	0.5	27.0	37.0	14.0	33.5	39.0	14.0	40.5	41.5	14.0	48.3	43.5	15.5	56.5	45.2	14.0
	0.6	30.0	39.0	15.5	36.5	41.5	15.5	44.2	43.5	16.0	52.6	45.2	17.5	62.0	47.5	18.0
	0.7	32.0	41.0	16.5	39.5	43.5	17.0	48.0	45.2	17.5	57.0	47.0	19.0	67.0	49.5	20.0
	0.8	34.2	43.0	17.0	42.2	45.2	18.5	51.0	47.0	19.0	61.0	49.0	20.9	72.5	51.5	22.0
主要生产厂商		江苏省灌溉防尘工程有限公司														

（3）PX-65、PX-80、PYC-60系列自动旋转洒水喷枪（仰角25°）性能规格见表16-20。

PX-65、PX-80、PYC-60系列自动旋转洒水喷枪（仰角25°）性能规格　　表16-20

喷　嘴		直　径（mm）													
		18		20		22		24		26		28		30	
		流量（m³/h）	射程（m）	流量（m³/h）	射程（m）	流量（m³/h）	射程（m）	流量（m³/h）	射程（m）	流量（m³/h）	射程（m）	流量（m³/h）	射程（m）	流量（m³/h）	射程（m）
工作压力（MPa）	0.30	21.2	33.2	25.0	35.6	31.2	36.8	37.2	38.5	44.2	40.2	50.6	42.0	58.1	43.5
	0.40	24.4	37.0	29.8	39.0	36.1	41.0	43.2	43.0	50.4	45.0	58.4	47.3	67.1	48.5
	0.45	25.8	38.8	32.0	41.6	38.3	43.0	45.5	45.0	53.5	47.0	62.0	49.0	71.1	51.0
	0.50	27.2	40.4	33.4	42.6	40.4	44.6	48.0	47.0	56.4	50.0	65.3	51.1	75.0	54.0
	0.55	28.6	42.0	35.0	44.0	42.3	46.3	50.4	48.5	59.1	51.0	68.5	53.0	79.0	55.0
	0.60	29.0	43.3	36.5	45.5	44.2	48.0	52.6	50.1	62.0	52.4	71.6	54.5	82.2	56.6
	0.65	32.2	46.0	39.5	48.2	48.0	51.0	57.0	53.2	66.7	55.5	77.4	58.0	87.0	60.1
主要生产厂商		江苏省灌溉防尘工程有限公司													

（4）PX-65(A)、PX-80(A)系列自动旋转洒水喷枪(仰角44°)性能规格见表16-21。

PX-65(A)、PX-80(A)系列自动旋转洒水喷枪(仰角44°)性能规格　　表16-21

喷嘴		直　径(mm)											
		18			20			22			24		
		流量（m³/h）	射程（m）	最大喷高度（m）	流量（m³/h）	射程（m）	最大喷高度（m）	流量（m³/h）	射程（m）	最大喷高度（m）	流量（m³/h）	射程（m）	最大喷高度（m）
工作压力（MPa）	0.3	21.0	33.6	12.0	25.0	35.2	12.0	31.2	38.0	12.1	37.2	39.5	12.0
	0.4	24.5	36.5	13.5	30.0	38.5	14.0	36.0	41.0	15.0	43.0	43.0	15.5
	0.5	27.2	39.4	16.0	33.5	41.0	16.1	40.5	43.5	17.0	48.0	45.2	17.5
	0.6	29.8	41.3	17.0	36.5	43.5	17.5	44.2	45.2	19.0	52.6	47.0	20.0
	0.7	32.2	43.2	18.0	40.0	45.2	19.0	48.0	47.0	20.5	57.0	49.0	21.5
	0.8	34.5	45.0	19.0	42.2	47.0	20.2	51.5	49.0	22.0	61.0	51.0	23.0
主要生产厂商		江苏省灌溉防尘工程有限公司											

续表

喷嘴		直径(mm)								
		26			28			30		
		流量(m^3/h)	射程(m)	最大喷高度(m)	流量(m^3/h)	射程(m)	最大喷高度(m)	流量(m^3/h)	射程(m)	最大喷高度(m)
工作压力(MPa)	0.3	40.0	41.5	12.0	51.0	43.0	12.0	58.5	45.5	12.0
	0.4	50.5	45.0	15.5	58.5	47.0	15.5	67.0	49.0	16.0
	0.5	56.5	47.0	18.5	65.3	50.0	18.5	75.0	52.0	19.5
	0.6	62.0	49.5	21.0	72.0	52.5	21.0	82.2	54.2	21.5
	0.7	67.0	51.5	22.5	76.0	55.0	23.0	89.0	57.0	24.0
	0.8	71.5	53.2	25.0	83.0	56.0	24.5	96.0	58.5	25.0
主要生产厂商		江苏省灌溉防尘工程有限公司								

16.2 喷 泉 装 置

喷泉装置常用有MV系列百变喷泉装置，XF系列飞天喷泉装置，WML-1型万福轮喷泉装置，KYB系列开远喷泉装置，SC1600型水车喷泉装置，WB-A型水雷喷泉装置，YZHY-LP系列礼炮喷泉装置，YZHY-QP系列汽爆喷泉装置，艺术火喷泉装置，FR系列喷泉装置，HSYL、HSYB系列一维数控喷泉装置，HSSG、HSSB系列三维数控喷泉装置，UFO飞蝶系列动感喷泉摆动系统装置，JY系列喷泉用水下卷扬机构升降系统装置，大、中、小型圆摇系列动感喷泉摆动系统装置，JYSL型水帘系统装置，GRS系列人造雾系统装置。

16.2.1 MV系列百变喷泉装置

1. 特性：MV系列百变喷泉装置合理设计流锥的几何形状及安装尺寸，使其在两相流的作用下，直流喷射时获水柱、喇叭花、水雾等多种水型，其大小、高矮可变。当水柱水形突变为喇叭花水型，使人产生鲜花瞬间绽放的联想；该喷泉装置的工作压力为1.0MPa。MV系列百变装置系采用ZL201020128568.9实用新型专利“百变喷头系统”而研发的，包括供水装置、上平面法兰、异径接头、三向接头、筒体、大小头、接管和下平面法兰。该装置结构示意见图16-1。

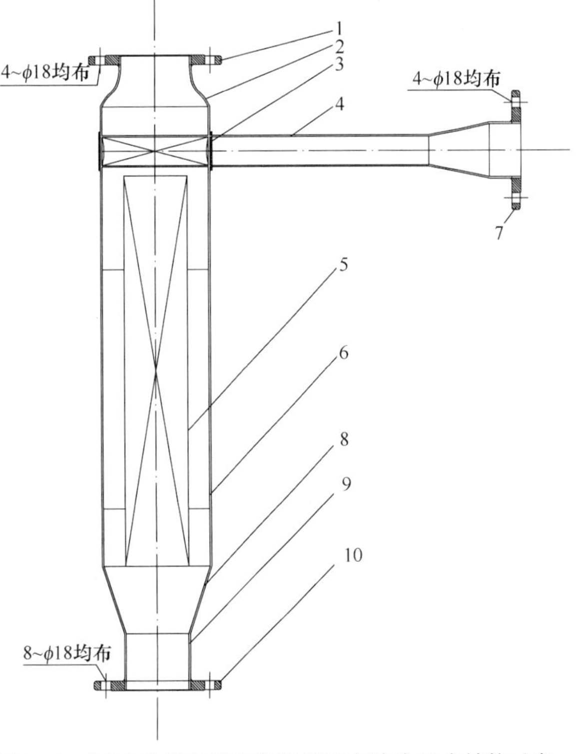

图16-1 MV系列百变喷泉装置百变喷头组成结构示意
1—上法兰；2—异性接头；3—三向接头；4—横管；5—流锥；6—筒体；7—侧法兰；8—大小头；9—接管；10—下法兰

2. 适用范围：MV 系列百变喷泉装置适用于表演型、互动型喷泉景观中。

3. 性能规格：MV 系列百变喷泉装置性能规格见表 16-22。

MV 系列百变喷泉装置性能规格 **表 16-22**

型号	最大喷高度（m）	接管直径 *DN*（mm）	喷头出口（mm）	动力配置（kW，台）		主要生产厂商
				主水泵	侧水泵	
MV-1	5	40	16	0.55，1台	1.1，1台供2个	北京东方光大安装工程集团有限公司
MV-2A	7	50	16	1.1，1台	2.2，1台供2个	
MV-2B	10	50	18	3.0，1台供2个	3.0，1台供2个	
MV-2C	14	50	20	2.2，1台	2.2，1台	
MV-3	20	80	30	7.5，1台	7.5，1台	
MV-4	30	100	32	7.5，2台	7.5，2台	
					15，1台	

16.2.2 XF 系列飞天喷泉装置

1. 特性：XF 系列飞天喷泉装置包括飞天火箭、祥龙嬉水、宝珠流苏三大系列，它由实用新型专利 ZL200720173091.4“一种升腾分水珠喷泉”研发而成。系利用地基水柱的冲击力，借用火箭等形体做媒介，悬空慢旋，尾部散射水线，上下升腾；当地基动力供应系统中的潜水泵停止运转，表面装饰的火箭或祥龙内的分水珠球体下落，被由韧性材料制成的托框和回收斗定向、定位托住，做好再次上升飞天的准备。该喷泉装置丰富了水景景观，使水力、雕塑在半空中有机组合，创出崭新的视觉效应。XF 系列飞天喷泉装置由分水珠、地基动力供给系统、回收装置及表面玻璃钢装饰造型组成。XF 系列飞天喷泉结构示意见图 16-2。

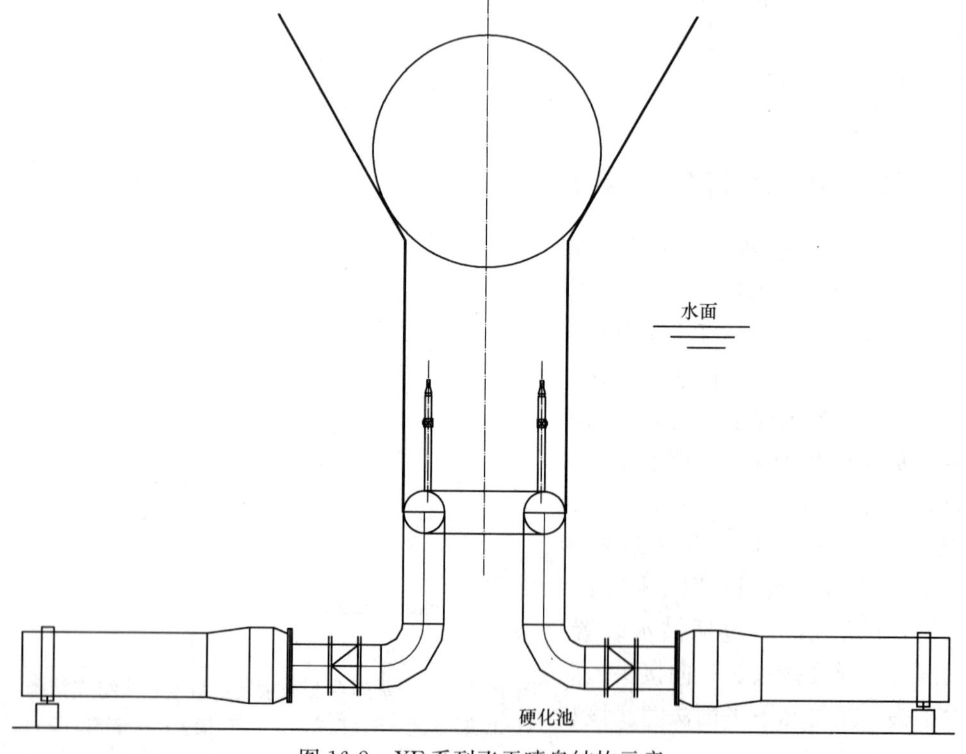

图 16-2 XF 系列飞天喷泉结构示意

2. 适用范围：XF 系列飞天喷泉装置适用于表演型喷泉景观中。

3. 性能规格：XF 系列飞天喷泉装置性能规格见表 16-23。

XF 系列飞天喷泉装置性能规格 **表 16-23**

<table>
<tr><th>名称</th><th>型号</th><th>外径（mm）</th><th>最大升高度（m）</th><th>珠体直径（mm）</th><th>动力头型式</th><th>水泵功率（kW）</th><th>喷头数及型号</th><th>主要生产厂商</th></tr>
<tr><td rowspan="3">飞天火箭</td><td>XF-1</td><td>—</td><td rowspan="3">6</td><td>—</td><td rowspan="8">YB-200</td><td rowspan="3">30</td><td>—</td><td rowspan="8">北京东方光大安装工程集团有限公司</td></tr>
<tr><td>XF-2</td><td>—</td><td>—</td><td>—</td></tr>
<tr><td>XF-3</td><td>—</td><td>—</td><td>—</td></tr>
<tr><td rowspan="3">祥龙嬉水</td><td>XF-1</td><td>500</td><td rowspan="3">6</td><td>—</td><td>—</td><td>—</td></tr>
<tr><td>XF-2</td><td>750</td><td>—</td><td>—</td><td>—</td></tr>
<tr><td>XF-3</td><td>1400</td><td>—</td><td>—</td><td>—</td></tr>
<tr><td rowspan="2">宝珠流苏</td><td>XF-500</td><td>—</td><td>—</td><td>500</td><td>15</td><td>WZL50</td></tr>
<tr><td>XF-800</td><td>—</td><td>—</td><td>800</td><td>30</td><td>WZL65</td></tr>
</table>

16.2.3 WML-1 型万福轮喷泉装置

1. 特性：WML-1 型万福轮喷泉装置是一种利用水力反推原理，推动水形旋转，产生新的水景景观。其造型酷似传统的“卍”万字，寓意和谐、福祉。WML-1 型万福轮喷泉装置分为立式和卧式两种。

2. 适用范围：WML-1 型万福轮喷泉装置适用于独立景观或组合喷泉场合。

3. 性能规格：WML-1 型万福轮喷泉装置性能规格见表 16-24。

WML-1 型万福轮喷泉装置性能规格 **表 16-24**

<table>
<tr><th>型 号</th><th>型 式</th><th>材 质</th><th>喷射幅面 Φ（m）</th><th>配置水泵（kW）</th><th>配置喷头</th><th>质 量 ≤(kg)</th><th>主要生产厂商</th></tr>
<tr><td>WML-1-A</td><td>立式</td><td rowspan="2">不锈钢</td><td>16</td><td>7.5</td><td>6 个 WML25-14</td><td>30</td><td rowspan="2">北京东方光大安装工程集团有限公司</td></tr>
<tr><td>WML-1-B</td><td>卧式</td><td>16</td><td>7.5</td><td>3 个 WML25-14、
3 个 WML40-16</td><td>30</td></tr>
</table>

注：1. 喷头可水平、垂直安装，也可交错、前后、同向或异向安装；
2. 多组水平安装时，间距以 5～6m 为宜。

4. 外形尺寸：WML-1 型万福轮喷泉装置外形尺寸见图 16-3。

16.2.4 KYB 系列开远喷泉装置

1. 特性：KYB 系列开远喷头专用于中高压射流喷射。喷头经研磨、并做防腐处理。KYB 系列开远喷头突破传统给水排水理论，出水水柱初始速度极大，耗能节约 30%。

2. 适用范围：KYB 系列开远喷泉装置适用于 30m 以上喷高的高喷水型，也可营造出彩虹等水艺术效果。

3. 性能规格：KYB 系列开远喷泉装置性能规格见表 16-25。

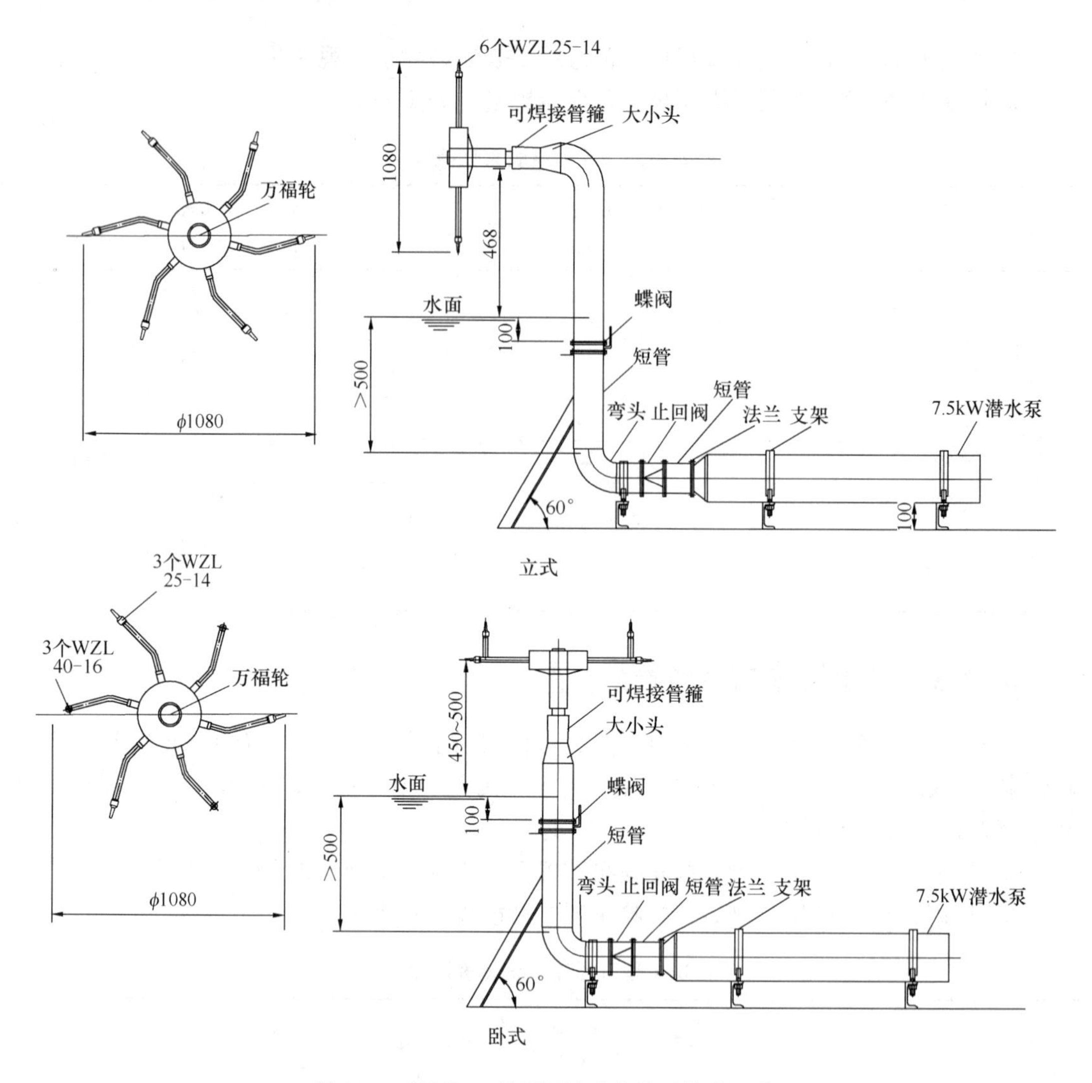

图 16-3　WML-1 型万福轮喷泉装置外形尺寸

KYB 系列开远喷泉装置性能规格　　　　表 16-25

型　号	整流器内径 Φ（mm）	喷嘴直径 Φ（mm）	性　能	主要生产厂商
KYB-80	80	26	1. 喷头内壁平滑光洁，表面粗糙度 $Ra \leqslant 1.6\mu m$； 2. 喷嘴处流量系数 $\Phi \geqslant 0.92$	北京东方光大安装工程集团有限公司
KYB-100	100	32		
KYB-150	150	40		
KYB-200	200	55		
KYB-250	250	75		
KYB-350	350	90		
KYB-500	500	110		

4. 外形尺寸：KYB-150 型开远喷泉装置外形尺寸见图 16-4。

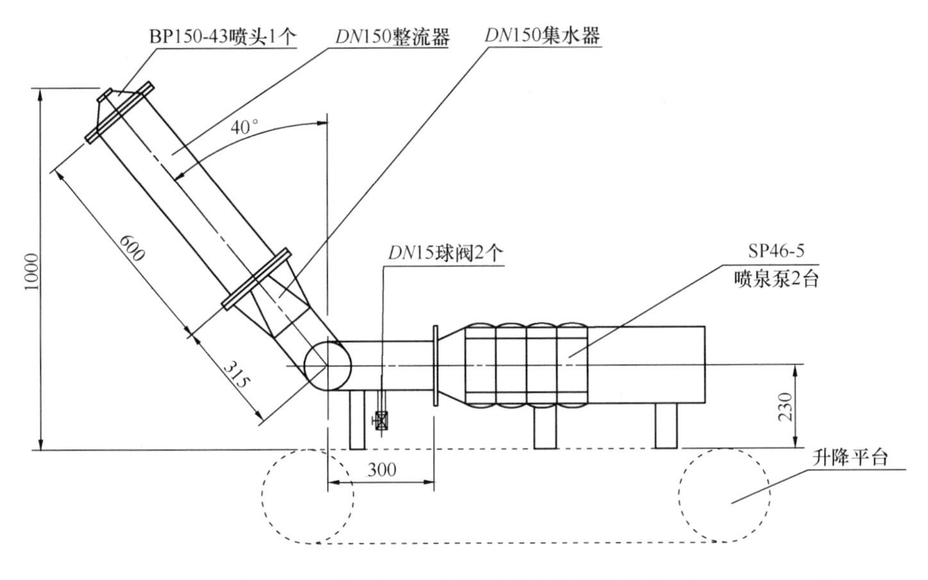

图 16-4 KYB-150 型开远喷泉装置外形尺寸

16.2.5 SC1600 型水车喷泉装置

1. 特性：SC1600 型水车喷泉装置系利用水力和机械作用仿古代灌溉提水，作为水景景观。

2. 适用范围：SC1600 型水车喷泉装置适用于独立置景场合。

3. 性能规格：SC1600 型水车喷泉装置性能规格见表 16-26。

SC1600 型水车喷泉装置性能规格 **表 16-26**

型　号	配备水泵（kW）	配备喷头	性能	主要生产厂商
SC1600	7.5	24 个 WZL25-10	水车水力推动，转动平稳，造型别致，古朴典雅，景观效果好	北京东方光大安装工程集团有限公司

4. 外形尺寸：SC1600 型水车喷泉装置外形尺寸见图 16-5。

16.2.6 WB-A 型水雷喷泉装置

1. 特性：WB-A 型水雷喷泉装置系依靠蓄能器中储存的高压缩比流体，在突然瞬间被释放时，形成爆炸效果，并伴有巨大的穿透响声。喷水水体水柱爆裂，荡涤人心，新奇震发。

2. 适用范围：WB-A 型水雷喷泉装置均安装于水面之下，适用于水景组合的表演系统。

3. 组成：WB-A 型水雷喷泉装置由蓄能器、闸阀、水雷触发器、水雷爆发器、特制喷头、不锈钢管道和空气压缩机等组成。WB-A 型水雷喷泉装置结构示意见图 16-6。

4. 性能规格：WB-A 型水雷喷泉装置性能规格见表 16-27。

WB-A 型水雷喷泉装置性能规格 **表 16-27**

型　号	配置高压空气（MPa）	工作压力（MPa）	性　能	主要生产厂商
WB-A	0.6 以上	1.2	利用压缩比大的流体，呈现水柱爆炸的效果，伴随巨响，荡涤人心	北京东方光大安装工程集团有限公司

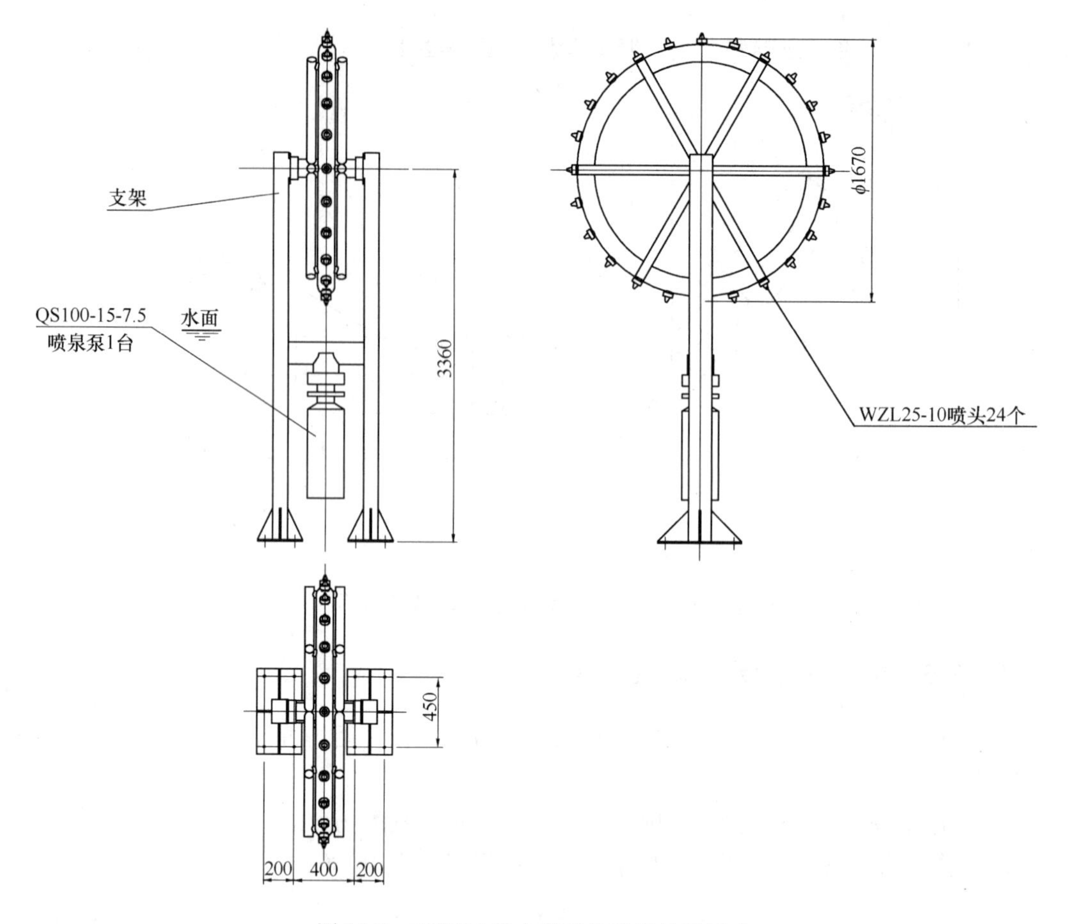

图 16-5　SC1600 型水车喷泉装置外形尺寸

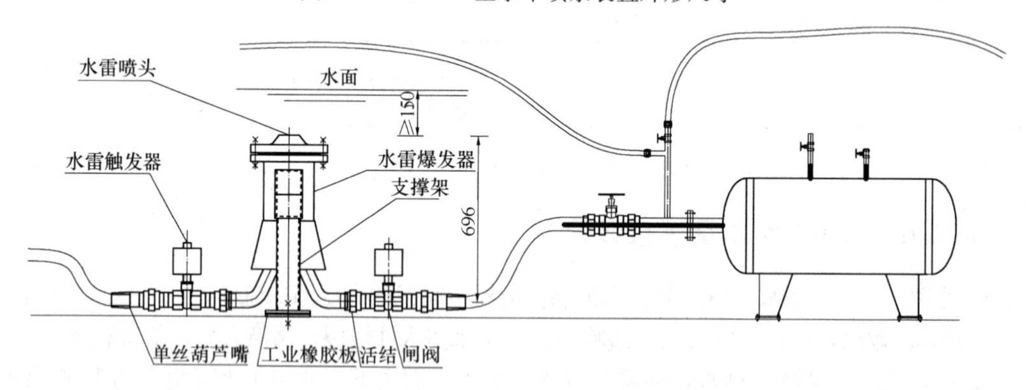

图 16-6　WB-A 型水雷喷泉装置结构示意

16.2.7　YZHY-LP 系列礼炮喷泉装置

1. 适用范围：YZHY-LP 系列礼炮喷泉装置适用于大中型喷泉（旱喷需有防止靠近措施方可使用）。

2. 组成：YZHY-LP 系列礼炮喷泉装置由气爆口、储气罐、等压阀、电磁阀、过滤器、阀门、止回阀组成。

3. 性能规格及外形尺寸：YZHY-LP 系列礼炮喷泉装置性能规格及外形尺寸见图 16-7、表 16-28。

YZHY-LP 系列礼炮喷泉装置性能规格及外形尺寸 **表 16-28**

型　号	气爆高度（m）	气爆音频（dB）	外形尺寸（mm）			喷嘴直径（mm）	开关速率（r/min）	储气罐量（m^3）	控制气压（MPa）	主要生产厂商
			长度 L	高度 D	宽度 D_2					
YZHY-LP-1	10～12	80	850	1000	400	100、200	2～3	0.3	0.8	扬州恒源自来水喷泉设备有限公司
YZHY-LP-2	12～15	90	900	1000	400	100、200	2～3	0.3	0.8	
YZHY-LP-3	15～18	100	1000	1000	400	100、200	2～3	0.3	0.85	
YZHY-LP-4	15～18	110	1000	1100	400	100、200	2～3	0.3	0.9	
YZHY-LP-5	15～18	120	1000	1100	450	100、200	2～3	0.3	1.0	

16.2.8 YZHY-QP 系列汽爆喷泉装置

1. 特性：YZHY-QP 系列汽爆喷泉装置以压缩空气为动力，替代水泵动力，喷射强劲水柱，营造气势磅礴的水景大场面。具有节能降耗和成本造价低的特点，是动态大场面喷泉景观的必选装置。

2. 适用范围：YZHY-QP 系列汽爆喷泉装置适用于大中型喷泉，可替代跑泉、副喷、高水幕、塔型等水型。

3. 组成：YZHY-QP 系列汽爆喷泉装置由气爆口、储气罐、等压阀、电磁阀、过滤器、阀门、进水阀组成。

4. 性能规格及外形尺寸：YZHY-QP 系列汽爆喷泉装置性能规格及外形尺寸见图 16-8、表 16-29。

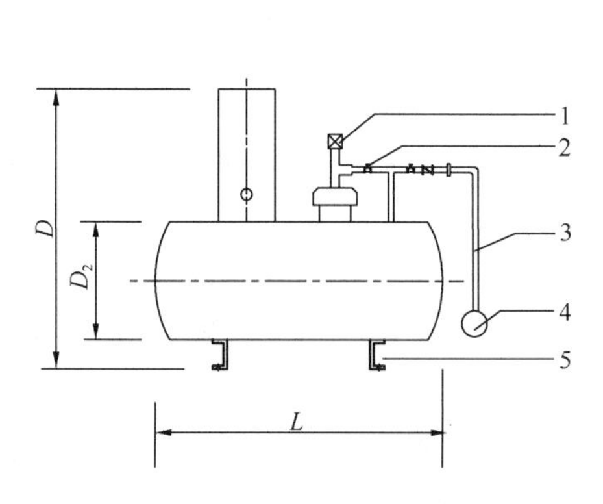

图 16-7 YZHY-LP 系列礼炮喷泉装置结构示意

1—工作电磁阀；2—调节阀；3—输气支管；4—输气主管；5—设备固定底脚

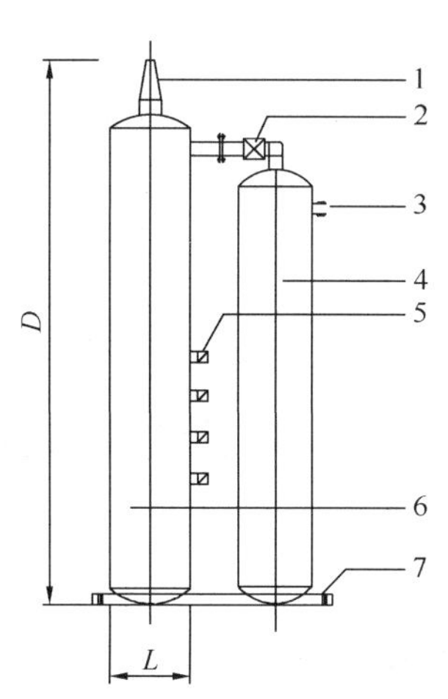

图 16-8 YZHY-QP 系列汽爆喷泉装置外形尺寸

1—喷头；2—电磁阀；3—进气口；4—气罐；5—进水口；6—水罐；7—设备固定底脚

YZHY-QP 系列汽爆喷泉装置性能规格及外形尺寸 **表 16-29**

型号	气爆高度（m）	气爆音频（dB）	高度 D（mm）	宽度 L（mm）	喷嘴直径（mm）	开关速率（r/min）	储气罐量（m^3）	控制气压（MPa）	主要生产厂商
YZHY-QP-1	20～25	70～80	1200	400	20～28	10	0.3	0.8	扬州恒源自来水喷泉设备有限公司
YZHY-QP-2	25～30	70～80	1500	400	25～30	8	0.3	0.8	
YZHY-QP-3	30～35	75～85	2000	400	30～38	8	0.3	1.0	
YZHY-QP-4	35～40	75～85	3000	400	30～38	6	0.4	1.2	
YZHY-QP-5	40～50	75～85	3500	450	30～38	—	0.4	1.6	

16.2.9 艺术火喷泉装置

1. 适用范围：艺术火喷泉装置主要适用于室内外各种演出庆典及配合水景表演。
2. 性能规格：艺术火喷泉装置性能规格见表 16-30。

艺术火喷泉装置性能规格 **表 16-30**

型号	名称	喷射高度（m）	功率（W）	理论用气量		适用气源	适用燃料	材质	主要生产厂商
				（m^3/次）	（m^3/min）				
DFJD-Y	火泉喷火机	3～5	150	0.2	0.2	氮气	煤油	不锈钢	陕西东方经典喷泉景观工程有限责任公司
DFJD-J							酒精		
DFJD-C	彩色喷火机	3～5	200	0.2	0.2	氮气	混合燃料		
SW-HQ05	火球	5	90	0.02	—	液化气	—	不锈钢 304	世望发展有限公司
SW-HQ12		12	120	0.05	—				
SW-FQ03	火泉	3	800	—	0.002	液化气、天然气等	—		
SW-FQ06		6	1200	—	0.004				
SW-HL02	火龙	2	90	—	0.01				
SW-HL03		3	120	—	0.02				

16.2.10 FR 系列喷泉装置

FR 系列喷泉装置常用有 FR-GX-Y(X)系列光纤拉丝水线喷泉装置、FR-WX-Y 系列微型喷泉装置。

16.2.10.1 FR-GX-Y(X)系列光纤拉丝水线喷泉装置

1. 适用范围：FR-GX-Y(X)系列光纤拉丝水线喷泉装置主要适用于商场、酒店大堂等。

2. 性能规格：FR-GX-Y(X) 系列光纤拉丝水线喷泉装置性能规格及外形尺寸见表 16-31。

FR-GX-Y(X)系列光纤拉丝水线喷泉装置性能规格及外形尺寸　　表 16-31

型　号	高　度 (m)	长　度 (m)	流　量 (t/h)	功　率 (kW)	特　　性	主要生产厂商
FR-GX-Y-1	2～5	2～6	5～8	1.75	外型为圆形，光纤可以形成环绕的光带，当水流经过时，形成有层次的亮点	大连福瑞喷泉有限公司
FR-GX-Y-2	5～8	3～8	8～15	2.1		
FR-GX-Y-3	8～12	4～10	10～20	2.5		
FR-GX-Y-4	12～15	5～12	15～30	3.2		
FR-GX-X-1	2～5	5～10	10～20	2.5	外型为线形，线型的光纤水线可以形成光亮的幕墙，若在水线后增设镜面，效果更加绚丽	
FR-GX-X-2	5～8	10～15	15～25	3.2		
FR-GX-X-3	8～12	15～20	20～30	4		
FR-GX-X-4	12～15	20～25	25～35	5		

16.2.10.2 FR-WX-Y 系列微型喷泉

FR-WX-Y 系列微型喷泉主要是采用大型喷泉的控制技术通过结构调整和部件精密处理而制造出来的小体积喷泉。它作为一种高技术含量娱乐产品，以其独特的水乐演奏，能给人一种视觉和听觉上的双重享受，同时又可美化生活环境。

1. 适用范围：FR-WX-Y 系列微型喷泉适用于办公场所、酒店大堂等。

2. 性能规格：FR-WX-Y 系列微型喷泉性能规格及外形尺寸见表 16-32。

FR-WX-Y 系列微型喷泉性能规格及外形尺寸　　表 16-32

型　号	高　度 (m)	直　径 (m)	喷高度 (m)	功　率 (kW)	特　　性	主要生产厂商
FR-WX-Y-1	0.6～1	0.5～1	0.5～1	1.5	外型为圆形，具有净化空气、美化环境等功效，其外形美观、体形小巧、光亮度好、使用方便等特点	大连福瑞喷泉有限公司
FR-WX-Y-2	0.6～1	1～1.5	1～1.5	3		
FR-WX-Y-3	0.6～1	1.5～2	1.5～2	4		
FR-WX-Y-4	0.6～1	2～2.5	2～2.5	5.5		

16.2.11 HSYL、HSYB 系列一维数控喷泉装置

1. 适应范围：HSYL、HSYB 系列一维数控喷泉装置适用于大中小型音乐喷泉。该装置组合不仅可以完成传统喷泉项目中的鸽式摇摆、圆弧摇摆、多头组合直线摇摆、径向摇摆、千禧龙滚摇、波浪及跑泉等动态或静态水型，而且能完成更复杂、更新颖、更丰富的水型造型。

2. 组成：HSYL、HSYB 系列一维数控喷泉装置主要部件由壳体、旋转机构、感应定位设备、驱动电机、高效驱动器、喷头组成。

3. 性能规格及外形尺寸：HSYL、HSYB 系列一维数控喷泉装置性能规格及外形尺寸见图 16-9、表 16-33。

HSYL、HSYB系列一维数控喷泉装置性能规格及外形尺寸 **表16-33**

型号	材质	喷头出水直径(mm)	额定电压(V)	转矩(N·m)	控制距离≥(m)	电流(A)	外形尺寸(mm)			喷嘴旋转速度(r/min)	主要生产厂商
							长度 L	宽度 D_2	高度 D		
HSYL50-4.5-14	铝合金	14	50	4.5	250	4	350	280	450	25	扬州恒源自来水喷泉设备有限公司
HSYL55-8-18		18	55	8.5	350	5	400	280	500	30	
HSYL55-8.5-22		22	55	8.5	400	5	450	290	600	30	
HSYB60-8.5-18	不锈钢	18	60	8.5	400	5	400	280	450	35	
HSYLB60-8.5-22		22	60	8.5	450	5	450	300	600	35	

16.2.12 HSSG、HSSB系列三维数控喷泉装置

1. 适用范围：HSSG、HSSB系列三维数控喷泉装置适用于大中小型喷泉工程。该装置组合使用三维数控喷泉可达到传统喷泉的任意一款水型的效果。

2. 组成：HSSG、HSSB系列三维数控喷泉装置主要配件由旋转机构、摆动机构、驱动电机、驱动器、感应定位装置、外壳、水室、喷头组成。该装置结构示意见图16-10。

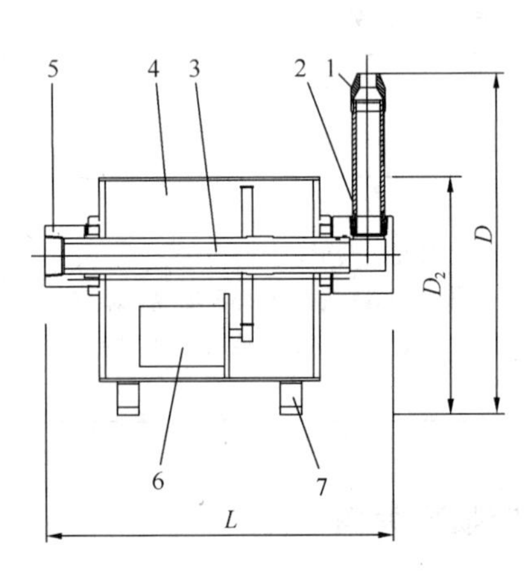

图16-9 HSYL、HSYB系列一维数控喷泉装置外形尺寸示意

1—喷嘴；2—L型立管；3—传动轴；4—密封箱体；5—进水口；6—步进电机；7—装置固定底座

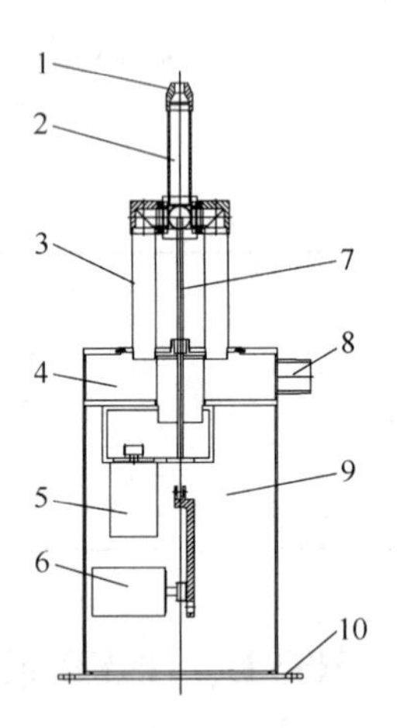

图16-10 HSSG、HSSB系列三维数控喷泉装置结构示意

1—喷头；2—出水管；3—导流管；4—水室；5—驱动电机；6—驱动电机；7—导杆；8—进水口；9—密封箱体；10—装置安装底座

3. 性能规格及外形尺寸：HSSG、HSSB系列三维数控喷泉装置性能规格及外形尺寸见表16-34。

HSSG、HSSB 系列三维数控喷泉装置性能规格及外形尺寸 **表 16-34**

<table>
<tr><th rowspan="2">型号</th><th rowspan="2">材质</th><th rowspan="2">喷头出水直径(mm)</th><th rowspan="2">额定电压(V)</th><th rowspan="2">转矩(N·m)</th><th rowspan="2">控制距离≥(m)</th><th rowspan="2">电流(A)</th><th colspan="2">外形尺寸(mm)</th><th rowspan="2">旋转速度(r/min)</th><th rowspan="2">主要生产厂商</th></tr>
<tr><th>直径</th><th>高度</th></tr>
<tr><td>HSSG50-4.5/2-14</td><td rowspan="3">镀锌材料</td><td>14</td><td>50</td><td>4.5</td><td>250</td><td>6</td><td>380</td><td>1150</td><td>25</td><td rowspan="5">扬州恒源自来水喷泉设备有限公司</td></tr>
<tr><td>HSSG55-8/2-18</td><td>18</td><td>55</td><td>8.5</td><td>350</td><td>8</td><td>380</td><td>1150</td><td>30</td></tr>
<tr><td>HSSG55-8.5/2-22</td><td>22</td><td>55</td><td>8.5</td><td>400</td><td>8</td><td>380</td><td>1150</td><td>30</td></tr>
<tr><td>HSSB60-8.5/2-18</td><td rowspan="2">不锈钢</td><td>18</td><td>60</td><td>8.5</td><td>400</td><td>8</td><td>380</td><td>1150</td><td>35</td></tr>
<tr><td>HSSB60-8.5/2-22</td><td>22</td><td>60</td><td>8.5</td><td>450</td><td>8</td><td>380</td><td>1150</td><td>35</td></tr>
</table>

16.2.13 UFO 飞蝶系列动感喷泉摆动系统装置

1. 适用范围：UFO 飞蝶系列动感喷泉摆动系统装置适用于动感喷泉要求喷射高度较高、喷射展开水域面积较大的场所。

2. 性能规格及外形示意：UFO 飞蝶系列动感喷泉摆动系统装置性能规格及结构示意见图 16-11、表 16-35。

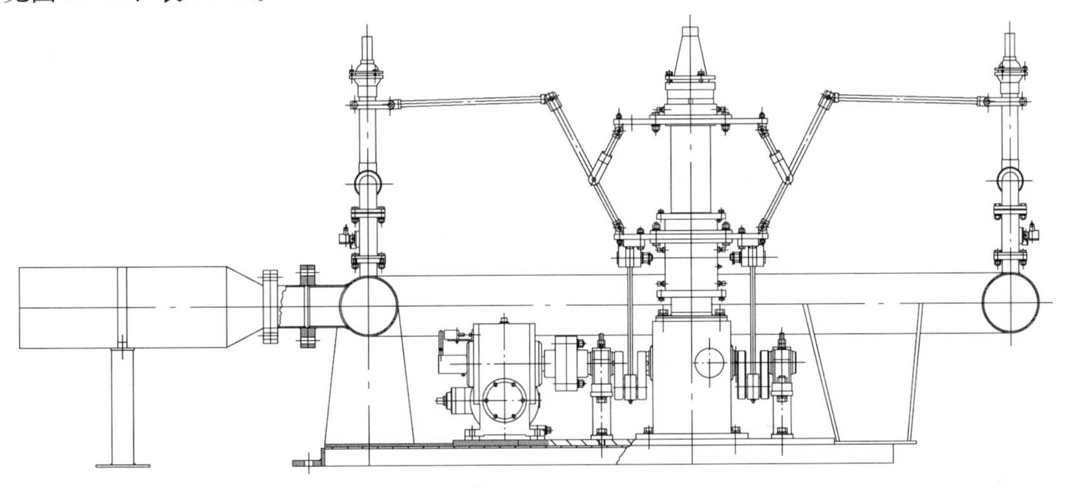

图 16-11 UFO 飞蝶系列动感喷泉摆动系统装置结构示意

UFO 飞蝶系列动感喷泉摆动系统装置性能规格 **表 16-35**

<table>
<tr><th rowspan="4">型号</th><th rowspan="4">供水管中心直径 D(m)</th><th colspan="4">喷头设置</th><th colspan="2">喷洒范围</th><th colspan="6">配套设备</th><th rowspan="4">主要生产厂商</th></tr>
<tr><th colspan="2">中心</th><th colspan="2">外圈</th><th rowspan="3">中心喷射高度(m)</th><th rowspan="3">外圈最大喷射展开水域(m)</th><th colspan="4">水泵</th><th rowspan="3">水下动力机</th><th rowspan="3">液压伺服阀(套)</th></tr>
<tr><th rowspan="2">个数</th><th rowspan="2">直径(mm)</th><th rowspan="2">个数</th><th rowspan="2">直径(mm)</th><th rowspan="2">型号</th><th rowspan="2">台数</th><th colspan="2">变频控制</th></tr>
<tr><th>型号</th><th>台数</th></tr>
<tr><td rowspan="3">UFO 飞蝶</td><td rowspan="3">1.8</td><td rowspan="3">1</td><td rowspan="3">22</td><td rowspan="3">40</td><td rowspan="3">14</td><td>20</td><td>25～30</td><td>QS40-40-7.5</td><td>1</td><td>QS80-22-7.5</td><td>4</td><td>1 台 4kW</td><td>40</td><td rowspan="3">天津大德环境工程有限公司</td></tr>
<tr><td>20</td><td>20～25</td><td>QS40-40-7.5</td><td>1</td><td>QS100-15-7.5</td><td>3</td><td>1 台 4kW</td><td>40</td></tr>
<tr><td>15</td><td>15～20</td><td>QS40-30-5.5</td><td>1</td><td>QS100-12-5.5</td><td>3</td><td>1 台 2.2kW</td><td>40</td></tr>
</table>

16.2.14 JY系列喷泉用水下卷扬机构升降系统装置

1. 特性：JY系列喷泉用水下卷扬机构升降系统装置系一套或多套对称布置的升降系统。

2. 组成：JY系列喷泉用水下卷扬机构升降系统装置由若干个桩基、固定于桩基上的定滑轮、芯轴、固定于芯轴上的动滑轮、防水电机、减速器、由防水电机驱动的卷扬机卷筒和钢索等组成。钢索一端固定在卷筒上，另一端依次绕过定滑轮、动滑轮后，固定于空心管或另一卷扬机的卷筒上。该装置结构示意见图16-12。

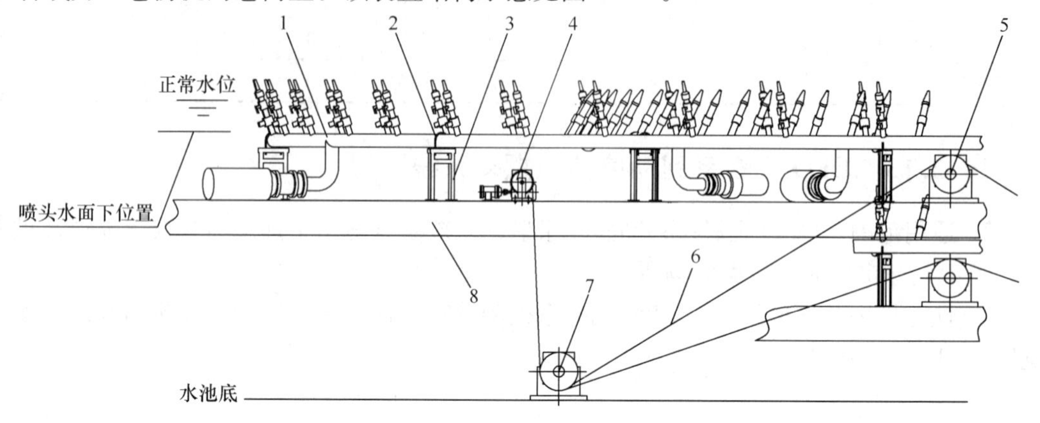

图16-12 JY系列喷泉用水下卷扬机构升降系统装置结构示意

1—管路；2—U型卡箍；3—支架；4—卷扬机；5—动滑轮；6—钢索；7—定滑轮；8—浮排

3. 性能规格：JY系列喷泉用水下卷扬机构升降系统装置性能规格见表16-36。

JY系列喷泉用水下卷扬机构升降系统装置性能规格 **表16-36**

型 号	牵引力(t)	升降范围(m)	配置防水电机(kW)	主要生产厂商
JY-3	0.4	0～1	3	北京东方光大安装工程集团有限公司
JY-4	0.8	0～2	4	
JY-5.5	1.2	0～3	5.5	
JY-7.5	2	0～4	7.5	

16.2.15 大、中、小型圆摇系列动感喷泉摆动系统装置

1. 适用范围：大、中、小型圆摇系列动感喷泉摆动系统装置适用于动感喷泉要求喷射高度较高、喷射展开水域面积较大的场所。

2. 性能规格及外形尺寸：大、中、小型圆摇系列动感喷泉摆动系统装置性能规格及外形尺寸见表16-37、图16-13。

大、中、小型圆摇系列动感喷泉摆动系统装置性能规格及外形尺寸 **表16-37**

型 号	直径 D (m)	喷洒范围(喷射展开水域)(m)	配套设备							主要生产厂商
			水 泵				喷头(套)	水下动力机	液压伺服阀(套)	
			型 号	台数	变频控制					
					型 号	台数				
大型圆摇	＞15	30～35	QS40-40-7.5	8	L300P-110HFE2	8	96	1台4kW	96	天津大德环境工程有限公司
中型圆摇	8～15	20～25	QS40-40-7.5	6	L300P-110HFE2	6	72	1台2.2kW	72	
小型圆摇	＜1.2	12～15	QS40-30-5.5	2	WJ200-075	2	24	1台2.2kW	24	

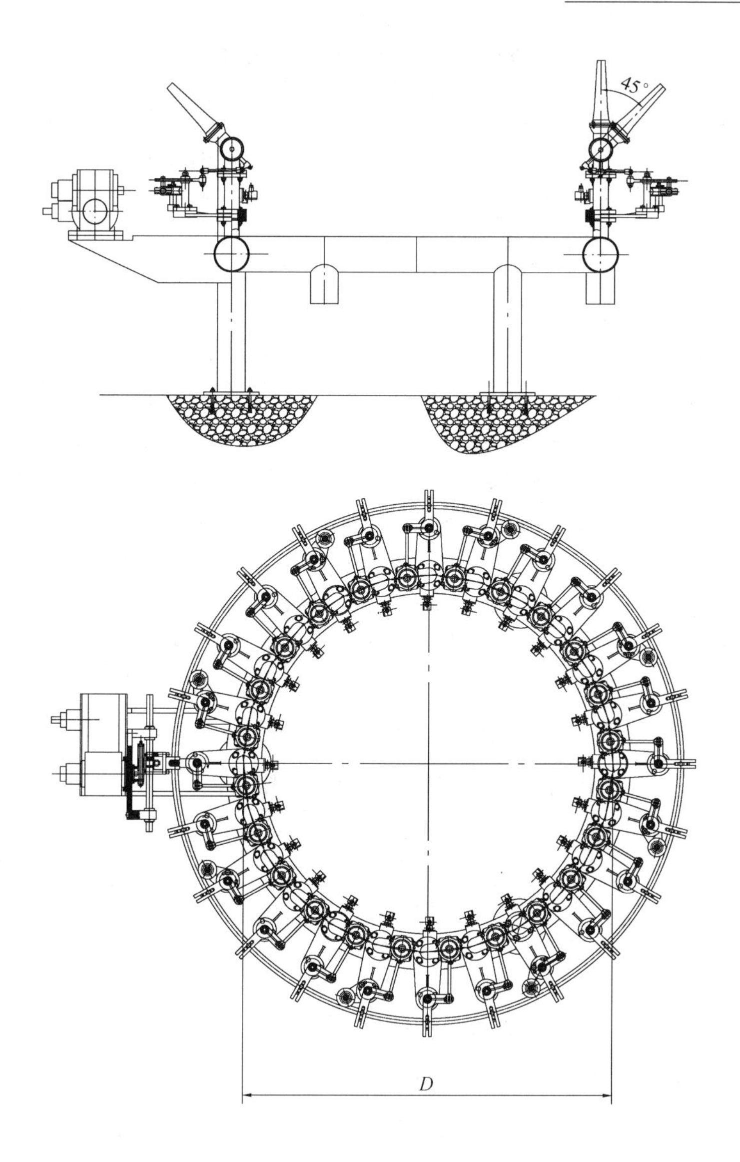

图 16-13 大、中、小型圆摇系列动感喷泉摆动系统装置外形尺寸

16.2.16 JYSL 型水帘系统装置

1. 特性：JYSL 型水帘系统装置使用电磁阀通过高频通断形成立体的各种图案，也可当作屏幕，而利用微粒水平面特性作为光路载体，再将特制的流畅生动的媒流体投射在该载体上便可在空间中形成虚幻立体的影像，则成为一种三位空间立体图像，给人一种新的立体视觉享受。它是一种新型的展示媒体，介于水帘可虚幻成像的独有特性，使其有着广阔的市场前景。安装场地要求小，可安装在大厅、通道、门口等地。

2. 适用范围：JYSL 型水帘系统装置适用于舞台剧院、媒体展览机构、大型商场门口、迪厅、KTV、旅游景区、主题公园、娱乐场所等。

3. 性能规格：JYSL 型水帘系统装置性能规格见表 16-38。

JYSL 型水帘系统装置性能规格 表 16-38

型号	主要配套设备			水帘原材料	主要生产厂商
JYSL	电磁阀	箱体（采用全不锈钢喷塑）	投影机或激光机	普通自来水	宁波市佳音机电科技有限公司

16.2.17 GRS 系列人造雾系统装置

1. 适用范围：GRS 系列人造雾系统装置产生的雾粒直径大小和应用范围分为有景观细雾和冷雾。细雾的雾粒直径小于或等于 10μm，主要用于景观、降温、增湿；冷雾的雾粒直径在 30～50μm 之间，主要用于工农业高温场所降温、增湿、消毒喷药等。

2. 组成：GRS 系列人造雾系统装置主要由喷头、主机、管接头等组成。

（1）GRS 系列人造雾系统喷头分有单嘴式微雾喷头、多嘴式微雾喷头、集束大雾喷头，其中多嘴微雾喷头分为碰撞式和旋流式两种，根据用途和设计需要又分有二、三、四、五、六、七嘴造型微雾喷头；集束大雾喷头分有球型、半球型、棒型。

（2）GRS 系列人造雾系统主机由高压装置、水处理装置、控制装置组成。

（3）管接头采用卡套式，可分为直通、角通、三通、四通等。

3. 性能规格：

（1）GRS 系列人造雾系统喷头性能规格见表 16-39。

GRS 系列人造雾系统喷头性能规格（单只喷头） 表 16-39

型号	工作水压（MPa）							主要生产厂商
	4	5	6	7	8	9	10	
	喷头流量（L/min）							
GRSPW-45R	0.049	0.053	0.059	0.066	0.072	0.077	0.084	杭州西湖喷泉设备成套有限公司
GRSPW-5R	0.053	0.059	0.068	0.076	0.084	0.091	0.098	
GRSPW-6R	0.072	0.079	0.089	0.097	0.103	0.113	0.120	
GRSPW-8R	0.127	0.144	0.161	0.174	0.192	0.208	0.224	
GRSPW-10R	0.201	0.227	0.252	0.273	0.292	0.313	0.334	
GRSPW-12R	0.265	0.291	0.320	0.343	0.368	0.393	0.418	

（2）GRS 系列人造雾系统主机性能规格见表 16-40。

GRS 系列人造雾系统主机性能规格 表 16-40

型号	流量（L/min）	可装喷头数	造雾能力（m^2）		额定功率（kW）	额定输出水压（MPa）	进水直径（in）	出水直径（in）	主要生产厂商
			浓雾	适用范围					
GRSP65	6.6	50～70	50～80	100	2.2	5	1/2	3/8	杭州西湖喷泉设备成套有限公司
GRSP110	10.7	100～120	80～120	200	3	5	1/2	3/8	
GRSP150	14.7	140～160	150～200	300	4	5	1/2	3/8	
GRSP200	20.8	200～230	160～250	400	5.5	5	1/2	3/8	

注：1. 所配电机额定电压 380V AC，额定频率 50Hz，四极。

2. 最大输出水压 14MPa。

16.3　水下灯、水下灯具

水下灯常用有LED水下灯；水下灯具常用有HJC型水下灯具。

16.3.1　LED水下灯

LED水下灯分有TF.UL01系列LED水下灯、YG系列LED水下灯。

16.3.1.1　TF.UL01系列LED水下灯

1. 特性：TF.UL01系列LED水下灯具有以下特性：

(1) 灯具外形简洁大方，边沿的弧形处理使灯具轻巧、美观。

(2) 独特的散热设计、高精度恒流驱动使光源寿命更长。

(3) 功耗小、发热少，与传统80W/PAR灯相比节能50%以上。

(4) 反应快，可瞬间启动，通过DMX512控制器实现RGB光源各256级灰度变化，呈现多彩的景观效果。

(5) 多种透镜角度可供选择，满足不同照明需求。

(6) 特殊设计的弧形支架，便捷安装。

2. 适用范围：TF.UL01系列LED水下灯适用于喷泉、小品、建筑等照明工程。

3. 性能规格及外形尺寸：TF.UL01系列LED水下灯性能规格及外形尺寸见表16-41、图16-14。

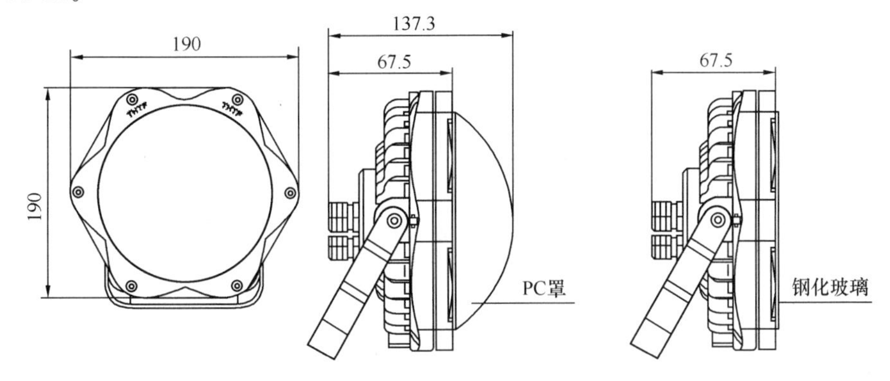

图16-14　TF.UL01系列LED水下灯外形尺寸

16.3.1.2　YG系列LED水下灯

1. 特性：YG系列LED水下灯具有节能、环保、寿命长、发光效率高、投射距离远、适用范围广等。

2. 适用范围：YG系列LED水下灯适用于喷泉、溶洞、泳池、瀑布、家庭、广场、酒店等景观照明。

3. 型式：YG系列LED水下灯型式分有YG90B(D)系列彩色水下灯、YG115B(D、H)系列彩色水下灯、YG120B(D、H)系列彩色水下灯、YG135B(D)系列彩色水下灯、YG155D(H)系列彩色水下灯、YG191D(H)系列彩色水下灯、YG145G系列彩色水下灯、YGPAR38系列彩色水下灯、YG260B系列彩色壁挂泳池灯、YG165G系列彩色地埋泳池灯。

TF. UL01 系列 LED 水下灯性能规格及外形尺寸　　表 16-41

型号	光源							灯体						标准					系统功率(W)	透镜(°)	外形尺寸 长度×宽度×高度(mm)	主要生产厂商
	适用光源	光源数量	发光角度(°)	输入电源 电压(V)	输入电源 频率(Hz)	光源颜色	有效寿命>(h)	材质	透光罩	密封圈	出线孔(个)	配件	净重(kg)	防护等级IP	绝缘等级	环境温度(℃)	环境湿度(%)	沉水深度≤(mm)				
TF. UL01-03W-DC24-27W	高光效LED	1W×18颗、24颗、27颗、30颗	15、20、30、45、80、120	DC24或AC24	50	单色或全彩	50000	压铸铝合金灯体，表面特殊喷涂处理	高透光率钢化玻璃	进口硅橡胶密封圈，密封性能好	1个、2个、3个，根据需要配置	不锈钢螺钉固定	2.5	68	Ⅲ级	−20～45	0～100	200	34	15、20、30、45、80、120	190×190×67.5	同方股份有限公司
TF. UL01-03W-DC24-24W																			30			
TF. UL01-03W-DC24-18W																			22			
TF. UL01-03R-DC24-27W																			27			
TF. UL01-03R-DC24-24W																			24			
TF. UL01-03R-DC24-18W																			18			
TF. UL01-03G-DC24-27W																			34			
TF. UL01-03G-DC24-24W																			30			
TF. UL01-03G-DC24-18W																			22			
TF. UL01-03B-DC24-27W																			34			
TF. UL01-03B-DC24-24W																			30			
TF. UL01-03B-DC24-18W																			22			
TF. UL01-03Y-DC24-27W																			27			
TF. UL01-03Y-DC24-24W																			24			
TF. UL01-03Y-DC24-18W																			18			
TF. UL01-03RGB-DC24-30W																			38			
TF. UL01-01RGB-DC24-12W																			15			

(1) YG系列彩色水下灯

YG系列彩色水下灯性能规格及外形尺寸见表16-42、图16-15。

(2) YG260B系列彩色壁挂泳池灯

YG260B系列彩色壁挂泳池灯性能规格及外形尺寸见表16-43、图16-16。

YG系列彩色水下灯性能规格及外形尺寸 **表16-42**

系列	型号	发光管		发光颜色	可选电压(V)	材质	防护等级IP	外形尺寸(mm)			质量(kg)	主要生产厂商
		直径(mm)	数量(珠)					D_1	D_2	H		
YG90B(D)	SXLED90B(D)-12	5	12	红、黄、绿、蓝、白、七彩(内控)	12、24、220	ABS材料,压花玻璃	68	90	65	69	0.35	重庆源光电子科技有限公司
	SXLED90B(D)-24	5	24					90	65	69	0.35	
	SXLED90B(D)-36	5	36					90	65	69	0.35	
YG115B(D、H)	SXLED115B(D、H)-18	10	18		12、24、220	ABS材料,透明平板玻璃	68	115	85	55	0.45	
	SXLED115B(D、H)-24	10	24					115	85	55	0.45	
	SXLED115B(D、H)-36	10	36					115	85	55	0.45	
YG120B(D、H)	SXLED120B(D、H)-24	5	24	红、黄、绿、蓝、白、七彩(内、外控)	12、24、220		68	120	95	70	0.50	
	SXLED120B(D、H)-36	5	36					120	95	70	0.50	
	SXLED120B(D、H)-56	5	56					120	95	70	0.50	
	SXLED120B(D、H)-88	5	88					120	95	70	0.50	
	SXLED120B(D、H)-24	10	24					120	95	70	0.50	
	SXLED120B(D、H)-36	10	36					120	95	70	0.50	
YG135B(D)	SXLED135B(D)-25	10	25		12、24、220		68	135	105	55	0.60	
	SXLED135B(D)-36	10	36					135	105	55	0.60	
	SXLED135B(D)-51	10	51					135	105	55	0.60	
YG155D(H)	SXLED155D(H)-36	10	36		12、24、220		68	155	115	60	0.70	
	SXLED155D(H)-51	10	51					155	115	60	0.70	
	SXLED155D(H)-66	10	66					155	115	60	0.70	
	SXLED155D(H)-80	10	80					155	115	60	0.70	
YG191D(H)	SXLED191D(H)-120	10	120				68	191	145	65	1.20	
	SXLED191D(H)-174	8	174					191	145	65	1.20	

续表

系列	型号	发光管		发光颜色	可选电压(V)	材质	防护等级IP	外形尺寸(mm)			质量(kg)	主要生产厂商
		直径(mm)	数量(珠)					D_1	D_2	H		
YG145G	SXLED145G-36	5	36	红、黄、绿、蓝、白、七彩(内、外控)	12、24、220	全不锈钢,透明平板钢化玻璃	68	145	105	90	0.90	重庆源光电子科技有限公司
	SXLED145G-51	5	51					145	105	90	0.90	
	SXLED145G-88	5	88					145	105	90	0.90	
	SXLED145G-36	10	36					145	105	90	0.90	
	SXLED145G-51	10	51					145	105	90	0.90	
YGPAR	SXPAR38-80	—	—	红、黄、绿、蓝、白	220	ABS材料白色,镀铬外壳,钨丝发光	68	150	110	160	0.70	
	SXPAR38D-80	—	—					150	110	160	0.70	

YG260B系列彩色壁挂泳池灯性能规格及外形尺寸 **表16-43**

系列	型号	发光管		发光颜色	可选电压(V)	材质	防护等级IP	外形尺寸(mm)					质量(kg)	主要生产厂商
		直径(mm)	数量(珠)					D_1	D_2	D_3	D_4	H		
YG260B	SXLED260B-51	10	51	红、黄、绿、蓝、白、七彩(内、外控)	12、24	ABS材料、透明平板玻璃	68	260	115	255	185	65	1.25	重庆源光电子科技有限公司
	SXLED260B-66	10	66					260	115	255	185	65	1.25	
	SXLED260B-80	10	80					260	115	255	185	65	1.25	

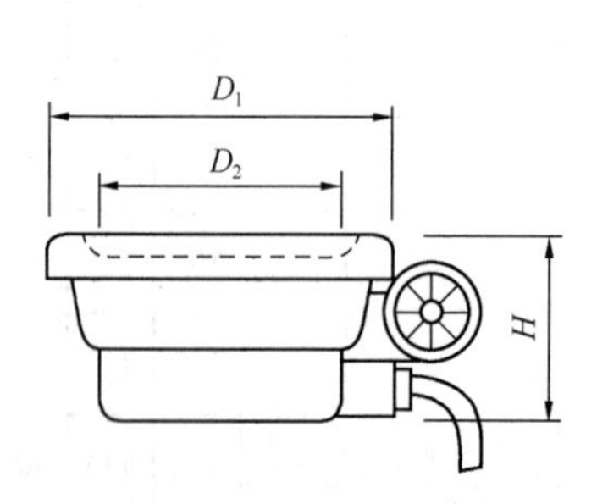

图16-15 YG系列彩色水下灯性能规格及外形尺寸

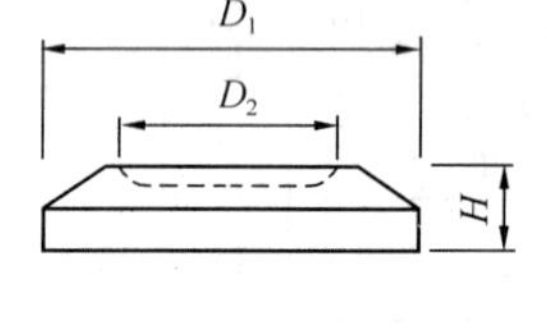

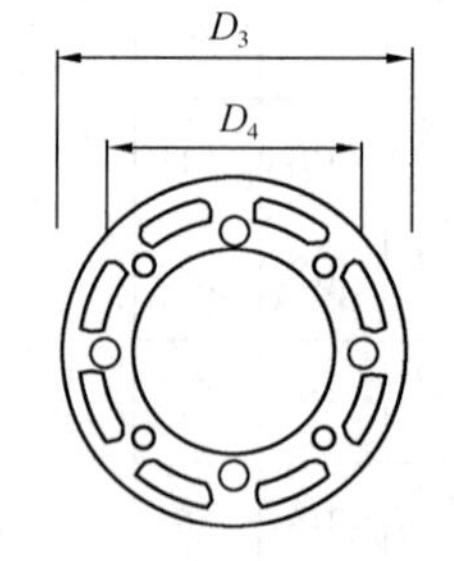

图16-16 YG260B系列彩色壁挂泳池灯外形尺寸

(3) YG165G系列彩色地埋泳池灯

YG165G系列彩色地埋泳池灯性能规格及外形尺寸见表16-44、图16-17。

YG165G 系列彩色地埋泳池灯性能规格及外形尺寸 表 16-44

系列	型号	发光管		发光颜色	可选电压（V）	材质	防护等级IP	外形尺寸（mm）			质量（kg）	主要生产厂商
		直径（mm）	数量（珠）					D_1	D_2	H		
YG165G	SXLED165G-36	5	36	红、黄、绿、蓝、白、七彩（内、外控）	12、24、220	全不锈钢外壳（塑料预埋件），透明平板钢化玻璃嵌入式	68	165	110	125	1.40	重庆源光电子科技有限公司
	SXLED165G-51	5	51					165	110	125	1.40	
	SXLED165G-88	5	88					165	110	125	1.40	
	SXLED165G-36	10	36					165	110	125	1.40	
	SXLED165G-51	10	51					165	110	125	1.40	

16.3.2 HJC 型水下灯具

1. 特性：HJC 型水下灯具以高效节能彩色灯芯为光源，低温、防爆，色彩高亮纯正；专利装卸与接线仓接线方式，独特的密封设计，IP68 的防护等级，确保性能长期稳定；高亮多彩，密封可靠，安装方便快捷，可长期脱水使用。

2. 适用范围：HJC 型水下灯具适用于各种喷泉、水景、溶洞等水上或水下需多彩的光照场所，系喷泉行业、景观溶洞等照明的专用灯具。

3. 组成：HJC 型水下灯具由彩色高亮灯、灯室、外壳、连接固定扣件、密封室、接线仓、进出线孔组成。HJC 型水下灯具结构示意见图 16-18。

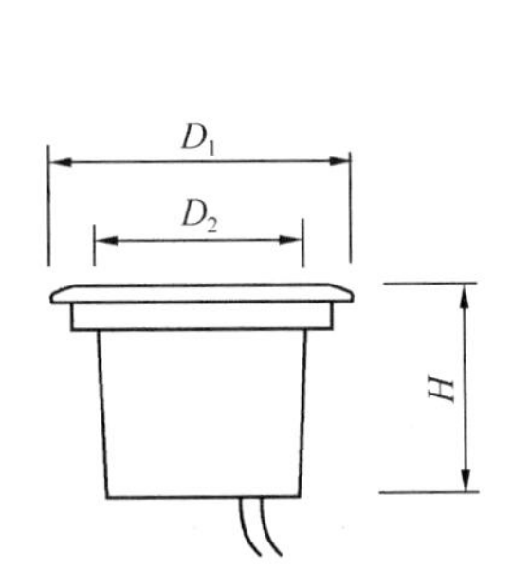

图 16-17 YG165G 系列彩色地埋泳池灯外形尺寸

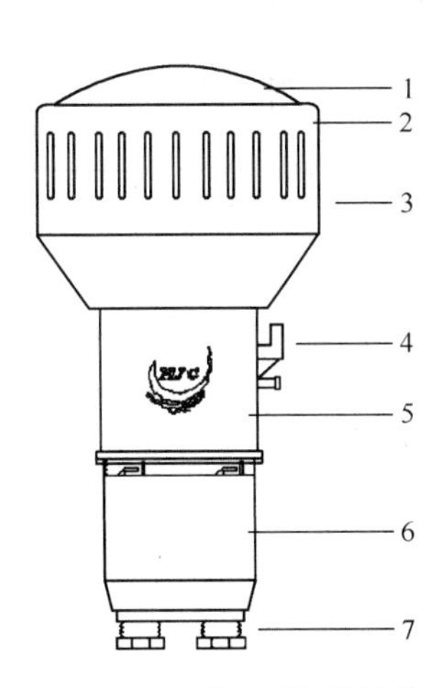

图 16-18 HJC 型水下灯具结构示意
1—彩色高亮灯；2—灯室；3—外壳；4—连接固定扣件；5—密封室；6—接线仓；7—进出线孔

4. 性能规格及外形尺寸：HJC 型水下灯具性能规格及外形尺寸见表 16-45。

HJC 型水下灯具性能规格及外形尺寸　　表 16-45

功率（W）	电压（V）	防水等级 IP	光通量（Lm）	色温偏差（%）	光通量维持率＞（%）	适合环境温度（℃）	最高工作温度≤（℃）	使用寿命＞（h）	映射角≥（°）	色彩种类	外形尺寸（mm）			主要生产厂商
											长度	宽度	高度	
15	AC220/AC24	68	850～950	5	70	－20～50	70	8000	170	红、黄、蓝、绿、白	180	120	185	扬州恒源自来水喷泉设备有限公司

16.4　电　磁　阀

喷泉用电磁阀常用有 NMSV 系列水下喷泉数字电磁阀，ZCST、ZCSTZ 系列水下音乐喷泉电磁阀。

16.4.1　NMSV 系列水下喷泉数字电磁阀

1. 特性：NMSV 系列水下喷泉数字电磁阀系电信号控制设备，线圈及膜片采用特殊材料封装，安全可靠。

2. 适用范围：NMSV 系列水下喷泉数字电磁阀适用于水下喷泉专用电磁阀。

3. 性能规格及外形尺寸：NMSV 系列水下喷泉数字电磁阀性能规格及外形尺寸见表 16-46、图 16-19。

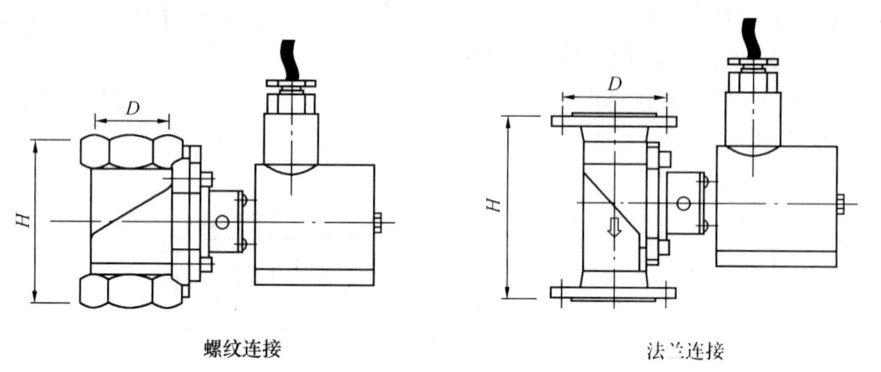

图 16-19　NMSV 系列水下喷泉数字电磁阀外形尺寸

NMSV 系列水下喷泉数字电磁阀性能规格及外形尺寸　　表 16-46

型　号	连接直径 D(in)	高度 H（mm）	适用介质	介质温度（℃）	环境温度（℃）	电压（V）	功率	压差范围（MPa）	运作方式	主要生产厂商
NMSV-15	G 1/2	76	水	0～60	0～60	AC：200、110、48、36 DC：220、110、48、36、24	AC：20W DC：18VA	0.05～0.8	先导式膜片结构	天津大德环境工程有限公司
NMSV-20	G 3/4	80								
NMSV-25	G 1	72								
NMSV-32	G 1～1/4	115								
NMSV-40	G 1～1/2	120								
NMSV-50	G 2	160								
NMSV-65F	法兰	250								
NMSV-80F	法兰	310								
NMSV-100F	法兰	360								
NMSV-125F	法兰	450								
NMSV-150F	法兰	450								

ZCST 系列水下音乐喷泉电磁阀性能规格及外形尺寸

表 16-47

型号	直径(mm)	适用介质	介质温度(℃)	环境温度(℃)	压差范围(MPa)	电压(V)	频率(Hz)	功率	运行方式	安装方式	外形尺寸(mm)			接管口径		主要生产厂商
											长度	宽度	高度	(in)	(T-mm)	
ZCST-15	15	水(无大颗粒介质)	0～60	0～60	0.05～0.8	AC:220、110、48、36、24 DC:48、36、24、12	50	AC:20W DC:18VA	先导式膜片结构	任意(介质流向与电磁阀保持一致)	76	54	100	G 1/2	—	宁波市佳音机电科技有限公司
ZCST-20	20										80	54	130	G 3/4	—	
ZCST-25	25										72	86	148	G 1	—	
ZCST-32	32										115	106	148	G 1¼		
ZCST-40	40										120	106	165	G 1½	—	
ZCST-50	50										160	112	182	G 2	—	
ZCST-65F	65										250	240	265	—	法兰:4-ϕ17.5、ϕ145	
ZCST-80F	80										310	245	285	—	法兰:8-ϕ17.5、ϕ160	
ZCST-100F	100										360	250	300	—	法兰:8-ϕ17.5、ϕ180	
ZCST-125F	125										450	255	405	—	法兰:8-ϕ17.5、ϕ210	
ZCST-150F	150										450	260	405	—	法兰:8-ϕ17.5、ϕ240	

ZCSTZ 系列水下音乐喷泉电磁阀性能规格及外形尺寸

表 16-48

型号	直径(mm)	适用介质	介质温度(℃)	环境温度(℃)	压差范围(MPa)	电压(V)	频率(Hz)	功率	运行方式	安装方式	外形尺寸(mm)			接管口径(in)	主要生产厂商
											长度	宽度	高度		
ZCSTZ-15	15	水	0～60	0～60	0～0.8	AC:220、110、48、36 DC:220、110、48、36、24	50	AC:20W DC:18VA	直动式膜片结构	任意(介质流向与电磁阀保持一致)	76	54	100	G ½	宁波市佳音机电科技有限公司
ZCSTZ-20	20										80	54	130	G ¾	
ZCSTZ-25	25										72	86	148	G 1	
ZCSTZ-32	32										115	106	148	G 1¼	
ZCSTZ-40	40										120	106	165	G 1½	
ZCSTZ-50	50										160	112	182	G 2	

16.4.2　ZCST、ZCSTZ系列水下音乐喷泉电磁阀

1. 特性：ZCST、ZCSTZ系列水下音乐喷泉电磁阀，ZCST系列具有阀内自动放水，过滤功能（确保冰冻杂质下正常动作），采用全封闭型防水线圈与专用的快速接头，使接线更安全、更便捷；ZCSTZ系列是新开发的新一代音乐喷泉电磁阀，在原ZCST系列的功能基础上开发的，更具有零压差开启，开启水形高度一致等特点。

2. 适用范围：ZCST、ZCSTZ系列水下音乐喷泉电磁阀适用各种场所水下喷泉，ZC-STZ系列特别适用于舞台、广场音乐喷泉。

3. 性能规格及外形尺寸：

（1）ZCST系列水下音乐喷泉电磁阀性能规格及外形尺寸见表16-47。

（2）ZCSTZ系列水下音乐喷泉电磁阀性能规格及外形尺寸见表16-48。

16.5　喷　泉　用　泵

喷泉用泵常用有JYPC系列电磁泵，YZHY-SKB系列数控喷泉泵，SJ、FVP系列不锈钢多级喷泉专用泵。

16.5.1　JYPC系列电磁泵

1. 适用范围：JYPC系列电磁泵适用于喷泉水景造型等。

2. 性能规格：JYPC系列电磁泵性能规格见表16-49。

3. 外形与安装尺寸：JYPC系列电磁泵外形与安装尺寸见表16-50、图16-20。

JYPC系列电磁泵性能规格　　表16-49

型号	压力≥(MPa)	功率(W)	流量≥(mL/min)	运动方式	适用介质	介质温度(℃)	环境温度(℃)	电源电压(V)	频率(Hz)	连接方式	工作周期ON/OFF	绝缘等级	主要生产厂商
JYPC-2	0.30	16	70	先导式膜片结构	水	0～60	0～70	AC：100～120、220～240	50、60	竹节式插ϕ5软管	—	—	宁波市佳音机电科技有限公司
JYPC-201	0.20	12	25								—	—	
JYPC-202	0.25	14	40								—	—	
JYPC-203	0.25	16	60								—	—	
JYPC-204	0.25	18	90								—	—	
JYPC-205	0.35	20	100								—	—	
JYPC-206	0.32	22	180								—	—	
JYPC-301	0.55	22	150								—	—	
JYPC-302	0.40	22	200								—	—	
JYPC-303	0.50	24	300								—	—	
JYPC-304	0.30	18	100								—	—	
JYPC-305	0.50	26	350								—	—	
JYPC-306	0.28	26	70								—	—	
JYPC-501	0.75	32	750								—	—	
JYPC-503	1.3	48	600								—	—	
JYPC-503A	1.5	48	550								—	—	

续表

型号	压力≥(MPa)	功率(W)	流量≥(mL/min)	运动方式	适用介质	介质温度(℃)	环境温度(℃)	电源电压(V)	频率(Hz)	连接方式	工作周期ON/OFF	绝缘等级	主要生产厂商
JYPC-506	2.0	48	400	先导式膜片结构	水	0～60	0～70	AC：100～120、220～240	50、60	竹节式插 ϕ5 软管	—	—	宁波市佳音机电科技有限公司
JYPC-507	0.35	26	1300								100%	F	
JYPC-507A	0.38	32	1800								100%	F	
JYPC-508	0.50	48	1200								2/1	F	
JYPC-509	2.9	60	900								2/1	F	
JYPC-510	2.4	60	1100								2/1	F	

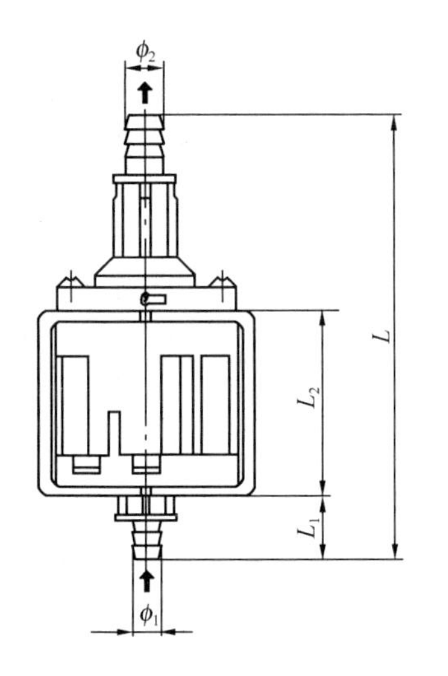

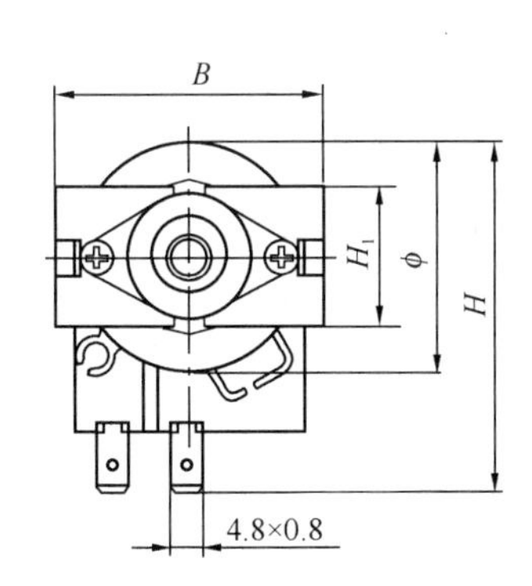

JYPC-2、JYPC-3型

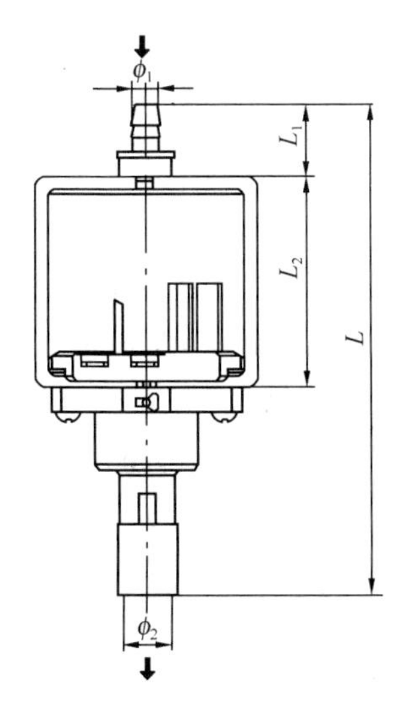

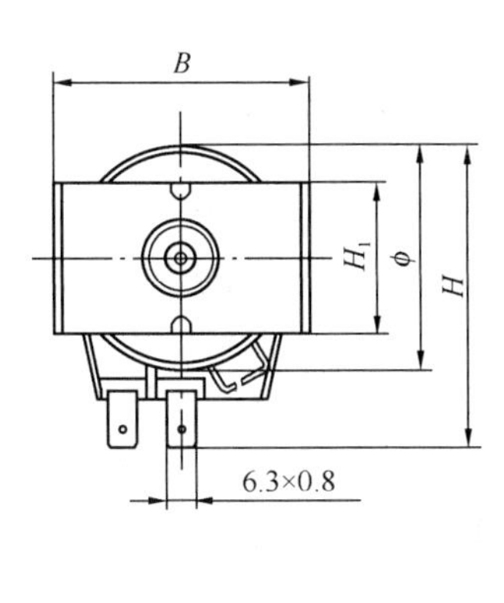

JYPC-5型

图 16-20 JYPC 系列电磁泵外形与安装尺寸

JYPC系列电磁泵外形与安装尺寸　　表16-50

型　号	安装尺寸							外形尺寸（mm）			主要生产厂商
	进口ϕ_1（mm）	出口ϕ_2		L_1（mm）	L_2（mm）	H_1（mm）	ϕ（mm）	L	B	H	
		mm	in								
JYPC-2	5	6.6	—	12	29.5	18	33	77	38	50	宁波市佳音机电科技有限公司
JYPC-201	5	6.6	—	12	29.5	18	33	77	38	50	
JYPC-202	5	6.6	—	12	29.5	18	33	77	38	50	
JYPC-203	5	6.6	—	12	29.5	18	33	77	38	50	
JYPC-204	5	6.6	—	12	29.5	18	33	77	38	50	
JYPC-205	5	6.6	—	12	29.5	18	33	77	38	50	
JYPC-206	5	6.6	—	12	29.5	18	33	77	38	50	
JYPC-301	6.5	6.5	—	17	37	—	39	90	44	56.5	
JYPC-302	6.5	6.5	—	17	37	—	39	90	44	56.5	
JYPC-303	6.5	6.5	—	17	37	—	39	90	44	56.5	
JYPC-304	6.5	6.5	—	17	37	—	39	90	44	56.5	
JYPC-305	6.5	6.5	—	17	37	—	39	90	44	56.5	
JYPC-306	6.5	6.5	—	17	37	—	39	90	44	56.5	
JYPC-501	7	—	1/8	17	51.5	32	47	120	54	64	
JYPC-503	7	—	1/8	17	51.5	32	47	120	54	64	
JYPC-503A	7	—	1/8	17	51.5	32	47	120	54	64	
JYPC-506	7	—	1/8	17	51.5	32	47	120	54	64	
JYPC-507	7	—	1/8	17	51.5	32	47	120	54	64	
JYPC-507A	7	—	1/8	17	51.5	32	47	120	54	64	
JYPC-508	7	—	1/8	17	51.5	32	47	120	54	64	
JYPC-509	7	—	1/8	17	51.5	32	47	120	54	64	
JYPC-510	7	—	1/8	17	51.5	32	47	120	54	64	

16.5.2　YZHY-SKB系列数控喷泉泵

YZHY-SKB系列数控喷泉泵广泛应用于需变频调速的水景场合，是变频器控制水泵的升级换代产品；该装置集水泵功能与数字调速装置为一体。可在90～3000r/min之间稳定变速运行。满足各种控制系统的要求（模拟量、脉冲信号等）。该装置将原有喷泉中变频器、水泵、管道、管件、喷头、调节阀门等器件集为一体，且体积小、精度高。

1. 适用范围：YZHY-SKB系列数控喷泉泵代替原有喷泉中需要变频效果的变频喷水装置，如变频矩阵、变频跑泉等。

2. 组成：YZHY-SKB系列数控喷泉泵由驱动器、外壳、驱动电机、感应装置、水室、喷头接口组成。

3. 性能规格及外形尺寸：YZHY-SKB系列数控喷泉泵性能规格及外形尺寸见表16-51、图16-21。

YZHY-SKB 系列数控喷泉泵性能规格及外形尺寸 表 16-51

型号	功率(kW)	流量(m^3/h)	额定电压(V)	电流(A)	质量(kg)	材质	控制距离≤(m)	转速(r/min)	扬程 H (m)	高度(mm)			宽度(mm)			主要生产厂商
										D_1	D_2	D_3	L_1	L_2	L_3	
YZHY-SKB-8/5	0.750	8	AC:220	1.2	8	不锈钢	350	0～3000	5	250	60	65	130	180	25	扬州恒源自来水喷泉设备有限公司
YZHY-SKB-16/10	1.000	16		2	12				10	300	60	75	150	200	32	
YZHY-SKB-25/15	1.200	25		2.4	15				15	350	65	80	160	220	40	

16.5.3 SJ、FVP 系列不锈钢多级喷泉专用泵

SJ、FVP 系列多级喷泉专用泵由电机和泵体、扬水管、泵座等组成。电缆连接并接通电源后，电机启动，同时驱动电机泵轴和叶轮。

1. 适用范围：SJ、FVP 系列多级喷泉专用泵适用于喷泉、地热温泉。流量范围：0.5～1000m^3/h；扬程范围：5～500m；最大电机功率：400kW；适用不同电压 660、460、380、220V 和频率 50、60Hz。

2. 特性：

(1) 304 不锈钢制造的泵适用于输送含有小量氯化物的冷水，耐腐蚀性较好，也适用于微碱水、脱矿物质水的输送；316 不锈钢和氟橡胶制造的泵适用于腐蚀较强的液体。不会造成二次污染。

图 16-21 YZHY-SKB 系列数控喷泉泵外形尺寸

1—电机、感应装置接线口；2—电机外壳；3—感应装置；4—驱动电机；5—密封件；6—出水口；7—进水口

(2) 电机和水泵垂直连接，机体所占空间小。

(3) 独特的止回阀设计，防止停机时瞬间产生的水锤现象损害电机。

(4) 由于泵体置于水中，因此产生的噪声较低。

(5) 所有的轴承均是水润滑、长方形状轴承通道使得存在的沙粒可以同抽取液体同时排出。入口滤网可以防止超过规定数量的颗粒和大颗粒进入泵体。

3. 型号意义说明：

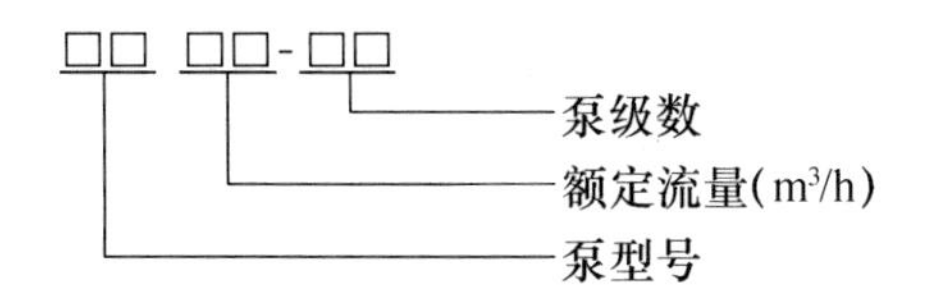

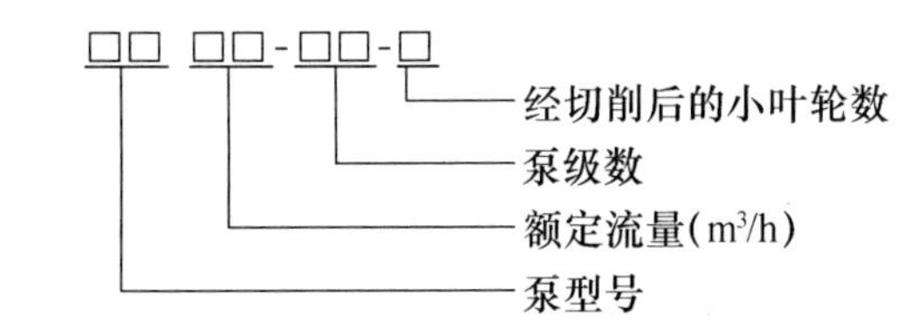

4. 性能规格及外形尺寸：SJ、FVP 系列不锈钢多级喷泉专用泵性能规格及外形尺寸见表 16-52、图 16-22。

SJ、FVP 系列不锈钢多级喷泉专用泵性能规格及外形尺寸 **表 16-52**

型号		配用功率(kW)	流量 Q (m^3/h)									外形尺寸 (mm)(配 4″电机/配 6″电机)				质量(kg)	主要生产厂商
			4	6	8	10	12	14	17	20	22						
			扬程 H (m)									A	B	C	ϕD		
SJ17-1	FVP17-1	0.55	10.5	10	9.5	9	8.5	8	6.5	5	4	708	380	328	96	17	南方泵业股份有限公司(生产 SJ 系列)、尤孚泵业(南京)有限公司(生产 FVP 系列)
SJ17-2	FVP17-2	1.1	20.5	20	19.5	19	18	16	13.5	10.5	8	828	440	388	96	21	
SJ17-3	FVP17-3	2.2	31	30	29.5	28.5	27	24.5	20.5	16	13	959	510	449	96	28	
SJ17-4	FVP17-4	3.0	41	40	39.5	38	36.5	33.5	28	22	18	1019	510	509	96	29	
SJ17-5	FVP17-5	3.0	52	51	50	48	45	42	35	28	23	1190	620	570	96	32	
SJ17-6	FVP17-6	4.0	62	61	60	58	55	51	42	34	27	1380	750	630	96、143	35、41	
SJ17-7	FVP17-7	5.0	73	71	70	67	64	59	49	40	31	1441	750	691	96、143	36/42	
SJ17-8	FVP17-8	5.5	83	81	80	77	73	67	57	45	36	1591	840	751	96、143	41、49	
SJ17-9	FVP17-9	5.5	93	91	90	87	82	76	64	52	40	1652	840	812	96、143	42、50	
SJ17-10	FVP17-10	5.5	103	101	100	97	91	85	72	58	45	1712	840	872	96、143	43、51	
SJ17-11	FVP17-11	7.5	113	111	109	106	100	94	79	64	50	1853	920	933	96、143	49、60	
SJ17-12	FVP17-12	7.5	123	121	119	115	109	102	87	70	55	1913	920	993	96、143	50、61	
SJ17-13	FVP17-13	7.5	133	131	129	125	118	111	95	75	60	1974	920	1054	96、143	51、62	
SJ17-14	FVP17-14	9.2	143	141	139	134	128	119	102	81	65	2000	870	1130	143	75	
SJ17-15	FVP17-15	9.2	153	151	148	144	137	128	109	87	70	2061	870	1191	143	76	
SJ17-16	FVP17-16	9.2	163	161	158	154	146	136	116	92	75	2121	870	1251	143	77	
SJ17-17	FVP17-17	9.2	173	171	167	163	155	145	123	98	79	2182	870	1312	143	78	
SJ17-18	FVP17-18	11	184	181	177	173	164	154	130	104	84	2292	920	1372	143	85	
SJ17-19	FVP17-19	11	194	191	187	182	174	162	138	110	89	2353	920	1433	143	86	
SJ17-20	FVP17-20	11	204	201	197	192	184	171	145	116	94	2413	920	1493	143	87	
SJ17-21	FVP17-21	13	214	211	207	202	193	180	152	121	99	2534	980	1554	143	95	
SJ17-22	FVP17-22	13	224	221	217	211	202	188	160	127	104	2594	980	1614	143	96	
SJ17-23	FVP17-23	13	235	231	227	221	211	198	167	133	109	2655	980	1675	143	98	
SJ17-24	FVP17-24	13	245	241	236	230	220	205	174	139	113	2715	980	1735	143	99	
SJ17-25	FVP17-25	15	255	251	246	240	229	213	181	145	118	2826	1030	1796	143	106	
SJ17-26	FVP17-26	15	265	261	256	250	238	222	189	150	122	2886	1030	1856	143	107	

续表

型号		配用功率(kW)	流量 Q (m³/h)											外形尺寸(mm)(配4″电机/配6″电机)				质量(kg)	主要生产厂商
			5	8	12	16	20	24	28	30	32	36	38						
			扬程 H (m)											A	B	C	ϕD		
SJ30-1	FVP30-1	1.1	11.5	11	10.5	10	9.5	9	8	7.5	7	5.5	4.5	802	440	362	96	20	南方泵业股份有限公司(生产SJ系列)、尤孚泵业(南京)有限公司(生产FVP系列)
SJ30-2	FVP30-2	2.2	22.5	22	21	20	19	17.5	16	15	14	10.5	9	968	510	458	96	28	
SJ30-3	FVP30-3	3.0	33.5	33	32	30	28	26	24	22	20	16	14	1174	620	554	96	31	
SJ30-4	FVP30-4	4.0	44.5	44	42	40	37	35	32	29	27	21	18	1400	750	650	96、143	35、41	
SJ30-5	FVP30-5	5.5	55.5	55	53	50	47	44	40	37	34	27	23	1586	840	746	96、143	40、48	
SJ30-6	FVP30-6	5.5	67	66	63	60	56	52	48	44	41	32	27	1682	840	842	96、143	42、50	
SJ30-7	FVP30-7	7.5	77	76	74	70	65	61	55	52	48	37	32	1858	920	938	96、143	49、60	
SJ30-8	FVP30-8	7.5	89	87	84	80	75	70	63	59	54	43	36	1954	920	1034	96、143	51、61	
SJ30-9	FVP30-9	9.2	101	98	95	90	84	78	71	66	61	48	41	2016	870	1146	143	75	
SJ30-10	FVP30-10	9.2	112	109	105	100	93	87	79	74	68	53	45	2112	870	1242	143	77	
SJ30-11	FVP30-11	9.2	123	120	116	110	103	96	87	81	75	59	50	2208	870	1338	143	79	
SJ30-12	FVP30-12	11	134	131	126	120	112	105	95	88	82	64	54	2354	920	1434	143	85	
SJ30-13	FVP30-13	11	145	142	137	129	121	113	103	96	88	69	59	2450	920	1530	143	87	
SJ30-14	FVP30-14	13	157	153	147	139	130	122	111	103	95	74	63	2606	980	1626	143	96	
SJ30-15	FVP30-15	13	168	164	158	149	140	131	119	110	102	80	68	2702	980	1722	143	98	
SJ30-16	FVP30-16	15	180	175	168	159	149	140	127	118	109	85	72	2848	1030	1818	143	106	
SJ30-17	FVP30-17	15	190	186	179	169	158	148	135	125	116	90	77	2944	1030	1914	143	108	
SJ30-18	FVP30-18	18.5	201	197	189	179	168	157	143	132	122	96	81	3100	1090	2010	143	117	
SJ30-19	FVP30-19	18.5	212	207	200	189	177	166	150	140	129	101	86	3196	1090	2106	143	119	
SJ30-20	FVP30-20	18.5	223	218	210	199	186	174	158	147	136	106	90	3292	1090	2202	143	120	
SJ30-21	FVP30-21	18.5	235	229	221	209	196	183	166	155	143	112	95	3388	1090	2298	143	122	
SJ30-22	FVP30-22	22	246	240	231	219	205	192	174	162	150	117	99	3554	1160	2394	143	138	
SJ30-23	FVP30-23	22	258	251	242	229	214	201	182	169	156	122	104	3650	1160	2490	143	140	
SJ30-24	FVP30-24	22	269	262	252	239	224	209	190	177	163	128	108	3746	1160	2586	143	142	
SJ30-25	FVP30-25	22	281	273	263	249	233	218	198	184	170	133	113	3842	1160	2682	143	144	

续表

型号		配用功率(kW)	流量 Q (m^3/h)								外形尺寸 (mm)（配4″电机/配6″电机）				质量(kg)	主要生产厂商
			5	10	20	30	40	42	50	60	A	B	C	ϕD		
			扬程 H (m)													
SJ42-1	FVP50-1	2.2	13	12.5	12	10.5	9	8.5	7	4	888	510	378	96	29	南方泵业股份有限公司（生产SJ系列）、尤孚泵业（南京）有限公司（生产FVP系列）
SJ42-2	FVP50-2	3.0	26	25.5	34	21.5	18.5	17	14.5	8.5	1111	620	491	96	33	
SJ42-3	FVP50-3	5.5	40	38.5	36	32.5	28	26.5	22	13	1444	840	604	96、143	40、48	
SJ42-4	FVP50-4	7.5	53	52	49	43	37	36	29	18	1637	920	717	96、143	47、58	
SJ42-5	FVP50-5	7.5	66	65	61	54	47	45	38	23	1750	920	830	96、143	49、60	
SJ42-6	FVP50-6	9.2	79	78	74	66	57	54	45	28	1829	870	959	143	73	
SJ42-7	FVP50-7	11	92	91	86	77	66	63	52	32	1992	920	1072	143	80	
SJ42-8	FVP50-8	13	105	104	98	87	75	72	58	36	2165	980	1185	143	89	
SJ42-9	FVP50-9	15	118	117	110	97	84	80	65	40	2328	1030	1298	143	97	
SJ42-10	FVP50-10	15	132	130	122	108	93	89	72	45	2441	1030	1298	143	100	
SJ42-11	FVP50-11	18.5	144	142	134	119	103	98	79	49	2614	1090	1411	143	109	
SJ42-12	FVP50-12	18.5	157	155	146	130	112	107	87	54	2727	1090	1524	143	111	
SJ42-13	FVP50-13	22	170	168	158	141	122	116	94	58	2910	1160	1750	143	127	
SJ42-14	FVP50-14	22	183	181	160	152	131	125	102	63	3023	1160	1863	143	129	
SJ42-15	FVP50-15	22	196	194	182	163	140	134	109	67	3136	1160	1976	143	131	
SJ42-16	FVP50-16	25	209	207	194	174	150	143	116	72	3319	1230	2089	143	145	
SJ42-17	FVP50-17	25	222	220	206	184	159	152	123	77	3432	1230	2202	143	147	
SJ42-18	FVP50-18	30	235	233	218	195	168	161	131	81	3645	1330	2315	143	162	
SJ42-19	FVP50-19	30	248	246	231	206	178	170	138	86	3758	1330	2428	143	164	
SJ42-20	FVP50-20	30	261	259	243	217	187	179	145	90	3871	1330	2541	143	167	
SJ42-21	FVP50-21	37	274	271	255	228	196	188	152	95	4224	1570	2654	143	192	
SJ42-22	FVP50-22	37	287	283	267	238	205	197	160	99	4337	1570	2767	143	194	

续表

型号		配用功率(kW)	流量 Q (m^3/h)								外形尺寸(mm)(配4″电机/配6″电机)				质量(kg)	主要生产厂商
			10	20	30	40	50	65	70	75						
			扬程 H (m)								A	B	C	ϕD		
SJ60-1	FVP60-1	2.2	12.5	12	10.5	8.5	7	7	4	—	878	510	368	96	30	南方泵业股份有限公司(生产SJ系列)、尤孚泵业(南京)有限公司(生产FVP系列)
SJ60-2-2	FVP60-2-2	3.0	21	20	18	15.5	13	10.5	6.5	4	1101	620	481	96	33	
SJ60-2	FVP60-2	4.0	26	24.5	22	19	16.5	12.5	9	6	1231	750	481	96、143	35、41	
SJ60-3	FVP60-3	5.5	40	37	34	29	25	20	14	10	1434	840	594	96、143	41、49	
SJ60-4	FVP60-4	7.5	54	51	46	40	35	29	21	17	1627	920	707	96、143	48、59	
SJ60-5	FVP60-5	9.2	68	65	59	51	45	37	28	21	1690	870	820	143	72	
SJ60-6	FVP60-6	11	82	79	72	62	54	45	34	26	1869	920	949	143	78	
SJ60-7	FVP60-7	13	96	92	84	73	63	53	39	30	2042	980	1062	143	87	
SJ60-8-2	FVP60-8-2	13	103	99	89	78	67	56	41	31	2155	980	1175	143	88	
SJ60-8	FVP60-8	15	110	105	96	84	73	61	45	35	2205	1030	1175	143	96	
SJ60-9-2	FVP60-9-2	15	117	112	102	89	77	64	47	36	2318	1030	1288	143	97	
SJ60-9	FVP60-9	18.5	124	121	110	96	85	69	52	40	2378	1090	1288	143	105	
SJ60-10	FVP60-10	18.5	137	132	121	106	93	77	58	45	2491	1090	1401	143	107	
SJ60-11	FVP60-11	22	152	145	133	117	102	85	64	50	2674	1160	1514	143	123	
SJ60-12	FVP60-12	22	165	158	145	127	110	93	70	54	2787	1160	1627	143	125	
SJ60-13	FVP60-13	22	181	172	157	139	120	100	75	59	2900	1160	1740	143	127	
SJ60-14	FVP60-14	25	194	185	168	148	128	106	80	63	3083	1230	1853	143	141	
SJ60-15	FVP60-15	25	207	198	180	159	138	114	85	68	3196	1230	1966	143	143	
SJ60-16	FVP60-16	30	222	212	192	170	147	122	91	72	3409	1330	2079	143	158	
SJ60-17	FVP60-17	30	235	224	204	181	157	130	98	77	3522	1330	2192	143	160	
SJ60-18	FVP60-18	30	251	240	219	194	168	140	105	84	3635	1330	2305	143	162	
SJ60-19	FVP60-19	37	264	253	231	204	178	148	112	89	3988	1570	2418	143	188	
SJ60-20	FVP60-20	37	277	265	242	214	186	155	118	94	4101	1570	2351	143	190	
SJ60-21	FVP60-21	37	291	278	255	226	196	163	123	98	4214	1570	2644	143	191	

续表

型号		配用功率(kW)	流量Q(m³/h)									外形尺寸(mm)(配4″电机/配6″电机)				质量(kg)	主要生产厂商
			30	40	50	60	70	75	80	90	100	A	B	C	ϕD		
			扬程H(m)														
SJ75-1	FVP80-1	4	18	17	15.5	14.5	13	12	11	9	5.5	1268	780	488	143	56	南方泵业股份有限公司(生产SJ系列)、尤孚泵业(南京)有限公司(生产FVP系列)
SJ75-2	FVP80-2	7.5	36.5	34.5	32	30	27	25	23	19	12.5	1424、1411	810、780	614、631	143、184	78、97	
SJ75-3	FVP80-3	11	54.5	52.5	49	45	41	38	35.5	29	21.5	1660、1577	920、820	740、757	143、184	92、116	
SJ75-4	FVP80-4	15	73.5	71	66.5	61	55.5	52	48	40	30	1896、1743	1030、860	866、883	143、184	110、134	
SJ75-5	FVP80-5	18.5	92	89	83	76	70	65	60.5	51	38	2082、1899	1090、890	992、1009	143、184	122、152	
SJ75-6	FVP80-6	22	111	107	100	91	84	79	73	62	47	2278、2075	1160、940	1118、1135	143、184	141、178	
SJ75-7	FVP80-7	30	130	125	118	107	98	93	87	73	56	2574、2311	1330、1050	1244、1261	143、184	171、211	
SJ75-8	FVP80-8	30	148	143	135	124	113	107	101	85	65	2700、2437	1330、1050	1370、1387	143、184	176、216	
SJ75-9	FVP80-9	37	167	161	152	140	128	121	114	96	74	3066、2663	1570、1150	1496、1513	143、184	204、233	
SJ75-10	FVP80-10	37	185	178	169	157	143	135	127	107	83	3192、2789	1570、1150	1622、1639	143、184	209、238	
SJ75-11	FVP80-11	45	203	196	185	172	158	148	139	118	92	3005	1240	1765	184	256	
SJ75-12	FVP80-12	45	222	214	202	188	172	162	152	129	100	3131	1240	1891	184	261	
SJ75-13	FVP80-13	55	241	232	220	204	186	175	164	139	108	3387	1370	2017	184	279	
SJ75-14	FVP80-14	55	262	251	238	220	200	188	176	149	116	3513	1370	2143	184	285	
SJ75-15	FVP80-15	55	283	271	256	236	214	201	188	159	124	3639	1370	2269	184	290	
SJ75-16	FVP80-16	63	303	291	274	253	229	215	202	169	133	3885	1490	2395	192	309	
SJ75-17	FVP80-17	63	323	310	292	270	245	229	215	179	142	4011	1490	2521	192	315	
SJ75-18	FVP80-18	75	342	329	309	286	259	243	228	190	150	4187	1540	2647	192	341	
SJ75-19	FVP80-19	75	361	347	327	302	274	257	241	201	158	4313	1540	2773	192	346	
SJ75-20	FVP80-20	75	381	366	345	318	288	271	254	212	167	4439	1540	2899	192	351	

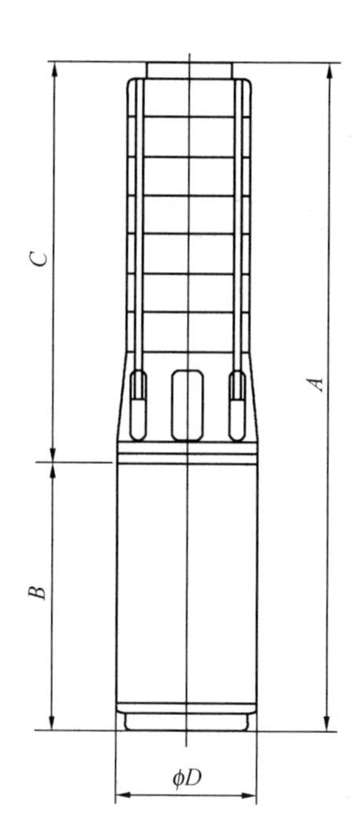

图 16-22 SJ、FVP 系列不锈钢多级喷泉专用泵外形尺寸

17 消防设备与器材

消防设备与器材常用有消火栓及配套设施、大空间灭火装置、气体消防灭火装置、超细干粉灭火装置、高压细水雾灭火装置、消防水泵、成套消防给水设备、消防车、优贝自动分散型灭火装置和新型玻璃球感温元件等。

17.1 消火栓及配套设施

消火栓及配套设施常用有室外消火栓、室内消火栓和消防水枪等。

17.1.1 室外消火栓

室外消火栓是城镇街道、建筑小区、工矿企业、仓库、机关、学校、医院等市政或室外给水管网上的消防给水设施。按其安装形式可分为地上式和地下式两种。地上式消火栓的上部露于地面，一般用于广大温带地区；地下式消火栓安装在地下井室内，一般用于北方寒冷地区。常见的室外消火栓进水口连接形式有承插式和法兰式两种。工作压力为1.0MPa的室外消火栓采用承插式连接，工作压力为1.6MPa的室外消火栓采用法兰式连接。室外消火栓进水口的公称直径有100mm和150mm两种，其中150mm规格的室外消火栓不常使用，需采用时，应先征得当地消防部门的同意。

1. 室外消火栓表示方法

（1）地上式室外消火栓型号意义说明

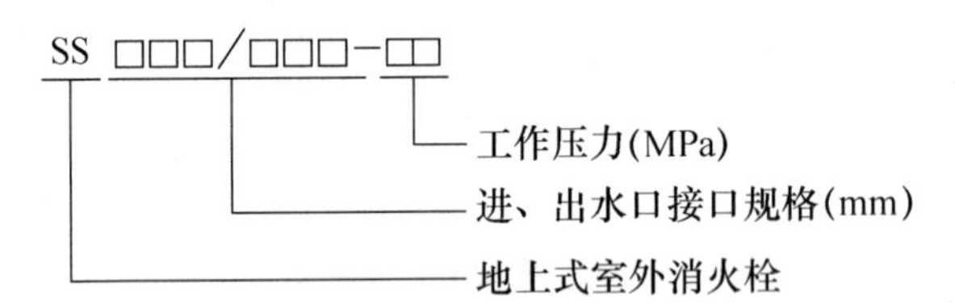

（2）地下式室外消火栓型号意义说明

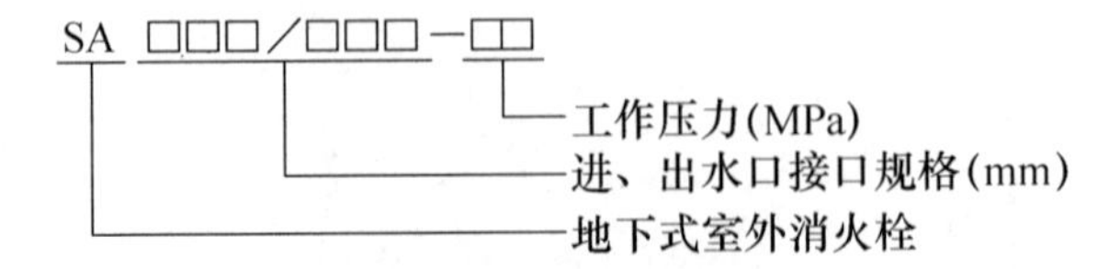

（3）防盗防撞型地上式室外消火栓型号意义说明

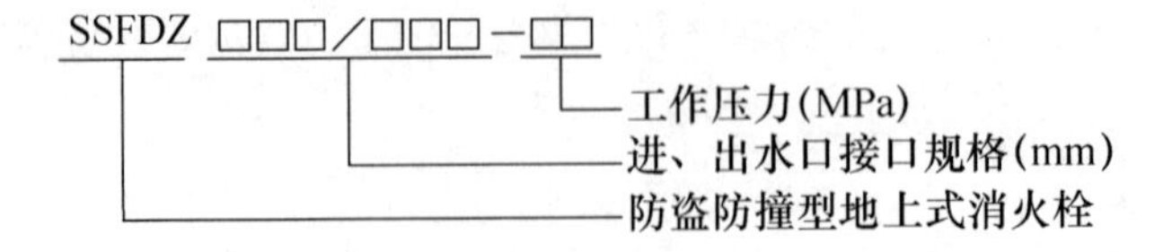

2. 防盗防撞式室外消火栓

（1）适用范围：防盗防撞式室外消火栓适用于城市道路和工矿企事业的消防水系统，尤其是城市道路的使用，该栓顶帽周边加贴工程级反光膜（3M产品），可于夜间反光识别，消火栓地上部分喷涂防紫外线大红漆。顶帽、大小出水口采用防盗工艺，即在500kg・m扭矩作用下，左右旋都无法旋出，且无专用钥匙无法取水。顶帽、大小出水口盖采用特种材料，强度和密封性能好，如被盗后无法回用。消火栓壳体采用高强度球墨铸铁，栓体与阀体之间设安全螺栓，主阀结构采用上提式倒密封自动装置，防止管道脏物破坏密封性能。如被撞损后，主阀自动关闭不跑水，维修时只需更换安全螺栓即可重新使用。

（2）结构示意：防盗防撞型地上式室外消火栓结构示意见图17-1。

（3）性能规格及外形尺寸：防盗防撞型地上式室外消火栓性能规格及外形尺寸见表17-1。

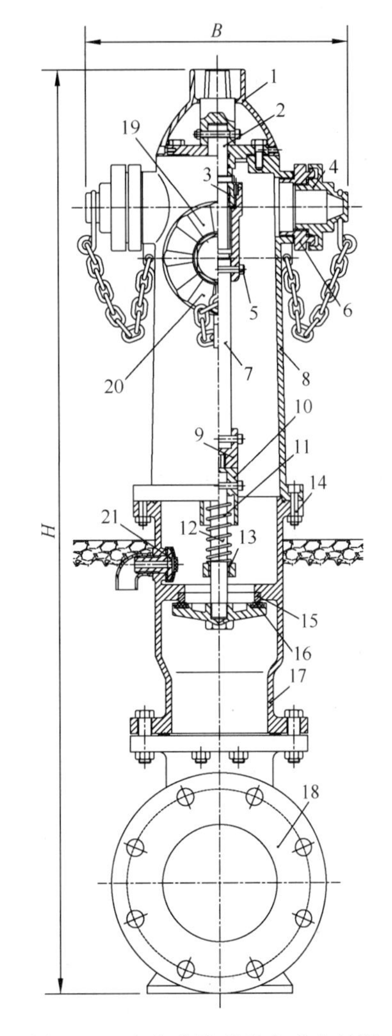

图17-1 防盗防撞型地上式室外消火栓结构示意

1—顶帽；2—阀杆；3—阀杆螺母；4—*DN*65出水口盖；5—连接销钉；6—*DN*65出水口；7—导管；8—栓体；9—上连接头；10—下连接头；11—弹簧；12—导杆；13—导套；14—安全螺栓；15—阀座；16—阀瓣；17—阀体；18—进水口管；19—*DN*100出水口盖；20—*DN*100出水口；21—自动泄水装置

17.1.2 室内消火栓

室内消火栓是高层和大型建筑、工厂、仓库、船舶及其他公共场所必备的固定消防设施。根据结构型式可分为普通室内消火栓、减压稳压型室内消火栓、旋转型室内消火栓、旋转减压稳压型室内消火栓及应急照明消火栓箱等。室内消火栓主要由启动栓体、底座、栓盖、调节杆、阀瓣、阀座、手轮、密封垫及一些特定功能组件等组成。

17.1.2.1 减压稳压型室内消火栓、旋转型室内消火栓、旋转减压稳压型室内消火栓

1. 适用范围：减压稳压型室内消火栓适用于需要减压的消火栓系统，结构示意见图17-2；旋转型室内消火栓适用于超薄栓箱的消火栓系统，结构示意见图17-3；旋转减压稳压型室内消火栓适用于超薄栓箱且需要减压的消火栓系统，结构示意见图17-4。

2. 性能规格：减压稳压型室内消火栓、旋转型室内消火栓、旋转减压稳压型室内消火栓性能规格见表17-2。

防盗防撞型地上式室外消火栓规格及外形尺寸 **表 17-1**

型 号	公称压力(MPa)	进水口			出水口			外形尺寸（mm）			质量(kg)	主要生产厂商
		连接方式	直径(mm)	数量(个)	连接方式	直径(mm)	数量(个)	高度 H	宽度 B	厚度		
SSFDZ100/65-1.0 （进水口 DN100）	1.0	承插式	100	1	内扣式 外螺纹式	65 100	2 1	1145	345	280	59.5	上海管威消防设备系统有限公司
SSFDZ100/65-1.0 （进水口 DN150）	1.0	承插式	100	1	内扣式 外螺纹式	65 100	2 1	1170	345	360	68.0	
SSFDZ100/65-1.6 （进水口 DN100）	1.6	法兰式	150	1	内扣式 外螺纹式	65 100	2 1	1150	345	260	60.5	
SSFDZ100/65-1.6 （进水口 DN150）	1.6	法兰式	150	1	内扣式 外螺纹式	65 100	2 1	1190	345	310	66.5	

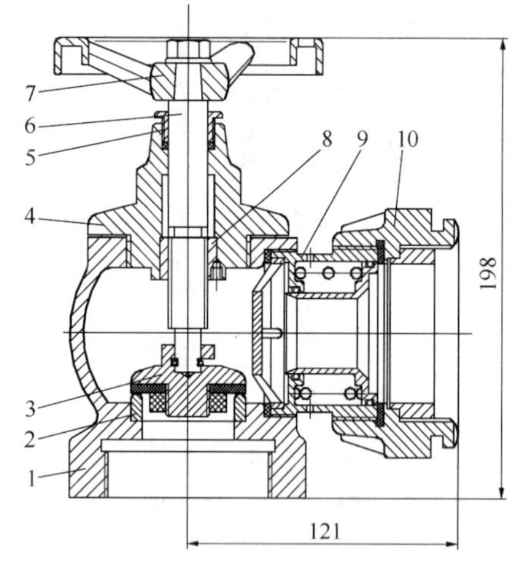

图 17-2 减压稳压型室内消火栓结构示意

1—栓体；2—阀座；3—阀瓣；4—阀盖；5—旋塞；6—螺杆；7—手轮；8—螺杆螺母；9—减压稳压装置；10—管牙接口

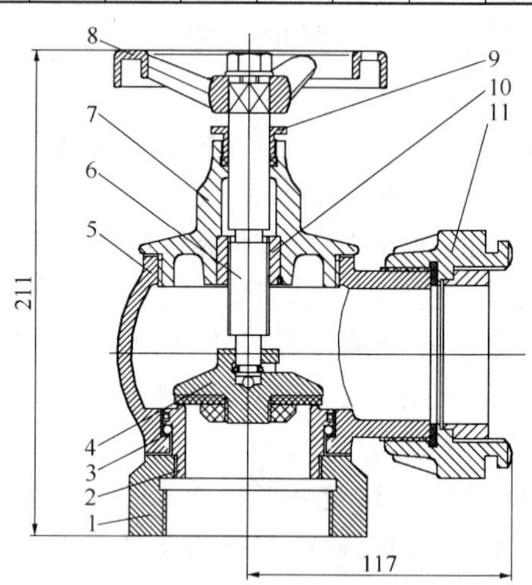

图 17-3 旋转型室内消火栓结构示意

1—底座；2—阀座；3—不锈钢钢碗；4—阀瓣；5—栓体；6—螺杆；7—阀盖；8—手轮；9—旋塞；10—螺杆螺母；11—管牙接口

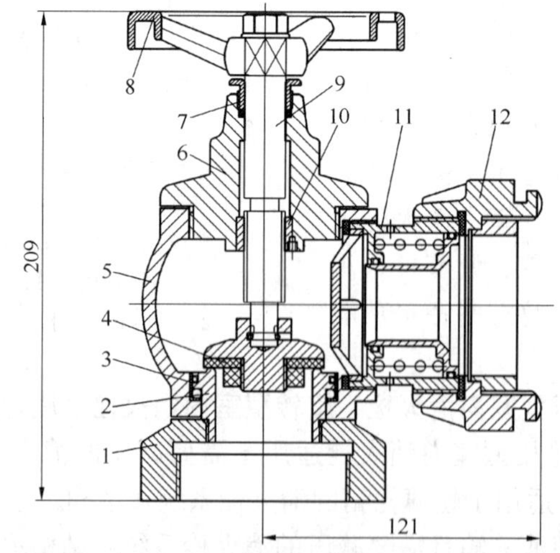

图 17-4 旋转减压稳压型室内消火栓结构示意

1—底座；2—阀座；3—不锈钢钢碗；4—阀瓣；5—栓体；6—阀盖；7—旋塞；8—手轮；9—螺杆；10—螺杆螺母；11—减压稳压装置；12—管牙接口

减压稳压型室内消火栓、旋转型室内消火栓、旋转减压稳压型室内消火栓性能规格 表 17-2

型号	公称直径 DN (mm)	工作压力 PN (MPa)	适用介质	进水口压力 (MPa)	进水口压力 (MPa)	旋转性能	压力损失 (MPa)	流量 $Q\geqslant$ (L/s)	主要生产厂商
SNW65-Ⅲ-H 减压稳压型室内消火栓	65	1.6	水、泡沫混合液	0.4～1.6	0.25～0.35	—	—	5	北京海淀普惠机电技术开发公司
SNZ65-H 旋转型室内消火栓				—	—	阀体能360°旋转，最大旋转力矩不超过10N·m	进口流速为2.5m/s条件下，压力损失不超过0.02		
SNZW65-Ⅲ-H 旋转减压稳压型室内消火栓				0.4～1.6	0.25～0.35				

17.1.2.2 应急照明消火栓箱

1. 特点：应急照明消火栓箱是在常规消火栓箱的基础上，增设了应急照明部件。在阴暗天气、夜间等条件下，便于灭火人员及时发现消火栓箱的方位，同时在取用灭火器材时，操作方便、失误率小，能赢得灭火时间。

2. 性能规格及外形尺寸：应急照明消火栓箱性能规格见表 17-3，其外形尺寸见图 17-5。

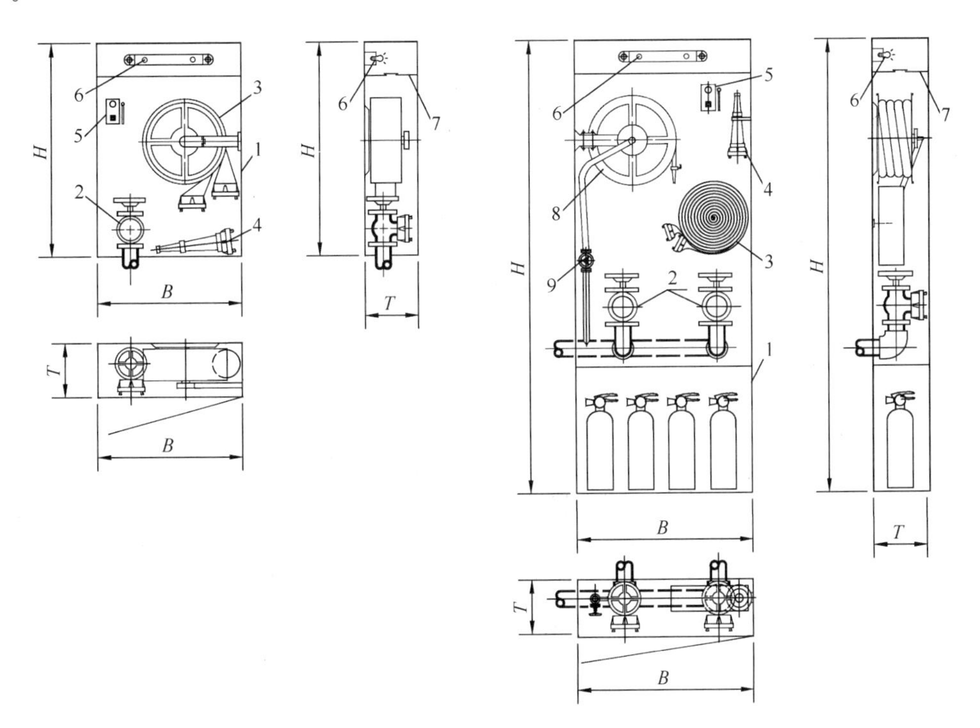

图 17-5 应急照明消火栓箱外形尺寸

1—消火栓箱；2—消火栓；3—消防水带；4—消防水枪；5—消防按钮；6—应急照明灯；7—防水透光栅；8—消防软管卷盘；9—阀门

应急照明消火栓箱性能规格及外形尺寸　表 17-3

型　号	外形尺寸（mm）			消火栓口规格		电源（V）	配件	主要生产厂商
	H	*B*	*T*	公称直径 *DN*（mm）	数量（个）			
SGY24A65-P	950	650	240	65（50）	1	AC220 或 DC24	灯 2×6W，水带可配 20m、25m 规格	富阳永明消防设备厂
SGY24B65-P	1150	730	240		2			
SGY24C65-P	1200	750	240		2			
SGY24B65-PS	1000	850	240		2			
SGY24B65Z-J	1150	730	240		1			
SGY24C65Z-P	1250	750	240		2			
SGY24E65(50)-J(单栓)	950	650	240		1			
SGY24E65(50)-P(单栓)	950	650	240		1			
SGY24E65(50)-J(双栓)	1150	700	240		2			
SGY24E65(50)-P(双栓)	1350	750	240		2			
SGY24D65(50)-P	1700	700	240		1			
SGY24D65(50)-J	1900	750	240		2			
SGY24D65Z-J(单栓)	1900	750	240		1			
SGY24D65Z-J(双栓)	2000	750	240		2			

注：括号内对应 *DN*50 消火栓口规格。

17.1.3　消防水枪

消防水枪是由单人或多人操作和携带的以水作为灭火剂的喷射管枪，通常由接口、枪体、开关和喷雾或能形成不同形式射流的部件组成。有关消防水枪的标准见《消防水枪》GB 8181。按消防水枪的工作压力可分为低压水枪（0.2～1.6MPa）、中压水枪（1.6～2.5MPa）、高压水枪（2.5～4.0MPa），根据消防水枪喷射的灭火水流形式可分为直流水枪、喷雾水枪、直流喷雾水枪、多用水枪等，按消防水枪操作时后座力的大小可分为普通消防水枪和无后座力消防水枪等。

无后座力消防水枪

1. 无后座力消防水枪的特点、适用范围：无后座力消防水枪反作用力小，操作方便，可以根据灭火需要调节射流状态，适于建筑消防和其他消防扑救。如直流喷雾水枪还可通过旋转枪头防护套实现直流水柱、开花、雾状水流等多种喷射方式。呈直流水柱时可强化水流的冲击强度，有利于灭火；呈伞形状时能吸收热量和吸附烟尘，防止热辐射并且能给消防人员送去新鲜空气从而保护消防人员的人身安全。无后座力消防水枪适用范围见表 17-4。

无后座力水枪消防水枪适用范围　表 17-4

适 用 场 所	不 适 用 场 所
1. 未采取减压措施的消防给水系统或稳高压消防给水系统及本单位配备和建筑物室内消火栓箱内配置； 2. 火灾物体表面冷却； 3. 隔离热辐射和吸附烟尘	1. 油液而引起的火灾； 2. 未切断高压电源的火灾

2. 无后座力消防水枪的组成：无后座力消防水枪由反射块、枪头外套、延伸管、枪体、接口等部件组成，主要采用铝合金制造，表面进行阳极氧化、环氧树脂涂层防腐处理。

3. 无后座力消防水枪的性能规格及外形尺寸：无后座力消防水枪性能规格见表 17-5，其外形尺寸见图 17-6。

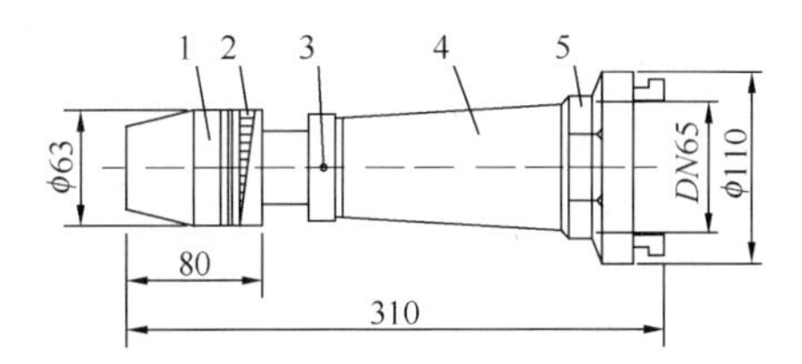

图 17-6 无后座力消防水枪外形尺寸
1—喷头；2—流态调节器；3—指示点；4—枪身；5—固定接口

无后座力消防水枪性能规格 **表 17-5**

型 号	栓前压力（MPa）	流量（L/s）	灭火时喷雾角度（°）	水枪反作用力（kg）	有效射程（m）		自重（kg）	主要生产厂商
					直流状态	喷雾状态		
QLD6.0/8ⅡE	0.3	5.25	30～50	0	23	18	1.3	浙江海宁市万里达消防器材有限责任公司
	0.4	5.60		0	25	18		
	0.5	6.10		0.5	28	20		
	0.6	7.00		0.5	32.5	20		
	0.7	7.50		1.0	34	23		
	0.8	8.00		1.0	35.5	23		
	0.9	8.30		2.0	36	23		
	1.0	8.80		2.5	37	24		
	1.1	9.10		2.5	37.5	24		
	1.2	9.50		3.0	39	24		

17.2 大空间灭火装置

大空间灭火装置常用有自动消防炮灭火装置、微型自动扫描灭火装置和旋转大水滴灭火装置。

17.2.1 自动消防炮灭火装置

1. 适用范围：自动消防炮灭火装置是电气控制喷射灭火设备，可喷射水或水成膜泡沫液。其布置数量不应少于 2 门，布置高度应保证消防炮的射流不受阻挡，并应保证 2 门消防炮的水流能够同时到达被保护区域的任一部位。自动消防炮灭火装置适用范围见表 17-6。

自动消防炮灭火系统适用范围 **表 17-6**

适 用 场 所	不 适 用 场 所
1. 新建、扩建、改建的民用建筑：如体育馆、展览中心、大型剧院、大会堂、航站楼、候车厅、建筑物的中庭等； 2. 新建、扩建、改建的工业建筑：飞机库、动车库、大型生产厂房、库房等； 3. 建筑物净高度大于 8m 的场所； 4. 灭火人员难以接近或者接近后难以撤离的场所； 5. 火灾蔓延面积较大，且损失严重的场所； 6. 使用性质重要和火灾危险性大的场所； 7. 燃烧猛烈，产生强烈热辐射的场所； 8. 有大量有毒气体产生或有爆炸危险性的场所	1. 遇水发生爆炸或加速燃烧的物品； 2. 遇水发生剧烈化学反应或产生有毒有害物质的物品； 3. 洒水将导致喷溅或者沸溢的液体； 4. 带电设备

2. 组成：自动消防炮灭火装置主要由图像型火灾探测器、火灾报警管理主机、消防炮、电动阀、水流指示器、检修阀、末端试水装置、定位器、解码器、炮控制器、现场手动控制盘、硬盘录像机及相关控制装置等组成。在火灾发生时，它能够自动定位火灾部位并实施自动喷水灭火。其具有以下三种灭火方式：自动灭火、远程手动灭火、现场手动灭火。自动消防炮灭火装置安装示意见图 17-7。

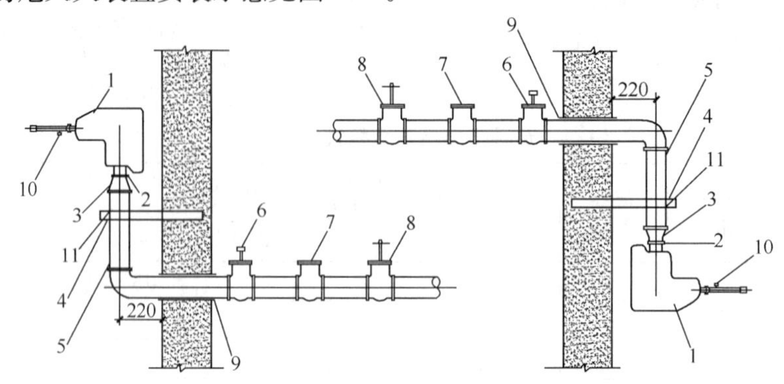

图 17-7　自动消防炮灭火装置安装示意

1—自动消防炮；2—入口法兰；3—大小头；4—支架；5—短立管；6—电动阀；7—现场手动盘；8—检修阀；9—刚性套管；10—定位器；11—U 形卡

3. 性能规格及外形尺寸：自动消防炮灭火装置性能规格及外形尺寸见表 17-7。

自动消防炮灭火装置性能规格及外形尺寸　　表 17-7

型　号	流量 (L/s)	最大射程 (m)	入口公称直径 (mm)	入口工作压力 (MPa)	最大额定压力 (MPa)	雾化角度≥ (°)	水平回转角 (°)	垂直旋转角度 (°)	旋转速度 (°/s)
PSDZ20W-LA551	20	50	50	0.8		—		−85～65	9
PSDZ20W-LA552	20	50	50	0.8		90		−85～65	9
PSDZ20W-LA862	30	65	80	0.9	1.6	90	360	−85～85	9
PSDZ30W-LA871	40	70	100	1.0		—		−85～85	6
PSDZ30W-LA872	40	70	100	1.0		90		−85～85	6

型　号	供电电压 (V)	最大功率 (W)	环境温度 (℃)	颜　色	质量 (kg)	外形尺寸 长度×宽度×高度 (mm)	安装方式	反作用力 (N)	主要生产厂商
PSDZ20W-LA5521	DC24	180	−10～70（环境低于4℃时对管网应采取保护措施）	炮体消防红色，外罩白色（其他颜色可定制）	17	930×320×310	壁装、吊装	850	合肥科大立安安全技术有限责任公司
PSDZ20W-LA552					17	570×320×310		850	
PSDZ20W-LA862					19	620×320×320		950	
PSDZ30W-LA871					35	1100×310×370		1150	
PSDZ30W-LA872					37	900×310×370		1250	

17.2.2　微型自动扫描灭火装置

1. 适用范围：微型自动扫描灭火装置的选型，应根据设置场所的火灾类别、火灾特点、环境条件、空间高度、保护区域的形状、保护区域内障碍物的情况配置微型自动扫描灭火系统；其适用范围见表 17-8。

微型自动扫描灭火装置适用范围 表 17-8

适用场所	不适用场所
1. 新建、扩建、改建的民用建筑：如体育馆、展览中心、大型剧院、大会堂、会议厅、候车厅、观众厅及舞台、建筑物的中庭等； 2. 新建、扩建、改建的工业建筑：生产厂房、库房等； 3. 办公楼、写字楼、综合楼、邮政大厦、广播电视楼、商务大厦等行政办公建筑； 4. 图书馆、文化中心、博物馆、档案馆、美术馆、科技中心、市民中心等文化建筑	1. 遇水发生爆炸或加速燃烧的物品； 2. 遇水发生剧烈化学反应或产生有毒有害物质的物品； 3. 洒水将导致喷溅或者沸溢的液体； 4. 带电设备

2. 组成：微型自动扫描灭火装置主要由微型灭火管理主机、灭火装置、电磁阀、水流指示器、检修阀、末端试水装置、定位器、解码器、炮控制器、现场手动控制盘、硬盘录像机及相关控制装置等组成。在火灾发生时，能自动定位火灾部位并实施自动喷水灭火。其具有自动灭火、远程手动灭火、现场手动灭火三种灭火方式。微型自动扫描灭火装置安装示意见图 17-8。

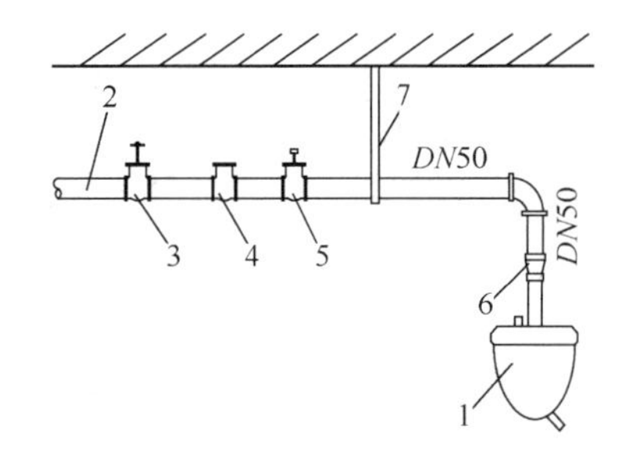

图 17-8 微型自动扫描灭火装置安装示意
1—微型自动扫描灭火装置；2—配水支管；3—检修阀；4—水流指示器；5—电磁阀；6—大小头；7—防晃支架

3. 性能规格及外形尺寸：微型自动扫描灭火装置性能规格及外形尺寸见表 17-9。

微型自动扫描灭火装置性能规格及外形尺寸 表 17-9

型号	流量 (L/s)	最大射程 (m)	入口公称直径 (mm)	工作压力 (MPa)	最大额定压力 (MPa)	水平回转角 (°)	垂直旋转角度 (°)	供电电压 (V)	火灾探测功能	图像监控功能
SSDZ5-LA231	5	32	25	0.6	0.9	360	−90～15	DC24	有	有
SSDZ5-LA231A	5	32	25	0.6			−90～15		无	无
SSDZ5-LA411	5	20	40	0.4			−90～0		无	有
SSDZ10-LA421	10	22	40	0.5			−90～0		无	有
SSDZ10-LA431	10	35	65	0.6			−90～30		有	有

型号	最大功率 (W)	环境温度 (℃)	相对湿度≤ (%)	颜色	质量 (kg)	外形尺寸 体径×高度 (mm)	安装方式	主要生产厂商
SSDZ5-LA231	70	−10～55	90RH (40℃)	炮体消防红色，外罩白色	8	220×550	吊装	合肥科大立安安全技术有限责任公司
SSDZ5-LA231A					8	220×550		
SSDZ5-LA411					10	242×434		
SSDZ10-LA421					11	325×545		
SSDZ10-LA431					10.5	220×570		

注：表中微型自动扫描灭火装置的射程是安装在 6m 高度。

17.2.3　旋转大水滴灭火装置

1. 适用范围：旋转大水滴灭火装置为自动喷水灭火系统（详见中国工程建设标准化协会标准《旋转型喷头自动喷水灭火系统技术规程》CECS 213），其适用范围见表17-10。

旋转大水滴灭火装置适用范围　　表17-10

适　用　场　所	不 适 用 场 所
新建、扩建、改建的民用（含住宅）与工业建筑（含露天暴露防护的冷却防护对象）	火药、炸药、弹药、火工品工厂、核电站和飞机库等有特殊功能要求的建筑

2. 组成、分类：旋转型喷头主要由进水管、圆锥活塞分流器、滚珠、卡簧、螺丝、胶圈、前盖、后盖、玻璃球、支架和调节螺丝组成。旋转型喷头图例见表17-11。旋转型喷头按喷头有无感应部分可分为闭式旋转喷头（有感应部分）和开式旋转型喷头（无感应部分）；按响应时间指数可分为标准旋转型喷头和快速响应旋转型喷头；按安装方式可分为下垂旋转型喷头、直立旋转型喷头和扩展覆盖面旋转型喷头。闭式旋转喷头结构示意及外形尺寸见图17-9，开式旋转喷头结构示意及外形尺寸见图17-10。

旋转大水滴灭火装置旋转型喷头图例　　表17-11

名　称	图　例	名　称	图　例
下垂旋转型（闭式）	平　面　系　统	下垂旋转型（开式）	平 K 面　系 K 统
直立旋转型（闭式）	平　面　系　统	直立旋转型（开式）	平 K 面　K 系　统
扩展覆盖面旋转型（闭式）	平　面　系　统	扩展覆盖面旋转型（开式）	平　面　系　统 K K

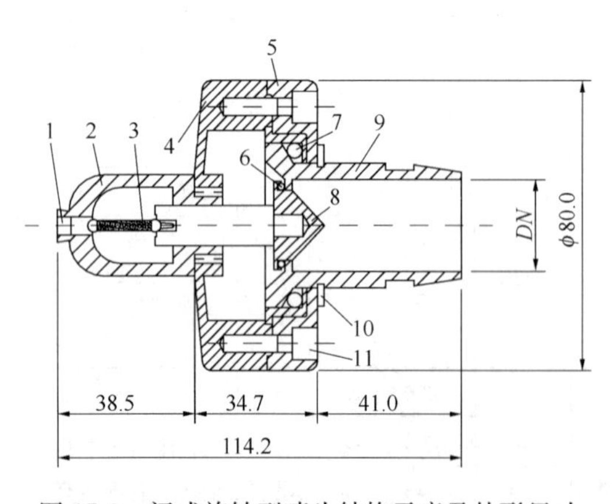

图17-9　闭式旋转型喷头结构示意及外形尺寸

1—调节螺丝；2—支架；3—感温管；4—前盖；5—后盖；6—胶圈；7—滚珠；8—分流器；9—进水管；10—卡簧；11—螺丝

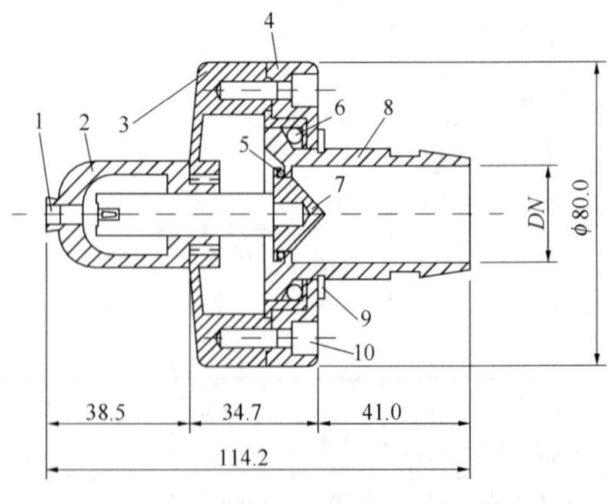

图17-10　开式旋转型喷头结构示意及外形尺寸

1—调节螺丝；2—支架；3—前盖；4—后盖；5—胶圈；6—滚珠；7—分流器；8—进水管；9—卡簧；10—螺丝

3. 性能规格：旋转大水滴灭火装置旋转型喷头性能规格见表 17-12。

旋转大水滴灭火装置旋转型喷头性能规格 表 17-12

公称直径 *DN* (mm)	流量系数 *K*	幂指数 *n*	工作压力 *P* (MPa) /流量 *q* (L/s)					安装高度 ≤(m)	主要生产厂商
15	90	0.46	0.10/1.50	0.20/2.06	0.30/2.49	0.50/3.14	0.90/4.12	13	广州龙雨消防设备有限公司
20	142	0.46	0.10/2.37	0.20/3.26	0.30/3.92	0.50/4.96	0.90/6.50	15	
25	242	0.43	0.10/4.03	0.20/5.43	0.30/6.47	0.50/8.06	0.90/10.4	18	
32	281	0.42	0.10/4.68	0.20/6.27	0.30/7.43	0.50/9.21	0.90/11.8	18	
40	310	0.42	0.10/5.17	0.20/6.91	0.30/8.20	0.50/10.2	0.90/13.0	18	

注：喷头设计工作压力按 0.10～1.20MPa 控制，宜取 0.10～0.90MPa。

17.3 气体消防灭火装置

气体消防灭火装置常用有七氟丙烷（FM-200）灭火装置、二氧化碳（CO_2）灭火装置、混合气体（IG-541）灭火装置等。

17.3.1 七氟丙烷（FM-200）灭火装置

1. 适用范围：七氟丙烷灭火装置均采用全淹没灭火方式，其适用范围见表 17-13。

七氟丙烷灭火装置适用范围 表 17-13

适用场所	不适用场所
1. 固体表面火灾； 2. 液体火灾； 3. 灭火前能切断气源的气体火灾； 4. 电气火灾	1. 硝化纤维、硝酸钠等氧化剂或含氧化剂的化学制品火灾； 2. 钾、镁、钠、钛、铀、锆等活泼金属的火灾（D类火灾）； 3. 氢化钾、氢化钠等金属氢化物火灾； 4. 过氧化氢、联氨等能自行分解的化学物质火灾； 5. 可燃固体物质的深位火灾

2. 组成、分类：七氟丙烷灭火装置主要由启动钢瓶、灭火剂钢瓶、容器阀、（电动、气动、手动）启动阀、（气、液）止回阀、安全阀、选择阀、喷头、管道及管道附件、反馈装置和火灾探测报警控制设备等组成。根据设置情况，可分为管网灭火系统（包括单元独立系统与组合分配系统）和无管网（柜式预制）灭火系统两种应用形式，其中有管网灭火系统又具有内贮压式灭火装置和外贮压式（备压式）灭火装置两种形式。内贮压式七氟丙烷装置组合分配应用形式组成结构示意见图 17-11、外贮压式（备压式）七氟丙烷装置组合分配应用形式组成结构示意见图 17-12。

3. 性能规格：

(1) 内贮压式七氟丙烷灭火装置性能规格见表 17-14。

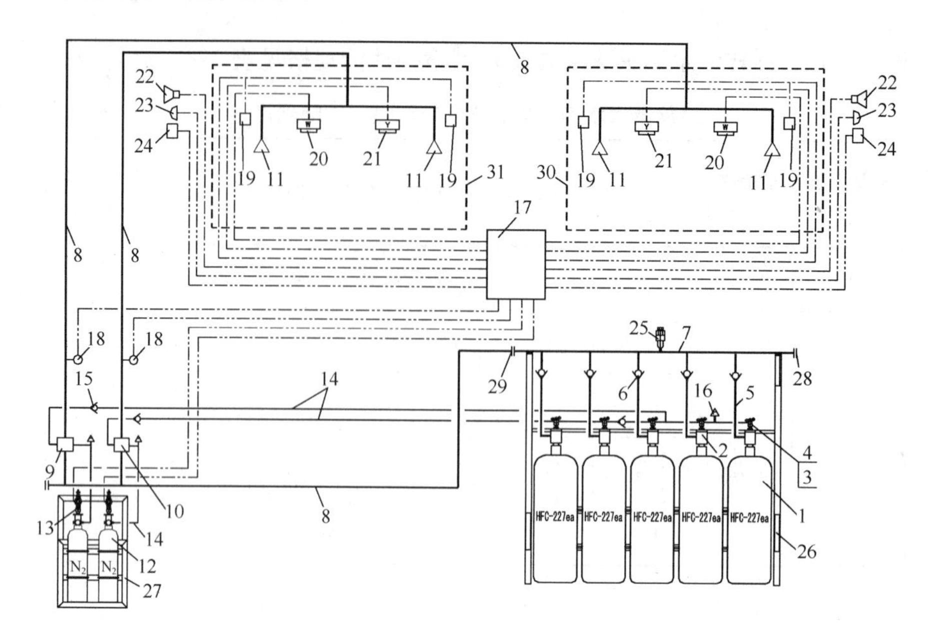

图 17-11 内贮压式七氟丙烷装置组合分配灭火应用形式组成结构示意

1—灭火剂储气瓶；2—容器阀；3—手动启动器；4—气动启动器；5—高压软管；6—液体单向阀；7—集流管；8—灭火剂输送管道；9—A 区选择阀；10—B 区选择阀；11—喷嘴；12—启动瓶；13—电磁启动器；14—启动管路；15—气体单向阀；16—低压泄漏阀；17—火灾自动报警灭火控制器；18—自锁压力开关；19—联动设备；20—感温探测器；21—感烟探测器；22—声光报警器；23—喷放指示灯；24—手动控制盒；25—安全阀；26—储气瓶架；27—启动瓶架；28—焊接堵头；29—连接法兰；30—A 防护区；31—B 防护区

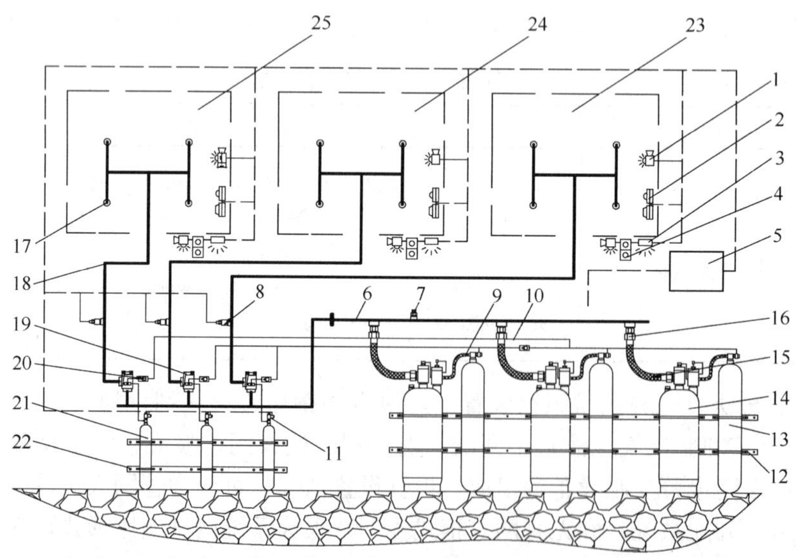

图 17-12 外贮压式（备压式）七氟丙烷装置组合分配灭火应用形式组成结构示意

1—声光报警器；2—火灾探测器；3—放气指示灯；4—紧急启停/手自动转换；5—气体灭火控制器；6—集流管；7—安全泄放阀；8—压力信号发生器；9—动力气连接管；10—控制连接管；11—电磁启动器；12—灭火剂瓶组支架；13—动力气瓶组；14—灭火剂瓶组；15—灭火剂连接管；16—灭火剂单向阀；17—管网；18—喷头；19—选择阀；20—启动气体单向阀；21—启动气瓶组；22—启动气瓶组支架；23—防护区一；24—防护区二；25—防护区三

内贮压式七氟丙烷灭火装置性能规格 表 17-14

灭火剂储瓶容积(L)	20℃时灭火剂储存压力(MPa)	灭火剂储瓶最大充装密度(kg/L)	启动瓶容积(L)	20℃时启动瓶充装压力(MPa)	系统适用环境条件(℃)	工作电源(V)	系统启动方式	主要生产厂商
70、90、120、150、180、2400	4.2	0.95	4、7、40	6	0～50	主电源：AC220；备用电源：DC24	自动控制、手动控制、机械应急操作	浙江信达可恩消防实业有限责任公司

(2) 外贮压式（备压式）七氟丙烷灭火装置性能规格见表 17-15。

外贮压式（备压式）七氟丙烷灭火装置性能规格 表 17-15

灭火剂储瓶容积(L)	20℃时灭火剂储存压力(MPa)	灭火剂储瓶最大充装密度(kg/L)	动力气瓶容积(L)	20℃时动力气充装压力(MPa)	系统适用环境条件(℃)	工作电源(V)	系统启动方式	主要生产厂商
90、180	0.39（绝压）	1.231	70	N_2，12	储瓶间：0～50；防护区：0～50	主电源：AC220；备用电源：DC24	自动控制、手动控制、机械应急操作	上海金盾消防安全设备有限公司

(3) 无管网（柜式预制）七氟丙烷灭火装置性能规格及外形尺寸见表 17-16、图 17-13。

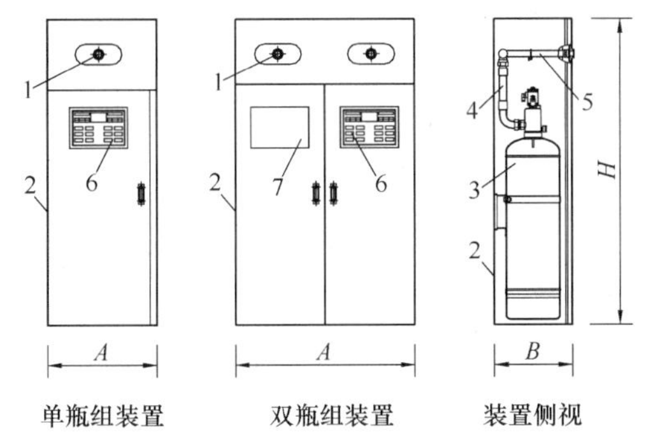

图 17-13 七氟丙烷无管网（柜式预制）灭火装置外形尺寸

1—喷嘴；2—箱体；3—储瓶；4—高压软管；5—喷放支管；6—灭火控制器；7—观察窗

无管网(柜式预制)七氟丙烷灭火装置性能规格及外形尺寸 表 17-16

型式	灭火剂储瓶容积(L)	灭火剂最大充装量(kg)	灭火剂喷放剩余量＜(kg/台)	单机最大保护容积(m^3)	外形尺寸(mm)			装置质量(kg/台)	主要生产厂商
					A	B	H		
单瓶组装置	40	40	2	63	520	400	1600	146	浙江信达可恩消防实业有限责任公司
	70	70		110	620	500	1800	215	
	90	90		140	620	500	1800	255	
	120	120		190	620	500	1950	325	
	150	150		236	620	500	1950	385	
双瓶组装置	70	140	4	220	1200	500	1800	389	
	90	180		280				469	
	120	240		380	1200	500	1950	597	

17.3.2 二氧化碳（CO_2）灭火装置

1. 适用范围：二氧化碳（CO_2）灭火装置适用于工业系统的轧机、印刷机、浸渍油槽、油浸变压器、喷漆生产线、电气老化间、除尘设备、液压机房、船舶的机舱与货舱等易失火重要部位以及建筑物中的要害部位，如计算机数据贮存间、图书档案馆、珍宝贮存库、电信控制中心等；但不宜用于经常有人工作的场所。二氧化碳（CO_2）灭火装置一般采用全淹没灭火系统灭火，有特殊需要时，也可局部应用。其适用范围见表 17-17。

二氧化碳（CO_2）灭火装置适用范围　　表 17-17

适用场所	不适用场所
1. 灭火前切断气源的可燃气体火灾； 2. 可燃液体或可熔化固体火灾（如石蜡、沥青等）； 3. 可燃固体表面火灾及部分固体深位火灾（如棉毛、织物、纸张等）； 4. 电气引起的上述带电火灾	1. 硝化纤维、火药等含氧化剂的化学制品火灾； 2. 钾、镁、钠、钛、锆等活泼金属火灾； 3. 氢化钾、氢化钠等金属氢化物火灾

2. 组成、分类：二氧化碳（CO_2）灭火装置主要由灭火剂瓶组、先导阀、启动瓶组、选择阀、集流管及其附件、分流管及连接管、灭火剂单向阀、高压软管、气控单向阀、低泄高封阀、安全泄放装置、压力信号反馈装置、喷嘴、称重装置、称重装置声光报警仪、灭火剂瓶组架及其附件、启动瓶组架及其附件、灭火系统标识牌、气控管路及管接件、灭火剂输送管及管接件等组成。根据灭火剂贮存压力及贮存装置的不同，可分为高压二氧化碳（CO_2）灭火装置、普通二氧化碳（CO_2）灭火装置、低压二氧化碳（CO_2）灭火装置。根据系统的配置方式，可分为单元独立系统（用一套灭火系统贮存装置保护一个防护区，组成结构示意见图 17-14）与组合分配系统（用一套灭火系统贮存装置保护两个及两个以上防护区的灭火系统，组成结构示意见图 17-15）。

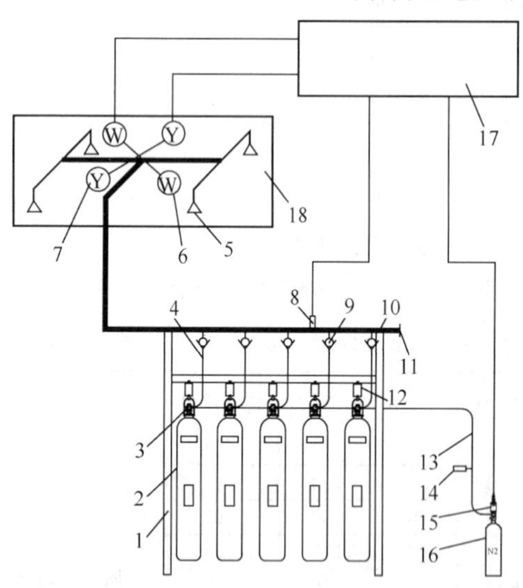

图 17-14　二氧化碳灭火装置单元独立系统组成结构示意

1—瓶组架；2—灭火剂瓶组；3—先导阀；4—高压软管；5—喷嘴；6—感温探测器；7—感烟探测器；8—压力信号反馈装置；9—灭火剂单向阀；10—集流管；11—闷盖；12—称重装置；13—启动管路；14—低泄高封阀；15—电磁驱动装置；16—启动瓶组；17—火灾自动报警控制器；18—防护区

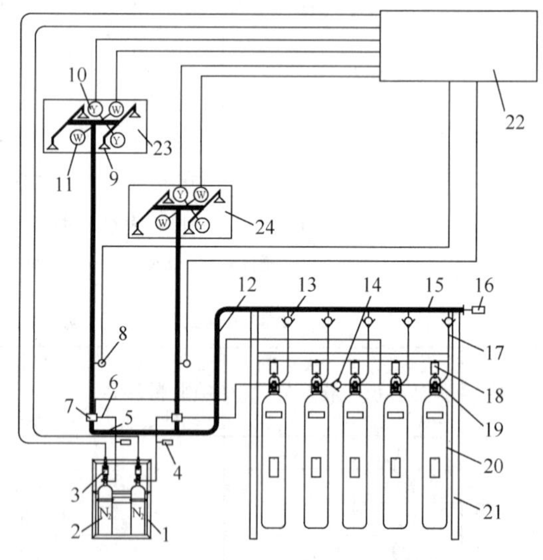

图 17-15　二氧化碳灭火装置组合分配系统组成结构示意

1—启动瓶组架；2—启动瓶组；3—电磁驱动装置；4—低泄高封阀；5—分流管；6—启动管路；7—选择阀；8—压力信号反馈装置；9—喷嘴；10—感烟探测器；11—感温探测器；12—连接管；13—灭火剂单向阀；14—气控单向阀；15—集流管；16—安全泄放装置；17—高压软管；18—称重装置；19—先导阀；20—灭火剂瓶组；21—瓶组架；22—火灾自动报警控制器；23—A 防护区

3. 性能规格：二氧化碳（CO_2）灭火装置性能规格见表17-18。

二氧化碳灭火装置（ZE70型）性能规格 表17-18

型号	灭火剂储瓶容积（L）	20℃时灭火剂储存压力（MPa）	灭火剂量（kg）	启动瓶容积（L）	20℃时启动瓶充装压力（MPa）	系统适用环境条件（℃）	工作电源（V）	系统启动方式	主要生产厂商
ZE70	70	5.17	42	4、7、40	6	0～49	主电源：AC220；备用电源：DC24	自动控制、手动控制、机械应急操作	浙江信达可恩消防实业有限责任公司

17.3.3 混合气体（IG-541）灭火装置

1. 适用范围：混合气体（IG-541）灭火装置均采用全淹没灭火方式，其适用范围见表17-19。

混合气体（IG-541）灭火装置适用范围 表17-19

适用场所	不适用场所
1. 固体表面火灾； 2. 液体火灾（不提倡用于主燃料为液体的火灾）； 3. 灭火前能切断气源的气体火灾； 4. 电气火灾	1. 硝化纤维、硝酸钠等氧化剂或含氧化剂的化学制品火灾； 2. 钾、镁、钠、钛、铀、锆等活泼金属的火灾（D类火灾）； 3. 氢化钾、氢化钠等金属氢化物火灾； 4. 过氧化氢、联氨等能自行分解的化学物质火灾； 5. 可燃固体物质的深位火灾

2. 组成、分类：混合气体（IG-541）灭火装置主要由灭火剂瓶组、先导阀、启动瓶组、选择阀、减压装置、集流管及其附件、分流管及连接管、灭火剂单向阀、高压软管、气控单向阀、低泄高封阀、安全泄放装置、压力信号反馈装置、喷嘴、灭火剂瓶组架及其附件、启动瓶组架及其附件、灭火系统标识牌、气控管路及管接件、灭火剂输送管及管接件等组成。根据有无管网可分为有管网灭火系统（包括单元独立系统与组合分配系统）和柜式（无管网）预制系统。单元独立系统（用一套灭火系统贮存装置保护一个防护区）组成结构示意见图17-16，组合分配系统（用一套灭火系统贮存装置保护两个及两个以上防护区的灭火系统）组成结构示意见图17-17。

3. 性能规格：混合气体（IG-541）灭火装置性能规格见表17-20。

混合气体（IG-541）灭火装置性能规格 表17-20

灭火剂储瓶容积（L）	20℃时灭火剂储存压力（MPa）	灭火剂量（kg）	启动瓶容积（L）	20℃时启动瓶充装压力（MPa）	系统适用环境条件（℃）	工作电源（V）	系统启动方式	主要生产厂商
70	15	14.8	4、7、40	6	0～50	主电源：AC220；备用电源：DC24	自动控制、手动控制、机械应急操作	浙江信达可恩消防实业有限责任公司
80		16.9						

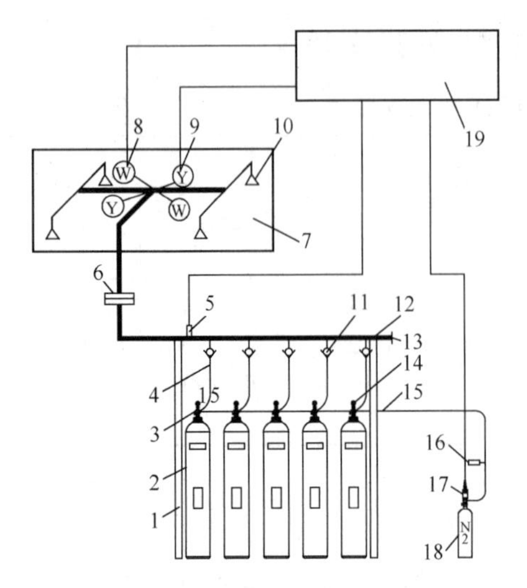

图 17-16　混合气体（IG-541）灭火装置单元独立系统组成结构示意

1—瓶组架；2—灭火剂瓶组；3—先导阀；4—高压软管；5—压力信号反馈装置；6—减压装置；7—防护区；8—感温探测器；9—感烟探测器；10—喷嘴；11—灭火剂单向阀；12—集流管；13—闷盖；14—压力表；15—启动管路；16—低泄高封阀；17—电磁驱动装置；18—启动瓶组；19—火灾自动报警控制器

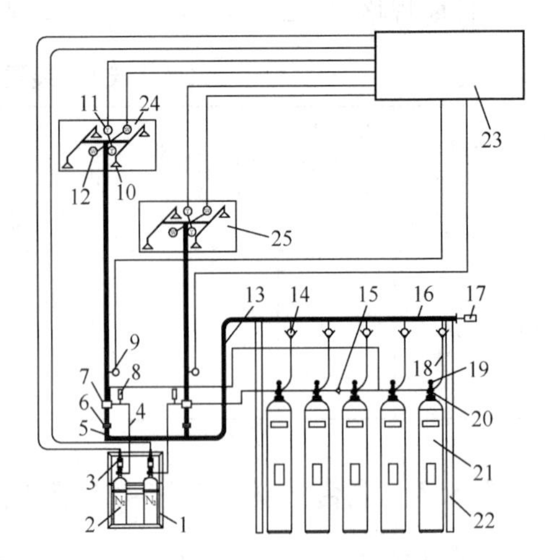

图 17-17　混合气体（IG-541）灭火装置组合分配系统组成结构示意

1—启动瓶组架；2—启动瓶组；3—电磁驱动装置；4—启动管路；5—分流管；6—减压装置；7—选择阀；8—低泄高封阀；9—压力信号反馈装置；10—喷嘴；11—感烟探测器；12—感温探测器；13—连接管；14—灭火剂单向阀；15—气控单向阀；16—集流管；17—安全泄放装置；18—高压软管；19—压力表；20—先导阀；21 灭火剂瓶组；22—瓶组架；23—火灾自动报警控制器；24—A 防护区；25—B 防护区

17.4　超细干粉灭火装置

1. 适用范围：超细干粉灭火装置分为全淹没灭火系统和局部应用灭火系统，其适用范围见表 17-21。

超细干粉灭火装置适用范围　　**表 17-21**

适用场所	不适用场所
1. 固体表面火灾； 2. 易燃、可燃液体和可熔化固体火灾； 3. 灭火前可以切断气源的气体火灾； 4. 物体带电燃烧的火灾； 5. 烹饪器内的烹饪物（如动植物油脂）火灾	1. 硝化纤维、炸药等无空气仍能迅速氧化的化学物质与强氧化剂； 2. 钾、钠、镁、钛、锆等活泼金属的火灾及氢化物

2. 组成、分类：超细干粉灭火装置主要由超细干粉储存容器、固气转换装置、悬挂支架（座）、自动温感启动器、手动启动模块、延时急启急停模块等组成。该装置可分为悬挂式、水平喷射式和垂直喷射式超细干粉灭火装置。悬挂式超细干粉灭火装置结构示意见图 17-18、垂直喷射式超细干粉灭火装置结构示意见图 17-19、水平喷射式超细干粉灭火装置结构示意见图 17-20。

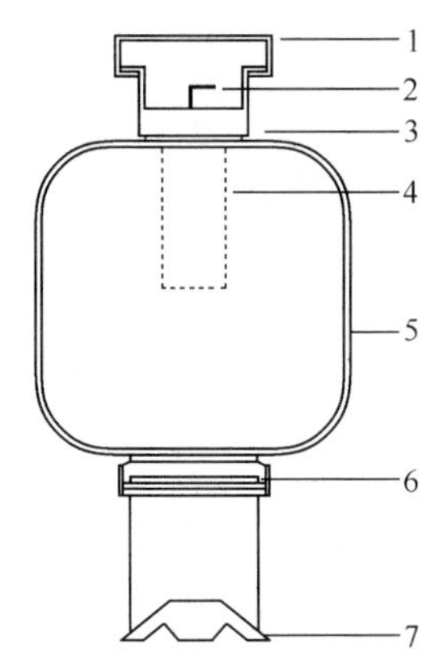

图 17-18　悬挂式超细干粉灭火装置结构示意
1—安装架；2—电引发器；3—底座；4—固气转换剂；5—耐压钢制外壳；6—铝膜；7—六爪喷嘴

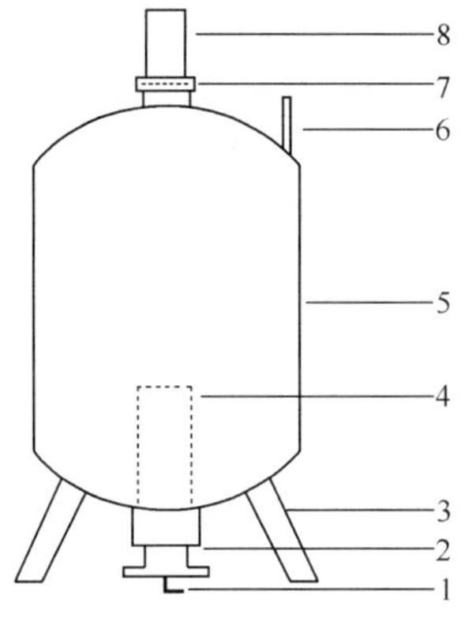

图 17-19　垂直喷射式超细干粉灭火装置结构示意
1—电引发器；2—底座；3—安装架；4—固气转换剂；5—耐压钢制外壳；6—把手；7—铝膜；8—筒状喷嘴

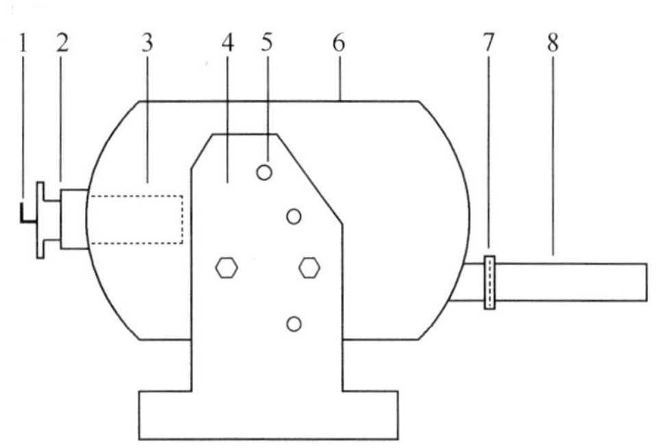

图 17-20　水平喷射式超细干粉灭火装置结构示意
1—电引发器；2—底座；3—固气转换剂；4—安装架；5—安装螺孔；6—耐压钢制外壳；7—铝膜；8—筒状喷嘴

3. 性能规格

（1）悬挂式超细干粉灭火装置性能规格见表 17-22。

悬挂式超细干粉灭火装置性能规格　表 17-22

型　号	灭火剂质量（kg）	外形尺寸（mm）			自动温感启动器启动温度（℃）	装量启动电流≥（A）	检查电启动的安全电流≤（mA）	喷射时间≤（s）	灭火时间≤（s）	装置适用环境条件（℃）	装置启动有效期（a）	装置启动方式	主要生产厂商
		长度	宽度	高度									
FZXA2.5-BURAN	2.5	200	200	375	70±5	1	150	5	1	−40～50	10	自动启动、手动启动、系统联动	南京燕苑博朗消防设备有限公司
FZXA5-BURAN	5	270	270	400									
FZXA8-BURAN	8	270	270	480									

（2）垂直喷射式、水平侧喷式超细干粉灭火装置性能规格见表 17-23。

垂直喷射式、水平侧喷式超细干粉灭火装置性能规格　表 17-23

型　号	灭火剂质量（kg）	外形尺寸（mm）			自动温感启动器启动温度（℃）	装量启动电流≥（A）	检查电启动的安全电流≤（mA）	喷射时间≤（s）	灭火时间≤（s）	装置适用环境条件（℃）	装置启动有效期（a）	装置启动方式	主要生产厂商
		长度	宽度	高度									
FZLA8-BURAN(C)	8	580	370	290	70±5	1	150	5	1	−40～50	10	自动启动、手动启动、系统联动	南京燕苑博朗消防设备有限公司
FZLA8-BURAN	8	280	280	540									

(3) 保护面积、保护体积参数见表17-24。

保护面积、保护体积参数（不密闭程度5%） **表17-24**

灭火器型号	A类火灾		B、C、E类火灾	
	保护面积 (m^2)	保护体积 (m^3)	保护面积 (m^3)	保护体积 (m^3)
FZXA2.5-BURAN	8	29	7	18
FZXA5-BURAN	16	59	14	36
FZXA8-BURAN	27	95	23	58
FZLA8-BURAN (C)	27	95	23	58
FZLA8-BURAN	27	95	23	58

17.5 高压细水雾灭火装置

1. 适用范围：高压细水雾灭火装置适用于扑救相对封闭空间内的可燃固体表面火灾、可燃液体火灾和带电设备的火灾，其适用范围见表17-25。

高压细水雾灭火装置适用范围 **表17-25**

适用场所	不适用场所
1. 固体表面火灾； 2. 可燃液体火灾（闪点不低于60℃）； 3. 电力变压器火灾； 4. 档案库房、图书馆、博物馆等； 5. 计算机房、通信机房、控制室等火灾； 6. 配电室、电缆夹层、电缆隧道、柴油发电机房、燃气轮机、燃油燃气锅炉房、直燃机房等	1. 能与水发生剧烈反应或产生大量有害物质的活泼金属及其化合物； 2. 低温状态下的液化气体； 3. 其他可能因细水雾造成严重损失的物质

2. 组成、分类：高压细水雾灭火装置由高压泵组（包括高压主泵、高压备泵、稳压泵、泵组控制柜、进水电磁阀、进水过滤器、调节水箱等）、补水增压装置、止回阀、安全阀、选择阀、管道及管道附件、反馈装置、区域控制阀箱组、高压细水雾喷头（包括开式、闭式喷头及微型喷嘴）及火灾探测报警控制设备等组成。该装置具有开式系统、闭式湿式系统和闭式预作用系统等应用形式。高压细水雾开式系统组成结构示意见图17-21、高压细水雾闭式湿式系统组成结构示意见图17-22、高压细水雾闭式预作用系统组成示意见图17-23。

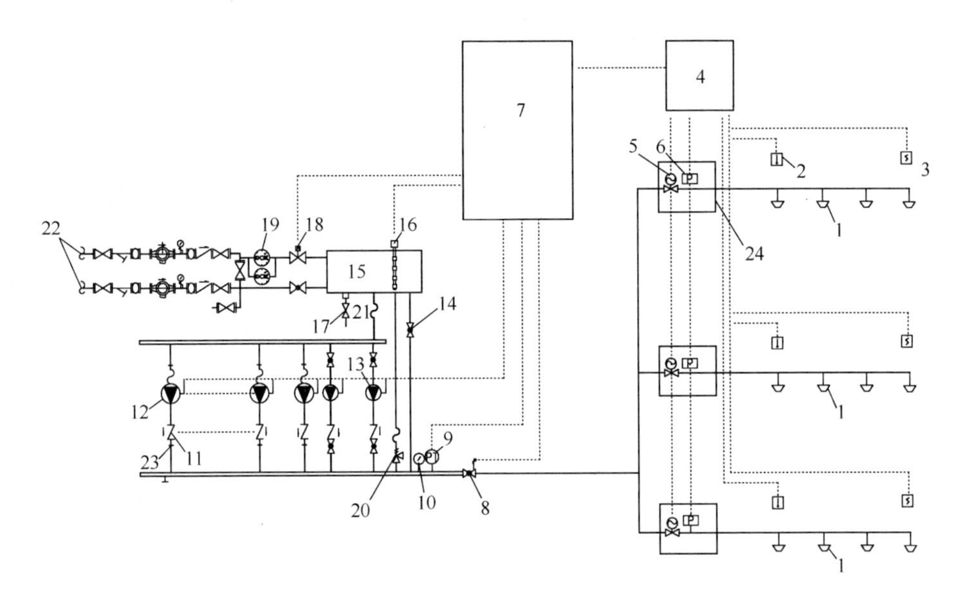

图 17-21 高压细水雾开式系统组成结构示意

1—开式喷头；2—感温探测器；3—感烟探测器；4—火灾报警控制器；5—区域控制阀（常闭）；6—压力开关；7—泵组控制柜；8—主阀（常开）；9—压力变送器；10—压力表；11—止回阀；12—高压泵；13—稳压泵；14—测试阀（常闭）；15—调节水箱；16—液位开关；17—排水阀（常闭）；18—电磁阀；19—过滤器；20—安全泄压阀；21—高压软管；22—水源；23—专用接头；24—开式阀箱

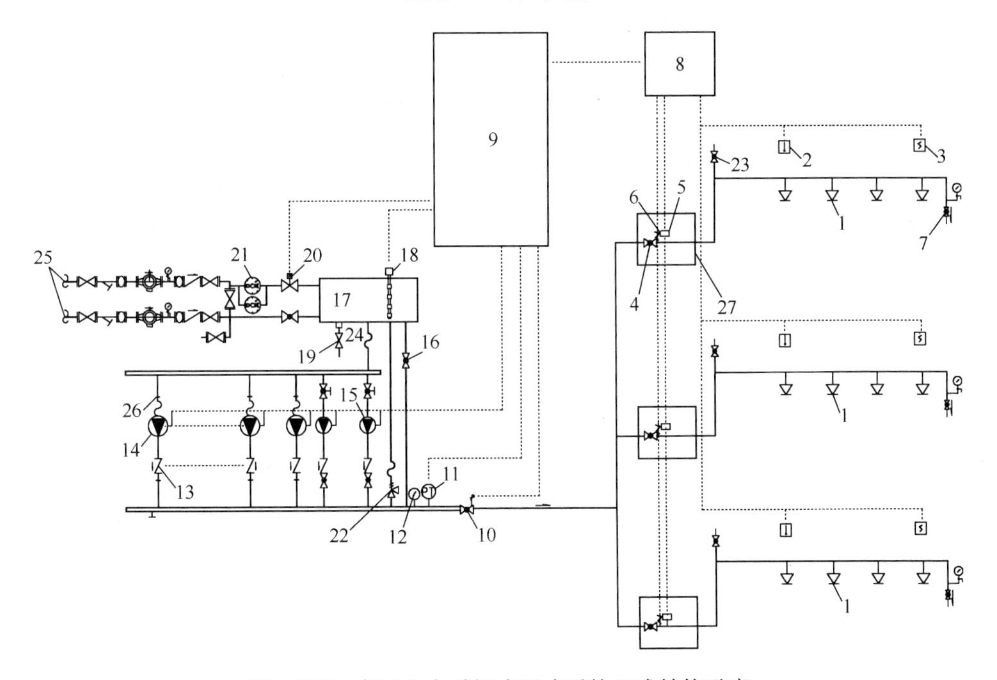

图 17-22 高压细水雾闭式湿式系统组成结构示意

1—闭式喷头；2—感温探测器；3—感烟探测器；4—高压球阀（常开）；5—流量开关；6—信号开关；7—末端放水装置；8—火灾报警控制器；9—泵组控制柜；10—主阀（常开）；11—压力变送器；12—压力表；13—止回阀；14—高压泵；15—稳压泵；16—测试阀（常闭）；17—调节水箱；18—液位开关；19—排水阀（常闭）；20—电磁阀；21—过滤器；22—安全泄压阀；23—排气阀；24—高压软管；25—水源；26—专用接头；27—闭式阀箱

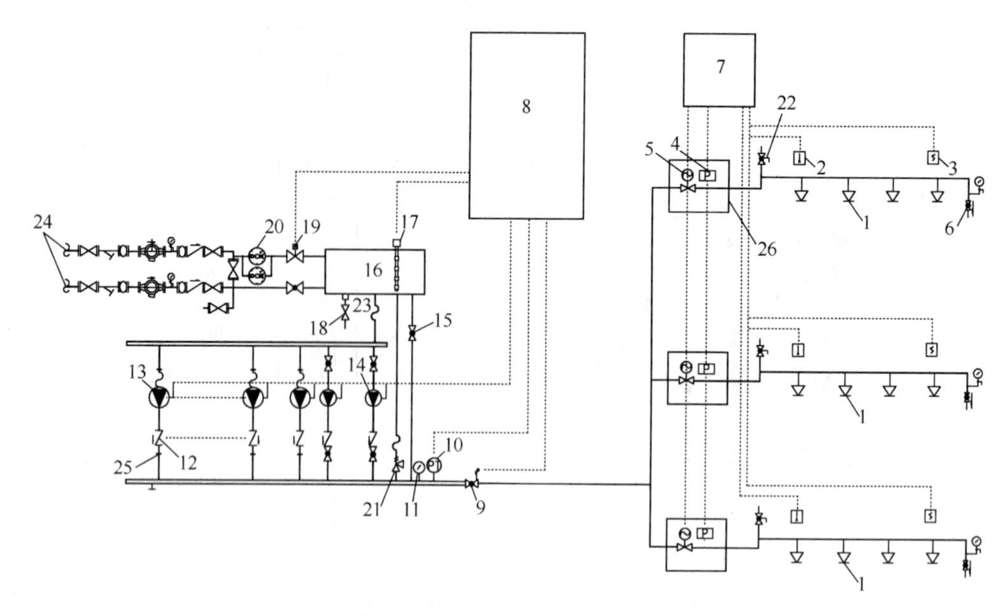

图 17-23 高压细水雾闭式预作用系统组成结构示意

1—闭式喷头；2—感温探测器；3—感烟探测器；4—压力开关；5—区域控制阀（常闭）；6—末端放水装置；7—火灾报警控制器；8—泵组控制柜；9—主阀（常开）；10—压力变送器；11—压力表；12—止回阀；13—高压泵；14—稳压泵；15—测试阀（常闭）；16—调节水箱；17—液位开关；18—排水阀（常闭）；19—电磁阀；20—过滤器；21—安全泄压阀；22—排气阀；23—高压软管；24—水源；25—专用接头；26—预作用阀箱

3. 性能规格及外形尺寸：

（1）高压细水雾灭火装置性能规格及外形尺寸见表 17-26。

高压细水雾灭火装置性能规格及外形尺寸 **表 17-26**

<table>
<tr><th>泵组型号</th><th>高压泵型号</th><th>长 度
（mm）</th><th>宽 度
（mm）</th><th>出水管径
DN（mm）</th><th>净 重
（kg）</th><th>主要生产厂商</th></tr>
<tr><td>XSWBG86/14</td><td>PAH63-2</td><td rowspan="2">1960</td><td rowspan="2">430</td><td rowspan="2">25</td><td>1120</td><td rowspan="10">上海亚泰消防工程有限公司</td></tr>
<tr><td>XSWBG112/14</td><td>PAH80-2</td><td>1200</td></tr>
<tr><td>XSWBG172/14</td><td>PAH63-3</td><td rowspan="4">2360</td><td rowspan="4">830</td><td rowspan="3">25</td><td>1200</td></tr>
<tr><td>XSWBG224/14</td><td>PAH80-3</td><td>1300</td></tr>
<tr><td>XSWBG258/14</td><td>PAH63-4</td><td>1280</td></tr>
<tr><td>XSWBG336/14</td><td>PAH80-4</td><td rowspan="3">32</td><td>1400</td></tr>
<tr><td>XSWBG344/14</td><td>PAH63-5</td><td rowspan="4">2760</td><td rowspan="4">1230</td><td>1360</td></tr>
<tr><td>XSWBG448/14</td><td>PAH80-5</td><td>1500</td></tr>
<tr><td>XSWBG430/14</td><td>PAH63-6</td><td rowspan="2">40</td><td>1440</td></tr>
<tr><td>XSWBG560/14</td><td>PAH80-6</td><td>1600</td></tr>
</table>

（2）高压细水雾灭火装置常用水泵性能规格见表 17-27。

高压细水雾灭火装置常用水泵性能规格 表 17-27

型式	最大流量(L/min)	最大压力(MPa)	系统适用环境温度(℃)	工作主电源		功率消耗(kW)	系统启动方式	主要生产厂商
				(V)	(Hz)			
高压泵	120	10～12	4～50	AC380	50	30	自动控制、手动控制、机械应急操作	上海东晓实业有限公司
高压泵	112	16				33		上海亚泰消防工程有限公司
高压泵	86	16				26		
稳压泵	11.8	1.4				0.55	自动控制	

(3) 高压细水雾灭火装置常用喷头性能规格见表 17-28。

高压细水雾灭火装置常用喷头性能规格 表 17-28

型式	型号	流量系数 K	流量(L/min)	应用高度(m)	适用环境温度(℃)	主要生产厂商
高压细水雾喷头	DK4-02	0.464	4.64	≤1	4～50	上海东晓实业有限公司
	DK6-02	0.696	6.96	3～4		
	DK6-04	1.2	12.0	4～5		
开式喷头	7-01-48-4-2-00	0.17	1.70	≤5.0		上海亚泰消防工程有限公司
	7-01-48-4-6-00	0.45	4.50	≤7.5		
	7-01-48-4-12-00	0.95	9.50	≤10.0		
	7-01-56-5-12-00	1.19	11.9	≤10.0		
	7-01-56-5-19-00	2.04	20.4	≤10.0		
闭式喷头	5-01-46-4-17-57①	1.25	12.5	2.5		
	5-01-46-4-17-57①	1.25	12.5	5.0		
	5-01-56-5-17-57①	1.68	16.8	2.5		
	5-01-56-5-17-57①	1.68	16.8	5.0		
	5-01-54-5-19-57①	2.04	20.4	2.5		
	5-01-54-5-19-57①	2.04	20.4	5.0		
微型喷嘴	1910	0.042	0.42	—		
	1915	0.092	0.92			
	1918	0.113	1.13			
	1934	0.238	2.38			

① 根据使用环境温度选取合适的玻璃球公称释放温度；喷头安装位置距离顶棚不超过 150mm。

17.6 消 防 水 泵

消防水泵常用有卧式单级双吸消防水泵、立式单级双吸消防水泵、卧式恒压消防水泵、立式恒压切线消防水泵、潜水式消防水泵、柴油机消防水泵等。

17.6.1 XBD系列卧式单级双吸消防水泵

1. 特点：XBD系列卧式单级双吸消防泵性能、技术条件应按国家标准《消防泵》GB 6245执行。XBD系列卧式单级双吸消防泵与以往消防泵相比，其同流量规格泵之间的出口压力差减少，最小只有0.05MPa。型谱密度增加，分布更合理，能更好地适应不同楼层及管阻的消防需要，满足设计选用。该泵的介质为不高于40℃清水，进口压力一般不超过0.6MPa，特殊配置可达1.0～1.6MPa。

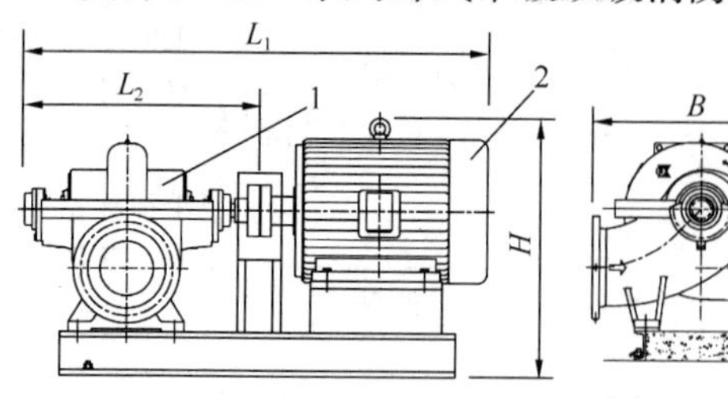

图17-24 XBD系列卧式单级双吸消防水泵外形与安装尺寸

1—水泵；2—电动机

2. 性能规格及外形与安装尺寸：XBD系列卧式单级双吸消防水泵性能规格及外形与安装尺寸见表17-29、图17-24。

XBD系列卧式单级双吸消防水泵性能规格及外形与安装尺寸 表17-29

型号	流量(L/s)	出口压力(MPa)	转速(r/min)	功率(kW)	必需汽蚀余量(m)	外形与安装尺寸(mm)				质量(kg)	主要生产厂商
						L_1	L_2	H	B		
XBD8.3/35G-KQSN	35	0.83	2960	55	4	1665	730	645	550	158	上海凯泉泵业（集团）有限公司
XBD7.5/30G-KQSN	30	0.75	2960	45	3.6	1550		645		145	
XBD5.0/30G-KQSN	30	0.5	2960	30	3.2	1510		625		138	
XBD9.5/70G-KQSN	70	0.95	2960	132	5.9	2045	730	740	620	240	
XBD9.2/60G-KQSN	60	0.92	2960	90	5.3	1785				235	
XBD6.3/50G-KQSN	50	0.63	2960	55	4.7	1665				231	
XBD6.4/70G-KQSN	70	0.64	2960	75	5.9	1735	730	751	620	187	
XBD4.5/60G-KQSN	60	0.45	2960	45	5.3	1550				182	
XBD6.0/60G-KQSN	60	0.6	2960	75	5.3	1735		715		184	
XBD4.4/50G-KQSN	50	0.44	2960	37	4.7	1510		695		179	
XBD11.5/120G-KQSN	120	1.15	1480	280	3.5	2652	1077	1072	900	595	
XBD11.0/100G-KQSN	100	1.1	1480	220	3.1	2652		1072		595	
XBD7.5/120G-KQSN	120	0.75	1480	185	3.5	2422		971	880	518	
XBD7.5/100G-KQSN	100	0.75	1480	160	3.1	2422		971		515	
XBD4.0/120G-KQSN	120	0.4	1480	75	3.4	1985	980	845	890	400	
XBD3.8/100G-KQSN	100	0.38	1480	75	3	1985		845		395	
XBD15.0/200G-KQSN	200	1.5	1480	560	4.7	3430	1320	1100	1200	998	
XBD14.3/170G-KQSN	170	1.43	1480	450	4.3	3430		1100		995	
XBD9.5/190G-KQSN	190	0.95	1480	315	4.6	2895	1320	1080	1046	840	
XBD9.1/160G-KQSN	160	0.91	1480	250	4.2	2895		1080		837	
XBD6.0/200G-KQSN	200	0.6	1480	185	4.6	2422	1077	950	1070	599	
XBD5.9/170G-KQSN	170	0.59	1480	160	4.2	2422		950		598	

续表

型　号	流量 (L/s)	出口压力 (MPa)	转速 (r/min)	功率 (kW)	必需汽蚀余量 (m)	外形与安装尺寸（mm）				质量 (kg)	主要生产厂商
						L_1	L_2	H	B		
XBD21.0/350G-KQSN	350	2.1	1480	1250	5.9	3905	1498	1480	1400	1998	上海凯泉泵业（集团）有限公司
XBD20.7/295G-KQSN	295	2.07	1480	1000	5.6	3905		1480		1995	
XBD12.6/350G-KQSN	350	1.26	1480	710	6.3	3748	1541	1260	1210	1586	
XBD12.1/295G-KQSN	295	1.21	1480	500	5.7	3598				1583	
XBD7.7/350G-KQSN	350	0.77	1480	355	6.3	3245	1320	1315	1250	1208	
XBD7.4/295G-KQSN	295	0.74	1480	315	5.7	2895				1207	

17.6.2 XBD系列立式单级双吸消防水泵

1. 特点：XBD系列立式单级双吸消防水泵性能、技术条件应按国家标准《消防泵》GB 6245执行。XBD系列立式单级双吸消防泵与以往消防泵相比，其同流量规格泵之间的出口压力差减少，最小只有0.05MPa。型谱密度增加，分布更合理，能更好地适应不同楼层及管阻的消防需要，满足设计选用。该泵的介质为不高于40℃清水，进口压力一般不超过0.6MPa，特殊配置可达1.0～1.6MPa。

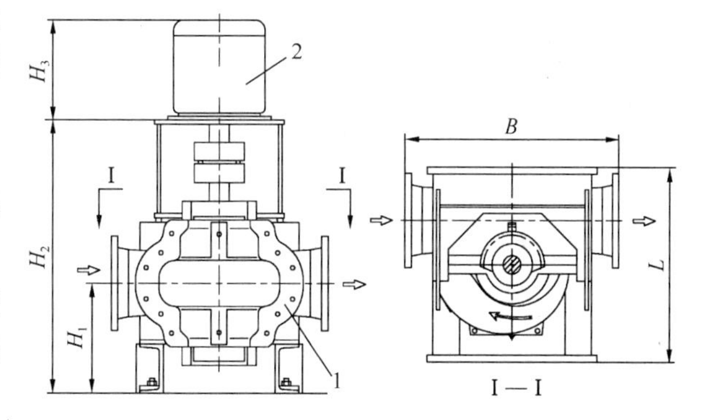

图17-25　XBD系列立式单级双吸消防水泵外形与安装尺寸

1—水泵；2—电动机

2. 性能规格及外形与安装尺寸：XBD系列立式单级双吸消防水泵性能规格及外形与安装尺寸见表17-30、图17-25。

XBD系列立式单级双吸消防水泵性能规格及外形与安装尺寸　　表17-30

型号	流量 (L/s)	出口压力 (MPa)	转速 (r/min)	功率 (kW)	必需汽蚀余量 (m)	外形与安装尺寸（mm）					质量 (kg)	主要生产厂商
						H_1	H_2	H_3	L	B		
XBD8.3/35G-KQSN/L	35	0.83	2960	55	4	545	1095	895	645	550	158	上海凯泉泵业（集团）有限公司
XBD7.5/30G-KQSN/L	30	0.75	2960	45	3.6		1065	795	645		145	
XBD5.0/30G-KQSN/L	30	0.5	2960	30	3.2			740	625		138	
XBD9.5/70G-KQSN/L	70	0.95	2960	132	5.9	545	1095	1314	750	620	240	
XBD9.2/60G-KQSN/L	60	0.92	2960	90	5.3			1025			235	
XBD6.3/50G-KQSN/L	50	0.63	2960	55	4.7			890			231	
XBD6.4/70G-KQSN/L	70	0.64	2960	75	5.9	545	1095	975	675	620	187	
XBD4.5/60G-KQSN/L	60	0.45	2960	45	5.3		1065	790			182	
XBD6.0/60G-KQSN/L	60	0.6	2960	75	5.3		1095	975			184	
XBD4.4/50G-KQSN/L	50	0.44	2960	37	4.7		1065	735			179	

续表

型号	流量 (L/s)	出口压力 (MPa)	转速 (r/min)	功率 (kW)	必需汽蚀余量 (m)	外形与安装尺寸（mm）					质量 (kg)	主要生产厂商
						H_1	H_2	H_3	L	B		
XBD11.5/120G-KQSN/L	120	1.15	1480	280	3.5	635	1408	1499	1080	900	595	上海凯泉泵业（集团）有限公司
XBD11.0/100G-KQSN/L	100	1.1	1480	220	3.1						595	
XBD7.5/120G-KQSN/L	120	0.75	1480	185	3.5	635	1408	1314	1080	880	518	
XBD7.5/100G-KQSN/L	100	0.75	1480	160	3.1						515	
XBD4.0/120G-KQSN/L	120	0.4	1480	75	3.4	615	1289	975	840	890	400	
XBD3.8/100G-KQSN/L	100	0.38	1480	75	3						395	
XBD15.0/200G-KQSN/L	200	1.5	1480	560	4.7	780	1150	1850	1120	1200	998	
XBD14.3/170G-KQSN/L	170	1.43	1480	450	4.3						995	
XBD9.5/190G-KQSN/L	190	0.95	1480	315	4.6	780	1734	1710	1120	1046	840	
XBD9.1/160G-KQSN/L	160	0.91	1480	250	4.2						837	
XBD6.0/200G-KQSN/L	200	0.6	1480	185	4.6	635	1408	1314	795	1070	599	
XBD5.9/170G-KQSN/L	170	0.59	1480	160	4.2						598	
XBD21.0/350G-KQSN/L	350	2.1	1480	1250	5.9	915	2026	2200	1400	1400	1998	
XBD20.7/295G-KQSN/L	295	2.07	1480	1000	5.6		1986	2000	1280		1995	
XBD12.6/350G-KQSN/L	350	1.26	1480	710	6.3	915	2026	2200	1400	1210	1586	
XBD12.1/295G-KQSN/L	295	1.21	1480	500	5.7		1986	2000	1280		1583	
XBD7.7/350G-KQSN/L	350	0.77	1480	355	6.3	810	1759	1710	1280	1250	1208	
XBD7.4/295G-KQSN/L	295	0.74	1480	315	5.7		1719	1490	1060		1207	

17.6.3　XBD系列卧式恒压消防水泵

1. 特点：XBD系列卧式恒压消防水泵具有变流稳压的特点（即在全流量范围内，扬程变化不大，基本上具有准恒压特点），其结构型式为卧式，适用介质为不高于80℃清水。

2. 性能规格及外形与安装尺寸：XBD系列卧式恒压消防水泵性能规格及外形与安装尺寸见表17-31、图17-26。

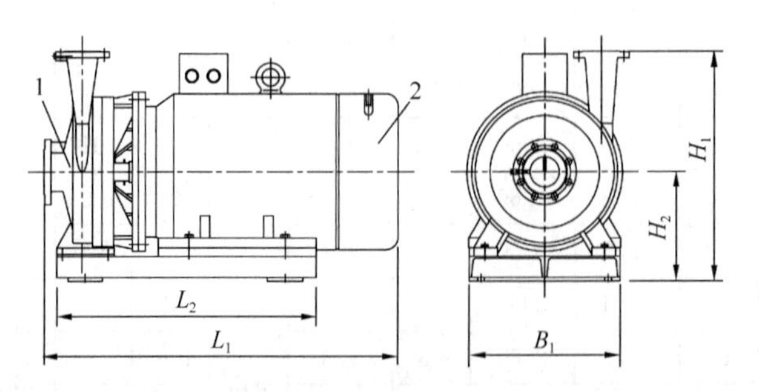

图17-26　XBD系列卧式恒压消防水泵外形与安装尺寸
1—水泵；2—电动机

XBD 系列卧式恒压消防水泵性能规格及外形与安装尺寸　　表 17-31

型号	流量(L/s)	出口压力(MPa)	转速(r/min)	功率(kW)	外形与安装尺寸(mm)					质量(kg)	主要生产厂商
					L_1	L_2	H_1	H_2	B_1		
XBD3.2～12.5/10-QW	0～10	0.32～1.25	2960	5.5～30	630～955	450～710	461～619	251～329	280～400	109～340	上海凯泉泵业(集团)有限公司
XBD3～13/15-QW	0～15	0.3～1.3	2960	11～55	813～1102	580～840	635～730	295～375	360～500	203～467	
XBD3～16/20-QW	0～20	0.3～1.6	2960	11～90	765～1358	575～960	517～710	252～400	320～560	178～632	
XBD3.3～16/30-QW	0～30	0.33～1.6	2960	18.5～110	840～1427	630～985	567～815	277～445	320～640	255～1150	
XBD3.2/40-QW	0～40	0.32	2960	18.5	840	630	567	277	320	255	
XBD4/40-QW		0.4	1480	37	1041	765	795	335	440	685	
XBD5～16/40-QW		0.5～1.6	2960	37～132	965～1470	735～1055	624～840	304～445	400～640	311～1389	
XBD3～8.1/50-QW	0～50	0.3～0.81	1480	37～75	1055～1215	770～930	870～956	335～456	440～560	914～680	
XBD9～16/50-QW		0.9～1.6	2960	90～200	1267～1473	975～1125	830～900	400～445	560～640	1384～1652	
XBD3～7.6/60-QW	0～60	0.3～0.76	1480	45～75	1094～1215	820～930	905～956	395～456	500～560	895～680	
XBD3.1～8.5/70-QW	0～70	0.31～0.85	1480	37～110	1025～1510	770～1055	916～1022	416～462	560～640	600～1430	
XBD3.2～8.5/80-QW	0～80	0.32～0.85	1480	37～110	1025～1510	770～1055	916～1022	416～462	560～640	600～1430	
XBD(HW)3～13/5～15	0～15	0.3～1.3	2900～2970	3～45	555～988	425～760	430～640	230～340	260～490	103～370	杭州沃德水泵制造有限公司
XBD(HW)4～15/20	0～20	0.4～1.5	2930～2970	15～55	781～1074	565～820	515～665	255～365	370～540	187～537	
XBD(HW)4～20/30	0～30	0.4～2.0	1480～2980	30～110	964～1388	705～1000	655～780	355～460	440～690	335～1280	
XBD(HW)4～20/40	0～40	0.4～2.0	1480～2980	37～160	993～1500	730～1110	660～900	360～460	490～690	349～1795	
XBD(HW)4～20/50	0～50	0.4～2.0	1480～2980	45～200	1046～1538	760～1115	700～860	360～460	490～690	370～2270	
XBD(HW)4～20/60	0～60	0.4～2.0	1480～2980	45～280	1049～1709	760～1245	680～920	360～520	490～790	370～2990	
XBD(HW)4～20/70	0～70	0.4～2.0	1480～2980	55～280	1146～1731	835～1245	815～960	365～520	540～790	537～2990	
XBD(HW)4～20/80	0～80	0.4～2.0	1480～2980	55～315	1149～1733	835～1245	865～980	365～520	540～790	537～3320	

17.6.4 XBD(HL)系列立式恒压切线消防水泵

1. 特点：XBD(HL)系列立式恒压切线消防水泵适用于高层建筑消防给水和生活供水。泵叶轮为开式，轴向力小，无口环，防止了锈蚀咬死现象。泵体、泵盖采用铸铁材料制造，叶轮可根据需要采用不锈钢、青铜或其他耐腐蚀性材料制造。适用介质为不高于

80℃(清水)。XBD(HL)泵系列立式恒压切线消防水泵具有变流稳压的特点，即在全流量范围内，水泵流量从零流量到所需最大流量范围内变化时，其扬程变化在5%范围内。其性能、技术条件应符合国家标准《消防泵》GB 6245 的规定。

2. 性能规格及外形与安装尺寸：XBD(HL)系列立式恒压切线消防水泵性能规格及外形与安装尺寸见表17-32、见图17-27。

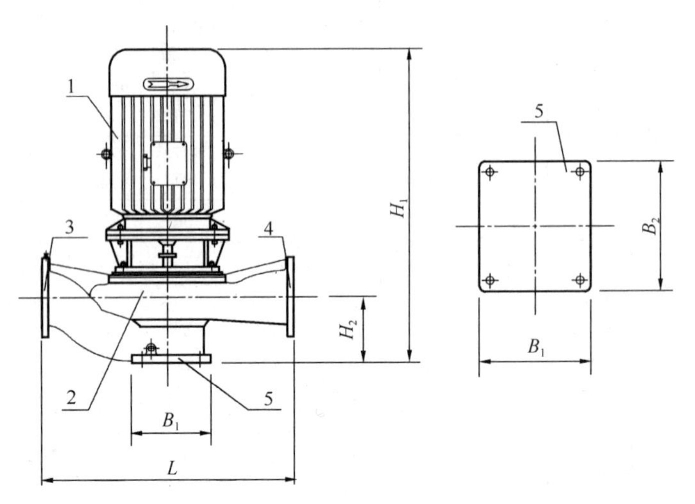

图17-27 XBD(HL)系列立式恒压切线消防水泵外形与安装尺寸

1—电动机；2—水泵；3—水泵吸水口；4—水泵出水口；5—水泵底座

XBD(HL)系列立式恒压切线消防水泵性能规格及外形与安装尺寸 表17-32

型号	流量(L/s)	出口压力(MPa)	转速(r/min)	功率(kW)	外形与安装尺寸(mm)					质量(kg)	主要生产厂商
					H_1	H_2	L	B_1	B_2		
XBD(HL) 3～13/5～15	0～15	0.3～1.3	2900～2970	3～45	556～1017	100～140	400～550	250～360	250～360	103～370	杭州沃德水泵制造有限公司
XBD(HL) 4～15/20	0～20	0.4～1.5	2930～2970	15～55	796～1100	140～150	520～620	300～360	300～360	187～590	
XBD(HL) 4～15/30	0～30	0.4～1.5	1480～2970	30～75	1004～1183	170～180	600～720	520	520	315～795	
XBD(HL) 4～10/40	0～40	0.4～1.0	1480～2980	37～75	1073～1187	170～190	640～800	520	520	315～795	
XBD(HL) 4～8/50	0～50	0.4～0.8	1480	45～75	941～1053	210～220	880～900	520	520	370～795	
XBD(HL) 4～7/60	0～60	0.5～0.7	1480	45～75	954～1010	220	900	520	520	375～795	
XBD(HL) 4～5/70	0～70	0.4～0.5	1480	55	1010～1157	240	920	520	520	590	
XBD(HL) 4～5/80	0～80	0.4～0.8	1480	75	1014～1084	240	920	520	520	790	

17.6.5 XBD系列立式多级消防水泵

1. 特点：XBD系列立式多级消防水泵适用于工业及民用高层建筑消防给水系统。水泵主要过流部件采用不锈钢材料制造，并采用集装式机械密封，叶轮和导叶等主要零部件采用不锈钢板冲压拉伸焊接而成。可输送非易燃易爆并不含固体颗粒或纤维的液体，适用环境温度不超过40℃。

2. 性能规格及外形与安装尺寸：XBD系列立式多级消防水泵性能规格及外形与安装尺寸见表17-33、见图17-28。

XBD系列立式多级消防水泵性能规格及外形与安装尺寸　　表17-33

型号	额定流量(L/s)	额定压力(MPa)	额定转速(r/min)	功率(kW)	外形与安装尺寸(mm)					质量(kg)	主要生产厂商
					H_1	H_2	L	B_1	B_2		
XBD(3.2～23.2)/5	5	0.32～2.32	2900	4～30	910～2180	105	320	226	298	84～331	南方泵业股份有限公司
XBD(4.2～26.0)/10	10	0.42～2.6	2900	7.5～45	1071～2326	140	365	251	331	107～421	
XBD(4.2～16.5)/15	15	0.42～1.65	2900	11～45	1244～1958	140	365	248	331	155～440	
XBD(4.5～13.5)/20	20	0.45～1.35	2900	15～45	1263～1852	140	380	261	348	198～438	
XBD(3.7～15.0)/25	25	0.37～1.5	2950	18.5～75	1550～2675	180	380	340	472	250～715	
XBD(3.9～14.0)/30	30	0.39～1.4	2950	22～75	1590～2515	180	380	340	472	295～700	

17.6.6 XBDJ系列潜水式消防水泵

1. 特点：XBDJ系列潜水式消防水泵具有较高的电机负载启动能力，启动时间短。该水泵以水平、垂直、倾斜的方式安装于消防水中。泵体选用铜合金叶轮、密封环、不锈钢轴芯，特殊耐磨水润滑橡胶轴承，不锈钢滤网等耐腐蚀材料零部件，抗蚀防锈性能优良；配套屏蔽式电机采用H级绝缘，耐温等级高，电机通电的定子线圈被不锈钢套完全封闭，并在套内填充导热绝缘的高分子材料，可避免电机因腔内进水而失效、漏电。

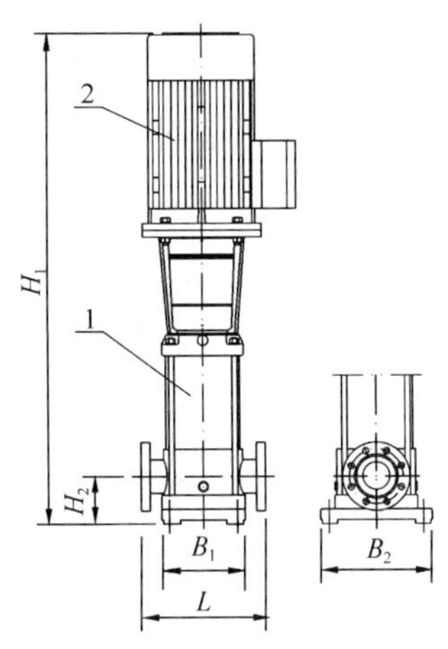

图17-28　XBD系列立式多级消防水泵外形与安装尺寸

1—水泵；2—电动机

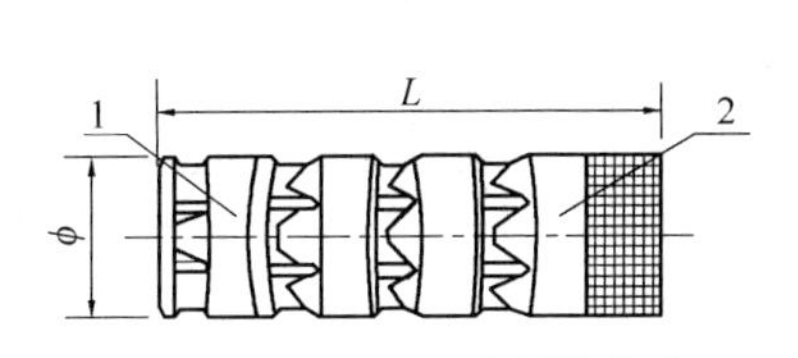

图17-29　XBDJ系列潜水式消防水泵外形与安装尺寸

1—水泵泵体；2—进水口

2. 性能规格及外形与安装尺寸：XBDJ 系列潜水式消防水泵性能规格及外形与安装尺寸见表 17-34、图 17-29。

XBDJ 系列潜水式消防泵性能规格及外形与安装尺寸　　表 17-34

型　号	流量 (L/s)	出口压力 (MPa)	转速 (r/min)	功率 (kW)	出水口径 (mm)	外形与安装尺寸 (mm)		质量 (kg)	主要生产厂商
						ϕ	L		
XBD2.6～18.2/5-A	5	0.26～1.82	2850	3～18.5	80(G3)	125～145	1322～2958	45～196	杭州沃德水泵制造有限公司
XBD2.4～29.9/10-A	10	0.24～2.99	2850	4～45	80(G3)	145	1356～4543	67～376	
XBD2.6～18.2/15-A	15	0.26～1.82	2850	5.5～45	100(G4)	175	1291～4749	80～391	
XBD3.9～32/20-A	20	0.39～3.2	2850	13～75	100(G4)	175	1457～4949	90.3～398	
XBD3.0～25.2/25-A	25	0.3～2.52	2850	7.5～110	100(G4) 150(G6)	175～220	1457～3683	90～492	
XBD1.5～19.2/30-A	30	0.15～1.92	2850	7.5～110	150(G6)	220	1126～3683	90～492	
XBD1.10～10.5/35-A	35	0.11～1.05	2850	7.5～75	150(G6)	220	1126～3683	96～395	
XBD1.5～15/40-A	40	0.15～1.5	2850	11～90	150(G6)	220	1191～3937	113～467	
XBD2.3～11.9/45-A	45	0.23～11.9	2850	18.5～90	150(G6)	220	1512～3937	165～487	
XBD1.9～9.5/50-A	50	0.19～0.95	2850	18.5～90	150(G6)	220	1512～3937	175～497	

17.6.7　XBC 系列柴油机消防水泵

1. 特点：XBC 系列柴油机消防水泵具有启动特性好、过载能力强、结构紧凑、维修方便、自动化程度高、性能可靠、压力及流量范围广等特点，尤其适用于没有电源或电源不正常等意外情况下消防给水。

2. 性能规格及外形与安装尺寸：XBC 系列柴油机消防水泵性能规格及外形与安装尺寸见表 17-35，XBC-WIS 系列柴油机消防水泵外形与安装尺寸见图 17-30，XBC-WSO 系

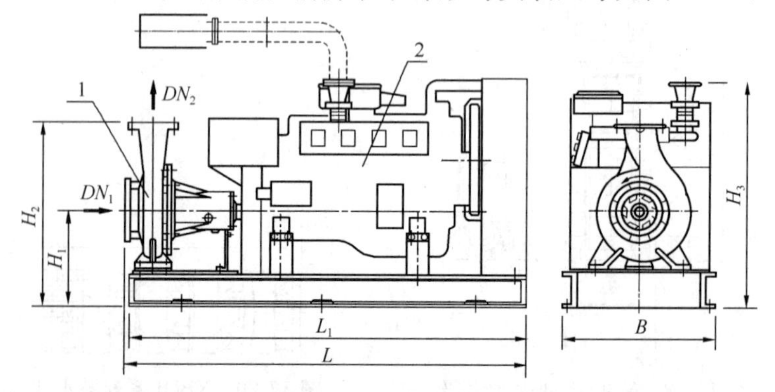

图 17-30　XBC-WIS 系列柴油机消防水泵外形与安装尺寸

1—水泵；2—柴油发动机

列柴油机消防水泵外形与安装尺寸见图 17-31。

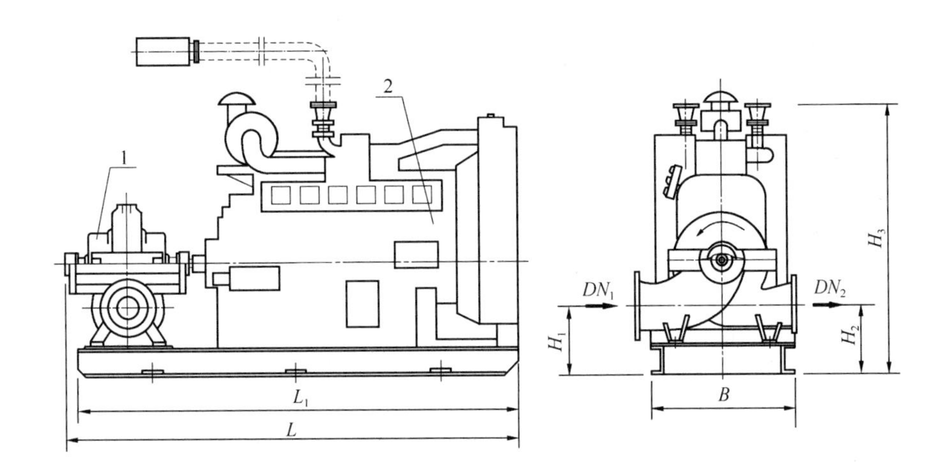

图 17-31 XBC-WSO 系列柴油机消防水泵外形与安装尺寸

1—水泵；2—柴油发动机

XBC 系列柴油机消防水泵性能规格及外形与安装尺寸 表 17-35

型号		额定转速 (r/m)	额定流量 (L/s)	额定压力 (MPa)	必需气蚀余量 (m)	配套柴油机功率 (kW)	外形与安装尺寸(mm)							质量 (kg)	主要生产厂商
							L	L_1	H_1	H_2	H_3	B	DN_1/DN_2		
XBC-WIS	3/10	2000	10	0.3	2.5	26.5	1520	1500	460	710	1010	650	100/65	91	杭州沃德水泵制造有限公司
	3/20	2000	20	0.3	3.0	26.5	1520	1500	460	710	1010	650	100/65	91	
	3/30	2000	30	0.3	3.8	36	1760	1700	460	740	1080	650	125/100	129	
	3/40	2000	40	0.3	4.8	36	1760	1700	460	740	1080	650	125/100	129	
	4/10	2000	10	0.4	2.5	26.5	1520	1500	460	710	1010	650	100/65	91	
	4/20	2000	20	0.4	3.0	26.5	1570	1500	460	710	1010	650	125/100	129	
	4/30	2000	30	0.4	3.6	36	1760	1700	460	775	1080	650	125/100	145	
	5/10	2000	10	0.5	4.2	26.5	1570	1500	460	740	1010	650	100/65	120	
	5/20	2000	20	0.5	4.5	36	1760	1700	460	740	1080	650	100/65	120	
	5/30	2000	30	0.5	4.5	48	1860	1800	480	795	1150	820	125/100	145	
	5/40	2000	40	0.5	4.9	48	1860	1800	480	795	1150	820	125/100	145	
	6/10	2000	10	0.6	2.5	36	1760	1700	460	740	1080	650	100/65	120	
	6/20	2000	20	0.6	3.0	36	1760	1700	460	775	1080	650	125/100	145	
	6/30	2000	30	0.6	3.6	48	1860	1800	480	795	1150	820	125/100	145	

续表

型　号		额定转速(r/m)	额定流量(L/s)	额定压力(MPa)	必需气蚀余量(m)	配套柴油机功率(kW)	外形与安装尺寸(mm)							质量(kg)	主要生产厂商
							L	L_1	H_1	H_2	H_3	B	DN_1/DN_2		
XBC-WSO	3/30	2000	30	0.3	4.5	36	1810	1800	320	320	1080	650	125/80	194	杭州沃德水泵制造有限公司
	3/40	2000	40	0.3	4.5	36	1810	1800	330	330	1080	650	150/100	207	
	3/50	2000	50	0.3	6.8	36	1810	1800	330	330	1080	650	150/100	207	
	4/30	2000	30	0.4	4.5	36	1810	1800	320	320	1080	650	125/80	204	
	4/50	2000	50	0.4	6.8	48	2080	2000	350	350	1150	820	200/125	274	
	4/60	2000	50	0.4	6.8	48	1910	1900	330	330	1150	820	150/100	223	
	4/90	2000	90	0.4	8.4	72	2320	2600	350	350	1150	820	200/125	274	
	5/50	2000	50	0.5	6.8	72	2150	2100	330	330	1150	820	150/100	223	
	5/60	2000	60	0.5	7.1	72	2150	2100	330	330	1150	820	150/100	223	
	5/70	2000	70	0.5	7.2	72	2150	2100	330	330	1150	820	150/100	223	
	5/100	2000	100	0.5	8.9	72	2320	2300	350	350	1150	820	200/125	274	
	6/20	2000	20	0.6	6.3	72	1810	1800	330	330	1080	650	150/100	223	
	7/30	2000	30	0.7	6.5	72	1910	1900	330	330	1080	650	150/100	223	
	5/40	1500	40	0.5	3.1	58	1910	1900	330	330	1080	820	150/100	245	
	6/80	1500	80	0.6	2.7	75	2310	2300	350	350	1460	820	200/125	335	
	7/80	1500	80	0.7	2.7	110	2650	2600	420	420	1460	900	200/125	335	
	6/120	1500	120	0.6	3.4	110	2800	2700	420	420	1470	900	200/150	436	
	8/120	1500	120	0.8	4.2	161	2900	2900	420	420	1600	900	200/150	646	
	6/150	1500	150	0.6	3	161	2900	2900	470	470	1550	900	200/150	436	
	9/150	1500	150	0.9	4.2	220	3120	3000	470	470	1420	1100	200/150	646	
	12/150	1500	150	1.2	2.9	339	3320	3200	570	570	1550	1200	250/200	990	

17.7　成套消防给水设备

成套消防给水设备常用有 HXZ 系列全自动消防给水设备、QX 系列消防气压给水设备、W 系列消防增压稳压给水设备等。

17.7.1　HXZ 系列全自动消防给水设备

1. 适用范围：HXZ 系列全自动消防给水设备适用于工业与民用建筑的消火栓、自动喷水灭火消防水系统的加压供水。

2. 组成：HXZ系列全自动消防给水设备主要由消防泵、控制柜、缓冲器、压力控制器、压力检测表、管路、阀门等组成。

3. 型号意义说明：

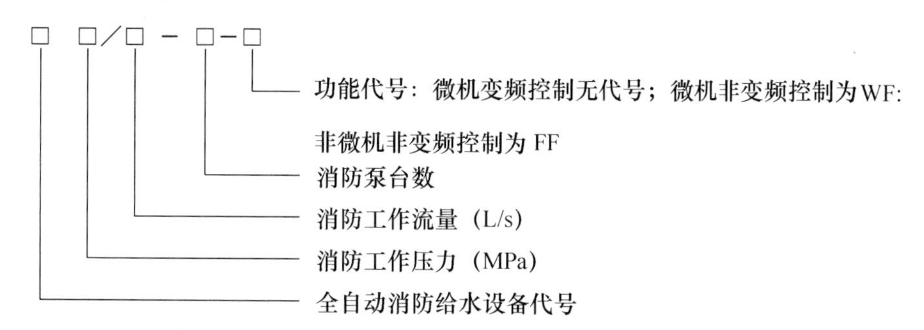

4. 性能规格：HXZ系列全自动消防给水设备性能规格见表17-36。

HXZ型全自动消防给水设备性能规格 **表17-36**

型号	工作流量（L/s）	工作压力（MPa）	水泵进、出水管管径 DN_1/DN_2（mm）	推荐消防泵			缓冲器 $\phi \times H$（mm）	控制柜型号	主要生产厂商
				型号	功率（kW）	台数			
HXZ0.56/20-2	20	0.56	150/125	XBD5.6/20-85-30-2	18.5	2	600×1500	DKG180	青岛三利集团有限公司
HXZ1.25/20-2	20	1.25		XBD12.5/20-85-60-2	45				
HXZ0.51/25-2	25	0.51	200/150	XBD5.1/25-120-30-2	30				
HXZ0.42/27.8-2	27.8	0.42		XBD4.2/27.8-120-20	22				
HXZ1.25/27.8-2	27.8	1.25		XBD12.5/27.8-120-60-1	55				
HXZ0.56/30-2	30	0.56		XBD5.6/30-150-30-2	30				
HXZ1.25/30-2	30	1.25		XBD12.5/30-150-60-2	75				
HXZ0.63/20-3	20	0.63	100/100	XBD6.3/10-42-30	11				
HXZ1.36/20-3	20	1.36		XBD13.6/10-42-70-2	30				
HXZ0.44/25-3	25	0.44	125/100	XBD4.4/12.5-42-30-2	11				
HXZ0.64/25-3	25	0.64		XBD6.4/12.5-42-40-2	15				
HXZ0.46/27.8-3	27.8	0.46	125/125	XBD4.6/13.9-65-20	11				
HXZ1.30/27.8-3	27.8	1.30		XBD13.0/13.9-65-60-2	30				
HXZ0.42/30-3	30.0	0.42		XBD4.2/15-65-20	11				
HXZ1.35/30-3	30.0	1.35		XBD13.5/15-65-70-2	37				
HXZ0.56/40-2	40	0.56	150/125	XBD5.6/20-85-20	15				
HXZ1.35/40-2	40	1.35		XBD13.5/20-85-60	45				

注：1. 表中所列举的设备型号仅为常用型号；当选用表中以外规格时，需与生产厂家联系；

2. 表中的消防泵台数均含一台备用泵，且设备的工作流量不包括备用泵的流量；

3. 消防泵应满足自灌式引水。

5. 外形与安装尺寸：HXZ系列全自动消防给水设备外形与安装尺寸见图17-32、表17-37。

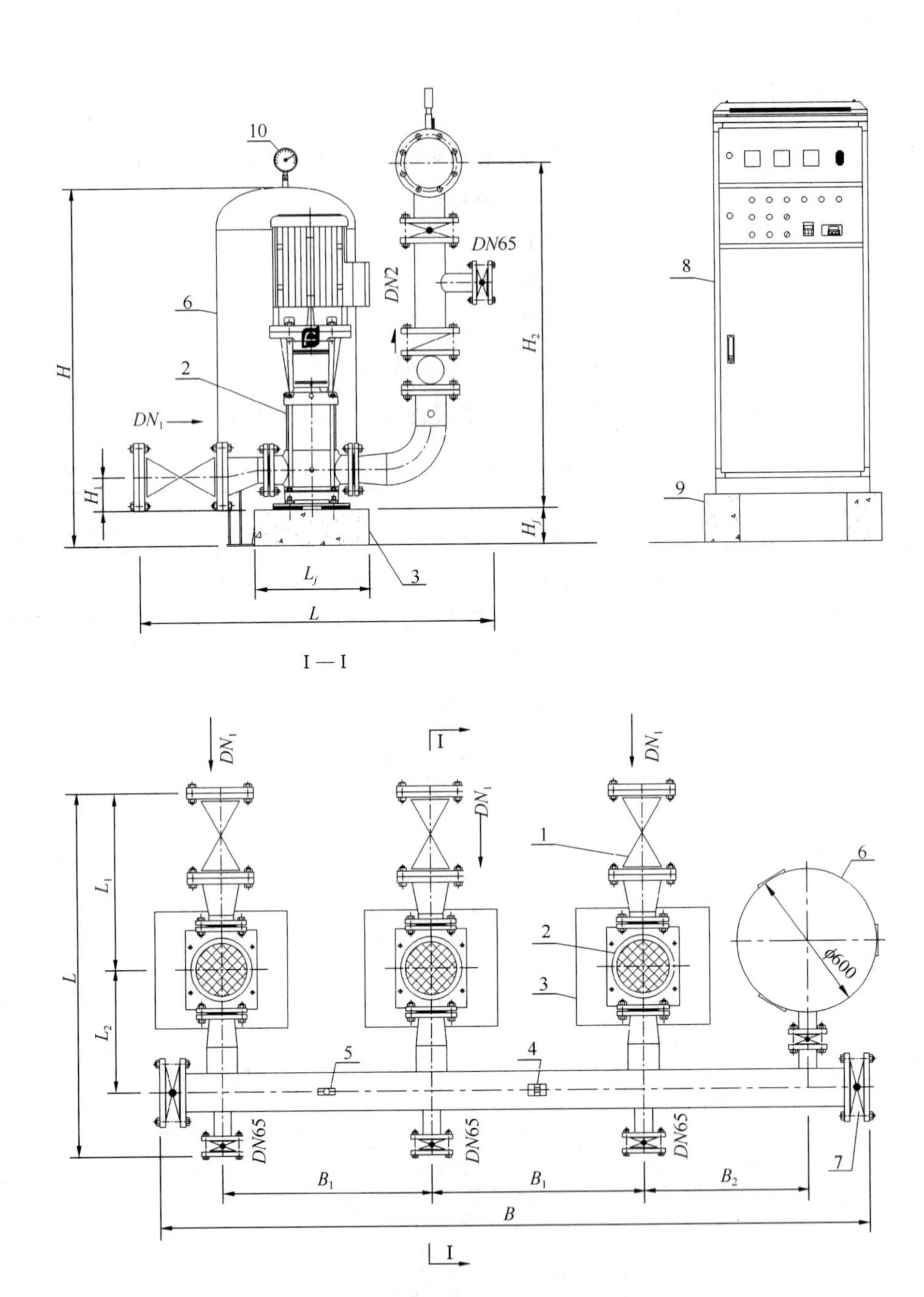

图 17-32　HXZ 型全自动消防给水设备外形及安装尺寸

1—闸阀；2—消防泵；3—消防泵基础；4—压力控制器；5—远传压力表；6—缓冲器；7—蝶阀；8—控制柜；9—控制柜基础；10—压力表

HXZ系列全自动消防给水设备外形与安装尺寸 表17-37

<table>
<tr><th rowspan="2">型　号</th><th colspan="4">外形尺寸(mm)</th><th colspan="6">安装尺寸(mm)</th><th colspan="3">配套控制柜外形尺寸(mm)</th></tr>
<tr><th>L</th><th>B</th><th>H</th><th>H_j</th><th>L_1</th><th>L_2</th><th>B_1</th><th>B_2</th><th>H_1</th><th>H_2</th><th>长度</th><th>宽度</th><th>高度</th></tr>
<tr><td>HXZ0.56～1.25/20-2</td><td>1530</td><td>1850～2200</td><td rowspan="9">1500</td><td rowspan="9">100～300</td><td>745</td><td>520</td><td>650</td><td rowspan="9">700</td><td>139</td><td>1460</td><td rowspan="9">800</td><td rowspan="9">600</td><td rowspan="9">1970</td></tr>
<tr><td>HXZ0.42～0.62/25-2</td><td>1650</td><td>1960～2360</td><td>790</td><td>575</td><td>700～1100</td><td>158</td><td>1620</td></tr>
<tr><td>HXZ0.42～1.25/27.8-2</td><td>1650</td><td>1960～2760</td><td>790</td><td>575</td><td>700～1500</td><td>158</td><td>1620</td></tr>
<tr><td>HXZ0.56～1.25/30-2</td><td>1650</td><td>2460～2860</td><td>790</td><td>575</td><td>1100～1500</td><td>158</td><td>1620</td></tr>
<tr><td>HXZ0.63～1.36/20-3</td><td>1310</td><td>2400～3400</td><td>635</td><td>450</td><td>600～1100</td><td>153</td><td>1360</td></tr>
<tr><td>HXZ0.44～0.64/25-3</td><td>1335</td><td>2400</td><td>660</td><td>450</td><td>600</td><td>143</td><td>1360</td></tr>
<tr><td>HXZ0.46～1.30/27.8-3</td><td>1430</td><td>2500～3400</td><td>650</td><td>515</td><td>650～1100</td><td>152</td><td>1490</td></tr>
<tr><td>HXZ0.42～1.35/30-3</td><td>1430</td><td>2500～3400</td><td>650</td><td>515</td><td>650～1100</td><td>152</td><td>1490</td></tr>
<tr><td>HXZ0.56～1.35/40-2</td><td>1530</td><td>2600～3500</td><td>745</td><td>520</td><td>1100</td><td>139</td><td>1460</td></tr>
</table>

17.7.2 QX系列消防气压给水设备

1. 适用范围：QX系列消防气压给水设备适用于工业与民用建筑的消火栓、自动喷水灭火等各类消防水系统的消防稳压。

2. 组成、特点：QX系列消防气压给水设备由气压水罐、消防泵组、稳压泵组、控制柜、控制仪表、管道附件等组成，在消防泵启、停状态均能向消防管网自动按设定压力持续给水，可分为单级消防稳压泵组和多级消防稳压泵组。设备投入正常运行后，当消防管网因泄漏造成压力下降至设定的稳压压力下限时，控制柜自动启动一台稳压泵补水增压，直至压力达到设定的稳压压力上限停机。稳压泵停机后，由气压水罐弥补管网的泄漏，保持消防管网压力。下次压力下降，启动另一台稳压泵补水增压。两台稳压泵一用一备，自动轮换，保持消防管网平时所需的消防水压和火灾发生时消防主泵启动过程中所需的水压、水量要求。消防用水时，启动主消防泵提供水。两台消防泵一用一备（或多用一备），主消防泵有故障时自动切换至备用消防泵工作。该消防气压给水设备适用于消火栓给水系统、自动喷水灭火系统、消火栓和自动喷水灭火合用的系统、消防与生活（生产）共用气压给水设备的系统。室内使用时，要求0～40℃不冻结，90%RH以下不结露，无腐蚀性气体，无易燃易爆气体及油雾尘埃等，海拔高度不超过1000m。

3. 性能规格及外形与安装尺寸：QX系列消防气压给水设备性能规格及外形与安装尺寸见表17-38、图17-33。

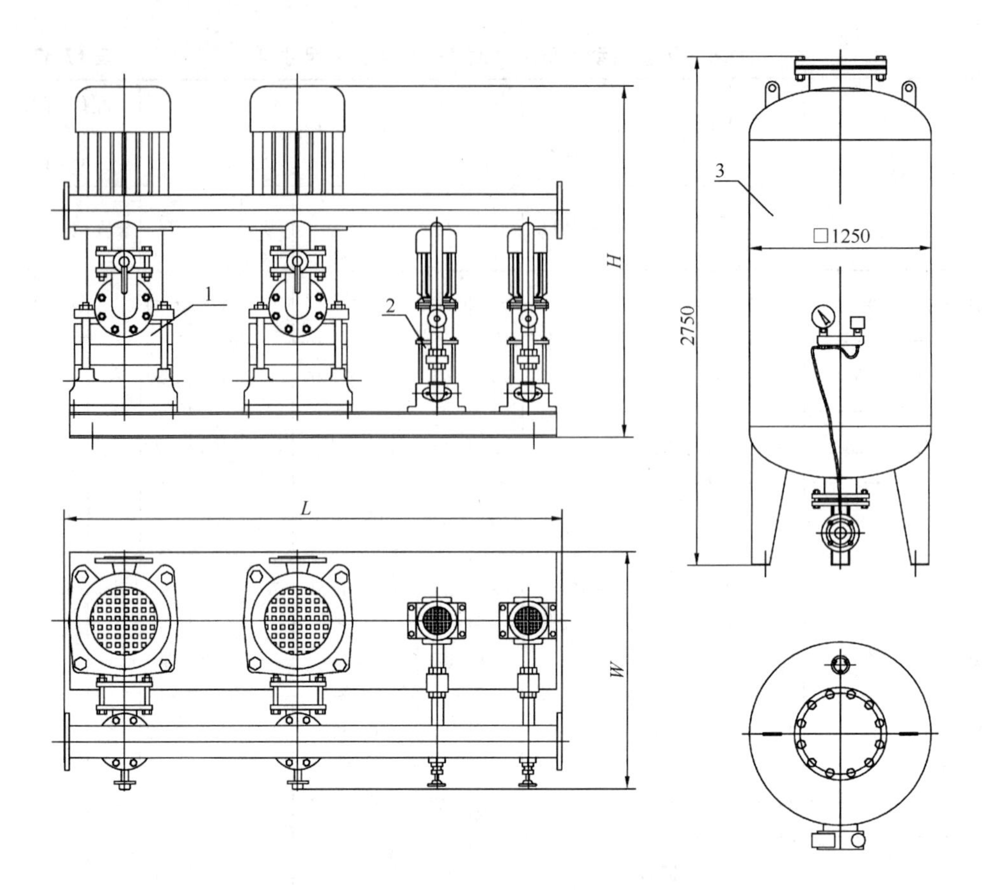

图 17-33　QX 系列消防气压给水设备外形与安装尺寸
1—消防水泵；2—稳压水泵；3—气压水罐

QX 系列消防气压给水设备性能规格及外形与安装尺寸　表 17-38

型　号	消防泵参数			稳压泵参数				外形与安装尺寸(mm)			质量(kg)	主要生产厂商
	单泵流量(L/s)	压力(MPa)	功率(kW)	单泵流量(L/s)	压力上限(MPa)	压力下限(MPa)	功率(kW)	*H*	*L*	*W*		
QX0.19/5-0.45	5	0.24	3	1.11	0.32	0.27	1.1	745	1710	880	296	上海凯泉泵业(集团)有限公司
QX0.33/10-0.45	10	0.38	7.5	1.11	0.46	0.41	1.5	830	1960	1000	444	
QX0.40/15-0.45	15	0.45	15	1.11	0.52	0.47	2.2	970	1960	1000	574	
QX0.47/20-0.45	20	0.52	22	1.11	0.58	0.53	2.2	1090	1985	1155	758	
QX0.65/25-0.45	25	0.7	30	1.11	0.78	0.73	2.2	1220	2160	1155	934	
QX0.79/30-0.45	30	0.84	55	1.11	0.88	0.83	3	1441	2360	1295	2159	
QX0.19/35-0.45	35	0.24	15	1.11	0.32	0.27	1.1	1035	1985	1240	1469	
QX0.27/35-0.45	35	0.32	22	1.11	0.4	0.35	1.1	1120	1985	1240	1599	
QX0.45/35-0.45	35	0.5	37	1.11	0.52	0.47	2.2	1260	2160	1295	1773	
QX0.18/40-0.45	40	0.23	15	1.11	0.32	0.27	1.1	1035	1985	1240	1469	
QX0.39/40-0.45	40	0.44	30	1.11	0.52	0.47	2.2	1260	2160	1295	1743	
QX0.63/40-0.45	40	0.68	45	1.11	0.78	0.73	2.2	1341	2360	1295	1947	
QX0.23/50-0.45	50	0.28	22	1.11	0.4	0.35	1.1	1236	2210	1640	2096	

续表

型 号	消防泵参数			稳压泵参数				外形与安装尺寸(mm)			质量(kg)	主要生产厂商
	单泵流量(L/s)	压力(MPa)	功率(kW)	单泵流量(L/s)	压力上限(MPa)	压力下限(MPa)	功率(kW)	*H*	*L*	*W*		
QX0.19/60-0.45	60	0.24	22	1.11	0.32	0.27	1.1	1236	2210	1640	2096	上海凯泉泵业（集团）有限公司
QX0.39/60-0.45	60	0.44	45	1.11	0.52	0.47	2.2	1413	2285	1640	2427	
QX0.22/10-0.45	10	0.27	5.5	1.11	0.35	0.3	1.1	1254	2110	1085	860	
QX0.32/15-0.45	15	0.37	11	1.11	0.45	0.4	1.5	1396	2170	1175	1183	
QX0.71/20-0.45	20	0.76	30	1.11	0.84	0.79	3	1975	2280	1330	2007	
QX0.95/25-0.45	25	1	45	1.11	1.08	1.03	3	2170	2280	1330	2227	
QX1.04/30-0.45	30	1.09	55	1.11	1.17	1.12	4	2380	2280	1330	2603	
QX1.40/30-0.45	30	1.45	75	1.11	1.53	1.48	5.5	2685	2280	1330	3141	
QX0.34/40-0.45	40	0.39	30	1.11	0.45	0.4	1.5	1849	2400	1560	2099	
QX0.73/40-0.45	40	0.78	45	1.11	0.84	0.79	3	2204	2400	1560	2523	
QX0.92/40-0.45	40	0.97	55	1.11	1.08	1.03	3	2439	2400	1560	3001	
QX1.12/40-0.45	40	1.17	75	1.11	1.17	1.12	4	2659	2400	1560	3461	
QX1.31/40-0.45	40	1.36	75	1.11	1.44	1.39	4	2794	2400	1560	3645	
QX0.63/50-0.45	50	0.68	55	1.11	0.76	0.71	2.2	2211	2410	1595	2928	
QX0.86/50-0.45	50	0.91	75	1.11	0.84	0.79	3	2417	2410	1595	3392	
QX1.08/50-0.45	50	1.13	90	1.11	1.17	1.12	4	2588	2410	1595	3808	
QX1.31/50-0.45	50	1.36	110	1.11	1.44	1.39	4	2929	2410	1595	4776	

17.7.3 W系列消防增压稳压给水设备

1. 适用范围：W系列消防增压稳压给水设备适用于工业与民用建筑的消火栓、自动喷水灭火等各类消防水系统的消防稳压。

2. 组成、分类：W系列消防增压稳压给水设备主要由消防稳压泵、控制柜、气压水罐、压力检测表、管路、阀门等组成。该设备可分为WXS型消火栓增压稳压给水设备、WXP型自动喷水灭火增压稳压给水设备和WXH型消火栓自动喷水灭火合用增压稳压给水设备。

3. 型号意义说明：

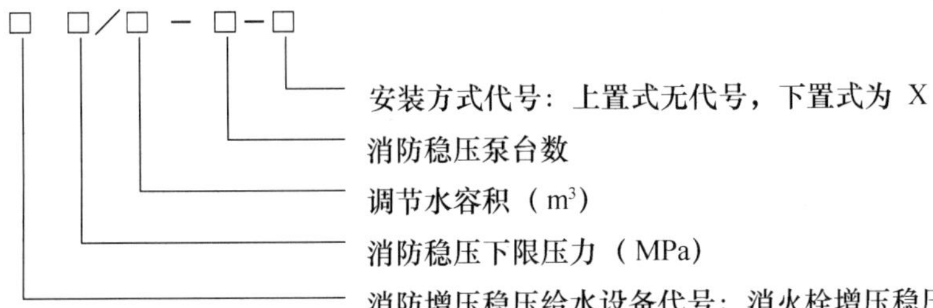

4. 性能规格：W系列消防增压稳压给水设备性能规格见表17-39。

W系列消防增压稳压给水设备技术规格 表17-39

型号	消防稳压下限压力(MPa)	气压水罐		推荐消防稳压泵			稳压泵进、出水管管径(mm)	控制柜型号	主要生产厂商
		规格ϕ(mm)	调节水容积(m^3)	型号	功率(kW)	台数			
WXP0.27～1.08/0.30-2	0.27～1.08	800	0.30	25LG3-10×3～12	1.1～4				
WXS0.24～0.96/0.30-2	0.24～0.96	800	0.30	40LG12-15×2～8	2.2～7.5	2	50	DKG70	青岛三利集团有限公司
WXH0.24～0.96/0.45-2	0.24～0.96	1000	0.45	40LG12-15×2～8	2.2～7.5				

说明：表中设备型号仅为常用型号；当选用表中以外规格时，需与生产单位联系。水泵台数均含一台备用泵。水泵应满足自灌式引水。

5. 外形与安装尺寸：W系列消防增压稳压给水设备外形与安装尺寸见图17-34、表17-40。

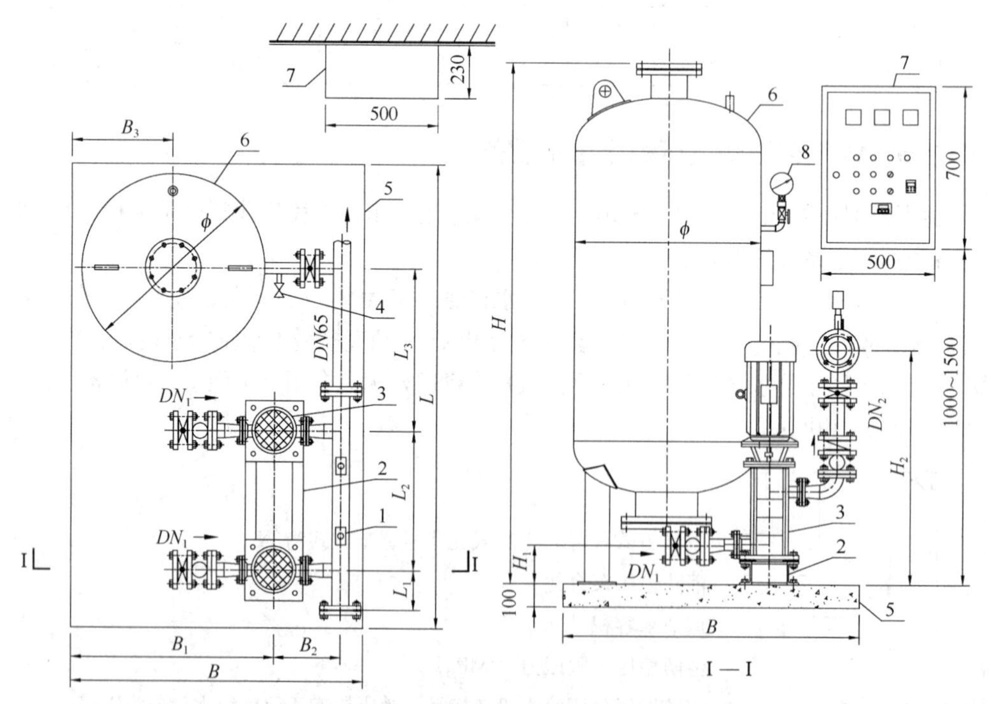

图17-34 W型消防增压稳压给水设备外形及安装尺寸

1—电接点压力表；2—水泵槽钢底座；3—消防稳压泵；4—泄水阀；

5—设备基础；6—气压水罐；7—控制柜；8—压力表

W系列消防增压稳压给水设备外形与安装尺寸 表17-40

型 号	基础及安装尺寸（mm）										
	L	B	H	L_1	L_2	L_3	B_1	B_2	B_3	H_1	H_2
WXP0.27～1.08/0.30-2	2000	1300	2374	170	600	700	900	282	450	194	950～1310
WXS0.24～0.96/0.30-2	2000	1300	2374	170	600	700	900	297	450	175	915～1251
WXH0.24～0.96/0.45-2	2200	1400	2706	170	600	800	1000	297	550	175	915～1251

17.8 消 防 车

消防车又名救火车，是专门用于救火或其他紧急抢救用途的专用特种车辆，主要用于我国大中城市专业消防队灭火，也适用于高空供水、登高作业、抢险救援、排烟照明的作用。根据适用型式可分为水罐消防车、泡沫消防车、干粉消防车、泡沫－干粉联用消防车、机场救援消防车、抢险救援消防车、勘察消防车、救护消防车、泵浦消防车、登高平台消防车、云梯消防车、通信指挥消防车、排烟照明消防车等。消防车的相关性能要求应符合《消防车消防性能要求和试验方法》GB 7956 的规定。

1. 泡沫消防车的适用范围：泡沫消防车是公安消防队（站）及工矿企业、仓库、港口、码头、油库、油田、机场等企业消防队的主要消防车辆装备。它适用于扑救可燃液体B类物质火灾，也能扑救A类物资火灾。

2. 泡沫消防车的分类、型式：泡沫消防车分为载炮泡沫消防车和不载炮泡沫消防车。目前生产的泡沫消防车基本上是载炮泡沫消防车。JDX型载炮泡沫消防车结构示意见图17-35。

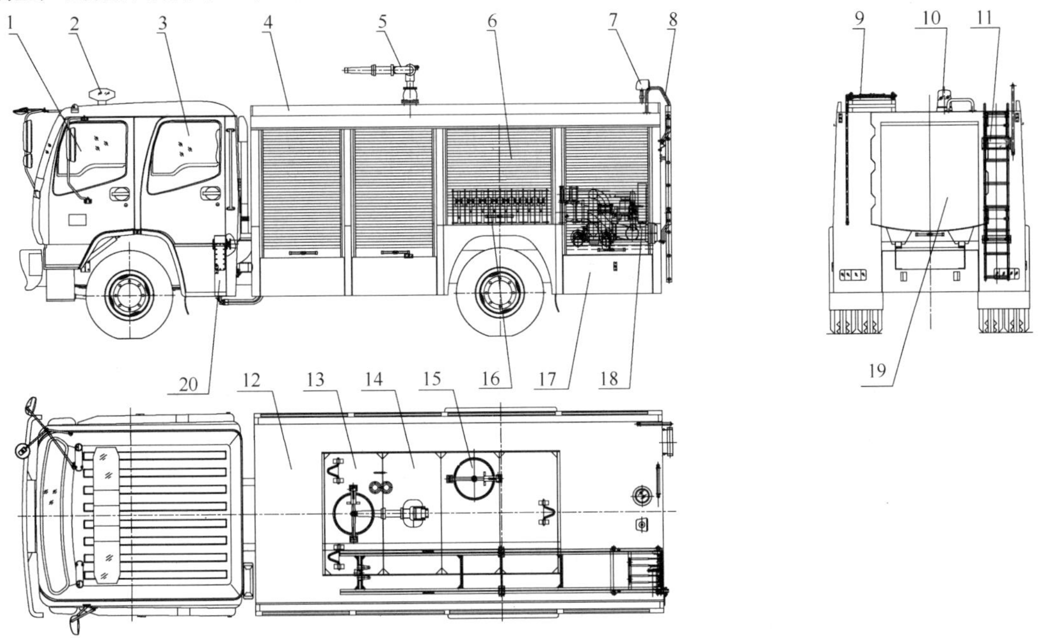

图17-35 JDX型载炮泡沫消防车结构示意

1—二类底盘；2—长排警灯；3—乘员室；4—防护栏；5—消防炮；6—卷帘门；7—探照灯；8—扶手；9—拉梯翻转架；10—圆警灯；11—后爬梯；12—车厢总成；13—泡沫罐；14—水罐；15—人孔盖；16—随车器材；17—翻门踏板；18—水泵及管路系统；19—后翻门；20—取力传动系统

3. 性能规格及外形尺寸：JDX型载炮泡沫消防车性能规格及外形尺寸见表17-41。

JDX型载炮泡沫消防车性能规格及外形尺寸　　表17-41

型号	底盘		液罐容量		消防水泵		消防泡沫车		车速≥(km/h)	外形尺寸 长度×宽度×高度(mm)	总质量(t)	主要生产厂商
	型号	功率(kW)	水(m^3)	泡沫液(m^3)	流量(L/min)	扬程(MPa)	流量(L/s)	射程≥(m)				
JDX5070GXFPM20	NKR77LLLWCJAY	96	1.6	0.451	1800	1.0	24	50	100	6255×1945×2940	6.6	上海金盾消防安全设备有限公司
JDX5100GXFPM35	QL1100TKARY	129	2.4	0.885	1800/900	1.0/2.0	24	55	90	6860×2230×3130	9.8	
JDX5150GXFPM50	FVR34J2	191	1.96	2.566	3600	1.0	24～48	60	98	8030×2490×3370	14.9	
JDX5140GXFPM55S	EQ1141KJ	132	3.9	1.535	2400/1200	1.0/2.0	24～32	45	90	7860×2500×3400	14.3	
JDX5190GXFPM80S	ZZ1167M4617C	196	5.395	1.996	3600/1800	1.0/2.0	24～48	55	90	8675×2500×3480	19.0	
JDX5260GXFPM100S	ZZ1257S4347C	276	7.2	2.832	4800/2400	1.0/2.0	24～48	55	90	9700×2500×3600	25.6	
JDX5260GXFPM120	TGA26.350	257	8.1	3.185	4800	1.0	80	75	90	9477×2490×3460	25.68	
JDX5270GXFPM120Q	JNP1250FD1J1	301	9.05	2.655	4800	1.0	24～48	55	85	9980×2500×3590	27.28	
JDX5300GXFPM150S	ZZ1257S4347C	276	10.0	4.425	4800/2400	1.0/2.0	24～48	55	90	9910×2500×3460	30.2	
JDX5310GXFPM160	ZZ1257S4347C	276	10.85	4.115	4800/2400	1.0/2.0	24～48	55	90	9960×2480×3650	31.1	
JDX5100GXFAP21	QL1100TKARY	129	1.98	0.2	1800	1.0	24	45	90	6860×2230×2770	9.5	
JDX5150GXFAP24	TGM18.280	206	2.0	0.2+0.2	3000	1.0	30	45	90	7695×2500×3100	15.0	
JDX5160GXFAP50	FVR34J2	191	4.35	0.20	3600	1.0	43.3	45	95	8135×2500×3200	15.59	
JDX5280GXFPM120U	DND1323XFCWB4BLPHLB	286	6.0	5.31	5400	1.0	64	70	95	9735×2490×3620	27.61	

注：表中射程为在炮身与水平面夹角为30°、喷射泡沫时，水炮射流曲线的水平投影长度；车速为满载时的最大限速。

17.9　优贝自动分散型灭火装置

1. 适用范围：优贝自动分散型灭火装置可以扑灭木料、布料、燃油类、气体以及电气火灾；适用于中小型船舱、博物馆、档案室、办公楼、家庭住宅、宾馆、厨房、室内仓库、变电房、机柜等场所，尤其适用于无法安装喷淋系统、存放物品不宜受水淋、常年或经常无人看管的场所。其适用范围见表17-42。

优贝自动分散型灭火装置适用范围 **表 17-42**

适 用 场 所	不适用场所
1. 固体表面火灾； 2. 液体火灾； 3. 灭火前能切断气源的气体火灾； 4. 电气火灾	1. 硝化纤维、硝酸钠等氧化剂或含氧化剂的化学制品火灾； 2. 钾、镁、钠等活泼金属的火灾（D类火灾）； 3. 氢化钾、氢化钠等金属氢化物火灾； 4. 过氧化氢、联氨等能自行分解的化学物质火灾； 5. 可燃固体物质的深位火灾

2. 组成、特点：优贝自动分散型灭火装置由装有灭火剂的玻璃瓶、不锈钢套筒、支架等部件组成。玻璃管内的药剂在应急时可作为阻燃剂使用。该装置结构示意见图 17-36。

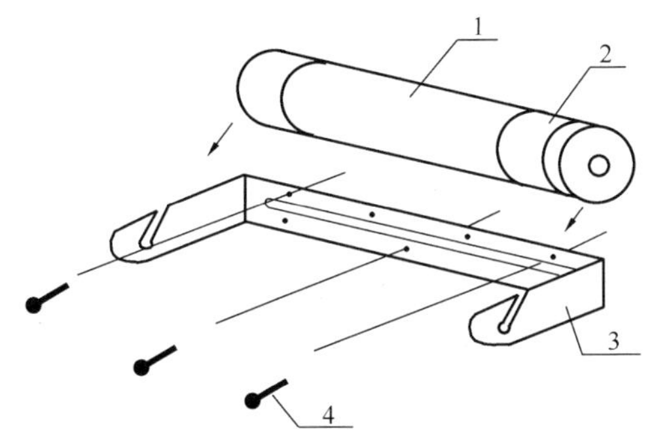

图 17-36 优贝自动分散型灭火装置结构示意

1—玻璃瓶；2—套筒；3—支架；4—螺钉

3. 性能规格及外形尺寸：在空间高度为 3m 时，每个优贝自动分散型灭火装置保护范围为 $8m^3$。优贝自动分散型灭火装置性能规格及外形尺寸见表 17-43。

优贝自动分散型灭火装置性能规格及外形尺寸 **表 17-43**

灭火剂容积（L）	灭火剂储存压力（20℃时）	系统适用环境温度（℃）	系统启动方式	外形尺寸 长度×宽度×高度（mm）	质量 >(kg)	主要生产厂商
0.6	常压	−15～55	当环境温度 90℃±10% 自动启动	310×90×62	0.81	上海优贝环保科技有限公司

18 防腐、止水材料

18.1 防 腐 涂 料

给水排水设备内外常用的防腐涂料性能规格与适用范围（一）、（二）见表18-1、表18-2。

防腐涂料性能规格与适用范围（一） 表18-1

类别	名 称	钢基层防锈等级	涂层构造				适用范围及特性	主要生产厂商
			底涂料	中间涂料	面涂料	总厚度		
钢结构室内外涂层	各色特种防腐涂层	牢固的锈层厚度不大于60μm	RUST-X稳化型水性带锈底漆2遍30μm	H06-3环氧云铁中间漆1遍50μm	丙烯酸聚氨酯面漆2遍80μm	160μm	适用于除锈难度较大户内外钢结构的防腐，底、中、面涂料配套，防腐性能优越	江苏金陵特种涂料有限公司
	各色醇酸磁漆涂层	Sa $2\frac{1}{2}$ 或St3	C06-F1醇酸铁红底漆2遍60μm	C06-F10醇酸中间漆1遍30μm	C04-F42醇酸磁漆2遍60μm	150μm	具有良好的户外耐候性和物理机械性能，附着力好，适用于户内外钢结构一般防腐	
	各色高氯化聚乙烯涂层	Sa $2\frac{1}{2}$ 或St3	X53-G2高氯化聚乙烯铁红底漆2遍60μm	X53-G4高氯化聚乙烯中间漆2遍60μm	X53-G10高氯化聚乙烯磁漆2遍60μm	180μm	具有优良的防腐性能，适用于户内外钢结构防腐	
	各色氯化橡胶涂层	Sa $2\frac{1}{2}$ 或St3	J53-G2氯化橡胶铁红防锈底漆2遍60μm	J53-G2.1氯化橡胶中间漆2遍60μm	J52-G4.1氯化橡胶防腐面漆2遍60μm	180μm	有良好的耐候性，耐水性，防腐性能好	
	各色丙烯酸涂层	Sa $2\frac{1}{2}$	H06-1环氧富锌底漆2遍80μm	H06-3环氧云铁中间漆1遍60μm	BX-4丙烯酸防腐磁漆2遍80μm	220μm	适用于户内外钢结构防腐，干燥快，具有良好的防腐性能	

续表

类别	名称	钢基层防锈等级	涂层构造				适用范围及特性	主要生产厂商
			底涂料	中间涂料	面涂料	总厚度		
钢结构室内外涂层	各色聚氨酯涂层(双组分)	Sa $2\frac{1}{2}$	H06-1 环氧富锌底漆 2 遍 80μm	H06-3 环氧云铁中间漆 1 遍 60μm	1901 聚氨酯防腐面漆 3 遍 100μm	240μm	涂层耐磨性好，色泽光亮，耐油，苯类溶剂，耐海水，耐酸、碱、盐类腐蚀和化工大气，并具有优良的耐候性	江苏金陵特种涂料有限公司
	PF-01 聚氯乙烯萤丹涂层(牌号：PF01-30)	Sa $2\frac{1}{2}$ 或 St3	PF-01 聚氯乙烯萤丹涂料 3 遍 110μm	—	PF-01 聚氯乙烯萤丹涂料 3 遍 90μm	200μm	涂料对盐酸、中等浓度的硫酸、硝酸、醋酸、碱和大多数的盐类等介质具有优良的耐腐蚀性能，附着力强，使用年限长，在强腐蚀条件下有使用寿命达 15a 以上的工程案例	临海市龙岭化工厂
	PF-01 聚氯乙烯含氟萤丹涂层(牌号：PF01-30F)	Sa $2\frac{1}{2}$ 或 St3	PF-01 聚氯乙烯含氟萤丹涂料 3 遍 110μm	—	PF-01 聚氯乙烯含氟萤丹涂料 3 遍 90μm	200μm		
	PF 高氯化聚乙烯含氟萤丹涂层(牌号：PF01-30GF)	Sa $2\frac{1}{2}$ 或 St3	PF 高氯化聚乙烯含氟萤丹涂料 3 遍 110μm	—	PF 高氯化聚乙烯含氟萤丹涂料 3 遍 90μm	200μm	耐酸、耐碱及氯离子的腐蚀，适用于中、弱腐蚀级别的防护，附着力优	
	881-聚苯乙烯防腐涂层	St3	钢结构用 881-聚苯乙烯铁红底漆 2 遍；水泥砂浆面用 881-聚苯乙烯专用底漆	881-聚苯乙烯各色中间漆 2 遍	881-聚苯乙烯清漆 1-2 遍	钢结构 160μm；水泥砂浆 190μm	对盐酸、硫酸、磷酸、醋酸、草酸、氢氟酸及苛性碱、各种饱和盐水、醇类等介质有优良的耐蚀性	如皋市化工防腐有限公司

续表

类别	名称	钢基层防锈等级	涂层构造				适用范围及特性	主要生产厂商
			底涂料	中间涂料	面涂料	总厚度		
钢结构室内外涂层	丙烯酸环氧涂层(双组分)	Sa $2\frac{1}{2}$ 或 St3	FJ-4-1 丙烯酸环氧底漆 2 遍 100μm	—	FJ-4-2B 丙烯酸环氧面层 2 遍 100μm	200μm	室内外钢结构	上海正臣防腐有限科技公司
	丙烯酸聚氨酯涂层(双组分)	Sa $2\frac{1}{2}$ 或 St3	—	—	FJ-4C 丙烯酸聚氨酯面层 4 遍 200μm	200μm	室外钢结构及温度小于 180℃的钢结构设备、管道	
	PVC 防腐涂层	St3 或 Sa $2\frac{1}{2}$	PVC 防腐涂料 2 遍	FVC 防腐涂料 1 遍	FVC 防腐涂料 2 遍	230μm	耐酸、碱、盐类介质优良，适用于室内外钢结构和储罐等设备防腐	浙江永固为华涂料有限公司
钢结构室外涂层	聚氨酯涂层	Sa $2\frac{1}{2}$	H06-1-1 环氧富锌底漆 2 遍 70μm	H53-6 环氧云铁中间漆 1 遍 70μm	B52-12 丙烯酸聚氨酯面漆 2 遍 80μm	220μm	优异的防锈性能，极佳的封闭性和耐腐蚀性能，优异的保光、保色性能，适用于耐候要求较高的场合	江苏兰陵高分子材料有限公司
	丙烯酸涂层	Sa $2\frac{1}{2}$	H06-1-1 环氧富锌底漆 2 遍 70μm	H53-6 环氧云铁中间漆 1 遍 70μm	B52-12 丙烯酸面漆 3 遍 100μm	240μm	优异的防锈性能和封闭性能，漆膜耐油、耐海水，面漆为耐候、保光性佳的热塑性聚丙烯酸酯树脂组成，可低温施工且施工方便	
	氟碳涂层	Sa $2\frac{1}{2}$	H06-1-1 环氧富锌底漆 2 遍 70μm	H53-6 环氧云铁中间漆 1 遍 70μm	LF52-12 氟碳防腐涂料面漆 2 遍 80μm	220μm	氟碳涂料具有卓越的耐天候老化性能，优异的耐蚀性能，漆膜机械性能优异，适用于户外高档装饰、防腐的场合	

续表

类别	名称	钢基层防锈等级	涂层构造				适用范围及特性	主要生产厂商
			底涂料	中间涂料	面涂料	总厚度		
钢结构及储罐外防腐涂层	复合涂层	Sa $2\frac{1}{2}$	H06-25 环氧富锌底漆 60μm 或 E06-25 无机富锌底漆 60μm	H53-3 环氧云铁中间漆 100μm	BS52-40 丙烯酸聚氨酯防腐面漆 70μm	≥230μm	适用于室外高盐度的工业区和沿海区域，涂层具有 10a 以上的防护期	无锡市太湖防腐材料有限公司
室内钢结构或储罐内防腐涂层	复合涂层	Sa $2\frac{1}{2}$	H06-25 环氧富锌底漆 60μm 或 E06-25 无机富锌底漆 60μm	HF25-7 环氧玻璃鳞片防锈漆 100μm 或 TH54-90 环氧耐油导静电防腐涂料 100μm	HF25-8 环氧玻璃鳞片面漆 100μm 或 TH54-90 环氧耐油导静电防腐涂料 100μm	≥260μm	适用室内腐蚀介质苛刻环境下的防腐	
储罐内壁涂层	耐油导静电防腐涂层(双组分)	Sa $2\frac{1}{2}$ 或 St3	FJ-1A 多种型号环氧树脂改性导静电底漆 2 遍 120μm	—	FJ-1A 多种型号环氧树脂改性导静电面层 3 遍 180μm	300μm	原油、成品油(航空煤油等)储罐的内壁	上海正臣防腐有限科技公司
饮用水内壁涂层	食品级复合树脂涂层(双组分)	Sa $2\frac{1}{2}$ 或 St3	—	—	FJ-8-1 改性无毒环氧树脂面层 5 遍 300μm	300μm	饮用水储罐及管道等各类食品容器内壁	
设备、容器、管道的内外表面防腐涂层	饮水仓涂层(双组分)	Sa $2\frac{1}{2}$	H06-WD 饮水仓防腐底漆 2 遍 60μm	H06-WD 饮水仓防腐中间漆 2 遍 60μm	HMB8710 饮水仓防腐面漆 2 遍 60μm	180μm	适用于生活用水设备、管道内外壁防腐，无毒，防腐性能好	江苏金陵特种涂料有限公司
	各色环氧耐油涂层(双组分)	Sa $2\frac{1}{2}$	H06-68 环氧耐油防腐底漆 2 遍 70μm	H06-68 环氧耐油防腐中间漆 2 遍 70μm	H06-68 环氧耐油防腐面漆 2 遍 60μm	200μm	适用于储油罐内壁防腐，耐油、耐化学介质性能良好	
	导静电防腐涂层(双组分)	Sa $2\frac{1}{2}$	H06-7 金属油罐导静电底漆 2 遍 80μm	H06-7 金属油罐导静电中间漆 2 遍 80μm	H06-7 金属油罐导静电面漆 2 遍 80μm	240μm	适用于原油、成品油、航空原料油等各类储罐的内壁防腐，具有良好的耐油性和耐化学品性	
	丙烯酸聚氨酯防腐涂层(双组分)	Sa $2\frac{1}{2}$	H06-1 环氧富锌底漆 2 遍 80μm	H06-3 环氧云铁中间漆 1 遍 60μm	SB-01 丙烯酸聚氨酯防腐面漆 2 遍 80μm	200μm	适用于设备、容器、储罐外壁、构件等防腐，耐候性好	

续表

类别	名称	钢基层防锈等级	涂层构造				适用范围及特性	主要生产厂商
			底涂料	中间涂料	面涂料	总厚度		
设备、容器、管道的内外表面防腐涂层	PF-01 聚氯乙烯萤丹涂层（牌号：PF01-30）	Sa $2\frac{1}{2}$ 或 St3	PF-01 聚氯乙烯萤丹涂料 3 遍 110μm	—	PF-01 聚氯乙烯萤丹涂料 3 遍 90μm	200μm	涂料对盐酸、中等浓度的硫酸、硝酸、醋酸、碱和大多数盐类等介质具有优良的耐腐蚀性能，附着力强，使用年限长，在强腐蚀条件下有使用寿命达 15a 以上的工程案例	临海市龙岭化工厂
	PF-01 聚氯乙烯含氟萤丹涂层（牌号：PF01-30F）	Sa $2\frac{1}{2}$ 或 St3	PF-01 聚氯乙烯含氟萤丹涂料 3 遍 110μm	—	PF-01 聚氯乙烯含氟萤丹涂料 3 遍 90μm	200μm		
	PF 高氯化聚乙烯含氟萤丹涂层（牌号：PF01-30GF）	Sa $2\frac{1}{2}$ 或 St3	PF 高氯化聚乙烯含氟萤丹涂料 3 遍 110μm	—	PF 高氯化聚乙烯含氟萤丹涂料 3 遍 90μm	200μm	耐酸、耐碱及氯离子的腐蚀，适用于中、弱腐蚀级别的防护，附着力优	
	环氧聚酰胺涂层	Sa $2\frac{1}{2}$	H55-8 环氧高固体份饮水舱涂料底漆 1 遍 150μm	—	H55-8 环氧高固体份饮水舱涂料面漆 1～2 遍 100～200μm	250～350μm	船舶饮水舱、淡水舱、干货舱、压载舱、燃油舱、饮料、啤酒、制药、食品、自来水行业的贮罐管道、仓库内壁防腐，漆膜干透无毒性	江苏兰陵高分子材料有限公司
引水工程管道内壁防腐涂层	FVC 厚浆型防腐涂层	钢结构 St3，水泥基层应坚实无杂质	FVC 厚浆型防腐涂料 1 遍	—	FVC 厚浆型防腐涂料 2 遍	280μm	室内钢结构、钢平台和引水工程管道内壁防腐	浙江永固为华涂料有限公司
反应釜内壁防腐涂层	F250 耐高温防腐涂层	Sa $2\frac{1}{2}$	F250 耐高温防腐涂料 3 遍	—	F250 耐高温防腐涂料 3 遍	180μm	要求耐温度达 200℃ 且耐酸碱介质的防腐	

续表

类别	名称	钢基层防锈等级	涂层构造				适用范围及特性	主要生产厂商
			底涂料	中间涂料	面涂料	总厚度		
地下管道及污水池涂层	环氧煤沥青涂层	Sa $2\frac{1}{2}$	HL52-8环氧煤沥青厚浆型防腐涂料50μm	HL52-8环氧煤沥青厚浆型防腐涂料贴布	HL52-8环氧煤沥青厚浆型防腐涂料	≥600μm	适用地下水、水下的防水、防腐	无锡市太湖防腐材料有限公司
	环氧煤沥青涂层(双组分)	牢固的锈层厚度不大于60μm	70型带锈涂料2遍	HL52-2环氧煤沥青两油一布	HL52-2环氧煤沥青面层2遍	500μm	适用于各类埋地管道外壁防腐，具有优良的耐湿防水防腐性能	江苏金陵特种涂料有限公司
	环氧煤沥青玻璃鳞片涂层(双组分)	Sa $2\frac{1}{2}$ 或 St3	HL52-E环氧煤沥青玻璃鳞片重防腐底漆2遍80μm	HL52-E环氧煤沥青玻璃鳞片重防腐中间漆2遍80μm	HL52-E环氧煤沥青玻璃鳞片重防腐面漆2遍80μm	240μm		
	PF高氯化聚乙烯含氟萤丹涂层（牌号：PF01-40GF)	Sa $2\frac{1}{2}$ 或 St3	PF高氯化聚乙烯含氟萤丹涂料3遍120μm	—	PF高氯化聚乙烯含氟萤丹涂料3遍120μm	240μm	耐酸、耐碱及氯离子的腐蚀，适用于中、弱腐蚀级别的防护、附着力优	临海市龙岭化工厂
	环氧无溶剂沥青防腐涂层	Sa $2\frac{1}{2}$ 或 St3	HL52-3-2环氧无溶剂沥青防腐涂料底漆1遍150μm	—	HL52-3-2环氧无溶剂沥青防腐涂料面漆1遍200μm	350μm	地下、水下各种设施的防腐，特别适用于密闭环境下的施工	江苏兰陵高分子材料有限公司
钢结构、设备耐高温涂层	有机硅改性耐高温漆(底漆、面漆、三组分)	Sa $2\frac{1}{2}$	W61-700有机硅改性耐高温涂料(底漆/三组分)2遍40μm	—	W61-700有机硅改性耐高温涂料(面漆/三组分)2遍40μm	80μm	适用于冶金、石油化工、航空等行业高温部位涂装	

续表

类别	名称	钢基层防锈等级	涂层构造				适用范围及特性	主要生产厂商
			底涂料	中间涂料	面涂料	总厚度		
钢结构、设备耐高温涂层	有机硅涂层（单、双组分）	Sa $2\frac{1}{2}$ 或 St3	—	—	FJ-5 系列面层 2～4 遍 100～200μm	100～200μm	660℃以下钢结构	上海正臣防腐科技有限公司
	有机硅或无机涂层	Sa $2\frac{1}{2}$	E06-25 无机富锌底漆 60μm 或 E06-18 水性无机富锌底漆 50μm	—	W61 有机硅耐高温防腐涂料	≥100μm	适用于要求耐热 200～600℃的钢铁设备、耐高温保护	西安利澳科技股份有限公司、无锡市太湖防腐材料有限公司
混凝土冷却塔内防腐或潮湿环境下的钢结构防腐	GS 干湿两用涂层		GS 干湿两用带水带锈防腐涂料 80μm	GS 干湿两用带水带锈防腐涂料 200μm	GS 干湿两用带水带锈防腐涂料 80μm	≥360μm	适用于电厂混凝土冷却塔、煤矿下的钢结构等带水、带锈施工防腐	
钢结构、设备、管道表面防腐涂料	醇酸涂层	不低于 Sa2 或 St3	C06-1 铁红醇酸底漆 2 遍	—	C04-2 各色醇酸磁漆 2～3 遍	120～200μm	具有良好的耐候性，适用于一般陆上钢结构表面的防护	西安利澳科技股份有限公司
	过氯乙烯涂层	不低于 Sa2 或 St3	G06-4 铁红过氯乙烯底漆或双组分环氧底漆 2 遍	—	G52-31 各色过氯乙烯防腐漆 3～5 遍	120～200μm	具有良好的耐酸碱性能、耐候性和优良的耐水性	
	氯化橡胶涂层	不低于 Sa2 或 St3，采用富锌底漆时 Sa $2\frac{1}{2}$	氯化橡胶底漆、环氧底漆或富锌底漆 2 遍	可采用氧化橡胶中间漆或环氧中间漆 1 遍	JR45 各色氯化橡胶面漆 2～3 遍	160～280μm	具有良好的防腐蚀性能和优良的耐水性，可低温（−20℃）施工	
	环氧涂层	不低于 Sa2 或 St3，采用富锌底漆时 Sa $2\frac{1}{2}$	环氧底漆或环氧富锌底漆 2 遍	海隆 A075 环氧云铁中间漆 1 遍	H04-1 各色环氧磁漆 2～3 遍	160～280μm	具有良好的耐碱性、耐油性、耐大多数化学介质，对钢铁和混凝土都有优良的附着力	
	氯磺化聚乙烯涂层	有氧化皮的钢材 Sa $2\frac{1}{2}$ 或酸洗处理至除尽全部氧化皮、铁锈	J52-83 氯磺化聚乙烯防腐底漆 2～3 遍	—	J52-63 氯磺化聚乙烯防腐面漆 4～6 遍	160～240μm	耐强碱、强酸、强氧化剂及各种无机盐的介质腐蚀和微生物的吞食，耐候优良	

续表

类别	名称	钢基层防锈等级	涂层构造				适用范围及特性	主要生产厂商
			底涂料	中间涂料	面涂料	总厚度		
钢结构、设备、管道表面防腐涂料	高氯化聚乙烯涂层	不低于 Sa2 或 St3	X53-1 各色高氯化聚乙烯防腐底漆 2 遍	X-53-4 各色高氯化聚乙烯中间漆 1 遍	X53-12 各色高氯化聚乙烯防腐面漆 2～3 遍	160～280μm	具有良好的耐候性，耐酸、碱、盐、油类介质，可低温（－20℃）施工	西安利澳科技股份有限公司
	丙烯酸聚氨酯涂层	Sa $2\frac{1}{2}$	索特 S0601 各色聚氨酯底漆或富锌底漆 2 遍	可采用聚氨酯中间漆 1 遍	苏尼克 S8509 各色丙烯酸聚氨酯磁漆 2～3 遍	160～280μm	具有优良的耐化学性能，耐原油和石油制品，并具有优良的耐候性	
	环氧沥青玻璃鳞片涂层	有氧化皮钢材 Sa $2\frac{1}{2}$，无氧化皮钢材 St3	环氧玻璃鳞片底漆、铁红环氧底漆、环氧富锌厚膜底漆等	—	HM5802 环氧沥青玻璃鳞片漆	200～400μm	具有优良的耐水和耐化学性能，附着力强，适用于钢铁、混凝土表面的重防腐保护	
	环氧煤沥青涂层	Sa $2\frac{1}{2}$ 或 St3	HL06-1 厚浆型环氧煤沥青底漆	—	HL04-2 厚浆型环氧煤沥青面漆	300～1000μm，衬玻璃布时 1～3mm	具有良好的耐腐蚀性能，适用于恶劣环境中的长效防腐保护，衬玻璃布时的防腐性能更佳	
	环氧耐油导静电防腐涂层	Sa $2\frac{1}{2}$ 或 St3	SH9201 各色环氧耐油导静电防腐底漆	—	SH9201 各色环氧耐油导静电防腐面漆	按需要，当厚度大于 100μm 时，应多遍喷漆	对石油制品具有优良的耐油性，漆膜具有良好的导电性，适用于原油、石油制品储罐、管道的防腐涂层	
	有机硅耐热涂层	Sa $2\frac{1}{2}$	W061 有机硅耐热富锌底漆 1～2 遍	—	30 号铝粉环氧有机硅聚酰胺面漆 1～2 遍	每遍厚度 30μm 左右	适用于高温设备钢铁表面和黑色金属、铝合金耐热部件的表面涂覆	

续表

类别	名　称	钢基层防锈等级	涂层构造				适用范围及特性	主要生产厂商
			底涂料	中间涂料	面涂料	总厚度		
饮用水设备、管道、水舱的涂层	饮水设备涂层	Sa $2\frac{1}{2}$ 或 St3	IPN8710-2 饮用水设备普通型底漆 2 遍 100μm(灰色)	—	IPN8710-2 饮用水设备普通型面漆 2 遍 100μm(白色)	200μm	具有无刺激味，固化后无毒、防腐蚀、附着力强等性能，专用于食品、饮用水所接触的设备、管道、水舱等表面防腐	张家港市亨昌防腐工程有限公司
			IPN8710-2 饮用水设备厚浆型底漆 1 遍(灰色)	—	IPN8710-2 饮用水设备厚浆型面漆 2 遍(白色)	400μm		
地下管道、构筑物和码头钢桩的表面涂层	互穿网络厚浆型涂层	清除油污、尘土、焊渣、氧化皮及疏松的锈蚀物	IPN8710-3 互穿网络厚浆型防腐底漆(铁红色)	IPN8710-3 涂料贴 0.1mm 的玻璃布 2 层	IPN8710-3 互穿网络厚浆型防腐面漆(黑色)	2 布 4 油，共厚 500μm	适用于埋在各种土质条件的地下管道、构筑物和码头钢桩的表面防腐	
室内外建构筑物、钢桥梁、闸门、管道等表面涂层	互穿网络耐候涂层	不低于 Sa2 或 St3	IPN8710-4 互穿网络耐候保色防腐底漆 2 遍(灰色)	—	IPN8710-4 互穿网络耐候保色防腐面漆 2 遍(各色)	200μm	漆膜韧性好，具有优良的耐候性和耐化学性能，适用于长期暴露在大气中的建、构筑物表面防腐	

防腐涂料性能规格与适用范围（二） **表 18-2**

类别	名称	钢基层防锈等级	涂层构造	适用范围及特性	主要生产厂商
输气液管道内壁涂层	SEBF/SLF 熔融结合环氧管道内涂层	Sa $2\frac{1}{2}$	SEBF/SLF 涂料单层：≥600μm	天然气、排水、污水、海水等耐久性好，力学性能高，寿命≥30a	中国科学院金属研究所沈阳明科控制腐蚀技术有限公司
埋地管道、水下管道及钢桩外壁防腐蚀涂层	SEBF 熔融结合环氧管道外涂层	Sa $2\frac{1}{2}$	SEBF 涂料单层结构：普通级厚度≥300μm 加强级厚度≥400μm 特强级厚度≥800μm SEBF 涂料双层结构：普通级厚度 底层≥250μm 面层≥370μm 加强级厚度 底层≥300μm 面层≥500μm	埋地、水下管道、跨海大桥钢管桩等涂层力学性能好。使用寿命长，普通级寿命≥30a，加强级寿命≥50a	
钢筋防腐涂层	SEBF 熔结绝缘防腐钢筋涂层	Sa $2\frac{1}{2}$	SEBF 涂料普通级厚度：150～250μm SEBF 涂料加强级厚度：200～300μm	大型工程贮水池沿海给排水工程钢筋混凝土结构，力学性能好，使用寿命长	
重腐蚀环境中工程的工艺管道内外壁涂层	SEBF 系列熔结环氧防腐涂层	Sa $2\frac{1}{2}$	SEBF 系列涂层：普通级厚度≥300μm 加强级厚度≥600μm 特强级厚度≥1000μm	各类酸、碱、盐等苛刻介质环境下使用工艺管道水处理工程和污水、海水处理工程	
重腐蚀环境下工作的各类复杂异形件防腐涂层	SEBF 系列熔结环氧防腐涂层	Sa $2\frac{1}{2}$	SEBF 系列涂层：普通级厚度≥300μm 加强级厚度≥600μm 特强级厚度≥1000μm	管道、阀门、法兰、弯头、三通等，叶轮、泵体等，煤矿液压支柱修复、核电站防腐等，石油、化工、化纤等防腐	
给排水处理工程（包含污水和海水）中的防腐	SLF 系列无溶剂环氧涂料与涂层	Sa $2\frac{1}{2}$	SLF 系列涂层：普通级厚度≥600μm 加强级厚度≥800μm	有关水工程中钢筋混凝土结构混凝土表面	

续表

类　别	名　称	钢基层防锈等级	涂　层　构　造	适用范围及特性	主要生产厂商
中水、污水的管道内壁涂层	耐磨型液体环氧陶瓷涂料(黑陶)	不低于Sa2或St3	产品分无溶剂型和厚浆型两种： 无溶剂型不含有机溶剂，固含量100%，适用于机械喷漆，可厚涂，一次成形，涂层的总厚度一般为100～120μm。 厚浆型含有少量溶剂，固含量>90%，适用于手工施工。涂层的总厚度一般为100～120μm	适用于矿浆水、污水、雨水、中水、江河水的管道、设备内外防腐	廊坊东化防腐工程有限公司
饮用水的管道内壁涂层	无毒耐磨型液体环氧陶瓷涂料(白陶)			适用于自来水、饮用水的管道、设备内外防腐	

18.2　止 水 橡 胶 圈

18.2.1　止水橡胶密封圈

止水橡胶密封圈常用有图（一）～图（四）止水橡胶密封圈。

18.2.1.1　图（一）止水橡胶密封圈

图（一）止水橡胶密封圈规格及外形尺寸见表18-3。

图（一）止水橡胶密封圈规格及外形尺寸　　**表18-3**

图　示	规格 DN (mm)	适用范围	外形尺寸(mm)					主要生产厂商
			d_1	d_2	d_3	t_1	t_2	
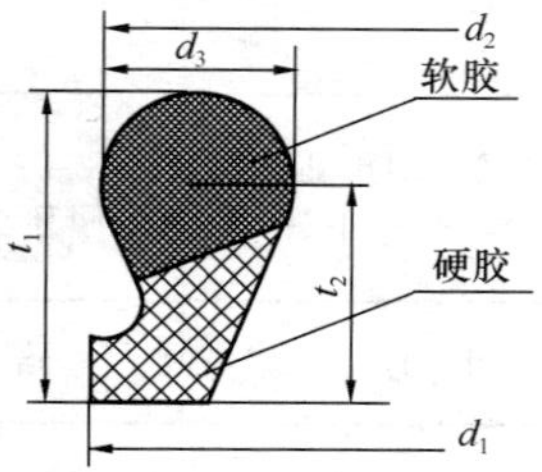 d_2 d_3 软胶 硬胶 t_1 t_2 d_1	80	1. 三元乙丙橡胶(EPDM)材质适用于城市供水的上水系统； 2. 丁腈橡胶(NBR)材质适用于城市供水的下水系统	126	123	16	26	18	马鞍山宏力橡胶制品有限公司
	100		146	144	16	26	18	
	200		256	254	18	30	21	
	300		366	364	20	34	24	
	500		583	581	24	42	30	
	800		919	913	35.5	60	43	
	1000		1133	1127	39.5	70	51	
	1200		1352	1345	43.5	78	57	
	1400		1569	1549	43.5	80	58	

18.2.1.2 图（二）止水橡胶密封圈

图（二）止水橡胶密封圈规格及外形尺寸见表 18-4。

图（二）止水橡胶密封圈规格及外形尺寸 **表 18-4**

图示	规格 DN (mm)	适用范围	外形尺寸(mm)					主要生产厂商
			d_1	d_2	d_3	t_1	t_2	
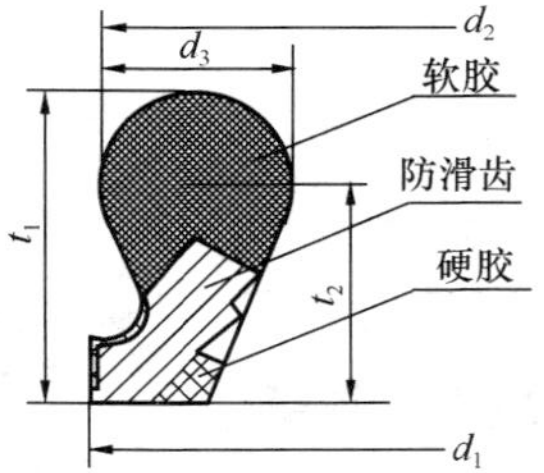	100	除满足 T 型使用要求外，还特别适用于城市给水排水管路系统中的转弯、爬坡及高层楼房的中、高压供水管道的接口止脱	146	144	16	26	18	马鞍山宏力橡胶制品有限公司
	150		200	198	16	26	18	
	200		256	254	18	30	21	
	250		310	308	18	32	23	
	300		366	364	20	34	24	
	400		475	473	22	38	27	
	450		528	526	23	38	27	
	500		583	581	24	42	30	
	600		692	690	26	46	33	

18.2.1.3 图（三）止水橡胶密封圈

图（三）止水橡胶密封圈规格及外形尺寸见表 18-5。

图（三）止水橡胶密封圈规格及外形尺寸 **表 18-5**

图示	规格 DN (mm)	适用范围	外形尺寸(mm)					主要生产厂商
			D_1	D_2	D_3	M	L	
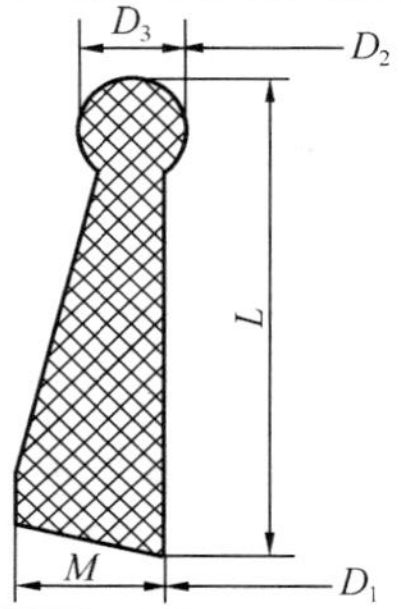	100	1. 三元乙丙橡胶(EPDM)材质适用于城市供水的上水系统；2. 丁腈橡胶(NBR)适用于城市供水的下水系统	116	111	11	15	45	马鞍山宏力橡胶制品有限公司
	200		218	213	11	15	45	
	300		319	312	15	18	49	
	500		521	514	15	18	49	
	800		825	818	18	21	61	
	1000		1027	1020	18	21	62	
	1600		1635	1628	23	27	80	
	2000		2035	2027	23	27	80	
	2600		2645	2637	23	27	80	

18.2.1.4 图（四）止水橡胶密封圈

图（四）止水橡胶密封圈规格及外形尺寸见表 18-6。

图（四）止水橡胶密封圈规格及外形尺寸 **表 18-6**

图示	规格 DN (mm)	适用范围	外形尺寸(mm)					主要生产厂商
			OD	W	h_1	h_2	t	
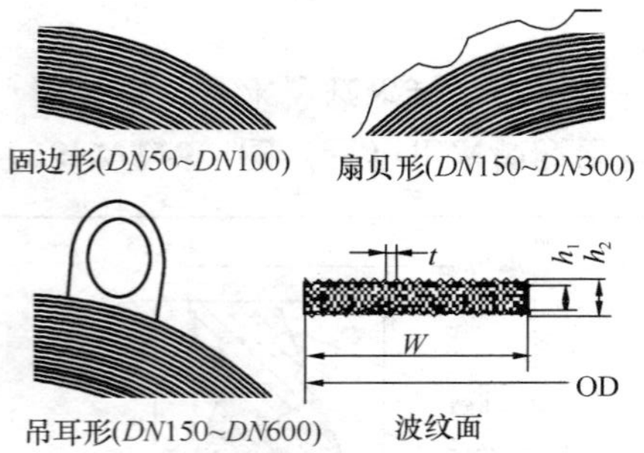 固边形($DN50\sim DN100$) 扇贝形($DN150\sim DN300$) 吊耳形($DN150\sim DN600$) 波纹面	80	1. 该法兰垫的密封效果优于平面法兰垫； 2. 设有自动定位装置，只需一人即可安装，定位准确	144	25.6	3.5	4.0	0.8	马鞍山宏力橡胶制品有限公司
	100		164	25.6	3.5	4.0	0.8	
	150		220	27.2	3.5	4.0	0.8	
	200		275	27.2	3.5	4.0	0.8	
	300		376	27.2	3.5	4.0	0.8	
	400		488	36.8	3.5	4.0	0.8	
	500		592	44.8	3.5	4.0	0.8	
	600		692	56.0	3.5	4.0	0.8	

18.2.2 滑入式 T 型圈柔性接口用橡胶密封圈

滑入式 T 型圈柔性接口用橡胶密封圈常用有 TYT 型柔性接口用橡胶密封圈、STD 型柔性接口用橡胶密封圈。

18.2.2.1 TYT 型柔性接口用橡胶密封圈

TYT 型柔性接口用橡胶密封圈规格及外形尺寸见表 18-7。

TYT 型柔性接口用橡胶密封圈规格及外形尺寸 **表 18-7**

图示	规格 DN (mm)	外形尺寸(mm)						净质量 (kg)	主要生产厂商
		d_1	d_2	d_3	h_1	t_1	t_4		
	80	126±1	124±1	$16^{+0.5}$	10±0.3	26	$5^{+0.4}_{-0.2}$	0.131	
	100	146±1	144±1	$16^{+0.5}$	10±0.3	26	$5^{+0.4}_{-0.2}$	0.15	
	125	173±1	171±1	$16^{+0.5}$	10±0.3	26	$5^{+0.4}_{-0.2}$	0.19	
	150	200±1	198±1.5	$16^{+0.5}$	10±0.3	26	$5^{+0.4}_{-0.2}$	0.223	
	200	156±1	254±1.5	$18^{+0.5}$	11±0.3	30	$6^{+0.4}_{-0.2}$	0.36	
	250	310±1	308±1.5	$18^{+0.5}$	11±0.3	32	$6^{+0.4}_{-0.2}$	0.485	
	300	366±1	364±2	$20^{+0.5}$	12±0.3	34	$7^{+0.4}_{-0.2}$	0.651	
	350	420±1	418±2	$20^{+0.5}$	12±0.3	34	$7^{+0.4}_{-0.2}$	0.756	
	400	475±1	473±2.5	$22^{+0.5}$	13±0.3	38	$8^{+0.5}_{-0.3}$	1.042	靖江三星橡塑制品有限公司
	450	532±2.51	528±3	$23^{+0.5}$	13±0.3	42	$8^{+0.5}_{-0.3}$	1.22	
	500	583±31	581±1.5	$24^{+0.5}$	14±0.3	46	$9^{+0.5}_{-0.3}$	1.583	
	600	692±3	690±3	$26^{+0.5}$	15±0.3	55	$10^{+0.5}_{-0.3}$	2.178	
	700	$809^{+5}_{-2.5}$	803±3.5	$33.5^{+0.5}$	20±0.3	65	$16^{+0.5}_{-0.3}$	4.054	
	800	$919^{+5}_{-2.5}$	913±4	$33.5^{+0.5}$	21±0.3	60	$16^{+0.5}_{-0.3}$	5.366	
	900	1026^{+6}_{-2}	1020±4	$37.5^{+0.5}$	22±0.3	65	$18^{+0.5}_{-0.3}$	6.8	
	1000	1133^{+7}_{-2}	1127±4	$39.5^{+0.5}$	23±0.3	70	$18^{+0.5}_{-0.3}$	8.475	
	1100	1242^{+8}_{-2}	1235±5	$40.5^{+0.5}$	25±0.3	74	$20^{+0.5}_{-0.3}$	11.5	
	1200	1352^{+9}_{-2}	1345±6	$43.5^{+0.5}$	27±0.3	78	$20^{+0.5}_{-0.3}$	12.552	

18.2.2.2 STD型柔性接口用橡胶密封圈规格及外形尺寸见表18-8。

STD型柔性接口用橡胶密封圈规格及外形尺寸 表18-8

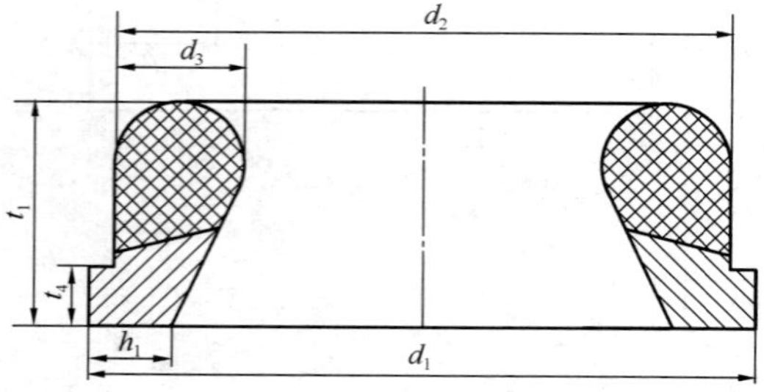

图示	规格 DN (mm)	外形尺寸(mm)						净质量 (kg)	主要生产厂商
		d_1	d_2	d_3	h_1	t_1	t_4		
	1400	1569^{0} 1581_{-6}	1549_{-6}^{0}	$43.5^{+0.5}$ 38.5	27^{0} $30.5_{+0.5}$	80 ± 0.8 64_{-3}^{+0}	$20_{-0.3}^{+0.5}$	16.65 13.2	靖江三星橡塑制品有限公司
	1600	1799_{-7}^{0}	1799_{-7}^{0}	42^{+5}	$32.5_{-0.5}^{0}$	$70_{-0.5}^{0}$	$20_{-0.3}^{+0.5}$	17.2	
	1800	2017_{-8}^{0}	1997_{-8}^{0}	$45.6_{-0}^{+0.5}$	$34_{-0.5}^{0}$	78 ± 0.8	$20_{-0.3}^{+0.5}$	23.8	

19 其他设备与材料

19.1 化 粪 池

化粪池常用有 HRBZ 系列环保型高效生物化粪池、HFRP 系列环保型玻璃钢整体生物化粪池、XFSF-Ⅰ系列生物化粪池。

19.1.1 HRBZ 系列环保型高效生物化粪池

1. 适用范围：HRBZ 系列环保型高效生物化粪池适用于住宅小区、写字楼、宾馆饭店、学校、医院、营房、公共厕所、老城区市政改造等场所的生活污水处理，食品加工企业的排污处理。该化粪池具有严密性好、不渗漏、质量轻、易于运输、抗压强攻高、耐酸碱、使用寿命长、安装快捷等优点，降解有机物能力强，是一种高效自动新颖的无动力污水处理设备，污水处理能力比同等容积的传统化粪池提高一倍以上。

2. 性能规格及外形与安装尺寸：HRBZ 系列环保型高效生物化粪池性能规格及外形尺寸见表 19-1、图 19-1，其安装示意见图 19-2。

HRBZ 系列环保型高效生物化粪池性能规格及外形尺寸 表 19-1

型号	容积(m^3)	适用人数	外形尺寸(mm)								相当国标砖砌化粪池(GB02S701)	主要生产厂商
			L	D	h_1	h_2	d_1	d_2	L	H		
HRBZ-1 号	2	16	2100	1200	1050	1000	160	400	1000	1400	Z1-2SF	无锡浩润环保科技有限公司
HRBZ-2 号	4	33	2500	1450	1300	1250	160	500	0	1650	Z2-4SF	
HRBZ-3 号	6	50	2850	1650	1500	1450	200	500	1600	1850	Z3-6SF	
HRBZ-4 号	9	66	3800	1650	1500	1450	200	500	2000	1850	Z4-9SF	
HRBZ-5 号	12	83	3800	2000	1850	1800	200	500	2000	2200	Z5-12SF	
HRBZ-6 号	16	125	5000	2000	1850	1800	200	500	3000	2200	Z6-16SF	
HRBZ-7 号	20	167	6300	2000	1850	1800	200	500	2 *2200①	2200	Z7-20SF	
HRBZ-8 号	25	208	4000	2800	2600	2550	250	500	1800	3000	Z8-25SF	
HRBZ-9 号	30	250	4800	2800	2600	2550	250	500	2500	3000	Z9-30SF	
HRBZ-10 号	40	334	6500	2800	2600	2550	250	500	4200	3000	Z10-40SF	
HRBZ-11 号	50	417	8000	2800	2600	2550	250	500	2 *3000①	3000	Z11-50SF	
HRBZ-12 号	75	626	12000	2800	2600	2550	250	500	3 * 3000①	3000	Z12-75SF	
HRBZ-13 号	100	835	16000	2800	2600	2550	250	500	3 *4000①	3000	Z13-100SF	
HRBZ-12a 号(双池)	75	626	2 *6000①	2800	2600	2550	250	500	4200	3000	Z12a-75SF	
HRBZ-12a 号(双池)	100	835	2 *8000①	2800	2600	2550	250	500	2 *3000①	3000	Z13a-100SF	

①2、3 系表示池数。

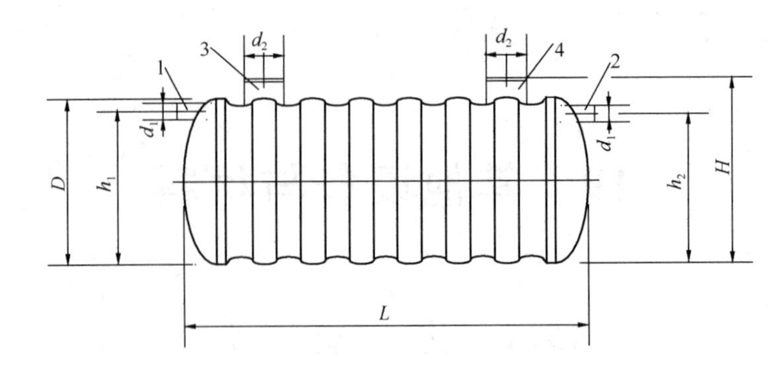

图 19-1 HRBZ 系列环保型高效生物化粪池外形尺寸

1—进口；2—出口；3—清渣井；4—检查井

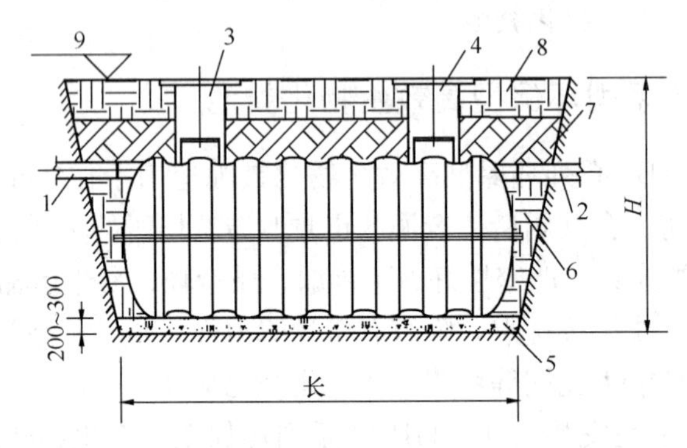

图 19-2 HRBZ 系列环保型高效生物化粪池安装示意

1—进水管；2—出水管；3—清渣口；4—观察口；5—细沙土垫层；6—夯实土壤；7—混凝土（加固 200～300mm）；8—覆土层；9—地坪

19.1.2 XZSF-Ⅰ系列生物化粪池

1. 适用范围：XZSF-Ⅰ系列生物化粪池适用于城镇生活污水处理。该化粪池具有 COD 去除率达 80%以上，有机负荷高；快速启动，2 周后 COD 去除率达 60%以上，且无需接种厌氧污泥；常温下运行，抗冲击负荷能力强；不用调整 pH 值，节省药剂费；可间歇运行；抗堵塞能力强；污泥稳定。其选用表见表 19-2。

XZSF-Ⅰ系列生物化粪池选用表 **表 19-2**

型　号	容积（m^3）	100%系数	70%系数	40%系数	说　明
XZSF-Ⅰ-2	2	31 人	40 人	821 人	100%系数适合医院、疗养院、幼儿园（有住宿）；70%系数适合住宅、集体宿舍、旅馆、宾馆；40%系数适合办公楼、教学楼、工业企业生活间
XZSF-Ⅰ-4	4	62 人	80 人	165 人	
XZSF-Ⅰ-6	6	93 人	120 人	248 人	
XZSF-Ⅰ-9	9	140 人	180 人	372 人	
XZSF-Ⅰ-12	12	187 人	234 人	484 人	
XZSF-Ⅰ-16	16	250 人	304 人	630 人	
XZSF-Ⅰ-20	20	313 人	380 人	788 人	
XZSF-Ⅰ-25	25	392 人	475 人	985 人	

注：1. 超过 $25m^3$ 的化粪池，可以采用已有化粪池并联组装，如 XZSF-Ⅰ-100 可用四个 XZSF-Ⅰ-25 组合安装；
2. 根据情况，各型号 L 可以适当放宽 100mm 左右；
3. 挖坑时，L、ϕ 四周各放宽 200mm 即可。

2. 组成：XZSF-Ⅰ系列生物化粪由进水管、格栅池、隔仓板、隔仓板上的穿孔、处理池、二级沉淀池、检查孔、透气孔、出水管等组成。

3. 性能规格及外形尺寸：XZSF-Ⅰ系列生物化粪池性能规格及外形尺寸见表 19-3、图 19-3、其安装示意见图 19-4。

XZSF-Ⅰ系列生物化粪池性能规格及外形尺寸 **表 19-3**

型　号	容积 (m^3)	外形尺寸(mm)						主要生产厂商
		长度 L	直径 ϕ	进水管 DN_1	出水管 DN_2	H_1	H_2	
XZSF-Ⅰ-2	2	2000	1500	150	150	1200	1100	北京晓清环保工程有限公司
XZSF-Ⅰ-4	4	2500	1500	150	150	1200	1100	
XZSF-Ⅰ-6	6	2500	1800	150	150	1500	1400	
XZSF-Ⅰ-9	9	4000	1800	200	200	1500	1400	
XZSF-Ⅰ-12	12	4000	2000	200	200	1700	1600	
XZSF-Ⅰ-16	16	5500	2000	200	200	1700	1600	
XZSF-Ⅰ-20	20	7000	2000	200	200	1700	1600	
XZSF-Ⅰ-25	25	7000	2200	200	200	1900	1800	

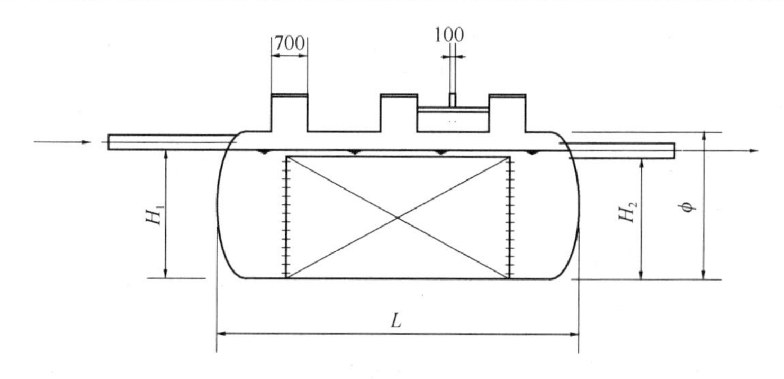

图 19-3　XZSF-Ⅰ系列生物化粪池外形尺寸

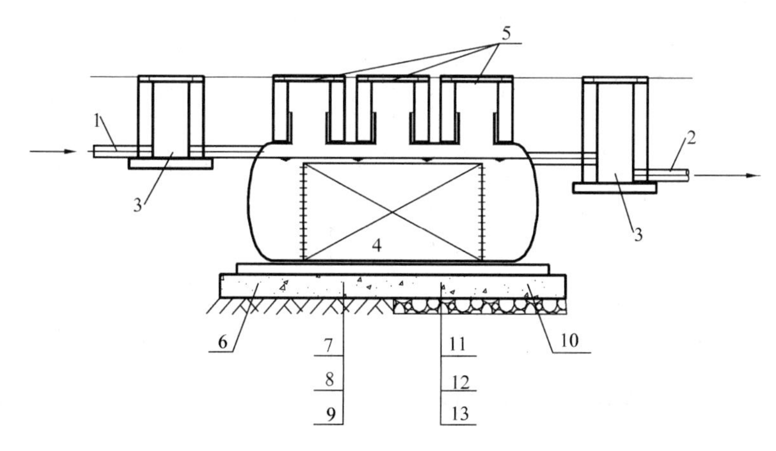

图 19-4　XZSF-Ⅰ系列生物化粪池安装示意

1—进水；2—出水；3—检查井；4—填料；5—双层铸铁井盖及井座；6—用于无地下水；7、11—砂垫层厚 100mm；8、12—C10 混凝土垫层 100mm；9—三七灰土夯实 250mm；10—用于有地下水；13—砾石 250mm

19.2　JNG-A(B)系列自动隔油刮油器

1. 适用范围：JNG-A(B)系列自动隔油刮油器适用于饭店、公共食堂、饮食业、公寓。该隔油刮油器在传统隔油池基础上增加了气浮、自动刮油和机械格栅的功能，提高了油水分离效率，解决了人工清油、清渣不便等技术问题。

2. 组成：JNG-A(B)系列自动隔油刮油器由进水管、机械格栅、潜水式微气泡发生器、刮油装置、排油管、集油箱、放空管、通气管、出水管及隔油器箱体等组成。

3. 性能规格及外形与安装尺寸：JNG-A(B)系列自动隔油刮油器性能规格及外形与安装尺寸见表19-4、图19-5。

JNG-A(B)系列自动隔油刮油器性能规格及外形与安装尺寸　　表19-4

类别	型　号	处理水量(L/s)	外形尺寸(mm)										功率380V(kW)	主要生产厂商
			L	B	H	L_1	B_1	B_2	H_1	H_2	DN_1	DN_2		
地上式	JNG-A-0.31	0.31	2400	600	1200	1800	300	200	950	850	100	50	2.41	广州洁能建筑设备有限公司
	JNG-A-0.58	0.58	2400	600	1300	1800	300	200	1050	950	100	50	2.41	
	JNG-A-0.86	0.86	2400	600	1400	1800	300	200	1150	1050	100	50	2.41	
	JNG-A-1.41	1.41	2400	1000	1400	1800	500	200	1150	1050	100	50	2.41	
	JNG-A-1.69	1.69	2400	1000	1600	1800	500	200	1350	1250	100	50	2.41	
	JNG-A-2.26	2.26	2600	1200	1600	2000	600	200	1350	1250	100	50	2.41	
	JNG-A-2.82	2.82	2600	1200	1800	2000	600	200	1550	1450	100	50	2.41	
	JNG-A-4.22	4.22	3000	1500	1800	2400	750	200	1550	1450	100	50	2.41	
	JNG-A-5.61	5.61	3000	1500	2000	2400	750	200	1775	1625	150	80	4.61	
	JNG-A-7.06	7.06	3600	1500	2000	3000	750	200	1775	1625	150	80	4.61	
	JNG-A-8.38	8.38	3600	1500	2200	3000	750	200	1975	1825	150	80	4.61	
	JNG-A-11.16	11.16	3800	2000	2200	3200	1000	200	1975	1825	150	80	4.61	
	JNG-A-13.89	13.89	3800	2000	2500	3200	1000	200	2275	2125	150	80	4.61	
埋地式	JNG-B-0.31	0.31	2400	600	1200	1800	300	200	950	850	100	100	2.32	
	JNG-B-0.58	0.58	2400	600	1300	1800	300	200	1050	950	100	100	2.32	
	JNG-B-0.86	0.86	2400	600	1400	1800	300	200	1150	1050	100	100	2.32	
	JNG-B-1.41	1.41	2400	1000	1400	1800	500	200	1150	1050	100	100	2.32	
	JNG-B-1.69	1.69	2400	1000	1600	1800	500	200	1350	1250	100	100	2.32	
	JNG-B-2.26	2.26	2600	1200	1600	2000	600	200	1350	1250	100	100	2.32	
	JNG-B-2.82	2.82	2600	1200	1800	2000	600	200	1550	1450	100	100	2.32	
	JNG-B-4.22	4.22	3000	1500	1800	2400	750	200	1550	1450	100	100	2.32	
	JNG-B-5.61	5.61	3000	1500	2000	2400	750	200	1775	1625	150	150	4.52	
	JNG-B-7.06	7.06	3600	1500	2000	3000	750	200	1775	1625	150	150	4.52	
	JNG-B-8.38	8.38	3600	1500	2200	3000	750	200	1975	1825	150	150	4.52	
	JNG-B-11.16	11.16	3800	2000	2200	3200	1000	200	1975	1825	150	150	4.52	
	JNG-B-13.89	13.89	3800	2000	2500	3200	1000	200	2275	2125	150	150	4.52	

注：如需将废水提升排出时，根据提供排水扬程另行配置提升泵进行非标设计，用电量另计。箱体材料为不锈钢、钢喷漆。

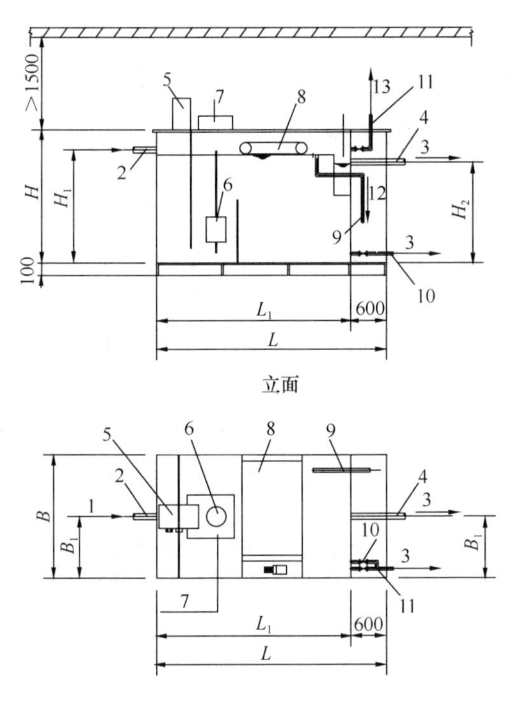

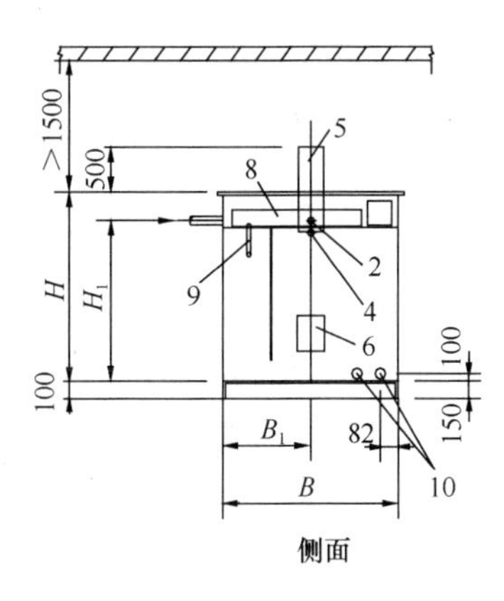

地上式

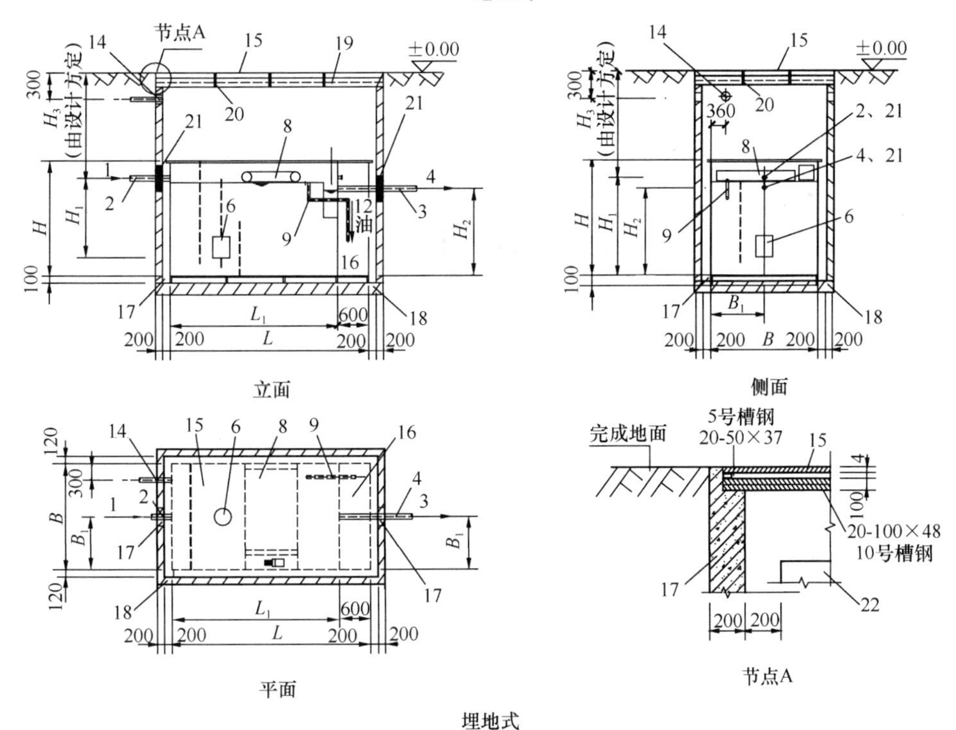

埋地式

图 19-5 JNG-A (B) 系列自动隔油刮油器外形与安装尺寸

1—进水；2—接进水管 DN_1；3—出水；4—接出水管 DN_1；5—机械格栅；6—微气泡发生器；7—残渣柜；8—刮油装置；9—集油管；10—放空管 DN_2；11—接通气管 DN50mm；12—排油；13—通气；14—电缆管（ϕ棒电缆，电缆入口）预留套管 ϕ50mm，安装完毕要填封；15—轧花钢板；16—集油柜；17—安装完毕后，素混凝土填实、抹面；18—混凝土井；19—活动盖板；20—槽钢支架；21—预留安装孔，安装完毕要填封；22—隔油箱体

19.3　JY-V1 型资源利用法医疗垃圾焚烧成套设备

1. 适用范围：JY-V1 型资源利用法医疗垃圾焚烧成套设备，其类型分为单炉焚烧法、双炉焚烧法、三炉焚烧法以及多炉焚烧法等，以满足各大、中、小型医院以及医疗垃圾集中焚烧中心的垃圾处理，该焚烧炉采用一次性、封闭式焚烧处理方式，全天垃圾一次性入炉后，在无需柴油、重油、天然气、液化气、煤气的条件下，将垃圾转化为燃气，燃气又在炉的氧化塔中焚烧氧化烟气，烟气中的余热还可以用来烧水洗澡或推动汽轮机发电，整个过程采用自动化控制，无人操作来完成，无需专人职守，长期节省管理费用，是一种理想的节能环保产品。垃圾入炉后设备自动封闭，开炉运行后焚烧炉微负压运行，没有臭味外溢，无二次污染，保护了操作人员，有利于医院环境。

2. 性能规格及外形尺寸：JY-V1 型资源利用法医疗垃圾焚烧成套设备性能规格见表 19-5，外形尺寸见表 19-6、图 19-6，布置示例见图 19-7。

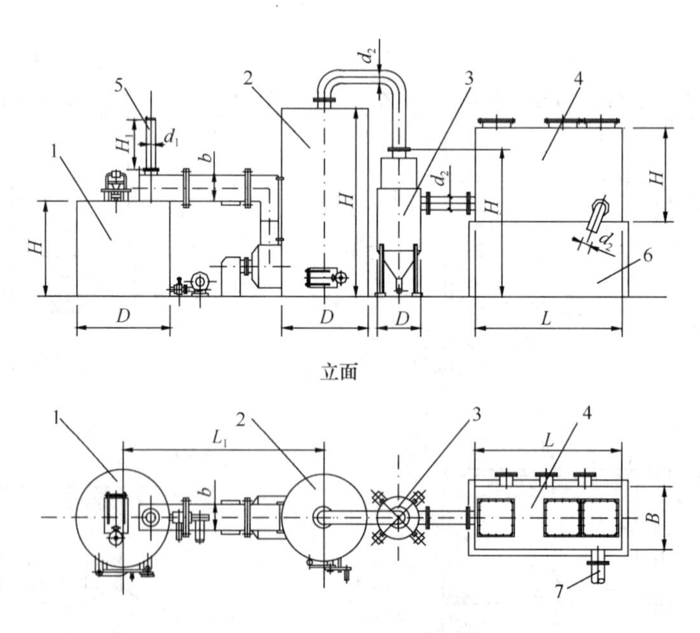

图 19-6　JY-V1 型资源利用法医疗垃圾焚烧成套设备外形尺寸

1—焚烧主炉；2—氧化塔；3—换热急冷塔；4—尾气净化塔；5—紧急排烟装置；6—塔基础；7—接引风机后接烟囱

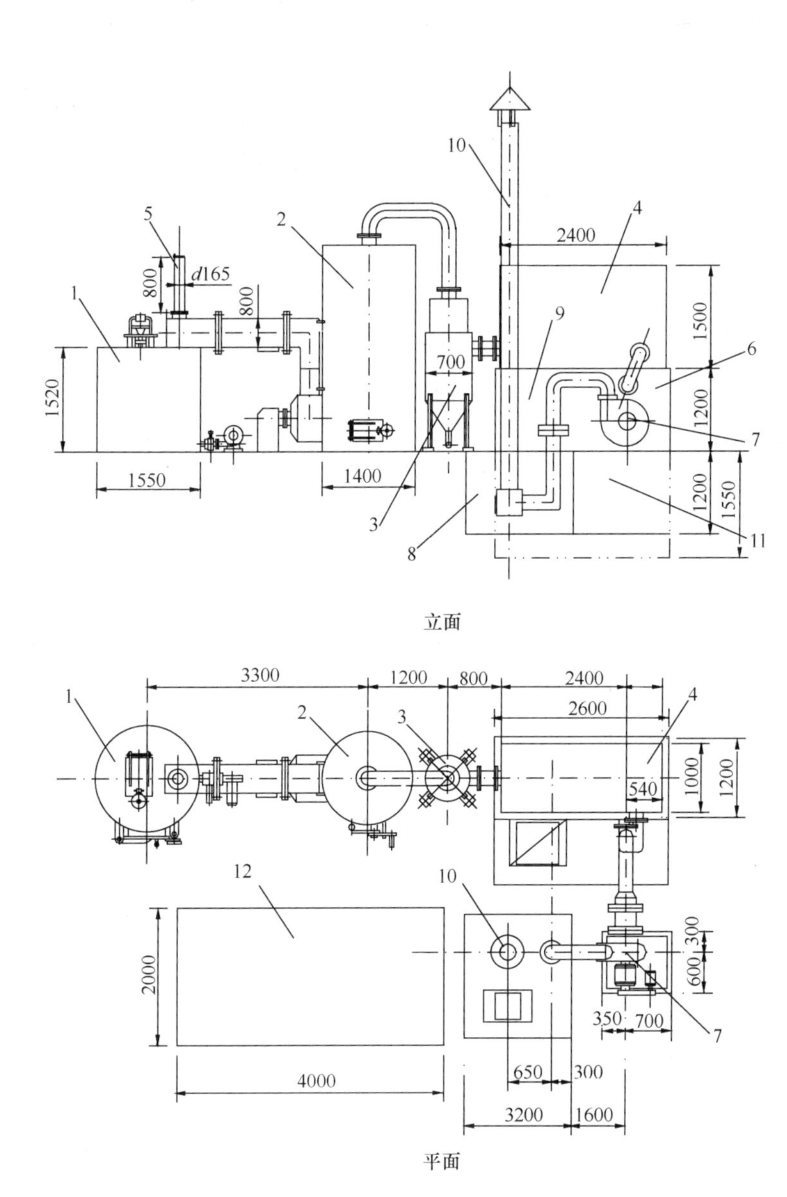

图 19-7 JY-V1 型资源利用法医疗垃圾焚烧成套设备布置示例

1—焚烧主炉；2—氧化塔；3—换热急冷塔；4—尾气净化塔；5—紧急排烟装置；6—塔基础；7—引风机；8—地下排烟塔；9—惯性除尘器；10—烟囱；11—地下烟道（双点划线）惯性除尘器的引风机的进风口；12—循环水池

注：本图是以 JY-VI-6 型为例的布置图。

JY-V1 型资源利用法医疗垃圾焚烧成套设备性能规格 **表 19-5**

<table>
<tr><th rowspan="2">类别</th><th rowspan="2">型 号</th><th rowspan="2">焚烧量
(kg/d)</th><th rowspan="2">适用医院规模
(床)</th><th>焚烧炉</th><th colspan="3">氧 化 塔</th><th>换热急冷塔体</th><th>尾气净化塔体</th><th rowspan="2">主要生产厂商</th></tr>
<tr><th>用电量
(kW/h)</th><th>用电量
(kW/h)</th><th>用油量
(kg/h)</th><th>用气量
(kg/h)</th><th>用电量
(kW/h)</th><th>用电量
(kW/h)</th></tr>
<tr><td rowspan="10">小型</td><td>JY-VI-1</td><td>50</td><td>50</td><td>0.18</td><td>0.3</td><td rowspan="9">2～6.5</td><td rowspan="9">6～20</td><td rowspan="26">0.0</td><td>3</td><td rowspan="26">贵州帝豪环境工程设备制造有限公司</td></tr>
<tr><td>JY-VI-2</td><td>100</td><td>100</td><td>0.18</td><td>0.3</td><td>3</td></tr>
<tr><td>JY-VI-3</td><td>150</td><td>150</td><td>0.18</td><td>0.3</td><td>3</td></tr>
<tr><td>JY-VI-4</td><td>200</td><td>200</td><td>0.18</td><td>0.3</td><td>3</td></tr>
<tr><td>JY-VI-5</td><td>250</td><td>250</td><td>0.18</td><td>0.3</td><td>3</td></tr>
<tr><td>JY-VI-6</td><td>300</td><td>300</td><td>0.18</td><td>0.3</td><td>3</td></tr>
<tr><td>JY-VI-7</td><td>350</td><td>350</td><td>0.18</td><td>0.3</td><td>3</td></tr>
<tr><td>JY-VI-8</td><td>400</td><td>400</td><td>0.25</td><td>0.3</td><td>3</td></tr>
<tr><td>JY-VI-9</td><td>450</td><td>450</td><td>0.25</td><td>0.3</td><td>3</td></tr>
<tr><td>JY-VI-10</td><td>500</td><td>500</td><td>0.37</td><td>0.3</td><td rowspan="8">2～6.5</td><td rowspan="8">6～20</td><td>3</td></tr>
<tr><td rowspan="7">中型</td><td>JY-VI-11</td><td>550</td><td>550</td><td>0.37</td><td>0.3</td><td>3</td></tr>
<tr><td>JY-VI-12</td><td>600</td><td>600</td><td>0.37</td><td>0.3</td><td>3</td></tr>
<tr><td>JY-VI-13</td><td>650</td><td>650</td><td>0.55</td><td>0.3</td><td>3</td></tr>
<tr><td>JY-VI-14</td><td>700</td><td>700</td><td>0.55</td><td>0.3</td><td>3</td></tr>
<tr><td>JY-VI-15</td><td>750</td><td>750</td><td>0.55</td><td>0.3</td><td>3</td></tr>
<tr><td>JY-VI-16</td><td>800</td><td>800</td><td>0.55</td><td>0.3</td><td>3</td></tr>
<tr><td>JY-VI-17</td><td>1000</td><td>1000</td><td>0.75</td><td>0.5</td><td>3</td></tr>
<tr><td rowspan="9">大型</td><td>JY-VI-18</td><td>2000</td><td>2000</td><td>2.20</td><td>0.5</td><td rowspan="9">7～32</td><td rowspan="9">20～200</td><td>3</td></tr>
<tr><td>JY-VI-19</td><td>3000</td><td>3000</td><td>2.20</td><td>0.5</td><td>4</td></tr>
<tr><td>JY-VI-20</td><td>4000</td><td>4000</td><td>2.20</td><td>0.5</td><td>5.5</td></tr>
<tr><td>JY-VI-21</td><td>5000</td><td>5000</td><td>3.00</td><td>0.5</td><td>7.5</td></tr>
<tr><td>JY-VI-22</td><td>6000</td><td>6000</td><td>4.00</td><td>0.5</td><td>7.5</td></tr>
<tr><td>JY-VI-23</td><td>7000</td><td>7000</td><td>4.00</td><td>0.5</td><td>11</td></tr>
<tr><td>JY-VI-24</td><td>8000</td><td>8000</td><td>4.00</td><td>0.5</td><td>15</td></tr>
<tr><td>JY-VI-25</td><td>9000</td><td>9000</td><td>5.50</td><td>0.5</td><td>15</td></tr>
<tr><td>JY-VI-26</td><td>10000</td><td>10000</td><td>5.50</td><td>0.5</td><td>15</td></tr>
</table>

注：1. 焚烧量大于 10000kg/d 以上的需定制；

2. 除氧化塔外，其他不耗油、不耗气；均不耗水；

3. 氧化塔、换热急冷塔体、尾气净化塔体为焚烧主炉的配套装置。

JY-V1 型资源利用法医疗垃圾焚烧成套设备外形尺寸 **表 19-6**

类别	型号	外形尺寸(mm)														主要生产厂商
		焚烧主炉体		氧化塔体		换热急冷塔体		尾气净化塔体			L_1	H_1	b	d_1	d_2	
		直径 D	高 H	直径 D	高 H	直径 D	高 H	长 L	宽 B	高 H						
小型	JY-VI-1	900	1520	1000	3000	700	2350	2400	1000	1500	2900	800	250	165	165	贵州帝豪环境工程设备制造有限公司
	JY-VI-2	1000	1520	1000	3000	700	2350	2400	1000	1500	2900	800	250	165	165	
	JY-VI-3	1200	1520	1200	3000	700	2350	2400	1000	1500	3100	800	300	165	219	
	JY-VI-4	1300	1520	1200	3000	700	2350	2400	1000	1500	3100	800	300	165	219	
	JY-VI-5	1450	1520	1300	3000	700	2350	2400	1000	1500	3300	800	300	165	219	
	JY-VI-6	1550	1520	1400	3000	700	2350	2400	1000	1500	3300	800	300	165	219	
	JY-VI-7	1650	1520	1400	4500	1000	2500	2400	1000	1500	3800	800	300	165	273	
	JY-VI-8	1730	1520	1600	4500	1000	2500	2400	1000	1500	3800	800	350	165	273	
	JY-VI-9	1800	1520	1600	4500	1000	2500	2400	1000	1500	3800	800	350	165	273	
	JY-VI-10	1900	1520	1600	4500	1000	2500	2400	1000	1500	3900	800	350	165	273	
中型	JY-VI-11	1980	1520	1600	4500	1000	2500	2400	1000	1500	4000	800	350	165	273	
	JY-VI-12	2050	1520	1600	4500	1000	2500	2400	1000	1500	4000	800	350	165	273	
	JY-VI-13	2120	1520	1600	5400	1000	2500	2400	1200	1800	4200	800	350	165	273	
	JY-VI-14	2200	1520	1600	5400	1000	2500	2400	1200	1800	4200	800	350	165	273	
	JY-VI-15	2000	2300	1600	5400	1000	3000	2400	1200	1800	4300	800	350	165	273	
	JY-VI-16	2080	2300	1600	5400	1000	3000	2400	1200	1800	4300	800	350	165	325	
	JY-VI-17	2250	2300	1600	6000	1200	4000	2600	1200	3000	4500	800	400	165	325	
大型	JY-VI-18	2400	4500	1900	9000	1400	7500	4500	2500	3000	4800	1200	400	219	325	
	JY-VI-19	2750	4500	2000	10500	1400	9000	4500	2500	3000	5200	1200	450	219	377	
	JY-VI-20	2900	5500	2200	10500	1500	9000	5000	2500	3000	5800	1200	500	273	426	
	JY-VI-21	3200	6500	2-1900	9000	1600	8000	5000	2500	3000	6400	1600	600	273	520	
	JY-VI-22	2-2700	4500	2-2000	9000	1600	8000	5000	2500	3000	6800	1600	600	273	520	
	JY-VI-23	2-2800	5000	2-2000	9000	1600	8000	5000	2500	3500	7200	1600	600	273	520	
	JY-VI-24	2-900	5500	2-2100	9000	1700	8000	5000	2500	3500	7600	1600	650	273	570	
	JY-VI-25	2-2900	6000	2-2200	9000	1800	8000	5000	2500	4000	8000	1600	650	273	570	
	JY-VI-26	2-3200	6500	2-2200	10000	1800	9000	5000	2500	4500	8500	1600	700	273	620	

注：表中尺寸可根据用户要求和特殊情况作适当调整。

19.4 H系列虹吸式屋面雨水斗

1. 适用范围：H系列虹吸式屋面雨水斗适用于会展中心、体育场馆、图书馆、火车站、航站楼、大跨度厂房等建筑的屋面雨水排水，解决传统重力雨水排水系统不适合用于大跨度屋面雨水排水的技术限制。

2. 性能规格及外形尺寸：H系列虹吸式屋面雨水斗性能规格及外形尺寸见表19-7、图19-8。

H系列虹吸式屋面雨水斗性能规格及外形尺寸　　表19-7

型号	最大泄水量(L/s)	斗前水深(mm)	外形尺寸(mm)						主要生产厂商
			斗直径 D_1	接管管径 d	H_1	H_2	H_3	H	
H63	24	44	200	63	35	30	200	265	深圳市四和建筑科技有限公司
H75	30	52	280	76	45	40	200	285	
H90	56	64	280	89	45	40	200	285	
H108	88	96	280	108	45	40	200	285	
H133	130	105	280	133	45	40	200	285	

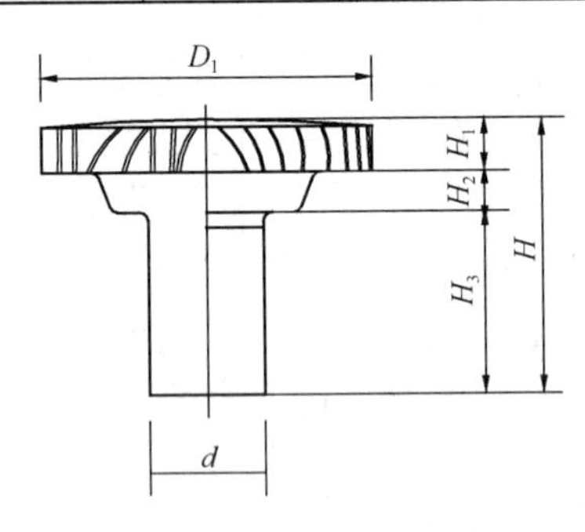

图19-8　H系列虹吸式屋面雨水斗外形尺寸

19.5　减振器、隔振器

19.5.1　减振器

19.5.1.1　ZD系列阻尼弹簧复合减振器

1. 适用范围：ZD系列阻尼弹簧复合减振器适用于工作温度为-40～110℃，正常工作载荷范围内固有频率2～5Hz，阻尼比0.045～0.065的设备隔振。该减振器为阻尼弹簧、橡胶隔振垫组合使用，具有复合隔振降噪、固有频率低、隔振效果好的优点，对隔离固体传声尤其是对隔离高频冲击固体传声更为优越。

2. 性能规格及外形与安装尺寸：ZD系列阻尼弹簧复合减振器性能规格及外形与安装尺寸见表19-8、图19-9。

3. 安装方式：ZD系列阻尼弹簧复合减振器有三种安装方式：ZD系列上下座外表两面装有防滑橡胶垫，对于扰力小，重心低的设备可直接将AD型减振器放置于设备减振台座下，无需固定；ZDⅠ系列仅上座配有螺栓与设备固定；ZDⅡ系列上下座分别设有螺栓与地基螺栓孔，可上下固定。

ZD系列阻尼弹簧复合减振器性能规格及外形与安装尺寸 **表19-8**

型号	最佳载荷(N)	预压载荷(N)	极限载荷(N)	竖向刚度(N/mm)	额定载荷点水平刚度(N/mm)	外形尺寸(mm)								主要生产厂商
						H	D	L_1	L_2	d	b	ϕ	H_1	
ZD-12	120	90	168	7.5	5.4	65	84	110	140	10	5	32	61	上海青浦环新减震器厂
ZD-18	180	115	218	9.5	14	65	128	160	195	10	5	42	59	
ZD-25	250	153	288	12.5	16	65	128	160	195	10	5	42	58	
ZD-40	400	262	518	22	19	72	144	175	210	10	6	42	66	
ZD-55	550	336	680	30	21.6	72	144	175	210	10	6	42	65	
ZD-80	800	545	1050	41	28.7	89	163	195	230	10	6	52	83	
ZD-120	1200	800	1560	44	31	104	185	225	265	10	8	52	95	
ZD-160	1600	1150	2180	63	33	104	185	225	265	10	8	52	97	
ZD-240	2400	1600	3100	85	35.6	121	210	250	295	16	8	62	112	
ZD-320	3200	2150	4220	127	70	144	230	270	310	18	8	84	136	
ZD-480	4800	2950	5750	175	77	144	230	270	310	18	8	84	134	
ZD-640	6400	4170	8300	180	125	154	282	320	360	20	8	104	142	
ZD-820	8200	5300	10550	230	140	154	282	320	360	20	8	104	142	
ZD-1000	10000	6050	12500	420	170	156	282	320	360	20	8	104	147	
ZD-1280	12000	8300	16500	560	195	156	282	320	360	20	8	104	148	
ZD-1500	15000	8500	19500	600	220	162	282	320	360	20	8	104	152	
ZD-2000	20000	10000	28000	800	290	162	282	320	360	20	8	104	150	
ZD-2700	27000	13000	30000	1000	370	162	282	320	360	20	8	104	148	
ZD-3500	35000	15000	40000	1200	430	162	282	320	360	20	8	104	146	

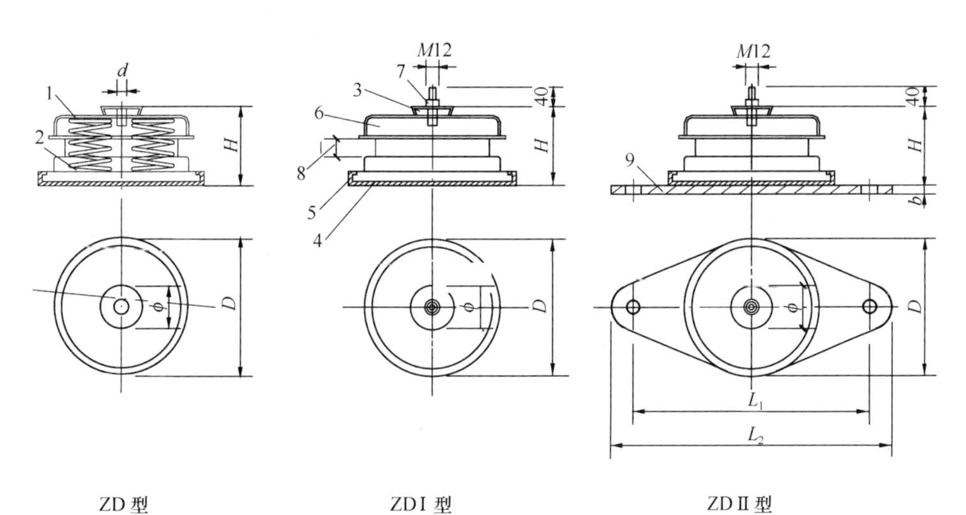

图19-9 ZD系列阻尼弹簧复合减振器外形尺寸

1—上橡胶复合垫；2—下橡胶复合垫；3—上橡胶隔声摩擦垫；4—下橡胶隔声摩擦垫；5—下底座；6—上壳；7—螺母及垫圈；8—压缩变形范围；9—固定连接板

19.5.1.2 JZD系列防剪切阻尼弹簧减振器

1. 适用范围：JZD系列防剪切阻尼弹簧减振器主要用于各种水泵、风机、离心往复机械、破碎机、压缩机、搅拌类机械、发电机、发动机组、冷却塔、空调机组等动力设备的积极隔振和精密仪器仪表的消极隔振。该减振器配有横向限位阻尼装置，能够承受一定的剪切力，尤其是对重心高、横向力较大的设备隔振，提高了横向水平刚度和被隔振设备的稳定性。该产品具有固有频率低，阻尼比大（阻尼比大于0.065），其上部配有高度调节螺栓，当设备重心不一致使减振器压缩变形量不一致时，可调节螺栓高度，使设备水平基本保持一致。

2. 性能规格及外形与安装尺寸：JZD系列防剪切阻尼弹簧减振器性能规格及外形与安装尺寸见表19-9、图19-10。

JZD系列防剪切阻尼弹簧减振器性能规格及外形与安装尺寸　　表19-9

型号	载荷范围(kg)	频率范围(Hz)	竖向刚度(kg/mm)	最佳载荷(kg)	最佳载荷时		外形尺寸(mm)						主要生产厂商
					固有频率(Hz)	高度(mm)	D	D_1	d	H	ϕ	M	
JZD-1	7～18	3.7～2.3	0.4	10	3.2	116	165	138	42	125	11	12	上海青浦环新减震器厂
JZD-2	16～40	4.1～2.6	1.1	25	3.3	118	165	138	42	125	11	12	
JZD-3	22～50	4.0～2.6	1.4	35	3.1	116	165	138	42	125	11	12	
JZD-4	48～110	4.0～2.6	3.2	80	3.1	116	165	138	42	125	11	12	
JZD-5	72～200	4.4～2.6	5.7	130	3.3	115	165	138	42	125	11	12	
JZD-6	90～310	4.4～2.5	7.7	210	3.0	145	218	186	62	161	13	16	
JZD-7	130～410	4.5～2.6	10.9	300	3.0	145	218	186	62	161	13	16	
JZD-8	200～600	4.5～2.7	17.2	400	3.3	149	218	186	62	161	13	16	
JZD-9	270～760	4.7～2.8	25.5	500	3.4	150	218	186	62	161	13	16	
JZD-10	500～1100	4.5～3.1	39.2	700	3.7	155	218	186	62	161	13	16	
JZD-11	700～1500	4.3～2.9	55.0	1100	3.5	158	333	303	104	172	13	20	
JZD-12	900～2000	4.2～3.0	65.0	1500	3.5	156	333	303	104	172	13	20	
JZD-13	1000～2400	4.4～2.9	80.0	2000	3.2	153	333	303	104	172	13	20	
JZD-14	1300～3000	3.9～2.9	100.0	2500	3.2	153	333	303	104	172	13	20	
JZD-15	1500～4000	4.4～2.7	120.0	3500	3.0	149	333	303	104	172	13	20	
JZD-16	2200～5500	4.7～3.0	200.0	4500	3.3	183	435	405	145	172	13	20	
JZD-17	3000～7000	4.6～3.0	250.0	6000	3.2	182	435	405	145	172	13	20	
JZD-18	3600～8500	4.6～3.0	300.0	7500	3.2	182	435	405	145	172	13	20	
JZD-19	4500～9500	4.5～3.0	350.0	8500	3.2	182	435	405	145	172	13	20	

19.5.2 隔振器

19.5.2.1 JG系列橡胶剪切隔振器

1. 适用范围：JG系列橡胶剪切隔振器对1000r/min以上回转及往复机械振动的隔离

具有良好隔振效果，适用于水泵、风机、空压机、柴油机、冷冻机等机械设备的振动隔离和仪器仪表防振、防冲击，也适用于航空、船舶及机车中各类设备的振动隔离和防护。该隔振器外形美观、结构紧凑，与同类型相同规格隔振器相比结构尺寸小、重量轻、安装更换方便、工作安全可靠、能在－20～90℃范围内保持正常工作。能承受额定载荷从10～1280kg，阻力比大于0.05。

2. 性能规格及外形与安装尺寸：JG系列橡胶剪切隔振器性能规格及外形与安装尺寸见表19-10、图19-11。

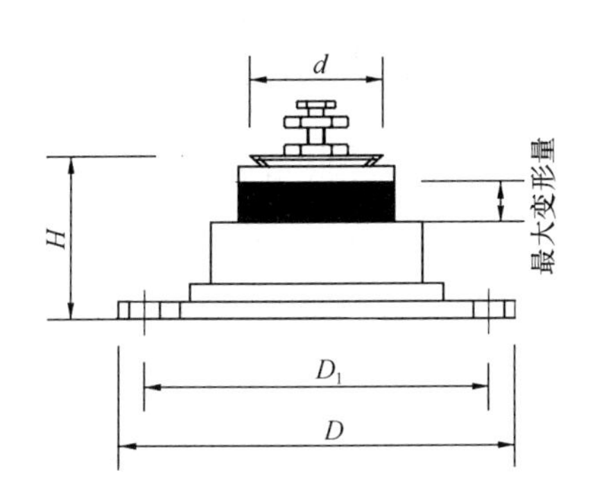

图19-10 JZD系列防剪切阻尼弹簧减振器外形尺寸

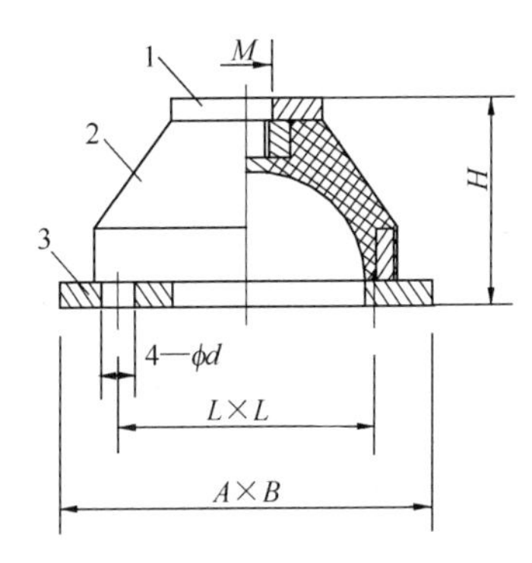

图19-11 JG系列橡胶剪切隔振器外形尺寸

1—端板；2—橡胶体；3—底座

JG系列橡胶剪切隔振器性能规格及外形与安装尺寸 **表19-10**

型号	额定载荷(kg)	载荷范围(kg)	额定静变形(mm)	额定固有频率(Hz)	阻力比＞	安装方式	外形尺寸(mm)						主要生产厂商
							H	A	B	M	L	ϕd	
JG1-1	10	5～10	5±2	7±1	0.05	平置式	50	75	75	M10	61	7	上海青浦环新减震器厂
JG1-2	20	10～20	6±2				50	75	75	M10	61	7	
JG2-1	40	20～40	7±2				60	95	95	M12	75	10	
JG2-2	80	40～80	7±2				60	95	95	M12	75	10	
JG3-1	160	80～160	7±2				80	132	132	M16	106	13	
JG3-2	320	160～320	7±2				80	132	132	M16	106	13	
JG4-1	640	320～640	8±2.5				110	195	195	M20	160	16	
JG4-2	1280	640～1280	8±2.5				110	195	195	M20	160	16	

19.5.2.2 ZTA、ZTB、ZTC系列阻尼弹簧隔振器

1. 适用范围：ZTA、ZTB、ZTC型阻尼弹簧隔振器适用于额定荷载从100～48000N，使用荷载从67～64000N，固有频率均在1.5～4.9Hz范围内，设备的积极隔振、消极隔振、冲击隔振。该隔振器有一定的隔振效率，$T\geqslant 80\%$，即频率比$f/f_0\geqslant 2.5$；隔振体系的振动量（振幅或速度、加速度）小于许可值，一般情况下振动速度$V_{man}<10$mm/s。

2. 性能规格及外形与安装尺寸：ZTA、ZTB、ZTC系列阻尼弹簧隔振器性能规格及外形与安装尺寸见表19-11、图19-12。

ZTA、ZTB、ZTC系列阻尼弹簧隔振器性能规格及外形与安装尺寸　　表19-11

型号	最佳载荷(N)	预压载荷(N)	极限载荷(N)	竖向刚度(N/mm)	最佳载荷点水平刚度(N/mm)	外形尺寸(mm)						主要生产厂商
						H	h	L_1	L_2	D_1	D_2	
ZTA-10	100	67	133	7.6	5.5	72	6	150	115	80	10	上海环星减振器有限公司
ZTA-16	160	107	213	9	12	85	6	160	125	90	10	
ZTA-25	250	167	333	11	16	100	6	180	140	100	10	
ZTA-40	400	267	533	23	17	70	6	210	170	140	10	
ZTA-42	420	280	560	14	19	115	6	190	150	110	16	
ZTA-60	600	400	800	30	24	80	6	230	195	160	10	
ZTA-65	650	433	867	22	30	115	6	190	150	110	16	
ZTA-80	800	533	1067	34	26	100	6	260	220	180	10	
ZTA-85	850	567	1133	32	40	135	6	200	160	120	18	
ZTA-110	1100	733	1467	42	30	100	8	260	220	180	10	
ZTA-115	1150	767	1533	44	54	135	8	200	160	120	18	
ZTA-150	1500	1000	2000	58	45	120	8	290	250	200	16	
ZTA-160	1600	1067	2133	46	60	150	8	230	190	140	20	
ZTA-200	2000	1333	2667	86	38	120	8	290	250	200	16	
ZTA-210	2100	1400	2800	60	76	150	8	230	190	140	20	
ZTA-250	2500	1667	3333	98	50	140	8	310	265	220	18	
ZTA-260	2600	1733	3467	55	65	170	8	240	200	165	20	
ZTA-320	3200	2133	4267	128	70	140	8	310	265	220	18	
ZTA-330	3300	2200	4400	76	83	170	8	240	200	165	20	
ZTA-460	4600	3067	6133	137	80	150	8	360	320	280	20	
ZTA-480	4800	3200	6400	140	81	170	8	240	200	165	20	
ZTA-620	6200	4133	8267	185	126	150	8	360	320	280	20	
ZTA-650	6500	4333	8667	200	130	170	8	240	200	165	20	
ZTA-800	8000	5333	10667	236	145	150	8	360	320	280	20	
ZTA-1050	10500	7000	14000	225	158	170	8	400	360	320	20	
ZTA-1400	14000	9333	18667	308	200	170	8	400	360	320	20	
ZTA-1900	19000	12667	25333	450	235	170	8	400	360	320	20	
ZTA-2700	27000	18000	36000	595	200	290	10	500	440	380	36	
ZTA-1400	3600	24000	48000	800	265	290	10	500	440	380	36	
ZTA-1400	48000	32000	64000	1080	403	290	10	500	440	380	36	

注：ZTB系列、ZTC系列的型号的编号和性能参数同ZTA系列的；其外形尺寸的数据按图19-12中的表示采用。

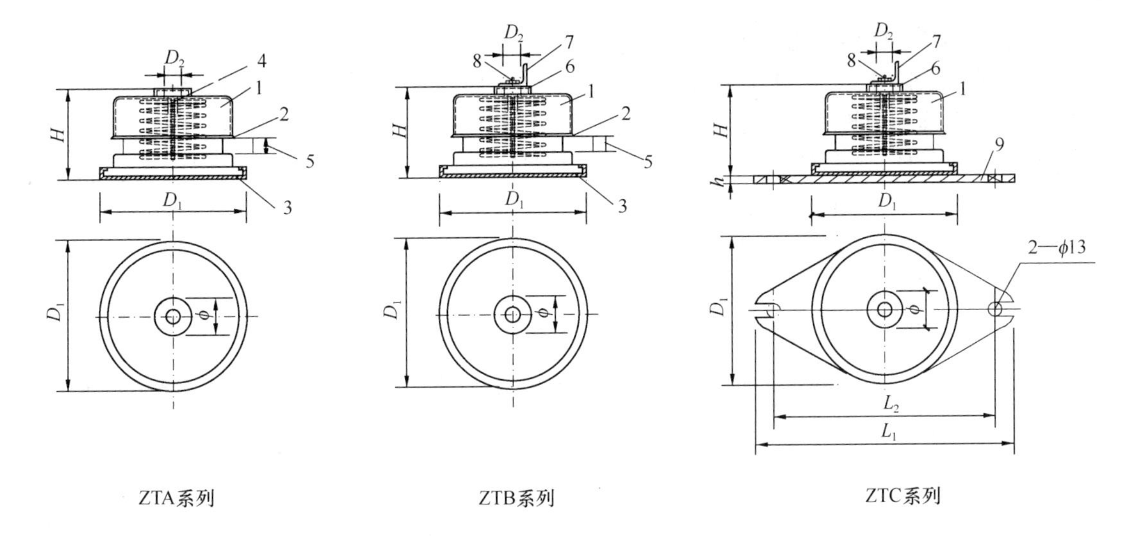

图 19-12 ZTA、ZTB、ZTC 系列阻尼弹簧隔振器外形尺寸

1—上罩；2—上罩下边线；3—底座；4—安装孔变；5—压缩变形范围（最大变形量）；6—橡胶衬垫；7—台座钢架；8—连接螺栓；9—固定连接板

3. 安装方式：ZTA 系列阻尼弹簧隔振器有三种安装方式：ZTA 系列为上下不固定，可任意移动调节重心；ZTB 系列为上部固定形式；ZTC 系列为上下均可固定，以适合各种安装需要。

19.5.2.3 JG 系列橡胶剪切隔振器

1. 适用范围：JG 系列橡胶剪切隔振器对于水泵、压缩机、风机、发电机组、冷冻机等动力设备的积极隔振和仪器仪表的消极隔振有良好效果。该隔振器的橡胶部分具有较大的变形范围和较低的固有频率，工作温度范围−15～80℃，阻尼比 $C/C_0 \geqslant 0.07$。

2. 性能规格及外形与安装尺寸：JG 系列橡胶剪切隔振器性能规格及外形与安装尺寸见表 19-12、图 19-13。

JG 系列橡胶剪切隔振器性能规格及外形与安装尺寸 **表 19-12**

型号	额定载荷 最小最大 (kg)	刚度 (kg/cm)	变形 (mm)	固有频率 (Hz)	最佳载荷 (kg)	外形尺寸(mm)					主要生产厂商
						M	D	D_1	H	ϕd	
JG1-1	5～15	20	2～18	8～14	10	M10	100	80	43	8.5	上海环星减振器有限公司
JG1-2	10～30	36	2～18	8～14	20	M10	100	80	43	8.5	
JG2-1	20～60	60	4～12	7～12	40	M12	150	120	55	12	
JG2-2	40-120	90	4～12	7～12	80	M12	150	120	55	12	
JG3-1	80～240	120	5～16	6～11	160	M16	200	170	87	12.5	
JG3-2	160～480	200	5～16	6～11	320	M16	200	170	87	12.5	
JG4-1	320～960	300	8～24	5～9	640	M20	200	170	100	16	
JG4-2	640～1920	650	8～24	5～9	1280	M20	200	170	100	15	

19.5.2.4　JSD 系列低频橡胶隔振器

1. 适用范围：JSD 系列低频橡胶隔振器适宜于转速大于 600r/min 的水泵、空压机、风机、制冷机等动力设备的基础隔振降噪，尤其是用于立式水泵的基础隔振。该隔振器结构简单，安装方便，可直接安装在机座下，阻尼比大，对共振峰的抑制能力强；载荷范围为 30～25000N，载荷范围为额定载荷上下 50%；其能耐油、海水、盐、雾和日照等，适用于－25～117℃温度范围。

2. 性能规格及外形与安装尺寸：JSD 系列低频橡胶隔振器性能规格及外形与安装尺寸见表 19-13、图 19-14。

JSD 系列低频橡胶隔振器性能规格及外形与安装尺寸　　表 19-13

型号	额定载荷 (kg)	静态变形 (mm)	固有频率 (Hz)	阻力比 >(C/C_0)	外形尺寸(mm)						主要生产厂商
					M	D	D_1	H	h	ϕd	
JSD-1	3～0	6～15	5～7.5	0.07	M8	90	70	43	7	8.5	上海环星减振器有限公司
JSD-2	8～15	6～15	5～7.5	0.07	M10	140	120	63	7	8.5	
JSD-30	15～30	6～15	5～7.5	0.07	M12	150	120	55	9	12	
JSD-50	25～50	6～15	5～7.5	0.07	M12	160	120	55	9	12	
JSD-85	50～85	6～15	5～7.5	0.07	M14	200	170	75	9	12	
JSD-120	85～120	6～15	5～7.5	0.07	M14	200	170	75	9	12	
JSD-150	110～150	6～15	5～7.5	0.07	M16	200	170	85	9	14	
JSD-210	150～210	6～15	5～7.5	0.07	M16	200	170	85	9	14	
JSD-330	210～330	6～15	5～7.5	0.07	M18	200	170	95	9	16	
JSD-530	330～530	6～15	5～7.5	0.07	M18	200	170	95	9	16	
JSD-650	530～650	6～15	5～7.5	0.07	M20	200	170	100	9	16	
JSD-850	650～850	6～15	5～7.5	0.07	M20	200	170	100	9	16	
JSD-1250	850～1250	6～15	5～7.5	0.07	M20	200	170	100	9	16	
JSD-1800	1250～1800	6～15	5～7.5	0.07	M20	200	170	100	9	16	
JSD-2500	1800～2500	6～15	5～7.5	0.07	M20	200	170	100	9	16	

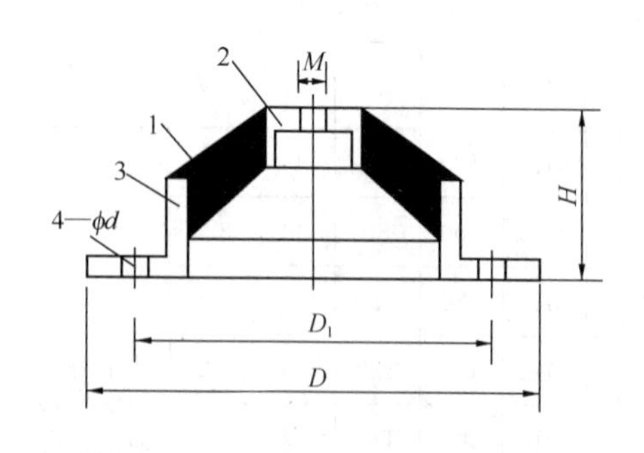

图 19-13　JG 系列橡胶剪切隔振器外形尺寸

1—橡胶体；2—铁件一；3—铁件二；4—圆周四等分 4 个 ϕd

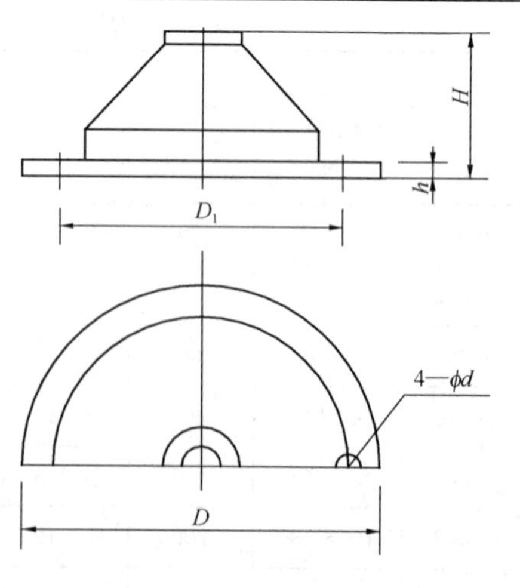

图 19-14　JSD 系列低频橡胶隔振器外形尺寸

19.5.3 隔振隔声垫

19.5.3.1 FZD系列浮筑结构橡胶隔振隔声垫

1. 适用范围：FZD系列浮筑结构橡胶隔振隔声垫主要用于和动力设备的隔振隔声，能最大限度地缩减、隔离建筑结构上的振动、噪声的传递污染，能有效地防止动力设备层板低频辐射噪声的影响；对广电大厦播音室、录音室采用浮筑结构隔振隔声，能隔离外界振动和噪声的传递和影响。该隔振隔声垫可耐油、酸、碱，防腐、防蛀、防湿、防老化。耐温范围−20～90℃，阻尼比0.08。单块尺寸为500×500mm，它也可按工程需要任意切割大小。

2. 性能规格及外形尺寸：FZD系列浮筑结构橡胶隔振隔声垫性能规格及外形尺寸见表19-14、图19-15。

FZD系列浮筑结构橡胶隔振隔声垫性能规格及外形尺寸 表19-14

型 号	载荷范围 (N/m^2)	变形量 (mm)	频率范围 (Hz)	隔声量 [dB(A)]	厚度 H (mm)	主要生产厂商
FZD-10	2000～45000	2～4	10～15	18～25	10	上海青浦环新减震器厂
FZD-16	2000～120000	2～6	9～15	19～26	16	
FZD-20	2000～120000	2～7	8～15	19～28	20	
FZD-30	2000～150000	2～8	8～15	22～30	30	
FZD-40	2000～150000	2～8	8～15	24～32	40	
FZD-50	2000～150000	3～10	7.5～13	28～35	50	
FZD-60	2500～180000	4～11	7.2～15	30～37	60	
FZD-80	2500～180000	4～11	7.2～12.5	31～38	80	
FZD-100	2500～180000	4～12	7.2～12	32～39	100	

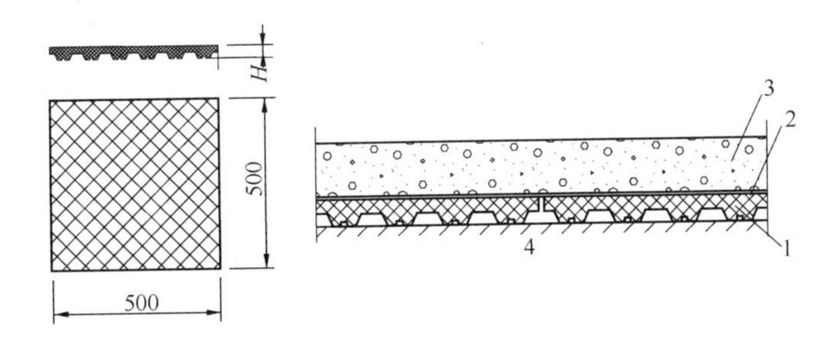

图19-15 FZD系列浮筑结构橡胶隔振隔声垫外形尺寸

1—橡胶隔振隔声垫；2—尼龙防水层；3—混凝土层；4—楼板

19.5.3.2 FJK系列浮筑聚氨酯橡胶隔振隔声垫

1. 适用范围：FJK系列浮筑聚氨酯橡胶隔振隔声垫主要用于动力设备和管道安装支撑在浮筑结构层上，能有效地隔离振动和噪声的传递；能有效地防止动力设备层板低频辐射噪声的影响；对广电大厦播音室、录音室采用浮筑结构隔振隔声，能隔离外界振动和噪声的传递和影响，也可用于健身房浮筑层铺设的隔振隔声，也可安装与机动车库的隔振隔

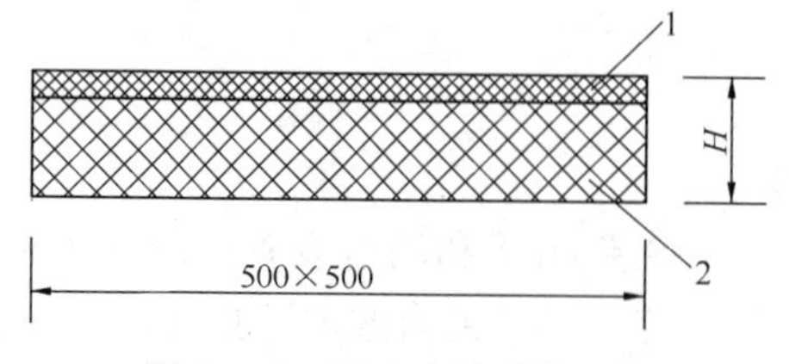

图 19-16 FJK 系列浮筑聚氨酯橡胶隔振隔声垫外形尺寸
1—上层面；2—下层面

声；也可用于仪器仪表的消极隔振。该隔振隔声垫可耐油、酸、碱，防腐、防蛀、防湿、防老化。耐温范围−20～90℃。产品弹性好、隔振隔声效果好，具有吸声的功能，隔离振动可有效保护房屋建筑结构。

2. 性能规格及外形尺寸：FJK 系列浮筑聚氨酯橡胶隔振隔声垫性能规格及外形尺寸见表 19-15、图 19-16。

FJK 系列浮筑聚氨酯橡胶隔振隔声垫性能规格及外形尺寸 **表 19-15**

类 别	型 号	载荷范围（N/m²）	变形量（mm）	频率范围（Hz）	隔声量［dB(A)］	厚度 H（mm）	主要生产厂商
聚氨酯橡胶隔振隔声垫	FJK-10	2000～70000	1～3	12～20	18～25	10	上海青浦环新减震器厂
	FJK-16	2000～80000	1～3	10～20	10～26	16	
	FJK-20	2500～90000	1～3	10～20	20～30	20	
	FJK-25	2500～90000	1～4	9.5～20	21～30	25	
	FJK-30	2000～120000	1～6	9～20	23～32	30	
	FJK-35	2000～150000	1～8	8～20	23～33	35	
	FJK-40	2500～150000	1～8	8～20	25～34	40	
	FJK-45	2500～150000	1～8	8～20	26～35	45	
	FJK-50	2500～150000	1～9	8～20	27～35	50	
	FJK-55	2500～150000	1～10	8～20	27～36	55	
	FJK-60	2500～150000	1～11	7.5～20	28～37	60	
	FJK-70	2500～150000	1～11	7.5～20	28～38	70	
	FJK-80	2500～150000	1～12	7～20	29～38	80	
	FJK-100	2500～150000	1～13	7～20	29～39	100	

3. FJK 系列浮筑聚氨酯橡胶隔振隔声垫安装示意见图 19-17、图 19-18。

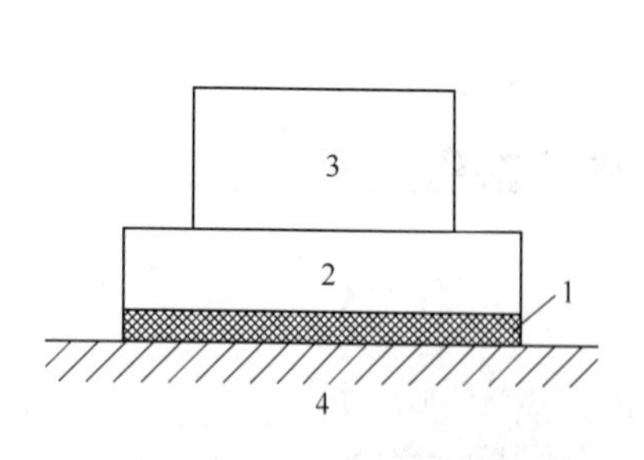

图 19-17 FJK 系列浮筑聚氨酯橡胶隔振隔声垫地面安装示意
1—FJK 型产品；2—隔振台座；3—动力设备或仪器仪表；4—地基

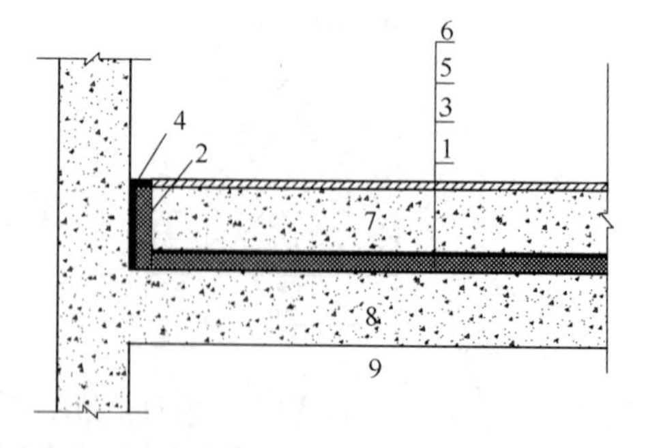

图 19-18 FJK 系列浮筑聚氨酯橡胶隔振隔声垫楼面安装示意
1—FJK 型产品（满铺）；2—FJK 型侧向围墙防振安装；3—防水尼龙层；4—防水硅胶；5—钢混型浮筑地台；6—装饰层或安装动力设备；7—钢混型浮筑层；8—楼板层；9—楼下房间

19.6 玻璃纤维缠绕增强热固性树脂储罐

1. 适用范围：玻璃纤维缠绕增强热固性树脂储罐广泛用于各行各业的液体贮存。该储罐机械强度高，刚性好，耐候性优良，使用寿命长，满足卫生或防腐要求，运输、安装方便。

2. 性能规格及外形尺寸：玻璃纤维缠绕增强热固性树脂储罐性能规格及外形尺寸见表19-16、图19-19。

玻璃纤维缠绕增强热固性树脂储罐性能规格及外形尺寸（mm） **表19-16**

类别	直径 D	高度 H									主要生产厂商
		1800	2400	3000	3600	4200	4800	5400	6100	6700	
		最小壁厚度									
立式储罐	500	5.0	5.0	5.0	5.0	5.0	5.0	5.0	5.0	5.0	广州市花都区宇广玻璃钢制品厂
	800	5.0	5.0	5.0	5.0	5.0	5.0	5.0	7.0	7.0	
	1000	5.0	5.0	5.0	5.0	7.0	7.0	7.0	7.0	7.0	
	1200	5.0	5.0	5.0	6.5	7.0	7.0	7.0	7.0	7.0	
	1400	5.0	5.0	5.5	6.5	7.0	7.0	7.5	8.0	8.0	
	1600	5.0	5.0	6.5	7.0	7.0	7.0	8.0	8.0	8.0	
	1800	5.0	5.0	6.5	7.0	7.0	7.0	8.0	8.0	8.0	
	2000	5.0	6.5	6.5	7.5	8.0	8.0	8.5	10.0	10.0	
	2400	5.0	6.5	7.0	7.5	8.0	8.0	10.0	10.0	10.0	
	2600	5.0	6.5	7.0	8.0	8.0	10.0	10.0	10.0	11.5	
	3000	7.0	7.0	8.0	8.5	8.5	10.0	10.0	11.5	13.0	
	3400	7.0	7.0	8.5	8.5	10.0	10.0	11.5	13.0	13.0	
	3600	7.0	8.5	8.5	10.0	10.0	11.5	13.0	13.0	15.0	
	4200	8.0	8.5	10.0	10.0	12.0	12.0	14.0	14.0	17.0	
卧式储罐	直径 D	长度 L									
		2400	3000	3600	4200	4800	5400	6100	6700	7300	
		最小壁厚度									
	600	6.0	6.0	6.0	7.0	7.0	7.0	9.0	9.0	9.0	
	800	6.0	6.0	7.0	7.5	8.5	9.0	9.0	10	10	
	1200	7.0	7.0	8.0	8.0	9.0	10	10	10	11	
	1600	7.5	7.5	8.0	8.5	10	11	11	13	13	
	1800	8.0	8.5	8.5	10	10	12	13	14	16	
	2400	8.0	9.0	11	13	14	16	18	19	21	
	3000	11	12	13	15	18	21	22	24	25	
	3600	14	15	16	19	21	24	27	30	32	
	4200	15	17	19	21	24	27	30	32	36	

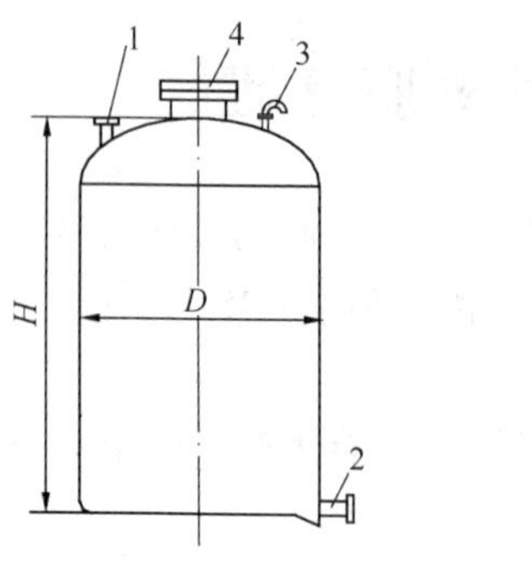

平底立式玻璃钢储罐

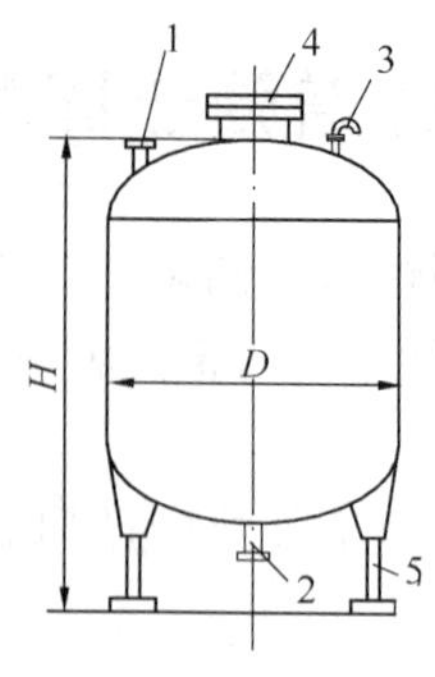

圆底立式玻璃钢储罐

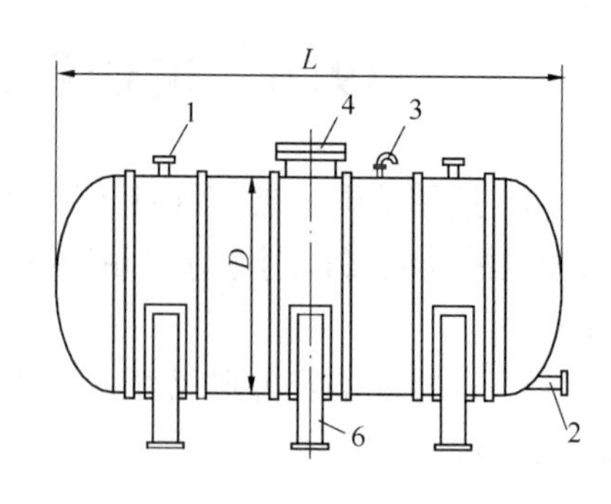

卧式玻璃钢储罐

图 19-19　玻璃纤维缠绕增强热固性树脂储罐外形尺寸

1—进料口；2—出料口；3—排气管；4—人孔；5—支座；6—鞍座

19.7　ZSY-SAF-S 型电子锁系统

1. 适用范围：ZSY-SAF-S 型电子锁系统适用于含水箱（水池）类储水设施的供水工程中，防止外界人力或杂物进入破坏水质，保证储水设施中水质安全。

2. 组成：ZSY-SAF-S 型电子锁系统电子锁系统主要由电子锁、鉴权控制模块、信号控制模块、报警模块、电源模块等几部分组成。

3. 性能规格及外形尺寸：ZSY-SAF-S 型电子锁系统性能规格及外形尺寸见表 19-17、图 19-20。

ZSY-SAF-S 型电子锁系统性能规格及外形尺寸　　**表 19-17**

型　号	供电频率(Hz)	供电电压(V)	外形尺寸(mm)			主要生产厂商
			长 L	宽 B	高 H	
ZSY-SAF-S	50±5%	220±10%	205	70	35	郑州水业科技发展股份有限公司

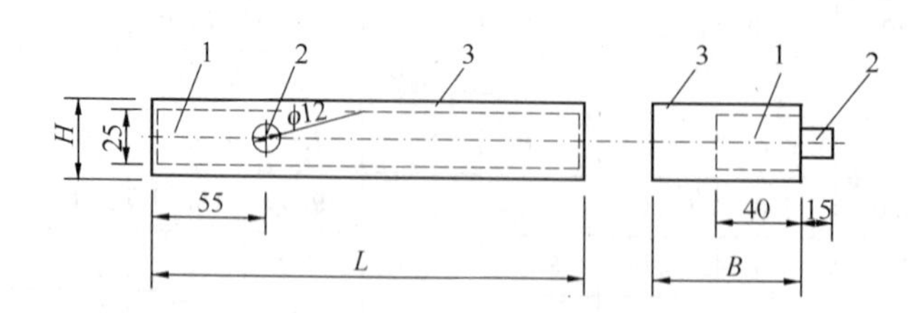

图 19-20　ZSY-SAF-S 型电子锁系统外形尺寸

1—锁体；2—锁舌；3—锁盒

4. 安装条件：ZSY-SAF-S 型电子锁系统的电子锁锁体安装在水箱（水池）类储水设施的人孔（检查孔）处，鉴权控制模块、信号控制模块、电源模块集中在控制箱中可以单独安装，报警模块安装在值班室。

19.8 玻璃钢模塑格栅

1. 适用范围：玻璃钢模塑格栅适用于石油化工、电机工程、环保工程、冶炼工业、造纸工业、食品工业、海洋勘探、轻工纺织、市政、民用建筑等行业的操作平台、地坪、走道、地沟盖板、装饰板、楼梯扶栏、通风隔板等。

2. 组成：玻璃钢模塑格栅是在模塑中，把长纤维通过纵横向交错压入模塑内，经热固性树脂粘结固化而成。其树脂多数采用不饱和聚酯树脂（UP），也可用环氧树脂（EP）或其他热固性树脂粘结。玻璃钢模塑格栅的表面有月牙面、砂面、双平面、菱形板封面等类型。

3. 性能规格及外形尺寸：玻璃钢模塑格栅性能规格及外形尺寸见表 19-18、图 19-21。

玻璃钢模塑格栅性能规格及外形尺寸 **表 19-18**

厚度（mm）	整板尺寸（mm）	单格中心尺寸（mm）	栅宽度（mm）	孔隙率（%）	单质量（kg/m²）	整板质量（kg）	主要生产厂商
25	1007×2007	40×40	7/5	72.3	12.8	26.0±1	广州市花都区宇广玻璃钢制品厂
	1220×3660	40×40	7/5	69.9	13.4	60.0±1	
	1007×4007	40×40	7/5	72.3	12.8	52.0±1	
38	1220×3660	40×40	7/5	69.9	18.7	83.5±1	
	1007×4007	40×40	7/5	72.3	18.8	82.1±1.5	

注：1. 厚度实际厚度；
2. 栅宽度用上下栅宽度表示，如“7/5”表示上栅宽度 7mm，下栅宽度 5mm。

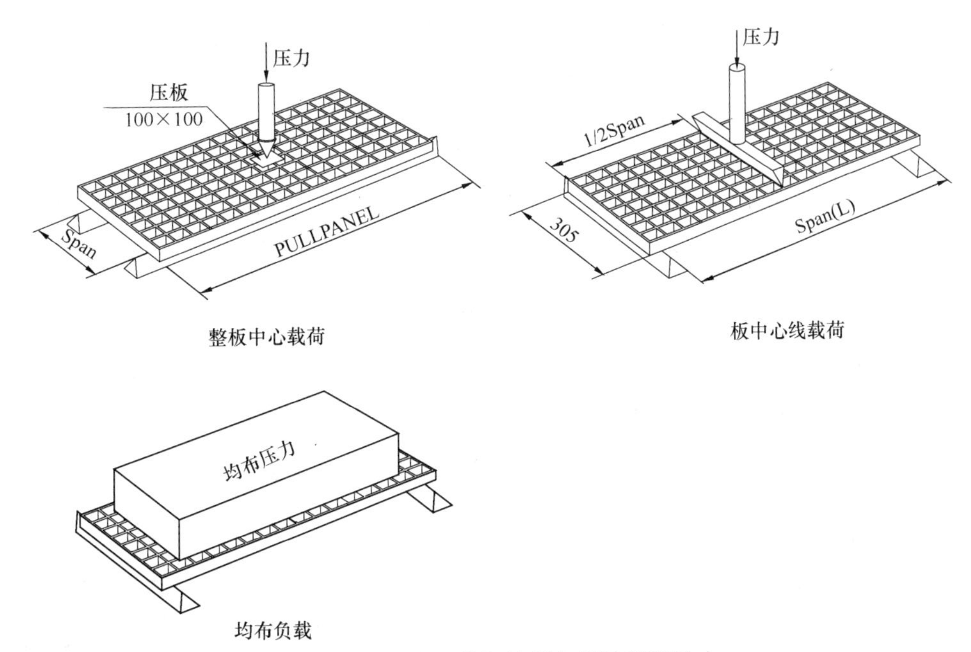

图 19-21 玻璃钢模塑格栅负载及外形尺寸

4. 负载与变形参数：玻璃钢模塑格栅负载与变形参数见表 19-19、图 19-21。

玻璃钢模塑格栅负载与变形参数 表 19-19

规格(mm)	间距(mm)	负载				主要生产厂商
		1%挠度点集中负载(kg)	线集中负载(kg)		1%挠度均布负载(kg/m²)	
			1%挠度的负载	破坏弯曲负载		
38	250	—	—	17500	—	广州市花都区宇广玻璃钢制品厂
	500	1370	1920	10110	9175	
	750	655	939	6100	2240	
	1000	450	500	4500	870	
	1200	395	326	3770	455	
25	250	1170	3570	12900	—	
	500	340	890	4900	2810	
	750	185	400	3600	750	
	1000	140	230	2850	300	

注：上表数据仅参考，根据不同的树脂、纤维及含量，格栅数据有 20%的变化。

5. 安装方式：玻璃钢模塑格栅安装方式见图 19-22，其安装可根据不同的使用要求，采用 M 型、L 型或 C 型夹具固定。

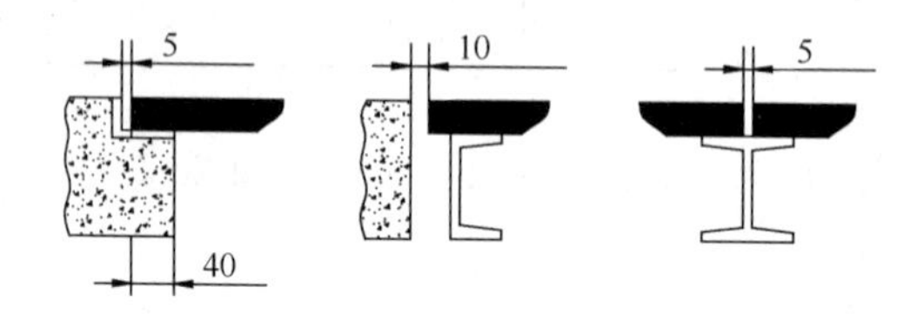

图 19-22 玻璃钢模塑格栅安装方式

19.9 AD 型特殊单立管排水系统

AD 型特殊单立管排水系统适用于新建、扩建和改建的多层、高层民用建筑和工业建筑。

19.9.1 AD 型特殊单立管排水系统的管材

AD 型特殊单立管排水系统中的排水立管应采用 PVC-U 加强型内螺旋管或加强型钢塑复合内螺旋管。其性能规格及规格尺寸见表 19-20、表 19-21、图 19-23。

PVC-U 加强型内螺旋管性能规格及外形尺寸 表 19-20

公称外径 dn (mm)	壁厚度 t (mm)	螺旋肋高度(mm)	螺旋方向	螺距(mm)	肋线 n	长度 L(mm)		主要生产厂商
					条数	基本尺寸	公差	
90	3.1	2.3	逆时针	600	12	4000 或 6000	+20 −0.0	积水(上海)国际贸易有限公司
110	3.8	3.0		760				

加强型钢塑复合内螺旋管性能规格及外形尺寸 表 19-21

公称直径（mm）	外径 *dn*（mm）	壁厚度 *t*（mm）	螺旋肋高度（mm）	螺旋方向	螺距（mm）	肋线 *n*	长度 *L*(mm)		主要生产厂商
						条数	基本尺寸	公差	
90	89.1	3.9	2.3	逆时针	600	12	5500	+20 −0.0	积水（上海）国际贸易有限公司
110	114.3	4.7	3.0		760				

注：公称直径 90、110 分别对应于日本国家标准 JIS 规格 80A、100A。

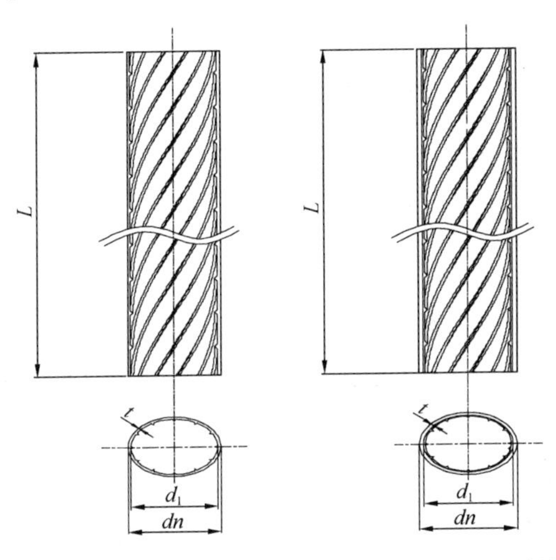

图 19-23 AD 型特殊单立管外形尺寸

19.9.2 AD 型特殊单立管排水系统的管件

AD 型特殊单立管排水系统的立管与横干管或排出管的连接管件采用铸铁材质。常用有 AD 型细长接头、AD 型小型接头、AD 型底部接头以及 AD 型加长型底部接头。

1. AD 型细长接头外形尺寸：AD 型细长接头外形尺寸见图 19-24、表 19-22。

AD 型细长接头外形尺寸（mm） 表 19-22

立管公称外径 *dn*	*A*				*B*				*L*	主要生产厂商
	50	75	90	110	50	75	90	110		
90	130	130	130	—	355	363	370	—	503	积水（上海）国际贸易有限公司
110	130	130	130	140	355	363	370	383	515	

2. AD 型小型接头的外形尺寸：AD 型小型接头外形尺寸见图 19-25、表 19-23。

AD 型小型接头外形尺寸 表 19-23

立管公称外径 *dn*（mm）	接头类型	*A*(mm)			*B*(mm)			*L*（mm）	主要生产厂商
		50	75	90	50	75	90		
90	普通型	129	129	—	82	82	—	241	积水（上海）国际贸易有限公司
	加长型	129	140	—	330	340	—	445	
110	普通型	150	150	150	111	111	111	254	

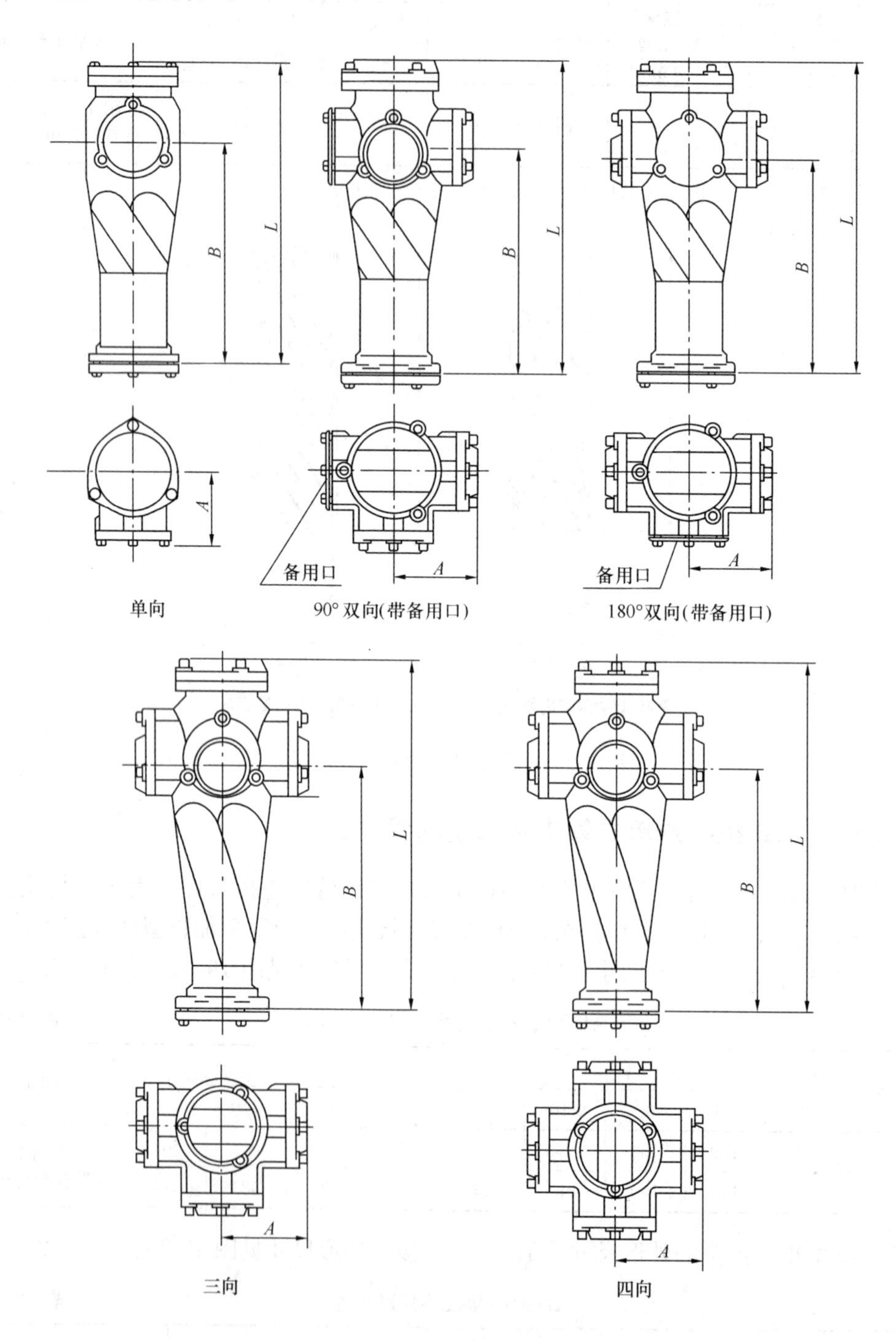

图 19-24 AD型细长接头外形尺寸

3. AD型底部接头外形尺寸：AD型底部接头外形尺寸见图 19-26、表 19-24。

4. AD型加长型底部接头外形尺寸：AD型加长型底部接头外形尺寸见图 19-27、表 19-25。

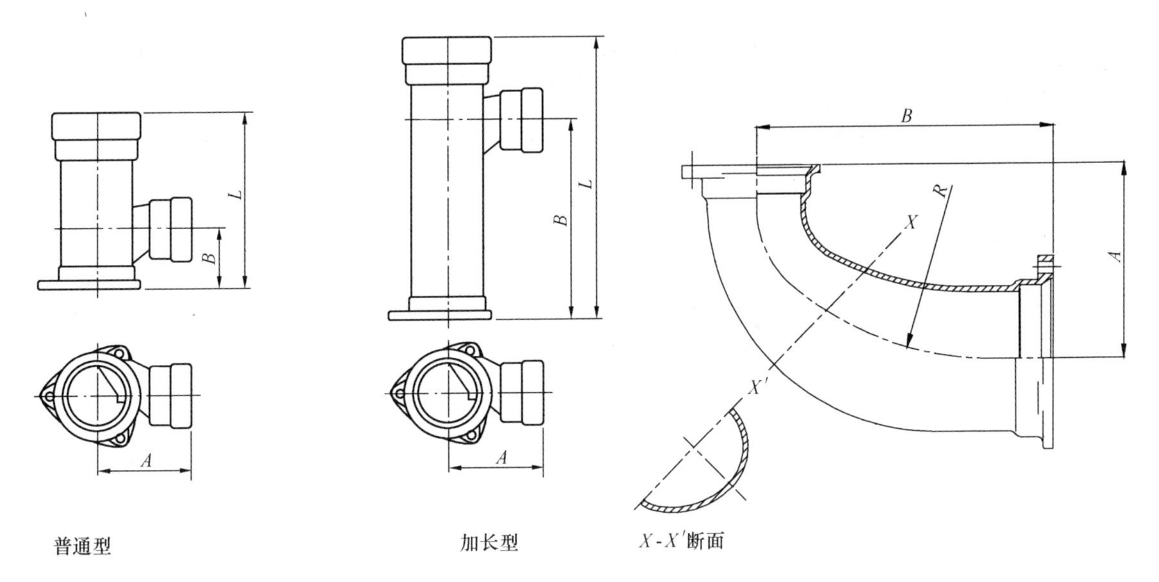

图 19-25 AD型小型接头外形尺寸

图 19-26 AD型底部接头的外形尺寸

AD型底部接头外形尺寸（mm） **表 19-24**

公称外径 dn	A	B	R	主要生产厂商
90×110	185	275	215	积水(上海)国际贸易有限公司
90×125	205	310	275	
90×160	226	350	356	
110×125	205	310	280	
110×160	226	350	360	

注：AD型底部接头为变径弯头。

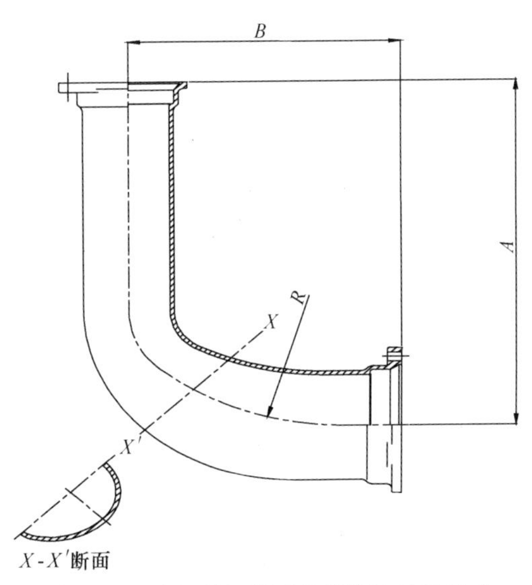

图 19-27 AD型加长型底部接头外形尺寸

AD型加长型底部接头外形尺寸（mm） 表19-25

公称外径 dn	A	B	R	主要生产厂商
90×110 90×125 90×160	530 530 530	275 310 350	215 275 356	积水(上海)国际贸易有限公司
110×125 110×160	530 530	310 350	280 360	

注：AD型加长型底部接头为变径弯头。

专　版

专版1　水平管沉淀分离技术

水平管沉淀分离技术（简称水平管沉淀）是珠海九通水务有限公司自主研发的专利技术之一（中国专利号：ZL 2006 1 0123752.2）。该技术已经通过了由业界权威专家组成的技术评审委员会评审和鉴定。目前应用在国内多个水厂，运行情况良好。

1. 工作原理：水平管沉淀应用“哈真”浅层理论，将沉淀管水平放置，原水平行流动，悬浮物垂直分离，具有最佳状态下的沉淀和分离功能。水平管沉淀分离装置分成若干层，由此增加了沉淀面积，减小了悬浮物的沉降距离，缩短了悬浮物沉淀时间；水平管单元的垂直断面形状为菱形，管底侧向设有排泥狭缝，沉泥顺侧底下滑，再通过排泥狭缝滑入下面的水平管沉淀单元，悬浮物通过水平管及时与水分离，水走水道、泥走泥道，改善了悬浮物可逆沉淀的排泥条件，并避免了悬浮物堵塞管道和跑矾现象的发生。该装置提高了沉淀效率，减轻了滤池负荷，并确保处理后出水达到相关国家标准。安装时可将预制的水平管模块组装为水平管沉淀池。为解决在水平管壁面上的沉泥附着积累问题，可配备不停水自动冲洗系统，提高了自动化程度。水平管流态示意和截面示意见下图。

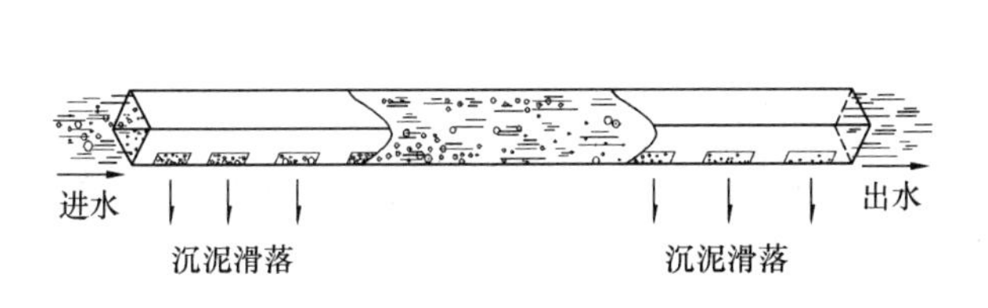

水平管流态示意图

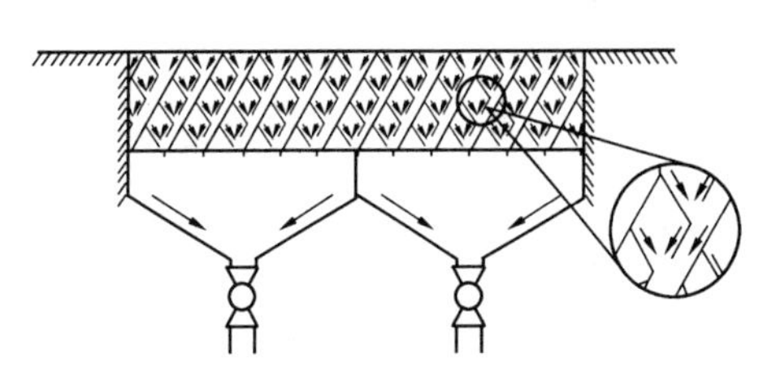

水平管截面示意图

2. 设备类型及技术性能见下表。

装置型号	9T-PT1	9T-PT2	9T-PT3
水平管当量直径 DN(mm)	40	50	60
主要技术性能	1. 水平流速：7～14mm/s； 2. 截面负荷：≤$40m^3/(m^2 \cdot h)$； 3. 沉淀分离区停留时间：2～3min； 4. 进水浊度≤1000NTU，出水浊度保持 0.4～3.0NTU		

3. 适用范围：水平管沉淀广泛适用于市政、环保、冶金、化工等各个行业中、小型规模自来水厂、污水处理厂的沉淀池新建、改造工程。可有效地减少沉淀池占地面积、降低建设投资和维护成本，确保出水浊度达到现行相关国家标准。尤其适用于原水浊度波动

大、需确保出水水质的同时提高水量，且常规沉淀工艺不能满足供水要求的场合。

4. 各种沉淀池性能比较见下表。

装置性能比较	水平管沉淀分离装置	平流沉淀池	斜管沉淀池（异向流）	高密度澄清池
流速（mm/s）	7～14	5～20	2～4	3.3～6.9
表面负荷[$m^3/(m^2 \cdot h)$]	25～48（截面负荷）	2～3	8～10	12～25
沉淀分离区停留时间	2～3 min	1～3h	6～8min	3～4min
进水浊度（NTU）	不限	不限	≤1000	≤1000
出水浊度（NTU）	0.4～3.0	2～5	2～5	1～3
沉淀效率	9～25 倍	1	3～5 倍	6～10 倍
占地面积	小	大	较大	与斜管沉淀池相当
基建费用	小	大	一般	大
跑矾现象	轻微	严重	严重	轻微

专版 2　模块化净水处理系统

1. 产品简介和适用范围：模块化净水处理系统是青州市华通自动供水设备有限公司自主研发的净水处理装置，并通过了由中国城镇供水排水协会组织的专家评审团的评审鉴定。适用于乡镇或农村等中小规模的新建、改建、扩建的供水以及中水处理的工程项目。其主体设备中的气浮、絮凝、沉淀、过滤、吸附等工艺以单元模块形式高度集中于一体；预处理、投药、消毒以及对整体设备运行的检测和控制等配套系统也实现了相应的模块化设计。主体设备可采用钢制、混凝土制、碳钢不锈钢复合等多种材料制作。在自动控制和信息化管理方面，除自动控制、记录、生成报表、数据上传、集中管理外，还具备远程控制、故障诊断等功能，达到了国内领先水平。

2. 产品特点：

（1）高度集成：在一个装置中，包含了以单元模块形式组成的絮凝、气浮、沉淀、过滤、吸附等水处理技术工艺；

（2）布局紧凑：各单元模块在确保安全可靠的基础上，采用技术先进、经济合理的工艺，与相同功能的常规设备相比，大幅减少了占地面积、工程投资和土地资源；

（3）项目实施灵活：可长期规划分步实施，减少一次性投资，有效地提高了设备和资金的利用率；

(4) 安装维护方便：因模块化设计，设备可以在工厂或现场安装以及拆卸维修；

(5) 全自动化控制：具备远程控制、故障诊断等功能。

3. 系统安装尺寸示意见下图。

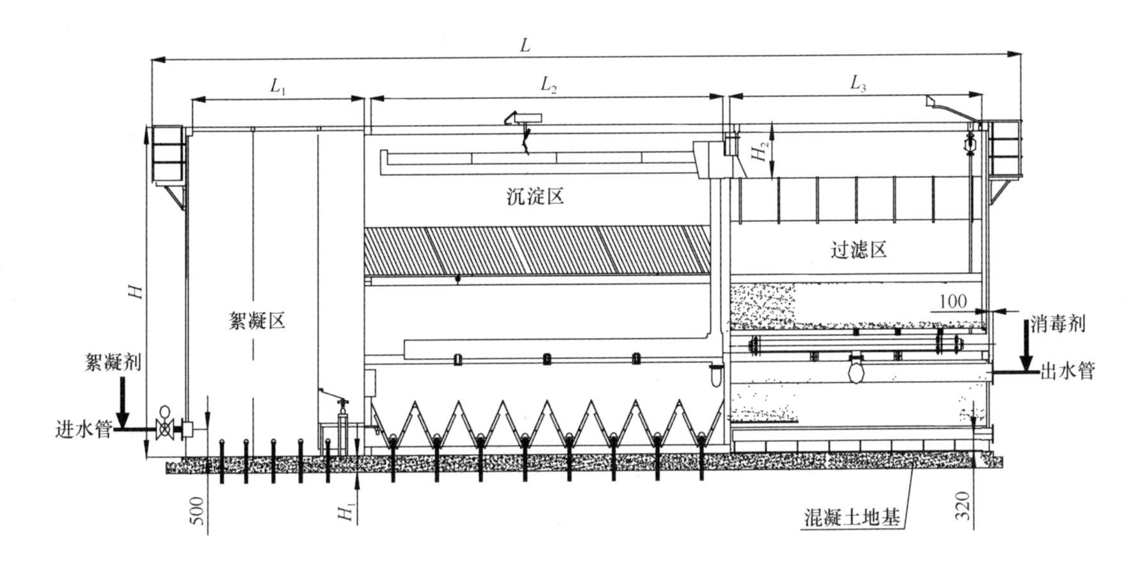

系统安装尺寸示意

4. 规格型号及安装尺寸见下表。

型号	安装尺寸(mm)							
	宽度	总长 L	L_1	L_2	L_3	H	H_1	H_2
HTJS/Y-/200/S	3700	17760	3680	6840	5040	5410	300	900
HTJS/Y-/210/S	4000	20680	4160	8320	6000	5410	300	900
HTJS/Y-/420/S	8000	20680	4160	8320	6000	5410	300	900
HTJS/Y-/210/S-Q	4000	20680	4160	8320	6000	6000	300	900
HTJS/Y-/420/S-Q	8000	20680	4160	8320	6000	6000	300	900

专版3 DA 863 过滤设备

DA 863过滤设备是浙江德安科技股份有限公司自主创新，以自适应性“彗星式滤料”为技术核心的系列过滤装置。DA 863过滤技术已经中国工程建设标准化协会编制成该协会标准《彗星式纤维滤池工程技术规程》CECS 276：2010。DA 863过滤设备与同类过滤装置相比具有过滤精度高，过滤速度快，纳污量大，反洗耗水率低，加药量小、运行成本低，抗负荷冲击能力强，占地面积小等特点。可广泛适用于城乡给水、工业给水、中水回用、深度处理预处理、循环水处理等。

1. 性能规格及外形尺寸见下表。

型号	DA863-φ350	DA863-φ500	DA863-φ600	DA863-φ800	DA863-φ1000	DA863-φ1200	DA863-φ1400	DA863-φ1600	DA863-φ1800	DA863-φ2000	DA863-φ2200	DA863-φ2400	DA863-φ2600	DA863-φ2800
公称直径(mm)	350	500	600	800	1000	1200	1400	1600	1800	2000	2200	2400	2600	2800
滤料质量(kg)	6	12	18	50	80	100	150	200	260	300	380	450	530	620
滤水量(m^3/h)	4	8	12	20	30	45	60	80	100	125	150	180	215	245
设备净质量(kg)	137	192	275	581	895	1446	1487	2165	2526	3692	3986	4679	5960	6090
运行质量(kg)	350	600	900	2000	3400	4800	6300	8300	11000	15000	17000	21000	25000	29000
设备高度(mm)	2200	2200	2350	3540	3660	3800	4030	4175	4360	4485	4650	4870	5000	5200
设计压力(MPa)	0.4(亦可根据要求做特殊设计)													
工作温度(℃)	5～55													
纳污量(kg/m^3滤料)	15～35													
水头损失(MPa)	过滤失效时一般为0.10；最大不超过0.20													
过滤周期(h)	视入水浊度而定，一般为8～24													

滤前水质	悬浮物(ss)(mg/L)≤	50	滤后水质	浊度(NTU)≤	5
		20			1
清洗参数	气冲洗强度[L/(m^2·s)]	60	空气压力(MPa)		34～70
	水冲洗强度[L/(m^2·s)]	6～8	水压力(MPa)		0.1～0.15
	时间(min)	15～20			

注：1. 滤前水质为经过混凝处理的原水；

2. 滤前水质为含铁、锰地下水时，应先进行预处理；

3. 设计过滤速度40m/h；工程设计中可根据实际情况选取相应的过滤速度；

4. 因水质情况千变万化，故本样本所列参数仅供参考，最终按实际水质情况选用参数。

2. 外形示意及平面布置见下图。

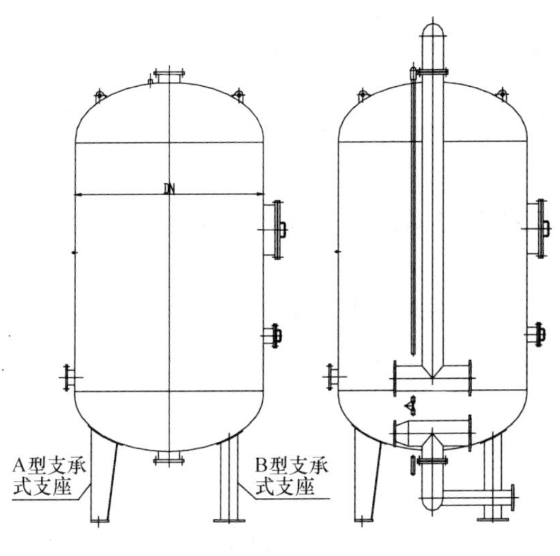

DA863 过滤器外形示意

注：当过滤器公称直径 350～600mm 时，采用 A 型腿式支座；
当过滤器公称直径 800～1800mm 时，采用 A 型支承式支座；
当过滤器公称直径 2000～2800mm 时，采用 B 型支承式支座。

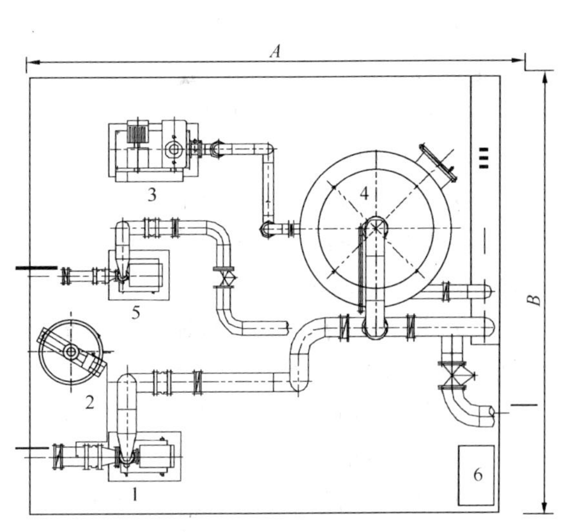

DA863 过滤器平面布置

1—原水增压泵；2—加药装置；3—反洗风机；
4—DA863 过滤器；5—反洗水泵；6—控制装置

专版 4　叠螺污泥脱水机

1. 工作原理：叠螺污泥脱水机是安尼康（中国）环保有限公司自主研发的污泥脱水设备。设备主体是由固定环和游动环相互层叠，螺旋轴贯穿其中形成的脱水装置。前段为浓缩部，后段为脱水部。固定环和游动环之间形成的滤缝以及螺旋轴从浓缩部到脱水部逐渐变小。螺旋轴的旋转在推动污泥从浓缩部输送到脱水部的同时，通过独特巧妙的驱动模式带动游动环清扫滤缝，防止堵塞，同时又起到推进和剪切物料的作用。

2. 适用范围：叠螺污泥脱水机适用于市政、食品、饮料、化工、皮革、焊材、造纸、印染、制药等各行业的污泥和高低浓度污泥的脱水。叠螺脱水机Ⅱ也擅长无机及纤维成分多的污泥脱水。

3. 设备特点：

(1) 不易堵塞：具有自我清洗功能；擅长含油污泥的脱水；

(2) 设计紧凑：脱水机包含电控柜、絮凝混合槽和脱水机主体；占地小，便于维修更换；质量小，易搬运；

(3) 低速运转：螺旋轴转速低，耗电极低；故障少，噪声振动少；

(4) 经久耐用：机体核心部位全部采用优质耐磨材质，能够最大限度地延长使用寿命；

(5) 配套齐全：以提供叠螺污泥脱水机Ⅰ、Ⅱ为主，为客户配置相应的周边设备，满足客户多样化、多层次化的需求，提供污泥处理和处置的最佳解决方案。

4. 各单体特点：

(1) PLC控制系统和触摸屏：实现脱水机与周边设备的有机联动，运行条件的设置更加灵活多样，操作简便；

(2) 浓度计：感知污泥浓度的瞬间变化，自动改变脱水机的相关运行条件以保证脱水机稳定运行；

(3) 流量计：感知进泥和加药量的变化，保持两者间的适当比例，保证矾花稳定形成，降低调试和运行难度；

(4) 全封闭外观设计：机器更加美观大方，在有效防臭的同时，操作更加安全；

(5) 双槽式絮凝混合槽设计：通过两个搅拌器的搅拌，絮凝反应更加充分，适用于需要添加两种药剂的污泥；

(6) 滤液槽分离设计：浓缩部与脱水部的滤液槽分离，脱水部的漏泥再次直接脱水，滤液干净，固体回收率高；

(7) 全新的游动环驱动模式：螺旋轴与游动环零接触、零磨损，降低运行成本和维护频率，故障率更低；

(8) 弹簧式背压板：感知泥饼含水率的变化，背压板自动伸缩，保证出泥效果的稳定性。

5. 设备机型、规格及配置见下表。

机型	绝干污泥平均处理量(kg/h)	绝干污泥参考处理量(kg/h)	电机总功率(k_w)	清洗用水量(L/h)	机械尺寸(mm)		
					长	宽	高
VD121	～12	～20	0.9	24	1700	1300	1600
VD171	～18	～30	1.4	32	2200	1400	2000
VD221	～30	～50	2.7	40	2700	1500	2300
VD251	～45	～75	2.9	40	3200	1600	2500
VD311	～90	～150	5.6	80	3500	2000	2700
VD312	～180	～300	7.8	160	4800	1800	2700
VD313	～270	～450	9.0	240	4800	2300	2700

注：1. 污泥处理量＝绝干污泥平均处理量/污泥浓度；

2. 污泥的浓度、无机物含量及纤维质含量越高，其处理量越接近参考处理量；

3. 上述机器型号、规格及配置仅供参考，需要时直接与制造商联系，索要最新资料。

专版5 HFRP玻璃钢整体生物化粪池

1. 适用范围：HFRP玻璃钢整体生物化粪池是南宁威尔森环保科技开发有限公司自主研发的产品。其池内用两道隔墙板分格成三格池，板上设有两组环流泛水立体弹性生物填料箱，以延长污水滞留时间，第三格挂满生物填料，在确保缺氧的安全条件下，显著提高了污水的生物处理效果，适用于各类建筑物的污水净化处理。

2. 产品特点：HFRP 玻璃钢整体生物化粪池以玻璃纤维增强不饱和聚酯树脂的高强度复合材料为主体，采用机械缠绕工艺整体制作成型，其加筋筒体和凹凸面车轮形封头技术结构新颖。该化粪池与传统混凝土及其他普通玻璃钢化粪池相比具有质量轻、强度高、耐腐蚀、无渗漏、无污染、使用寿命长、容积使用率高、清掏周期长等特点。在制造过程中全国统一生产标准、统一原材料采购，保证了产品质量的安全可靠。

3. HFHP 玻璃钢整体生物化粪池外形与安装示意见下图。

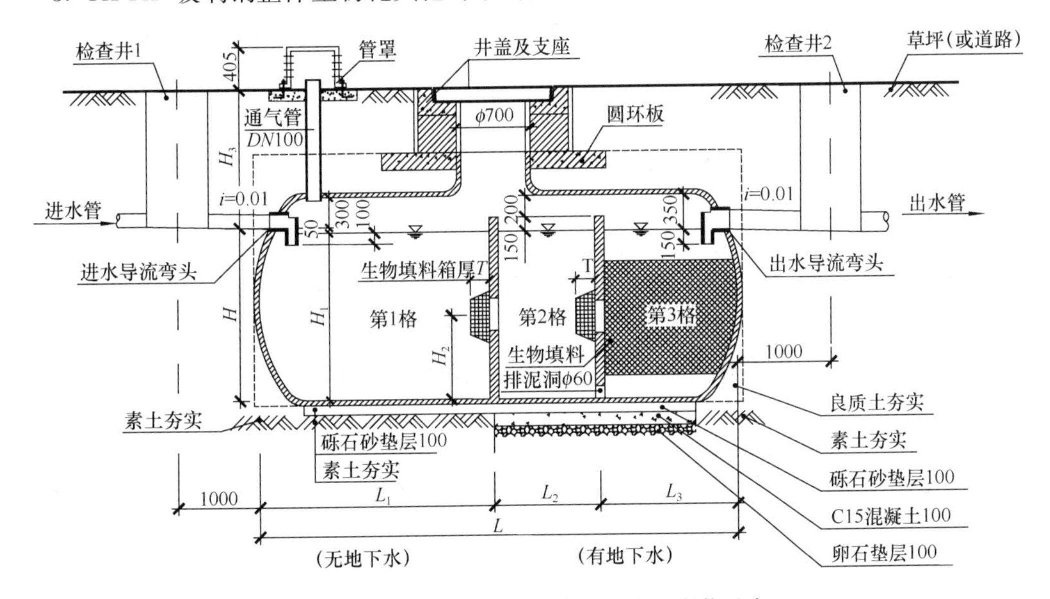

HFRP 玻璃钢整体生物化粪池外形与安装示意

4. HFRP 玻璃钢整体生物化粪池外形尺寸(mm)见下表。

型　号	直径 φ	总长 L	L_1	L_2	L_3	H	H_1	H_2	H_3≥	生物填料箱		封头弦高 H_4
										过水洞 D	箱厚 T	
HFRP-002	1200	2200	1100	550	550	900	850	540	900	400	200	250
HFRP-004	1200	3900	1950	1000	950	900	850	540	900	400	200	250
HFRP-006	1500	3700	1850	950	900	1200	1150	720	900	400	200	250
HFRP-009	1800	3700	1850	950	900	1500	1450	900	900	400	200	300
HFRP-012	1800	4900	2450	1250	1200	1500	1450	900	900	500	250	300
HFRP-016	2300	4000	2000	1000	1000	2000	1950	1200	900	500	250	350
HFRP-020	2300	5100	2550	1300	1250	2000	1950	1200	900	500	250	350
HFRP-025	2300	6200	3100	1550	1550	2000	1950	1540	900	500	250	350
HFRP-030	2500	6300	3150	1600	1550	2200	2150	1750	900	500	250	400
HFRP-040	2800	7000	3500	1750	1750	2500	2450	1750	900	500	300	500
HFRP-050	2800	8600	4300	2150	2150	2500	2450	1750	900	500	300	500
HFRP-075	2800	11800	5900	2950	2950	2500	2450	1750	900	500	300	500
HFRP-100	3200	12500	6250	3150	3100	2900	2850	2030	900	500	300	500

专版 6　PW 系列全自动污水提升排放成套设备

1. 适用范围：PW 系列全自动污水提升排放成套设备是沈阳金利洁科技有限公司研发的专利技术产品，主要由地下污水提升排放装置、分体式杂物分离器装置与 PLC 控制装置等组成。适用于各类建筑物地下室污水提升排放，特别是地铁站、地下超市（商场）卫生间污水的提升排放等；该设备操作简单、排水顺畅，有效地解决了传统污水提升和排放过程中，易堵塞、需清掏、水泵易被缠绕及污水坑臭味外溢而影响周边环境等难题。该设备已经通过国家权威机构的检测。

2. 工作原理：

（1）含杂物污水通过分水四通 ST 分别经 A_1、F_1 和 A_2、F_2 两路流入集水箱，杂物经 F1、F2 过滤后暂存；

（2）当水位达到启动点时，M_1 启动、A_1 关闭，F_1 内的杂物随水流压力经 B_1、出水口排出，水位到达设定低水位时 M_1 停止运行，M_1 启动的同时污水通过 A_2、F_2 流入集水箱；

（3）当水位再次达到启动点时，M_2 启动、A_2 关闭，F_2 内的杂物随水流压力经 B_2、出水口排出。这样利用四个单通阀的组合，经杂物分离器及双泵交替工作，方便地将杂物分别提升排出；

（4）通过程序设定 M_1、M_2 交替运行且互为备用；

（5）SWK 检测到启动水位信号时、JKG 控制双泵交替运行和停止，并实施缺相、过热和漏水保护等原理示意见下图。

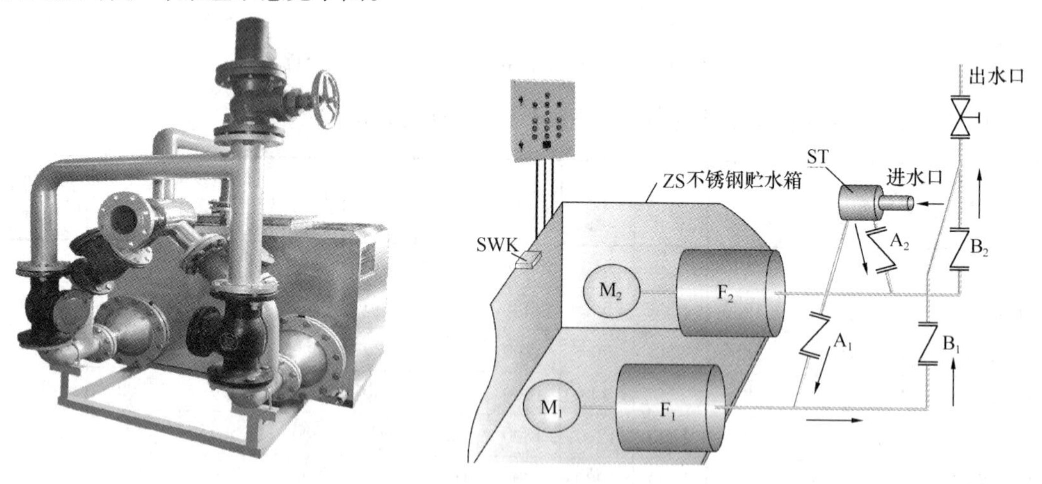

PW 系列设备原理示意

注：M_1、M_2 为 WQ 型潜水排污泵（主泵）；A_1、A_2 分别为进水管路中的止回阀；SWK 为水位检测控制器；B_1、B_2 分别为管路中的止回阀；F_1、F_2 为分体式杂物分离器；ZS 不锈钢贮水箱；ST 分水四通

3. 设备特点：

（1）通过科学合理的专利技术组合，真正实现无沉淀、免清掏、不缠绕、不堵塞和无污染，占地面积小，大大提高建筑环境品质和利用率；

（2）PLC 控制：通过编程设定适合于多种场所特点的工作模式，实现远程监控运行、多级保护、多点报警指示且确保故障率趋零等功能，也可实现自动杀菌消毒的功能。

4. 设备类型和使用工况见下表。

设备类型	PWB别墅型	PW-N1(W1)单泵式	PW-N2(W2)双泵式	PW-N4(W4)四泵式
适用场所	别墅类建筑	污水和杂物量较小	污水和杂物量较多	瞬时污水和杂物量较多
工作电源	220V/380V、50Hz(含可编程控制柜)		工况条件	控制柜工作环境湿度<80%
进水水质	pH值：4～10；水温：0～40℃；密度：≤1600kg/m³			

专版7　模块化同层排水节水装置

1. 适用范围：模块化同层节水排水装置是濮阳市明锐建筑节能技术有限公司研发的专利技术产品之一。适用于新建、改建的住宅、宾馆、公寓建筑卫生间结构楼板降板、不降板或局部降板的同层排水节水、同层排水。

2. 工作原理：模块化同层排水节水装置采用模块化整体设计，洗手盆、洗衣机、浴盆、淋浴废水利用重力排水收集并储存在模块装置水箱内，模块装置替代传统排水横支管，实现户内“废、污水分流，分质排水”。模块装置内设有水质浊度识别系统装置，自动实现废水直排或处理回用。用户根据需要通过自动控制器选择废水消毒、直排和回用等操作。装置自动将水提升到本用户便座水箱作为回用冲厕用水，实现了户内同层排水和废水回用一体化，并户内冲厕不用自来水，使日常的生活用水总量减少了30%以上。该装置系统安装示意见下图。

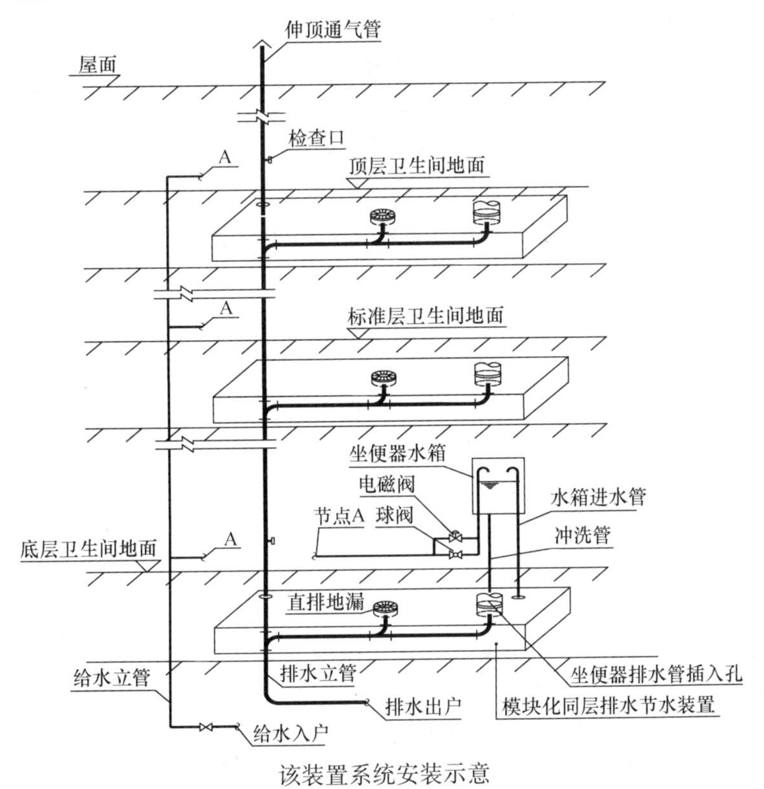

该装置系统安装示意

3. 产品类型和技术要求见下表。

装置类型	模块化同层排水节水装置		模块化同层排水装置	
安装方式	下沉式	侧立式	下沉式	侧立式
装置代号	JTP-X	JTP-C	TP-X	TP-C
装置规格	本公司依据建筑卫生间平面布置 设计确定类型并指导安装			
降板要求≥（mm）	320	—	250	—
面层厚度≥（mm）	50	100	50	100
楼板留洞（mm）	400×450	310×500	310×500	
自控器电源	从卫生间插座引向自控器		无自控器	

4. 系列产品简介：模块化同层节水排水装置是以国家发明专利“厨卫给排水横支系统分离汇水装置”为技术核心，由排水集水模块、提升模块、液位自动控制模块、水处理模块四部分组成。是集同层排水、废水收集、处理、储存、户内回用冲厕为一体的装置。采用特殊的防臭、防堵、防渗漏专用件，有效解决了传统卫生间存在的“漏、臭、堵、噪声、污染、产权不清、户间干扰和浪费水”的八大难题。该装置已通过国家级检测，被列入国家《〈建设事业“十一、五”技术公告〉技术与产品选用手册》。

5. 装置特点：

（1）装置整体模块化集成设计，实现同层排水和节水，便器水箱双水源供水；

（2）突出的自动自由选择模式，自动收水、自动排水，自动反冲洗，自动清洗保洁功能，实现自动清洗和排空，保证装置内部清洁卫生；

（3）智能化控制、全面运行状态监控；

（4）装置采用特殊的防臭、防堵、防渗漏专用件，彻底解决卫生间臭、堵、漏；

（5）同层检修无破损、无垃圾，方便维修和保洁；

（6）量身定做，工厂化制作，现场接口组装，施工方便。

专版8　豪顿SG系列单级高速离心鼓风机

SG系列单级高速离心鼓风机是豪顿华工程有限公司自主研发的产品。其独有的40°后弯式叶片（前置诱导轮和叶轮集成一体化设计），使进口气流平稳地进入壳体，减小气体能量损失和噪声，并能提升更高的压力。高效叶轮由锻造铝合金或防腐蚀的镍铬合金在多轴数控加工中心整体加工而成，配合齿轮箱、轴承、轴密封以及仪表控制系统的整体设计，使得鼓风机能够长年高效、无故障地运行。

1. 适用范围：SG系列单级高速离心鼓风机为市政污水处理及工业废水的生化处理提供氧气。

2. 设备特点：

（1）独特的诱导型高后弯式角度设计，实现最高的叶轮效率及最大的可靠性；

（2）高速轴为可倾瓦式滑动轴承，高速运转时几乎无振动；

（3）最先进的水平剖分式的齿轮箱更加便于维修、维护和检查；

（4）高度集成式整机供货，自带的公共基座集成润滑系统；

（5）联合导叶控制系统集成了可调出口导叶控制、预旋转进口导叶控制来调节流量，而无需变频；联合进出口导叶控制示意见下图。

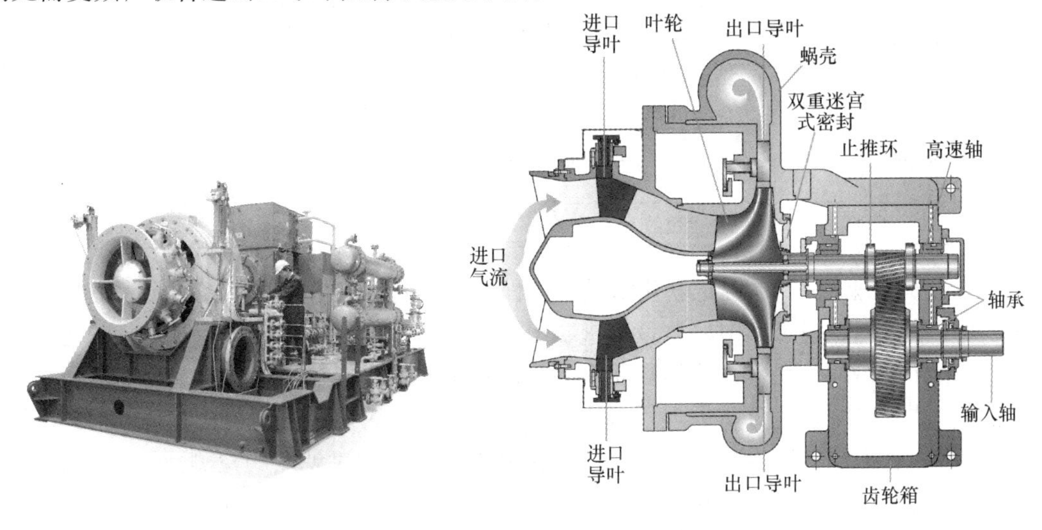

联合进出口导叶控制示意

（6）宽广的流量范围，可调至设计流量的 40%；

（7）宽广的压力/流量适用范围 — 提供内在的系统稳定和更高的防喘振特性；

（8）双重迷宫式轴封或机械密封确保出口气体无油；

（9）主控制系统提供单工艺变量下多台鼓风机的全自动控制，采用“负荷平均分配”控制模式，整个鼓风机系统实现运行效率最大化。

3. 工作范围：进口体积流量与压力提升工作范围见下表。

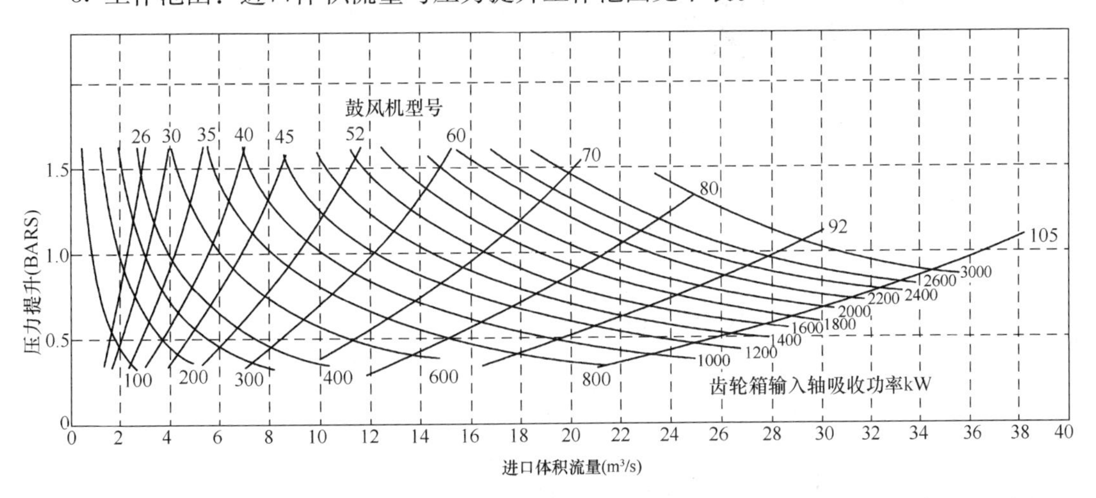

注：上图图表基于入口空气密度为 1.2kg/m³（干空气，15℃，1 个标准大气压）；其他工况请与豪顿公司联系。

专版 9　ET-OIwc-01A 硬度监测控制系统

ET 系统是易捷泰斯特（北京）科技有限公司研发的专利技术产品之一。该产品主要由检测系统、控制系统、执行系统等组成。从根本上解决了传统软化水设备漏硬不易监测、出水水质时常不达标的弊病。ET系统已通过国家权威机构的评审和检测。

1. 适用范围：ET系统适用于化工、锅炉、热力、食品、印染、药业、半导体制造等行业以及对软化出水水质要求高的场所。

2. 性能指标：ET系统性能指标见下表。

范围(mmol/L)	准确度(mmol/L)	响应时间(min)	样品工作温度
0.01～0.20、0.20～5	读数的±0.001	少于5	5～50℃(41～122°F)

3. 工作原理：ET系统把软化水设备流程运行控制参数从时间或流量改为由设备出水硬度实际值控制。通过实时监测设备进、出水Ca、Mg离子的含量，控制设备的运行。保证设备全天候始终处在最优化运行状态下，设备出水始终保持合格。出水硬度值利用比色检测法检测，应用比色分析原理，对定量采样水自动注入定量硬度反应试剂，不同的硬度采样水将呈现不同的纳米波长，依靠光电转换原理，完成对硬度的检测。ET系统硬度监测系统原理和设备外形示意见下图。

ET系统硬度监测设备外形示意

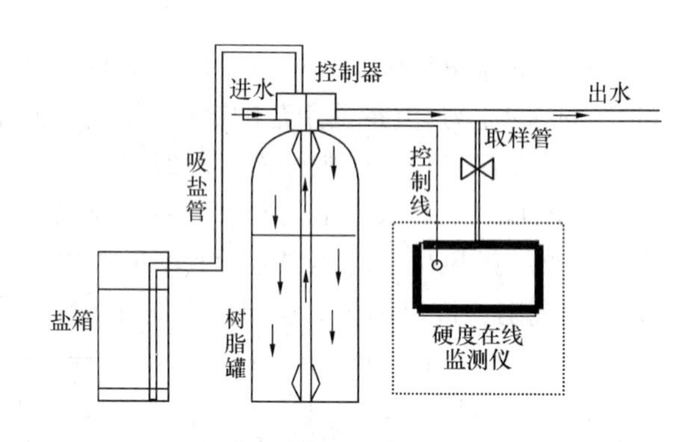

ET系统硬度监测系统原理

4. 设备特点：

(1) 采用国标方法实时检测水质高、低硬度；

(2) 全天候硬度检测；

(3) 智能化控制、优化设备运行；

(4) 计算机软件控制运行；

(5) 可输出各种标准信号与DCS系统连接；

(6) 全面运行状态监控；

(7) 系统采用完全符合国家标准的络合滴定法检测水样硬度；

(8) 由进样系统、检测系统、运算与控制系统、人机界面构成；

(9) 进样系统由进口微量计量泵、进口电磁阀、特制厚壁硅胶管路、特制反应器等组成；

(10) 检测系统由公司专利技术的滴定终点判定置、数据传输系统组成；

(11) 运算与控制系统由嵌入式系统硬件及软件组成；

（12）系统人机界面由显示部分组成。

专版 10　HX-DP 压力平衡式虹吸（真空）破坏阀

HX-DP 压力平衡式虹吸（真空）破坏阀是上海晟江机械设备有限公司自主研发的产品。适用于安装在虹吸式输水管道的驼峰上方（制高点）。其结构可以分为水腔、空气腔、主副电磁操作机构及电气控制箱。水腔部分和输水主管道相连接，空气腔和大气相通，主副电磁操作机构安装在阀门左右两端。阀门电气控制模块经通电后，主、副电磁操作机构被电磁铁的吸力作用下，此时阀主轴左移动，安装在主轴上的两片阀瓣橡胶密封圈和两阀座相密封，这时水腔和空气腔的大气被隔断就形成虹吸，阀门电气控制模块断电，电磁铁马上分离，在蓄能弹簧的驱动作用下，主轴上的两片阀瓣向右移动，此时阀瓣与阀座急速分开，由于主管道内负压真空作用下，大气经空气腔急速涌进水腔内与主管道相通，破坏虹吸现象，实现分水断流。防止因水流倒灌而产生的主机叶轮飞扬事件，故它是保护主机安全运行不可缺少的重要设备。

HX-DP 压力平衡式虹吸（真空）破坏阀规格及外形尺寸见下图和表。

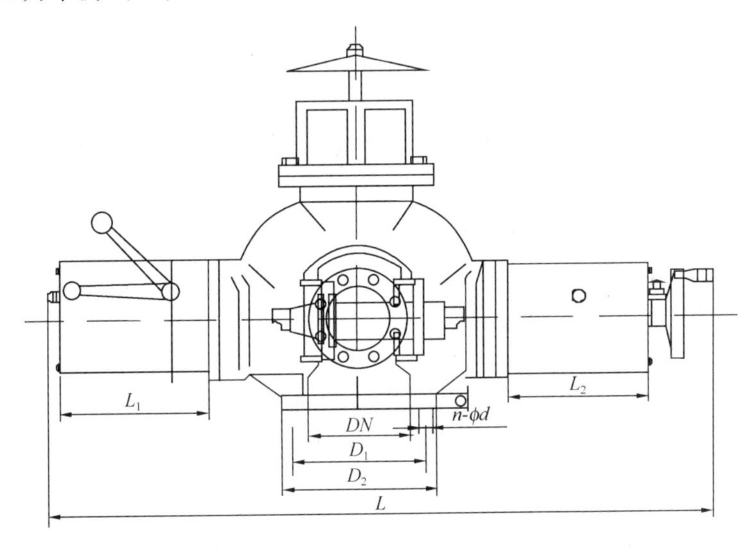

HX-DP 压力平衡式虹吸（真空）破坏阀外形尺寸

HX-DP 压力平衡式虹吸（真空）破坏阀规格及外形尺寸

公称直径 DN (mm)	外形尺寸							
	D_1(mm)	D_2(mm)	L(mm)	L_1(mm)	L_2(mm)	K(mm)	b(mm)	n-Φd (个-mm)
200	280	320	1378	320	345	730	19	8-17.5
300	395	440	1580	350	420	1200	20	12-22
400	495	540	1720	350	450	1250	24	16-22
500	600	645	1920	350	450	1400	26	20-22
600	705	755	2020	350	450	1500	25	20-26

注：常规法兰接口为 GB-PN6。

1. 主要技术参数：

（1）电磁铁通电持续率：100%；

（2）额定工作电源：220V/380V，50Hz；

（3）使用工作压力：0～0.1MPa；

（4）短时间操作频率：300次/h；

（5）允许电压波动范围：0.8～1.1Ue；

（6）常态的电磁铁的温升：<30K；

（7）连接法兰标准：GB/T 17241；

（8）电磁铁启动电流为：≤*DN*400以下规格10A；*DN*500以上25A（时间2s）；

（9）电耗不超过：30W。

2. 产品特点：

（1）以小制大：虹吸破坏阀公称口径约是主管道的1/3～1/4（截面积3%～4%），就可以实现破虹吸来控制水流，这是其他阀门所不能实现的。

（2）降低成本：由于虹吸式输水管道的水泵扬程始终是有效扬程，比其他输水形式系统节能15%以上。工作时不需要其他附属设备，而且维护费用低。

（3）使用方便：虹吸破坏阀和水泵联动，可现场操作和远程控制。此阀门在产品安全性能可靠的前提下，还设有人工手动紧急开阀、关阀装置与观察视窗。

专版11 WDV矢量变频供水设备

WDV矢量变频供水设备由北京威派格科技发展有限公司研制。矢量泵在非自吸不锈钢立式多级离心泵的基础上，采用矢量电机驱动，实现机电一体化优化设计，变频运行区间宽泛而高效，是真正意义上的变频泵，也是目前世界上最节能的智能供水设备之一。

随着人们节能减排理念的增强，特别是国家"十二五规划"提倡扶持高效节能产业、淘汰高耗能落后产业政策的具体实施，中国各行各业将面临强制性推行阶梯电价或电价调节市场化的现实。由于水泵应用广泛，又是电能消耗大户，未来WDV矢量变频供水设备必将成为广大用户面对严峻挑战的青睐产品。仅此比传统变频供水设备节能20%～30%计算，将对我国产生巨大的节能效应。因此WDV矢量变频供水设备将引领水泵行业的产品向节能减排、升级换代的纵深发展。WDV矢量变频供水设备外形示意见左图。

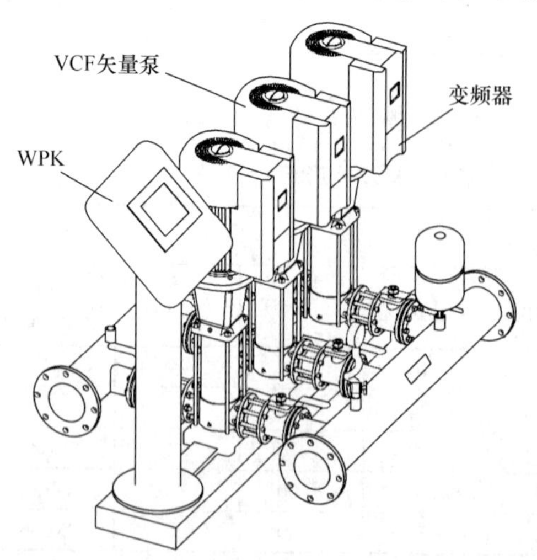

WDV矢量变频供水设备外形示意

1. 适用范围：

（1）供水行业：水厂过滤与输送，水厂分区送水、主管增压、高层建筑增压；

（2）增压供水系统：流程水系统、清洗系统、高压冲洗系统、消防系统；

（3）工业液化输送系统：冷却和空调系统、锅炉给水和冷凝系统、机床配套、酸碱液体的输送；

（4）水处理工艺：超滤系统、反渗透系统、蒸馏系统、分离装置、游泳池循环系统、景观配套设施；

（5）灌溉设施：农田灌溉、喷灌、滴灌。

2. 设备特点：

（1）高效节能：WDV矢量变频供水设备比常规供水设备节能30%～40%以上，比传统变频供水设备节能20%～30%；

（2）高效率、高质量供水：水泵切换精确、准时、平稳，既解决了低水压问题又解决了供水波动大超压的问题，大幅提高了供水效率和供水品质；

（3）运行安全可靠：每台水泵自带一台变频器，且一体化设计，各自控制又相互通信，其中一台发生故障时仍然保障正常供水；

（4）高科技含量：机电一体化设计，整机结构紧凑、简单、美观，减少了连接部分的故障点。

专版12 感温玻璃球

德国久保公司（Job GmbH）是全球范围内唯一全系列生产消防用感温玻璃球的企业。久保玻璃球独特的骨型设计（美国专利号4,796,710）与球内特殊液体结合（美国专利号4,938,294）使其具备可靠的温度响应性能和超强的玻璃球强度。

1. 适用范围：感温玻璃球适用于消防系统中的自动洒水喷头、排烟机、防火阀以及其他感温释放机构的元件。

2. 组成：玻璃球体及密封在球体内的特殊液体（G型或F型）。

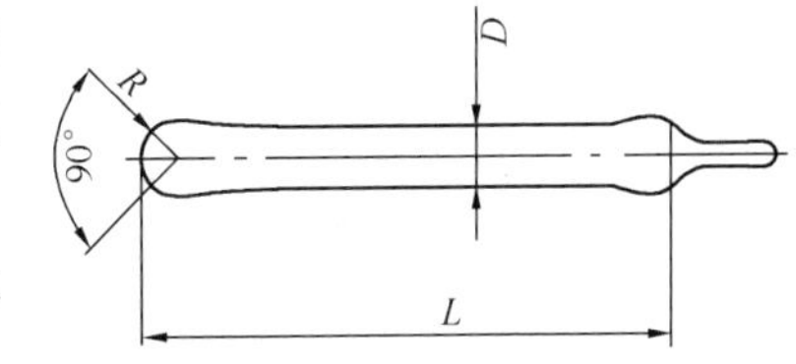

感温玻璃球外形尺寸

3. 工作原理：密封于玻璃球之中的膨胀液体随着温度的上升而不断膨胀，在达到预定温度时使玻璃球爆裂为碎片从而启动喷头动作进行喷水灭火。

4. 感温玻璃球性能规格及外形尺寸见下图和表。

响应类型	型号	直径 D (mm)	长度 L (mm)	RTI响应时间指数 (c=0,5) $(ms)^{1/2}$	强度		温度（以膨胀液体颜色区分温度）(℃)							应用范围
					平均破碎载荷 (kN)	最低载荷承载 (kN)	57	68	79	93	141	182	260	
标准响应	G5	5.0	16、20	90	4.0	2.5	橙	红	黄	绿	蓝	紫红	黑	标准型；干式喷头
	G5-XS	5.0	16、20	90	5.5	4.0	橙	红	黄	绿	蓝	紫红		标准型；干式喷头
特殊响应	F5	5.0	16、20	68	4.0	2.5	橙	红	黄	绿	蓝			标准型；扩展覆盖型
	F4	4.0	16、20	58	4.0	2.5	橙	红	黄	绿	蓝	紫红		标准型；扩展覆盖型
快速响应	FR	3.0	20	32	3.5	2.0	橙	红	黄	绿	蓝	紫红		隐蔽型；住宅型
	F3	3.0	16、20	32	3.5	2.0	橙	红	黄	绿	蓝	紫红		隐蔽型；住宅型
	F3-XS	3.0	16、20	32	4.5	3.0	橙	红	黄	绿	蓝	紫红		扩展覆盖型；特大口径；干式；住宅型

续表

响应类型	型号	直径 D (mm)	长度 L (mm)	RTI响应时间指数 (c=0,5) $(ms)^{1/2}$	强度		温度(以膨胀液体颜色区分温度)(℃)							应用范围
					平均破碎载荷(kN)	最低载荷承载(kN)	57	68	79	93	141	182	260	
超快速响应	SFR	2.5	16、20	24	2.5	1.25	橙	红	黄	绿	蓝			早期抑制快速响应；超大口径；隐蔽型
	F2.5	2.5	16、20	24	2.5	1.25	橙	红	黄	绿	蓝	紫红	黑	早期抑制快速响应；超大口径；隐蔽型
	F2	2.0	16	19	2.0	1.0	橙	红	黄	绿	蓝			特殊应用；高压细水雾
极快速响应	F1.5	1.5	16	14	1.0	0.5	橙	红	黄	绿	蓝			特殊应用；高压细水雾

专版 13　GY 型加强旋流器特殊单立管排水系统

GY 型加强旋流器特殊单立管排水系统是由徐水兴华铸造有限公司开发研制生产。该系统是在总结各种类型单立管排水系统基础上研制的具有独特水力学结构特性的加强旋流器特殊单立管排水系统。其以每秒 10L 的超大排水流量和稳定的系统水流特性，突破了以往单立管排水系统流量小于双立管排水系统流量的传统界限，成为目前可替代双立管排水系统，且排水流量最大的特殊单立管排水系统，并获得国家专利（专利号：ZL 2010 2 0573769.X）。

随着人们节能减排意识的日益增强，在建筑排水行业采用加强旋流器特殊单立管排水系统替代多层、高层建筑中传统双立管（专用通气）排水系统，排水量大、且省去了一根通气立管，可节约 40%以上的管材和人工成本费，并可节省建筑空间已经成为共识，而在工艺上首选加强旋流器特殊单立管排水系统也已成为不可逆转的趋势。

GY 型加强旋流器特殊单立管排水系统是由铸铁排水立管、GY 型加强旋流器、底部整流器、大曲率异径弯头及通用铸铁排水管件组成（详见下图）。该系统采用了特殊配件——GY型加强旋流器，同时具备排水通气功能。

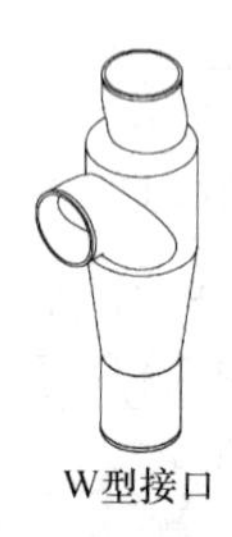

W型接口

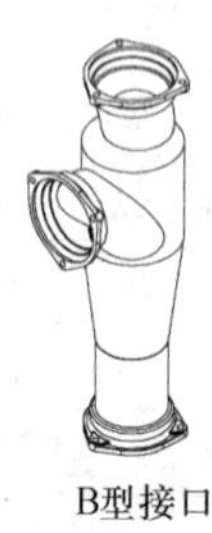

B型接口

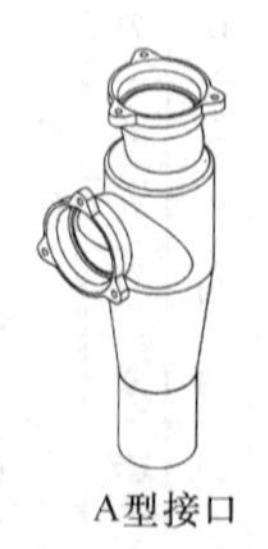

A型接口

不同接口形式的 GY 型加强旋流器外形图

大曲率异径底部弯头

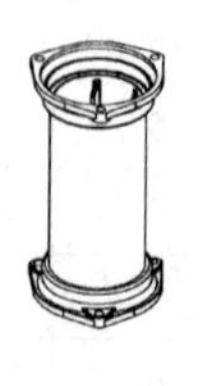

底部整流器

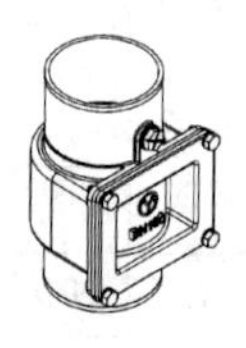

立管闭水检查口

经过由中国工程建设标准化协会组织的建筑给排水专家评审会评审，该系统产品已编入中国工程建设标准化协会标准《加强型旋流器单立管排水系统技术规程》和国家建筑标准设计图集 10SS401《建筑排水特殊单立管系统安装》。

1. 适用范围：

(1) 适用于住宅、公寓、别墅、宾馆、写字楼、医院等建筑污水排水系统安装；

(2) 适用于对噪声、防火、抗震等方面要求较高的高层建筑排水系统；

(3) 适用于建筑同层排水系统。

2. 产品特点：

(1) 排水流量大于 10L/s。可替代双立管排水系统，大幅节约管材、人工费和缩减建筑空间；

(2) 立管内螺旋形水流形态稳定。自动地修正由于排水立管偏斜及螺旋水流的衰减造成的水流形态改变，使其能够满足高层和超高层建筑排水要求；

(3) 系统稳定性好，水封损失小。具有良好的消能作用和通气性能，卫生间不返臭味；

(4) 产品采用灰铸铁材料加工，具有噪声低、抗震性能好，耐热防火、抗老化、使用寿命长等特点；

(5) 产品设计采用与国标通用铸铁排水管件相一致的接口形式，安装维修快捷方便；

(6) GY 型加强旋流器内外壁采用环氧树脂静电粉末喷涂处理，表面光滑，耐磨蚀，排水顺畅。

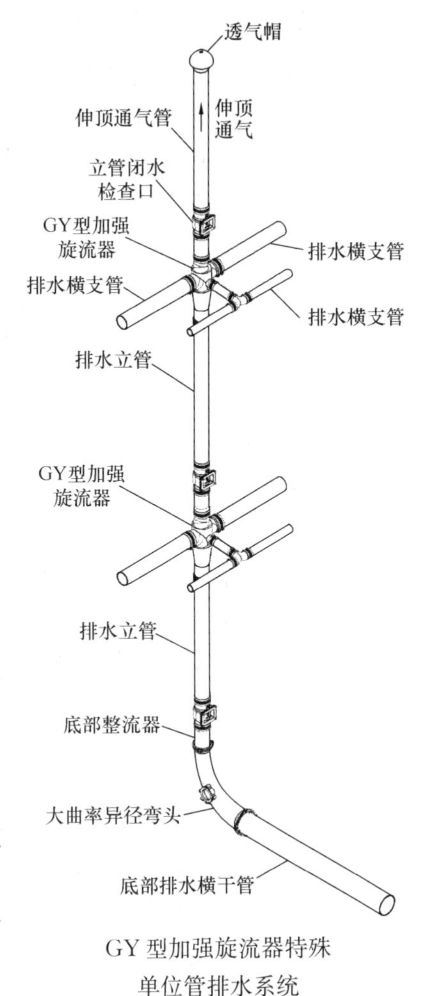

GY 型加强旋流器特殊单位管排水系统

专版 14 生物倍增（BIO-DOPP）工艺高效沉淀分离装置

生物倍增（BIO-DOPP）工艺高效沉淀分离装置是台州中昌水处理设备有限公司在引进国外先进技术的基础上，自主研发的新技术、新工艺、新产品。其装置较同类产品具有较为彻底的同步硝化反硝化脱氮，更具有低溶氧、高污泥浓度，使微生物数量极大化、菌类特殊化、高效降解水中有机污染物的特性。目前已经应用于国内多个各类工业废水和城镇污水处理厂。

生物倍增（BIO-DOPP）工艺高效沉淀分离装置将脱氮、除磷及沉淀等多个单元设置于同一处理池中，其装置中设置 A、B 两段高效沉淀分离装置：A 段设置乙丙共聚（PP）蜂窝斜管，B 段设置框体式斜板箱（ABS、不锈钢）。通过澄清使底部污泥连续循环，使曝气的生物保持稳定；采用高效快速沉淀分离装置可大量节约投资。生物倍增工艺极大地简化了污水处理工艺流程，减少了占地面积，降低了一次性投资，自动化控制程序和运营管理安全、可靠。

1. 加长乙丙共聚（PP）蜂窝斜管

（1）采用增强乙丙共聚（PP）材料，一次性挤出，半六角形材料焊接而成。

（2）成品单组斜管标准尺寸：长 L×宽 B×高 H = 1000 × 1000 × 2000（mm），水平倾角 60°。

（3）孔径大小：50～80mm；片厚：1.0～1.5mm。斜管斜长可按设计要求任意规格尺寸定制，无需拼接，整体强度高。滑泥性好。

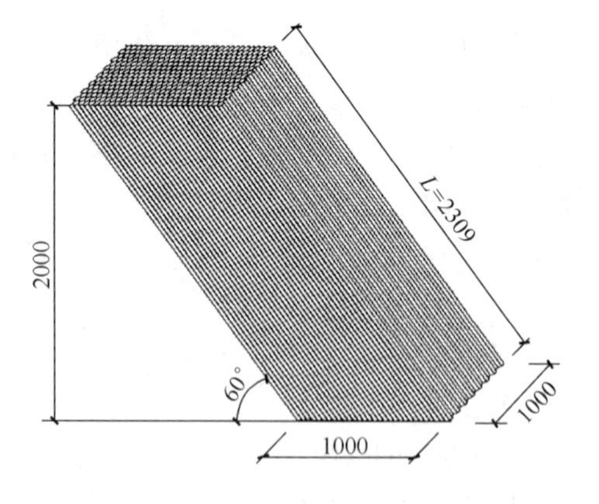

加长乙丙共聚（PP）蜂窝斜管

2. 框体式波纹斜板箱

（1）板材刚度大、板面光滑、水在波纹斜板中向上流动，沉泥在波形板波谷集中下滑，提高沉泥下滑功能，更利于泥水分离，提高沉淀效率。

（2）单板通用尺寸：垂直高度：1000mm，宽：1300mm，波长：500mm，斜板组装间距：60～100mm，倾角：60°。

（3）箱体通用尺寸：长：2000mm，宽：1300mm，高：1000mm。材质 ABS、SUS304。

（4）可按要求加工制作。

3. 框体式斜板箱

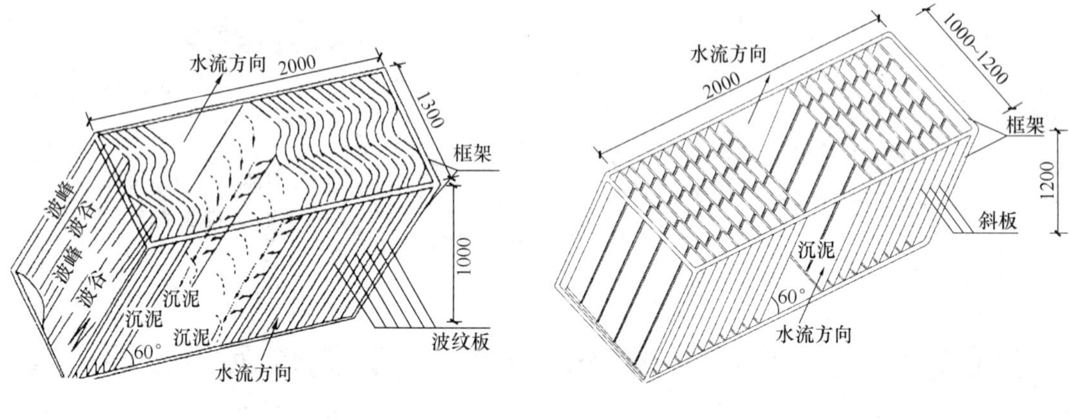

框体式波纹斜板箱　　框体式斜板箱

（1）板材刚度大、板面光滑，水在斜板终向上流动，沉泥在斜板下滑，提高沉泥下滑功能，更利于泥水分离，提高沉淀效率。

（2）单板通用尺寸：垂直高度：1200mm，宽：1000～1200mm。

（3）斜板组装间距：60～120mm，倾角：60°。材质 ABS、PVC、SUS304。可按设计要求加工制作。

处理水质状况　　(mg/L)

COD_{Cr}		BOD_5	SS	NH_3-N	TN	TP	pH
进水水质	～180	～80	～180	～30	～42	～3	6～9
出水水质	～40	6～8	～10	～2	<10	0．5	6～9

主要生产厂商通信地址

北京市

序号	单位	地址(邮编)	联系人	手机	联系电话、传真	电子邮箱	网站
1	北京恒动环境技术有限公司	北京市北三环中路北京外贸安贞大楼 A501(100013)	张莹	13911317592	010-51285212(T) 84282569(F)	ying218@126. com	www. hengdongchn. com
2	北京东方光大安装工程集团有限公司	北京市北四环中路 6 号深蓝华亭 E34A(100029)	贾志乐	13811091905	010-82846226(T) 82845250(F)	jia_jifu@126. com	www. dfgd-ftn. com
3	北京时代沃顿科技有限公司	北京市昌平区昌平火车站西昌土路南 6 号(012249)	仲惟雷	13810550047	010-60791800(T) 60758796(F)	zhongweilei @ vontron. com. cn	www. vontron. com. cn
4	北京崔村京北荣业复合材料厂	北京市昌平区崔村镇西辛峰工业区七南区四号	陶胜荣	15901308526	010-60725388 (T) 60725387 (F)	jbrongye@yahoo. com. cn	www. jbrongye. cn
5	北京晓清环保工程有限公司	北京市昌平区沙河镇王庄工业园科环保院内(102206)	李素芹	13701025433	010-51731885(T) 51781898(F)	xiaoqinghb@126. com	www. xqhb. com
6	戴安中国有限公司	北京市朝阳区安定路 33 号化信大厦 A 座 606 室(100029)	汪琼	15810270184	010-64436740-8002(T) 64432350(F)	wangqiong@dionex. com. cn	www. dionex. com. cn
7	北京华彦邦科技有限责任公司	北京市朝阳区北辰东路 8 号汇欣公寓 1630 室(100101)	武永胜	13801185499	010-51267884(T) 64820074(F)	wxl@hybtec. com	www. hybtec. com
8	常州新区南极新技术开发有限公司	北京市朝阳区酒仙桥电子城小区 4 号楼东塔 1101 室(100016)	霍银坤	13801239418	010-64360478(T) 64360478(F)	huoyk908@sina. com	www. cznjredox. cn
9	北京瑞普三元仪表有限公司	北京市朝阳区三元桥霞光里 5 号(100027)	张淑玲	13683393778	010-84512776-846(T) 84512778(F)	sany@bjripe. com	www. brsanyuan. com
10	安捷伦科技(中国)有限公司	北京市朝阳区望京北路 3 号(100102)	周珊	13701383380	010-64396867(T) 64391856(F)	shan_zhou@agilent. com	www. agilent. com. cn
11	北京坎普尔环保技术有限公司	北京市朝阳区望京西路 48 号院 3 号楼金隅国际 E 座 2305 室(100102)	展辉	13501101849	010-84590765(T) 84593923(F)	zh@grantuater. com	www. canpure. com

续表

序号	单位	地址(邮编)	联系人	手机	联系电话、传真	电子邮箱	网站
12	北京碧水源科技股份有限公司	北京市海淀区生命科学园路23-2号碧水源大厦(102206)	孟繁龙	13522463802	010-80768888(T) 88434847(F)	Origin Water@163. com	www. originwater. com
13	北京洁源净江水处理技术开发有限公司	北京市通州区台湖镇碱厂工业园 (100076)	王协力	13501164919	010-60575438(T)	jyjjwater@163. com	www. clo2jyj. com
14	宜兴华都琥珀环保机械制造有限公司	北京市方庄芳古园二区11楼1004(100078)	姜　鸣	13810084444	010-87630599(T) 87630566(F)	hdgreen@263. net. cn	www. hdhb. com. cn
15	北京丰台万泉压力容器厂	北京市丰台区万泉寺252号(100073)	刘庆怀	13801084658	010-63353501(T) 63336171(F)	wanquanchang@126. com	www. wanquan. com. cn
16	北京航天凯撒国际投资管理有限公司	北京市海淀区阜成路8号航天凯撒办公楼(100830)	邢翼舟	13910113639	400-883-0909(T) 68457703(F)	Asak001@126. com	www. asak. com. cn
17	北京同方洁净技术有限公司	北京市海淀区王庄路1号清华同方科技广场B座21层(100086)	刘耀斌	13683586284	010-82378866-56284(T) 62347785(F)	lyb@thrh. com. cn	www. tfjj. com. cn
18	同方股份有限公司	北京市海淀区王庄路1号同方科技广场A座12层(100083)	范连茹	13011837292	010-82390755(T) 82390777(F)	fanlianru@thtf. com. cn	www. thtf. com. cn
19	北京海淀普惠机电技术开发公司	北京市海淀区永定路83号(100854)	郑　伟	13801191910	010-68765097(T) 68219584(F)	68765097@163. com	www. hangpu. com. cn
20	浦华控股有限公司	北京市海淀区中关村东路1号清华科技园科技大厦C座27层(100084)	王妍春	13521847196	010-82150863(T) 62791103(F)	wangych@thunip. com	www. thunip. com. cn
21	美国哈希公司北京代表处	北京市建国门外大街22号赛特大厦301室(100004)	施正纯	13701131260	010-65150290-106(T) 65158400(F)	zhengchun. shi@hach. com	www. hach. com. cn
22	上海恩德斯豪斯自动化设备有限公司北京分公司	北京市经济技术开发区科创十四街99号汇龙森科技园第16楼(100176)	谭海玲	13801305639	010-59572976(T) 59572869(F)	hailing. tan@cn. endress. com	www. cn. endress. com
23	北京绿华环保设备有限公司	北京市顺义区高丽营南郎中开发区(101300)	杜晓静	13810210227	010-69493495(T) 69493495(F)	du. xj@e-etech. com	www. e-equip. com
24	赛多利斯科学仪器(北京)有限公司	北京市顺义区空港区B区裕安路33号(101300)	王　兵	13911799273	010-80426577(T) 80426551(F)	bing. wang@sartorius. com	www. sartorius. com. cn
25	北京特高换热设备有限公司	北京市通州区张家湾镇土桥村东(101113)	杨利霞	13911578728	010-84036610-108(T) 84036610-103(F)	tegaosale@163. com	www. tegao. com. cn

续表

序号	单　位	地址(邮编)	联系人	手　机	联系电话、传真	电子邮箱	网　站
26	易捷泰斯特(北京)科技有限公司	北京市通州区中山大街35号院(101100)	王庆华	13801063741	010-80881140(T) 80881142(F)	Yingrunfeng808@yahoo.com.cn	www.yjtst.cn, www.yjtst.com
27	豪顿华工程有限公司	北京市西城区宣武门西大街129号12B(100031)	乔宇宏	15901152078	010-66419988-685(T) 66410071(F)	qiao.yuhong@howden.com	www.howden.com
28	北京威派格科技发展有限公司	北京市宣外大街10号庄胜广场中央办公楼北翼1118室(100054)	柳　兵	13601396026	010-63100009(T) 63100234(F)	vapwag@vip.163.com	www.wapwag.net
29	杭州沃德水泵制造有限公司	北京市宣武门外大街10号庄胜广场中央办公楼北翼1116室(100052)	李嘉豪	13501394669	010-63108040(T) 63107920(F)	wode6@vip.sohu.com	www.hkwode.com
30	北京朗泽环境技术开发有限公司	北京市通州区西马庄园31号楼5单元561(101100)	冷　军	13701026577	010-60575458(T)	langze66@sina.com	

天　津　市

序号	单　位	地址(邮编)	联系人	手　机	联系电话、传真	电子邮箱	网　站
31	天津大德环境工程有限公司	天津市北辰科技园区万科花园路6号(300402)	于丽华	13820158782	022-26739931(T) 26313788(F)	ddftncy@126.com	www.ddftn.com
32	天津腾飞顺达钢塑管有限公司	天津市北辰区宜兴埠东马道三千工业园六C(300402)	方　闻	13132170102	022-84760371(T) 84760371(F)	tengfeishunda@sina.com	www.tengfeicn.net
33	天津市国威给排水设备制造有限公司	天津市东丽区跃进北路13号(300300)	刘　庆	13920380389	022-24951441(T) 24935060(F)	tianjinguowei@163.com	www.tjguowei.com
34	天津市诚信环球节能环保科技有限公司	天津市河东区津塘公路民族园4号楼103室(300170)	李新凯	13820685658	022-84269266(T) 84269166(F)	chengxin@chengxinhb.com	www.chengxinhb.com
35	天津万联管道工程有限公司	天津市河西区友谊路广银大厦2109(300074)	张　亮	13512089779	022-85585238(T) 85585278(F)	siok@sina.com	www.waterlinepccp.com
36	天津市清华恒森管道制造有限公司	天津市津南区辛庄镇工业园区中建路3号(300350)	杨媛媛	13752001913	022-88530618(T) 88821110(F)	gs_qhhs@yahoo.com.cn	www.gsgd.com.cn
37	天津鸿泰塑胶管业有限公司	天津市经济技术开发区化学工业区翠微路6号(300480)	刘志中	13820020267	022-67160262(T) 67160280(F)	hongtaicpvc@163.com	www.tjhtcpvc.com

续表

序号	单位	地址(邮编)	联系人	手机	联系电话、传真	电子邮箱	网站
38	天津膜天膜科技有限公司	天津市经济技术开发区十一大街 60 号(300457)	郑楠	13821117790	022-24516077-816(T) 24528251-816(F)	nancyzheng@motimo.com.cn	www.motimo.com.cn
39	西门子(天津)水技术工程有限公司	天津市南开区红旗南路长实道 19 号(300191)	钱磊	13920855261	022-23678838(T) 23678817(F)	lei.qian@siemens.com	www.siemens.com/water

上海市

序号	单位	地址(邮编)	联系人	手机	联系电话、传真	电子邮箱	网站
40	上海管威消防设备系统有限公司	上海市奉贤区大叶公路 7539 号(201409)	蔡之凡	13801728480	021-57559429(T) 57559426(F)	czfbj123@163.com	www.guanwei.cn
41	上海凡清环境工程有限公司	上海市宝山区石洞口路 99 号(200942)	刘凡清	15921916669	021-51098838-301(T) 66683396(F)	fqcom@vip.sina.com	www.fqee.com
42	上海斯纳普膜分离科技有限公司	上海市宝山区月川路 199 号(200942)	赵云霄	13512136850	021-66032657(T) 66032650(F)	zhaoyunxiao@sh-sinap.com	www.sh-sinap.com
43	上海优贝环保科技有限公司	上海市长寿路 999 弄 9 号 1A(200042)	黄利明	13817248496	021-62317620(T) 62320295(F)	youbei_sh@126.com	www.bonpet.com.cn
44	上海信波环保科技有限公司	上海市桂菁路 69 弄 28 号 1 楼(200233)	于倩	13818044835	021-64850022(T) 64858998(F)	yuqian@fiporter.com	www.fiporter.com
45	维依家流体控制系统上海有限公司	上海市虹口区北宝兴路 355 号 2 幢 303(200083)	姜骏	15821117566	021-56387377(T) 56388177(F)	info@veica.com.cn	www.veica.com.cn
46	上海威尔泰工业自动化股份有限公司	上海市虹中路 263 号(201101)	马燕红	13918102029	021-64656465-651(T) 64013663(F)	yanhong.ma@welltech.com.cn	www.welltech.com.cn
47	斯必克(广州)冷却技术有限公司	上海市华山路 1568 号 6F(200052)	王涛	13901887974	021-22085754(T) 22085755(F)	tao.wang@spx.com	www.spxcooling.com, www.spx.com
48	上海冠龙阀门机械有限公司	上海市嘉定区南翔镇德园路 815 号(201802)	徐勇	13816336252	021-59127629(T) 59121265(F)	karon1@karon-vavle.com	www.karon-vavle.com
49	上海金山洋生管道有限公司	上海市金山区亭林工业园区林盛路 99 号(201505)	马志全	13122482228	021-37283836(T) 37283666 (F)	ys.wurong@163.com	www.yangsheng-sh.com
50	上海沪航阀门有限公司	上海市金山区亭林镇南亭公路 4063 号(201505)	陈阿正	13906990302	4006486889(T) 4006486889(F)	huhang@huhangfm.com	www.huhangfm.com

续表

序号	单位	地址(邮编)	联系人	手机	联系电话、传真	电子邮箱	网站
51	上海三高计算机中心股份有限公司	上海市控江路1555号上海信息技术大厦12楼(200092)	邹宛岑	13916161178	021-65635776转(T) 65635781(F)	shhh@shanghai3h.com	www.shanghai3h.com
52	上海轩浦净化科技有限公司	上海市龙吴路1500号A座(200231)	袁东日	13918009019	021-54356177(T) 51686948(F)	666@xuanp.com	www.xuanp.com
53	上海正臣防腐科技有限公司	上海市浦东金沪路58号(201206)	刘文慧	13916127089	021-58992081(T) 50328598(F)	zcff163@163.com	www.zcfftech.com
54	上海乔治费歇尔管路系统有限公司	上海市浦东良桥东路218号	王元冬	13917606406	021-58133333(T) 58133366(F)	Winter.wang@georg-fischer.com	www.cn.piping.georgfis-cher.com
55	水环纯水务技术(上海)有限公司	上海市浦东龙阳路2277号永达国际大厦1602室(201204)	侯建荣	13701357541	021-50101228(T) 50101220(F)	tgao@severntrentservices.com	www.severntrentservices.com
56	上海贝菲自动化仪表有限公司	上海市浦东南路2157号11A(200127)	吴刚	13901768663	021-50393708(T) 50393710(F)	bf@shbeifei.com	www.shbf.com
57	上海东晓实业有限公司	上海市浦东新区峨山路91弄58号伟泰大厦9(200127)	杨晓枫	13801836931	021-58812360(T) 58739011(F)	dxfire@163.com	www.dongxiao.net.cn
58	上海晟江机械设备有限公司	上海市浦东新区陆家嘴商城路297号3106室(200120)	李孙龙	13761685555	021-64801088 (T) 34220634(F)	567@59597.com	www.worldvalves.com
59	上海深海宏添建材有限公司	上海市奉贤区庄行镇姚新路128号(201415)	项伟民	13901780280	021-68741105(T) 68741105(F)	webmaster@hopelook.com	www.hopelook.com
60	上海金盾消防安全设备有限公司	上海市浦东周浦繁荣工业区横桥路365号(201318)	邵红林	13636658768	021-51095888-8038(T) 68131277(F)	13331852960@189.cn	www.shjd.com
61	上海上龙阀门厂	上海市普陀区兰溪路10弄3号2903室(200062)	季能平	13331826697	021-62579688(T) 62574855(F)	shanglongfm@163.com	www.shsanlo.com
62	上海费波自控技术有限公司	上海市钦州北路1199号88幢2楼(200233)	姜渝	13901718419	021-64850022(T) 64958998(F)	market@fiporter.com	www.fiporter.com
63	仁新节能环保设备(上海)有限公司	上海市青浦工业区北青公路7523号(201706)	丁伟庆		021-39815990(T) 39815728(F)	qihua@loyaltys.com	www.shrenxin.com.cn
64	上海艾维科阀门有限公司	上海市青浦工业园区崧盈路1205号(201706)	陈建銮	13801830203	021-59868686(T) 59868686(F)	chenjianluan@ivco.com.cn	www.ivco.com.cn

续表

序号	单位	地址(邮编)	联系人	手机	联系电话、传真	电子邮箱	网站
65	上海星空自动化仪表有限公司	上海市青浦工业园区新水路575号(201707)	杨露凤		021-59705999(T) 59705989(F)	xsb@xk-sh.com	www.xk-sh.com
66	上海青浦环新减震器厂	上海市青浦区商榻镇商周路333号(201719)	李　杨	13916121998	021-59282598(T) 59282597(F)	shqphxjzq@companyqp.com	www.shqphxjzq.com
67	上海环星减振器有限公司	上海市青浦区商榻镇商周路388号(201719)	陈月明	13901743382	021-59280969(T) 59283712(F)	webmaster@shhuanxing.com	www.shhuanxing.com
68	汉胜工业设备(上海)有限公司	上海市申福路879号1栋(201108)	蒋丽萍	13501706406	021-61211610(T) 54427706(F)	Shirley.jiang@hs.utc.com	www.hsis.com.cn
69	积水(上海)国际贸易有限公司	上海市天钥桥路30号每罗大厦702-706室(200030)	居明娣	13564205056	021-64267878(T) 64267187(F)	ju01@sekisui.com.cn	www.sekisuichemical.cn
70	上海亚泰消防工程有限公司	上海市小木桥路680号9号楼2楼(200032)	李妙富	13918048789	021-31263119(T) 64180756(F)	geewee@163.com	www.cdpgroup.com.cn
71	上海易源节能科技有限公司	上海市杨浦区翔殷路128号5号楼304室(200433)	陈永胜	13501879097	021-51816757 (T) 51816757(F)	yiyuanjienengsh@163.com	www.yiyuanjieneng.com
72	杜邦中国集团有限公司上海分公司	上海浦东新区张江高科技园区科院路399号11号楼(201203)	池颂文	13636651029	400-8851-888(T) 021-38616757(F)	James.chi@chn.dupont.com	www2.dupont.com/china_country_site/zh_CN/
73	上海凯泉泵业(集团)有限公司	上海市闸北区汶水路857号(200436)	王东进	13818735385	021-69593943(T) 69571793(F)	danielcw@163.com	www.kaiquan.com.cn
74	上海明谛科技实业有限公司	上海市中山北路198号1004室(200071)	俞志根	13901618646	021-56635902(T) 56639368(F)	mingdi@sh.cei.gov.cn	

重　庆　市

序号	单位	地址(邮编)	联系人	手机	联系电话、传真	电子邮箱	网站
75	重庆瑞朗电气有限公司	重庆市北部新区海王星科技大厦北翼5区6楼(401121)	段平容	13896068388	023-61811198-329(T) 61811098(F)	duanpingrong@renownuv.com	www.renownuv.com
76	重庆永泰水处理系统工程有限公司	重庆市北部新区洪湖东路9号财富大厦B座14-1(401121)	何小力	13594315008	023-65478972-8041(T) 65478921(F)	www.ytwater.com	www.ytwater.com
77	重庆四维卫浴(集团)有限公司	重庆市江津区油溪镇石羊坝(402285)	赵婷英	13618361929	023-61088568(T) 61088568(F)	swellqa@163.com	www.swell.com.cn

续表

序号	单　位	地址(邮编)	联系人	手　机	联系电话、传真	电子邮箱	网　站
78	重庆源光电子科技有限公司	重庆市九龙坡区走马镇走新街1号(401329)	黄世平	13752844338	023-65771416(T) 65771158(F)	cqygdz@163. com	www. cqygdz. net
79	重庆市亚太水工业科技有限公司	重庆市渝北区龙溪松石大道470号(401147)	黄苒苒	13996458040	023-67905174(T) 67060076(F)	cqythb@163. com	www. cqythb. com

安徽省

序号	单　位	地址(邮编)	联系人	手　机	联系电话、传真	电子邮箱	网　站
80	合肥科大立安安全技术有限责任公司	安徽省合肥市高新开发区天湖路13号(230088)	吴龙标	13705601628	0551-5311180(T) 5318580(F)	kdlian@www. kdlian. com	www. kdlian. com
81	马鞍山宏力橡胶制品有限公司	安徽省马鞍山市慈湖昭明路465号(243051)	高　强	13705558981	0555-3503688(T) 3503524(F)	abe. gao@vip. 163. com	www. honglirubber. com
82	马鞍山市华骐环保科技发展有限公司	安徽省马鞍山市经济技术开发区梅山路409号	张　众	13485553958	0555-2763165(T) 2763127(F)	hq@hqhb. com	www. hqhb. com

福建省

序号	单　位	地址(邮编)	联系人	手　机	联系电话、传真	电子邮箱	网　站
83	福州奥绿源环保技术有限公司	福建省福州市仓山区则徐大道631号(350003)	杨一迅	13110872043	0591-83432257(T) 83468817(F)	785866977@qq. com	www. fzaolvyuan. com
84	福建滨海石英砂有限公司	福建省福州市鼓楼区华林路214号(350001)	施紫彪	13328868185	0591-87326227(T) 87676242(F)	shizibiao@126. com	www. fjbhsys. cn
85	申舒斯仪表系统(福州)有限公司	福建省福州市航空港工业区78栋(350212)	方碧秋	13313776798	0591-28631169(T) 28631009(F)	biqiu. fang@sensus. com	www. sensusesaap. com
86	福州真兰水表有限公司	福建省福州市金山工业区桔园洲14号厂房	李金峰	13215986003	0591-83848307(T) 83848312(F)	jinfeng. li@zenner. cn	www. zenner. cn
87	福州志荣感应设备有限公司	福建省福州市金山工业区浦上片台江园百花洲路30号(350008)	彭　呈		0591-83850111(T) 83855399 (F)	info@zlco. cn	www. zilong. com. cn
88	福建新大陆环保科技有限公司	福建省福州市马尾区儒江西路1号(350015)	杨苏琴	13328653366	0591-83979366(T) 83979306(F)	sales@newlanduv. com	www. newlanduv. com
89	福州诚中砂石有限公司	福建省福州市五一北路171号新都会花园广场企业楼27层C. D单元	陈荣秀	13110531158	0591-83333951(T) 83342874(F)	sand@pub2. fz. fj. cn	

续表

序号	单位	地址(邮编)	联系人	手机	联系电话、传真	电子邮箱	网站
90	福建省晋江市榕霞水工业设备有限公司	福建省晋江市金井镇洋下	黄昌兴		0595-85382410(T) 85331410(F)	rxsgy@163. com	www. rxsgy. com
91	九牧集团有限公司	福建省南安市伦苍镇登峰工业区 28 号(362304)	谢小军	13636968581	0595-86149901(T) 86149323(F)	Scxie2004@163. com	www. jomoo. com. cn
92	福建省平潭县石英砂开采加工有限公司	福建省平潭县潭城镇红山庄 167 号(350400)	郑晓燕	18750793856	0591-24330433(T) 24366056(F)	fjsys@163. com	www. fjsys. com. cn
93	华瀚科技有限公司	福建省深圳市高新技术产业园北区朗山路 16 号华瀚创新园(518057)	王利承	13802210588	0755-89665180(T) 89595699(F)	qdwlc@163. com	www. huahan. com
94	厦门飞华环保器材有限公司	福建省厦门市北七星西路 170 号(361012)	雷鹏辉	13860161907	0592-5335783(T) 5073555(F)	robinboy2002@163. com	www. chinafeihua. com
95	厦门鲁滨砂业有限公司	福建省厦门市湖滨北七星路 168 号 2 楼(361012)	施丹心		0592-5336789(T) 5064567(F)	lubinshaye@163. com	www. lubinshaye. cn
96	漳州万佳陶瓷工业有限公司	福建省漳州市东环路六石段(原建筑瓷厂内)(363000)	林双全	13806919695	0596-2931322(T) 2938059(F)	lin295199@163. com	www. wj-china. com

甘肃省

序号	单位	地址(邮编)	联系人	手机	联系电话、传真	电子邮箱	网站
97	甘肃金桥水科技集团	甘肃省兰州市酒泉路 279 号信生大厦 6 层(730030)	齐国清	13919021668	0931-8445631(T) 8445636(F)	watching. qi@163. com	www. gsgbwater. com

广东省

序号	单位	地址(邮编)	联系人	手机	联系电话、传真	电子邮箱	网站
98	广东梦佳陶瓷实业有限公司	广东省潮安县古巷镇枫二工业区(515647)	戴爱春	13903097776	0768-6925770(T) 6925168(F)	webmaster @ cnmonga. com	www. cnmonga. com
99	广东欧陆卫浴有限公司	广东省潮安县古巷镇古二工业区(515647)	陈放青	13902797782	0768-6836666(T) 6835555(F)	petar@qs-oulu. com	www. oulu-cn. com
100	潮州市澳丽泰陶瓷有限公司	广东省潮州市潮安县凤塘镇浮岗工业区(521000)	吴洁新	13727969499	0768-6859507(T) 6851999(F)	Jxwu80@163. com	www. taitao. net. cn

续表

序号	单　位	地址(邮编)	联系人	手　机	联系电话、传真	电子邮箱	网　站
101	广东恒洁卫浴有限公司	广东省潮州市火车站西侧浮岗开发区(521000)	苏少斌	13827306918	0768-6856799(T) 6856750(F)	ssb@hegii. com	www. hegii. com
102	佛山市井田陶瓷科技有限公司	广东省佛山市禅城区石湾镇中一路 106-107 号(528000)	陈小练	13902415861	0757-82727489、82727196(T) 82727480(F)	centyware@126. com	www. centyware. com
103	佛山市法恩洁具有限公司	广东省佛山市高明沧江工业园(528513)	袁水波	13695227979	0757-88510123(T) 88510276(F)	13973302200@163. com	www. faenza. com. cn
104	佛山市高明安华陶瓷洁具有限公司	广东省佛山市高明区三洲沧江工业园荷城街道三明路(528500)	卿厚海	15918060078	0757-88510359(T) 88510310(F)	anhub. cp@163. com	www. anhua. com. cn
105	佛山市南海永兴阀门制造有限公司	广东省佛山市南海九江龙高路梅东段 1 号(528203)	温华生	13826328360	0757-86566929(T) 86557559(F)	yq1@yq. com. cn	www. yq. com. cn
106	广东雄塑科技实业有限公司	广东省佛山市南海区九江镇龙高路敦根段雄塑工业园(528203)	彭晓伟	13923258908	0757-81868008(T) 81868318(F)	pxw3399@sohu. com	www. xiongsu. cn
107	佛山市凸奇管业有限公司	广东省佛山市南海区罗村联和工业区塑新大道东区 17 路(528226)	庞浩辉	13902802838	0757-88788001(T) 88788001(F)	tuqi@tuqi. net	www. tuqi. net
108	佛山市百田建材实业有限公司	广东省佛山市三水区乐平镇中心工业园(528137)	徐　科	13420821808	0757-87363800-827(T) 87363811(F)	btjd@sun-coo. com	www. sun-coo. com
109	佛山市美加华陶瓷有限公司	广东省佛山市三水区三水大道南 82 号(528131)	周　剑	13925971106	0757-87563688(T) 87563688(F)	13925971106@139. com	www. micawa. com
110	广东联塑科技实业有限公司	广东省佛山市顺德区(528318)	陈国南	13928210849	0757-23888307(T) 23378535(F)	chenguonan@sina. com	www. liansu. com
111	佛山市顺德区都围科技环保工程有限公司	广东省佛山市顺德区大良鉴海北路 356 号 6 层	张宗成	13928254260	0757-22202562(T) 22202562(F)	dwtrade@263. net	www. gzdowell. com
112	佛山市顺德区乐华陶瓷洁具有限公司	广东省佛山市顺德区乐从镇大墩工业区(528315)	魏峰辉	13695200376	0757-26186069(T) 28910062(F)	huifh1999@163. com	www. arrowceramic. com

续表

序号	单位	地址(邮编)	联系人	手机	联系电话、传真	电子邮箱	网站
113	广东东方管业有限公司	广东省佛山市顺德区杏坛镇东村工业区(528325)	林津强	13509955888	0757-27382211(T) 27382331(F)	Tin-jin@uip163. com	www. eastpipe. com
114	世望发展有限公司	广东省广州市白云区广园中路151号306室(510405)	武冬	13728030620	020-61193030(T) 61193030(F)	13728030620@163. com	www. worldhope-gas. com
115	广州霍克实业有限公司	广东省广州市白云区太和镇龙归龙河西路北横一路8号(510445)	姚宁	13332827222	020-62132817(T) 86043482(F)	yao@gzhawk. cn	www. gzhawk. cn
116	广州洁能建筑设备有限公司	广东省广州市白云区新市镇鹤龙一路740号广州冶金研究所(510440)	王奎	13828420100	020-36743587(T) 36743585(F)	jnwy@vip. 163. com	www. gzjnwy. com
117	广州华润喷泉喷灌有限公司	广东省广州市白云区钟落潭镇金盆华润产业基地(510545)	杨婳	13817308550	020-87450329(T) 87450111(F)	gzhuarun@163. com	www. gzhuarun. com
118	广州龙雨消防设备有限公司	广东省广州市番禺区新造镇新广路20号长宏大厦(511436)	颜日明	13922796666	020-34728852(T) 34721236(F)	yan_riming @ longius. com. cn	www. longius. com
119	广州市花都区宇广玻璃钢制品厂	广东省广州市花都区新华镇建设北路车辆厂东门侧188号(510085)	罗颖涛	13802536820	020－86896644(T) 86888420(F)	acd6644@163. com	www. hdyuguang. com
120	深圳成霖洁具股份有限公司	广东省广州市先列中路102号华盛大厦南塔18楼(510070)	杜杰	15898863208	020-37663731(T) 37663305(F)	jj. du@globeunion. com	www. gobo. com. cn
121	开平市澳斯曼洁具有限公司	广东省开平市沙岗区开庄高新技术开发区(529300)	丁志新	15913688255	0750-2250116(T) 2238336(F)	aosmanjh@163. com	www. aosman. cn
122	开平金牌洁具有限公司	广东省开平市水口镇寺前西路198号(529300)	丁志新	15913688255	0750-2250063(T) 2250063(F)	laolang1110@163. com	www. china-gold. cn
123	深圳市拓安信自动化仪表有限公司	广东省深圳宝安区石岩镇塘兴第三出区第12栋工房第一层(518108)	刘小芳	18925439792	0755-27598912(T) 27598913(F)	twinsun-sale@163. com	www. twinsun. com. cn

续表

序号	单位	地址(邮编)	联系人	手机	联系电话、传真	电子邮箱	网站
124	深圳市四和建筑科技有限公司	广东省深圳市福田区竹子林达濠市政大楼 A408 (518000)	李红	15013673750	0755-29968332-804(T) 29968331-808(F)	sihetech@163. com	www. sihejianzhu. com
125	深圳斯瑞曼精细化工有限公司	广东省深圳市龙岗区坪地街道四方埔马塘村 17 号(518117)	谢建华	13692127388	0755-89944812(T) 89944978(F)	xjh7088@126. com	www. siruiman. cn
126	深圳欧泰华环保技术有限公司	广东省深圳市罗湖区高新技术产业第一园区 118 栋 6 层(518004)	郝珊珊	13632542305	0755-25726186(T) 25704252(F)	outaihua@163. com	www. outaihua. com
127	深圳市中润水工业技术发展有限公司	广东省深圳市南山区科技园科华路 5 号珠园大厦 6 楼(518057)	李凯		0755-26630106(T) 86367200(F)	office@zrwater. com	www. zrwater. com
128	阳江市环保设备有限公司	广东省阳江市创业北路城北工业开发区(529500)	梁祖开	13326587888	0662-3153168(T) 3150474(F)	yjlqt@163. com	www. yjlqt. com
129	珠海九通水务有限公司	广东省珠海市梅华东路 302 号(519000)	张良纯	13926901869	0756-2269355(T) 2269255(F)	sale@9tone. com	www. 9tone. com

广西省

序号	单位	地址(邮编)	联系人	手机	联系电话、传真	电子邮箱	网站
130	北海市蓝泉石英砂滤料有限公司	广西省北海市北海大道 163 号振业中央华府三单元 1107 号(536000)	张远琪	13807893007	0779-3833166(T) 3833266(F)	lqc300@vipsina. com	www. bhlanquan. com. cn
131	广西雨田科技开发有限公司	广西省北海市工业园区北海大道东延线 20 号(536000)	苏福珍	15278989096	0779-2229061(T) 2228218(F)	sufuzhen616@163. com	www. gxytkj. com
132	广西佳利工贸有限公司	广西省南宁市长湖路 36 号金湖富地广场 10 楼(530023)	邓东	13768888303	0771-5539280(T) 5539281(F)	den,don@163. com	www. cngxjl. com
133	南宁鸿基水泥制品有限责任公司	广西省南宁市经济技术开发区长凯路 23 号(530031)	黄赞羽	13317805676	0771-4518519(T) 4518485(F)	nanninghonghj @ 163. com	www. nnhj. com
134	南宁威尔森环保科技开发有限公司	广西省南宁市民族大道 131 号航洋国际城 2 号楼 1118 室(530000)	李华	13977165040	0771-5610195(T) 5610192(F)	gxwellson@126. com	www. zghtc. com

续表

序号	单位	地址(邮编)	联系人	手机	联系电话、传真	电子邮箱	网站
135	广西梧州五一塑料制品有限公司	广西省梧州市钱鉴路56号(543004)	陈志棋	13877419338	0774-5828839(T) 5832817(F)	wzwysl@163.com	www.51gangrou.com

贵州省

序号	单位	地址(邮编)	联系人	手机	联系电话、传真	电子邮箱	网站
136	贵州帝豪环境工程设备制造有限公司	贵州省贵阳市花溪区思丫工业园区(550025)	黄秀梅	18984026098	0851-3833200(T) 3801917(F)	LH8873@sina.com	www.gzdhhb.com
137	贵州长城环保科技有限公司	贵州省贵阳市小河经济技术开发区三江口西南环路200号(550009)	王先明	15902692326	0851-3800610/620(T) 3800580(F)	LF60529@sina.com	www.gzdhhb.com

海南省

序号	单位	地址(邮编)	联系人	手机	联系电话、传真	电子邮箱	网站
138	海南立昇净水科技实业有限公司	海南省海口市美兰区顺达路13号(571126)	张夏杰	13632520684	0755-83849777(T) 83849420(F)	gypb@litree.com	www.litree.com

河北省

序号	单位	地址(邮编)	联系人	手机	联系电话、传真	电子邮箱	网站
139	河北保定太行集团有限责任公司	河北省保定市太行路888号(071000)	徐小波	13613221019	0312-2192658(T) 2192658(F)	hbth@taihang.com.cn	www.taihang.com.cn
140	新兴铸管股份有限公司市场部	河北省邯郸市复兴路19号(056003)	白占顺	13333109558	0310-4061535(T) 4189977(F)	xxzgbzs@sina.com	www.xinxing-pipes.com
141	廊坊东化防腐工程有限公司	河北省廊坊市建设南路288号(065000)	赵 娟	13722647622	0316-2667878(T) 2662928(F)	dh@tj008.com	www.tj008.com
142	三河市瑞利橡胶制品有限公司	河北省三河市京哈路26号(065200)	杨青艳	15831619696	0316-3213204(T) 3213203(F)	sanheruili@vip.sina.com	www.rlxj.cn
143	唐山惠达陶瓷(集团)股份有限公司	河北省唐山市丰南区黄各庄工业区(063307)	宋子春	13903154780	0315-8191832(T) 8525550(F)	kaifa@huida.groups.com	www.huidagroup.com
144	徐水县兴华铸造有限公司	河北省徐水县安肃镇华龙路368号(072550)	吴克建	13833279508	0312-8796888(T) 8796999(F)	Xinghuazhg@163.com	www.xinghuazhg.com.cn

续表

序号	单　位	地址(邮编)	联系人	手　机	联系电话、传真	电子邮箱	网　站
145	唐山汇中仪表股份有限公司	河北省唐山市高新开发区清华道(063020)	宋旭东	13933434990	0315-3208852(T) 3190081(F)	kffice@hzyb. com	www. hzyb. com

河　南　省

序号	单　位	地址(邮编)	联系人	手　机	联系电话、传真	电子邮箱	网　站
146	巩义市丁东水处理滤料厂	河南省巩义市东区滨海路22号(451200)	李延辉	13838088044	0371-64389602(T) 64389602(F)	gydd88@gydd. com. cn	www. gydd. com. cn
147	开封仪表有限公司	河南省开封市汴京路38号(475002)	沈　磊	13598760920	0378-2950881(T) 2932746(F)	kfshenlei@126. com	www. kfybc. com
148	开封市中华仪表厂	河南省开封市魏都路西段88号(475004)	孙　胜	13700786917 13937815897	0378-3668430(T) 2536658(F)	kfzhyb@sohu. com	www. kfzhyb. com
149	开封市盛达水表有限公司	河南省开封市魏都路西段88号(475004)	孙　胜	13700786917 13937815897	0378-3668430(T) 2536658(F)	kfzhyb@sohu. com	www. kfzhyb. com
150	濮阳市明锐建筑节能技术有限公司	河南省濮阳市大庆路298号(457001)	王凤蕊	13513919180	0393-4817629(T) 4817629(F)	fr9978@163. com	www. zgmrjn. cn
151	新乡市三通电子设备有限公司	河南省新乡市人民路西段(463000)	曹喜俊	13603932882	0373-2683503(T) 2683566(F)	santodz@126. com	www. santodz. com
152	禹州市新光铸造有限公司	河南省禹州市火龙工业区(461690)	苏文生	13782317689	0374-8638819(T) 8638488(F)	huxinguang@sina. com	www. hnxinguang. cn
153	河南康晖水泥制品有限公司	河南省郑州市淮河西路11号(450000)	顾勇志	13592618266	0371-67182593(T) 67170893(F)	hnkh@hnkanghui. com	www. hnkanghui. com
154	河南天地人和实业有限公司	河南省郑州市黄河路129号天一大厦1708室(450012)	魏海豹	13837128280	0371-60959077(T) 60959011(F)	tianmei116@163. com	www. hntdrh. com
155	郑州市郑蝶阀门有限公司	河南省郑州市上街区中心路130号(450041)	王保勇	18603838183	0371-68924710(T) 68934547(F)	zdgs205@163. com	www. zdvalves. com

续表

序号	单位	地址(邮编)	联系人	手机	联系电话、传真	电子邮箱	网站
156	郑州水业科技发展股份有限公司	河南省郑州市郑上路和西环路交叉口南200米路西(450000)	郑齐辉	13949097688	0371-67658585(T) 67688581(F)	zhengqihui1971@163.com	www.zzsykj.com.cn

湖北省

序号	单位	地址(邮编)	联系人	手机	联系电话、传真	电子邮箱	网站
157	武汉大禹阀门制造有限公司	湖北省武汉市经济技术开发区沌阳科技工业园(430056)	孙云坤	15102778121	027-84296128(T) 84296108(F)	syk-1979@163.com	www.dayu-valve.com
158	襄阳市奇翔净水滤料有限公司	湖北省襄樊市沿江东路46号(441000)	虞翔春	13972223272	0710-3451492(T) 3440785(F)	xfll@xfll.net	www.xfll.net

湖南省

序号	单位	地址(邮编)	联系人	手机	联系电话、传真	电子邮箱	网站
159	湖南清和环保技术有限公司	湖南省长沙市韶山北路139号文化大厦1915室(741000)	姜良军	13907484907	0731-85148559-8005(T) 85148559-8000(F)	jon_cs@126.com	www.king-hood.com
160	岳阳市洞庭滤料砂石有限公司	湖南省岳陽市下观音阁269号	刘国杰	13607309864	0730-8335662(T) 8315433(F)	Dtll666@21cn.com	www.luliao.jqw.com

江苏省

序号	单位	地址(邮编)	联系人	手机	联系电话、传真	电子邮箱	网站
161	江苏兰陵高分子材料有限公司	江苏省常州市武进区横山桥镇(213119)	陈春源	13915091818	0519-88601528(T) 88601785(F)	lanling@cnlanling.com	www.cnlanling.com
162	江苏远传智能科技有限公司	江苏省常州市钟楼区洪庄路11号(213014)	谈晓彬	13813669898	0519-88819898(T) 88816071(F)	sales@unicho.cn	www.unicho.cn
163	江苏靖江三星橡塑制品有限公司	江苏省靖江市工农路刘村桥东北侧	李　灿	13905260170	0523-84802470(T) 84802046(F)	Sx-rubber@sohu.com	www.sx-rubber.com
164	上海瀚深水业智能仪器有限公司	江苏省昆山市中山路留晖山庄(215300)	戴文源	13809060751	0512-57502022(T) 57502055(F)	hanshenwater@163.com	www.hanshenwater.com.cn
165	南京大洋冷却塔股份有限公司	江苏省南京市高淳开发区双高路227号(211302)	史金华	13951670438	025-57853028(T) 57853029(F)	dayangzongjingban@163.com	www.njdygf.com
166	南京燕苑博朗消防设备有限公司	江苏省南京市虎踞北路100号都市经济园8区(210003)	谢越强	13809006511	025-83433576(T) 83433149(F)	buran@yanyuanburan.com	www.yanyuanburan.com

续表

序号	单　位	地址(邮编)	联系人	手　机	联系电话、传真	电子邮箱	网　站
167	江苏省灌溉防尘工程有限公司	江苏省南京市虎踞南路2号兴宇大厦18-502室(210029)	王　晨	13801583060	025-86617990(T) 86532227(F)	jidpc@163. com	www. jidpc. com
168	南京捷登流体设备有限公司	江苏省南京市中山东路288号新世纪广场A幢1006室(210002)	潘晓彬	13605191290	025-52230907(T) 84676563(F)	pashajd@vip. sina. com	www. njjiedeng. com
169	圣戈班管道系统有限公司	江苏省南京市中山东路323号4楼(210016)	施华飞	13372009598	0555-3507806(T) 3507803(F)	marketing@saint-gobain. com	www. pamline. com. cn
170	如皋市化工防腐有限公司	江苏省如皋市磨头镇新徐村(226500)	黄兰国	13813642812	0513-87761094(T) 87761094(F)		
171	苏州伊奈建材有限公司	江苏省苏州市高新区长江路670号(215009)	宣键清	18962120391	0512-66670359(T) 66613358(F)	xuanjianqing@inax. com. cn	www. inax. com. cn
172	埃创仪表系统(苏州)有限公司	江苏省苏州市工业园区唯和路50号(215121)	邓少超	13501146149	010-64403188(T) 64403129(F)	deng. shaochao@itron. com	www. itron. com
173	江苏舜龙管业科技有限公司	江苏省宿迁市宿豫区经济开发区东区太行山路99号(223800)	蒋国型	13625252118	0527-84451068(T) 84451008(F)	jsshunlong@jsshunlong. com	www. jsshunlong. com
174	阀安格水处理系统(太仓)有限公司	江苏省太仓市上海东路93号(215400)	高　翔	13910307680	0512-53575357(T) 53575370(F)	stellafeng@vagchina. com	www. vagchina. com
175	江苏苏邦环保电气设备有限公司	江苏省泰兴市马甸江平路999号(225434)	刘　彬	13801477899	0523-87530999(T) 87535999(F)	txliubin@hotmail. com	www. jssuppon. com
176	无锡市太湖防腐材料有限公司	江苏省无锡市胡埭镇秦尚书湾(214161)	刘嘉东	13906196571	0510-85599374(T) 85597374(F)	taihufangfu@126. com	www. yunhupaint. com
177	无锡浩润环保科技有限公司	江苏省无锡市惠山区堰桥工业园堰翔路35-1号(214174)	刘振舒	13812501675	0510-81010710(T) 81010710(F)	haorun216@163. com	www. wxhaorun. cn
178	无锡华毅管道有限公司	江苏省无锡市锡山经济开发区春晖中路18号(214100)	赵尉峰	13921270186	0510-88265760-132(T) 88265345(F)	zwf_197918@163. com	www. wxpccp. com
179	无锡水表有限责任公司	江苏省无锡市中桥尤巷(214073)	张　庆	13912372297	0510-85100148(T) 85114313(F)	erquan125@126. com	www. erquan. com. cn

续表

序号	单　位	地址(邮编)	联系人	手　机	联系电话、传真	电子邮箱	网　站
180	江苏金陵特种涂料有限公司	江苏省扬州市江都仙女镇张纲九号桥(225212)	卞直兵	13305251998	0514-86802888(T) 86804698(F)	info@jlpaint. com	www. jlpaint. com
181	扬州恒源自来水喷泉设备有限公司	江苏省扬州市广陵产业园海沃路 72 号(225006)	印　蓓	13773512060	0514-87980885(T) 85113115(F)	yzhypq@163. com	www. hjc123. com
182	江苏蓝天沛尔膜业有限公司	江苏省宜兴市高塍镇东工业区(214214)	王　珊	13961502125	0510-87838775(T) 87838776(F)	haha19810605 @ 163. com	www. chinapeier. com
183	宜兴华都琥珀环保机械制造有限公司	江苏省宜兴市高塍镇隔湖路 8 号(214214)	商建卫	13915378055	0510-87894476(T) 87894487(F)	mail@hdhb. com. cn	www. hdhb. com. cn
184	日立环保技术(宜兴)有限公司	江苏省宜兴市环保科技工业园岳东路环保科技创新创业园 1 号厂房(214205)	许立新	13921388697	0510-87073500(T) 87073501(F)	xulixin @ hitachi-yhpt. com. cn	www. hitachi-yhpt. com. cn
185	江苏一环集团有限公司	江苏省宜兴市环科园绿园路 518 号(214206)	强成良	13306152731	0510-87551111-8323(T) 87551158(F)	hq@yihuan. com	www. yihuan. com
186	安尼康(宜兴)环保科技有限公司	江苏省宜兴市环科园岳东路环保科技创新创业园 10 号(214205)	郑朝志	15952493311	0510-87063311(T) 87063377(F)	amcon. zcz@163. com	www. amcom-china. com
187	宜兴泉溪环保有限公司	江苏省宜兴市周铁镇下邾街百合路(214263)	王亚平	13382268167	0510-87575802(T) 87571161(F)	quanxi@quanxi. com	www. quanxi. com
188	张家港市亨昌防腐工程有限公司	江苏省张家港市省经济开发区中兴路 36 号(215600)	虞云根	13706222398	0512-58584369(T) 58584339(F)		www. hc-tl. com

辽　宁　省

序号	单　位	地址(邮编)	联系人	手　机	联系电话、传真	电子邮箱	网　站
189	大连福瑞喷泉有限公司	辽宁省大连市沙河口区香周路珍珠巷 24-6 号(116033)	于世波	13591350573	0411-86882258(T) 86882758(F)	dlpq@163. com	www. dlpq. com
190	中国科学院金属研究所沈阳明科控制磨蚀技术有限公司	辽宁省沈阳市和平区青年大街 386 号华阳大厦 0959 室(110004)	王思彤	13804000477	024-23188300(T) 23188182(F)	wst@shymk. com. cn	www. shymk. com. cn

续表

序号	单位	地址(邮编)	联系人	手机	联系电话、传真	电子邮箱	网站
191	沈阳金利洁科技有限公司	辽宁省沈阳市沈河区惠工街205号(110013)	贾玉杰	13889891856	024-31301311(T) 31302016(F)	greengreen_jinlijie2010@126.com	www.syjlj.cn

宁夏省

序号	单位	地址(邮编)	联系人	手机	联系电话、传真	电子邮箱	网站
192	神华宁夏煤业集团有限责任公司太西炭基工业公司	宁夏石嘴山市大武口隆湖经济开发区(753000)	徐迎节	15009620825	0952-3990884(T) 3990884(F)	xuyingjie@cxmy.com	www.nxactivatedcarbon.cn

山东省

序号	单位	地址(邮编)	联系人	手机	联系电话、传真	电子邮箱	网站
193	青岛金海晟环保设备有限公司	山东省青岛市城阳区流亭街道办事处赵元路西侧(266108)	王永仪	13708978768	0532-87718881-10(T) 87718880(F)	wanghisun@163.com	www.hisun-cn.com
194	青岛三利集团有限公司	山东省青岛市城阳区青大工业园东二号路北(266111)	夏伟光	13210183801	0532-87807902-3232(T) 87807903(F)	sanli@sanli.cn	www.sanli.cn
195	青岛嘉泓建材有限公司	山东省青岛市南区山东路22号金孚大厦B栋9F(266071)	郭伟忠	13793283958	0532-85810571(T) 85828592(F)	wei-chung@163.com	www.qdjhjc.com.cm
196	青岛效能技术设备工程有限公司	山东省青岛市市南区龙江路40号(266003)	张新群	13583258097	0532-82781682(T) 82781682(F)	xiaonengjs@163.com	
197	青岛国林实业有限责任公司	山东省青岛市四方区湖清路31号(266031)	张　磊	13905327528	0532-84993155(T) 84992386(F)	guolin12345678@163.com	www.china-guolin.com
198	山东天维膜技术有限公司	山东省潍坊市高新区玉清街171号(261061)	张鲜苗	15966179596	0536-2119165(T) 8860961(F)	xianmiaozhang@163.com	www.sdtianwei.com
199	山东巨力管业有限公司	山东省潍坊市经济技术开发区(261031)	曹　筝	13271550600	0536-8890278(T) 8890276(F)	julipipe@juligy.com	www.juligy.com
200	山东华通环保工程设备有限公司	山东省青州市八喜东路4069号(262500)	李健	13964656007	0536-2137703(T) 0536-2137718(F)	lijianhotone@163.com	www.hotone.cn
201	山东建华阀门制造有限公司	山东省诸城市人民西路385号(262200)	钟步林	13963642693	0536-6356928(T) 6356928(F)	zhuchengjianhua@tom.com	www.zcjianhua.com.cn

山西省

序号	单位	地址(邮编)	联系人	手机	联系电话、传真	电子邮箱	网站
202	高平市泫氏铸管有限公司	山西省高平市庞村铸造工业园区8号(048400)	李庆仁	13835643960	0356-5266741(T) 5266518(F)	suns_pipe@163.com	www.sunspipe.com

续表

序号	单位	地址(邮编)	联系人	手机	联系电话、传真	电子邮箱	网站
203	山西新超管业股份有限公司	山西省太原市清徐王答208国道3号(030401)	侯宪东	13453444344	0351-5976522(T) 5977066-522(F)	houxiandong001@126.com	www.sxxc.com

陕西省

序号	单位	地址(邮编)	联系人	手机	联系电话、传真	电子邮箱	网站
204	西安柔性管道研究所(西安管道设计研究院)	陕西省西安市高科技开发区劳动南路副49号(710086)	盛家骅	13002910372	029-84244170(T) 84262061(F)	Guarwiguan43@163.com	www.xarxgd.com
205	西安利澳科技股份有限公司	陕西省西安市莲湖区团结北路2号(710077)	卫晓琳		029-84244697(T) 84264837(F)	xaleeo@163.com	www.xaleeo.com
206	西安济源水用设备技术开发有限责任公司	陕西省西安市幸福中路123号(710043)	郝立秋	13720457355	029-82611900(T) 82611901(F)	jiyuan@gysy.com	www.gysy.com
207	陕西东方经典喷泉景观工程有限责任公司	陕西省西安市雁塔西路161号世纪经典大厦B座502(710061)	权桂芳	13709189284	029-85241716(T) 82302539(F)	dfjdvip@126.com	www.sxdfjd.com

四川省

序号	单位	地址(邮编)	联系人	手机	联系电话、传真	电子邮箱	网站
208	成都凯撒铝业有限公司	四川省成都市大邑高新技术开发区高新大道创业路2号(611330)	黄斌	028-89052882	028-88202595(T) 88201880(F)	kaiser@cdkaisercn.com	www.cdkaisercn.com
209	成都久保安全产品有限公司	四川省成都市高新区九兴大道10号泰山科技大厦2楼(610041)	刘亦李	13088065887	028-85121106(T) 85185983(F)	yili.liu@job-bulbs.com.cn	www.job-bulbs.com
210	四川川力智能阀业有限公司	四川省成都市武侯区科技园武兴二路8号商环境505号(610045)	张存辉	13032855005	028-66704311(T) 85369940(F)	chuanlizn@yahoo.com.cn	www.chuanlida.com

浙江省

序号	单位	地址(邮编)	联系人	手机	联系电话、传真	电子邮箱	网站
211	宁波福兰特管业有限公司	浙江省慈溪市长河镇(315326)	徐利群	13777975539	0574-23663286(T) 23612777(F)	xlq@hkfranta.com	www.hkfranta.com
212	富阳永明消防设备厂	浙江省富阳市育才路10号(311400)	徐凤良	13107710900	0571-63370046(T) 63132026(F)		

续表

序号	单位	地址(邮编)	联系人	手机	联系电话、传真	电子邮箱	网站
213	浙江信达可恩消防实业有限责任公司	浙江省海宁市对外综合开发区聆涛路6号(314422)	常 斐	18857128080	0571-85392119(T) 85392919(F)	zjtt008@gmail. com	www. cohenthinktank. com
214	海宁市万里达消防器材有限责任公司	浙江省海宁市盐官镇郭店工业区(314412)	段凤兴	13356036119	0573-87680111(T) 87688511(F)	wldchina @ vip. sina. com	www. wldcn. com
215	杭州绿洁水务科技有限公司	浙江省杭州市拱墅区康桥园区康景路18号(310015)	李杭杰	13605705561	0571-28171909(T) 28171908(F)	a85686887@126. com	www. grean. com. cn
216	浙江联池水务设备有限公司	浙江省杭州市文晖路现代置业大厦东楼(310014)	盛谨文	13968069098	0571-88334373(T) 88334797(F)	sale@zjlianchi. com	www. zjlianchi. com
217	杭州西湖喷泉设备成套有限公司	浙江省杭州市西湖区三墩西湖科技经济园区西园八路6号(310030)	沈灿莲	13003614944	0571-87993842(T) 87962421(F)	xihupenquan@126. com	www. jl-penquan. com
218	杭州玉泉水处理设备有限公司	浙江省杭州市萧山区新塘工业园(312000)	陈猷华	13906563086	0571-83719893(T) 83719891(F)	jigang1967@163. com	
219	南方泵业股份有限公司	浙江省杭州市余杭区仁和镇(311107)	姚文彪	15158023088	0571-86397805(T) 86397807(F)	sales @ nanfang-pump. com	www. nanfang-pump. com
220	浙江金洲管道科技股份有限公司	浙江省湖州市二里桥路57号(313000)	潘建伟	13857262169	0572-2099999(T) 2066981(F)	jz2099999@163. com	www. chinakinglang. com
221	浙江金剑环保设备有限公司	浙江省乐清市经济开发区纬十八路237号(325600)	裘永丰	13587765166	0577-55779178(T) 55779176(F)	ceo@jinjianhb. com	www. jinjianhb. com
222	临海市龙岭化工厂	浙江省临海市尤溪镇(317025)	钱计兴	13906768771	0576-85930168(T) 85930388(F)	lh026192@163. com	www. longhuatuliao. com
223	浙江永固为华涂料有限公司	浙江省临海市括苍长潭(317027)	金 辉	13306553888	0576-85860151(T) 85860061(F)	market@yongguweihua. com	www. yongguweihua. com
224	宁波水表股份有限公司	浙江省宁波市江北区北海路268弄99号(315032)	陈 翔	13505749764	0574-87332931(T) 87376630(F)	wm168@nbnet. com. cn	www. chinawatermeter. com
225	浙江德安科技股份有限公司	浙江省宁波市江东科技园区科技大厦(315040)	欧平安	13805843350	0574-87901196(T) 87901165(F)	dean@chinadean. com	www. chinadean. com

续表

序号	单位	地址(邮编)	联系人	手机	联系电话、传真	电子邮箱	网站
226	宁波恒昌工业有限公司	浙江省宁波市镇海区骆驼团桥机电园区通河路9号(315200)	夏四海	13884456111	0574-27822111(T) 26269531(F)	dajiansh@163.com	www.cnhcgroup.com
227	宁波华成阀门有限公司	浙江省宁海县黄坛镇车站东路103号(315600)	王朝阳	15888554080	0574-65278636(T) 65273823(F)	wcy741226@163.com	www.huachengvalve.com
228	浙江联丰股份有限公司	浙江省上虞市经济技术开发区东山路11号(312300)	金惠珍	13857595557	0575-82168102(T) 82168102(F)	huizhen.jin@163.com, public@lianfeng.com	www.lianfeng.com
229	浙江伟星新型建材股份有限公司	浙江省台州市临海经济开发区柏叶中路(317000)	陶岳杰	13958597985	0576-85125552(T) 85125552(F)	379745212@qq.com	www.china-pipes.com
230	台州中昌水处理设备有限公司	浙江省台州市玉环城关城中路121号(317600)	江贻法	13777611759	0576-87255891(T) 87216868(F)	zhongchang@vip.163.com	www.zhongchangcn.com
231	玉环县净水设备厂	浙江省台州市玉环县楚门镇龙王工业区(317605)	戴军	13516769997	0576-87418216(T) 87418116(F)	cnyhjs@cnyhjs.com	www.cnyhjs.com
232	浙江正康实业有限公司	浙江省温州市经济技术开发区滨海园区丁香路678号(325025)	刘会	13587860296	0577-86909090-8888(T) 86909188(F)	ching-zk@163.com	www.cnzjzk.com
233	煌盛集团有限公司	浙江省温州市经济开发区西片30号小区雁荡西路45号(325011)	周豪	13566225007	0577-86505586(T) 86505585(F)	hspipe@163.com	www.hspipe.com
234	余姚市银环流量仪表有限公司	浙江省余姚市彩虹路1号(315400)	吕磊	13567442244	0574-62689068(T) 62689088(F)	yinhuan@mail.nbptt.zj.cn	yinhuan-flowmeter.com
235	余姚市浙东给排水机械设备厂	浙江省余姚市经济开发区南片西区中兴路12号(315400)	吴玲玲	13905842046	0574-62576380(T) 62576633(F)	yyjps@zj.com	www.yyjps.com
236	宁波市佳音机电科技有限公司	浙江省余姚市肖东工业园区高暇路22号(315408)	许亚红	13626802310	0574-56312909(T) 62598655(F)	jiayin@jiayin.biz	www.yyjiayin.com
237	浙江金菱制冷工程有限公司	浙江省诸暨市阮市董公工业区(311802)	薛梅	13606858348	0575-87163007(T) 87696111(F)	info@cnjinling.com	www.cnjinling.com

珠海九通水务有限公司
ZHUHAI 9TONE WATER SERVICE CO., LTD.

- ○ 国家级高新技术企业
- ○ 国家创新基金立项
- ○ 中国水协推荐产品
- ○ 10项注册商标
- ○ 7项发明专利
- ○ ISO9001认证

珠海九通公司成立于1997年3月，经过多年的潜心研究和信誉积累，形成了水厂工艺和水厂安全两大板块的核心竞争力，已服务近千家(包括港澳地区)客户。

9T-LD全自动连续加药装置

>>提供新建水厂或水厂改造整体解决方案：帮助水厂实现提升水质、提高水量、节约投资、节能降耗的目的。

综合诊断：对水厂工艺流程进行分析诊断；

絮凝池：采用高效絮凝池替代常规絮凝池；

沉淀池：应用“水平管沉淀分离新技术”替代斜管、斜板和平流等各类沉淀池；

滤池：应用气水反冲滤池替代各类单水冲滤池；

配套设备：9T-LD全自动连续加药装置，沉淀池、滤池清洗除泥 装置，水厂设备节能增效解决方案等。

>>提供水厂安全整体解决的系统方案：确保水厂安全的可靠运行。

9T-CA(n)系列全自动泄氯(氨)吸收装置；

9T-CVD液氯自恒温汽化装置；

9T-AES加氯管路自动截止系统；

9T-SCS钢瓶电子秤；

Fenton(芬顿)系列漏氯报警仪；

Hydro（海卓）和Capital（首都）的加氯系统；

配套的9T-DCTV水厂安防系统和水源供水的水质安全系统。

9T-CVD液氯自恒温汽化装置

9T-CA(n)系列泄氯(氨)吸收装置

9T-CSC钢瓶电子秤

水平管--沉淀技术重大突破！

运行中的“水平管”净水厂

宋仁元、沈大年等鉴定会专家给予高度评价

“水平管”是我公司独立研发、具有自主知识产权的发明专利的产品（中国专利号：ZL 2006 1 0123752.2），2008年通过由广东省科技厅组织的科技成果鉴定，现已成功应用于水行业。

地址：珠海水务集团办公楼东门5层
电话：0756-2269199 2269599 2269355
网址：WWW.9TONE.COM
邮编：519000

NWM
宁波水表股份有限公司
NINGBO WATER METER CO.,LTD.
宁波水表股份有限公司（前身宁波水表厂）建于1958年，是中国水表行业的龙头企业。宁波牌水表的技术、产品质量和年销售始终占行业首位。
公司拥有世界水表行业最齐全的水表品种规格系列，口径从8~500mm共计500多种。产品不仅誉满中华，还远销欧美等50多个国家和地区。公司一贯重视产品的技术创新和产品质量，不断引进国内外先进技术，致力于高品位、高档次的新品开发，宁波牌水表引领水表行业的发展方向。产品先后荣获国家优质产品金、银质奖、中国名牌产品、国家免检产品以及省高新技术企业等称号。2006年在宁波市江北工业园区投资兴建新厂区，占地110亩，建筑面积45000平方米，生产能力年产达600万台，是当今全球规模最大的水表生产基地。新厂区的运行，大大提升了公司企业管理水平、装备水平、科技创新能力，为确保行业中的优势地位奠定了基础。
质量、信誉、服务共创一流是我们长期奉行的信念和我们努力的方向，我们将一如继往与各界同仁共创长久辉煌。
宁波牌水表
NINGBO BRAND WATER METER
■ 全系列冷、热水表
■ 民用、工业用水表
■ 自动抄读系统
■ 水表校验装置
中国名牌产品
国家免检产品
中国驰名商标

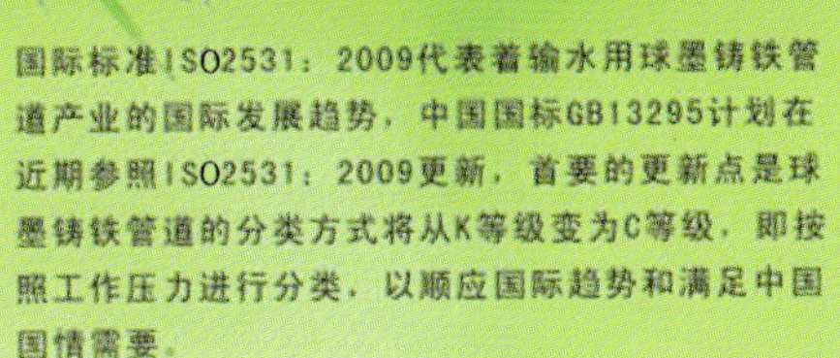

国际标准ISO2531：2009代表着输水用球墨铸铁管道产业的国际发展趋势，中国国标GB13295计划在近期参照ISO2531：2009更新，首要的更新点是球墨铸铁管道的分类方式将从K等级变为C等级，即按照工作压力进行分类，以顺应国际趋势和满足中国国情需要。

圣戈班穆松桥中国的圣竹®管道是中国首个符合ISO2531:2009标准的C等级球墨铸铁管道，在短短一年半中，圣竹®管道的铺设区域已经覆盖了中国的24个省份，管网总长度超过1300公里。

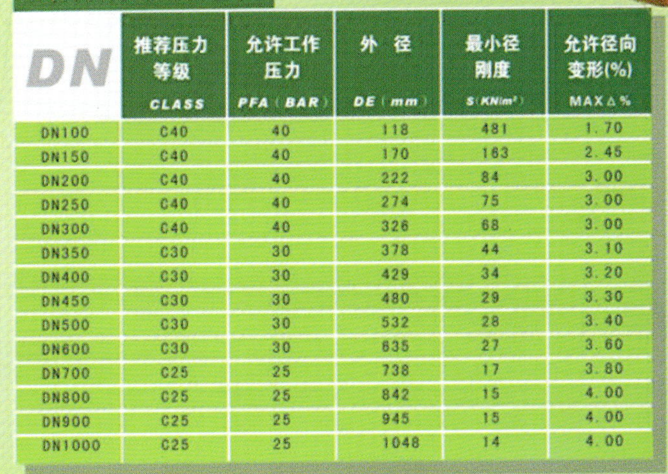

圣竹®管道的主要参数

DN	推荐压力等级 CLASS	允许工作压力 PFA（BAR）	外径 DE（mm）	最小径刚度 S（KN/m²）	允许径向变形(%) MAX△%
DN100	C40	40	118	481	1.70
DN150	C40	40	170	163	2.45
DN200	C40	40	222	84	3.00
DN250	C40	40	274	75	3.00
DN300	C40	40	326	68	3.00
DN350	C30	30	378	44	3.10
DN400	C30	30	429	34	3.20
DN450	C30	30	480	29	3.30
DN500	C30	30	532	28	3.40
DN600	C30	30	635	27	3.60
DN700	C25	25	738	17	3.80
DN800	C25	25	842	15	4.00
DN900	C25	25	945	15	4.00
DN1000	C25	25	1048	14	4.00

上海信波环保科技有限公司
Shanghai ShinPorter Enviro-protect Tech Co., Ltd.

XF1000A/2000A/3000A系列
二氧化氯发生器

国内首创　　多项专利

反应器直接温控
——确保ClO_2高转化率

高强度高耐腐反应器
——确保长期可靠运行

爆炸限浓度控制
——确保运行本质安全

残液分离无二次污染
——确保饮用水安全卫生

XF 系列特点

首创独特的反应器设计确保高转化率

① 采用氟合金/金属复合材质，具有极好的长期耐腐蚀性，
② 导热率高（相对于PVC、PTEE结构），转化率高。
③ 动态流热交换。

首创全面的安全性设计

① 气态 ClO_2浓度安全超限报警控制；
② 安全防暴（防暴塞）装置启动报警；
③ 原料缺失监测报警；

可靠性设计

① 氯化钠（NaCl）结晶堵塞监控；
② 投料投加泵在线标定；
③ IP65 防护等级；
④ 高强度的反应腔设计；

技术指标

ClO_2/Cl_2 比值	≥90%
ClO_2转化率	≥60%
氯酸钠消耗率	≤0.7(kg/kg)
调节范围	建议50~100%投加量
显示操作	IP65 触摸屏（彩色或单色）
操作方式	远程/就地切换，手动/自动可选
模拟量输入	4~20mA水流量、4~20mA ClO_2
开关量输入	低液位开关2个 、低水压开关1个
报警输出	防爆塞启动报警1个、低温报警2个 气态ClO_2安全浓度超限报警1个 药剂缺失报警2个、 高/低水位报警2个

地址：上海市桂箐路69弄28号1楼 邮编：20023 TEL:021-6485 5197 6485 5297 FAX:021-6485 3169

明谛—整体雨污水收集、处理和应用系统及高压细水雾灭火系统 解决方案和服务集成商

上海明谛经营的高科技节能减排系统

世博会中国馆

世博会文化中心

世博会主题馆

世博会未来馆

世博会酒店式公寓

虹桥交通枢纽

上海明谛公司是合资责任有限公司，专业经营与国际上发达国家同步且符合我国“四节一环保”(节水、节能、节地、节材和减排环保)产业政策的系统和技术(包括产品)。公司经营的雨水排放和收集、控制与利用系统是瑞士“吉博力国际（集团）公司”和德国BWT公司的系统和技术(包括产品),它们是:虹吸式屋面雨水排放和收集系统、雨水处理、控制与利用系统、静音型承压建筑排水塑料管系统；公司经营的排水节水节地系统是瑞士“吉博力”的系统和技术(包括产品),它们是:同层排水管道系统和同层排水管道墙系统;公司经营的高压细水雾灭火系统是德国雾特灭火系统有限责任两合公司品牌，德国雾特公司的系统和技术(包括产品),它们是:泵组式、瓶组式、干管系统(开式系统)、湿管系统(闭式系统)、预操作系统及固定式和移动式系统;公司经营的真空破坏阀系统是瑞典AB Durgo (多歌)股份有限公司的系统和技术(包括产品);作为瑞士“吉博力”目前国内唯一授权“长期特许系统经销商”，公司做过的“虹吸式屋面雨水排放系统”工程有世博会中国馆、主题馆、文化中心、未来馆 等100多个项目;做过的“同层排水系统”工程有世博会酒店式公寓、F1国际赛车场、上海东方艺术中心等30多个项目；做过的“雨水收集、处理、控制与利用系统”工程有世博会中国馆、主题馆、文化中心等几十个项目；做过的“高压细水雾灭火系统”工程有上海长江崇明越江隧道中电缆隧道部分、上海浦东新区档案馆、无锡联新科创投资有限公司集成电路厂房等工程。

本公司工程的承包方式和范围是包专业和深化设计、包安装、包质量、包服务的方式直至实施交钥匙承包。

本公司的技术优势：

1）专业系统设计和深化设计；
2）进口材料（系统主材由欧洲进口且符合国际标准）；
3）使用进口安装设备，保证安装质量；
4）系统维护培训、指导；
5）质量保证且自有施工安装资质。

本公司的质量保障优势：

1）系统财产保险10年（国际联保和中国平安保险公司承保）；
2）主材（管道）正常使用50年；
3）保修期外，永久维修（只收维修、材料工本费，敝司是国内唯一长期特许经销商）。

本公司的售后服务优势：

1）系统使用的培训、指导：免费培训、指导；
2）定期访问、巡检，将可能发生的问题隐患克服；
3）解决问题排除故障的速度：接到质量投诉后1个工作日内到现场解决问题。

另外，公司还专业经营“分散式雨污水生态处理系统”等。

杜邦™二氧化氯净水解决方案
杜邦，提供全球领先的二氧化氯全方位解决方案
——全面净化水质，保障水质安全
杜邦™二氧化氯解决方案
·超过60年的二氧化氯应用经验
·全美国超过250家水厂采用杜邦二氧化氯全方位解决方案
·高性能的高纯二氧化氯发生设备OXYCHLOR® MG III
(稳定的95%以上的二氧化氯转化率)
·严格的副产物控制水平
·从系统设计、原料操作均采取最高的安全标准
·全面的技术支持和维护
·高质量的ADOX® 原料
·更高效的二氧化氯转化率带来更经济的运营成本
·单台二氧化氯产量能满足大型水厂的需要
(9～454 公斤/日)
主要应用领域
·饮用水
·食品行业
·冷却塔水处理
·废水处理
·其他工业用途
产品咨询电话:400-8851-888
OXYCHLOR® 以及 ADOX® 均为杜邦公司或其关联企业之注册商标
DUPONT
创造科学奇迹

公司简介

COMPANY PROFILE

DN100~DN800 防脱滑胶圈

安徽名牌产品证书

马鞍山宏力橡胶制品有限公司是国内给排水管道系统橡胶密封制品的龙头企业和技术领先者，国家高新技术企业、安徽省民营科技企业。"宏力"商标为安徽省著名商标，产品为安徽省名牌产品，得到国家创新基金支持。

公司是全国橡胶与橡胶制品标准化技术委员会密封制品分技术委员会（SAC/TC35/SC3）委员单位，国家《城市供水行业 2010 年技术进步发展规划和 2020 年远景目标》橡胶密封圈专题的唯一起草单位，GB/T21873-2008《橡胶密封件 给、排水管及污水管道用接口密封圈 材料规范》等三部国家标准的第一起草单位并且是四十余部国家及行业标准的制定/审查单位之一。

公司生产的T型、STD型、K型、O型、A型、N1型、W型以及PVC管密封、钢塑复合管切割端头封塑等20余系列300多种橡胶密封圈，已与国内大多的球墨铸铁管、PCCP钢筒复合管企业及生产其他管材的企业相配套、拥有法国BV体系认证和BV产品认证，T型防滑脱橡胶密封圈通过安徽省科技成果鉴定。生产、检测设备先进，拥有非常高的品牌美誉度。

公司因节水事业而发展，继续遵循"创新、创造、诚信"的经营理念，服务客户和社会。

止脱橡胶密封圈
高新技术产品证书

马鞍山宏力橡胶制品有限公司

地址：安徽省马鞍山市慈湖昭明路466号
Add：No.466，Zhaoming Road,Cihu,Maanshan,Anhui,China
邮编（PC）：243051
联系电话（Tel）：0555-3503524 3505177
传真（Fax）：0555-3503824
http://www.honglirubber.com
E-mail:honglirubber@vip.163.com

合肥自来水公司水源联络管 DN1600 管线

成都自来水公司 DN2400 管线

太原引黄工程

万家寨引黄工程 DN3000 管线

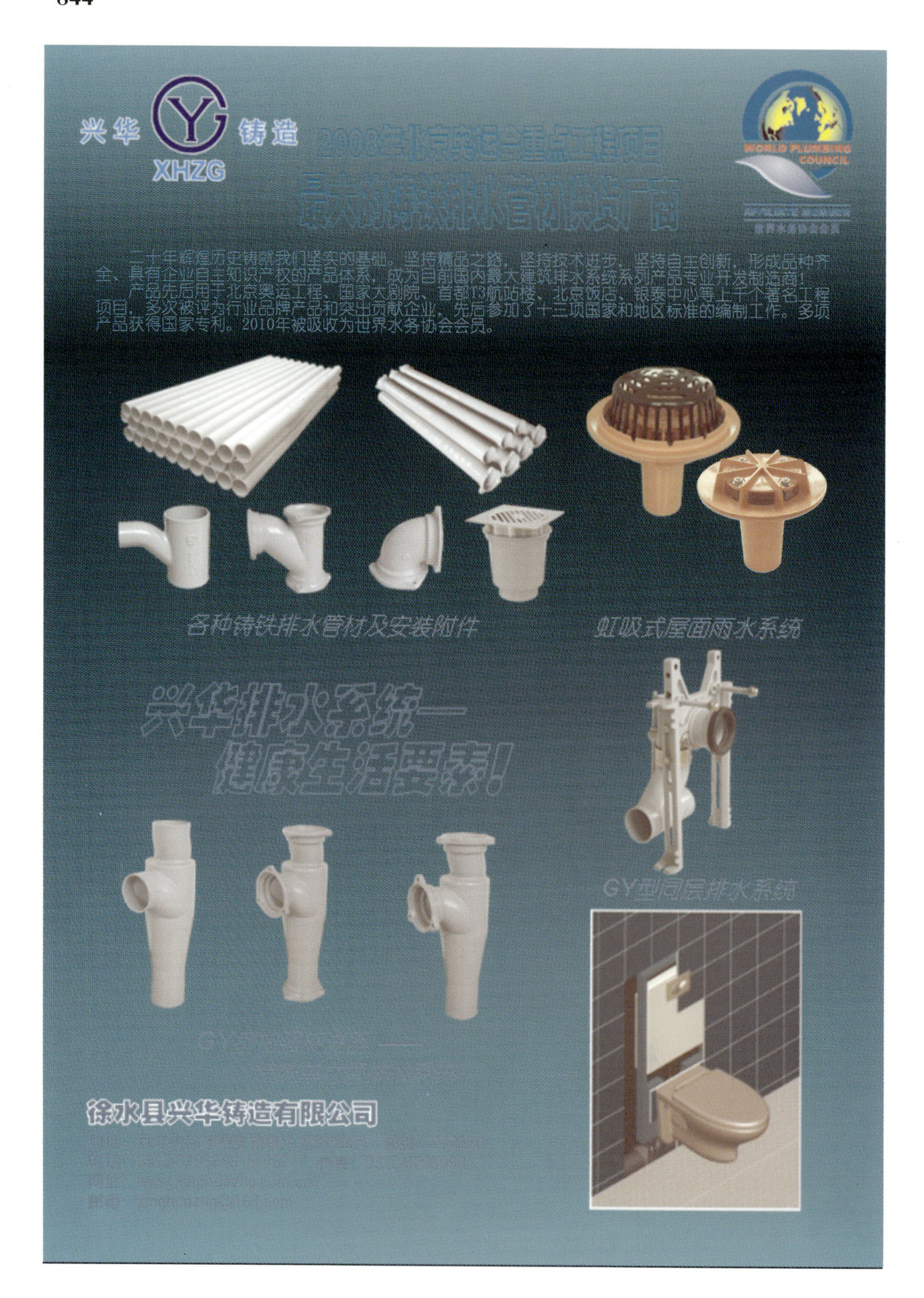

兴华 铸造
XHZG
2008年北京奥运会重点工程项目
WORLD PLUMBING COUNCIL
二十年辉煌历史铸就我们坚实的基础。坚持精品之路，坚持技术进步，坚持自主创新，形成品种齐全、具有企业自主知识产权的产品体系，成为目前国内最大建筑排水系统系列产品专业开发制造商！
产品先后用于北京奥运工程、国家大剧院、首都T3航站楼、北京饭店、银泰中心等上千个著名工程项目，多次被评为行业品牌产品和突出贡献企业，先后参加了十三项国家和地区标准的编制工作。多项产品获得国家专利。2010年被吸收为世界水务协会会员。
各种铸铁排水管材及安装附件
虹吸式屋面雨水系统
兴华排水系统——
健康生活要素！
GY型同层排水系统
徐水县兴华铸造有限公司